チャート式®

大学入学共通テスト対策

数学ⅠA＋ⅡBC

チャート研究所　編著

CHART（チャート）とは 何？

C. O. D.（*The Concise Oxford Dictionary*）には，CHART —— Navigator's sea map, with coast outlines, rocks, shoals, *etc.* と説明してある。

海図——浪風荒き問題の海に船出する若き船人に捧げられた
海図——問題海の全面をことごとく一眸の中に収め，もっとも
安らかな航路を示し，あわせて乗り上げやすい暗
礁や浅瀬を一目瞭然たらしめるCHART！
——旧版チャート式代数学巻頭言

本書では，このCHARTの意義に則り，下に示したチャート式編集方針で
問題の急所がどこにあるか，その解法をいかにして思いつくか
をわかりやすく示すことを主眼としています。

チャート式編集方針

1
基本となる事項を，定義や公式・定理という形で覚えるだけではなく，問題を解くうえで直接に役に立つ形でとらえるようにする。

▶

2
問題と基本となる事項の間につながりをつけることを考える——問題の条件を分析して既知の基本事項を結びつけて結論を導き出す。

▶

3
問題と基本となる事項を端的にわかりやすく示したものが ▶CHART である。
▶CHART によって基本となる事項を問題に活かす。

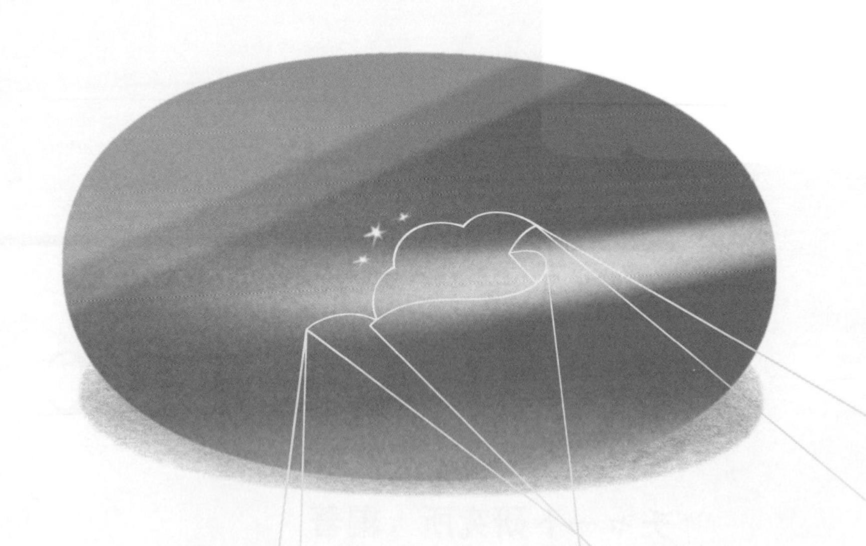

問.

「なりたい自分」から、逆算しよう。

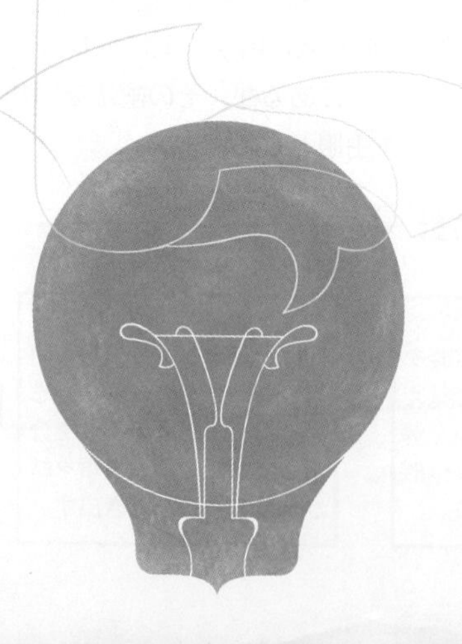

7

p. 11　使用法例の ① へ

共通テストレベルまで完璧になったら　→ **4** へ

8

p. 11　使用法例の ② へ

共通テストレベルまで完璧になったら　→ **4** へ

9

p. 11　使用法例の ③ へ

共通テストレベルまで完璧になったら　→ **4** へ

10

p. 11　使用法例の ④ へ

共通テストレベルまで完璧になったら　→ **4** へ

11

p. 11　使用法例の ⑤ へ

共通テストレベルまで完璧になったら　→ **4** へ

12

p. 11　使用法例の ⑥ へ

共通テストレベルまで完璧になったら　→ **4** へ

13

p. 11　使用法例の ⑦ へ

共通テストレベルまで完璧になったら　→ **4** へ

14

p. 11　使用法例の ⑧ へ

共通テストで目標点が取れる自信がついたら　→ **4** へ

15

他教科の勉強にも力を入れよう。ただし，数学にも少しずつでも毎日触れるようにしておくこと。

共通テスト直前になったら

→ **16** へ

16

p. 11　使用法例の ⑨ へ

共通テスト当日になったら

→ **17** へ

17

p. 11　使用法例の ⑩ へ

万全の態勢で共通テストに臨みましょう！

まとめ（数学Ⅰ）

第1章　数と式，集合と命題

●式の展開，因数分解

$(ax+b)(cx+d)=acx^2+(ad+bc)x+bd$

$(a+b+c)^2=a^2+b^2+c^2+2ab+2bc+2ca$ → 基1

●絶対値

CHART　場合分け　$A \geqq 0$ のとき $|A|=A$，
$A<0$ のとき $|A|=-A$ → 基2

$A>0$ のとき　$|X|=A \iff X=\pm A$

$|X|<A \iff -A<X<A$

$|X|>A \iff X<-A,\ A<X$ → 基4

●1次不等式　$ax>b$ のとき，

$a>0$ ならば　$x>\dfrac{b}{a}$，　$a<0$ ならば　$x<\dfrac{b}{a}$

CHART　範囲の共通部分や和集合　数直線を利用

→ 基4，重2，3

●真偽の判定

「p ならば q」が正しければ真，反例があれば偽。

$P \subset Q$ ならば真　　$P \subset Q$ でないならば偽。

対偶「$\overline{q}$ ならば $\overline{p}$」が真ならば真。 → 基7

●必要条件，十分条件　$p \Longrightarrow q$ が真であるとき

p が十分条件，q が必要条件。 → 重4

第2章　2次関数

CHART　まず平方完成　$y=a(x-p)^2+q$ → 基8

●軸，頂点　放物線 $y=a(x-p)^2+q$ において

軸の方程式は $x=p$，頂点の座標は $(p,\ q)$ → 基8

●グラフの移動　$y=f(x)$ のグラフを

x 軸方向に a，y 軸方向に b だけ平行移動

$\longrightarrow y-b=f(x-a)$

x 軸対称 $\longrightarrow -y=f(x)$，y 軸対称 $\longrightarrow y=f(-x)$

→ 基9

●最大・最小

グラフをかく。最大・最小の候補は頂点と区間の端。

文字がある場合，頂点と区間の位置関係で場合分け。

→ 基10，重5，6

●2次方程式

2次方程式 $ax^2+bx+c=0$ $(a \neq 0)$ の解は

$$x=\frac{-b\pm\sqrt{b^2-4ac}}{2a}$$ → 基12

2次方程式 $ax^2+bx+c=0$ $(a \neq 0)$ の判別式を $D=b^2-4ac$ とする。

異なる2つの実数解をもつ $\iff D>0$

重解をもつ $\iff D=0$

実数解をもつ $\iff D \geqq 0$

実数解をもたない $\iff D<0$ → 基14

●2次不等式

$\alpha<\beta$ のとき

$(x-\alpha)(x-\beta)<0$ の解は　$\alpha<x<\beta$

$(x-\alpha)(x-\beta)>0$ の解は　$x<\alpha,\ \beta<x$

$ax^2+bx+c>0$ は，$y=ax^2+bx+c$ のグラフが $y>0$ の範囲に存在するような x の範囲。グラフで考える。

→ 基15

第3章　図形と計量

CHART　三角比は単位円で
x 座標が cos，y 座標が sin → 基18

●三角比の相互関係

$\sin^2\theta+\cos^2\theta=1$，$\tan\theta=\dfrac{\sin\theta}{\cos\theta}$，$1+\tan^2\theta=\dfrac{1}{\cos^2\theta}$

→ 基17

●正弦定理

$\dfrac{a}{\sin A}=\dfrac{b}{\sin B}=\dfrac{c}{\sin C}=2R$　（R は外接円の半径） → 基21

●余弦定理

$a^2=b^2+c^2-2bc\cos A$，$\cos A=\dfrac{b^2+c^2-a^2}{2bc}$

（他の角についても同様） → 基22

●三角形の面積

$S=\dfrac{1}{2}bc\sin A$（他の角についても同様） → 基23

内接円の半径を r とすると　$S=\dfrac{1}{2}r(a+b+c)$

→ 基24

第4章　データの分析

●代表値

平均値　$\overline{x}=\dfrac{1}{n}(x_1+x_2+\cdots\cdots+x_n)$

中央値　大きさの順に並べたときの中央の値 → 基25

●四分位数と箱ひげ図

最小値　Q_1　Q_2（中央値）　平均値　Q_3　最大値

Q_1 は下組の中央値

Q_3 は上組の中央値

→ 基26

●データの散らばり

分散　$s^2=\dfrac{1}{n}\{(x_1-\overline{x})^2+\cdots\cdots+(x_n-\overline{x})^2\}=\overline{x^2}-(\overline{x})^2$

標準偏差　$s=\sqrt{分散}$ → 基27

●相関関係　相関係数 r　$-1 \leqq r \leqq 1$

散布図の点が右上がり $\longrightarrow r>0$

散布図の点が右下がり $\longrightarrow r<0$

どちらの傾向もみられない $\longrightarrow r \fallingdotseq 0$ → 基28

数字で表せない成長がある。

チャート式との学びの旅も、いよいよ最終章です。
これまでの旅路を振り返ってみよう。
大きな難題につまづいたり、思い通りの結果が出なかったり、
出口がなかなか見えず焦ることも、たくさんあったはず。
そんな長い学びの旅路の中で、君が得たものは何だろう。
それはきっと、たくさんの公式や正しい解法だけじゃない。
納得いくまで、自分の頭で考え抜く力。
自分の考えを、言葉と数字で表現する力。
難題を恐れず、挑み続ける力。
いまの君には、数学を通して大きな力が身についているはず。

磨いているのは「未来の問題」を解く力。

数年後、君はどんな大人になっていたいのだろう?
そのためには、どんな力が必要だろう?
チャート式との学びの先に待っているのは、君が主役の人生。
この先、知識や公式だけでは解けない問題にも直面するだろう。
だからいま、数学を一生懸命学んでほしい。
チャート式と身につけた君の力。
その力こそ、これから訪れる身の回りの小さな問題も、
社会に訪れる大きな難題も乗り越えて、
君が目指すゴールに向かって進み続ける助けになるから。

その答えが、
君の未来を前進させる解になる。

本書の構成

本書は，大学入学共通テスト（以下，共通テストと記す）数学ⅠA，数学ⅡBCの対策として，本番の試験でより高い点数をとれるようになるための，効率のよい学習ができるよう編集してある。

共通テストの問題に対処するためには，基本事項を確実に身につけ，共通テストの形式に慣れておくことが重要である。

本書を編集するにあたり，共通テストの過去問や新課程の共通テストの問題作成方針，および試作問題を分析・研究した。例題や問題の中には，共通テストの過去問や，共通テスト対策に十分役立つであろうセンター試験（共通テストの前身である試験）の過去問も多く含まれている。また，通常の数学Ⅰ，A，Ⅱ，B，Cの学習においては重要な内容でも，共通テストには出題される可能性の低い問題に関しては収録していないものもある。問題文はすべて共通テストと同形式の穴埋めにしてある。

基本例題のページ

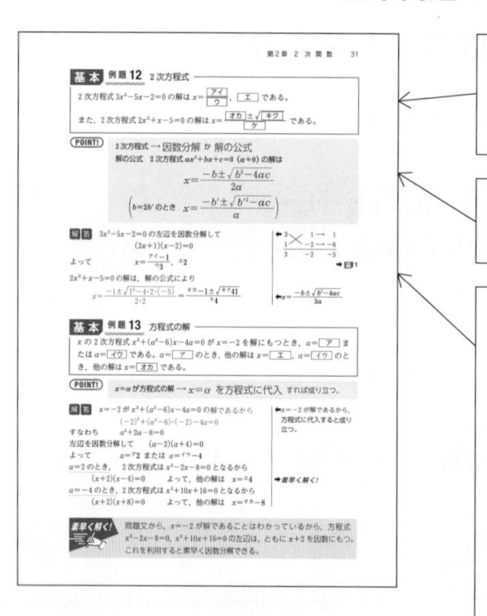

第2章 2 次関数　31

基本 例題 12　2次方程式

2 次方程式 $3x^2-5x-2=0$ の解は $x=\frac{[アイ]}{[ウ]}$，[エ] である。

また，2 次方程式 $2x^2+x-5=0$ の解は $x=\frac{[オカ]\pm\sqrt{[キク]}}{[ケ]}$ である。

POINT!　2次方程式 → 因数分解 か 解の公式

解の公式　2 次方程式 $ax^2+bx+c=0$ $(a\neq0)$ の解は

$$x=\frac{-b\pm\sqrt{b^2-4ac}}{2a}$$

$$\left(b=2b' \text{ のとき } x=\frac{-b'\pm\sqrt{b'^2-ac}}{a}\right)$$

解答　$3x^2-5x-2=0$ の左辺を因数分解して

$(3x+1)(x-2)=0$

よって　$x=\frac{^{アイ}-1}{^{ウ}3}$，$^{エ}2$

$2x^2+x-5=0$ の解は，解の公式により

$x=\frac{-1\pm\sqrt{1^2-4\cdot2\cdot(-5)}}{2\cdot2}=\frac{^{オカ}-1\pm\sqrt{^{キク}41}}{^{ケ}4}$

← 3 ╳ 1 → 1 ／ 1 −2 → −6 ／ 3 −2 −5

→ 基 1

← $x=\frac{-b\pm\sqrt{b^2-4ac}}{2a}$

基本 例題 13　方程式の解

x の 2 次方程式 $x^2+(a^2-6)x-4a=0$ が $x=-2$ を解にもつとき，$a=$[ア] または $a=$[イウ] である。$a=$[ア] のとき，他の解は $x=$[エ]，$a=$[イウ] のとき，他の解は $x=$[オカ] である。

POINT!　$x=\alpha$ が方程式の解 → $x=\alpha$ を方程式に代入 すれば成り立つ。

解答　$x=-2$ が $x^2+(a^2-6)x-4a=0$ の解であるから

$(-2)^2+(a^2-6)\cdot(-2)-4a=0$

すなわち　$a^2+2a-8=0$

左辺を因数分解して　$(a-2)(a+4)=0$

よって　$a=^{ア}2$ または $a=^{イウ}-4$

$a=2$ のとき，2 次方程式は $x^2-2x-8=0$ となるから

$(x+2)(x-4)=0$　よって，他の解は　$x=^{エ}4$

$a=-4$ のとき，2 次方程式は $x^2+10x+16=0$ となるから

$(x+2)(x+8)=0$　よって，他の解は　$x=^{オカ}-8$

← $x=-2$ が解であるから，方程式に代入すると成り立つ。

→ 素早く解く！

素早く解く！　問題文から，$x=-2$ が解であることはわかっているから，方程式 $x^2-2x-8=0$，$x^2+10x+16=0$ の左辺は，ともに $x+2$ を因数にもつ。これを利用すると素早く因数分解できる。

基本 例題　共通テストにおいて必須な基本知識を問う，教科書レベルの問題が中心。

POINT!　例題を解くのに必要な公式，解法のポイントを簡潔にまとめてある。

解答　自学自習できるような丁寧な解説。右側には POINT! を利用した箇所を中心に補足説明した。また，既習の事項を利用して解く問題には，対応した例題番号を，基本例題なら 基，重要例題なら 重，演習例題なら 演 というマークとともに入れてある。つまずいたときはその例題へ戻って学習しよう。参考図や別解も可能な限り多く載せた。

CHECK　各章の基本例題の後に，基本例題が身についたかを確認する CHECK 問題を載せた。基本例題と同じ番号がついた反復問題である。解けなかった場合は基本例題に戻って学習しなおそう。また，解けたかどうか印をつけるためのチェック欄□を問題番号の横に設けた。

重要例題のページ

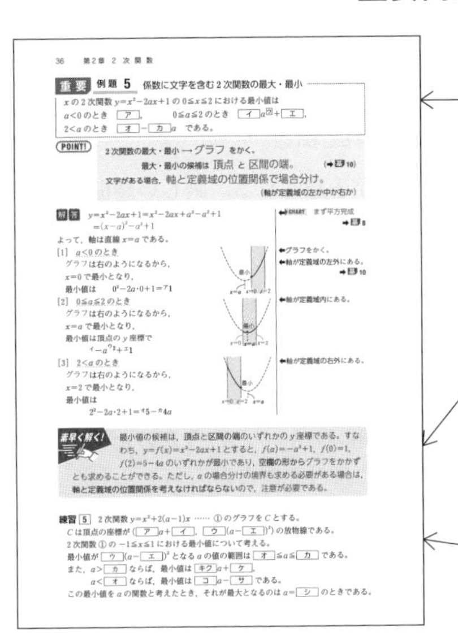

36　第2章　2 次関数

重要 例題 5　係数に文字を含む2次関数の最大・最小

x の2次関数 $y=x^2-2ax+1$ の $0\leqq x\leqq 2$ における最小値は
$a<0$ のとき [ア]，　$0\leqq a\leqq 2$ のとき [イ]a[ウ]+[エ]，
$2<a$ のとき [オ]−[カ]a　である。

POINT!
2次関数の最大・最小 → グラフ をかく。
最大・最小の候補は 頂点 と 区間の端。　(→基 10)
文字がある場合，軸と定義域の位置関係で場合分け。
(軸が定義域の左か中か右か)

解答　$y=x^2-2ax+1=x^2-2ax+a^2-a^2+1$
$=(x-a)^2-a^2+1$
よって，軸は直線 $x=a$ である。
[1]　$a<0$ のとき
グラフは右のようになるから，
$x=0$ で最小となり，
最小値は　$0^2-2a\cdot 0+1=$ ア1
[2]　$0\leqq a\leqq 2$ のとき
グラフは右のようになるから，
$x=a$ で最小となり，
最小値は頂点の y 座標で
イ$-a$ ウ2 + エ1
[3]　$2<a$ のとき
グラフは右のようになるから，
$x=2$ で最小となり，
最小値は
$2^2-2a\cdot 2+1=$ オ5 − カ4a

←CHART　まず平方完成　→基 8
←グラフをかく。
←軸が定義域の左外にある。　→基 10
←軸が定義域内にある。
←軸が定義域の右外にある。

素早く解く!　最小値の候補は，頂点と区間の端のいずれかの y 座標である。すなわち，$y=f(x)=x^2-2ax+1$ とすると，$f(a)=-a^2+1$，$f(0)=1$，$f(2)=5-4a$ のいずれかが最小であり，空欄の形からグラフをかかずとも求めることができる。ただし，a の場合分けの境界も求める必要がある場合は，軸と定義域の位置関係を考えなければならないので，注意が必要である。

練習 5　2次関数 $y=x^2+2(a-1)x$ …… ① のグラフを C とする。
C は頂点の座標が ([ア]a+[イ]，[ウ]$(a-$[エ]$)^2$) の放物線である。
2次関数 ① の $-1\leqq x\leqq 1$ における最小値について考える。
最小値が [ウ]$(a-$[エ]$)^2$ となる a の値の範囲は [オ]$\leqq a\leqq$[カ] である。
また，$a>$[カ] ならば，最小値は [キク]a+[ケ]，
$a<$[オ] ならば，最小値は [コ]a−[サ] である。
この最小値を a の関数と考えたとき，それが最大となるのは $a=$[シ] のときである。

重要 例題　基本例題よりも発展的で，共通テストで問われる知識を身につけるための問題。

素早く解く!　どのようにして時間を短縮して問題を解くか，さまざまなアイデアを紹介してある。**中には記述式の試験では使うことのできないものもあるので注意してほしい。**

参考　公式の覚え方や導き方，考え方など，参考になる事項をまとめた。

練習　重要例題で扱ったテーマに関する問題。

演習例題のページ

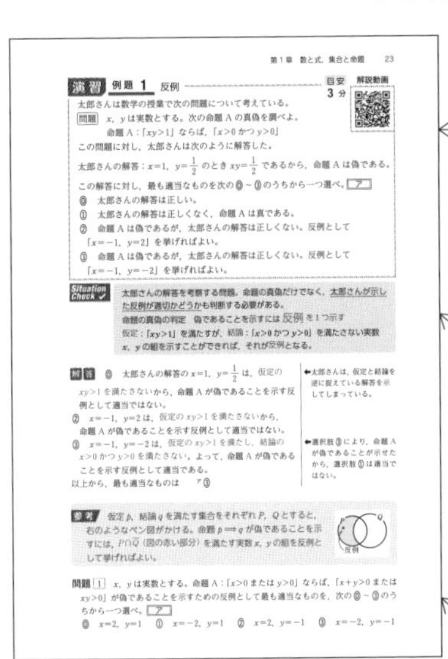

第1章　数と式，集合と命題　23

演習 例題 1　反例　　目安 3分　解説動画

太郎さんは数学の授業で次の問題について考えている。
問題　x，y は実数とする。次の命題Aの真偽を調べよ。
命題A：「$xy>1$」ならば，「$x>0$ かつ $y>0$」
この問題に対し，太郎さんは次のように解答した。
太郎さんの解答：$x=1$，$y=\frac{1}{2}$ のとき $xy=\frac{1}{2}$ であるから，命題Aは偽である。
この解答に対し，最も適当なものを次の⓪～③のうちから一つ選べ。[ア]
⓪　太郎さんの解答は正しい。
①　太郎さんの解答は正しくなく，命題Aは真である。
②　命題Aは偽であるが，太郎さんの解答は正しくない。反例として「$x=-1$，$y=2$」を挙げればよい。
③　命題Aは偽であるが，太郎さんの解答は正しくない。反例として「$x=-1$，$y=-2$」を挙げればよい。

Situation Check ✓　太郎さんの解答を考察する問題。命題の真偽だけでなく，太郎さんが示した反例が適切かどうかも判断する必要がある。
命題の真偽の判定　偽であることを示すには 反例 を1つ示す
仮定：「$xy>1$」を満たすが，結論：「$x>0$ かつ $y>0$」を満たさない実数 x，y の組を示すことができれば，それが反例となる。

解答　⓪　太郎さんの解答の $x=1$，$y=\frac{1}{2}$ は，仮定の $xy>1$ を満たさないから，命題Aが偽であることを示す反例として適当ではない。
②　$x=-1$，$y=2$ は，仮定の $xy>1$ を満たさないから，命題Aが偽であることを示す反例として適当ではない。
③　$x=-1$，$y=-2$ は，仮定の $xy>1$ を満たし，結論の $x>0$ かつ $y>0$ を満たさない。よって，命題Aが偽であることを示す反例として適当である。
以上から，最も適当なものは　ア③

←太郎さんは，仮定と結論を逆に捉えている解答を示してしまっている。
←選択肢③により，命題Aが偽であることが示せたから，選択肢①は適当ではない。

参考　仮定 p，結論 q を満たす集合をそれぞれ P，Q とすると，右のようなベン図がかける。命題 $p\Longrightarrow q$ が偽であることを示すには，$P\cap\overline{Q}$（図の赤い部分）を満たす実数 x，y の組を反例として挙げればよい。

問題 1　x，y は実数とする。命題A：「$x>0$ または $y>0$」ならば，「$x+y>0$ または $xy>0$」が偽であることを示すための反例として最も適当なものを，次の⓪～③のうちから一つ選べ。[ア]
⓪　$x=2$，$y=1$　①　$x=-2$，$y=1$　②　$x=2$，$y=-1$　③　$x=-2$，$y=-1$

演習 例題　共通テストで出題が予想される形式の問題。コンピュータ利用の場面設定や，対話形式など，共通テスト特有の形式の問題を扱っている。実践的な力を身につけるためにぜひ取り組んでほしい。

Situation Check ✓　例題において，どのようなことが問われているか，問題文で着目すべき部分はどこかを解説している。問題文を読んでもどこから手をつけてよいかわからない場合に確認してほしい。

問題　演習例題で扱ったテーマに関する問題。対応する演習例題で学んだ知識や考え方の確認ができる。ただし，演習例題と同形式ではない問題もあるので注意してほしい。

実践問題　各章の最後に，実践的な問題を載せた。共通テストの過去問や，共通テスト対策に十分役立つであろうセンター試験の過去問を中心に収録している。

・実際の共通テストを想定して目安時間を設けているので，参考にしてほしい。

・＊をつけた問題は特に重要であるので,時間がない場合はその問題をまず解いてほしい。

※**実践問題の取り組み方については，p. 24，25 に書かれている。**

素早く読む!　共通テストでは，文章量が多い問題の出題が予想される。厳しい時間設定の中，効率よく問題を解いていくために，演習例題や実践問題の解説において，問題文を素早く，的確に読み取るためのアイデアを紹介している。
問題は解けるが，時間がかかってしまう場合には，ぜひ参考にしてほしい。

実践模試　本番の形式に慣れるため，本番に近い模試形式の問題を載せた。力試しのため，時間を計って取り組んでみよう。

指針一覧　「例題は解けるのに，実践的な問題となると解けない」という人のために，実践問題と実践模試を解くための指針を載せた。ここには「問題文からどのようなことが考えられ，そこからどのような解法の方針を立てるか，これまで学んだ例題をどのように使うか」といった発想法が書かれている。また共通テスト特有の考え方（空欄の形から考える）なども書いているので，思うように解けない人は参考にしてほしい。

答の部　CHECK，練習，問題，実践問題，実践模試の順に，空所の解答のみを載せた。

まとめ　基本例題の POINT! と ▶CHART を中心に，特に重要な事項を p. 1 の前，p. 388 の後にまとめた。共通テストの直前に，最終的な知識の総確認のため利用してほしい。また，対応する例題番号を載せてあるので，いつでも例題に立ち戻って詳しい内容を確認することができる。

問題数　基本例題　128 題，　CHECK 問題　128 題
重要例題　71 題，　練習　71 題
演習例題　28 題，　問題　28 題
実践問題　59 題（＊問題　34 題）
実践模試　数学Ⅰ，数学A，　数学Ⅱ，数学B，数学C　各 1 回

デジタルコンテンツの活用方法

本書では，QR コード*からアクセスできるデジタルコンテンツを用意しています。これらを活用することで，わかりにくいところの理解を補ったり，学習したことを更に深めたりすることができます。

■ 解説動画

本書に掲載している演習例題の解説動画を配信しています。
数学講師が丁寧に解説しているので，本書と解説動画をあわせて学習することで，問題のポイントを確実に理解することができます。
例えば，

・演習例題を解いたあとに，その内容の理解を確認したいとき
・演習例題が解けなかったときや，解説を読んでも理解できなかったとき

といった場面で活用できます。
数学講師による解説を いつでも，どこでも，何度でも 視聴することができます。解説動画も活用して，チャート式とともに数学力を高めていってください。

■ サポートコンテンツ

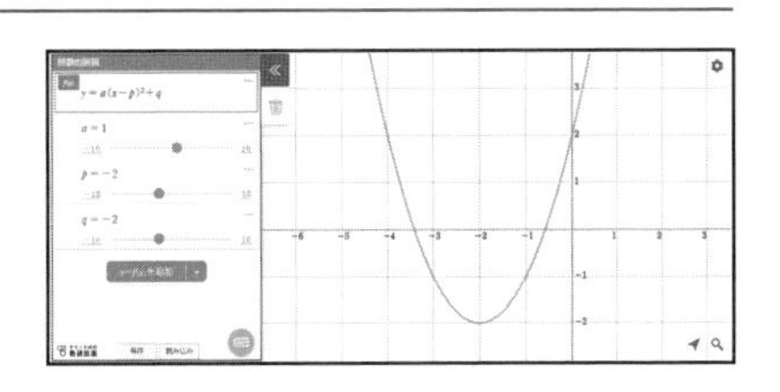

本書に掲載した問題や解説の理解を深めるための補助的なコンテンツも用意しています。例えば，関数のグラフや図形の動きを考察する問題において，画面上で実際にグラフや図形を動かしてみることで，視覚的なイメージと数式を結びつけて学習できるなど，より深い理解につなげることができます。

<デジタルコンテンツのご利用について>

デジタルコンテンツはインターネットに接続できるコンピュータやスマートフォン等でご利用いただけます。下記の URL，右の QR コード，もしくは演習例題のページにある QR コードからアクセスできます。

https://cds.chart.co.jp/books/t1s1atmxvz

※追加費用なしにご利用いただけますが，通信料は利用される方のご負担となります。Wi-Fi 環境でのご利用をおすすめいたします。学校や公共の場では，マナーを守ってスマートフォンなどをご利用ください。

＊ QR コードは，(株)デンソーウェーブの登録商標です。
※ 上記コンテンツは，順次配信予定です。また，画像は制作中のものです。

共通テスト 数学 の特徴から

ここでは，共通テストの特徴をまとめ，その対策に役立つことを記した。本書に取り組む前に，ぜひ一度目を通してほしい。

共通テストでは，数学の基本的な **知識・技能** だけでなく，それらを活用してさまざまな問題を解決するための **思考力や判断力** が問われる問題が多く出題されている。今後も，「典型的な解法パターンに当てはめる」という考え方では通用しない問題の出題が予想される。また，「日常生活に関連した題材」がテーマになった問題も過去には多く出題され，今後の共通テストでも同様の形式の問題の出題が予想される。数学の知識や問題の解き方を身につけても，共通テスト特有の形式に慣れていないと高得点は望めない。

上記に加え，共通テストの大きな特徴は次の2点であるといえる。

① マーク式試験である

② 厳しい時間設定がなされている

このような特徴を踏まえ，学習するにあたって，また，実際の試験場で，どのようなことに気をつければよいのか考えていくことにしよう。

時間との勝負

共通テストは「学習指導要領の定める範囲内」で出題されるため，高度な数学の知識が要求される問題は出題されない。しかし，共通テストで高得点をはばむ1つの要因として，厳しい時間制限が挙げられる。

共通テストの過去問を分析すると，1問あたりの問題文は4～6ページのものが多い。共通テストは，このように問題文が長いことも特徴の1つである。70分の試験でこれだけの問題文を読み，問題を解くことが求められる。

したがって，いかに効率よく問題を解いていくかが大きなポイントになる。

まず，得点しやすい問題から取りかかることが必要になる。得意な分野がある人はその問題から取りかかるとよい。(ただし，マークする場所に注意！)

また，問題の途中で解答に行き詰まってしまった場合，その問題は後回しにして次の問題に取りかかろう。1つの問題に固執して時間をかけすぎるのは得策ではない。

なお，共通テスト対策を始めた段階では，過去問にあるような問題文の長い問題を解くことに対し，取り組みにくさがあると思われる。そこで，本書の演習例題を通じて，共通テストの形式に少しずつ慣れていってほしい。さらに，本書では随所に「***素早く解く!***」「***素早く読む!***」というコーナーを設けた。問題を素早く解くための工夫が多く書かれている。中には記述式の試験では使えないようなものもあるので注意が必要だが，共通テストでは時間の節約に役立つはずである。

できるだけ丁寧に書く

共通テストでは部分点が与えられないので，計算ミスは命取りになる。余白をうまく使って丁寧に書いて計算することを心掛けよう。

また，時間制限が厳しい試験ではあるが，計算を雑にすることは，少し時間が短縮されるとしてもよい作戦ではない。

まず，雑に計算すると計算ミスを起こしやすくなる。

また，答と空欄の形が合わなかった場合，雑に書いているとどこで計算ミスをしたのか振り返ることが困難になり，最初から計算しなおすことになってしまう。

さらに，共通テストの問題では，一度計算を行った過程や結果を後の問題で使うことがある。雑に書いていると，それがどこにあるのかわからなくなってしまい，それを探す時間が無駄になってしまう。後で利用しそうな結果には印をつけるなどすれば，時間の短縮に一役買うことになるだろう。

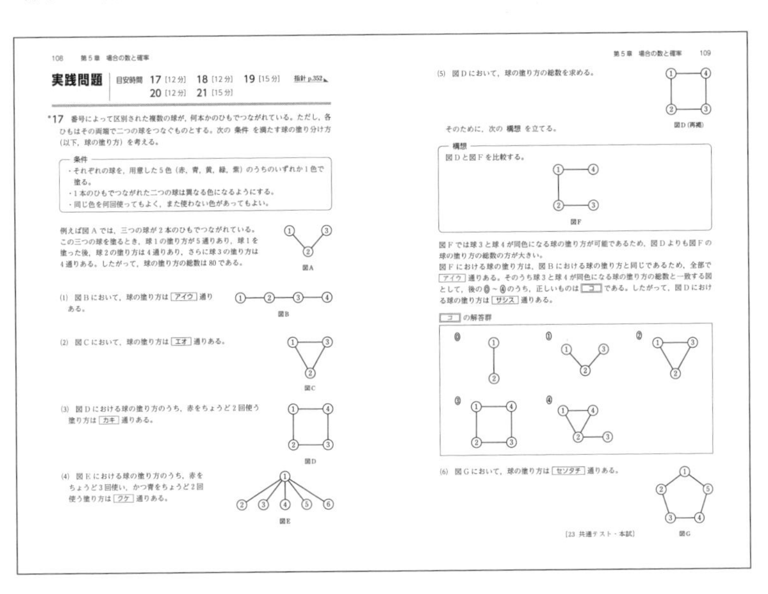

108　第5章　場合の数と確率

実践問題　目安時間　17 〔12分〕　18 〔12分〕　19 〔15分〕　指針 p.352
20 〔12分〕　21 〔15分〕

*17　番号によって区別された複数の球が，何本かのひもでつながれている。ただし，各ひもはその両端で二つの球をつなぐものとする。次の 条件 を満たす球の塗り分け方（以下，球の塗り方）を考える。

条件
・それぞれの球を，用意した5色（赤，青，黄，緑，紫）のうちのいずれか1色で塗る。
・1本のひもでつながれた二つの球は異なる色になるようにする。
・同じ色を何回使ってもよく，また使わない色があってもよい。

例えば図Aでは，三つの球が2本のひもでつながれている。この三つの球を塗るとき，球1の塗り方が5通りあり，球1を塗った後，球2の塗り方は4通りあり，さらに球3の塗り方は4通りある。したがって，球の塗り方の総数は80である。

図A

(1)　図Bにおいて，球の塗り方は アイウ 通りある。

図B

(2)　図Cにおいて，球の塗り方は エオ 通りある。

図C

(3)　図Dにおける球の塗り方のうち，赤をちょうど2回使う塗り方は カキ 通りある。

図D

(4)　図Eにおける球の塗り方のうち，赤をちょうど3回使い，かつ青をちょうど2回使う塗り方は クケ 通りある。

図E

第5章　場合の数と確率　109

(5)　図Dにおいて，球の塗り方の総数を求める。

図D（再掲）

そのために，次の 構想 を立てる。

構想
図Dと図Fを比較する。

図F

図Fでは球3と球4が同色になる球の塗り方が可能であるため，図Dよりも図Fの球の塗り方の総数の方が大きい。
図Fにおける球の塗り方は，図Bにおける球の塗り方と同じであるため，全部で アイウ 通りある。そのうち球3と球4が同色になる球の塗り方の総数と一致する図として，後の⓪～④のうち，正しいものは コ である。したがって，図Dにおける球の塗り方は サシス 通りある。

コ の解答群

⓪　①　②　③　④

(6)　図Gにおいて，球の塗り方は セソタチ 通りある。

〔23 共通テスト・本試〕

図G

本書に掲載している共通テストの過去問の例。
右ページの(5)では，**構想** とともに問題を解くための考え方が記載されている。その下の(6)は，問題文は短くシンプルであるが，(5)の考え方を応用して解くことができる。

図を正確にかく

共通テストでは，定規もコンパスも（もちろん分度器も）使えない。したがって，図はすべてフリーハンドでかくことになる。普段の学習で定規などを使っている人は要注意である。必要な図をフリーハンドでかけるようにしておきたい。

図を正確にかけば，問題の内容も理解しやすく，図から答の見当がつくこともある。

また，問題を解いていく中で求めた辺の長さや角の大きさ，点の座標などを丁寧に図にかき込んでいくことも重要である。図が複雑であれば，必要な部分だけ取り出してかき直すのも有効である。

マークの空欄にも着目

例えば，[ア] という解答欄に 15 という答が出てきたら，どこかでミスをしていることがわかる。

共通テストのマークには以下のようなルールがあるので把握しておこう。

・カタカナ 1 つに数字（0 ～ 9），負の符号（－）のいずれか 1 つが対応する。

・分数で答える場合は既約分数で答えなければならない。

・分数にマイナスがつく場合，分子につけなくてはならない。

・根号のついた数は，根号内を最小の整数にしなければならない。

・符号が連続することはない。例えば　$x+$[アイ]y　のアに － が入ることはない。すなわち $x-2y$ などは誤りである。

・文字の係数に 1，0 が入ることはない。例えば　[ア]a　のアに 1 や 0 が入ることはない。計算の結果，「a」という答が出たら，それは誤りである。

また，マークの空欄を利用することで，便利な解法が考えられる場合もある。本書では「***素早く解く!***」のコーナーでその都度紹介している。

なお，空欄に数字や負の符号（－）が入るのではなく，与えられた選択肢から適するものを選ぶ形式の問題も出題される。そのような問題の空欄は [[イ]] のように二重四角で表記してある。選択肢をよく確認してマークしよう。

また，1 つの問題文中に同じ解答記号がもう一度現れ，求めた答が問題文の一部となることがある。この場合，共通テストおよび本書では 2 度目以降を細字で表記してあり，本書では [ア]，[[イ]] のように表記している。新しい空欄であると勘違いしないように注意しよう。

マークシートの記入上の注意

マークシートに記入する際は，次の点に注意しよう。

・マークシートは汚したり，折り曲げたりしない。

・正しい位置をきれいに濃く塗りつぶす。

・マークミスは絶対にしない。

マークミスをすると問題が解けても 0 点であり，また，もしマークの位置がずれると大問 1 問が丸ごと 0 点という事態にもなりかねない。このようなことを防ぐためにも，大問 1 問を解き終えたら（解けるところまで解いたら），最後のマークのカタカナと問題用紙の空欄のカタカナが一致するか確認するようにしよう。

使 用 法 例

人によって，共通テストに対しての取り組み方は異なっているはずである。そこで，目的に応じた利用の仕方を列挙したので，自分にあった方法で学習してほしい。

① 基本を復習しながら共通テストレベルまで確実に学習したい。

基本 例題 → CHECK → 重要 例題 → 練習 → 演習 例題 → 問題 → 実践問題

② 基本は固まっていると思うが自信はない。または，時間をかけずに基本を固めたい。

CHECK（できなければ 基本 例題 に戻る）→ 重要 例題 → 練習 → 演習 例題 → 問題 → 実践問題

③ 苦手分野を克服したい。

（苦手分野のみの） 基本 例題 → CHECK → 重要 例題 → 練習 → 演習 例題 → 問題 → 実践問題

④ 時間がないので，ざっとひととおり学習したい。

CHECK → 練習 → 問題 → 実践問題 の＊問題

⑤ 基本は固まっているので，共通テストに対応できる力をつけたい。

重要 例題（つまずいたら 基本 例題 に戻る）→ 練習 → 演習 例題 → 問題 → 実践問題

⑥ 基本は固まっている。時間をかけずに実践力をつけたい。

練習（できなければ 重要 例題 に戻る）→ 演習 例題 → 問題 → 実践問題

⑦ 力はついているので，とにかく共通テストらしい傾向の問題に取り組みたい。

演習 例題 → 問題 → 実践問題

⑧ 力はついていると思うのだが，模試などで時間が足りず点数が伸びない。

「***素早く解く!***」，「***素早く読む!***」を探し，その例題や問題に取り組む

⑨ 共通テスト直前である。

実践模試 → 不安な分野，内容は例題に戻る

⑩ 今日が共通テスト当日だ。

まとめを試験会場で読み，不安な内容については例題を参照

目 次

第1章　数と式，集合と命題

基本 例題 1　式の展開，因数分解

(1)　次の式を展開せよ。

$(x+2y)(3x+5y)=$ ア x^2+ イウ $xy+$ エオ y^2

$(3x-y+4)^2=$ カ x^2+y^2- キ $xy+$ クケ $x-$ コ $y+$ サシ

(2)　次の式を因数分解せよ。

$6x^2-7xy-5y^2=($ ス $x+y)($ セ $x-$ ソ $y)$

$2x^2-3y^2+5xy-4x-5y+2=(x+$ タ $y-$ チ $)($ ツ $x-y-$ テ $)$

POINT!

展開，因数分解の公式

$$(ax+b)(cx+d)=acx^2+(ad+bc)x+bd$$

$$(a+b+c)^2=a^2+b^2+c^2+2ab+2bc+2ca$$

2つ以上の文字を含む式の因数分解

→1つの文字について整理。

解答　(1)　$(x+2y)(3x+5y)$

$=1\cdot 3x^2+(1\cdot 5y+2y\cdot 3)x+2y\cdot 5y$

$=^{ア}\mathbf{3}x^2+^{イウ}\mathbf{11}xy+^{エオ}\mathbf{10}y^2$

←$(ax+b)(cx+d)=acx^2+(ad+bc)x+bd$

$(3x-y+4)^2=(3x)^2+(-y)^2+4^2+2\cdot 3x\cdot(-y)+2\cdot(-y)\cdot 4+2\cdot 4\cdot 3x$

$=^{カ}\mathbf{9}x^2+y^2-^{キ}\mathbf{6}xy+^{クケ}\mathbf{24}x-^{コ}\mathbf{8}y+^{サシ}\mathbf{16}$

←$(a+b+c)^2=a^2+b^2+c^2+2ab+2bc+2ca$

(2)　$6x^2-7xy-5y^2=(^{ス}\mathbf{2}x+y)(^{セ}\mathbf{3}x-^{ソ}\mathbf{5}y)$

←$acx^2+(ad+bc)x+bd=(ax+b)(cx+d)$

$$\begin{array}{ccccc} 2 & \diagdown\!\!\!\diagup & y & \longrightarrow & 3y \\ 3 & & -5y & \longrightarrow & -10y \\ \hline 6 & & -5y^2 & & -7y \end{array}$$

$2x^2-3y^2+5xy-4x-5y+2$

$=2x^2+(5y-4)x-(3y^2+5y-2)$

$=2x^2+(5y-4)x-(3y-1)(y+2)$

$=\{2x-(y+2)\}\{x+(3y-1)\}$

$=(x+^{タ}\mathbf{3}y-^{チ}\mathbf{1})(^{ツ}\mathbf{2}x-y-^{テ}\mathbf{2})$

←1つの文字 x について整理。

$$\begin{array}{ccccc} 3 & \diagdown\!\!\!\diagup & -1 & \longrightarrow & -1 \\ 1 & & 2 & \longrightarrow & 6 \\ \hline 3 & & -2 & & 5 \end{array}$$

$$\begin{array}{ccccc} 2 & \diagdown\!\!\!\diagup & -(y+2) & \longrightarrow & -y-2 \\ 1 & & 3y-1 & \longrightarrow & 6y-2 \\ \hline 2 & & -(3y-1)(y+2) & & 5y-4 \end{array}$$

基本 例題 2 $\sqrt{A^2}$ の計算

$\sqrt{(2\sqrt{3}-3\sqrt{2})^2}$ を簡単にすると，[ア]$\sqrt{[イ]}$－[ウ]$\sqrt{[エ]}$ である。

POINT!

$\sqrt{A^2}=|A|$

絶対値は場合に分ける。

$A\geqq 0$ のとき $|A|=A$，　$A<0$ のとき $|A|=-A$

解答 $\sqrt{(2\sqrt{3}-3\sqrt{2})^2}=|2\sqrt{3}-3\sqrt{2}|$

$2\sqrt{3}-3\sqrt{2}=\sqrt{12}-\sqrt{18}<0$ であるから

$\sqrt{(2\sqrt{3}-3\sqrt{2})^2}=-(2\sqrt{3}-3\sqrt{2})$

$={}^{ア}\mathbf{3}\sqrt{{}^{イ}\mathbf{2}}-{}^{ウ}\mathbf{2}\sqrt{{}^{エ}\mathbf{3}}$

⬅ $\sqrt{A^2}=|A|$

⬅ $12<18$ から $\sqrt{12}<\sqrt{18}$

⬅ $A<0$ のとき $|A|=-A$

CHART

絶対値　場合分け　$A\geqq 0$ のとき $|A|=A$，
$A<0$ のとき $|A|=-A$

基本 例題 3 分母の有理化・対称式

$x=\dfrac{2-\sqrt{3}}{2+\sqrt{3}}$，$y=7+4\sqrt{3}$ のとき，$x+y=$[アイ]，$xy=$[ウ] である。

よって，$x^2y+xy^2=$[エオ]，$x^2+y^2=$[カキク] である。

POINT!

分母の有理化

分母が $\sqrt{a}+\sqrt{b}$ なら，$\sqrt{a}-\sqrt{b}$ を分母・分子に掛ける。

対称式（文字を入れ替えても，もとの式と同じになる式）

⟶ $x+y$，xy（x，y の基本対称式）を使って表す。

$x^2+y^2=(x+y)^2-2xy$

解答 $x=\dfrac{2-\sqrt{3}}{2+\sqrt{3}}=\dfrac{(2-\sqrt{3})(2-\sqrt{3})}{(2+\sqrt{3})(2-\sqrt{3})}$

$=\dfrac{(2-\sqrt{3})^2}{2^2-(\sqrt{3})^2}=\dfrac{4-4\sqrt{3}+3}{4-3}=7-4\sqrt{3}$

よって　$x+y=(7-4\sqrt{3})+(7+4\sqrt{3})={}^{アイ}\mathbf{14}$

$xy=(7-4\sqrt{3})(7+4\sqrt{3})=7^2-(4\sqrt{3})^2={}^{ウ}\mathbf{1}$

ゆえに　$x^2y+xy^2=xy(x+y)=1\cdot 14={}^{エオ}\mathbf{14}$

$x^2+y^2=(x+y)^2-2xy=14^2-2\cdot 1={}^{カキク}\mathbf{194}$

⬅分母の有理化
分母・分子に $2-\sqrt{3}$ を掛ける。

⬅ $(2-\sqrt{3})^2$
$=2^2-2\cdot 2\cdot\sqrt{3}+(\sqrt{3})^2$

⬅ $x^2+y^2=(x+y)^2-2xy$

CHART

x，y の対称式　基本対称式 $x+y$，xy で表す

基本 例題 4　１次不等式

不等式 $2(x+1)>\dfrac{3+5x}{2}$ の解は $x<$［ア］であり，$|x-3|\leqq 2$ の解は［イ］$\leqq x \leqq$［ウ］である。

また，連立不等式 $\begin{cases} 2x-5\geqq 1 \\ 6-x\leqq 1 \end{cases}$ の解は $x\geqq$［エ］であり，$2<4x-1<3x$ の解は $\dfrac{［オ］}{［カ］}<x<$［キ］である。

POINT!

１次不等式 ⟶ $ax>b$ などの形に変形し，両辺を a で割る。

不等号の向きは

$a>0$ のとき **そのまま**　　$a<0$ のとき **変わる。**

絶対値は場合分け（➡基 2）

また，A が正の定数のとき

$|X|<A \Leftrightarrow -A<X<A$　　$|X|>A \Leftrightarrow X<-A,\ A<X$

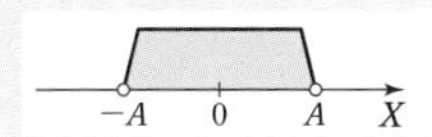

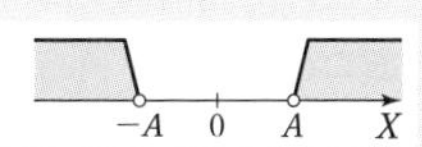

連立不等式　⟶ **数直線を利用。**

$A<B<C$ の形の不等式 ⟶ $A<B$ かつ $B<C$

解答　$2(x+1)>\dfrac{3+5x}{2}$ から　　$4(x+1)>3+5x$

すなわち　　$4x+4>3+5x$

よって　　$-x>-1$　　ゆえに　　$x<$ ア$\mathbf{1}$

$|x-3|\leqq 2$ から　　$-2\leqq x-3\leqq 2$

各辺に 3 を加えて　　$-2+3\leqq x-3+3\leqq 2+3$

よって　　イ$\mathbf{1}\leqq x\leqq$ ウ$\mathbf{5}$

$2x-5\geqq 1$ から　　$2x\geqq 6$

よって　　$x\geqq 3$

$6-x\leqq 1$ から　　$-x\leqq -5$

よって　　$x\geqq 5$

$x\geqq 3$ かつ $x\geqq 5$ から　　$x\geqq$ エ$\mathbf{5}$

$2<4x-1<3x$ から

$2<4x-1$ かつ $4x-1<3x$

$2<4x-1$ から　　$-4x<-3$　　よって　　$x>\dfrac{3}{4}$

$4x-1<3x$ から　　$x<1$

$x>\dfrac{3}{4}$ かつ $x<1$ から　　$\dfrac{\text{オ}\mathbf{3}}{\text{カ}\mathbf{4}}<x<$ キ$\mathbf{1}$

⬅ $-1<0$ より向きが変わる。

⬅ $|X|\leqq A \Leftrightarrow -A\leqq X\leqq A$

⬅ ***素早く解く！***

$-2\leqq x-3$ かつ $x-3\leqq 2$ とするより，この方が早い。

⬅ 数直線を利用し，共通範囲を求める。

⬅ $A<B<C \Leftrightarrow A<B$ かつ $B<C$

⬅

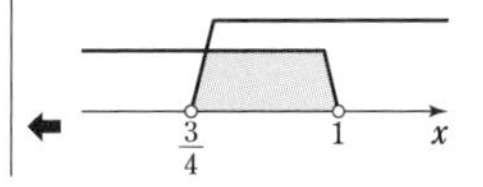

CHART

範囲の共通部分や和集合　　数直線を利用

基本　例題 5　集合と命題

50 以下のすべての自然数の集合を全体集合 U とし，その部分集合 A，B，C を $A=\{x \mid x$ は 3 の倍数$\}$，$B=\{x \mid x$ は偶数$\}$，$C=\{x \mid x$ は 20 の倍数$\}$ とする。
このとき，命題「B ア C」，「A イ $C=\varnothing$」は真である。ア，イ に当てはまるものを，次の ⓪～⑤ のうちから一つずつ選べ。ただし，同じものを繰り返し選んでもよい。

⓪ $\in$　① $\ni$　② $\subset$　③ $\supset$　④ $\cap$　⑤ $\cup$

POINT!　集合の **要素** を書き並べて，それぞれの集合に共通する要素があるかを確認する。
また，記号 $\subset$，$\in$ の違いに注意（$\subset$ は集合の包含関係，$\in$ は要素が集合に属することを表す）。

解答　$A=\{3,\ 6,\ 9,\ 12,\ \cdots\cdots,\ 48\}$
$B=\{2,\ 4,\ 6,\ 8,\ \cdots\cdots,\ 50\}$
$C=\{20,\ 40\}$
よって　$B\supset C$（ア ③），$A\cap C=\varnothing$（イ ④）

⬅要素を書き並べる。
⬅ C の要素はすべて B の要素である。

参考　$A\cap B=\{6,\ 12,\ \cdots\cdots,\ 48\}$ であるから，$A\cap B\neq\varnothing$ である。よって，
$A\cap B\neq\varnothing$，$A\cap C=\varnothing$，$B\supset C$
に注意すると，A，B，C の関係を表す図（ベン図）は，右のようになる。

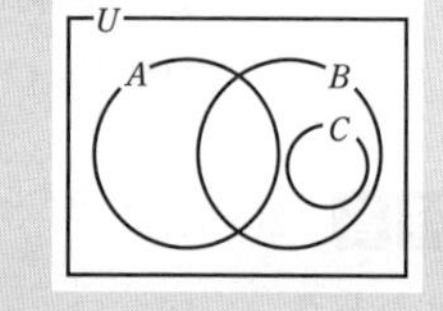

基本　例題 6　有理数と無理数，実数

有理数 a，b について $(1+\sqrt{2})a+(1-\sqrt{2})b=3-7\sqrt{2}$ が成り立つとき，
$a=$ アイ，$b=$ ウ である。また，実数 p，q について
$(p+q+2)^2+(2p-q-5)^2=0$ が成り立つとき，$p=$ エ，$q=$ オカ である。

POINT!　s，t が有理数，w が無理数であるとき　$s+tw=0 \iff s=t=0$
u，v が実数のとき　$u^2+v^2=0 \iff u=v=0$

解答　$(1+\sqrt{2})a+(1-\sqrt{2})b=3-7\sqrt{2}$ から
$(a+b-3)+(a-b+7)\sqrt{2}=0$
a，b は有理数であるから，$a+b-3$，$a-b+7$ も有理数である。また，$\sqrt{2}$ は無理数であるから
$a+b-3=0$，$a-b+7=0$
よって　$a=$ アイ $\mathbf{-2}$，$b=$ ウ $\mathbf{5}$
また，$(p+q+2)^2+(2p-q-5)^2=0$ において，p，q は実数であるから，$p+q+2$，$2p-q-5$ も実数である。
ゆえに　$p+q+2=0$，$2p-q-5=0$
よって　$p=$ エ $\mathbf{1}$，$q=$ オカ $\mathbf{-3}$

⬅ ○＋□$\sqrt{2}=0$ の形にする。
⬅ s，t が有理数，w が無理数のとき $s+tw=0 \iff s=t=0$
⬅ u，v が実数のとき $u^2+v^2=0 \iff u=v=0$

基本 例題 7　命題の真偽

次の命題が真ならば⓪を，偽ならば①をそれぞれマークせよ。

(1)　a, b を整数とする。「a, b の少なくとも1つが6で割り切れるならば ab が12で割り切れる」の逆は［ア］。

(2)　実数 x について，「$|x-2|\leqq 1$ ならば $2x-3<5$」は［イ］。

(3)　実数 x, y について，「$x+y\neq 6$ ならば $x\neq 3$ または $y\neq 3$」は［ウ］。

POINT!

真偽の判定　「p ならば q」が正しいとき，この命題は **真**，正しくないとき **偽** である。

反例 があれば偽。

集合を利用　条件 p, q を満たす集合を P, Q とすると 「p ならば q」が真 $\Longleftrightarrow P\subset Q$

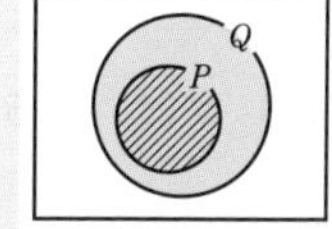

対偶を利用　「p ならば q」と「$\overline{q}$ ならば $\overline{p}$」の 真偽は一致。

$p\Longrightarrow q$ の逆は　$q\Longrightarrow p$　　（$\overline{p}$, $\overline{q}$ は条件 p, q の否定）

解答　(1)　命題の逆は「ab が12で割り切れるならば a, b の少なくとも1つが6で割り切れる」である。

反例は　$a=3$, $b=4$

よって偽である。ゆえに　ア ①

(2)　$|x-2|\leqq 1$ から　$-1\leqq x-2\leqq 1$

各辺に2を加えて

$$-1+2\leqq x-2+2\leqq 1+2$$

ゆえに　$1\leqq x\leqq 3$ …… ①

また，$2x-3<5$ から　$2x<8$

ゆえに　$x<4$ …… ②

①，② を図示すると右のようになり，①⊂② であるから，真である。

よって　イ ⓪

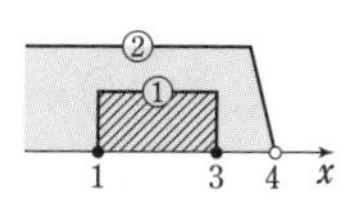

(3)　「$x+y\neq 6$ ならば $x\neq 3$ または $y\neq 3$」の対偶は「$x=3$ かつ $y=3$ ならば $x+y=6$」である。

これは明らかに真であるから，もとの命題も真である。

よって　ウ ⓪

⬅ $p\Longrightarrow q$ の逆は $q\Longrightarrow p$

⬅ 1つでも反例があれば偽。「p ならば q」の反例は，p を満たすが，q を満たさない例である。 ➡参考

⬅ $|X|\leqq A \Longleftrightarrow -A\leqq X\leqq A$ ➡基4

⬅ 集合を利用。

CHART　数直線を利用 ➡基4

⬅ 対偶を利用。
直接判断しにくいときは，対偶を考えてみる。
もとの命題とその対偶の**真偽は一致**。
「p_1 または p_2」の否定は「$\overline{p_1}$ かつ $\overline{p_2}$」である。

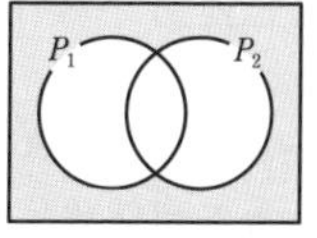

（「p_1 かつ p_2」の否定は「$\overline{p_1}$ または $\overline{p_2}$」である。）

参考　**反例が1つでも存在すれば偽** であることが言える。ただし，反例が思いつかないという理由で真であると判断すると，常に「見落とし」という危険がともなう。共通テストでは証明は不要だが，ある程度は証明の流れを想定してから真であると判断した方がよい。そのため，普段の学習では，真である場合はそのことを証明するようにしておこう。

CHECK

□ **1** (1) 次の式を展開せよ。

$(3x-y)(4x+7y)=$ アイ x^2+ ウエ $xy-$ オ y^2

$(2x-3y+1)^2=$ カ x^2+ キ y^2- クケ $xy+$ コ $x-$ サ $y+$ シ

(2) 次の式を因数分解せよ。

$3x^2-8xy+4y^2=(x-$ ス $y)($ セ $x-$ ソ $y)$

$3x^2-6y^2-7xy+2x-17y-5$

$=(x-$ タ $y-$ チ $)($ ツ $x+$ テ $y+$ ト $)$

□ **2** $\sqrt{(3\sqrt{6}-5\sqrt{2})^2}$ を簡単にすると， ア $\sqrt{\text{イ}}$ − ウ $\sqrt{\text{エ}}$ である。

□ **3** $x=3+2\sqrt{2}$，$y=\dfrac{1}{3+2\sqrt{2}}$ のとき，$x+y=$ ア ，$xy=$ イ である。

よって，$x^2+y^2=$ ウエ ，$x^4+y^4=$ オカキク である。

□ **4** 不等式 $3x-3\leqq 2(2x-1)$ の解は $x\geqq$ アイ ，$|2x-1|>1$ の解は

$x<$ ウ ， エ $<x$ である。

また，連立不等式 $\begin{cases} 5(x+1)<-(x+7) \\ 2x+5>3x-5 \end{cases}$ の解は $x<$ オカ ，$2x-1<5x-3<1$ の解は

$\dfrac{\text{キ}}{\text{ク}}<x<\dfrac{\text{ケ}}{\text{コ}}$ である。

□ **5** 30 以下のすべての自然数の集合を全体集合 U とし，その部分集合 A，B，C を

$A=\{x \mid x$ は素数$\}$，$B=\{x \mid x$ は 4 の倍数$\}$，$C=\{x \mid x$ は 12 の倍数$\}$

とする。このとき，命題「A ア $B=\varnothing$」，「B イ C」は真である。 ア ，

イ に当てはまるものを，次の ⓪ ～ ⑤ のうちから一つずつ選べ。ただし，同じものを繰り返し選んでもよい。

⓪ $\in$　① $\ni$　② $\subset$　③ $\supset$　④ $\cap$　⑤ $\cup$

□ **6** 有理数 a，b について $\sqrt{5}(\sqrt{5}-4)a+(\sqrt{5}-1)b=2\sqrt{5}$ が成り立つとき，

$a=$ ア ，$b=$ イウ である。

また，実数 p，q について $(p+q+1)^2+(3p-2q+5)^2=0$ が成り立つとき，

$p=\dfrac{\text{エオ}}{\text{カ}}$，$q=\dfrac{\text{キ}}{\text{ク}}$ である。

□ **7** 次の命題が真ならば ⓪ を，偽ならば ① をそれぞれマークせよ。

(1) n を自然数とする。「$n=2$ ならば n^2 が 24 の約数である」の逆は ア 。

(2) 実数 x について，「$1\leqq x\leqq 6$ ならば $|x-3|<3$」は イ 。

(3) 実数 x，y，z について，「$x+y+z>0$ または $xyz>0$ ならば，x，y，z のうち少なくとも 1 つは正である」は ウ 。

重要 例題 1　整数部分，小数部分と式の値

$\dfrac{11}{5-\sqrt{3}}$ の整数部分を a，小数部分を b とする。

$a=$ ア ，$b=\dfrac{\sqrt{\boxed{イ}}-\boxed{ウ}}{\boxed{エ}}$ であるから，$\dfrac{a}{b(b+1)}=$ オ である。

POINT!
実数 x の整数部分，小数部分
$n \leqq x < n+1$ となる整数 n を探す。
整数部分 は n，　小数部分 は $x-$(x の整数部分)

解答

$$\frac{11}{5-\sqrt{3}}=\frac{11(5+\sqrt{3})}{(5-\sqrt{3})(5+\sqrt{3})}=\frac{11(5+\sqrt{3})}{5^2-(\sqrt{3})^2}$$
$$=\frac{11(5+\sqrt{3})}{22}=\frac{5+\sqrt{3}}{2}$$

$1<\sqrt{3}<2$ であるから　$5+1<5+\sqrt{3}<5+2$

よって　$\dfrac{6}{2}<\dfrac{5+\sqrt{3}}{2}<\dfrac{7}{2}$

ゆえに，$3<\dfrac{5+\sqrt{3}}{2}<3.5$ であるから　$3 \leqq \dfrac{5+\sqrt{3}}{2}<4$

よって，整数部分 a は　$a=$ ア**3**

また，小数部分 b は　$b=\dfrac{5+\sqrt{3}}{2}-3=\dfrac{\sqrt{{}^{イ}\mathbf{3}}-{}^{ウ}\mathbf{1}}{{}^{エ}\mathbf{2}}$

よって　$b(b+1)=\dfrac{\sqrt{3}-1}{2}\cdot\dfrac{\sqrt{3}+1}{2}$
$$=\frac{(\sqrt{3})^2-1^2}{4}=\frac{2}{4}=\frac{1}{2}$$

ゆえに　$\dfrac{a}{b(b+1)}=3\div\dfrac{1}{2}=3\times2=$ オ**6**

⬅分母の有理化
分母・分子に $5+\sqrt{3}$ を掛ける。 ➡基3

⬅各辺に5を加え，各辺を2で割って $\dfrac{5+\sqrt{3}}{2}$ をつくり出す。

⬅$3 \leqq \dfrac{5+\sqrt{3}}{2}<3+1$ から，
整数部分は3
小数部分は
$\dfrac{5+\sqrt{3}}{2}-$(整数部分)

参考　$\sqrt{3}=1.7\cdots\cdots$ であるから　$\dfrac{5+\sqrt{3}}{2}=3.3\cdots\cdots$

よって，整数部分 a は　$a=$ ア**3**

このように，平方根の近似値を覚えておくと便利である。

$\sqrt{2}=1.4\cdots\cdots$，　$\sqrt{3}=1.7\cdots\cdots$，　$\sqrt{5}=2.2\cdots\cdots$，　$\sqrt{6}=2.4\cdots\cdots$，
$\sqrt{7}=2.6\cdots\cdots$，　$\sqrt{8}=2.8\cdots\cdots$，　$\sqrt{10}=3.1\cdots\cdots$

練習 1　方程式 $|3x-7|=\sqrt{5}$ の2つの解を α，β $(\alpha>\beta)$ とする。α の整数部分を a，小数部分を b とし，β の整数部分を c，小数部分を d とする。

このとき，$a=$ ア ，$c=$ イ であり，$bd=\dfrac{-\boxed{ウエ}+\boxed{オ}\sqrt{5}}{\boxed{カ}}$ である。

また，$9b^2+12b+4=$ キ である。

重要 例題 2　1次不等式の解

x の不等式 $\frac{1}{2}(x+1)+a \leqq 2a-x-1$ の解は x [ア] $\frac{[イ]a-[ウ]}{[エ]}$ である。
また，不等式の解が $x=-3$ を含むとき，a [オ] [カキ] である。
ただし，[ア]，[オ] には，次の ⓪ ~ ④ のうちから当てはまるものを一つずつ選べ。同じものを繰り返し選んでもよい。
⓪ $>$　① $<$　② $\geqq$　③ $\leqq$　④ $\neq$

POINT!　不等式の解 → 数直線上で考える。

解答　$\frac{1}{2}(x+1)+a \leqq 2a-x-1$ から

$$x+1+2a \leqq 4a-2x-2$$

よって　$3x \leqq 2a-3$

ゆえに　$x \leqq \frac{{}^{イ}2a-{}^{ウ}3}{{}^{エ}3}$　（^{ア}③）

不等式の解が $x=-3$ を含むとき，右の数直線から　$-3 \leqq \frac{2a-3}{3}$

（数直線：-3，$\frac{2a-3}{3}$，x）

これを解くと　$a \geqq {}^{カキ}-3$　（^{オ}②）

〔別解〕　$x=-3$ が不等式を満たすから，代入して

$$\frac{1}{2}(-3+1)+a \leqq 2a-(-3)-1$$

すなわち　$-1+a \leqq 2a+2$

よって　$a \geqq {}^{カキ}-3$　（^{オ}②）

➡ 基4
x 以外の項は定数と考えて解く。

⬅数直線上で考える。

➡参考

⬅$-9 \leqq 2a-3$ から　$-2a \leqq 6$

⬅不等式の解が $x=-3$ を含む
　→ $x=-3$ が不等式を満たす。

参考　不等式の問題では，等号を含むかどうか判断に迷うことがある。そのときには，**＝の場合に条件を満たすかどうか** を考えればよい。例えば，本問において $-3 \leqq \frac{2a-3}{3}$ か $-3 < \frac{2a-3}{3}$ のどちらか判断に迷ったときは，$-3=\frac{2a-3}{3}$ の場合を考えると，不等式の解は $x \leqq -3$ であり，$x=-3$ が含まれているから「$\leqq$」だとわかる。
記述式の試験や，共通テストで不等号が問われた場合は，等号の有無まで注意を払おう。

練習 2　x の不等式 $4x+a+5>6(x+1)$ の解は x [ア] $\frac{a-[イ]}{[ウ]}$ である。また，方程式 $|6x-13|=17$ の2つの解のうち，一方が不等式の解に含まれ，もう一方が不等式の解に含まれないとき，$\frac{[エオ]}{[カ]}$ [キ] a [ク] [ケコ] である。
ただし，[ア]，[キ]，[ク] には，次の ⓪ ~ ④ のうちから当てはまるものを一つずつ選べ。同じものを繰り返し選んでもよい。
⓪ $>$　① $<$　② $\geqq$　③ $\leqq$　④ $\neq$

重要 例題 3　不等式の整数解

不等式 $\left|x-\frac{1}{3}\right|<\frac{13}{3}$ を満たす整数 x は [ア] 個ある。

また，$a>0$ のとき，不等式 $\left|x-\frac{1}{3}\right|<a$ を満たす整数 x が 5 個であるような a の値の範囲は $\frac{\boxed{イ}}{\boxed{ウ}}<a\leqq\frac{\boxed{エ}}{\boxed{オ}}$ である。

POINT!　不等式の解 → 数直線上で考える。

解答　$\left|x-\frac{1}{3}\right|<\frac{13}{3}$ から　$-\frac{13}{3}<x-\frac{1}{3}<\frac{13}{3}$

各辺に $\frac{1}{3}$ を加えて　$-4<x<\frac{14}{3}$

これを満たす整数 x は $-3,\ -2,\ -1,\ 0,\ 1,\ 2,\ 3,\ 4$ の ア8 個

また，$\left|x-\frac{1}{3}\right|<a$ から　$-a<x-\frac{1}{3}<a$

各辺に $\frac{1}{3}$ を加えて　$\frac{1}{3}-a<x<\frac{1}{3}+a$

これを満たす整数 x が 5 個であるのは，右の数直線のようになるときである。

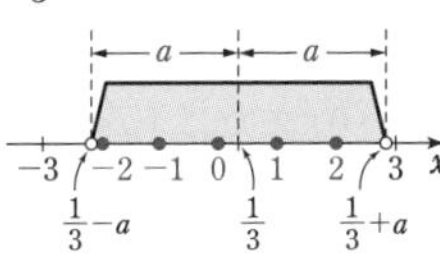

よって　$-3\leqq\frac{1}{3}-a<-2$ …… ①

かつ　$2<\frac{1}{3}+a\leqq3$ …… ②

① から　$-3-\frac{1}{3}\leqq-a<-2-\frac{1}{3}$

ゆえに　$\frac{7}{3}<a\leqq\frac{10}{3}$ …… ③

② から　$2-\frac{1}{3}<a\leqq3-\frac{1}{3}$　ゆえに　$\frac{5}{3}<a\leqq\frac{8}{3}$ …… ④

③ かつ ④ から　$\frac{イ7}{ウ3}<a\leqq\frac{エ8}{オ3}$

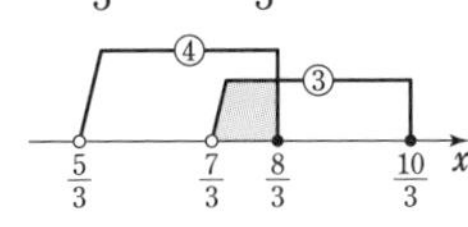

⇐ $A>0$ のとき
$|X|<A \iff -A<X<A$
➡ 基 4

⇐ -4 は含まないことに注意。

⇐ $-a+\frac{1}{3}<x<a+\frac{1}{3}$ としないのがポイント。
$\frac{1}{3}$ を中心に両側に a ずつのびている。$\frac{1}{3}$ は 0 と 1 の間にあり，0 に近いから，$\frac{1}{3}$ の左側に 3 つ (0, −1, −2)，右側に 2 つ (1, 2) 整数を含むことになる。

⇐ CHART
数直線を利用　➡ 基 4

練習 3　k を実数の定数とする。

2 つの不等式 $|x-1|\leqq2$ …… ①，$5x+3k>2(x+2k+1)$ …… ② がある。

(1)　不等式 ① の解は [アイ] $\leqq x\leqq$ [ウ] である。

(2)　①，② をともに満たす実数 x が存在するような k の値の範囲は $k<$ [エ] である。

(3)　① を満たす実数 x が，すべて ② を満たすような k の値の範囲は $k<$ [オカ] である。

(4)　①，② をともに満たす整数 x がちょうど 2 個存在するような k の値の範囲は [キ] $\leqq k<$ [ク] である。

重要 例題 4　必要条件，十分条件

次の［ア］～［ウ］に当てはまるものを，下の⓪～③のうちから一つずつ選べ。ただし，文字はすべて実数であるとする。

(1) $a>0$ かつ $b>0$ であることは，$a+b>0$ かつ $ab>0$ であるための［ア］。

(2) $xy(y-1)=0$ であることは，$x=y(y-1)=0$ であるための［イ］。

(3) $x^2y^2+(y-1)^2=0$ であることは，$x=y(y-1)=0$ であるための［ウ］。

⓪ 必要十分条件である
① 必要条件であるが，十分条件でない
② 十分条件であるが，必要条件でない
③ 必要条件でも十分条件でもない

POINT!

必要条件，十分条件の判定　$p \Longrightarrow q$，$q \Longrightarrow p$ の真偽を判定する。（➡基7）

$p \Longrightarrow q$ が真であるとき　**p が十分条件，q が必要条件。**

条件を **同値な条件** に書きかえて考えるのも有効。

（方程式，不等式を解くなど）

解答 (1) 「$a>0$ かつ $b>0$ ならば $a+b>0$ かつ $ab>0$」は真　←$p \Longrightarrow q$

「$a+b>0$ かつ $ab>0$ ならば $a>0$ かつ $b>0$」について　←$q \Longrightarrow p$

$ab>0$ から　($a>0$ かつ $b>0$) または ($a<0$ かつ $b<0$)

$a+b>0$ であるから　$a>0$ かつ $b>0$　　よって　真

ゆえに，必要十分条件である。（ア⓪）　←$p \Longrightarrow q$，$q \Longrightarrow p$ ともに真。

(2) $xy(y-1)=0 \Longleftrightarrow x=0$ または $y=0$ または $y=1$　←同値な条件に書きかえる。

$x=y(y-1)=0 \Longleftrightarrow x=0$ かつ ($y=0$ または $y=1$)

よって，「$xy(y-1)=0$ ならば $x=y(y-1)=0$」は偽

（反例：$x=1$，$y=0$）　←反例があれば偽。➡基7

「$x=y(y-1)=0$ ならば $xy(y-1)=0$」は真

ゆえに，必要条件であるが，十分条件でない。（イ①）　←$q \Longrightarrow p$ のみが真。

(3) $x^2y^2+(y-1)^2=0 \Longleftrightarrow xy=0$ かつ $y=1$　➡基6

$y=1$ であるから，結局 $x=0$ かつ $y=1$ と同値である。　←同値な条件に書きかえる。$xy=0$ に $y=1$ を代入。

よって，「$x^2y^2+(y-1)^2=0$ ならば $x=y(y-1)=0$」は真　←$x=0$，$y=1$ のとき $x=y(y-1)=0$

「$x=y(y-1)=0$ ならば $x^2y^2+(y-1)^2=0$」は偽

（反例：$x=y=0$）　←反例があれば偽。

ゆえに，十分条件であるが，必要条件でない。（ウ②）　←$p \Longrightarrow q$ のみが真。

練習 4　次の［ア］～［ウ］に当てはまるものを，重要例題4の⓪～③のうちから一つずつ選べ。ただし，文字はすべて実数であるとする。

(1) p と q が $(p+q+1)^2+(q-1)^2=0$ を満たすことは，$p=-2$ かつ $q=1$ であるための［ア］。

(2) r または s が無理数であることは，r^2-2s が無理数であるための［イ］。

(3) $(|a+b|+|a-b|)^2=4a^2$ であることは，$a^2 \geqq b^2$ であるための［ウ］。

演習 例題 1　反例

目安 3分

解説動画

太郎さんは数学の授業で次の問題について考えている。

問題　x，y は実数とする。次の命題 A の真偽を調べよ。

命題 A：「$xy>1$」ならば，「$x>0$ かつ $y>0$」

この問題に対し，太郎さんは次のように解答した。

太郎さんの解答：$x=1$，$y=\frac{1}{2}$ のとき $xy=\frac{1}{2}$ であるから，命題 A は偽である。

この解答に対し，最も適当なものを次の ⓪ ～ ③ のうちから一つ選べ。［ア］

⓪　太郎さんの解答は正しい。

①　太郎さんの解答は正しくなく，命題 A は真である。

②　命題 A は偽であるが，太郎さんの解答は正しくない。反例として「$x=-1$，$y=2$」を挙げればよい。

③　命題 A は偽であるが，太郎さんの解答は正しくない。反例として「$x=-1$，$y=-2$」を挙げればよい。

Situation Check ✓

太郎さんの解答を考察する問題。命題の真偽だけでなく，太郎さんが示した反例が適切かどうかも判断する必要がある。

命題の真偽の判定　偽であることを示すには **反例** を1つ示す

仮定：「$xy>1$」を満たすが，結論：「$x>0$ かつ $y>0$」を満たさない実数 x，y の組を示すことができれば，それが反例となる。

解答　⓪　太郎さんの解答の $x=1$，$y=\frac{1}{2}$ は，仮定の $xy>1$ を満たさないから，命題 A が偽であることを示す反例として適当ではない。

②　$x=-1$，$y=2$ は，仮定の $xy>1$ を満たさないから，命題 A が偽であることを示す反例として適当ではない。

③　$x=-1$，$y=-2$ は，仮定の $xy>1$ を満たし，結論の $x>0$ かつ $y>0$ を満たさない。よって，命題 A が偽であることを示す反例として適当である。

以上から，最も適当なものは　ア ③

⬅太郎さんは，仮定と結論を逆に捉えている解答を示してしまっている。

⬅選択肢 ③ により，命題 A が偽であることが示せたから，選択肢 ① は適当ではない。

参考　仮定 p，結論 q を満たす集合をそれぞれ P，Q とすると，右のようなベン図がかける。命題 $p \Longrightarrow q$ が偽であることを示すには，$P\cap\overline{Q}$（図の赤い部分）を満たす実数 x，y の組を反例として挙げればよい。

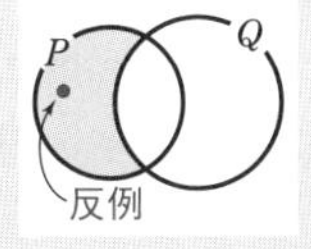

問題 1　x，y は実数とする。命題 A：「$x>0$ または $y>0$」ならば，「$x+y>0$ または $xy>0$」が偽であることを示すための反例として最も適当なものを，次の ⓪ ～ ③ のうちから一つ選べ。［ア］

⓪　$x=2$，$y=1$　①　$x=-2$，$y=1$　②　$x=2$，$y=-1$　③　$x=-2$，$y=-1$

実践問題の取り組み方

基本例題，重要例題，演習例題を学習した後は，より共通テスト対策になる実践問題に取り組んでみよう。
各例題で学んだことが，随所に現れてくるのを実感できるはずだ。
なお，以下に取り組み方のフローチャートを示したので，これにしたがって解いてみよう。

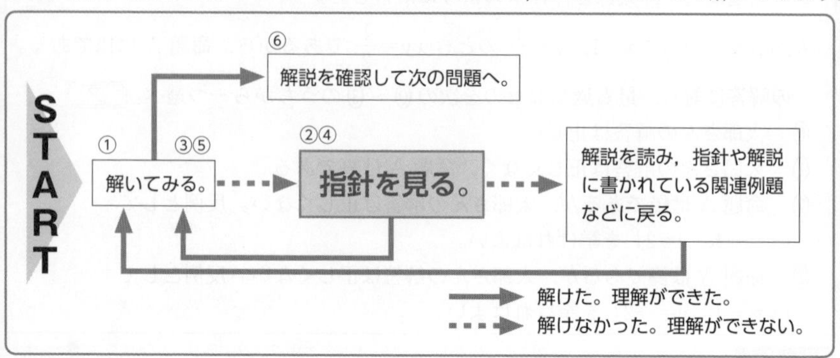

例　**実践問題1**（p.26）**の場合**（①～⑥は上のフローチャート内の番号に対応）

①　解いてみる。

*1　実数 x についての不等式 $|x+6|\leqq 2$ の解は [アイ] $\leqq x \leqq$ [ウエ] である。
よって，実数 a，b，c，d が $|(1-\sqrt{3})(a-b)(c-d)+6|\leqq 2$ を満たしているとき，$1-\sqrt{3}$ は負であることに注意すると，$(a-b)(c-d)$ のとり得る値の範囲は

$$\boxed{オ}+\boxed{カ}\sqrt{3}\leqq(a-b)(c-d)\leqq\boxed{キ}+\boxed{ク}\sqrt{3}$$

であることがわかる。

㋐～㋓はできたが，㋔～㋗以降ができなかった。

②　本冊 p.348 の指針を見る。（指針が書かれているページは「実践問題」の上部に記載）

1　㋐～㋓　$A>0$ のとき　$|X|\leqq A \iff -A\leqq X\leqq A$　（➡基4）
㋔～㋗　$(1-\sqrt{3})(a-b)(c-d)=x$ ……（＊）とおいて，$|x+6|\leqq 2$ を解いた結果を利用する。（$|x+6|\leqq 2$ の解に（＊）を代入する。）
不等式の両辺を $1-\sqrt{3}$ で割ると，$1-\sqrt{3}<0$ より不等号の向きが変わることに注意する。（➡基4）

$|x+6|\leqq 2$ を解いた結果の利用に気付く。

（不等式の解法がわからなければ，基本例題4に戻る。）

③　(オ)～(ク) 以降をもう1度解いてみる。

特に
$$(a-b)(c-d)=\boxed{\text{キ}}+\boxed{\text{ク}}\sqrt{3} \quad \cdots\cdots ①$$
であるとき，さらに
$$(a-c)(b-d)=-3+\sqrt{3} \quad \cdots\cdots ②$$
が成り立つならば
$$(a-d)(c-b)=\boxed{\text{ケ}}+\boxed{\text{コ}}\sqrt{3} \quad \cdots\cdots ③$$
であることが，等式①，②，③の左辺を展開して比較することによりわかる。
〔23 共通テスト・本試〕

(オ)～(ク) はできたが，(ケ)，(コ) がわからない。

④　本冊 p.348 の指針を見る。

(ケ)，(コ)　問題文にあるように，①，②，③の左辺を実際に展開してみる。
すると，①と②にはあるが③にはない項や，①と③にはあるが②にはない項などがあることがわかる。
⟶ ①と②の式から③の式を作るにはどのようにすればよいか考えてみる。

①，②，③の左辺を展開した式の項を見て，
①と②の式から③の式を作ることを考える。

⑤　(ケ)，(コ) をもう1度解く。

解けた。

⑥　次の問題へ。(時間をおいて，再度解いてみる。)

重要なことは **すぐに解答，解説を見ないこと** である。行き詰まったら，まずは **指針** を見てほしい。それでも理解できなかった場合は，解答編の解説を読んで，そこに書かれている例題に戻ろう。
そして，指針や解説は，読んで終わりにしてはいけない。“**わかる**”ことと，“**できる**”ことには大きな差がある。解く方針や，解答の手掛かりがわかったら，解答を見ずに実際に手を動かして，最後まで自力で完答“できる”ことを確認していくことが大切である。

なお，共通テストまで時間がない人は，問題を読んで解法をイメージして，指針に書いてあることと違わないか確認するのも1つの勉強法である。

実践問題　目安時間　1［6分］　2［8分］　3［7分］　4［3分］

指針 p.348

*1　実数 x についての不等式 $|x+6|\leqq 2$ の解は $\boxed{アイ}\leqq x\leqq\boxed{ウエ}$ である。

よって，実数 a，b，c，d が $|(1-\sqrt{3})(a-b)(c-d)+6|\leqq 2$ を満たしているとき，$1-\sqrt{3}$ は負であることに注意すると，$(a-b)(c-d)$ のとり得る値の範囲は

$$\boxed{オ}+\boxed{カ}\sqrt{3}\leqq(a-b)(c-d)\leqq\boxed{キ}+\boxed{ク}\sqrt{3}$$

であることがわかる。

特に

$$(a-b)(c-d)=\boxed{キ}+\boxed{ク}\sqrt{3}\ \cdots\cdots\ ①$$

であるとき，さらに

$$(a-c)(b-d)=-3+\sqrt{3}\ \cdots\cdots\ ②$$

が成り立つならば

$$(a-d)(c-b)=\boxed{ケ}+\boxed{コ}\sqrt{3}\ \cdots\cdots\ ③$$

であることが，等式①，②，③の左辺を展開して比較することによりわかる。

〔23 共通テスト・本試〕

2　c を実数とし，x の方程式 $|3x-3c+1|=(3-\sqrt{3})x-1$ …… ① を考える。

$x\geqq c-\dfrac{1}{3}$ のとき，① は

$$3x-3c+1=(3-\sqrt{3})x-1\ \cdots\cdots\ ②$$

となる。② を満たす x は　$x=\sqrt{\boxed{ア}}\,c-\dfrac{\boxed{イ}\sqrt{3}}{3}$ …… ③

となる。③ が $x\geqq c-\dfrac{1}{3}$ を満たすような c の値の範囲は $\boxed{ウ}$ である。

また，$x<c-\dfrac{1}{3}$ のとき，① は

$$-3x+3c-1=(3-\sqrt{3})x-1\ \cdots\cdots\ ④$$

となる。④ を満たす x は　$x=\dfrac{\boxed{エ}+\sqrt{3}}{\boxed{オカ}}c$ …… ⑤

となる。⑤ が $x<c-\dfrac{1}{3}$ を満たすような c の値の範囲は $\boxed{キ}$ である。

$\boxed{ウ}$，$\boxed{キ}$ の解答群（同じものを繰り返し選んでもよい。）

⓪ $c\leqq\dfrac{3+\sqrt{3}}{6}$	① $c<\dfrac{3-\sqrt{3}}{6}$	② $c\geqq\dfrac{5+\sqrt{3}}{6}$
③ $c>\dfrac{3+\sqrt{3}}{6}$	④ $c\geqq\dfrac{3-\sqrt{3}}{6}$	⑤ $c>\dfrac{5+\sqrt{3}}{6}$
⑥ $c\leqq\dfrac{5-\sqrt{3}}{6}$	⑦ $c\geqq\dfrac{7-3\sqrt{3}}{6}$	
⑧ $c<\dfrac{5-\sqrt{3}}{6}$	⑨ $c>\dfrac{7-3\sqrt{3}}{6}$	

〔類 22 共通テスト・追試〕

*3　U を全体集合とし，A，B，C を U の部分集合とする。また，A，B，C は

$$C=(A\cup B)\cap(\overline{A\cap B})$$

を満たすとする。ただし，U の部分集合 X に対し，$\overline{X}$ は X の補集合を表す。

(1)　U，A，B の関係を図1のように表すと，$A\cap\overline{B}$ は図2の斜線部分である。このとき，C は［ア］の斜線部分である。

［ア］については，最も適当なものを，次の⓪～③のうちから一つ選べ。

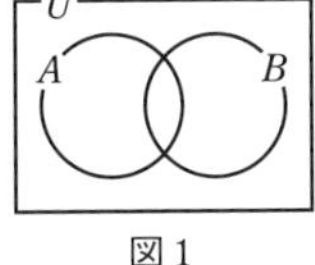

図1

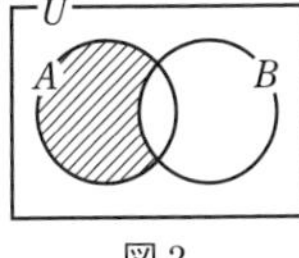

図2

⓪
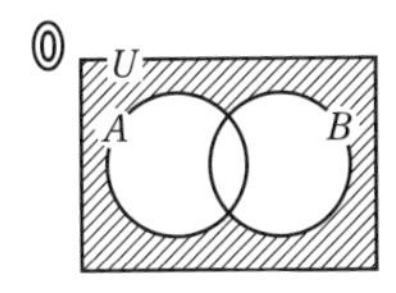

①
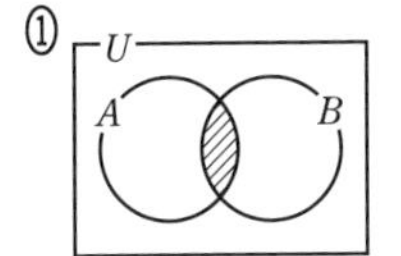

②
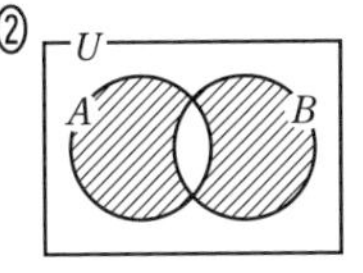

③
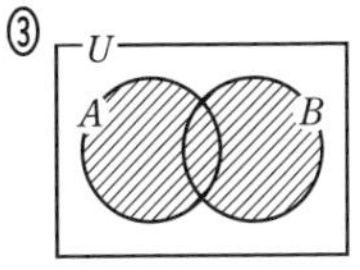

(2)　集合 U，A，C が

$U=\{x\mid x$ は15以下の正の整数$\}$

$A=\{x\mid x$ は15以下の正の整数で3の倍数$\}$

$C=\{2,\ 3,\ 5,\ 7,\ 9,\ 11,\ 13,\ 15\}$

であるとする。$A\cap B=A\cap\overline{C}$ であることに注意すると

$A\cap B=\{$［イ］，［ウエ］$\}$

であることがわかる。

また，B の要素は全部で［オ］個あり，そのうち最大のものは［カキ］である。

さらに，U の要素 x について，条件 p，q を次のように定める。

p：x は $\overline{A}\cap B$ の要素である

q：x は5以上かつ15以下の素数である

このとき，p は q であるための［ク］。

［ク］の解答群

⓪　必要条件であるが，十分条件ではない
①　十分条件であるが，必要条件ではない
②　必要十分条件である
③　必要条件でも十分条件でもない

〔21 共通テスト・本試〕

4　無理数全体の集合を A とする。命題「$x\in A$，$y\in A$ ならば，$x+y\in A$ である」が偽であることを示すための反例となる x，y の組を，次の⓪～⑤のうちから二つ選べ。必要ならば，$\sqrt{2}$，$\sqrt{3}$，$\sqrt{2}+\sqrt{3}$ が無理数であることを用いてもよい。ただし，解答の順序は問わない。［ア］，［イ］

⓪　$x=\sqrt{2}$，$y=0$
①　$x=3-\sqrt{3}$，$y=\sqrt{3}-1$
②　$x=\sqrt{3}+1$，$y=\sqrt{2}-1$
③　$x=\sqrt{4}$，$y=-\sqrt{4}$
④　$x=\sqrt{8}$，$y=1-2\sqrt{2}$
⑤　$x=\sqrt{2}-2$，$y=\sqrt{2}+2$

〔類　共通テスト試行調査（第2回）〕

第2章　2 次関数

基本 例題 8　放物線の軸，頂点

2 次関数 $y=2x^2+10x+7$ のグラフの軸の方程式は $x=\dfrac{\boxed{アイ}}{\boxed{ウ}}$，頂点の座標は $\left(\dfrac{\boxed{エオ}}{\boxed{カ}},\ \dfrac{\boxed{キクケ}}{\boxed{コ}}\right)$ である。また，放物線 $y=-x^2+(a-2)x+a^2$ の頂点の座標は $\left(\dfrac{a}{\boxed{サ}}-\boxed{シ},\ \dfrac{\boxed{ス}}{\boxed{セ}}a^2-a+\boxed{ソ}\right)$ である。

POINT!

放物線の軸，頂点 → $y=a(x-p)^2+q$ の形に変形（平方完成）。

軸 の方程式は $x=p$，　**頂点** の座標は $(p,\ q)$

平方完成の方法

① x^2 と x の項を x^2 の係数でくくる　② $\left(\dfrac{x\text{の係数}}{2}\right)^2$ を加えて引く

解答

$$y=2x^2+10x+7=2(x^2+5x)+7$$

$$=2\left\{x^2+5x+\left(\frac{5}{2}\right)^2-\left(\frac{5}{2}\right)^2\right\}+7$$

$$=2\left\{x^2+5x+\left(\frac{5}{2}\right)^2\right\}-2\cdot\left(\frac{5}{2}\right)^2+7$$

$$=2\left(x+\frac{5}{2}\right)^2-\frac{11}{2}$$

よって，軸の方程式は　$x=\dfrac{{}^{アイ}-5}{{}^{ウ}2}$，

頂点の座標は　$\left(\dfrac{{}^{エオ}-5}{{}^{カ}2},\ \dfrac{{}^{キクケ}-11}{{}^{コ}2}\right)$

$$y=-x^2+(a-2)x+a^2=-\{x^2-(a-2)x\}+a^2$$

$$=-\left\{x^2-(a-2)x+\left(\frac{a-2}{2}\right)^2-\left(\frac{a-2}{2}\right)^2\right\}+a^2$$

$$=-\left\{x^2-(a-2)x+\left(\frac{a-2}{2}\right)^2\right\}+\left(\frac{a-2}{2}\right)^2+a^2$$

$$=-\left(x-\frac{a-2}{2}\right)^2+\frac{a^2-4a+4}{4}+a^2$$

$$=-\left\{x-\left(\frac{a}{2}-1\right)\right\}^2+\frac{5}{4}a^2-a+1$$

よって，頂点の座標は　$\left(\dfrac{a}{{}^{サ}2}-{}^{シ}1,\ \dfrac{{}^{ス}5}{{}^{セ}4}a^2-a+{}^{ソ}1\right)$

頂点の座標を求めるには，様々な方法がある。

（➡解答編 $p.12$　CHECK 8 の解説）

⬅x^2，x の項を x^2 の係数 2 でくくる。

⬅$\left(\dfrac{x\text{の係数}}{2}\right)^2=\left(\dfrac{5}{2}\right)^2$ を加えて引く。

⬅引いた分を｛　｝の外に出すとき，x^2 の係数を掛けるのを忘れずに！

⬅$y=a(x-p)^2+q$ 軸の方程式は $x=p$，頂点の座標は $(p,\ q)$

⬅x^2，x の項を x^2 の係数 -1 でくくる。

⬅$\left(\dfrac{x\text{の係数}}{2}\right)^2=\left(\dfrac{a-2}{2}\right)^2$ を加えて引く。

⬅$y=a(x-p)^2+q$ 頂点の座標は $(p,\ q)$

CHART　2 次関数　まず平方完成　$y=a(x-p)^2+q$ の形にする

基本 例題 9 平行移動，対称移動

(1) 放物線 $y=-2x^2+8x+1$ を x 軸方向に 1，y 軸方向に -3 だけ平行移動すると，放物線 $y=$ [アイ] x^2+ [ウエ] $x-$ [オカ] になる。これをさらに x 軸に関して対称に移動すると，放物線 $y=$ [キ] x^2- [クケ] $x+$ [コサ] になる。

(2) 放物線 $y=ax^2+bx+c$ を x 軸方向に 3，y 軸方向に -2 だけ平行移動すると，放物線 $y=-2x^2+3x$ になる。
このとき，$a=$ [シス]，$b=$ [セソ]，$c=$ [タチ] である。

POINT!

$y=f(x)$ のグラフを
x 軸方向に a，y 軸方向に b だけ平行移動 → $y-b=f(x-a)$
x 軸対称 → $-y=f(x)$，　y 軸対称 → $y=f(-x)$
逆の移動 の方が計算しやすいこともある。

解答 (1) x 軸方向に 1，y 軸方向に -3 だけ平行移動した放物線の方程式は　$y-(-3)=-2(x-1)^2+8(x-1)+1$

すなわち　　$y=$ ^{アイ}**$-2x^2+$** ^{ウエ}**$12x-$** ^{オカ}**12**

これを x 軸に関して対称に移動した放物線の方程式は

$-y=-2x^2+12x-12$　すなわち　$y=$ ^{キ}**$2x^2-$** ^{クケ}**$12x+$** ^{コサ}**12**

〔別解〕 $y=-2x^2+8x+1=-2(x-2)^2+9$ から，放物線の頂点の座標は　$(2,\ 9)$

頂点を x 軸方向に 1，y 軸方向に -3 だけ平行移動すると，その座標は　$(2+1,\ 9-3)$　すなわち　$(3,\ 6)$

よって，求める放物線の方程式は　$y=-2(x-3)^2+6$

すなわち　$y=$ ^{アイ}**$-2x^2+$** ^{ウエ}**$12x-$** ^{オカ}**12**

これを x 軸に関して対称に移動すると，頂点の座標は $(3,\ -6)$ となり，放物線の凹凸が逆になる。
(x^2 の係数の符号が変わる。)

ゆえに，その方程式は　$y=2(x-3)^2-6$

よって　$y=$ ^{キ}**$2x^2-$** ^{クケ}**$12x+$** ^{コサ}**12**

← $y-(-3)=f(x-1)$
$f(x-1)$ は $f(x)$ の x に $x-1$ を代入したもの。

← $-y=f(x)$

← 頂点の座標に着目。平方完成する。➡基 8

← 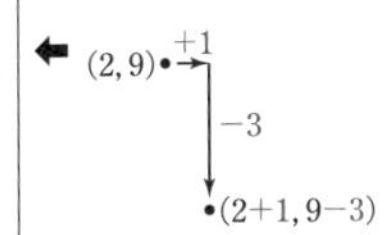

← 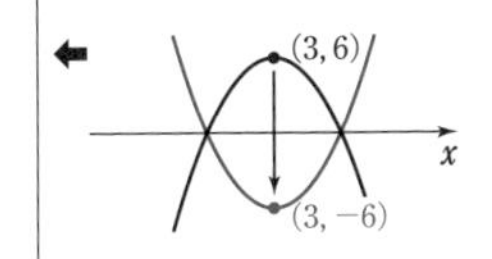

参考 〔別解〕の解法は，頂点の座標が先に計算されているときに有効である。

(2) 逆に，放物線 $y=-2x^2+3x$ を x 軸方向に -3，y 軸方向に 2 だけ平行移動すると，放物線 $y=ax^2+bx+c$ になる。
平行移動した放物線の方程式は

$y-2=-2(x+3)^2+3(x+3)$　すなわち　$y=-2x^2-9x-7$

係数を比較して　$a=$ ^{シス}**-2**，$b=$ ^{セソ}**-9**，$c=$ ^{タチ}**-7**

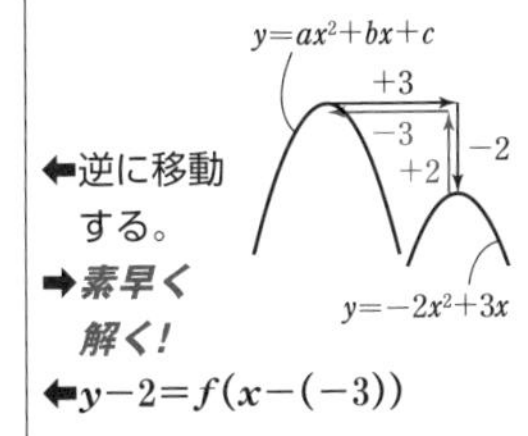

← 逆に移動する。
➡ **素早く解く!**

← $y-2=f(x-(-3))$

(2) は素直に $y-(-2)=a(x-3)^2+b(x-3)+c$ としてもよいが，計算が煩雑。移動した先の放物線を逆に移動する。もとの放物線と移動した放物線のうち，**係数に文字を含まない方**を移動するとよい。

基本 例題 10　2次関数の最大・最小

(1)　2次関数 $y=3x^2-2x+4$ は，$x=\dfrac{\boxed{ア}}{\boxed{イ}}$ のとき最小値 $\dfrac{\boxed{ウエ}}{\boxed{オ}}$ をとる。

(2)　関数 $y=-x^2+4x-3$ $(0\leqq x\leqq 3)$ は，$x=\boxed{カ}$ のとき最大値 $\boxed{キ}$ をとり，$x=\boxed{ク}$ のとき最小値 $\boxed{ケコ}$ をとる。

POINT!　2次関数の最大・最小 ⟶ **グラフ** をかいて考える。
最大・最小の候補は **頂点** と **区間の端**。⟶ 3つの y 座標を比べる。

解答　(1)　$y=3x^2-2x+4$

$$=3\left(x-\frac{1}{3}\right)^2+\frac{11}{3}$$

よって，2次関数のグラフは右のようになり，$x=\dfrac{^{ア}\mathbf{1}}{^{イ}\mathbf{3}}$ のとき最小値 $\dfrac{^{ウエ}\mathbf{11}}{^{オ}\mathbf{3}}$ をとる。

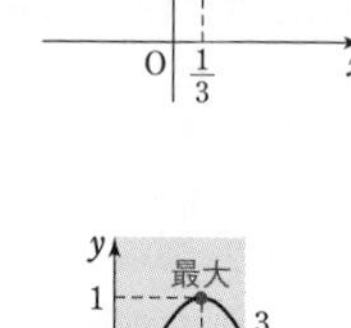

⬅グラフをかく。
CHART　まず平方完成 ➡基8
頂点で最小となる。

(2)　$y=-x^2+4x-3=-(x-2)^2+1$
よって，$0\leqq x\leqq 3$ における関数のグラフは右のようになり，
$x={}^{カ}\mathbf{2}$ のとき最大値 ${}^{キ}\mathbf{1}$，
$x={}^{ク}\mathbf{0}$ のとき最小値 ${}^{ケコ}\mathbf{-3}$ をとる。

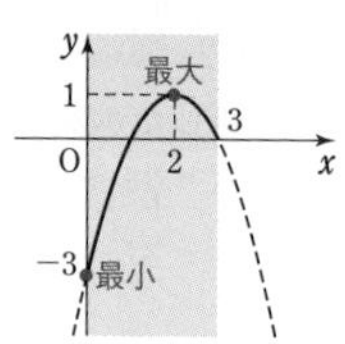

⬅グラフをかく。
その際，頂点が区間に含まれるかどうか，含まれるときは，区間内で右よりにあるか左よりにあるかに注意してかく。

基本 例題 11　2次関数の決定

グラフが3点 $(0,\ -4)$，$(1,\ 0)$，$(-2,\ 0)$ を通る2次関数は
$y=\boxed{ア}x^2+\boxed{イ}x-\boxed{ウ}$ であり，グラフが点 $(-2,\ 0)$ で x 軸に接し，点 $(-3,\ -2)$ を通る2次関数は $y=\boxed{エオ}x^2-\boxed{カ}x-\boxed{キ}$ である。

POINT!　2次関数の決定 ⟶ 条件によって，式の表し方を見極める。
①　軸，頂点（最大・最小，x 軸との接点）
$$\longrightarrow \boldsymbol{y=a(x-p)^2+q}$$
②　x 軸との2交点 ⟶ $\boldsymbol{y=a(x-\alpha)(x-\beta)}$
③　通る3点 ⟶ $\boldsymbol{y=ax^2+bx+c}$

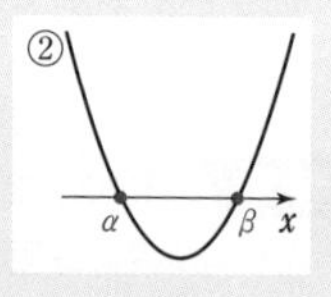

解答　グラフが x 軸と点 $(1,\ 0)$，$(-2,\ 0)$ で交わるから，求める2次関数は $y=a(x-1)(x+2)$ と表される。
このグラフが点 $(0,\ -4)$ を通るから　　$-4=a\cdot(-1)\cdot 2$
よって　　$a=2$　　　ゆえに　　$y=2(x-1)(x+2)$
すなわち　$y={}^{ア}\mathbf{2}x^2+{}^{イ}\mathbf{2}x-{}^{ウ}\mathbf{4}$
次に，グラフが点 $(-2,\ 0)$ で x 軸と接するから，求める2次関数は $y=a(x+2)^2$ と表される。
このグラフが点 $(-3,\ -2)$ を通るから　　$-2=a(-3+2)^2$
よって　　$a=-2$　　　ゆえに　　$y={}^{エオ}\mathbf{-2}x^2-{}^{カ}\mathbf{8}x-{}^{キ}\mathbf{8}$

⬅② x 軸との2交点
⟶ $\boldsymbol{y=a(x-\alpha)(x-\beta)}$
⬅点を通る ⟶ x 座標，y 座標を代入すれば成り立つ。
⬅① x 軸との接点
⟶ $\boldsymbol{y=a(x-p)^2+q}$ $(q=0)$
⬅点を通る ⟶ x 座標，y 座標を代入すれば成り立つ。

基本 例題 12 2次方程式

2 次方程式 $3x^2-5x-2=0$ の解は $x=\dfrac{\boxed{アイ}}{\boxed{ウ}}$，$\boxed{エ}$ である。

また，2 次方程式 $2x^2+x-5=0$ の解は $x=\dfrac{\boxed{オカ}\pm\sqrt{\boxed{キク}}}{\boxed{ケ}}$ である。

POINT!

2 次方程式 → **因数分解** か **解の公式**

解の公式　2 次方程式 $ax^2+bx+c=0$ $(a\neq0)$ の解は

$$x=\frac{-b\pm\sqrt{b^2-4ac}}{2a}$$

$$\left(b=2b' \text{ のとき } x=\frac{-b'\pm\sqrt{b'^2-ac}}{a}\right)$$

解答　$3x^2-5x-2=0$ の左辺を因数分解して

$$(3x+1)(x-2)=0$$

よって　$x=\dfrac{^{アイ}-1}{^{ウ}3}$，$^{エ}2$

←
3		1 → 1
1		−2 → −6
3		−2　−5

➡ 基 1

$2x^2+x-5=0$ の解は，解の公式により

$$x=\frac{-1\pm\sqrt{1^2-4\cdot2\cdot(-5)}}{2\cdot2}=\frac{^{オカ}-1\pm\sqrt{^{キク}41}}{^{ケ}4}$$

← $x=\dfrac{-b\pm\sqrt{b^2-4ac}}{2a}$

基本 例題 13 方程式の解

x の 2 次方程式 $x^2+(a^2-6)x-4a=0$ が $x=-2$ を解にもつとき，$a=\boxed{ア}$ または $a=\boxed{イウ}$ である。$a=\boxed{ア}$ のとき，他の解は $x=\boxed{エ}$，$a=\boxed{イウ}$ のとき，他の解は $x=\boxed{オカ}$ である。

POINT!

$x=\alpha$ が方程式の解 → **$x=\alpha$ を方程式に代入** すれば成り立つ。

解答　$x=-2$ が $x^2+(a^2-6)x-4a=0$ の解であるから

$$(-2)^2+(a^2-6)\cdot(-2)-4a=0$$

← $x=-2$ が解であるから，方程式に代入すると成り立つ。

すなわち　$a^2+2a-8=0$

左辺を因数分解して　$(a-2)(a+4)=0$

よって　$a=^{ア}2$ または $a=^{イウ}-4$

$a=2$ のとき，2 次方程式は $x^2-2x-8=0$ となるから

$(x+2)(x-4)=0$　よって，他の解は　$x=^{エ}4$

➡ *素早く解く!*

$a=-4$ のとき，2 次方程式は $x^2+10x+16=0$ となるから

$(x+2)(x+8)=0$　よって，他の解は　$x=^{オカ}-8$

問題文から，$x=-2$ が解であることはわかっているから，方程式 $x^2-2x-8=0$，$x^2+10x+16=0$ の左辺は，ともに $x+2$ を因数にもつ。これを利用すると素早く因数分解できる。

基本 例題 14 判別式

x の2次方程式 $9x^2+6x+k+3=0$ が異なる2つの実数解をもつとき，k の値の範囲は $k<$ アイ である。また，この2次方程式が重解をもつとき，その重解は $x=\dfrac{\text{ウエ}}{\text{オ}}$ である。

POINT!

2次方程式 $ax^2+bx+c=0$ $(a\neq 0)$ について，

$D=b^2-4ac$ を **判別式** という。

異なる2つの実数解をもつ $\iff D>0$
重解をもつ $\iff D=0$
（以上2つをまとめて）実数解をもつ $\iff D\geqq 0$
実数解をもたない $\iff D<0$

（異なる2つの虚数解をもつ ➡ 基 58）

$b=2b'$ のとき，$\dfrac{D}{4}=b'^2-ac$ の符号について，同様に考える。

解答　2次方程式の判別式を D とすると

$$\frac{D}{4}=3^2-9(k+3)=-9k-18$$

⬅ $b=2b'$ のとき $\dfrac{D}{4}=b'^2-ac$

異なる2つの実数解をもつとき　$D>0$　⬅ POINT!

すなわち　$-9k-18>0$　⬅ $-9k>18$ から　$k<-2$　➡ 基 4

よって　$k<{}^{\text{アイ}}\mathbf{-2}$

また，重解をもつとき　$D=0$　⬅ POINT!

すなわち　$-9k-18=0$

よって　$k=-2$

このとき，方程式は　$9x^2+6x+1=0$

すなわち　$(3x+1)^2=0$　⬅ 重解をもつから，$(\quad)^2=0$ の形に因数分解される。➡ **素早く解く！**

よって，重解は　$x=\dfrac{{}^{\text{ウエ}}\mathbf{-1}}{{}^{\text{オ}}\mathbf{3}}$

2次方程式 $ax^2+bx+c=0$ が重解をもつとき，その重解は

$$x=-\frac{b}{2a}$$ である。

理由：$ax^2+bx+c=0$ の解は $x=\dfrac{-b\pm\sqrt{b^2-4ac}}{2a}$ であり，$D=b^2-4ac=0$ のとき，

$x=-\dfrac{b}{2a}$ となるからである。

この問題では，$9x^2+6x+k+3=0$ が重解をもつとき，k の値を求めなくても重解を $x=-\dfrac{6}{2\cdot 9}=\dfrac{{}^{\text{ウエ}}\mathbf{-1}}{{}^{\text{オ}}\mathbf{3}}$ と求めることができる。

基本 例題 15　2 次不等式

(1)　2 つの 2 次不等式 $6x^2+x-15>0$ …… ①，$x^2+8x-1<0$ …… ② がある。

① の解は $x<\dfrac{\boxed{アイ}}{\boxed{ウ}}$，$\dfrac{\boxed{エ}}{\boxed{オ}}<x$ であり，② の解は

$\boxed{カキ}-\sqrt{\boxed{クケ}}<x<\boxed{カキ}+\sqrt{\boxed{クケ}}$ であるから，①，② を同時に満たす整数 x の値は $\boxed{コ}$ 個ある。

(2)　2 次不等式 $x^2-x+3>0$ の解は $\boxed{サ}$。ただし，$\boxed{サ}$ は当てはまるものを　⓪ ない　① すべての実数　から一つ選べ。

POINT!

2 次不等式 ⟶ 左辺を因数分解（$\alpha<\beta$ とする）

$(x-\alpha)(x-\beta)<0$ の解は $\alpha<x<\beta$

$(x-\alpha)(x-\beta)>0$ の解は $x<\alpha,\ \beta<x$

（α, β は解の公式によることもある（➡ 基 12））

グラフ でイメージをつかめ！

解答　(1)　$6x^2+x-15>0$ から　$(2x-3)(3x+5)>0$

よって，① の解は　$x<\dfrac{^{アイ}-5}{^{ウ}3}$，$\dfrac{^{エ}3}{^{オ}2}<x$

$x^2+8x-1<0$ について，方程式 $x^2+8x-1=0$ を解くと

$$x=-4\pm\sqrt{17}$$

よって，② の解は

$$^{カキ}-4-\sqrt{^{クケ}17}<x<-4+\sqrt{17}$$

①，② を同時に満たす x は，右の数直線から　$-4-\sqrt{17}<x<-\dfrac{5}{3}$

よって，整数であるものは

$-8,\ -7,\ \cdots\cdots,\ -3,\ -2$ の $^{コ}7$ 個

〔参考〕　$6x^2+x-15>0$ の解は，放物線 $y=6x^2+x-15$ が x 軸より上にある x の値の範囲である。

(2)　$x^2-x+3=\left(x-\dfrac{1}{2}\right)^2+\dfrac{11}{4}$ である

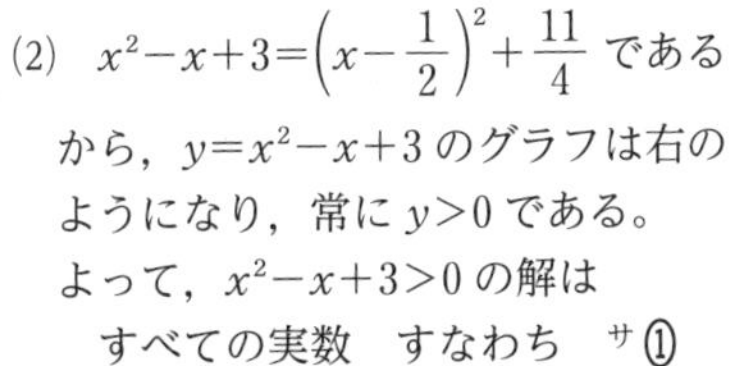

から，$y=x^2-x+3$ のグラフは右のようになり，常に $y>0$ である。

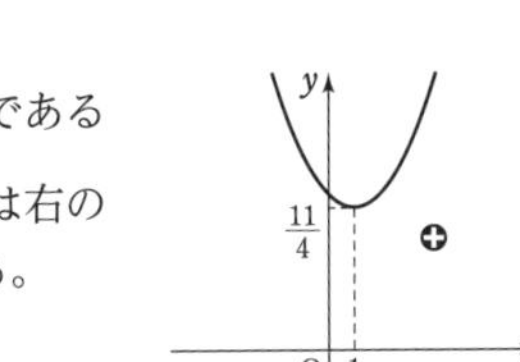

よって，$x^2-x+3>0$ の解は

すべての実数　すなわち　^{サ}①

←左辺を因数分解　➡ 基 1

←$(x-\alpha)(x-\beta)>0$ の解は $x<\alpha,\ \beta<x$

←$(x-\alpha)(x-\beta)<0$ の解は $\alpha<x<\beta$

[$\alpha=-4-\sqrt{17}$，$\beta=-4+\sqrt{17}$ とすると，$x^2+8x-1=(x-\alpha)(x-\beta)$]

⟷ CHART　数直線を利用

←$4<\sqrt{17}<5$ から $-9<-4-\sqrt{17}<-8$　➡ 重 1

←グラフでイメージをつかむ。

←グラフでイメージをつかむ。　➡素早く解く!

←グラフが x 軸と 2 交点をもたないときは必ずグラフをかく。

素早く解く!

(2) では，実際は頂点の座標を求める必要はなく，「グラフが x 軸より上にある」ことのみがわかればよい。具体的には，2 次の係数 1 が正であることと，方程式 $x^2-x+3=0$ の判別式 D（➡ 基 14）について $D=(-1)^2-4\cdot1\cdot3=-11<0$ を確かめればよい。（➡ 基 16）

基本 例題 16　放物線と x 軸の関係

放物線 $y=2x^2+2kx-k+4$ が x 軸に接するとき，$k=$ [アイ]，[ウ] である。
また，2 次関数 $y=2x^2+2kx-k+4$ がすべての実数 x に対して常に正の値をとるときの，実数 k の値の範囲は [エオ] $<k<$ [カ] である。

POINT!

2 次関数 $y=ax^2+bx+c$ のグラフが

x 軸に接する $\Leftrightarrow$ $D=b^2-4ac=0$（①）

2 次関数 $y=ax^2+bx+c$ の y の値が

常に正 $\Leftrightarrow$ $a>0$ かつ $D=b^2-4ac<0$（②）

常に負 $\Leftrightarrow$ $a<0$ かつ $D=b^2-4ac<0$（③）

頂点の y 座標 も利用できる。

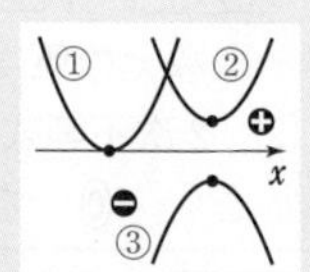

解答　方程式 $2x^2+2kx-k+4=0$ の判別式を D とすると

$$\frac{D}{4}=k^2-2\cdot(-k+4)=k^2+2k-8=(k+4)(k-2)$$

放物線 $y=2x^2+2kx-k+4$ が x 軸に接するとき　$D=0$

すなわち　$(k+4)(k-2)=0$　ゆえに　$k=$ アイ**-4**，ウ**2**

2 次関数 $y=2x^2+2kx-k+4$ の x^2 の係数は正であるから，常に正の値をとるとき　$D<0$

すなわち　$(k+4)(k-2)<0$　ゆえに　エオ**-4**$<k<$ カ**2**

←$\frac{D}{4}=b'^2-ac$　➡基 14

←POINT!

←常に正 $\Leftrightarrow$ **$a>0$ かつ $D<0$**

←$(x-\alpha)(x-\beta)<0$ $(\alpha<\beta)$ の解は　$\alpha<x<\beta$

➡基 15

参考　頂点の座標が先に計算されているときは，頂点の y 座標で考えるとよい。（➡ CHECK 16）

$$\left(y=2x^2+2kx-k+4=2\left(x+\frac{k}{2}\right)^2-\frac{k^2}{2}-k+4\right)$$

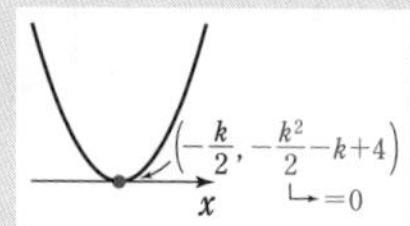

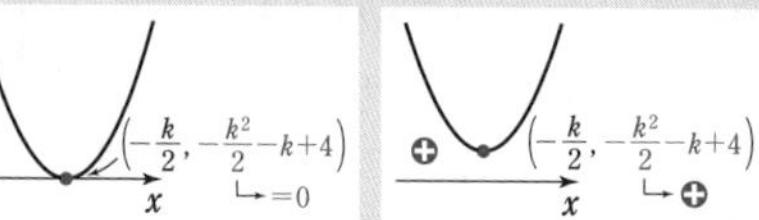

CHECK

□ **8**　2 次関数 $y=-\frac{3}{2}x^2+x-1$ のグラフの軸の方程式は $x=\frac{[ア]}{[イ]}$，頂点の座標は $\left(\frac{[ウ]}{[エ]},\ \frac{[オカ]}{[キ]}\right)$ である。また，放物線 $y=x^2+2(a-3)x-a^2+a+2$ の頂点の座標は（[ク] $a+$ [ケ]，[コサ] a^2+ [シ] $a-$ [ス]）である。

□ **9**　(1)　放物線 $y=-2x^2+x+4$ を x 軸方向に -1，y 軸方向に -2 だけ平行移動すると，放物線 $y=$ [アイ] x^2- [ウ] $x+$ [エ] になる。これをさらに y 軸に関して対称に移動すると，放物線 $y=$ [オカ] x^2+ [キ] $x+$ [ク] になる。

(2)　放物線 $y=ax^2+bx+c$ を x 軸方向に -1，y 軸方向に 3 だけ平行移動すると，放物線 $y=-x^2+5$ になる。このとき，$a=$ [ケコ]，$b=$ [サ]，$c=$ [シ] である。

□ **10** (1) 2 次関数 $y=-x^2-2x+1$ は，$x=$ [アイ] のとき最大値 [ウ] をとる。

(2) 関数 $y=-\dfrac{x^2}{12}+x-3$ $(0\leqq x\leqq 3)$ は，$x=$ [エ] のとき最大値 $\dfrac{\boxed{オカ}}{\boxed{キ}}$ をとり，$x=$ [ク] のとき最小値 [ケコ] をとる。

□ **11** (1) グラフが 3 点 $(1,\ 4)$，$(2,\ 5)$，$(-1,\ -4)$ を通る 2 次関数は $y=$ [ア] x^2+ [イ] $x+$ [ウ] である。

(2) x 軸と点 $(3,\ 0)$ で，y 軸と点 $(0,\ 1)$ で交わり，軸が直線 $x=2$ であるグラフをもつ 2 次関数は $y=\dfrac{\boxed{エ}}{\boxed{オ}}x^2-\dfrac{\boxed{カ}}{\boxed{キ}}x+$ [ク] である。

□ **12** 2 次方程式 $2x^2-5x-7=0$ の解は $x=$ [アイ]，$\dfrac{\boxed{ウ}}{\boxed{エ}}$ である。

また，2 次方程式 $x^2-8x+9=0$ の解は $x=$ [オ] $\pm\sqrt{\boxed{カ}}$ である。

□ **13** x の 2 次方程式 $3x^2+2ax+3a^2-16=0$ が $x=2$ を解にもつとき，$a=$ [アイ] または $a=\dfrac{\boxed{ウ}}{\boxed{エ}}$ である。$a=$ [アイ] のとき，他の解は $x=\dfrac{\boxed{オカ}}{\boxed{キ}}$，$a=\dfrac{\boxed{ウ}}{\boxed{エ}}$ のとき，他の解は $x=\dfrac{\boxed{クケコ}}{\boxed{サ}}$ である。

□ **14** x の 2 次方程式 $x^2-\dfrac{4}{3}x+2k-1=0$ が実数解をもつときの k の値の範囲は $k\leqq\dfrac{\boxed{アイ}}{\boxed{ウエ}}$ である。また，この 2 次方程式が重解をもつとき，その重解は $x=\dfrac{\boxed{オ}}{\boxed{カ}}$ である。

□ **15** (1) 2 つの 2 次不等式 $x^2-x-12<0$ …… ①，$x^2-6x+1\geqq 0$ …… ② がある。
① の解は [アイ] $<x<$ [ウ] であり，② の解は

$$x\leqq \boxed{エ}-\boxed{オ}\sqrt{\boxed{カ}},\quad \boxed{エ}+\boxed{オ}\sqrt{\boxed{カ}}\leqq x$$

であるから，①，② を同時に満たす整数 x の値は [キ] 個あり，そのうち最小のものは [クケ] である。

(2) 2 次方程式 $-x^2+6x-9=0$ の解は $x=$ [コ] であるから，2 次不等式 $-x^2+6x-9\geqq 0$ の解は [サ]。ただし，[サ] は当てはまるものを次の ⓪ ～ ③ のうちから一つ選べ。

⓪ ない　　① すべての実数　　② $x=$ [コ]

③ $x=$ [コ] 以外のすべての実数

□ **16** (1) 放物線 $y=-x^2+2kx-(3k+4)$ の頂点の y 座標は k^2- [ア] $k-$ [イ] であるから，この放物線が x 軸に接するとき，$k=$ [ウエ]，[オ] である。また，2 次関数 $y=-x^2+2kx-(3k+4)$ がすべての実数 x に対して常に負の値をとるとき，実数 k の値の範囲は [カキ] $<k<$ [ク] である。

(2) 2 次不等式 $x^2+mx+3m-5>0$ がすべての実数 x に対して成り立つための条件は，[ケ] $<m<$ [コサ] である。

重要 例題 5　係数に文字を含む 2 次関数の最大・最小

x の 2 次関数 $y=x^2-2ax+1$ の $0\leqq x\leqq 2$ における最小値は
$a<0$ のとき [ア]，　$0\leqq a\leqq 2$ のとき [イ] $a^{[ウ]}+$ [エ]，
$2<a$ のとき [オ] $-$ [カ] a である。

POINT!

2 次関数の最大・最小 → **グラフ** をかく。
最大・最小の候補は **頂点** と **区間の端**。（➡ 基 10）
文字がある場合，**軸と定義域の位置関係で場合分け**。
（軸が定義域の左か中か右か）

解答　$y=x^2-2ax+1=x^2-2ax+a^2-a^2+1$
$=(x-a)^2-a^2+1$

⇐CHART　まず平方完成 ➡ 基 8

よって，軸は直線 $x=a$ である。

[1]　$a<0$ のとき
グラフは右のようになるから，
$x=0$ で最小となり，
最小値は　$0^2-2a\cdot 0+1=$ ア**1**

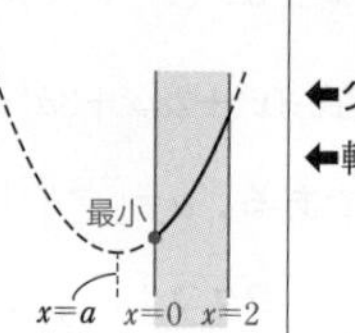

⇐グラフをかく。
⇐軸が定義域の左外にある。
➡ 基 10

[2]　$0\leqq a\leqq 2$ のとき
グラフは右のようになるから，
$x=a$ で最小となり，
最小値は頂点の y 座標で
イ$-a^{ウ2}+$エ**1**

⇐軸が定義域内にある。

[3]　$2<a$ のとき
グラフは右のようになるから，
$x=2$ で最小となり，
最小値は
$2^2-2a\cdot 2+1=$ オ**5** $-$ カ**4** a

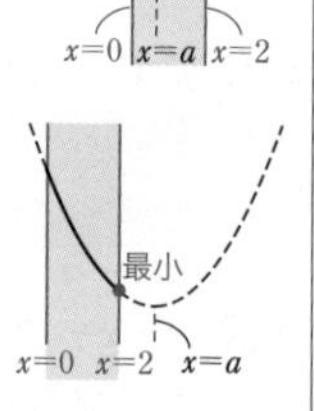

⇐軸が定義域の右外にある。

最小値の候補は，**頂点と区間の端**のいずれかの y 座標である。すなわち，$y=f(x)=x^2-2ax+1$ とすると，$f(a)=-a^2+1$，$f(0)=1$，$f(2)=5-4a$ のいずれかが最小であり，**空欄の形から**グラフをかかずとも求めることができる。ただし，a の場合分けの境界も求める必要がある場合は，**軸と定義域の位置関係を考えなければならない**ので，注意が必要である。

練習 5　2 次関数 $y=x^2+2(a-1)x$ …… ① のグラフを C とする。
C は頂点の座標が ([ア] $a+$ [イ]，[ウ] $(a-$ [エ]$)^2$) の放物線である。
2 次関数 ① の $-1\leqq x\leqq 1$ における最小値について考える。
最小値が [ウ] $(a-$ [エ]$)^2$ となる a の値の範囲は [オ] $\leqq a\leqq$ [カ] である。
また，$a>$ [カ] ならば，最小値は [キク] $a+$ [ケ]，
$a<$ [オ] ならば，最小値は [コ] $a-$ [サ] である。
この最小値を a の関数と考えたとき，それが最大となるのは $a=$ [シ] のときである。

重要 例題 6 定義域に文字を含む2次関数の最大・最小

x の2次関数 $y=x^2-4x+5$ の $0 \leqq x \leqq 2a$ $(a \geqq 0)$ における最大値は
$0 \leqq a \leqq$ ア のとき イ，ア $<a$ のとき ウ a^2- エ $a+$ オ
である。

POINT!

2次関数の最大・最小 → **グラフ** をかく。
最大・最小の候補は **頂点** と **区間の端**。（➡基10）
文字がある場合，**軸と定義域の位置関係で場合分け**。（➡重5）
（軸が定義域の中央にあるか，中央より右にあるか，中央より左にあるか）

解答 $y=x^2-4x+5=(x-2)^2+1$
よって，軸は直線 $x=2$ である。
定義域 $0 \leqq x \leqq 2a$ の中央は　a

[1]　$0 \leqq a \leqq {}^{ア}\mathbf{2}$ のとき
グラフは右のようになるから，
$x=0$ のとき最大となり，
最大値は　$0^2-4 \cdot 0+5={}^{イ}\mathbf{5}$

[2]　$2<a$ のとき
グラフは右のようになるから，
$x=2a$ のとき最大となり，
最大値は
$(2a)^2-4 \cdot 2a+5={}^{ウ}\mathbf{4}a^2-{}^{エ}\mathbf{8}a+{}^{オ}\mathbf{5}$

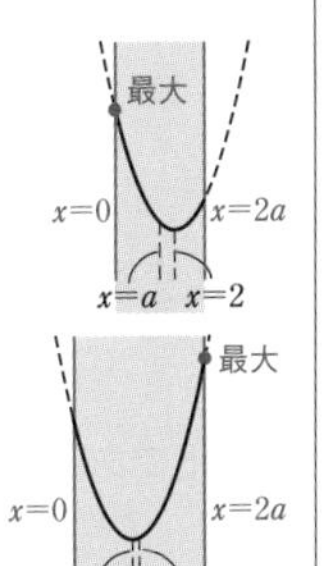

⬅グラフをかく。
▶CHART　まず平方完成
➡基8

⬅軸が定義域の中央，または中央より右にある。
$a \leqq 2$ かつ $a \geqq 0$
$\longrightarrow 0 \leqq a \leqq 2$
$a=2$ のときは，$x=0$, 4 で最大値5をとる。

⬅軸が定義域の中央より左にある。

参考　$0 \leqq x \leqq 2a$ における最小値は，次のようになる。

[1]　$2a<2$ すなわち $0 \leqq a<1$ のとき
$x=2a$ で最小となり，
最小値は　$4a^2-8a+5$

[2]　$2a \geqq 2$ すなわち $a \geqq 1$ のとき
$x=2$ で最小となり，最小値は　1

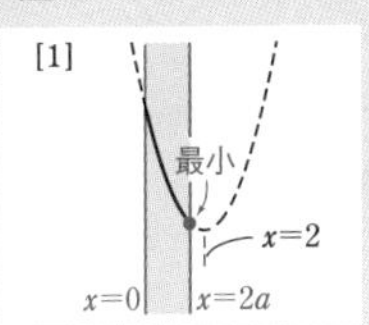

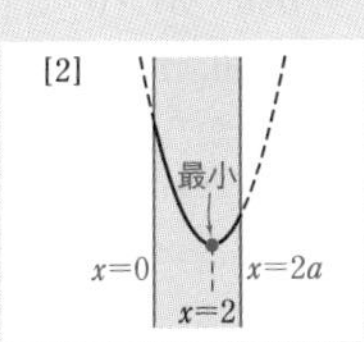

練習 6　x の2次関数 $y=-x^2+8x+10$ の $a \leqq x \leqq a+3$ における最大値を M，最小値を m とする。

(1)　$M=26$ となる a の値の範囲は ア $\leqq a \leqq$ イ である。また，$a<$ ア のとき，$M=-a^2+$ ウ $a+$ エオ である。

(2)　$x=a$ と $x=a+3$ のときの y の値が一致するのは $a=\dfrac{カ}{キ}$ のときで，このとき $m=\dfrac{クケ}{コ}$ である。また，$a>\dfrac{カ}{キ}$ のとき $m=-a^2+$ サ $a+$ シス である。

重要 例題 7　放物線と x 軸の共有点の位置

放物線 $y=x^2-ax+a^2-3a$ が x 軸と異なる 2 つの共有点をもつときの定数 a の値の範囲は [ア] $<a<$ [イ] である。また，その 2 つの共有点の x 座標がともに正であるときの a の値の範囲は [ウ] $<a<$ [エ] である。

POINT!

放物線と x 軸の共有点の位置

グラフ をかいて考える。

1. 判別式　2. 軸の位置　3. 区間の端の y 座標 に注目。

解答　$x^2-ax+a^2-3a=0$ の判別式を D とすると，異なる 2 つの共有点をもつとき

$D>0$

ここで　$D=(-a)^2-4\cdot1\cdot(a^2-3a)=-3a(a-4)$

よって　$-3a(a-4)>0$

ゆえに　$a(a-4)<0$

したがって　${}^{ア}\mathbf{0}<a<{}^{イ}\mathbf{4}$

また，$f(x)=x^2-ax+a^2-3a$ とすると，

軸の方程式は　$x=\dfrac{a}{2}$

2 つの共有点の x 座標がともに正であるための条件は，右の図から

$D>0$　かつ　$\dfrac{a}{2}>0$　かつ　$f(0)>0$

$D>0$ から　$0<a<4$ …… ①

$\dfrac{a}{2}>0$ から　$a>0$ …… ②

$f(0)>0$ から　$a^2-3a>0$

すなわち　$a(a-3)>0$

よって　$a<0,\ 3<a$ …… ③

① かつ ② かつ ③ から

${}^{ウ}\mathbf{3}<a<{}^{エ}\mathbf{4}$

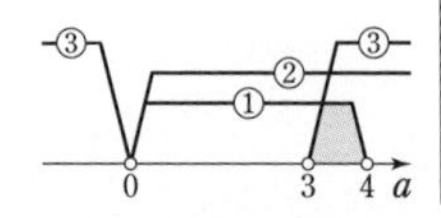

⬅異なる 2 つの実数解をもつ ⟺ $D>0$　➡基 14

⬅$y=ax^2+bx+c\ (a\neq0)$ の軸の方程式は　$x=-\dfrac{b}{2a}$

⬅グラフをかいて考える。

⬅1. 判別式　2. 軸の位置　3. 区間の端の y 座標

⬅CHART　数直線を利用　➡基 4

練習 7　a を定数とし，2 次関数 $y=2x^2-ax+a-1$ のグラフを C とする。

(1)　グラフ C の頂点の座標は $\left(\dfrac{a}{[ア]},\ \dfrac{[イ]a^2+[ウ]a-8}{[エ]}\right)$ である。

(2)　グラフ C が，x 軸の $-1<x<1$ の部分と異なる 2 点で交わるための a の値の範囲は $-\dfrac{[オ]}{[カ]}<a<[キ]-[ク]\sqrt{2}$ である。

重要 例題 8 係数に文字を含む2次不等式

$a \neq 1$ として，次の2つの2次不等式を考える。

$x^2+x-6<0$ …… ①，　$x^2-(a+3)x-2a(a-3)>0$ …… ②

(1) 2次不等式 ② の解は

$a>$ [ア] のとき　$x<$ [イ] $a+$ [ウ]，[エ] $a<x$ であり，

$a<$ [ア] のとき　$x<$ [エ] a，[イ] $a+$ [ウ] $<x$ である。

(2) ① と ② を同時に満たす x の値が存在しないのは，$a \leqq \dfrac{[オカ]}{[キ]}$ または

[ク] $\leqq a$ のときである。

POINT! 文字を含む2次不等式 → **2次方程式の2つの解の大小で場合分け** をして解く。 (➡ 基 15)

解答 (1) ② から　$(x-2a)\{x+(a-3)\}>0$

よって，$-a+3<2a$ すなわち $a>{}^{ア}1$ のとき，② の解は

$x<{}^{イ}-a+{}^{ウ}\mathbf{3}$，${}^{エ}\mathbf{2}a<x$

$2a<-a+3$ すなわち $a<1$ のとき，② の解は

$x<2a$，$-a+3<x$

(2) ① から　$(x+3)(x-2)<0$　すなわち　$-3<x<2$

よって，①，② を同時に満たす x の値が存在しないのは

[1] $a>1$ のとき，右の数直線から

$-a+3 \leqq -3$ かつ $2 \leqq 2a$

すなわち　$a \geqq 6$ かつ $a \geqq 1$

よって　$a \geqq 6$

$a \geqq 6$ かつ $a>1$ から　$a \geqq 6$

[2] $a<1$ のとき，右の数直線から

$2a \leqq -3$ かつ $2 \leqq -a+3$

すなわち　$a \leqq -\dfrac{3}{2}$ かつ $a \leqq 1$

よって　$a \leqq -\dfrac{3}{2}$

$a \leqq -\dfrac{3}{2}$ かつ $a<1$ から　$a \leqq -\dfrac{3}{2}$

[1]，[2] から　$a \leqq \dfrac{{}^{オカ}\mathbf{-3}}{{}^{キ}\mathbf{2}}$ または ${}^{ク}\mathbf{6} \leqq a$

⬅ $(x-\alpha)(x-\beta)>0$ $(\alpha<\beta)$ の解は　$x<\alpha$，$\beta<x$ (➡ 基 15)
よって，α と β ($2a$ と $-a+3$) の**大小で場合分け**する。$2a=-a+3$ のときは $a=1$ であるが問題文から $a \neq 1$ である。

⬅ (1) の場合分けを利用する。
CHART　数直線を利用 ➡ 基 4

⬅ 出てきた解 $a \geqq 6$ と**場合分けの条件** $a>1$ **の共通部分**を考える。

練習 8　2つの2次不等式 $2x^2-x-6<0$ …… ①，$x^2-(a+2)x+2a>0$ …… ② がある。

(1) 不等式 ① の解は $\dfrac{[アイ]}{[ウ]}<x<$ [エ] である。

(2) 不等式 ①，② を同時に満たす x の値が存在しないような定数 a の値の範囲は，$p=\dfrac{[オカ]}{[キ]}$ を用いて，次の ⓪ ～ ③ のうち [ク] で表される。

⓪ $a<p$　① $a \leqq p$　② $a>p$　③ $a \geqq p$

演習 例題 2　2次関数の最大・最小の応用

目安 8 分　解説動画

花子さんのクラスでは，文化祭でたこ焼き店を出店することになった。
次の表は，過去の文化祭でのたこ焼き店の売り上げデータから，1皿あたりの価格と売り上げの関係をまとめたものである。

1皿あたりの価格(円)	200	250	300
売り上げ数(皿)	200	150	100

これをもとに，1皿あたりの価格をいくらにするのがよいかを考えよう。

(1)　上の表から，1皿あたりの価格が50円上がると売り上げ数が50皿減ると考えて，売り上げ数が1皿あたりの価格の1次関数で表されると仮定する。
このとき，1皿あたりの価格を x 円とおくと，売り上げ数 A は
$A=$ [アイウ] $-x$ と表される。

(2)　次の3つの条件のもとで，1皿あたりの価格 x を用いて利益を表すことにする。

(条件1)　1皿あたりの価格が x 円のときの売り上げ数として A を用いる。
(条件2)　材料は，A により得られる売り上げ数に必要な分量だけ仕入れる。
(条件3)　1皿あたりの材料費は160円である。たこ焼き用器具の賃貸料は6000円である。材料費とたこ焼き用器具の賃貸料以外の経費はない。

このとき，売り上げ金額の合計は $x\times A$ (円) であるから，利益を y 円とおくと，$y=x\times A-$ [エオカ] $\times A-$ [キクケコ] と表される。
これを x の式で表すと，$y=-x^2+$ [サシス] $x-$ [セ] $\times 10000$ ……(＊) となる。

(3)　(＊)を用いて考えると，利益が最大になるのは1皿あたりの価格が [ソタチ] 円のときであり，そのときの利益は [ツテトナ] 円である。

(4)　(＊)を用いて考えると，利益が7500円以上となる1皿あたりの価格のうち，最も安い価格は [ニヌネ] 円である。

Situation Check ✓

たこ焼き1皿あたりの価格と売り上げ数の関係に着目し，ある条件のもとで利益を考える問題である。
本問では，利益 y (円) が1皿あたりの価格 x (円) の2次関数で表される。
(3) では，平方完成を用いて x の2次関数 y の最大値を考える。 (➡基 10)
(4) では，x の2次不等式を解いて，利益が7500円以上となるときの1皿あたりの価格の範囲を求める。 (➡基 15)
問題を解く上で，問題文から次のことを読み取ることも大切である。

(売り上げ金額の合計)＝(1皿あたりの価格)×(売り上げ数)
(利益)＝(売り上げ金額の合計)－(必要な経費)

解答 (1)　売り上げ数を A とすると，A は x の1次関数で表され，1皿あたりの価格が50円上がると売り上げ数が50皿減ることから，x の係数は

$$\frac{-50}{50}=-1$$

また，表より $x=200$ のとき $A=200$ であるから，求める1次関数は　　$A-200=-(x-200)$

すなわち　　$A={}^{アイウ}\mathbf{400}-x$ …… ①

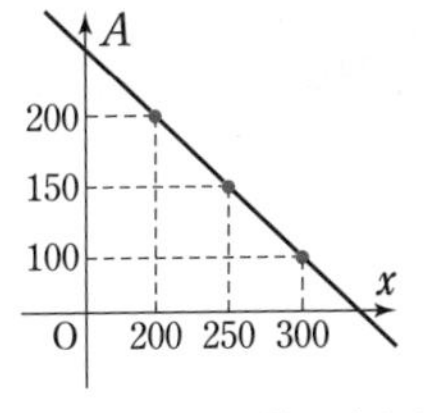

A は x の1次関数で表されると仮定しているから，そのグラフは直線である。

(2)　(条件1) より，1皿あたりの価格が x 円のときの売り上げ数は A であるから，売り上げ金額の合計は

$x\times A$ (円)

また，(条件2) と (条件3) より，必要な経費は，材料費の合計 $160\times A$ (円) とたこ焼き用器具の賃貸料6000円であるから，利益 y 円は

$$y=x\times A-{}^{エオカ}\mathbf{160}\times A-{}^{キクケコ}\mathbf{6000}$$
$$=(x-160)A-6000$$

①から　　$y=(x-160)(400-x)-6000$

整理して　　$y=-x^2+{}^{サシス}\mathbf{560}x-{}^{セ}\mathbf{7}\times 10000$ …… ②

⬅(売り上げ金額の合計)
＝(1皿あたりの価格)
×(売り上げ数)

⬅(利益)
＝(売り上げ金額の合計)
－(必要な経費)

(3)　②から　　$y=-(x^2-560x)-70000$

$$=-(x^2-560x+280^2)+280^2-70000$$
$$=-(x-280)^2+8400 \quad \cdots\cdots ③$$

また，$x\geqq 0$ かつ $400-x\geqq 0$ から　　$0\leqq x\leqq 400$

このとき，y は $x=280$ で最大値8400をとる。

よって，利益が最大になるのは1皿あたりの価格が ${}^{ソタチ}\mathbf{280}$ 円のときであり，そのときの利益は ${}^{ツテトナ}\mathbf{8400}$ 円である。

⬅CHART　まず平方完成

➡基8

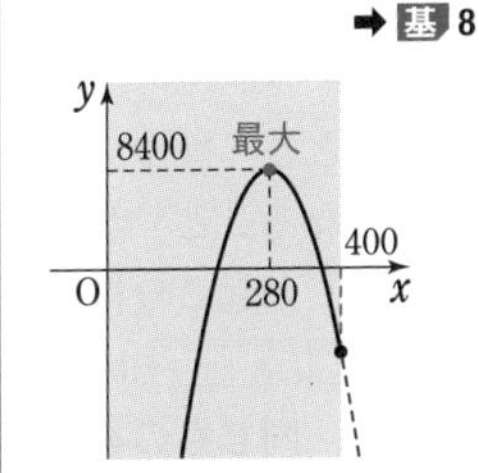

(4)　利益が7500円以上であるとき　　$y\geqq 7500$

③から　　$-(x-280)^2+8400\geqq 7500$

これを解いて　　$250\leqq x\leqq 310$

よって，利益が7500円以上となる1皿あたりの価格のうち，最も安い価格は ${}^{ニヌネ}\mathbf{250}$ 円である。

⬅***素早く解く!***

$X^2\leqq a^2$ $(a>0)$ の解は
$-a\leqq X\leqq a$
これを用いると，
$(x-280)^2\leqq 900$ から
$-30\leqq x-280\leqq 30$

問題 2　あるイベントで販売している商品1個の仕入れ価格は500円である。この商品の販売価格を1個800円にすると，1日の販売個数は400個になる。また，販売価格の10円の値上げに対して1日の販売個数は10個の割合で減少し，10円の値下げに対して10個の割合で増加する。さらに，1日あたり2500円の出店料がかかる。

このとき，商品1個の販売価格を x (円) とすると，販売個数は［アイウエ］$-x$ (個) となり，1日の利益を y (円) とおくと，$y=-x^2+$［オカキク］$x-$［ケコサシスセ］と表される。ただし，商品は販売個数だけ仕入れるものとし，仕入れに必要な費用と出店料以外に経費はかからないものとする。

よって，1日の利益を最大にする販売価格は［ソタチ］円であり，そのときの1日の販売個数は［ツテト］個，利益は［ナニ］万円となる。

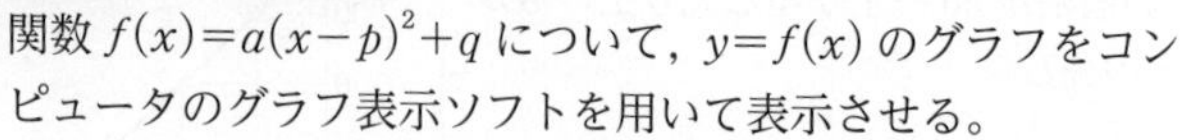

演習 例題 3　2次関数のグラフとコンピュータ

目安 5分　解説動画

関数 $f(x)=a(x-p)^2+q$ について，$y=f(x)$ のグラフをコンピュータのグラフ表示ソフトを用いて表示させる。
このソフトでは，a，p，q の値を入力すると，その値に応じたグラフが表示される。さらに，それぞれの □ の下にある•を左に動かすと値が減少し，右に動かすと値が増加するようになっており，値の変化に応じて関数のグラフが画面上で変化する仕組みになっている。

最初に，a，p，q をある値に定めたところ，図1のように，x 軸の負の部分と2点で交わる下に凸の放物線が表示された。この状態を［状態X］とする。
次の操作A，操作P，操作Qのうち，いずれか一つの操作を行い，不等式 $f(x)>0$ の解を考える。

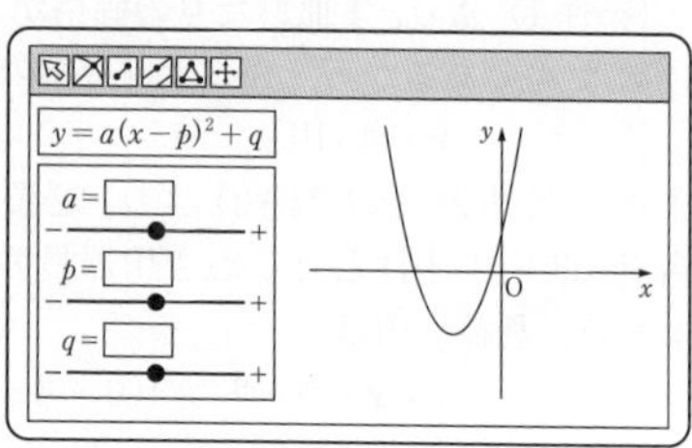

図1

> 操作A：［状態X］から p，q の値は変えず，a の値だけを変化させる。
> 操作P：［状態X］から a，q の値は変えず，p の値だけを変化させる。
> 操作Q：［状態X］から a，p の値は変えず，q の値だけを変化させる。

このとき，操作A，操作P，操作Qのうち，「不等式 $f(x)>0$ の解がすべての実数となること」が起こり得る操作は［ア］。また，「不等式 $f(x)>0$ の解がないこと」が起こり得る操作は［イ］。
［ア］，［イ］に当てはまるものを，次の ⓪ ~ ⑦ のうちから一つずつ選べ。ただし，同じものを繰り返し選んでもよい。

⓪　ない　　　　　　　　　　　　①　操作Aだけである
②　操作Pだけである　　　　　　③　操作Qだけである
④　操作Aと操作Pだけである　　⑤　操作Aと操作Qだけである
⑥　操作Pと操作Qだけである
⑦　操作Aと操作Pと操作Qのすべてである

Situation Check ✓

コンピュータのグラフ表示ソフトを用いて，不等式の解を考察する問題である。まずは，各操作によるグラフの変化をつかむ。

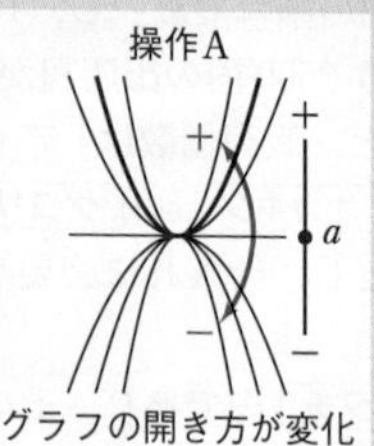

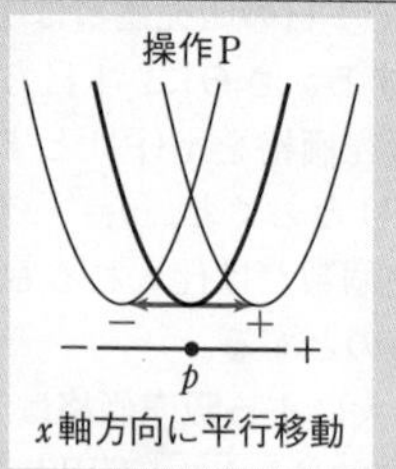

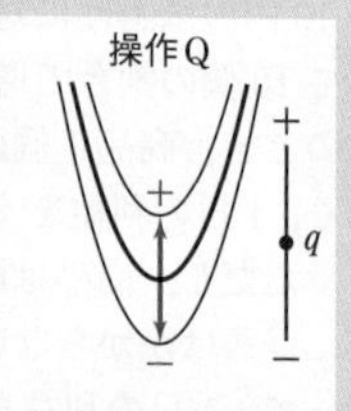

また，不等式とその解の関係は次のようになる。
(ア) $f(x)>0$ の解がすべての実数
　→ グラフが $y>0$ の部分にのみ存在
(イ) $f(x)>0$ の解がない
　→ グラフが $y\leqq 0$ の部分にのみ存在

解答 操作Aのみでは，グラフの頂点は移動せず，開き具合が変化する（$a>0$ → 下に凸，$a<0$ → 上に凸）。
操作Pのみでは，グラフは x 軸方向に平行移動する。
操作Qのみでは，グラフは y 軸方向に平行移動する。

←初めに，3つの操作それぞれについて，グラフがどのように変化するかを考える。なお，$a=0$ のときは直線 $y=q$ となる。

(ア) 不等式 $f(x)>0$ の解がすべての実数となるのは，$y=f(x)$ のグラフが $y>0$ の部分にのみ存在するときである。
したがって，[状態X] から，下に凸のまま y 軸の正の方向に平行移動すればよい。
よって　ア ③

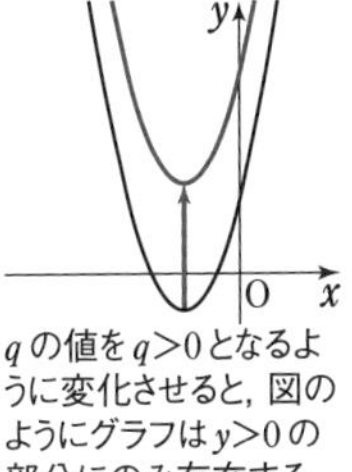

q の値を $q>0$ となるように変化させると，図のようにグラフは $y>0$ の部分にのみ存在する。

(ア) 操作A，操作Pでは，q の値，すなわち頂点の y 座標が変化しないから，$y=f(x)$ のグラフは $y\leqq 0$ の部分にも存在する。
よって，操作A，操作Pでは条件を満たさない。

(イ) 不等式 $f(x)>0$ の解がないのは，$y=f(x)$ のグラフが $y\leqq 0$ の部分にのみ存在するときである。
したがって，[状態X] から，頂点は移動せずに，上に凸のグラフになればよい。
よって　イ ①

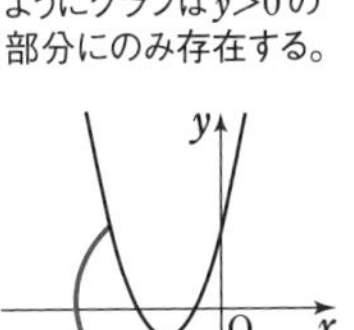

a の値を $a<0$ となるように変化させると，図のようにグラフは上に凸の放物線になる。

(イ) 操作P，操作Qでは，a の値が変化しないから，$y=f(x)$ のグラフが下に凸の放物線であることは変わらない。
よって，$y=f(x)$ のグラフは $y>0$ の部分にも存在し，条件を満たさない。

問題文の前半はコンピュータソフトの操作説明である。問題文を読むときは，文章を読むだけでなく，Situation Check で示したような図をかきながら読むと，各操作に対しグラフがどのように変化するか把握しやすくなる。

問題 3 関数 $f(x)=a(x-p)^2+q$ について，$a=-1$，$p=2$，$q=2$ の状態を [状態X] とする。この [状態X] から，演習例題3の操作A，P，Qのいずれか一つの操作を行う。このとき，次の ア ～ エ に当てはまるものを，演習例題3の ⓪ ～ ⑦ のうちから一つずつ選べ。ただし，同じものを繰り返し選んでもよい。

(1) 「不等式 $f(x)\leqq 0$ の解がすべての実数となること」が起こり得る操作は ア 。
(2) 「不等式 $f(x)\leqq 0$ の解がないこと」が起こり得る操作は イ 。
(3) 「方程式 $f(x)=0$ が異なる2つの負の解をもつこと」が起こり得る操作は ウ 。
(4) 「方程式 $f(x)=0$ が正の解と負の解をもつこと」が起こり得る操作は エ 。

実践問題

目安時間　5 [10分]　6 [5分]　7 [6分]　8 [5分]　9 [12分]

指針 p.349

*5　p, q を実数とする。

花子さんと太郎さんは，次の二つの2次方程式について考えている。

$x^2+px+q=0$ …… ①

$x^2+qx+p=0$ …… ②

① または ② を満たす実数 x の個数を n とおく。

(1)　$p=4$, $q=-4$ のとき，$n=$ [ア] である。

また，$p=1$, $q=-2$ のとき，$n=$ [イ] である。

(2)　$p=-6$ のとき，$n=3$ になる場合を考える。

花子：例えば，① と ② をともに満たす実数 x があるときは $n=3$ になりそうだね。

太郎：それを α としたら，$\alpha^2-6\alpha+q=0$ と $\alpha^2+q\alpha-6=0$ が成り立つよ。

花子：なるほど。それならば，α^2 を消去すれば，α の値が求められそうだね。

太郎：確かに α の値が求められるけど，実際に $n=3$ となっているかどうかの確認が必要だね。

花子：これ以外にも $n=3$ となる場合がありそうだね。

$n=3$ となる q の値は

$q=$ [ウ], [エ]

である。ただし，[ウ] < [エ] とする。

(3)　花子さんと太郎さんは，グラフ表示ソフトを用いて，①，② の左辺を y とおいた2次関数 $y=x^2+px+q$ と $y=x^2+qx+p$ のグラフの動きを考えている。

$p=-6$ に固定したまま，q の値だけを変化させる。

$y=x^2-6x+q$ …… ③

$y=x^2+qx-6$ …… ④

の二つのグラフについて，$q=1$ のときのグラフを点線で，q の値を1から増加させたときのグラフを実線でそれぞれ表す。このとき，③ のグラフの移動の様子を示すと [オ] となり，④ のグラフの移動の様子を示すと [カ] となる。

[オ]，[カ] については，最も適当なものを，次ページ右上の ⓪ ～ ⑦ のうちから一つずつ選べ。ただし，同じものを繰り返し選んでもよい。なお，x 軸と y 軸は省略しているが，x 軸は右方向，y 軸は上方向がそれぞれ正の方向である。

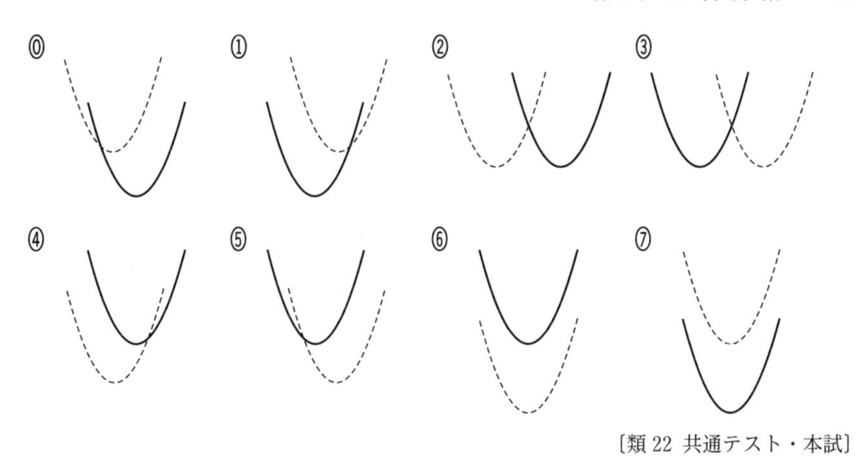

〔類 22 共通テスト・本試〕

6 $a>0$ とする。関数 $f(x)=-2x^2+8x+3$ の $0\leqq x\leqq a$ における最大値を $g(a)$，最小値を $h(a)$ とする。最大値 $g(a)$ について，$0<a\leqq$ [ア] のとき $g(a)=$ [イ]，[ア] $<a$ のとき $g(a)=$ [ウ] である。また，最小値 $h(a)$ について，$0<a\leqq$ [エ] のとき $h(a)=$ [オ]，[エ] $<a$ のとき $h(a)=$ [カ] である。

(1) [ア]，[エ] に当てはまる数を求めよ。また，[イ]，[ウ]，[オ]，[カ] に当てはまるものを，次の ⓪ ～ ④ のうちから一つずつ選べ。ただし，同じものを繰り返し選んでもよい。

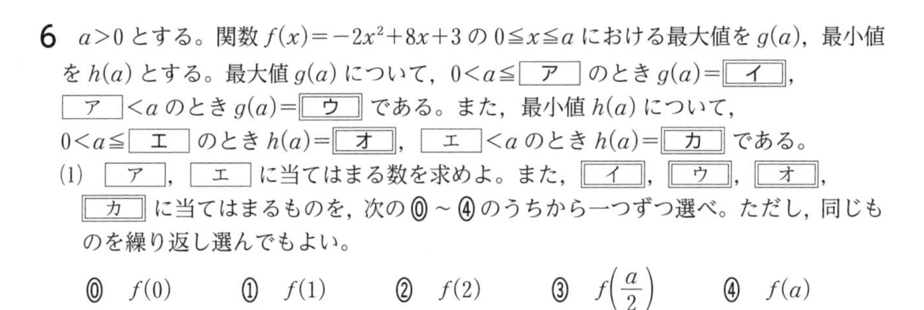

⓪ $f(0)$　① $f(1)$　② $f(2)$　③ $f\left(\dfrac{a}{2}\right)$　④ $f(a)$

(2) $y=g(a)$ と $y=h(a)$ の 2 つのグラフの概形を同じ座標平面上にかくとき，最も適当なものを，次の ⓪ ～ ⑤ のうちから一つ選べ。[キ]

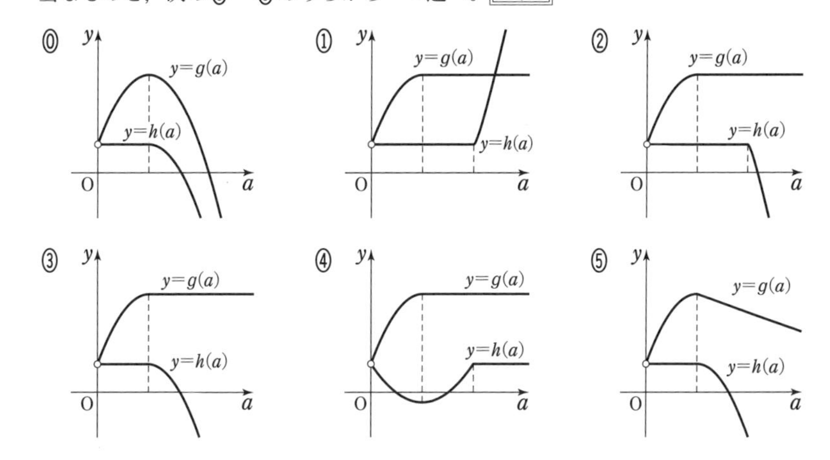

***7** 太郎さんと花子さんは，次の**命題 A** が真であることを証明しようとしている。

> **命題 A**　p, q, r, s を実数とする。$pq=2(r+s)$ ならば，二つの 2 次関数 $y=x^2+px+r$, $y=x^2+qx+s$ のグラフのうち，少なくとも一方は x 軸と共有点をもつ。

> 太郎：**命題 A** は，グラフと x 軸との共有点についての命題だね。
> 花子：$y=0$ とおいた 2 次方程式の解の問題として**命題 A** を考えてみてはどうかな。

2 次方程式 $x^2+px+r=0$ に解の公式を適用すると

$$x=\frac{-p\pm\sqrt{p^{\boxed{ア}}-\boxed{イ}\,r}}{\boxed{ウ}}$$

となる。ここで，D_1 を $D_1=p^{\boxed{ア}}-\boxed{イ}\,r$ とおく。
同様に，2 次方程式 $x^2+qx+s=0$ に対して，D_2 を $D_2=q^{\boxed{ア}}-\boxed{イ}\,s$ とおく。
$y=x^2+px+r$, $y=x^2+qx+s$ のグラフのうち，少なくとも一方が x 軸と共有点をもつための必要十分条件は，$\boxed{エ}$ である。つまり，**命題 A** の代わりに，次の**命題 B** を証明すればよい。

> **命題 B**　p, q, r, s を実数とする。$pq=2(r+s)$ ならば，$\boxed{エ}$ が成り立つ。

> 太郎：D_1 と D_2 を用いて，**命題 B** をどうやって証明したらいいかな。
> 花子：結論を否定して，**背理法**を用いて証明したらどうかな。

背理法を用いて証明するには，$\boxed{エ}$ が成り立たない，すなわち $\boxed{オ}$ が成り立つと仮定して矛盾を導けばよい。

$\boxed{エ}$，$\boxed{オ}$ の解答群（同じものを繰り返し選んでもよい。）

⓪ $D_1<0$ かつ $D_2<0$	① $D_1<0$ かつ $D_2\geqq 0$
② $D_1\geqq 0$ かつ $D_2<0$	③ $D_1\geqq 0$ かつ $D_2\geqq 0$
④ $D_1>0$ かつ $D_2>0$	⑤ $D_1<0$ または $D_2<0$
⑥ $D_1<0$ または $D_2\geqq 0$	⑦ $D_1\geqq 0$ または $D_2<0$
⑧ $D_1\geqq 0$ または $D_2\geqq 0$	⑨ $D_1>0$ または $D_2>0$

$\boxed{オ}$ が成り立つならば

$$D_1+D_2\,\boxed{カ}\,0$$

が得られる。一方，$pq=2(r+s)$ を用いると

$$D_1+D_2=\boxed{キ}$$

が得られるので

$$D_1+D_2\,\boxed{ク}\,0$$

となるが，これは $D_1+D_2\,\boxed{カ}\,0$ に矛盾する。
したがって，$\boxed{オ}$ は成り立たない。よって，**命題 B** は真である。

カ, ク の解答群（同じものを繰り返し選んでもよい。）

⓪ $=$	① $<$	② $>$	③ $\geqq$

キ の解答群

⓪ p^2+q^2+2pq	① p^2+q^2-2pq	② p^2+q^2+3pq
③ p^2+q^2-3pq	④ p^2+q^2+4pq	⑤ p^2+q^2-4pq
⑥ p^2+q^2	⑦ pq	⑧ $2pq$

〔22 共通テスト・本試〕

8 p を実数とし，$f(x)=(x-2)(x-8)+p$ とする。

(1) 2 次関数 $y=f(x)$ のグラフの頂点の座標は（ア，イウ$+p$）である。

(2) 2 次関数 $y=f(x)$ のグラフと x 軸との位置関係は，p の値によって次のように三つの場合に分けられる。

$p>$ エ のとき，2 次関数 $y=f(x)$ のグラフは x 軸と共有点をもたない。

$p=$ エ のとき，2 次関数 $y=f(x)$ のグラフは x 軸と点（オ，0）で接する。

$p<$ エ のとき，2 次関数 $y=f(x)$ のグラフは x 軸と異なる 2 点で交わる。

(3) 2 次関数 $y=f(x)$ のグラフを x 軸方向に -3，y 軸方向に 5 だけ平行移動した放物線をグラフとする 2 次関数を $y=g(x)$ とすると

$$g(x)=x^2-\boxed{カ}x+p$$

となる。関数 $y=|f(x)-g(x)|$ のグラフを考えることにより，

関数 $y=|f(x)-g(x)|$ は $x=\dfrac{\boxed{キ}}{\boxed{ク}}$ で最小値をとることがわかる。

〔23 共通テスト・本試〕

＊9　a を $5<a<10$ を満たす実数とする。長方形 ABCD を考え，AB＝CD＝5, BC＝DA＝a とする。次のようにして，長方形 ABCD の辺上に 4 点 P，Q，R，S をとり，内部に点 T をとることを考える。

辺 AB 上に点 B と異なる点 P をとる。辺 BC 上に点 Q を ∠BPQ が 45° になるようにとる。Q を通り，直線 PQ と垂直に交わる直線を ℓ とする。ℓ が頂点 C，D 以外の点で辺 CD と交わるとき，ℓ と辺 CD の交点を R とする。点 R を通り ℓ と垂直に交わる直線を m とする。m と辺 AD との交点を S とする。点 S を通り m と垂直に交わる直線を n とする。n と直線 PQ との交点を T とする。

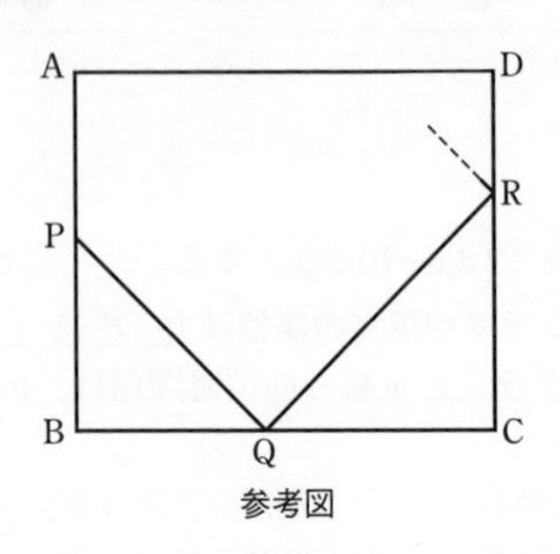

参考図

(1)　$a=6$ のとき，ℓ が頂点 C，D 以外の点で辺 CD と交わるときの AP の値の範囲は $0\leqq \mathrm{AP}<$ [ア] である。このとき，四角形 QRST の面積の最大値は $\dfrac{[イウ]}{[エ]}$ である。

$a=8$ のとき，四角形 QRST の面積の最大値は [オカ] である。

(2)　$5<a<10$ とする。ℓ が頂点 C，D 以外の点で辺 CD と交わるときの AP の値の範囲は

$$0\leqq \mathrm{AP}<[キク]-a \quad \cdots\cdots \text{①}$$

である。

点 P が ① を満たす範囲を動くとする。四角形 QRST の面積の最大値が $\dfrac{[イウ]}{[エ]}$ となるときの a の値の範囲は $5<a\leqq \dfrac{[ケコ]}{[サ]}$ である。

a が $\dfrac{[ケコ]}{[サ]}<a<10$ を満たすとき，P が ① を満たす範囲を動いたときの四角形 QRST の面積の最大値は [シス]a^2+[セソ]$a-$[タチツ] である。

［22 共通テスト・追試］

第3章　図形と計量

基本 例題17 三角比の相互関係

(1) $0° \leqq \alpha \leqq 180°$ で $\cos\alpha = \dfrac{4}{5}$ のとき，$\sin\alpha = \dfrac{\boxed{ア}}{\boxed{イ}}$，$\tan\alpha = \dfrac{\boxed{ウ}}{\boxed{エ}}$ である。

(2) $0° \leqq \beta \leqq 180°$ とする。$\tan\beta = -2$ のとき，

$\cos\beta = \dfrac{\boxed{オ}\sqrt{\boxed{カ}}}{\boxed{キ}}$，$\sin\beta = \dfrac{\boxed{ク}\sqrt{\boxed{ケ}}}{\boxed{コ}}$ である。

POINT!

$$\sin^2\theta + \cos^2\theta = 1,\quad \tan\theta = \frac{\sin\theta}{\cos\theta},\quad 1 + \tan^2\theta = \frac{1}{\cos^2\theta}$$

$0° < \theta < 90°$ 　のとき　$\sin\theta > 0$，$\cos\theta > 0$，$\tan\theta > 0$

$90° < \theta < 180°$ 　のとき　$\sin\theta > 0$，$\cos\theta < 0$，$\tan\theta < 0$

解答 (1) $\sin^2\alpha = 1 - \cos^2\alpha = 1 - \left(\dfrac{4}{5}\right)^2 = \dfrac{9}{25}$

⬅$\sin^2\alpha + \cos^2\alpha = 1$

$0° \leqq \alpha \leqq 180°$ から　$\sin\alpha \geqq 0$　よって　$\sin\alpha = \dfrac{{}^{ア}3}{{}^{イ}5}$

⬅$0° \leqq \alpha \leqq 180°$ のとき $\sin\alpha \geqq 0$

このとき　$\tan\alpha = \dfrac{\sin\alpha}{\cos\alpha} = \dfrac{3}{5} \div \dfrac{4}{5} = \dfrac{{}^{ウ}3}{{}^{エ}4}$

⬅$\tan\alpha = \dfrac{\sin\alpha}{\cos\alpha}$

(2) $\dfrac{1}{\cos^2\beta} = 1 + \tan^2\beta = 1 + (-2)^2 = 5$ から　$\cos^2\beta = \dfrac{1}{5}$

⬅$1 + \tan^2\beta = \dfrac{1}{\cos^2\beta}$

$\tan\beta < 0$ より，$90° < \beta < 180°$ であるから　$\cos\beta < 0$

⬅$90° < \beta < 180°$ のとき $\tan\beta < 0$，$\cos\beta < 0$

よって　$\cos\beta = -\dfrac{1}{\sqrt{5}} = \dfrac{{}^{オ}-\sqrt{{}^{カ}5}}{{}^{キ}5}$

また　$\sin\beta = \tan\beta\cos\beta = -2 \times \left(-\dfrac{\sqrt{5}}{5}\right) = \dfrac{{}^{ク}2\sqrt{{}^{ケ}5}}{{}^{コ}5}$

⬅$\tan\beta = \dfrac{\sin\beta}{\cos\beta}$ から $\sin\beta = \tan\beta\cos\beta$

素早く解く！ 途中式を書く必要がない問題では，次のような方法も有効である。

直角三角形を利用する方法　三角比の絶対値を **直角三角形の2辺の比** と考えると，残りの辺の比は三平方の定理により求まるので，すべての三角比の絶対値は求まる。あとは符号に注意を払えばよい。

(1) $0° \leqq \alpha \leqq 180°$ かつ $\cos\alpha > 0$ から

$\sin\alpha > 0$，$\tan\alpha > 0$

$\cos\alpha = \dfrac{4}{5}$ であるから，右の図より

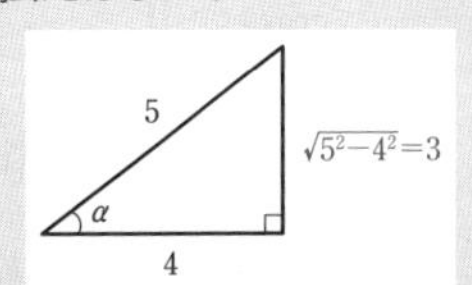

$\sin\alpha = \dfrac{{}^{ア}3}{{}^{イ}5}$，$\tan\alpha = \dfrac{{}^{ウ}3}{{}^{エ}4}$

なお，線分比が **3：4：5**，**5：12：13** の直角三角形は有名なので，覚えておくとよい。※以下，直角三角形を利用する方法は解答編 $p.32$ に記載している。

基本 例題 18　三角方程式

$0° \leqq \theta \leqq 180°$ とする。$2\cos\theta+\sqrt{3}=0$ のとき，$\theta=$ [アイウ]° である。

POINT!　三角比は単位円 で考える。x 座標が cos，y 座標が sin

解答　$2\cos\theta+\sqrt{3}=0$ から

$$\cos\theta=-\frac{\sqrt{3}}{2}$$

x 座標が $-\frac{\sqrt{3}}{2}$ となる θ は，右の図から

$$\theta={}^{アイウ}150°$$

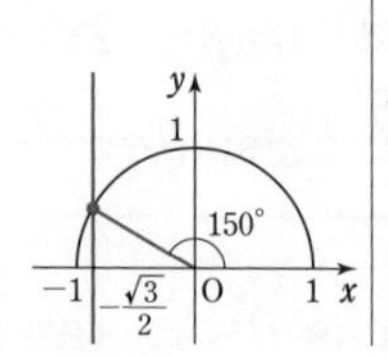

⬅単位円（半径1の円）上で考える。x 座標が cos

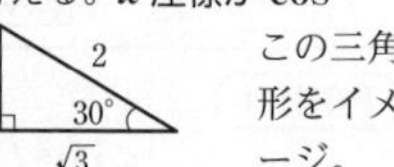

この三角形をイメージ。

CHART　三角比は単位円で　x 座標が cos，y 座標が sin

基本 例題 19　$90°-\theta$，$180°-\theta$ の三角比

$0°<\theta<90°$ で，$\cos\theta=\frac{1}{3}$ とする。

このとき，$\cos(180°-\theta)+\sin(90°-\theta)+\cos(90°-\theta)=\frac{[ア]\sqrt{[イ]}}{[ウ]}$ である。

POINT!

$$\sin(90°-\theta)=\cos\theta \qquad \cos(90°-\theta)=\sin\theta$$
$$\sin(180°-\theta)=\sin\theta \qquad \cos(180°-\theta)=-\cos\theta$$

解答

$$\cos(180°-\theta)+\sin(90°-\theta)+\cos(90°-\theta)$$
$$=-\cos\theta+\cos\theta+\sin\theta=\sin\theta$$

ここで　$\sin^2\theta=1-\cos^2\theta=1-\left(\frac{1}{3}\right)^2=\frac{8}{9}$

$0°<\theta<90°$ より，$\sin\theta>0$ であるから　$(与式)=\frac{{}^{ア}2\sqrt{{}^{イ}2}}{{}^{ウ}3}$

⬅$\cos(180°-\theta)=-\cos\theta$
$\sin(90°-\theta)=\cos\theta$
$\cos(90°-\theta)=\sin\theta$

⬅$\sin^2\theta+\cos^2\theta=1$
符号に注意。　➡基17

参考　上の公式は，次のように円を用いると自ら導くことができる。

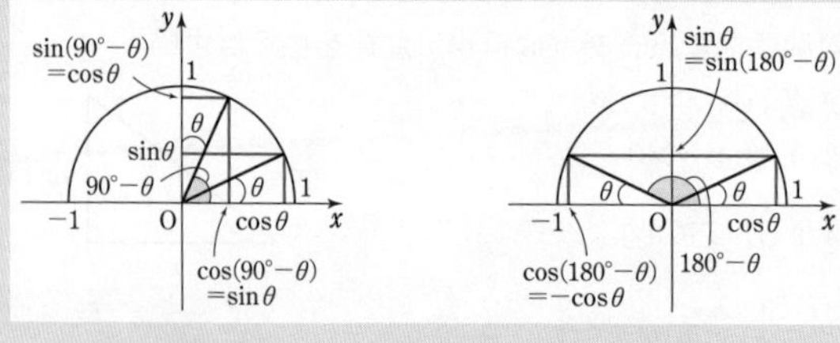

tan は，$\tan\theta=\frac{\sin\theta}{\cos\theta}$ から導ける。（➡解答編 $p.32$ CHECK 19 解説の参考参照）

なお，数学Ⅱの加法定理（➡基70）を覚えてしまえば，すべて簡単に導ける。

基本 例題 20 直線の傾きと正接

座標平面上の原点を通り，x 軸の正の向きとなす角が 60° である直線の方程式は $y=\sqrt{\boxed{\text{ア}}}\,x$ であり，2 直線 $y=\sqrt{\boxed{\text{ア}}}\,x$ と $y=-x$ がなす鋭角は $\boxed{\text{イウ}}$° である。

POINT!

直線 $\boldsymbol{y=mx}$ が $\boldsymbol{x}$ 軸の正の向きとなす角を $\boldsymbol{\theta}$ とすると

$$m=\tan\theta$$

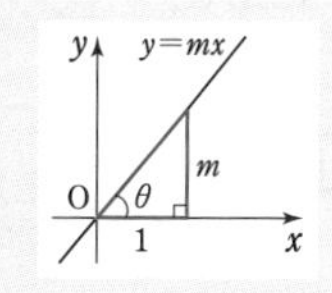

解答 $\tan 60°=\sqrt{3}$ であるから

$$y=\sqrt{{}^{ア}3}\,x$$

$y=-x$ が x 軸の正の向きとなす角を θ とすると　$\tan\theta=-1$

ゆえに　$\theta=135°$

よって，2 直線がなす鋭角は図から

$$135°-60°={}^{イウ}\mathbf{75}°$$

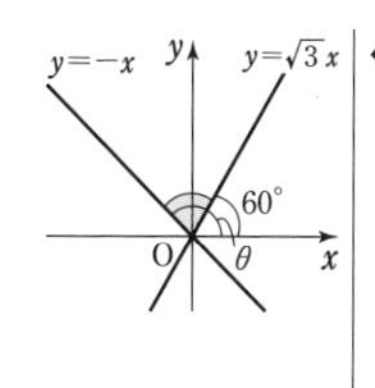

⬅$m=\tan\theta$

CHART 三角比は単位円で $x=1$ との交点の y 座標が tan

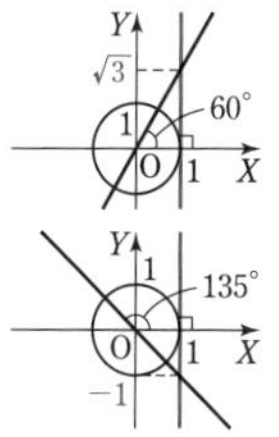

基本 例題 21 正弦定理

△ABC において，$\mathrm{AB}=4\sqrt{3}$，$\angle\mathrm{A}=75°$，$\angle\mathrm{B}=45°$ とする。このとき，$\mathrm{AC}=\boxed{\text{ア}}\sqrt{\boxed{\text{イ}}}$，外接円の半径 R は $\boxed{\text{ウ}}$ である。

POINT!

正弦定理

$$\frac{a}{\sin A}=\frac{b}{\sin B}=\frac{c}{\sin C}=2R$$

（R は外接円の半径）

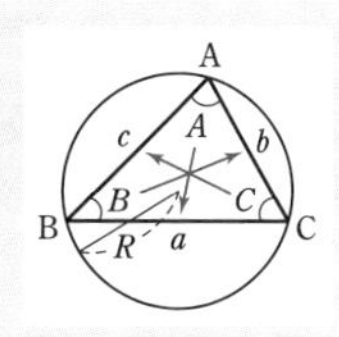

解答

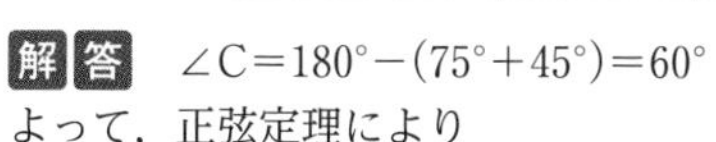

$\angle\mathrm{C}=180°-(75°+45°)=60°$

よって，正弦定理により

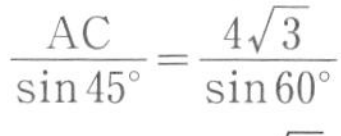

$$\frac{\mathrm{AC}}{\sin 45°}=\frac{4\sqrt{3}}{\sin 60°}$$

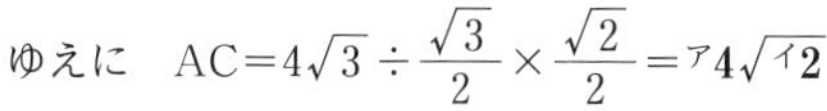

ゆえに　$\mathrm{AC}=4\sqrt{3}\div\dfrac{\sqrt{3}}{2}\times\dfrac{\sqrt{2}}{2}={}^{ア}\mathbf{4}\sqrt{{}^{イ}\mathbf{2}}$

また　$2R=\dfrac{4\sqrt{3}}{\sin 60°}=4\sqrt{3}\div\dfrac{\sqrt{3}}{2}=8$

ゆえに　$R=\dfrac{8}{2}={}^{ウ}\mathbf{4}$

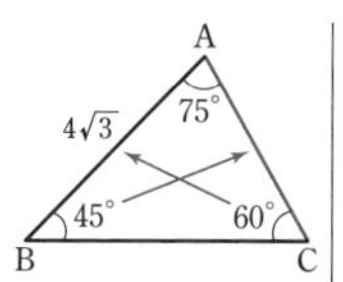

⬅$A+B+C=180°$

⬅$\dfrac{b}{\sin B}=\dfrac{c}{\sin C}$

⬅$2R=\dfrac{c}{\sin C}$

参考 外接円の半径は　正弦定理から　求める。
内接円の半径は　三角形の面積から　求める。（➡ 基 24）

基本 例題 22　余弦定理

$\triangle$ABC において，AB$=2$，CA$=3\sqrt{2}$，$\angle$A$=45^\circ$ のとき，BC$=\sqrt{\boxed{アイ}}$ である。

また，$\cos\angle$ABC$=\dfrac{\boxed{ウ}\sqrt{\boxed{エオ}}}{\boxed{カキ}}$ であるから，$\angle$ABC は $\boxed{ク}$ である。

ただし，$\boxed{ク}$ については，当てはまるものを次の⓪～②のうちから一つ選べ。

⓪ 鋭角　　① 直角　　② 鈍角

POINT!

余弦定理　$a^2=b^2+c^2-2bc\cos A$，

$$\cos A=\frac{b^2+c^2-a^2}{2bc}$$

（他の角についても同様）

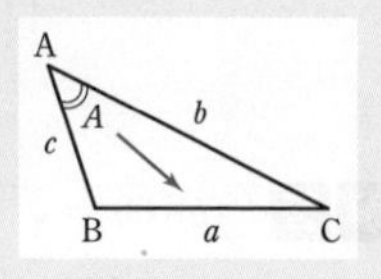

解答　余弦定理により

$$\mathrm{BC}^2=(3\sqrt{2})^2+2^2-2\cdot3\sqrt{2}\cdot2\cos45^\circ$$
$$=18+4-12\sqrt{2}\cdot\frac{1}{\sqrt{2}}=10$$

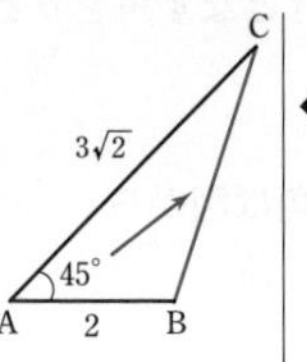

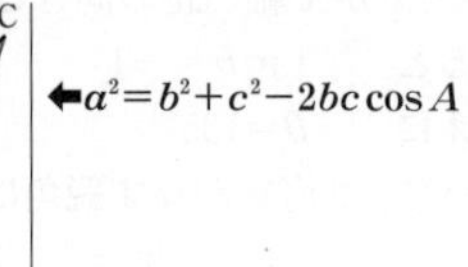

⬅ $a^2=b^2+c^2-2bc\cos A$

BC>0 であるから

BC$=\sqrt{^{アイ}\mathbf{10}}$

また　$\cos\angle\mathrm{ABC}=\dfrac{2^2+(\sqrt{10})^2-(3\sqrt{2})^2}{2\cdot2\cdot\sqrt{10}}$

$$=-\frac{1}{\sqrt{10}}$$

$$=\frac{^{ウ}\mathbf{-}\sqrt{^{エオ}\mathbf{10}}}{^{カキ}\mathbf{10}}$$

⬅ $\cos B=\dfrac{c^2+a^2-b^2}{2ca}$

$\cos\angle$ABC<0 であるから，$\angle$ABC は鈍角。

よって　^{ク}②

⬅ $90^\circ<\theta<180^\circ$ のとき $\cos\theta<0$ ➡基17

与えられた条件から図を正確にかくと，$\angle$ABC が鈍角であることは一目瞭然である。試験場では定規やコンパスなどが使えないので，図だけで判断するのは危険であるが，**できるだけ正確な図**をかくにこしたことはない。この問題では，AB$=2$，$\angle$B$=90^\circ$ の直角二等辺三角形の斜辺が $2\sqrt{2}$ であることを考え，AC$=3\sqrt{2}$ はそれより長くかく。

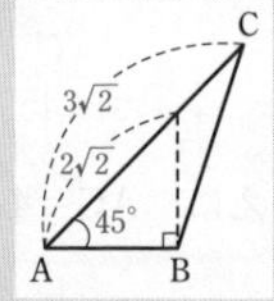

基本 例題 23　三角形の面積

△ABC において，BC=4，CA=5，AB=6 である。このとき，$\sin A=\dfrac{\sqrt{\boxed{\text{ア}}}}{\boxed{\text{イ}}}$ であり，△ABC の面積は $\dfrac{\boxed{\text{ウエ}}\sqrt{\boxed{\text{オ}}}}{\boxed{\text{カ}}}$ である。

POINT!

△ABC の面積　$S=\dfrac{1}{2}bc\sin A$

（他の角についても同様）

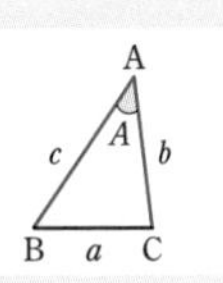

解答　余弦定理により

$$\cos A=\frac{5^2+6^2-4^2}{2\cdot5\cdot6}=\frac{3}{4}$$

ここで　$\sin^2 A=1-\cos^2 A$

$$=1-\left(\frac{3}{4}\right)^2=\frac{7}{16}$$

$0°<A<180°$ であるから　$\sin A>0$　よって　$\sin A=\dfrac{\sqrt{{}^{ア}7}}{{}^{イ}4}$

ゆえに，△ABC の面積は

$$\frac{1}{2}\cdot5\cdot6\sin A=\frac{1}{2}\cdot5\cdot6\cdot\frac{\sqrt{7}}{4}=\frac{{}^{ウエ}15\sqrt{{}^{オ}7}}{{}^{カ}4}$$

⬅$\cos A=\dfrac{b^2+c^2-a^2}{2bc}$
➡基22

⬅$\sin^2 A+\cos^2 A=1$
符号にも注意。➡基17

⬅$S=\dfrac{1}{2}bc\sin A$
面積は 2 辺と間の角から求めると覚える。

基本 例題 24　内接円の半径

△ABC において，$A=60°$，AB=8，CA=3 のとき，BC=$\boxed{\text{ア}}$，△ABC の面積は $\boxed{\text{イ}}\sqrt{\boxed{\text{ウ}}}$ であり，△ABC の内接円の半径 r は $\dfrac{\boxed{\text{エ}}\sqrt{\boxed{\text{オ}}}}{\boxed{\text{カ}}}$ である。

POINT!

△ABC の面積を S，内接円の半径を r とすると

$$S=\frac{1}{2}r(a+b+c)$$

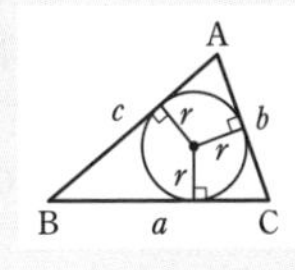

解答　余弦定理により

$$BC^2=3^2+8^2-2\cdot3\cdot8\cos60°=49$$

BC>0 であるから　BC$={}^{ア}7$

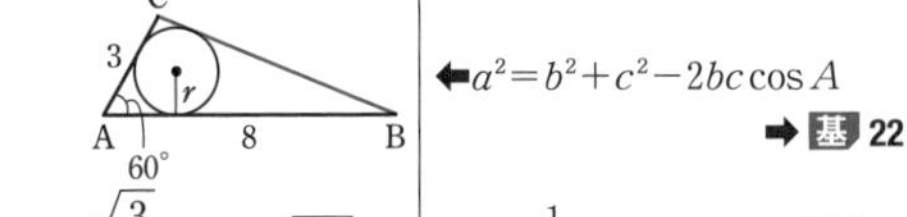
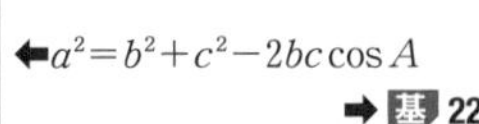

△ABC の面積は　$\dfrac{1}{2}\cdot3\cdot8\sin60°=\dfrac{1}{2}\cdot3\cdot8\cdot\dfrac{\sqrt{3}}{2}={}^{イ}6\sqrt{{}^{ウ}3}$

また，$6\sqrt{3}=\dfrac{1}{2}r(7+3+8)$ が成り立つから　$r=\dfrac{{}^{エ}2\sqrt{{}^{オ}3}}{{}^{カ}3}$

⬅$a^2=b^2+c^2-2bc\cos A$
➡基22

⬅$S=\dfrac{1}{2}bc\sin A$　➡基23

⬅$S=\dfrac{1}{2}r(a+b+c)$

3
図形と計量

CHECK

□ **17** (1) $0^\circ \leqq \alpha \leqq 180^\circ$ で $\sin\alpha = \dfrac{2}{3}$ のとき,

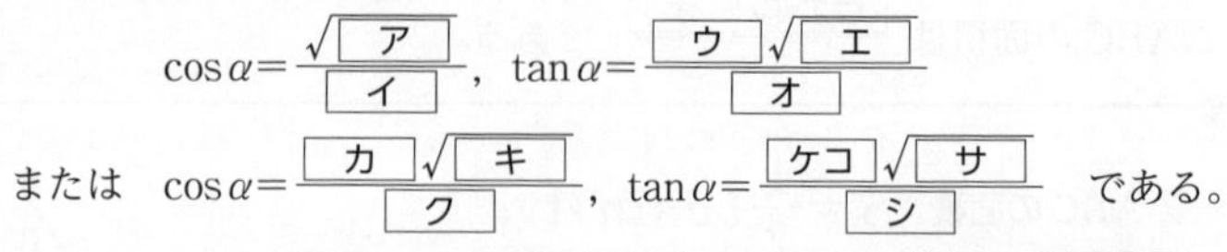

$$\cos\alpha = \frac{\sqrt{\boxed{ア}}}{\boxed{イ}},\ \tan\alpha = \frac{\boxed{ウ}\sqrt{\boxed{エ}}}{\boxed{オ}}$$

または　$\cos\alpha = \dfrac{\boxed{カ}\sqrt{\boxed{キ}}}{\boxed{ク}}$, $\tan\alpha = \dfrac{\boxed{ケコ}\sqrt{\boxed{サ}}}{\boxed{シ}}$　である。

(2) $0^\circ \leqq \beta \leqq 180^\circ$ とする。$\tan\beta = \dfrac{3}{2}$ のとき, $\cos\beta = \dfrac{\boxed{ス}\sqrt{\boxed{セソ}}}{\boxed{タチ}}$,

$\sin\beta = \dfrac{\boxed{ツ}\sqrt{\boxed{テト}}}{\boxed{ナニ}}$ である。

□ **18** $0^\circ \leqq \theta \leqq 180^\circ$ とする。$2\sin\theta - 1 = 0$ のとき, $\theta = \boxed{アイ}^\circ$ または $\boxed{ウエオ}^\circ$ である。

□ **19** $0^\circ < \theta < 90^\circ$ で, $\sin\theta = \dfrac{3}{5}$ とする。このとき,

$\sin(180^\circ - \theta) + \cos(180^\circ - \theta) - \cos(90^\circ - \theta) = \dfrac{\boxed{アイ}}{\boxed{ウ}}$ である。

□ **20** 座標平面上の原点を通り, x 軸の正の向きとなす角が 150° である直線の方程式は $y = -\dfrac{1}{\sqrt{\boxed{ア}}}x$ であり, 2直線 $y = -\dfrac{1}{\sqrt{\boxed{ア}}}x$ と $y = -\sqrt{3}x$ がなす鋭角は $\boxed{イウ}^\circ$ である。

□ **21** $\triangle ABC$ において, $CA = 2\sqrt{2}$, $\angle B = 45^\circ$, $\angle C = 105^\circ$ とする。このとき, $BC = \boxed{ア}$, 外接円の半径 R は $\boxed{イ}$ である。

□ **22** $\triangle ABC$ において, $AB = 7$, $BC = 8$, $\cos\angle ABC = \dfrac{11}{14}$ のとき, $CA = \boxed{ア}$ である。また, $\cos\angle BCA = \dfrac{\boxed{イ}}{\boxed{ウ}}$ であるから, $\angle BCA = \boxed{エオ}^\circ$ である。

□ **23** $\triangle ABC$ において, $AB = 2\sqrt{2}$, $BC = \sqrt{5}$, $CA = 3$ である。

このとき, $\sin C = \dfrac{\boxed{ア}\sqrt{\boxed{イ}}}{\boxed{ウ}}$ であり, $\triangle ABC$ の面積は $\boxed{エ}$ である。

□ **24** $\triangle ABC$ において, $B = 120^\circ$, $AB = 7$, $BC = 8$ のとき, $CA = \boxed{アイ}$, $\triangle ABC$ の面積は $\boxed{ウエ}\sqrt{\boxed{オ}}$ であり, $\triangle ABC$ の内接円の半径 r は $\sqrt{\boxed{カ}}$ である。

重要 例題 9 円に内接する四角形

円に内接する四角形 ABCD は AB=2, BC=3, CD=1, ∠ABC=60° を満たすとする。このとき, ∠CDA= アイウ °, AC=$\sqrt{\text{エ}}$, AD= オ である。

また, BD=$\dfrac{\text{カ}\sqrt{\text{キ}}}{\text{ク}}$ である。

POINT!
円に内接する四角形 → 対角の和が 180° (➡基 45)
対角線の長さは, 余弦定理で 2 通りに表す。

解答 ∠CDA+∠ABC=180° であるから ∠CDA=180°−60°=アイウ**120**°

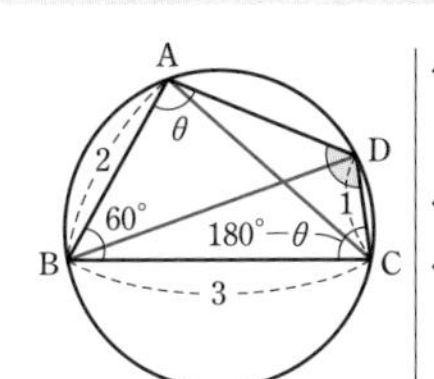

△ABC において, 余弦定理により

$$AC^2=2^2+3^2-2\cdot2\cdot3\cos60°=7$$

AC>0 であるから　AC=$\sqrt{^{エ}\mathbf{7}}$

AD=x とすると, △ACD において,

余弦定理により　$(\sqrt{7})^2=1^2+x^2-2\cdot1\cdot x\cos120°$

よって　$x^2+x-6=0$　すなわち　$(x+3)(x-2)=0$

$x>0$ であるから　$x=2$　よって　AD=オ**2**

ここで, ∠BAD=θ とすると, ∠BAD+∠BCD=180° であるから　∠BCD=180°−θ

△ABD において, 余弦定理により

$$BD^2=2^2+2^2-2\cdot2\cdot2\cos\theta=8-8\cos\theta \quad \cdots\cdots ①$$

△CDB において, 余弦定理により

$$BD^2=3^2+1^2-2\cdot3\cdot1\cdot\cos(180°-\theta)$$
$$=10-6\cos(180°-\theta)=10+6\cos\theta \quad \cdots\cdots ②$$

①, ② から　$8-8\cos\theta=10+6\cos\theta$

ゆえに　$\cos\theta=-\dfrac{1}{7}$

これと ① から　$BD^2=\dfrac{64}{7}$　BD>0 から　BD=$\dfrac{^{カ}\mathbf{8}\sqrt{^{キ}\mathbf{7}}}{^{ク}\mathbf{7}}$

⬅対角の和が 180°
⬅△ABC に着目。
⬅$AC^2=AB^2+BC^2-2AB\cdot BC\cos∠ABC$ ➡基 22
⬅△ACD に着目。
⬅$AC^2=CD^2+AD^2-2CD\cdot AD\cos∠CDA$ ➡基 22
⬅対角の和が 180°
⬅対角線の長さを余弦定理で 2 通りに表す。
⬅$\cos(180°-\theta)=-\cos\theta$ ➡基 19
⬅①×3+②×4 より $7BD^2=64$ これから求めてもよい。

トレミーの定理により,
AB·CD+AD·BC=AC·BD であるから
$$2\cdot1+2\cdot3=\sqrt{7}\cdot BD$$
よって　BD=$\dfrac{^{カ}\mathbf{8}\sqrt{^{キ}\mathbf{7}}}{^{ク}\mathbf{7}}$

⬅トレミーの定理
円に内接する四角形 ABCD について
AB·CD+AD·BC=AC·BD

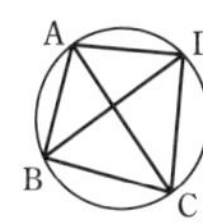

練習 9 四角形 ABCD は, 円 O に内接し, 2AB=BC, CD=2, DA=1, $\cos∠ABC=\dfrac{5}{8}$ を満たしている。このとき, $\cos∠ADC=\dfrac{\text{アイ}}{\text{ウ}}$, AC=$\dfrac{\sqrt{\text{エオ}}}{\text{カ}}$ である。また, AB=$\sqrt{\text{キ}}$ であり, BD=$\dfrac{4}{5}\sqrt{\text{クケ}}$ である。

重要 例題 10　平面図形の知識利用

線分 AB を直径とする半円周上に 2 点 C, D があり，$AC=2\sqrt{5}$，$AD=8$，$\cos\angle CAD=\dfrac{2}{\sqrt{5}}$ であるとする。さらに，線分 AD と線分 BC の交点を E とする。このとき，CD＝［ア］$\sqrt{［イ］}$，AB＝［ウエ］，BD＝［オ］，BE＝［カ］$\sqrt{［キ］}$ である。

POINT!

平面図形（中学での既習事項など）の知識を利用して，
辺の長さ，角の大きさを求める。
二等辺三角形の性質，円周角，角の二等分線など
直角三角形に着目することも重要。

解答　△ADC において，余弦定理により

$$CD^2=(2\sqrt{5})^2+8^2-2\cdot 2\sqrt{5}\cdot 8\cdot\frac{2}{\sqrt{5}}$$
$$=20+64-64=20$$

←$CD^2=AC^2+AD^2-2AC\cdot AD\cos\angle CAD$　➡ 基 22

CD＞0 であるから　$CD={}^{ア}\mathbf{2}\sqrt{{}^{イ}\mathbf{5}}$

線分 AB は △ADC の外接円の直径であるから，この外接円の半径を R とすると　$AB=2R$

△ADC において，正弦定理により　$\dfrac{CD}{\sin\angle CAD}=2R$　➡ 基 21

ここで，$\sin\angle CAD>0$ から

$$\sin\angle CAD=\sqrt{1-\cos^2\angle CAD}=\sqrt{1-\frac{4}{5}}=\frac{1}{\sqrt{5}}$$

←$\sin^2\theta+\cos^2\theta=1$　➡ 基 17

よって　$2R=2\sqrt{5}\div\dfrac{1}{\sqrt{5}}=10$　すなわち　$AB={}^{ウエ}\mathbf{10}$

また，$\angle ADB=90^\circ$ であるから，△ABD において三平方の定理により　$BD=\sqrt{AB^2-AD^2}=\sqrt{10^2-8^2}={}^{オ}\mathbf{6}$

←半円の弧に対する円周角は直角。

ここで，直角三角形 BDE において　$\cos\angle EBD=\dfrac{BD}{BE}$

←**直角三角形 BDE に着目。**

$\overset{\frown}{CD}$ に対する円周角より　$\angle CAD=\angle EBD$

←円周角は等しい。

よって　$BE=\dfrac{BD}{\cos\angle EBD}=\dfrac{6}{\cos\angle CAD}=6\div\dfrac{2}{\sqrt{5}}$
$={}^{カ}\mathbf{3}\sqrt{{}^{キ}\mathbf{5}}$

練習 10　三角形 ABC は AB=8，BC=7，CA=6 を満たしている。∠BAC の二等分線と辺 BC の交点を D とすると BD：DC＝［ア］：3 である。したがって CD＝［イ］である。また，$\cos\angle ACB=\dfrac{［ウ］}{［エ］}$ であるから，AD＝［オ］であり，∠ACB の二等分線と線分 AD との交点を E とすると，ED＝［カ］である。

重要 例題 11 空間図形，四面体の体積

1辺の長さが2である立方体 ABCD-EFGH の辺 AB の中点を M とする。線分 MG の長さは [ア]，∠DGM＝[イウ]° であるから，△DGM の面積は [エ] である。また，四面体 CDMG を考えると，その体積は $\frac{[オ]}{[カ]}$ となり，頂点 C から平面 DGM へ下ろした垂線 CP の長さは $\frac{[キ]}{[ク]}$ である。

POINT!

空間図形 ⟶ **平面図形を取り出して** 考える（断面図も有効）。
垂線の長さ ⟶ 四面体の高さと考え，体積を利用。
錐体（四面体，円錐など）の体積 $\frac{1}{3}\times$(底面積)$\times$(高さ)

解答 辺 EF の中点を N とすると，
△NFG において，三平方の定理により

$NG=\sqrt{FG^2+NF^2}=\sqrt{2^2+1^2}=\sqrt{5}$

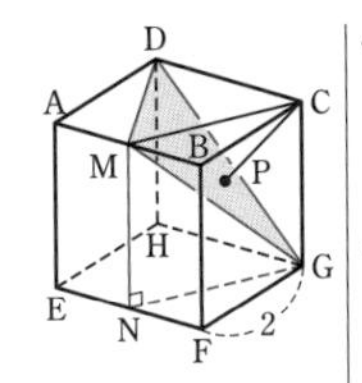

←三平方の定理 $a^2=b^2+c^2$

△MNG において，三平方の定理により

$MG=\sqrt{NG^2+MN^2}=\sqrt{(\sqrt{5})^2+2^2}={}^{ア}\mathbf{3}$

←△MNG を取り出す。

△DGM において，

$MD=NG=\sqrt{5}$，$DG=\sqrt{2^2+2^2}=2\sqrt{2}$

であるから，余弦定理により

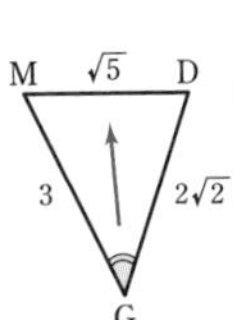
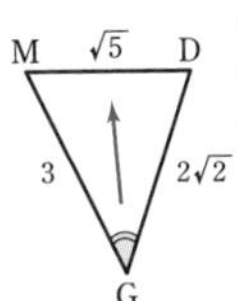

←△DGM を取り出す。取り出した図形を別に図にかくとよりわかりやすい。

$\cos\angle DGM=\dfrac{3^2+(2\sqrt{2})^2-(\sqrt{5})^2}{2\cdot 3\cdot 2\sqrt{2}}=\dfrac{1}{\sqrt{2}}$

←$\cos\angle DGM=\dfrac{MG^2+DG^2-MD^2}{2MG\cdot DG}$ ➡基22

よって　$\angle DGM={}^{イウ}\mathbf{45}°$

ゆえに，△DGM の面積 S は

$S=\dfrac{1}{2}\cdot 3\cdot 2\sqrt{2}\sin 45°=\dfrac{1}{2}\cdot 3\cdot 2\sqrt{2}\cdot\dfrac{1}{\sqrt{2}}={}^{エ}\mathbf{3}$

←$S=\dfrac{1}{2}\cdot MG\cdot DG\sin\angle DGM$ ➡基23

また，四面体 CDMG の体積 V は，△CDM を底面とすると

$V=\dfrac{1}{3}\cdot\triangle CDM\cdot CG=\dfrac{1}{3}\cdot\left(\dfrac{1}{2}\cdot 2\cdot 2\right)\cdot 2=\dfrac{{}^{オ}\mathbf{4}}{{}^{カ}\mathbf{3}}$

←$\dfrac{1}{3}\times$(底面積)$\times$(高さ)

この四面体を，△DGM を底面として体積を考えると

$V=\dfrac{1}{3}\cdot S\cdot CP$　　よって，$\dfrac{4}{3}=\dfrac{1}{3}\cdot 3\cdot CP$ から　$CP=\dfrac{{}^{キ}\mathbf{4}}{{}^{ク}\mathbf{3}}$

←CP を高さと考える。体積は同じ。
←$\dfrac{1}{3}\times$(底面積)$\times$(高さ)

練習 11 右の図のような直方体 ABCD-EFGH において，$AE=\sqrt{10}$，$AF=8$，$AH=10$ とする。
このとき，$FH=$[アイ] であり，$\cos\angle FAH=\frac{[ウ]}{[エ]}$ である。また，三角形 AFH の面積は [オカ]$\sqrt{[キ]}$ である。したがって，点 E から三角形 AFH に下ろした垂線の長さは $\frac{[ク]\sqrt{[ケコ]}}{[サ]}$ である。

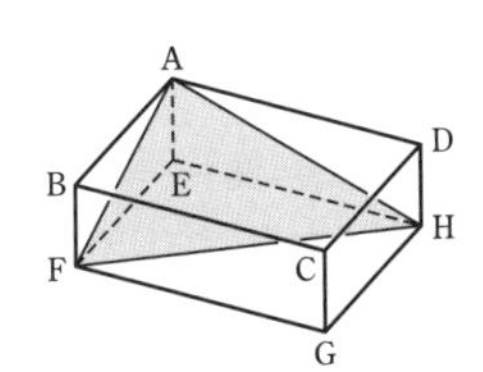

3 図形と計量

演習　例題 4　測量の問題

目安 6分　解説動画

以下の問題を解答するにあたっては，必要に応じて $p.384$ の三角比の表を用いてもよい。

火災時に，ビルの高層階に取り残された人を救出する際，はしご車を使用することがある。図1のはしご車で考える。はしごの先端をA，はしごの支点をBとする。はしごの角度（はしごと水平面のなす角の大きさ）は75°まで大きくすることができ，はしごの長さABは35mまで伸ばすことができる。また，はしごの支点Bは地面から2mの高さにあるとする。以下，はしごの長さABは35mに固定して考える。また，はしごは太さを無視して線分とみなし，はしご車は水平な地面上にあるものとする。

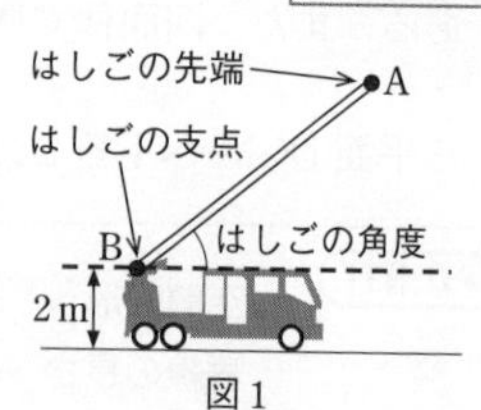

図1

図1のはしごは，図2のように，点Cで，ACが鉛直方向になるまで下向きに屈折させることができる。ACの長さは10mである。図3のように，あるビルにおいて，地面から26mの高さにある位置を点Pとする。障害物のフェンスや木があるため，はしご車をBQの長さが18mとなる場所にとめる。ここで，点Qは，点Pの真下で，点Bと同じ高さにある位置である。ただし，はしご車，障害物，ビルは同じ水平な地面上にあり，点A，B，C，P，Qはすべて同一平面上にあるものとする。

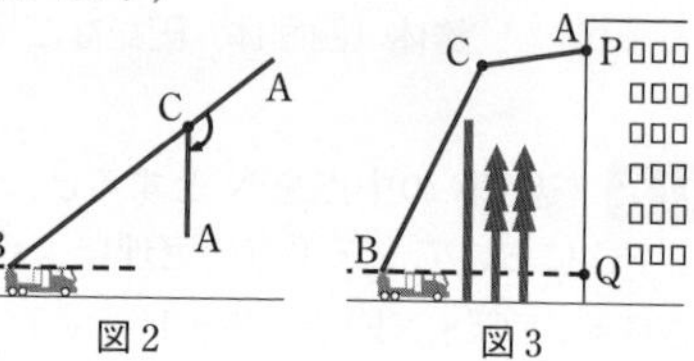

図2　図3

はしごを点Cで屈折させ，はしごの先端Aが点Pに一致したとすると，∠QBCの大きさはおよそ［ア］°になる。

［ア］に当てはまるものとして最も適当なものを，次の⓪～⑥のうちから一つ選べ。

⓪ 53　① 56　② 59　③ 63　④ 67　⑤ 71　⑥ 75

Situation Check ✓

はしごが目標地点に届くときのはしごと水平面のなす角の大きさを，三角比を用いて考察する問題である。
与えられた図も参考にしながら，はしご車の条件や目標地点の高さなどを素早く読み取り，それらを平面上に図示することがポイント。

解答　与えられた条件を平面上に図示すると，右の図のようになる。

$PQ=26-2=24$ (m)

であるから，△BPQは

$BQ:PQ:BP=3:4:5$

の直角三角形である。

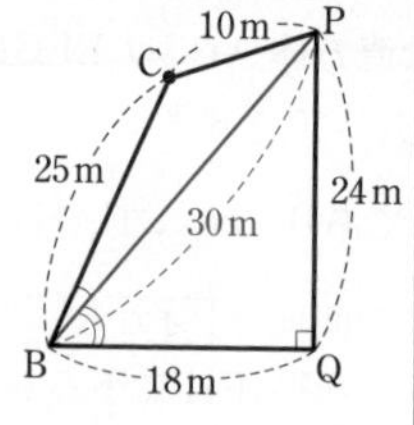

よって　$\tan\angle PBQ=\frac{4}{3}=1.333\cdots\cdots$

⬅**素早く読む!**

図をかきながら問題文を読み，与えられた条件を整理するとよい。

⬅$\angle PQB=90°$ かつ $BQ:PQ=18:24=3:4$ からわかる。

⬅$\tan\angle PBQ=\frac{PQ}{BQ}$

ゆえに，三角比の表により，$\angle \mathrm{PBQ}$ はおよそ 53° である。

また，$\mathrm{BP}=\mathrm{PQ}\cdot\frac{5}{4}=24\cdot\frac{5}{4}=30\ (\mathrm{m})$ であるから，$\triangle\mathrm{BCP}$ について，余弦定理により

$$\cos\angle\mathrm{CBP}=\frac{5^2+6^2-2^2}{2\cdot5\cdot6}=\frac{57}{60}=\frac{19}{20}=0.95$$

ゆえに，三角比の表により，$\angle\mathrm{CBP}$ はおよそ 18° である。

$\angle\mathrm{QBC}=\angle\mathrm{PBQ}+\angle\mathrm{CBP}$ であるから，$\angle\mathrm{QBC}$ はおよそ

$53^\circ+18^\circ=71^\circ$　（ア ⑤）

⬅**素早く解く！**
3辺の比を利用する。

➡ 基 22

⬅**素早く解く！**
$\triangle\mathrm{BCP}$ の各辺の長さを5で割った相似な三角形で考えると計算がらく。

参考　$\angle\mathrm{PBQ}$ の大きさについて，解答では $\tan\angle\mathrm{PBQ}$ の値からおよその角度を求めたが，先に $\mathrm{PB}=30$ を求めてから，$\sin\angle\mathrm{PBQ}=\frac{4}{5}=0.8$，もしくは $\cos\angle\mathrm{PBQ}=\frac{3}{5}=0.6$ を求め，これと三角比の表から求めてもよい。
いずれの場合も，$\angle\mathrm{PBQ}$ はおよそ 53° と求められる。

$\triangle\mathrm{BPQ}$ が $\mathrm{BQ}:\mathrm{PQ}:\mathrm{PB}=3:4:5$ の直角三角形であることに注目すると，線分 BP の長さを素早く求めることができる（与えられた長さでそのまま三平方の定理を用いても求めることはできるが，数値が大きくなり計算が面倒である）。
また，$\cos\angle\mathrm{CBP}$ の値を求めるとき，**$\triangle\mathrm{BCP}$ と相似な三角形**（$\triangle\mathrm{B'C'P'}$ とする）**で考えても同じ**である。$\triangle\mathrm{BCP}$ において，

$$\mathrm{BC}:\mathrm{BP}:\mathrm{CP}=25:30:10=5:6:2$$

であるから，$\mathrm{B'C'}=5$，$\mathrm{B'P'}=6$，$\mathrm{C'P'}=2$ である $\triangle\mathrm{B'C'P'}$ を考えると

$$\cos\angle\mathrm{CBP}=\cos\angle\mathrm{C'B'P'}=\frac{\mathrm{B'C'}^2+\mathrm{B'P'}^2-\mathrm{C'P'}^2}{2\mathrm{B'C'}\cdot\mathrm{B'P'}}$$

問題 4　以下の問題を解答するにあたっては，必要に応じて *p*.384 の三角比の表を用いてもよい。
右の図のような，2本の道路にはさまれた四角形の土地 P について考える。
4つの頂点を図のように A，B，C，D とすると，$\mathrm{AB}=24\ (\mathrm{m})$，$\mathrm{BC}=10\ (\mathrm{m})$，$\mathrm{CD}=32\ (\mathrm{m})$，$\mathrm{DA}=10\ (\mathrm{m})$，$\angle\mathrm{ABC}=90^\circ$ と計測された。
$\angle\mathrm{BCD}$ の大きさはおよそ ［ア］° である。
［ア］に当てはまるものとして最も適当なものを，次の⓪～④のうちから一つ選べ。

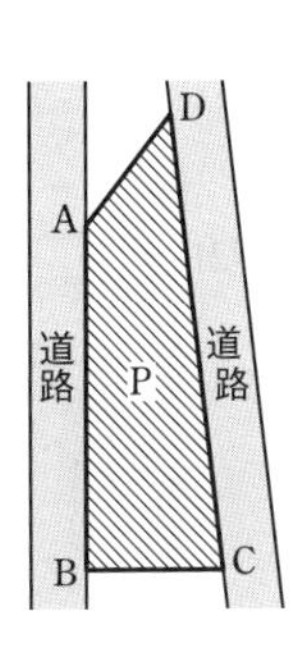

⓪ 71　① 75　② 79　③ 83　④ 87

演習　例題 5　三角形の解法

目安 **8分**

解説動画

太郎さんと花子さんのクラスで，先生から次のような宿題が出された。

> 問題　△ABC において，$B=45°$，$b=2$，$c=\sqrt{6}$，$a>c$ とする。このとき，a と C を求めよ。

放課後，太郎さんと花子さんは出された宿題について考えている。二人の会話を読み，次の問いに答えよ。

太郎：三角形の解法には，正弦定理と余弦定理を使うことを授業で教わったけど，どちらを使えばよいか迷うね。

花子：そうだね。でも，この問題で与えられている角は B だけだから，$\cos B$ か $\sin B$ を含む式を用いるのだと思うわ。

太郎：じゃあ，まずは余弦定理で式をつくってみようか。
つくった式を整理したら，a の 2 次方程式が得られたよ。
この方程式の 2 つの解のうち，どちらが適しているのかな。

花子：条件に適するのは $a=$ ア の方ね。

太郎：これで 3 辺の長さがわかったから，さらに余弦定理から
$\cos C=$ イ となり，$C=$ ウ と求めることができたよ。

花子：次に，正弦定理で求められるかどうか考えてみましょうよ。

太郎：そうだね。正弦定理を使って C が求められるような式をつくると
$\dfrac{\text{エ}}{\sin C}=\dfrac{\text{オ}}{\sin 45°}$ となり，これから $\sin C=$ カ となるよ。でも，これを満たす角は 2 つあるけど，どちらが適しているのかな。

花子：条件から，適するのは $C=$ ウ の方ね。

太郎：続いて，a の値を求めると $a=$ ア となり，どちらの解き方でも解は一致するね。

花子：この問題は正弦定理と余弦定理のどちらからでも求められるのね。

(1) ア に当てはまるものを，次の⓪～④のうちから一つ選べ。

⓪ $2-\sqrt{2}$　① $2+\sqrt{2}$　② $\sqrt{3}-1$　③ $\sqrt{3}+1$　④ $\sqrt{10}$

(2) イ に当てはまるものを，次の⓪～⑥のうちから一つ選べ。

⓪ $-\dfrac{\sqrt{3}}{2}$　① $-\dfrac{1}{\sqrt{2}}$　② $-\dfrac{1}{2}$　③ 0

④ $\dfrac{1}{2}$　⑤ $\dfrac{1}{\sqrt{2}}$　⑥ $\dfrac{\sqrt{3}}{2}$

(3) ウ に当てはまるものを，次の⓪～⑥のうちから一つ選べ。

⓪ 30°　① 45°　② 60°　③ 90°

④ 120°　⑤ 135°　⑥ 150°

(4) [エ], [オ] に当てはまるものを，次の⓪～⑤のうちから一つずつ選べ。ただし，同じものを繰り返し選んでもよい。

⓪ 2　① $\sqrt{6}$　② $\frac{\sqrt{6}}{2}$　③ $\frac{\sqrt{6}}{3}$　④ $\sqrt{3}+1$　⑤ $\sqrt{3}-1$

(5) [カ] に当てはまるものを，次の⓪～⑥のうちから一つ選べ。

⓪ $-\frac{\sqrt{3}}{2}$　① $-\frac{1}{\sqrt{2}}$　② $-\frac{1}{2}$　③ 0

④ $\frac{1}{2}$　⑤ $\frac{1}{\sqrt{2}}$　⑥ $\frac{\sqrt{3}}{2}$

Situation Check ✓

△ABC の図をかくと，二人の会話の流れをつかみやすくなる。また，会話で出てきた定理を用いるときも，図を参照しながら，対応する順を間違えないように方程式を立てる。

正弦定理　$\frac{a}{\sin A}=\frac{b}{\sin B}=\frac{c}{\sin C}=2R$ (➡基 21)

余弦定理　$a^2=b^2+c^2-2bc\cos A$ など (➡基 22)

解答 余弦定理により

$$2^2=(\sqrt{6})^2+a^2-2\cdot\sqrt{6}\cdot a\cos 45^\circ$$

整理して　$a^2-2\sqrt{3}\,a+2=0$

これを解いて　$a=-(-\sqrt{3})\pm\sqrt{(-\sqrt{3})^2-1\cdot 2}=\sqrt{3}\pm 1$

$a>c$ から　$a=\sqrt{3}+1$ (ア③)

ゆえに　$\cos C=\frac{(\sqrt{3}+1)^2+2^2-(\sqrt{6})^2}{2\cdot(\sqrt{3}+1)\cdot 2}$

$=\frac{2(\sqrt{3}+1)}{4(\sqrt{3}+1)}=\frac{1}{2}$ (イ④)

よって　$C=60^\circ$ (ウ②)

正弦定理により　$\frac{\sqrt{6}}{\sin C}=\frac{2}{\sin 45^\circ}$ (エ①，オ⓪)

これから　$\sin C=\frac{\sin 45^\circ}{2}\cdot\sqrt{6}=\frac{\sqrt{3}}{2}$ (カ⑥)

したがって　$C=60^\circ$，120°

$a>c$ より $A>C$ であるから，適するものは　$C=60^\circ$

よって　$a=\sqrt{6}\cos 45^\circ+2\cos 60^\circ=\sqrt{3}+1$ ……(＊)

正弦定理・余弦定理の使い分けについては，解答編 *p*.39 の問題 5 の参考を参照。

⬅図をかいて角と辺の対応を間違えないようにする。

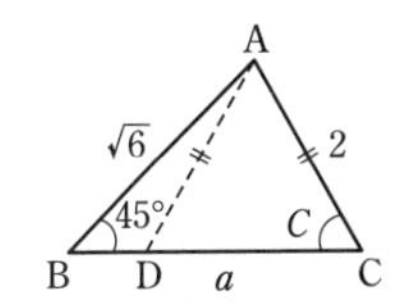

b，c，B がわかっているとき，三角形が 2 通り定まることがある（上の図のように △ABD と △ABC の 2 通り）。ただし，本問は $a>c$ という条件があるから，1 通りに定まる。

(＊) は，下の図のように，点 A から辺 BC に垂線を下ろして考える。

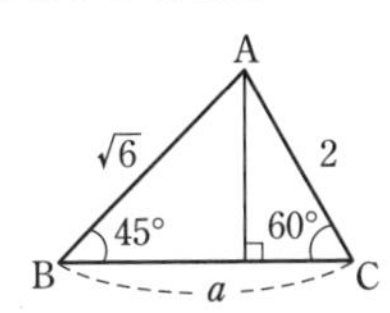

問題 5 △ABC において，$B=30^\circ$，$b=2$，$c=2\sqrt{2}$，$a>c$ とする。このとき，$a=\sqrt{[ア]}+\sqrt{[イ]}$，$C=[ウエ]^\circ$ である。ただし，[ア] > [イ] とする。

実践問題

目安時間　10 [5分]　11 [10分]　12 [12分]　13 [12分]

指針 p.350

10　三角形ABCの外接円をOとし，円Oの半径をRとする。辺BC，CA，ABの長さをそれぞれa，b，cとし，∠CAB，∠ABC，∠BCAの大きさをそれぞれA，B，Cとする。

太郎さんと花子さんは三角形ABCについて

$$\frac{a}{\sin A}=\frac{b}{\sin B}=\frac{c}{\sin C}=2R \quad \cdots\cdots (*)$$

の関係が成り立つことを知り，その理由について，まず直角三角形の場合を次のように考察した。

$C=90^\circ$ のとき，円周角の定理より，線分ABは円Oの直径である。

よって，$\sin A=\frac{\mathrm{BC}}{\mathrm{AB}}=\frac{a}{2R}$ であるから，$\frac{a}{\sin A}=2R$

となる。同様にして，$\frac{b}{\sin B}=2R$ である。

また，$\sin C=1$ なので，

$$\frac{c}{\sin C}=\mathrm{AB}=2R$$

である。

よって，$C=90^\circ$ のとき（$*$）の関係が成り立つ。

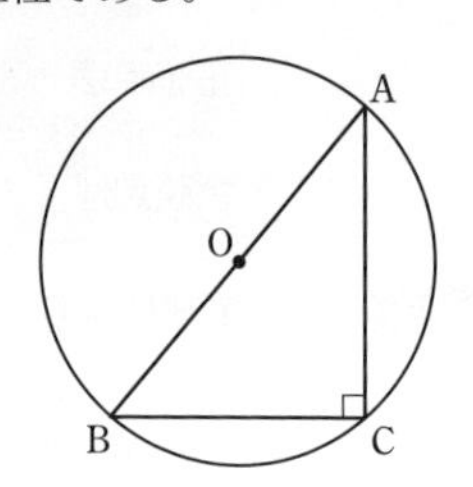

次に，太郎さんと花子さんは，三角形ABCが鋭角三角形や鈍角三角形のときにも（$*$）の関係が成り立つことを証明しようとしている。

(1)　三角形ABCが鋭角三角形の場合についても（$*$）の関係が成り立つことは，直角三角形の場合に（$*$）の関係が成り立つことをもとにして，次のような太郎さんの構想により証明できる。

太郎さんの証明の構想

点Aを含む弧BC上に点A′をとると，

円周角の定理より

$$\angle\mathrm{CAB}=\angle\mathrm{CA'B}$$

が成り立つ。

特に，［ア］を点A′とし，三角形A′BCに対して

$C=90^\circ$ の場合の考察の結果を利用すれば，

$$\frac{a}{\sin A}=2R$$

が成り立つことを証明できる。

$\frac{b}{\sin B}=2R$，$\frac{c}{\sin C}=2R$ についても同様に証明できる。

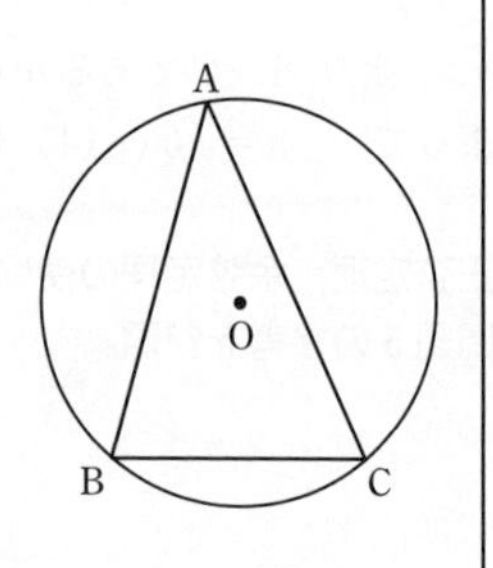

[ア] に当てはまる最も適当なものを，次の⓪～④のうちから一つ選べ。

[ア] の解答群

⓪ 点Bから辺ACに下ろした垂線と，円Oとの交点のうち点Bと異なる点
① 直線BOと円Oとの交点のうち点Bと異なる点
② 点Bを中心とし点Cを通る円と，円Oとの交点のうち点Cと異なる点
③ 点Oを通り辺BCに平行な直線と，円Oとの交点のうちの一つ
④ 辺BCと直交する円Oの直径と，円Oとの交点のうちの一つ

(2) 三角形ABCが $A>90^\circ$ である鈍角三角形の場合についても $\dfrac{a}{\sin A}=2R$ が成り立つことは，次のような花子さんの構想により証明できる。

花子さんの証明の構想

右図のように，線分BDが円Oの直径となるように点Dをとると，三角形BCDにおいて

$\sin$ [イ] $=\dfrac{a}{2R}$

である。
このとき，四角形ABDCは円Oに内接するから，
$\angle$CAB= [ウ]
であり，
$\sin\angle$CAB$=\sin($ [ウ] $)=\sin$ [イ]
となることを用いる。

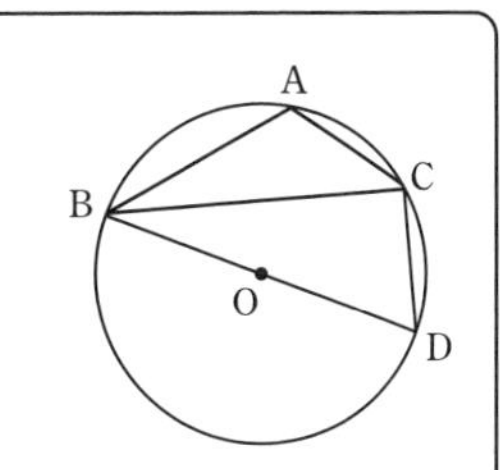

[イ]，[ウ] に当てはまるものを，次の各解答群のうちから一つずつ選べ。

[イ] の解答群

⓪ $\angle$ABC　① $\angle$ABD　② $\angle$ACB　③ $\angle$ACD
④ $\angle$BCD　⑤ $\angle$BDC　⑥ $\angle$CBD

[ウ] の解答群

⓪ $90^\circ+\angle$ABC　① $180^\circ-\angle$ABC
② $90^\circ+\angle$ACB　③ $180^\circ-\angle$ACB
④ $90^\circ+\angle$BDC　⑤ $180^\circ-\angle$BDC
⑥ $90^\circ+\angle$ABD　⑦ $180^\circ-\angle$CBD

〔類 共通テスト試行調査（第2回）〕

***11**　三角形は，与えられた辺の長さや角の大きさの条件によって，ただ一通りに決まる場合や二通りに決まる場合がある。以下，$\triangle ABC$ において $AB=4$ とする。

(1)　$AC=6$，$\cos\angle BAC=\dfrac{1}{3}$ とする。このとき，$BC=\boxed{ア}$ であり，$\triangle ABC$ はただ一通りに決まる。

(2)　$\sin\angle BAC=\dfrac{1}{3}$ とする。このとき，BC の長さのとり得る値の範囲は，点 B と直線 AC との距離を考えることにより，$BC \geqq \dfrac{\boxed{イ}}{\boxed{ウ}}$ である。

$BC=\dfrac{\boxed{イ}}{\boxed{ウ}}$ または $BC=\boxed{エ}$ のとき，$\triangle ABC$ はただ一通りに決まる。

また，$\angle ABC=90^\circ$ のとき，$BC=\sqrt{\boxed{オ}}$ である。

したがって，$\triangle ABC$ の形状について，次のことが成り立つ。

・$\dfrac{\boxed{イ}}{\boxed{ウ}}<BC<\sqrt{\boxed{オ}}$ のとき，$\triangle ABC$ は $\boxed{カ}$。

・$BC=\sqrt{\boxed{オ}}$ のとき，$\triangle ABC$ は $\boxed{キ}$。

・$BC>\sqrt{\boxed{オ}}$ かつ $BC \neq \boxed{エ}$ のとき，$\triangle ABC$ は $\boxed{ク}$。

$\boxed{カ}$ ～ $\boxed{ク}$ の解答群（同じものを繰り返し選んでもよい。）

⓪　ただ一通りに決まり，それは鋭角三角形である
①　ただ一通りに決まり，それは直角三角形である
②　ただ一通りに決まり，それは鈍角三角形である
③　二通りに決まり，それらはともに鋭角三角形である
④　二通りに決まり，それらは鋭角三角形と直角三角形である
⑤　二通りに決まり，それらは鋭角三角形と鈍角三角形である
⑥　二通りに決まり，それらはともに直角三角形である
⑦　二通りに決まり，それらは直角三角形と鈍角三角形である
⑧　二通りに決まり，それらはともに鈍角三角形である

［22 共通テスト・追試］

12　外接円の半径が 3 である $\triangle ABC$ を考える。

(1)　$\cos\angle ACB=\dfrac{\sqrt{3}}{3}$，$AC:BC=\sqrt{3}:2$ とする。

このとき　$\sin\angle ACB=\dfrac{\sqrt{\boxed{ア}}}{\boxed{イ}}$，

$AB=\boxed{ウ}\sqrt{\boxed{エ}}$，　$AC=\boxed{オ}\sqrt{\boxed{カ}}$　である。

(2)　点 A から直線 BC に引いた垂線と直線 BC との交点を D とする。

(i)　$AB=5$，$AC=4$ とする。

このとき　$\sin\angle ABC=\dfrac{\boxed{キ}}{\boxed{ク}}$，$AD=\dfrac{\boxed{ケコ}}{\boxed{サ}}$　である。

(ii) 2辺AB，ACの長さの間に $2AB+AC=14$ の関係があるとする。

このとき，ABの長さのとり得る値の範囲は［シ］$\leqq AB \leqq$［ス］であり

$AD=\dfrac{［セソ］}{［タ］}AB^2+\dfrac{［チ］}{［ツ］}AB$ と表せるので，ADの長さの最大値は［テ］である。AD=［テ］のとき，△ABCの面積は［ト］$\sqrt{［ナ］}$ である。

〔22 共通テスト・本試〕

***13** (1) 点Oを中心とし，半径が5である円Oがある。この円周上に2点A，Bを $AB=6$ となるようにとる。また，円Oの円周上に，2点A，Bとは異なる点Cをとる。

(i) $\sin\angle ACB=$［ア］である。また，点Cを∠ACBが鈍角となるようにとるとき，$\cos\angle ACB=$［イ］である。

(ii) 点Cを△ABCの面積が最大となるようにとる。点Cから直線ABに垂直な直線を引き，直線ABとの交点をDとするとき，$\tan\angle OAD=$［ウ］である。また，△ABCの面積は［エオ］である。

［ア］～［ウ］の解答群（同じものを繰り返し選んでもよい。）

⓪ $\dfrac{3}{5}$	① $\dfrac{3}{4}$	② $\dfrac{4}{5}$	③ 1	④ $\dfrac{4}{3}$
⑤ $-\dfrac{3}{5}$	⑥ $-\dfrac{3}{4}$	⑦ $-\dfrac{4}{5}$	⑧ -1	⑨ $-\dfrac{4}{3}$

(2) 半径が5である球Sがある。この球面上に3点P，Q，Rをとったとき，これらの3点を通る平面 α 上で $PQ=8$，$QR=5$，$RP=9$ であったとする。球Sの球面上に点Tを三角錐TPQRの体積が最大となるようにとるとき，その体積を求めよう。

まず，$\cos\angle QPR=\dfrac{［カ］}{［キ］}$ であることから，△PQRの面積は［ク］$\sqrt{［ケコ］}$ である。次に，点Tから平面 α に垂直な直線を引き，平面 α との交点をHとする。このとき，PH，QH，RHの長さについて，［サ］が成り立つ。

以上により，三角錐TPQRの体積は［シス］$(\sqrt{［セソ］}+\sqrt{［タ］})$ である。

［サ］の解答群

⓪ $PH<QH<RH$	① $PH<RH<QH$	② $QH<PH<RH$
③ $QH<RH<PH$	④ $RH<PH<QH$	⑤ $RH<QH<PH$
⑥ $PH=QH=RH$		

〔23 共通テスト・本試〕

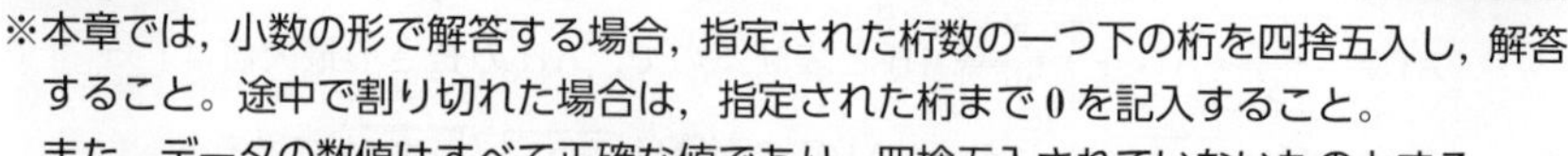

第4章　データの分析

※本章では，小数の形で解答する場合，指定された桁数の一つ下の桁を四捨五入し，解答すること。途中で割り切れた場合は，指定された桁まで0を記入すること。
また，データの数値はすべて正確な値であり，四捨五入されていないものとする。

基本 例題25　代表値，範囲

次のデータは，ある運動部に所属する10人の身長(cm)を調べた結果である。

170，173，174，163，166，171，173，179，169，172

このデータの平均値は［アイウ］.［エ］cm，中央値は［オカキ］.［ク］cm，最頻値は［ケコサ］cmである。また，データの範囲は［シス］cmである。

POINT!

平均値 $\overline{x}$　データの値が x_1，x_2，……，x_n のとき

$$\overline{x}=\frac{1}{n}(x_1+x_2+\cdots\cdots+x_n)$$

中央値　データを大きさの順に並べたときの **中央の値。**
　データが **偶数個** の場合は，**中央の2つの値の平均値。**

最頻値　データにおいて，**最も個数の多い値。**

解答　平均値は

$$\frac{1}{10}(170+173+174+163+166+171+173+179+169+172)$$

$$=\frac{1710}{10}={}^{アイウ}\mathbf{171}.{}^{エ}\mathbf{0}\ (\text{cm})$$

➡素早く解く！

データを，値が小さい方から順に並べると

163，166，169，170，171，172，173，173，174，179

よって，中央値は　$\dfrac{171+172}{2}={}^{オカキ}\mathbf{171}.{}^{ク}\mathbf{5}\ (\text{cm})$，

←データが偶数個の場合は，中央の2つの値の平均値

最頻値は　${}^{ケコサ}\mathbf{173}$ cm

範囲は　$179-163={}^{シス}\mathbf{16}\ (\text{cm})$

←範囲＝最大値－最小値

データの値からある定数を引いて考えると，計算がらくになる場合がある。その定数を**仮平均**という。

このデータの仮平均を170とする（各データとの差が小さくなる値を自分で設定するとよい）と，各データと仮平均との差は

0，3，4，−7，−4，1，3，9，−1，2

これら10個の平均値を求めると

$$\frac{1}{10}\{0+3+4+(-7)+(-4)+1+3+9+(-1)+2\}=\frac{10}{10}=1.0$$

よって，このデータの平均値は　$170+1.0={}^{アイウ}\mathbf{171}.{}^{エ}\mathbf{0}$

この仮平均の考え方は，$p.77$ 重要例題16で扱う変量の変換の特別な場合（$u=ax+b$ で，$a=1$ とし，b を仮平均とした場合）である。

基本 例題 26 四分位数と外れ値

次の 40 個のデータについて考える。

2	10	11	14	18	25	27	29	33	36
38	43	44	45	46	47	48	49	50	51
51	52	53	53	54	55	55	56	57	57
61	62	67	70	76	78	84	85	93	95

このデータの第 1 四分位数は [アイ]，第 3 四分位数は [ウエ] である。また，このデータの四分位範囲は [オカ] である。
さらに，次の値を外れ値とする。

「(第 1 四分位数)$-1.5\times$(四分位範囲)」以下のすべての値
「(第 3 四分位数)$+1.5\times$(四分位範囲)」以上のすべての値

このとき，このデータの外れ値の個数は [キ] である。

POINT!

第 1 四分位数 Q_1 は 下組の中央値
第 2 四分位数 Q_2 は 全体の中央値
第 3 四分位数 Q_3 は 上組の中央値

四分位範囲　Q_3-Q_1　　四分位偏差　$\dfrac{Q_3-Q_1}{2}$

箱ひげ図（右図）
注：平均値を表す「＋」は省略することもある。

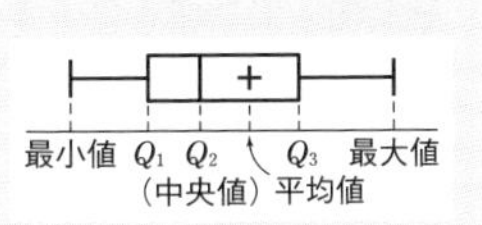

解答 与えらえたデータは小さい順に並んでいる。

よって，第 1 四分位数 Q_1 は　$Q_1=\dfrac{36+38}{2}=$ ᵃⁱ**37**,

第 3 四分位数 Q_3 は　$Q_3=\dfrac{57+61}{2}=$ ウエ**59**

また，四分位範囲は　$Q_3-Q_1=59-37=$ オカ**22**

さらに，$37-1.5\times22=4$，$59+1.5\times22=92$ であるから，このデータの外れ値は 4 以下または 92 以上の値である。

したがって，外れ値は 2，93，95 の　キ**3** 個

←Q_1 は下組の中央値
Q_3 は上組の中央値

下組のデータの個数が偶数の場合

中央の 2 つの値の平均値が Q_1
（上組の場合も同様）

参考 このデータの第 2 四分位数（中央値）は $Q_2=\dfrac{51+51}{2}=51$ であるから，箱ひげ図は図 1 のようになる。
また，外れ値がある場合，それを考慮した箱ひげ図が用いられることもあり，図 2 のようになる。
なお，最大値・最小値はデータから外れ値を除いたときの値に修正するが，四分位数は修正しない。

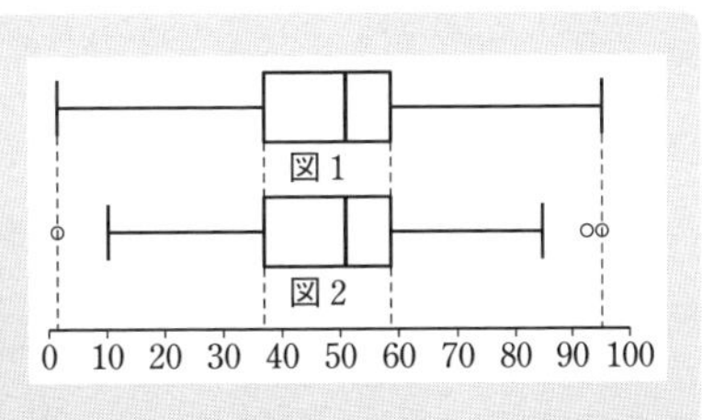

基本 例題 27 分散・標準偏差

右のヒストグラムは，10人の生徒に対して，1週間で何日部活動を行っているかを調べたものである。
このデータの分散は ア . イ ，標準偏差は ウ . エ である。

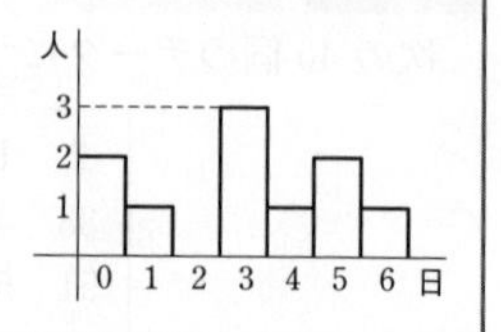

POINT!

分散 s^2　① $s^2=\frac{1}{n}\{(x_1-\overline{x})^2+(x_2-\overline{x})^2+\cdots\cdots+(x_n-\overline{x})^2\}$

$=$(偏差)^2 の平均

② $s^2=\overline{x^2}-(\overline{x})^2=$(2乗の平均)$-$(平均)^2

標準偏差 s　$\sqrt{\text{分散}}$

解答　平均値は

$$\frac{1}{10}(0\times2+1\times1+2\times0+3\times3+4\times1+5\times2+6\times1)=\frac{30}{10}=3$$

よって，分散は

$$\frac{1}{10}\{(0-3)^2\times2+(1-3)^2\times1+(2-3)^2\times0+(3-3)^2\times3+(4-3)^2\times1+(5-3)^2\times2+(6-3)^2\times1\}$$

$$=\frac{40}{10}={}^{ア}\mathbf{4}.{}^{イ}\mathbf{0}$$

標準偏差は　$\sqrt{4.0}={}^{ウ}\mathbf{2}.{}^{エ}\mathbf{0}$

⬅ $\overline{x}=\frac{1}{n}(x_1+x_2+\cdots+x_n)$

➡ 基 25

10人のデータは
0, 0, 1, 3, 3, 3, 4, 5, 5, 6

⬅ $s^2=\frac{1}{n}\{(x_1-\overline{x})^2+\cdots+(x_n-\overline{x})^2\}$
POINT! ① の方法

⬅ $s=\sqrt{\text{分散}}$

〔別解〕 分散の求め方

$$\frac{1}{10}(0^2\times2+1^2\times1+2^2\times0+3^2\times3+4^2\times1+5^2\times2+6^2\times1)=\frac{130}{10}=13$$

よって，分散は　$13-3^2={}^{ア}\mathbf{4}.{}^{イ}\mathbf{0}$

⬅ $s^2=\overline{x^2}-(\overline{x})^2$
POINT! ② の方法

参考　上の ② の公式は，① から求まる。

$$s^2=\frac{1}{n}\{(x_1-\overline{x})^2+(x_2-\overline{x})^2+\cdots\cdots+(x_n-\overline{x})^2\}$$

$$=\frac{1}{n}\{(x_1{}^2+x_2{}^2+\cdots\cdots+x_n{}^2)-2\overline{x}(x_1+x_2+\cdots\cdots+x_n)+n(\overline{x})^2\}$$

$$=\frac{1}{n}(x_1{}^2+x_2{}^2+\cdots\cdots+x_n{}^2)-2\overline{x}\cdot\frac{1}{n}(x_1+x_2+\cdots\cdots+x_n)+(\overline{x})^2$$

$$=\overline{x^2}-(\overline{x})^2$$

⬅ $\frac{1}{n}(x_1+x_2+\cdots+x_n)=\overline{x}$

➡ 基 25

なお，公式 ①，② の使い分けについて，一概にはいえないが，**平均値が整数のときは ①，整数でないときは ② を利用すると**，計算がスムーズになることが多い。

(➡ CHECK 27)

基本 例題28 散布図と相関係数（選択）

下の表は英語と国語の小テスト（各10点満点）に関する生徒10人の得点をまとめたものである。

生徒番号	1	2	3	4	5	6	7	8	9	10
英語	4	7	5	2	3	5	8	6	5	3
国語	3	6	5	3	4	4	7	5	6	3

英語と国語の得点の散布図として適切なものは［ア］であり，相関係数 r の値は［イ］に最も近い。

［ア］に当てはまるものを，次の⓪～②のうちから一つ選べ。

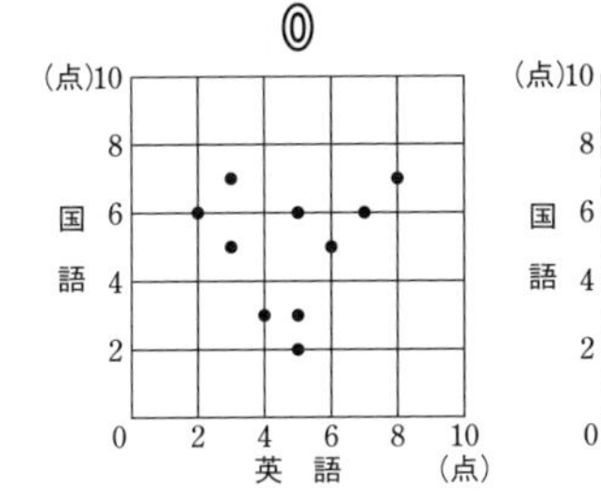

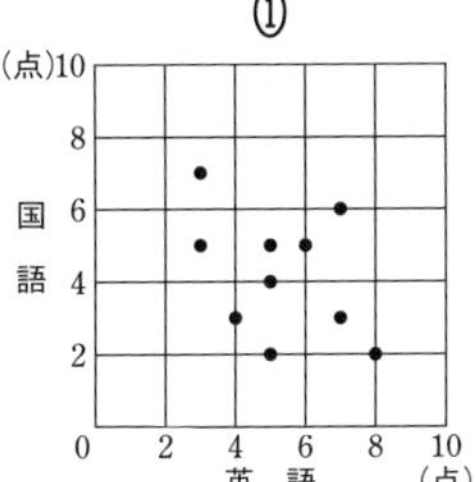

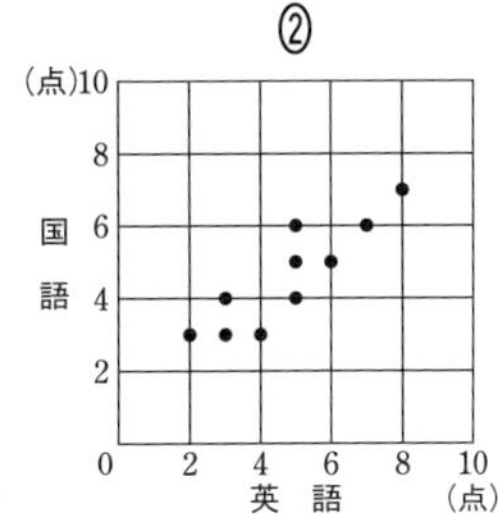

［イ］に当てはまるものを，次の⓪～③のうちから一つ選べ。

⓪ -0.9　　① -0.2　　② 0.2　　③ 0.9

POINT!

相関係数 r　$-1 \leqq r \leqq 1$

散布図の点が **右上がり** に分布 → **正** の相関（$r>0$）

散布図の点が **右下がり** に分布 → **負** の相関（$r<0$）

どちらの傾向もみられない → 相関が **ない**（$r \fallingdotseq 0$）

点の分布が右上がり（右下がり）の直線に近い ⟺ **強い相関**がある。（$|r|$ が1に近い）

解答　生徒4の得点（英語，国語）$=(2,\ 3)$ の位置に点がある散布図は　ア②

②の散布図から，強い正の相関が読み取れるから，相関係数 r の値は1に近いと考えられる。

よって　イ③

⬅散布図の点が右上がりに分布 → 正の相関
点の分布が右上がりの直線に近いから，強い相関。

参考　散布図⓪の相関係数は　0.10
散布図①の相関係数は　-0.41
散布図②の相関係数は　0.88
（すべて小数第3位を四捨五入）

4 データの分析

CHECK

□ **25**　次のデータは，あるソフトボールチームの15試合の得点である。

7, 3, 0, 1, 4, 1, 7, 6, 5, 6, 6, 2, 4, 6, 5

このデータの平均値は［ア］.［イ］点，中央値は［ウ］.［エ］点，最頻値は［オ］点である。また，データの範囲は［カ］点である。

□ **26**　次の30個のデータについて考える。

8	10	11	16	19	21	24	27	28	28	29	30	30	31	31
33	34	35	35	35	36	37	37	39	40	43	46	49	51	54

このデータの第1四分位数は［アイ］，第3四分位数は［ウエ］である。また，このデータの四分位範囲は［オカ］である。
さらに，次の値を外れ値とする。

「(第1四分位数)−1.5×(四分位範囲)」以下のすべての値
「(第3四分位数)+1.5×(四分位範囲)」以上のすべての値

このとき，このデータの外れ値の個数は［キ］である。

□ **27**　あるクラスの生徒5人に，数学の小テストを実施したところ，次のような結果となった。

6, 8, 10, 9, 6　　(単位は点)

この得点の分散は［ア］.［イウ］で，標準偏差は［エ］.［オカ］である。

□ **28**　右の表は，2つの変量 x, y についてのデータである。x, y の散布図として適切なものは［ア］であり，相関係数 r の値は［イ］を満たす。

x	2	3	5	5	7	2	8	6	3	3
y	6	7	6	3	2	7	3	5	5	6

［ア］に当てはまるものを，次の⓪～②のうちから一つ選べ。

⓪
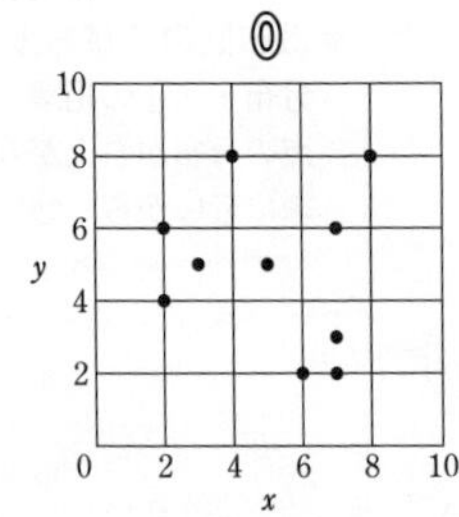

①
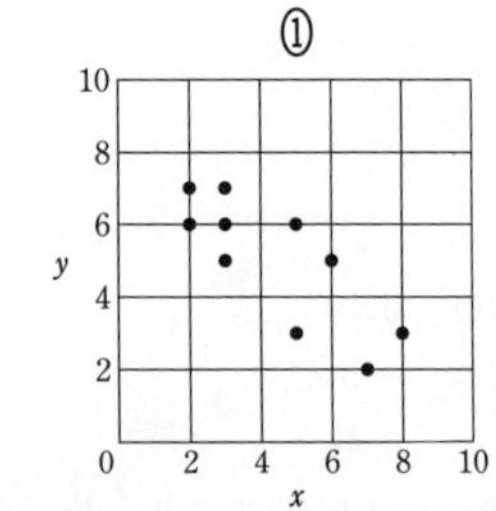

②
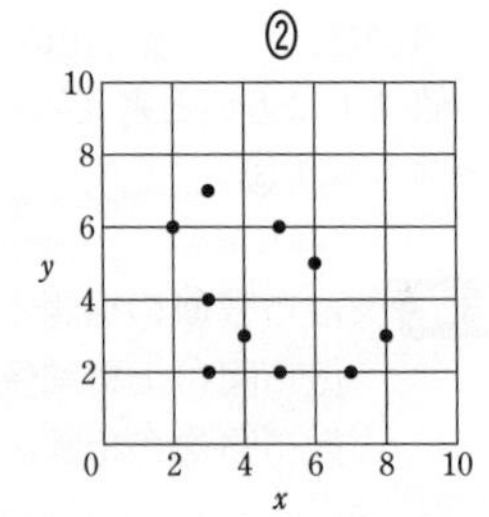

［イ］に当てはまるものを，次の⓪～③のうちから一つ選べ。

⓪　$-0.9 \leqq r \leqq -0.7$　　①　$-0.3 \leqq r \leqq -0.1$
②　$0.1 \leqq r \leqq 0.3$　　③　$0.7 \leqq r \leqq 0.9$

重要 例題 12　箱ひげ図の読み取り

右の箱ひげ図は，ある運動部に所属する生徒20人の体重のデータを表したものである。この箱ひげ図から正しいといえるものは［ア］である。

［ア］に当てはまるものを，次の⓪～②のうちから一つ選べ。

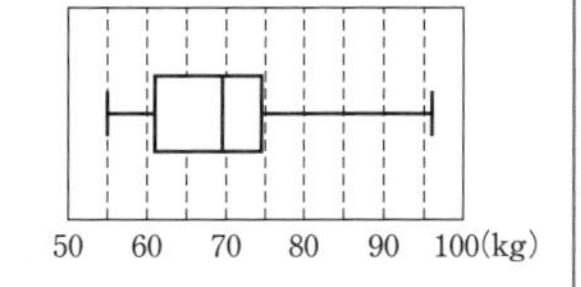

⓪　75 kg 以上の生徒が 15 人以上いる。

①　50 kg 以上 60 kg 未満の生徒が少なくとも 2 人いる。

②　60 kg 以上 75 kg 以下の生徒が 10 人以上いる。

POINT!

箱ひげ図の読み取り

最小値，Q_1，Q_2，Q_3，最大値

に着目する。

最小値～Q_1，Q_1～Q_2，Q_2～Q_3，Q_3～最大値の区間にはそれぞれ全体の $\frac{1}{4}$ のデータがある。

箱の中（Q_1～Q_3）には全体の $\frac{1}{2}$ のデータがある。

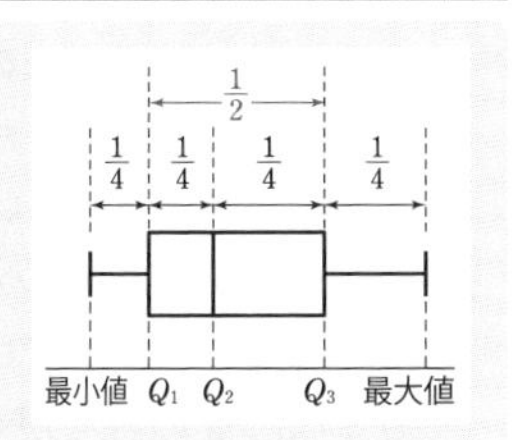

解答　⓪　箱ひげ図より，75 kg 以上の生徒は多くても全体の $\frac{1}{4}$ である 5 人程度とわかるから，15 人以上もいない。

①　箱ひげ図より，最小値は 55 kg とわかるから，50 kg 以上 60 kg 未満の生徒は少なくとも 1 人はいる。しかし，2 人いるかどうかはわからない。

←小さい方から，順に 55, 60, 60, 60, … であっても同じ箱ひげ図になる。

②　箱ひげ図より，$60<Q_1<Q_3<75$ であるから，少なくとも全体の $\frac{1}{2}$ である 10 人は，60 kg 以上 75 kg 以下である。

←Q_1～Q_3 は全体の $\frac{1}{2}$

以上から，正しいものは　ア ②

練習 12　右の箱ひげ図は，ある都市の 10 月 1 日から 10 月 31 日までの 1 日における平均気温のデータを表したものである。この箱ひげ図から正しいといえるものは［ア］である。

［ア］に当てはまるものを，次の⓪～②のうちから一つ選べ。

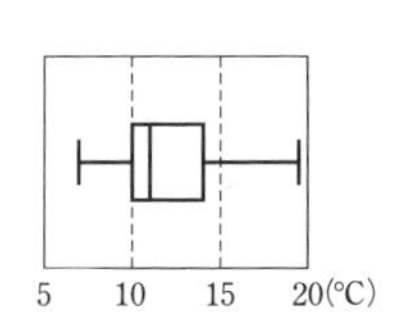

⓪　10 ℃以下の日が少なくとも 2 日ある。

①　5 ℃以上 15 ℃以下が，25 日以上ある。

②　15 ℃を超えた日が 10 日以上ある。

重要 例題 13　ヒストグラムと箱ひげ図

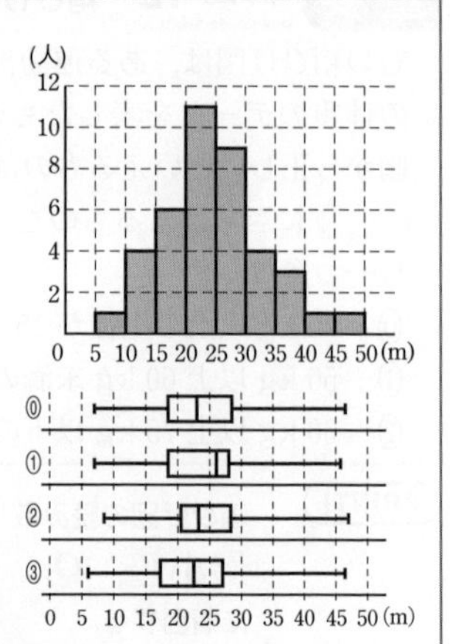

右の図は，40 人の生徒のハンドボール投げの飛距離のデータから作ったヒストグラムである。

(1)　このデータの第 3 四分位数が含まれる階級は，アイ m 以上 ウエ m 未満である。

(2)　このデータを箱ひげ図にまとめたとき，右のヒストグラムと**矛盾しないもの**は，右下の ⓪～③ のうちで オ，カ である。ただし，オ，カ の解答の順序は問わない。

(3)　次の文章中の キ，ク に入れるものとして最も適当なものを，下の ⓪～③ のうちから一つずつ選べ。ただし，キ，ク の解答の順序は問わない。

後日，このクラスでハンドボール投げの記録を取り直した。次に示した A～D は，最初に取った記録から今回の記録への変化の分析結果を記述したものである。a～d の各々が今回取り直したデータの箱ひげ図となる場合に，⓪～③ の組合せのうち分析結果と箱ひげ図が**矛盾するもの**は，キ，ク である。

⓪　A－a　　　①　B－b　　　②　C－c　　　③　D－d

A：どの生徒の記録も下がった。

B：どの生徒の記録も伸びた。

C：最初に取ったデータで上位 $\frac{1}{3}$ に入るすべての生徒の記録が伸びた。

D：最初に取ったデータで上位 $\frac{1}{3}$ に入るすべての生徒の記録は伸び，下位 $\frac{1}{3}$ に入るすべての生徒の記録は下がった。

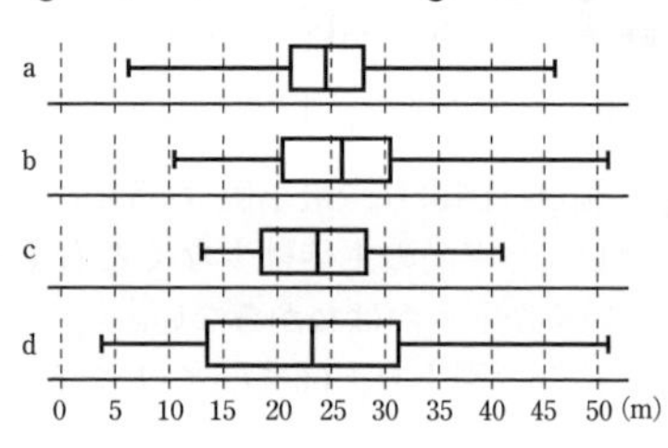

POINT!　ヒストグラムから，最大値，最小値，Q_1，Q_2，Q_3 が含まれる階級を読み取る。箱ひげ図からも，最大値，最小値，Q_1，Q_2，Q_3 が含まれる階級を読み取り，それぞれを比較する。

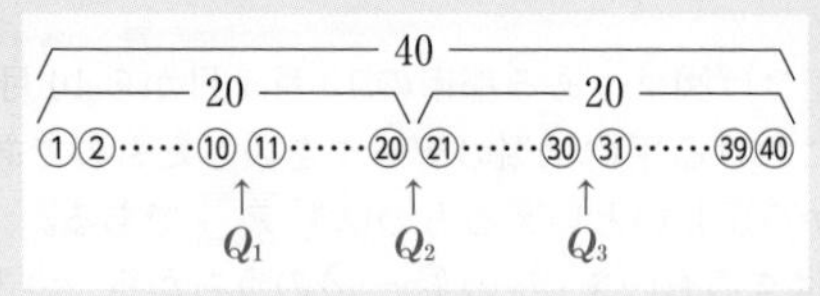

解答 (1) Q_3 は，データの大きい方から数えて 10 番目と 11 番目の記録が含まれる階級にある。
よって，ヒストグラムから　　アイ**25** m 以上 ウエ**30** m 未満

(2) (1) と同様に考えると，Q_1 は 15 m 以上 20 m 未満，Q_2 は 20 m 以上 25 m 未満の階級に含まれる。
また，最大値は 45 m 以上 50 m 未満，最小値は 5 m 以上 10 m 未満の階級に含まれる。
これらに矛盾しないものは
オ⓪，カ③（または オ③，カ⓪）

(3) ⓪ a の箱ひげ図は，最初のデータよりも Q_1 が大きくなっているから，矛盾している。
① b の箱ひげ図は，最初のデータよりも最大値，最小値，Q_1，Q_2，Q_3 すべてが大きくなっているから，矛盾しているとはいえない。
② c の箱ひげ図は，最初のデータよりも最大値が小さくなっているから，矛盾している。
③ d の箱ひげ図は，最初のデータよりも最大値と Q_3 が大きくなっており，Q_1 と最小値が小さくなっているから，矛盾しているとはいえない。
よって，分析結果と箱ひげ図が矛盾するものは
キ⓪，ク②（または キ②，ク⓪）

⬅ 40 個のデータにおいて，Q_3 は，大きい方から 10 番目と 11 番目の平均値
➡ 基 26

⬅箱ひげ図から，最大値，最小値はいずれも条件を満たす。

⬅ A，B，C，D それぞれについて，記録の変化に対応する箱ひげ図になっているかを調べる。

4 データの分析

練習 13 A 組と B 組の各組 30 人の生徒に対して理科のテストを行った。右の図は A 組の得点の結果をヒストグラムで表したものであり，下の図は B 組の得点の結果を箱ひげ図で表したものである。

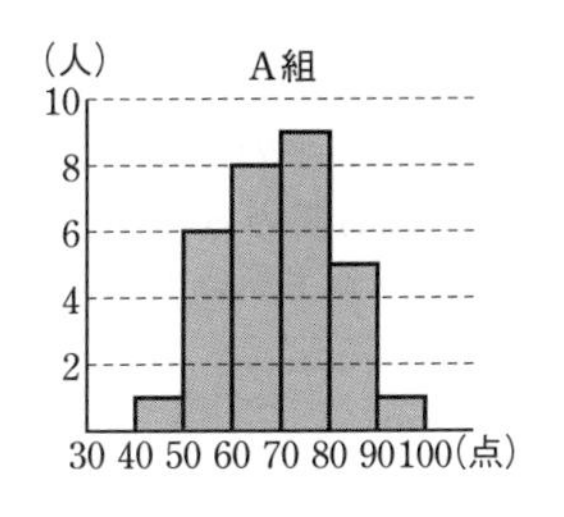

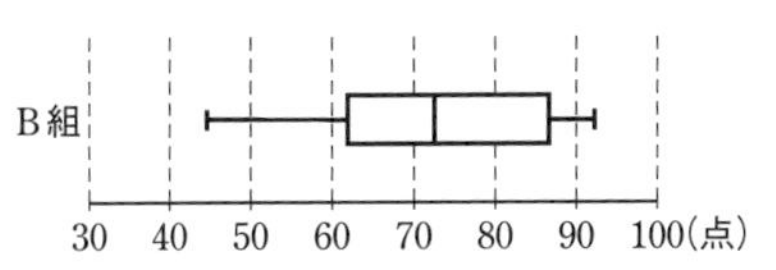

A 組の得点の第 1 四分位数が含まれる階級は，［アイ］点以上［ウエ］点未満である。
また，B 組の得点のヒストグラムとして適切なものを次の ⓪ ～ ② から一つ選ぶと［オ］である。

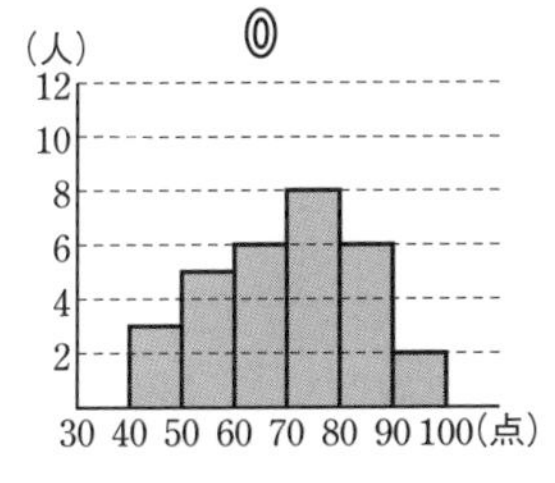

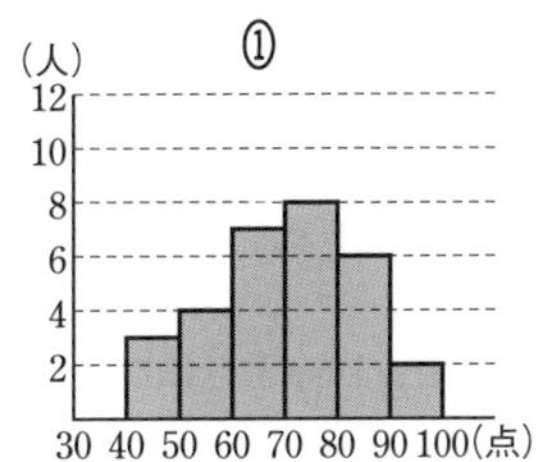

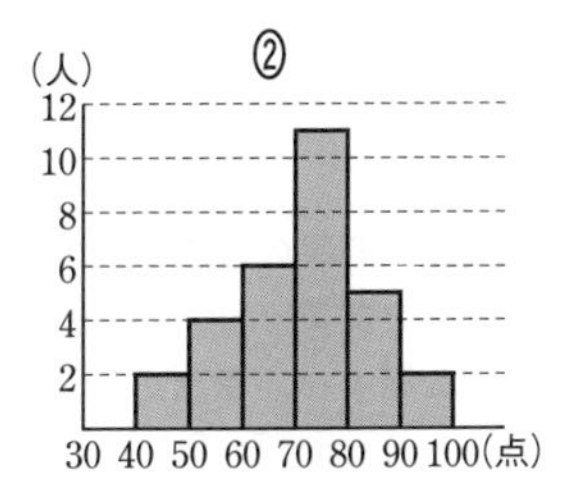

重要 例題 14 相関係数（計算）・傾向の読み取り

右の表は10人の生徒の右手と左手の握力（kg）を測定した結果である。

(1)　右手と左手の握力の差の絶対値の平均値は［ア］.［イ］kgであり，標準偏差は［ウ］.［エ］kgである。

(2)　右手の握力を横軸に，右手と左手の握力の差の絶対値を縦軸にとった散布図として，適切なものは［オ］である。また，相関係数の値は［カ］.［キク］である。したがって，この10人については，［ケ］。

［オ］に当てはまるものを，次の⓪～②のうちから一つ選べ。

番号	右手	左手
1	46	41
2	42	35
3	52	45
4	36	38
5	39	35
6	50	43
7	35	38
8	33	35
9	43	36
10	44	50
合計	420	396
平均値	42	39.6
分散	36	23.24

⓪
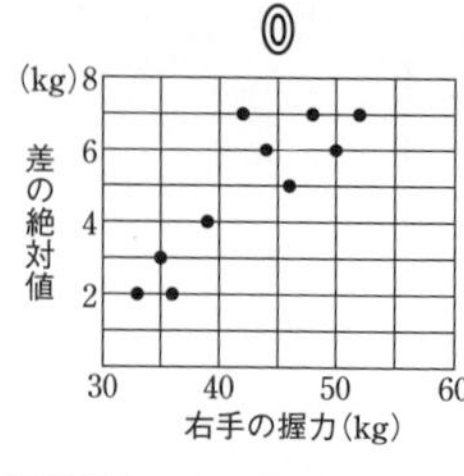

①
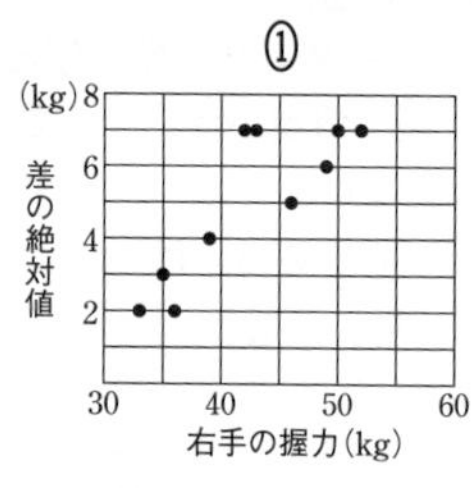

②
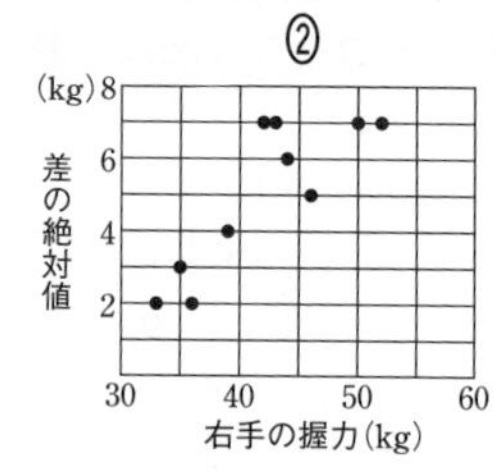

［ケ］に当てはまるものを，次の⓪～②のうちから一つ選べ。

⓪　右手の握力が増加すると，握力の差の絶対値が増加する傾向が認められる

①　右手の握力が増加すると，握力の差の絶対値が増加する傾向も減少する傾向も認められない

②　右手の握力が増加すると，握力の差の絶対値が減少する傾向が認められる

POINT!

x の標準偏差を s_x，y の標準偏差を s_y，x と y の共分散を s_{xy} とすると

相関係数 $r=\dfrac{s_{xy}}{s_x s_y}$

$\left(s_{xy}=\dfrac{1}{n}\{(x_1-\overline{x})(y_1-\overline{y})+\cdots+(x_n-\overline{x})(y_n-\overline{y})\}\right.$ を共分散という$\left.\right)$

分母・分子に n を掛けると

$$r=\frac{(x_1-\overline{x})(y_1-\overline{y})+\cdots\cdots+(x_n-\overline{x})(y_n-\overline{y})}{\sqrt{(x_1-\overline{x})^2+\cdots\cdots+(x_n-\overline{x})^2}\sqrt{(y_1-\overline{y})^2+\cdots\cdots+(y_n-\overline{y})^2}}$$

解答　右手の握力を変量 x (kg)，右手と左手の握力の差の絶対値を変量 y (kg) で表すとする。

(1)　変量 y は，番号の順に並べると，次のようになる。

5，7，7，2，4，7，3，2，7，6

よって，平均値 $\overline{y}$ は

$\overline{y}=\dfrac{1}{10}(5+7+7+2+4+7+3+2+7+6)=\dfrac{50}{10}=$ ア**5**.イ**0**

➡ 基 25

⬅素早く解く!

y	5	7	7	2	4	7	3	2	7	6	計 50
$y-\overline{y}$	0	2	2	−3	−1	2	−2	−3	2	1	計 0
$(y-\overline{y})^2$	0	4	4	9	1	4	4	9	4	1	計 40

したがって，y の標準偏差は　$\sqrt{\dfrac{1}{10}\times 40}=$ ウ**2**.エ**0**

➡ 基 27

(2)　x，y についてまとめると，次のようになる。

⬅素早く解く!

いろいろな数値が多数でてくるときは，表にまとめよう。表にしておくと，確認するときに振り返りやすくなる。

番号	x	y	$x-\overline{x}$	$y-\overline{y}$	$(x-\overline{x})(y-\overline{y})$
1	46	5	4	0	0
2	42	7	0	2	0
3	52	7	10	2	20
4	36	2	−6	−3	18
5	39	4	−3	−1	3
6	50	7	8	2	16
7	35	3	−7	−2	14
8	33	2	−9	−3	27
9	43	7	1	2	2
10	44	6	2	1	2
計					102

番号6の生徒のデータ $(x,\ y)=(50,\ 7)$ の位置に点がある散布図は　①，②

このうち，番号10の生徒のデータ $(x,\ y)=(44,\ 6)$ の位置に点がある散布図は　オ②

⬅素早く解く!

散布図の候補が2つに絞りこめたら，それらを比較する。$y=6$ のときの x の値に注目。

また，x の分散が36であるから，x の標準偏差は $\sqrt{36}=6$

y の標準偏差は(1)から　2

➡ 基 27

x と y の共分散は，上の表から　$\dfrac{1}{10}\times 102=10.2$

したがって，相関係数は　$\dfrac{10.2}{6\times 2}=$ カ**0**.キク**85**

⬅ $r=\dfrac{s_{xy}}{s_x s_y}$

相関係数の値が1に近いから，この10人については，

ケ⓪　右手の握力が増加すると，握力の差の絶対値が増加する傾向が認められる。

⬅一方が増加すると，他方が増加する
⟶ 散布図の点が右上がりに分布 ⟶ 正の相関

➡ 基 28

練習 14

x	7	6	6	5	4	4	4	2	1	1
y	1	2	0	6	8	8	4	7	5	9

このデータについて，x と y の相関係数は［アイ］.［ウエ］であるから，変量 x と変量 y の間には［オ］。［オ］に当てはまるものを，次の⓪～②のうちから一つ選べ。

⓪　正の相関がある　　①　相関がほとんどない　　②　負の相関がある

重要 例題 15 データの修正による変化

40人の生徒に，国語と数学の試験を行ったところ，次のような結果であった。

平均点：国語45点，数学52点　　国語と数学の相関係数：-0.13

集計後，A，B，C，Dの4人の生徒について，次のような得点の修正があった。なお，得点は（国語の得点，数学の得点）のように表している。

A：(30，52) → (**33**，52)　　B：(65，52) → (**62**，52)

C：(45，72) → (45，**70**)　　D：(45，22) → (45，**24**)

（→の右に示したものが修正後の得点）

このとき，次のものは修正前と比べてどのように変わったかを，下の⓪～②のうちから一つ選べ。ただし，同じものを繰り返し選んでもよい。

国語の得点の平均点は［ア］。国語の得点の標準偏差は［イ］。

国語と数学の得点の共分散は［ウ］。国語と数学の得点の相関係数は［エ］。

⓪　変わらない　　①　増加する　　②　減少する

POINT!

次の値の変化を考える

平均値：データの総和　　分散・標準偏差：$(\text{偏差})^2$ の和

共分散：2つの変量の 偏差の積の和

相関係数：$\dfrac{\text{共分散}}{\text{2つの変量の 標準偏差の積}}$（分子の正負に注意）

解答　国語の得点の変更があったのはAとBで，Aが$+3$点，Bが-3点であるから，得点の総和は変わらない。よって，平均点は変わらない。ゆえに　ア⓪

国語の平均点は変わらないが，A，Bの2人とも，得点が平均点に近づく。よって，$(\text{偏差})^2$ の和は減少する。したがって，標準偏差は減少する。ゆえに　イ②

A，Bは数学の得点が平均点に等しく，C，Dは国語の得点が平均点に等しいから，この4人の国語と数学の得点の偏差の積の和は，修正前も修正後も0で変わらない。よって，共分散は変わらない。ゆえに　ウ⓪

数学の得点の標準偏差は，国語の場合と同様，減少する。

また，相関係数は負の値であるから，共分散は負の値である。

共分散は負の値で変わらず，国語と数学の得点の標準偏差はともに減少するから，相関係数は減少する。ゆえに　エ②

← POINT!

30 33　45　62 65
→　平均点　←

修正後のデータが平均値に近づく。⟶ 偏差が小さくなる。

← (国語の偏差)×(数学の偏差)において，A，Bの2人は　**(数学の偏差)＝0**
C，Dの2人は
(国語の偏差)＝0

← 標準偏差は正の値

← POINT!

← 共分散が負であることに注意。

練習 15　30個のデータ $(X,\ Y)$ があり，それぞれの平均値 $\overline{X}$，$\overline{Y}$ は $\overline{X}=12$，$\overline{Y}=20$，X と Y の相関係数は0.75であるとする。A，B，Cのデータを次のように修正した。

A：(9，20)→(**10**，20)，B：(12，20)→(**11**，**16**)，C：(12，15)→(12，**19**)

次のものは修正前と比べてどのように変わったかを，上の例題の⓪～②のうちから一つ選べ。ただし，同じものを繰り返し選んでもよい。

X の平均値は［ア］，Y の分散は［イ］，X と Y の相関係数は［ウ］。

重要 例題 16 変量の変換

40 人の生徒に行った 2 科目の試験の得点を x, y とすると，次のようであった。

	満　点	最高点	最低点	平均点	標準偏差
x	40	38	10	25	4.5
y	25	23	5	18	2.0

どちらの試験も，満点を 100 点，最低点を 40 点に揃えるように，得点を 1 次式 $x'=2x+20$, $y'=3y+25$ で変換した。
このとき，x' の平均点は [アイ] 点，x' の標準偏差は [ウ].[エ] 点となる。
また，x と y の共分散が 7.65 のとき，x' と y' の共分散は [オカ].[キ]，x' と y' の相関係数は 0.[クケ] となる。

POINT!
変量 x, y を $u=ax+b$, $v=cy+d$ (a, b, c, d は定数) によって新しい変量 u, v に変換するとき
平均値 $\overline{u}=a\overline{x}+b$　分散 $s_u{}^2=a^2s_x{}^2$　標準偏差 $s_u=|a|s_x$
共分散 $s_{uv}=acs_{xy}$　$ac>0$ のとき，相関係数 変わらない

解答　x' の平均点は　$2\times25+20=$ アイ 70　　⬅ $\overline{x'}=2\overline{x}+20$
x' の標準偏差は　$2\times4.5=$ ウ $9.$ エ 0　　⬅ $s_{x'}=|2|s_x$
また，x と y の共分散が 7.65 のとき，
x' と y' の共分散は　$2\times3\times7.65=$ オカ $45.$ キ 9　　⬅ $s_{x'y'}=2\times3\times s_{xy}$
y' の標準偏差は　$3\times2.0=6.0$　　⬅ $s_{y'}=|3|s_y$
よって，x' と y' の相関係数は　$\dfrac{45.9}{9.0\times6.0}=0.$ クケ 85 …（＊）　　⬅ $r=\dfrac{s_{x'y'}}{s_{x'}s_{y'}}$

➡ 重 14

参考　x と y の相関係数を r_{xy}，x' と y' の相関係数を $r_{x'y'}$ とすると，（＊）は

$$r_{x'y'}=\frac{2\times3\times7.65}{(2\times4.5)\times(3\times2.0)}=\frac{7.65}{4.5\times2.0}=r_{xy}$$

となり，$r_{x'y'}=r_{xy}$ が成り立つ。これは，本問の変換において，相関係数は変わらないことを意味する。
POINT の公式も含め，詳しくは解答編 $p.51$ の練習 16 の参考を参照。

練習 16　次の資料は 2 科目の小テストに関する 5 人の生徒の得点を記録したものである。2 科目の小テストの得点をそれぞれ変量 x, y とする。

生徒番号	1	2	3	4	5
x	3	4	5	4	4
y	7	9	10	8	6

(1) 変量 x の分散は [ア].[イ] である。
(2) 変量 y に対して変量 t を $t=y-$ [ウ] で定めると，変量 t の平均は 0 になる。
(3) 変量 y に対して変量 u を $u=\dfrac{\sqrt{[エ]}}{[オ]}y$ で定めると，変量 u の分散は x の分散と同じ値になる。また，変量 x と変量 y の相関係数を r，変量 x と変量 u の相関係数を r' とし，それぞれの 2 乗を r^2 と $(r')^2$ で表すと，$r^2=$ [カ].[キク]，$(r')^2=$ [ケ].[コサ] となる。

演習 例題 6　散布図の読み取り

目安 6 分

解説動画

図1と図2は，モンシロチョウとツバメの両方を観測している41地点における，2017年の初見日（初めて観測した日）の箱ひげ図と散布図である。図における数値はこの年（うるう年でない）の1月1日を「1」とし，12月31日を「365」とする「年間通し日」である。

また，散布図には重なった点が2点あり，図2に示された点を数えると39個である。なお，散布図には原点を通り傾き1の直線（実線），切片が −15 および 15 で傾きが1の2本の直線（破線）を付加している。

図1，図2から読み取れることとして**正しくないもの**を次の⓪～⑦のうちから二つ選べ。ただし，解答の順序は問わない。［ア］，［イ］

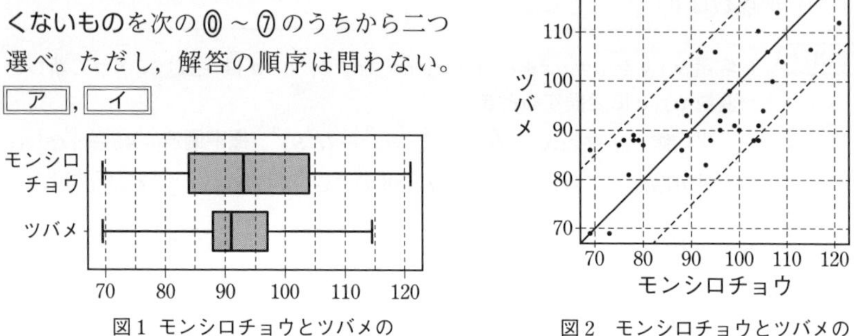

図1　モンシロチョウとツバメの初見日（2017年）の箱ひげ図

図2　モンシロチョウとツバメの初見日（2017年）の散布図

⓪　モンシロチョウの初見日の最小値はツバメの初見日の最小値と同じである。

①　モンシロチョウの初見日の最大値はツバメの初見日の最大値より大きい。

②　モンシロチョウの初見日の中央値はツバメの初見日の中央値より大きい。

③　モンシロチョウの初見日の四分位範囲はツバメの初見日の四分位範囲の3倍より小さい。

④　モンシロチョウの初見日の四分位範囲は15日以下である。

⑤　ツバメの初見日の四分位範囲は15日以下である。

⑥　モンシロチョウとツバメの初見日が同じ所が少なくとも4地点ある。

⑦　同一地点でのモンシロチョウの初見日とツバメの初見日の差は15日以下である。

Situation Check ✓

設問の正誤を判定する資料として，箱ひげ図と散布図が与えられている。それぞれの設問に対し，箱ひげ図と散布図，どちらが正誤判定に適しているかを判断して，資料を読み取る必要がある。

また，散布図において，実線上の点はモンシロチョウの初見日とツバメの初見日が同じである地点を表し，破線と実線との縦および横方向の差は15（日）であることに注意する。

四分位範囲は　Q_3-Q_1（箱の長さ）

箱ひげ図の読み取り　最小値，Q_1，Q_2（中央値），Q_3，最大値 に着目

（➡ 基 26，重 12）

解答　⓪　箱ひげ図の2つの最小値が一致しているから，正しい。

① 箱ひげ図のモンシロチョウの最大値は，ツバメの最大値より大きいから，正しい。

② 箱ひげ図のモンシロチョウの中央値は，ツバメの中央値より大きいから，正しい。

③ 箱ひげ図のモンシロチョウの四分位範囲は，ツバメの四分位範囲の3倍より小さいから，正しい。

④ 箱ひげ図のモンシロチョウの四分位範囲は，15日より大きいから，正しくない。

⑤ 箱ひげ図のツバメの四分位範囲は，15日以下であるから，正しい。

⑥ 散布図の実線上の点はモンシロチョウとツバメの初見日が同じ所であり，散布図のA，B，C，Dの4地点ある。重なった点がある場合でも5地点または6地点であるから，少なくとも4地点あり，正しい。

図1 モンシロチョウとツバメの初見日(2017年)の箱ひげ図

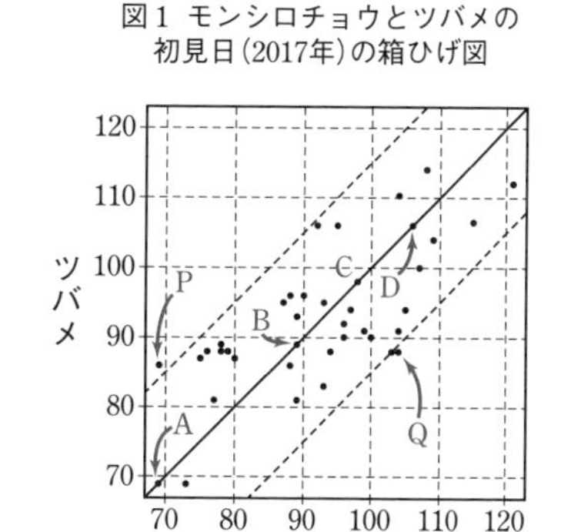

図2　モンシロチョウとツバメの初見日(2017年)の散布図

⑦ 散布図の点Pは上側の破線よりも上側にある（または，点Qが下側の破線よりも下側にある）から，初見日の差が15日以下であることは，正しくない。

以上から，正しくないものは

ア④，イ⑦（またはア⑦，イ④）

←上側の破線は，傾き1，切片15の直線であるから，この破線より上側にある点の，ツバメの初見日とモンシロチョウの初見日の差は15より大きい。

問題 6　演習例題6の図1，図2から読み取れることとして**正しくないもの**を次の⓪～⑤のうちから二つ選べ。ただし，解答の順序は問わない。［ア］，［イ］

⓪ モンシロチョウの初見日の範囲は，ツバメの初見日の範囲より大きい。

① ツバメの初見日がモンシロチョウの初見日より小さい地点は半数以上ある。

② モンシロチョウの初見日とツバメの初見日が同じ日である地点がちょうど7地点ある。

③ モンシロチョウの初見日とツバメの初見日が3月以降である地点はともに半数以上ある。

④ ツバメの初見日が5月以降である地点はない。

⑤ モンシロチョウの初見日とツバメの初見日には正の相関がある。

演習 例題 7　仮説検定の考え方

目安 6分　解説動画

あるカフェが内装をリフォームし，来店した 24 人にアンケートを実施したところ，17 人が雰囲気が「良くなった」と回答した。この結果に対し，太郎さんは，雰囲気が良くなったと判断してよいかどうかを仮説検定の考え方を用いて調べてみることにした。
まず，雰囲気が良くなったとはいえず，「良くなった」と回答する場合と，そうでない場合がまったくの偶然で起こる，という仮説を立てる。
次に，基準となる確率を 5％として考察する。すなわち，この仮説のもとで，24 人のうち 17 人以上が「良くなった」と回答する確率が 5％未満であれば，その仮説は誤っていると判断し，5％以上であれば，その仮説は誤っているとは判断しない。
ここで，公正なコインを 24 枚投げて表が出た枚数を記録する実験を 200 回行ったところ，次の表のようになったとする。この実験結果を用いると，コインを 24 枚投げて表が 17 枚以上出た割合は［ア］.［イ］％である。

表の枚数	6	7	8	9	10	11	12	13	14	15	16	17	18	19	計
度数	2	5	8	17	23	30	31	29	24	16	8	4	2	1	200

これを，24 人のうち 17 人以上が「良くなった」と回答する確率とみなすと，“「良くなった」と回答する場合と，そうでない場合がまったくの偶然で起こる”という仮説は［ウ］，雰囲気が［エ］。［ウ］，［エ］については，最も適当なものを，次のそれぞれの解答群から一つずつ選べ。

［ウ］の解答群
⓪　誤っていると考えられ　　　①　誤っているとは考えられず

［エ］の解答群
⓪　良くなったと判断してよい　　　①　良くなったとは判断できない

Situation Check ✓

アンケートの結果から，リフォームによって雰囲気が良くなったと判断してよいかどうかを，仮説検定を用いて考察する問題である。
仮説検定を用いて考察をする問題では，次のような手順で進める。
①　判断したい仮説に反する仮説を立てる。
②　立てた仮説のもとで，24 人中 17 人以上が「雰囲気が良くなった」と回答する確率を調べる。確率を調べる際には，コイン投げの実験結果を用いる。
③　②で調べた確率を基準となる確率 5％と比較し，仮説が正しいかどうかを判断する。

解答　雰囲気が良くなったと判断してよいかを考察するために，次の仮説を立てる。

　仮説　雰囲気が良くなったとはいえず，「雰囲気が良くなった」と回答する場合と，そうでない場合がまったくの偶然で起こる ……（＊）

⬅手順①：仮説を立てる。「雰囲気が良くなった」と回答する確率が $\frac{1}{2}$ であると考える。

コイン投げの実験結果から，24 枚投げて表が 17 枚以上出た割合は　$\frac{4+2+1}{200}=\frac{7}{200}=0.035$　すなわち　ア3.イ5 (%)

←手順 ②：確率を調べる。

よって，仮説（∗）のもとでは，24 人のうち 17 人以上が「良くなった」と回答する確率は 3.5 % 程度であると考えられ，これは 5 % 未満である。

←手順 ③：基準となる確率 5 % と比較する。

したがって，仮説（∗）は誤っていると考えられ（ウ⓪），雰囲気が良くなったと判断してよい（エ⓪）。

問題 [7]　あるカフェで，来店した 24 人に外装のリフォームについてのアンケートを実施したところ，16 人がリフォームを「行うべき」と回答した。この結果に対し，花子さんは，外装のリフォームを行うべきと判断してよいかどうかを仮説検定の考え方を用いて調べてみることにした。
まず，リフォームを行うべきとはいえず，「行うべき」と回答する場合と，そうでない場合がまったくの偶然で起こる ……（∗）という仮説を立て，演習例題 7 と同様に，基準となる確率を 5 % として考察する。
演習例題 7 のコインを投げる実験の結果を用いると，コインを 24 枚投げて表が 16 枚以上出た割合は [ア].[イ] % である。これを，24 人のうち 16 人以上が「行うべき」と回答する確率とみなすと，仮説（∗）は [ウ]，リフォームを [エ]。
[ウ]，[エ] については，最も適当なものを，次のそれぞれの解答群から一つずつ選べ。

[ウ] の解答群：⓪　誤っていると考えられ　　①　誤っているとは考えられず
[エ] の解答群：⓪　行うべきと判断してよい　　①　行うべきとは判断できない

実践問題　目安時間　14 [10 分]　15 [7 分]　16 [5 分]

指針 p.351

*14　国土交通省では「全国道路・街路交通情勢調査」を行い，地域ごとのデータを公開している。以下では，2015 年に 67 地域で調査された高速道路の交通量と速度を使用する。交通量としては，それぞれの地域において，ある 1 日にある区間を走行した自動車の台数（以下，交通量という。単位は台）を用いる。また，速度としては，それぞれの地域において，ある区間を走行した自動車の走行距離および走行時間から算出した値（以下，速度という。単位は km/h）を用いる。

(1)　表 1 は，2015 年の交通量と速度の平均値，標準偏差および共分散である。ただし，共分散は交通量の偏差と速度の偏差の積の平均値である。

表 1　2015 年の交通量と速度の平均値，標準偏差および共分散

	平均値	標準偏差	共分散
交通量	17300	10200	−63600
速　度	82.0	9.60	

この表より，（標準偏差）：（平均値）の比の値は，小数第 3 位を四捨五入すると，交通量については 0.59 であり，速度については [ア] である。また，交通量と速度の相関係数は [イ] である。

（次ページに続く。）

また，図1は，2015年の交通量と速度の散布図である。なお，この散布図には，完全に重なっている点はない。
2015年の交通量のヒストグラムは，図1を参考にすると，［ウ］である。なお，ヒストグラムの各階級の区間は，左側の数値を含み，右側の数値を含まない。
また，表1および図1から読み取れることとして，後の⓪～⑤のうち，正しいものは［エ］と［オ］である。
［ア］，［イ］については，最も適当なものを，次の⓪～⑨のうちから一つずつ選べ。ただし，同じものを繰り返し選んでもよい。

図1　2015年の交通量と速度の散布図
（出典：国土交通省のWebページにより作成）

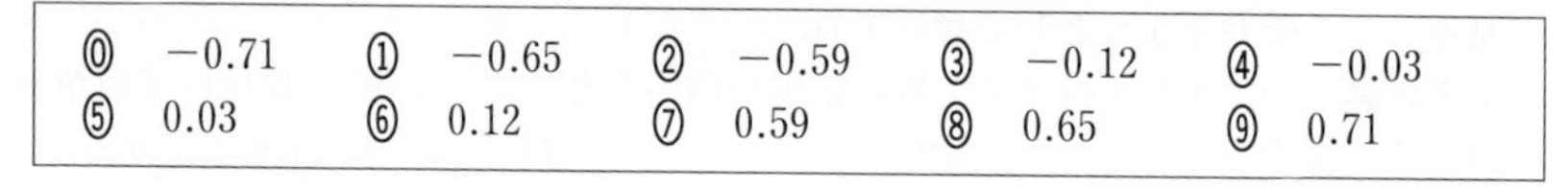

⓪ −0.71　① −0.65　② −0.59　③ −0.12　④ −0.03
⑤ 0.03　⑥ 0.12　⑦ 0.59　⑧ 0.65　⑨ 0.71

［ウ］の解答群

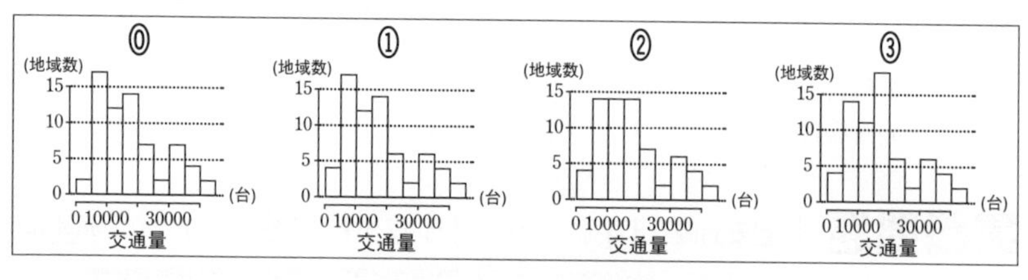

［エ］，［オ］の解答群（解答の順序は問わない。）

⓪ 交通量が27500以上のすべての地域の速度は75未満である。
① 交通量が10000未満のすべての地域の速度は70以上である。
② 速度が平均値以上のすべての地域では，交通量が平均値以上である。
③ 速度が平均値未満のすべての地域では，交通量が平均値未満である。
④ 交通量が27500以上の地域は，ちょうど7地域存在する。
⑤ 速度が72.5未満の地域は，ちょうど11地域存在する。

(2) 図2は2015年の速度の箱ひげ図である。図3は図1を再掲したものであり，2015年の交通量と速度の散布図である。これらの速度から1kmあたりの走行時間（分）を考える。例えば，速度が55km/hの場合は，1時間あたりの走行距離が55kmなので，1kmあたりの走行時間は $\frac{1}{55}\times 60$ の小数第3位を四捨五入して1.09分となる。
このようにして2015年の速度を1kmあたりの走行時間に変換したデータの箱ひげ図は［カ］であり，2015年の交通量と1kmあたりの走行時間の散布図は［キ］である。なお，解答群の散布図には，完全に重なっている点はない。

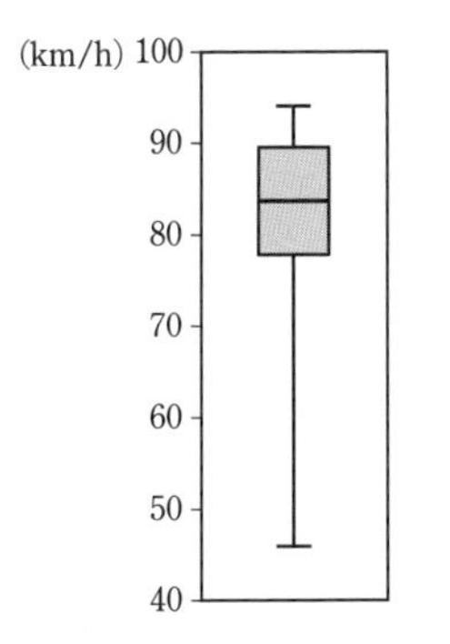

図2　2015年の速度の箱ひげ図

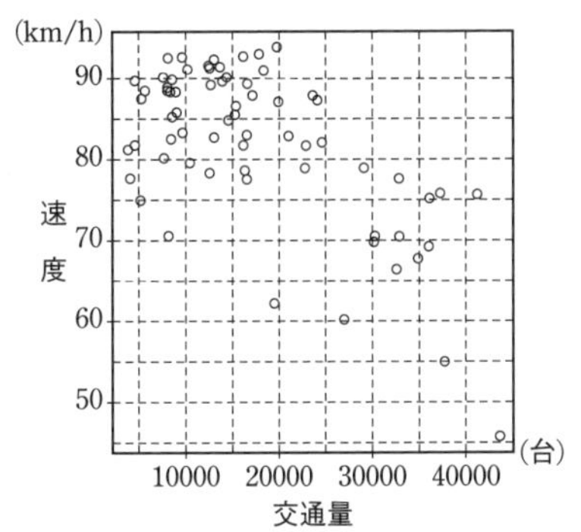

図3　2015年の交通量と速度の散布図

（出典：国土交通省のWebページにより作成）

カ の解答群

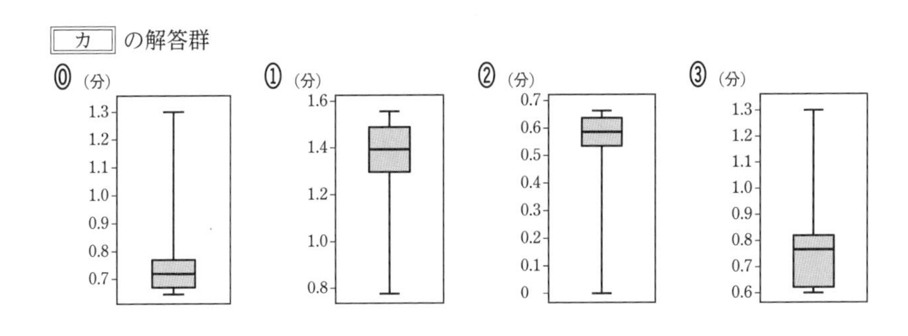

キ の解答群

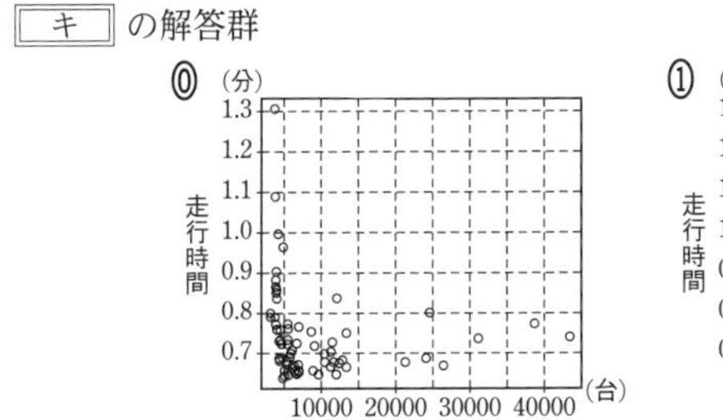

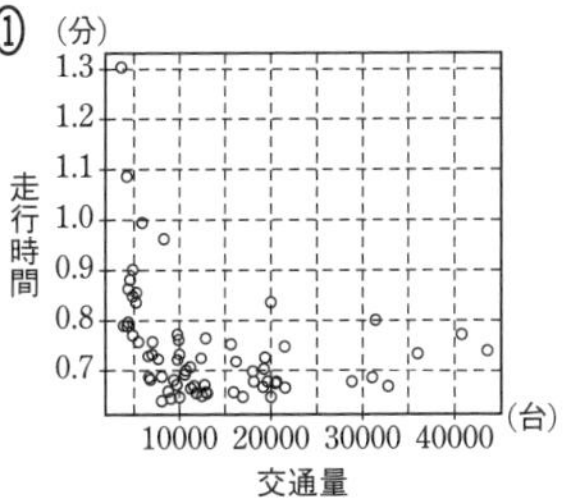

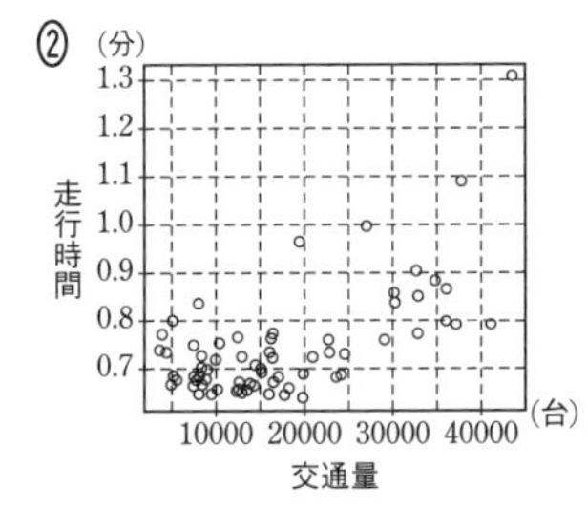

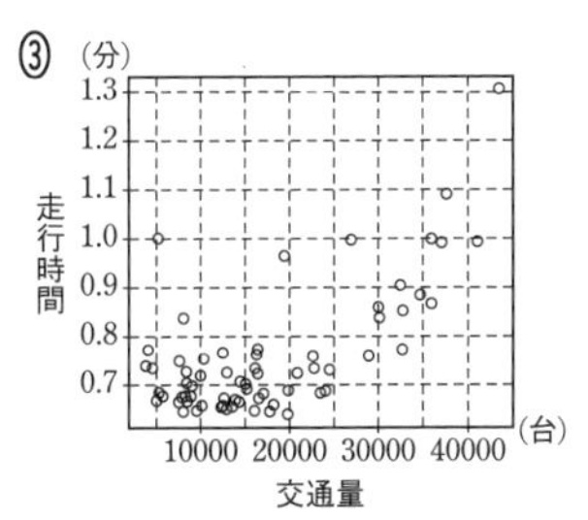

〔類 22 共通テスト・追試〕

15　地方の経済活性化のため，太郎さんと花子さんは観光客の消費に着目し，その拡大に向けて基礎的な情報を整理することにした。以下は，都道府県別の統計データを集め，分析しているときの二人の会話である。会話を読んで次の問いに答えよ。ただし，東京都，大阪府，福井県の3都府県のデータは含まれていない。また，以後の問題文では「道府県」を単に「県」として表記する。

太郎：各県を訪れた観光客数を x 軸，消費総額を y 軸にとり，散布図をつくると図1のようになったよ。
花子：消費総額を観光客数で割った消費額単価が最も高いのはどこかな。
太郎：元のデータを使って県ごとに割り算をすれば分かるよ。
北海道は……。44回も計算するのは大変だし，間違えそうだな。
花子：図1を使えばすぐ分かるよ。

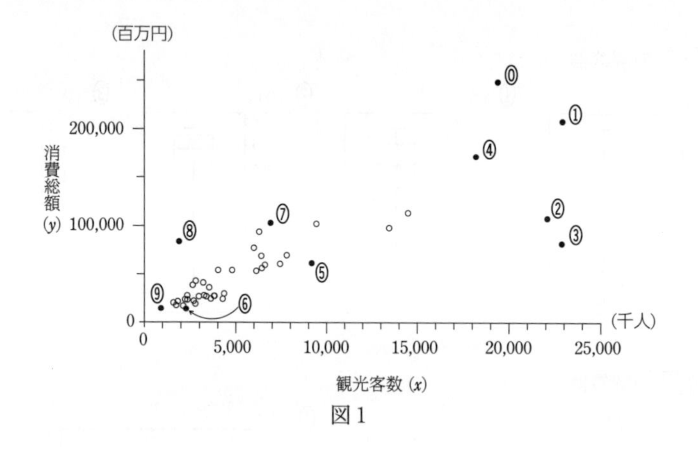

図1

(1)　図1の観光客数と消費総額の間の相関係数に最も近い値を，次の⓪～④のうちから一つ選べ。 ア

⓪　−0.85　　①　−0.52　　②　0.02　　③　0.34　　④　0.83

(2)　44県それぞれの消費額単価を計算しなくても，図1の散布図から消費額単価が最も高い県を表す点を特定することができる。その方法を述べたものとして正しいものを，次の⓪～③のうちから一つ選べ。 イ

⓪　各県の表す点のうち，その点と原点を通る直線の傾きが最も大きい点を選ぶ。
①　各県の表す点のうち，その点と原点を通る直線の傾きが最も小さい点を選ぶ。
②　各県の表す点のうち，その点と原点を結ぶ線分の長さが最も大きい点を選ぶ。
③　各県の表す点のうち，その点と原点を結ぶ線分の長さが最も小さい点を選ぶ。

(3)　消費額単価が最も高い県を表す点を，図1の⓪～⑨のうちから一つ選べ。 ウ

花子：元のデータを見ると消費額単価が最も高いのは沖縄県だね。沖縄県の消費額単価が高いのは，県外からの観光客数の影響かな。
太郎：県内からの観光客と県外からの観光客とに分けて44県の観光客数と消費総額を箱ひげ図で表すと図2のようになったよ。
花子：私は県内と県外からの観光客の消費額単価をそれぞれ横軸と縦軸にとって図3の散布図をつくってみたよ。沖縄県は県内，県外ともに観光客の消費額単価は高いね。それに，北海道，鹿児島県，沖縄県は全体の傾向から外れているみたい。

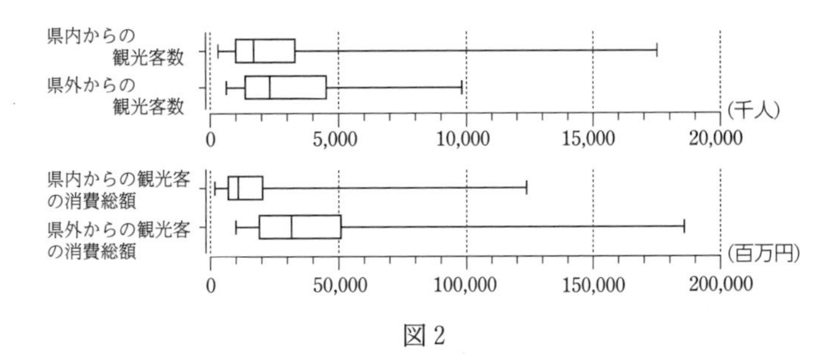

図2

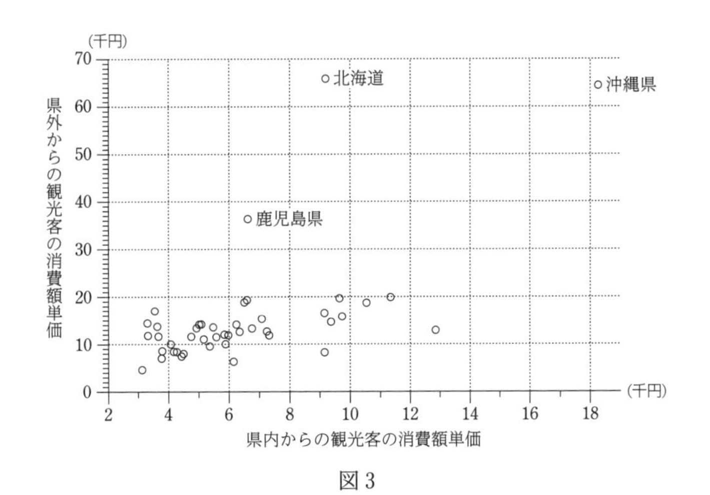

図3

(次ページに続く。)

(4) 図2，図3から読み取れる事柄として正しいものを，次の⓪～④のうちから二つ選べ。ただし，解答の順序は問わない。［エ］，［オ］

⓪　44県の半分の県では，県内からの観光客数よりも県外からの観光客数の方が多い。

①　44県の半分の県では，県内からの観光客の消費総額よりも県外からの観光客の消費総額の方が高い。

②　44県の4分の3以上の県では，県外からの観光客の消費額単価の方が県内からの観光客の消費額単価より高い。

③　県外からの観光客の消費額単価の平均値は，北海道，鹿児島県，沖縄県を除いた41県の平均値の方が44県の平均値より小さい。

④　北海道，鹿児島県，沖縄県を除いて考えると，県内からの観光客の消費額単価の分散よりも県外からの観光客の消費額単価の分散の方が小さい。

〔類　共通テスト試行調査（第1回）〕

*16　ある空港で，利便性に関するアンケート調査が実施されている。この空港を利用した30人に，この空港は便利だと思うかどうかをたずねたとき，20人が「便利だと思う」と回答した場合に，「この空港は便利だと思う人の方が多い」といえるかどうかを，次の **方針** で考えることにした。

方針

・“この空港の利用者全体のうちで「便利だと思う」と回答する割合と，「便利だと思う」と回答しない割合が等しい”という仮説を立てる。

・この仮説のもとで，30人抽出したうちの20人以上が「便利だと思う」と回答する確率が5％未満であれば，その仮説は誤っていると判断し，5％以上であれば，その仮説は誤っているとは判断しない。

次の **実験結果** は，30枚の硬貨を投げる実験を1000回行ったとき，表が出た枚数ごとの回数の割合を示したものである。

実験結果

表の枚数	0	1	2	3	4	5	6	7	8	9	
割合	0.0%	0.0%	0.0%	0.0%	0.0%	0.0%	0.0%	0.0%	0.1%	0.8%	
表の枚数	10	11	12	13	14	15	16	17	18	19	
割合	3.2%	5.8%	8.0%	11.2%	13.8%	14.4%	14.1%	9.8%	8.8%	4.2%	
表の枚数	20	21	22	23	24	25	26	27	28	29	30
割合	3.2%	1.4%	1.0%	0.0%	0.1%	0.0%	0.1%	0.0%	0.0%	0.0%	0.0%

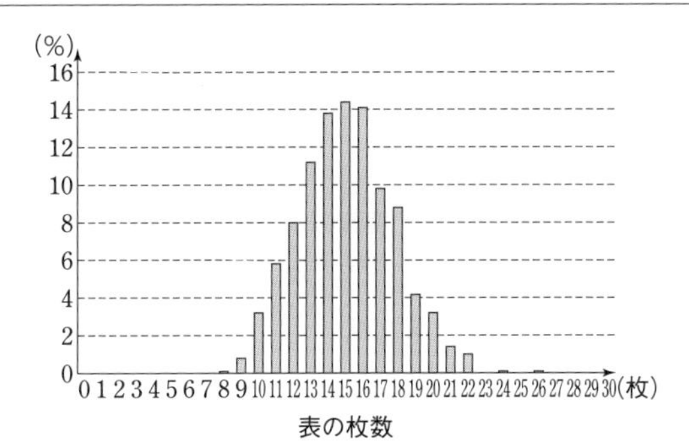

実験結果 を用いると，30 枚の硬貨のうち 20 枚以上が表となった割合は ［ア］.［イ］% である。これを，30 人のうち 20 人以上が「便利だと思う」と回答する確率とみなし，**方針** に従うと，「便利だと思う」と回答する割合と，「便利だと思う」と回答しない割合が等しいという仮説は ［ウ］，この空港は便利だと思う人の方が ［エ］。

［ウ］，［エ］ については，最も適当なものを，次のそれぞれの解答群から一つずつ選べ。

［ウ］ の解答群

⓪ 誤っていると判断され	① 誤っているとは判断されず

［エ］ の解答群

⓪ 多いといえる	① 多いとはいえない

〔類 新課程試作問題〕

第5章　場合の数と確率

基本 例題 29　集合の要素の個数，約数

540 を素因数分解すると，［ア］^{3}×［イ］^{2}×［ウ］である。
よって，540 の正の約数は，1 と 540 を含めて［エオ］個あり，それらの和は［カキクケ］である。また，540 以下の自然数のうち，2 でも 3 でも割り切れないものは［コサシ］個ある。

POINT!
自然数 N が $N=p^aq^br^c$ と素因数分解されるとき，N の正の約数の
個数は　$(a+1)(b+1)(c+1)$
総和は　$(1+p+\cdots+p^a)(1+q+\cdots+q^b)(1+r+\cdots+r^c)$
集合 A，B に対して，A の要素の個数を $n(A)$ とすると
$$n(A\cup B)=n(A)+n(B)-n(A\cap B)$$
$$n(\overline{A})=n(U)-n(A)$$ （U は全体集合，$\overline{A}$ は A の補集合）

解答　$540={}^{ア}3^3\times{}^{イ}2^2\times{}^{ウ}5$

540 の正の約数は　$(3+1)(2+1)(1+1)={}^{エオ}24$ (個)

←$(a+1)(b+1)(c+1)$

また，その総和は
$$(1+3+3^2+3^3)(1+2+2^2)(1+5)=40\cdot7\cdot6$$
$$={}^{カキクケ}1680$$

←$(1+p+p^2+p^3)\times(1+q+q^2)(1+r)$

540 以下の自然数全体の集合を U とし，
U の部分集合のうち，2，3 で割り切れる自然数全体の集合をそれぞれ A，B とすると，
$$n(A)=540\div2=270,$$
$$n(B)=540\div3=180$$

←2 でも 3 でも割り切れない自然数全体の集合は図の斜線部分。

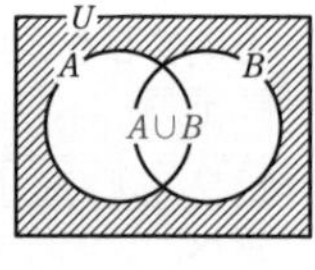

$A\cap B$ は，U の部分集合のうち，6 で割り切れる自然数全体の集合であるから

←6 は 2 と 3 の最小公倍数。

$$n(A\cap B)=540\div6=90$$
よって　$n(A\cup B)=n(A)+n(B)-n(A\cap B)$
$=270+180-90=360$

←POINT!

したがって，2 でも 3 でも割り切れないものは

←$n(\overline{A\cup B})$ を求める。

$n(U)-n(A\cup B)=540-360$
$={}^{コサシ}180$ (個)

←POINT!

※　自然数 N が $N=p^aq^br^c\cdots\cdots$ と素因数分解できるとき，N の正の約数の
個数が　$(a+1)(b+1)(c+1)\cdots\cdots$,
総和が　$(1+p+\cdots\cdots+p^a)(1+q+\cdots\cdots+q^b)(1+r+\cdots\cdots+r^c)\cdots\cdots$
になる理由は，CHECK 29 解説の参考参照（解答編 p.57）。

基本　例題 30　順列

(1) a，b，c，d，e，f の6文字を1列に並べてできる順列は全部で［アイウ］通りある。そのうち，両端が子音であるものは［エオカ］通り，母音が隣り合わせになるものは［キクケ］通りある。

(2) 0から6までの整数から異なる4個を選んでできる4桁の整数は，全部で［コサシ］個ある。

POINT!　異なる n 個のものから r 個とって1列に並べる順列の総数

$$ {}_n\mathrm{P}_r=\frac{n!}{(n-r)!}=n(n-1)(n-2)\cdots\cdots(n-r+1) $$

$r=n$ のとき　${}_n\mathrm{P}_n=n!=n(n-1)(n-2)\cdots\cdots3\cdot2\cdot1$

隣り合う順列 ⟶ 隣り合うものを1つと考え，その中での順列も考える。

解答　(1) 順列の総数は

$$ {}_6\mathrm{P}_6=6!=6\cdot5\cdot4\cdot3\cdot2\cdot1={}^{アイウ}\mathbf{720}\ (通り) $$

⇐POINT!

両端が子音 (b，c，d，f) であるものは，

まず，子音4個から2個を選んで両端に並べ，

次に，それ以外の子音と母音を含めた4個を中央に並べればよいから　${}_4\mathrm{P}_2\cdot4!=4\cdot3\cdot4\cdot3\cdot2\cdot1={}^{エオカ}\mathbf{288}$ (通り)

⇒CHART

母音が隣り合わせになるのは，2つの母音を1つと考えると，並べ方は5!通り。また，2つの母音の並べ方が2!通りずつあるから　$5!\cdot2!=5\cdot4\cdot3\cdot2\cdot1\cdot2\cdot1={}^{キクケ}\mathbf{240}$ (通り)

⇐隣り合うものを1つと考える。

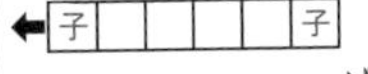

(2) 千の位は0にならないから，千の位は1～6の6通り。

⇒CHART

そのおのおのに対して，一，十，百の位は，千の位の数字以外の6個から3個を選んで並べればよいから

$$ {}_6\mathrm{P}_3=6\cdot5\cdot4=120\ (通り) $$

⇐POINT!

よって，4桁の整数は　$6\times120={}^{コサシ}\mathbf{720}$ (個)

〔別解〕 7個の数から4個を選んで並べる順列の総数は

$$ {}_7\mathrm{P}_4=7\cdot6\cdot5\cdot4=840\ (通り) $$

そのうち，左端に0がくるものは　${}_6\mathrm{P}_3=6\cdot5\cdot4=120$ (通り)

⇐左端以外の3つの数字の順列。

よって，4桁の整数は　$840-120={}^{コサシ}\mathbf{720}$ (個)

参考　(1)の両端が子音である順列について，まず，「子音である」という条件のある両端の文字を並べ，次に，条件のない中央の文字を並べる。
また，(2)について，まず，「0でない」という条件のある千の位の数字を決め，次に，条件のない残りの位の数字を並べる。
このように，場合の数(や確率)の問題では**条件のあるものを先に決めていくとよい。**

CHART　場合の数　条件処理は先に行う

基本 例題 31 円順列

1から6までの6個の整数を，平面上の正六角形の各頂点に1個ずつ配置する。ただし，平面上でこの正六角形をその中心のまわりに回転させたとき，重なりあうような配置は同じとみなす。このような配置は全部で [アイウ] 通りある。
このうち，1と6が正六角形の中心に関して点対称な位置に置かれているような配置は [エオ] 通りある。

POINT!

円順列　異なる n 個のものを円形に並べる順列の総数は　$(n-1)!$
①　1つのものを固定　　②　同じものを見つけて割る

解答　1 ～ 6 の円順列であるから
$(6-1)!=$ ^アイウ^ **120** (通り)
1と6が点対称な位置に置かれているとき，1と6は固定してよい。
図の a ～ d の位置に 2 ～ 5 を並べるから，
求める配置は　$4!=$ ^エオ^ **24** (通り)

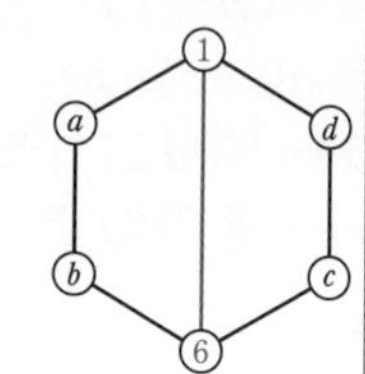

←円順列 $(n-1)!$
←CHART
条件処理は先に行う
➡ 基 30

参考　円順列の公式 $(n-1)!$ の導き方

①　1つのものを固定
ある1つのものを1つの場所に固定して，残りの $(n-1)$ 個の場所に $(n-1)$ 個のものを並べるから　$(n-1)!$

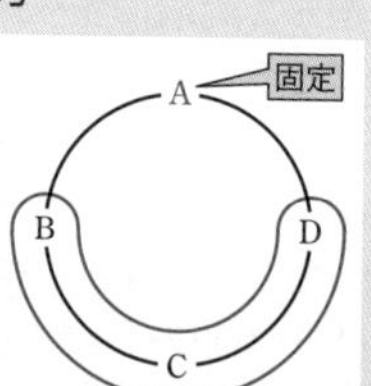

←配置を回転させても同じものと見なすから，1つのものを固定して回転を止める。
➡ 基 30

②　同じものを見つけて割る
異なる n 個のものの順列の総数は $n!$ 通りあり，この中で回転させて重なるものはそれぞれ n 個ずつある。これはすべての順列についていえるから，円順列の総数は $\dfrac{n!}{n}=\dfrac{n\cdot(n-1)!}{n}=(n-1)!$

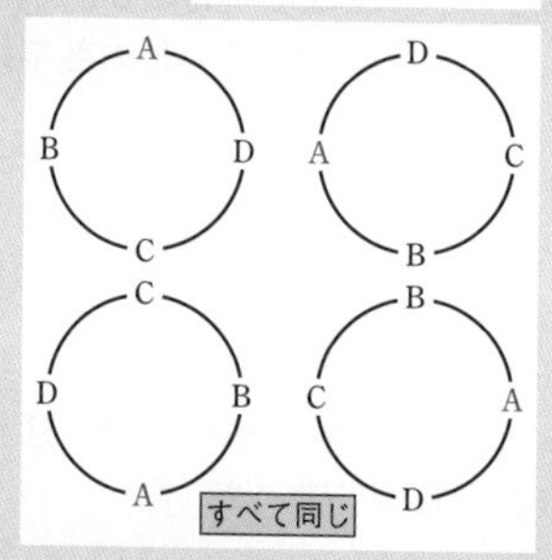

←ある1つのもの（図ではA）の位置を考えることによって，n 個ずつあることがわかる。

公式さえ覚えれば円順列の総数は求められるが，公式だけを覚えていたのでは発展的な問題に対応できない。
上の①，②の考え方はどちらも重要であるから，しっかり理解しておこう。
また，円順列の複雑な問題に関しては，①の考え方が有効なことが多い。例題の**エオ**では①の考え方を利用した。

基本 例題 32 重複順列

5冊の異なる本を，A，B，Cの3人に配る。1冊も受け取らない人がいてもよいとき，配り方は全部で［アイウ］通りある。

POINT! 重複順列　異なる n 個のものから，重複を許して r 個取る順列の総数は n^r

解答　それぞれの本について，A，B，Cの誰に配るかで3通りずつあるから，配り方は　$3^5=$ アイウ**243**（通り）

参考　重複順列は次のように考える。

n 個のものから1個選ぶことを r 回繰り返す。

1	2	3		r
n 通り	n 通り	n 通り	…	n 通り

1回で選び方は n 通りあるから，総数は　$\underbrace{n\times n\times\cdots\cdots\times n}_{r\text{ 回}}=n^r$

←重複順列　n^r

←この問題では，本をa，b，c，d，eとして

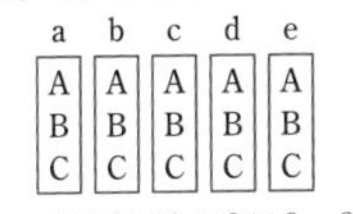

$3\times3\times3\times3\times3=3^5$

基本 例題 33 組合せ

男子4人，女子6人の中から，4人を選ぶ方法は［アイウ］通り，男子2人と女子2人の4人を選ぶ方法は［エオ］通りある。また，男子を2人以上含む4人を選ぶ方法は［カキク］通りある。

POINT! 組合せ　異なる n 個のものから r 個取る組合せ（順序は関係なし）の総数は

$$ {}_nC_r=\frac{n!}{r!(n-r)!}=\frac{n(n-1)\cdots\cdots(n-r+1)}{r(r-1)\cdots\cdots1}\quad \begin{matrix}\leftarrow r\text{ 個の積}\\ \leftarrow r\text{ 個の積}\end{matrix} $$

$${}_nC_r={}_nC_{n-r},\quad {}_nC_0={}_nC_n=1$$

解答　合計10人の中から4人を選ぶ組合せであるから

$${}_{10}C_4=\frac{10\cdot9\cdot8\cdot7}{4\cdot3\cdot2\cdot1}=\text{アイウ}\mathbf{210}\text{（通り）}$$

←POINT!

男子4人から2人，女子6人から2人をそれぞれ選ぶ組合せであるから　${}_4C_2\cdot{}_6C_2=\dfrac{4\cdot3}{2\cdot1}\cdot\dfrac{6\cdot5}{2\cdot1}=$ エオ**90**（通り）

←POINT!

また，男子を2人以上含む4人は，（男，女）の数が（2，2），（3，1），（4，0）の場合がある。

←いくつかパターンがあるときは，それぞれの場合の数の和。

（2，2）の場合　90通り

（3，1）の場合，上と同様に考えて

$${}_4C_3\cdot{}_6C_1={}_4C_1\cdot{}_6C_1=4\cdot6=24\text{（通り）}$$

←${}_nC_r={}_nC_{n-r}$

（4，0）の場合　${}_4C_4=1$（通り）

よって，選び方は　$90+24+1=$ カキク**115**（通り）

参考　男子2人**かつ**女子2人の場合の数を ${}_4C_2\times{}_6C_2$ で求め，（男，女）が（2，2）**または**（3，1）**または**（4，0）の場合の数を $90+24+1$ で求めた。
このように，**「かつ」は積，「または」は和**を考えるとよい。

基本 例題 34 図形と組合せ

正八角形 ABCDEFGH の頂点のうち，異なる 3 点を結んでできる三角形は全部で［アイ］個ある。このうち，この正八角形と 1 辺だけを共有する三角形は［ウエ］個あり，辺を共有しない三角形は［オカ］個ある。

POINT! 図をかいて考える。求めにくい場合の数は
（全体）－（……でない場合の数）で求めることも意識しよう。

解答 8 個の頂点から 3 点を選んで結ぶと 1 つの三角形ができるから，三角形は全部で

$${}_8C_3=\frac{8\cdot7\cdot6}{3\cdot2\cdot1}={}^{アイ}56\ (個)$$

←3 点は一直線上にない。

➡基 33

正八角形と 1 辺だけを共有する三角形について，辺 AB を共有するものは，4 個ある。

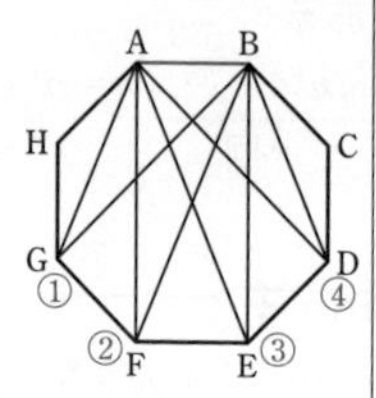

←図をかいて考える。
①（△ABG），
②（△ABF），
③（△ABE），
④（△ABD）の 4 個。

正八角形のすべての辺について，同様のことがいえるから，全部で

$$4\times8={}^{ウエ}32\ (個)$$

また，正八角形と 2 辺を共有する三角形は，全部で 8 個あるから，辺を共有しない三角形は

$$56-(32+8)={}^{オカ}16\ (個)$$

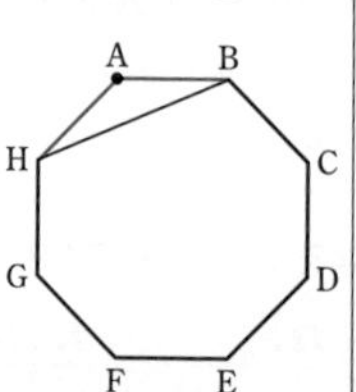

←1 つの頂点に対して 1 つ定まる。

←辺を共有しない
＝全体
－(1 辺共有＋2 辺共有)

基本 例題 35 同じものを含む順列

1，1，2，2，2，3 の 6 個の数字を並べて 6 桁の整数をつくる。このようにしてできる 6 桁の数のうち，互いに異なるものは全部で［アイ］個ある。

POINT! 同じものを含む順列　A を p 個，B を q 個，C を r 個 1 列に並べる順列（全部で n 個）の総数は

$$\frac{n!}{p!q!r!}\quad(={}_nC_p\cdot{}_{n-p}C_q\cdot{}_{n-p-q}C_r)\qquad(p+q+r=n)$$

解答 1 を 2 個，2 を 3 個，3 を 1 個並べる順列であるから

$$\frac{6!}{2!3!1!}={}^{アイ}60\ (個)$$

←$\dfrac{n!}{p!q!r!}$

〔別解〕 6 か所のうち，1 の入る 2 か所を決め，残りの 4 か所から 2 の入る 3 か所を決めれば，残りの 1 か所には 3 が入るから

←［2］［1］［2］［2］［1］［3］

$${}_6C_2\cdot{}_4C_3=\frac{6\cdot5}{2\cdot1}\times\frac{4\cdot3\cdot2}{3\cdot2\cdot1}={}^{アイ}60\ (個)$$

➡基 33

基本 例題 36 確率

一つのさいころを2回続けて投げ，出た目の数を順に a，b とするとき，$u=\dfrac{a}{b}$ とおく。$u=1$ である確率は $\dfrac{\boxed{ア}}{\boxed{イ}}$ であり，u が整数になる確率は $\dfrac{\boxed{ウ}}{\boxed{エオ}}$ である。また，u が整数または $b=2$ である確率は $\dfrac{\boxed{カキ}}{\boxed{クケ}}$ である。

POINT!

確率　$P(A)=\dfrac{(事象 A の起こる場合の数)}{(すべての場合の数)}$ （さいころ，球，カードなどはすべて区別する）

$$P(A\cup B)=P(A)+P(B)-P(A\cap B)$$

（事象 A，B が排反のとき　$P(A\cup B)=P(A)+P(B)$）

解答　すべての場合の数は　$6^2=36$（通り）

$u=1$ となるのは，$a=b$ のときである。
この条件を満たす $(a,\ b)$ は $(1,\ 1)$，$(2,\ 2)$，……，$(6,\ 6)$ の6通りである。よって，求める確率は　$\dfrac{6}{36}=\dfrac{{}^{ア}1}{{}^{イ}6}$

u が整数となるのは，b が a の約数のときである。
この条件を満たす $(a,\ b)$ は
$(1,\ 1)$，$(2,\ 1)$，$(2,\ 2)$，$(3,\ 1)$，$(3,\ 3)$，
$(4,\ 1)$，$(4,\ 2)$，$(4,\ 4)$，$(5,\ 1)$，$(5,\ 5)$，
$(6,\ 1)$，$(6,\ 2)$，$(6,\ 3)$，$(6,\ 6)$
の14通りである。よって，求める確率は　$\dfrac{14}{36}=\dfrac{{}^{ウ}7}{{}^{エオ}18}$

また，$b=2$ となるのは $(1,\ 2)$，$(2,\ 2)$，……，$(6,\ 2)$ の6通りであるから，その確率は　$\dfrac{6}{36}$

u が整数かつ $b=2$ であるような $(a,\ b)$ は $(2,\ 2)$，$(4,\ 2)$，$(6,\ 2)$ の3通りであるから，その確率は　$\dfrac{3}{36}$

よって，求める確率は　$\dfrac{14}{36}+\dfrac{6}{36}-\dfrac{3}{36}=\dfrac{{}^{カキ}17}{{}^{クケ}36}$

←重複順列 n^r　➡基 32
これが確率の分母になる。

←POINT!

←**素早く解く!**（下）
条件を満たすものをすべて数える。
表にすると考えやすい。

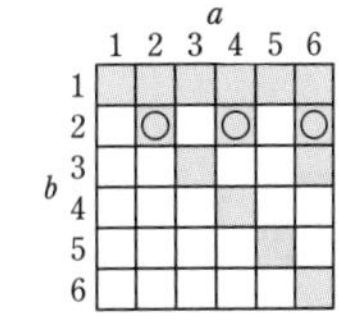

➡**素早く解く!**（上）

←上の表の ○。

←$P(A\cap B)$ である。

←$P(A\cup B)$
$=P(A)+P(B)-P(A\cap B)$

後で和や差などを計算する必要がある場合，$\dfrac{6}{36}=\dfrac{1}{6}$ などと約分せずに，分母をそろえたままの方が早い。

場合の数や確率を求めるときに，条件を満たすものをすべて書き出す方が早い場合がある。例えば，本問のように，さいころを2回（または2個）投げる場合は，上のような表を用いてすべてを書き出すのも有効である。また，順を追って操作の結果や確率を考えたいときは，**樹形図**が有効である。

基本 例題 37　余事象の確率

(1) 男子5人，女子4人の中から3人を選ぶとき，少なくとも1人が女子である確率は $\frac{\boxed{アイ}}{\boxed{ウエ}}$ である。

(2) 3個のさいころを投げる。出る目の積が偶数となる確率は $\frac{\boxed{オ}}{\boxed{カ}}$ である。

POINT!
余事象の確率　事象 A が起こらない確率 $P(\overline{A})$ は $P(\overline{A})=1-P(A)$
「少なくとも」には 余事象。

解答 (1) 「少なくとも1人が女子」という事象の余事象は「3人とも男子」である。3人とも男子の確率は $\frac{{}_5C_3}{{}_9C_3}$ であるから，求める確率は　$1-\frac{{}_5C_3}{{}_9C_3}=\frac{{}^{アイ}37}{{}^{ウエ}42}$

(2) 「出る目の積が偶数」という事象の余事象は「出る目の積が奇数」である。出る目の積が奇数となるのは3つとも奇数の目が出るときであるから，その確率は　$\frac{3^3}{6^3}=\frac{1}{8}$

ゆえに，求める確率は　$1-\frac{1}{8}=\frac{{}^{オ}7}{{}^{カ}8}$

⬅少なくとも ⟶ 余事象

⬅$\frac{(男子3人の選び方)}{(すべての選び方)}$

⬅$P(\overline{A})=1-P(A)$

⬅1つでも偶数があれば積は偶数。

➡基 36

CHART
確率，場合の数　余事象（補集合）の利用が早いことがある
「少なくとも」には余事象

基本 例題 38　独立な試行，反復試行の確率

1個のさいころを5回投げるとき，1回目から3回目まで奇数の目が出て，4回目に3の倍数の目が，5回目に5の目が出る確率は $\frac{\boxed{ア}}{\boxed{イウエ}}$ である。また，5回中，3の倍数の目がちょうど4回出る確率は $\frac{\boxed{オカ}}{\boxed{キクケ}}$ である。

POINT!
独立な（影響し合わない）試行の確率　各試行の確率の積
反復試行　起こる確率 p の事象が n 回中 r 回起こる確率 ${}_nC_rp^r(1-p)^{n-r}$

解答 奇数の目が出る，3の倍数の目が出る，5の目が出る確率はそれぞれ $\frac{3}{6}$，$\frac{2}{6}$，$\frac{1}{6}$ であるから，求める確率は

$$\left(\frac{3}{6}\right)^3\times\frac{2}{6}\times\frac{1}{6}=\frac{{}^{ア}1}{{}^{イウエ}144}$$

3の倍数の目が出る確率は $\frac{2}{6}=\frac{1}{3}$ であるから，

5回中ちょうど4回出る確率は　${}_5C_4\left(\frac{1}{3}\right)^4\left(\frac{2}{3}\right)^1=\frac{{}^{オカ}10}{{}^{キクケ}243}$

⬅3の倍数は3と6

⬅各回の試行は独立であるから，各試行の確率の積。

⬅${}_nC_rp^r(1-p)^{n-r}$

基本 例題 39　条件付き確率

男子 58 人，女子 42 人の生徒 100 人に数学が好きか嫌いかを聞いたところ，好きと答えた生徒は 40 人で，そのうち男子は 28 人であった。また，好きでも嫌いでもないという回答はなかった。
この 100 人の中から 1 人選ぶとする。選ばれた 1 人が女子のとき，その生徒が数学が好きである確率は $\frac{\text{ア}}{\text{イ}}$ である。また，選ばれた 1 人が数学が嫌いであるとき，その生徒が男子である確率は $\frac{\text{ウ}}{\text{エ}}$ である。

POINT!　事象 A が起こったときの事象 B が起こる条件付き確率 $P_A(B)$ は

$$P_A(B)=\frac{n(A\cap B)}{n(A)}=\frac{P(A\cap B)}{P(A)}$$

A が起こるという前提のもとで，B が起こる確率 …… 右の表の $\frac{n(A\cap B)}{n(A)}$ の値。

	B	$\overline{B}$	計
A	$n(A\cap B)$	$n(A\cap\overline{B})$	$n(A)$
$\overline{A}$	$n(\overline{A}\cap B)$	$n(\overline{A}\cap\overline{B})$	$n(\overline{A})$
計	$n(B)$	$n(\overline{B})$	$n(U)$

（U は全事象）

解答　選ばれた 1 人が女子であるという事象を W，数学が好きであるという事象を A とすると

$$n(W)=42,\ n(W\cap A)=40-28=12$$

よって，求める確率は　$P_W(A)=\frac{n(W\cap A)}{n(W)}=\frac{12}{42}=\frac{{}^{ア}2}{{}^{イ}7}$

選ばれた 1 人が数学が嫌いであるという事象を B，男子であるという事象を M とすると

$$n(B)=100-40=60,\ n(B\cap M)=58-28=30$$

よって，求める確率は　$P_B(M)=\frac{n(B\cap M)}{n(B)}=\frac{30}{60}=\frac{{}^{ウ}1}{{}^{エ}2}$

⬅ ***素早く解く！*** 表を利用。

❶	好	嫌	計
男子	28	30	58
女子	12	30	42
計	40	60	100

⬅「女子の中で数学が好きである人数の割合」

❷	好	嫌	計
男子	28	30	58
女子	12	30	42
計	40	60	100

⬅「数学が嫌いである人の中で男子の人数の割合」

❸	好	嫌	計
男子	28	30	58
女子	12	30	42
計	40	60	100

参考　条件付き確率の問題では　$P_A(B)=\frac{n(A\cap B)}{n(A)}=\frac{P(A\cap B)}{P(A)}$
（↑ 全体を A としたときの $A\cap B$ の割合）
からわかるように，**何を全体として捉えるか**をきちんとつかむようにしたい。
問題によっては，POINT! や解答の側注のような，表をかいて，各事象の場合の数を整理すると効率よく解くことができる場合もある。
ここで，解答の側注の表について，どのような計算をしているかを説明しておく。
表❶：問題文で与えられた人数（58，42，100，40，28）を記入する。次に，引き算で，赤字の人数 40−28=12，58−28=30 などを求める。
表❷，❸：$\frac{\text{赤塗りの人数}}{\text{黒塗りの人数}}$ として条件付き確率を求めている。

基本 例題 40　期待値

赤玉3個，白玉4個が入っている袋の中から3個の玉を同時に取り出し，赤玉1個につき2点，白玉1個につき1点を得るものとする。この試行を1回行うとき，得点の期待値は $\dfrac{\boxed{アイ}}{\boxed{ウ}}$ である。

POINT!　値 x_1, x_2, ……, x_n をとる確率が p_1, p_2, ……, p_n のとき，**期待値は**

$$x_1p_1+x_2p_2+\cdots\cdots+x_np_n \quad (p_1+p_2+\cdots\cdots+p_n=1)$$

解答　取り出される（赤玉，白玉）の個数は (3, 0), (2, 1), (1, 2), (0, 3) の場合があり，各場合の得点は順に6, 5, 4, 3点である。

(3, 0), (2, 1), (1, 2), (0, 3) となる確率は順に

$$\frac{{}_3C_3}{{}_7C_3}=\frac{1}{35},\quad \frac{{}_3C_2\cdot{}_4C_1}{{}_7C_3}=\frac{12}{35},\quad \frac{{}_3C_1\cdot{}_4C_2}{{}_7C_3}=\frac{18}{35},\quad \frac{{}_4C_3}{{}_7C_3}=\frac{4}{35}$$

よって，求める期待値は

$$6\cdot\frac{1}{35}+5\cdot\frac{12}{32}+4\cdot\frac{18}{35}+3\cdot\frac{4}{35}=\frac{150}{35}=\frac{{}^{アイ}\mathbf{30}}{{}^{ウ}\mathbf{7}}$$

⬅玉の個数の全パターンを調べる。

⬅すべての確率を求める。**確率の和が1となることを確認** しておくとよい。

⬅値×確率 の和

期待値を求めるには，すべての確率を計算する必要がある。誘導形式の問題では，いくつかの確率を先に答えさせ，最後に期待値を求めさせるものも多いので，最後の確率は **1−(その他のすべての確率の和)**（➡基 37）から求めることも意識しておきたい。なお，求めた**確率を表にまとめる**と，期待値の計算がしやすくなる。

CHECK

□ **29**　3920を素因数分解すると $\boxed{ア}^4\times\boxed{イ}^2\times\boxed{ウ}$ である。したがって，3920の正の約数は，1と3920を含めて $\boxed{エオ}$ 個あり，それらの和は $\boxed{カキクケコ}$ である。また，3920以下の自然数のうち，2でも5でも割り切れないものは $\boxed{サシスセ}$ 個ある。

□ **30**　(1)　男子3人，女子4人の合計7人が1列に並ぶとき，並び方は全部で $\boxed{アイウエ}$ 通りある。このうち，男子3人が続けて並ぶ並び方は $\boxed{オカキ}$ 通り，男女が交互に並ぶ並び方は $\boxed{クケコ}$ 通りある。

(2)　0から6までの整数から異なる5個を選んで5桁の整数を作るとき，全部で $\boxed{サシスセ}$ 個できる。

□ **31**　1から8までの8個の整数を平面上の正八角形の各頂点に1個ずつ配置する。ただし，平面上でこの正八角形をその中心のまわりに回転させたとき，重なりあうような配置は同じとみなすものとする。（次ページに続く）

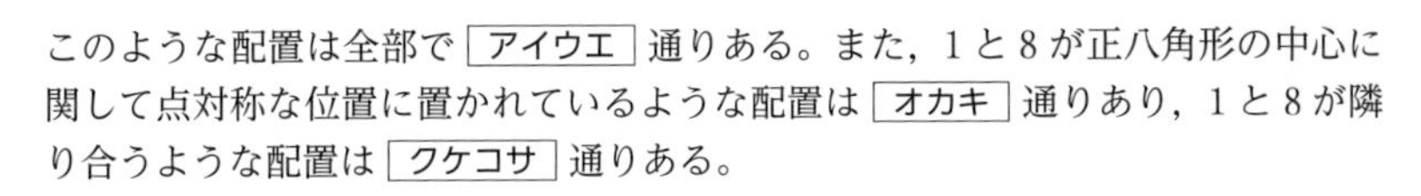
このような配置は全部で $\boxed{アイウエ}$ 通りある。また，1と8が正八角形の中心に関して点対称な位置に置かれているような配置は $\boxed{オカキ}$ 通りあり，1と8が隣り合うような配置は $\boxed{クケコサ}$ 通りある。

□ **32** 異なる6冊の本から，1冊以上取るとき，取り方は全部で $\boxed{アイ}$ 通りある。

□ **33** 男子5人，女子4人の中から，3人選ぶ方法は $\boxed{アイ}$ 通り，男子4人と女子2人の6人選ぶ方法は $\boxed{ウエ}$ 通りある。また，男子を4人以上含む6人を選ぶ方法は $\boxed{オカ}$ 通りある。

□ **34** 正七角形 ABCDEFG の頂点のうち，異なる3点を結んでできる三角形は全部で $\boxed{アイ}$ 個あり，そのうち，この正七角形と1辺だけを共有する三角形は $\boxed{ウエ}$ 個ある。また，正七角形の対角線は全部で $\boxed{オカ}$ 本ある。

□ **35** 1，1，2，2，3，3の6個の数字がある。この6個の数字を並べて6桁の整数をつくる。このようにしてできる6桁の数のうち，互いに異なるものは全部で $\boxed{アイ}$ 個ある。

□ **36** 1つのさいころを3回投げる。

(1) 1，2，3の目が1回ずつ出る確率は $\dfrac{\boxed{ア}}{\boxed{イウ}}$ であり，目の和が6である確率は $\dfrac{\boxed{エ}}{\boxed{オカキ}}$ である。

(2) 目の和が6であるか，または1回目に5の目が出る確率は $\dfrac{\boxed{クケ}}{\boxed{コサシ}}$ である。

□ **37** (1) 赤玉6個，白玉4個の中から3個を選ぶとき，少なくとも1個が赤玉である確率は $\dfrac{\boxed{アイ}}{\boxed{ウエ}}$ である。

(2) a，b，c，d，e，f，g の7個の文字を1列に並べるとき，2つの母音が隣り合わない確率は $\dfrac{\boxed{オ}}{\boxed{カ}}$ である。

□ **38** 1個のさいころを5回投げるとき

(1) 1回目と2回目に偶数の目が出て，3回目と4回目に3の倍数の目が，5回目に奇数の目が出る確率は $\dfrac{\boxed{ア}}{\boxed{イウ}}$ である。

(2) 5回中，6の約数の目がちょうど3回出る確率は $\dfrac{\boxed{エオ}}{\boxed{カキク}}$ である。

□ **39** 大型バスの乗客のうち，成人が全体の70％，成人男性が全体の42％である。成人の乗客から1人を選ぶとき，それが男性である確率は $\dfrac{\boxed{ア}}{\boxed{イ}}$ である。

□ **40** $\boxed{1}$ のカードが2枚，$\boxed{2}$ のカードが1枚ある。これら3枚のカードから2枚を引いて並べ，2桁の整数をつくる。その整数の期待値は $\dfrac{\boxed{アイ}}{\boxed{ウ}}$ である。

重要 例題 17　順列の応用

1から7までの整数から異なる4個を選んで4桁の整数をつくるとき，整数は全部で［アイウ］個できる。そのうち，奇数は［エオカ］個，3500よりも大きい数は［キクケ］個ある。また，2357のように各位の数字が左から小さい順に並んでいる数は［コサ］個ある。

POINT!　順列　基本は $_nP_r$　(➡基 30)　各条件を順列の条件に書きかえる。
1つの組合せが，1つの順列に対応 する場合もある。
➡下の参考を参照。

解答　4桁の整数は全部で　$_7P_4=$ アイウ**840**(個)　　➡基 30

4桁の整数が奇数となるのは一の位の数が奇数のときである。　⬅順列の条件にする。

まず，一の位に入る数を1, 3, 5, 7から選び，そのおのおのに対して残りの6つの数字から3つ選んで並べればよいから　⬅CHART 条件処理は先に行う

$4\cdot{}_6P_3=$ エオカ**480**(個)

3500よりも大きくなるのは，次の2つの場合がある。

[1]　千の位の数字が4以上のとき　⬅順列の条件にする。

[2]　千の位の数字が3で百の位の数字が5以上のとき

[1]のとき　千の位に入る数字を4～7から選び，そのおのおのに対して残りの6つの数字から3つ選んで並べればよいから　$4\cdot{}_6P_3=480$(個)

[2]のとき　千の位に入るのは3で，百の位に入る数字を5～7から選び，そのおのおのに対して残り5つの数字から2つ選んで並べればよいから

$3\cdot{}_5P_2=60$(個)

よって，3500より大きい数は　$480+60=$ キクケ**540**(個)　⬅2つのパターンの和。

また，左から小さい順に並んでいる数の個数は，7個の数から4個を選ぶ組合せの総数に等しい。　⬅組合せと対応。➡参考　➡基 33

したがって　$_7C_4=$ コサ**35**(個)

参考　左から小さい順に並んでいる数について，組合せ $_7C_4$ を考えた。
これは，「4つの数を選んで，それを小さい順に並べる」ということである。4つの数の組合せ**1組について**，このような並べ方(4桁の数)が**1つずつ**ある。例えば，5, 7, 3, 2を選ぶと，「2357」ただ1つが該当する数である。

練習 17　1から6までの整数から異なる3個を選んで，3桁の整数をつくる。
(1)　全部で［アイウ］個できる。
(2)　420より大きい数は［エオ］個ある。
(3)　621のように各位の数字が左から大きい順に並んでいる数は［カキ］個ある。
(4)　3の倍数は［クケ］個ある。

重要 例題 18 組分け

9人の生徒がいる。4人と5人の2つの組に分ける方法は アイウ 通りある。
また，4人と3人と2人の3つの組に分ける方法は エオカキ 通りある。さらに，3人ずつA，B，Cの3組に分ける方法は クケコサ 通り，3人ずつ3組に分ける方法は シスセ 通りある。

POINT!

組分けの問題　組に区別があるかどうか に注意。
人数が 異なる 組に分ける → 区別がある
人数が 同じ 組に分ける。組に 名前がある → 区別がある
（以上2つ）→ 入る人を順に決める。
人数が 同じ 組に分ける。組に 名前がない → 区別がない
後で区別をなくす。

解答　4人と5人の2つの組に分けるには，4人の組に入る生徒を決めれば，残りの5人が5人の組になるから

$${}_9C_4={}^{アイウ}\mathbf{126}\ (通り)$$

←人数が異なる → 入る人を順に決める。

➡基 33

また，4人と3人と2人の3つの組に分けるには，4人の組に入る生徒を決め，残りの5人から3人の組に入る生徒を決めれば，残りの2人が2人の組になるから

$${}_9C_4\cdot{}_5C_3\cdot1=126\cdot10\cdot1={}^{エオカキ}\mathbf{1260}\ (通り)$$

←人数が異なる → 入る人を順に決める。

➡基 33

さらに，3人ずつA，B，Cの3組に分けるには，同様に，3人ずつ決めていけばよいから

$${}_9C_3\cdot{}_6C_3\cdot1=84\cdot20\cdot1={}^{クケコサ}\mathbf{1680}\ (通り)$$

←人数が同じで組に名前がある → 入る人を順に決める。

➡基 33

3人ずつの3組に分けるには，上の1680通りで組の区別をなくせばよい。
組の区別をなくすと，同じものが3!通りずつ存在するから

$$1680\div3!={}^{シスセ}\mathbf{280}\ (通り)$$

←人数が同じで組に名前がない → 区別がない。後で区別をなくす（(組の数)! で割る)。

参考　3!で割ったのは，組をなくしたことにより，重複するものがA，B，Cの順列の総数3!ずつ存在するためである。
具体的には，9人の生徒をa，b，……，iとすると，以下のような分け方は，組の区別をなくしたとき同じ分け方とみなせるからである。

A：abc，B：def，C：ghi ⟹ (abc)(def)(ghi)
A：abc，C：def，B：ghi ⟹（区別なくす）(abc)(def)(ghi)

このような例が1つの分け方について，A，B，Cの順列の総数3!ずつ重複して存在しているのである。

➡基 30

←円順列の公式の導き方②参照。 ➡基 31

練習 18　10人の生徒がいる。4人と6人の2つの組に分ける方法は アイウ 通りある。また，5人と3人と2人の3つの組に分ける方法は エオカキ 通りある。さらに，3人ずつの組A，Bと4人の組Cの3組に分ける方法は クケコサ 通り，3人，3人，4人の3組に分ける方法は シスセソ 通りある。

重要 例題 19　重複組合せ

9個の白の碁石をA，B，Cの3人に分ける。一つももらえない人がいてもよいとすると，分け方は［アイ］通りで，全員少なくとも1個はもらえるような分け方は［ウエ］通りである。

POINT!　重複組合せ　n 個のものから重複を許して r 個取る組合せ
○と｜の順列と考える。　公式 ${}_{n+r-1}C_r$

解答　碁石を○で表し，仕切り｜を2つ入れることにより，A，B，C各人の碁石の個数を表す。

｜○○○○○｜○○○○
A　　B　　C

←○と｜の順列と考える。
(図ではA：0個，B：5個，C：4個となっている)

9個の○と2つの｜の順列の総数は

$$\frac{11!}{9!2!}={}^{アイ}55\text{ (通り)}$$

これが分け方の総数である。

←同じものを含む順列。
➡基35

←9個の○，2つの｜の計11個を並べるとき，2つの｜の場所の決め方から ${}_{11}C_2$ と考えてもよい。

全員少なくとも1個はもらえるような分け方は，まずA，B，Cに1個ずつ配り，残りの6個について上と同じように考える。

←1つずつ先に配れば，同じように考えられる。

6個の○と2つの｜の順列の総数は　$\frac{8!}{6!2!}={}^{ウエ}28$ (通り)

〔別解〕　公式を利用する。
　異なる3個の文字A，B，Cから9個取る重複組合せであるから　${}_{3+9-1}C_9={}_{11}C_9={}_{11}C_2={}^{アイ}55$ (通り)

←${}_{n+r-1}C_r$

　全員少なくとも1個はもらえるような分け方は，1つずつ3人に配った後，同様に考える。
　異なる3個の文字A，B，Cから6個取る重複組合せであるから　${}_{3+6-1}C_6={}_8C_6={}_8C_2={}^{ウエ}28$ (通り)

←${}_{n+r-1}C_r$

参考　公式は，上の「○と｜の順列」の考え方から導けるので，公式を覚えなくても上の考え方を理解しておけばよい。逆に公式だけ覚えては，どちらが n でどちらが r か判断しにくい。
このように，場合の数，確率の公式は覚えて使えるだけでなく，どうやって導かれたのか理解しておけば，難しい問題にも応用ができる。
(➡基31，32，CHECK 38の参考（p.90，91，解答編 p.60))

練習 19　赤玉，白玉，青玉がそれぞれたくさんある。ここから8個の玉を選ぶ。
(1)　選ばない色の玉があってもよいとき，選び方は［アイ］通りである。
(2)　どの色の玉も少なくとも2個は選ぶとき，選び方は［ウ］通りである。
(3)　赤玉が少なくとも3個は選ばれるような選び方は［エオ］通りである。

重要 例題 20　袋から玉を取り出す確率

A，B の二人がそれぞれ袋をもっている。A の袋には黒玉が 3 個と白玉が 2 個，B の袋には黒玉が 2 個と白玉が 3 個入っている。A，B がそれぞれ自分の袋から同時に 2 個ずつ玉を取り出す。二人の取り出した黒玉の個数の合計が，偶数ならば A の勝ち，奇数ならば A の負けとする。ただし，0 は偶数である。このとき，A が勝つ確率は $\frac{\boxed{アイ}}{\boxed{ウエ}}$ である。

POINT!
2 つの袋から取り出す確率　→ 各確率の積　(➡基 38)
何パターンか取り出し方があるとき → 各確率の和

解答　A が勝つのは，黒玉の個数の合計が，
[1] 4 個，[2] 2 個，[3] 0 個　のいずれかのときである。

[1]　黒玉が合計 4 個となるのは，A，B がともに黒玉を 2 個ずつ取り出すときであるから，その確率は

$$\frac{{}_3C_2}{{}_5C_2}\cdot\frac{{}_2C_2}{{}_5C_2}=\frac{3}{10}\cdot\frac{1}{10}=\frac{3}{100}$$

[2]　黒玉が合計 2 個となるのは，黒玉の個数が，A 2 個，B 0 個，または A 1 個，B 1 個，または A 0 個，B 2 個のときであるから，その確率は

$$\frac{{}_3C_2}{{}_5C_2}\cdot\frac{{}_3C_2}{{}_5C_2}+\frac{{}_3C_1\cdot{}_2C_1}{{}_5C_2}\cdot\frac{{}_2C_1\cdot{}_3C_1}{{}_5C_2}+\frac{{}_2C_2}{{}_5C_2}\cdot\frac{{}_2C_2}{{}_5C_2}$$
$$=\frac{3}{10}\cdot\frac{3}{10}+\frac{6}{10}\cdot\frac{6}{10}+\frac{1}{10}\cdot\frac{1}{10}=\frac{46}{100}$$

[3]　A と B の袋について，白と黒の個数が入れかわっただけであるから，黒玉が合計 0 個すなわち白玉が 4 個となる確率は，黒玉 4 個となる確率に等しい。ゆえに　$\frac{3}{100}$

よって，求める確率は　$\frac{3}{100}+\frac{46}{100}+\frac{3}{100}=\frac{^{アイ}13}{_{ウエ}25}$

⬅[1]，[2]，[3] の事象は互いに排反。

⬅A，B が玉を取り出す確率の積。

⬅ 3 つの事象に分ける。各事象の確率は A，B が取り出す確率の積。

⬅***素早く解く!***
約分しない方が後の計算が早い。

⬅排反 ⟶ 確率の和

参考　A が黒玉 2 個**かつ** B が黒玉 2 個の確率は**積**で求め，黒玉の個数が A 2 個 B 0 個**または** A 1 個 B 1 個**または** A 0 個 B 2 個の確率は**和**で求めた。(➡基 33)

練習 20　A，B 二人のそれぞれがもつ袋には，次のように点数のついた玉が 6 個ずつ入っている。　A の袋：6 点の玉 2 個，3 点の玉 1 個，0 点の玉 3 個
B の袋：6 点の玉 1 個，3 点の玉 3 個，0 点の玉 2 個
A，B は，各自の袋から玉を 1 個取り出して元に戻す。このとき，取り出した玉の点数をその人の得点とする。これを 2 回行って合計得点について考える。

(1)　A の合計得点が 6 点になる確率は $\frac{\boxed{アイ}}{\boxed{ウエ}}$ である。

(2)　A の合計得点と B の合計得点がともに 6 点になる確率は $\frac{\boxed{オカキ}}{1296}$ である。

5　場合の数と確率

重要 例題 21　最大値・最小値の確率

3つのさいころを同時に投げる。

出た目のうち最大のものを m とすると，$m \leqq 4$ となる確率は $\dfrac{\boxed{ア}}{\boxed{イウ}}$ であり，

$m=4$ である確率は $\dfrac{\boxed{エオ}}{\boxed{カキク}}$ である。

POINT!　最大値が X となる確率

(最大値が X 以下となる確率)−(最大値が $X-1$ 以下となる確率)

解答　$m \leqq 4$ となるのは，3つのさいころすべての目が4以下になるときである。

よって，その確率は　$\left(\dfrac{4}{6}\right)^3=\dfrac{^{ア}8}{_{イウ}27}$

←確率の積。　➡基 38

また，$m \leqq 3$ となるのは，3つのさいころすべての目が3以下になるときである。

よって，その確率は　$\left(\dfrac{3}{6}\right)^3=\dfrac{1}{8}$

←確率の積。　➡基 38

したがって，$m=4$ となる確率は

$$\frac{8}{27}-\frac{1}{8}=\frac{^{エオ}37}{_{カキク}216}$$

←($m \leqq 4$ となる確率)
　−($m \leqq 3$ となる確率)

参考　$m=4$ である確率を $\left(\dfrac{4}{6}\right)^3$ としてはいけない。

確率が $\left(\dfrac{4}{6}\right)^3$ となる事象は，「すべて4以下の目」という事象である。この事象には，さいころの目が(1，2，4)など，最大値が4である場合だけでなく，(1，2，3)など，最大値が3以下である場合も含まれている。

そのため，$\left(\dfrac{4}{6}\right)^3$ から，$m \leqq 3$ となる確率 $\dfrac{1}{8}$ を引いたものが $m=4$ である確率である。

←
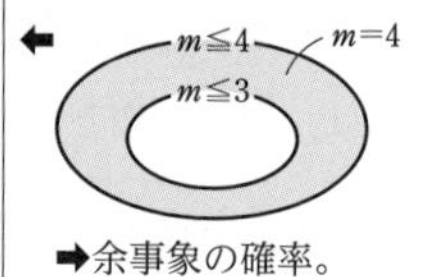

➡余事象の確率。

➡基 37

練習 21　袋A，B，C，Dがあり，それぞれに4枚のカードが入っている。各袋のカードには，1から4までの番号がつけられている。袋A，B，C，Dからカードを1枚ずつ取り出し，出た数をそれぞれ a，b，c，d とする。

このとき，a，b，c，d の最大の数が3以下である確率は $\dfrac{\boxed{アイ}}{\boxed{ウエオ}}$ であり，最大の数が4である確率は $\dfrac{\boxed{カキク}}{\boxed{ケコサ}}$ である。

重要 例題 22 反復試行の確率の応用

AとBが連続して試合を行い，先に4勝した方を優勝とする。1回の試合でAが勝つ確率は $\frac{2}{3}$ であり，引き分けはないものとする。

ちょうど5試合目でAが優勝する確率は $\frac{\boxed{アイ}}{3^5}$ であり，ちょうど7試合目で優勝が決まる確率は $\frac{\boxed{ウエオ}}{3^6}$ である。

POINT!

反復試行　起こる確率 p の事象が n 回中 r 回起こる確率

$${}_nC_r p^r (1-p)^{n-r}$$ (➡基38)

最後の1回で優勝が決まる ⟶ **最後の1回は別扱い。**

解答 ちょうど5試合目でAが優勝するには，

4試合目まででAが3勝，Bが1勝であり，
5試合目でAが勝てばよい

から，その確率は

$${}_4C_3\left(\frac{2}{3}\right)^3\left(1-\frac{2}{3}\right)^1\times\frac{2}{3}=4\cdot\frac{2^3}{3^3}\cdot\frac{1}{3}\cdot\frac{2}{3}$$

$$=\frac{{}^{アイ}\mathbf{64}}{3^5}$$

ちょうど7試合目で優勝が決まるには，

6試合目まででAが3勝，Bが3勝し，
7試合目はどちらが勝っても優勝が決まる

から，その確率は

$${}_6C_3\left(\frac{2}{3}\right)^3\left(1-\frac{2}{3}\right)^3\times 1=20\cdot\frac{2^3}{3^3}\cdot\frac{1}{3^3}=\frac{{}^{ウエオ}\mathbf{160}}{3^6}$$

⬅5試合目は別扱い。
○：Aが勝ち，
×：Aが負け　とすると

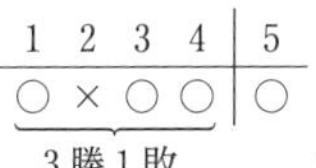

3勝1敗　➡参考

⬅${}_nC_r p^r (1-p)^{n-r}$ ➡基38

⬅7試合目は別扱い。
7試合目はすべての場合で優勝が決まるから，1を掛ける。

⬅${}_nC_r p^r (1-p)^{n-r}$

参考 (アイ)において，5試合目を別扱いせずに，

${}_5C_4\left(\frac{2}{3}\right)^4\left(1-\frac{2}{3}\right)^1$ とすると，この事象は，「5試合目まででAが4勝，Bが1勝する」という事象である。この事象には，「4試合目まででAが4勝，5試合目でBが1勝」の場合も含まれてしまう。
必ず最後の1回を別扱いしなければならない。

⬅この場合は，4試合目でAが優勝。

練習 22 1個のさいころを連続して振り，偶数の目が4度出たら試行を終了するものとする。5回目に3度目の偶数が出る確率は $\frac{\boxed{ア}}{\boxed{イウ}}$ であり，6回以内で試行が終了する確率は $\frac{\boxed{エオ}}{\boxed{カキ}}$ である。また，6回で終了し，6回のうち，ちょうど1回が1の目である確率は $\frac{\boxed{ク}}{\boxed{ケコ}}$ である。

5 場合の数と確率

演習 例題 8　経路の数と確率

目安 **7分**　解説動画

次の三人の会話を読み，問いに答えよ。

先生：今日は，経路の数と確率の次の問題について考えてみましょう。

> 問題　右の図のように，東西に4本，南北に5本の道路がある。A地点から出発した人が最短の道順を通ってB地点に向かう。ただし，各交差点で，東に行くか，北へ行くかは等確率であるとし，一方しか行けないときは確率1でその方向に行くものとする。
>
> 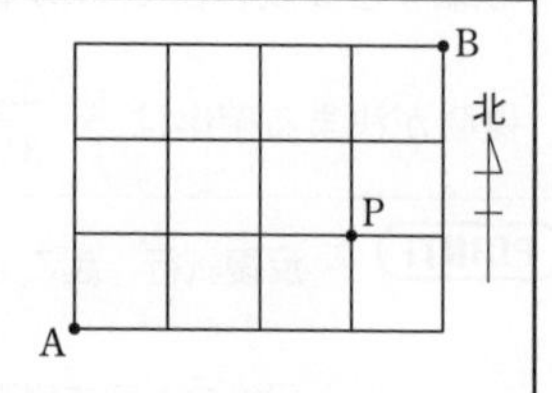
>
>
> [1]　A地点からB地点に行く経路の総数は何通りあるか。
> [2]　A地点からP地点を経由してB地点に行く経路は何通りあるか。
> [3]　A地点からP地点を経由してB地点に行く確率を求めよ。

花子：[1]は，北へ1区画進むことを↑，東へ1区画進むことを→で表すことにして，その並び方の総数を考えればよいと授業で習ったよ。

太郎：そうだね。その考えで求めると経路の総数は［アイ］通りだね。

花子：続いて[2]は，A地点からP地点に行く経路が［ウ］通りあって，P地点からB地点に行く経路が［エ］通りあるから，A地点からP地点を経由してB地点に行く経路は［オカ］通りとなるよ。

太郎：[3]の確率は，$\dfrac{\text{(その事象の起こる場合の数)}}{\text{(すべての場合の数)}}$ から $\dfrac{\boxed{\text{オカ}}}{\boxed{\text{アイ}}}$ で簡単に求められるよ。

先生：[3]は本当にそれでよいですか。

花子：ちょっと待って。確率を求めるときに，分母の(すべての場合の数)が同様に確からしいことを確認する必要があったよね。
[1]で求めた経路の総数の1つ1つは同様に確からしいのかな。例えば，

図1の経路をとる確率は $\left(\dfrac{1}{2}\right)^{\boxed{\text{キ}}}$ だけど，

図2の経路をとる確率は $\left(\dfrac{1}{2}\right)^{\boxed{\text{ク}}}$ となるよ。

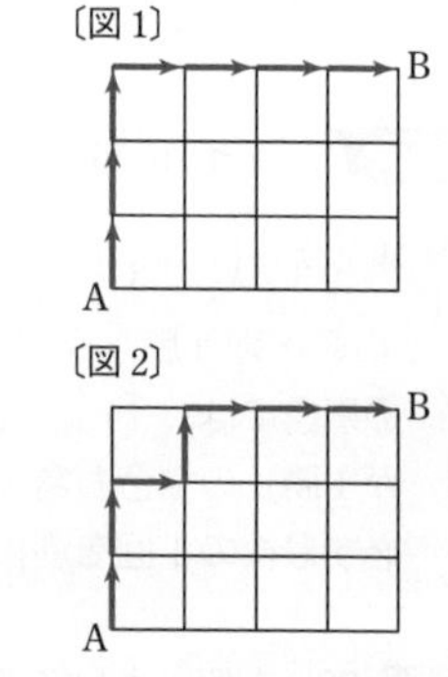

太郎：なるほど。確かにそうだね。ということは，A地点からP地点に行く確率は［ケ］，P地点からB地点に行く確率は［コ］だから求める[3]の確率は［サ］となるね。

先生：よく考えましたね。確率を求めるときには，「1つ1つの事象が同様に確からしい」ことをつねに確認することが大切です。

(1) アイ ～ ク に当てはまる数値を記入せよ。

(2) ケ ～ サ に当てはまるものを，下の ⓪ ～ ⑨ のうちから一つずつ選べ。ただし，同じものを繰り返し選んでもよい。

⓪ $\frac{12}{35}$　① $\frac{4}{35}$　② $\frac{1}{32}$　③ $\frac{1}{16}$　④ $\frac{3}{8}$

⑤ $\frac{1}{8}$　⑥ $\frac{3}{4}$　⑦ $\frac{1}{4}$　⑧ $\frac{1}{2}$　⑨ 1

Situation Check ✓

最短経路の総数は同じものを含む順列で考える。

確率は道順によって異なる（同様に確からしくない）。

「一方しか行けない」とき（右図の赤い交差点）の確率は1。

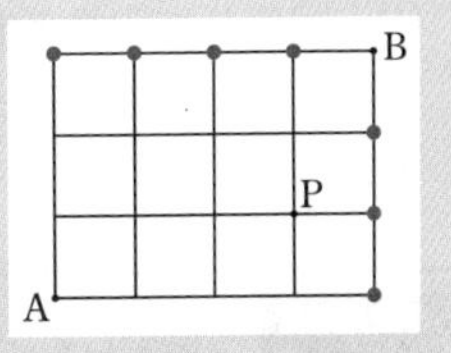

解答 (1) A地点からB地点に行く経路の総数は，↑3個と→4個を1列に並べる順列の総数に等しいから

$$\frac{7!}{3!4!}={}^{アイ}\mathbf{35}\text{（通り）}$$

A地点からP地点に行く経路は　$\frac{4!}{1!3!}={}^{ウ}\mathbf{4}$（通り）

P地点からB地点に行く経路は　$\frac{3!}{2!1!}={}^{エ}\mathbf{3}$（通り）

よって，A地点からP地点を経由してB地点に行く経路の総数は　$4\times3={}^{オカ}\mathbf{12}$（通り）

図1の経路をとる確率は　$\frac{1}{2}\cdot\frac{1}{2}\cdot\frac{1}{2}\cdot1\cdot1\cdot1\cdot1=\left(\frac{1}{2}\right)^{キ3}$

図2の経路をとる確率は　$\frac{1}{2}\cdot\frac{1}{2}\cdot\frac{1}{2}\cdot\frac{1}{2}\cdot1\cdot1\cdot1=\left(\frac{1}{2}\right)^{ク4}$

(2) A地点からP地点に行く確率は

$$\left(\frac{1}{2}\right)^4\times4=\frac{1}{4}\quad(^{ケ}⑦)$$

P地点からB地点に行く確率は1（^{コ}⑨）であるから，

求める [3] の確率は　$\frac{1}{4}\times1=\frac{1}{4}$　（^{サ}⑦）

⬅↑1個，→3個の順列。 ➡基35

⬅↑2個，→1個の順列。 ➡基35

⬅積の法則

⬅点Aを含めて，点Bに到達するまでに通過する7個の交差点ごとの確率を考える。

⬅点Aを含めて，点Pに到達するまでに通過する4個の交差点ごとの確率はすべて同じで $\frac{1}{2}$。

⬅点Pからは必然的に点Bに到達するから確率は1。

問題 8　右の図のように，東西と南北に4本ずつの道路がある。A地点から出発した人が最短の道順を通ってB地点に向かう。ただし，各交差点で，東に行くか，北へ行くかは等確率であるとし，一方しか行けないときは確率1でその方向に行くものとする。

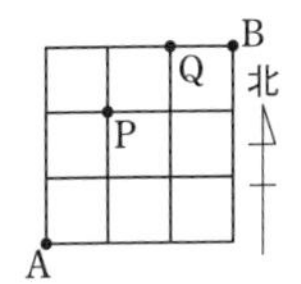

(1) A地点からB地点に行く経路の総数は アイ 通りである。

(2) A地点からP，Qの2地点をともに経由してB地点に行く経路の総数は ウ 通りであり，その経路を通る確率は $\frac{エ}{オカ}$ である。

5 場合の数と確率

演習　例題 9　乗法定理，原因の確率

目安 7分

解説動画

ある集団の10%の人がウィルスXに感染している。感染を検査する試薬Sで，ウィルスXに感染している人が正しく陽性と判定される確率が80%であり，感染していない人が誤って陽性と判定される確率が5%である。このとき，この集団のある1人について

(1) 試薬Sで陽性と判定される確率は $\frac{\boxed{ア}}{\boxed{イ}}$ である。

(2) 試薬Sで陽性と判定されたが，実際には感染していない確率は $\frac{\boxed{ウ}}{\boxed{エオ}}$ である。

Situation Check ✓

感染して「いる」・「いない」と判定が「陽性」・「陰性」の起こり得る4通りの場合を表に整理する。

	陽性 (B)	陰性 $(\overline{B})$	
「いる」(A)	$P(A\cap B)$	$P(A\cap \overline{B})$	10%
「いない」$(\overline{A})$	$P(\overline{A}\cap B)$	$P(\overline{A}\cap \overline{B})$	90%

結果の事象 (B) に対して原因の確率 (A) が起こる確率は

条件付き確率 $P_B(A)=\dfrac{P(B\cap A)}{P(B)}$ (➡基 39)

解答　集団のある1人がウィルスXに感染しているという事象を A，試薬Sによって陽性と判定される事象を B とすると

$$P(A)=\frac{10}{100},\ P(\overline{A})=\frac{90}{100},\ P_A(B)=\frac{80}{100},\ P_{\overline{A}}(B)=\frac{5}{100}$$

となる。

(1) $P(B)=P(A\cap B)+P(\overline{A}\cap B)$

$=P(A)P_A(B)+P(\overline{A})P_{\overline{A}}(B)$

$=\dfrac{10}{100}\cdot\dfrac{80}{100}+\dfrac{90}{100}\cdot\dfrac{5}{100}=\dfrac{{}^{ア}\mathbf{1}}{{}^{イ}\mathbf{8}}$

(2) $P(B\cap \overline{A})=P(\overline{A})P_{\overline{A}}(B)=\dfrac{90}{100}\cdot\dfrac{5}{100}=\dfrac{9}{200}$

よって，求める確率は $P_B(\overline{A})$ であるから

$P_B(\overline{A})=\dfrac{P(B\cap \overline{A})}{P(B)}=\dfrac{9}{200}\div\dfrac{1}{8}=\dfrac{{}^{ウ}\mathbf{9}}{{}^{エオ}\mathbf{25}}$

⬅下のような図をかくと問題の意味が理解しやすい。各領域の面積の割合が確率に対応している。

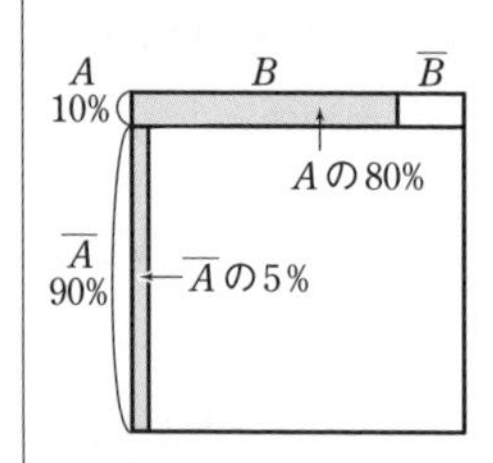

⬅陽性と判定されたとき，感染していないことが起こる条件付き確率。

➡基 39

問題 9　ある工場では同じ部品を2個の機械A，Bで製造しているが，それぞれ2%，3%の割合で不良品が含まれている。機械A，Bで製造する部品の割合は5：4である。このとき，製造された部品のある1個について

(1) それが不良品である確率は $\frac{\boxed{アイ}}{\boxed{ウエオ}}$ である。

(2) 不良品であったとき，それが機械Aで製造されたものである確率は $\frac{\boxed{カ}}{\boxed{キク}}$ である。

演習 例題 10 期待値の利用

目安 **5** 分

解説動画

Ａさんが B さんに対して裁判を起こすと，Ａさんは 10％の確率で１億円，20％の確率で 5000 万円，30％の確率で 2000 万円を B さんから得られるが，40％の確率で何も得られないとする。

(1)　Ａさんの弁護士は，裁判でＡさんが B さんから得た金額の 20％を報酬として得ることができる。このとき，この弁護士の報酬の期待値は［アイウ］万円である。

(2)　B さんはＡさんに対して 2000 万円を支払うことで，Ａさんが B さんに対する裁判を起こさずに解決することを提案した。裁判を起こさなかった場合，弁護士には報酬が支払われない。裁判を起こした場合，Ａさんが得る金額の期待値と弁護士に支払う報酬の期待値だけを考えて，B さんの提案を受け入れることはＡさんにとって［エ］。

［エ］の解答群

⓪　有利である　　①　不利である　　②　有利でも不利でもない

Situation Check ✓

値 x_1，x_2，……，x_n をとる確率が p_1，p_2，……，p_n のとき，期待値は

$$x_1p_1+x_2p_2+\cdots\cdots+x_np_n \quad (p_1+p_2+\cdots\cdots+p_n=1)$$ (➡ 基 40)

有利・不利を判断するには，期待値（期待金額）の大小を比較。

解答　(1)　Ａさんが得る金額の期待値は

1 億円×0.1＋5000 万円×0.2＋2000 万円×0.3＋0 円×0.4

＝1000 万円＋1000 万円＋600 万円＝2600 万円

よって，弁護士の報酬の期待値は

2600 万円×0.2＝アイウ**520** 万円

(2)　裁判を起こすとき，Ａさんが得る金額の期待値から弁護士の報酬の期待値を引くと

2600 万円－520 万円＝2080 万円

裁判を起こさないとき，Ａさんは 2000 万円を得る。

2080 万円＞2000 万円であるから，B さんの提案を受け入れることはＡさんにとって不利である（エ①）。

⬅ 値×確率 の和

⬅弁護士の報酬の期待値は，＿＿で金額のところに 0.2 を掛けた式を計算することで求められる。よって，弁護士の報酬の期待値は，Ａさんが得る金額の期待値の 20％となる。

問題 10　3 人の卓球選手 A，B，C がいる。C が A に勝つ確率を a，C が B に勝つ確率を b とする。ただし，$0<a<b<1$ で，引き分けはないものとする。C が A，B と右の ①，② どちらかの形式で 3 回対戦することになった。C は A に勝つと 2 点，B に勝つと 1 点もらえ，負ければ点数をもらえないとする。ただし，2 回戦，3 回戦においてはその直前の試合に勝っているときに限りその回の得点を獲得できるとする。①，② のそれぞれにおいて，C の総得点の期待値を E_1，E_2 とすると，$E_1>E_2$ のとき［ア］である。

	1 回戦	2 回戦	3 回戦
①	A	B	A
②	B	A	B

［ア］の解答群：⓪　$2a>b$　　①　$2a<b$　　②　$3a>b$　　④　$3a<b$

5 場合の数と確率

実践問題

目安時間　17 [12分]　18 [12分]　19 [15分]
20 [12分]　21 [15分]

指針 p.352

*17　番号によって区別された複数の球が，何本かのひもでつながれている。ただし，各ひもはその両端で二つの球をつなぐものとする。次の **条件** を満たす球の塗り分け方(以下，球の塗り方）を考える。

条件

・それぞれの球を，用意した5色（赤，青，黄，緑，紫）のうちのいずれか1色で塗る。
・1本のひもでつながれた二つの球は異なる色になるようにする。
・同じ色を何回使ってもよく，また使わない色があってもよい。

例えば図Aでは，三つの球が2本のひもでつながれている。この三つの球を塗るとき，球1の塗り方が5通りあり，球1を塗った後，球2の塗り方は4通りあり，さらに球3の塗り方は4通りある。したがって，球の塗り方の総数は80である。

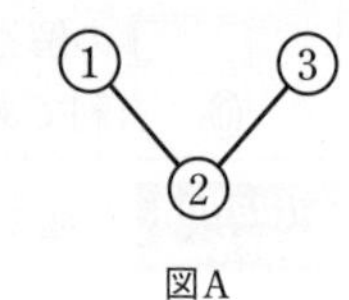

図A

(1)　図Bにおいて，球の塗り方は アイウ 通りある。

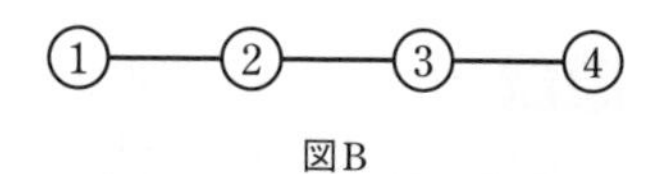

図B

(2)　図Cにおいて，球の塗り方は エオ 通りある。

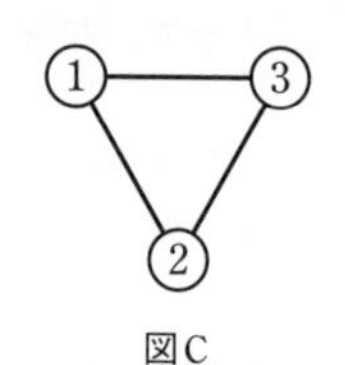

図C

(3)　図Dにおける球の塗り方のうち，赤をちょうど2回使う塗り方は カキ 通りある。

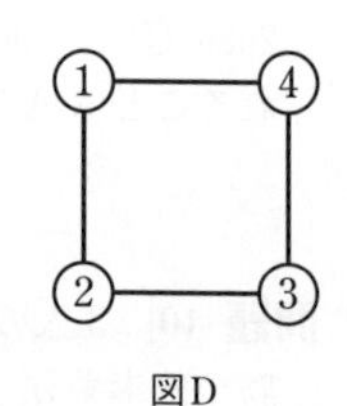

図D

(4)　図Eにおける球の塗り方のうち，赤をちょうど3回使い，かつ青をちょうど2回使う塗り方は クケ 通りある。

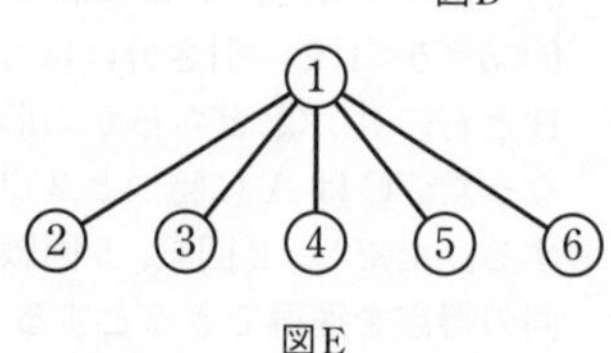

図E

(5)　図Dにおいて，球の塗り方の総数を求める。

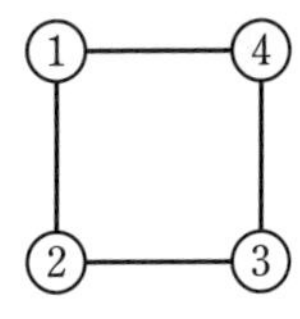

図D(再掲)

そのために，次の **構想** を立てる。

構想

図Dと図Fを比較する。

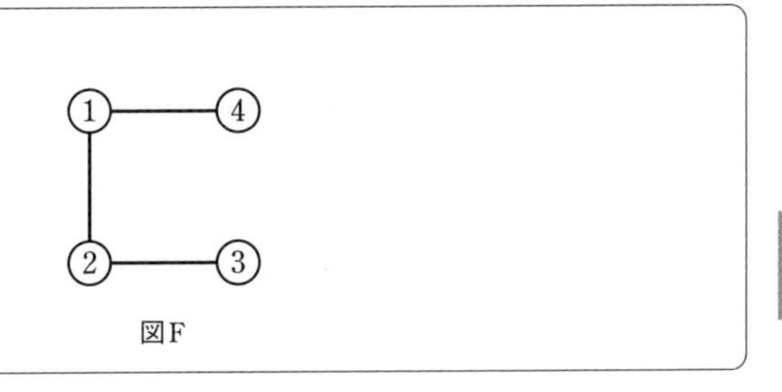

図F

図Fでは球3と球4が同色になる球の塗り方が可能であるため，図Dよりも図Fの球の塗り方の総数の方が大きい。
図Fにおける球の塗り方は，図Bにおける球の塗り方と同じであるため，全部で［アイウ］通りある。そのうち球3と球4が同色になる球の塗り方の総数と一致する図として，後の⓪～④のうち，正しいものは［コ］である。したがって，図Dにおける球の塗り方は［サシス］通りある。

［コ］の解答群

⓪　①―②

①　①―②―③

②　①―③，③―②，②―①

③　①―④，④―③，③―②，②―①

④　①―④，④―②，②―①，②―③

(6)　図Gにおいて，球の塗り方は［セソタチ］通りある。

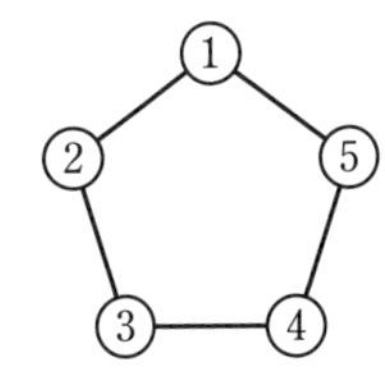

図G

〔23 共通テスト・本試〕

18 複数人がそれぞれプレゼントを一つずつ持ち寄り，交換会を開く。ただし，プレゼントはすべて異なるとする。プレゼントの交換は次の **手順** で行う。

手順

外見が同じ袋を人数分用意し，各袋にプレゼントを一つずつ入れたうえで，各参加者に袋を一つずつでたらめに配る。各参加者は配られた袋の中のプレゼントを受け取る。

交換の結果，1人でも自分の持参したプレゼントを受け取った場合は，交換をやり直す。そして，全員が自分以外の人の持参したプレゼントを受け取ったところで交換会を終了する。

(1) 2人または3人で交換会を開く場合を考える。

(i) 2人で交換会を開く場合，1回目の交換で交換会が終了するプレゼントの受け取り方は［ア］通りある。したがって，1回目の交換で交換会が終了する確率は $\frac{\boxed{イ}}{\boxed{ウ}}$ である。

(ii) 3人で交換会を開く場合，1回目の交換で交換会が終了するプレゼントの受け取り方は［エ］通りある。したがって，1回目の交換で交換会が終了する確率は $\frac{\boxed{オ}}{\boxed{カ}}$ である。

(iii) 3人で交換会を開く場合，4回以下の交換で交換会が終了する確率は $\frac{\boxed{キク}}{\boxed{ケコ}}$ である。

(2) 4人で交換会を開く場合，1回目の交換で交換会が終了する確率を次の **構想** に基づいて求めてみよう。

構想

1回目の交換で交換会が終了しないプレゼントの受け取り方の総数を求める。そのために，自分の持参したプレゼントを受け取る人数によって場合分けをする。

1回目の交換で，4人のうち，ちょうど1人が自分の持参したプレゼントを受け取る場合は［サ］通りあり，ちょうど2人が自分のプレゼントを受け取る場合は［シ］通りある。このように考えていくと，1回目のプレゼントの受け取り方のうち，1回目の交換で交換会が終了しない受け取り方の総数は［スセ］である。

したがって，1回目の交換で交換会が終了する確率は $\frac{\boxed{ソ}}{\boxed{タ}}$ である。

〔類 22 共通テスト・本試〕

19 はじめに，点Aが座標平面上の原点Oにある。
さいころを投げる試行を行い，出た目の数にしたがって点Aは座標平面上を次のように動く：

・1または2の目が出れば x 軸の正の方向に1だけ進む
・3または4の目が出れば y 軸の正の方向に1だけ進む
・それ以外の目が出れば動かずにその場にとどまる

(1) 3回の試行の後に点Aが点(1, 2)にある確率は $\frac{\boxed{ア}}{\boxed{イ}}$ であり，4回の試行の後に点(1, 2)にある確率は $\frac{\boxed{ウ}}{\boxed{エオ}}$ である。

(2) n 回の試行の後に点Aの座標 $(a,\ b)$ が

$$\frac{1}{2}a \leqq b \leqq 2a \quad \cdots\cdots ①$$

および

$$a+b=n \quad \cdots\cdots ②$$

を満たす確率を求めたい。
$(a,\ b)$ が①，②を満たすとき

$$\frac{\boxed{カ}}{\boxed{キ}}n \leqq a \leqq \frac{\boxed{ク}}{\boxed{ケ}}n$$

である。よって，a，b が整数であるとき，①，②を満たす $(a,\ b)$ は，$n=5$ のとき $\boxed{コ}$ 個，$n=6$ のとき $\boxed{サ}$ 個ある。
したがって，n 回の試行の後に点Aの座標 $(a,\ b)$ が①，②を満たす確率は，$n=5$ のとき $\frac{\boxed{シス}}{\boxed{セソタ}}$，$n=6$ のとき $\frac{\boxed{チツ}}{\boxed{テトナ}}$ である。

(3) 6回の試行の後に点Aの座標 $(a,\ b)$ が(2)の①を満たし，$a+b$ が5に等しい確率は $\frac{\boxed{ニヌ}}{\boxed{ネノハ}}$ である。

〔類 21 共通テスト・特例追試〕

***20**　中にくじが入っている箱が複数あり，各箱の外見は同じであるが，当たりくじを引く確率は異なっている。くじ引きの結果から，どの箱からくじを引いた可能性が高いかを，条件付き確率を用いて考えよう。

(1)　当たりくじを引く確率が $\frac{1}{2}$ である箱Aと，当たりくじを引く確率が $\frac{1}{3}$ である箱Bの二つの箱の場合を考える。

(i)　各箱で，くじを1本引いてはもとに戻す試行を3回繰り返したとき

箱Aにおいて，3回中ちょうど1回当たる確率は $\frac{\boxed{ア}}{\boxed{イ}}$ ……①

箱Bにおいて，3回中ちょうど1回当たる確率は $\frac{\boxed{ウ}}{\boxed{エ}}$ ……②

である。

(ii)　まず，AとBのどちらか一方の箱をでたらめに選ぶ。次にその選んだ箱において，くじを1本引いてはもとに戻す試行を3回繰り返したところ，3回中ちょうど1回当たった。このとき，箱Aが選ばれる事象を A，箱Bが選ばれる事象を B，3回中ちょうど1回当たる事象を W とすると

$$P(A\cap W)=\frac{1}{2}\times\frac{\boxed{ア}}{\boxed{イ}},\quad P(B\cap W)=\frac{1}{2}\times\frac{\boxed{ウ}}{\boxed{エ}}$$

である。$P(W)=P(A\cap W)+P(B\cap W)$ であるから，3回中ちょうど1回当たったとき，選んだ箱がAである条件付き確率 $P_W(A)$ は $\frac{\boxed{オカ}}{\boxed{キク}}$ となる。また，条件付き確率 $P_W(B)$ は $\frac{\boxed{ケコ}}{\boxed{サシ}}$ となる。

(2)　(1)の $P_W(A)$ と $P_W(B)$ について，次の**事実**（＊）が成り立つ。

事実（＊）

$P_W(A)$ と $P_W(B)$ の $\boxed{ス}$ は，① の確率と ② の確率の $\boxed{ス}$ に等しい。

$\boxed{ス}$ の解答群

⓪　和	①　2乗の和	②　3乗の和	③　比	④　積

(3) 花子さんと太郎さんは**事実（＊）**について話している。

花子：**事実（＊）**はなぜ成り立つのかな？
太郎：$P_W(A)$ と $P_W(B)$ を求めるのに必要な $P(A\cap W)$ と $P(B\cap W)$ の計算で，①，②の確率に同じ数 $\frac{1}{2}$ をかけているからだよ。
花子：なるほどね。外見が同じ三つの箱の場合は，同じ数 $\frac{1}{3}$ をかけることになるので，同様のことが成り立ちそうだね。

当たりくじを引く確率が，$\frac{1}{2}$ である箱A，$\frac{1}{3}$ である箱B，$\frac{1}{4}$ である箱Cの三つの箱の場合を考える。まず，A，B，Cのうちどれか一つの箱をでたらめに選ぶ。次にその選んだ箱において，くじを1本引いてはもとに戻す試行を3回繰り返したところ，3回中ちょうど1回当たった。このとき，選んだ箱がAである条件付き確率は $\frac{\boxed{セソタ}}{\boxed{チツテ}}$ となる。

(4)

花子：どうやら箱が三つの場合でも，条件付き確率の $\boxed{ス}$ は各箱で3回中ちょうど1回当たりくじを引く確率の $\boxed{ス}$ になっているみたいだね。
太郎：そうだね。それを利用すると，条件付き確率の値は計算しなくても，その大きさを比較することができるね。

当たりくじを引く確率が，$\frac{1}{2}$ である箱A，$\frac{1}{3}$ である箱B，$\frac{1}{4}$ である箱C，$\frac{1}{5}$ である箱Dの四つの箱の場合を考える。まず，A，B，C，Dのうちどれか一つの箱をでたらめに選ぶ。次にその選んだ箱において，くじを1本引いてはもとに戻す試行を3回繰り返したところ，3回中ちょうど1回当たった。このとき，条件付き確率を用いて，どの箱からくじを引いた可能性が高いかを考える。可能性が高い方から順に並べると $\boxed{ト}$ となる。

$\boxed{ト}$ の解答群

⓪ A，B，C，D	① A，B，D，C	② A，C，B，D
③ A，C，D，B	④ A，D，B，C	⑤ B，A，C，D
⑥ B，A，D，C	⑦ B，C，A，D	⑧ B，C，D，A

〔21 共通テスト・本試（第1日程）〕

***21**　袋の中に青玉4個，黄玉2個，黒玉1個，白玉1個，緑玉1個の合計9個の玉が入っている。青玉には1から4までの数字が一つずつ，黄玉には数字の1と2が一つずつ，黒玉と白玉，緑玉のそれぞれには数字の1が書かれている（下図参照）。

ただし，例えば（青1）は，数字の1が書かれた青玉を表す。

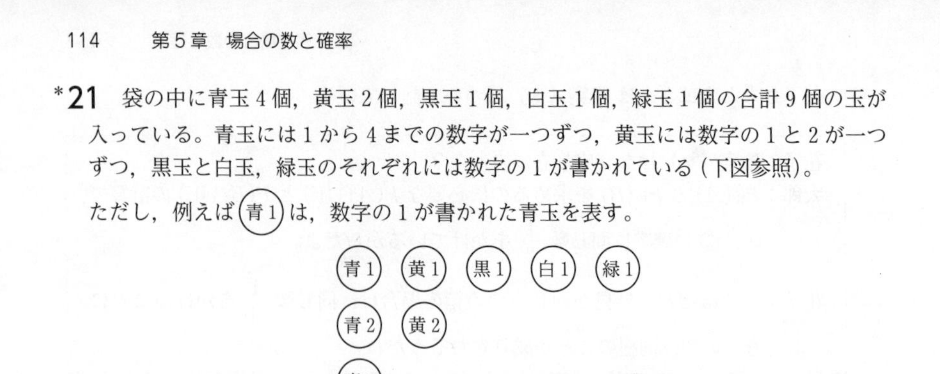

（青1）（黄1）（黒1）（白1）（緑1）
（青2）（黄2）
（青3）
（青4）

この袋から同時に4個の玉を取り出す。このとき，4個の玉の取り出し方は［アイウ］通りある。取り出した4個の玉の数字がすべて異なる取り出し方は［エオ］通りで，取り出した4個の玉の色がすべて異なる取り出し方は［カキ］通りである。また，取り出した4個の玉の中に，青玉が一つだけある取り出し方は［クケ］通りである。

次のように得点を定める。

・　取り出した4個の玉の中に青玉が1個だけある場合，
　この青玉に書かれた数字を m とする。取り出した4個の玉の中に，数字 m の書かれた玉が，この青玉を含めて k 個あるとき，得点を m の k 倍の km 点とする。

・　取り出した4個の玉の中に青玉がない場合，または青玉が2個以上ある場合，得点を0点とする。

例えば，取り出された4個の玉が，（青3）（黄2）（黒1）（白1）のとき，得点は3点であり，（青2）（黄2）（白1）（緑1）のときは，得点は4点である。

また，（青1）（青3）（黒1）（緑1）のときは，得点は0点である。

(1)　得点が2点となる確率は $\dfrac{\boxed{\text{コ}}}{\boxed{\text{サシ}}}$ で，得点が3点となる確率は $\dfrac{\boxed{\text{ス}}}{\boxed{\text{セソ}}}$ である。

　また，得点が4点となる確率は $\dfrac{\boxed{\text{タチ}}}{\boxed{\text{ツテ}}}$ である。

(2)　得点の期待値は $\dfrac{\boxed{\text{トナ}}}{\boxed{\text{ニヌ}}}$ 点である。

〔13 センター試験・追試〕

第6章 図形の性質

基本 例題 41 三角形の重心

$AB=AC=2\sqrt{10}$，$BC=4$ である二等辺三角形 ABC について，辺 BC の中点を M，重心を G とすると，AM= ア であるから，AG= イ である。

POINT!

三角形の **重心** 三角形の各頂点と対辺の中点を結ぶ線分（**中線** という）の交点。
各 **中線を 2：1 に内分** する。

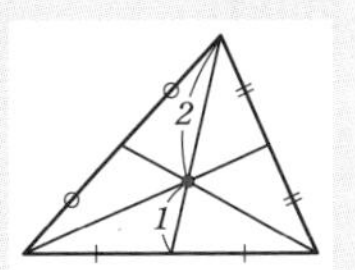

解答 △ABC は二等辺三角形であるから

$AM\perp BC$

よって，△ABM において，三平方の定理により

$$AM^2=AB^2-BM^2=(2\sqrt{10})^2-2^2=36$$

$AM>0$ であるから　　$AM={}^{ア}\mathbf{6}$

G は △ABC の重心であるから

$AG：GM=2：1$　　よって　$AG=6\cdot\dfrac{2}{2+1}={}^{イ}\mathbf{4}$

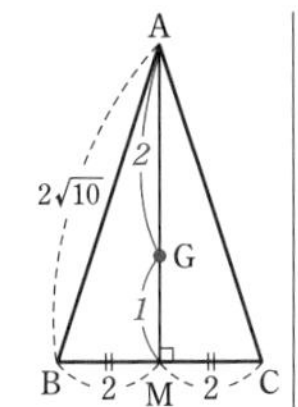

←三平方の定理
$a^2=b^2+c^2$

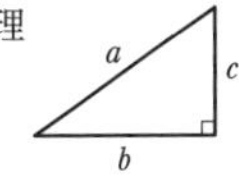

←重心は中線を 2：1 に内分する。

基本 例題 42 角の二等分線と三角形の内心

△ABC の ∠BAC の二等分線が辺 BC と交わる点を D とするとき，$AB=6$，$BD=3$，$DC=2$ である。このとき，AC= ア であり，△ABC の内心を I とすると，AI：ID= イ ：1 である。

POINT!

AD が ∠A の二等分線であるとき
AB：AC ＝BD：DC

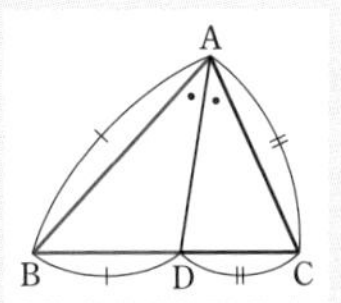

三角形の **内心**
三角形の **内接円の中心。**
3つの 内角の二等分線の交点。

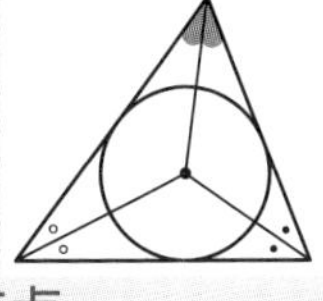

解答 線分 AD は ∠A の二等分線であるから　　AB：AC＝BD：DC

すなわち　6：AC＝3：2

よって　3AC＝6·2　　ゆえに　$AC={}^{ア}\mathbf{4}$

また，I は △ABC の内心であるから，

線分 BI は ∠B の二等分線である。

ゆえに，△BAD において　　BA：BD＝AI：ID

すなわち　6：3＝AI：ID　　よって　AI：ID＝${}^{イ}\mathbf{2}$：1

←$p：q=r：s \Longleftrightarrow qr=ps$

←内心は内角の二等分線の交点。

←POINT!

6 図形の性質

基本　例題 43　三角形の外心

右の図において，O は △ABC の外心である。このとき，
∠OCA＝[アイ]° であるから，∠OCB＝[ウエ]° である。
また，辺 BC の中点を M とするとき，OM＝3 であるとする。このとき，△ABC の外接円の半径は [オ] である。

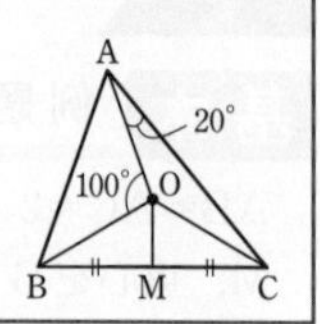

POINT!

三角形の **外心**　三角形の **外接円の中心。**
各辺の **垂直二等分線の交点。**

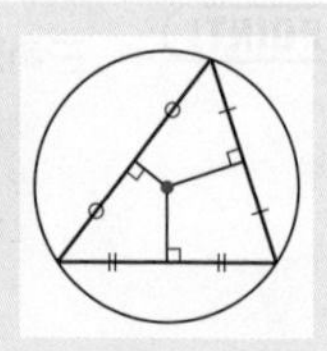

解答　O は △ABC の外心であるから　　OA＝OC
よって，△OAC は二等辺三角形であるから　　∠OCA＝∠OAC＝ア イ **20°**
また，円周角の定理により

$$\angle ACB=\frac{1}{2}\angle AOB=50^\circ$$

よって　　∠OCB＝∠ACB－∠OCA
＝50°－20°
＝ウエ **30°**

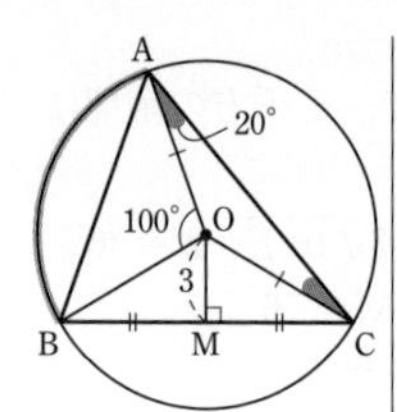

←外心は外接円の中心。
外接円をかいて考えるとよい。
OA，OC は外接円の半径。
←二等辺三角形の底角は等しい。
←(円周角)＝$\frac{1}{2}$(中心角)

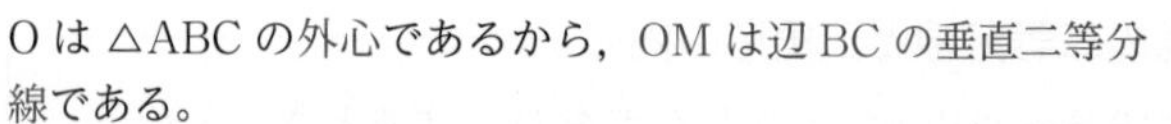
O は △ABC の外心であるから，OM は辺 BC の垂直二等分線である。
よって，△OCM において ∠OMC＝90°，∠OCM＝30° であるから　　OC＝3･2＝6
ゆえに，外接円の半径は　　オ **6**

←外心は各辺の垂直二等分線の交点。

←
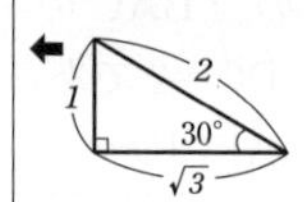

〔別解〕（ウエ）OA＝OB＝OC であるから，△OBC，△OAB も二等辺三角形である。
よって　　∠OAB＝∠OBA＝(180°－100°)÷2
＝40°
また，∠OBC＝∠OCB であるから，∠OCB＝x とすると，△ABC において

$$40^\circ+40^\circ+20^\circ+20^\circ+x+x=180^\circ$$

ゆえに　　x＝∠OCB＝ウエ **30°**

←外接円の半径。
←∠OAB＋∠OBA＋100°＝180° かつ　∠OAB＝∠OBA
←三角形の内角の和は 180°

基本 例題 44　チェバ・メネラウスの定理と三角形の面積

△ABC の辺 AB, AC 上にそれぞれ AP：PB＝2：3, AQ：QC＝1：2 となるように点 P, Q をとる。線分 BQ, CP の交点を O, 直線 AO と辺 BC の交点を R とすると, BR：RC＝3：[ア] である。また, AO：OR＝[イ]：[ウ] である。
よって, △ABC：△OBC＝[エオ]：[カ] となるから,
△ABC：△OBR＝[キク]：[ケコ] である。

POINT!

チェバの定理
右の図において

$$\frac{AR}{RB}\cdot\frac{BP}{PC}\cdot\frac{CQ}{QA}=1$$

（O が △ABC の外部にあるときも成り立つ）

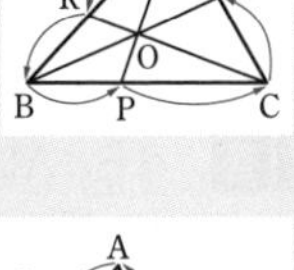

メネラウスの定理
右の図において

$$\frac{AR}{RB}\cdot\frac{BP}{PC}\cdot\frac{CQ}{QA}=1$$

（ℓ が △ABC と共有点をもたないときも成り立つ）

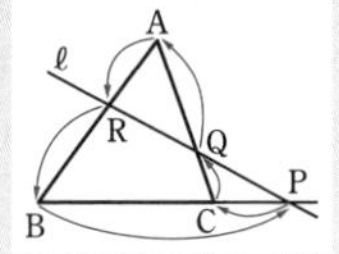

三角形の面積比 → 底辺が等しければ高さの比,
高さが等しければ底辺の比。

解答　△ABC について, チェバの定理により

$$\frac{2}{3}\cdot\frac{BR}{RC}\cdot\frac{2}{1}=1$$

← $\frac{AP}{PB}\cdot\frac{BR}{RC}\cdot\frac{CQ}{QA}=1$

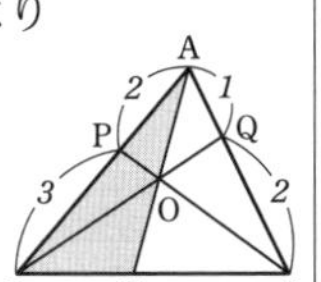

すなわち　$\frac{BR}{RC}=\frac{3}{4}$

ゆえに　BR：RC＝3：ア**4**

また, △ABR と直線 PC について,

メネラウスの定理により　$\frac{2}{3}\cdot\frac{3+4}{4}\cdot\frac{RO}{OA}=1$

← $\frac{AP}{PB}\cdot\frac{BC}{CR}\cdot\frac{RO}{OA}=1$

すなわち　$\frac{RO}{OA}=\frac{6}{7}$

ゆえに　AO：OR＝イ**7**：ウ**6**

また　△ABC：△OBC＝AR：OR＝エオ**13**：カ**6**

←底辺が等しいから高さの比。

よって　$\triangle OBC=\frac{6}{13}\triangle ABC$

また　△OBC：△OBR＝BC：BR＝7：3

←高さが等しいから底辺の比。

よって　$\triangle OBR=\frac{3}{7}\triangle OBC$

ゆえに　$\triangle OBR=\frac{3}{7}\cdot\frac{6}{13}\triangle ABC=\frac{18}{91}\triangle ABC$

したがって　△ABC：△OBR＝キク**91**：ケコ**18**

基本　例題 45　円に内接する四角形と角の大きさ

右の図において，$\alpha=$ [アイウ]°，$\beta=$ [エオカ]° である。

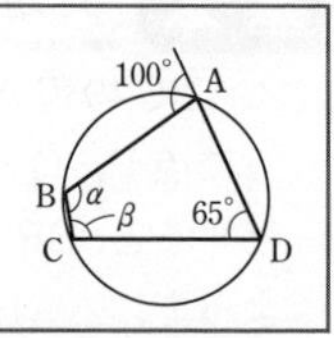

POINT!　円に内接する四角形の **対角の和は 180°**
内角と，その対角の外角は等しい。

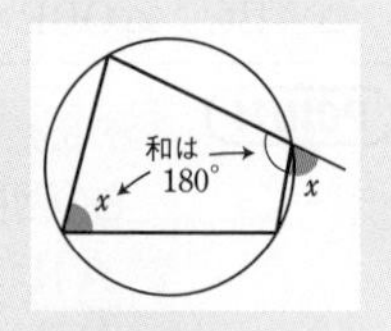

解答　$\alpha+\angle ADC=180°$ であるから

$\alpha=180°-65°=$ アイウ**115°**

β は $\angle BAD$ の外角に等しいから

$\beta=$ エオカ**100°**

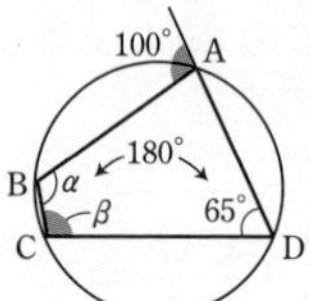

←対角の和は 180°

←対角の外角に等しい。

基本　例題 46　円の接線，接線と弦のつくる角

(1)　図(1)で，P，Q，R は △ABC の内接円と辺との接点である。このとき AC= [アイ] である。

(2)　図(2)で，ℓ は点 A における円の接線である。

このとき $\alpha=$ [ウエ]°，$\beta=$ [オカ]° である。

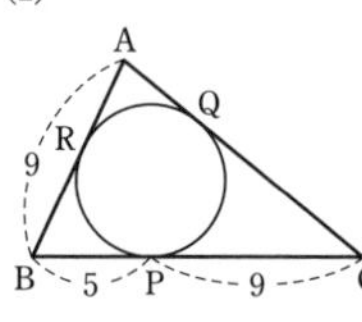

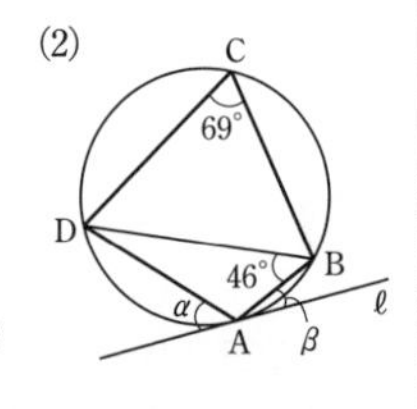

POINT!　円の外部の点から引いた 2 本の接線の長さは等しい。

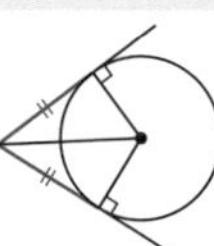

接線と弦のつくる角
ℓ は A における円の接線。このとき
∠CAD＝∠ABC

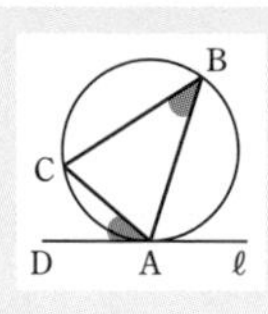

解答　(1)　BR＝BP＝5 であるから

AR＝AB－BR＝9－5＝4

よって　　AQ＝AR＝4

また，CQ＝CP であるから　CQ＝9

したがって　AC＝AQ＋CQ＝アイ**13**

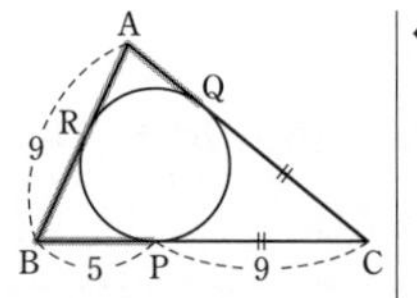

← 2 本の接線の長さは等しい。

(2)　接線と弦のつくる角により

$\alpha=\angle DBA=$ ウエ**46°**

また，四角形 ABCD は円に内接するから

$\angle BAD=180°-\angle BCD=180°-69°=111°$

よって　$\beta=180°-(\alpha+\angle BAD)$

$=180°-(46°+111°)=$ オカ**23°**

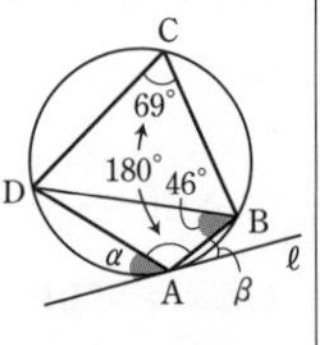

←**POINT!**
これを接弦定理という。

←対角の和は 180°　➡ 基 45

基本 例題 47　方べきの定理

右の図において PA=PB であるとき，
PA=[ア] である。

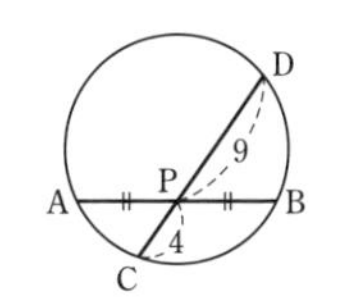

POINT!

方べきの定理
円の2つの弦 AB，CD（またはその延長）の交点を P とすると
PA・PB=PC・PD

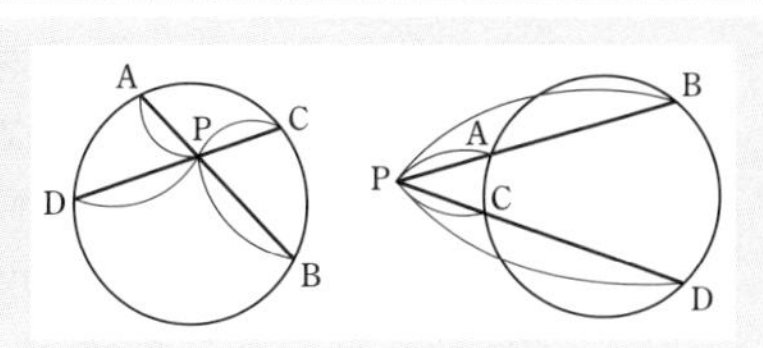

解答　PA=PB=x とすると，方べきの定理により
PA・PB=PC・PD　すなわち　$x \cdot x = 4 \cdot 9$
$x>0$ であるから　$x=6$　よって　PA=ア**6**

基本 例題 48　2円の関係

半径8の円 O_1 と半径7の円 O_2 が異なる2点で交わり，2円の中心間の距離が d であるとき，[ア]$<d<$[イウ] である。また，$d=5$ のとき，2円に接する直線が円 O_1，O_2 と接する点をそれぞれ A，B とすると，AB=[エ]$\sqrt{[オ]}$ である。

POINT!

2円 O_1（半径 r_1），O_2（半径 r_2）の位置関係と共通接線の本数
（$r_1 \neq r_2$，2円 O_1，O_2 の中心間の距離を d とする。）

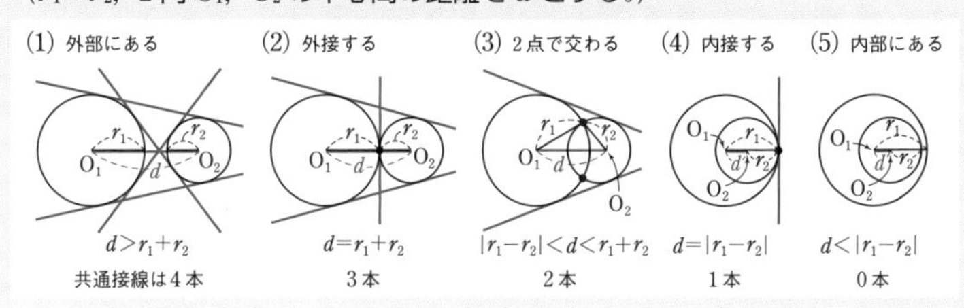

解答　O_1 と O_2 が異なる2点で交わるから　$|8-7|<d<8+7$
すなわち　ア**1**$<d<$イウ**15**

← 2円が2点で交わるとき $|r_1-r_2|<d<r_1+r_2$

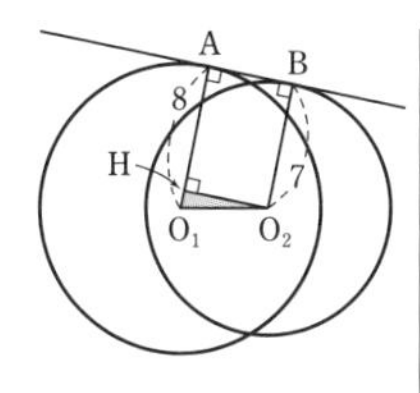

また，$d=5$ のとき，O_2 から AO_1 に垂線 O_2H を下ろすと四角形 AHO_2B は長方形となるから　$AB=HO_2$

← 4つの角がすべて90°

ここで，$\triangle O_1O_2H$ において，三平方の定理により
$$HO_2^2 = O_1O_2^2 - HO_1^2 = d^2 - (8-7)^2 = 5^2 - 1^2 = 24$$
$HO_2>0$ であるから　$HO_2 = 2\sqrt{6}$
したがって　AB=エ**2**$\sqrt{\text{オ}\mathbf{6}}$

基本 例題 49　オイラーの多面体定理，ねじれの位置

正八面体は，頂点の数が［ア］個，辺の数が［イウ］本，面の数が［エ］個ある。［イウ］本の辺のうちの 1 本を AB とするとき，辺 AB と平行な辺は［オ］本，辺 AB と垂直な辺は［カ］本，辺 AB とねじれの位置にある辺は［キ］本ある。

POINT!

オイラーの多面体定理

頂点の数を v，辺の数を e，面の数を f とすると　$v-e+f=2$

異なる 2 直線 ℓ，m について

ℓ と m が平行 ⟶ ℓ と m が 同じ平面上にあって交わらない。

ℓ と m が垂直 ⟶ ℓ と m のなす角が 直角。

ℓ と m がねじれの位置にある ⟶ ℓ と m が 同じ平面上にない。

解答　右の図から頂点は ア**6** 個，
辺の数は イウ**12** 本，
面の数は エ**8** 個である。

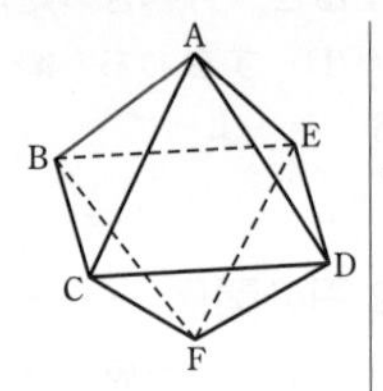

図のように点をとると，
辺 AB と平行な辺は，辺 FD の　オ**1** 本
辺 AB と垂直な辺は，辺 AD と
辺 BF の　カ**2** 本
辺 AB とねじれの位置にある辺は，辺 CD，辺 ED，
辺 EF，辺 CF の　キ**4** 本

⬅6−12+8=2 が成り立つ。
➡参考(上)
⬅平行 ⟶ 同じ平面上にあって交わらない
⬅垂直 ⟶ なす角が直角
➡参考(下)
⬅ねじれの位置 ⟶ 同じ平面上にない

参考　オイラーの多面体定理は，**検算**に用いたり，複雑な立体図形の場合など**数えにくいとき**に用いると便利である。例えば，本問の場合，頂点の数と面の数は数えやすいので，辺の数は　$6-e+8=2$ から $e=12$　と求めてもよい。

参考　正八面体は，対角線を直径とする球に内接する。
右図のように，点 C，E が重なる方向から見ると
AB⊥AD，AB⊥BF がわかる。

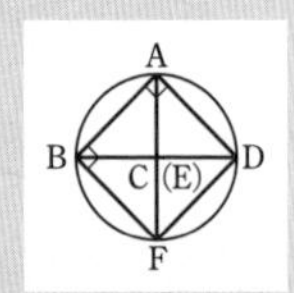

CHECK

□ **41**　AB=AC=5，BC=6 である二等辺三角形 ABC について，辺 BC の中点を M，重心を G とすると，AM=［ア］であるから，GM=$\dfrac{［イ］}{［ウ］}$ である。

□ **42**　AB=6，BC=4，CA=8 である △ABC の ∠BAC の二等分線が辺 BC と交わる点を D，△ABC の内心を I とすると，BD=$\dfrac{［アイ］}{［ウ］}$ であるから，AI：ID=［エ］：［オ］である。

□ **43** 右の図において，O は △ABC の外心である。このとき，$\angle$BAC＝[アイ]° であるから，$\angle$BOC＝[ウエオ]° である。
また，△ABC の外接円の半径が 4 であるとき，O から辺 AB に垂線 OH を下ろすと，BH＝[カ]$\sqrt{[キ]}$ であるから，AB＝[ク]$\sqrt{[ケ]}$ である。

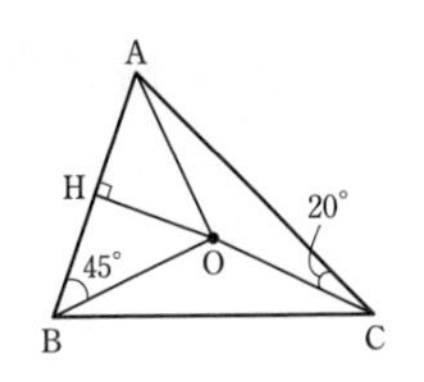

□ **44** △ABC の辺 AB 上に AP：PB＝1：2 となるように点 P をとる。辺 AC 上に点 Q をとり，BQ と PC の交点を O とすると，BO：OQ＝3：1 となった。このとき，AQ：QC＝1：[ア] である。また，直線 AO と辺 BC の交点を R とすると，BR：RC＝[イ]：1 である。よって，△ABC の面積を S とすると △OAQ の面積は $\dfrac{S}{[ウエ]}$ である。

□ **45** 右の図において，α＝[アイ]°，β＝[ウエ]° である。

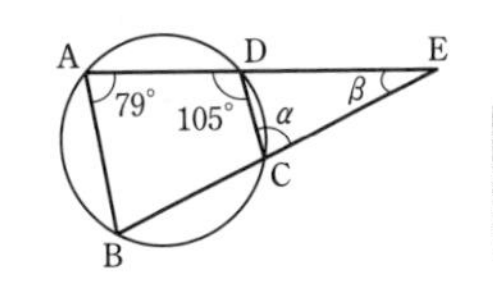

□ **46** (1) 図(1)で，P，Q，R は △ABC の内接円と辺との接点で，I は内心である。内接円の半径が 4，BI＝$4\sqrt{5}$ であるとき，AC＝[アイ] である。
(2) 図(2)で，ℓ は点 A における円の接線である。このとき α＝[ウエ]°，β＝[オカ]° である。

(1)
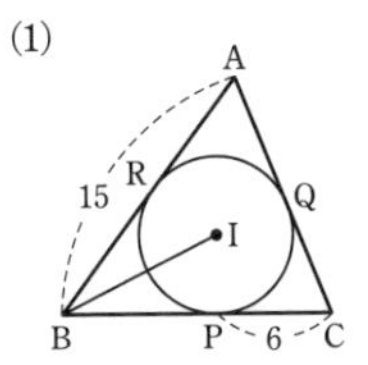

(2)
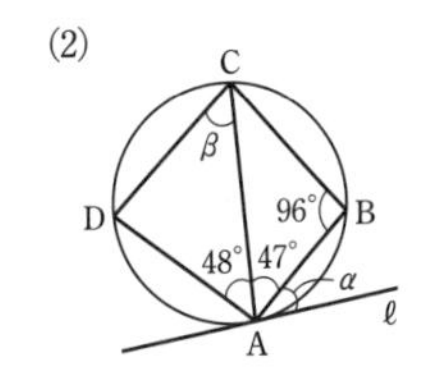

□ **47** 右の図において，QT は円の接線で，T はその接点である。このとき，$x=\sqrt{[ア]}$，y＝[イ] である。

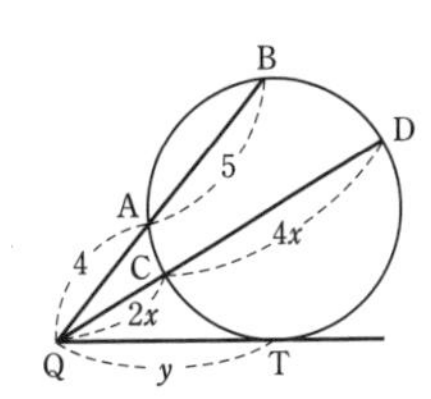

□ **48** 半径 5 の円 O_1 と，半径 3 の円 O_2 が互いに外部にあるとき，中心間の距離を d とすると，d＞[ア] である。
ここで，$d=10$ とする。図のような 2 円の接線の接点 A，B，C，D に対して，AB＝[イ]$\sqrt{[ウ]}$ である。
また，直線 O_1C に点 O_2 から垂線 O_2E を下ろすと，O_1E＝[エ] であるから，CD＝[オ] である。

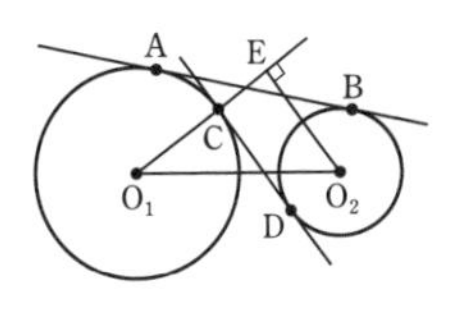

□ **49** 底面が正六角形の正六角柱 P がある。P は頂点の数が [アイ] 個，辺の数が [ウエ] 本，面の数が [オ] 個ある。底面の正六角形の 1 辺を AB とするとき，辺 AB と平行な辺は [カ] 本，辺 AB と垂直な辺は [キ] 本，辺 AB とねじれの位置にある辺は [ク] 本ある。

重要　例題 23　4点が同一円周上にあることの証明

円に内接する四角形ABCDの辺の長さについて AB>CD, DA>BC とする。
2直線BCとADの交点をEとし，2直線ABとDCの交点をFとする。
このとき，点Gを，△FBCの外接円と直線EFとの交点でFとは異なる点とすると，4点F, G, C, Bは同一円周上にあり，4点A, B, C, Dも同一円周上にあるから ∠FGC＝∠E［ア］＝∠EDC となる。これにより4点E, D, C, Gは同一円周上にあることがわかる。したがって，F［イ］・FE＝FC・FD となる。
［ア］，［イ］の解答群（同じものを繰り返し選んでもよい。）

⓪ AB　① BA　② BF　③ CG
④ A　⑤ C　⑥ D　⑦ G

POINT!

4点A, B, C, Dが **同一円周上** にある条件　（角はすべて一例）

- ∠BAD＋∠BCD＝180°　（外角が等しくてもよい）　（➡基45）
- A, Dが直線BCについて同じ側にあって　∠BAC＝∠BDC　（円周角の定理の逆）
- ある点Pについて　PA・PB＝PD・PC（方べきの定理の逆）（➡基47）

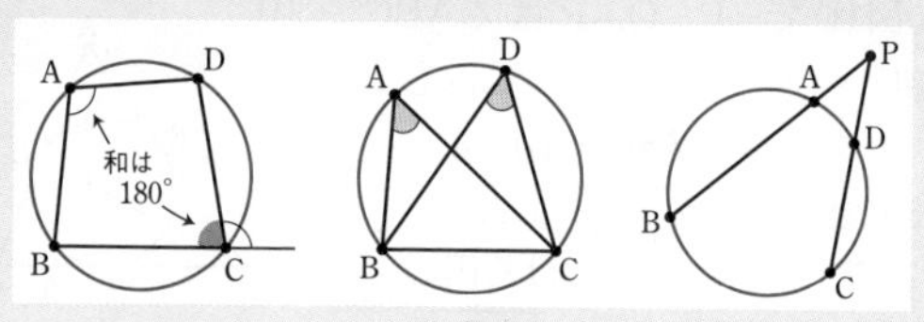

解答　四角形FGCBは円に内接するから　∠FGC＝∠EBA（ア ①）　←対角の外角に等しい。➡基45
また，四角形ABCDも円に内接するから　∠EBA＝∠EDC　←対角の外角に等しい。
よって，∠FGC＝∠EDC であるから，
4点E, D, C, Gは同一円周上にある。　←POINT!（外角が等しい場合）
したがって，方べきの定理により
FG・FE＝FC・FD（イ ⑦）　➡基47

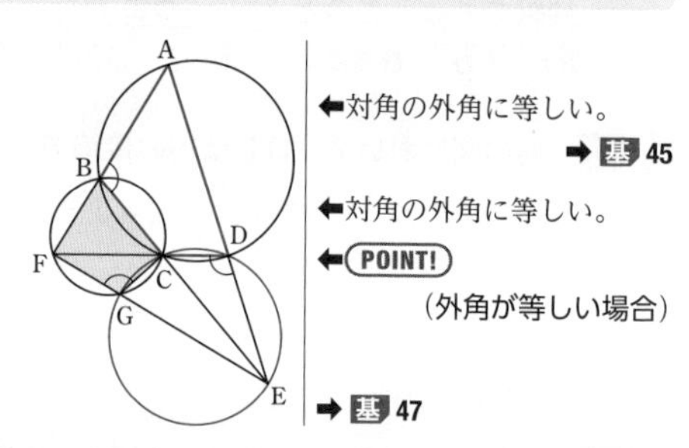

練習 23　右の図のように，四角形ABCDが円に内接していて，E, F, Gはそれぞれ辺DA, BC, ABの中点である。
このとき，GE∥B［ア］であるから
∠AEG＝∠A［イ］ …… ①
同様にして　∠BFG＝∠B［ウ］ …… ②
①，②と円周角の定理により　∠P［エ］Q＝∠PFQ
よって，4点E, F, P, Qは同一円周上にあるから，∠PQF＝∠D［オ］である。
［ア］～［オ］の解答群（同じものを繰り返し選んでもよい。）

⓪ A　① B　② C　③ D　④ E
⑤ AG　⑥ BC　⑦ CA　⑧ DB　⑨ EF

重要 例題 24　立体の体積

1辺の長さが a の正八面体の，各面の重心を頂点とする正六面体（立方体）P を考える。P の1辺の長さは $\dfrac{\sqrt{\boxed{ア}}}{\boxed{イ}}a$ であるから，P の表面積は $\dfrac{\boxed{ウ}}{\boxed{エ}}a^2$ であり，体積は $\dfrac{\boxed{オ}\sqrt{\boxed{カ}}}{\boxed{キク}}a^3$ である。また，P のすべての辺の長さの和は $\boxed{ケ}\sqrt{\boxed{コ}}a$ である。

POINT!　立体図形の問題 ⟶ 断面図を考え，平面の問題に帰着させる。（➡ 重 11）

解答　図のように点をとる。

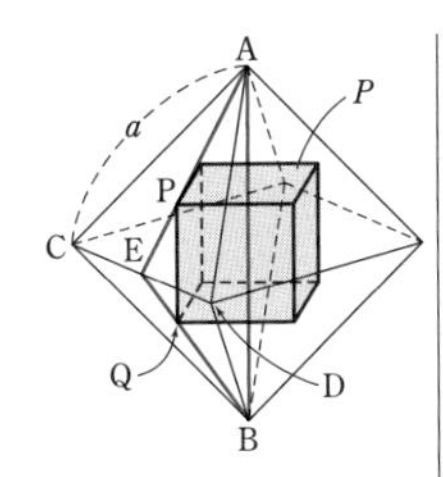

線分 AB は，1辺の長さが a の正方形の対角線であるから　　$AB=\sqrt{2}a$

⬅ **素早く解く！**　1辺が a の正方形の対角線は $\sqrt{2}a$

点 A，B，E を通る平面で切り取った断面図は右下の図のようになる。

点 P は正三角形 ACD の重心であるから

$AP:PE=2:1$

➡ 基 41

同様に　　$BQ:QE=2:1$

したがって，$PQ /\!/ AB$ であるから

$EP:EA=PQ:AB=1:3$

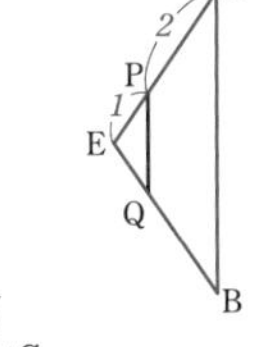

⬅

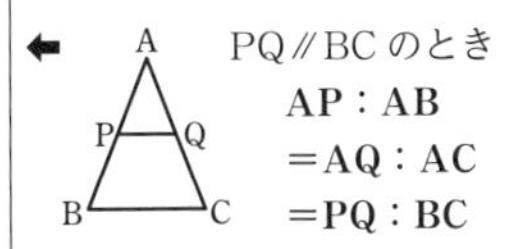

$PQ /\!/ BC$ のとき
$AP:AB$
$=AQ:AC$
$=PQ:BC$

よって　　$PQ=\dfrac{1}{3}AB=\dfrac{\sqrt{2}}{3}a$

ゆえに，正六面体 P の1辺の長さは　$\dfrac{\sqrt{^{ア}\mathbf{2}}}{^{イ}\mathbf{3}}a$

したがって，

P の表面積は　　$\left(\dfrac{\sqrt{2}}{3}a\right)^2\times 6=\dfrac{^{ウ}\mathbf{4}}{^{エ}\mathbf{3}}a^2$

⬅ 正方形の面が6個ある。

体積は　　$\left(\dfrac{\sqrt{2}}{3}a\right)^3=\dfrac{^{オ}\mathbf{2}\sqrt{^{カ}\mathbf{2}}}{^{キク}\mathbf{27}}a^3$

正六面体の辺は全部で12本あるから，P のすべての辺の長さの和は

$\dfrac{\sqrt{2}}{3}a\times 12={}^{ケ}\mathbf{4}\sqrt{^{コ}\mathbf{2}}\,a$

練習 24　次の $\boxed{ア}$ には，下の ⓪ ～ ③ のうちから当てはまるものを一つ選べ。

1辺の長さが a の立方体の，各面の対角線の交点を頂点とする立体 P は $\boxed{ア}$ である。

⓪　正六面体　　①　正八面体　　②　正三角錐　　③　正四角錐

P の辺は全部で $\boxed{イウ}$ 本あるから，P のすべての辺の長さの和は $\boxed{エ}\sqrt{\boxed{オ}}a$ であり，表面積は $\sqrt{\boxed{カ}}a^2$，体積は $\dfrac{\boxed{キ}}{\boxed{ク}}a^3$ である。

重要 例題 25 平面図形と三角比

$\triangle$ABC において，AB$=4\sqrt{2}$，BC$=$CA$=4$ とする。線分 AC を $1:3$ に内分する点を P とし，3 点 B, C, P を通る円 S と線分 AB の交点のうち B でない方を Q とする。また，円 S の点 Q における接線と直線 BC の交点を R とする。

このとき，BP$=$［ア］である。ここで，線分 BP は円 S の直径であり，

$\angle$CBQ$=$［イウ］° であるから，CQ$=\dfrac{［エ］\sqrt{［オ］}}{［カ］}$ である。

また，直線 BQ と直線 CP が点 A で交わり，4 点 B, C, P, Q は同一円周上にあるので，AQ$=\dfrac{\sqrt{［キ］}}{［ク］}$ である。よって，BQ$=\dfrac{［ケ］\sqrt{［コ］}}{［サ］}$ である。

次に，直線 RQ は円 S の接線であるから，$\angle$QBR$=\angle$［シ］である。よって，$\triangle$QBR と $\triangle$［シ］は相似である。

［シ］に当てはまるものを，次の ⓪ ~ ③ のうちから一つ選べ。

⓪ APQ　　① BQC　　② BRQ　　③ CQR

したがって，CR$=\dfrac{［ス］}{［セ］}$QR である。

また，直線 RQ は円 S の接線であり，B, C は点 R を通る直線と円 S の交点であるから，QR$=\dfrac{［ソタ］}{［チ］}$ である。

POINT!
線分の長さを求めるとき，三角比の知識を利用することがある。
(➡第 3 章)
・三角形の外接円の半径（直径）⟶ **正弦定理** (➡基 21)
・2 辺とその間の角から残り 1 辺を求める ⟶ **余弦定理** (➡基 22)

解答　AB$=4\sqrt{2}$，
BC$=$CA$=4$ から，$\triangle$ABC は辺の比が $1:1:\sqrt{2}$ の直角三角形である。

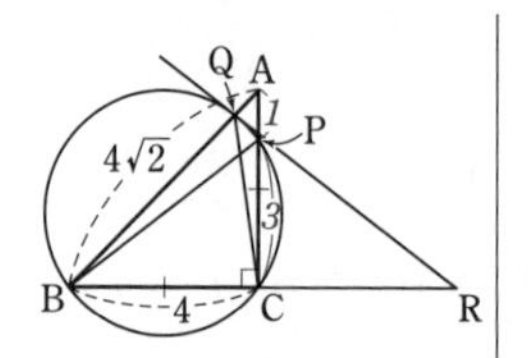

よって　　$\angle$ACB$=90°$

点 P は，線分 AC を $1:3$ に内分する点であるから　　CP$=3$

したがって，$\triangle$BCP において，三平方の定理により

$$\text{BP}=\sqrt{\text{BC}^2+\text{CP}^2}=\sqrt{4^2+3^2}={}^{ア}\mathbf{5}$$

$\triangle$BCP は直角三角形であるから，線分 BP は円 S の直径である。また，$\triangle$ABC は直角二等辺三角形であるから

$$\angle\text{CBQ}=\angle\text{ABC}={}^{イウ}\mathbf{45}°$$

よって，$\triangle$BCQ において，正弦定理により　$\dfrac{\text{CQ}}{\sin 45°}=\text{BP}$

したがって　　CQ$=5\sin 45°=\dfrac{{}^{エ}\mathbf{5}\sqrt{{}^{オ}\mathbf{2}}}{{}^{カ}\mathbf{2}}$ …… ①

⬅CA$=4$ から CP$=3$，PA$=1$

⬅***素早く解く!***
$\angle$ACB$=90°$，BC$=4$，CP$=3$ から　BP$=5$
(➡ 基 17 ***素早く解く!***)

⬅$\dfrac{\text{CQ}}{\sin\angle\text{CBQ}}=2R$ ➡ 基 21
BP は，$\triangle$BCQ の外接円の直径。

次に，方べきの定理により　$AQ \cdot AB = AP \cdot AC$　➡ 基 47

よって　$AQ \cdot 4\sqrt{2} = 1 \cdot 4$　ゆえに　$AQ = \frac{\sqrt{^{キ}2}}{^{ク}2}$

したがって　$BQ = AB - AQ = \frac{^{ケ}7\sqrt{^{コ}2}}{^{サ}2}$ ……②　⬅ $AB = 4\sqrt{2}$，$AQ = \frac{\sqrt{2}}{2}$

さらに，接線と弦のつくる角により $\angle QBR = \angle CQR$（^{シ}③）　➡ 基 46

また　$\angle BRQ = \angle QRC$

ゆえに，2 組の角がそれぞれ等しいから　⬅相似条件　2 組の角がそれぞれ等しい

$\triangle QBR \backsim \triangle CQR$

よって　$BQ : QC = QR : CR$

①，②から　$\frac{7\sqrt{2}}{2} : \frac{5\sqrt{2}}{2} = QR : CR$　⬅ $7 : 5 = QR : CR$

ゆえに　$CR = \frac{^{ス}5}{^{セ}7} QR$ ……③

方べきの定理により　$RQ^2 = RC \cdot RB$

③から　$QR^2 = \frac{5}{7} QR \cdot \left(4 + \frac{5}{7} QR\right)$

$QR > 0$ であるから　$QR = \frac{5}{7}\left(\frac{5}{7} QR + 4\right)$　⬅両辺を QR で割る。

よって　$QR = \frac{^{ソタ}35}{^{チ}6}$

参考　CQ，AQ は，次のようにして求めることもできる。

$\triangle ABP$ と $\triangle ACQ$ において

円周角の定理により　$\angle QBP = \angle PCQ$　すなわち　$\angle ABP = \angle ACQ$

また　$\angle BAP = \angle CAQ$

よって，2 組の角がそれぞれ等しいから　$\triangle ABP \backsim \triangle ACQ$

ゆえに　$AB : AC = BP : CQ$　すなわち　$4\sqrt{2} : 4 = 5 : CQ$

よって　$CQ = \frac{5}{\sqrt{2}} = \frac{^{エ}5\sqrt{^{オ}2}}{^{カ}2}$

同様に　$AB : AC = AP : AQ$　すなわち　$4\sqrt{2} : 4 = 1 : AQ$

よって　$AQ = \frac{\sqrt{^{キ}2}}{^{ク}2}$

練習 25　$\triangle ABC$ において，$AB = 4$，$BC = 6$，$CA = 8$ とする。$\angle BAC$ の二等分線と辺 BC の交点を D とし，$\triangle ABD$ の外接円と辺 AC の交点のうち A でない方を E，$\triangle ACD$ の外接円と辺 AB の交点のうち A でない方を F とする。

このとき，$\frac{BD}{CD} = \frac{\boxed{ア}}{\boxed{イ}}$ であるから，方べきの定理により，$AE = \boxed{ウ}$，

$AF = \boxed{エ}$ である。ここで，$\cos\angle BAC = \frac{\boxed{オカ}}{\boxed{キク}}$ であるから，

$EF = \frac{\boxed{ケ}\sqrt{\boxed{コサ}}}{\boxed{シ}}$ である。

演習 例題11 作図の手順に関連した考察

目安 7分　解説動画

円 O に対して，次の **手順1** で作図を行う。

手順1

(Step 1)　円 O と異なる 2 点で交わり，中心 O を通らない直線 ℓ を引く。円 O と直線 ℓ との交点を A，B とし，線分 AB の中点 C をとる。

(Step 2)　円 O の周上に，点 D を $\angle$COD が鈍角となるようにとる。直線 CD を引き，円 O との交点で D とは異なる点を E とする。

(Step 3)　点 D を通り直線 OC に垂直な直線を引き，直線 OC との交点を F とし，円 O との交点で D とは異なる点を G とする。

(Step 4)　点 G における円 O の接線を引き，直線 ℓ との交点を H とする。

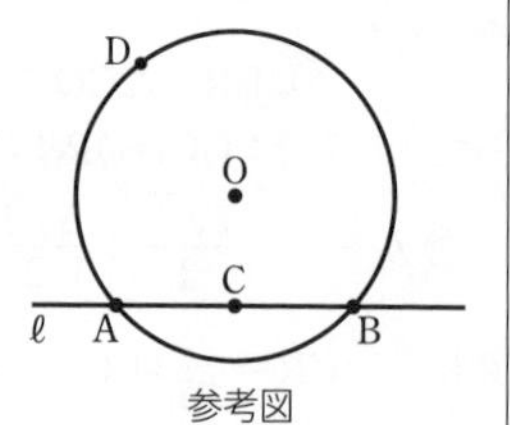

参考図

このとき，直線 ℓ と点 D の位置によらず，直線 EH は円 O の接線である。
このことは，次の **構想** に基づいて，後のように説明できる。

構想

直線 EH が円 O の接線であることを証明するためには，$\angle$OEH＝[アイ]°であることを示せばよい。

手順1 の (Step 1) と (Step 4) により，4 点 C，G，H，[ウ] は同一円周上にあることがわかる。よって，$\angle$CHG＝[エ] である。
一方，点 E は円 O の周上にあることから，[エ]＝[オ] がわかる。ゆえに，$\angle$CHG＝[オ] であるので，4 点 C，G，H，[カ] は同一円周上にある。この円が点 [ウ] を通ることにより，$\angle$OEH＝[アイ]° を示すことができる。

[ウ] の解答群

⓪ B　① D　② F　③ O

[エ] の解答群

⓪ $\angle$AFC　① $\angle$CDF　② $\angle$CGH　③ $\angle$CBO　④ $\angle$FOG

[オ] の解答群

⓪ $\angle$AED　① $\angle$ADE　② $\angle$BOE　③ $\angle$DEG　④ $\angle$EOH

[カ] の解答群

⓪ A　① D　② E　③ F

Situation Check ✓

まず，手順1の各 Step の説明をもとに，参考図に直線や線分をかき加え，点 E，F，G，H の位置をつかむ。すると，あとは円に内接する四角形に関する証明問題になる。

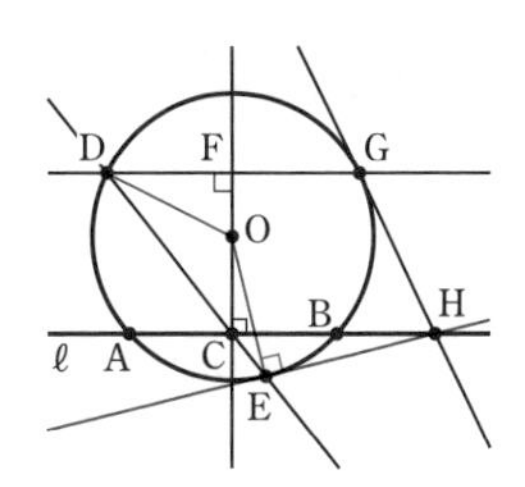

解答　手順1に従って図をかくと，右の上の図のようになる。直線EHが円Oの接線であることを証明するためには，$\angle OEH=$ ^アイ^**90°** であることを示せばよい。
手順1の（Step 1）と（Step 4）により

$\angle OCH=\angle OGH=90°$

よって，四角形OCHGの対角の和は180°であるから，四角形OCHGは円に内接する。　➡基45
ゆえに，4点C，G，H，Oは同一円周上にある（^ウ^③）。
また，四角形OCHGが円に内接することから

$\angle CHG=\angle FOG$　（^エ^④）　➡基45

$OF\perp DG$ より，$\triangle ODF\equiv\triangle OGF$ であるから

$\angle FOG=\angle FOD=\dfrac{1}{2}\angle DOG$ ……①

点Eは円Oの周上にあるから

$\angle DOG=2\angle DEG$ ……②

①，②から　$\angle FOG=\angle DEG$　（^オ^③）

したがって，$\angle CHG=\angle DEG=\angle CEG$ であるから，円周角の定理の逆により，4点C，G，H，Eは同一円周上にある。（^カ^②）
点Oもこの円周上にあり，$\angle OCH=90°$ より線分OHはこの円の直径であるから，$\angle OEH=90°$ が示される。

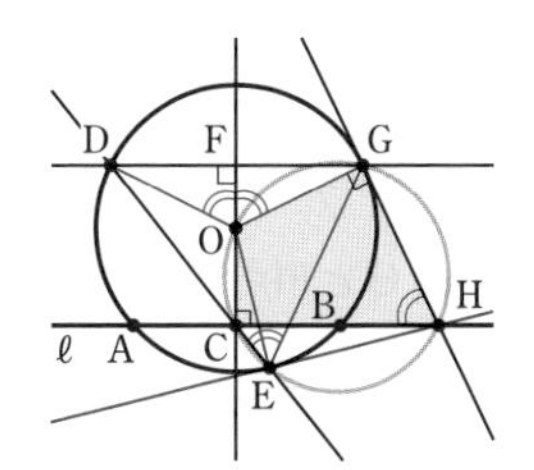

6
図形の性質

問題 11　円Oに対して，演習例題11の **手順1** とは直線ℓの引き方を変え，次の **手順2** で作図を行う。

手順2

（Step 1）円Oと共有点をもたない直線ℓを引く。中心Oから直線ℓに垂直な直線を引き，直線ℓとの交点をPとする。
（Step 2）円Oの周上に，点Qを∠POQが鈍角となるようにとる。直線PQを引き，円Oとの交点でQとは異なる点をRとする。
（Step 3）点Qを通り直線OPに垂直な直線を引き，円Oとの交点でQとは異なる点をSとする。
（Step 4）点Sにおける円Oの接線を引き，直線ℓとの交点をTとする。

このとき，$\angle PTS=$ ［ア］ である。円Oの半径が $\sqrt{5}$ で，$OT=3\sqrt{6}$ であるとき，3点O，P，Rを通る円の半径は $\dfrac{［イ］\sqrt{［ウ］}}{［エ］}$ で，$RT=$ ［オ］ である。

［ア］の解答群
⓪ ∠PQS　① ∠PST　② ∠QPS　③ ∠QRS　④ ∠SRT

実践問題　目安時間　22 [10分]　23 [12分]　24 [15分]

指針 p.353

22　長さ6の線分BCを1：5に内分する点Dをとり，Dを通りBCに直交する直線上に点Aを$AD=2\sqrt{6}$となるようにとる。
このとき，AB=［ア］，AC=［イ］であるから，△ABCの内接円の半径は$\dfrac{［ウ］\sqrt{［エ］}}{［オ］}$である。
内接円が辺BC，ACに接する点をE，Fとすると，CE=CF=［カ］であるから，内心Oと頂点Cとの距離は$CO=\dfrac{［キ］\sqrt{［クケ］}}{［コ］}$である。
△CEFの内心と△ABCの内心の間の距離は$\dfrac{［サ］\sqrt{［シ］}}{［ス］}$である。

〔15 センター試験・追試〕

*__23__　△ABCにおいて，辺ABを2：3に内分する点をPとする。辺AC上に2点A，Cのいずれとも異なる点Qをとる。線分BQと線分CPとの交点をRとし，直線ARと辺BCとの交点をSとする。
以下の問題において比を解答する場合は，最も簡単な整数の比で答えよ。

(1)　点Qは辺ACを1：2に内分する点とする。このとき，点Sは辺BCを［ア］：［イ］に内分する点である。
AB=5とし，△ABCの内接円が辺AB，辺ACとそれぞれ点P，点Qで接しているとする。AQ=［ウ］であることに注意すると，BC=［エ］であり，［オ］であることがわかる。

［オ］の解答群

⓪　点Rは△ABCの内心
①　点Rは△ABCの重心
②　点Sは△ABCの内接円と辺BCとの接点
③　点Sは点Aから辺BCに下ろした垂線と辺BCとの交点

(2) △BPR と △CQR の面積比について考察する。

(i) 点 Q は辺 AC を 1：4 に内分する点とする。このとき，点 R は，線分 BQ を [カキ]：[ク] に内分し，線分 CP を [ケコ]：[サ] に内分する。

したがって，

$$\frac{\triangle \mathrm{CQR}\text{ の面積}}{\triangle \mathrm{BPR}\text{ の面積}}=\frac{\boxed{シス}}{\boxed{セ}}$$

である。

(ii) $\dfrac{\triangle \mathrm{CQR}\text{ の面積}}{\triangle \mathrm{BPR}\text{ の面積}}=\dfrac{1}{4}$ のとき，点 Q は辺 AC を [ソ]：[タ] に内分する点である。

〔23 共通テスト・追試〕

***24** 点Zを端点とする半直線ZXと半直線ZYがあり，$0^\circ<\angle XZY<90^\circ$ とする。また，$0^\circ<\angle SZX<\angle XZY$ かつ $0^\circ<\angle SZY<\angle XZY$ を満たす点Sをとる。点Sを通り，半直線ZXと半直線ZYの両方に接する円を作図したい。

円Oを，次の（Step 1）～（Step 5）の **手順** で作図する。

手順

（Step 1）　$\angle XZY$ の二等分線 ℓ 上に点Cをとり，下図のように半直線ZXと半直線ZYの両方に接する円Cを作図する。また，円Cと半直線ZXとの接点をD，半直線ZYとの接点をEとする。
（Step 2）　円Cと直線ZSとの交点の一つをGとする。
（Step 3）　半直線ZX上に点Hを $DG /\!/ HS$ を満たすようにとる。
（Step 4）　点Hを通り，半直線ZXに垂直な直線を引き，ℓ との交点をOとする。
（Step 5）　点Oを中心とする半径OHの円Oをかく。

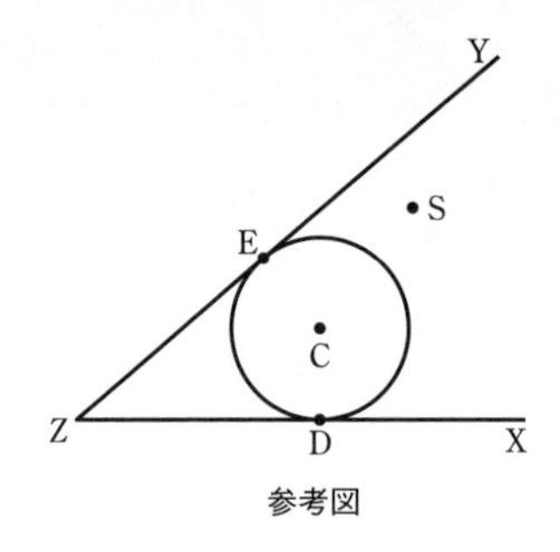

参考図

(1)　（Step 1）～（Step 5）の **手順** で作図した円Oが求める円であることは，次の **構想** に基づいて下のように説明できる。

構想

円Oが点Sを通り，半直線ZXと半直線ZYの両方に接する円であることを示すには，OH＝［ア］が成り立つことを示せばよい。

作図の **手順** により，$\triangle ZDG$ と $\triangle ZHS$ との関係，および $\triangle ZDC$ と $\triangle ZHO$ との関係に着目すると

DG：［イ］＝［ウ］：［エ］
DC：［オ］＝［ウ］：［エ］

であるから，DG：［イ］＝DC：［オ］となる。

ここで，3点S，O，Hが一直線上にない場合は，∠CDG＝∠［カ］であるので，△CDGと△［カ］との関係に着目すると，CD＝CGより，OH＝［ア］であることがわかる。

なお，3点S，O，Hが一直線上にある場合は，DG＝［キ］DCとなり，DG：［イ］＝DC：［オ］よりOH＝［ア］であることがわかる。

［ア］～［オ］の解答群（同じものを繰り返し選んでもよい。）

⓪ DH	① HO	② HS	③ OD	④ OG
⑤ OS	⑥ ZD	⑦ ZH	⑧ ZO	⑨ ZS

［カ］の解答群

⓪ OHD	① OHG	② OHS	③ ZDS
④ ZHG	⑤ ZHS	⑥ ZOS	⑦ ZCG

(2)　点Sを通り，半直線ZXと半直線ZYの両方に接する円は二つ作図できる。特に，点Sが∠XZYの二等分線ℓ上にある場合を考える。半径が大きい方の円の中心をO_1とし，半径が小さい方の円の中心O_2とする。また，円O_2と半直線ZYが接する点をIとする。円O_1と半直線ZYが接する点をJとし，円O_1と半直線ZXが接する点をKとする。

作図をした結果，円O_1の半径は5，円O_2の半径は3であったとする。

このとき，IJ＝［ク］$\sqrt{［ケコ］}$である。さらに，円O_1と円O_2の接点Sにおける共通接線と半直線ZYとの交点をLとし，直線LKと円O_1との交点で点Kとは異なる点をMとすると

LM・LK＝［サシ］

である。

また，ZI＝［ス］$\sqrt{［セソ］}$であるので，直線LKと直線ℓとの交点をNとすると

$$\frac{LN}{NK}=\frac{［タ］}{［チ］}$$

である。

〔類 21 共通テスト・本試（第2日程）〕

第7章　式と証明，複素数と方程式

基本 例題 50　3次式の展開，因数分解

(1)　次の式を展開せよ。

$(2x-3y)^3=$ ア x^3- イウ x^2y+ エオ xy^2- カキ y^3

(2)　次の式を因数分解せよ。

$x^3-8=(x-$ ク $)(x^2+$ ケ $x+$ コ $)$

POINT!　3次式の展開，因数分解の公式（すべて複号同順）

$$(a\pm b)^3=a^3\pm 3a^2b+3ab^2\pm b^3$$

$$(a\pm b)(a^2\mp ab+b^2)=a^3\pm b^3$$

解答　(1)　$(2x-3y)^3$

$=(2x)^3-3\cdot(2x)^2\cdot 3y+3\cdot 2x\cdot(3y)^2-(3y)^3$

$=^{ア}\mathbf{8}x^3-^{イウ}\mathbf{36}x^2y+^{エオ}\mathbf{54}xy^2-^{カキ}\mathbf{27}y^3$

(2)　$x^3-8=x^3-2^3$

$=(x-2)(x^2+x\cdot 2+2^2)$

$=(x-^{ク}\mathbf{2})(x^2+^{ケ}\mathbf{2}x+^{コ}\mathbf{4})$

← $(a-b)^3=a^3-3a^2b+3ab^2-b^3$

← $a^3-b^3=(a-b)(a^2+ab+b^2)$

基本 例題 51　二項定理

$(x^2-3y)^5$ の展開式における x^6y^2 の項の係数は アイ であり，x^8y の係数は ウエオ である。

POINT!　二項定理　$(a+b)^n$ の展開式は

$${}_nC_0a^n+{}_nC_1a^{n-1}b+\cdots\cdots+{}_nC_ra^{n-r}b^r+\cdots\cdots+{}_nC_nb^n$$

（${}_nC_ra^{n-r}b^r$：一般項）

${}_nC_r$（➡ 基 33）

解答　$(x^2-3y)^5$ の展開式の一般項は

$${}_5C_r(x^2)^{5-r}(-3y)^r={}_5C_r(-3)^rx^{10-2r}y^r$$

x^6y^2 は $10-2r=6$ かつ $r=2$ すなわち $r=2$ のときであるから，係数は　${}_5C_2(-3)^2=\dfrac{5\cdot 4}{2\cdot 1}\cdot 9$

$=^{アイ}\mathbf{90}$

また，x^8y は $10-2r=8$ かつ $r=1$ すなわち $r=1$ のときであるから，係数は

${}_5C_1(-3)^1=5\cdot(-3)$

$=^{ウエオ}\mathbf{-15}$

← $(a+b)^n$ の展開式の一般項は ${}_nC_ra^{n-r}b^r$

➡ 基 33

➡ 基 33

基本 例題 52　多項式の割り算

(1) x^4-4x^3+2x+5 を x^2-2x-1 で割ったときの商は x^2-[ア]$x-$[イ]，余りは [ウエ]$x+$[オ] である。

(2) x^3+ax^2+bx+4 を x^2+x+2 で割ったときの余りは $(b-a-$[カ]$)x-$[キ]$a+$[ク] であるから，x^3+ax^2+bx+4 が x^2+x+2 で割り切れるとき，$a=$[ケ]，$b=$[コ] である。

POINT!　多項式の割り算　抜けている次数の項はあけて計算する。
1次式で割るときは剰余の定理，組立除法。（➡ 基 60）
割り切れる $\Longleftrightarrow$ (余り)$=0$

解答　(1) 右の計算から，
商は　$x^2-{}^{ア}2x-{}^{イ}3$
余りは　${}^{ウエ}-6x+{}^{オ}2$

$$
\begin{array}{r}
x^2-2x\quad -3 \\
x^2-2x-1 \,\big)\, \overline{x^4-4x^3 \quad\square\quad +2x+5} \\
x^4-2x^3-x^2 \\
\hline
-2x^3+x^2+2x \\
-2x^3+4x^2+2x \\
\hline
-3x^2\qquad +5 \\
-3x^2+6x+3 \\
\hline
-6x+2
\end{array}
$$

⬅抜けている項はあけておく。
➡素早く解く!

(2) 右の計算から，
余りは
$(b-a-{}^{カ}1)x$
$\quad -{}^{キ}2a+{}^{ク}6$

$$
\begin{array}{r}
x+(a-1) \\
x^2+x+2 \,\big)\, \overline{x^3+ax^2 \qquad +bx \qquad +4} \\
x^3+x^2 \qquad +2x \\
\hline
(a-1)x^2+(b-2)x \qquad +4 \\
(a-1)x^2+(a-1)x+2a-2 \\
\hline
(b-a-1)x-2a+6
\end{array}
$$

➡素早く解く!

よって，割り切れるとき
$(b-a-1)x-2a+6=0$　⬅割り切れる $\Longleftrightarrow$ (余り)$=0$
すなわち　$b-a-1=0$，$-2a+6=0$　⬅ x の係数と定数項が0
ゆえに　$a={}^{ケ}3$，$b={}^{コ}4$

割り算は x を省略して下のように書くと，早いし，スペースを節約できる。(1)の2次の項のように，抜けている項は **0** を記入するとよい。

(1)
$$
\begin{array}{r}
1\quad -2\quad -3 \\
1\quad -2\quad -1 \,\big)\, \overline{1\quad -4\quad \mathbf{0}\quad 2\quad 5} \\
1\quad -2\quad -1 \\
\hline
-2\quad 1\quad 2 \\
-2\quad 4\quad 2 \\
\hline
-3\quad 0\quad 5 \\
-3\quad 6\quad 3 \\
\hline
-6\quad 2
\end{array}
$$

(2)
$$
\begin{array}{r}
1\quad a-1 \\
1\quad 1\quad 2 \,\big)\, \overline{1\quad a\quad b\quad 4} \\
1\quad 1\quad 2 \\
\hline
a-1\quad b-2\quad 4 \\
a-1\quad a-1\quad 2a-2 \\
\hline
b-a-1\quad -2a+6
\end{array}
$$

基本 例題 53 割り算の基本公式

x の多項式 $5x^3+2ax^2+abx+b-1$ を $x+3$ で割ると，商が［ア］x^2-3x-3 であるという。このとき，$a=$［イ］，$b=$［ウエ］であり，余りは［オ］である。

POINT!　A を B で割った商が Q，余りが R のとき
$$A=BQ+R \quad (\text{ただし} \ (R\text{の次数})<(B\text{の次数}))$$

解答　1次式で割った余りは定数であるから，余りを r とおくと，条件より

$$5x^3+2ax^2+abx+b-1=(x+3)(\boxed{ア}x^2-3x-3)+r \quad \cdots ①$$

両辺の x^3 の係数を比べると，アは ${}^{ア}\mathbf{5}$ であることがわかる。

このとき，① の右辺は

$$(x+3)(5x^2-3x-3)+r=5x^3+12x^2-12x-9+r$$

① の左辺と係数を比較して

$$2a=12,\ ab=-12,\ b-1=-9+r$$

よって　$a={}^{イ}\mathbf{6}$，$b={}^{ウエ}\mathbf{-2}$，$r={}^{オ}\mathbf{6}$

←$(R$の次数$)<(B$の次数$)=1$ よって，余りは定数となる。

←$A=BQ+R$

➡**素早く解く!**

←x についての恒等式。

➡ 基 55

アを c などとおいて計算し，両辺の係数を比較してもよいが，計算が煩雑。上の解答のように，ある次数の項（特に，最高次の項や定数項）に注目して計算すると，すぐに係数が求められることがある。

CHART　$A\div B$ の商 Q，余り R　$A=BQ+R$　$(R$の次数$)<(B$の次数$)$

基本 例題 54 分数式の計算

$\dfrac{x+3}{x^2-1}+\dfrac{2x+5}{x^2+5x+4}$ を簡単にすると，$\dfrac{\boxed{ア}x+\boxed{イ}}{(x-\boxed{ウ})(x+\boxed{エ})}$ である。

POINT!　分数式の計算　まず，分母を因数分解 して 通分，約分。

解答

$$\frac{x+3}{x^2-1}+\frac{2x+5}{x^2+5x+4}$$
$$=\frac{x+3}{(x+1)(x-1)}+\frac{2x+5}{(x+1)(x+4)}$$
$$=\frac{(x+3)(x+4)}{(x+1)(x-1)(x+4)}+\frac{(2x+5)(x-1)}{(x+1)(x-1)(x+4)}$$
$$=\frac{(x+3)(x+4)+(2x+5)(x-1)}{(x+1)(x-1)(x+4)}$$
$$=\frac{3x^2+10x+7}{(x+1)(x-1)(x+4)}=\frac{(3x+7)(x+1)}{(x+1)(x-1)(x+4)}$$
$$=\frac{{}^{ア}\mathbf{3}x+{}^{イ}\mathbf{7}}{(x-{}^{ウ}\mathbf{1})(x+{}^{エ}\mathbf{4})}$$

←分母を因数分解。

←通分（分母をそろえる）

←分子を因数分解。➡ 基 1

←約分（分母，分子を共通因数 $x+1$ で割る）

基本 例題 55 恒等式

(1) すべての x について，$3x^2-4+x(2ax^2+b+c)=2x(x^2-1)+3ax^2+3b+5c$ が成り立つとき，$a=$ ア，$b=$ イウ，$c=$ エ である。

(2) $-x^3+8x^2-17x+6=$ オ $(x-2)^3+$ カ $(x-2)^2+$ キ $(x-2)-$ ク は x についての恒等式である。

POINT!
恒等式（すべての x について成り立つ等式）
x について整理 して 係数比較。　数値代入法 も。

解答 (1) x について整理すると

$$2ax^3+3x^2+(b+c)x-4=2x^3+3ax^2-2x+3b+5c$$

両辺の係数を比較すると

$$2a=2,\ 3=3a,\ b+c=-2,\ -4=3b+5c$$

これを解いて　$a={}^{ア}\mathbf{1}$，$b={}^{イウ}\mathbf{-3}$，$c={}^{エ}\mathbf{1}$

(2) $-x^3+8x^2-17x+6=a(x-2)^3+b(x-2)^2+c(x-2)-d$ とする。

この式の両辺に $x=0,\ 1,\ 2,\ 3$ を代入すると

$$6=-8a+4b-2c-d \cdots\cdots ①,$$
$$-4=-a+b-c-d \cdots\cdots ②,$$
$$-4=-d \cdots\cdots ③,$$
$$0=a+b+c-d \cdots\cdots ④$$

③ から　$d=4$

①，②，④ に代入して整理すると

$$8a-4b+2c+10=0 \cdots\cdots ①'$$
$$a-b+c=0 \cdots\cdots ②',\quad a+b+c-4=0 \cdots\cdots ④'$$

④′−②′ から　$2b-4=0$　すなわち　$b=2$

①′，②′ に代入すると

$$8a+2c+2=0,\ a+c-2=0$$

これを解いて　$a=-1$，$c=3$

したがって　$a={}^{オ}-1$，$b={}^{カ}\mathbf{2}$，$c={}^{キ}\mathbf{3}$，$d={}^{ク}\mathbf{4}$

逆にこのとき，確かに恒等式となる。

⬅POINT!
⬅係数比較。
⬅数値代入法。
➡*素早く解く!*（上）
⬅連立方程式は文字を消去して解く。
➡*素早く解く!*（下）

(2) 右辺を展開して両辺の係数を比較してもよいが，計算が煩雑である。式の形に注目して，うまく値を選んで代入する。
また，両辺の **x^3 の係数を考える**ことにより $a=-1$ を先に求めると，計算はさらに早くなる。

数値代入法を利用した場合，本当に恒等式となっているか（$x=0,\ 1,\ 2,\ 3$ 以外のときも成り立っているのか）確認しなければならない。しかし，共通テストではその確認は省略できる。

基本 例題 56　相加平均と相乗平均の大小関係

$a>0$ のとき，$a+\dfrac{8}{a}$ は $a=$ [ア] $\sqrt{[イ]}$ で最小値 [ウ] $\sqrt{[エ]}$ をとる。

POINT!　相加平均と相乗平均の大小関係　$x>0$，$y>0$ のとき

$$\frac{x+y}{2}\geqq\sqrt{xy}$$ （等号は $x=y$ のときにのみ成り立つ）

解答　$a>0$，$\dfrac{8}{a}>0$ であるから，相加平均と相乗平均の大小関係により　$a+\dfrac{8}{a}\geqq 2\sqrt{a\cdot\dfrac{8}{a}}=4\sqrt{2}$

等号が成り立つとき　$a=\dfrac{8}{a}$　すなわち　$a^2=8$

$a>0$ であるから　$a=2\sqrt{2}$

ゆえに，$a=$ ア$2\sqrt{}$イ2 で最小値 ウ$4\sqrt{}$エ2 をとる。

⬅$x+y\geqq 2\sqrt{xy}$

⬅等号は $x=y$ のときにのみ成り立つ。➡素早く解く！

等号が成り立つとき，$a+\dfrac{8}{a}=4\sqrt{2}$ かつ $a=\dfrac{8}{a}$ である。

よって　$a=\dfrac{8}{a}=\dfrac{4\sqrt{2}}{2}=2\sqrt{2}$　　このように考えると早い。

基本 例題 57　複素数の基本

(1) $\dfrac{2+4i}{1+i}-(3+i)^2$ の実部は [アイ]，虚部は [ウエ] である。

(2) 実数 x，y が $(3+i)x+(1-2i)y+2-4i=0$ を満たすとき，$x=$ [オ]，$y=$ [カキ] である。

POINT!　複素数　$i^2=-1$　それ以外は i を文字とみて計算。

a，b は実数とする。分母に $a+bi$ があるときは，共役複素数 $a-bi$ を分母・分子に掛ける。　（➡基 3）

$a+bi$ の実部は a，虚部は b

a，b が実数のとき　$a+bi=0 \Longleftrightarrow a=b=0$　（➡基 6）

解答　(1)　$\dfrac{2+4i}{1+i}-(3+i)^2=\dfrac{(2+4i)(1-i)}{(1+i)(1-i)}-(9+6i+i^2)$

$=\dfrac{2+2i-4i^2}{1^2-i^2}-(9+6i-1)=\dfrac{2+2i+4}{1-(-1)}-8-6i$

$=1+i+2-8-6i=-5-5i$

よって，実部は アイ-5，虚部は ウエ-5

(2)　与式から　$(3x+y+2)+(x-2y-4)i=0$

x，y は実数であるから，$3x+y+2$，$x-2y-4$ も実数である。よって　$3x+y+2=0$，$x-2y-4=0$

これを解いて　$x=$ オ0，$y=$ カキ-2

⬅分母・分子に $1-i$ を掛ける。

⬅$i^2=-1$

⬅$a+bi$ の実部は a，虚部は b

⬅○＋□i の形にする。

⬅$a+bi=0 \Longleftrightarrow a=b=0$（$a$，$b$ は実数）

基本 例題 58 虚数解をもつ条件

a は実数とする。2 次方程式 $x^2+2ax+5a-4=0$ が異なる 2 つの虚数解をもつとき，［ア］$<a<$［イ］である。

POINT!
2 次方程式 $ax^2+bx+c=0$ について，判別式を $D=b^2-4ac$ とする。（a, b, c は実数）

異なる 2 つの実数解をもつ $\Longleftrightarrow D>0$
重解をもつ $\Longleftrightarrow D=0$
異なる 2 つの虚数解をもつ $\Longleftrightarrow D<0$

$b=2b'$ のとき，$\dfrac{D}{4}=b'^2-ac$ について同様に考える。（➡ 基 14）

解答　2 次方程式 $x^2+2ax+5a-4=0$ の判別式を D とすると，異なる 2 つの虚数解をもつとき　$D<0$

ここで　$\dfrac{D}{4}=a^2-1\cdot(5a-4)=(a-1)(a-4)$

ゆえに　$(a-1)(a-4)<0$　　よって　ア$1<a<$イ4

⬅ POINT!

⬅ $b=2b'$ のときは $\dfrac{D}{4}=b'^2-ac$

基本 例題 59 解と係数の関係

2 次方程式 $x^2+x+4=0$ の 2 つの解を α, β とするとき，$\alpha^2+\beta^2=$［アイ］，$\alpha^3+\beta^3=$［ウエ］である。また，$\dfrac{1}{\alpha}$, $\dfrac{1}{\beta}$ を解にもつ 2 次方程式の 1 つは［オ］x^2+x+［カ］$=0$ である。

POINT!
解と係数の関係　2 次方程式 $ax^2+bx+c=0$ の解を α, β とすると

$$\alpha+\beta=-\frac{b}{a},\quad \alpha\beta=\frac{c}{a}$$

$\alpha^2+\beta^2=(\alpha+\beta)^2-2\alpha\beta$ （➡ 基 3），$\alpha^3+\beta^3=(\alpha+\beta)^3-3\alpha\beta(\alpha+\beta)$

解答　解と係数の関係により　$\alpha+\beta=-1$, $\alpha\beta=4$

よって　$\alpha^2+\beta^2=(\alpha+\beta)^2-2\alpha\beta=(-1)^2-2\cdot4=$ アイ-7

$\alpha^3+\beta^3=(\alpha+\beta)^3-3\alpha\beta(\alpha+\beta)=(-1)^3-3\cdot4\cdot(-1)$

$=$ ウエ11

また，解の和は　$\dfrac{1}{\alpha}+\dfrac{1}{\beta}=\dfrac{\alpha+\beta}{\alpha\beta}=\dfrac{-1}{4}$

解の積は　$\dfrac{1}{\alpha}\cdot\dfrac{1}{\beta}=\dfrac{1}{\alpha\beta}=\dfrac{1}{4}$

ゆえに，$\dfrac{1}{\alpha}$, $\dfrac{1}{\beta}$ を解にもつ 2 次方程式の 1 つは

$x^2-\left(-\dfrac{1}{4}\right)x+\dfrac{1}{4}=0$

すなわち　オ$4x^2+x+$カ$1=0$

⬅ $\alpha+\beta=-\dfrac{b}{a}$, $\alpha\beta=\dfrac{c}{a}$

⬅ POINT!

⬅ POINT!

⬅ α, β を解にもつ 2 次方程式の 1 つは
$x^2-(\alpha+\beta)x+\alpha\beta=0$
である。解の和，積を計算して
x^2-(和)$x+$(積)$=0$
とする。

基本 例題 60　剰余の定理，因数定理

(1)　$3x^3-2x^2+5x-5$ を $x-2$ で割った余りは [アイ] である。

(2)　$2x^3+a^2x^2-3(a-1)x-5$ が $x+1$ で割り切れるような a の値は [ウエ] または [オ] である。

POINT!

多項式 $f(x)$ を 1 次式 $x-\alpha$ で割るとき

剰余の定理　余りは $f(\alpha)$　因数定理　割り切れる $\Longleftrightarrow f(\alpha)=0$

$ax+b$ で割るなら，余りは　$f\left(-\dfrac{b}{a}\right)$　　組立除法 も有効。

解答　(1)　$f(x)=3x^3-2x^2+5x-5$ とすると，$x-2$ で割った余りは　$f(2)=3\cdot2^3-2\cdot2^2+5\cdot2-5=$ ^{アイ}**21**

(2)　$f(x)=2x^3+a^2x^2-3(a-1)x-5$ とすると，$x+1$ で割り切れるとき　$f(-1)=0$

すなわち　$2\cdot(-1)^3+a^2\cdot(-1)^2-3(a-1)\cdot(-1)-5=0$

よって　$a^2+3a-10=0$　ゆえに　$(a+5)(a-2)=0$

したがって　$a={}^{ウエ}$**−5**，^{オ}**2**

⬅剰余の定理
余りは　$f(\alpha)$

⬅因数定理
割り切れる $\Longleftrightarrow f(\alpha)=0$
$x+1=x-(-1)$

組立除法　1 次式で割った余りのみを考えるときは，実際に割り算するより，上の剰余の定理，因数定理を使う方が早いが，以下の組立除法も有効である。

① 割られる式の係数を順に左から書く
② 割る式 $x-\alpha$ の α を横に書く
③ 左端の数字をそのまま下に書く
④ α を掛けた数を右上に書く
⑤ 上の数との和を下に書く
⑥ ④～⑤ を右端まで繰り返す
⑦ 最後に下に並んだ数の右端が余り，左が商の係数である。

$(3x^3-2x^2+5x-5)\div(x-2)$

					②
①	3	−2	5	−5	2
		⑤＋	＋	＋	
③		×2　6	×2　8	×2　26	
⑦	3	④　4	13	21	

商　$3x^2+4x+13$　　余り　21

組立除法を使うと，商と余りが同時に求められる。

$ax+b$ で割るときは $\alpha=-\dfrac{b}{a}$ とし，同様にするが，出てきた商を a で割っておく。(余りは割らない)
また，余りのみを考えるときも，因数定理より組立除法の方が早いこともある。
特に，高次方程式の解を見つけるときに (➡基 61)，

$(3x^3-2x^2+5x-5)\div(3x-2)$

3	−2	5	−5	$\frac{2}{3}$
	2	0	$\frac{10}{3}$	
3	0	5	$-\frac{5}{3}$	

商　$x^2+\frac{5}{3}$　　余り　$-\frac{5}{3}$

$\dfrac{2}{3}$ などを代入して計算するよりも早くなるし，ミスも少ない。また，$f(\alpha)=0$ となる α が見つかったときには商まで計算できているのである。
他にも，3 次関数の極値を求めるときなどにも役立つ。(➡基 87)
このように，組立除法は時間を短縮するのに大変役立つので，使えるようにしておこう。

基本 例題 61 高次方程式

3 次方程式 $x^3+2x^2-11x-12=0$ の解は $x=$ アイ, ウエ, オ である。ただし，アイ < ウエ とする。また，3 次方程式 $2x^3-5x^2+12x-5=0$ の解は $x=\dfrac{\text{カ}}{\text{キ}}$, ク ± ケ i である。

POINT! 高次（3 次以上の）方程式 ⟶ 因数定理（➡基 60）を利用して因数分解。

解答 $f(x)=x^3+2x^2-11x-12$ とすると，

$f(-1)=(-1)^3+2\cdot(-1)^2-11\cdot(-1)-12=0$ であるから，方程式は　$(x+1)(x^2+x-12)=0$

すなわち　$(x+1)(x-3)(x+4)=0$

ゆえに　$x=$ アイ $\mathbf{-4}$, ウエ $\mathbf{-1}$, オ $\mathbf{3}$

次に，$g(x)=2x^3-5x^2+12x-5$ とすると，

$g\left(\dfrac{1}{2}\right)=2\cdot\left(\dfrac{1}{2}\right)^3-5\cdot\left(\dfrac{1}{2}\right)^2+12\cdot\dfrac{1}{2}-5=0$ であるから，方程式は　$(2x-1)(x^2-2x+5)=0$

よって　$x=\dfrac{1}{2}$　または　$x^2-2x+5=0$

$x^2-2x+5=0$ から　$x=-(-1)\pm\sqrt{-4}=1\pm2i$

ゆえに　$x=\dfrac{\text{カ}\,\mathbf{1}}{\text{キ}\,\mathbf{2}}$, ク $\mathbf{1}$ ± ケ $\mathbf{2}i$

⬅定数項 −12 の約数 ±1, ±2, ±3, ±4, ±6, ±12 の中から $f(\alpha)=0$ となる α をさがす。

⬅定数項 −5 の約数の ±1, ±5 からは見つからない。下の参考を参照。

組立除法を利用すると右のようになる。（➡基 60）

1	2	−11	−12	−1
	−1	−1	12	
1	1	−12	0	

2	−5	12	−5	$\frac{1}{2}$
	1	−2	5	
2	−4	10	0	

参考 $f(\alpha)=0$ となる α をさがすときは，次のような数が候補となる。

① ±（$f(x)$ の定数項の約数）　② $\pm\dfrac{(f(x)\text{ の定数項の約数})}{(f(x)\text{ の最高次の項の係数の約数})}$

例えば，基本例題 61 の場合，

$f(x)=0$ は，±1, ±2, ±3, ±4, ±6, ±12 が候補。

$g(x)=0$ は，±1, ±5 では見つからないので，$\pm\dfrac{1}{2}$, $\pm\dfrac{5}{2}$ が次の候補となる。

CHECK

□ **50** (1) 次の式を展開せよ。

$(x+3y)^3=x^3+$ ア x^2y+ イウ xy^2+ エオ y^3

(2) 次の式を因数分解せよ。

$27x^3+1=($ カ $x+$ キ $)($ ク x^2- ケ $x+$ コ $)$

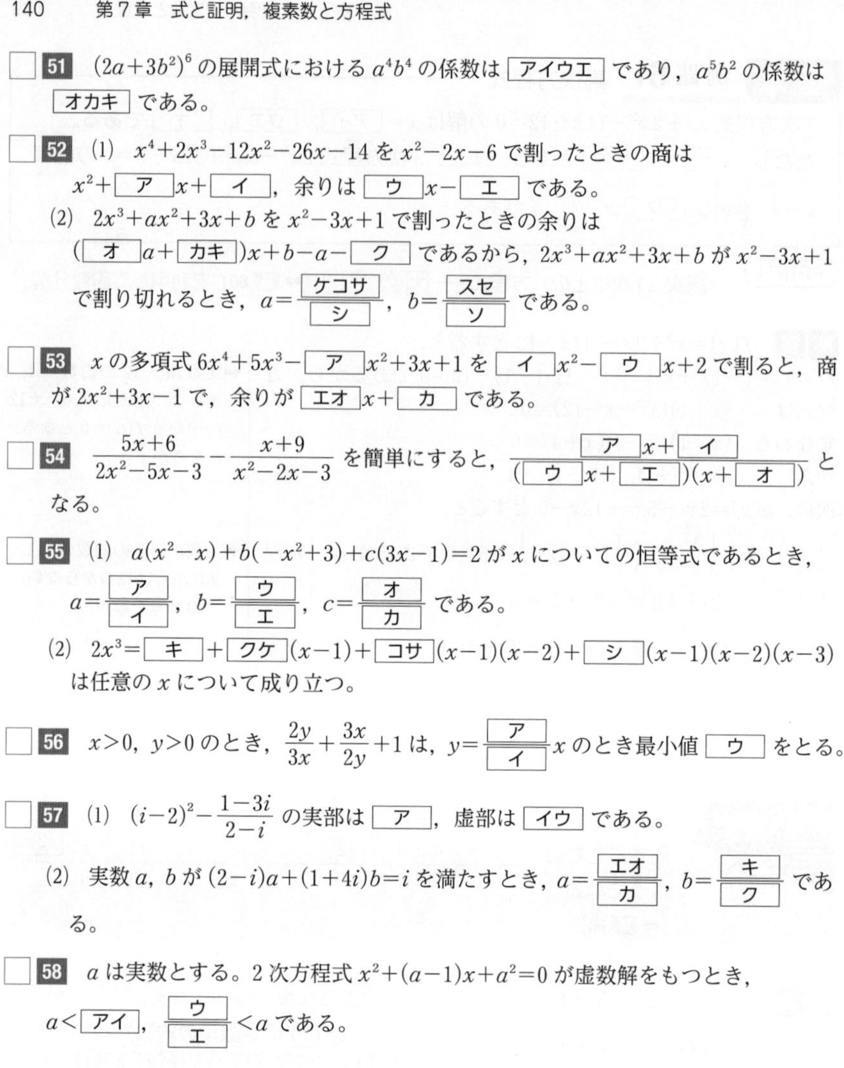

□ **51**　$(2a+3b^2)^6$ の展開式における a^4b^4 の係数は $\boxed{\text{アイウエ}}$ であり，a^5b^2 の係数は $\boxed{\text{オカキ}}$ である。

□ **52**　(1)　$x^4+2x^3-12x^2-26x-14$ を x^2-2x-6 で割ったときの商は $x^2+\boxed{\text{ア}}x+\boxed{\text{イ}}$，余りは $\boxed{\text{ウ}}x-\boxed{\text{エ}}$ である。

(2)　$2x^3+ax^2+3x+b$ を x^2-3x+1 で割ったときの余りは $(\boxed{\text{オ}}a+\boxed{\text{カキ}})x+b-a-\boxed{\text{ク}}$ であるから，$2x^3+ax^2+3x+b$ が x^2-3x+1 で割り切れるとき，$a=\dfrac{\boxed{\text{ケコサ}}}{\boxed{\text{シ}}}$，$b=\dfrac{\boxed{\text{スセ}}}{\boxed{\text{ソ}}}$ である。

□ **53**　x の多項式 $6x^4+5x^3-\boxed{\text{ア}}x^2+3x+1$ を $\boxed{\text{イ}}x^2-\boxed{\text{ウ}}x+2$ で割ると，商が $2x^2+3x-1$ で，余りが $\boxed{\text{エオ}}x+\boxed{\text{カ}}$ である。

□ **54**　$\dfrac{5x+6}{2x^2-5x-3}-\dfrac{x+9}{x^2-2x-3}$ を簡単にすると，$\dfrac{\boxed{\text{ア}}x+\boxed{\text{イ}}}{(\boxed{\text{ウ}}x+\boxed{\text{エ}})(x+\boxed{\text{オ}})}$ となる。

□ **55**　(1)　$a(x^2-x)+b(-x^2+3)+c(3x-1)=2$ が x についての恒等式であるとき，$a=\dfrac{\boxed{\text{ア}}}{\boxed{\text{イ}}}$，$b=\dfrac{\boxed{\text{ウ}}}{\boxed{\text{エ}}}$，$c=\dfrac{\boxed{\text{オ}}}{\boxed{\text{カ}}}$ である。

(2)　$2x^3=\boxed{\text{キ}}+\boxed{\text{クケ}}(x-1)+\boxed{\text{コサ}}(x-1)(x-2)+\boxed{\text{シ}}(x-1)(x-2)(x-3)$ は任意の x について成り立つ。

□ **56**　$x>0$，$y>0$ のとき，$\dfrac{2y}{3x}+\dfrac{3x}{2y}+1$ は，$y=\dfrac{\boxed{\text{ア}}}{\boxed{\text{イ}}}x$ のとき最小値 $\boxed{\text{ウ}}$ をとる。

□ **57**　(1)　$(i-2)^2-\dfrac{1-3i}{2-i}$ の実部は $\boxed{\text{ア}}$，虚部は $\boxed{\text{イウ}}$ である。

(2)　実数 a，b が $(2-i)a+(1+4i)b=i$ を満たすとき，$a=\dfrac{\boxed{\text{エオ}}}{\boxed{\text{カ}}}$，$b=\dfrac{\boxed{\text{キ}}}{\boxed{\text{ク}}}$ である。

□ **58**　a は実数とする。2次方程式 $x^2+(a-1)x+a^2=0$ が虚数解をもつとき，$a<\boxed{\text{アイ}}$，$\dfrac{\boxed{\text{ウ}}}{\boxed{\text{エ}}}<a$ である。

□ **59**　2次方程式 $x^2-3x+5=0$ の2つの解を α，β とするとき，$\alpha^2+\beta^2=\boxed{\text{アイ}}$，$\dfrac{\alpha}{\beta}+\dfrac{\beta}{\alpha}=\dfrac{\boxed{\text{ウエ}}}{\boxed{\text{オ}}}$，$\left(\alpha+\dfrac{1}{\alpha}\right)\left(\beta+\dfrac{1}{\beta}\right)=\boxed{\text{カ}}$ である。また，$\dfrac{1}{\alpha+1}$，$\dfrac{1}{\beta+1}$ を解にもつ2次方程式の1つは $\boxed{\text{キ}}x^2-\boxed{\text{ク}}x+\boxed{\text{ケ}}=0$ である。

□ **60**　(1)　$2x^3+5x^2+1$ を $x+3$ で割った余りは $\boxed{\text{アイ}}$ である。

(2)　$4x^3+6x^2+2a^2x-a-4$ が $2x-1$ で割り切れるような a の値は $\boxed{\text{ウエ}}$ または $\boxed{\text{オ}}$ である。

□ **61**　3次方程式 $x^3-x^2+x-6=0$ の解は $x=\boxed{\text{ア}}$，$\dfrac{\boxed{\text{イウ}}\pm\sqrt{\boxed{\text{エオ}}}\,i}{\boxed{\text{カ}}}$ である。

また，3次方程式 $6x^3+5x^2-5x-2=0$ の解は $x=\dfrac{\boxed{\text{キク}}}{\boxed{\text{ケ}}}$，$\dfrac{\boxed{\text{コサ}}\pm\sqrt{\boxed{\text{シス}}}}{\boxed{\text{セ}}}$ である。

重要 例題 26 多項定理

(1) $(3x+2y)^5$ を展開したとき，x^2y^3 の係数は アイウ である。

(2) $\{(3x+2y)+z\}^8$ を展開したとき，z についての 3 次の項をまとめると，

$${}_8C_{\boxed{エ}}(3x+2y)^{\boxed{エ}}z^3$$

で表される。したがって，$(3x+2y+z)^8$ の展開式での $x^2y^3z^3$ の係数は オカキクケ になる。

POINT!

$(a+b+c)^n$ の展開

$\{(a+b)+c\}^n$ を展開して，$(a+b)^{n-r}$ を展開する。

(➡ 基 51)

公式の利用も　一般項は　$\dfrac{n!}{p!q!r!}a^pb^qc^r$　$(p+q+r=n)$

解答 (1) $(3x+2y)^5$ の展開式における一般項は

$${}_5C_r(3x)^{5-r}(2y)^r={}_5C_r3^{5-r}2^rx^{5-r}y^r$$

x^2y^3 となるのは $r=3$ のときで，その係数は

$${}_5C_3\cdot3^2\cdot2^3=10\cdot9\cdot8={}^{アイウ}720$$

(2) $\{(3x+2y)+z\}^8$ を展開したとき，z^3 の項をまとめると

$${}_8C_3(3x+2y)^{8-3}z^3={}_8C_{{}^{エ}5}(3x+2y)^5z^3$$

で表される。

$(3x+2y)^5$ の展開式で x^2y^3 の係数は 720 であるから，

$(3x+2y+z)^8$ の展開式で $x^2y^3z^3$ の係数は

$${}_8C_5\times720=56\times720={}^{オカキクケ}40320$$

〔別解〕 (2) $(3x+2y+z)^8$ の展開式の一般項は

$$\frac{8!}{p!q!r!}(3x)^p(2y)^qz^r=\frac{8!}{p!q!r!}3^p2^qx^py^qz^r$$

$x^2y^3z^3$ となるのは $p=2,\ q=3,\ r=3$ のときで，その係数は

$$\frac{8!}{2!3!3!}\cdot3^2\cdot2^3=560\cdot9\cdot8={}^{オカキクケ}40320$$

⬅一般項は ${}_5C_ra^{5-r}b^r$ ➡ 基 51

⬅$(3x+2y+z)^8=\{(3x+2y)+z\}^8$ の展開を考える。

⬅${}_nC_r={}_nC_{n-r}$ ➡ 基 33

⬅さらに，${}_8C_5(3x+2y)^5z^3$ において $(3x+2y)^5$ の展開を考える。

⬅$\dfrac{n!}{p!q!r!}a^pb^qc^r$ $(p+q+r=n)$

参考 この問題のように，(1) の結果を利用すると (2) がうまく解けることがある。解法に迷ったときは，前問の**結果が利用**できないかを考えてみるとよい。

CHART

(1)，(2) の問題　(1) は (2) のヒント

練習 26 $(a+b+1)^5$ を展開したとき，a を含まない項をまとめると $(b+1)^{\boxed{ア}}$，a について 1 次の項をまとめると イ $(b+1)^{\boxed{ウ}}a$ と表される。

$(x^2+x+1)^5$ を展開したとき，x の係数は エ，x^3 の係数は オカ である。

重要　例題 27　割り算と式の値

a を実数とする。

(1)　x の多項式 A, B を $A=x^4-(a+8)x^2-2ax+4a+1$, $B=x^2-2x-a$ とする。A を B で割ったときの商は x^2+［ア］$x-$［イ］，余りは［ウエ］$x+$［オ］となる。

(2)　$p=-1+\sqrt{5}$ とおく。p は2次方程式 x^2+2x-［カ］$=0$ の解の一つであり，$p^4-(a+8)p^2-2ap+4a+1=$［キ］$-$［ク］$\sqrt{［ケ］}$ である。

POINT!　割り算の基本公式 $A(x)=B(x)Q(x)+R(x)$（➡基53）において，$B(\alpha)=0$（$Q(\alpha)=0$）となる α について　$A(\alpha)=R(\alpha)$

解答　(1)

右の計算から，商は
$x^2+{}^{ア}\mathbf{2}x-{}^{イ}\mathbf{4}$,
余りは
${}^{ウエ}\mathbf{-8}x+{}^{オ}\mathbf{1}$

$$
\begin{array}{rl}
 & x^2+2x-4 \\
x^2-2x-a\,\big) & x^4\qquad\quad -(a+8)x^2-2ax+4a+1 \\
 & \underline{x^4-2x^3\qquad -ax^2\qquad\qquad\qquad} \\
 & \qquad 2x^3\quad -8x^2-2ax \\
 & \qquad \underline{2x^3\quad -4x^2-2ax\qquad\quad} \\
 & \qquad\qquad\quad -4x^2\qquad +4a+1 \\
 & \qquad\qquad\quad \underline{-4x^2\ +8x+4a\quad} \\
 & \qquad\qquad\qquad\quad -8x\qquad +1
\end{array}
$$

➡基52

(2)　$p=-1+\sqrt{5}$ から　$p+1=\sqrt{5}$

両辺を2乗すると　$(p+1)^2=5$

よって　$p^2+2p-4=0$ …… ①

ゆえに，p は $x^2+2x-{}^{カ}\mathbf{4}=0$ の解である。

また，(1)の結果から

$p^4-(a+8)p^2-2ap+4a+1=(p^2-2p-a)(p^2+2p-4)-8p+1$

ここで，①から

$p^4-(a+8)p^2-2ap+4a+1=(p^2-2p-a)\cdot 0-8p+1$

$=-8p+1=-8(-1+\sqrt{5})+1={}^{キ}\mathbf{9}-{}^{ク}\mathbf{8}\sqrt{{}^{ケ}\mathbf{5}}$

〔別解〕（カ）$p=-1+\sqrt{5}$ が方程式 $x^2+2x-b=0$（b は整数）の解であるとき，$-1-\sqrt{5}$ もこの方程式の解である。
よって，解と係数の関係により

$-b=(-1+\sqrt{5})(-1-\sqrt{5})$　　よって　$b={}^{カ}\mathbf{4}$

⬅$\sqrt{\ }$ の形をなくすため，$\sqrt{\ }$ の項のみを右辺に残し，両辺を2乗する。

⬅CHART　(1)は(2)のヒント

⬅CHART　$A=BQ+R$

⬅$Q(p)=0$ となる p について　$A(p)=R(p)$

⬅係数が有理数の2次方程式の解が $a+b\sqrt{\alpha}$（$\sqrt{\alpha}$ は無理数）のとき，$a-b\sqrt{\alpha}$ も解である。

練習 27　m, n を有理数とする。x の整式 A, B を $A=x^3+mx^2+nx+2m+n+1$, $B=x^2-2x-1$ とする。
A を B で割ると，商 Q と余り R はそれぞれ

$Q=x+(m+$［ア］$)$,

$R=(2m+n+$［イ］$)x+(3m+n+$［ウ］$)$ である。

また，$x=1+\sqrt{2}$ のとき，B の値は［エ］であり，さらにこのとき，A の値が -1 であるならば，m, n は有理数だから，$m=$［オ］，$n=$［カキ］である。

重要 例題 28 割り算と余りの決定

多項式 $f(x)=3x^3+5x^2+ax+b$ を $x+1$，$x-2$ で割ったときの余りは，それぞれ -3，12 である。このとき，$f(x)$ を $(x+1)(x-2)$ で割ったときの余りは

［ア］$x+$［イ］である。

また，$a=$［ウエ］，$b=$［オカキ］である。

POINT!

割り算の基本公式

$$A(x)=B(x)Q(x)+R(x)\quad (R(x)\text{ の次数})<(B(x)\text{ の次数})$$

において（➡ 基 53），

$R(x)=ax+b$ などとおいて　$B(\alpha)=0$ となる α を代入。

解答　剰余の定理により

$f(-1)=-3$，$f(2)=12$ …… ①

$f(x)$ を $(x+1)(x-2)$ で割ったときの余りは $px+q$ とおけるから，商を $Q(x)$ とすると

$f(x)=(x+1)(x-2)Q(x)+px+q$

両辺に $x=-1$，2 を代入して

$f(-1)=0\cdot Q(-1)-p+q$　すなわち $f(-1)=-p+q$

$f(2)=0\cdot Q(2)+2p+q$　すなわち $f(2)=2p+q$

① から　$-3=-p+q$，$12=2p+q$

これを解いて　$p=5$，$q=2$

ゆえに，余りは　ア$\mathbf{5}x+$イ$\mathbf{2}$

また，① から　$3\cdot(-1)^3+5\cdot(-1)^2+a\cdot(-1)+b=-3$，

$3\cdot 2^3+5\cdot 2^2+a\cdot 2+b=12$

すなわち　$-a+b+5=0$，$2a+b+32=0$

これを解いて　$a=$ウエ$\mathbf{-9}$，$b=$オカキ$\mathbf{-14}$

⬅ $x-\alpha$ で割った余りは $f(\alpha)$　➡ 基 60

⬅ $(R(x)$ の次数$)<(B(x)$ の次数$)=2$ であるから $px+q$ とおける。

⬅ CHART　$A=BQ+R$

⬅ $B(\alpha)=0$ となる α を代入。

➡ 素早く解く！

素早く解く！　組立除法を利用してもよい。（➡ 基 60）

3	5	a	b	$\lfloor -1$
	-3	-2	$-a+2$	
3	2	$a-2$	$\mathbf{-a+b+2}$	

よって　$f(-1)=-a+b+2$

3	5	a	b	$\lfloor 2$
	6	22	$2a+44$	
3	11	$a+22$	$\mathbf{2a+b+44}$	

よって　$f(2)=2a+b+44$

練習 28　$f(x)=x^3+ax^2+bx+c$（a，b，c は定数）は $x+2$ で割っても $x+3$ で割っても 2 余る。また，方程式 $f(x)=0$ の 1 つの解は $x=-1$ である。このとき，$f(x)$ を x^2+3x+2 で割った余りは［アイ］$x-$［ウ］である。また，$a=$［エ］，$b=$［オ］，$c=$［カ］である。

演習　例題 12　解から方程式の係数決定

目安 8分

解説動画

3次方程式 $x^3+ax^2+bx-15=0$ …… ① の1つの解が $-1+2i$ であるとき，実数の定数 a，b の値と他の解を求めたい。

(1)　次の [コ]，[セ] には当てはまるものとして最も適当なものを，下の ⓪～⑧のうちから一つずつ選べ。ただし，同じものを繰り返し選んでもよい。

⓪ 整数　① 有理数　② 無理数　③ 実数　④ 虚数
⑤ 実部　⑥ 虚部　⑦ 共役な複素数　⑧ 逆数の複素数

方針1

$x=-1+2i$ が方程式 ① の解であるから，① に代入して

$$(-1+2i)^3+a(-1+2i)^2+b(-1+2i)-15=0$$

$(-1+2i)^3=$ [アイ] $-$ [ウ] i であるから，式を整理すると

([エオ] $a-b-$ [カ]) $+2$([キク] $a+b-$ [ケ]) $i=0$

このとき，[エオ] $a-b-$ [カ]，[キク] $a+b-$ [ケ] は [コ] であるから

[エオ] $a-b-$ [カ] $=0$，[キク] $a+b-$ [ケ] $=0$

これを解いて a，b の値が求められる。また，このとき，方程式 ① は

($x-$ [サ])(x^2+ [シ] $x+$ [ス]) $=0$

と因数分解できるから，他の解も求めることができる。

方針2

実数を係数とする方程式 ① の1つの解が $-1+2i$ であるから，これと [セ] も解である。これら2つの解の和は [ソタ]，積は [チ] であることから，これら2つの数を解にもつ2次方程式の1つは

x^2+ [ツ] $x+$ [テ] $=0$ である。

したがって，$x^3+ax^2+bx-15=(x^2+$ [ツ] $x+$ [テ] $)(x+c)$ と表されることから，a，b の値と他の解を求めることができる。

(2)　**方針1** または **方針2** を用いると，$a=$ [トナ]，$b=$ [ニヌ]，他の解は [ネ] と [ノハ] $-$ [ヒ] i であることがわかる。

Situation Check ✓

3次方程式に対し，2つの解法の方針が示されている。方針1では方程式に解 $x=-1+2i$ を代入，方針2では方程式の係数が実数であることに着目，といったことをまずは読み取ろう。

$x=\alpha$ が方程式の解 → **$x=\alpha$ を方程式に代入** すれば成り立つ。

(➡ 基 13)

a，b が実数のとき　$a+bi=0 \iff a=0$ かつ $b=0$

(➡ 基 57)

実数を係数とする n 次方程式が虚数解 α を解にもつならば，共役な複素数 $\overline{\alpha}$ も解である。

解答 (1) **方針１**について

$x=-1+2i$ を ① に代入して

$$(-1+2i)^3+a(-1+2i)^2+b(-1+2i)-15=0$$

ここで，

$$(-1+2i)^3=(-1)^3+3\cdot(-1)^2\cdot 2i+3\cdot(-1)\cdot(2i)^2+(2i)^3$$
$$=-1+6i+12-8i={}^{アイ}\mathbf{11}-{}^{ウ}\mathbf{2}i$$

であるから

$$11-2i+a(-3-4i)+b(-1+2i)-15=0$$

i について整理すると

$$({}^{エオ}\mathbf{-3}a-b-{}^{カ}\mathbf{4})+2({}^{キク}\mathbf{-2}a+b-{}^{ケ}\mathbf{1})i=0$$

$-3a-b-4$，$-2a+b-1$ は実数であるから（コ ③）

$$-3a-b-4=0 \quad かつ \quad -2a+b-1=0$$

これを解いて　$a=-1$，$b=-1$

このとき，方程式 ① は　$x^3-x^2-x-15=0$

$f(x)=x^3-x^2-x-15$ とすると，

$f(3)=3^3-3^2-3-15=0$ であるから，方程式は

$$(x-{}^{サ}\mathbf{3})(x^2+{}^{シ}\mathbf{2}x+{}^{ス}\mathbf{5})=0$$

これを解いて　$x=3,\ -1\pm 2i$

方針２について

実数を係数とする方程式 ① の１つの解が $-1+2i$ であるから，これと共役な複素数 $-1-2i$ も解である。（セ ⑦）

これらの和は　$(-1+2i)+(-1-2i)={}^{ソタ}\mathbf{-2}$

積は　$(-1+2i)(-1-2i)=(-1)^2-(2i)^2$

$$=1+4={}^{チ}\mathbf{5}$$

よって，$-1\pm 2i$ を解にもつ２次方程式の１つは

$$x^2+{}^{ツ}\mathbf{2}x+{}^{テ}\mathbf{5}=0$$

したがって，$x^3+ax^2+bx-15=(x^2+2x+5)(x+c)$ と表される。

両辺の定数項を比較して　$-15=5c$

すなわち　$c=-3$

このとき，$(x^2+2x+5)(x-3)=x^3-x^2-x-15$ となるから，① の左辺と係数を比較して　$a=-1$，$b=-1$

また，$(x^2+2x+5)(x-3)=0$ を解いて

$$x=3,\ -1\pm 2i$$

(2) **方針１**または**方針２**から　$a={}^{トナ}\mathbf{-1}$，$b={}^{ニヌ}\mathbf{-1}$

また，① の解は $x=3,\ -1\pm 2i$ であるから，他の解は

$${}^{ネ}\mathbf{3} \text{ と } {}^{ノハ}\mathbf{-1}-{}^{ヒ}\mathbf{2}i$$

←$(a+b)^3$
$=a^3+3a^2b+3ab^2+b^3$
➡基 50

←$(-1+2i)^2$
$=(-1)^2+2\cdot(-1)\cdot 2i+(2i)^2$
$=1-4i-4=-3-4i$

←A，B が実数のとき
$\boldsymbol{A+Bi=0}$
$\boldsymbol{\Leftrightarrow A=0}$ **かつ** $\boldsymbol{B=0}$
➡基 57

←$f(\alpha)=0$ となる α をさがす。
➡基 61

素早く解く！

組立除法 ➡基 60

1	−1	−1	−15	3
	3	6	15	
1	2	5	0	

←α，β を解にもつ２次方程式の１つは
$\boldsymbol{x^2-(\alpha+\beta)x+\alpha\beta=0}$
➡基 59

←右辺の定数項は，
$5\cdot c=5c$ である。

問題 12　a，b は実数の定数とする。３次方程式 $x^3-ax^2-bx+14=0$ の１つの解が $2-\sqrt{3}\,i$ であるとき，$a=$ [ア]，$b=$ [イ] である。また，他の解は [ウエ] と [オ] $+\sqrt{[カ]}\,i$ である。

実践問題　目安時間　25 [10分]　26 [10分]　27 [5分]

指針 p.354

*25　x の多項式 $P(x)$，$Q(x)$ を次のように定める。

$$P(x)=x^4-4x^3+4x^2+12x-21,$$
$$Q(x)=x^3-6x^2+15x-14$$

(1)　$i^2=-1$，$i^3=$ ア i，$i^4=$ イ である。また，

$$P(i)=\boxed{ウエオ}+\boxed{カキ}\,i$$

である。

(2)　太郎さんと花子さんは，$P(\alpha)=Q(\alpha)=0$ を満たす複素数 α が存在するかどうかについて話している。

> 太郎：方程式 $P(x)=0$ と $Q(x)=0$ の両方を解く必要があるのかな。
> 花子：$P(x)$ を $Q(x)$ で割ったときの余りに着目したらどうかな。

$P(x)$ を $Q(x)$ で割ったときの余りを $R(x)$ とすると

$$R(x)=x^2-\boxed{ク}\,x+\boxed{ケ}$$

であり

$$P(x)=Q(x)(x+\boxed{コ})+R(x)\ \cdots\cdots\ ①$$

が成り立つ。したがって，$P(\alpha)=Q(\alpha)=0$ ならば，$R(\alpha)=$ サ である。

このことにより，$P(\alpha)=Q(\alpha)=0$ ならば

$$\alpha=\boxed{シ}\pm\sqrt{\boxed{ス}}\,i\ \cdots\cdots\ ②$$

でなければならないことがわかる。

> 太郎：$P(\alpha)=Q(\alpha)=0$ を満たす複素数 α が求められたね。
> 花子：ちょっと待って。② の α の値で $P(\alpha)=Q(\alpha)=0$ になるのかな。

② の α が $P(\alpha)=Q(\alpha)=0$ を満たすかどうかを調べよう。

$Q(x)$ を $R(x)$ で割ると

$$Q(x)=R(x)(x-\boxed{セ})$$

であるので，$Q(x)$ は $R(x)$ で割り切れる。よって，② の α について $Q(\alpha)=0$ である。

さらに ① により，$P(\alpha)=0$ が成り立つ。

したがって，$P(\alpha)=Q(\alpha)=0$ を満たす複素数 α は ソ 。

ソ の解答群

⓪　存在しない	①　ちょうど1個存在する
②　ちょうど2個存在する	③　ちょうど3個存在する
④　ちょうど4個存在する	

(3)　x の多項式 $S(x)$，$T(x)$ を

$$S(x)=x^4+2x^3+4x^2+3x+3,\quad T(x)=x^3+2x^2+3x+1$$

と定めると，次の式が成り立つ。

$$S(x)=T(x)x+x^2+\boxed{\text{タ}}x+\boxed{\text{チ}}$$

したがって，$S(\beta)=T(\beta)=0$ を満たす複素数 β は $\boxed{\text{ツ}}$。

$\boxed{\text{ツ}}$ の解答群

⓪　存在しない	①　ちょうど1個存在する
②　ちょうど2個存在する	③　ちょうど3個存在する
④　ちょうど4個存在する	

〔22 共通テスト・追試〕

*26　k，l，m を実数とし，x の多項式 $P(x)=x^4+kx^2+lx+m$ を考える。

(1)　$P(x)$ は $x+1$ で割り切れるとする。このとき，因数定理により，
$P($［アイ］$)=0$ が成り立つから，m は k，l を用いて

$m=$［ウ］$k+l-$［エ］ …… ①

と表される。また，$P(x)$ を $x+1$ で割ったときの商を $Q(x)$ とすると

$Q(x)=x^3-x^2+(k+$［オ］$)x-k+l-$［カ］

である。

(2)　$P(x)$ は $(x+1)^2$ で割り切れるとする。このとき，(1) で求めた $Q(x)$ は $x+1$ で割り切れる。このことと ① により，l，m は k を用いて

$l=$［キ］$k+$［ク］，$m=k+$［ケ］

と表される。また，$P(x)$ を $(x+1)^2$ で割ったときの商を $R(x)$ とすると

$R(x)=x^2-$［コ］$x+k+$［サ］

である。

以下の (3)，(4) では，$P(x)$ は $(x+1)^2$ で割り切れるとする。

(3)　$R(x)$ を (2) で求めた2次式とし，2次方程式 $R(x)=0$ の判別式を D とする。
このとき，$P(x)$ がつねに0以上の値をとることは，D の値が［シ］であることと同値であり，これは，$k+$［ス］の値が［セ］であることと同値である。

［シ］，［セ］の解答群（同じものを繰り返し選んでもよい。）

⓪　負	①　0以下	②　0
③　正	④　0以上	

(4)　t を実数とする。4次方程式 $P(x)=0$ が虚数解 $t+3i$，$t-3i$ をもつとき，

$t=$［ソ］，$k=$［タ］

である。

〔21 共通テスト・本試（第2日程）〕

27 (1) 4次方程式 $x^4-2x^3-x^2-10x+12=0$ は [ア] をもつ。
[ア] に当てはまるものを，次の⓪～⑦のうちから一つ選べ。

⓪ 異なる4つの実数解　① 異なる2つの実数解と，異なる2つの虚数解
② 異なる4つの虚数解　③ ただ1つの実数解と，異なる2つの虚数解
④ 異なる3つの実数解　⑤ 異なる2つの実数解と，ただ1つの虚数解
⑥ 異なる2つの実数解　⑦ 異なる2つの虚数解

(2) 多項式 $f(x)$ は実数を係数とする4次式とする。4次方程式 $f(x)=0$ の解として起こりえない場合を，次の⓪～⑦のうちから二つ選べ。
ただし，解答の順序は問わない。[イ]，[ウ]

⓪ 異なる4つの実数解をもつ。
① 異なる4つの虚数解をもつ。
② 異なる3つの実数解と，ただ1つの虚数解をもつ。
③ 異なる2つの実数解と，異なる2つの虚数解をもつ。
④ 異なる2つの実数解をもつ。
⑤ 異なる2つの虚数解をもつ。
⑥ ただ1つの実数解と，異なる2つの虚数解をもつ。
⑦ ただ1つの実数解と，異なる3つの虚数解をもつ。

第8章　図形と方程式

基本 例題 62　点の座標

座標平面上に2点 A(4, 4), B(−2, 1) がある。線分 AB を1：2に内分する点Cの座標は（ア, イ），1：2に外分する点Dの座標は（ウエ, オ）であり，線分 CD の長さは カ$\sqrt{\text{キ}}$ である。
また，E(−5, 1) とすると △ABE の重心 G の座標は（クケ, コ）である。

POINT!

$A(x_1, y_1)$, $B(x_2, y_2)$, $C(x_3, y_3)$ について
線分 AB を $m：n$ に内分する点の座標は

$$\left(\frac{nx_1+mx_2}{m+n},\ \frac{ny_1+my_2}{m+n}\right)$$

$m：n$ に外分する点の座標は

$$\left(\frac{-nx_1+mx_2}{m-n},\ \frac{-ny_1+my_2}{m-n}\right)$$

A, B 間の距離は　$\sqrt{(x_2-x_1)^2+(y_2-y_1)^2}$

△ABC の重心（➡基 41）の座標は　$\left(\frac{x_1+x_2+x_3}{3},\ \frac{y_1+y_2+y_3}{3}\right)$

解答　線分 AB を1：2に内分する点Cの座標は

$$\left(\frac{2\cdot4+1\cdot(-2)}{1+2},\ \frac{2\cdot4+1\cdot1}{1+2}\right)$$

⬅ $\left(\frac{nx_1+mx_2}{m+n},\ \frac{ny_1+my_2}{m+n}\right)$

すなわち　（ア**2**, イ**3**）

1：2に外分する点Dの座標は

$$\left(\frac{-2\cdot4+1\cdot(-2)}{1-2},\ \frac{-2\cdot4+1\cdot1}{1-2}\right)$$

⬅ $\left(\frac{-nx_1+mx_2}{m-n},\ \frac{-ny_1+my_2}{m-n}\right)$

すなわち　（ウエ**10**, オ**7**）

➡参考

ゆえに，線分 CD の長さは

$$\sqrt{(10-2)^2+(7-3)^2}=\sqrt{80}=\text{カ}4\sqrt{\text{キ}5}$$

⬅ $\sqrt{(x_2-x_1)^2+(y_2-y_1)^2}$

また，△ABE の重心 G の座標は

$$\left(\frac{4+(-2)+(-5)}{3},\ \frac{4+1+1}{3}\right)$$

⬅ $\left(\frac{x_1+x_2+x_3}{3},\ \frac{y_1+y_2+y_3}{3}\right)$

すなわち　（クケ**−1**, コ**2**）

参考　線分 AB を1：2に外分する点Dは右の図のような位置にある。
また，内分点の座標の分子は，右の図のように**「たすきに掛ける」**と考えると覚えやすい。
なお，外分する点の座標は，内分する点の座標において n を $-n$ としたものである。

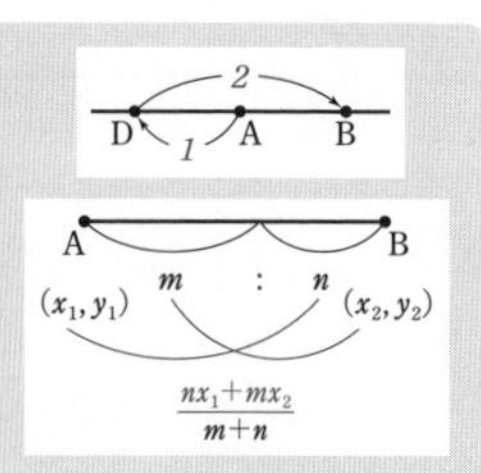

基本 例題 63 直線の方程式

2点 A(3, 1), B(−1, 4) を通る直線の方程式は $3x+$ [ア] $y-$ [イウ] $=0$ である。
また，直線 AB に平行で，点 $(-2,\ 1)$ を通る直線の方程式は
$3x+$ [エ] $y+$ [オ] $=0$ であり，線分 AB の垂直二等分線の方程式は
[カ] $x-$ [キ] $y+$ [ク] $=0$ である。

POINT!

点 $(x_1,\ y_1)$ を通り，傾き m の直線の方程式は $\boldsymbol{y-y_1=m(x-x_1)}$

2点 $(x_1,\ y_1)$, $(x_2,\ y_2)$ を通る直線の方程式は

$x_1 \neq x_2$ のとき $\boldsymbol{y-y_1=\dfrac{y_2-y_1}{x_2-x_1}(x-x_1)}$

$x_1=x_2$ のとき $\boldsymbol{x=x_1}$

2直線 $\ell_1 : y=m_1x+n_1$, $\ell_2 : y=m_2x+n_2$ について

$\boldsymbol{\ell_1 /\!/ \ell_2 \iff m_1=m_2 \qquad \ell_1 \perp \ell_2 \iff m_1m_2=-1}$

解答 A, B を通る直線の方程式は $y-1=\dfrac{4-1}{-1-3}(x-3)$

⬅ $y-y_1=\dfrac{y_2-y_1}{x_2-x_1}(x-x_1)$

すなわち $y=-\dfrac{3}{4}x+\dfrac{13}{4}$ 　よって $3x+{}^{ア}\mathbf{4}y-{}^{イウ}\mathbf{13}=0$

この直線の傾きは $-\dfrac{3}{4}$ であるから，AB に平行で，

点 $(-2,\ 1)$ を通る直線の方程式は

$y-1=-\dfrac{3}{4}(x+2)$ 　すなわち　$3x+{}^{エ}\mathbf{4}y+{}^{オ}\mathbf{2}=0$

⬅平行 ⟺ 傾きが等しい
$y-y_1=m(x-x_1)$

線分 AB の垂直二等分線は，直線 AB に垂直かつ線分 AB の中点を通る。

よって，垂直二等分線の傾きを m とすると $-\dfrac{3}{4}\cdot m=-1$ から

$m=\dfrac{4}{3}$

⬅垂直 ⟺ 傾きの積が −1

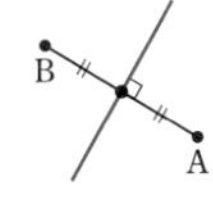

線分 AB の中点は $\left(\dfrac{3-1}{2},\ \dfrac{1+4}{2}\right)$ より $\left(1,\ \dfrac{5}{2}\right)$ であるから，

⬅中点 $\left(\dfrac{x_1+x_2}{2},\ \dfrac{y_1+y_2}{2}\right)$

➡ 基 62

この点を通り，傾き $\dfrac{4}{3}$ の直線が AB の垂直二等分線である。

よって　$y-\dfrac{5}{2}=\dfrac{4}{3}(x-1)$ 　すなわち　${}^{カ}\mathbf{8}x-{}^{キ}\mathbf{6}y+{}^{ク}\mathbf{7}=0$

⬅ $y-y_1=m(x-x_1)$

参考 一般に，点 $(x_1,\ y_1)$ を通り，直線 $ax+by+c=0$ に平行な直線，垂直な直線は，それぞれ次の方程式で表される。

平行 $\boldsymbol{a(x-x_1)+b(y-y_1)=0}$, 　**垂直** $\boldsymbol{b(x-x_1)-a(y-y_1)=0}$

これを用いると，直線 AB に平行で，点 $(-2,\ 1)$ を通る直線の方程式は

$3\{x-(-2)\}+4(y-1)=0$ 　すなわち　$3x+{}^{エ}\mathbf{4}y+{}^{オ}\mathbf{2}=0$

となる。直線の方程式の形が $ax+by+c=0$ の形であれば，この方法の方が早いので，式の形によって使い分けられるようにしよう。

なお証明は，CHECK 63 **解説**の参考参照。(➡解答編 $p.102$)

基本 例題 64　点と直線の距離

直線 ℓ：$x+2y-1=0$ と点 A(3, 4) との距離は [ア] $\sqrt{[イ]}$ であるから，ℓ 上の 2 点 B(−1, 1)，C(7, −3) について △ABC の面積は [ウエ] である。

POINT!

直線 $ax+by+c=0$ と点 $(x_1,\ y_1)$ との距離 d は

$$d=\frac{|ax_1+by_1+c|}{\sqrt{a^2+b^2}}$$

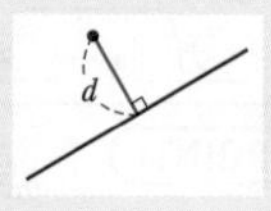

解答　距離は $\dfrac{|3+2\cdot4-1|}{\sqrt{1^2+2^2}}={}^{ア}2\sqrt{{}^{イ}5}$

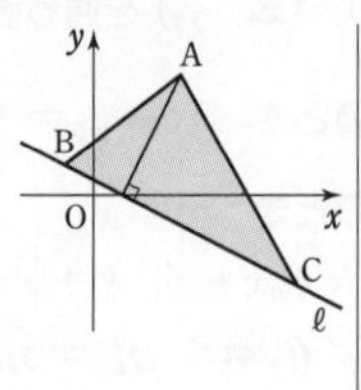

また，$BC=\sqrt{\{7-(-1)\}^2+(-3-1)^2}$
$=4\sqrt{5}$

であるから　　$\triangle ABC=\dfrac{1}{2}\cdot4\sqrt{5}\cdot2\sqrt{5}$
$={}^{ウエ}20$

⬅ $\dfrac{|ax_1+by_1+c|}{\sqrt{a^2+b^2}}$

➡ 基 62

⬅ BC が底辺，$2\sqrt{5}$ が高さ。

素早く解く！

三角形の面積について，次のことが成り立つ。

△ABC について，$\overrightarrow{AB}=(x_1,\ y_1)$，$\overrightarrow{AC}=(x_2,\ y_2)$ のとき，△ABC の面積 S は

$$S=\frac{1}{2}|x_1y_2-x_2y_1|$$

3 点の座標がわかっているとき，この公式を利用すると早い。この問題の場合，$\overrightarrow{AB}=(-4,\ -3)$，$\overrightarrow{AC}=(4,\ -7)$ であるから

$$\triangle ABC=\frac{1}{2}|(-4)\cdot(-7)-4\cdot(-3)|={}^{ウエ}20$$

⬅ベクトル（数学 C）の知識を使う。➡ 基 109

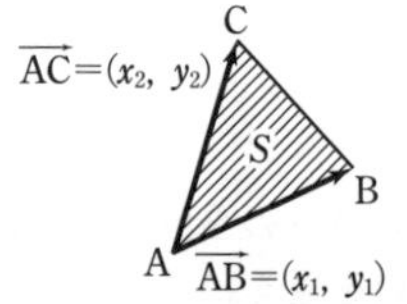

参考　三角形の面積

三角形の面積 S の求め方についてまとめておこう。

① $S=\dfrac{1}{2}\times$(底辺)$\times$(高さ)

② $S=\dfrac{1}{2}bc\sin A$　（➡ 基 23）

③ 内接円の半径を r として　$S=\dfrac{1}{2}r(a+b+c)$　（➡ 基 24）

座標平面上にある場合

④ $S=\dfrac{1}{2}|x_1y_2-x_2y_1|$

⑤ [1]　分けて考えたり，
[2]　長方形から直角三角形を除く
のも有効。

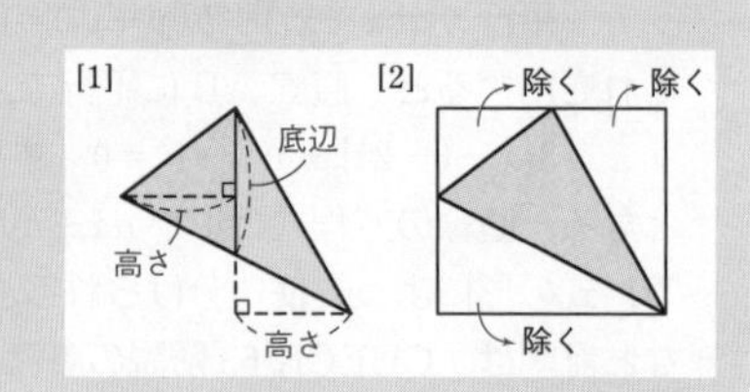

基本 例題 65 円の方程式

3点 A(0, −1), B(4, 1), C(6, −3) を通る円の方程式は,
x^2+y^2- [ア] $x+$ [イ] $y+$ [ウ] $=0$ であり，この円の中心の座標は
([エ], −[オ]), 半径は $\sqrt{\text{カキ}}$ である。
また，線分 BC を直径とする円の方程式は $(x-$ [ク] $)^2+(y+$ [ケ] $)^2=$ [コ]
である。

POINT!

中心 $(a,\ b)$, 半径 r の円の方程式

$$(x-a)^2+(y-b)^2=r^2$$

一般形　$x^2+y^2+lx+my+n=0$

解答　3点 A, B, C を通る円を $x^2+y^2+lx+my+n=0$ とすると，A, B, C を通ることから

$1-m+n=0$ …… ①,

$17+4l+m+n=0$ …… ②,

$45+6l-3m+n=0$ …… ③

②−① から　$16+4l+2m=0$

すなわち　$2l+m+8=0$ …… ④

③−② から　$28+2l-4m=0$

すなわち　$2l-4m+28=0$ …… ⑤

④, ⑤ を解いて　$m=4,\ l=-6$

① から　$n=m-1=3$

よって　$x^2+y^2-{}^{ア}6x+{}^{イ}4y+{}^{ウ}3=0$

これより　$(x^2-6x+9)+(y^2+4y+4)-9-4+3=0$

すなわち　$(x-3)^2+(y+2)^2=10$

よって，中心の座標は　$({}^{エ}3,\ -{}^{オ}2)$，　半径は　$\sqrt{{}^{カキ}10}$

また，線分 BC を直径とする円について，中心は線分 BC の中点，半径は $\frac{BC}{2}$ である。

線分 BC の中点の座標は　$\left(\frac{4+6}{2},\ \frac{1-3}{2}\right)$

すなわち　$(5,\ -1)$

また，$BC=\sqrt{(6-4)^2+(-3-1)^2}=2\sqrt{5}$ であるから，

半径は　$\frac{BC}{2}=\sqrt{5}$

ゆえに，円の方程式は

$(x-5)^2+\{y-(-1)\}^2=(\sqrt{5})^2$

すなわち　$(x-{}^{ク}5)^2+(y+{}^{ケ}1)^2={}^{コ}5$

B
C

←一般形

←点を通る→ x 座標, y 座標を代入すれば成り立つ。 ➡基 11

←1つの文字 n を消去して解く。

←$(x-a)^2+(y-b)^2=r^2$ に変形する。2次関数の平方完成参照。 ➡基 8

←中心 $(a,\ b)$, 半径 r

←図をかいてみるとわかりやすい。

←中点 $\left(\frac{x_1+x_2}{2},\ \frac{y_1+y_2}{2}\right)$

←$\sqrt{(x_2-x_1)^2+(y_2-y_1)^2}$ ➡基 62

←中心 $(a,\ b)$, 半径 r の円の方程式 $(x-a)^2+(y-b)^2=r^2$

基本 例題 66 円の接線

(1) 円 $C: x^2+y^2=5$ 上の点 A(2, −1) における接線 ℓ の方程式は
［ア］$x-y=$［イ］である。

(2) 点 $(2a,\ a)$ を中心とする半径 3 の円が直線 $x-7y=0$ に接するとき，正の定数 a の値は［ウ］$\sqrt{［エ］}$ である。

POINT!

円 $x^2+y^2=r^2$ 上の点 $(x_1,\ y_1)$ における接線の方程式

$$x_1x+y_1y=r^2$$

直線と半径 r の円が 接する ⟺ (中心と直線の距離)$=r$

1 文字消去した方程式の判別式で $D=0$ (➡基 14)

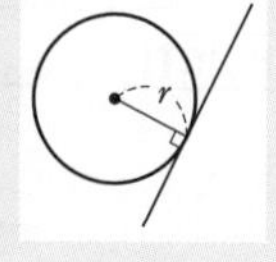

解答 (1) 円 $x^2+y^2=5$ 上の点 (2, −1) における接線の方程式は　$2x+(-1)y=5$　すなわち　$^{ア}2x-y=^{イ}5$

⬅ $x_1x+y_1y=r^2$

(2) 中心 $(2a,\ a)$ と直線 $x-7y=0$ の距離が半径に等しいから　$\dfrac{|2a-7a|}{\sqrt{1^2+(-7)^2}}=3$　　よって　$|5a|=3\cdot5\sqrt{2}$

$a>0$ であるから　$a=^{ウ}3\sqrt{^{エ}2}$

⬅(中心と直線の距離)$=r$

⬅ $\dfrac{|ax_1+by_1+c|}{\sqrt{a^2+b^2}}$　➡基 64

⬅ $5a=3\cdot5\sqrt{2}$

(2) $x=7y$ を円の方程式 $(x-2a)^2+(y-a)^2=3^2$ に代入して整理した y の 2 次方程式について，判別式 $D=0$ (接する ⟺ 重解) から a の値を求めることもできるが，計算量は増える。円と直線の問題は，円の中心と直線との距離と，半径の関係に着目する方が手早く処理できることも多い。

基本 例題 67 軌跡

放物線 $y=x^2-4(a-1)x+4(a-1)$ の頂点の座標は
(［ア］$a-$［イ］,［ウエ］a^2+［オカ］$a-$［キ］) である。a の値が変化するとき，頂点の軌跡の方程式は $y=-x^{［ク］}+$［ケ］x である。

POINT!

座標が 1 つの文字（媒介変数）で表される点の軌跡
→ **文字を消去** して関係式を導く。

解答

$$\begin{aligned}y&=x^2-4(a-1)x+4(a-1)\\&=x^2-4(a-1)x+\{2(a-1)\}^2-\{2(a-1)\}^2+4(a-1)\\&=\{x-2(a-1)\}^2-4a^2+12a-8\end{aligned}$$

⬅ CHART　まず平方完成　➡基 8

よって，頂点の座標は　$(^{ア}2a-^{イ}2,\ ^{ウエ}-4a^2+^{オカ}12a-^{キ}8)$

$x=2a-2$ …… ①，$y=-4a^2+12a-8$ …… ② とする。

⬅頂点の座標 $(x,\ y)$

① から　$a=\dfrac{x}{2}+1$　　② に代入して

$$y=-4\left(\frac{x}{2}+1\right)^2+12\left(\frac{x}{2}+1\right)-8=-x^2+2x$$

⬅媒介変数 a を消去する。

よって，求める軌跡の方程式は　$y=-x^{ク2}+^{ケ}2x$

CHECK

□ **62** O を原点とする平面上の2点 A$(-1,\ 5)$，B$(3,\ 1)$ を結ぶ線分 AB を 3：1 に内分する点の座標は (ア ， イ) であり，線分 AB を 1：3 に外分する点の座標は (ウエ ， オ) である。また，AB= カ $\sqrt{\text{キ}}$ であり，△OAB の重心の座標は $\left(\dfrac{\text{ク}}{\text{ケ}},\ \text{コ}\right)$ である。

□ **63** 点 A$(-2,\ 3)$ を通り，傾きが $\dfrac{3}{5}$ である直線 ℓ の方程式は
ア $x-$ イ $y+$ ウエ $=0$ であり，直線 ℓ に平行で，点 B$(1,\ 2)$ を通る直線の方程式は オ $x-$ カ $y+$ キ $=0$ である。また，線分 AB の垂直二等分線の方程式は ク $x-y+$ ケ $=0$ である。

□ **64** 2点 A$(1,\ 6)$，B$(3,\ 3)$ を通る直線 ℓ の方程式は ア $x+2y-$ イウ $=0$ であり，点 C$(-1,\ 2)$ と直線 ℓ の間の距離 d は $\dfrac{\text{エオ}\sqrt{\text{カキ}}}{\text{クケ}}$ である。また，線分 AB の長さは $\sqrt{\text{コサ}}$ であるから，三角形 ABC の面積は シ となる。

□ **65** 3点 A$(4,\ -1)$，B$(6,\ 3)$，C$(-3,\ 0)$ を通る円の方程式は
x^2+y^2- ア $x-$ イ $y-$ ウエ $=0$ であり，この円の中心の座標は
(オ ， カ)，半径は キ である。
また，2点 A，C を直径の両端とする円の方程式は
$\left(x-\dfrac{\text{ク}}{\text{ケ}}\right)^2+\left(y+\dfrac{\text{コ}}{\text{サ}}\right)^2=\dfrac{\text{シス}}{\text{セ}}$ である。

□ **66** (1) 円 $C：x^2+y^2=13$ 上の点 A$(2,\ 3)$ における接線の方程式は
ア $x+$ イ $y=13$ である。
(2) 円 $(x-3)^2+y^2=5$ が直線 $2x+y+a=0$ に接するとき，$a=$ ウエ または $a=$ オカキ である。

□ **67** p を定数とする。放物線 $C：y=x^2+4px+2p^2-4p-3$ の頂点の座標は
(アイ p， ウエ p^2- オ $p-$ カ) である。p の値が変化するとき，C の頂点の軌跡の方程式は $y=\dfrac{\text{キク}}{\text{ケ}}x^2+$ コ $x-$ サ である。

重要 例題 29　交点を通る図形

k を定数とするとき，直線 $(k+2)x+(2k-3)y-5k+4=0$ は k の値に関わりなく，定点 A(ア , イ) を通る。また，2 直線 $\ell_1：2x-3y+4=0$，$\ell_2：x+2y-5=0$ の交点を通り，直線 $3x+2y=0$ に平行な直線は
 ウ $x+$ エ $y-$ オ $=0$ である。

POINT!
すべての k について 成り立つ → k についての 恒等式（➡基55）
$f(x,\ y)+kg(x,\ y)=0$ → $f(x,\ y)=0,\ g(x,\ y)=0$ の交点を通る図形

解答　k について整理して

$$2x-3y+4+k(x+2y-5)=0 \quad\cdots\cdots ①$$

① が k の値に関わりなく成り立つとき

$$2x-3y+4=0,\ x+2y-5=0$$

← k についての恒等式。➡基55

これを解いて　$x=1,\ y=2$

よって，A($^{ア}\mathbf{1}$，$^{イ}\mathbf{2}$) が，① が通る定点である。

また ① は ℓ_1，ℓ_2 の交点を通る直線を表し，整理すると

$$(k+2)x+(2k-3)y-5k+4=0$$

← $f(x,\ y)+kg(x,\ y)=0$ の形をしている。

$k=\dfrac{3}{2}$ のとき，① は $x=1$ となり，これは x 軸に垂直である。

← 素早く解く！

0 で割れないため，場合分けが必要だが，共通テストでは省略できる。

よって，直線 $3x+2y=0$ と平行にはならないから，不適。

$k \neq \dfrac{3}{2}$ のとき，この直線の傾きは　$-\dfrac{k+2}{2k-3}$

① が直線 $3x+2y=0$ に平行であるから　$-\dfrac{k+2}{2k-3}=-\dfrac{3}{2}$

← 平行 ⟺ 傾きが等しい ➡基63 ➡素早く解く！

よって　$2(k+2)=3(2k-3)$　　ゆえに　$k=\dfrac{13}{4}$

よって，求める直線は　$2x-3y+4+\dfrac{13}{4}(x+2y-5)=0$

ゆえに　$4(2x-3y+4)+13(x+2y-5)=0$　　よって　$^{ウ}\mathbf{3}x+^{エ}\mathbf{2}y-^{オ}\mathbf{7}=0$

係数に文字が入った 2 つの直線の平行，垂直を考えるときは，次の公式を利用するのが早い。

$\ell_1：a_1x+b_1y+c_1=0$，$\ell_2：a_2x+b_2y+c_2=0$ について

$$\ell_1 /\!/ \ell_2 \iff a_1b_2-a_2b_1=0, \qquad \ell_1 \perp \ell_2 \iff a_1a_2+b_1b_2=0$$

これを利用すると，(ウ)〜(オ) は $(2+k)\cdot 2-3(2k-3)=0$ からただちに k の値が得られる。分数式が出てこないので場合分けも必要ないし，計算も簡単になる。

練習 29　(1)　直線 $(a+3)x-2ay-a+2=0$ は，どのような定数 a に対しても定点 $\left(\dfrac{\boxed{アイ}}{\boxed{ウ}},\ \dfrac{\boxed{エオ}}{\boxed{カ}}\right)$ を通る。

(2)　円 $x^2+y^2=6$ と直線 $y=2x-1$ の 2 つの交点と原点 O を通る円の中心の座標は (キ , クケ)，半径は コ $\sqrt{\boxed{サ}}$ である。

重要 例題 30 対称点

A(0, 3) とする。点 P(−2, 4) に関して A と対称な点 B の座標は
B(アイ , ウ) であり，直線 $x-y+1=0$ に関して A と対称な点 C の座標は
C(エ , オ) である。

POINT!

2点 A，B が
点 P に関して対称
⟺ P は線分 AB の中点
直線 ℓ に関して対称
⟺ $AB\perp\ell$，線分 AB の 中点は ℓ 上 にある。

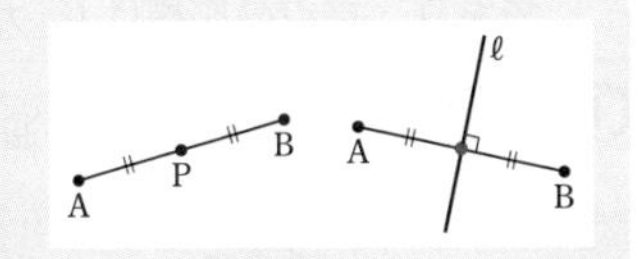

解答 線分 AB の中点は P である。
B(x, y) とおくと，中点の座標は

$$\left(\frac{0+x}{2},\ \frac{3+y}{2}\right)$$

これが点 P に等しいから

$$\frac{x}{2}=-2,\quad \frac{3+y}{2}=4$$

よって　$x=-4$，$y=5$　ゆえに　B(^{アイ}**−4**, ^{ウ}**5**)
また，直線 AC と直線 $x-y+1=0$ は垂直である。
C(a, b) とおくと，直線 AC の傾きは $\dfrac{b-3}{a-0}$，
直線 $x-y+1=0$ の傾きは　1

よって　$\dfrac{b-3}{a}\cdot 1=-1$

すなわち　$a+b-3=0$ …… ①

また，線分 AC の中点 $\left(\dfrac{0+a}{2},\ \dfrac{3+b}{2}\right)$ が直線 $x-y+1=0$ 上

にあるから　$\dfrac{a}{2}-\dfrac{3+b}{2}+1=0$

すなわち　$a-b-1=0$ …… ②

①，② から　$a=2$，$b=1$　よって　C(^{エ}**2**, ^{オ}**1**)

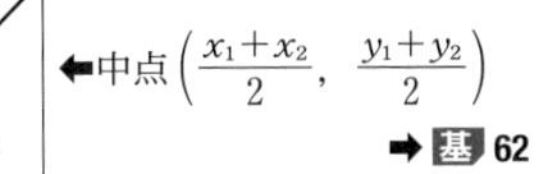

⬅POINT!
⬅中点 $\left(\dfrac{x_1+x_2}{2},\ \dfrac{y_1+y_2}{2}\right)$
➡基 62
➡素早く解く！
⬅POINT!
⬅$(x_1,\ y_1)$，$(x_2,\ y_2)$ を通る直線の傾きは $\dfrac{y_2-y_1}{x_2-x_1}$
⬅垂直 ⟺ 傾きの積が −1
➡基 63
⬅POINT!

ベクトル（➡第14章）を利用してもよい。O を原点とする。
図から　$\overrightarrow{AB}=2\overrightarrow{AP}$
よって　$\overrightarrow{OB}=\overrightarrow{OA}+\overrightarrow{AB}=\overrightarrow{OA}+2\overrightarrow{AP}$
$=(0,\ 3)+2(-2-0,\ 4-3)=$(^{アイ}**−4**, ^{ウ}**5**)

練習 30 (1) 直線 $3x+y-5=0$ に関して，点 (4, 1) と対称な点の座標は
$\left(\dfrac{\boxed{アイ}}{\boxed{ウ}},\ \dfrac{\boxed{エオ}}{\boxed{カ}}\right)$ である。

(2) 点 (3, −2) に関して，円 $x^2+y^2=7$ と対称な円の方程式は
$(x-\boxed{キ})^2+(y+\boxed{ク})^2=\boxed{ケ}$ である。

重要 例題 31　円の接線

(1)　点 A(4, 0) を通り，円 $x^2+y^2=4$ に接する傾きが負の直線の方程式は $x+\sqrt{\boxed{ア}}\,y=\boxed{イ}$ であり，接点の座標は $(\boxed{ウ},\ \sqrt{\boxed{エ}})$ である。

(2)　$k>0$ とする。直線 $kx+y=3\sqrt{2}$ が円 $x^2+y^2=6$ に接するとき，$k=\sqrt{\boxed{オ}}$ であり，接点の座標は $(\boxed{カ},\ \sqrt{\boxed{キ}})$ である。

POINT!
円の外にある点を通る接線 ⟶ 接点を $(a,\ b)$ とおく。
円の接線 ⟶ ① $x_1x+y_1y=r^2$　② (中心と接線の距離)$=r$
(➡基 66)　③ 判別式 $D=0$　④ 中心と接点を通る直線に垂直

解答　(1)　接点を $(a,\ b)$ とすると，接線は $ax+by=4$ … ①
① が点 A(4, 0) を通るから　　$4a=4$　　よって　$a=1$
また，接点 $(a,\ b)$ は円上にあるから　　$a^2+b^2=4$
$a=1$ を代入して　　$1+b^2=4$　　よって　　$b=\pm\sqrt{3}$

右の図から，傾きが負のとき接点の y 座標は正であるから　　$b=\sqrt{3}$
したがって，接点は　　$({}^{ウ}\mathbf{1},\ \sqrt{{}^{エ}\mathbf{3}})$
また，接線の方程式は，① から
$x+\sqrt{{}^{ア}\mathbf{3}}\,y={}^{イ}\mathbf{4}$

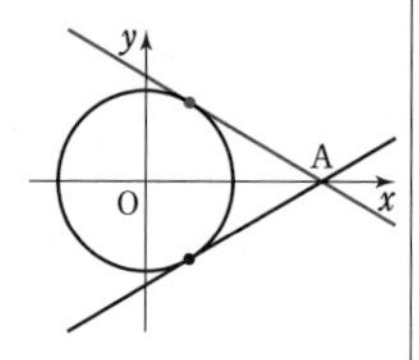

(2)　条件から　$\dfrac{|-3\sqrt{2}|}{\sqrt{k^2+1^2}}=\sqrt{6}$　すなわち　$3\sqrt{2}=\sqrt{6}\sqrt{k^2+1}$
両辺を 2 乗して　　$18=6(k^2+1)$　　よって　　$k^2=2$
$k>0$ であるから　　$k=\sqrt{{}^{オ}\mathbf{2}}$
接点は，接線 $\sqrt{2}x+y=3\sqrt{2}$ と，接線に垂直で円の中心 (0, 0) を通る直線 ℓ との交点である。

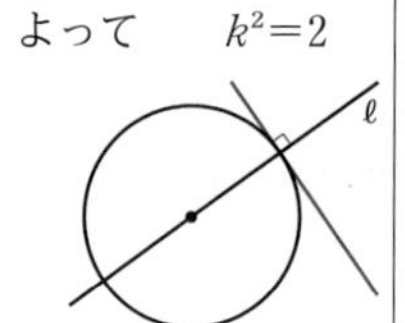

ℓ の傾きは $\dfrac{1}{\sqrt{2}}$ であるから，ℓ の方程式は　　$y=\dfrac{1}{\sqrt{2}}x$
$\sqrt{2}x+y=3\sqrt{2}$ に代入して　　$\sqrt{2}x+\dfrac{1}{\sqrt{2}}x=3\sqrt{2}$
よって　$x=2,\ y=\sqrt{2}$　　ゆえに，接点の座標は　$({}^{カ}\mathbf{2},\ \sqrt{{}^{キ}\mathbf{2}})$
〔参考〕 (2) は，判別式 $D=0$ を用いる別解もある。(➡解答編)

⬅**POINT!**
⬅点 A は接線上，点 $(a,\ b)$ は円上。
⟶ x 座標，y 座標を代入すると成り立つ。
⬅**素早く解く!**
図を用いると，傾きを求めなくても $b=\sqrt{3}$ がわかるが，$\sqrt{\boxed{エ}}$ の形を見ればさらに早くわかる。
⬅(中心と接線の距離)$=r$
➡基 66
⬅接線は，中心と接点を通る直線 ℓ に垂直。
⬅接線の傾きは $-\sqrt{2}$
$-\sqrt{2}\cdot m=-1$ から $m=\dfrac{1}{\sqrt{2}}$
傾き $\dfrac{1}{\sqrt{2}}$ で中心 (0, 0) を通る直線は　$y=\dfrac{1}{\sqrt{2}}x$

練習 31　(1)　点 A(3, 1) から円 $x^2+y^2=2$ に引いた接線は 2 本あって，接点が点 $(\boxed{ア},\ \boxed{イウ})$ のものは $x-y=\boxed{エ}$，接点が点 $\left(\dfrac{\boxed{オ}}{\boxed{カ}},\ \dfrac{\boxed{キ}}{\boxed{ク}}\right)$ のものは $x+\boxed{ケ}\,y=\boxed{コサ}$ である。

(2)　直線 $\ell：y=a(x-2)$ と円 $C：x^2+y^2=3$ が異なる 2 点で交わるとき $-\sqrt{\boxed{シ}}<a<\sqrt{\boxed{シ}}$ である。$a=\sqrt{\boxed{シ}}$ のとき，ℓ と C は接し，接点の x 座標は $\dfrac{\boxed{ス}}{\boxed{セ}}$ である。

重要 例題 32 図形上の点との距離

円 $(x-2)^2+(y-1)^2=5$ 上の点Pと点A(5, −3) との距離の最小値は $\boxed{ア}-\sqrt{\boxed{イ}}$，最大値は $\boxed{ウ}+\sqrt{\boxed{エ}}$ である。また，最小となるとき $P\left(\dfrac{\boxed{オカ}+\boxed{キ}\sqrt{\boxed{ク}}}{5},\ \dfrac{\boxed{ケ}-\boxed{コ}\sqrt{\boxed{サ}}}{5}\right)$ である。

POINT!

図形上の点との距離の最大・最小
- 距離を文字で表して，最大・最小を考える。
- (特に円の場合は) 図をかく とわかりやすくなる。

解答 円の中心を C(2, 1) とすると，右の図から，AP が最小となるのは3点A，P，Cがこの順に一直線上にあるときである。

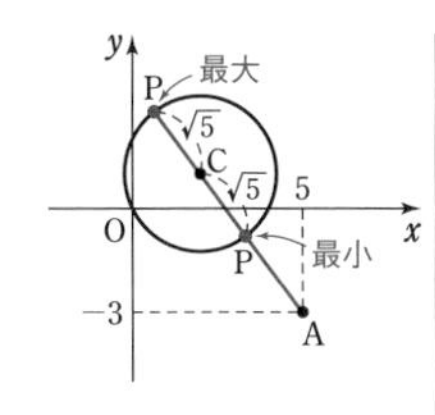

←図をかくと一目瞭然。

よって，最小値は AC−(円の半径) である。

また，AP が最大となるのは，3点A，C，Pがこの順に一直線上にあるときである。

よって，最大値は AC+(円の半径) である。

ここで，$AC=\sqrt{(2-5)^2+\{1-(-3)\}^2}=5$，円の半径は $\sqrt{5}$ であるから

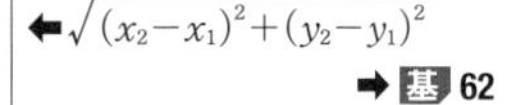

➡ 基 62

最小値は ${}^{ア}5-\sqrt{{}^{イ}5}$，　最大値は ${}^{ウ}5+\sqrt{{}^{エ}5}$

また，最小となる点Pは，右の図より，線分 CA を $\sqrt{5}:(5-\sqrt{5})$ に内分する点である。

C　√5　P　5−√5　5　A

←**素早く解く!**

直線 AC と円の交点の1つとして求めてもよいが，この解法の方が早い。

よって

$$\left(\frac{(5-\sqrt{5})\cdot 2+\sqrt{5}\cdot 5}{\sqrt{5}+(5-\sqrt{5})},\ \frac{(5-\sqrt{5})\cdot 1+\sqrt{5}\cdot(-3)}{\sqrt{5}+(5-\sqrt{5})}\right)$$

←$\left(\dfrac{nx_1+mx_2}{m+n},\ \dfrac{ny_1+my_2}{m+n}\right)$

➡ 基 62

すなわち $\left(\dfrac{{}^{オカ}10+{}^{キ}3\sqrt{{}^{ク}5}}{5},\ \dfrac{{}^{ケ}5-{}^{コ}4\sqrt{{}^{サ}5}}{5}\right)$

練習 32 放物線 $C：y=-x^2+2$ 上の点 $P(p,\ -p^2+2)$ と直線 $\ell：y=2x+5$ との距離 d は $d=\dfrac{1}{\sqrt{\boxed{ア}}}(p^2+\boxed{イ}p+\boxed{ウ})$ と表されるから，d は $P(\boxed{エオ},\ \boxed{カ})$ のとき，最小値 $\dfrac{\boxed{キ}\sqrt{\boxed{ク}}}{\boxed{ケ}}$ をとる。

また，円 $x^2+y^2-6x-2y+5=0$ 上の点Qと直線 ℓ との距離は，$Q(\boxed{コ},\ \boxed{サ})$ のとき最小値 $\sqrt{\boxed{シ}}$ を，$Q(\boxed{ス},\ \boxed{セ})$ のとき最大値 $\boxed{ソ}\sqrt{\boxed{タ}}$ をとる。

演習 例題 13 軌跡（解と係数の関係利用）

目安 7分　解説動画

放物線 $y=x^2-2x+4$ と直線 $y=2mx$ が異なる2点A，Bで交わっている。

(1) 定数 m の値の範囲は $m<$ アイ ， ウ $<m$ である。

(2) 線分ABの中点をMとする。点Mの軌跡を表すグラフとして適するものを，次の⓪～⑤のうちから一つ選べ。ただし，軌跡は実線部分で表し，白丸と点線部分を含まない。 エ

⓪
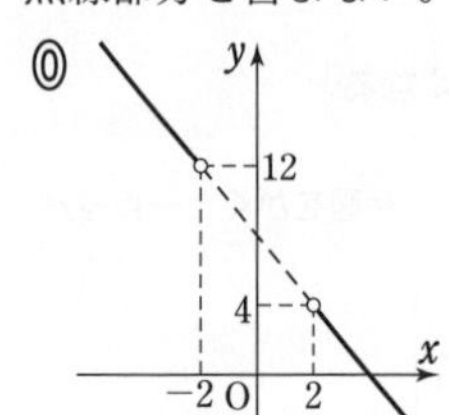

①
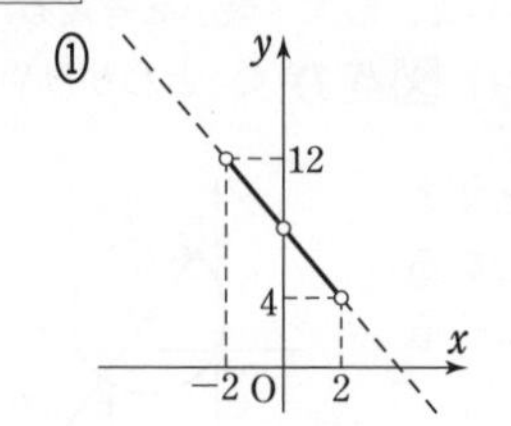

②
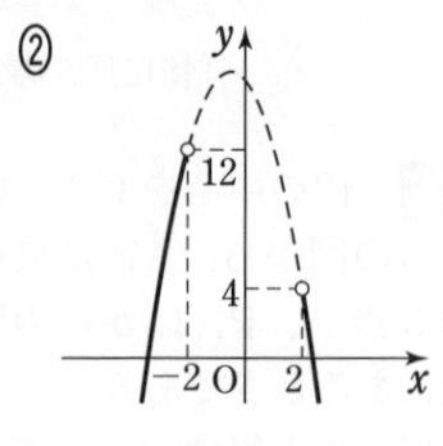

③
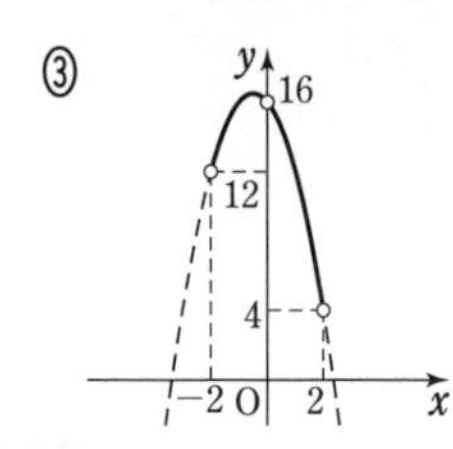

④
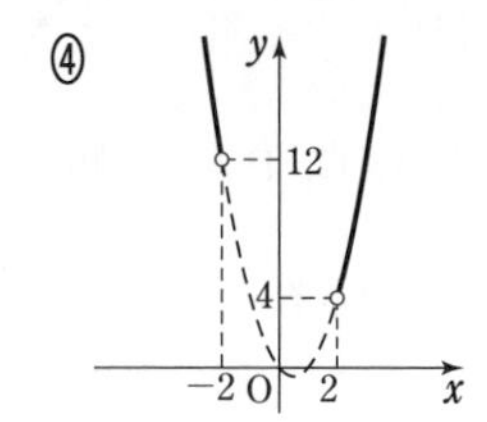

⑤
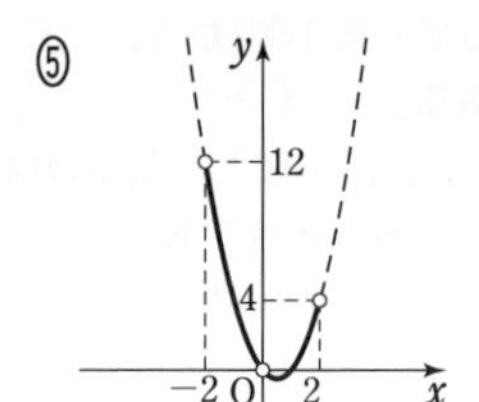

Situation Check ✓

軌跡を表すグラフを選ぶ問題。軌跡を求めたうえで，軌跡の形状（直線か，放物線か）や定義域などの特徴を確かめながら，適するグラフを選ぶ。

2つのグラフが異なる2点で交わる ⟶ 判別式 $D>0$

軌跡 ⟶ 文字（媒介変数）を消去して関係式を導く。

（➡基 67）

交点の x 座標は方程式の解 ⟶ 解と係数の関係（➡基 59）を利用。

解答 (1) $y=x^2-2x+4$，$y=2mx$ から y を消去すると

$$x^2-2x+4=2mx$$

すなわち　$x^2-2(m+1)x+4=0$ …… ①

2次方程式①の判別式を D とすると

$$\frac{D}{4}=(m+1)^2-1\cdot4=m^2+2m-3=(m+3)(m-1)$$

放物線と直線が異なる2点で交わるから　$D>0$

よって　$(m+3)(m-1)>0$

ゆえに　$m<$ ア イ -3，ウ $1<m$

(2) ①の2つの解を $x=\alpha$，β とすると，解と係数の関係により

$$\alpha+\beta=2(m+1)$$

⬅ $ax^2+2b'x+c=0$ $(a\neq0)$ の判別式を D とすると $\dfrac{D}{4}=b'^2-ac$　➡基 14

⬅ $ax^2+bx+c=0$ $(a\neq0)$ の2つの解を α，β とすると $\alpha+\beta=-\dfrac{b}{a}$　➡基 59

線分 AB の中点を M $(x,\ y)$ とすると

$$x=\frac{\alpha+\beta}{2}=m+1 \quad \cdots\cdots ②$$

また，点 M は直線 $y=2mx$ 上の点であるから，

$$y=2mx \quad \cdots\cdots ③$$

を満たす。

② より，$m=x-1$ であるから，③ に代入して

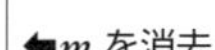

⬅m を消去。　➡基 67

$$y=2mx=2(x-1)x=2x^2-2x$$

⬅下に凸の放物線であるから，直線の ⓪ と ①，上に凸の放物線の ② と ③ は不適。

(1) の結果より，$m<-3,\ 1<m$ であるから，$m=x-1$ を代入して

$$x-1<-3,\ 1<x-1$$

よって　　$x<-2,\ 2<x$

ゆえに，点 M の軌跡の方程式は

$$y=2x^2-2x \quad (x<-2,\ 2<x)$$

⬅x の範囲から，⑤ は不適。

したがって，点 M の軌跡を表すグラフとして適するものは　　エ ④

問題 13　放物線 $y=-x^2-k^2$ と直線 $y=4kx-3k$ が異なる 2 点 A，B で交わっている。

(1)　定数 k の値の範囲は $k<$ アイ ，ウ $<k$ である。

(2)　線分 AB の中点を M とする。点 M の軌跡を表すグラフとして適するものを，次の ⓪ ~ ⑤ のうちから一つ選べ。ただし，軌跡は実線部分で表し，白丸と点線部分を含まない。 エ

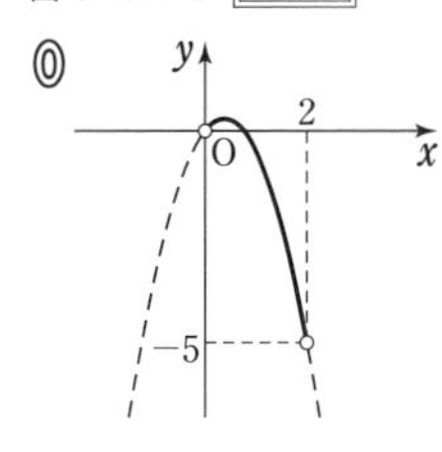

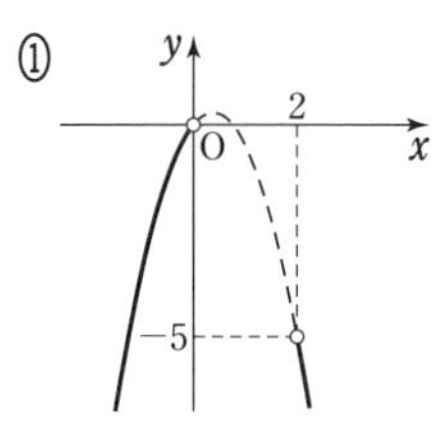

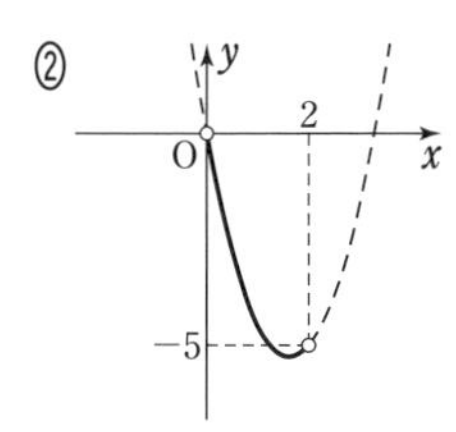

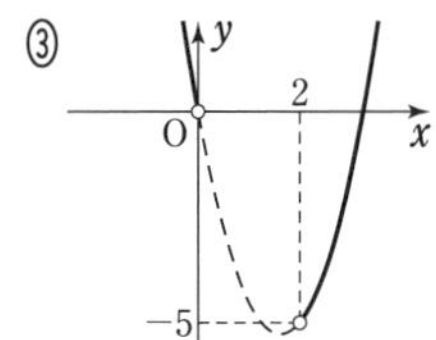

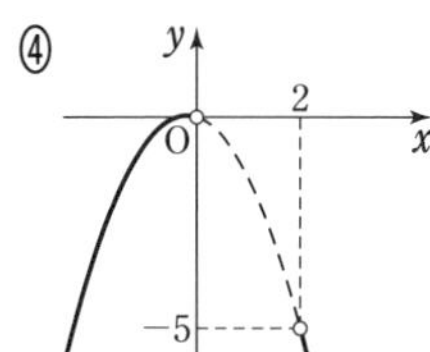

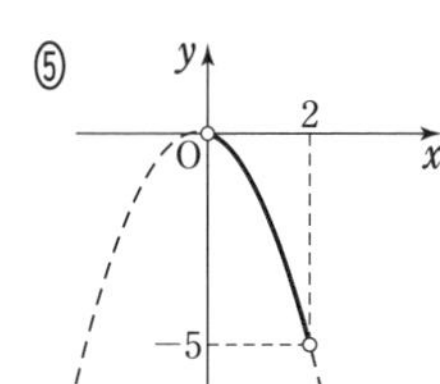

演習　例題 14　領域と最大・最小

目安 10分　解説動画

連立不等式 $\begin{cases} x^2+y^2 \leqq 20 \\ (x-2y-6)(x+y-1) \leqq 0 \end{cases}$ で表される領域を D とする。

(1)　次の⓪～⑤のうちから，領域 D を斜線部分で表したもので，最も適するものを一つ選べ。ただし，いずれの図も境界線を含むものとする。　ア

⓪
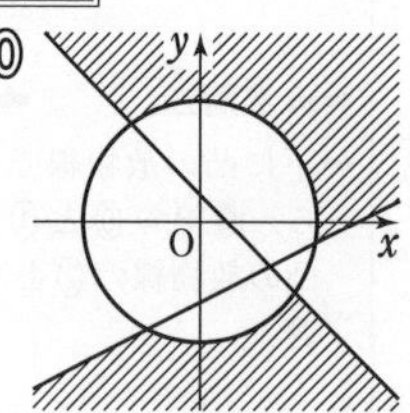

①
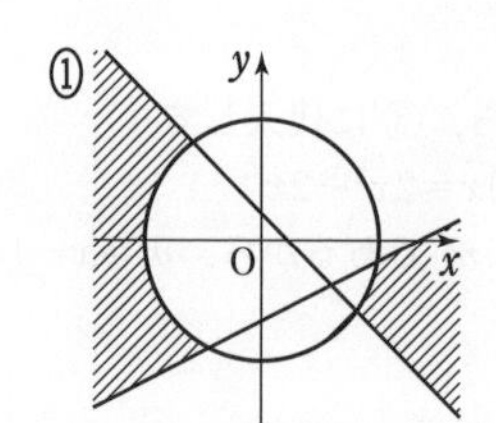

②
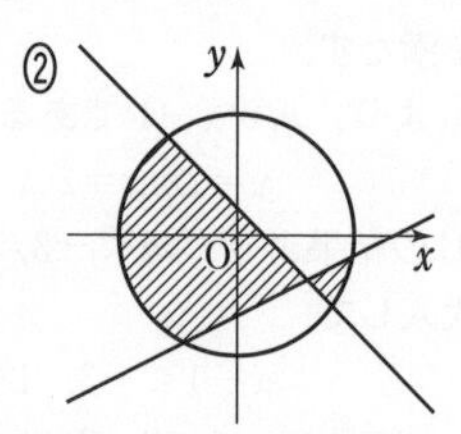

③
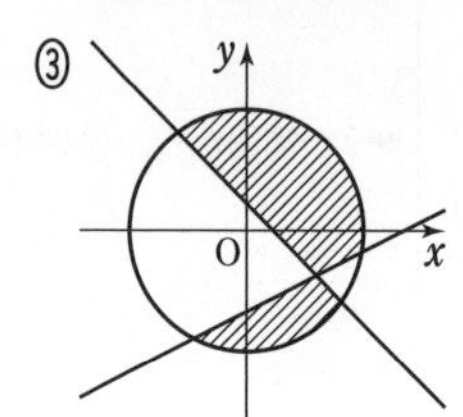

④
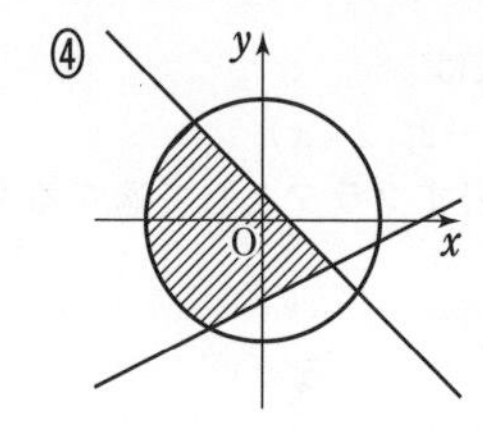

⑤
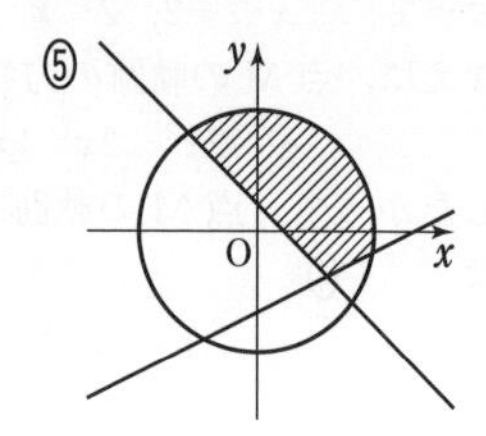

(2)　点 $\mathrm{P}(x,\ y)$ が領域 D 内を動くとき，$2x+y$ の値は
　$x=$ イ，$y=$ ウ のとき最大値 エオ をとり，
　$x=$ カキ，$y=$ クケ のとき最小値 コサ をとる。

Situation Check ✓

円の内部か外部，2つの直線で分けられたどの部分が不等式を満たすかを判断し，領域を選択する。その際，境界線上にない点を代入してみるのもよい方法である。（右ページの ***素早く解く!*** も参照。）

(1)　$f(x)g(x) \leqq 0 \iff \begin{cases} f(x) \geqq 0 \\ g(x) \leqq 0 \end{cases}$ または $\begin{cases} f(x) \leqq 0 \\ g(x) \geqq 0 \end{cases}$

(2)　$2x+y=k$ とおき，k を変化させたとき，領域 D と共有点をもつような k の値の最大・最小を考える。

解答　(1)　$x^2+y^2=20$ …… ① とすると，不等式 $x^2+y^2 \leqq 20$ の表す領域は，円 ① の周および内部 …… ② である。

←① は，原点中心，半径 $2\sqrt{5}$ の円である。

次に，不等式 $(x-2y-6)(x+y-1) \leqq 0$ が成り立つことは

$$\begin{cases} x-2y-6 \geqq 0 \\ x+y-1 \leqq 0 \end{cases} \quad \text{または} \quad \begin{cases} x-2y-6 \leqq 0 \\ x+y-1 \geqq 0 \end{cases}$$

すなわち

$$\begin{cases} y \leqq \dfrac{1}{2}x-3 \\ y \leqq -x+1 \end{cases} \text{…… ③} \quad \text{または} \quad \begin{cases} y \geqq \dfrac{1}{2}x-3 \\ y \geqq -x+1 \end{cases} \text{…… ④}$$

が成り立つことと同じである。

よって，② かつ（③ または ④）が成り立つ領域を図示すると，右の図の斜線部分である。
ただし，境界線を含む。
ゆえに，最も適するものは　ア ③

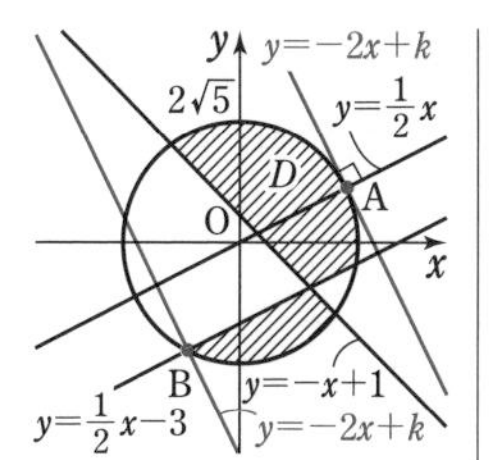

(2)　$2x+y=k$ …… ⑤ とおくと，⑤ は傾き -2，y 切片 k の直線を表す。図から，直線 ⑤ が円

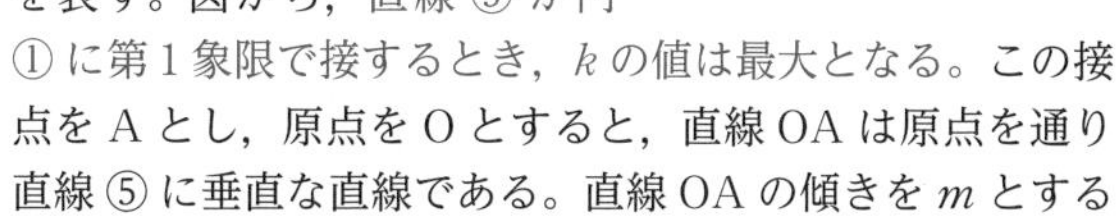

① に第 1 象限で接するとき，k の値は最大となる。この接点を A とし，原点を O とすると，直線 OA は原点を通り直線 ⑤ に垂直な直線である。直線 OA の傾きを m とすると，$(-2)\cdot m=-1$ から　　$m=\dfrac{1}{2}$

よって，直線 OA の方程式は　　$y=\dfrac{1}{2}x$

① に代入して　　$x^2+\left(\dfrac{1}{2}x\right)^2=20$

整理すると　　$x^2=16$　　　よって　　$x=\pm4$

$x>0$ であるから　　$x=4$

$y=\dfrac{1}{2}x$ に代入して　　$y=2$

ゆえに，A$(4,\ 2)$ であり，このとき

$$k=2x+y=2\cdot4+2=10$$

よって，$x=$ イ **4**，$y=$ ウ **2** のとき最大値 エオ **10** をとる。

次に，直線 $y=\dfrac{1}{2}x-3$ と円 ① の第 3 象限における交点を B とする。図から，直線 ⑤ が点 B を通るとき，k の値は最小となる。

$y=\dfrac{1}{2}x-3$ を ① に代入して　　$x^2+\left(\dfrac{1}{2}x-3\right)^2=20$

整理すると　　$5x^2-12x-44=0$

ゆえに　$(x+2)(5x-22)=0$　　よって　$x=-2,\ \dfrac{22}{5}$

$x<0$ であるから　　$x=-2$

$y=\dfrac{1}{2}x-3$ に代入して　　$y=\dfrac{1}{2}\cdot(-2)-3=-4$

ゆえに，B$(-2,\ -4)$ であり，このとき

$$k=2x+y=2\cdot(-2)+(-4)=-8$$

よって，$x=$ カキ **-2**，$y=$ クケ **-4** のとき最小値 コサ **-8** をとる。

⬅ ***素早く解く！***

円の内部であることを判断したら，2 本の直線の境界線をかくと下の図の 4 つの部分に分けられる。

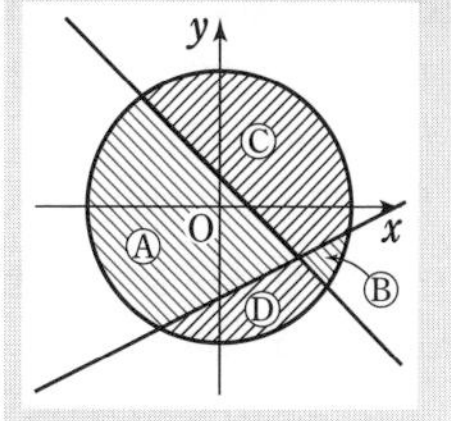

原点 $(0,\ 0)$ は $(x-2y-6)(x+y-1)\leqq0$ を満たさないことから領域 Ⓐ は適さないことがわかり，それと隣り合う領域 Ⓒ と Ⓓ が求める領域であることになる。

⬅ A は第 1 象限の点。

⬅ 直線 ⑤ が円 ① に第 3 象限で接するときの接点は，領域 D に含まれない。

⬅ $\begin{array}{ccccc} 1 & \diagdown\!\!\!\!\diagup & 2 & \longrightarrow & 10 \\ 5 & & -22 & \longrightarrow & -22 \\ \hline 5 & & -44 & & -12 \end{array}$

⬅ B は第 3 象限の点。

問題 14　実数 x，y が連立不等式 $\begin{cases} x^2+y^2\leqq10 \\ (2x+y-5)(x-2y)\geqq0 \end{cases}$ を満たすとき，$y-x$ の値は，$x=-\sqrt{\boxed{\text{ア}}}$，$y=\sqrt{\boxed{\text{イ}}}$ のとき最大値 $\boxed{\text{ウ}}\sqrt{\boxed{\text{エ}}}$，$x=\boxed{\text{オ}}$，$y=\boxed{\text{カキ}}$ のとき最小値 $\boxed{\text{クケ}}$ をとる。

実践問題

目安時間　28 [5分]　29 [10分]　30 [8分]　31 [12分]

指針 p.355

28　Oを原点とする座標平面上に2点A(6, 0), B(3, 3)をとり，線分ABを2：1に内分する点をP，1：2に外分する点をQとする。3点O，P，Qを通る円をCとする。

(1)　Pの座標は(［ア］,［イ］)であり，Qの座標は(［ウ］,［エオ］)である。

(2)　円Cの方程式を次のように求めよう。線分OPの中点を通り，OPに垂直な直線の方程式は$y=$［カキ］$x+$［ク］であり，線分PQの中点を通り，PQに垂直な直線の方程式は$y=x-$［ケ］である。これらの2直線の交点が円Cの中心であることから，円Cの方程式は$(x-$［コ］$)^2+(y+$［サ］$)^2=$［シス］であることがわかる。

〔類 13 センター試験・本試〕

***29**　座標平面上で，直線$3x+2y-39=0$をℓ_1とする。また，kを実数とし，直線$kx-y-5k+12=0$をℓ_2とする。

(1)　直線ℓ_1とx軸は，点(［アイ］, 0)で交わる。

また，直線ℓ_2はkの値に関係なく点(［ウ］,［エオ］)を通り，直線ℓ_1もこの点を通る。

(2)　2直線ℓ_1，ℓ_2およびx軸によって囲まれた三角形ができないようなkの値は

$k=$［カ］,　$\dfrac{［キク］}{［ケ］}$

である。

(3)　2直線ℓ_1，ℓ_2およびx軸によって囲まれた三角形ができるとき，この三角形の周および内部からなる領域をDとする。さらに，rを正の実数とし，不等式$x^2+y^2 \leqq r^2$の表す領域をEとする。

直線ℓ_2が点$(-13,\ 0)$を通る場合を考える。このとき，$k=\dfrac{［コ］}{［サ］}$である。

さらに，DがEに含まれるようなrの値の範囲は$r \geqq$［シス］である。

次に，$r=$［シス］の場合を考える。このとき，DがEに含まれるようなkの値の範囲は

$k \geqq \dfrac{［セ］}{［ソ］}$　または$k<\dfrac{［タチ］}{［ツ］}$

である。

〔22 共通テスト・追試〕

30 a は $a>1$ を満たす定数とする。また，座標平面上に点 M(2, −1) がある。M と異なる点 P(s, t) に対して，点 Q を，3 点 M, P, Q がこの順に同一直線上に並び，線分 MQ の長さが線分 MP の長さの a 倍となるようにとる。

(1) 点 P は線分 MQ を 1：(［ア］) に内分する。よって，点 Q の座標を (x, y) とすると　$s=\dfrac{x+［イ］}{［ウ］}$，$t=\dfrac{y+［エ］}{［オ］}$　である。

(2) 座標平面上に原点 O を中心とする半径 1 の円 C がある。点 P が C 上を動くとき，点 Q の軌跡を考える。
点 P が C 上にあるとき，$s^2+t^2=1$ が成り立つ。
点 Q の座標を (x, y) とすると，x，y は

$$(x+［カ］)^2+(y+［キ］)^2=［ク］^2 \quad \cdots\cdots ①$$

を満たすので，点 Q は点 (−(［カ］), −［キ］) を中心とする半径［ク］の円上にある。

(3) k を正の定数とし，直線 ℓ：$x+y-k=0$ と円 C：$x^2+y^2=1$ は接しているとする。このとき，$k=\sqrt{［ケ］}$ である。
点 P が ℓ 上を動くとき，点 Q(x, y) の軌跡の方程式は

$$x+y+(［コ］-\sqrt{［サ］})a-［シ］=0 \quad \cdots\cdots ②$$

であり，点 Q の軌跡は ℓ と平行な直線である。

(4) (2)の ① が表す円を C_a，(3)の ② が表す直線を ℓ_a とする。C_a の中心と ℓ_a の距離は［ス］であり，C_a と ℓ_a は［セ］。

［ア］～［ク］，［ス］の解答群（同じものを繰り返し選んでもよい。）

⓪ 1	① 2	② a	③ $2a$
④ $a+1$	⑤ $a-1$	⑥ $1-a$	⑦ $2a+2$
⑧ $2a-2$	⑨ $2-2a$		

［セ］の解答群

⓪ a の値によらず，2 点で交わる
① a の値によらず，接する
② a の値によらず，共有点をもたない
③ a の値によらず共有点をもつが，a の値によって，2 点で交わる場合と接する場合がある
④ a の値によって，共有点をもつ場合と共有点をもたない場合がある

〔類 21 共通テスト・本試（第 1 日程)〕

***31**　100 g ずつ袋詰めされている食品 A と B がある。1 袋あたりのエネルギーは食品 A が 200 kcal，食品 B が 300 kcal であり，1 袋あたりの脂質の含有量は食品 A が 4 g，食品 B が 2 g である。

(1)　太郎さんは，食品 A と B を食べるにあたり，エネルギーは 1500 kcal 以下に，脂質は 16 g 以下に抑えたいと考えている。食べる量 (g) の合計が最も多くなるのは，食品 A と B をどのような量の組合せで食べるときかを調べよう。ただし，一方のみを食べる場合も含めて考えるものとする。

(i)　食品 A を x 袋分，食品 B を y 袋分だけ食べるとする。このとき，x，y は次の条件 ①，② を満たす必要がある。

摂取するエネルギー量についての条件　［ア］……①
摂取する脂質の量についての条件　［イ］……②

［ア］の解答群

⓪	$200x+300y \leqq 1500$	①	$200x+300y \geqq 1500$
②	$300x+200y \leqq 1500$	③	$300x+200y \geqq 1500$

［イ］の解答群

⓪	$2x+4y \leqq 16$	①	$2x+4y \geqq 16$
②	$4x+2y \leqq 16$	③	$4x+2y \geqq 16$

(ii)　x，y の値と条件 ①，② の関係について正しいものを，次の ⓪ ～ ③ のうちから二つ選べ。ただし，解答の順序は問わない。［ウ］，［エ］

⓪　$(x,\ y)=(0,\ 5)$ は条件 ① を満たさないが，条件 ② は満たす。
①　$(x,\ y)=(5,\ 0)$ は条件 ① を満たすが，条件 ② は満たさない。
②　$(x,\ y)=(4,\ 1)$ は条件 ① も条件 ② も満たさない。
③　$(x,\ y)=(3,\ 2)$ は条件 ① と条件 ② をともに満たす。

(iii)　条件 ①，② をともに満たす $(x,\ y)$ について，食品 A と B を食べる量の合計の最大値を二つの場合で考えてみよう。

食品 A，B が 1 袋を小分けにして食べられるような食品のとき，すなわち x，y のとり得る値が実数の場合，食べる量の合計の最大値は［オカキ］g である。このときの $(x,\ y)$ の組は，$(x,\ y)=\left(\dfrac{［ク］}{［ケ］},\ \dfrac{［コ］}{［サ］}\right)$ である。

次に，食品 A，B が 1 袋を小分けにして食べられないような食品のとき，すなわち x，y のとり得る値が整数の場合，食べる量の合計の最大値は［シスセ］g である。このときの $(x,\ y)$ の組は［ソ］通りある。

(2)　花子さんは，食品 A と B を合計 600 g 以上食べて，エネルギーは 1500 kcal 以下にしたい。脂質を最も少なくできるのは，食品 A，B が 1 袋を小分けにして食べられない食品の場合，A を［タ］袋，B を［チ］袋食べるときで，そのときの脂質は［ツテ］g である。

〔共通テスト試行調査（第 2 回）〕

第9章　三角関数

基本 例題 68　弧度法，一般角

$\tan\frac{5}{6}\pi=\frac{\boxed{アイ}}{\sqrt{\boxed{ウ}}}$，$\sin\left(-\frac{2}{3}\pi\right)=\frac{\boxed{エ}\sqrt{\boxed{オ}}}{\boxed{カ}}$，$\cos\frac{9}{4}\pi=\frac{\sqrt{\boxed{キ}}}{\boxed{ク}}$ である。

POINT!　弧度法　$180°=\pi$（ラジアン）
三角関数は単位円で。（➡基18）　負の角や 2π より大きい角もある。

解答　$\tan\frac{5}{6}\pi=\frac{^{アイ}-1}{\sqrt{^{ウ}3}}$，　$\sin\left(-\frac{2}{3}\pi\right)=\frac{^{エ}-\sqrt{^{オ}3}}{^{カ}2}$

$\cos\frac{9}{4}\pi=\cos\frac{\pi}{4}=\frac{\sqrt{^{キ}2}}{^{ク}2}$

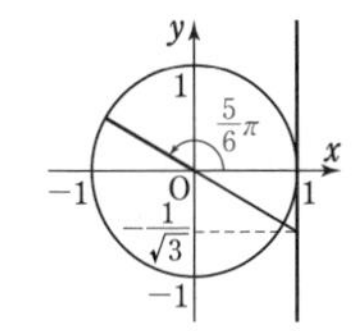

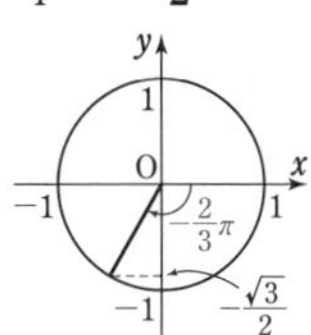

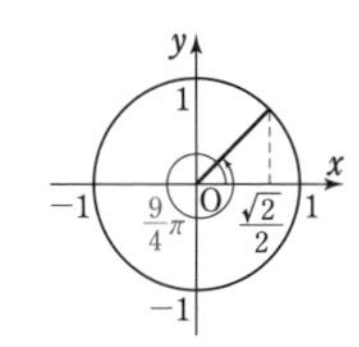

⬅ $\frac{5}{6}\pi=150°$，
$-\frac{2}{3}\pi=-120°$，$\frac{9}{4}\pi=405°$
であるが，弧度法のまま扱えるようにしておく。

⬅ CHART
三角関数は単位円で
x 座標が cos，
y 座標が sin，
直線 $x=1$ との交点の
y 座標が tan

基本 例題 69　三角関数のグラフ

関数 $y=2\sin\left(\frac{\theta}{2}-\frac{\pi}{3}\right)+1$ の周期のうち，正で最小のものは，$\boxed{ア}\pi$ である。

また，この関数のグラフは，$y=2\sin\frac{\theta}{2}$ のグラフを θ 軸方向に $\frac{\boxed{イ}}{\boxed{ウ}}\pi$，$y$ 軸方向に $\boxed{エ}$ だけ平行移動したものである。

POINT!　$y=a\sin bx$，$y=a\cos bx$ $(a>0,\ b>0)$ のグラフは右の図のようになる。　周期は $\frac{2\pi}{b}$

$y=f(x)$ のグラフを x 軸方向に p，y 軸方向に q だけ平行移動したグラフの方程式は

$$y-q=f(x-p)$$　（➡基9）

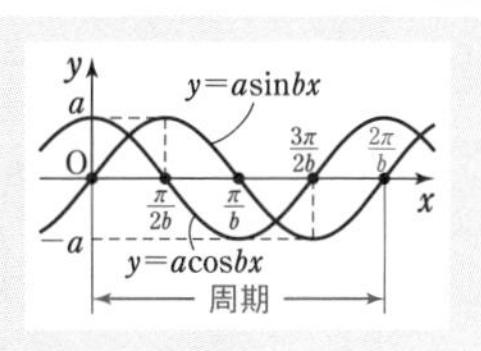

解答　$y=2\sin\left(\frac{\theta}{2}-\frac{\pi}{3}\right)+1=2\sin\frac{1}{2}\left(\theta-\frac{2}{3}\pi\right)+1$

よって，周期は　$2\pi\div\frac{1}{2}={}^{ア}4\pi$

また，$y-1=2\sin\frac{1}{2}\left(\theta-\frac{2}{3}\pi\right)$ であるから，この関数のグラフは $y=2\sin\frac{\theta}{2}$ のグラフを θ 軸方向に $\frac{^{イ}2}{^{ウ}3}\pi$，y 軸方向に ${}^{エ}1$ だけ平行移動したものである。

周期は普通，正の周期で最小のもの（基本周期）を指す。

⬅ POINT!

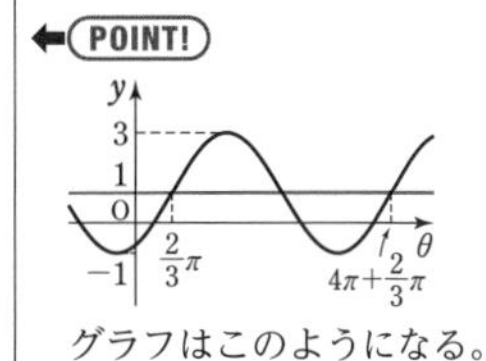

グラフはこのようになる。

基本 例題 70　加法定理

$\sin\alpha=\dfrac{2}{3}$，$\sin\beta=\dfrac{3\sqrt{5}}{7}$ $\left(0<\alpha<\dfrac{\pi}{2}<\beta<\pi\right)$ のとき，$\sin(\alpha+\beta)=\dfrac{\boxed{アイ}}{\boxed{ウエ}}$，

$\cos 2\alpha=\dfrac{\boxed{オ}}{\boxed{カ}}$ である。

POINT!

加法定理（すべて複号同順）

$$\sin(\alpha\pm\beta)=\sin\alpha\cos\beta\pm\cos\alpha\sin\beta$$
$$\cos(\alpha\pm\beta)=\cos\alpha\cos\beta\mp\sin\alpha\sin\beta$$

2倍角の公式

$$\sin 2\alpha=2\sin\alpha\cos\alpha$$
$$\cos 2\alpha=\cos^2\alpha-\sin^2\alpha$$
$$=2\cos^2\alpha-1=1-2\sin^2\alpha$$

解答　$\cos^2\alpha=1-\sin^2\alpha=1-\left(\dfrac{2}{3}\right)^2=\dfrac{5}{9}$

$0<\alpha<\dfrac{\pi}{2}$ であるから　$\cos\alpha>0$

よって　$\cos\alpha=\dfrac{\sqrt{5}}{3}$

また　$\cos^2\beta=1-\sin^2\beta=1-\left(\dfrac{3\sqrt{5}}{7}\right)^2=\dfrac{4}{49}$

$\dfrac{\pi}{2}<\beta<\pi$ であるから　$\cos\beta<0$

よって　$\cos\beta=-\dfrac{2}{7}$

ゆえに　$\sin(\alpha+\beta)=\sin\alpha\cos\beta+\cos\alpha\sin\beta$

$$=\frac{2}{3}\cdot\left(-\frac{2}{7}\right)+\frac{\sqrt{5}}{3}\cdot\frac{3\sqrt{5}}{7}=\frac{^{アイ}\mathbf{11}}{_{ウエ}\mathbf{21}}$$

$\cos 2\alpha=1-2\sin^2\alpha$

$$=1-2\cdot\left(\frac{2}{3}\right)^2=\frac{^{オ}\mathbf{1}}{_{カ}\mathbf{9}}$$

⬅ $\sin^2\theta+\cos^2\theta=1$
符号に注意。 ➡基17

三角関数の符号は，動径が第何象限にあるかで決まる。

第2象限	第1象限
sin ＋ / cos － / tan －	sin ＋ / cos ＋ / tan ＋
sin － / cos － / tan ＋	sin － / cos ＋ / tan －
第3象限	第4象限

⬅ POINT!

⬅ POINT!

参考　2倍角の公式は次のように，加法定理から得られる。

$$\sin 2\alpha=\sin(\alpha+\alpha)=\sin\alpha\cos\alpha+\cos\alpha\sin\alpha=\mathbf{2\sin\alpha\cos\alpha}$$
$$\cos 2\alpha=\cos(\alpha+\alpha)=\cos\alpha\cos\alpha-\sin\alpha\sin\alpha=\mathbf{\cos^2\alpha-\sin^2\alpha}$$

また，他の公式（➡基73，74，重34）も，すべて加法定理から導かれるので，**加法定理と導き方さえ覚えていれば**，公式は覚えなくても試験中に導くこともできる。しかし，複雑なものを導き出すにはどうしても時間がかかるので，時間を節約するためには，ある程度は覚えておく方がよいだろう。

基本 例題 71　三角方程式・不等式

$0 \leqq \theta < 2\pi$ とする。不等式 $\sin\theta \geqq \dfrac{\sqrt{2}}{2}$ の解は $\dfrac{\pi}{\boxed{ア}} \leqq \theta \leqq \dfrac{\boxed{イ}}{\boxed{ウ}}\pi$ であり，不等式 $2\sin^2\theta + 5\cos\theta < 4$ の解は $\dfrac{\pi}{\boxed{エ}} < \theta < \dfrac{\boxed{オ}}{\boxed{カ}}\pi$ である。

また，方程式 $\cos 2\theta + \cos\theta + 1 = 0$ の解は，小さい順に

$\theta = \dfrac{\pi}{\boxed{キ}},\ \dfrac{\boxed{ク}}{\boxed{ケ}}\pi,\ \dfrac{\boxed{コ}}{\boxed{サ}}\pi,\ \dfrac{\boxed{シ}}{\boxed{ス}}\pi$ である。

POINT!
三角不等式 ⟶ 単位円で考える。
三角方程式・不等式
⟶ 角をそろえる。（2倍角の公式など ➡基 70）
sin，cos 一方のみで表す。（$\sin^2\theta + \cos^2\theta = 1$ ➡基 17）

解答　右の図から，$0 \leqq \theta < 2\pi$ において y 座標が $\dfrac{\sqrt{2}}{2}$ 以上になる θ の値の範囲は

$$\frac{\pi}{{}^{ア}4} \leqq \theta \leqq \frac{{}^{イ}3}{{}^{ウ}4}\pi$$

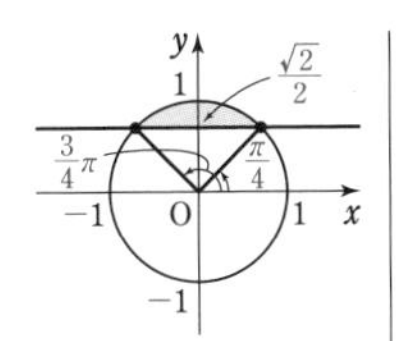

三角関数は単位円で
y 座標が sin

不等式から　$2(1-\cos^2\theta) + 5\cos\theta < 4$
すなわち　$2\cos^2\theta - 5\cos\theta + 2 > 0$
よって　$(2\cos\theta - 1)(\cos\theta - 2) > 0$
ここで，$-1 \leqq \cos\theta \leqq 1$ であるから
$\cos\theta - 2 < 0$
よって，不等式から　$2\cos\theta - 1 < 0$
すなわち　$\cos\theta < \dfrac{1}{2}$
$0 \leqq \theta < 2\pi$ であるから　$\dfrac{\pi}{{}^{エ}3} < \theta < \dfrac{{}^{オ}5}{{}^{カ}3}\pi$

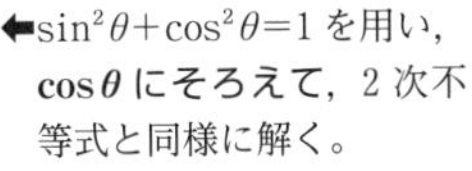
⇐$\sin^2\theta + \cos^2\theta = 1$ を用い，$\cos\theta$ にそろえて，2次不等式と同様に解く。
➡基 15

⇐$\cos\theta - 2$ は常に負。

CHART
三角関数は単位円で
x 座標が cos
x 座標が $\dfrac{1}{2}$ より小さくなる θ の範囲。

また，方程式から

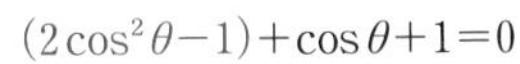
$(2\cos^2\theta - 1) + \cos\theta + 1 = 0$

よって　$\cos\theta(2\cos\theta + 1) = 0$
ゆえに　$\cos\theta = 0,\ -\dfrac{1}{2}$
$0 \leqq \theta < 2\pi$ に注意して，

$\cos\theta = 0$ から　$\theta = \dfrac{\pi}{2},\ \dfrac{3}{2}\pi$

$\cos\theta = -\dfrac{1}{2}$ から　$\theta = \dfrac{2}{3}\pi,\ \dfrac{4}{3}\pi$

ゆえに，解は小さい順に　$\theta = \dfrac{\pi}{{}^{キ}2},\ \dfrac{{}^{ク}2}{{}^{ケ}3}\pi,\ \dfrac{{}^{コ}4}{{}^{サ}3}\pi,\ \dfrac{{}^{シ}3}{{}^{ス}2}\pi$

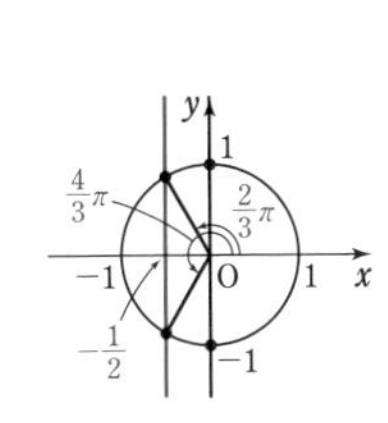

⇐$\cos 2\theta = 2\cos^2\theta - 1$（➡基 70）を用いて，角を θ にそろえ，$\cos\theta$ のみで表す。

CHART
三角関数は単位円で
x 座標が cos

基本 例題 72 三角関数の最大・最小

$0 \leqq x < 2\pi$ とする。関数 $y=\cos^2 x+\sqrt{3}\sin x$ は $x=\dfrac{\pi}{\boxed{ア}}$, $\dfrac{\boxed{イ}}{\boxed{ウ}}\pi$ のとき最大値 $\dfrac{\boxed{エ}}{\boxed{オ}}$, $x=\dfrac{\boxed{カ}}{\boxed{キ}}\pi$ のとき最小値 $\boxed{ク}\sqrt{\boxed{ケ}}$ をとる。

POINT!
角をそろえる。（2 倍角の公式など ➡基 70）
sin, cos 一方のみで表す。（$\sin^2\theta+\cos^2\theta=1$ ➡基 17）
2 次関数の最大・最小 ➡基 10　　$\sin\theta$, $\cos\theta$ の範囲に注意。

解答
$y=\cos^2 x+\sqrt{3}\sin x=(1-\sin^2 x)+\sqrt{3}\sin x$

$=-\left\{\sin^2 x-\sqrt{3}\sin x+\left(\dfrac{\sqrt{3}}{2}\right)^2-\left(\dfrac{\sqrt{3}}{2}\right)^2\right\}+1$

$=-\left(\sin x-\dfrac{\sqrt{3}}{2}\right)^2+\dfrac{7}{4}$

$-1 \leqq \sin x \leqq 1$ であるから，右のグラフから $\sin x=\dfrac{\sqrt{3}}{2}$ すなわち $x=\dfrac{\pi}{{}^{ア}3}$, $\dfrac{{}^{イ}2}{{}^{ウ}3}\pi$

のとき最大値 $\dfrac{{}^{エ}7}{{}^{オ}4}$ をとる。

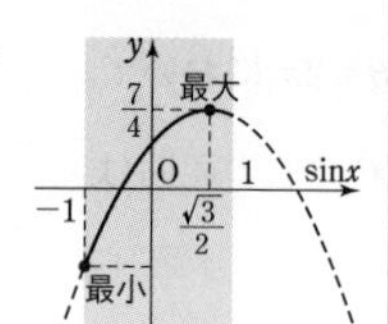

また，$\sin x=-1$ すなわち $x=\dfrac{{}^{カ}3}{{}^{キ}2}\pi$ のとき最小値 $y=1-(-1)^2+\sqrt{3}\cdot(-1)={}^{ク}-\sqrt{{}^{ケ}3}$ をとる。

⬅$\sin^2 x+\cos^2 x=1$ を用い $\sin x$ のみで表す。

⬅CHART まず平方完成

⬅範囲に注意。

⬅

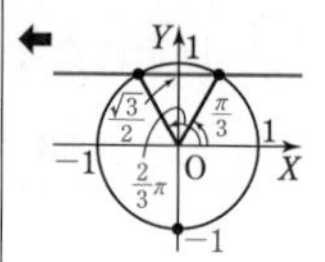

⬅$y=1-\sin^2 x+\sqrt{3}\sin x$ に代入。

CHART　おきかえ　範囲に注意

基本 例題 73 半角の公式

$0<\theta<\pi$ で，$\cos\theta=-\dfrac{1}{4}$ のとき，$\sin\dfrac{\theta}{2}=\dfrac{\sqrt{\boxed{アイ}}}{\boxed{ウ}}$ である。

POINT!
半角の公式　$\sin^2\dfrac{\alpha}{2}=\dfrac{1-\cos\alpha}{2}$,　$\cos^2\dfrac{\alpha}{2}=\dfrac{1+\cos\alpha}{2}$

解答　$0<\theta<\pi$ の各辺を 2 で割って　$0<\dfrac{\theta}{2}<\dfrac{\pi}{2}$

ここで　$\sin^2\dfrac{\theta}{2}=\dfrac{1-\cos\theta}{2}=\dfrac{5}{8}$

$0<\dfrac{\theta}{2}<\dfrac{\pi}{2}$ であるから　$\sin\dfrac{\theta}{2}>0$　よって　$\sin\dfrac{\theta}{2}=\dfrac{\sqrt{{}^{アイ}10}}{{}^{ウ}4}$

⬅第何象限の角であるかを考える。

⬅POINT!

参考　半角の公式は，cos の 2 倍角の公式 $\cos 2\alpha=2\cos^2\alpha-1=1-2\sin^2\alpha$（➡基 70）において α を $\dfrac{\alpha}{2}$ とおきかえると得られる。

基本 例題 74 三角関数の合成

関数 $f(\theta)=\sqrt{2}\sin\theta+\sqrt{6}\cos\theta$ を考える。

$f(\theta)=\boxed{ア}\sqrt{\boxed{イ}}\sin\left(\theta+\dfrac{\pi}{\boxed{ウ}}\right)$ と表されるから，$0\leqq\theta<2\pi$ の範囲で，

$\theta=\dfrac{\pi}{\boxed{エ}}$ のとき，$f(\theta)$ は最大値 $\boxed{オ}\sqrt{\boxed{カ}}$，

$\theta=\dfrac{\boxed{キ}}{\boxed{ク}}\pi$ のとき，$f(\theta)$ は最小値 $\boxed{ケコ}\sqrt{\boxed{サ}}$ をとる。

9 三角関数

POINT!

$$a\sin\theta+b\cos\theta=\sqrt{a^2+b^2}\sin(\theta+\alpha)$$

ただし，α は右の図のような角で

$\cos\alpha=\dfrac{a}{\sqrt{a^2+b^2}}$，$\sin\alpha=\dfrac{b}{\sqrt{a^2+b^2}}$

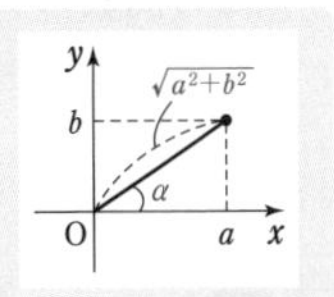

解答 $f(\theta)=\sqrt{2}\sin\theta+\sqrt{6}\cos\theta$

$=\sqrt{(\sqrt{2})^2+(\sqrt{6})^2}\sin\left(\theta+\dfrac{\pi}{3}\right)$

$={}^{ア}\mathbf{2}\sqrt{{}^{イ}\mathbf{2}}\sin\left(\theta+\dfrac{\pi}{{}^{ウ}\mathbf{3}}\right)$

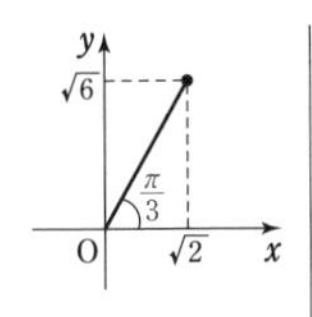

←$a\sin\theta+b\cos\theta$
$=\sqrt{a^2+b^2}\sin(\theta+\alpha)$
α は図をかいて求める。

ここで，$0\leqq\theta<2\pi$ から $\dfrac{\pi}{3}\leqq\theta+\dfrac{\pi}{3}<\dfrac{7}{3}\pi$

よって，右の図から，

$\theta+\dfrac{\pi}{3}=\dfrac{\pi}{2}$ すなわち $\theta=\dfrac{\pi}{{}^{エ}\mathbf{6}}$ のとき

$f(\theta)$ は最大値 $2\sqrt{2}\cdot1={}^{オ}\mathbf{2}\sqrt{{}^{カ}\mathbf{2}}$

また，$\theta+\dfrac{\pi}{3}=\dfrac{3}{2}\pi$ すなわち

$\theta=\dfrac{{}^{キ}\mathbf{7}}{{}^{ク}\mathbf{6}}\pi$ のとき

$f(\theta)$ は最小値 $2\sqrt{2}\cdot(-1)={}^{ケコ}\mathbf{-2}\sqrt{{}^{サ}\mathbf{2}}$ をとる。

三角関数は単位円で
y 座標が sin
y 座標が最大・最小となる
$\theta+\dfrac{\pi}{3}$ の値。

参考 α を求めるとき，$\sin\theta$ の係数 a を x 座標に，$\cos\theta$ の係数 b を y 座標にとることになる。間違えやすいので注意しよう。
また，合成の公式は sin の加法定理（➡基 70）を逆に利用したものであるから，合成した式に加法定理を用いるともとの式にもどる。このことは検算に利用できる。
この問題の $f(\theta)$ の場合

$$2\sqrt{2}\sin\left(\theta+\frac{\pi}{3}\right)=2\sqrt{2}\left(\sin\theta\cos\frac{\pi}{3}+\cos\theta\sin\frac{\pi}{3}\right)$$

$$=2\sqrt{2}\left(\sin\theta\cdot\frac{1}{2}+\cos\theta\cdot\frac{\sqrt{3}}{2}\right)=\sqrt{2}\sin\theta+\sqrt{6}\cos\theta$$

と，もとの式にもどる。

CHECK

□ **68** $\sin\frac{5}{2}\pi=$ [ア]，$\cos\left(-\frac{4}{3}\pi\right)=\frac{[イウ]}{[エ]}$，$\tan\frac{15}{4}\pi=$ [オカ] である。

□ **69** 関数 $y=\cos\left(4x-\frac{\pi}{2}\right)$ の周期のうち，正で最小のものは，$\frac{\pi}{[ア]}$ である。また，この関数のグラフは，$y=\cos 4x$ のグラフを x 軸方向に $\frac{\pi}{[イ]}$ だけ平行移動したものである。

□ **70** $\tan\alpha=\frac{3}{4}$，$\tan\beta=-\frac{5}{12}$ $(0<\alpha<\pi,\ 0<\beta<\pi)$ であるとき，$\cos\beta=\frac{[アイウ]}{[エオ]}$，$\cos(\alpha+\beta)=\frac{[カキク]}{[ケコ]}$，$\sin 2\alpha=\frac{[サシ]}{[スセ]}$ である。

□ **71** $0\leqq\theta<2\pi$ とする。不等式 $\cos\theta\leqq-\frac{\sqrt{3}}{2}$ の解は $\frac{[ア]}{[イ]}\pi\leqq\theta\leqq\frac{[ウ]}{[エ]}\pi$ であり，不等式 $2\cos^2\theta+\sqrt{3}\sin\theta+1>0$ の解は
[オ] $\leqq\theta<\frac{[カ]}{[キ]}\pi$，$\frac{[ク]}{[ケ]}\pi<\theta<$ [コ] π である。また，方程式
$\sin 2\theta=\sqrt{2}\cos\theta$ の解は，小さい順に $\theta=\frac{\pi}{[サ]}$，$\frac{\pi}{[シ]}$，$\frac{[ス]}{[セ]}\pi$，$\frac{[ソ]}{[タ]}\pi$ である。

□ **72** $0\leqq\theta<\pi$ とする。関数 $y=3\cos 2\theta+4\sin\theta$ の最大値は $\frac{[アイ]}{3}$，最小値は [ウ] である。

□ **73** $\frac{3}{2}\pi<\theta<\frac{5}{2}\pi$ で，$\sin\theta=\frac{4\sqrt{2}}{9}$ のとき，$\cos\frac{\theta}{2}=\frac{[アイ]\sqrt{[ウ]}}{[エ]}$，$\sin\frac{\theta}{2}=\frac{[オカ]}{[キ]}$ であるから，$\tan\frac{\theta}{2}=\frac{\sqrt{[ク]}}{[ケ]}$ である。

□ **74** $\sqrt{3}\sin\theta-\cos\theta$ は [ア] $\sin\left(\theta-\frac{\pi}{[イ]}\right)$ と変形できるから，$0\leqq\theta<2\pi$ のとき，$\sqrt{3}\sin\theta-\cos\theta=\sqrt{2}$ を満たす θ の値は $\theta=\frac{[ウ]}{[エオ]}\pi$，$\frac{[カキ]}{[クケ]}\pi$ である。

重要 例題 33 合成と方程式・不等式

$0 \leqq \theta < 2\pi$ において，$f(\theta)=2\sin 2\theta-2\cos 2\theta$ とする。

方程式 $f(\theta)=\sqrt{6}$ の解は，小さい順に $\dfrac{\boxed{ア}}{\boxed{イウ}}\pi$，$\dfrac{\boxed{エオ}}{\boxed{カキ}}\pi$，$\dfrac{\boxed{クケ}}{\boxed{コサ}}\pi$，$\dfrac{\boxed{シス}}{\boxed{セソ}}\pi$

である。また，不等式 $f(\theta)<0$ の解は $\boxed{タ} \leqq \theta < \dfrac{\pi}{\boxed{チ}}$，

$\dfrac{\boxed{ツ}}{\boxed{テ}}\pi < \theta < \dfrac{\boxed{ト}}{\boxed{ナ}}\pi$，$\dfrac{\boxed{ニヌ}}{\boxed{ネ}}\pi < \theta < \boxed{ノ}\pi$ である。

POINT! 合成（➡基 74）して考える。　おきかえ ⟶ 範囲に注意。

解答 $f(\theta)=2\sin 2\theta-2\cos 2\theta=\sqrt{2^2+2^2}\sin\left(2\theta-\dfrac{\pi}{4}\right)$

$=2\sqrt{2}\sin\left(2\theta-\dfrac{\pi}{4}\right)$

ここで，$0 \leqq \theta < 2\pi$ の各辺に 2 を掛けて　$0 \leqq 2\theta < 4\pi$

各辺から $\dfrac{\pi}{4}$ を引いて　$-\dfrac{\pi}{4} \leqq 2\theta-\dfrac{\pi}{4} < \dfrac{15}{4}\pi$

$f(\theta)=\sqrt{6}$ から　$\sin\left(2\theta-\dfrac{\pi}{4}\right)=\dfrac{\sqrt{3}}{2}$

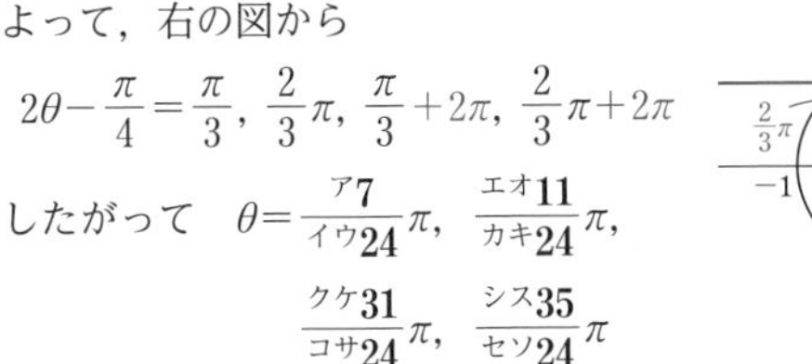

よって，右の図から

$2\theta-\dfrac{\pi}{4}=\dfrac{\pi}{3}, \dfrac{2}{3}\pi, \dfrac{\pi}{3}+2\pi, \dfrac{2}{3}\pi+2\pi$

したがって　$\theta=$ ア $\dfrac{7}{24}$ イウ π，エオ $\dfrac{11}{24}$ カキ π，クケ $\dfrac{31}{24}$ コサ π，シス $\dfrac{35}{24}$ セソ π

また，$f(\theta)<0$ から　$\sin\left(2\theta-\dfrac{\pi}{4}\right)<0$

よって，右の図から

$-\dfrac{\pi}{4} \leqq 2\theta-\dfrac{\pi}{4}<0$，$\pi<2\theta-\dfrac{\pi}{4}<2\pi$，

$3\pi<2\theta-\dfrac{\pi}{4}<\dfrac{15}{4}\pi$

各辺に $\dfrac{\pi}{4}$ を加えて，各辺を 2 で割ると

タ $0 \leqq \theta < \dfrac{\pi}{8}$ チ，ツ $\dfrac{5}{8}$ テ $\pi<\theta<$ ト $\dfrac{9}{8}$ ナ π，ニヌ $\dfrac{13}{8}$ ネ $\pi<\theta<$ ノ 2π

⬅合成
➡基 74

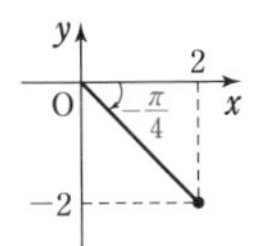

⬅CHART
おきかえ ⟶ 範囲に注意
$2\theta-\dfrac{\pi}{4}$ の範囲は右図。

⬅CHART
三角関数は単位円で
y 座標が sin
y 座標が $\dfrac{\sqrt{3}}{2}$ となる $2\theta-\dfrac{\pi}{4}$ の値。動径が 1 回りした後にも方程式を満たす角があることに注意。

⬅CHART
三角関数は単位円で
y 座標が sin
y 座標が負となる $2\theta-\dfrac{\pi}{4}$ の範囲。

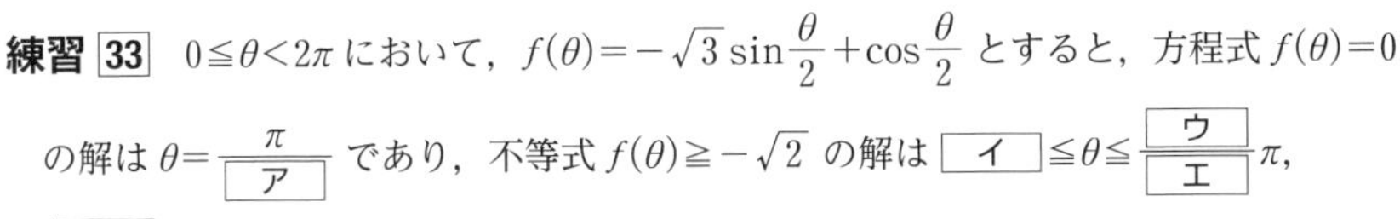

練習 33 $0 \leqq \theta < 2\pi$ において，$f(\theta)=-\sqrt{3}\sin\dfrac{\theta}{2}+\cos\dfrac{\theta}{2}$ とすると，方程式 $f(\theta)=0$ の解は $\theta=\dfrac{\pi}{\boxed{ア}}$ であり，不等式 $f(\theta) \geqq -\sqrt{2}$ の解は $\boxed{イ} \leqq \theta \leqq \dfrac{\boxed{ウ}}{\boxed{エ}}\pi$，

$\dfrac{\boxed{オカ}}{\boxed{キ}}\pi \leqq \theta < \boxed{ク}\pi$ である。

重要 例題 34　3倍角と三角方程式

$\cos 3\theta=\cos(2\theta+\theta)=$ [アイ] $\cos\theta+$ [ウ] $\cos^3\theta$ であるから，$0\leqq\theta<2\pi$ のとき，$\cos 3\theta+4\cos 2\theta+2\cos\theta+2=0$ を満たす θ は，小さい順に $\dfrac{\pi}{[エ]}$，$\dfrac{[オ]}{[カ]}\pi$，$\dfrac{[キ]}{[ク]}\pi$，$\dfrac{[ケ]}{[コ]}\pi$ である。

POINT!
3倍角　$\sin 3\alpha=3\sin\alpha-4\sin^3\alpha$,　$\cos 3\alpha=-3\cos\alpha+4\cos^3\alpha$
3次方程式 ⟶ 因数定理を用いる。（➡ 基 61）

解答　$\cos 3\theta=\cos(2\theta+\theta)=\cos 2\theta\cos\theta-\sin 2\theta\sin\theta$

$=(2\cos^2\theta-1)\cos\theta-2\sin^2\theta\cos\theta$

$=2\cos^3\theta-\cos\theta-2(1-\cos^2\theta)\cos\theta$

$={}^{アイ}-3\cos\theta+{}^{ウ}4\cos^3\theta$

よって，方程式から

$(-3\cos\theta+4\cos^3\theta)+4(2\cos^2\theta-1)+2\cos\theta+2=0$

整理して　$4\cos^3\theta+8\cos^2\theta-\cos\theta-2=0$

$\cos\theta=x$ とおき，$f(x)=4x^3+8x^2-x-2$ とすると，

$f(-2)=0$ であるから，方程式は　$(x+2)(4x^2-1)=0$

よって　$(x+2)(2x+1)(2x-1)=0$

$-1\leqq x\leqq 1$ から　$x=-\dfrac{1}{2},\ \dfrac{1}{2}$

すなわち　$\cos\theta=-\dfrac{1}{2},\ \dfrac{1}{2}$

$0\leqq\theta<2\pi$ であるから

$\cos\theta=-\dfrac{1}{2}$ のとき　$\theta=\dfrac{2}{3}\pi,\ \dfrac{4}{3}\pi$

$\cos\theta=\dfrac{1}{2}$ のとき　$\theta=\dfrac{\pi}{3},\ \dfrac{5}{3}\pi$

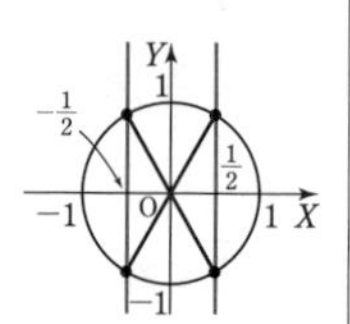

ゆえに，解は小さい順に

$\theta=\dfrac{\pi}{{}^{エ}3},\ \dfrac{{}^{オ}2}{{}^{カ}3}\pi,\ \dfrac{{}^{キ}4}{{}^{ク}3}\pi,\ \dfrac{{}^{ケ}5}{{}^{コ}3}\pi$

⬅ $\cos(\alpha+\beta)=\cos\alpha\cos\beta-\sin\alpha\sin\beta$
⬅ $\cos 2\alpha=2\cos^2\alpha-1$
$\sin 2\alpha=2\sin\alpha\cos\alpha$ ➡ 基 70
⬅ $\sin^2\theta+\cos^2\theta=1$ ➡ 基 17
角を θ にそろえ，cos のみで表す。

⬅ 因数定理 ➡ 基 60

素早く解く!
組立除法（➡ 基 60）を用いると早い。

4	8	−1	−2	−2
	−8	0	2	
4	0	−1	0	

⬅ **CHART**
三角関数は単位円で
x 座標が cos

参考　3倍角の公式は，上の解答のように，加法定理と2倍角の公式を用いて導くことができる（$\sin 3\theta$ については，練習 34 の **解答** 参照。 ➡解答編 p.122）。

練習 34　$\sin 3\theta=\sin(2\theta+\theta)=$ [ア] $\sin\theta-$ [イ] $\sin^3\theta$ であるから，$0\leqq\theta<2\pi$ のとき $\sin 3\theta-2\cos 2\theta-1=0$ を満たす θ は，小さい順に $\dfrac{\pi}{[ウ]}$，$\dfrac{\pi}{[エ]}$，$\dfrac{[オ]}{[カ]}\pi$，$\dfrac{[キ]}{[ク]}\pi$，$\dfrac{[ケ]}{[コ]}\pi$ である。

重要 例題 35 三角方程式の解の個数

$0 \leqq \theta < 2\pi$ とし，$f(\theta)=\cos^2\theta+\cos\theta-1$ とする。

関数 $f(\theta)$ の最大値は [ア]，最小値は $\dfrac{[イウ]}{[エ]}$ である。

次に，a を定数として，方程式 $f(\theta)=a$ を考える。$a=0$ のとき，この方程式は [オ] 個の解をもつ。また，方程式が 4 つの解をもつような a の値の範囲は $\dfrac{[カキ]}{[ク]}<a<[ケコ]$ である。

POINT!

方程式 $f(x)=a$ の実数解

⟶ 曲線 $y=f(x)$ と直線 $y=a$ の **共有点の x 座標**。(➡ 重 39，43)

t の方程式などにおきかえたとき，t の範囲に注意。

方程式の **解 t に対して，解 x がいくつあるか** にも注意。

解答 $\cos\theta=t$ とおくと，$0 \leqq \theta < 2\pi$ から　$-1 \leqq t \leqq 1$

$$f(\theta)=t^2+t-1=t^2+t+\left(\frac{1}{2}\right)^2-\left(\frac{1}{2}\right)^2-1$$

$$=\left(t+\frac{1}{2}\right)^2-\frac{5}{4}$$

右のグラフより，$f(\theta)$ は

$t=1$ のとき最大値 ア**1**,

$t=-\dfrac{1}{2}$ のとき最小値 $\dfrac{イウ\mathbf{-5}}{エ\mathbf{4}}$ をとる。

ここで，$\cos\theta=\alpha$ を満たす $\theta\ (0 \leqq \theta < 2\pi)$ の個数を考える。

$-1<\alpha<1$ のとき　θ は 2 個
$\alpha=\pm 1$ のとき　　θ は 1 個　　存在する。

$a=0$ のとき，グラフより，$f(\theta)=0$ の解 t は，$-1<t<1$ の範囲に 1 つ存在する。したがって，解 θ は　オ**2** 個

また，方程式が 4 つの解をもつのは，$y=t^2+t-1$ のグラフと直線 $y=a$ が $-1<t<1$ の範囲で異なる 2 つの共有点をもつときである。

したがって，グラフより　　$\dfrac{カキ\mathbf{-5}}{ク\mathbf{4}}<a<ケコ\mathbf{-1}$

⬅ CHART おきかえ ⟶ 範囲に注意

⬅ CHART まず平方完成
➡ 基 72

⬅解 $t\ (=\cos\theta)$ 1 つに対して，θ の値がいくつ存在するか考える。

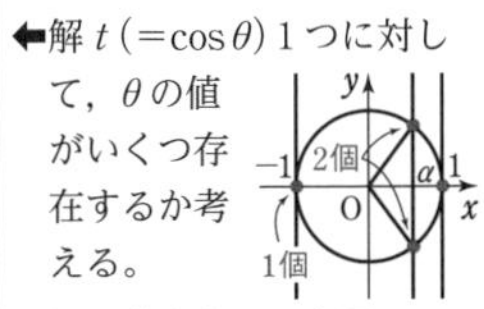

⬅解は共有点の t 座標。

⬅解 t 1 つに対して，解 θ は 2 つ存在する。

⬅ 2 つの共有点それぞれに対して θ が 2 つずつ存在し，それらはすべて異なる。
⟶ $2\times 2=4$ (個)

練習 35 a を実数とし，関数 $F(x)=a\sin\left(x-\dfrac{\pi}{3}\right)+a\sin\left(x+\dfrac{\pi}{3}\right)-2\sin^2 x$ を考える。

ただし，$0 \leqq x \leqq \pi$ とする。$0<a \leqq 2$ のとき，$F(x)$ は $\sin x=\dfrac{[ア]}{[イ]}a$ のとき最大値 $m=\dfrac{[ウ]}{[エ]}a^{[オ]}$ をとる。また，$F(x)$ の最小値は $a-$[カ] である。

定数 b を $0<b<m$ を満たすようにとるとき，x に関する方程式 $F(x)=b$ の解は [キ] 個ある。

重要 例題 36　三角関数の最大・最小（合成利用）

$0 \leqq \theta < 2\pi$ のとき，$y=2\sin\theta\cos\theta-2\sin\theta-2\cos\theta-3$ とする。
$x=\sin\theta+\cos\theta$ とおくと，y は x の関数 $y=x^{\boxed{\text{ア}}}-\boxed{\text{イ}}\,x-\boxed{\text{ウ}}$ となる。
$x=\sqrt{\boxed{\text{エ}}}\sin\left(\theta+\dfrac{\pi}{\boxed{\text{オ}}}\right)$ であるから，x の値の範囲は
$-\sqrt{\boxed{\text{カ}}} \leqq x \leqq \sqrt{\boxed{\text{キ}}}$ である。したがって，y は $\theta=\dfrac{\boxed{\text{ク}}}{\boxed{\text{ケ}}}\pi$ のとき最大値
$\boxed{\text{コ}}\left(\sqrt{\boxed{\text{サ}}}-\boxed{\text{シ}}\right)$ をとる。また，y の最小値は $\boxed{\text{スセ}}$ である。

POINT!　三角関数の最大・最小
① おきかえ（変数の変域に注意）　② 角をそろえる
③ sin，cos 一方のみで表す　④ $a\sin\theta+b\cos\theta$ は 合成（➡基74）

解答　$x^2=(\sin\theta+\cos\theta)^2=\sin^2\theta+\cos^2\theta+2\sin\theta\cos\theta$
$=1+2\sin\theta\cos\theta$

⬅ $\sin^2\theta+\cos^2\theta=1$ ➡基17

であるから　$2\sin\theta\cos\theta=x^2-1$
よって　$y=2\sin\theta\cos\theta-2(\sin\theta+\cos\theta)-3$
$=(x^2-1)-2x-3$

⬅ x の式におきかえた。

ゆえに　$y=x^{\text{ア}2}-{}^{\text{イ}}2x-{}^{\text{ウ}}4$
ここで　$x=\sin\theta+\cos\theta=\sqrt{{}^{\text{エ}}2}\sin\left(\theta+\dfrac{\pi}{{}^{\text{オ}}4}\right)$

⬅合成　➡基74

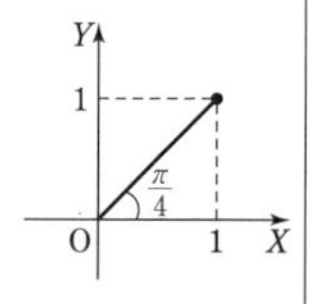

$0 \leqq \theta < 2\pi$ より，$\dfrac{\pi}{4} \leqq \theta+\dfrac{\pi}{4} < \dfrac{9}{4}\pi$ …… ①
であるから

⬅ $\theta+\dfrac{\pi}{4}$ のとりうる値は右の図。

$$-\sqrt{2} \leqq \sqrt{2}\sin\left(\theta+\frac{\pi}{4}\right) \leqq \sqrt{2}$$

⬅ CHART　おきかえ ⟶ 範囲に注意

すなわち　$-\sqrt{{}^{\text{カ}}2} \leqq x \leqq \sqrt{{}^{\text{キ}}2}$
$y=x^2-2x+1-1-4=(x-1)^2-5$　であるから，y が最大となるとき　$x=-\sqrt{2}$

⬅ CHART　まず平方完成　➡基10

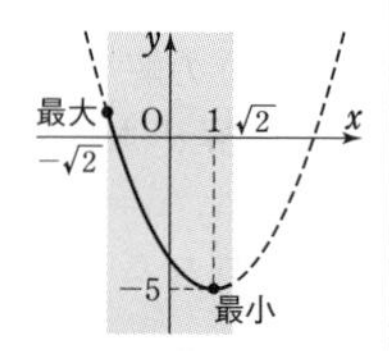

すなわち　$\sin\left(\theta+\dfrac{\pi}{4}\right)=-1$
よって，① のとき　$\theta+\dfrac{\pi}{4}=\dfrac{3}{2}\pi$
ゆえに　$\theta=\dfrac{{}^{\text{ク}}5}{{}^{\text{ケ}}4}\pi$

⬅ CHART　三角関数は単位円で　y 座標が sin　➡基18

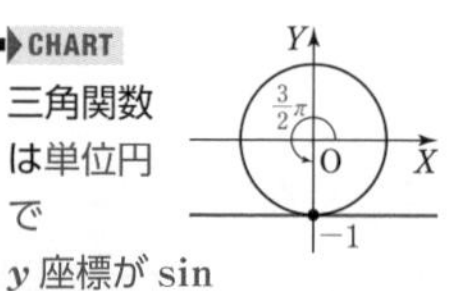

このとき，最大値　$(-\sqrt{2})^2-2\cdot(-\sqrt{2})-4={}^{\text{コ}}2(\sqrt{{}^{\text{サ}}2}-{}^{\text{シ}}1)$
また，$x=1$ のとき，最小値　${}^{\text{スセ}}-5$

練習 36　$0 \leqq \theta \leqq \dfrac{\pi}{2}$ のとき，$y=8\sqrt{3}\cos^2\theta+6\sin\theta\cos\theta+2\sqrt{3}\sin^2\theta$ は
$y=\boxed{\text{ア}}\sin\left(\boxed{\text{イ}}\,\theta+\dfrac{\pi}{\boxed{\text{ウ}}}\right)+\boxed{\text{エ}}\sqrt{\boxed{\text{オ}}}$ となるから，$\theta=\dfrac{\pi}{\boxed{\text{カキ}}}$ のとき最大値 $\boxed{\text{ク}}+\boxed{\text{ケ}}\sqrt{\boxed{\text{コ}}}$ をとり，$\theta=\dfrac{\pi}{\boxed{\text{サ}}}$ のとき最小値 $\boxed{\text{シ}}\sqrt{\boxed{\text{ス}}}$ をとる。

演習 例題 15 三角関数の定義と方程式

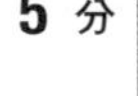
目安 5分

解説動画

$0<\theta<\dfrac{\pi}{2}$ の範囲で $\sin 4\theta=\cos\theta$ …… ① の解を求めよう。

一般に，すべての x について $\cos x=\sin(\boxed{ア}-x)$ である。

$\boxed{ア}$ に当てはまるものを，次の ⓪ ～ ② のうちから一つ選べ。

⓪ π　　　① $\dfrac{\pi}{2}$　　　② $-\dfrac{\pi}{2}$

したがって，① が成り立つとき，$\sin 4\theta=\sin(\boxed{ア}-\theta)$ となり，$0<\theta<\dfrac{\pi}{2}$ の範囲で 4θ，$\boxed{ア}-\theta$ のとり得る値の範囲を考えれば，$4\theta=\boxed{ア}-\theta$ または $4\theta=\pi-(\boxed{ア}-\theta)$ となる。

よって，① の解は $\theta=\dfrac{\pi}{\boxed{イ}}$ または $\theta=\dfrac{\pi}{\boxed{ウエ}}$ である。

Situation Check ✓

誘導に従い，① の左辺と右辺の三角関数の種類を sin で統一する方法で解く。$\sin 4\theta=\sin$● の形に変形した後は，4θ，● の値の範囲を調べ，単位円を利用して考える。

解答 一般に，すべての x について　$\cos x=\sin\left(\dfrac{\pi}{2}-x\right)$

←$\sin(90°-\theta)=\cos\theta$

➡ 基 19

ゆえに　ア ①

よって，① は　$\sin 4\theta=\sin\left(\dfrac{\pi}{2}-\theta\right)$

← sin のみで表す。cos のみで表す場合は，問題 15 解答の後の参考参照（➡解答編 p.125, 126）。

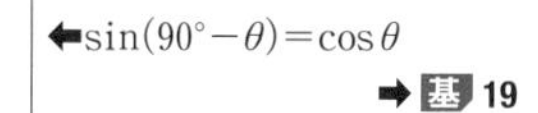

$0<\theta<\dfrac{\pi}{2}$ であるから

$$0<4\theta<2\pi,\quad 0<\frac{\pi}{2}-\theta<\frac{\pi}{2}$$

ゆえに　$4\theta=\dfrac{\pi}{2}-\theta$ または $4\theta=\pi-\left(\dfrac{\pi}{2}-\theta\right)$

すなわち　$5\theta=\dfrac{\pi}{2}$ または $3\theta=\dfrac{\pi}{2}$

したがって　$\theta=\dfrac{\pi}{{}^{ウエ}10}$ または $\theta=\dfrac{\pi}{{}^{イ}6}$

参考

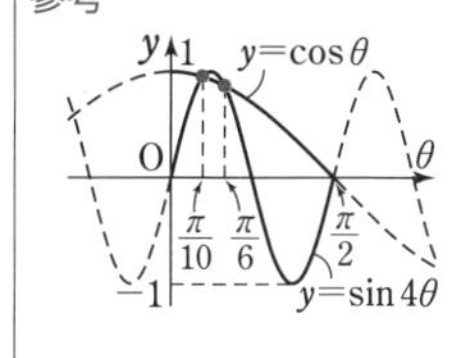

問題 15　$0\leqq\alpha\leqq\dfrac{\pi}{2}$，$0\leqq\beta\leqq\pi$ として，$\sin\alpha=\cos 2\beta$ を満たす β について考えよう。

例えば，$\alpha=\dfrac{\pi}{6}$ のとき，β のとり得る値は $\dfrac{\pi}{\boxed{ア}}$ と $\dfrac{\boxed{イ}}{\boxed{ア}}\pi$ の二つである。このように，α の各値に対して，β のとり得る値は二つある。それらを β_1，β_2 $(\beta_1<\beta_2)$ とする。

β_1，β_2 を α を用いて表すと $\beta_1=\dfrac{\pi}{\boxed{ウ}}-\dfrac{\alpha}{\boxed{エ}}$，$\beta_2=\dfrac{\boxed{オ}}{\boxed{ウ}}\pi+\dfrac{\alpha}{\boxed{エ}}$ となる。

このとき，$\alpha+\dfrac{\beta_1}{2}+\dfrac{\beta_2}{3}$ のとり得る値の範囲は $\dfrac{\boxed{カ}}{\boxed{キ}}\pi\leqq\alpha+\dfrac{\beta_1}{2}+\dfrac{\beta_2}{3}\leqq\dfrac{\boxed{ク}}{\boxed{ケ}}\pi$ であるから，$y=\sin\left(\alpha+\dfrac{\beta_1}{2}+\dfrac{\beta_2}{3}\right)$ が最大となる α の値は $\dfrac{\boxed{コ}}{\boxed{サシ}}\pi$ である。

演習 例題 16 三角関数のグラフ

目安 5分　解説動画

(1) 次の図の破線は $y=\sin x$ のグラフである。$y=\sin\frac{x}{2}$ のグラフが実線で正しくかかれているものを，下の ⓪ ～ ② のうちから一つ選べ。［ア］

⓪

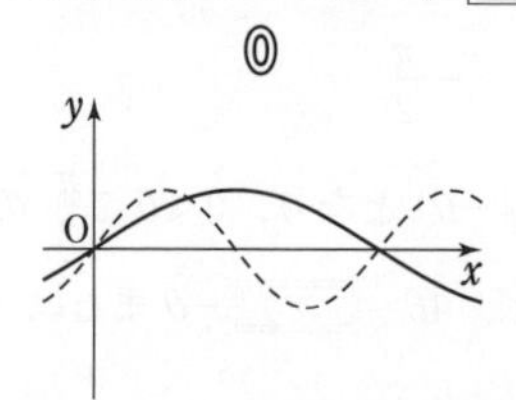

①

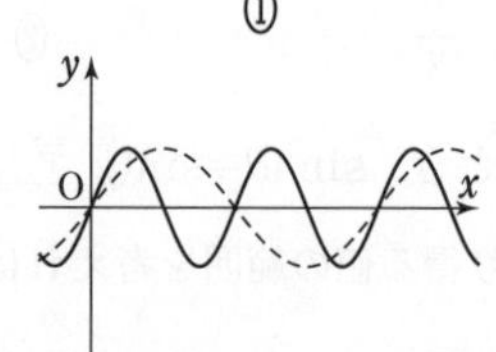

②

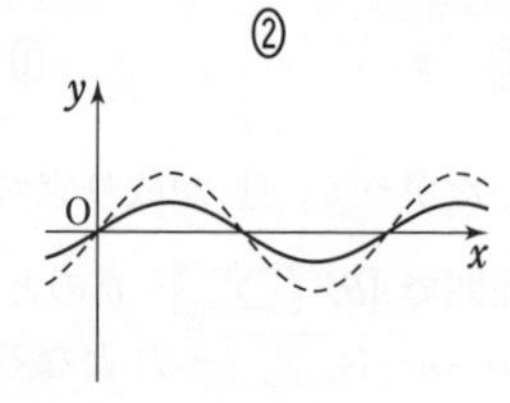

(2) 次の図はある三角関数のグラフである。その関数の式として正しいものを，下の ⓪ ～ ⑤ のうちから二つ選べ。ただし，解答の順序は問わない。

［イ］，［ウ］

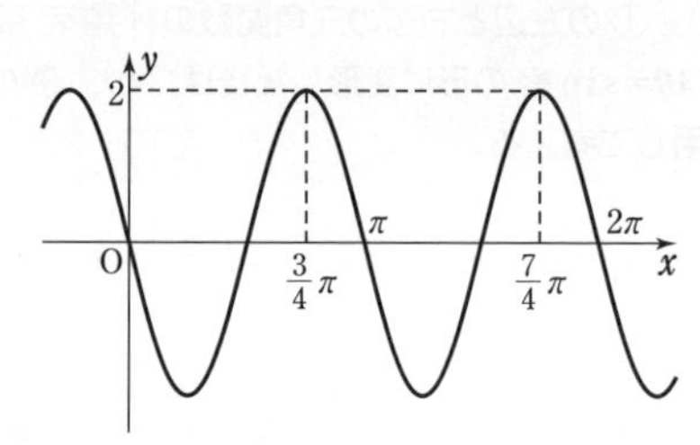

⓪ $y=2\sin 2x$　① $y=2\sin 2(x-\pi)$　② $y=2\sin(2x-\pi)$

③ $y=-2\cos 2x$　④ $y=2\cos 2\left(x+\frac{\pi}{4}\right)$　⑤ $y=2\cos\left(2x+\frac{\pi}{4}\right)$

Situation Check ✓

グラフを選択する問題では，周期や y のとり得る値の範囲に注目する。
関数の式を選択する問題では，周期や y のとり得る値の範囲，また，$y=a\sin bx$，$y=a\cos bx$ のグラフが x 軸方向にどのように平行移動されたグラフかに注目して素早く選択できるようにする。
$y=f(x)$ のグラフに対し，$y=af(b(x-p))$ $(a>0,\ b>0)$ のグラフは

y 軸方向に a 倍，x 軸方向に $\frac{1}{b}$ 倍に拡大または縮小し，

x 軸方向に p だけ平行移動したもの

$y=\sin bx$，$y=\cos bx$ $(b>0)$ の周期は $\frac{2\pi}{b}$ (➡基 69)

解答 (1) $y=\sin\frac{x}{2}$ のグラフは，$y=\sin x$ のグラフを x 軸方向に2倍に拡大したものであり，関数 $y=\sin\frac{x}{2}$ の周期は 4π である。

よって，適するグラフは　ア ⓪

(2)　求める関数の式を $y=a\sin b(x-p)$ $(a>0,\ b>0)$ とすると，最大値が2であるから　　$a=2$

周期が π であるから　　$\dfrac{2\pi}{b}=\pi$　すなわち　$b=2$

与えられたグラフは，$y=2\sin 2x$ のグラフを x 軸方向に $\dfrac{\pi}{2}$ だけ平行移動したものであるから　　$p=\dfrac{\pi}{2}$

よって　　$y=2\sin 2\left(x-\dfrac{\pi}{2}\right)=2\sin(2x-\pi)$

続いて，求める関数の式を $y=2\cos 2(x-\alpha)$ とおくと，与えられたグラフは，$y=2\cos 2x$ のグラフを x 軸方向に $-\dfrac{\pi}{4}$ だけ平行移動したものであるから　　$\alpha=-\dfrac{\pi}{4}$

よって　　$y=2\cos 2\left(x+\dfrac{\pi}{4}\right)$

以上から，正しいものは

　　イ②，ウ④（または　イ④，ウ②）

⬅**素早く解く!**

原点 (0, 0) を通らない③，⑤を最初から除くこともできる。

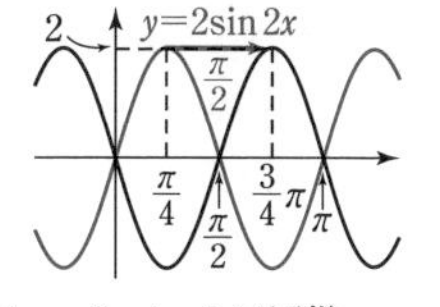

⬅$a=2$，$b=2$ は同様。

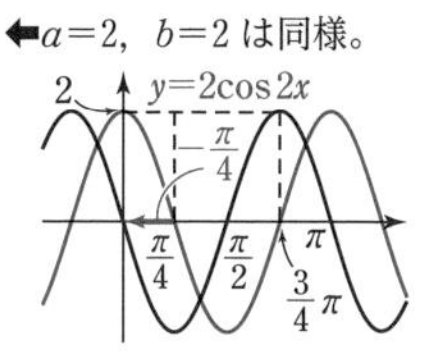

問題 16　(1)　次の図の破線は $y=\cos x$ のグラフである。$y=\cos\left(x+\dfrac{\pi}{4}\right)$ のグラフが実線で正しくかかれているものを，下の⓪～②のうちから一つ選べ。［ア］

⓪

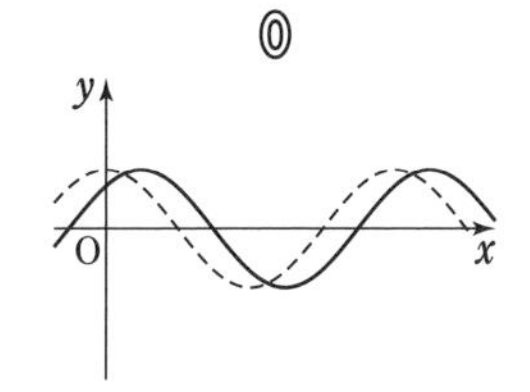

①

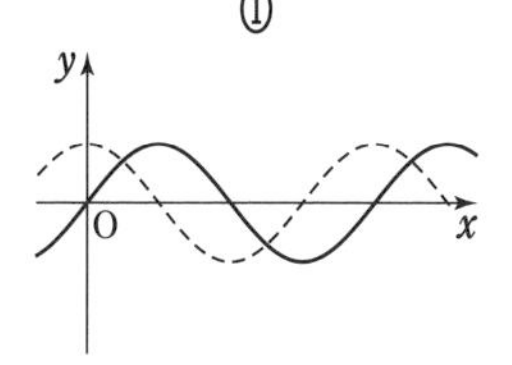

②

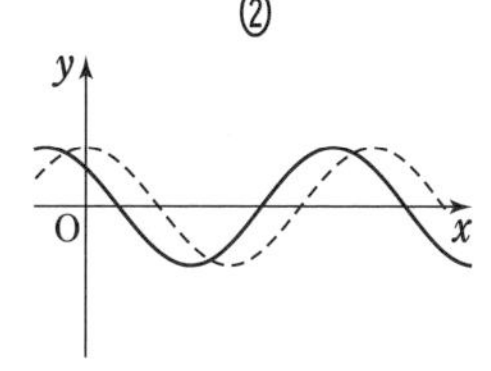

(2)　次の図はある三角関数のグラフである。その関数の式として正しいものを，下の⓪～⑤のうちから二つ選べ。ただし，解答の順序は問わない。［イ］，［ウ］

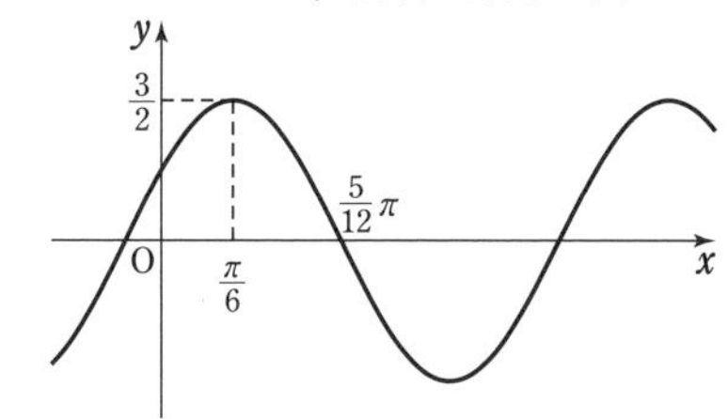

⓪　$y=\dfrac{3}{2}\sin 2\left(x-\dfrac{\pi}{6}\right)$　　①　$y=\dfrac{3}{2}\sin\left(2x+\dfrac{\pi}{6}\right)$　　②　$y=\dfrac{3}{2}\sin\left(2x+\dfrac{\pi}{3}\right)$

③　$y=\dfrac{3}{2}\cos 2\left(x-\dfrac{\pi}{6}\right)$　　④　$y=\dfrac{3}{2}\cos\left(2x+\dfrac{\pi}{6}\right)$　　⑤　$y=\dfrac{3}{2}\cos\left(2x+\dfrac{\pi}{3}\right)$

実践問題　目安時間　32［5分］　33［12分］　34［7分］

指針 p.356

32 (1)　1ラジアンとは，$\boxed{\text{ア}}$ のことである。$\boxed{\text{ア}}$ に当てはまるものを，次の⓪～③のうちから一つ選べ。

⓪　半径が1，面積が1の扇形の中心角の大きさ
①　半径がπ，面積が1の扇形の中心角の大きさ
②　半径が1，弧の長さが1の扇形の中心角の大きさ
③　半径がπ，弧の長さが1の扇形の中心角の大きさ

(2)　144° を弧度で表すと $\dfrac{\boxed{\text{イ}}}{\boxed{\text{ウ}}}\pi$ ラジアンである。また，$\dfrac{23}{12}\pi$ ラジアンを度で表すと $\boxed{\text{エオカ}}^\circ$ である。

(3)　$\dfrac{\pi}{2} \leqq \theta \leqq \pi$ の範囲で　$2\sin\left(\theta+\dfrac{\pi}{5}\right)-2\cos\left(\theta+\dfrac{\pi}{30}\right)=1$ …… ①

を満たすθの値を求めよう。

$x=\theta+\dfrac{\pi}{5}$ とおくと，①は　$2\sin x-2\cos\left(x-\dfrac{\pi}{\boxed{\text{キ}}}\right)=1$　と表せる。

加法定理を用いると，この式は　$\sin x-\sqrt{\boxed{\text{ク}}}\cos x=1$　となる。

さらに，三角関数の合成を用いると　$\sin\left(x-\dfrac{\pi}{\boxed{\text{ケ}}}\right)=\dfrac{1}{\boxed{\text{コ}}}$　と変形できる。

$x=\theta+\dfrac{\pi}{5}$，$\dfrac{\pi}{2} \leqq \theta \leqq \pi$ だから，$\theta=\dfrac{\boxed{\text{サシ}}}{\boxed{\text{スセ}}}\pi$ である。

〔18 センター試験・本試〕

***33**　三角関数の値の大小関係について考えよう。

(1)　$x=\dfrac{\pi}{6}$ のとき $\sin x\ \boxed{\text{ア}}\ \sin 2x$ であり，

$x=\dfrac{2}{3}\pi$ のとき $\sin x\ \boxed{\text{イ}}\ \sin 2x$ である。

$\boxed{\text{ア}}$，$\boxed{\text{イ}}$ の解答群（同じものを繰り返し選んでもよい。）

⓪ $<$	① $=$	② $>$

(2)　$\sin x$ と $\sin 2x$ の値の大小関係を詳しく調べよう。

$$\sin 2x-\sin x=\sin x(\boxed{\text{ウ}}\cos x-\boxed{\text{エ}})$$

であるから，$\sin 2x-\sin x>0$ が成り立つことは

「$\sin x>0$　かつ　$\boxed{\text{ウ}}\cos x-\boxed{\text{エ}}>0$」 …… ①

または

「$\sin x<0$　かつ　$\boxed{\text{ウ}}\cos x-\boxed{\text{エ}}<0$」 …… ②

が成り立つことと同値である。

$0 \leqq x \leqq 2\pi$ のとき，① が成り立つような x の値の範囲は $0<x<\dfrac{\pi}{\boxed{オ}}$ であり，② が成り立つような x の値の範囲は $\pi<x<\dfrac{\boxed{カ}}{\boxed{キ}}\pi$ である。

よって，$0 \leqq x \leqq 2\pi$ のとき，$\sin 2x>\sin x$ が成り立つような x の値の範囲は

$0<x<\dfrac{\pi}{\boxed{オ}}$，$\pi<x<\dfrac{\boxed{カ}}{\boxed{キ}}\pi$ である。

(3)　$\sin 3x$ と $\sin 4x$ の値の大小関係を調べよう。

三角関数の加法定理を用いると，等式

$\sin(\alpha+\beta)-\sin(\alpha-\beta)=2\cos\alpha\sin\beta$ …… ③

が得られる。$\alpha+\beta=4x$，$\alpha-\beta=3x$ を満たす α，β に対して ③ を用いることにより，$\sin 4x-\sin 3x>0$ が成り立つことは

「$\cos\boxed{ク}>0$　かつ　$\sin\boxed{ケ}>0$」…… ④

または

「$\cos\boxed{ク}<0$　かつ　$\sin\boxed{ケ}<0$」…… ⑤

が成り立つことと同値であることがわかる。

$0 \leqq x \leqq \pi$ のとき，④，⑤ により，$\sin 4x>\sin 3x$ が成り立つような x の値の範囲は

$0<x<\dfrac{\pi}{\boxed{コ}}$，$\dfrac{\boxed{サ}}{\boxed{シ}}\pi<x<\dfrac{\boxed{ス}}{\boxed{セ}}\pi$

である。

$\boxed{ク}$，$\boxed{ケ}$ の解答群（同じものを繰り返し選んでもよい。）

⓪ x	① $2x$	② $3x$	③ $4x$	④ $5x$
⑤ $\dfrac{x}{2}$	⑥ $\dfrac{3}{2}x$	⑦ $\dfrac{5}{2}x$	⑧ $\dfrac{7}{2}x$	⑨ $\dfrac{9}{2}x$

(4)　(2)，(3) の考察から，$0 \leqq x \leqq \pi$ のとき，$\sin 3x>\sin 4x>\sin 2x$ が成り立つような x の値の範囲は

$\dfrac{\pi}{\boxed{コ}}<x<\dfrac{\pi}{\boxed{ソ}}$，$\dfrac{\boxed{ス}}{\boxed{セ}}\pi<x<\dfrac{\boxed{タ}}{\boxed{チ}}\pi$

であることがわかる。

〔類 23 共通テスト・本試〕

***34** (1) 関数 $y=\sin 3x+\cos 3x$ のグラフについて調べよう。

$$\sin 3x+\cos 3x=\sqrt{\boxed{ア}}\sin\left(3x+\frac{\pi}{\boxed{イ}}\right)$$

が成り立つ。

関数 $y=\sin 3x+\cos 3x$ のグラフを実線で表したものは $\boxed{ウ}$ である。

$\boxed{ウ}$ については，最も適当なものを，次の⓪～⑤のうちから一つ選べ。

ただし，⓪～⑤では，関数 $y=\sin x$ のグラフをそれぞれ破線で表してある。

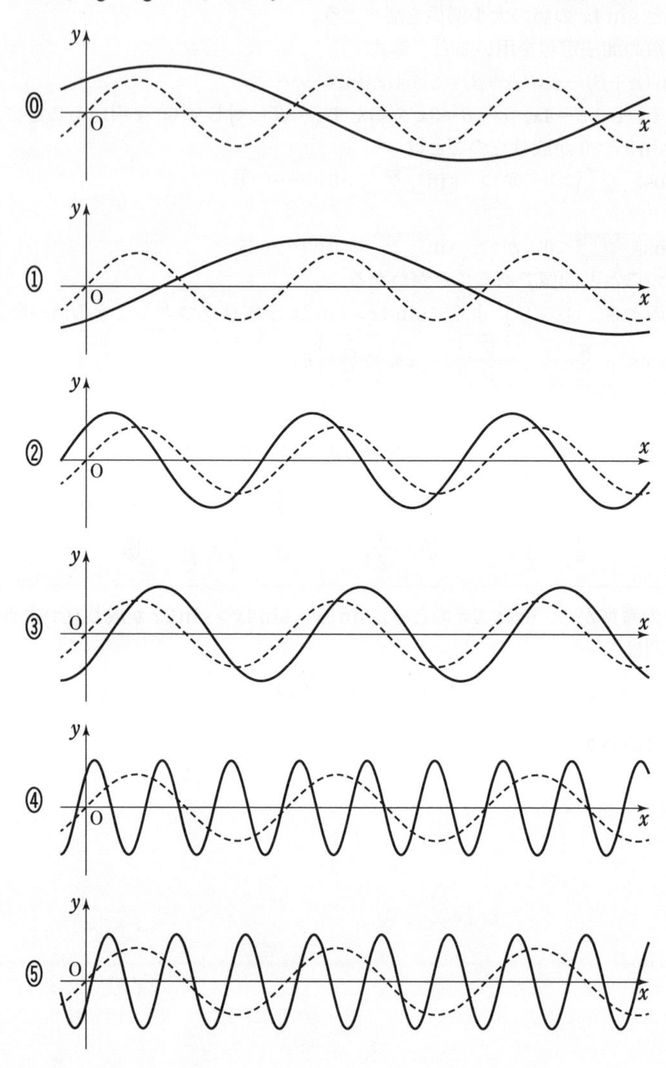

(2) 太郎さんと花子さんは，(1)の結果を見て，三角関数を含む関数のグラフについて話している。

> 太郎：(1)の関数 $y=\sin 3x+\cos 3x$ のグラフは，$y=\sin x$ や $y=\cos x$ のグラフと同じような形だね。
> 花子：x の係数が異なるような，関数 $y=2\sin x+\cos 2x$ のグラフはどうなるのかな。

(i) 関数 $y=2\sin x+\cos 2x$ の最大値と最小値を調べよう。

$0\leqq x<2\pi$ において，$t=\sin x$ とおくと，t のとりうる値の範囲は，$-1\leqq t\leqq 1$ である。このとき，y を t を用いて表すと

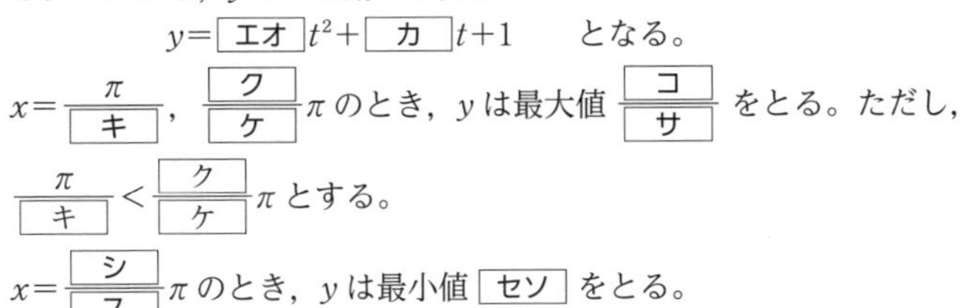

$y=$ [エオ] t^2+ [カ] $t+1$ 　となる。

$x=\dfrac{\pi}{[キ]}$，$\dfrac{[ク]}{[ケ]}\pi$ のとき，y は最大値 $\dfrac{[コ]}{[サ]}$ をとる。ただし，

$\dfrac{\pi}{[キ]}<\dfrac{[ク]}{[ケ]}\pi$ とする。

$x=\dfrac{[シ]}{[ス]}\pi$ のとき，y は最小値 [セソ] をとる。

(ii) 太郎さんと花子さんは，(i)の結果をもとにグラフの形を予想し，グラフ表示ソフトを用いて確かめてみた。

関数 $y=2\sin x+\cos 2x$ のグラフを実線で表したものは [タ] である。

[タ] については，最も適当なものを，次の⓪～⑤のうちから一つ選べ。

ただし，⓪～⑤では，関数 $y=2\sin x$ のグラフをそれぞれ破線で表してある。

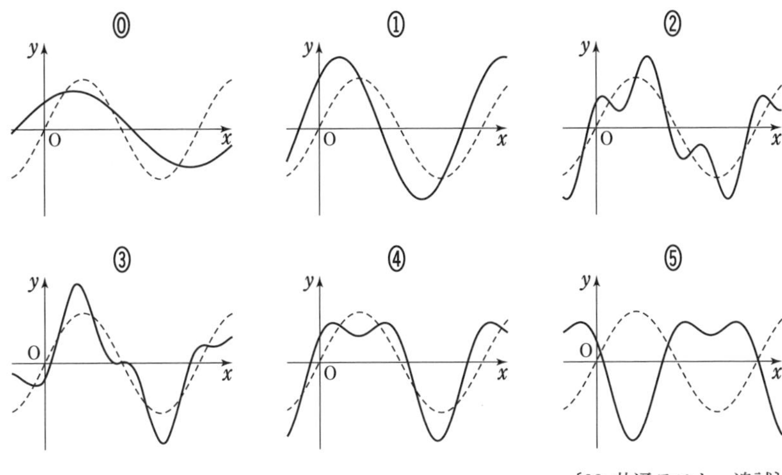

〔23 共通テスト・追試〕

第10章　指数関数・対数関数

基本 例題75　指数・対数の計算

$2^3\times\sqrt[3]{2}\div\sqrt{2}=2^{\frac{\boxed{アイ}}{\boxed{ウ}}}$，$\log_2 24-\log_4 36=\boxed{\text{エ}}$ である。

POINT!

$a>0$，$b>0$，x，y は実数，m，n $(n\neq 1)$ は自然数とする。

$$a^x\cdot a^y=a^{x+y},\quad (a^x)^y=a^{xy},\quad (ab)^x=a^xb^x,$$

$$a^0=1,\qquad a^{-x}=\frac{1}{a^x},\qquad \sqrt[n]{a^m}=a^{\frac{m}{n}}$$

$a>0$，$b>0$，$c>0$，$a\neq 1$，$c\neq 1$，$M>0$，$N>0$，p は実数とする。

$$a^p=M\iff p=\log_a M\qquad (\log_a a=1,\ \log_a 1=0)$$

$$\log_a MN=\log_a M+\log_a N,\qquad \log_a\frac{M}{N}=\log_a M-\log_a N$$

$$\log_a M^p=p\log_a M,\qquad \log_a b=\frac{\log_c b}{\log_c a}$$

計算するときは **底をそろえる。**　　（底の変換公式）

解答

$$2^3\times\sqrt[3]{2}\div\sqrt{2}=2^3\times 2^{\frac{1}{3}}\div 2^{\frac{1}{2}}$$
← $\sqrt[n]{a^m}=a^{\frac{m}{n}}$

$$=2^3\times 2^{\frac{1}{3}}\times 2^{-\frac{1}{2}}$$
← $\div a^m\longrightarrow\times\dfrac{1}{a^m}\longrightarrow\times a^{-m}$

$$=2^{3+\frac{1}{3}-\frac{1}{2}}$$
← $a^x\cdot a^y=a^{x+y}$

$$=2^{\frac{{}^{アイ}17}{{}^{ウ}6}}$$

$$\log_2 24-\log_4 36=\log_2 24-\frac{\log_2 36}{\log_2 4}$$
← 底を2にそろえる。$\log_a b=\dfrac{\log_c b}{\log_c a}$

$$=\log_2 2^3\cdot 3-\frac{\log_2 2^2\cdot 3^2}{\log_2 2^2}$$

$$=\log_2 2^3+\log_2 3-\frac{\log_2 2^2+\log_2 3^2}{\log_2 2^2}$$
← $\log_a MN=\log_a M+\log_a N$

$$=3\log_2 2+\log_2 3-\frac{2\log_2 2+2\log_2 3}{2\log_2 2}$$
← $\log_a M^p=p\log_a M$

$$=3\cdot 1+\log_2 3-\frac{2\cdot 1+2\log_2 3}{2\cdot 1}$$
← $\log_a a=1$

$$={}^{エ}2$$

〔別解〕$\log_2 24-\log_4 36=\log_2 24-\dfrac{\log_2 36}{\log_2 2^2}=\log_2 24-\dfrac{1}{2}\log_2 36$
← 底を2にそろえる。

$$=\log_2 24-\log_2(6^2)^{\frac{1}{2}}$$
← $p\log_a M=\log_a M^p$

$$=\log_2\frac{24}{6}=\log_2 4$$

$$={}^{エ}2$$

基本 例題 76 指数・対数の式の値

(1) $a>0$，$a^x-a^{-x}=5$ のとき，$a^{2x}+a^{-2x}=$ アイ ，$a^{3x}-a^{-3x}=$ ウエオ である。

(2) $2^{\log_8 27}=$ カ である。

POINT!

(1) $(\alpha\pm\beta)^2=\alpha^2+\beta^2\pm2\alpha\beta$　　$\alpha^3\pm\beta^3=(\alpha\pm\beta)(\alpha^2\mp\alpha\beta+\beta^2)$

（複号同順）

$a^x\cdot a^{-x}=1$ に注意。

(2) $2^{\log_8 27}=M$ とおき，両辺の 2 を底とする対数をとる。

解答 (1) $(a^x-a^{-x})^2=a^{2x}+a^{-2x}-2a^x\cdot a^{-x}$

$=a^{2x}+a^{-2x}-2\cdot1$

すなわち　$5^2=a^{2x}+a^{-2x}-2$

よって　$a^{2x}+a^{-2x}=$ ^{アイ}**27**

また　$a^{3x}-a^{-3x}=(a^x-a^{-x})\{(a^x)^2+a^x\cdot a^{-x}+(a^{-x})^2\}$

$=(a^x-a^{-x})(a^{2x}+a^{-2x}+1)$

$=5(27+1)=$ ^{ウエオ}**140**

(2) $2^{\log_8 27}=M$ …… Ⓐ とおき，両辺の 2 を底とする対数をとると　$\log_2 2^{\log_8 27}=\log_2 M$

すなわち　$\log_8 27=\log_2 M$

よって　$\log_2 M=\dfrac{\log_2 27}{\log_2 8}=\dfrac{\log_2 3^3}{\log_2 2^3}=\dfrac{3\log_2 3}{3\cdot1}=\log_2 3$

したがって　$M=$ ^{カ}**3**

⬅POINT!
$(a^x)^2=a^{2x}$　➡基 75
$a^x\cdot a^{-x}=a^{x-x}=a^0=1$

⬅POINT!

⬅$a^x\cdot a^{-x}=1$

⬅**素早く解く!**
$a^p=M \iff p=\log_a M$ を用いると，Ⓐ から
$\log_8 27=\log_2 M$
$\log_8 27=\log_2 3$ であるから　$M=$ ^{カ}**3**

基本 例題 77 対数関数のグラフの平行移動

関数 $y=\log_2\left(\dfrac{x}{2}+3\right)$ のグラフは，関数 $y=\log_2 x$ のグラフを x 軸方向に アイ ，y 軸方向に ウエ だけ平行移動したものである。

POINT!

$y=\log_a x$ のグラフは右のようになる。
$y=f(x)$ のグラフを x 軸方向に p，y 軸方向に q だけ平行移動 ⟶ $y-q=f(x-p)$　（➡基 9，69）

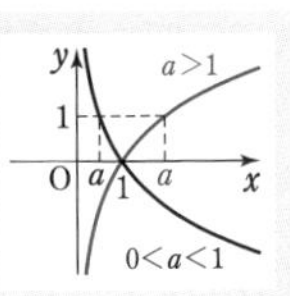

解答　$y=\log_2\left(\dfrac{x}{2}+3\right)=\log_2\dfrac{x+6}{2}$

$=\log_2(x+6)-\log_2 2$

$=\log_2(x+6)-1$

すなわち　$y-(-1)=\log_2\{x-(-6)\}$

よって，$y=\log_2\left(\dfrac{x}{2}+3\right)$ のグラフは，$y=\log_2 x$ のグラフを x 軸方向に ^{アイ}**−6**，y 軸方向に ^{ウエ}**−1** だけ平行移動したものである。

⬅$M>0$，$N>0$ のとき
$\log_a\dfrac{M}{N}=\log_a M-\log_a N$
➡基 75

⬅$y-q=\log_2(x-p)$ の形に変形。

⬅POINT!

10 指数関数・対数関数

基本 例題 78　指数方程式

方程式 $9^x-7\cdot 3^{x+1}+108=0$ において，$t=3^x$ とおくと，$t>$ [ア]，
t^2- [イウ] $t+$ [エオカ] $=0$ が成り立つ。これより，$t=$ [キ]，[クケ] であるから，
$x=$ [コ]，[サ] $+$ [シ] $\log_3$ [ス] である。

POINT!　$a^x=t$ などにおきかえて考える $\longrightarrow$ $t>0$ に注意。

解答　$t=3^x>{}^{ア}0$ である。

$9^x=3^{2x}=(3^x)^2=t^2$，$3^{x+1}=3\cdot 3^x=3t$ であるから，方程式より

$$t^2-{}^{イウ}\mathbf{21}t+{}^{エオカ}\mathbf{108}=0$$

よって　$(t-9)(t-12)=0$　　ゆえに　$t=9,\ 12$

これらは $t>0$ を満たす。

よって　$t={}^{キ}\mathbf{9},\ {}^{クケ}\mathbf{12}$　　すなわち　$3^x=9,\ 12$

$3^x=9$ のとき　$3^x=3^2$　　よって　$x={}^{コ}\mathbf{2}$

$3^x=12$ のとき　$x=\log_3 12=\log_3 3\cdot 2^2$
$=\log_3 3+2\log_3 2$
$={}^{サ}\mathbf{1}+{}^{シ}\mathbf{2}\log_3{}^{ス}\mathbf{2}$

⬅CHART　おきかえ ⟶ 範囲に注意

⬅$a^{xy}=(a^x)^y$，$a^{x+y}=a^x\cdot a^y$
➡ 基 75

⬅$t>0$ を満たすか確認。

⬅$a^p=M \iff p=\log_a M$
➡ 基 75

基本 例題 79　対数方程式

方程式 $\log_3(x-2)+\log_3(x-3)=2\log_9(x+1)$ の解は $x=$ [ア] である。

POINT!　対数方程式 ⟶ まず (真数)>0　(真数とは $\log_a M$ の M のこと)

$$\log_a M=\log_a N \Longrightarrow M=N$$

解答　真数は正であるから

$$x-2>0,\ x-3>0,\ x+1>0$$

共通範囲を求めて　$x>3$ …… ①

$\log_3(x-2)+\log_3(x-3)=2\log_9(x+1)$ から

$$\log_3(x-2)+\log_3(x-3)=2\cdot\frac{\log_3(x+1)}{\log_3 9}$$

すなわち　$\log_3(x-2)(x-3)=\log_3(x+1)$

よって　$(x-2)(x-3)=x+1$

整理して　$x^2-6x+5=0$

したがって　$(x-1)(x-5)=0$

ゆえに，① から　$x={}^{ア}\mathbf{5}$

⬅(真数)>0

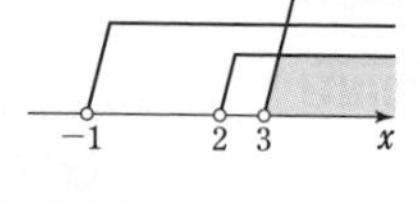

⬅底を 3 にそろえる。
$\log_a b=\dfrac{\log_c b}{\log_c a}$
➡ 基 75

⬅$\log_a M=\log_a N \Longrightarrow M=N$

⬅$x>3$ を満たすもののみが解である。

CHART　対数　まず (真数)>0

基本 例題 80　大小比較

(1)　3 つの数 2，$a=\sqrt[3]{4}$，$b=\sqrt[5]{64}$ を小さい順に並べると，

[ア] < [イ] < [ウ] である。[ア] ～ [ウ] に当てはまるものを，次の ⓪ ～ ② のうちから 1 つずつ選べ。

⓪　2　　①　a　　②　b

(2)　5 つの数 0，1，$a=\log_2 3$，$b=\log_3 2$，$c=\log_4 8$ を小さい順に並べると，

[エ] < [オ] < [カ] < [キ] < [ク] である。[エ] ～ [ク] に当てはまるものを，次の ⓪ ～ ④ のうちから 1 つずつ選べ。

⓪　0　　①　1　　②　a　　③　b　　④　c

POINT!

大小比較 → 底をそろえる。

$a>1$ のとき $p<q \Longleftrightarrow a^p<a^q$

$\Longleftrightarrow \log_a p<\log_a q$

（不等号の向きはそのまま。）

$0<a<1$ のとき $p<q \Longleftrightarrow a^p>a^q$

$\Longleftrightarrow \log_a p>\log_a q$

（不等号の向きが変わる。）

指数をそろえる方法も　$x>0$，$y>0$ のとき　$x^a<y^a \Longleftrightarrow x<y$

解答　(1)　$a=\sqrt[3]{4}=\sqrt[3]{2^2}=2^{\frac{2}{3}}$，

$b=\sqrt[5]{64}=\sqrt[5]{2^6}=2^{\frac{6}{5}}$

←底を 2 にそろえる。$\sqrt[n]{2^m}=2^{\frac{m}{n}}$　➡基 75

$\dfrac{2}{3}<1<\dfrac{6}{5}$ で，底 2 は 1 より大きいから

$2^{\frac{2}{3}}<2^1<2^{\frac{6}{5}}$

←不等号の向きはそのまま。

よって　$a<2<b$　（ア ①，イ ⓪，ウ ②）

(2)　$0=\log_2 1$，$1=\log_2 2$，$a=\log_2 3$

←底を 2 にそろえる。

$1<2<3$ で，底 2 は 1 より大きいから

$\log_2 1<\log_2 2<\log_2 3$

←不等号の向きはそのまま。

よって　$0<1<a$ …… ①

また　$b=\log_3 2=\dfrac{\log_2 2}{\log_2 3}=\dfrac{1}{\log_2 3}=\dfrac{1}{a}$

←$\log_a b=\dfrac{\log_c b}{\log_c a}$　➡基 75

$a>1$ であるから　$0<b<1$ …… ②

さらに　$c=\log_4 8=\dfrac{\log_2 8}{\log_2 4}=\dfrac{3}{2}=\log_2 2^{\frac{3}{2}}=\log_2\sqrt{8}$

←底を 2 にそろえる。

$2<\sqrt{8}<3$ で，底 2 は 1 より大きいから

$\log_2 2<\log_2\sqrt{8}<\log_2 3$

←不等号の向きはそのまま。

よって　$1<c<a$ …… ③

①，②，③ から　$0<b<1<c<a$

（エ ⓪，オ ③，カ ①，キ ④，ク ②）

基本 例題 81　対数不等式 (1)

不等式 $\log_{\frac{1}{2}}(x-3)-\log_{\frac{1}{2}}x-1>0$ の解は [ア] $<x<$ [イ] である。

POINT!

対数不等式 → まず (真数) >0

$\log_a M>\log_a N$ のとき $a>1$ ならば $M>N$

$0<a<1$ ならば $M<N$ （➡ 基 80）

解答　真数は正であるから　$x-3>0,\ x>0$

共通範囲を求めて　$x>3$ …… ①

⬅ CHART　まず (真数) >0

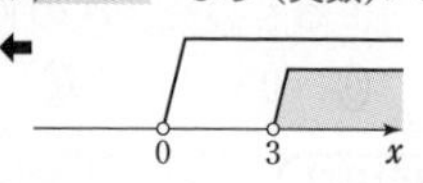

不等式から　$\log_{\frac{1}{2}}(x-3)>\log_{\frac{1}{2}}x+\log_{\frac{1}{2}}\frac{1}{2}$

よって　$\log_{\frac{1}{2}}(x-3)>\log_{\frac{1}{2}}\frac{1}{2}x$

➡ 基 75

底 $\frac{1}{2}$ は1より小さいから　$x-3<\frac{1}{2}x$

⬅ $0<a<1$ のとき不等号の向きが変わる。

よって　$x<6$ …… ②

①，② から　ア $3<x<$ イ 6

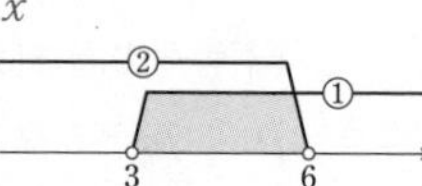

参考　この問題では，$\log_{\frac{1}{2}}x$ と 1 を右辺に移項して解いた。移項せずに解くと，

$\log_{\frac{1}{2}}(x-3)-\log_{\frac{1}{2}}x-1=\log_{\frac{1}{2}}\dfrac{x-3}{\frac{1}{2}x}$ と分数式が出てきてしまい煩雑である。

対数方程式・不等式では，**係数が負の項を移項して解くとよい。**

基本 例題 82　指数関数の最大・最小 (1)

$1<x\leqq 2$ のとき，$y=4^x-6\cdot 2^x+10$ の最大値と最小値を求めよう。

$X=2^x$ とおくと，X のとりうる値の範囲は [ア] $<X\leqq$ [イ] であり，

$y=(X-$ [ウ] $)^{[エ]}+$ [オ] である。したがって，y は $x=$ [カ] のとき最大値 [キ] をとり，$x=\log_2$ [ク] のとき最小値 [ケ] をとる。

POINT!

$2^x=X$ などにおきかえて考える → X **の値の範囲** に注意。

解答　底2は1より大きいから，$1<x\leqq 2$ のとき

$2^1<2^x\leqq 2^2$

⬅ 不等号の向きはそのまま。➡ 基 80

$X=2^x$ とおくと　ア $2<X\leqq$ イ 4

⬅ CHART　おきかえ → 範囲に注意

また　$y=4^x-6\cdot 2^x+10=(2^x)^2-6\cdot 2^x+10$

$=X^2-6X+10=X^2-6X+3^2-3^2+10$

$=(X-{}^{ウ}3)^{{}^{エ}2}+{}^{オ}1$

⬅ CHART　まず平方完成　➡ 基 10

よって，$2<X\leqq 4$ において，y は

$X=4$ すなわち $x={}^{カ}2$ のとき最大値 ${}^{キ}2$

⬅ $2^x=4$ から　$x=2$

$X=3$ すなわち $x=\log_2{}^{ク}3$ のとき最小値 ${}^{ケ}1$ をとる。

⬅ $2^x=3$ から　$x=\log_2 3$　➡ 基 75

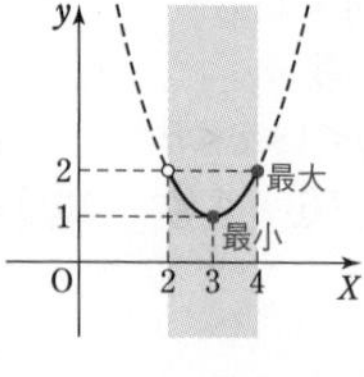

基本 例題 83 桁数，小数首位

2^{100} は [アイ] 桁の整数である。また，30^{-20} を小数で表示すると，小数第 [ウエ] 位に初めて 0 でない数字が現れる。ただし，$\log_{10}2=0.3010$，$\log_{10}3=0.4771$ とする。

POINT!

N が n 桁の整数 $\longrightarrow 10^{n-1} \leqq N < 10^n \Leftrightarrow n-1 \leqq \log_{10}N < n$

N の小数第 n 位に初めて 0 でない数字が現れる

$\longrightarrow \dfrac{1}{10^n} \leqq N < \dfrac{1}{10^{n-1}} \Leftrightarrow -n \leqq \log_{10}N < -n+1$

解答　$\log_{10}2^{100}=100\log_{10}2$
$=100\times0.3010$
$=30.10$

←$\log_a M^p = p\log_a M$
$2^{100}=10^{30.10}$ であるから
$10^{30} \leqq 2^{100}(=10^{30.10}) < 10^{31}$

よって，$31-1 \leqq \log_{10}2^{100} < 31$ であるから，2^{100} は ^{アイ}**31** 桁。

←$n-1 \leqq \log_{10}N < n$

また　$\log_{10}30^{-20}=-20\log_{10}30$
$=-20\log_{10}(10\times3)$
$=-20(1+\log_{10}3)$
$=-20\times1.4771$
$=-29.542$

←$\log_a M^p = p\log_a M$
$30^{-20}=10^{-29.542}$ であるから
$10^{-30} \leqq 30^{-20}(=10^{-29.542}) < 10^{-29}$

よって，$-30 \leqq \log_{10}30^{-20} < -30+1$ であるから，30^{-20} は小数第 ^{ウエ}**30** 位に初めて 0 でない数字が現れる。

←$-n \leqq \log_{10}N < -n+1$

参考　$30 < \log_{10}2^{100} < 31$ …… ① を導いた後，2^{100} が 30 桁か 31 桁かの判断を間違いやすい。
もし忘れた場合は，次のように簡単な例で確認するとよい。
2 桁の数 50 について　$10^1 < 50 < 10^2$　である。
よって　$1=\log_{10}10^1 < \log_{10}50 < \log_{10}10^2=2$
50 は 2 桁であり，不等式の一番右の数字が桁数になっている。
これを参考に，$30 < \log_{10}2^{100} < 31$ についても，不等式の一番右の数字をとり，^{アイ}**31** 桁を答えとすればよい。
$-30 < \log_{10}30^{-20} < -29$ についても同様に，例えば，$10^{-2}=0.01<0.05<0.1=10^{-1}$ を参考に，不等式の一番左の数字（の絶対値）を小数第●位の●の数としてとればよいことがわかる。

10 指数関数・対数関数

CHECK

□ **75**　$\frac{1}{9}\times\sqrt[4]{3^5}\div\frac{1}{\sqrt[3]{9}}=\frac{1}{\boxed{アイ}\sqrt{3}}$，$\log_9 72+\log_3\frac{27}{2}=\boxed{ウ}+\frac{\boxed{エ}}{\boxed{オ}}\log_3 2$ である。

□ **76**　$x=2\log_2(\sqrt{2}-1)$ のとき，$2^x=\boxed{ア}-\boxed{イ}\sqrt{\boxed{ウ}}$ である。また，$2^x+2^{-x}=\boxed{エ}$，$4^x+4^{-x}=\boxed{オカ}$ である。

□ **77**　関数 $y=\log_3 x$ のグラフを x 軸方向に -3，y 軸方向に 2 だけ平行移動すると $y=\log_3(\boxed{ア}x+\boxed{イウ})$ のグラフとなる。

□ **78**　方程式 $\frac{4}{(\sqrt{2})^x}+\frac{5}{2^x}=1$ の解 x を求めよう。$X=\frac{1}{(\sqrt{2})^x}$ …… ① とおくと，X の方程式 $\boxed{ア}X^2+\boxed{イ}X-1=0$ が得られる。一方，① より $X>\boxed{ウ}$ である。したがって，$X=\frac{\boxed{エ}}{\boxed{オ}}$ を得る。これから，$x=\boxed{カ}\log_2\boxed{キ}$ となる。

□ **79**　方程式 $2\log_5(x-1)+\frac{1}{2}\log_{\sqrt{5}}(x+3)=1$ の解は $x=\boxed{ア}$ である。

□ **80**　(1)　五つの数 0，1，$a=\log_5 2^{1.5}$，$b=\log_5 3^{1.5}$，$c=\log_5 0.5^{1.5}$ を小さい順に並べると，$\boxed{ア}<0<\boxed{イ}<\boxed{ウ}<\boxed{エ}$ である。$\boxed{ア}$ ～ $\boxed{エ}$ に当てはまるものを，次の ⓪ ～ ③ のうちから1つずつ選べ。

⓪　1　　　①　a　　　②　b　　　③　c

(2)　$0<p<1$，$0<q<1$ のとき，$a=q^{\log_2 p}$，$b=q^{\log_4 p}$ の大小関係は $\boxed{オ}$ である。$\boxed{オ}$ に当てはまるものを，次の ⓪ ～ ② のうちから1つ選べ。

⓪　$a>b$　　　①　$a<b$　　　②　$a=b$

□ **81**　不等式 $4\log_4(x+1)-\log_2(5-x)<3$ の解は $\boxed{アイ}<x<\boxed{ウ}$ である。

□ **82**　関数 $y=\left(\frac{1}{4}\right)^x-3\cdot\left(\frac{1}{2}\right)^x+1\ (x\geqq-2)$ において，$t=\left(\frac{1}{2}\right)^x$ とおくと，

$\boxed{ア}<t\leqq\boxed{イ}$ であり，$y=\left(t-\frac{\boxed{ウ}}{\boxed{エ}}\right)^{\boxed{オ}}-\frac{\boxed{カ}}{\boxed{キ}}$ である。

したがって，y は $x=\boxed{クケ}$ のとき最大値 $\boxed{コ}$ をとり，

$x=-\log_2\boxed{サ}+\boxed{シ}$ のとき最小値 $\frac{\boxed{スセ}}{\boxed{ソ}}$ をとる。

□ **83**　3^{100} は $\boxed{アイ}$ 桁の整数であり，また，0.3^{100} を小数で表示すると，小数第 $\boxed{ウエ}$ 位に初めて 0 でない数字が現れる。ただし，$\log_{10}3=0.4771$ とする。

重要 例題 37　指数関数の最大・最小 (2)

(1) $f(x)=5\cdot3^x+2\cdot3^{-x}$ は，$x=\dfrac{\fbox{ア}}{\fbox{イ}}(\log_3\fbox{ウ}-\log_3\fbox{エ})$ のとき，最小値 $\fbox{オ}\sqrt{\fbox{カキ}}$ をとる。

(2) $x>1$，$y>1$ のとき，関数 $\log_x y+4\log_y x$ は $y=x^{\fbox{ク}}$ のとき，最小値 $\fbox{ケ}$ をとる。

POINT! a^x，a^{-x} や $\log_x y$，$\log_y x$ が出てくる関数の最大・最小
→ **相加平均と相乗平均の大小関係** を利用する。（➡基 56）

10 指数関数・対数関数

解答 (1) $5\cdot3^x>0$, $2\cdot3^{-x}>0$ であるから，相加平均と相乗平均の大小関係により

$$f(x)=5\cdot3^x+2\cdot3^{-x}\geqq2\sqrt{5\cdot3^x\cdot2\cdot3^{-x}}=2\sqrt{10}$$

等号は $5\cdot3^x=2\cdot3^{-x}$ のとき成り立つ。

両辺に 3^x を掛けて　$5\cdot3^{2x}=2$　すなわち　$3^{2x}=\dfrac{2}{5}$

よって　$2x=\log_3\dfrac{2}{5}$　ゆえに　$2x=\log_3 2-\log_3 5$

よって　$x=\dfrac{1}{2}(\log_3 2-\log_3 5)$

したがって，$x=\dfrac{{}^{ア}\mathbf{1}}{{}^{イ}\mathbf{2}}(\log_3{}^{ウ}\mathbf{2}-\log_3{}^{エ}\mathbf{5})$ のとき，$f(x)$ は最小値 ${}^{オ}\mathbf{2}\sqrt{{}^{カキ}\mathbf{10}}$ をとる。

(2) $\log_x y+4\log_y x=\log_x y+4\cdot\dfrac{\log_x x}{\log_x y}=\log_x y+\dfrac{4}{\log_x y}$

ここで $x>1$，$y>1$ より $\log_x y>0$，$\dfrac{4}{\log_x y}>0$ であるから，相加平均と相乗平均の大小関係により

$$\log_x y+\frac{4}{\log_x y}\geqq2\sqrt{\log_x y\cdot\frac{4}{\log_x y}}=2\sqrt{4}=4$$

等号は $\log_x y=\dfrac{4}{\log_x y}$ のとき成り立つ。

このとき，$(\log_x y)^2=4$ $(\log_x y>0)$ から　$\log_x y=2$

よって　$y=x^2$

したがって，$y=x^{{}^{ク}2}$ のとき，最小値 ${}^{ケ}4$ をとる。

⬅$a>0$，$b>0$ のとき $a+b\geqq2\sqrt{ab}$ 等号は $a=b$ のとき成り立つ。➡基 56

⬅$a^p=M \Longleftrightarrow p=\log_a M$ ➡基 75

⬅底を x にそろえる。➡基 75

⬅$\log_x y>\log_x 1=0$ ➡基 80

⬅$a>0$，$b>0$ のとき $a+b\geqq2\sqrt{ab}$ 等号は $a=b$ のとき成り立つ。➡基 56

⬅$\log_a M=p \Longleftrightarrow M=a^p$ ➡基 75

練習 37 $a=\log_3 x$，$b=\log_9 y$ とする。

(1) $y=9^b$ であるから，$\fbox{ア}\,b=\log_3 y$ である。

(2) $x^2y=\dfrac{1}{3}$ ならば，$a+b=\dfrac{\fbox{イウ}}{\fbox{エ}}$ である。

(3) $a+2b=3$ ならば，$x+y$ の最小値は $\fbox{オ}\sqrt{\fbox{カ}}$ である。

(4) $ab=2$ ならば，$x>1$，$y>1$ のときの xy の最小値は $\fbox{キク}$ である。

重要 例題 38　対数不等式(2)

不等式 $2\log_3 x - 4\log_x 27 \leqq 5$ …… ① が成り立つような x の値の範囲は

[ア] $< x \leqq \dfrac{\sqrt{[イ]}}{[ウ]}$, [エ] $< x \leqq$ [オカ] である。

POINT!

対数不等式 ⟶ まず (真数)>0

対数の底の条件　(底)>0, (底)$\neq 1$

不等式の両辺に同じ数を掛ける ⟶ 正なら不等号の向きはそのまま。

負なら不等号の向きは変わる。(➡ 基 4)

文字を含む式を掛けるときは正か負かで場合分けする。

解答　真数は正であるから　$x>0$

x は対数の底であるから　$x>0$ かつ $x \neq 1$

共通範囲を求めて　$x>0$ かつ $x \neq 1$

ここで　$\log_x 27 = \dfrac{\log_3 27}{\log_3 x} = \dfrac{3}{\log_3 x}$

よって, ① から　$2\log_3 x - \dfrac{12}{\log_3 x} - 5 \leqq 0$ …… ②

[1]　$\log_3 x > 0$　すなわち　$x>1$ のとき

② の両辺に $\log_3 x$ を掛けて　$2(\log_3 x)^2 - 5\log_3 x - 12 \leqq 0$

すなわち　$(\log_3 x - 4)(2\log_3 x + 3) \leqq 0$

$\log_3 x > 0$ より, $2\log_3 x + 3 > 0$ であるから　$\log_3 x - 4 \leqq 0$

よって　$\log_3 x \leqq 4$　ゆえに　$x \leqq 81$

$x>1$ との共通範囲は　$1 < x \leqq 81$

[2]　$\log_3 x < 0$　すなわち　$0<x<1$ のとき

② の両辺に $\log_3 x$ を掛けて　$2(\log_3 x)^2 - 5\log_3 x - 12 \geqq 0$

すなわち　$(\log_3 x - 4)(2\log_3 x + 3) \geqq 0$

$\log_3 x < 0$ より, $\log_3 x - 4 < 0$ であるから　$2\log_3 x + 3 \leqq 0$

よって　$\log_3 x \leqq -\dfrac{3}{2}$　ゆえに　$x \leqq \dfrac{\sqrt{3}}{9}$

$0<x<1$ との共通範囲は　$0 < x \leqq \dfrac{\sqrt{3}}{9}$

[1], [2] から, 求める x の値の範囲は

$$^{ア}\mathbf{0} < x \leqq \frac{\sqrt{^{イ}\mathbf{3}}}{^{ウ}\mathbf{9}},\quad ^{エ}\mathbf{1} < x \leqq {}^{オカ}\mathbf{81}$$

⬅ CHART　まず (真数)>0

⬅ (底)>0, (底)$\neq 1$

⬅ $\log_a b = \dfrac{\log_c b}{\log_c a}$　➡ 基 75

⬅ 両辺に掛ける数 $\log_3 x$ の正負で場合分け。**$\log_3 x > 0$ のとき不等号の向きはそのまま。**

⬅ $\log_3 x \leqq \log_3 3^4$ から $x \leqq 3^4$

⬅ 場合分けの条件 $x>1$ との共通範囲。

⬅ **$\log_3 x < 0$ のとき不等号の向きは変わる。**

⬅ $\log_3 x \leqq \log_3 3^{-\frac{3}{2}}$ から $x \leqq 3^{-\frac{3}{2}}$

⬅ 場合分けの条件 $0<x<1$ との共通範囲。

練習 38　不等式 $\log_{10} x + \log_{10}(x-2a) < \log_{10}(4-4a)$ …… ① を考えよう。

(1)　真数は正であるから　$x>$ [ア] かつ $x>$ [イ] かつ $a<$ [ウ] …… ②

② から　$a \leqq$ [エ] のとき $x>$ [ア],　[エ] $<a<$ [ウ] のとき $x>$ [イ]

(2)　① の解は　$a \leqq$ [エ] のとき [オ] $<x<$ [カ]

[エ] $<a<$ [ウ] のとき [キ] $<x<$ [ク]　である。

[ア] ～ [ク] の解答群 (同じものを繰り返し選んでもよい。)

⓪ 0　① 1　② 2　③ 10　④ a　⑤ $2a$　⑥ $4a$

重要 例題 39　対数方程式の理論

x の関数 $\log_2(x^2+\sqrt{2})$ は $x=$ ア のとき，最小値 $\dfrac{\boxed{イ}}{\boxed{ウ}}$ をとる。

a を定数とするとき，x の方程式

$\{\log_2(x^2+\sqrt{2})\}^2-2\log_2(x^2+\sqrt{2})+a=0$ …… ① が解をもつ条件は

$a\leqq$ エ である。$a=$ エ のとき，方程式 ① は オ 個の解をもつ。

POINT!

方程式 $f(x)=a$ の実数解

⟶ 曲線 $y=f(x)$ と直線 $y=a$ の **共有点の x 座標**。(➡ 重 35, 43)

t の方程式などにおきかえて考えたとき，t の範囲に注意。

また，**方程式の解 t に対して，解 x がいくつあるか** に注意。

解答　底 2 が 1 より大きいから，真数 $x^2+\sqrt{2}$ が最小となるとき，$\log_2(x^2+\sqrt{2})$ も最小となる。

➡ 基 80

$x^2+\sqrt{2}$ が最小となるのは $x={}^{ア}\mathbf{0}$ のときである。

⬅ $y=x^2+\sqrt{2}$ のグラフは右の図。

➡ 基 10

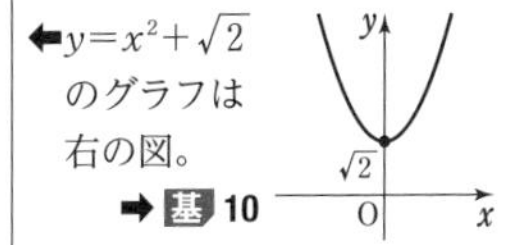

このとき $\log_2(x^2+\sqrt{2})$ の最小値は　$\log_2\sqrt{2}=\dfrac{{}^{イ}\mathbf{1}}{{}^{ウ}\mathbf{2}}$

ここで，$t=\log_2(x^2+\sqrt{2})$ とすると，① は　$t^2-2t+a=0$

すなわち　$a=-t^2+2t$

また，$t\geqq\dfrac{1}{2}$ であるから，① が解をもつのは $y=-t^2+2t$ のグラフと直線 $y=a$ が $t\geqq\dfrac{1}{2}$ において共有点をもつときである。

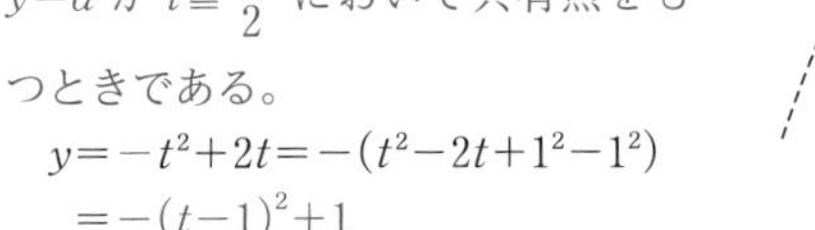

⬅ CHART　おきかえ ⟶ 範囲に注意

⬅ 共有点の t 座標が方程式 $a=-t^2+2t$ の解。

$y=-t^2+2t=-(t^2-2t+1^2-1^2)$

$=-(t-1)^2+1$

⬅ CHART　まず平方完成

➡ 基 8

であるから，このグラフは図のようになり，共有点をもつのは $a\leqq{}^{エ}\mathbf{1}$ のときである。

$a=1$ のとき，解 t は，グラフから　$t=1$

すなわち　$\log_2(x^2+\sqrt{2})=1$

よって　$x^2+\sqrt{2}=2$　ゆえに　$x^2=2-\sqrt{2}$

⬅ $\log_2(x^2+\sqrt{2})=\log_2 2$ から $x^2+\sqrt{2}=2$　➡ 基 79

$2-\sqrt{2}>0$ であるから，これを満たす x の値は 2 つある。

したがって，① は ${}^{オ}\mathbf{2}$ 個の解をもつ。

⬅ 解 $t=1$ に対して x の値は 2 つ ($x=\pm\sqrt{2-\sqrt{2}}$) 存在する。

練習 39　実数 a に対し，x の方程式 $\log_4(x-1)+\log_4(4-x)=\log_4(a-x)$ …… ①

を考える。これを解くことは，$1<x<4$ かつ $x<a$ の範囲で方程式

$-x^2+$ ア $x-$ イ $=a$ …… ② を解くことと同じである。

2 次方程式 ② は，$a=$ ウ のとき重解 $x=$ エ をもつ。したがって，方程式 ① が，ただ一つの解をもつのは，$a=$ ウ または オ $<a\leqq$ カ のときである。

演習　例題 17　対数利用の文章題

目安 **4分**　解説動画

光が1枚通り抜けるごとに，もとの光量の a 倍になるガラス板がある。4枚のガラス板を重ねた場合，通り抜ける光量はもとの光量の0.81倍になることがわかっているとき，

［ア］$=0.81$ が成り立ち，$\log_{10}3=0.477$ を使うと，

$\log_{10}a=$［イ］となる。

(1) ［ア］に当てはまるものを，次の⓪～④のうちから一つ選べ。

⓪ $4a$　① 4^a　② a^4　③ $\log_4 a$　④ $\log_a 4$

(2) ［イ］に当てはまるものを，次の⓪～⑦のうちから一つ選べ。

⓪ 0.023　① 0.092　② 2.092　③ 3.07
④ -0.023　⑤ -0.092　⑥ -2.092　⑦ -3.07

(3) このガラス板を［ウエ］枚重ねると，初めて光量がもとの光量の $\frac{1}{10}$ 以下になる。

Situation Check ✓

1枚で光量が a 倍になるから，2枚ではさらに a 倍になって $a\times a=a^2$ 倍となる。これを繰り返すと，n 枚で a^n 倍になる。これに注意して式を作り，両辺の常用対数をとる。

また，$a>0$，$a\neq1$，$M>0$ のとき　$\log_a M^p=p\log_a M$（➡基75）

解答　(1) 4枚のとき光量が0.81倍になるから

$a^4=0.81$（ア ②）…… ①

(2) ①の両辺の常用対数をとると

$\log_{10}a^4=\log_{10}0.81$　すなわち　$4\log_{10}a=\log_{10}0.81$　　⬅ $\log_a M^p=p\log_a M$ ➡基75

ここで　$\log_{10}0.81=\log_{10}\frac{81}{100}=\log_{10}\frac{3^4}{10^2}=4\log_{10}3-2$

$=4\times0.477-2=-0.092$

よって　$\log_{10}a=\frac{-0.092}{4}=-0.023$（イ ④）

(3) ガラス板を n 枚重ねて光量がもとの $\frac{1}{10}$ 以下になるとすると　$a^n\leqq\frac{1}{10}$

両辺の常用対数をとると　$n\log_{10}a\leqq-1$　　⬅ $\log_{10}\frac{1}{10}=\log_{10}10^{-1}=-1$

ゆえに　$n\geqq\frac{-1}{-0.023}=43.4\cdots\cdots$　　⬅ $-0.023<0$ であるから，不等号の向きが変わる。

よって，求めるガラス板の枚数は　ウエ **44**（枚）　　⬅求める n は最小の自然数。

問題 17　ある都市では，この3年間でその都市の人口の4％が減少した。1年ごとの人口の減少率は一定であるとすると，その都市の人口が初めて現在の人口から25％以上減少するのは現在から［アイ］年後である。ただし，$\log_{10}2=0.301$，$\log_{10}3=0.477$ とする。

演習　例題 18　最高位の数字

目安 5 分　解説動画

$\log_{10}2=0.3010$，$\log_{10}3=0.4771$ とする。このとき，

$\log_{10}15^{20}$ は整数部分に注目すると，

［アイ］$<\log_{10}15^{20}<$［アイ］$+1$ を満たす。よって，15^{20} は

［ウエ］桁の数である。

太郎さんと花子さんは，この結果について話している。

> 太郎：15^{20} の最高位の数字も知りたいね。だけど，$\log_{10}15^{20}$ の整数部分にだけ着目してもわからないな。
>
> 花子：$N\cdot10^{\text{アイ}}<15^{20}<(N+1)\cdot10^{\text{アイ}}$ を満たすような正の整数 N に着目してみたらどうかな。

$\log_{10}15^{20}$ の小数部分は $\log_{10}15^{20}-$［アイ］であり，

$\log_{10}$［オ］$<\log_{10}15^{20}-$［アイ］$<\log_{10}($［オ］$+1)$

が成り立つので，15^{20} の最高位の数字は［カ］である。

Situation Check ✓

正の数 A の　**桁数は $\log_{10}A$ の整数部分，**
最高位の数字は $\log_{10}A$ の小数部分　に注目。

A の桁数を k，最高位の数字を N（N は $1\leqq N\leqq 9$ の整数）とすると

$$N\cdot10^{k-1}\leqq A<(N+1)\cdot10^{k-1}$$

解答　$\log_{10}15=\log_{10}\dfrac{3\cdot10}{2}=\log_{10}3+1-\log_{10}2$

$=0.4771+1-0.3010=1.1761$

よって　$\log_{10}15^{20}=20\log_{10}15=20\times1.1761=23.522$

ゆえに　${}^{\text{アイ}}23<\log_{10}15^{20}<24$

よって，$10^{23}<15^{20}<10^{24}$ から，15^{20} は${}^{\text{ウエ}}$**24** 桁の数である。

次に，$\log_{10}3=0.4771$，$\log_{10}4=2\log_{10}2=0.6020$ であるから

$\log_{10}{}^{\text{オ}}3<\log_{10}15^{20}-23<\log_{10}(3+1)$

ゆえに　$23+\log_{10}3<\log_{10}15^{20}<23+\log_{10}4$

よって　$\log_{10}10^{23}+\log_{10}3<\log_{10}15^{20}<\log_{10}10^{23}+\log_{10}4$

ゆえに　$\log_{10}(3\cdot10^{23})<\log_{10}15^{20}<\log_{10}(4\cdot10^{23})$

よって　$3\cdot10^{23}<15^{20}<4\cdot10^{23}$

したがって，15^{20} の最高位の数字は　${}^{\text{カ}}$**3**

⬅ $\log_{10}2$，$\log_{10}3$ の式で表すために，$15=\dfrac{3\cdot10}{2}$ と変形。

➡ 基 75

➡ 基 83

⬅ $\log_{10}15^{20}-23=0.522$

なお，$\log_{10}15^{20}=23.522$ から

$15^{20}=10^{23.522}=10^{23}\cdot10^{0.522}$

で，$10^0<10^{0.522}<10^1$ から，

$10^{0.522}$ の整数部分が 15^{20} の最高位の数字である。

$\log_{10}3=0.4771$，

$\log_{10}4=0.6020$ から

$10^{0.4771}=3$，$10^{0.6020}=4$

よって　$3<10^{0.522}<4$

ゆえに，最高位の数字は

${}^{\text{カ}}$**3**

問題 18　3^{53} は［アイ］桁の数であり，最高位の数字は［ウ］，一の位の数字は［エ］である。ただし，必要であれば $0.3010<\log_{10}2<0.3011$，$0.4771<\log_{10}3<0.4772$ を用いてよい。

実践問題

目安時間　**35** [10分]　**36** [5分]　**37** [7分]　**38** [7分]　**39** [5分]

指針 p.357

***35** (1) $8^{\frac{5}{6}}=$ [ア] $\sqrt{\text{[イ]}}$，$\log_{27}\dfrac{1}{9}=\dfrac{\text{[ウエ]}}{\text{[オ]}}$ である。

(2) $y=2^x$ のグラフと $y=\left(\dfrac{1}{2}\right)^x$ のグラフは [カ] である。

$y=2^x$ のグラフと $y=\log_2 x$ のグラフは [キ] である。

$y=\log_2 x$ のグラフと $y=\log_{\frac{1}{2}} x$ のグラフは [ク] である。

$y=\log_2 x$ のグラフと $y=\log_2 \dfrac{1}{x}$ のグラフは [ケ] である。

[カ]～[ケ] の解答群（同じものを繰り返し選んでもよい。）

⓪ 同一のもの	① x 軸に関して対称
② y 軸に関して対称	③ 直線 $y=x$ に関して対称

(3) $1\leqq x\leqq 4$ における関数 $y=\log_2 x^4\cdot\log_2 \dfrac{2}{x}$ の最大値について考える。

$t=\log_2 x$ とおくと，t のとり得る値の範囲は [コ] $\leqq t\leqq$ [サ] である。

このとき，y を t を用いて表すと $y=$ [シス] t^2+ [セ] t となる。

これより，y は $x=\sqrt{\text{[ソ]}}$ のとき，最大値 [タ] をとる。

〔(1)，(2) 類 16 センター試験・本試，(3) 類 22 共通テスト・追試〕

36 a，b を正の実数とする。連立方程式

$$(*)\begin{cases} x\sqrt{y^3}=a \\ \sqrt[3]{x}\,y=b \end{cases}$$

を満たす正の実数 x，y について考えよう。

(1) 連立方程式 (∗) を満たす正の実数 x，y は

$$x=a^{\text{[ア]}}b^{\text{[イウ]}},\ y=a^{p}b^{\text{[エ]}}$$

となる。ただし，$p=\dfrac{\text{[オカ]}}{\text{[キ]}}$ である。

(2) $b=2\sqrt[3]{a^4}$ とする。a が $a>0$ の範囲を動くとき，連立方程式 (∗) を満たす正の実数 x，y について，$x+y$ の最小値を求めよう。

$b=2\sqrt[3]{a^4}$ であるから，(∗) を満たす正の実数 x，y は，a を用いて

$$x=2^{\text{[イウ]}}a^{\text{[クケ]}},\ y=2^{\text{[エ]}}a^{\text{[コ]}}$$

と表される。したがって，相加平均と相乗平均の関係を利用すると，$x+y$ は $a=2^q$ のとき最小値 $\sqrt{\text{[サ]}}$ をとることがわかる。ただし，$q=\dfrac{\text{[シス]}}{\text{[セ]}}$ である。

〔15 センター試験・本試〕

37 $x \geqq 2$，$y \geqq 2$，$8 \leqq xy \leqq 16$ のとき，$z=\log_2\sqrt{x}+\log_2 y$ の最大値を求めよう。
$s=\log_2 x$，$t=\log_2 y$ とおくと，s，t，$s+t$ のとり得る値の範囲はそれぞれ

$s \geqq$ ［ア］，$t \geqq$ ［ア］，［イ］$\leqq s+t \leqq$［ウ］

となる。また，$z=\dfrac{［エ］}{［オ］}s+t$ が成り立つから，z は $s=$［カ］，$t=$［キ］のとき最大値 $\dfrac{［ク］}{［ケ］}$ をとる。したがって，z は $x=$［コ］，$y=$［サ］のとき最大値 $\dfrac{［ク］}{［ケ］}$ をとる。

〔09 センター試験・本試〕

***38** 以下の問題を解答するにあたっては，必要に応じて常用対数表を用いてもよい。
花子さんは，あるスポーツドリンク（以下，商品S）の売り上げ本数が気温にどう影響されるかを知りたいと考えた。そこで，地区Aについて調べたところ，最高気温が22℃，25℃，28℃であった日の商品Sの売り上げ本数をそれぞれ N_1，N_2，N_3 とするとき

$N_1=285$，$N_2=368$，$N_3=475$

であった。このとき，

$$\frac{N_2-N_1}{25-22}<\frac{N_3-N_2}{28-25}$$

であり，座標平面上の3点 $(22,\ N_1)$，$(25,\ N_2)$，$(28,\ N_3)$ は一つの直線上にはないので，花子さんは N_1，N_2，N_3 の対数を考えてみることにした。

(1) 常用対数表によると，$\log_{10}2.85=0.4548$ であるので

$\log_{10}N_1=\log_{10}285=0.4548+$［ア］$=$［ア］$.4548$

である。この値の小数第4位を四捨五入したものを p_1 とすると

$p_1=$［ア］$.455$

である。同じように，$\log_{10}N_2$ の値の小数第4位を四捨五入したものを p_2 とすると

$p_2=$［イ］.［ウエオ］

である。

(次ページに続く。)

さらに，$\log_{10} N_3$ の値の小数第 4 位を四捨五入したものを p_3 とすると

$$\frac{p_2-p_1}{25-22}=\frac{p_3-p_2}{28-25}$$

が成り立つことが確かめられる。したがって，

$$\frac{p_2-p_1}{25-22}=\frac{p_3-p_2}{28-25}=k$$

とおくとき，座標平面上の 3 点 $(22,\ p_1)$，$(25,\ p_2)$，$(28,\ p_3)$ は次の方程式が表す直線上にある。

$y=k(x-22)+p_1$ …… ①

いま，N を正の実数とし，座標平面上の点 $(x,\ \log_{10} N)$ が ① の直線上にあるとする。このとき，x と N の関係式として，次の ⓪ ～ ③ のうち，正しいものは［カ］である。

［カ］の解答群

⓪　$N=10k(x-22)+p_1$	①　$N=10\{k(x-22)+p_1\}$
②　$N=10^{k(x-22)+p_1}$	③　$N=p_1\cdot 10^{k(x-22)}$

(2)　花子さんは，地区 A で最高気温が 32 ℃になる日の商品 S の売り上げ本数を予想することにした。$x=32$ のときに関係式［カ］を満たす N の値は［キ］の範囲にある。そこで，花子さんは売り上げ本数が［キ］の範囲に入るだろうと考えた。

［キ］の解答群

⓪　440 以上 450 未満	①　450 以上 460 未満
②　460 以上 470 未満	③　470 以上 480 未満
④　650 以上 660 未満	⑤　660 以上 670 未満
⑥　670 以上 680 未満	⑦　680 以上 690 未満
⑧　890 以上 900 未満	⑨　900 以上 910 未満

〔類 23 共通テスト・追試〕

***39** (1) $a>0$，$a \neq 1$，$b>0$ のとき，$\log_a b = x$ とおくと，[ア] が成り立つ。

[ア] の解答群

⓪ $x^a = b$	① $x^b = a$	② $a^x = b$
③ $b^x = a$	④ $a^b = x$	⑤ $b^a = x$

(2) さまざまな対数の値が有理数か無理数かについて考えよう。

(i) $\log_5 25 =$ [イ]，$\log_9 27 = \dfrac{[ウ]}{[エ]}$ であり，どちらも有理数である。

(ii) $\log_2 3$ が有理数と無理数のどちらであるかを考えよう。
$\log_2 3$ が有理数であると仮定すると，$\log_2 3 > 0$ であるので，二つの自然数 p，q を用いて $\log_2 3 = \dfrac{p}{q}$ と表すことができる。このとき，(1)により $\log_2 3 = \dfrac{p}{q}$ は [オ] と変形できる。いま，2 は偶数であり 3 は奇数であるので，[オ] を満たす自然数 p，q は存在しない。したがって，$\log_2 3$ は無理数であることがわかる。

(iii) a，b を 2 以上の自然数とするとき，(ii)と同様に考えると，「[カ] ならば $\log_a b$ はつねに無理数である」ことがわかる。

[オ] の解答群

⓪ $p^2 = 3q^2$	① $q^2 = p^3$	② $2^q = 3^p$
③ $p^3 = 2q^3$	④ $p^2 = q^3$	⑤ $2^p = 3^q$

[カ] の解答群

⓪ a が偶数
① b が偶数
② a が奇数
③ b が奇数
④ a と b がともに偶数，または a と b がともに奇数
⑤ a と b のいずれか一方が偶数で，もう一方が奇数

〔23 共通テスト・本試〕

第11章　微分法・積分法

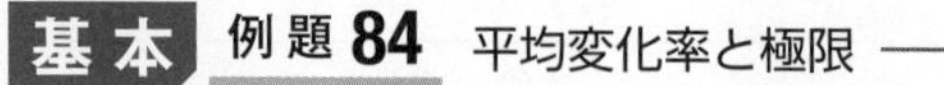

基本 例題 84　平均変化率と極限

関数 $f(x)=-x^3+3x$ において，x が 2 から a まで変化するときの平均変化率は $\boxed{ア}a^2-\boxed{イ}a-\boxed{ウ}$ であり，a を限りなく 2 に近づけると，この平均変化率の値は $\boxed{エオ}$ に限りなく近づく。

POINT!

x が a から b まで変化するときの $f(x)$ の平均変化率

$$\frac{f(b)-f(a)}{b-a}$$

（x 座標が a，b である，曲線 $y=f(x)$ 上の 2 点を通る直線の傾き ➡基 63）

多項式で表された関数 $f(x)$ の $x\to\alpha$ のときの極限値 $\lim_{x\to\alpha}f(x)$ は　$f(\alpha)$

分数式のときは約分（➡基 54）する。

解答　平均変化率は

$$\frac{f(a)-f(2)}{a-2}=\frac{-a^3+3a-(-8+6)}{a-2}$$

$$=\frac{-(a^3-8)+3(a-2)}{a-2}$$

$$=\frac{-(a-2)(a^2+2a+4)+3(a-2)}{a-2}$$

$$=-(a^2+2a+4)+3$$

$$={}^{ア}-a^2-{}^{イ}2a-{}^{ウ}1$$

また　$\lim_{a\to2}(-a^2-2a-1)=-2^2-2\cdot2-1=-9$

よって，${}^{エオ}-9$ に限りなく近づく。

⬅POINT!

⬅$a^3-8=(a-2)(a^2+2a+4)$ ➡基 50

➡素早く解く！

⬅$-a^2-2a-1$ に $a=2$ を代入すればよい。

平均変化率 $\frac{f(b)-f(a)}{b-a}$ において，$f(b)-f(a)$ は $b-a$ で必ず割り切れる。次数の同じ項どうしの差を考え，それぞれを $b-a$ で因数分解すればよい。

参考　$\lim_{b\to a}\frac{f(b)-f(a)}{b-a}=f'(a)$ である。

この問題においては $f'(2)=-9$ である。

また，$y=-x^3+3x$ のグラフは右の図のようになる。

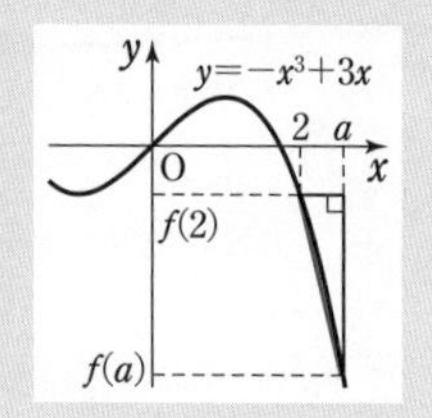

基本 例題 85　接線

関数 $f(x)=x^3-x^2$ とする。曲線 $y=f(x)$ 上の，x 座標が 2 である点における接線の方程式は $y=$ ア $x-$ イウ であり，傾きが 1 である接線の方程式は $y=x-$ エ と $y=x+\dfrac{\text{オ}}{\text{カキ}}$ である。

POINT!　$y=f(x)$ 上の点 $(a,\ f(a))$ における接線の方程式

$$y-f(a)=f'(a)(x-a)$$

(➡ 基 63)

解答　$f'(x)=3x^2-2x$

$f(2)=4$，$f'(2)=3\cdot2^2-2\cdot2=8$ であるから，接線の方程式は

$y-4=8(x-2)$　　よって　$y={}^{ア}8x-{}^{イウ}12$

また，点 $(a,\ a^3-a^2)$ における接線の方程式は

$y-(a^3-a^2)=(3a^2-2a)(x-a)$ …… ①

この直線の傾きが 1 であるとすると　$3a^2-2a=1$

ゆえに　$(a-1)(3a+1)=0$　　よって　$a=1,\ -\dfrac{1}{3}$

傾きが 1 である接線は，この a の値を ① に代入して

$a=1$ のとき　$y=x-{}^{エ}1$

$a=-\dfrac{1}{3}$ のとき

$y-\left(-\dfrac{4}{27}\right)=x-\left(-\dfrac{1}{3}\right)$　すなわち　$y=x+\dfrac{{}^{オ}5}{{}^{カキ}27}$

⬅ $(x^3)'=3x^2$，$(x^2)'=2x$，$(x)'=1$，(定数)$'=0$

⬅ $y-f(2)=f'(2)(x-2)$

⬅ 接点の x 座標がわからないから，未知数 a とおく。$f'(a)$ が接線の傾き。

⬅ $a=-\dfrac{1}{3}$ のとき $a^3-a^2=-\dfrac{4}{27}$

基本 例題 86　曲線上にない点から引いた接線

$f(x)=x^3+2x^2-3$ とする。曲線 $y=f(x)$ の接線のうち，点 $(-1,\ 1)$ を通るものの方程式は $y=$ ア $x+$ イ である。

POINT!　曲線上にない点 A から引いた接線

⟶ 接点 $(a,\ f(a))$ における接線 (➡ 基 85) が A を通る と考える。

解答　$f'(x)=3x^2+4x$ であるから，接点の座標を $(a,\ a^3+2a^2-3)$ とすると，接線の方程式は

$y-(a^3+2a^2-3)=(3a^2+4a)(x-a)$

すなわち　$y=(3a^2+4a)x-2a^3-2a^2-3$ …… ①

直線 ① が点 $(-1,\ 1)$ を通るから

$1=(3a^2+4a)\cdot(-1)-2a^3-2a^2-3$

すなわち　$2a^3+5a^2+4a+4=0$

よって　$(a+2)(2a^2+a+2)=0$ …… ②

$2a^2+a+2=0$ の判別式 D について　$D=1^2-4\cdot2\cdot2<0$

ゆえに，② の実数解は　$a=-2$

これを ① に代入して，接線の方程式は　$y={}^{ア}4x+{}^{イ}5$

⬅ 接点の座標を $(a,\ f(a))$ とすると，接線の方程式は $y-f(a)=f'(a)(x-a)$

⬅ POINT! 通る点の x 座標，y 座標を代入。

⬅ 3 次方程式　➡ 基 61

⬅ 判別式　➡ 基 14

基本 例題 87　極値と最大・最小

3次関数 $f(x)=-x^3+3x^2+9x$ は $x=$ [ア] のとき極大値 [イウ] を，$x=$ [エオ] のとき極小値 [カキ] をとる。また，$-4\leqq x\leqq 4$ において，$f(x)$ は $x=$ [クケ] のとき最大値 [コサ]，$x=$ [シス] のとき最小値 [セソ] をとる。

POINT!

3次関数 $y=ax^3+bx^2+cx+d$ が極値をもつとき，グラフは右のようになる。

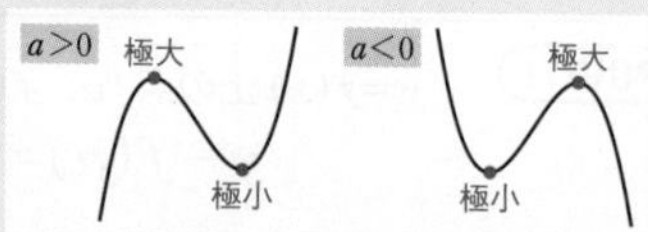

$x=\alpha$ で極値をもつ $\Longrightarrow f'(\alpha)=0$

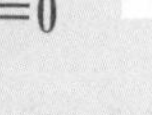

また，最大・最小は

極値 と **区間の端** が候補。

解答　$f'(x)=-3x^2+6x+9=-3(x^2-2x-3)$
$=-3(x+1)(x-3)$

$f'(x)=0$ とすると　$x=-1,\ 3$

x^3 の係数が負であるから，$y=f(x)$ のグラフは右のようになり，

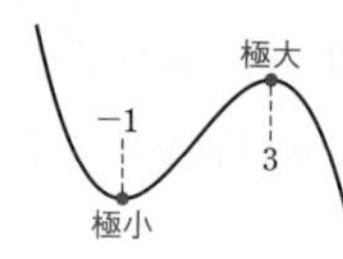

$x={}^{ア}\mathbf{3}$ のとき極大値

$f(3)=-3^3+3\cdot3^2+9\cdot3={}^{イウ}\mathbf{27}$,

$x={}^{エオ}\mathbf{-1}$ のとき極小値

$f(-1)=-(-1)^3+3\cdot(-1)^2+9\cdot(-1)={}^{カキ}\mathbf{-5}$

また　$f(-4)$

$=-(-4)^3+3\cdot(-4)^2+9\cdot(-4)=76$

$f(4)=-4^3+3\cdot4^2+9\cdot4=20$

よって　$x={}^{クケ}\mathbf{-4}$ のとき最大値 ${}^{コサ}\mathbf{76}$,

$x={}^{シス}\mathbf{-1}$ のとき最小値 ${}^{セソ}\mathbf{-5}$

最大
−1
−4
3　4
最小

⬅極値 $\Longrightarrow f'(x)=0$

⬅グラフをイメージする。

➡**素早く解く!**（上）

増減表は次のようになる。

x	$\cdots$	-1	$\cdots$	3	$\cdots$
$f'(x)$	$-$	0	$+$	0	$-$
$f(x)$	↘	極小	↗	極大	↘

⬅極値と区間の端が候補。

グラフの概形から極大値と $f(-4)$，極小値と $f(4)$ を比べる。

(極大値)$<f(-4)$,

(極小値)$<f(4)$

極大・極小や，最大・最小を求めるには，厳密には増減表を用いるが，共通テストでは3次関数について問われることが多いので，**極値の有無と $a>0$，$a<0$ に注意して**，グラフの概形をかいて考えた方が早く処理できる。**ただし，記述式の問題では，必ず増減表をかくようにすること。**

素早く解く!

$f(3)$，$f(-4)$，$f(4)$ の値を求める計算は次のようにしてもよい。

$f(3)$ は，剰余の定理（➡基60）により，$f(x)$ を $x-3$ で割った余りである。よって，組立除法（➡基60）を用いて求めることができる。

$$\begin{array}{rrrr|r} -1 & 3 & 9 & 0 & 3 \\ & -3 & 0 & 27 & \\ \hline -1 & 0 & 9 & \mathbf{27} & \end{array}\qquad \begin{array}{rrrr|r} -1 & 3 & 9 & 0 & -4 \\ & 4 & -28 & 76 & \\ \hline -1 & 7 & -19 & \mathbf{76} & \end{array}\qquad \begin{array}{rrrr|r} -1 & 3 & 9 & 0 & 4 \\ & -4 & -4 & 20 & \\ \hline -1 & -1 & 5 & \mathbf{20} & \end{array}$$

ゆえに　$f(3)=27$，$f(-4)=76$，$f(4)=20$

このようにすると，素早く計算できることがある。

基本 例題 88 極値から係数決定

3次関数 $f(x)=ax^3-3bx^2+12x+a$ が，$x=1$ で極大，$x=2$ で極小となるとき，$a=$ [ア]，$b=$ [イ] である。また，このとき極大値は [ウ] である。

POINT! $x=\alpha$ で極値をもつ $\Longrightarrow f'(\alpha)=0$

解答 $f'(x)=3ax^2-6bx+12$

$x=1$，2 で極値をもつから　$f'(1)=0$，$f'(2)=0$

よって　$3a\cdot1^2-6b\cdot1+12=0$

すなわち　$a-2b+4=0$ ……①

また　$3a\cdot2^2-6b\cdot2+12=0$

すなわち　$a-b+1=0$ ……②

①，②より　$a=^{ア}2$，$b=^{イ}3$

逆にこのとき，$f(x)$ は確かに $x=1$ で極大，$x=2$ で極小となる。(*)

また，極大値は　$f(1)=2\cdot1^3-3\cdot3\cdot1^2+12\cdot1+2=^{ウ}7$

←極値 $\Longrightarrow f'(\alpha)=0$

(*) $a=2$，$b=3$ のとき
$f'(x)=6(x-1)(x-2)$

x	…	1	…	2	…
$f'(x)$	+	0	−	0	+
$f(x)$	↗	極大	↘	極小	↗

➡素早く解く!

素早く解く! 記述式の解答では，このように求めた値が題意を満たしているのかを確認する必要がある（解答の側注にあるような増減表をかいて確認）。しかし，共通テストでは，値が求まれば確認する必要はない。3次の係数の正負でグラフをイメージし，極大と極小が逆になっていないか確認しておく程度でよい。

この問題においては，3次の係数2は正であるから，グラフは右のようになる。

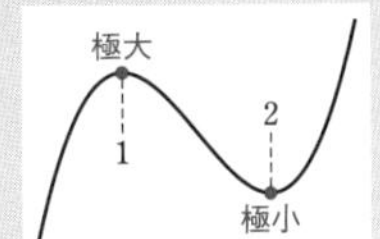

基本 例題 89 極値をもつ条件

3次関数 $y=3x^3-ax^2+(a-2)x-4$ は，$a<$ [ア] または [イ] $<a$ のとき極値をもつ。

POINT! 3次関数 $y=f(x)$ が極値をもつ
$\Longleftrightarrow$ 2次方程式 $f'(x)=0$ が異なる2つの実数解をもつ。
(➡基 14)

解答 $y'=9x^2-2ax+(a-2)$

y が極値をもつとき，$9x^2-2ax+(a-2)=0$ が異なる2つの実数解をもつから，判別式を D とすると　$D>0$

ここで　$\dfrac{D}{4}=a^2-9(a-2)=a^2-9a+18=(a-3)(a-6)$

よって　$(a-3)(a-6)>0$

ゆえに　$a<^{ア}3$ または $^{イ}6<a$

←POINT!

←判別式　➡基 14

←2次不等式　➡基 15

基本 例題 90 定積分

次の定積分を求めよ。

(1) $\int_{-3}^{3}(x^2+8x-1)dx=$ アイ　　(2) $\int_{0}^{6}|x-2|dx=$ ウエ

POINT!

定積分 $\int_a^b x^n dx=\left[\frac{1}{n+1}x^{n+1}\right]_a^b=\frac{1}{n+1}b^{n+1}-\frac{1}{n+1}a^{n+1}$

できるだけ要領よく計算する。公式利用，面積利用。

解答 (1) $\int_{-3}^{3}(x^2+8x-1)dx=\left[\frac{x^3}{3}+\frac{8}{2}x^2-x\right]_{-3}^{3}$

$=\left(\frac{3^3}{3}+4\cdot3^2-3\right)-\left\{\frac{(-3)^3}{3}+4\cdot(-3)^2-(-3)\right\}$

$=^{アイ}\mathbf{12}$

⬅ $\int_a^b x^n dx=\left[\frac{1}{n+1}x^{n+1}\right]_a^b$

(2) $x-2\geqq0$ すなわち $x\geqq2$ のとき　$|x-2|=x-2$

$x-2\leqq0$ すなわち $x\leqq2$ のとき　$|x-2|=-(x-2)$

よって　$\int_0^6|x-2|dx$

$=\int_0^2|x-2|dx+\int_2^6|x-2|dx$

$=\int_0^2(-x+2)dx+\int_2^6(x-2)dx$

$=\left[-\frac{x^2}{2}+2x\right]_0^2+\left[\frac{x^2}{2}-2x\right]_2^6$

$=\left(-\frac{2^2}{2}+2\cdot2\right)-0+\left(\frac{6^2}{2}-2\cdot6\right)-\left(\frac{2^2}{2}-2\cdot2\right)$

$=^{ウエ}\mathbf{10}$

⬅ CHART
絶対値は場合分け
$|X|=\begin{cases}X & (X\geqq0)\\ -X & (X\leqq0)\end{cases}$

⬅ $\int_a^b f(x)dx=\int_a^c f(x)dx+\int_c^b f(x)dx$

⬅ $\int_a^b x^n dx=\left[\frac{1}{n+1}x^{n+1}\right]_a^b$

(1)は次の公式を用いると早く計算できる。

$$\int_{-a}^{a}1\,dx=2\int_0^a 1\,dx,\quad \int_{-a}^{a}x\,dx=0,\quad \int_{-a}^{a}x^2dx=2\int_0^a x^2dx$$

実際に用いると次のようになる。

$$\int_{-3}^{3}(x^2+8x-1)dx=2\int_0^3(x^2-1)dx=2\left[\frac{x^3}{3}-x\right]_0^3=2\left\{\left(\frac{3^3}{3}-3\right)-0\right\}=^{アイ}\mathbf{12}$$

また，定積分は**グラフと x 軸にはさまれた部分の面積である**（y 軸より下にあるときは，「面積にマイナスをつけたもの」と考える）ことから，(2)は次のように考えると早い。

$y=|x-2|$ のグラフは右の図のような折れ線で，求める定積分は図の斜線部分の面積に等しい。

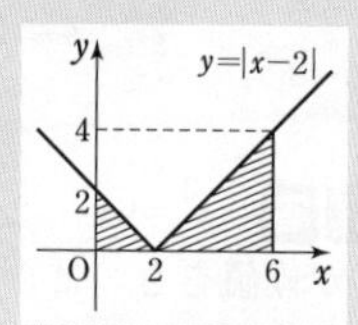

よって　$\int_0^6|x-2|dx=\frac{1}{2}\cdot2\cdot2+\frac{1}{2}(6-2)\cdot4=^{ウエ}\mathbf{10}$

基本 例題 91 微分と積分

関数 $f(x)=x^2-4x-5$ に対して，$g(x)=3\int_1^x f(t)dt$ とおく。関数 $g(x)$ は $x=$ [アイ] のとき極大値をとる。また，$g(1)=$ [ウ] である。

POINT!

$g(x)=\int_a^x f(t)dt$ のとき　$g'(x)=f(x)$，$g(a)=0$

（積分した関数を微分すると，もとの関数にもどる）

解答　$g'(x)=3\left\{\int_1^x f(t)dt\right\}'=3f(x)=3(x^2-4x-5)=3(x+1)(x-5)$　←POINT!

$g'(x)=0$ とすると　　$x=-1,\ 5$　←極値 ⟹ $g'(x)=0$ グラフをイメージ。

$g(x)$ の 3 次の係数は正であるから，グラフは右のようになる。

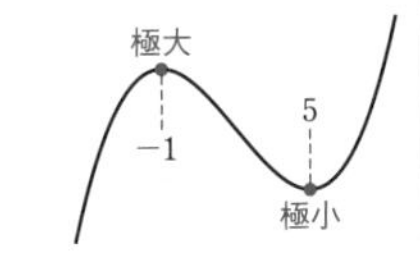

➡基 87

← $g'(x)$ の 2 次の係数が正であるから，$g(x)$ の 3 次の係数も正。

よって，$x=^{アイ}-1$ のとき極大値をとる。

また　$g(1)=3\int_1^1 f(t)dt=^{ウ}0$　← $\int_a^a f(x)dx=0$

基本 例題 92 面積

2 つの放物線 $C_1：y=x^2-4x+5$，$C_2：y=-x^2+2x+5$ がある。C_1，x 軸，y 軸，直線 $x=3$ で囲まれる部分の面積 S_1 は [ア] である。また，C_1，C_2 で囲まれる部分の面積 S_2 は [イ] である。

POINT!

曲線と x 軸ではさまれる部分の面積

左側の図において　$\int_\alpha^\beta f(x)dx$

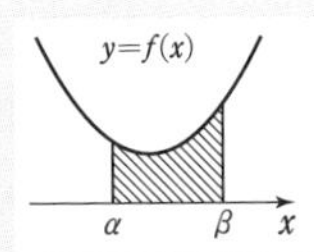

2 曲線ではさまれる部分の面積

右側の図において　$\int_\alpha^\beta \{\underset{上側}{\underline{f(x)}}-\underset{下側}{\underline{g(x)}}\}dx$

$\int_\alpha^\beta (x-\alpha)(x-\beta)dx=-\frac{1}{6}(\beta-\alpha)^3$ が便利。

解答　$S_1=\int_0^3 (x^2-4x+5)dx$　← $\int_\alpha^\beta f(x)dx$

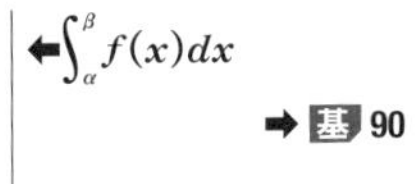

➡基 90

$=\left[\frac{x^3}{3}-2x^2+5x\right]_0^3=(9-18+15)-0=^{ア}6$

また，$x^2-4x+5=-x^2+2x+5$ とすると　←まず，交点の x 座標を求める。

$2x(x-3)=0$　　よって　　$x=0,\ 3$

ゆえに　$S_2=\int_0^3 \{(-x^2+2x+5)-(x^2-4x+5)\}dx$　← $\int_\alpha^\beta \{f(x)-g(x)\}dx$

$=\int_0^3 (-2x^2+6x)dx=-2\int_0^3 (x-0)(x-3)dx$　← $\int_\alpha^\beta (x-\alpha)(x-\beta)dx=-\frac{1}{6}(\beta-\alpha)^3$

$=-2\left\{-\frac{1}{6}(3-0)^3\right\}=^{イ}9$

11 微分法・積分法

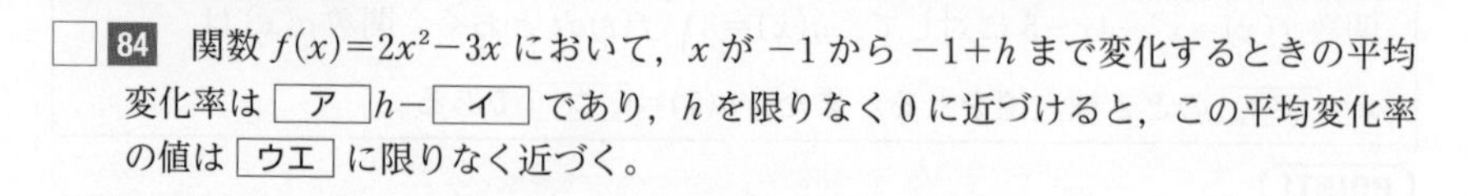

□ **84**　関数 $f(x)=2x^2-3x$ において，x が -1 から $-1+h$ まで変化するときの平均変化率は $\boxed{ア}h-\boxed{イ}$ であり，h を限りなく 0 に近づけると，この平均変化率の値は $\boxed{ウエ}$ に限りなく近づく。

□ **85**　$f(x)=x^3-x+1$ とする。曲線 $y=f(x)$ 上の，x 座標が -2 である点における接線の方程式は $y=\boxed{アイ}x+\boxed{ウエ}$ であり，傾きが 2 であるような，曲線 $y=f(x)$ の接線の方程式は $y=2x-\boxed{オ}$ と $y=2x+\boxed{カ}$ である。

□ **86**　$f(x)=-x^3-7x^2+2$ とする。曲線 $y=f(x)$ の接線のうち，点 $(2,\ 2)$ を通るものの方程式は $y=\boxed{ア}$，$y=\boxed{イ}x-\boxed{ウエ}$，$y=-\dfrac{\boxed{オカキ}}{\boxed{ク}}x+\dfrac{\boxed{ケコサ}}{\boxed{シ}}$ である。

□ **87**　$f(x)=x^3+4x^2-3x+4$ とする。

(1)　$f(x)$ は $x=\boxed{アイ}$ のとき極大値 $\boxed{ウエ}$ を，$x=\dfrac{\boxed{オ}}{\boxed{カ}}$ のとき極小値 $\dfrac{\boxed{キク}}{\boxed{ケコ}}$ をとる。

(2)　$-4\leqq x\leqq -1$ において，$f(x)$ は $x=\boxed{サシ}$ のとき最大値 $\boxed{スセ}$ を，$x=\boxed{ソタ}$ のとき最小値 $\boxed{チツ}$ をとる。

□ **88**　関数 $f(x)=x^3+ax^2+bx$ は，$x=\dfrac{1}{\sqrt{3}}$ で極小値 $-\dfrac{2\sqrt{3}}{9}$ をとる。このとき，$a=\boxed{ア}$，$b=\boxed{イウ}$ であり，関数 $f(x)$ の極大値は $\dfrac{\boxed{エ}\sqrt{\boxed{オ}}}{\boxed{カ}}$ である。

□ **89**　関数 $f(x)=x^3+3ax^2+3(a+2)x+1$ が極値をもつときの a の値の範囲は，$a<\boxed{アイ}$，$\boxed{ウ}<a$ である。また，$f(x)$ が $x=-1$ で極値をもつとき $a=\boxed{エ}$ であり，極大値は $\boxed{オカ}$，極小値は $\boxed{キク}$ である。

□ **90**　次の定積分を求めよ。

(1)　$\displaystyle\int_{-2}^{2}(3x^2-10x)dx=\boxed{アイ}$　　　(2)　$\displaystyle\int_0^1|2x-1|dx=\dfrac{\boxed{ウ}}{\boxed{エ}}$

□ **91**　$f(x)=\displaystyle\int_0^x(t^2-5t+6)dt$ は $x=\boxed{ア}$ のとき極大値 $\dfrac{\boxed{イウ}}{\boxed{エ}}$ をとり，$x=\boxed{オ}$ のとき極小値 $\dfrac{\boxed{カ}}{\boxed{キ}}$ をとる。

□ **92**　放物線 $C：y=-x^2+2x$ と直線 $\ell：y=x-2$ で囲まれる部分の面積 S_1 は $\dfrac{\boxed{ア}}{\boxed{イ}}$ であり，C と x 軸，直線 $x=1$，$x=3$ で囲まれる部分の面積 S_2 は $\boxed{ウ}$ である。

重要 例題 40 共通接線

2 つの放物線 C_1：$y=x^2+2ax+5$，C_2：$y=-x^2+2x+a$ が $x>0$ の範囲で 1 点 P を共有し，その点で共通の接線をもつとき，$a=$ アイ であり，P の座標は (ウ, エオ) である。また，接線の方程式は，$y=$ カキ $x+$ ク である。

POINT!

2 曲線 $y=f(x)$ と $y=g(x)$ が $x=p$ の点で共通接線をもつ
$\Longleftrightarrow f(p)=g(p)$ かつ $f'(p)=g'(p)$

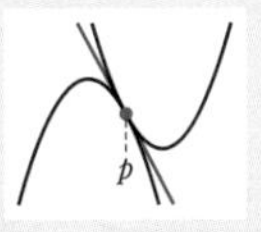

解答　C_1：$y'=2x+2a$，C_2：$y'=-2x+2$

点 P の x 座標を p $(p>0)$ とすると，共通接線をもつから

$p^2+2ap+5=-p^2+2p+a$ …… ①

かつ　$2p+2a=-2p+2$ …… ②

② から　$a=-2p+1$

① に代入して　$p^2+2(-2p+1)p+5=-p^2+2p-2p+1$

すなわち　$p^2-p-2=0$　よって　$(p+1)(p-2)=0$

$p>0$ であるから　$p=2$　このとき　$a=-2\cdot2+1=$ ^アイ^ $\mathbf{-3}$

点 P の y 座標は　$p^2+2ap+5=2^2+2\cdot(-3)\cdot2+5=-3$

ゆえに　P(^ウ^ **2**, ^エオ^ $\mathbf{-3}$)

また，このとき，接線の傾きは　$-2\cdot2+2=-2$

ゆえに，接線の方程式は　$y-(-3)=-2(x-2)$

すなわち　$y=$ ^カキ^ $\mathbf{-2}x+$ ^ク^ **1**

〔別解〕　$x^2+2ax+5=-x^2+2x+a$ とすると

$2x^2+2(a-1)x+(5-a)=0$ …… ③

1 点で接するから，③ の判別式を D とすると　$D=0$

ここで　$\dfrac{D}{4}=(a-1)^2-2(5-a)=a^2-9=(a+3)(a-3)$

ゆえに　$(a+3)(a-3)=0$　よって　$a=\pm3$

共有点 P の x 座標は，③ の重解 $x=-\dfrac{a-1}{2}$ で，

$x>0$ より，$a-1<0$ であるから　$a<1$

ゆえに　$a=$ ^アイ^ $\mathbf{-3}$　このとき，重解は　$x=2$

C_1 は $y=x^2-6x+5$ であるから，点 P の y 座標は

$2^2-6\cdot2+5=-3$　よって　P(^ウ^ **2**, ^エオ^ $\mathbf{-3}$)

接線の方程式は同様に求める。

⬅ $f(p)=g(p)$ かつ $f'(p)=g'(p)$
$x=p$ における y 座標，接線の傾きがともに等しい。

⬅連立方程式は文字を消去して解く。

⬅接線は傾きが $-2p+2$ で点 P を通る。➡ 基 85

⬅条件から，2 曲線は**接している ⟶ 判別式 $D=0$**

⬅ $ax^2+bx+c=0$ の重解は $x=-\dfrac{b}{2a}$　➡ 基 14

⬅このように，放物線どうしの場合は判別式を利用してもよい。

練習 40　$f(x)=3x^2-ax-a+4$ (ただし，$a>0$)，$g(x)=x^3$ とする。2 曲線 $y=f(x)$ と $y=g(x)$ が点 P において共通の接線 ℓ をもつとき，$a=$ ア であり，P の座標は (イ, ウ) である。また，ℓ の方程式は，$y=$ エ $x-$ オ である。さらに，曲線 $y=g(x)$ と接線 ℓ は点 P 以外の共有点 Q をもち，Q の座標は (カキ, クケ) である。

重要 例題 41　法線

放物線 $C: y=(x+1)^2$ 上の点 $\mathrm{P}(a,\ (a+1)^2)$（ただし，$a \neq -1$）における接線に垂直で，点Pを通る直線 ℓ の方程式は

$$y=-\frac{1}{\boxed{ア}a+\boxed{イ}}x+\frac{\boxed{ウ}a^3+\boxed{エ}a^2+\boxed{オ}a+\boxed{カ}}{\boxed{ア}a+\boxed{イ}}$$ である。

ℓ が y 軸上の点 $(0,\ 2)$ を通るとき，$a=\boxed{キク},\ \dfrac{\boxed{ケコ}\pm\sqrt{\boxed{サ}}}{2}$ である。

POINT!

曲線 $y=f(x)$ 上の点 $\mathrm{A}(\alpha,\ f(\alpha))$ における接線に垂直で A を通る直線の方程式　（ただし，$f'(\alpha)\neq 0$）

$$y-f(\alpha)=-\frac{1}{f'(\alpha)}(x-\alpha)$$ （➡基 85）

この直線を，点 A における $y=f(x)$ の **法線** という。

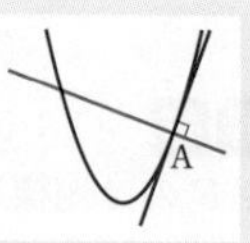

解答　$y=x^2+2x+1$ であるから　　$y'=2x+2$

よって，Pにおける接線の傾きは　　$2a+2$

$a\neq -1$ であるから　　$2a+2\neq 0$

よって，ℓ の傾きは　　$-\dfrac{1}{2a+2}$

ゆえに，直線 ℓ の方程式は　$y-(a+1)^2=-\dfrac{1}{2a+2}(x-a)$

すなわち　　$y=-\dfrac{1}{2a+2}x+\dfrac{a}{2a+2}+(a+1)^2$

よって　　$y=-\dfrac{1}{2a+2}x+\dfrac{a+2(a+1)^3}{2a+2}$

ゆえに　　$y=-\dfrac{1}{{}^{ア}2a+{}^{イ}2}x+\dfrac{{}^{ウ}2a^3+{}^{エ}6a^2+{}^{オ}7a+{}^{カ}2}{2a+2}$

直線 ℓ が点 $(0,\ 2)$ を通るとき　　$2=\dfrac{2a^3+6a^2+7a+2}{2a+2}$

よって　　$2(2a+2)=2a^3+6a^2+7a+2$

すなわち　　$2a^3+6a^2+3a-2=0$

よって　　$(a+2)(2a^2+2a-1)=0$

ゆえに　　$a={}^{キク}-2,\ \dfrac{{}^{ケコ}-1\pm\sqrt{{}^{サ}3}}{2}$

（$a\neq -1$ を満たす。）

⬅垂直 ⟶ 傾きの積が -1
➡基 63

⬅$y-f(\alpha)=-\dfrac{1}{f'(\alpha)}(x-\alpha)$

⬅分数式の計算。➡基 54

⬅点を通る ⟶ x 座標，y 座標を代入すると成り立つ。

⬅3次方程式　➡基 61

2	6	3	−2	−2
	−4	−4	2	
2	2	−1	0	

⬅$x=\dfrac{-b'\pm\sqrt{b'^2-ac}}{a}$
➡基 12

練習 41　放物線 $C: y=x^2$ 上の点 $\mathrm{P}(-a,\ a^2)$（ただし，$a>0$）における接線 ℓ に垂直でPを通る直線 n の方程式は $y=\dfrac{1}{\boxed{ア}a}x+a^{\boxed{イ}}+\dfrac{1}{\boxed{ウ}}$ である。さらに，直線 n が曲線 C と交わるP以外の点をQとすると，点Qの x 座標は $a+\dfrac{1}{\boxed{エ}a}$ であるから，この x 座標の最小値は $\sqrt{\boxed{オ}}$ である。

重要 例題 42　無理数と極大・極小

$f(x)=x^3-x^2-2x+2$ とする。関数 $f(x)$ は $x=\dfrac{\boxed{ア}+\sqrt{\boxed{イ}}}{\boxed{ウ}}$ のとき極小となる。$f(x)=\left(\dfrac{\boxed{エ}}{\boxed{オ}}x-\dfrac{\boxed{カ}}{\boxed{キ}}\right)f'(x)-\dfrac{\boxed{クケ}}{\boxed{コ}}x+\dfrac{\boxed{サシ}}{\boxed{ス}}$ と変形できるから，$f(x)$ の極小値は $\dfrac{\boxed{セソ}-\boxed{タチ}\sqrt{\boxed{ツ}}}{\boxed{テト}}$ である。

POINT!
$x=\alpha$ で極値をもつ $\Longrightarrow f'(\alpha)=0$ （➡基87）
α が無理数のときは，**$f(x)$ を $f'(x)$ で割った余りを利用** して
極値 $f(\alpha)$ を求める。　$A(x)=B(x)Q(x)+R(x)$ （➡重27）

解答　$f'(x)=3x^2-2x-2$

$f'(x)=0$ とすると　$x=\dfrac{1\pm\sqrt{7}}{3}$

$f(x)$ の3次の係数は正であるから，$y=f(x)$ のグラフは右のようになり，$x=\dfrac{{}^{ア}1+\sqrt{{}^{イ}7}}{{}^{ウ}3}$ で極小となる。

$\dfrac{1-\sqrt{7}}{3}$　$\dfrac{1+\sqrt{7}}{3}$　極小

$f(x)$ を $f'(x)$ で割ると

商が $\dfrac{1}{3}x-\dfrac{1}{9}$，

余りが $-\dfrac{14}{9}x+\dfrac{16}{9}$ であるから

$$\begin{array}{r} \frac{1}{3}x-\frac{1}{9} \\ 3x^2-2x-2 \,\big)\, x^3 \quad -x^2 \quad -2x+2 \\ x^3-\frac{2}{3}x^2-\frac{2}{3}x \qquad \\ \hline -\frac{1}{3}x^2-\frac{4}{3}x+2 \\ -\frac{1}{3}x^2+\frac{2}{9}x+\frac{2}{9} \\ \hline -\frac{14}{9}x+\frac{16}{9} \end{array}$$

$$f(x)=\left(\frac{{}^{エ}1}{{}^{オ}3}x-\frac{{}^{カ}1}{{}^{キ}9}\right)f'(x)-\frac{{}^{クケ}14}{{}^{コ}9}x+\frac{{}^{サシ}16}{{}^{ス}9}$$

$f'\left(\dfrac{1+\sqrt{7}}{3}\right)=0$ であるから，極小値は

$$f\left(\frac{1+\sqrt{7}}{3}\right)=\left(\frac{1}{3}\cdot\frac{1+\sqrt{7}}{3}-\frac{1}{9}\right)\cdot 0-\frac{14}{9}\cdot\frac{1+\sqrt{7}}{3}+\frac{16}{9}$$
$$=\frac{-14-14\sqrt{7}}{27}+\frac{48}{27}=\frac{{}^{セソ}34-{}^{タチ}14\sqrt{{}^{ツ}7}}{{}^{テト}27}$$

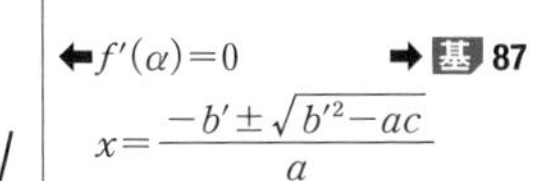

⬅ $f'(\alpha)=0$　➡基87
$x=\dfrac{-b'\pm\sqrt{b'^2-ac}}{a}$
➡基12
➡基87
➡基52
⬅ CHART　$A=BQ+R$
➡基53
⬅ $x=\dfrac{1+\sqrt{7}}{3}$ は $f'(x)=0$ の解。
⬅ $f(\alpha)=R(\alpha)$ となる。
➡重27

極小値を求めるのに，$f(x)$ に $x=\dfrac{1+\sqrt{7}}{3}$ を代入して計算するのはかなり大変。$f'(x)=0$ の解が無理数のときは，$f(x)$ を $f'(x)$ で割った余りを利用するのがよい。

練習 42　$f(x)=2x^3-3x^2+x$ とする。このとき，関数 $f(x)$ は
$x=\dfrac{1}{\boxed{ア}}-\dfrac{\sqrt{\boxed{イ}}}{\boxed{ウ}}$ で極大となる。$f(x)=\left(\dfrac{1}{\boxed{エ}}x-\dfrac{1}{6}\right)f'(x)-\dfrac{1}{3}x+\dfrac{1}{6}$ と変形できるので，$f(x)$ の極大値は $\dfrac{\sqrt{\boxed{オ}}}{\boxed{カキ}}$ である。

重要 例題 43　方程式の解の個数

3 次方程式 $x^3-6x^2+9x+1-a=0$ が異なる 3 つの実数解をもつとき，a の値の範囲は［ア］$<a<$［イ］である。$a=$［ア］のとき，解は $x=$［ウ］，［エ］である。ただし，$x=$［ウ］はこの方程式の 2 重解である。

POINT!
方程式 $f(x)=a$ の実数解
→ 曲線 $y=f(x)$ と直線 $y=a$ の **共有点の x 座標。**（➡重 35, 39）
グラフをかいて共有点の個数を調べる。

解答　方程式から　$x^3-6x^2+9x+1=a$

ここで，$f(x)=x^3-6x^2+9x+1$ とすると，方程式が異なる 3 つの実数解をもつのは，曲線 $y=f(x)$ と直線 $y=a$ が異なる 3 つの共有点をもつときである。

⬅POINT!

$$f'(x)=3x^2-12x+9=3(x^2-4x+3)$$
$$=3(x-1)(x-3)$$

$f'(x)=0$ とすると　$x=1,\ 3$

また　$f(1)=1^3-6\cdot1^2+9\cdot1+1=5$

$f(3)=3^3-6\cdot3^2+9\cdot3+1=1$

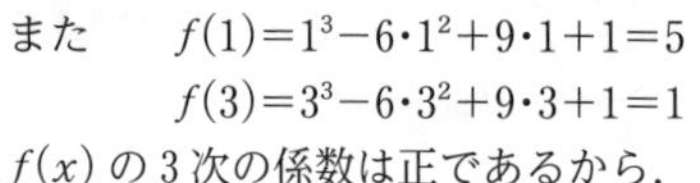

⬅極値を求めてグラフをかく。
極値 $\Longrightarrow f'(\alpha)=0$
3 次の係数の正負に注意。
➡基 87

$f(x)$ の 3 次の係数は正であるから，

$y=f(x)$ のグラフは図のようになり，曲線 $y=f(x)$ と直線 $y=a$ が異なる 3 つの共有点をもつとき

$$^{ア}1<a<{}^{イ}5$$

また，$a=1$ のとき，グラフから，解は　$x=0,\ 3$

⬅解は共有点の x 座標。

曲線 $y=f(x)$ と直線 $y=1$ は $x=0$ の点で交わり，$x=3$ の点で接するから，重解は　$x=3$

⬅接点 ⟶ 重解

したがって，解は　$x={}^{ウ}3,\ {}^{エ}0$

素早く解く！　$a=1$ のとき，これを方程式に代入して解を求めてもよいが，せっかくグラフをかいたのだから，利用しない手はない。

$y=f(x)$ のグラフと直線 $y=1$ の交点の x 座標が解となるが，これをきちんと読みとることができるように，極値や y 軸の交点をグラフにしっかり書き込んでおくようにしたい。また，問題によっては x 軸との共有点がカギをにぎることもある。

なお，前半の a の値の範囲を求めるだけであれば，$g(x)=x^3-6x^2+9x+1-a$ として，$g(x)$ が $x=1$ で極大値，$x=3$ で極小値をとることを調べ，$g(1)>0$ かつ $g(3)<0$，すなわち $\boldsymbol{g(1)g(3)<0}$ から a の値の範囲を求めてもよい。

練習 43　3 次方程式 $x^3+x^2-x+2+k=0$ が異なる 3 つの実数解をもつとき，k の値の範囲は［アイ］$<k<\dfrac{［ウエオ］}{［カキ］}$ である。また，正の解 1 つと異なる負の解 2 つをもつとき，k の値の範囲は［クケ］$<k<$［コサ］である。

重要 例題 44　接線の本数

曲線 $y=2x^3-3x$ を C とする。C 上の点 $(a,\ 2a^3-3a)$ における C の接線の方程式は $y=($ ア $a^{イ}-$ ウ $)x-$ エ $a^{オ}$ である。この接線が点 $(1,\ b)$ を通るのは $b=$ カキ $a^{ク}+$ ケ $a^{コ}-$ サ が成り立つときである。
したがって，点 $(1,\ b)$ から C へ異なる3本の接線が引けるのは
シス $<b<$ セソ のときである。

POINT!
3次関数のグラフの接線の本数
⟶ 点 $(a,\ f(a))$ における接線が満たす条件を求め，その条件を満たす
接点の個数が接線の本数に等しい。　(➡ 重 43)

解答　$y'=6x^2-3$
よって，$(a,\ 2a^3-3a)$ における接線の方程式は
$$y-(2a^3-3a)=(6a^2-3)(x-a)$$
すなわち　$y=({}^{ア}\mathbf{6}a^{{}^{イ}\mathbf{2}}-{}^{ウ}\mathbf{3})x-{}^{エ}\mathbf{4}a^{{}^{オ}\mathbf{3}}$
この接線が点 $(1,\ b)$ を通るとき
$$b=(6a^2-3)\cdot1-4a^3$$
よって　$b={}^{カキ}\mathbf{-4}a^{{}^{ク}\mathbf{3}}+{}^{ケ}\mathbf{6}a^{{}^{コ}\mathbf{2}}-{}^{サ}\mathbf{3}$ …… ①
点 $(1,\ b)$ から曲線 C へ異なる3本の接線が引けるのは，a の方程式①が異なる3つの実数解をもつときである。
したがって，$f(a)=-4a^3+6a^2-3$ とおくと，$y=f(a)$ のグラフと直線 $y=b$ が異なる3つの共有点をもてばよい。
$$f'(a)=-12a^2+12a=-12a(a-1)$$
$f'(a)=0$ とすると　$a=0,\ 1$
また　$f(0)=-3$,
$f(1)=-4\cdot1^3+6\cdot1^2-3=-1$
$f(a)$ の3次の係数は負であるから，$y=f(a)$ のグラフは右の図のようになり，$y=f(a)$ と $y=b$ が異なる3つの共有点をもつとき
$${}^{シス}\mathbf{-3}<b<{}^{セソ}\mathbf{-1}$$

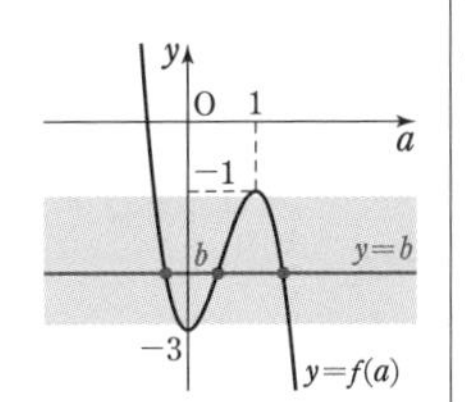

⬅点 $(1,\ b)$ から引いた接線 ⟶ 点 $(a,\ 2a^3-3a)$ における接線が点 $(1,\ b)$ を通る，として考える。
➡ 基 86

⬅接線が3本
⟺ 接点が3個
⟺ ①の実数解が3個
⟺ $y=f(a)$ と $y=b$ の共有点が3個
〔注意〕 4次関数のときは，下の図のような場合もあるから
接線の本数＝接点の個数
とはいえない。

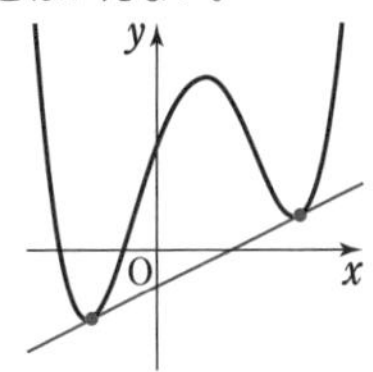

練習 44　3次関数 $y=x^3-3x^2$ のグラフを C とする。a を実数として，座標平面上に点 $\mathrm{P}(3,\ a)$ をとる。
(1) 点 $\mathrm{Q}(t,\ t^3-3t^2)$ における C の接線が点Pを通るとき
アイ t^3+ ウエ t^2- オカ $t=a$ が成り立つ。
(2) 点Pを通る C の接線の本数が2本となるのは $a=$ キ ，$a=$ クケ のときであり，$a=$ キ のときの2本の接線の傾きは コ と サ である。ただし，コ と サ は解答の順序を問わない。
(3) $a=2$ のとき，接線は1本で，傾きは シ である。
ただし， シ は，⓪ 正，① 負　のうちから一つ選べ。

重要 例題 45　区間によって変わる関数の定積分

関数 $f(x)$ は $x \leqq 3$ のとき　$f(x)=x$，　$x>3$ のとき　$f(x)=-3x+12$ で与えられている。$\int_0^x f(t)dt$ の値は $0 \leqq x \leqq 3$ のとき，$\int_0^x f(t)dt=\dfrac{\boxed{ア}}{\boxed{イ}}x^{\boxed{ウ}}$，

$x \geqq 3$ のとき，$\int_0^x f(t)dt=-\dfrac{3}{2}x^2+\boxed{エオ}x-\boxed{カキ}$ である。

POINT!

区間によって変わる関数の定積分
⟶ 区間によって分けて積分する。

$$\int_a^b f(x)dx=\int_a^c f(x)dx+\int_c^b f(x)dx$$

(➡ 基 90 (2))

変わり目が積分区間に含まれるかに注意。

解答　[1]　$0 \leqq x \leqq 3$ のとき

$0 \leqq t \leqq x$ で　　$f(t)=t$

よって　　$\int_0^x f(t)dt=\int_0^x t\,dt=\left[\dfrac{1}{2}t^2\right]_0^x$

$=\dfrac{{}^{ア}\mathbf{1}}{{}^{イ}\mathbf{2}}x^{{}^{ウ}\mathbf{2}}$

[2]　$x \geqq 3$ のとき

$0 \leqq t \leqq 3$ で　　$f(t)=t$

$3 \leqq t \leqq x$ で　　$f(t)=-3t+12$

よって　　$\int_0^x f(t)dt=\int_0^3 t\,dt+\int_3^x (-3t+12)dt$

$=\left[\dfrac{1}{2}t^2\right]_0^3+\left[-\dfrac{3}{2}t^2+12t\right]_3^x$

$=\dfrac{1}{2}\cdot 3^2-0+\left(-\dfrac{3}{2}x^2+12x\right)-\left(-\dfrac{3}{2}\cdot 3^2+12\cdot 3\right)$

$=-\dfrac{3}{2}x^2+{}^{エオ}\mathbf{12}x-{}^{カキ}\mathbf{18}$

⬅ x と 3 の位置関係で場合分けする。

[1]
$f(t)=t$　$f(t)=-3t+12$
0　積分区間　x　3　t

[2]
$f(t)=t$　3　$f(t)=-3t+12$
0　積分区間　x　t

⬅ $\int_a^b f(x)dx=\int_a^c f(x)dx+\int_c^b f(x)dx$

⬅ $\int_0^3 tdt$ は，[1] の結果を利用して求めてもよい。

参考　$y=f(t)$ のグラフは右の図のようになり，求める定積分はこれと t 軸，直線 $t=x$ で囲まれた部分の面積となる。
($x>4$ のときは，t 軸より下にある部分を，「面積にマイナスをつけたもの」と考える) (➡ 基 90)
ただし，この問題の場合，$x \geqq 3$ のときは，面積を利用しても計算はさほど早くはならない。

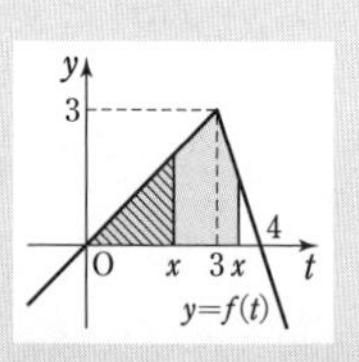

練習 45　$a>0$ とする。$f(a)=\int_0^2 |x^2-a^2|dx$ を計算すると，

$0<a<\boxed{ア}$ のとき　$f(a)=\dfrac{\boxed{イ}}{\boxed{ウ}}a^3-\boxed{エ}a^2+\dfrac{\boxed{オ}}{\boxed{カ}}$，

$\boxed{ア} \leqq a$ のとき　　$f(a)=\boxed{キ}a^2-\dfrac{\boxed{ク}}{\boxed{ケ}}$ である。

したがって，$a>0$ の範囲で，$f(a)$ は $a=\boxed{コ}$ のとき最小値 $\boxed{サ}$ をとる。

重要 例題 46 接線と面積

$a>0$ とする。放物線 $C: y=\left(1-\dfrac{3}{a^2}\right)x^2$ について，x 座標が a である C 上の点Aにおける C の接線 ℓ の方程式は $y=\left(\boxed{ア}a-\dfrac{\boxed{イ}}{a}\right)x-a^{\boxed{ウ}}+\boxed{エ}$ である。$a=2$ のとき，C，ℓ，y 軸で囲まれた図形の面積は $\dfrac{\boxed{オ}}{\boxed{カ}}$ である。

POINT!　放物線の接線と面積 ⟶ 図をかいて積分（➡基 92）。

$a\neq0$ のとき　$\displaystyle\int_\alpha^\beta(ax+b)^n dx=\left[\frac{1}{a}\cdot\frac{1}{n+1}(ax+b)^{n+1}\right]_\alpha^\beta$

とくに　$\displaystyle\int_\alpha^\beta(ax+b)^2 dx=\left[\frac{1}{a}\cdot\frac{1}{3}(ax+b)^3\right]_\alpha^\beta$

解答　$y'=2\left(1-\dfrac{3}{a^2}\right)x$

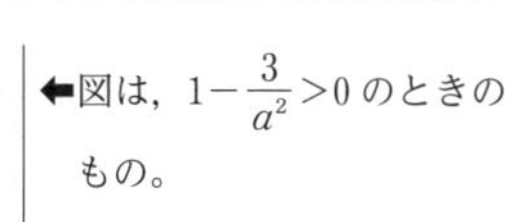

←図は，$1-\dfrac{3}{a^2}>0$ のときのもの。

点Aの y 座標は $\left(1-\dfrac{3}{a^2}\right)\cdot a^2=a^2-3$ であるから，C 上の点 $\mathrm{A}(a,\ a^2-3)$ における接線 ℓ の方程式は　$y-(a^2-3)=2\left(1-\dfrac{3}{a^2}\right)a\cdot(x-a)$

←$y-f(a)=f'(a)(x-a)$ ➡基 85

すなわち　$y=\left({}^{ア}2a-\dfrac{{}^{イ}6}{a}\right)x-a^{{}^{ウ}2}+{}^{エ}3$

$a=2$ のとき　$C: y=\left(1-\dfrac{3}{2^2}\right)x^2$　すなわち　$C: y=\dfrac{1}{4}x^2$

$\ell: y=\left(2\cdot2-\dfrac{6}{2}\right)x-2^2+3$　すなわち　$y=x-1$

よって，求める面積は

$$\int_0^2\left\{\frac{1}{4}x^2-(x-1)\right\}dx=\frac{1}{4}\int_0^2(x-2)^2dx=\frac{1}{4}\left[\frac{1}{3}(x-2)^3\right]_0^2$$

$$=\frac{1}{4}\left\{\frac{1}{3}\cdot0^3-\frac{1}{3}(-2)^3\right\}=\frac{{}^{オ}2}{{}^{カ}3}$$

←$\displaystyle\int_\alpha^\beta(ax+b)^2dx=\left[\frac{1}{a}\cdot\frac{1}{3}(ax+b)^3\right]_\alpha^\beta$

$\displaystyle\int_\alpha^\beta(ax+b)^2dx=\left[\frac{1}{a}\cdot\frac{1}{3}(ax+b)^3\right]_\alpha^\beta$ は，放物線とその接線ではさまれた部分の面積を求めるのに利用できる。数学Ⅲの内容であるが，$\displaystyle\int_\alpha^\beta(x-\alpha)(x-\beta)dx=-\frac{1}{6}(\beta-\alpha)^3$（➡基 92）とあわせて必ず覚えておこう。

練習 46　放物線 $C: y=\dfrac{1}{2}x^2$ 上の点Pの x 座標を $a\ (a>0)$ とする。Pにおける C の接線を ℓ_1 とし，ℓ_1 と直交する C の接線を ℓ_2 とする。また，ℓ_2 と C の接点をQとする。

(1)　Qの x 座標は $\dfrac{\boxed{アイ}}{a}$ であり，ℓ_2 の方程式は $y=\dfrac{\boxed{ウエ}}{a}x-\dfrac{\boxed{オ}}{\boxed{カ}a^2}$ である。

(2)　ℓ_1，ℓ_2 と C で囲まれる部分の面積は $\dfrac{1}{\boxed{キク}}\left(a+\dfrac{\boxed{ケ}}{a}\right)^{\boxed{コ}}$ である。

11 微分法・積分法

重要 例題 47　3次関数と接線，面積

曲線 C：$y=x^3+x^2-6x-9$ 上の点 A$(-2,\ -1)$ における C の接線 ℓ の方程式は $y=$ [ア] $x+$ [イ] であり，C と ℓ の A と異なる共有点の x 座標は [ウ] である。したがって，C と ℓ とで囲まれた図形の面積は $\dfrac{\text{エオカ}}{\text{キク}}$ である。

POINT!
図をかいて，定積分により体積を求める。（➡ 重 46）
3次曲線 $y=f(x)$ とその接線 $y=g(x)$ が $x=a$ で接するとき，
$f(x)-g(x)=0$ の左辺は $(x-a)^2$ を因数にもつ。

解答　$y'=3x^2+2x-6$

$x=-2$ のとき　　$y'=3\cdot(-2)^2+2\cdot(-2)-6=2$

よって，点 A$(-2,\ -1)$ における接線 ℓ の方程式は

$y+1=2(x+2)$　すなわち　$y={}^{ア}2x+{}^{イ}3$

⬅ $y-f(a)=f'(a)(x-a)$
➡ 基 85

また，C と ℓ の共有点の x 座標は　$x^3+x^2-6x-9=2x+3$ の解である。

整理すると　$x^3+x^2-8x-12=0$

すなわち　　$(x+2)^2(x-3)=0$

⬅ $x=-2$ で接するから，$(x+2)^2$ を因数にもつ。

よって，C と ℓ の A と異なる共有点の x 座標は　　${}^{ウ}3$

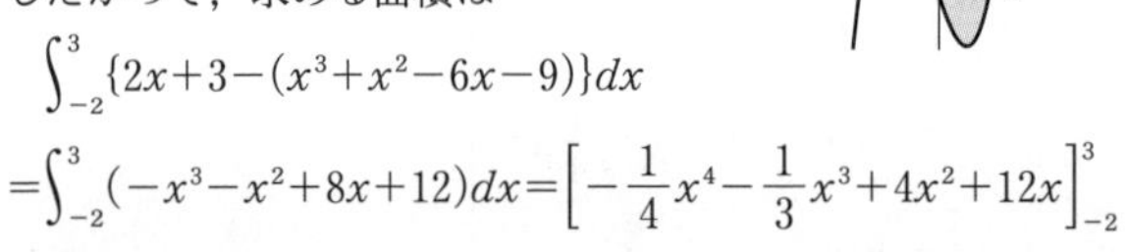

素早く解く！
x^3 の係数が 1 で定数項が -12 であるから，$(x+2)^2$ で割った商は $x-3$ とわかる。

したがって，求める面積は

$$\int_{-2}^{3}\{2x+3-(x^3+x^2-6x-9)\}dx$$

$$=\int_{-2}^{3}(-x^3-x^2+8x+12)dx=\left[-\frac{1}{4}x^4-\frac{1}{3}x^3+4x^2+12x\right]_{-2}^{3}$$

$$=-\frac{1}{4}\cdot3^4-\frac{1}{3}\cdot3^3+4\cdot3^2+12\cdot3-\left\{-\frac{1}{4}\cdot(-2)^4-\frac{1}{3}\cdot(-2)^3+4\cdot(-2)^2+12\cdot(-2)\right\}=\frac{{}^{エオカ}625}{{}^{キク}12}$$

$$\int_{\alpha}^{\beta}(ax+b)^n dx=\left[\frac{1}{a}\cdot\frac{1}{n+1}(ax+b)^{n+1}\right]_{\alpha}^{\beta}$$ （➡ 重 46）

を利用すると，積分の計算が素早くできる。

$$\int_{-2}^{3}\{2x+3-(x^3+x^2-6x-9)\}dx=-\int_{-2}^{3}(x+2)^2(x-3)dx$$

$$=-\int_{-2}^{3}(x+2)^2(\boldsymbol{x+2-5})dx=-\int_{-2}^{3}\{(x+2)^3-5(x+2)^2\}dx$$

$$=-\left[\frac{(x+2)^4}{4}-5\cdot\frac{(x+2)^3}{3}\right]_{-2}^{3}=-\frac{5^4}{4}+5\cdot\frac{5^3}{3}=5^4\left(-\frac{1}{4}+\frac{1}{3}\right)=\frac{{}^{エオカ}625}{{}^{キク}12}$$

練習 47　$f(x)=x^3-4x$ とする。曲線 C：$y=f(x)$ の接線で，点 A$(1,\ 1)$ を通るものの方程式は $y=$ [ア] $x+$ [イ] である。この接線を ℓ とすると，C と ℓ の接点の座標は ([ウエ], [オ]) であり，C と ℓ の接点以外の共有点の x 座標は [カ] である。よって，C と ℓ とで囲まれた図形の面積は $\dfrac{\text{キク}}{\text{ケ}}$ である。

演習 例題 19　導関数とグラフの形状

目安 **3** 分

解説動画

$f(x)$ は 3 次関数で，その導関数 $f'(x)$ が次の条件を満たすとき，$y=f(x)$ のグラフの概形として最も適当なものを，次の ⓪ ～ ⑤ のうちからそれぞれ一つずつ選べ。ただし，同じものを繰り返し選んでもよい。

(1)　$f'(1)=f'(4)=0$，$f'(3)>0$ を満たすものは［ア］である。

(2)　$f'(x)$ は $x=2$ のとき最小値 1 をとる。これを満たすものは［イ］である。

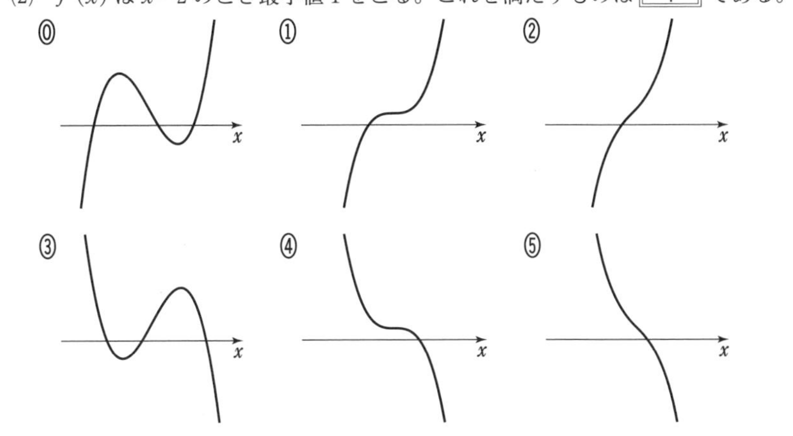

Situation Check ✓

導関数の条件からグラフの概形を選択する問題。$f(x)$ は 3 次関数であるから，その導関数 $f'(x)$ は 2 次関数である。$f'(x)$ の条件から $f'(x)$ の符号を判断することで，$f(x)$ の増減のようすがわかる。その際，$f'(x)$ が 2 次関数，すなわち $y=f'(x)$ のグラフが放物線であることに注意する。

$f'(x)>0$ の区間で $f(x)$ は増加，$f'(x)<0$ の区間で $f(x)$ は減少

解答　(1)　条件から，$y=f'(x)$ のグラフが上に凸の放物線であることがわかる。$f'(x)$ の符号は，$x=1$ と $x=4$ を境に負，正，負と変化することから，$f(x)$ は減少，増加，減少と変化することがわかる。

よって，適するグラフは　ア③

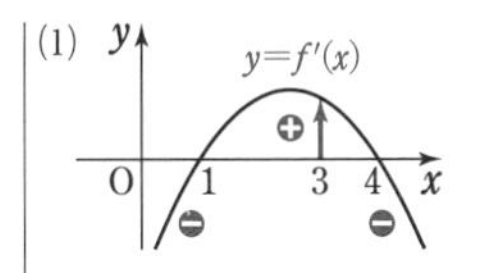

(2)　条件より，常に $f'(x)>0$ であるから，$f(x)$ は常に増加することがわかる。

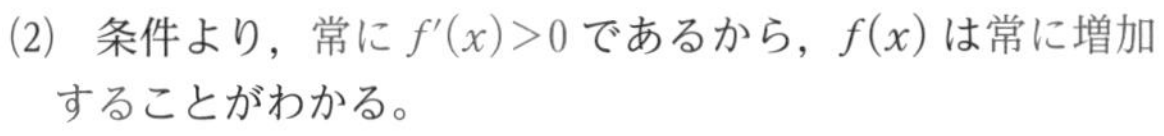

よって，適するグラフは　イ②

（①と②の違いについては，解答編 $p.158$ の参考参照。）

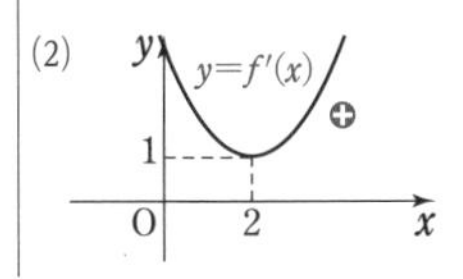

問題 19　$f(x)$ は 3 次関数で，その導関数 $f'(x)$ が次の条件を満たすとき，$y=f(x)$ のグラフの概形として最も適当なものを，演習例題 19 の ⓪ ～ ⑤ のうちからそれぞれ一つずつ選べ。ただし，同じものを繰り返し選んでもよい。

(1)　$f'(x)$ は $x=1$ のとき最大値 0 をとる。これを満たすものは［ア］である。

(2)　$f'(-1)>0$，$f'(2)<0$，$f'(4)>0$ を満たすものは［イ］である。

演習　例題 20　定積分と面積

目安 **6** 分　解説動画

3 次関数 $f(x)$ は，$x=-1$ で極小値 $-\dfrac{4}{3}$ をとり，$x=3$ で極大値をとる。また，曲線 $y=f(x)$ は点 $(0,\ 2)$ を通る。

(1)　$f(x)$ の導関数 $f'(x)$ は [ア] 次関数であり，$f'(x)$ は $(x+$ [イ] $)(x-$ [ウ] $)$ で割り切れる。

(2)　$f(x)=\dfrac{[エオ]}{[カ]}x^3+$ [キ] x^2+ [ク] $x+$ [ケ] である。

(3)　方程式 $f(x)=0$ は，3 つの実数解をもち，そのうち負の解は [コ] 個である。また，$f(x)=0$ の解を $a,\ b,\ c\ (a<b<c)$ とし，曲線 $y=f(x)$ の $a \leqq x \leqq b$ の部分と x 軸とで囲まれた図形の面積を S，曲線 $y=f(x)$ の $b \leqq x \leqq c$ の部分と x 軸とで囲まれた図形の面積を T とする。

このとき，$\displaystyle\int_a^c f(x)dx=$ [サ] である。

[サ] に当てはまるものを，次の ⓪ ～ ⑧ のうちから一つ選べ。

⓪ 0　① S　② T　③ $-S$　④ $-T$
⑤ $S+T$　⑥ $S-T$　⑦ $-S+T$　⑧ $-S-T$

Situation Check ✓

$f(x)$ の極値をとる条件から，導関数 $f'(x)$ が満たす条件を求める。(1)，(2) で求めたことから，$y=f(x)$ のグラフの概形をかくとよい。その概形から，定積分と面積の関係について考える。

$x=\alpha$ で極値をもつ $\Longrightarrow f'(\alpha)=0$ (➡ 基 87)

因数定理　**$f(x)$ が $x-\alpha$ で割り切れる $\Longleftrightarrow f(\alpha)=0$**

(➡ 基 60)

x 軸と曲線 $y=f(x)$ で囲まれた部分の面積

$f(x) \geqq 0$ のとき $\displaystyle\int_\alpha^\beta f(x)dx$　　$f(x) \leqq 0$ のとき $\displaystyle\int_\alpha^\beta \{-f(x)\}dx$

解答　(1)　3 次関数 $f(x)$ の導関数 $f'(x)$ は ア**2** 次関数である。

⬅ $(x^n)'=nx^{n-1}$

$f(x)$ は $x=-1$ で極小値，$x=3$ で極大値をとるから

$$f'(-1)=0,\ f'(3)=0$$

よって，因数定理により，$f'(x)$ は $x+1$ と $x-3$ を因数にもつから，$f'(x)$ は $(x+$ イ**1**$)(x-$ ウ**3**$)$ で割り切れる。

(2)　(1) から，k を 0 でない定数として，
$f'(x)=k(x+1)(x-3)$ と表される。

ゆえに　$\displaystyle f(x)=\int f'(x)dx=\int k(x+1)(x-3)dx$

$\displaystyle =k\int(x^2-2x-3)dx$

$\displaystyle =k\left(\frac{x^3}{3}-x^2-3x\right)+C$（$C$ は積分定数）

⬅ $\displaystyle\int x^n dx=\frac{1}{n+1}x^{n+1}+C$

曲線 $y=f(x)$ は点 $(0,\ 2)$ を通るから　　$f(0)=2$

よって　$C=2$

ゆえに　$f(x)=k\left(\dfrac{x^3}{3}-x^2-3x\right)+2$

$x=-1$ で極小値 $-\dfrac{4}{3}$ をとるから　$f(-1)=-\dfrac{4}{3}$

よって　$k\left(-\dfrac{1}{3}-1+3\right)+2=-\dfrac{4}{3}$

これを解いて　$k=-2$（$k \neq 0$ を満たす。）

逆にこのとき，$f(x)$ は確かに $x=-1$ で極小，$x=3$ で極大となる。

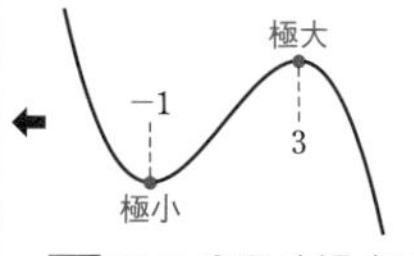

基 88 の素早く解く! も参照。

したがって　$f(x)=-2\left(\dfrac{x^3}{3}-x^2-3x\right)+2$

$=\dfrac{{}^{エオ}-2}{{}^{カ}3}x^3+{}^{キ}2x^2+{}^{ク}6x+{}^{ケ}2$

(3)　(1)，(2) から，$y=f(x)$ のグラフの概形は右の図のようになる。

これから，$y=f(x)$ のグラフは x 軸の負の部分と異なる 2 点で交わるから，方程式 $f(x)=0$ は，3 つの実数解をもち，そのうち負の解は ${}^{コ}2$ 個である。

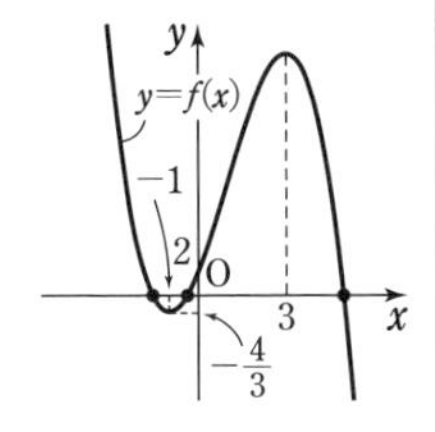

←x^3 の係数 $-\dfrac{2}{3}<0$

極小値 $f(-1)=-\dfrac{4}{3}<0$

$f(0)=2>0$

$x=3$ で極大

$f(x)=0$ の解を a，b，c $(a<b<c)$ とする。

$a \leqq x \leqq b$ のとき，$f(x) \leqq 0$ であるから

$$S=\int_a^b\{-f(x)\}dx=-\int_a^b f(x)dx$$

よって　$\displaystyle\int_a^b f(x)dx=-S$

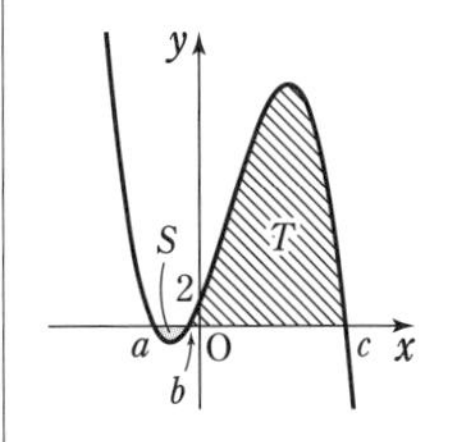

$b \leqq x \leqq c$ のとき，$f(x) \geqq 0$ であるから　$T=\displaystyle\int_b^c f(x)dx$

したがって

$$\int_a^c f(x)dx=\int_a^b f(x)dx+\int_b^c f(x)dx=-S+T \quad ({}^{サ}⑦)$$

←積分区間の分割。

➡ 重 45

問題 20　4 次関数 $f(x)$ は，$x=-1$ で極小値 $-\dfrac{9}{2}$，$x=1$ で極大値，$x=3$ で極小値をとる。また，曲線 $y=f(x)$ は点 $(2,\ 0)$ を通る。

(1)　$f(x)$ の導関数 $f'(x)$ は，

$$f'(x)=k(x+\boxed{ア})(x-\boxed{イ})(x-\boxed{ウ})$$

と表される。ただし，k を 0 でない定数，$\boxed{イ}<\boxed{ウ}$ とする。

(2)　$f(x)=\dfrac{\boxed{エ}}{\boxed{オ}}x^4-\boxed{カ}x^3-x^2+\boxed{キ}x$ である。

(3)　方程式 $f(x)=0$ は，4 つの実数解をもち，そのうち負の解は $\boxed{ク}$ 個である。

また，$f(x)=0$ の解を a，b，c，d $(a<b<c<d)$ とし，曲線 $y=f(x)$ の $b \leqq x \leqq c$ の部分と x 軸とで囲まれた図形の面積を S とすると，$S=\dfrac{\boxed{ケコ}}{\boxed{サシ}}$ である。

演習　例題 21　面積の最小値

目安 8分

解説動画

放物線 $y=x^2$ を C とし，直線 $y=ax$ を ℓ とする。ただし，$0<a<1$ とする。C と ℓ で囲まれた図形の面積を S_1 とし，C と ℓ と直線 $x=1$ で囲まれた図形の面積を S_2 とする。

面積の和 $S=S_1+S_2$ は，$S=\dfrac{1}{\boxed{ア}}a^{\boxed{イ}}-\dfrac{1}{\boxed{ウ}}a+\dfrac{1}{\boxed{エ}}$ と表されるから，

S は $a=\dfrac{\sqrt{\boxed{オ}}}{\boxed{カ}}$ のとき最小値 $\dfrac{\boxed{キ}}{\boxed{ク}}-\dfrac{\sqrt{\boxed{ケ}}}{\boxed{コ}}$ をとる。

Situation Check ✓　面積の最小 ⟶ 面積を a の関数と考えて，微分法 を利用。
まず，図をかいて，C，ℓ，直線 $x=1$ の位置関係をつかみ，S_1，S_2 を計算。

解答　$x^2=ax$ とすると　$x(x-a)=0$

よって　$x=0,\ a$

また，$0<a<1$ であるから，放物線 C，直線 ℓ は右の図のようになる。

←まず，図をかく。

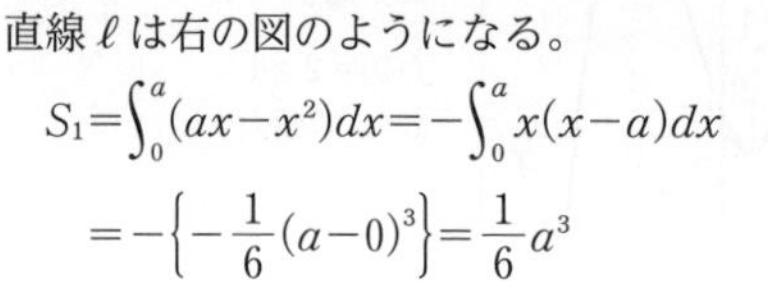

$$S_1=\int_0^a(ax-x^2)dx=-\int_0^a x(x-a)dx$$
$$=-\left\{-\frac{1}{6}(a-0)^3\right\}=\frac{1}{6}a^3$$

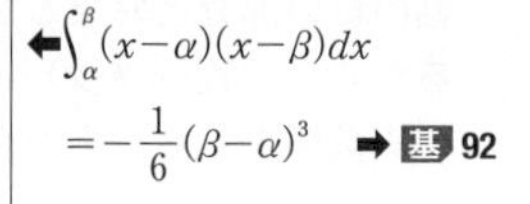

←$\displaystyle\int_\alpha^\beta(x-\alpha)(x-\beta)dx=-\frac{1}{6}(\beta-\alpha)^3$　➡基 92

また　$S_2=\displaystyle\int_a^1(x^2-ax)dx=\left[\frac{1}{3}x^3-\frac{1}{2}ax^2\right]_a^1$

$$=\frac{1}{3}-\frac{1}{2}a-\left(\frac{1}{3}a^3-\frac{1}{2}a^3\right)=\frac{1}{6}a^3-\frac{1}{2}a+\frac{1}{3}$$

←面積　➡基 92

ゆえに　$S=S_1+S_2=\dfrac{1}{{}^{ア}\mathbf{3}}a^{{}^{イ}3}-\dfrac{1}{{}^{ウ}\mathbf{2}}a+\dfrac{1}{{}^{エ}\mathbf{3}}$

$S(a)=\dfrac{1}{3}a^3-\dfrac{1}{2}a+\dfrac{1}{3}$ とすると　$S'(a)=a^2-\dfrac{1}{2}$

←S を a の関数と考えて最小値を求める。
a の3次関数であるから，微分して調べる。　➡基 87

$S'(a)=0$ とすると　$a=\pm\dfrac{\sqrt{2}}{2}$

$S(a)$ の3次の係数が正であるから，$y=S(a)$ のグラフは右のようになり，

$0<a<1$ において，$S(a)$ は $a=\dfrac{\sqrt{{}^{オ}\mathbf{2}}}{{}^{カ}\mathbf{2}}$ のとき，最小値

$$S\left(\frac{\sqrt{2}}{2}\right)=\frac{1}{3}\left(\frac{\sqrt{2}}{2}\right)^3-\frac{1}{2}\cdot\frac{\sqrt{2}}{2}+\frac{1}{3}=\frac{{}^{キ}\mathbf{1}}{{}^{ク}\mathbf{3}}-\frac{\sqrt{{}^{ケ}\mathbf{2}}}{{}^{コ}\mathbf{6}}$$ をとる。

問題 21　放物線 $C：y=4x^2+1$ 上の点 $\mathrm{A}(a,\ 4a^2+1)$ $(a>0)$ における C の接線に垂直で，A を通る直線 ℓ の方程式は $y=\dfrac{\boxed{アイ}}{\boxed{ウ}a}x+\boxed{エ}a^2+\dfrac{\boxed{オ}}{\boxed{カ}}$ である。ℓ と C で囲まれる部分の面積 S は $S=\dfrac{\boxed{キ}}{\boxed{ク}}\left(\boxed{ケ}a+\dfrac{1}{\boxed{コサ}a}\right)^3$ と表されるから，S は $a=\dfrac{\boxed{シ}}{\boxed{ス}}$ のとき最小値 $\dfrac{\boxed{セ}}{\boxed{ソタ}}$ をとる。

実践問題

目安時間　40 [6分]　41 [12分]　42 [15分]　43 [10分]

指針 p.358

40 (1) k を正の定数とし，次の3次関数を考える。

$$f(x)=x^2(k-x)$$

$y=f(x)$ のグラフと x 軸との共有点の座標は $(0,\ 0)$ と (ア , 0) である。

$f(x)$ の導関数 $f'(x)$ は

$$f'(x)=\boxed{\text{イウ}}x^2+\boxed{\text{エ}}kx$$

である。

$x=$ オ のとき，$f(x)$ は極小値 カ をとる。

$x=$ キ のとき，$f(x)$ は極大値 ク をとる。

また，$0<x<k$ の範囲において $x=$ キ のとき $f(x)$ は最大となることがわかる。

ア ， オ ～ ク の解答群（同じものを繰り返し選んでもよい。）

⓪ 0	① $\frac{1}{3}k$	② $\frac{1}{2}k$	③ $\frac{2}{3}k$
④ k	⑤ $\frac{3}{2}k$	⑥ $\frac{1}{8}k^2$	⑦ $\frac{2}{27}k^3$
⑧ $\frac{4}{27}k^3$	⑨ $\frac{4}{9}k^3$		

(2) 後の図のように，底面が半径9の円で高さが15の円錐に内接する円柱を考える。円柱の底面の半径と体積をそれぞれ x，V とする。V を x の式で表すと

$$V=\frac{\boxed{\text{ケ}}}{\boxed{\text{コ}}}\pi x^2(\boxed{\text{サ}}-x)\qquad(0<x<9)$$

である。(1)の考察より，$x=$ シ のとき V は最大となることがわかる。

V の最大値は スセソ π である。

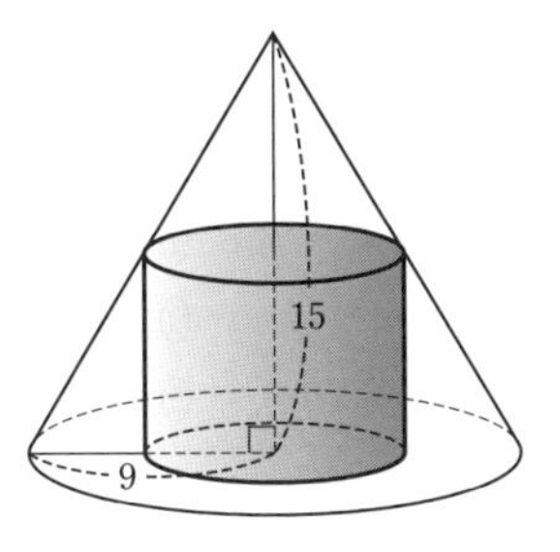

〔類 23 共通テスト・本試〕

***41**　a を実数とし，$f(x)=x^3-6ax+16$ とおく。

(1)　$y=f(x)$ のグラフの概形は

$a=0$ のとき，$\boxed{\text{ア}}$　　　$a<0$ のとき，$\boxed{\text{イ}}$

である。

$\boxed{\text{ア}}$，$\boxed{\text{イ}}$ については，最も適当なものを，次の ⓪ ～ ⑤ のうちから一つずつ選べ。ただし，同じものを繰り返し選んでもよい。

⓪
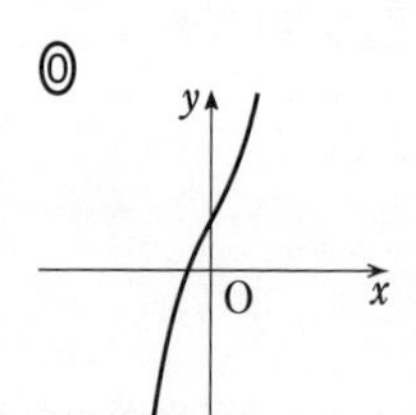

①
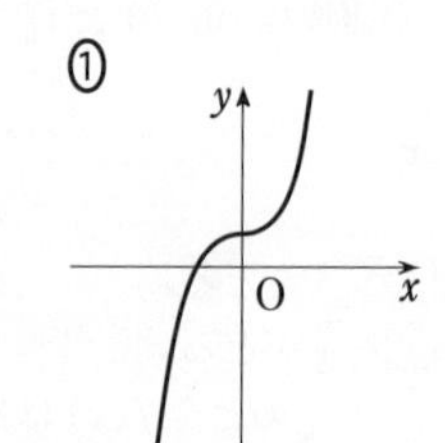

②
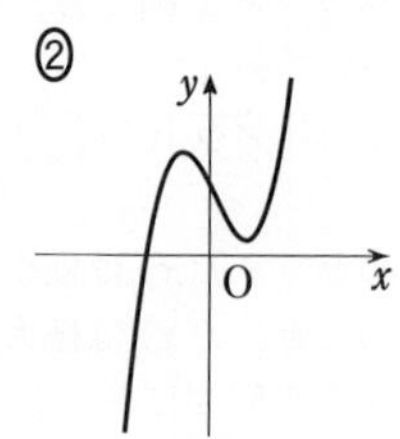

③
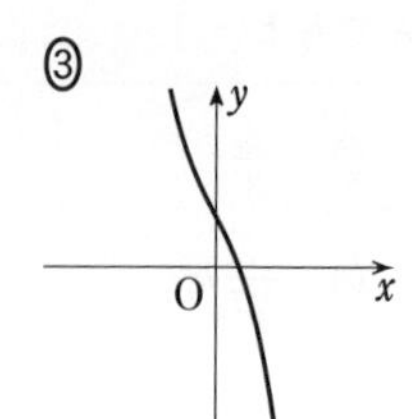

④
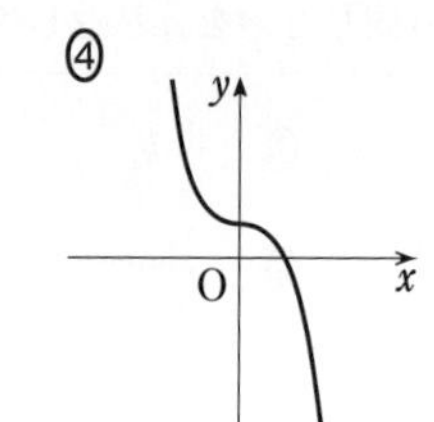

⑤
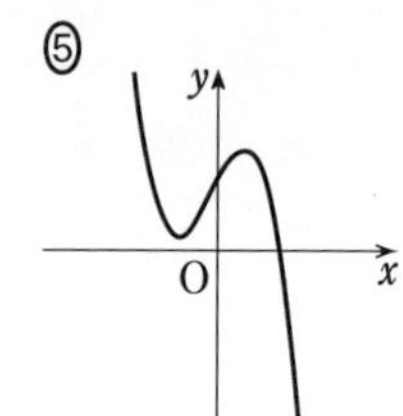

(2)　$a>0$ とし，p を実数とする。座標平面上の曲線 $y=f(x)$ と直線 $y=p$ が 3 個の共有点をもつような p の値の範囲は $\boxed{\text{ウ}}<p<\boxed{\text{エ}}$ である。
$p=\boxed{\text{ウ}}$ のとき，曲線 $y=f(x)$ と直線 $y=p$ は 2 個の共有点をもつ。それらの x 座標を q，r $(q<r)$ とする。曲線 $y=f(x)$ と直線 $y=p$ が点 $(r,\ p)$ で接することに注意すると

$$q=\boxed{\text{オカ}}\sqrt{\boxed{\text{キ}}}\,a^{\frac{1}{2}},\quad r=\sqrt{\boxed{\text{ク}}}\,a^{\frac{1}{2}}$$

と表せる。

$\boxed{\text{ウ}}$，$\boxed{\text{エ}}$ の解答群（同じものを繰り返し選んでもよい。）

⓪　$2\sqrt{2}\,a^{\frac{3}{2}}+16$	①　$-2\sqrt{2}\,a^{\frac{3}{2}}+16$
②　$4\sqrt{2}\,a^{\frac{3}{2}}+16$	③　$-4\sqrt{2}\,a^{\frac{3}{2}}+16$
④　$8\sqrt{2}\,a^{\frac{3}{2}}+16$	⑤　$-8\sqrt{2}\,a^{\frac{3}{2}}+16$

(3) 方程式 $f(x)=0$ の異なる実数解の個数を n とする。次の ⓪ ～ ⑤ のうち，正しいものは [ケ] と [コ] である。

[ケ]，[コ] の解答群（解答の順序は問わない。）

⓪ $n=1$ ならば $a<0$	① $a<0$ ならば $n=1$
② $n=2$ ならば $a<0$	③ $a<0$ ならば $n=2$
④ $n=3$ ならば $a>0$	⑤ $a>0$ ならば $n=3$

〔22 共通テスト・本試〕

42 〔1〕 $p>0$ とする。座標平面上の放物線 $y=px^2+qx+r$ を C とし，直線 $y=2x-1$ を ℓ とする。C は点 A(1, 1) において ℓ と接しているとする。

(1) q と r を，p を用いて表そう。

放物線 C 上の点 A における接線 ℓ の傾きは [ア] であることから，$q=$ [イウ] $p+$ [エ] がわかる。さらに，C は点 A を通ることから，$r=p-$ [オ] となる。

(2) $v>1$ とする。

放物線 C と直線 ℓ および直線 $x=v$ で囲まれた図形の面積 S は

$$S=\frac{p}{\boxed{カ}}(v^3-\boxed{キ}v^2+\boxed{ク}v-\boxed{ケ})$$

である。また，x 軸と ℓ および 2 直線 $x=1$，$x=v$ で囲まれた図形の面積 T は，

$$T=v^{\boxed{コ}}-v$$

である。

$U=S-T$ は $v=2$ で極値をとるとする。

このとき，$p=$ [サ] であり，$v>1$ の範囲で $U=0$ となる v の値を v_0 とすると，

$$v_0=\frac{\boxed{シ}+\sqrt{\boxed{ス}}}{\boxed{セ}}$$

である。

$1<v<v_0$ の範囲で U は [ソ]。

[ソ] の解答群

⓪ つねに増加する	① つねに減少する	② 正の値のみをとる
③ 負の値のみをとる	④ 正と負のどちらの値もとる	

$p=$ [サ] のとき，$v>1$ における U の最小値は [タチ] である。

（次ページに続く。）

〔2〕 関数 $f(x)$ は $x \geqq 1$ の範囲でつねに $f(x) \leqq 0$ を満たすとする。$t>1$ のとき，曲線 $y=f(x)$ と x 軸および 2 直線 $x=1$，$x=t$ で囲まれた図形の面積を W とする。t が $t>1$ の範囲を動くとき，W は，底辺の長さが $2t^2-2$，他の 2 辺の長さがそれぞれ t^2+1 の二等辺三角形の面積とつねに等しいとする。このとき，$x>1$ における $f(x)$ を求めよう。

$F(x)$ を $f(x)$ の不定積分とする。一般に，$F'(x)=$ ツ ，$W=$ テ が成り立つ。

ツ ，テ の解答群（同じものを繰り返し選んでもよい。）

⓪ $-F(t)$	① $F(t)$	② $F(t)-F(1)$
③ $F(t)+F(1)$	④ $-F(t)+F(1)$	⑤ $-F(t)-F(1)$
⑥ $-f(x)$	⑦ $f(x)$	⑧ $f(x)-f(1)$

したがって，$t>1$ において

$f(t)=$ トナ $t^{\text{ニ}}+$ ヌ

である。よって，$x>1$ における $f(x)$ がわかる。

〔18 センター試験・本試〕

*43 (1) 定積分 $\displaystyle\int_0^{30}\left(\frac{1}{5}x+3\right)dx$ の値は アイウ である。

また，関数 $\dfrac{1}{100}x^2-\dfrac{1}{6}x+5$ の不定積分は

$$\int\left(\frac{1}{100}x^2-\frac{1}{6}x+5\right)dx=\frac{1}{\boxed{\text{エオカ}}}x^3-\frac{1}{\boxed{\text{キク}}}x^2+\boxed{\text{ケ}}\,x+C$$

である。ただし，C は積分定数とする。

(2) ある地域では，毎年 3 月頃「ソメイヨシノ (桜の種類) の開花予想日」が話題になる。太郎さんと花子さんは，開花日時を予想する方法の一つに，2 月に入ってからの気温を時間の関数とみて，その関数を積分した値をもとにする方法があることを知った。ソメイヨシノの開花日時を予想するために，二人は図 1 の 6 時間ごとの気温の折れ線グラフを見ながら，次のように考えることにした。

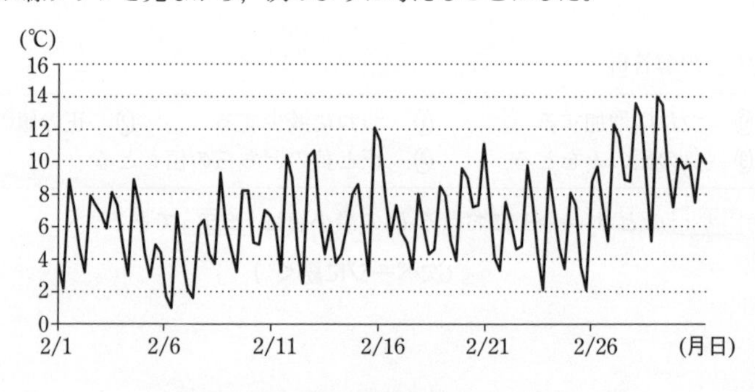

図 1　　6 時間ごとの気温の折れ線グラフ

x の値の範囲を 0 以上の実数全体として，2 月 1 日午前 0 時から $24x$ 時間経った時点を x 日後とする（例えば，10.3 日後は 2 月 11 日午前 7 時 12 分を表す）。また，x 日後の気温を y℃とする。このとき，y は x の関数であり，これを $y=f(x)$ とおく。ただし，y は負にはならないものとする。
気温を表す関数 $f(x)$ を用いて二人はソメイヨシノの開花日時を次の **設定** で考えることにした。

設定

正の実数 t に対して，$f(x)$ を 0 から t まで積分した値を $S(t)$ とする。すなわち，$S(t)=\int_0^t f(x)dx$ とする。この $S(t)$ が 400 に到達したとき，ソメイヨシノが開花する。

設定 のもと，太郎さんは気温を表す関数 $y=f(x)$ のグラフを図 2 のように直線とみなしてソメイヨシノの開花日時を考えることにした。

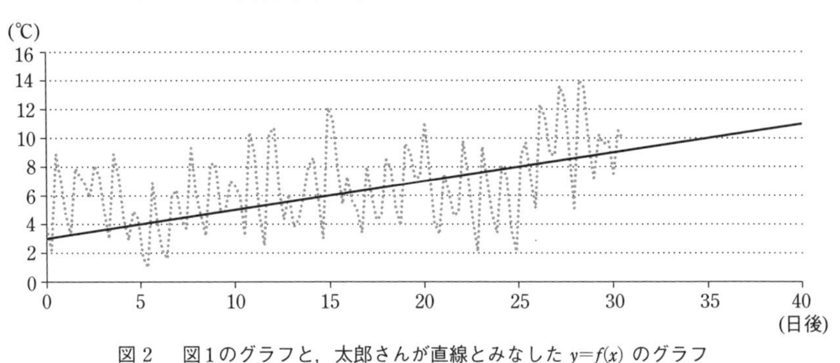

図 2　図 1 のグラフと，太郎さんが直線とみなした $y=f(x)$ のグラフ

(i)　太郎さんは

$$f(x)=\frac{1}{5}x+3 \quad (x \geqq 0)$$

として考えた。このとき，ソメイヨシノの開花日時は 2 月に入ってから［コ］となる。

［コ］の解答群

⓪　30 日後	①　35 日後	②　40 日後
③　45 日後	④　50 日後	⑤　55 日後
⑥　60 日後	⑦　65 日後	

（次ページに続く。）

(ii)　太郎さんと花子さんは，2月に入ってから30日後以降の気温について話をしている。

> 太郎：1次関数を用いてソメイヨシノの開花日時を求めてみたよ。
> 花子：気温の上がり方から考えて，2月に入ってから30日後以降の気温を表す関数が2次関数の場合も考えてみようか。

花子さんは気温を表す関数 $f(x)$ を，$0 \leqq x \leqq 30$ のときは太郎さんと同じように

$$f(x)=\frac{1}{5}x+3 \qquad \cdots\cdots ①$$

とし，$x \geqq 30$ のときは

$$f(x)=\frac{1}{100}x^2-\frac{1}{6}x+5 \cdots\cdots ②$$

として考えた。なお，$x=30$ のとき ① の右辺の値と ② の右辺の値は一致する。花子さんの考えた式を用いて，ソメイヨシノの開花日時を考えよう。
(1) より

$$\int_0^{30}\left(\frac{1}{5}x+3\right)dx=\boxed{\text{アイウ}}$$

であり

$$\int_{30}^{40}\left(\frac{1}{100}x^2-\frac{1}{6}x+5\right)dx=115$$

となることがわかる。
また，$x \geqq 30$ の範囲において $f(x)$ は増加する。よって

$$\int_{30}^{40}f(x)dx \boxed{\text{サ}} \int_{40}^{50}f(x)dx$$

であることがわかる。以上より，ソメイヨシノの開花日時は2月に入ってから $\boxed{\text{シ}}$ となる。

$\boxed{\text{サ}}$ の解答群

⓪ <	① ＝	② >

$\boxed{\text{シ}}$ の解答群

⓪　30日後より前	①　30日後
②　30日後より後，かつ40日後より前	③　40日後
④　40日後より後，かつ50日後より前	⑤　50日後
⑥　50日後より後，かつ60日後より前	⑦　60日後
⑧　60日後より後	

〔23 共通テスト・本試〕

第12章 数 列

基本 例題 93 等差数列

等差数列 $\{a_n\}$ が，$a_{10}=29$，$a_2+a_4+a_6=33$ を満たすとき，初項 a_1 は［ア］，公差 d は［イ］であり，$a_n=62$ となるような n は［ウエ］である。
また，この数列の初項から第 n 項までの和を S_n とすると，
$S_n=\frac{1}{2}n($［オ］$n+$［カ］$)$ となる。

POINT!
初項 a，公差 d の等差数列 $\{a_n\}$ の一般項 $a_n=a+(n-1)d$
和は $\frac{1}{2}$(項数)・{(初項)+(末項)} $=\frac{n}{2}\{2a+(n-1)d\}$

解答 $a_{10}=a_1+9d$,　←$a_n=a_1+(n-1)d$
$a_2+a_4+a_6=(a_1+d)+(a_1+3d)+(a_1+5d)=3a_1+9d$
であるから，条件より $a_1+9d=29$，$3a_1+9d=33$
ゆえに $a_1=$ ア2，$d=$ イ3
このとき，$a_n=2+(n-1)\cdot 3=3n-1$ であるから，　←$a_n=a_1+(n-1)d$
$a_n=62$ とすると $3n-1=62$ よって $n=$ ウエ21
また $S_n=\frac{1}{2}n\{2+(3n-1)\}=\frac{1}{2}n($オ$3n+$カ$1)$　←$\frac{1}{2}$(項数)・{(初項)+(末項)}

基本 例題 94 等比数列

公比が整数である等比数列 $\{a_n\}$ が，$a_2+a_4=-30$，$a_3=-12$ を満たしているとき，初項 a_1 は［アイ］，公比 r は［ウ］である。また，この数列の初項から第 n 項までの和を S_n とすると，$S_n=$［エ］$(1-$［オ］$^n)$ である。

POINT!
初項 a，公比 r の等比数列 $\{a_n\}$ の一般項 $a_n=ar^{n-1}$
和は $\frac{a\{r^{(項数)}-1\}}{r-1}=\frac{a\{1-r^{(項数)}\}}{1-r}$ (ただし $r\neq 1$)

解答 $a_2+a_4=a_1r+a_1r^3$，$a_3=a_1r^2$　←$a_n=a_1r^{n-1}$
条件から $a_1r+a_1r^3=-30$ …… ①，$\underline{a_1r^2}=-12$ …… ②
①×r から $\underline{a_1r^2}(1+r^2)=-30r$　←a_1r^2 を消去する。
これに ② を代入して $-12(1+r^2)=-30r$
整理して $12r^2-30r+12=0$ すなわち $2r^2-5r+2=0$　←2次方程式 ➡基 12
よって $(r-2)(2r-1)=0$ r は整数であるから $r=$ ウ2
② から $a_1=$ アイ-3
また $S_n=\frac{-3(2^n-1)}{2-1}=$ エ$3(1-$オ$2^n)$　←$\frac{a_1\{r^{(項数)}-1\}}{r-1}$

基本 例題 95　等差中項・等比中項

数列 b，-1，a が等差数列，数列 a，b，9 が等比数列であるとき，$a=$［ア］，$b=$［イウ］または $a=$［エ］，$b=$［オカ］である。ただし，［ア］＜［エ］とする。

POINT!　数列 x, y, z が **等差数列 → $2y=x+z$, 等比数列 → $y^2=xz$**

解答　数列 b，-1，a が等差数列であるから

$$2\cdot(-1)=b+a \quad \cdots\cdots ①$$

数列 a，b，9 が等比数列であるから

$$b^2=a\cdot 9 \quad \cdots\cdots ②$$

①，② から a を消去して　$b^2=9(-2-b)$

すなわち　$b^2+9b+18=0$

よって　$(b+3)(b+6)=0$　ゆえに　$b=-3$，-6

① から，$b=$ イウ$\mathbf{-3}$ のとき $a=$ ア$\mathbf{1}$，$b=$ オカ$\mathbf{-6}$ のとき $a=$ エ$\mathbf{4}$

⬅ $2y=x+z$

⬅ $y^2=xz$

⬅ ① から　$a=-b-2$
これを ② に代入して a を消去。

基本 例題 96　Σの計算

$\displaystyle\sum_{k=1}^{n}(2^k+2k^2-3k+2)=2^{n+\text{ア}}+\frac{\text{イ}}{\text{ウ}}n^3-\frac{\text{エ}}{\text{オ}}n^2+\frac{\text{カ}}{\text{キ}}n-$［ク］である。

POINT!

$$\sum_{k=1}^{n}1=n,\quad \sum_{k=1}^{n}k=\frac{1}{2}n(n+1),\quad \sum_{k=1}^{n}k^2=\frac{1}{6}n(n+1)(2n+1)$$

$\displaystyle\sum_{k=1}^{n}a^k=$（初項 a, 公比 a, 項数 n の等比数列の和）（➡ 基 94）

解答　$\displaystyle\sum_{k=1}^{n}(2^k+2k^2-3k+2)$

$$=\sum_{k=1}^{n}2^k+2\sum_{k=1}^{n}k^2-3\sum_{k=1}^{n}k+2\sum_{k=1}^{n}1$$

$$=\frac{2(2^n-1)}{2-1}+2\cdot\frac{1}{6}n(n+1)(2n+1)-3\cdot\frac{1}{2}n(n+1)+2n$$

$$=2^{n+1}-2+\frac{1}{3}(2n^3+3n^2+n)-\frac{3}{2}(n^2+n)+2n$$

$$=2^{n+\text{ア}\mathbf{1}}+\frac{\text{イ}\mathbf{2}}{\text{ウ}\mathbf{3}}n^3-\frac{\text{エ}\mathbf{1}}{\text{オ}\mathbf{2}}n^2+\frac{\text{カ}\mathbf{5}}{\text{キ}\mathbf{6}}n-\text{ク}\mathbf{2}$$

⬅ $\displaystyle\sum_{k=1}^{n}(\alpha a_k+\beta b_k)=\alpha\sum_{k=1}^{n}a_k+\beta\sum_{k=1}^{n}b_k$
（α，β は定数）

⬅ $\displaystyle\sum_{k=1}^{n}a^k$ は等比数列の和。

$\displaystyle\sum_{k=1}^{n}k^2=\frac{1}{6}n(n+1)(2n+1)$

$\displaystyle\sum_{k=1}^{n}k=\frac{1}{2}n(n+1)$

$\displaystyle\sum_{k=1}^{n}1=n$

参考　$\displaystyle\sum_{k=1}^{n}a_k$ は $a_1+a_2+\cdots\cdots+a_n$（**k に 1 から n までを順に代入したすべての項の和**）である。このことをしっかり理解しておけば，$\displaystyle\sum_{k=0}^{n-1}a_k$ などと数値が変わったときにも対応できる。また，$\displaystyle\sum_{k=1}^{n}a^k=a^1+a^2+a^3+\cdots\cdots+a^n$ であるから，初項 a^1，公比 a，項数 n の等比数列の和であることも理解しやすい。

基本 例題 97 分数の数列の和

数列 $\{a_n\}$ の一般項が $a_n=n(n+1)$ で与えられるとき，自然数 k に対して

$\dfrac{1}{a_k}=\dfrac{\boxed{ア}}{k}-\dfrac{\boxed{イ}}{k+1}$ が成り立つから，$\displaystyle\sum_{k=1}^{n}\frac{1}{a_k}=\boxed{ウ}-\frac{\boxed{エ}}{n+\boxed{オ}}$ である。

また，$\displaystyle\sum_{k=1}^{8}\frac{1}{k(k+2)}=\frac{\boxed{カキ}}{\boxed{クケ}}$ である。

POINT!

$\dfrac{1}{(pn+a)(pn+b)}$ の形の数列の和

→ **部分分数の差の形に変形** すると途中の項が消える。

解答

$$\frac{1}{a_k}=\frac{1}{k(k+1)}=\frac{{}^{ア}1}{k}-\frac{{}^{イ}1}{k+1}$$

←部分分数の差に変形。
➡**素早く解く!**

よって $\displaystyle\sum_{k=1}^{n}\frac{1}{a_k}=\sum_{k=1}^{n}\left(\frac{1}{k}-\frac{1}{k+1}\right)$

$$=\left(\frac{1}{1}-\frac{1}{2}\right)+\left(\frac{1}{2}-\frac{1}{3}\right)+\left(\frac{1}{3}-\frac{1}{4}\right)+\cdots\cdots+\left(\frac{1}{n}-\frac{1}{n+1}\right)$$

←両端以外の項は消し合う。

$$={}^{ウ}1-\frac{{}^{エ}1}{n+{}^{オ}1}$$

また $\displaystyle\frac{1}{k(k+2)}=\frac{1}{2}\left(\frac{1}{k}-\frac{1}{k+2}\right)$

←部分分数の差に変形。

よって $\displaystyle\sum_{k=1}^{8}\frac{1}{k(k+2)}=\sum_{k=1}^{8}\frac{1}{2}\left(\frac{1}{k}-\frac{1}{k+2}\right)$

$$=\frac{1}{2}\left(\frac{1}{1}-\frac{1}{3}\right)+\frac{1}{2}\left(\frac{1}{2}-\frac{1}{4}\right)+\frac{1}{2}\left(\frac{1}{3}-\frac{1}{5}\right)+\cdots\cdots$$
$$+\frac{1}{2}\left(\frac{1}{7}-\frac{1}{9}\right)+\frac{1}{2}\left(\frac{1}{8}-\frac{1}{10}\right)$$

←途中の項が消えて，最初と最後の 2 項ずつが残る。

$$=\frac{1}{2}\left(1+\frac{1}{2}-\frac{1}{9}-\frac{1}{10}\right)=\frac{{}^{カキ}29}{{}^{クケ}45}$$

素早く解く!

部分分数の差の変形は，差の形をつくり，通分してみて係数を調整するとよい。例えば，$\dfrac{1}{k(k+2)}$ では差 $\dfrac{1}{k}-\dfrac{1}{k+2}$ をつくって通分すると $\dfrac{1}{k}-\dfrac{1}{k+2}=\dfrac{k+2-k}{k(k+2)}=\dfrac{2}{k(k+2)}$ となるから，両辺を 2 で割って

$\dfrac{1}{k(k+2)}=\dfrac{1}{2}\left(\dfrac{1}{k}-\dfrac{1}{k+2}\right)$ とするとよい。

基本 例題 98 階差数列

数列 $\{a_n\}$：4, 7, 14, 25, 40, 59, …… の階差数列は等差数列であり，その第 n 項は $\boxed{ア}n-\boxed{イ}$ である。これを用いて，$\{a_n\}$ の第 n 項を求めると，
$a_n=\boxed{ウ}n^2-\boxed{エ}n+\boxed{オ}$ である。

POINT!

数列 $\{a_n\}$ の階差数列 $\{b_n\}$ について

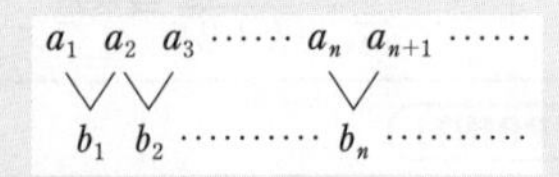

$$b_n=a_{n+1}-a_n$$

$n\geqq2$ のとき　$a_n=a_1+b_1+b_2+\cdots\cdots+b_{n-1}$

$$=a_1+\sum_{k=1}^{n-1}b_k$$

解答　数列 $\{a_n\}$ の階差数列は　3, 7, 11, 15, 19, ……
これは，初項 3，公差 4 の等差数列であるから，第 n 項は

$$3+(n-1)\cdot4={}^{ア}4n-{}^{イ}1$$

よって，$n\geqq2$ のとき

$$a_n=4+\sum_{k=1}^{n-1}(4k-1)=4+4\sum_{k=1}^{n-1}k-\sum_{k=1}^{n-1}1$$
$$=4+\frac{4}{2}(n-1)n-(n-1)=2n^2-3n+5$$

$n=1$ とすると　$2-3+5=4$　　$a_1=4$ であるから，上の式は $n=1$ のときも成り立つ。ゆえに　$a_n={}^{ウ}2n^2-{}^{エ}3n+{}^{オ}5$

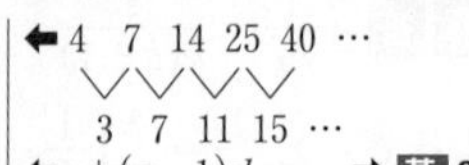

←$a+(n-1)d$　➡基 93

←$n\geqq2$ のとき
$a_n=a_1+\sum_{k=1}^{n-1}b_k$
$\sum_{k=1}^{n-1}k=\frac{1}{2}(n-1)\{(n-1)+1\}$
➡基 96

←もとの数列 $\{a_n\}$ において，確かに $a_1=4$ である。

$n=1$ のときは $\sum_{k=1}^{n-1}b_k$ が意味をなさないため，別に扱い，$n\geqq2$ のときの a_n と同じ式で表されるか確認する必要がある。しかし，共通テストでは，この確認をせずにすむ場合もある。

基本 例題 99 漸化式 (1)

数列 $\{a_n\}$ は $a_1=1$ で，$a_{n+1}=2a_n+3$ $(n=1,\ 2,\ 3,\ \cdots\cdots)$ …… ① を満たすとする。① は $a_{n+1}+\boxed{ア}=\boxed{イ}(a_n+\boxed{ア})$ と変形できるから，
$a_n=\boxed{ウ}^{n+1}-\boxed{エ}$ である。

POINT!

漸化式　$a_{n+1}=pa_n+q$

→ $x=px+q$ の解 α を用いて $a_{n+1}-\alpha=p(a_n-\alpha)$ と変形すると
数列 $\{a_n-\alpha\}$ は公比 p の等比数列。(➡基 94)

解答　① について，$x=2x+3$ とすると　　$x=-3$
よって，① を変形すると　　$a_{n+1}-(-3)=2\{a_n-(-3)\}$
すなわち　　$a_{n+1}+{}^{ア}3={}^{イ}2(a_n+3)$
よって，数列 $\{a_n+3\}$ は，初項 $a_1+3=4$，公比 2 の等比数列であるから

$$a_n+3=4\cdot2^{n-1}=2^{n+1}\qquad よって\qquad a_n={}^{ウ}2^{n+1}-{}^{エ}3$$

←$a_{n+1}-\alpha=p(a_n-\alpha)$
この式を整理して ① と一致するか確認しておくとよい。➡ CHECK 99 解説の参考参照。

←$a_n+3=(a_1+3)r^{n-1}$
➡基 94

基本 例題 100 和から一般項

(1) 数列 $\{a_n\}$ の初項から第 n 項までの和 S_n に対して，$S_n=n(n-2)$ が成り立つとき，$a_1=$ [アイ]，$a_n=$ [ウ] $n-$ [エ] である。

(2) 数列 $\{b_n\}$ の初項から第 n 項までの和 T_n に対して，$T_n=5^n-1$ が成り立つとき，$b_n=$ [オ] $\cdot$ [カ]$^{n-1}$，$\displaystyle\sum_{k=1}^{n}\frac{1}{b_k}=\frac{[キ]}{[クケ]}\left(1-\frac{1}{[コ]^n}\right)$ である。

POINT!

数列 $\{a_n\}$ の初項から第 n 項までの和を S_n とすると

$n\geqq2$ のとき　$a_n=S_n-S_{n-1}$

$n=1$ のとき　$a_1=S_1$

$$\begin{array}{rl} S_n &= a_1+a_2+\cdots+a_{n-1}+a_n \\ -)\ S_{n-1} &= a_1+a_2+\cdots+a_{n-1} \\ \hline S_n-S_{n-1} &= \qquad\qquad\qquad\qquad a_n \end{array}$$

解答 (1) $a_1=S_1=1\cdot(1-2)=^{アイ}\mathbf{-1}$ …… ①

$n\geqq2$ のとき　$a_n=S_n-S_{n-1}=n(n-2)-(n-1)(n-3)$

$=2n-3$ …… ②

$n=1$ とすると $2-3=-1$ となり，① に一致するから，② は $n=1$ のときも成り立つ。

ゆえに　$a_n=^{ウ}\mathbf{2}n-^{エ}\mathbf{3}$

(2) $b_1=T_1=5-1=4$ …… ③

$n\geqq2$ のとき　$b_n=T_n-T_{n-1}$

$=(5^n-1)-(5^{n-1}-1)$

$=5\cdot5^{n-1}-5^{n-1}$

$=(5-1)5^{n-1}=4\cdot5^{n-1}$ …… ④

$n=1$ とすると $4\cdot5^0=4$ となり，③ に一致するから，④ は $n=1$ のときも成り立つ。

ゆえに　$b_n=^{オ}\mathbf{4}\cdot{}^{カ}\mathbf{5}^{n-1}$

また，$\dfrac{1}{b_n}=\dfrac{1}{4\cdot5^{n-1}}=\dfrac{1}{4}\left(\dfrac{1}{5}\right)^{n-1}$ であるから

$$\sum_{k=1}^{n}\frac{1}{b_k}=\sum_{k=1}^{n}\frac{1}{4}\left(\frac{1}{5}\right)^{k-1}=\frac{\frac{1}{4}\left\{1-\left(\frac{1}{5}\right)^n\right\}}{1-\frac{1}{5}}=\frac{1-\left(\frac{1}{5}\right)^n}{4\cdot\frac{4}{5}}$$

$$=\frac{^{キ}\mathbf{5}}{^{クケ}\mathbf{16}}\left(1-\frac{1}{^{コ}\mathbf{5}^n}\right)$$

⬅ $a_1=S_1$

⬅ $n\geqq2$ のとき $a_n=S_n-S_{n-1}$
S_{n-1} は S_n において n を $n-1$ におきかえたもの。

⬅ $b_1=T_1$

⬅ $n\geqq2$ のとき $b_n=T_n-T_{n-1}$

⬅ $5^n=5\cdot5^{n-1}$ とし，5^{n-1} でくくると計算できる。
$5^{n-1}=A$ とすると
$5^n-5^{n-1}=5\cdot5^{n-1}-5^{n-1}$
$=5A-A=4A$
$=4\cdot5^{n-1}$

⬅ 等比数列の逆数も等比数列。

⬅ 初項 $\frac{1}{4}$，公比 $\frac{1}{5}$，項数 n の等比数列の和 ➡ 基 94

数列の和の式から一般項を求める問題では，階差数列（➡ 基 98）のときと違い，a_1 と a_n ($n\geqq2$) が同じ式で表されないこともある。
($S_n=n^2+1$ のとき，$a_1=S_1=2$，$n\geqq2$ のとき $a_n=S_n-S_{n-1}=2n-1$ であるが，この式に $n=1$ を代入しても 2 にならない。)
しかし，共通テストの問題文でこのような場合分けがされていなければ，「同じ式で表される」ということであるから，やはり場合分けをして求めなくてもよいことになる。もちろん**記述式では，$n=1$ の場合の確認は必須**である。

CHECK

□ **93**　等差数列 $\{a_n\}$ が，$a_3=14$，$a_2+a_5=32$ を満たすとき，初項 a_1 は［ア］，公差 d は［イ］であり，$a_n=98$ となるような n は［ウエ］である。
また，この数列の初項から第 n 項までの和を S_n とすると，
$S_n=$［オ］$n(n+$［カ］$)$ となる。

□ **94**　公比が整数である等比数列 $\{a_n\}$ が，$a_1+a_3=20$，$a_2=-6$ を満たしているとき，初項 a_1 は［ア］，公比 r は［イウ］である。また，この数列の初項から第 n 項までの和を S_n とすると，$S_n=\dfrac{1-(\boxed{エオ})^n}{\boxed{カ}}$ である。

□ **95**　数列 3，a，b が等比数列，数列 b，a，$\dfrac{8}{3}$ が等差数列であるとき，$a=$［ア］，$b=\dfrac{\boxed{イ}}{\boxed{ウ}}$ または $a=$［エ］，$b=\dfrac{\boxed{オカ}}{\boxed{キ}}$ である。

□ **96**　$\displaystyle\sum_{k=1}^{n}(3^{k+1}+3k^2+2k-1)=\frac{1}{2}\cdot 3^{n+\boxed{ア}}+n^3+\frac{\boxed{イ}}{\boxed{ウ}}n^2+\frac{\boxed{エ}}{\boxed{オ}}n-\frac{\boxed{カ}}{\boxed{キ}}$ である。

□ **97**　$S=\dfrac{1}{4\cdot 7}+\dfrac{1}{7\cdot 10}+\cdots\cdots+\dfrac{1}{(3n+1)(3n+4)}$，$T=\dfrac{1}{1\cdot 5}+\dfrac{1}{3\cdot 7}+\cdots\cdots+\dfrac{1}{11\cdot 15}$ とすると，$S=\dfrac{n}{\boxed{ア}(3n+\boxed{イ})}$，$T=\dfrac{\boxed{ウエ}}{\boxed{オカキ}}$ である。

□ **98**　数列 $\{a_n\}$：3，0，-1，0，3，8，15，…… の階差数列は，初項［アイ］，公差［ウ］の等差数列であり，その第 n 項は［エ］$n-$［オ］である。
これを用いて，$\{a_n\}$ の第 n 項を求めると，$a_n=n^2-$［カ］$n+$［キ］である。

□ **99**　数列 $\{a_n\}$ は $a_1=7$，$a_{n+1}=-2a_n+3$ $(n=1,\ 2,\ 3,\ \cdots\cdots)$ を満たすとする。
この数列 $\{a_n\}$ の一般項は $a_n=$［ア］$(\boxed{イウ})^{n-1}+$［エ］である。

□ **100**　(1)　数列 $\{a_n\}$ の初項から第 n 項までの和 S_n に対して，$S_n=n(n+2)$ が成り立つとき，$a_1=$［ア］，$a_n=$［イ］$n+$［ウ］である。
(2)　数列 $\{b_n\}$ の初項から第 n 項までの和 T_n に対して，$T_n=1-(-2)^n$ が成り立つとき，$b_n=$［エ］$(\boxed{オカ})^{n-1}$，$\displaystyle\sum_{k=1}^{n}\frac{1}{b_k}=\frac{\boxed{キ}}{\boxed{ク}}\left\{1-\frac{1}{(\boxed{ケコ})^n}\right\}$ である。

重要 例題 48 等差数列の和

(1) 等差数列 $\{a_n\}$ に対して，$S_n=\sum_{k=1}^{n} a_k$ とおく。初項 $a_1=38$，公差 $d=-3$ であるとき，S_n は $n=$ [アイ] のとき最大値 [ウエオ] をとる。

(2) 初項 4，公差 2 の等差数列の初項から第 n 項までの和 T_n は $T_n=n(n+$ [カ] $)$ であるから，$T_n>400$ となる最小の n は $n=$ [キク] である。

POINT! 等差数列の和の最大，最小 ⟶ 数列の **項の正負** で考える。
正の項を加えれば和は増加し，負の項を加えれば和は減少する。
(和)>(定数) などは適当な数を代入して考える。

解答 (1) 一般項は　$a_n=38+(n-1)\cdot(-3)=41-3n$

$a_n\geqq 0$ とすると　$41-3n\geqq 0$　よって　$n\leqq\dfrac{41}{3}=13.6\cdots\cdots$

ゆえに　$1\leqq n\leqq 13$ のとき　$a_n>0$，
　　　$n\geqq 14$ のとき　$a_n<0$

よって　$S_1<S_2<\cdots\cdots<S_{13}>S_{14}>\cdots\cdots$

したがって，S_n は $n=^{アイ}\mathbf{13}$ のとき最大である。

また，最大値は

$$S_{13}=\frac{13\{2\cdot 38+(13-1)\cdot(-3)\}}{2}=^{ウエオ}\mathbf{260}$$

(2) $T_n=\dfrac{n}{2}\{2\cdot 4+(n-1)\cdot 2\}$

$=\dfrac{n}{2}(2n+6)$

$=n(n+^{カ}\mathbf{3})$

$n=18$ のとき　$T_{18}=18(18+3)=378$，

$n=19$ のとき　$T_{19}=19(19+3)=418$

よって，$T_n>400$ となる最小の n は　$n=^{キク}\mathbf{19}$

⬅ $a+(n-1)d$　➡ 基 93

⬅ $a_n\geqq 0$ となる n を考える。

⬅ $1\leqq n\leqq 13$ では S_n は増加し，$n\geqq 14$ では S_n は減少する。

⬅ 等差数列の和　➡ 基 93

⬅ $\dfrac{n}{2}\{2a+(n-1)d\}$

素早く解く!

$T_1=a_1=4$ であるから，
$4=1\cdot(1+$カ$)$ より カ3

⬅ 適当な値を代入する。

➡ 参考

参考 $T_n>400$ から　$n(n+3)>400$　$n(n+3)$ は単調に増加するから，この 2 次不等式は解かずに適当な値を代入して考える。$400=20^2$ に注目して，$n=17$，18，19 あたりを代入して計算してみるとよい。

練習 48 (1) 初項 a，公差 d の等差数列 $\{a_n\}$ に対して，$S_n=\sum_{k=1}^{n} a_k$ とおく。

$S_{10}=-5$，$S_{16}=8$ が成り立つとき，$a=$ [アイ]，$d=\dfrac{[ウ]}{[エ]}$ である。

このとき，S_1，S_2，……，S_{100} の中で最小の値は [オカ] である。

(2) 初項 5，公差 -2 の等差数列 $\{b_n\}$ の第 10 項から第 n 項 $(n\geqq 10)$ までの和 T_n は $T_n=-(n+$ [キ] $)(n-$ [ク] $)$ であるから，$T_n>-900$ となる最大の n は $n=$ [ケコ] である。

12 数列

重要 例題 49　等比数列の和

初項が a，公比が r の等比数列の初項から第 n 項までの和を S_n とすると，$S_3=28$，$S_9=2044$ が成り立っているとする。ただし，r は実数で $r>0$，$r\neq 1$ である。

条件から，$\dfrac{a(r^{\boxed{ア}}-1)}{r-1}=28$ ……①，$\dfrac{a(r^{\boxed{イ}}-1)}{r-1}=2044$ ……② が成り立つ。

①，② より，$r^{\boxed{ウ}}+r^{\boxed{エ}}+1=\boxed{オカ}$ が成り立つから，$r=\boxed{キ}$ であり，$a=\boxed{ク}$ である。

POINT!

等比数列の和 ⟶ $\dfrac{a\{r^{(項数)}-1\}}{r-1}$　(➡ 基 94)

連立方程式を解くには **辺々割る** 方法もある。

解答　$r\neq 1$ であるから　$S_n=\dfrac{a(r^n-1)}{r-1}$

よって，条件から

$$\frac{a(r^{{}^{ア}3}-1)}{r-1}=28 \cdots\cdots ①,\quad \frac{a(r^{{}^{イ}9}-1)}{r-1}=2044 \cdots\cdots ②$$

②÷① から　$\dfrac{\dfrac{a(r^9-1)}{r-1}}{\dfrac{a(r^3-1)}{r-1}}=\dfrac{2044}{28}$　すなわち　$\dfrac{r^9-1}{r^3-1}=73$

ここで　$\dfrac{r^9-1}{r^3-1}=\dfrac{(r^3)^3-1}{r^3-1}$

$=\dfrac{(r^3-1)\{(r^3)^2+r^3+1\}}{r^3-1}$

$=r^6+r^3+1$

よって　$r^{{}^{ウ}6}+r^{{}^{エ}3}+1={}^{オカ}73$

すなわち　$(r^3)^2+r^3-72=0$

ゆえに　$(r^3+9)(r^3-8)=0$

$r>0$ であるから　$r^3=8$

r は実数であるから　$r={}^{キ}2$

このとき，① から　$\dfrac{a(2^3-1)}{2-1}=28$

ゆえに　$a={}^{ク}4$

⬅ $\dfrac{a\{r^{(項数)}-1\}}{r-1}$　➡ 基 94

⬅ 辺々割るとうまくいく。分数式の計算　➡ 基 54

⬅ $a^3-b^3=(a-b)(a^2+ab+b^2)$　➡ 基 50

⬅ $r^3=x$ とおくと $x^2+x+1=73$

⬅ $r^3+9>0$

⬅ $x^n=p^n$（n は奇数，p は実数）の解は　$x=p$

⬅ $7a=28$

練習 49　初項が a，公比が r の等比数列の初項から第 6 項までの和が 26，初項から第 12 項までの和が 728 である。ただし，r は実数で，$r>0$，$r\neq 1$ である。

このとき，$\dfrac{a(r^{\boxed{ア}}-\boxed{イ})}{r-1}=26$，$\dfrac{a(r^{\boxed{ウエ}}-\boxed{オ})}{r-1}=728$ が成り立つから，

$r^6+1=\boxed{カキ}$ である。

よって，$r=\sqrt{\boxed{ク}}$，$a=\sqrt{\boxed{ケ}}-\boxed{コ}$ である。

重要　例題 50　(等差)×(等比) 型の数列の和

正の整数 a を初項とし，1 より大きい整数 r を公比とする等比数列 $\{a_n\}$ が $a_4=54$ を満たすとき，$a=$ ア ，$r=$ イ である。

このとき，$S_n=\sum_{k=1}^{n} ka_k$ とすると，$rS_n-S_n=($ ウ $n-$ エ $)$ オ $^n+$ カ となる。これより，$S_6=$ キクケコ である。

POINT!　(等差数列)×(等比数列) の和 ⟶ rS_n-S_n（または S_n-rS_n）を計算。（ずらして引く）

解答　$a_n=ar^{n-1}$ において，条件より，$a_4=54$ であるから

$$ar^3=54 \quad すなわち \quad ar^3=2\cdot 3^3$$

a は正の整数，r は 1 より大きい整数であるから

$$a={}^{ア}\mathbf{2},\ r={}^{イ}\mathbf{3} \quad よって \quad a_n=2\cdot 3^{n-1}$$

また，$S_n=\sum_{k=1}^{n} ka_k=1\cdot 2+2\cdot 2\cdot 3+3\cdot 2\cdot 3^2+\cdots\cdots+n\cdot 2\cdot 3^{n-1}$ であるから

$$3S_n=\qquad 1\cdot 2\cdot 3+2\cdot 2\cdot 3^2+3\cdot 2\cdot 3^3+\cdots\cdots+(n-1)\cdot 2\cdot 3^{n-1}+n\cdot 2\cdot 3^n$$

$$S_n=1\cdot 2+2\cdot 2\cdot 3+3\cdot 2\cdot 3^2+4\cdot 2\cdot 3^3+\cdots\cdots+n\cdot 2\cdot 3^{n-1}$$

辺々を引くと

$$3S_n-S_n=-2(1+3+3^2+3^3+\cdots\cdots+3^{n-1})+n\cdot 2\cdot 3^n$$

$$=-2\cdot\frac{1\cdot(3^n-1)}{3-1}+2n\cdot 3^n$$

$$=({}^{ウ}\mathbf{2}n-{}^{エ}\mathbf{1}){}^{オ}\mathbf{3}^n+{}^{カ}\mathbf{1}$$

すなわち　$2S_n=(2n-1)3^n+1$

よって　$S_n=\frac{1}{2}\{(2n-1)3^n+1\}$

したがって　$S_6=\frac{1}{2}\{(2\cdot 6-1)3^6+1\}=\frac{1}{2}(11\cdot 729+1)$

$={}^{キクケコ}\mathbf{4010}$

⬅ 54 を素因数分解する。1 より大きい r について，54 が r^3 で割り切れるのは $r=3$ のときのみ。

⬅ 3 の指数部分が同じ項を並べて書く（ずらして書くことになる）。

⬅ rS_n-S_n を計算する。

⬅（　）内は初項 1，公比 3，項数 n の等比数列の和。➡ 基 94

12 数列

練習 50　10 項からなる二つの数列

2，4，6，8，10，12，14，16，18，20

2，4，8，16，32，64，128，256，512，1024

を横と縦に並べる。それぞれの数列から項を一つずつ選び，積を表にする。右にはその一部分が書かれている。

枠内に現れるすべての数の和は アイウエオカ である。

枠内の左上から右下に向かう対角線の部分に現れる数の和を S とすると

$$S-2S=2\cdot 2+2\cdot 2^2+2\cdot 2^3+\cdots\cdots+2\cdot 2^{\boxed{キク}}-20\cdot 2^{\boxed{ケコ}}$$

が成り立つので，$S=$ サシスセソ である。

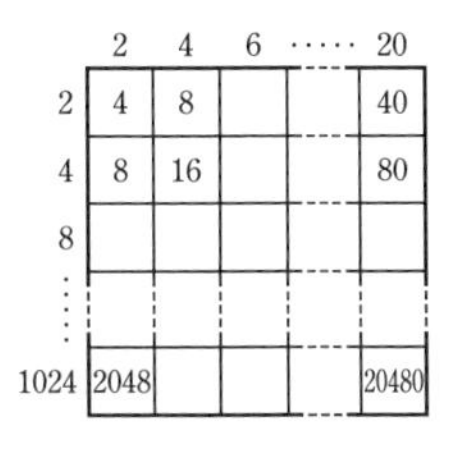

	2	4	6	……	20
2	4	8			40
4	8	16			80
8					
⋮					
1024	2048				20480

重要 例題 51　群数列

初項が -100 で公差が5の等差数列 $\{a_n\}$ の一般項は $a_n=$ [ア] $(n-$ [イウ] $)$ である。この数列を次のように1個，2個，2^2 個，2^3 個，…… と区画に分ける。

$$a_1 \mid a_2\ a_3 \mid a_4\ a_5\ a_6\ a_7 \mid a_8\ \ \cdots\cdots$$

(1)　m 番目の区画の最初の項を b_m とおくと $b_8=$ [エオカ] であり，
$b_1+b_2+b_3+\cdots\cdots+b_8=$ [キクケ] である。

(2)　6番目の区画に入る項の和は [コサシス] である。

POINT!　群数列 ⟶ 第 N 区画の **項数を N で表す。**
第 N 区画の **初項，末項は，もとの数列の第何項か** を考える。

解答　$a_n=-100+(n-1)\cdot 5=^{ア}\mathbf{5}(n-^{イウ}\mathbf{21})$

⬅等差数列 ➡基93

(1)　第 n 区画には 2^{n-1} 個の項が含まれているから，
第 $(m-1)$ 区画の最後の項は，もとの数列の
第 $\{1+2+2^2+\cdots\cdots+2^{(m-1)-1}\}$ 項である。

⬅各区画の項数の和がもとの数列の項の数を表す。
区画　1　2　····　$m-1$　m
項数　1　2　····　$2^{(m-1)-1}$

$$1+2+\cdots\cdots+2^{m-2}=\frac{1\cdot(2^{m-1}-1)}{2-1}=2^{m-1}-1 \text{ であるから，}$$

⬅等比数列の和 ➡基94

第 m 区画の最初の項 b_m はもとの数列の第 $(2^{m-1}-1+1)$ 項すなわち第 2^{m-1} 項である。…… ①

⬅第 $(m-1)$ 区画の最後の項の次の項が，第 m 区画の最初の項である。

よって　　$b_m=a_{2^{m-1}}=5(2^{m-1}-21)$

ゆえに　　$b_8=5(2^{8-1}-21)=5(128-21)=^{エオカ}\mathbf{535}$

また　　$b_1+b_2+\cdots\cdots+b_8=\sum_{k=1}^{8}5(2^{k-1}-21)$

$$=\frac{5(2^8-1)}{2-1}-8\cdot 5\cdot 21=^{キクケ}\mathbf{435}$$

⬅Σの計算 ➡基94，96

(2)　①から，6番目の区画の最初の項は，もとの数列の
第 2^{6-1} 項，最後の項は第 $(2^{7-1}-1)$ 項である。

⬅第7区画の最初の項の前の項。

よって，求める和は　　$a_{32}+a_{33}+\cdots\cdots+a_{63}$

また，第6区画の項数は $2^{6-1}=32$ であるから，求める和は初項 $a_{32}=5(32-21)=55$，末項 $a_{63}=5(63-21)=210$，項数32の等差数列の和であるから

⬅もとの数列は等差数列。

$$\frac{1}{2}\cdot 32(55+210)=^{コサシス}\mathbf{4240}$$

⬅$\frac{1}{2}$(項数)・{(初項)+(末項)} ➡基93

練習 51　数列1，2，2，3，3，3，4，4，4，4，5，5，5，5，5，6，……
の第 n 項を a_n とする。この数列を　1 | 2，2 | 3，3，3 | 4，4，4，4 | 5，……　のように1個，2個，3個，4個，…… と区画に分ける。
第1区画から第20区画までの区画に含まれる項の個数は [アイウ] であり，
$a_{215}=$ [エオ] となる。
また，第1区画から第20区画までの区画に含まれる項の総和は [カキクケ] であり，
$a_1+a_2+a_3+\cdots\cdots+a_n \geqq 3000$ となる最小の自然数 n は [コサシ] である。

重要 例題 52 漸化式 (2)

数列 $\{a_n\}$ は $a_1=6$ で $a_{n+1}=3a_n-4n+2$ $(n=1,\ 2,\ 3,\ \cdots\cdots)$ …… ① を満たすとする。このとき，$a_2=$ アイ，$a_3=$ ウエ である。

① は $a_{n+1}-$ オ $(n+1)=$ カ $(a_n-$ オ $n)$ と変形できるから，

$a_n=$ キ・ク^{ケ}＋ コ n $(n=1,\ 2,\ 3,\ \cdots\cdots)$ である。

また，$\sum_{k=1}^{n}a_k=$ サ・シ$^{\text{ス}}+n^2+n-$ セ $(n=1,\ 2,\ 3,\ \cdots\cdots)$ である。

ただし，ケ，ス には，次の ⓪ ～ ④ のうちから当てはまるものを一つずつ選べ。同じものを繰り返し選んでもよい。

⓪ $n-2$　① $n-1$　② n　③ $n+1$　④ $n+2$

POINT!

漸化式 $a_{n+1}=pa_n+f(n)$ （$f(n)$ は n の1次式）

⟶〔1〕$a_{n+1}-g(n+1)=p\{a_n-g(n)\}$ の形に変形。（$g(n)$ は n の1次式）

〔2〕$a_{n+2}=pa_{n+1}+f(n+1)$ と辺々引いて，階差数列を利用。（➡ 基 98）

解答 $a_2=3a_1-4\cdot1+2=^{\text{アイ}}\mathbf{16}$，$a_3=3a_2-4\cdot2+2=^{\text{ウエ}}\mathbf{42}$

① が $a_{n+1}-\{\alpha(n+1)+\beta\}=3\{a_n-(\alpha n+\beta)\}$ …… Ⓐ の形に変形できるように，実数 α，β を定める。

Ⓐ を変形すると　$a_{n+1}=3a_n-2\alpha n+\alpha-2\beta$ …… ②

① と ② の右辺を比較して

$$-4=-2\alpha,\ 2=\alpha-2\beta$$

これを解くと　$\alpha=2$，$\beta=0$

ゆえに，① は $a_{n+1}-^{\text{オ}}2(n+1)=^{\text{カ}}3(a_n-2n)$ と変形できる。

よって，数列 $\{a_n-2n\}$ は初項 $a_1-2\cdot1=4$，公比3の等比数列であるから　$a_n-2n=4\cdot3^{n-1}$

ゆえに　$a_n=^{\text{キ}}\mathbf{4}\cdot^{\text{ク}}\mathbf{3}^{n-1}+^{\text{コ}}\mathbf{2}n$ $(n=1,\ 2,\ 3,\ \cdots\cdots)$ （ケ ①）

また　$\sum_{k=1}^{n}a_k=\sum_{k=1}^{n}(4\cdot3^{k-1}+2k)=\sum_{k=1}^{n}4\cdot3^{k-1}+2\sum_{k=1}^{n}k$

$$=\frac{4(3^n-1)}{3-1}+2\cdot\frac{1}{2}n(n+1)$$

$=^{\text{サ}}\mathbf{2}\cdot^{\text{シ}}\mathbf{3}^n+n^2+n-^{\text{セ}}\mathbf{2}$ $(n=1,\ 2,\ 3,\ \cdots\cdots)$ （ス ②）

⬅ POINT!〔1〕の方法

素早く解く!

実際には，空欄の形から $a_{n+1}-\alpha(n+1)=3(a_n-\alpha n)$ とおける。よって，$\alpha=2$ とわかる。

⬅ 整理して ① と一致するか確認する。

⬅ $a_n-2n=(a_1-2\cdot1)r^{n-1}$ ➡ 基 94

⬅ Σ の計算 ➡ 基 94，96

※ POINT!〔2〕の方法は練習52解説の参考参照。（➡解答編 p.174）

練習 52 数列 $\{a_n\}$ は $a_1=-1$，$a_{n+1}+a_n=-6n-3$ $(n=1,\ 2,\ 3,\ \cdots\cdots)$ を満たすとする。数列 $\{a_n\}$ の一般項を次の方法で求めよう。$b_n=a_{n+1}-a_n$ とすると，$b_1=$ アイ であり，$b_{n+1}=$ ウ b_n- エ である。よって，数列 $\{b_n\}$ の一般項は $b_n=$ オカ (キク)$^{\text{ケ}}-$ コ $(n=1,\ 2,\ 3,\ \cdots\cdots)$ であるから，数列 $\{a_n\}$ の一般項は $a_n=$ サ (シス)$^{\text{セ}}-$ ソ n $(n=1,\ 2,\ 3,\ \cdots\cdots)$ である。

ただし，ケ，セ には，次の ⓪ ～ ④ のうちから当てはまるものを一つずつ選べ。同じものを繰り返し選んでもよい。

⓪ $n-2$　① $n-1$　② n　③ $n+1$　④ $n+2$

重要 例題 53　数学的帰納法

数列 $\{a_n\}$ を $a_1=4$, $a_{n+1}=\dfrac{1}{4}\left(1+\dfrac{1}{n}\right)a_n+3n+3$ $(n=1,\ 2,\ 3,\ \cdots\cdots)$ …… ①

で定める。$\{a_n\}$ の一般項を求めよう。

まず，$a_2=$ [ア]，$a_3=$ [イウ]，$a_4=$ [エオ] であることにより，$\{a_n\}$ の一般項は

$a_n=$ [カ] …… ② と推定できる。

[カ] に当てはまるものを，次の ⓪ ～ ③ のうちから一つ選べ。

⓪ $n+3$　① $4n$　② 2^{n+1}　③ $12-\dfrac{8}{n}$

② の推定が正しいことを，数学的帰納法によって証明しよう。

[Ⅰ]　$n=1$ のとき，$a_1=4$ により ② が成り立つ。

[Ⅱ]　$n=k$ のとき，② が成り立つと仮定すると，① により

$$a_{k+1}=\frac{1}{4}\left(1+\frac{1}{k}\right)a_k+3k+3=\boxed{キ}$$

　である。よって，$n=$ [ク] のときも ② が成り立つ。

[Ⅰ]，[Ⅱ] により，② はすべての自然数 n について成り立つ。

ただし，[キ]，[ク] には，次の ⓪ ～ ⑦ のうちから当てはまるものを一つずつ選べ。同じものを繰り返し選んでもよい。

⓪ $k+1$　① $k+4$　② $4k+1$　③ $4k+4$

④ 2^{k+1}　⑤ 2^{k+2}　⑥ $12-\dfrac{8}{k}$　⑦ $12-\dfrac{8}{k+1}$

POINT!

自然数 n に対して，命題 $P(n)$ がすべての自然数 n について成り立つことを証明する方法（数学的帰納法）

[Ⅰ]　$n=1$ のとき，**$P(1)$ が成り立つ** ことを示す。

[Ⅱ]　$n=k$ のとき，**$P(k)$ が成り立つことを仮定** し，それを用いて，$n=k+1$ のときの **$P(k+1)$ が成り立つことを示す。**

（$n \geqq 3$ などの指定がある場合は，[Ⅰ] では $P(3)$ を示す。）

解答　① から

$$a_2=\frac{1}{4}\left(1+\frac{1}{1}\right)a_1+3\cdot1+3={}^{ア}\mathbf{8},$$

⬅ $a_1=4$

$$a_3=\frac{1}{4}\left(1+\frac{1}{2}\right)a_2+3\cdot2+3={}^{イウ}\mathbf{12},$$

$$a_4=\frac{1}{4}\left(1+\frac{1}{3}\right)a_3+3\cdot3+3={}^{エオ}\mathbf{16}$$

よって，$a_1=4\cdot1$，$a_2=4\cdot2$，$a_3=4\cdot3$，$a_4=4\cdot4$ となるから，

$$a_n=4n \ \cdots\cdots \ ②$$

と推定できる。（^{カ}①）

② が成り立つことを，数学的帰納法により証明する。

[Ⅰ]　$n=1$ のとき，$a_1=4\cdot1=4$ により ② が成り立つ。

[II]　$n=k$ のとき，② が成り立つ，すなわち

$a_k=4k$ …… (＊)

と仮定する。このとき，① から

$$a_{k+1}=\frac{1}{4}\left(1+\frac{1}{k}\right)a_k+3k+3$$

$$=\frac{k+1}{4k}\cdot 4k+3k+3$$

$$=4k+4 \quad (^{キ}③)$$

$$=4(k+1)$$

よって，$n=k+1$ のときも，② が成り立つ。(^{ク}⓪)

[I]，[II] により，② はすべての自然数 n について成り立つ。

⬅① で $n=k$ とし，(＊) を用いる。

⬅② で，$n=k+1$ とした式。

注意　証明のポイントとなるのは，[II] の $a_{k+1}=4(k+1)$ となることを示す計算であるが，この計算においては，数学的帰納法の仮定に当たる (＊) を必ず用いることに注意する。

上の 注意 に記したように，[II] の $a_{k+1}=4(k+1)$ となることを示す計算が証明の目標ではあるが，証明すべき結論の式は，推定した ② の式において $n=k+1$ とした式であるから，$a_{k+1}=4(k+1)=4k+4$ としてすぐにわかってしまう。

記述形式の試験ではこの計算過程が重要になるが，マーク式の試験で，結論の式だけを要求された場合は，② で $n=k+1$ として計算するだけでよいことになる。

練習 53　数列 $\{a_n\}$ を $a_1=1$，$a_{n+1}=\dfrac{a_n}{1+3a_n}$ $(n=1,\ 2,\ 3,\ \cdots\cdots)$ …… ① で定める。

$a_2=\dfrac{\boxed{ア}}{\boxed{イ}}$，$a_3=\dfrac{\boxed{ウ}}{\boxed{エ}}$，$a_4=\dfrac{\boxed{オ}}{\boxed{カキ}}$ である。

このことから，$\{a_n\}$ の一般項は $a_n=\dfrac{\boxed{ク}}{\boxed{ケ}n-\boxed{コ}}$ …… ② と推定できる。

② が成り立つことを，数学的帰納法によって証明しよう。

[I]　$n=1$ のとき，$a_1=1$ により ② が成り立つ。

[II]　$n=k$ のとき，② が成り立つ，すなわち $a_k=\dfrac{\boxed{ク}}{\boxed{ケ}k-\boxed{コ}}$ …… ③

と仮定する。

①，③ により，$a_{k+1}=\dfrac{a_k}{1+3a_k}=\dfrac{\boxed{サ}}{\boxed{シ}k+\boxed{ス}}$ となり，$n=\boxed{セ}$ のときも ② が成り立つ。

[I]，[II] により，すべての自然数 n について，② が成り立つ。

ただし，$\boxed{セ}$ には次の ⓪ ～ ③ のうちから当てはまるものを一つ選べ。

⓪　$k-1$　　①　k　　②　$k+1$　　③　$2k$

演習 例題 22 漸化式 (3)

目安 8分　解説動画

数列 $\{a_n\}$ は $a_1=1$，$a_{n+1}=3a_n+2^n$ $(n=1, 2, 3, \cdots\cdots)$ を満たすとする。数列 $\{a_n\}$ の一般項を，次の **方針 1** または **方針 2** を用いて求める。

方針 1

漸化式の両辺を 2^{n+1} で割り，$b_n=\dfrac{a_n}{2^n}$ とおくと，$b_{n+1}=\dfrac{\boxed{ア}}{\boxed{イ}}b_n+\dfrac{\boxed{ウ}}{\boxed{エ}}$ であるから，数列 $\{b_n\}$ の一般項を求めることで，数列 $\{a_n\}$ の一般項を求められる。

方針 2

漸化式の両辺を 3^{n+1} で割り，$c_n=\dfrac{a_n}{3^n}$ とおくと，$c_{n+1}=c_n+\dfrac{1}{\boxed{オ}}\left(\dfrac{\boxed{カ}}{\boxed{キ}}\right)^n$ であるから，数列 $\{c_n\}$ の一般項を求めることで，数列 $\{a_n\}$ の一般項を求められる。

(1) $\boxed{ア}$ ～ $\boxed{キ}$ に当てはまる数を求めよ。

(2) **方針 1** において，数列 $\{b_n\}$ の一般項を求めると，$b_n=\left(\dfrac{\boxed{ク}}{\boxed{ケ}}\right)^n-\boxed{コ}$ である。

(3) **方針 2** において，数列 $\{c_n\}$ の一般項を求めると，$c_n=\boxed{サ}-\left(\dfrac{\boxed{シ}}{\boxed{ス}}\right)^n$ である。

(4) **方針 1** または **方針 2** を用いて，数列 $\{a_n\}$ の一般項を求めると，$a_n=\boxed{セ}^n-\boxed{ソ}^n$ である。

Situation Check ✓

指定された方針に従うと，一般項を求めやすい漸化式に変形できる。

n を $n+1$ にすると，$b_{n+1}=\dfrac{a_{n+1}}{2^{n+1}}$（方針 1），$c_{n+1}=\dfrac{a_{n+1}}{3^{n+1}}$（方針 2）であることに注意して，変形後の漸化式をどう処理するか考える。

$b_{n+1}=pb_n+q \longrightarrow x=px+q$ の解 α から $b_{n+1}-\alpha=p(b_n-\alpha)$ (➡ 基 99)

$c_{n+1}=c_n+f(n) \longrightarrow$ 階差数列を利用 $c_n=c_1+\sum_{k=1}^{n-1}f(k)$ $(n\geqq 2)$ (➡ 基 98)

解答 (1) $a_{n+1}=3a_n+2^n$ の両辺を 2^{n+1} で割ると

$$\frac{a_{n+1}}{2^{n+1}}=\frac{3}{2}\cdot\frac{a_n}{2^n}+\frac{1}{2}$$

よって，$b_n=\dfrac{a_n}{2^n}$ とおくと

$$b_{n+1}=\frac{{}^{ア}\mathbf{3}}{{}^{イ}\mathbf{2}}b_n+\frac{{}^{ウ}\mathbf{1}}{{}^{エ}\mathbf{2}}\ \cdots\cdots ①$$

また，$a_{n+1}=3a_n+2^n$ の両辺を 3^{n+1} で割ると

$$\frac{a_{n+1}}{3^{n+1}}=\frac{a_n}{3^n}+\frac{2^n}{3^{n+1}}$$

参考

$$b_{n+1}=\frac{a_{n+1}}{2^{n+1}}=\frac{3a_n+2^n}{2^{n+1}}=\frac{3}{2}b_n+\frac{1}{2}$$

$$c_{n+1}=\frac{a_{n+1}}{3^{n+1}}=\frac{3a_n+2^n}{3^{n+1}}=c_n+\frac{2^n}{3^{n+1}}$$

と考えることもできる。

よって，$c_n=\dfrac{a_n}{3^n}$ とおくと $c_{n+1}=c_n+\dfrac{1}{^{オ}\mathbf{3}}\left(\dfrac{^{カ}\mathbf{2}}{^{キ}\mathbf{3}}\right)^n$ …… ②

(2) ① を変形すると $b_{n+1}-(-1)=\dfrac{3}{2}\{b_n-(-1)\}$

すなわち $b_{n+1}+1=\dfrac{3}{2}(b_n+1)$

ゆえに，数列 $\{b_n+1\}$ は初項 $b_1+1=\dfrac{a_1}{2^1}+1=\dfrac{3}{2}$，公比 $\dfrac{3}{2}$

の等比数列であるから $b_n+1=\dfrac{3}{2}\left(\dfrac{3}{2}\right)^{n-1}=\left(\dfrac{3}{2}\right)^n$

よって $b_n=\left(\dfrac{^{ク}\mathbf{3}}{^{ケ}\mathbf{2}}\right)^n-{}^{コ}\mathbf{1}$

(3) ② から $c_{n+1}-c_n=\dfrac{1}{3}\cdot\left(\dfrac{2}{3}\right)^n$

よって，$n\geqq 2$ のとき

$$c_n=c_1+\sum_{k=1}^{n-1}\frac{1}{3}\left(\frac{2}{3}\right)^k=\frac{a_1}{3^1}+\frac{\frac{2}{9}\left\{1-\left(\frac{2}{3}\right)^{n-1}\right\}}{1-\frac{2}{3}}$$

$$=\frac{1}{3}+\frac{2}{3}\left\{1-\left(\frac{2}{3}\right)^{n-1}\right\}=1-\left(\frac{2}{3}\right)^n$$

$n=1$ とすると $1-\left(\dfrac{2}{3}\right)^1=\dfrac{1}{3}$

$c_1=\dfrac{1}{3}$ であるから，上の式は $n=1$ のときも成り立つ。

ゆえに $c_n={}^{サ}\mathbf{1}-\left(\dfrac{^{シ}\mathbf{2}}{^{ス}\mathbf{3}}\right)^n$

(4) (2) の結果から $\dfrac{a_n}{2^n}=\left(\dfrac{3}{2}\right)^n-1$

両辺に 2^n を掛けて $a_n={}^{セ}\mathbf{3}^n-{}^{ソ}\mathbf{2}^n$

⬅ $\dfrac{2^n}{3^{n+1}}=\dfrac{1}{3}\cdot\dfrac{2^n}{3^n}=\dfrac{1}{3}\left(\dfrac{2}{3}\right)^n$

⬅ b_{n+1}，b_n を x とおくと
$x=\dfrac{3}{2}x+\dfrac{1}{2}$
これを解いて $x=-1$

➡ 基 99

⬅ 数列 $\{c_{n+1}-c_n\}$ は数列 $\{c_n\}$ の階差数列。

➡ 基 98

素早く解く!

等比数列の初項が式からすぐにわかりにくいときは 1 を代入してみる。
数列 $\left\{\dfrac{1}{3}\left(\dfrac{2}{3}\right)^k\right\}$ の初項は，
$k=1$ のとき $\dfrac{1}{3}\cdot\dfrac{2}{3}=\dfrac{2}{9}$

⬅ (3) の結果から求めると
$\dfrac{a_n}{3^n}=1-\left(\dfrac{2}{3}\right)^n$
両辺に 3^n を掛けて
$a_n={}^{セ}\mathbf{3}^n-{}^{ソ}\mathbf{2}^n$

問題 22 数列 $\{a_n\}$ は $a_1=6$，$a_{n+1}=4a_n-3^n$ …… ① $(n=1, 2, 3, \cdots\cdots)$ を満たすとする。

① の両辺を 3^{n+1} で割り，$b_n=\dfrac{a_n}{3^n}$ とおくと，$b_{n+1}=\dfrac{\boxed{ア}}{\boxed{イ}}b_n-\dfrac{\boxed{ウ}}{\boxed{エ}}$ となり，これから数列 $\{b_n\}$ の一般項を求めると，$b_n=\left(\dfrac{\boxed{オ}}{\boxed{カ}}\right)^{n-1}+\boxed{キ}$ …… ② である。

また，① の両辺を 4^{n+1} で割り，$c_n=\dfrac{a_n}{4^n}$ とおくと，$c_{n+1}=c_n-\dfrac{1}{\boxed{ク}}\left(\dfrac{\boxed{ケ}}{\boxed{コ}}\right)^n$ となり，これから数列 $\{c_n\}$ の一般項を求めると $c_n=\dfrac{\boxed{サ}}{\boxed{シ}}+\left(\dfrac{\boxed{ス}}{\boxed{セ}}\right)^n$ …… ③ である。

② または ③ から，数列 $\{a_n\}$ の一般項は，$a_n=\boxed{ソ}\cdot\boxed{タ}^{n-1}+\boxed{チ}^n$ である。

演習　例題 23　漸化式の立式

目安 7分　解説動画

高額なものを購入するとき，銀行やカード会社などから融資を受け，毎月，一定額を返済するローンを組む場合がある。
次のような条件で定められているローンについて，毎月の返済金額や返済回数について考えてみよう。

条件

・毎月の月初めの借入残高の 1％ が利息として，借入残高に加算される。
・毎月の月末に q 万円を返済する。この返済金額は毎月，一定の金額である。

ある月の月初めに 100 万円を借入し，その月末に 1 回目の返済を行うものとし，n 回目の返済直後の借入残高を p_n 万円とする。
1 回目の返済直後の借入残高 p_1 は，q を用いて，$p_1=$［ア］と表すことができる。
また，n を自然数として，p_{n+1} を p_n，q を用いて表すと　$p_{n+1}=$［イ］
ゆえに，n 回目の返済直後の借入残高 p_n は n，q を用いて表すと，$p_n=$［ウ］となる。したがって，ちょうど 20 回の返済でこのローンを完済するためには，$p_{20}=$［エ］となればよいことから，1 回あたりの返済金額を求めると，
$q=$［オ］.［カキ］（万円）である。ただし，$1.01^{10}=1.1$ とし，小数第 3 位を四捨五入せよ。
また，$q=$［オ］.［カキ］（万円）のとき，完済するまでに支払った利息の総額は［クケ］.［コ］万円となる。

(1)［ア］に当てはまる最も適当なものを，次の ⓪ ～ ③ のうちから一つ選べ。
　⓪ $100-q$　① $101-q$　② $1.01(100-q)$　③ $1.01(101-q)$

(2)［イ］に当てはまる最も適当なものを，次の ⓪ ～ ③ のうちから一つ選べ。
　⓪ $p_n-1.01q$　① $1.01(p_n-q)$　② p_n-q　③ $1.01p_n-q$

(3)［ウ］に当てはまる最も適当なものを，次の ⓪ ～ ⑤ のうちから一つ選べ。
　⓪ $100-(n-1)q$　① $1.01\{100-(n-1)q\}$　② $100\{q+(1-q)1.01^{n-1}\}$
　③ $100\{q+(1-q)1.01^{n}\}$　④ $100\cdot1.01^{n}-nq$　⑤ $100\cdot1.01^{n-1}-nq$

(4)［エ］～［コ］に当てはまる数値を求めよ。

Situation Check ✓

右のような図をかき，状況を整理しながら問題文を読む。
借入残高と利息や返済額の仕組みを把握し，p_{n+1} と p_n の間に成り立つ漸化式を立式する。

$p_{n+1}=sp_n+t$
$\longrightarrow x=sx+t$ の解 α から
$p_{n+1}-\alpha=s(p_n-\alpha)$

（➡ 基 99）

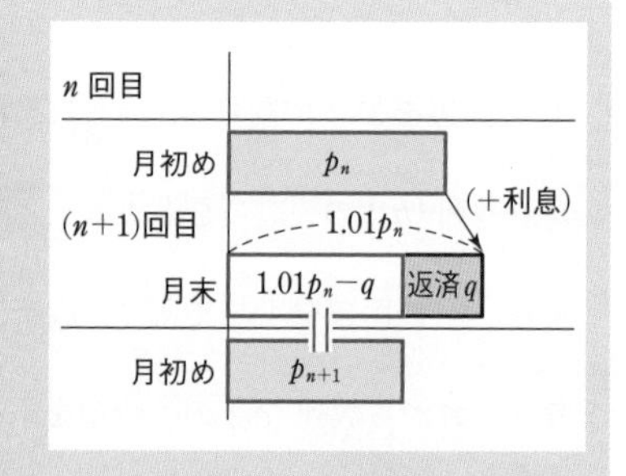

解答 (1)　最初の月は，借入金額100万円の1％，すなわち1万円の利息が加算されるから，101万円からq万円を返済することになる。

ゆえに　　$p_1=101-q$（万円）（ア ①）

⬅(利息)＝(借入残高)×(利率)

(2)　$(n+1)$回目の返済を考える。n回目の返済直後の借入残高p_nの1％が利息として加算された$1.01p_n$万円からq万円を返済した直後の借入残高がp_{n+1}万円であるから，次の漸化式が成り立つ。

⬅$p_n+p_n\times0.01=1.01p_n$

$$p_{n+1}=1.01p_n-q \text{（イ ③）}$$

(3)　(2)の漸化式を変形すると

$$p_{n+1}-100q=1.01(p_n-100q)$$

ここで，(1)から　　$p_1-100q=(101-q)-100q=101(1-q)$

よって，数列$\{p_n-100q\}$は初項$101(1-q)$，公比1.01の等比数列であるから

⬅p_{n+1}，p_nをxとおくと　$x=1.01x-q$　これを解いて　$x=100q$　➡ 基 99

$$p_n-100q=101(1-q)\cdot1.01^{n-1}$$

ゆえに　　$p_n=100q+100(1-q)\cdot1.01^n$

$$=100\{q+(1-q)1.01^n\} \text{（ウ ③）}$$

⬅$101=100\times1.01$

(4)　20回目の返済直後に借入残高が0円であるから

$$p_{20}={}^{エ}\mathbf{0}$$

⬅「完済」とは，借入残高が0円になること。

よって，(3)から　　$100\{q+(1-q)1.01^{20}\}=0$

すなわち　$(1.01^{20}-1)q=1.01^{20}$

ここで，$1.01^{10}=1.1$から　$1.01^{20}=(1.01^{10})^2=1.1^2=1.21$

ゆえに　　$0.21q=1.21$

よって　　$q=1.21\div0.21=5.761\cdots$

したがって，小数第3位を四捨五入して

$$q={}^{オ}\mathbf{5}.{}^{カキ}\mathbf{76} \text{（万円）}$$

支払った利息の総額は

$$5.76\times20-100={}^{クケ}\mathbf{15}.{}^{コ}\mathbf{2} \text{（万円）}$$

⬅(利息の総額)＝(毎月の返済額)×20－(借入金額)

問題 23　毎年の初めに銀行にa万円ずつ積み立てる。年利率2％で1年ごとの年末に利息を元金に繰り入れる方法（複利法）で預金する。

n年目の年末の元利合計（元金と利息の合計）をp_n万円とすると

$p_1=$ [ア].[イウ]a，$p_{n+1}=$ [ア].[イウ]$(p_n+$ [エ]$)$　……①

が成り立つ。[エ]に当てはまるものを，次の⓪～④のうちから一つ選べ。

⓪　1　　①　a　　②　n　　③　an　　④　$a+n$

①から，数列$\{p_n\}$の一般項を求めると

$p_n=$ [オカ]([ア].[イウ]$^n-1)a$

である。

したがって，35年目の年末の元利合計を2000万円以上にするには，毎年の初めに少なくとも[キク]万円以上積み立てればよい。

ただし，$1.02^{35}=2$とし，[キク]は整数値で答えよ。

実践問題　目安時間　44 [12分]　45 [12分]　46 [12分]　47 [12分]

指針 p.359

*44　数列の増減について考える。与えられた数列 $\{p_n\}$ の増減について次のように定める。

・すべての自然数 n について $p_n<p_{n+1}$ となるとき，数列 $\{p_n\}$ はつねに増加するという。

・すべての自然数 n について $p_n>p_{n+1}$ となるとき，数列 $\{p_n\}$ はつねに減少するという。

・$p_k<p_{k+1}$ となる自然数 k があり，さらに $p_l>p_{l+1}$ となる自然数 l もあるとき，数列 $\{p_n\}$ は増加することも減少することもあるという。

(1)　数列 $\{a_n\}$ は

$$a_1=23,\ a_{n+1}=a_n-3\quad (n=1,\ 2,\ 3,\ \cdots\cdots)$$

を満たすとする。このとき

$$a_n=\boxed{\text{アイ}}\,n+\boxed{\text{ウエ}}\quad (n=1,\ 2,\ 3,\ \cdots\cdots)$$

となり，$a_n<0$ を満たす最小の自然数 n は $\boxed{\text{オ}}$ である。数列 $\{a_n\}$ は $\boxed{\text{カ}}$。

また，自然数 n に対して，$S_n=\sum_{k=1}^{n}a_k$ とおくと，数列 $\{S_n\}$ は $\boxed{\text{キ}}$。

$n\geqq\boxed{\text{オ}}$ のとき，$\boxed{\text{ク}}$。

また，$b_n=\dfrac{1}{a_n}$ とおくと，$n\geqq\boxed{\text{オ}}$ のとき，$\boxed{\text{ケ}}$。

$\boxed{\text{カ}}$，$\boxed{\text{キ}}$ の解答群（同じものを繰り返し選んでもよい。）

⓪　つねに増加する	①　つねに減少する
②　増加することも減少することもある	

$\boxed{\text{ク}}$ の解答群

⓪　$a_n<0$ である	①　$a_n>0$ である
②　$a_n<0$ となることも $a_n>0$ となることもある	

$\boxed{\text{ケ}}$ の解答群

⓪　$b_n<b_{n+1}$ である	①　$b_n>b_{n+1}$ である
②　$b_n<b_{n+1}$ となることも $b_n>b_{n+1}$ となることもある	

(2)　数列 $\{c_n\}$ は

$$c_1=30,\ c_{n+1}=\frac{50c_n-800}{c_n-10}\quad (n=1,\ 2,\ 3,\ \cdots\cdots)$$

を満たすとする。

以下では，すべての自然数 n に対して $c_n\neq 20$ となることを用いてよい。

$d_n=\dfrac{1}{c_n-20}$ $(n=1,\ 2,\ 3,\ \cdots\cdots)$ とおくと，$d_1=\dfrac{1}{\boxed{\text{コサ}}}$ であり，また

$$c_n=\frac{1}{d_n}+\boxed{\text{シス}}\quad (n=1,\ 2,\ 3,\ \cdots\cdots)\quad \cdots\cdots\ ①$$

が成り立つ。したがって,

$$\frac{1}{d_{n+1}}=\frac{50\left(\dfrac{1}{d_n}+\boxed{\text{シス}}\right)-800}{\left(\dfrac{1}{d_n}+\boxed{\text{シス}}\right)-10}-\boxed{\text{シス}}\quad (n=1,\ 2,\ 3,\ \cdots\cdots)$$

により

$$d_{n+1}=\frac{d_n}{\boxed{\text{セ}}}+\frac{1}{\boxed{\text{ソタ}}}\quad (n=1,\ 2,\ 3,\ \cdots\cdots)$$

が成り立つ。数列 $\{d_n\}$ の一般項は

$$d_n=\frac{1}{\boxed{\text{チツ}}}\left(\frac{1}{\boxed{\text{テ}}}\right)^{n-1}+\frac{1}{\boxed{\text{トナ}}}$$

である。したがって,

$$d_n\ \boxed{\text{ニ}}\ \frac{1}{\boxed{\text{トナ}}}\quad (n=1,\ 2,\ 3,\ \cdots\cdots)$$

であり，数列 $\{d_n\}$ は $\boxed{\text{ヌ}}$。

よって，① により，O を原点とする座標平面上に $n=1$ から $n=10$ まで点 $(n,\ c_n)$ を図示すると $\boxed{\text{ネ}}$ となる。

$\boxed{\text{ニ}}$ の解答群

⓪ <	① ＝	② >

$\boxed{\text{ヌ}}$ の解答群

⓪　つねに増加する　　　①　つねに減少する
②　増加することも減少することもある

$\boxed{\text{ネ}}$ については，最も適当なものを，次の ⓪ ～ ⑤ のうちから一つ選べ。

⓪

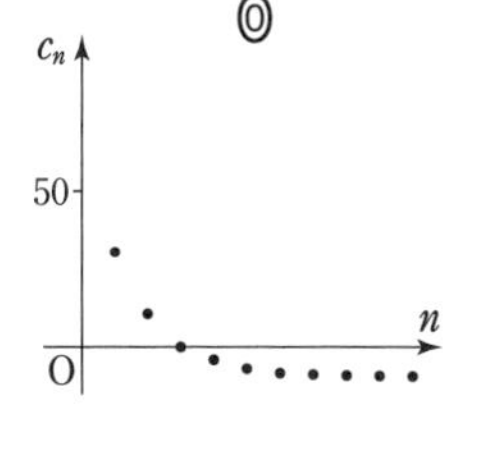

①

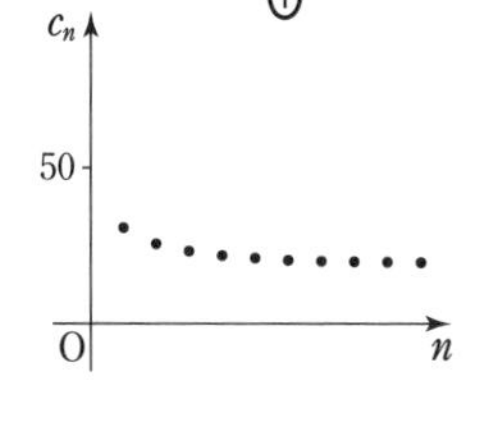

②

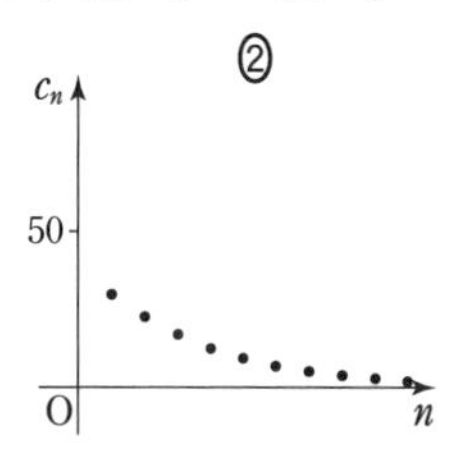

③

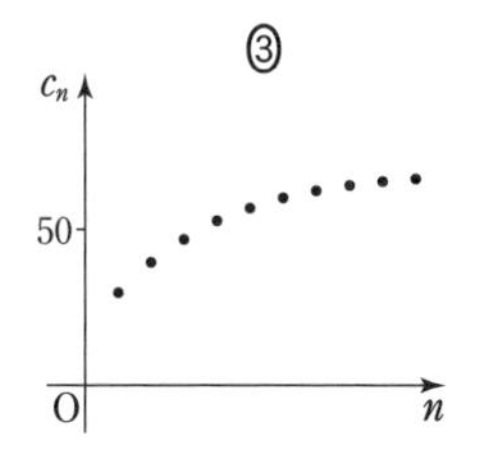

④

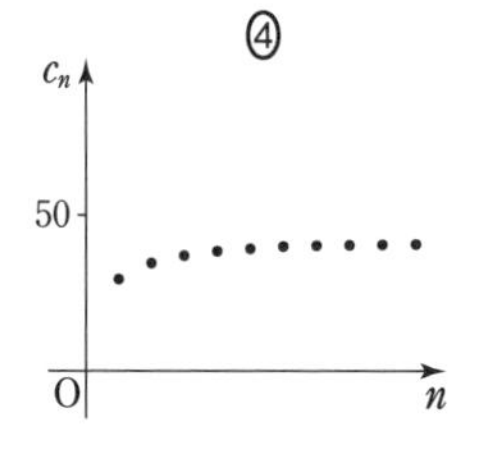

⑤

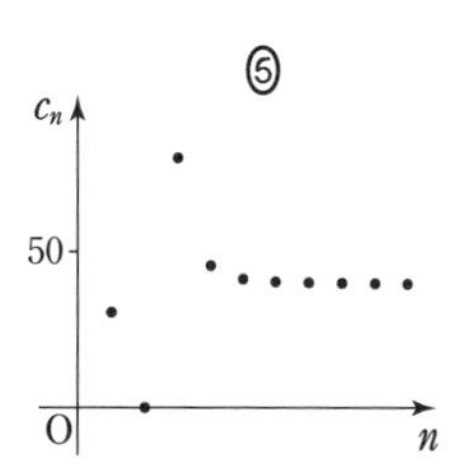

〔23 共通テスト・追試〕

***45**　以下のように，歩行者と自転車が自宅を出発して移動と停止を繰り返している。歩行者と自転車の動きについて，数学的に考えてみよう。

自宅を原点とする数直線を考え，歩行者と自転車をその数直線上を動く点とみなす。数直線上の点の座標が y であるとき，その点は位置 y にあるということにする。また，歩行者が自宅を出発してから x 分経過した時点を時刻 x と表す。歩行者は時刻 0 に自宅を出発し，正の向きに毎分 1 の速さで歩き始める。自転車は時刻 2 に自宅を出発し，毎分 2 の速さで歩行者を追いかける。自転車が歩行者に追いつくと，歩行者と自転車はともに 1 分だけ停止する。その後，歩行者は再び正の向きに毎分 1 の速さで歩き出し，自転車は毎分 2 の速さで自宅に戻る。自転車は自宅に到着すると，1 分だけ停止した後，再び毎分 2 の速さで歩行者を追いかける。これを繰り返し，自転車は自宅と歩行者の間を往復する。

$x=a_n$ を自転車が n 回目に自宅を出発する時刻とし，$y=b_n$ をそのときの歩行者の位置とする。

花子さんと太郎さんは，数列 $\{a_n\}$，$\{b_n\}$ の一般項を求めるために，歩行者と自転車について，時刻 x において位置 y にいることを O を原点とする座標平面上の点 $(x,\ y)$ で表すことにした。

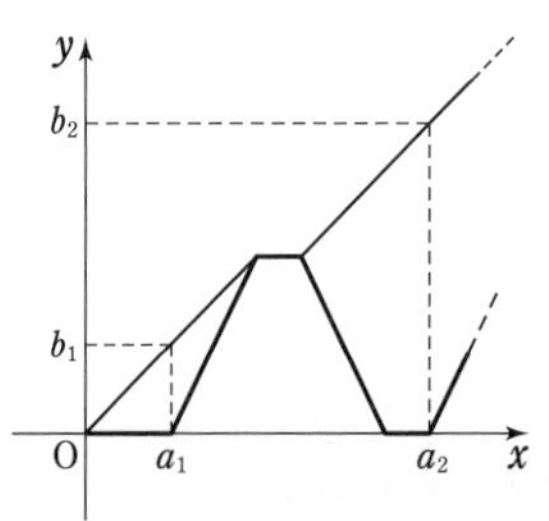

$a_1=2$，$b_1=2$ により，自転車が最初に自宅を出発するときの時刻と自転車の位置を表す点の座標は $(2,\ 0)$ であり，そのときの時刻と歩行者の位置を表す点の座標は $(2,\ 2)$ である。また，自転車が最初に歩行者に追いつくときの時刻と位置を表す点の座標は（［ア］，［ア］）である。

よって　　$a_2=$［イ］，$b_2=$［ウ］　　である。

花子：数列 $\{a_n\}$，$\{b_n\}$ の一般項について考える前に，（［ア］，［ア］）の求め方について整理してみようか。

太郎：花子さんはどうやって求めたの？

花子：自転車が歩行者を追いかけるときに，間隔が 1 分間に 1 ずつ縮まっていくことを利用したよ。

太郎：歩行者と自転車の動きをそれぞれ直線の方程式で表して，交点を計算して求めることもできるね。

自転車が n 回目に自宅を出発するときの時刻と自転車の位置を表す点の座標は $(a_n,\ 0)$ であり，そのときの時刻と歩行者の位置を表す点の座標は $(a_n,\ b_n)$ である。よって，n 回目に自宅を出発した自転車が次に歩行者に追いつくときの時刻と位置を表す点の座標は，a_n，b_n を用いて，(エ ， オ) と表せる。

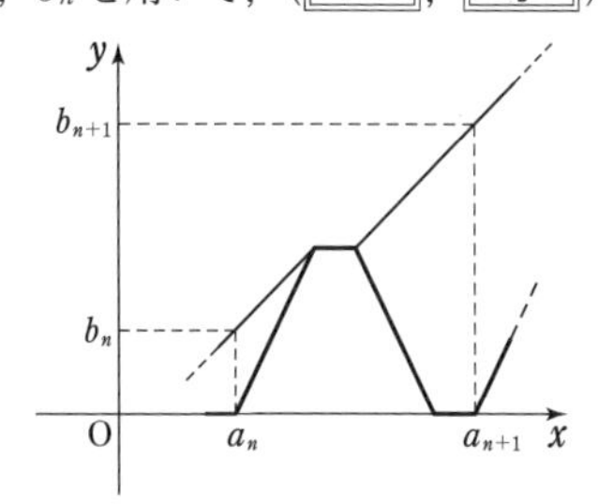

エ ， オ の解答群（同じものを繰り返し選んでもよい。）

⓪ a_n	① b_n	② $2a_n$
③ a_n+b_n	④ $2b_n$	⑤ $3a_n$
⑥ $2a_n+b_n$	⑦ a_n+2b_n	⑧ $3b_n$

以上から，数列 $\{a_n\}$，$\{b_n\}$ について，自然数 n に対して，関係式

$a_{n+1}=a_n+$ カ b_n+ キ　…… ①

$b_{n+1}=3b_n+$ ク　…… ②

が成り立つことがわかる。まず，$b_1=2$ と ② から

$b_n=$ ケ　$(n=1,\ 2,\ 3,\ \cdots\cdots)$

を得る。この結果と，$a_1=2$ および ① から

$a_n=$ コ　$(n=1,\ 2,\ 3,\ \cdots\cdots)$

がわかる。

ケ ， コ の解答群（同じものを繰り返し選んでもよい。）

⓪ $3^{n-1}+1$	① $3^{n-1}+n$	② $3^{n-1}+n^2$	③ $2\cdot3^{n-1}$
④ $2\cdot3^{n-1}+n-1$	⑤ $\dfrac{1}{2}\cdot3^n+\dfrac{1}{2}$	⑥ $\dfrac{1}{2}\cdot3^n+n-\dfrac{1}{2}$	
⑦ $\dfrac{1}{2}\cdot3^n+n^2-\dfrac{1}{2}$	⑧ $\dfrac{5}{2}\cdot3^{n-1}-\dfrac{1}{2}$	⑨ $\dfrac{5}{2}\cdot3^{n-1}+n-\dfrac{3}{2}$	

〔類 22 共通テスト・本試〕

46 数直線上で点Pに実数 a が対応しているとき，a を点Pの座標といい，座標が a である点Pを $P(a)$ で表す。数直線上に点 $P_1(1)$, $P_2(2)$ をとる。線分 P_1P_2 を $3:1$ に内分する点を P_3 とする。一般に，自然数 n に対して，線分 P_nP_{n+1} を $3:1$ に内分する点を P_{n+2} とする。点 P_n の座標を x_n とする。

$x_1=1$, $x_2=2$ であり，$x_3=\dfrac{\boxed{\text{ア}}}{\boxed{\text{イ}}}$ である。数列 $\{x_n\}$ の一般項を求めるために，この数列の階差数列を考えよう。自然数 n に対して $y_n=x_{n+1}-x_n$ とする。

$$y_1=\boxed{\text{ウ}},\quad y_{n+1}=\frac{\boxed{\text{エオ}}}{\boxed{\text{カ}}}y_n\quad (n=1,\ 2,\ 3,\ \cdots\cdots)$$

である。したがって，$y_n=\left(\dfrac{\boxed{\text{エオ}}}{\boxed{\text{カ}}}\right)^{\boxed{\text{キ}}}$ $(n=1,\ 2,\ 3,\ \cdots\cdots)$ であり，

$$x_n=\frac{\boxed{\text{ク}}}{\boxed{\text{ケ}}}-\frac{\boxed{\text{コ}}}{\boxed{\text{ケ}}}\left(\frac{\boxed{\text{エオ}}}{\boxed{\text{カ}}}\right)^{\boxed{\text{サ}}}\quad (n=1,\ 2,\ 3,\ \cdots\cdots)$$

となる。ただし，$\boxed{\text{キ}}$，$\boxed{\text{サ}}$ については，当てはまるものを，次の⓪～③のうちから一つずつ選べ。同じものを繰り返し選んでもよい。

⓪ $n-1$　　① n　　② $n+1$　　③ $n+2$

次に，自然数 n に対して $S_n=\sum\limits_{k=1}^{n}k|y_k|$ を求めよう。

$r=\left|\dfrac{\boxed{\text{エオ}}}{\boxed{\text{カ}}}\right|$ とおくと，$S_n-rS_n=\sum\limits_{k=1}^{\boxed{\text{シ}}}r^{k-1}-nr^{\boxed{\text{ス}}}$ $(n=1,\ 2,\ 3,\ \cdots\cdots)$ であり，

したがって，$S_n=\dfrac{\boxed{\text{セソ}}}{\boxed{\text{タ}}}\left\{1-\left(\dfrac{1}{\boxed{\text{チ}}}\right)^{\boxed{\text{ツ}}}\right\}-\dfrac{n}{\boxed{\text{テ}}}\left(\dfrac{1}{\boxed{\text{ト}}}\right)^{\boxed{\text{ナ}}}$ となる。

ただし，$\boxed{\text{シ}}$，$\boxed{\text{ス}}$，$\boxed{\text{ツ}}$，$\boxed{\text{ナ}}$ については，当てはまるものを，次の⓪～③のうちから一つずつ選べ。同じものを繰り返し選んでもよい。

⓪ $n-1$　　① n　　② $n+1$　　③ $n+2$　　〔11 センター試験・本試〕

47 真分数を分母の小さい順に，分母が同じ場合には分子の小さい順に並べてできる数列 $\dfrac{1}{2}$, $\dfrac{1}{3}$, $\dfrac{2}{3}$, $\dfrac{1}{4}$, $\dfrac{2}{4}$, $\dfrac{3}{4}$, $\dfrac{1}{5}$, …… を $\{a_n\}$ とする。真分数とは，分子と分母がともに自然数で，分子が分母より小さい分数のことであり，上の数列では，約分できる形の分数も含めて並べている。以下の問題に分数形で解答する場合は，それ以上約分できない形で答えよ。

(1) $a_{15}=\dfrac{\boxed{\text{ア}}}{\boxed{\text{イ}}}$ である。また，分母に初めて8が現れる項は，$a_{\boxed{\text{ウエ}}}$ である。

(2) k を2以上の自然数とする。数列 $\{a_n\}$ において，$\dfrac{1}{k}$ が初めて現れる項を第 M_k 項とし，$\dfrac{k-1}{k}$ が初めて現れる項を第 N_k 項とすると $M_k=\dfrac{\boxed{\text{オ}}}{\boxed{\text{カ}}}k^2-\dfrac{\boxed{\text{キ}}}{\boxed{\text{ク}}}k+\boxed{\text{ケ}}$，

$N_k=\dfrac{\boxed{\text{コ}}}{\boxed{\text{サ}}}k^2-\dfrac{\boxed{\text{シ}}}{\boxed{\text{ス}}}k$ である。よって，$a_{104}=\dfrac{\boxed{\text{セソ}}}{\boxed{\text{タチ}}}$ である。

(3) k を2以上の自然数とする。数列 $\{a_n\}$ の第 M_k 項から第 N_k 項までの和は，

$\dfrac{\boxed{\text{ツ}}}{\boxed{\text{テ}}}k-\dfrac{\boxed{\text{ト}}}{\boxed{\text{ナ}}}$ である。したがって，数列 $\{a_n\}$ の初項から第 N_k 項までの和は

$\dfrac{\boxed{\text{ニ}}}{\boxed{\text{ヌ}}}k^2-\dfrac{\boxed{\text{ネ}}}{\boxed{\text{ノ}}}k$ である。よって，$\sum\limits_{n=1}^{103}a_n=\dfrac{\boxed{\text{ハヒフ}}}{\boxed{\text{ヘホ}}}$ である。

〔16 センター試験・本試〕

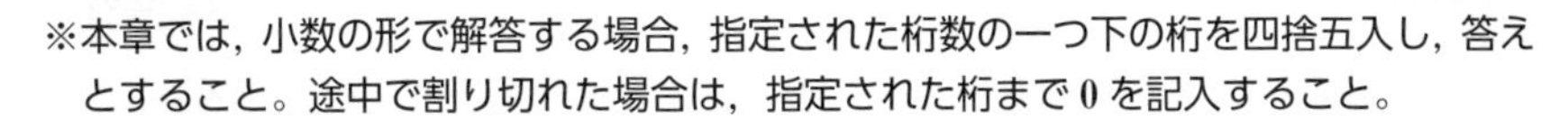

第13章　統計的な推測

※本章では，小数の形で解答する場合，指定された桁数の一つ下の桁を四捨五入し，答えとすること。途中で割り切れた場合は，指定された桁まで0を記入すること。

基本 例題 101　期待値

袋の中に白玉3個，赤玉4個が入っている。この袋から同時に3個の玉を取り出すとき，取り出された赤玉の個数をXとする。

このとき，$P(X=0)=\dfrac{1}{\boxed{アイ}}$，$P(X=2)=\dfrac{\boxed{ウエ}}{\boxed{アイ}}$である。

また，Xの期待値（平均）は$\dfrac{\boxed{オカ}}{\boxed{キ}}$である。

POINT!
確率変数Xのとりうる値$X=x_1$，x_2，……，x_nと，それに対する確率$P=p_1$，p_2，……，p_nについて，Xの期待値（平均）$E(X)$は

$$E(X)=x_1p_1+x_2p_2+\cdots\cdots+x_np_n \quad (p_1+p_2+\cdots\cdots+p_n=1)$$

解答　すべての場合の数は　${}_7C_3$通り

➡基 33，36

$P(X=0)$は白玉を3個取り出す確率であるから

$$P(X=0)=\frac{{}_3C_3}{{}_7C_3}=\frac{1}{{}^{アイ}35}$$

$P(X=2)$は白玉を1個，赤玉を2個取り出す確率であるから

$$P(X=2)=\frac{{}_3C_1\cdot{}_4C_2}{{}_7C_3}=\frac{{}^{ウエ}18}{35}$$

また　$P(X=1)=\dfrac{{}_3C_2\cdot{}_4C_1}{{}_7C_3}=\dfrac{12}{35}$，$P(X=3)=\dfrac{{}_4C_3}{{}_7C_3}=\dfrac{4}{35}$

⬅すべての確率を求める。和が1となることを確認しておくとよい。

よって，Xの期待値（平均）は

$$0\cdot\frac{1}{35}+1\cdot\frac{12}{35}+2\cdot\frac{18}{35}+3\cdot\frac{4}{35}=\frac{{}^{オカ}12}{{}^{キ}7}$$

⬅(値)×(確率)の和

➡基 40

素早く解く！　期待値の計算では，すべての場合の確率を計算する必要がある。樹形図や表なども用いて，正確に確率の計算を行いたい。すべての場合の確率を計算することは，煩雑のようだが，ほとんどの場合，他と同様な考え方で求められることが多い。その規則性を見抜き，手際よく計算ミスをしないように求めよう。そして，すべての場合の確率を求めたら，それらの和が1になることを確かめるようにしよう。また，期待値の計算では，約分できる確率の値が出てきても，約分しないまま計算した方が，通分しなくてよいので早い。さらに，右のようにXの確率分布の表（XとPの対応関係を確率分布という）に，XPの行を加えると，期待値はXPの行の値の和になる。この表を利用すると，見やすく計算しやすい。

X	0	1	2	3	計
P	$\frac{1}{35}$	$+\frac{12}{35}$	$+\frac{18}{35}$	$+\frac{4}{35}$	$=$ 1
XP	0	$+\frac{12}{35}$	$+\frac{36}{35}$	$+\frac{12}{35}$	$=\frac{60}{35}\left(=\frac{12}{7}\right)$

13 統計的な推測

基本 例題 102 分散と標準偏差

1個のさいころを投げて，出た目の数が a であるとき，$X=|a-3|$ とする。このとき，確率変数 X の分散は $\dfrac{\boxed{アイ}}{\boxed{ウエ}}$ であり，標準偏差は $\dfrac{\sqrt{\boxed{オカ}}}{\boxed{キ}}$ である。

POINT!
確率変数 X の期待値 $E(X)$ を m とすると　X の分散 $V(X)$ は

$$V(X)=(x_1-m)^2p_1+(x_2-m)^2p_2+\cdots+(x_n-m)^2p_n$$
$$=E(X^2)-\{E(X)\}^2$$

X の標準偏差 $\sigma(X)$ は　$\sigma(X)=\sqrt{V(X)}$　(➡ 基 27)

解答　$a=1, 2, 3, 4, 5, 6$ に対して，X はそれぞれ $2, 1, 0, 1, 2, 3$ である。

X	0	1	2	3	計
P	$\frac{1}{6}$	$\frac{2}{6}$	$\frac{2}{6}$	$\frac{1}{6}$	1
XP	0	$\frac{2}{6}$	$\frac{4}{6}$	$\frac{3}{6}$	$\frac{3}{2}=E(X)$
X^2P	0	$\frac{2}{6}$	$\frac{8}{6}$	$\frac{9}{6}$	$\frac{19}{6}=E(X^2)$

右の表から，X の期待値 $E(X)$ は　$E(X)=\dfrac{3}{2}$

また，X^2 の期待値 $E(X^2)$ は　$E(X^2)=\dfrac{19}{6}$

よって，X の分散は　$E(X^2)-\{E(X)\}^2=\dfrac{19}{6}-\left(\dfrac{3}{2}\right)^2=\dfrac{^{アイ}11}{_{ウエ}12}$

X の標準偏差は　$\sqrt{\dfrac{11}{12}}=\dfrac{\sqrt{^{オカ}33}}{^{キ}6}$

⬅**素早く解く!**
表を利用する。
$E(X)=x_1p_1+\cdots+x_4p_4$
$E(X^2)=x_1{}^2p_1+\cdots+x_4{}^2p_4$
➡ 基 101

⬅$V(X)=E(X^2)-\{E(X)\}^2$
$\sigma(X)=\sqrt{V(X)}$

基本 例題 103 二項分布の期待値・分散

1個のさいころを5回投げ，3の倍数の目が出た回数を X とする。
$P(X=2)=\dfrac{\boxed{アイ}}{\boxed{ウエオ}}$ である。また，X の期待値は $\dfrac{\boxed{カ}}{\boxed{キ}}$，分散は $\dfrac{\boxed{クケ}}{\boxed{コ}}$，標準偏差は $\dfrac{\sqrt{\boxed{サシ}}}{\boxed{ス}}$ である。

POINT!
確率変数 X が二項分布 $B(n,\ p)$ に従うとき　期待値 $E(X)=np$，
分散 $V(X)=np(1-p)$，標準偏差 $\sigma(X)=\sqrt{np(1-p)}$

解答　さいころを1回投げたとき，3の倍数の目が出る確率は　$\dfrac{2}{6}=\dfrac{1}{3}$

よって　$P(X=2)={}_5C_2\left(\dfrac{1}{3}\right)^2\left(\dfrac{2}{3}\right)^3=\dfrac{5\cdot4}{2\cdot1}\cdot\dfrac{2^3}{3^5}=\dfrac{^{アイ}80}{_{ウエオ}243}$

X は二項分布 $B\left(5,\ \dfrac{1}{3}\right)$ に従うから，期待値は　$5\cdot\dfrac{1}{3}=\dfrac{^{カ}5}{^{キ}3}$，

分散は $5\cdot\dfrac{1}{3}\cdot\left(1-\dfrac{1}{3}\right)=\dfrac{^{クケ}10}{^{コ}9}$，標準偏差は　$\sqrt{\dfrac{10}{9}}=\dfrac{\sqrt{^{サシ}10}}{^{ス}3}$

⬅反復試行の確率　➡ 基 38
$X=r$ の確率が
$P(X=r)={}_nC_rp^r(1-p)^{n-r}$
の形で表されるとき，その確率分布を **二項分布** といい，$B(n,\ p)$ で表す。

⬅$E(X)=np$
$V(X)=np(1-p)$
$\sigma(X)=\sqrt{np(1-p)}$

※基本例題 104～106 を解答するにあたっては，必要に応じて p.385 の正規分布表を用いてもよい。

基本 例題 104　正規分布

(1)　確率変数 Z が標準正規分布 $N(0,\ 1)$ に従うとき，確率 $P(Z\geqq 1.5)$ は 0.［アイウエ］であり，確率 $P(-0.5\leqq Z\leqq 1.5)$ は 0.［オカキク］である。

(2)　確率変数 X が正規分布 $N(10,\ 2^2)$ に従うとき，$Z=$［ケ］とおくと，Z は標準正規分布に従う。［ケ］に当てはまるものを，次の ⓪ ～ ③ のうちから一つ選べ。

⓪ $\dfrac{X-2}{10}$　① $\dfrac{X-2^2}{10}$　② $\dfrac{X-10}{2}$　③ $\dfrac{X-10}{2^2}$

よって，$P(11\leqq X\leqq 14)=P($［コ］.［サ］$\leqq Z\leqq$［シ］.［ス］$)=0.$［セソタチ］である。

POINT!

確率変数 Z が標準正規分布 $N(0,\ 1)$ に従うとき，確率 $P(0\leqq Z\leqq z_0)$ は正規分布表から読み取る。
(右図において，$P(0\leqq Z\leqq z_0)$ は，$z=0$，$z=z_0$，z 軸，曲線で囲まれる部分の面積を表す。)

$P(Z\geqq 0)=P(Z\leqq 0)=0.5$

正規分布 $N(m,\ \sigma^2)$（m：期待値，σ：標準偏差）

$\longrightarrow Z=\dfrac{X-m}{\sigma}$ とおくと，Z は $N(0,\ 1)$ に従う。

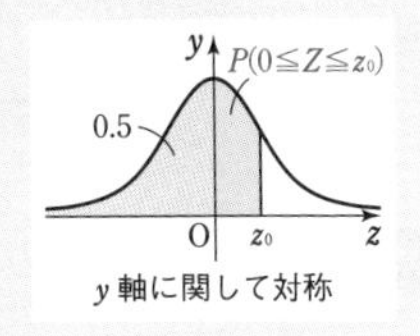

y 軸に関して対称

解答　(1)　$P(Z\geqq 1.5)=0.5-P(0\leqq Z\leqq 1.5)$
$=0.5-0.4332=0.{}^{アイウエ}\mathbf{0668}$

$P(-0.5\leqq Z\leqq 1.5)=P(-0.5\leqq Z\leqq 0)+P(0\leqq Z\leqq 1.5)$
$=P(0\leqq Z\leqq 0.5)+P(0\leqq Z\leqq 1.5)$
$=0.1915+0.4332=0.{}^{オカキク}\mathbf{6247}$

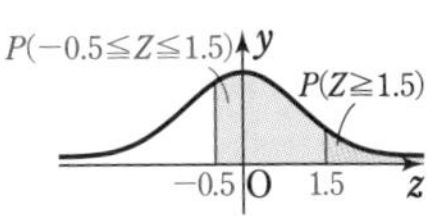

⬅対称性から
$P(-a\leqq Z\leqq 0)=P(0\leqq Z\leqq a)$
$(a>0)$

(2)　確率変数 X が正規分布 $N(10,\ 2^2)$ に従うとき，

$Z=\dfrac{X-10}{2}$（^{ケ}②）とおくと，Z は標準正規分布 $N(0,\ 1)$ に従う。

⬅$N(m,\ \sigma^2)\longrightarrow$
$Z=\dfrac{X-m}{\sigma}$ とおくと，
Z は $N(0,\ 1)$ に従う。

よって　$P(11\leqq X\leqq 14)=P\left(\dfrac{11-10}{2}\leqq\dfrac{X-10}{2}\leqq\dfrac{14-10}{2}\right)$
$=P({}^{コ}\mathbf{0}.{}^{サ}\mathbf{5}\leqq Z\leqq{}^{シ}\mathbf{2}.{}^{ス}\mathbf{0})$
$=P(0\leqq Z\leqq 2.0)-P(0\leqq Z\leqq 0.5)$
$=0.4772-0.1915=0.{}^{セソタチ}\mathbf{2857}$

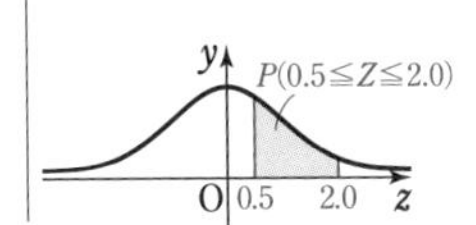

参考　正規分布表の見方

z_0	0.00	…	0.03	…
⋮				
0.5	0.1915			
⋮				
1.2			0.3907	
⋮				

(例)　$P(0.5\leqq Z\leqq 1.23)$
$=P(0\leqq Z\leqq 1.23)-P(0\leqq Z\leqq 0.5)$
$=\boxed{0.3907}-\boxed{0.1915}=0.1992$

基本 例題 105 標本平均，信頼区間

正規分布に従う母集団があり，その母平均は m，母標準偏差は 1.5 であるとする。

(1) $m=10$ のとき，大きさ 100 の無作為標本を抽出すると，標本平均が 10 以上 10.3 以下である確率は 0.［アイウエ］である。

(2) 標本平均が 10.3，標本の大きさが 36 のとき，母平均 m に対する信頼度 95 % の信頼区間は［オ］.［カキ］$\leqq m \leqq$［クケ］.［コサ］である。

POINT!

母集団が正規分布 $N(m,\ \sigma^2)$ に従うとき，大きさ n の標本の標本平均 $\overline{X}$ は正規分布 $N\left(m,\ \dfrac{\sigma^2}{n}\right)$ に従う。

$\longrightarrow Z=\dfrac{\overline{X}-m}{\dfrac{\sigma}{\sqrt{n}}}$ は標準正規分布 $N(0,\ 1)$ に従う。(➡ 基 104)

n が大きいとき，母平均 m に対する信頼度 95 % の信頼区間は

$$\left[\overline{X}-1.96\cdot\frac{\sigma}{\sqrt{n}},\ \overline{X}+1.96\cdot\frac{\sigma}{\sqrt{n}}\right]$$

（$a \leqq x \leqq b$ を $[a,\ b]$ と表すことがある。）

解答 (1) $m=10$ のとき，標本平均 $\overline{X}$ は，正規分布 $N\left(10,\ \dfrac{1.5^2}{100}\right)$ に従う。よって，$Z=\dfrac{\overline{X}-10}{\dfrac{1.5}{\sqrt{100}}}=\dfrac{\overline{X}-10}{0.15}$ は標準正規分布 $N(0,\ 1)$ に従う。

⬅POINT!

ゆえに

$$P(10 \leqq \overline{X} \leqq 10.3)=P\left(\frac{10-10}{0.15} \leqq \frac{\overline{X}-10}{0.15} \leqq \frac{10.3-10}{0.15}\right)$$
$$=P(0 \leqq Z \leqq 2.0)=0.^{アイウエ}\mathbf{4772}$$

⬅$10 \leqq \overline{X} \leqq 10.3$ から $10-10 \leqq \overline{X}-10 \leqq 10.3-10$ この各辺を 0.15 で割る。

(2) 標本平均が 10.3，標本の大きさが 36 のとき，

$$10.3-1.96\cdot\frac{1.5}{\sqrt{36}}=9.81,\ 10.3+1.96\cdot\frac{1.5}{\sqrt{36}}=10.79$$

⬅POINT!

であるから，母平均 m に対する信頼度 95 % の信頼区間は

$$^{オ}\mathbf{9}.^{カキ}\mathbf{81} \leqq m \leqq {}^{クケ}\mathbf{10}.^{コサ}\mathbf{79}$$

参考 信頼度 95 % の信頼区間に現れる 1.96 という数は，右図の赤い部分の面積が 0.95 になる z_0 の値を表している。

$\dfrac{0.95}{2}=0.475$ であるから，$P(0 \leqq Z \leqq z_0)=0.475$ となる z_0 を正規分布表から探して $z_0=1.96$ となる。

このことを知っていれば，1.96 を忘れても正規分布表から求められる。

同様に，信頼度 99 % の信頼区間の場合は，$\dfrac{0.99}{2}=0.495$ から，

$\left[\overline{X}-2.58\cdot\dfrac{\sigma}{\sqrt{n}},\ \overline{X}+2.58\cdot\dfrac{\sigma}{\sqrt{n}}\right]$ となる。

（正規分布表では，$z_0=2.57$ のとき 0.4949，$z_0=2.58$ のとき 0.4951）

基本 例題 106　仮説検定 (1) …… 両側検定

ある硬貨を 400 回投げたところ，表が 214 回出た。この硬貨は，表と裏の出方に偏りがあると判断してよいかについて，有意水準 5 % で仮説検定をする。
表が出る確率を p とする。表と裏の出方に偏りがあるならば，
$p \neq$ [ア].[イ] である。ここで，「表と裏の出方に偏りがない」，すなわち
$p=$ [ア].[イ] という仮説を立てる。この仮説が正しいとするとき，400 回のうち表が出る回数 X は，二項分布 $B(400,$ [ア].[イ]$)$ に従う。X の期待値 m と標準偏差 σ は $m=$ [ウエオ]，$\sigma=$ [カキ] であるから，$Z=\dfrac{X-\text{[ウエオ]}}{\text{[カキ]}}$ は近似的に標準正規分布 $N(0,\ 1)$ に従う。
正規分布表より，$P(-1.96 \leqq Z \leqq 1.96) \fallingdotseq 0.95$ であるから，有意水準 5 % の棄却域は [ク] である。$X=214$ のとき $Z=$ [ケ].[コ] であり，この値は棄却域に [サ] から，この硬貨は表と裏の出方に偏りがあると [シ]。

[ク] の解答群：⓪ $Z \leqq -1.96$　① $-1.96 \leqq Z \leqq 1.96$　② $Z \geqq 1.96$
③ $Z \leqq -1.96$ または $Z \geqq 1.96$

[サ] の解答群：⓪ 入る　① 入らない

[シ] の解答群：⓪ 判断してよい　① 判断できない

POINT! 仮説検定とは，標本から得られた結果によって，母集団分布に関する仮説が正しいか，正しくないかを判断する方法である。解答側注の手順 ①～③ を振り返ろう。

解答　表が出る確率を p とすると，表と裏の出方に偏りがあるならば，$p \neq {}^{ア}\mathbf{0}.{}^{イ}\mathbf{5}$ である。
ここで，「表と裏の出方に偏りがない」，すなわち $p=0.5$ という仮説を立てる。この仮説が正しいとするとき，400 回のうち表が出る回数 X は，二項分布 $B(400,\ 0.5)$ に従い

$$m=400 \cdot 0.5={}^{ウエオ}\mathbf{200},$$
$$\sigma=\sqrt{400 \cdot 0.5 \cdot (1-0.5)}={}^{カキ}\mathbf{10}$$

よって，$Z=\dfrac{X-200}{10}$ は近似的に標準正規分布 $N(0,\ 1)$ に従う。$P(-1.96 \leqq Z \leqq 1.96) \fallingdotseq 0.95$ であるから，有意水準 5 % の棄却域は
$Z \leqq -1.96,\ 1.96 \leqq Z$（ク ③）
$X=214$ のとき，
$Z=\dfrac{214-200}{10}={}^{ケ}\mathbf{1}.{}^{コ}\mathbf{4}$ であり，

この値は棄却域に入らないから，仮説を棄却できない。（サ ①）　すなわち，この硬貨は表と裏の出方に偏りがあるとは判断できない。（シ ①）

仮説検定の基本手順 ①～③

① 正しいかどうか判断したい仮説（対立仮説）に反する仮説 H_0（帰無仮説）を立てる。
本問で正しいかどうか判断したい仮説は「表と裏の出方に偏りがある」これに反する仮説を立てる。

←二項分布の期待値，標準偏差。
➡ 基 103

←二項分布の正規分布による近似。
➡ 重 57

② 仮説 H_0 のもとで棄却域[1]を求める。
1) **棄却域**とは，仮説 H_0 のもとでは実現しにくい確率変数の値の範囲のこと。

③ 標本から得られた確率変数の値が棄却域に入れば仮説 H_0 を棄却[2]し，棄却域に入らなければ仮説 H_0 を棄却しない。
2) **棄却する**とは，仮説を正しくないと判断すること。

CHECK

以下の問題を解答するにあたっては，必要に応じて p.385 の正規分布表を用いてもよい。

□ **101**　1 から 4 までの数が書かれたカードが 1 枚ずつある。この 4 枚のカードから同時に 2 枚を取り出し，2 枚のカードに書かれている数の和を確率変数 X とする。

$P(X=3)=\dfrac{\boxed{ア}}{\boxed{イ}}$，$P(X=5)=\dfrac{\boxed{ウ}}{\boxed{エ}}$ であり，X の期待値は $\boxed{オ}$ である。

□ **102**　青玉が 9 個，白玉が 6 個，赤玉が 3 個，合計 18 個の玉が入っている袋がある。この袋から玉を 1 個取り出すとき，取り出した玉が青玉の場合は $X=0$，白玉の場合は $X=1$，赤玉の場合は $X=2$ とする。

このとき，X の期待値は $\dfrac{\boxed{ア}}{\boxed{イ}}$，分散は $\dfrac{\boxed{ウ}}{\boxed{エ}}$，標準偏差は $\dfrac{\sqrt{\boxed{オ}}}{\boxed{カ}}$ である。

□ **103**　袋の中に赤玉が 3 個，白玉が 2 個入っている。この袋の中から 1 個を取り出し，色を確認してから元に戻す試行を 5 回繰り返す。5 回のうち赤玉が出た回数を X とする。このとき，$k=0,\ 1,\ 2,\ \cdots,\ 5$ に対して

$P(X=k)={}_{\boxed{ア}}\mathrm{C}_k\left(\dfrac{\boxed{イ}}{\boxed{ウ}}\right)^k\left(1-\dfrac{\boxed{イ}}{\boxed{ウ}}\right)^{\boxed{ア}-k}$ であるから，$P(X=3)=\dfrac{\boxed{エオカ}}{\boxed{キクケ}}$ である。また，期待値は $\boxed{コ}$，分散は $\dfrac{\boxed{サ}}{\boxed{シ}}$，標準偏差は $\dfrac{\sqrt{\boxed{スセ}}}{\boxed{ソ}}$ である。

□ **104**　確率変数 Z が標準正規分布 $N(0,\ 1)$ に従うとき，確率 $P(-0.5\leqq Z\leqq 1.0)$ は $0.\boxed{アイウエ}$ である。また，確率変数 X が正規分布 $N(20,\ 3^2)$ に従うとき，$P(23\leqq X\leqq 26)=0.\boxed{オカキク}$ である。

□ **105**　正規分布に従う母集団があり，その母平均は m，母標準偏差は 40 である。

(1)　$m=20$ とする。大きさ 400 の無作為標本を抽出するとき，標本平均が 18 以上 22 以下の値をとる確率は $0.\boxed{アイウエ}$ である。

(2)　母平均 m が不明であるとする。大きさ n の標本を無作為に抽出して，信頼度 95 % の m に対する信頼区間を求めたところ $12.16\leqq m\leqq 27.84$ であった。このとき，標本平均は $\boxed{オカ}$ で，標本の大きさ n は $\boxed{キクケ}$ である。

□ **106**　ある 1 個のさいころを 720 回投げたところ，4 の目が 100 回出た。このさいころは，4 の目が出る確率が $\dfrac{1}{6}$ ではないと判断してよいかを有意水準 5 % で仮説検定をすると，「4 の目が出る確率が $\dfrac{1}{6}$ ではないと $\boxed{ア}$」という結果になる。

$\boxed{ア}$ の解答群：　⓪　判断してよい　　①　判断できない

重要 例題 54　確率変数 $aX+b$ の期待値・分散

a を $1 \leqq a \leqq 5$ を満たす整数とする。10 枚のカードがあり，1 と書かれているものが a 枚，2，3，4，5 と書かれているものが 1 枚ずつ，6 と書かれているものが $6-a$ 枚ある。この 10 枚から 1 枚引き，そのカードに書かれている数を X とする。

(1) X の期待値を $E(X)$，分散を $V(X)$ とすると

$E(X)=$ ア $-\dfrac{a}{\text{イ}}$，$V(X)=-\dfrac{a^2}{\text{ウ}}+\dfrac{\text{エ}}{\text{オ}}a+$ カ である。

(2) $a=3$ のとき，X の値に対して，$Y=2X-5$ とすると，Y の期待値 $E(Y)$ は キ，分散 $V(Y)$ は クケ となる。

POINT! 確率変数 X と定数 a，b に対して，$Y=aX+b$ とすると
期待値 $E(aX+b)=aE(X)+b$，分散 $V(aX+b)=a^2V(X)$

解答 (1) X に対して，P，XP，X^2P は，次のようになる。

X	1	2	3	4	5	6	計
P	$\frac{a}{10}$	$\frac{1}{10}$	$\frac{1}{10}$	$\frac{1}{10}$	$\frac{1}{10}$	$\frac{6-a}{10}$	1
XP	$\frac{a}{10}$	$\frac{2}{10}$	$\frac{3}{10}$	$\frac{4}{10}$	$\frac{5}{10}$	$\frac{6(6-a)}{10}$	$5-\frac{a}{2}$
X^2P	$\frac{a}{10}$	$\frac{4}{10}$	$\frac{9}{10}$	$\frac{16}{10}$	$\frac{25}{10}$	$\frac{36(6-a)}{10}$	$27-\frac{7}{2}a$

←**素早く解く!**
期待値，分散の計算は，表を利用すると早い。
➡基 101

よって　$E(X)={}^{ア}\mathbf{5}-\dfrac{a}{{}^{イ}\mathbf{2}}$

$V(X)=27-\dfrac{7}{2}a-\left(5-\dfrac{a}{2}\right)^2$

$=-\dfrac{a^2}{{}^{ウ}\mathbf{4}}+\dfrac{{}^{エ}\mathbf{3}}{{}^{オ}\mathbf{2}}a+{}^{カ}\mathbf{2}$

←$V(X)=E(X^2)-\{E(X)\}^2$
➡基 102

(2) $a=3$ のとき

$E(X)=5-\dfrac{3}{2}=\dfrac{7}{2}$，$V(X)=-\dfrac{3^2}{4}+\dfrac{3}{2}\cdot 3+2=\dfrac{17}{4}$

$Y=2X-5$ から

$E(Y)=E(2X-5)=2E(X)-5=2\cdot\dfrac{7}{2}-5={}^{キ}\mathbf{2}$，

$V(Y)=V(2X-5)=2^2V(X)=4\cdot\dfrac{17}{4}={}^{クケ}\mathbf{17}$

←$E(aX+b)=aE(X)+b$
$V(aX+b)=a^2V(X)$

練習 54　袋の中に赤玉 a 個と白玉 $7-a$ 個の計 7 個の玉が入っている。ただし，a は $2 \leqq a \leqq 6$ を満たす整数とする。この袋から同時に 2 つの玉を取り出し，その中に含まれる赤玉の個数を X とする。X の期待値を $E(X)$，分散を $V(X)$ とする。

(1) $E(X)=\dfrac{\text{ア}}{\text{イ}}a$，$V(X)=\dfrac{\text{ウ}\,a(\text{エ}-a)}{\text{オカキ}}$ である。$V(X)$ は $a=$ ク または ケ のとき，最大値 $\dfrac{\text{コサ}}{\text{シス}}$ をとる。ただし，ク $<$ ケ である。

(2) $Y=7X+2$ とすると，$a=$ ク のとき $E(Y)=$ セ，$V(Y)=$ ソタ である。

重要 例題 55　確率変数の和

赤，青，黄のカードが 4 枚ずつあり，各色のカードには 1 から 4 までの数が 1 つずつ書かれている。赤，青，黄のカードから 1 枚ずつ抜き取り，赤のカードに書かれている数を X，青と黄のカードに書かれている数の差の絶対値を Y とする。確率変数 X の期待値を $E(X)$，分散を $V(X)$ とする。

(1) 確率変数 Y について，$E(Y)=\dfrac{\boxed{ア}}{\boxed{イ}}$，$V(Y)=\dfrac{\boxed{ウエ}}{\boxed{オカ}}$ である。

(2) 確率変数 $X+Y$ について，$E(X+Y)=\dfrac{\boxed{キク}}{\boxed{ケ}}$，$V(X+Y)=\dfrac{\boxed{コサ}}{\boxed{シス}}$ である。

POINT!

確率変数 X，Y に対して　$E(X+Y)=E(X)+E(Y)$

X と Y が互いに独立 $\Longleftrightarrow P(X=a$ かつ $Y=b)=P(X=a)P(X=b)$

（互いに影響を及ぼさない）

X と Y が互いに独立のとき　$V(X+Y)=V(X)+V(Y)$

解答 (1) Y のとり得る値は，0，1，2，3 である。

表から

$E(Y)=\dfrac{^{ア}5}{_{イ}4}$，

$V(Y)=\dfrac{5}{2}-\left(\dfrac{5}{4}\right)^2=\dfrac{^{ウエ}15}{_{オカ}16}$

Y	0	1	2	3	計
P	$\frac{4}{16}$	$\frac{6}{16}$	$\frac{4}{16}$	$\frac{2}{16}$	1
YP	0	$\frac{6}{16}$	$\frac{8}{16}$	$\frac{6}{16}$	$\frac{5}{4}$
Y^2P	0	$\frac{6}{16}$	$\frac{16}{16}$	$\frac{18}{16}$	$\frac{5}{2}$

(2) X の確率分布は右の表のようになる。

X	1	2	3	4	計
P	$\frac{1}{4}$	$\frac{1}{4}$	$\frac{1}{4}$	$\frac{1}{4}$	1
XP	$\frac{1}{4}$	$\frac{2}{4}$	$\frac{3}{4}$	$\frac{4}{4}$	$\frac{5}{2}$
X^2P	$\frac{1}{4}$	$\frac{4}{4}$	$\frac{9}{4}$	$\frac{16}{4}$	$\frac{15}{2}$

よって　$E(X)=\dfrac{5}{2}$

ゆえに　$E(X+Y)=E(X)+E(Y)=\dfrac{5}{2}+\dfrac{5}{4}=\dfrac{^{キク}15}{_{ケ}4}$

また　$V(X)=\dfrac{15}{2}-\left(\dfrac{5}{2}\right)^2=\dfrac{5}{4}$

X と Y は互いに独立であるから，

$V(X+Y)=V(X)+V(Y)=\dfrac{5}{4}+\dfrac{15}{16}=\dfrac{^{コサ}35}{_{シス}16}$

⬅**素早く解く!**

表を利用する。青と黄の差の絶対値は右の通り。

黄＼青	1	2	3	4
1	0	1	2	3
2	1	0	1	2
3	2	1	0	1
4	3	2	1	0

⬅$V(Y)=E(Y^2)-\{E(Y)\}^2$

➡ 基 102

⬅$E(X+Y)=E(X)+E(Y)$

⬅$V(X)=E(X^2)-\{E(X)\}^2$

⬅X と Y が互いに独立のとき $V(X+Y)=V(X)+V(Y)$

練習 55　1, 2, 3 と書かれたカードが 1 枚ずつある。この 3 枚のカードから 1 枚引いてカードに書かれている数を確認して元に戻し，もう 1 枚を引く。1 枚目のカードに書かれている数を X_1，2 枚目のカードに書かれている数を X_2 とし，X_1 と X_2 の和を Y，X_1 と X_2 の大きい方（等しいときはその値）を Z とする。
確率変数 X に対して，その期待値を $E(X)$，分散を $V(X)$ とする。
$E(Y)=\boxed{ア}$，$V(Y)=\dfrac{\boxed{イ}}{\boxed{ウ}}$ である。また，$E(Z)=\dfrac{\boxed{エオ}}{\boxed{カ}}$，$V(Z)=\dfrac{\boxed{キク}}{\boxed{ケコ}}$ であり，$E(X_1+Z)=\dfrac{\boxed{サシ}}{\boxed{ス}}$，$V(X_1+Z)=\dfrac{\boxed{セソタ}}{\boxed{チツ}}$ である。

重要 例題 56 確率密度関数と確率・平均

確率変数 X のとる値 x の範囲が $0 \leqq x \leqq 2$ で，その確率密度関数 $f(x)$ が右の式で与えられている。ただし，k は正の定数である。

$$f(x)=\begin{cases} \dfrac{3}{2}kx & \left(0 \leqq x \leqq \dfrac{2}{3}\right) \\ \dfrac{3}{4}k(2-x) & \left(\dfrac{2}{3} < x \leqq 2\right) \end{cases}$$

(1) k の値は $k=$ [ア] で，$P(0 \leqq X \leqq 1)=\dfrac{[イ]}{[ウ]}$ である。

(2) X の平均（期待値）は $E(X)=\dfrac{[エ]}{[オ]}$ である。

POINT!
連続型確率変数 X の確率密度関数 $f(x)$ $(\alpha \leqq x \leqq \beta)$ について

$$P(a \leqq X \leqq b)=\int_a^b f(x)dx \quad (\alpha \leqq a \leqq b \leqq \beta) \qquad \int_\alpha^\beta f(x)dx=1$$

$$E(X)=\int_\alpha^\beta xf(x)dx \qquad （確率の総和）=1$$

解答 (1) $y=f(x)$ のグラフは図のようになるから

$$\int_0^2 f(x)dx=\frac{1}{2}\cdot 2\cdot k=k$$

←三角形の面積として計算。

（グラフ：y, k, $\frac{3}{4}k$, $P(0 \leqq X \leqq 1)$, $y=f(x)$, O, $\frac{2}{3}$, 1, 2, x）

$\displaystyle\int_0^2 f(x)dx=1$ であるから　$k={}^{ア}\mathbf{1}$

←（全面積）$=1$

また　$\displaystyle P(0 \leqq X \leqq 1)=\int_0^1 f(x)dx$

←POINT!

$$=\int_0^{\frac{2}{3}} \frac{3}{2}xdx+\int_{\frac{2}{3}}^1 \frac{3}{4}(2-x)dx$$

$$=\frac{1}{2}\cdot\frac{2}{3}\cdot 1+\frac{1}{2}\left(1+\frac{3}{4}\right)\left(1-\frac{2}{3}\right)$$

$$=\frac{1}{3}+\frac{7}{24}=\frac{15}{24}=\frac{{}^{イ}\mathbf{5}}{{}^{ウ}\mathbf{8}}$$

←三角形の面積＋台形の面積 として計算。

素早く解く!

$$\int_0^1 f(x)dx=1-\int_1^2 f(x)dx=1-\frac{1}{2}\cdot 1\cdot\frac{3}{4}=\frac{{}^{イ}5}{{}^{ウ}8}$$

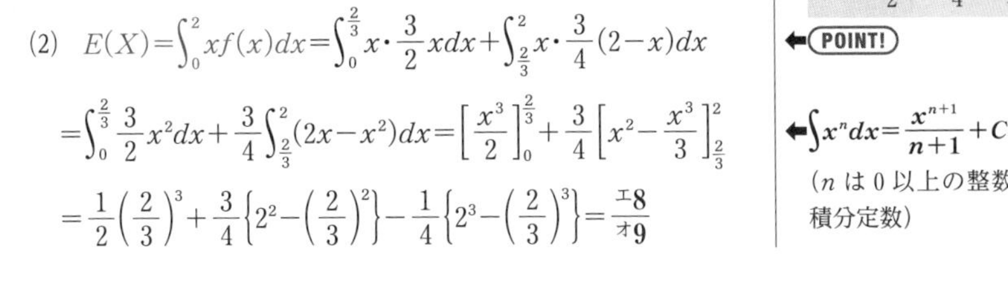

(2) $\displaystyle E(X)=\int_0^2 xf(x)dx=\int_0^{\frac{2}{3}} x\cdot\frac{3}{2}xdx+\int_{\frac{2}{3}}^2 x\cdot\frac{3}{4}(2-x)dx$

←POINT!

$$=\int_0^{\frac{2}{3}}\frac{3}{2}x^2dx+\frac{3}{4}\int_{\frac{2}{3}}^2(2x-x^2)dx=\left[\frac{x^3}{2}\right]_0^{\frac{2}{3}}+\frac{3}{4}\left[x^2-\frac{x^3}{3}\right]_{\frac{2}{3}}^2$$

$$=\frac{1}{2}\left(\frac{2}{3}\right)^3+\frac{3}{4}\left\{2^2-\left(\frac{2}{3}\right)^2\right\}-\frac{1}{4}\left\{2^3-\left(\frac{2}{3}\right)^3\right\}=\frac{{}^{エ}\mathbf{8}}{{}^{オ}\mathbf{9}}$$

←$\displaystyle\int x^n dx=\frac{x^{n+1}}{n+1}+C$
（n は0以上の整数，C は積分定数）

練習 56 a は正の定数とする。確率変数 X のとる値 x の範囲が $-a \leqq x \leqq 2a$ で，その確率密度関数 $f(x)$ が右の式で与えられているとき，$P\left(a \leqq X \leqq \dfrac{3}{2}a\right)=\dfrac{[ア]}{[イ]}$ で，X の平均（期待値）は $\dfrac{[ウ]}{[エ]}a$ である。

$$f(x)=\begin{cases} \dfrac{2}{3a^2}(x+a) & (-a \leqq x \leqq 0) \\ \dfrac{1}{3a^2}(2a-x) & (0 \leqq x \leqq 2a) \end{cases}$$

※重要例題 57，練習 57 を解答するにあたっては，必要に応じて p.385 の正規分布表を用いてもよい。

重要 例題 57　二項分布の正規分布による近似，母比率の推定

数種類の飴玉が数多く入っている段ボール箱がある。A という飴玉が入っている比率を p とする。

(1)　$p=\dfrac{1}{5}$ とする。段ボール箱から飴玉を無作為に 1 個取り出し，もとに戻す試行を 400 回行い，そのうち A の飴玉が取り出される回数を X とする。このとき，確率変数 X は二項分布に従う。

よって，X の平均（期待値）は［アイ］回，標準偏差は［ウ］回である。

400 は十分に大きいので，$X \geqq 90$ となる確率の近似値は，正規分布表から次のように求められる。

$$P(X \geqq 90)=P\left(\frac{X-\boxed{アイ}}{\boxed{ウ}} \geqq \boxed{エ}.\boxed{オカ}\right)=0.\boxed{キクケ}$$

(2)　無作為に選んだ n 個の飴玉の中に，A の飴玉が Y 個含まれていたとする。このときの比率 p に対する信頼度 95 % の信頼区間を求めよう。

$n=625$，$Y=125$ のとき，標本比率は $\dfrac{\boxed{コ}}{\boxed{サ}}$ である。

625 は十分に大きいので，p に対する信頼度 95 % の信頼区間は，

$0.\boxed{シス} \leqq p \leqq 0.\boxed{セソ}$ となる。

POINT!

二項分布 $B(n,\ p)$ に従う確率変数 X は，n が大きいとき，近似的に

正規分布 $N(np,\ np(1-p))$ に従う。

$\longrightarrow Z=\dfrac{X-np}{\sqrt{np(1-p)}}$ は $N(0,\ 1)$ に従う。（➡基 103，104）

標本の大きさ n が大きいとき，標本比率を R とすると，母比率 p に対する信頼度 95 % の信頼区間は

$$\left[R-1.96\sqrt{\frac{R(1-R)}{n}},\ R+1.96\sqrt{\frac{R(1-R)}{n}}\right]$$

解答　(1)　確率変数 X は二項分布 $B\left(400,\ \dfrac{1}{5}\right)$ に従うから，X の平均は　　$400\cdot\dfrac{1}{5}={}^{アイ}80$（回）

X の標準偏差は　　$\sqrt{400\cdot\dfrac{1}{5}\cdot\left(1-\dfrac{1}{5}\right)}={}^{ウ}8$（回）

400 は十分に大きいから，X は近似的に正規分布 $N(80,\ 8^2)$ に従う。

ここで，$Z=\dfrac{X-80}{8}$ とおくと，Z は近似的に標準正規分布 $N(0,\ 1)$ に従う。

⬅$E(X)=np$　➡基 103

⬅$\sigma(X)=\sqrt{np(1-p)}$　➡基 103

よって

$$P(X \geqq 90)=P\left(\frac{X-80}{8} \geqq \frac{90-80}{8}\right)$$
$$=P(Z \geqq {}^{エ}\mathbf{1}.{}^{オカ}\mathbf{25})$$
$$=0.5-P(0 \leqq Z \leqq 1.25)$$
$$=0.5-0.3944$$
$$=0.1056$$

小数第 4 位を四捨五入して

$$P(X \geqq 90)=0.{}^{キクケ}\mathbf{106}$$

(2)　標本比率 R は　　$R=\frac{125}{625}=\frac{{}^{コ}\mathbf{1}}{{}^{サ}\mathbf{5}}$

625 は十分に大きいから，比率 p に対する信頼度 95 % の信頼区間は

$$\left[\frac{1}{5}-1.96\sqrt{\frac{\frac{1}{5}\left(1-\frac{1}{5}\right)}{625}},\ \frac{1}{5}+1.96\sqrt{\frac{\frac{1}{5}\left(1-\frac{1}{5}\right)}{625}}\right]$$

← POINT!

$\frac{1}{5}=0.2$, $\sqrt{\frac{\frac{1}{5}\left(1-\frac{1}{5}\right)}{625}}=\sqrt{\frac{2^2}{5^6}}=\frac{2}{5^3}=0.016$ であるから

← $\frac{2^4}{(5\times2)^3}=\frac{16}{1000}$

$$0.2-1.96\times0.016=0.2-0.03136=0.16864,$$
$$0.2+1.96\times0.016=0.2+0.03136=0.23136$$

したがって，p に対する信頼度 95 % の信頼区間は，それぞれ小数第 3 位を四捨五入して

$$0.{}^{シス}\mathbf{17} \leqq p \leqq 0.{}^{セソ}\mathbf{23}$$

13 統計的な推測

練習 57　1 から 5 までの数字がそれぞれ 1 つずつ書かれた何枚かのカードが，箱の中に入っている。1 と書かれたカードが入っている割合を p とする。この箱から，カードを無作為に復元抽出する試行を 100 回行い，そのうち 1 と書かれたカードが取り出される回数を X とする。

(1)　もし，$p=\frac{1}{5}$ であるとすれば，確率変数 X は平均 [アイ]，標準偏差 [ウ] の二項分布に従う。
　ここで，回数 100 は十分大きいと考えられるので，確率 $P(X \geqq 30)$ の近似値は，正規分布表から 0.[エオカキ] と求められる。

(2)　X が 10 であったとき，1 と書かれたカードが入っている割合 p に対する信頼度 95 % の信頼区間は，[[ク].[ケコ], [サ].[シス]] と求められる。

※演習例題 24，問題 24，演習例題 25，問題 25 を解答するにあたっては，必要に応じて p.385 の正規分布表を用いてもよい。

演習 例題 24　信頼区間の幅

目安 7分　解説動画

ある工場で大量に製造された商品の中から 400 個無作為に取り出し，重さを量ると平均値は 36.5 g であった。母標準偏差を σ g として，製造されたすべての商品の重さの母平均 m に対し，95 % の信頼度で信頼区間を求めると，$A \leqq m \leqq B$ であった。このとき，信頼区間の幅 $B-A$ を L とおく。

(1) 信頼度と σ は変わらないとしたとき，信頼区間の幅を $\frac{1}{2}L$ とするには，無作為に取り出す商品の個数を［ア］とすればよい。［ア］に当てはまる最も適当なものを，次の ⓪ ～ ⑤ のうちから一つ選べ。

⓪ 100　① 200　② 400　③ 800　④ 1200　⑤ 1600

(2) σ と標本の大きさは変わらないとしたとき，信頼度を 99 % にすると，信頼区間の幅は約［イ］となる。［イ］に当てはまる最も適当なものを，次の ⓪ ～ ④ のうちから一つ選べ。

⓪ $0.62L$　① $0.76L$　② $1.32L$　③ $4.54L$　④ $5.06L$

(3) σ と標本の大きさは変わらないとしたとき，信頼区間の幅を $\frac{1}{2}L$ とすると，信頼度は約［ウ］% となる。［ウ］に当てはまる最も適当なものを，次の ⓪ ～ ④ のうちから一つ選べ。

⓪ 34　① 50　② 67　③ 75　④ 91

(4) 取り出した商品の平均値が 35.8 g であったとすると，信頼度と σ，標本の大きさは変わらないとき，信頼区間の幅は［エ］。［エ］に当てはまる最も適当なものを，次の ⓪ ～ ② のうちから一つ選べ。

⓪ 小さくなる　① 変わらない　② 大きくなる

Situation Check ✓

信頼区間の幅を表す式のどの部分が変化しないか把握し，変化する部分だけに着目する。

標本の大きさ n が大きいとき，母平均 m に対する

信頼度 95 % の信頼区間は $\left[\overline{X}-1.96\cdot\frac{\sigma}{\sqrt{n}},\ \overline{X}+1.96\cdot\frac{\sigma}{\sqrt{n}}\right]$

（➡ 基 105）

信頼度 99 % の信頼区間は $\left[\overline{X}-2.58\cdot\frac{\sigma}{\sqrt{n}},\ \overline{X}+2.58\cdot\frac{\sigma}{\sqrt{n}}\right]$

（$\overline{X}$ は標本平均，σ は母標準偏差）

したがって，信頼度 95 % の信頼区間の幅 L は

$$L=\left(\overline{X}+1.96\cdot\frac{\sigma}{\sqrt{n}}\right)-\left(\overline{X}-1.96\cdot\frac{\sigma}{\sqrt{n}}\right)=2\cdot1.96\cdot\frac{\sigma}{\sqrt{n}}$$

正規分布表の読み間違えに注意。

解答 (1) 標本の大きさ 400 は十分大きいから，母平均 m に対する信頼度 95 % の信頼区間は

$$\left[36.5-1.96\cdot\frac{\sigma}{\sqrt{400}},\ 36.5+1.96\cdot\frac{\sigma}{\sqrt{400}}\right]$$

したがって，信頼区間の幅 L は

$$L=2\cdot1.96\cdot\frac{\sigma}{\sqrt{400}}$$

ゆえに，信頼区間の幅を $\frac{1}{2}L$ とするためには

$$\frac{1}{2}L=2\cdot1.96\cdot\frac{\sigma}{2\sqrt{400}}=2\cdot1.96\cdot\frac{\sigma}{\sqrt{1600}}$$

よって，無作為に取り出す商品の個数を 1600 とすればよい。（ア ⑤）

(2) 母平均 m に対する信頼度 99 % の信頼区間は

$$\left[36.5-2.58\cdot\frac{\sigma}{\sqrt{400}},\ 36.5+2.58\cdot\frac{\sigma}{\sqrt{400}}\right]$$

したがって，信頼区間の幅 S は

$$S=2\cdot2.58\cdot\frac{\sigma}{\sqrt{400}}$$

よって，$\frac{S}{L}=\frac{2.58}{1.96}=1.316\cdots\cdots\fallingdotseq1.32$ から

$S\fallingdotseq1.32L$ （イ ②）

(3) $\frac{1}{2}L=2\cdot\frac{1.96}{2}\cdot\frac{\sigma}{\sqrt{400}}=2\cdot0.98\cdot\frac{\sigma}{\sqrt{400}}$

正規分布表から

$2\cdot P(0\leqq Z\leqq0.98)=2\cdot0.3365=0.673$

よって，信頼度は約 67 % となる。（ウ ②）

(4) 信頼度と σ，標本の大きさが変わらないとき，取り出した商品の平均値が変わっても，信頼区間の幅

$L=2\cdot1.96\cdot\frac{\sigma}{\sqrt{400}}$ は変化しない。

よって，信頼区間の幅は変わらない。（エ ①）

素早く解く！

変化する部分に着目する。
(1) 信頼度と σ は変化しないから，$\sqrt{n}$ の部分だけに着目する。L を $\frac{1}{2}$ にするなら，分母の $\sqrt{n}$ を 2 倍，すなわち，n を 4 倍にすればよい。
(2) σ と標本の大きさは変化しないから，1.96 と 2.58 の部分だけに着目して比の値を求める。

⬅信頼度 99 % の信頼区間に出てくる 2.58 の数値は，正規分布表から求めることができるが，信頼度 95 % の 1.96 とともに覚えておくとよい。
➡ 基 105 参考参照。

⬅σ と標本の大きさは変化しないから，1.96 の部分に着目する。信頼区間の幅を $L=2\cdot z_0\cdot\frac{\sigma}{\sqrt{n}}$ とすると，z_0 は下の図の z_0 に対応する。

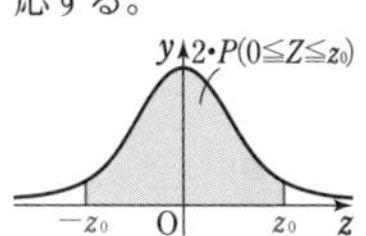

問題 24 A 工場で製造されるある部品の重量の母平均 m を推定するために，無作為に 100 個の部品を取り出し，重量を測定した。その結果，平均値 62 g，標本標準偏差 5 g を得た。この標本標準偏差を母標準偏差とみなして m に対する信頼度 95 % の信頼区間を求めると，［アイ］.［ウエ］$\leqq m\leqq$［オカ］.［キク］である。この信頼区間の幅を L とおく。このとき，信頼度を 92 % とすると信頼区間の幅は約［ケ］.［コサ］L となる。また，900 個の部品を無作為に取り出したとき，標本標準偏差が変わらないとすると，信頼度 95 % の信頼区間の幅は $\frac{［シ］}{［ス］}L$ となる。

演習　例題 25　仮説検定 (2) …… 片側検定

目安 7分　解説動画

あるスーパーマーケットでは，過去の調査から，仕入れた桃のうち 2 % は傷んでいることがわかっている。今年は 500 個の桃を仕入れた。店員の A さんはすべての桃を確認したところ，傷んだ桃は 16 個あった。A さんは，今年は昨年に比べて傷んでいる桃の個数の割合が高まったといえるかどうかを，有意水準 5 % で仮説検定をして調べてみることにした。

まず，傷んでいる桃の個数の割合を p とすると，帰無仮説は［ア］，対立仮説は［イ］である。

次に，帰無仮説が正しいとする。このとき，500 個の桃のうち傷んでいるものの個数を X とすると，X は二項分布 $B($［ウエオ］，［カ］.［キク］$)$ に従う。

X の期待値 m と標準偏差 σ は $m=$［ケコ］，$\sigma=\dfrac{［サ］}{\sqrt{［シ］}}$ であるから，

$Z=\dfrac{X-［ケコ］}{\dfrac{［サ］}{\sqrt{［シ］}}}$ は近似的に標準正規分布 $N(0,\ 1)$ に従う。

正規分布表より，$P(0\leqq Z\leqq［ス］)\fallingdotseq 0.45$ であり，$\sqrt{5}=2.24$ とすると $X=16$ のとき $Z=$［セ］.［ソタ］である。この Z の値は，有意水準 5 % の棄却域に［チ］から，今年は昨年に比べて傷んでいる桃の個数の割合は［ツ］。

［ア］，［イ］，［ス］，［チ］，［ツ］については，最も適当なものをそれぞれの解答群から選べ。

［ア］，［イ］の解答群（同じものを繰り返し選んでもよい。）

⓪ $p<0.02$　　① $p>0.02$　　② $p=0.02$　　③ $p\neq 0.02$

［ス］の解答群：⓪ 1.24　　① 1.44　　② 1.64　　③ 1.84

［チ］の解答群：⓪ 入る　　① 入らない

［ツ］の解答群：⓪ 高まったといえる　　① 高まったとはいえない

Situation Check ✓

大きくなった（小さくなった）の判断なら
片側検定

p.251 基本例題 106 では，棄却域を両側にとり，表が出る回数が大きすぎても小さすぎても仮説を棄却する。このような仮説検定を両側検定という。
これに対し，本問では，割合 p が高まったかどうかを考えるため，棄却域を片側のみにとり，傷んでいる桃の個数が大きすぎる場合のみ仮説を棄却する。
このような仮説検定を片側検定という。
片側検定でも，手順は基本例題 106 と同様である。
なお，仮説検定において，正しいかどうか判断したい主張に反する仮定として立てた仮説を帰無仮説といい，もとの主張を対立仮説という。

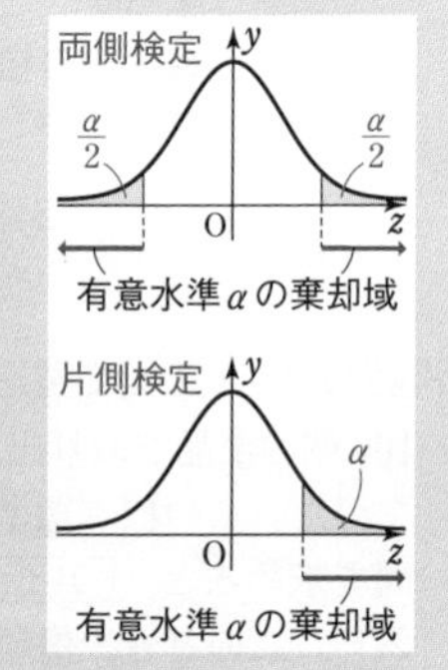

解答 傷んでいる桃の個数の割合をpとすると，今年は昨年に比べて傷んでいる桃の個数の割合が高まったならば，$p>0.02$である。ここで，「今年は昨年に比べて傷んでいる桃の個数の割合が高まらなかった」，すなわち$p=0.02$という仮説を立てて，仮説検定を行う。よって，帰無仮説は$p=0.02$（ア ②），対立仮説は$p>0.02$（イ ①）である。

←「割合が高まったといえるかどうか」とあるから，$p\geqq0.02$を前提とする。

←手順①：判断したい主張に反する仮説を立てる。

帰無仮説が正しいとすると，500個の桃のうち傷んでいるものの個数Xは，二項分布B（ウエオ**500**，カ**0.**キク**02**）に従い

$$m=500\cdot0.02=^{ケコ}\mathbf{10},\quad \sigma=\sqrt{500\cdot0.02\cdot(1-0.02)}=\frac{^{サ}\mathbf{7}}{\sqrt{^{シ}\mathbf{5}}}$$

ゆえに，$Z=\dfrac{X-10}{\dfrac{7}{\sqrt{5}}}$は近似的に標準正規分布$N(0,\ 1)$に従う。正規分布表より，$P(0\leqq Z\leqq1.64)\fallingdotseq0.45$（ス ②）であるから，有意水準5%の棄却域は　$Z\geqq1.64$ ……(＊)

(＊)手順②：棄却域を求める。

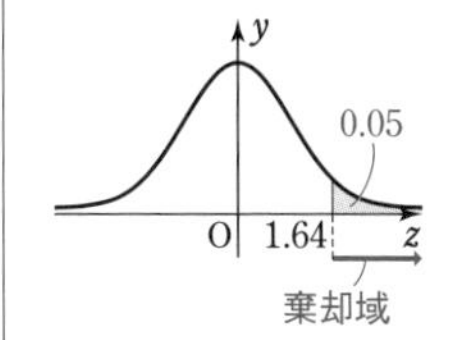

$X=16$のとき$Z=(16-10)\cdot\dfrac{\sqrt{5}}{7}=6\cdot\dfrac{2.24}{7}=^{セ}\mathbf{1.}^{ソタ}\mathbf{92}$であり，この値は棄却域に入るから，帰無仮説を棄却できる。（チ ⓪）

←手順③：帰無仮説を棄却するかどうかを判断する。

すなわち，今年は昨年に比べて傷んでいる桃の個数の割合が高まったといえる。（ツ ⓪）

問題 25 バスケットボールの選手であるBさんの，昨シーズンの3ポイントシュートの成功率は0.4であった。昨シーズン終了後に怪我の手術とリハビリを経て迎えた今シーズンは，3ポイントシュートをねらう機会が300回あり，このうち108本を決めた。Bさんの3ポイントシュートの成功率は昨シーズンよりも下がったといえるかどうかを，有意水準5%で仮説検定をして調べてみよう。

まず，Bさんの3ポイントシュートの成功率をpとすると，帰無仮説は［ア］，対立仮説は［イ］である。

次に，帰無仮説が正しいとする。このとき，3ポイントシュートをねらう機会300回のうち，決めた本数をXとすると，Xは二項分布$B(300,\ p)$に従い，Xの期待値をm，標準偏差をσとすると，$Z=\dfrac{X-m}{\sigma}$は近似的に標準正規分布$N(0,\ 1)$に従う。

正規分布表より，$P($［ウ］$\leqq Z\leqq0)\fallingdotseq0.45$であり，$X=108$のとき

$Z=$［エ］$\sqrt{［オ］}$である。このZの値は，有意水準5%の棄却域に［カ］から，Bさんの3ポイントシュートの成功率は昨シーズンよりも［キ］。

［ア］，［イ］，［ウ］，［カ］，［キ］については，最も適当なものをそれぞれの解答群から選べ。

［ア］，［イ］の解答群（同じものを繰り返し選んでもよい。）

⓪ $p<0.4$　① $p>0.4$　② $p=0.4$　③ $p\neq0.4$

［ウ］の解答群：⓪ -2.33　① -1.96　② -1.64　③ -1.32

［カ］の解答群：⓪ 入る　① 入らない

［キ］の解答群：⓪ 下がったといえる　① 下がったとはいえない

実践問題

目安時間　48［10分］　49［8分］　50［12分］　指針 p.361

***48**　以下の問題を解答するにあたっては，必要に応じて p.385 の正規分布表を用いてもよい。

ある大学には，多くの留学生が在籍している。この大学の留学生に対して学習や生活を支援する留学生センターでは，留学生の日本語の学習状況について関心を寄せている。

(1)　この大学では，留学生に対する授業として，以下に示す三つの日本語学習コースがある。

初級コース　：　1週間に10時間の日本語の授業を行う
中級コース　：　1週間に8時間の日本語の授業を行う
上級コース　：　1週間に6時間の日本語の授業を行う

すべての留学生が三つのコースのうち，いずれか一つのコースのみに登録することになっている。留学生全体における各コースに登録した留学生の割合は，それぞれ

初級コース：20％，中級コース：35％，上級コース：［アイ］％

であった。ただし，数値はすべて正確な値であり，四捨五入されていないものとする。この留学生の集団において，一人を無作為に抽出したとき，その留学生が1週間に受講する日本語学習コースの授業の時間数を表す確率変数を X とする。

X の平均（期待値）は $\dfrac{\boxed{ウエ}}{2}$ であり，X の分散は $\dfrac{\boxed{オカ}}{20}$ である。

次に，留学生全体を母集団とし，a 人を無作為に抽出したとき，初級コースに登録した人数を表す確率変数を Y とすると，Y は二項分布に従う。このとき，Y の平均 $E(Y)$ は $E(Y)=\dfrac{\boxed{キ}}{\boxed{ク}}a$ である。

また，上級コースに登録した人数を表す確率変数を Z とすると，Z は二項分布に従う。Y，Z の標準偏差をそれぞれ $\sigma(Y)$，$\sigma(Z)$ とすると

$$\frac{\sigma(Z)}{\sigma(Y)}=\frac{\boxed{ケ}\sqrt{\boxed{コサ}}}{\boxed{シ}}$$

である。

ここで，$a=100$ としたとき，無作為に抽出された留学生のうち，初級コースに登録した留学生が28人以上となる確率を p とする。$a=100$ は十分大きいので，Y は近似的に正規分布に従う。このことを用いて p の近似値を求めると，$p=\boxed{ス}$ である。

［ス］については，最も適当なものを，次の⓪～⑤のうちから一つ選べ。

⓪　0.002	①　0.023	②　0.228
③　0.477	④　0.480	⑤　0.977

(2)　40 人の留学生を無作為に抽出し，ある 1 週間における留学生の日本語学習コース以外の日本語の学習時間（分）を調査した。ただし，日本語の学習時間は母平均 m，母分散 σ^2 の分布に従うものとする。

母分散 σ^2 を 640 と仮定すると，標本平均の標準偏差は［セ］となる。調査の結果，40 人の学習時間の平均値は 120 であった。標本平均が近似的に正規分布に従うとして，母平均 m に対する信頼度 95 % の信頼区間を $C_1 \leqq m \leqq C_2$ とすると

$C_1=$［ソタチ］.［ツテ］，$C_2=$［トナニ］.［ヌネ］

である。

(3)　(2) の調査とは別に，日本語の学習時間を再度調査することになった。そこで，50 人の留学生を無作為に抽出し，調査した結果，学習時間の平均値は 120 であった。

母分散 σ^2 を 640 と仮定したとき，母平均 m に対する信頼度 95 % の信頼区間を $D_1 \leqq m \leqq D_2$ とすると，［ノ］が成り立つ。

一方，母分散 σ^2 を 960 と仮定したとき，母平均 m に対する信頼度 95 % の信頼区間を $E_1 \leqq m \leqq E_2$ とする。このとき，$D_2-D_1=E_2-E_1$ となるためには，標本の大きさを 50 の［ハ］.［ヒ］倍にする必要がある。

［ノ］の解答群

⓪　$D_1<C_1$ かつ $D_2<C_2$	①　$D_1<C_1$ かつ $D_2>C_2$
②　$D_1>C_1$ かつ $D_2<C_2$	③　$D_1>C_1$ かつ $D_2>C_2$

〔類 21 共通テスト・本試（第 2 日程）〕

49　ジャガイモを栽培し販売している会社に勤務する花子さんは，A 地区で収穫されるジャガイモについて調べることになった。

A 地区で収穫され，出荷される予定のジャガイモ 1 個の重さは 100 g から 300 g の間に分布している。A 地区で収穫され，出荷される予定のジャガイモ 1 個の重さを表す確率変数を X とするとき，X は連続型確率変数であり，X のとり得る値 x の範囲は $100 \leqq x \leqq 300$ である。

花子さんは，A 地区で収穫され，出荷される予定のすべてのジャガイモのうち，重さが 200 g 以上のものの割合を見積もりたいと考えた。そのために花子さんは，X の確率密度関数 $f(x)$ として適当な関数を定め，それを用いて割合を見積もるという方針を立てた。

(次ページに続く。)

A 地区で収穫され，出荷される予定のジャガイモから 206 個を無作為に抽出したところ，重さの標本平均は 180 g であった。図 1 はこの標本のヒストグラムである。

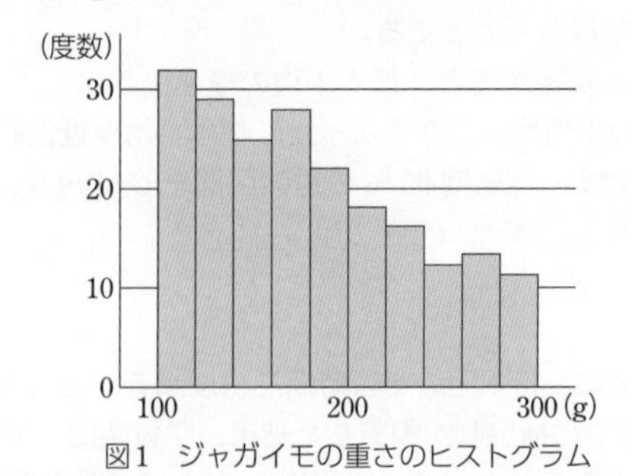

図1　ジャガイモの重さのヒストグラム

花子さんは図 1 のヒストグラムにおいて，重さ x の増加とともに度数がほぼ一定の割合で減少している傾向に着目し，X の確率密度関数 $f(x)$ として，1 次関数

$$f(x)=ax+b \quad (100 \leqq x \leqq 300)$$

を考えることにした。ただし，$100 \leqq x \leqq 300$ の範囲で $f(x) \geqq 0$ とする。

このとき，$P(100 \leqq X \leqq 300)=$ [ア] であることから

$$\boxed{イ}\cdot 10^4 a+\boxed{ウ}\cdot 10^2 b=\boxed{ア} \quad \cdots\cdots ①$$　である。

花子さんは，X の平均（期待値）が重さの標本平均 180 g と等しくなるように確率密度関数を定める方法を用いることにした。

連続型確率変数 X のとり得る値 x の範囲が $100 \leqq x \leqq 300$ で，その確率密度関数が $f(x)$ のとき，X の平均（期待値）m は $m=\int_{100}^{300} xf(x)dx$ で定義される。

m を計算すると

$$m=\frac{\boxed{エオ}}{\boxed{カ}}\cdot 10^6 a+\boxed{キ}\cdot 10^4 b$$

である。よって，花子さんの採用した方法から

$$\frac{\boxed{エオ}}{\boxed{カ}}\cdot 10^6 a+\boxed{キ}\cdot 10^4 b=180 \quad \cdots\cdots ②$$　となる。

① と ② により，確率密度関数は

$$f(x)=-\boxed{ク}\cdot 10^{-5} x+\boxed{ケコ}\cdot 10^{-3} \quad \cdots\cdots ③$$

と得られる。このようにして得られた ③ の $f(x)$ は，$100 \leqq x \leqq 300$ の範囲で $f(x) \geqq 0$ を満たしており，確かに確率密度関数として適当である。

したがって，この花子さんの方針に基づくと，A 地区で収穫され，出荷される予定のすべてのジャガイモのうち，重さが 200 g 以上のものは [サ] % あると見積もることができる。

[サ] については，最も適当なものを，次の ⓪ ～ ③ のうちから一つ選べ。

⓪ 33	① 34	② 35	③ 36

〔類 22 共通テスト・本試〕

***50** 以下の問題を解答するにあたっては，必要に応じて p.385 の正規分布表を用いてもよい。

花子さんは，マイクロプラスチックと呼ばれる小さなプラスチック片（以下，MP）による海洋中や大気中の汚染が，環境問題となっていることを知った。花子さんたち 49 人は，面積が 50 a（アール）の砂浜の表面にある MP の個数を調べるため，それぞれが無作為に選んだ 20 cm 四方の区画の表面から深さ 3 cm までをすくい，MP の個数を研究所で数えてもらうことにした。そして，この砂浜の 1 区画あたりの MP の個数を確率変数 X として考えることにした。

このとき，X の母平均を m，母標準偏差を σ とし，標本 49 区画の 1 区画あたりの MP の個数の平均値を表す確率変数を $\overline{X}$ とする。

花子さんたちが調べた 49 区画では，平均値が 16，標準偏差が 2 であった。

(1) 砂浜全体に含まれる MP の全個数 M を推定することにする。
花子さんは，次の **方針** で M を推定することとした。

> **方針**
> 砂浜全体には 20 cm 四方の区画が 125000 個分あり，$M=125000\times m$ なので，M を $W=125000\times\overline{X}$ で推定する。

確率変数 $\overline{X}$ は，標本の大きさ 49 が十分に大きいので，平均 [ア]，標準偏差 [イ] の正規分布に近似的に従う。

そこで，**方針** に基づいて考えると，確率変数 W は平均 [ウ]，標準偏差 [エ] の正規分布に近似的に従うことがわかる。

このとき，X の母標準偏差 σ は標本の標準偏差と同じ $\sigma=2$ と仮定すると，M に対する信頼度 95 % の信頼区間は

[オカキ] $\times 10^4 \leqq M \leqq$ [クケコ] $\times 10^4$

となる。

[ア] の解答群

⓪ m	① $4m$	② $7m$	③ $16m$	④ $49m$
⑤ X	⑥ $4X$	⑦ $7X$	⑧ $16X$	⑨ $49X$

[イ] の解答群

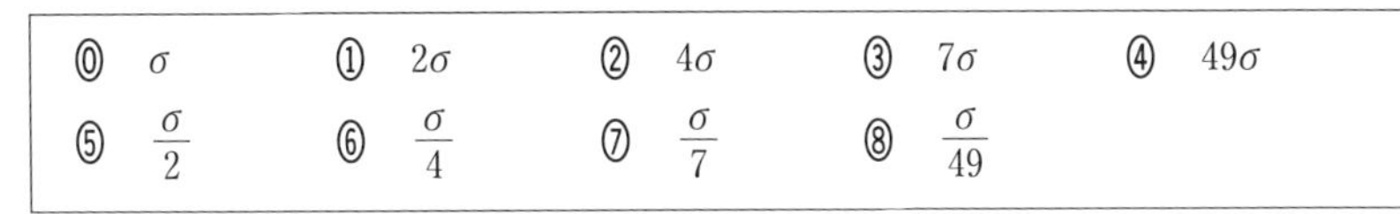

⓪ σ	① 2σ	② 4σ	③ 7σ	④ 49σ
⑤ $\dfrac{\sigma}{2}$	⑥ $\dfrac{\sigma}{4}$	⑦ $\dfrac{\sigma}{7}$	⑧ $\dfrac{\sigma}{49}$	

(次ページに続く。)

[ウ] の解答群

⓪ $\frac{16}{49}m$	① $\frac{4}{7}m$	② $49m$	③ $\frac{125000}{49}m$
④ $125000m$	⑤ $\frac{16}{49}\overline{X}$	⑥ $\frac{4}{7}\overline{X}$	⑦ $49\overline{X}$
⑧ $\frac{125000}{49}\overline{X}$	⑨ $125000\overline{X}$		

[エ] の解答群

⓪ $\frac{\sigma}{49}$	① $\frac{\sigma}{7}$	② 49σ	③ $\frac{125000}{49}\sigma$
④ $\frac{31250}{7}\sigma$	⑤ $\frac{125000}{7}\sigma$	⑥ 31250σ	⑦ 62500σ
⑧ 125000σ	⑨ 250000σ		

(2)　研究所が昨年調査したときには，1区画あたりのMPの個数の母平均が15，母標準偏差が2であった。今年の母平均 m が昨年とは異なるといえるかを，有意水準5％で仮説検定をする。ただし，母標準偏差は今年も $\sigma=2$ とする。
まず，帰無仮説は「今年の母平均は [サ] 」であり，対立仮説は「今年の母平均は [シ] 」である。
次に，帰無仮説が正しいとすると，$\overline{X}$ は平均 [ス]，標準偏差 [セ] の正規分布に近似的に従うため，確率変数 $Z=\dfrac{\overline{X}-\boxed{ス}}{\boxed{セ}}$ は標準正規分布に近似的に従う。
花子さんたちの調査結果から求めた Z の値を z とすると，標準正規分布において確率 $P(Z\leqq-|z|)$ と確率 $P(Z\geqq|z|)$ の和は0.05よりも [ソ] ので，有意水準5％で今年の母平均 m は昨年と [タ]。

[サ]，[シ] の解答群（同じものを繰り返し選んでもよい。）

⓪ $\overline{X}$ である	① m である	② 15である	③ 16である
④ $\overline{X}$ ではない	⑤ m ではない	⑥ 15ではない	⑦ 16ではない

[ス]，[セ] の解答群（同じものを繰り返し選んでもよい。）

⓪ $\frac{4}{49}$	① $\frac{2}{7}$	② $\frac{16}{49}$	③ $\frac{4}{7}$	④ 2
⑤ $\frac{15}{7}$	⑥ 4	⑦ 15	⑧ 16	

[ソ] の解答群

⓪ 大きい	① 小さい

[タ] の解答群

⓪ 異なるといえる	① 異なるとはいえない

〔新課程共通テスト試作問題〕

第14章 ベクトル

基本 例題 107 分点の位置ベクトル

△ABC の辺 AB を 1：2 に内分する点を D，辺 BC を 3：1 に内分する点を E，辺 BC を 2：1 に外分する点を F とすると，$\overrightarrow{AD}=\dfrac{\boxed{ア}}{\boxed{イ}}\overrightarrow{AB}$，

$\overrightarrow{AF}=\boxed{ウ}\overrightarrow{AB}+\boxed{エ}\overrightarrow{AC}$ であり，$\overrightarrow{DE}=\dfrac{\boxed{オカ}}{\boxed{キク}}\overrightarrow{AB}+\dfrac{\boxed{ケ}}{\boxed{コ}}\overrightarrow{AC}$ である。

POINT!

$\overrightarrow{AB}+\overrightarrow{BC}=\overrightarrow{AC}$　　$\overrightarrow{AB}=\overrightarrow{OB}-\overrightarrow{OA}$

線分 BC を $m:n$ に

内分する点 P　$\overrightarrow{AP}=\dfrac{n\overrightarrow{AB}+m\overrightarrow{AC}}{m+n}$

外分する点 Q　$\overrightarrow{AQ}=\dfrac{-n\overrightarrow{AB}+m\overrightarrow{AC}}{m-n}$　(➡基 62)

解答

$\overrightarrow{AD}=\dfrac{^{ア}\mathbf{1}}{_{イ}\mathbf{3}}\overrightarrow{AB}$，

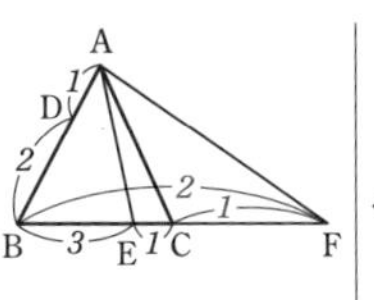

$\overrightarrow{AF}=\dfrac{-1\cdot\overrightarrow{AB}+2\overrightarrow{AC}}{2-1}$　⬅ $\dfrac{-n\overrightarrow{AB}+m\overrightarrow{AC}}{m-n}$

$=^{ウ}\mathbf{-}\overrightarrow{AB}+^{エ}\mathbf{2}\overrightarrow{AC}$

$\overrightarrow{AE}=\dfrac{1\cdot\overrightarrow{AB}+3\overrightarrow{AC}}{3+1}=\dfrac{1}{4}\overrightarrow{AB}+\dfrac{3}{4}\overrightarrow{AC}$　⬅ $\dfrac{n\overrightarrow{AB}+m\overrightarrow{AC}}{m+n}$

よって　$\overrightarrow{DE}=\overrightarrow{AE}-\overrightarrow{AD}$　⬅始点を A にそろえて，$\overrightarrow{AB}$，$\overrightarrow{AC}$ で表す。 ➡CHART

$=\dfrac{1}{4}\overrightarrow{AB}+\dfrac{3}{4}\overrightarrow{AC}-\dfrac{1}{3}\overrightarrow{AB}$

$=\dfrac{^{オカ}\mathbf{-1}}{_{キク}\mathbf{12}}\overrightarrow{AB}+\dfrac{^{ケ}\mathbf{3}}{_{コ}\mathbf{4}}\overrightarrow{AC}$

参考 平面上のすべてのベクトルは，$\vec{0}$ でなく平行でもない 2 つのベクトルを用いて表すことができる（この例題の場合，$\overrightarrow{AB}$ と $\overrightarrow{AC}$ を用いて $\square\overrightarrow{AB}+\triangle\overrightarrow{AC}$ の形に表すことができる）。

2 つのベクトルで表すとき，ベクトルの**始点をそろえる**ことが重要になる。始点をそろえるには $\overrightarrow{PQ}=\overrightarrow{○Q}-\overrightarrow{○P}$ **（終点ー始点）**を利用する。○ には同じ点が入るがどの点にしてもよい。始点となる点（この例題の場合は A）を入れるとよい。

なお，空間のベクトルは，3 つのベクトルを用いて表すことができる。

また，$\overrightarrow{PQ}=\overrightarrow{○Q}-\overrightarrow{○P}$ は空間の場合も使える。

CHART

ベクトル　始点をそろえる
2 つ（空間は 3 つ）のベクトルで表す

基本 例題 108 重心の位置ベクトル

△OAB の辺 AB の中点を M，辺 OA の中点を N として，△OMN の重心を G とすると，$\overrightarrow{OG}=\frac{\boxed{ア}}{\boxed{イ}}\overrightarrow{OA}+\frac{\boxed{ウ}}{\boxed{エ}}\overrightarrow{OB}$ である。

POINT! △ABC の重心を G とすると $\overrightarrow{OG}=\frac{1}{3}(\overrightarrow{OA}+\overrightarrow{OB}+\overrightarrow{OC})$ (➡基 62)

解答 $\overrightarrow{OM}=\frac{1}{2}(\overrightarrow{OA}+\overrightarrow{OB})$，$\overrightarrow{ON}=\frac{1}{2}\overrightarrow{OA}$

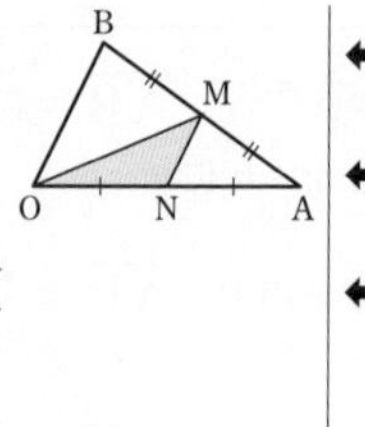

よって　$\overrightarrow{OG}=\frac{1}{3}(\overrightarrow{OO}+\overrightarrow{OM}+\overrightarrow{ON})$

$=\frac{1}{3}\cdot\frac{1}{2}(\overrightarrow{OA}+\overrightarrow{OB})+\frac{1}{3}\cdot\frac{1}{2}\overrightarrow{OA}$

$=\frac{{}^{ア}\mathbf{1}}{{}^{イ}\mathbf{3}}\overrightarrow{OA}+\frac{{}^{ウ}\mathbf{1}}{{}^{エ}\mathbf{6}}\overrightarrow{OB}$

⬅中点 ➡基 107

⬅POINT!

⬅CHART 2 つのベクトル ($\overrightarrow{OA}$，$\overrightarrow{OB}$) で表す

基本 例題 109 ベクトルの成分と大きさ

空間内の 3 点 A(4, 8, −4)，B(1, 1, 1)，C(2, 3, −1) に対して $\overrightarrow{CA}=\vec{a}$，$\overrightarrow{CB}=\vec{b}$ とすると，$\vec{a}=(\boxed{ア},\ \boxed{イ},\ \boxed{ウエ})$，$\vec{b}=(\boxed{オカ},\ \boxed{キク},\ \boxed{ケ})$ であり，$|\vec{b}|=\boxed{コ}$ である。
また，$\vec{c}=(0,\ 0,\ 1)$，$\vec{d}=(-4,\ -9,\ 0)$ とすると，
$\vec{d}=\boxed{サ}\vec{a}+\boxed{シ}\vec{b}-\boxed{ス}\vec{c}$ である。

POINT!
$A(x_1,\ y_1,\ z_1)$，$B(x_2,\ y_2,\ z_2)$ のとき　$\overrightarrow{AB}=(x_2-x_1,\ y_2-y_1,\ z_2-z_1)$
$\vec{a}=(a_1,\ a_2,\ a_3)$ のとき　$|\vec{a}|=\sqrt{a_1^2+a_2^2+a_3^2}$ (➡基 62)
$k(a_1,\ a_2,\ a_3)=(ka_1,\ ka_2,\ ka_3)$
$(a_1,\ a_2,\ a_3)+(b_1,\ b_2,\ b_3)=(a_1+b_1,\ a_2+b_2,\ a_3+b_3)$
(平面ベクトルでは，z 成分を除く)

解答 $\vec{a}=\overrightarrow{CA}=(4-2,\ 8-3,\ -4-(-1))$
$=({}^{ア}\mathbf{2},\ {}^{イ}\mathbf{5},\ {}^{ウエ}\mathbf{-3})$
$\vec{b}=\overrightarrow{CB}=(1-2,\ 1-3,\ 1-(-1))=({}^{オカ}\mathbf{-1},\ {}^{キク}\mathbf{-2},\ {}^{ケ}\mathbf{2})$
また　$|\vec{b}|=\sqrt{(-1)^2+(-2)^2+2^2}={}^{コ}\mathbf{3}$
$\vec{d}=s\vec{a}+t\vec{b}-u\vec{c}$ とすると
$(-4,\ -9,\ 0)=s(2,\ 5,\ -3)+t(-1,\ -2,\ 2)-u(0,\ 0,\ 1)$
$=(2s-t,\ 5s-2t,\ -3s+2t-u)$
よって　$-4=2s-t$ …… ①，$-9=5s-2t$ …… ②，
$0=-3s+2t-u$ …… ③
①，② から　$s=-1,\ t=2$　　これと ③ から　$u=7$
したがって　$\vec{d}={}^{サ}\mathbf{-}\vec{a}+{}^{シ}\mathbf{2}\vec{b}-{}^{ス}\mathbf{7}\vec{c}$

⬅$(x_2-x_1,\ y_2-y_1,\ z_2-z_1)$ (終点)−(始点)

⬅$\sqrt{a_1^2+a_2^2+a_3^2}$

⬅POINT!

⬅ベクトルが等しい ⟺ 対応する成分がすべて等しい

基本 例題 110 3点が一直線上にある条件

平行四辺形 ABCD の辺 BC を $a:(1-a)$（ただし，$0<a<1$）に内分する点を P とすると，$\overrightarrow{AP}=\overrightarrow{AB}+$［ア］$\overrightarrow{AD}$ である。また，対角線 AC を 2：1 に内分する点を Q とする。3点 D，Q，P が一直線上にあるとき，$a=\dfrac{\text{イ}}{\text{ウ}}$ である。

ただし，［ア］については，当てはまるものを次の⓪～④のうちから一つ選べ。

⓪ $(a-1)$　① a　② $(a+1)$　③ $(1-a)$　④ $(-a)$

POINT!

3点 A，B，C が 一直線上にある

$\Leftrightarrow \overrightarrow{AB}=k\overrightarrow{AC}$ となる実数 k が存在する。

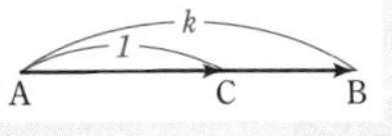

平面上で $\vec{a}\neq\vec{0}$，$\vec{b}\neq\vec{0}$，$\vec{a}\not\parallel\vec{b}$（$\vec{a}$，$\vec{b}$ が1次独立）のとき

$$k\vec{a}+l\vec{b}=k'\vec{a}+l'\vec{b} \Leftrightarrow k=k',\ l=l'$$

解答 $\overrightarrow{AP}=\overrightarrow{AB}+\overrightarrow{BP}=\overrightarrow{AB}+a\overrightarrow{BC}$

$=\overrightarrow{AB}+a\overrightarrow{AD}$（ア ①）

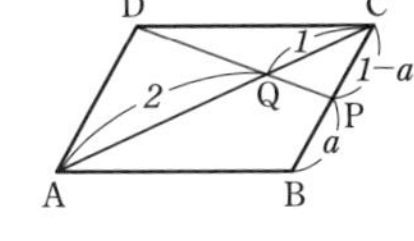

また，$\overrightarrow{AC}=\overrightarrow{AB}+\overrightarrow{BC}=\overrightarrow{AB}+\overrightarrow{AD}$

であるから

$$\overrightarrow{AQ}=\frac{2}{3}\overrightarrow{AC}=\frac{2}{3}\overrightarrow{AB}+\frac{2}{3}\overrightarrow{AD}$$

3点 D，Q，P が一直線上にあるから，$\overrightarrow{DP}=k\overrightarrow{DQ}$ となる実数 k が存在する。

ここで $\overrightarrow{DP}=\overrightarrow{AP}-\overrightarrow{AD}=\overrightarrow{AB}+a\overrightarrow{AD}-\overrightarrow{AD}$

$=\overrightarrow{AB}+(a-1)\overrightarrow{AD}$

$\overrightarrow{DQ}=\overrightarrow{AQ}-\overrightarrow{AD}=\dfrac{2}{3}\overrightarrow{AB}+\dfrac{2}{3}\overrightarrow{AD}-\overrightarrow{AD}$

$=\dfrac{2}{3}\overrightarrow{AB}-\dfrac{1}{3}\overrightarrow{AD}$

$\overrightarrow{DP}=k\overrightarrow{DQ}$ から

$$\overrightarrow{AB}+(a-1)\overrightarrow{AD}=k\left(\frac{2}{3}\overrightarrow{AB}-\frac{1}{3}\overrightarrow{AD}\right)$$

$$=\frac{2}{3}k\overrightarrow{AB}-\frac{1}{3}k\overrightarrow{AD}$$

$\overrightarrow{AB}\neq\vec{0}$，$\overrightarrow{AD}\neq\vec{0}$，$\overrightarrow{AB}\not\parallel\overrightarrow{AD}$ であるから

$$1=\frac{2}{3}k,\ a-1=-\frac{1}{3}k$$

よって　$k=\dfrac{3}{2}$，$a=\dfrac{{}^{イ}\mathbf{1}}{{}^{ウ}\mathbf{2}}$

➡**素早く解く!**

▶CHART 2つのベクトル（$\overrightarrow{AB}$，$\overrightarrow{AD}$）で表す

⬅POINT!

⬅▶CHART 始点を（A に）そろえる

素早く解く!

図形的に考察すると，3点 D，Q，P が一直線上にあるとき
△QAD∽△QCP
となり，相似比が 2：1 から $a=\dfrac{1}{2}$

⬅係数が等しい。

P は辺 BC を $a:(1-a)$ に内分する点であるから，$\overrightarrow{AP}=(1-a)\overrightarrow{AB}+a\overrightarrow{AC}$（➡基 107）として求めてもよいが，平行四辺形（平行六面体）の辺上の点を表すときは，**平行四辺形の辺上を A→B→P とたどっていく**と考えて $\overrightarrow{AP}=\overrightarrow{AB}+\overrightarrow{BP}$ とする方が早い。

基本　例題 111　交点の位置ベクトル

△ABC の辺 AB を 2：3 に内分する点を D，辺 CA の中点を E とする。直線 BE と CD の交点を P とすると，$\overrightarrow{\mathrm{AP}}=\dfrac{\boxed{ア}}{\boxed{イ}}\overrightarrow{\mathrm{AB}}+\dfrac{\boxed{ウ}}{\boxed{エ}}\overrightarrow{\mathrm{AC}}$ であり，直線 AP が辺 BC と交わる点を Q とすると，BQ：QC＝$\boxed{オ}$：2 である。

POINT!

交点の位置ベクトル → $\overrightarrow{\mathrm{AP}}$ を 2 通りに表して，係数比較。

△ABC において，点 P ($\overrightarrow{\mathrm{AP}}=s\overrightarrow{\mathrm{AB}}+t\overrightarrow{\mathrm{AC}}$) が

直線 BC 上にある $\Longleftrightarrow s+t=1$

解答　CP：PD＝$s:(1-s)$，BP：PE＝$t:(1-t)$ とすると

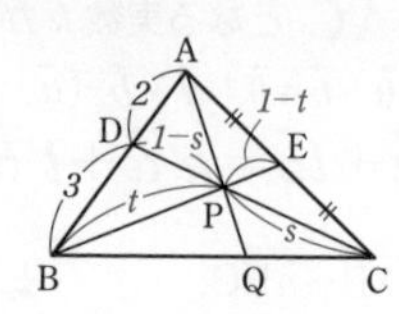

$\overrightarrow{\mathrm{AP}}=s\overrightarrow{\mathrm{AD}}+(1-s)\overrightarrow{\mathrm{AC}}$

$=\dfrac{2}{5}s\overrightarrow{\mathrm{AB}}+(1-s)\overrightarrow{\mathrm{AC}}$ …… ①

← $\dfrac{n\overrightarrow{\mathrm{AD}}+m\overrightarrow{\mathrm{AC}}}{m+n}$　➡基 107

← $\overrightarrow{\mathrm{AP}}$ を 2 通りに表す。

CHART　2 つのベクトル ($\overrightarrow{\mathrm{AB}}$，$\overrightarrow{\mathrm{AC}}$) で表す

また　$\overrightarrow{\mathrm{AP}}=(1-t)\overrightarrow{\mathrm{AB}}+t\overrightarrow{\mathrm{AE}}=(1-t)\overrightarrow{\mathrm{AB}}+\dfrac{1}{2}t\overrightarrow{\mathrm{AC}}$ …… ②

$\overrightarrow{\mathrm{AB}}\neq\vec{0}$，$\overrightarrow{\mathrm{AC}}\neq\vec{0}$，$\overrightarrow{\mathrm{AB}}\not\parallel\overrightarrow{\mathrm{AC}}$ であるから，①，② より

$\dfrac{2}{5}s=1-t$，$1-s=\dfrac{1}{2}t$　　よって　$s=\dfrac{5}{8}$，$t=\dfrac{3}{4}$

← 係数が等しい。

① に代入して　$\overrightarrow{\mathrm{AP}}=\dfrac{2}{5}\cdot\dfrac{5}{8}\overrightarrow{\mathrm{AB}}+\left(1-\dfrac{5}{8}\right)\overrightarrow{\mathrm{AC}}=\dfrac{{}^{ア}\mathbf{1}}{{}_{イ}\mathbf{4}}\overrightarrow{\mathrm{AB}}+\dfrac{{}^{ウ}\mathbf{3}}{{}_{エ}\mathbf{8}}\overrightarrow{\mathrm{AC}}$

また，$\overrightarrow{\mathrm{AQ}}=k\overrightarrow{\mathrm{AP}}$ とすると　$\overrightarrow{\mathrm{AQ}}=k\left(\dfrac{1}{4}\overrightarrow{\mathrm{AB}}+\dfrac{3}{8}\overrightarrow{\mathrm{AC}}\right)$

← 点 A，P，Q が一直線上 → $\overrightarrow{\mathrm{AQ}}=k\overrightarrow{\mathrm{AP}}$　➡基 110

Q は辺 BC 上にあるから　$\dfrac{1}{4}k+\dfrac{3}{8}k=1$　　ゆえに　$k=\dfrac{8}{5}$

← BC 上にある → 係数の和が 1

よって　$\overrightarrow{\mathrm{AQ}}=\dfrac{8}{5}\cdot\dfrac{1}{4}\overrightarrow{\mathrm{AB}}+\dfrac{8}{5}\cdot\dfrac{3}{8}\overrightarrow{\mathrm{AC}}=\dfrac{2\overrightarrow{\mathrm{AB}}+3\overrightarrow{\mathrm{AC}}}{5}$

したがって　　BQ：QC＝${}^{オ}\mathbf{3}$：2

← $\dfrac{n\overrightarrow{\mathrm{AB}}+m\overrightarrow{\mathrm{AC}}}{m+n}$ → BQ：QC＝$m:n$

素早く解く！

△ABE と直線 DC について，メネラウスの定理により　$\dfrac{3}{2}\cdot\dfrac{2}{1}\cdot\dfrac{\mathrm{EP}}{\mathrm{PB}}=1$

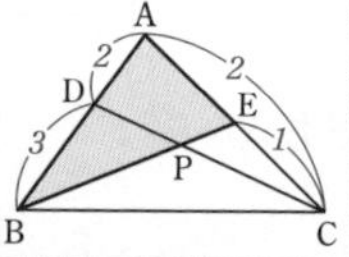

よって　EP：PB＝1：3

← メネラウスの定理 $\dfrac{\mathrm{BD}}{\mathrm{DA}}\cdot\dfrac{\mathrm{AC}}{\mathrm{CE}}\cdot\dfrac{\mathrm{EP}}{\mathrm{PB}}=1$　➡基 44

ゆえに　$\overrightarrow{\mathrm{AP}}=\dfrac{1\cdot\overrightarrow{\mathrm{AB}}+3\overrightarrow{\mathrm{AE}}}{3+1}=\dfrac{{}^{ア}\mathbf{1}}{{}_{イ}\mathbf{4}}\overrightarrow{\mathrm{AB}}+\dfrac{{}^{ウ}\mathbf{3}}{{}_{エ}\mathbf{8}}\overrightarrow{\mathrm{AC}}$

← $\dfrac{n\overrightarrow{\mathrm{AB}}+m\overrightarrow{\mathrm{AE}}}{m+n}$　➡基 107

△ABC について，チェバの定理により　$\dfrac{2}{3}\cdot\dfrac{\mathrm{BQ}}{\mathrm{QC}}\cdot\dfrac{1}{1}=1$

よって　BQ：QC＝${}^{オ}\mathbf{3}$：2

← チェバの定理 $\dfrac{\mathrm{AD}}{\mathrm{DB}}\cdot\dfrac{\mathrm{BQ}}{\mathrm{QC}}\cdot\dfrac{\mathrm{CE}}{\mathrm{EA}}=1$　➡基 44

メネラウス，チェバの定理は便利だが，問題に**内積があると利用できないことがある**ので注意が必要である。

基本 例題 112 内積と角の大きさ

平面上の3点O, A, Bについて, $|\overrightarrow{OA}|=4$, $|\overrightarrow{OB}|=\sqrt{3}$, $\overrightarrow{OA}\cdot\overrightarrow{OB}=-6$ が成り立っている。このとき, ∠AOB= アイウ °で, $|\overrightarrow{OA}+2\overrightarrow{OB}|=$ エ である。

POINT!
$\vec{a}\cdot\vec{b}=|\vec{a}||\vec{b}|\cos\theta$ （θ は $\vec{a}$ と $\vec{b}$ のなす角, $0°\leqq\theta\leqq180°$）
$|\vec{a}|^2=\vec{a}\cdot\vec{a}$　これ以外は普通の文字と同様の計算。

解答 $\overrightarrow{OA}\cdot\overrightarrow{OB}=|\overrightarrow{OA}||\overrightarrow{OB}|\cos\angle AOB=4\cdot\sqrt{3}\cos\angle AOB$
$\overrightarrow{OA}\cdot\overrightarrow{OB}=-6$ であるから

$$\cos\angle AOB=\frac{-6}{4\sqrt{3}}=-\frac{\sqrt{3}}{2}$$

$0°\leqq\angle AOB\leqq180°$ であるから

$$\angle AOB={}^{アイウ}150°$$

また　$|\overrightarrow{OA}+2\overrightarrow{OB}|^2=|\overrightarrow{OA}|^2+4\overrightarrow{OA}\cdot\overrightarrow{OB}+4|\overrightarrow{OB}|^2$
$=4^2+4\cdot(-6)+4\cdot(\sqrt{3})^2=4$

$|\overrightarrow{OA}+2\overrightarrow{OB}|>0$ であるから　$|\overrightarrow{OA}+2\overrightarrow{OB}|={}^{エ}2$

⬅ $\vec{a}\cdot\vec{b}=|\vec{a}||\vec{b}|\cos\theta$

⬅ CHART 三角関数は単位円で x 座標が cos

⬅ $|\overrightarrow{OA}+2\overrightarrow{OB}|^2$ を計算する。$(a+2b)^2$ と同様に計算し, $a^2\to|\overrightarrow{OA}|^2$, $ab\to\overrightarrow{OA}\cdot\overrightarrow{OB}$ などとする。

基本 例題 113 成分と内積

$\vec{a}=(4,\ -3)$, $\vec{b}=(2,\ 1)$ に対して, 内積 $\vec{a}\cdot\vec{b}=$ ア である。
$\vec{p}=\vec{a}+t\vec{b}$ （t は実数）とすると, $\vec{a}$ と $\vec{p}$ が垂直であるとき, $t=$ イウ であり,
$|\vec{p}|$ が最小となるとき, $t=$ エオ である。

POINT!
$\vec{a}=(a_1,\ a_2)$, $\vec{b}=(b_1,\ b_2)$ のとき　$\vec{a}\cdot\vec{b}=a_1b_1+a_2b_2$
$\vec{a}=(a_1,\ a_2,\ a_3)$, $\vec{b}=(b_1,\ b_2,\ b_3)$ のとき　$\vec{a}\cdot\vec{b}=a_1b_1+a_2b_2+a_3b_3$
$\vec{a}\neq\vec{0}$, $\vec{b}\neq\vec{0}$ のとき　$\vec{a}\perp\vec{b}\iff\vec{a}\cdot\vec{b}=0$

解答 $\vec{a}\cdot\vec{b}=4\cdot2+(-3)\cdot1={}^{ア}5$
また　$\vec{p}=(4,\ -3)+t(2,\ 1)=(2t+4,\ t-3)$
$\vec{a}\perp\vec{p}$ のとき, $\vec{a}\cdot\vec{p}=0$ であるから

$$4(2t+4)+(-3)\cdot(t-3)=0$$

すなわち　$5t+25=0$　　よって　$t={}^{イウ}-5$
また　$|\vec{p}|^2=(2t+4)^2+(t-3)^2=4t^2+16t+16+t^2-6t+9$
$=5t^2+10t+25=5(t^2+2t)+25$
$=5(t^2+2t+1-1)+25=5(t+1)^2+20$

$|\vec{p}|^2$ が最小のとき $|\vec{p}|$ も最小になるから,
$|\vec{p}|$ が最小になるとき　$t={}^{エオ}-1$

⬅ $\vec{a}\cdot\vec{b}=a_1b_1+a_2b_2$

⬅ 垂直 ⟶ (内積)=0

⬅ $|\vec{a}|=\sqrt{a_1{}^2+a_2{}^2}$ ➡ 基 109

⬅ CHART まず平方完成 ➡ 基 10

⬅ 最小値は $\sqrt{20}=2\sqrt{5}$

参考 右の図から, $|\vec{p}|=|\vec{a}+t\vec{b}|$ が最小になるのは, $\vec{p}\perp\vec{b}$ のときである。
本問の場合, $\vec{p}\cdot\vec{b}=2(2t+4)+t-3=5t+5$
であるから, $\vec{p}\cdot\vec{b}=0$ より　$5t+5=0$
よって, $|\vec{p}|$ が最小となるのは $t={}^{エオ}-1$ のときである。

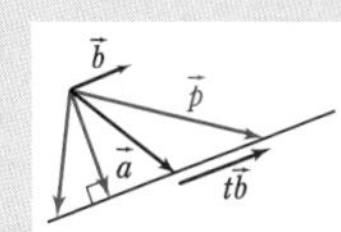

CHECK

□ **107**　△ABCの辺BCの中点をM，辺ACを2：1に外分する点をDとする。

$\overrightarrow{AB}=\vec{b}$，$\overrightarrow{AC}=\vec{c}$ とすると，$\overrightarrow{AD}=$ [ア] $\vec{c}$，$\overrightarrow{AM}=\dfrac{[イ]}{[ウ]}\vec{b}+\dfrac{[エ]}{[オ]}\vec{c}$ であり，

$\overrightarrow{MD}=\dfrac{[カキ]}{[ク]}\vec{b}+\dfrac{[ケ]}{[コ]}\vec{c}$ である。

□ **108**　△OABの辺OBを1：2に内分する点をC，辺ABを2：3に内分する点をDとする。このとき，△OCDの重心をGとすると，$\overrightarrow{OG}=\dfrac{[ア]}{[イ]}\overrightarrow{OA}+\dfrac{[ウエ]}{[オカ]}\overrightarrow{OB}$ である。

□ **109**　平面上の点A(0，4)，B(−2，5)，C(−2，3)に対して $\overrightarrow{CA}=\vec{a}$，$\overrightarrow{CB}=\vec{b}$ とすると，$\vec{a}=($[ア]，[イ]$)$，$\vec{b}=($[ウ]，[エ]$)$ である。$\vec{d}=(-6,\ 1)$ に対して，$|\vec{d}|=\sqrt{[オカ]}$ であり，$\vec{d}=$ [キク] $\vec{a}+$ [ケ] $\vec{b}$ である。

□ **110**　右の図のような立方体ABCD-EFGHについて，辺FGを $a:(1-a)$ に内分する点をPとすると，$\overrightarrow{AP}=\overrightarrow{AB}+$ [ア] $\overrightarrow{AD}+\overrightarrow{AE}$ である。また，辺ADを2：1に内分する点をQとし，線分QFの中点をRとする。

3点A，R，Pが一直線上にあるとき，$a=\dfrac{[イ]}{[ウ]}$ である。

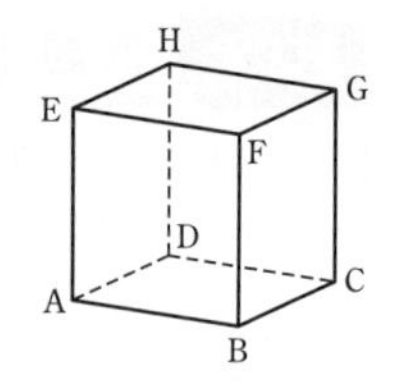

[ア] については，当てはまるものを，次の⓪～④のうちから一つ選べ。

⓪ $(a-1)$　① a　② $(a+1)$　③ $(1-a)$　④ $(-a)$

□ **111**　△OABにおいて，辺OAの中点をM，辺OBを1：2に内分する点をNとし，線分ANと線分BMの交点をPとする。

このとき，$\overrightarrow{OP}=\dfrac{[ア]}{[イ]}\overrightarrow{OA}+\dfrac{[ウ]}{[エ]}\overrightarrow{OB}$ であり，直線OPが辺ABと交わる点Qは，辺ABを1：[オ] に内分する。

□ **112**　平面上の3点O，A，Bについて，$|\overrightarrow{OA}|=3$，$|\overrightarrow{OB}|=\sqrt{2}$，$\overrightarrow{OA}\cdot\overrightarrow{OB}=2$ が成り立っている。このとき，$\cos\angle AOB=\dfrac{\sqrt{[ア]}}{[イ]}$ であり，△OABの面積は

$\dfrac{\sqrt{[ウエ]}}{[オ]}$ である。また，$|\overrightarrow{AB}|=\sqrt{[カ]}$ である。

□ **113**　$\vec{a}=(3,\ -1,\ 4)$，$\vec{b}=(4,\ 3,\ 1)$ に対して，内積 $\vec{a}\cdot\vec{b}=$ [アイ] である。

$\vec{p}=\vec{a}+t\vec{b}$（t は実数）とおくと，$\vec{a}$ と $\vec{p}$ が垂直であるとき，$t=$ [ウエ] である。

また，$|\vec{p}|$ は，$t=\dfrac{[オカ]}{[キ]}$ のとき最小値 $\dfrac{\sqrt{[クケ]}}{[コ]}$ をとる。

重要 例題 58 ベクトルの分解(1)

平面上の三つのベクトル $\vec{a}$, $\vec{b}$, $\vec{c}$ は，以下の条件を満たす。

$|\vec{a}|=|\vec{b}|=|\vec{c}|=1$, $\vec{a}$ と $\vec{b}$ のなす角は $120°$, $\vec{c}\cdot\vec{a}=0$, $\vec{b}\cdot\vec{c}>0$

このとき，$\vec{c}=\dfrac{\sqrt{\boxed{ア}}}{\boxed{イ}}(\vec{a}+\boxed{ウ}\vec{b})$ である。

POINT!

平面上のベクトル $\vec{p}$ を 2 つのベクトル $\vec{a}$, $\vec{b}$ で表す。
→ $\vec{p}$ が対角線であるような **平行四辺形を かいて，2 つのベクトルに分解** する。
右図で　$\vec{p}=\vec{p_1}+\vec{p_2}$

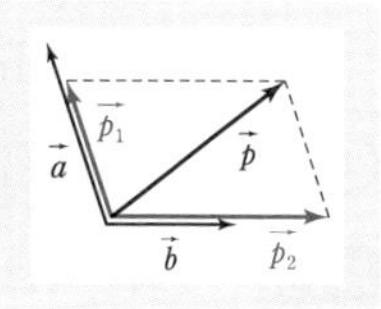

解答　$\vec{c}\cdot\vec{a}=0$ であるから $\vec{c}$ と $\vec{a}$ のなす角は直角であり，$\vec{b}\cdot\vec{c}>0$ であるから $\vec{b}$ と $\vec{c}$ のなす角は鋭角である。

←$|\vec{b}||\vec{c}|\cos\theta>0$ よって $\cos\theta>0$

よって，$\vec{a}$, $\vec{b}$, $\vec{c}$ は右の図のようになるから，$\vec{c}$ を，$\vec{a}$ 方向の $\vec{c_1}$ と $\vec{b}$ 方向の $\vec{c_2}$ に分解すると

←$\vec{c}$ が対角線であるような平行四辺形をかいて分解する。

$$\vec{c}=\vec{c_1}+\vec{c_2} \quad \cdots\cdots ①$$

また　$|\vec{c_1}|=\dfrac{\sqrt{3}}{3}$, $|\vec{c_2}|=\dfrac{2\sqrt{3}}{3}$

←

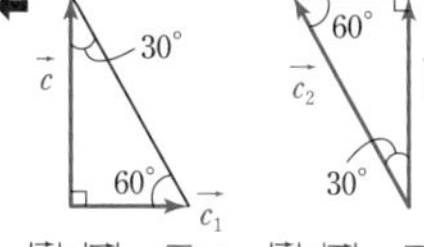

$|\vec{c}|:|\vec{c_1}|=\sqrt{3}:1$　$|\vec{c}|:|\vec{c_2}|=\sqrt{3}:2$

$|\vec{a}|=|\vec{b}|=1$ であるから　$\vec{c_1}=\dfrac{\sqrt{3}}{3}\vec{a}$, $\vec{c_2}=\dfrac{2\sqrt{3}}{3}\vec{b}$

① から　$\vec{c}=\dfrac{\sqrt{3}}{3}\vec{a}+\dfrac{2\sqrt{3}}{3}\vec{b}=\dfrac{\sqrt{{}^{ア}\mathbf{3}}}{{}^{イ}\mathbf{3}}(\vec{a}+{}^{ウ}\mathbf{2}\vec{b})$

〔別解〕 $\vec{c}=x(\vec{a}+y\vec{b})$ とすると，$\vec{c}\cdot\vec{a}=0$ から

$x(|\vec{a}|^2+y\vec{a}\cdot\vec{b})=0$　　よって　$x\left(1-\dfrac{1}{2}y\right)=0$

←$\vec{a}\cdot\vec{b}=|\vec{a}||\vec{b}|\cos120°=-\dfrac{1}{2}$

$x\neq0$ であるから　$y=2$

←$x=0$ とすると　$\vec{c}=\vec{0}$

また，$|\vec{c}|^2=1$ であるから　$x^2|\vec{a}+2\vec{b}|^2=1$

すなわち　$x^2(|\vec{a}|^2+4\vec{a}\cdot\vec{b}+4|\vec{b}|^2)=1$　　よって　$3x^2=1$

←$(a+2b)^2$ の展開と同様に計算。 ➡基 112

ここで，$\vec{b}\cdot\vec{c}=x(\vec{a}\cdot\vec{b}+2|\vec{b}|^2)=\dfrac{3}{2}x>0$ であるから　$x>0$

ゆえに　$x=\dfrac{\sqrt{3}}{3}$　　したがって　$\vec{c}=\dfrac{\sqrt{{}^{ア}\mathbf{3}}}{{}^{イ}\mathbf{3}}(\vec{a}+{}^{ウ}\mathbf{2}\vec{b})$

練習 58　座標平面上の 3 点 O(0, 0), P(4, 0), Q(0, 3) を頂点とする △OPQ の内部に △ABC がある。ただし，A, B, C のうち，x 座標，y 座標が最大の点はいずれも C である。A, B, C から直線 OQ に引いた垂線と OQ との交点をそれぞれ A_1, B_1, C_1 とする。A, B, C から直線 OP に引いた垂線と OP との交点をそれぞれ A_2, B_2, C_2 とする。A, B, C から直線 PQ に引いた垂線と PQ との交点をそれぞれ A_3, B_3, C_3 とする。A_1 が線分 B_1C_1 の中点であり，B_2 が線分 A_2C_2 の中点であり，C_3 が線分 A_3B_3 の中点である。
$\overrightarrow{AB}=(x, y)$, $\overrightarrow{AC}=(z, w)$ とおくと，$w=\boxed{ア}y$, $z=\boxed{イ}x$ である。
線分 AB の中点を D とすると，$\overrightarrow{CD}\cdot\overrightarrow{PQ}=\boxed{ウ}$ であるから，$y=\dfrac{\boxed{エオ}}{\boxed{カ}}x$ である。

重要 例題 59　等式から決まる点の位置

平面上の △ABC と点 P が $2\overrightarrow{PA}+3\overrightarrow{PB}+4\overrightarrow{PC}=\vec{0}$ を満たしているとする。このとき，$\overrightarrow{AP}=\dfrac{\boxed{ア}\overrightarrow{AB}+\boxed{イ}\overrightarrow{AC}}{\boxed{ウ}}$ であるから，直線 AP と辺 BC の交点を D とすると BD：DC＝$\boxed{エ}$：3 であり，$\overrightarrow{AP}=\dfrac{\boxed{オ}}{\boxed{カ}}\overrightarrow{AD}$ となる。

このとき，面積比 △ABP：△BCP：△CAP＝$\boxed{キ}$：2：$\boxed{ク}$ である。

POINT!　$a\overrightarrow{PA}+b\overrightarrow{PB}+c\overrightarrow{PC}=\vec{0}$ ⟶ 始点を A にそろえる。(➡基 107)

解答　与式から $2(-\overrightarrow{AP})+3(\overrightarrow{AB}-\overrightarrow{AP})+4(\overrightarrow{AC}-\overrightarrow{AP})=\vec{0}$

よって　$\overrightarrow{AP}=\dfrac{{}^{ア}\mathbf{3}\overrightarrow{AB}+{}^{イ}\mathbf{4}\overrightarrow{AC}}{{}^{ウ}\mathbf{9}}$

3 点 A，P，D は一直線上にあるから，$\overrightarrow{AD}=k\overrightarrow{AP}$ (k は実数) とすると

$$\overrightarrow{AD}=\frac{3k\overrightarrow{AB}+4k\overrightarrow{AC}}{9}=\frac{3k}{9}\overrightarrow{AB}+\frac{4k}{9}\overrightarrow{AC}$$

D は辺 BC 上にあるから　$\dfrac{3k}{9}+\dfrac{4k}{9}=1$　　よって　$k=\dfrac{9}{7}$

このとき，$\overrightarrow{AD}=\dfrac{9}{7}\cdot\dfrac{3\overrightarrow{AB}+4\overrightarrow{AC}}{9}=\dfrac{3\overrightarrow{AB}+4\overrightarrow{AC}}{7}$ であるから

BD：DC＝${}^{エ}\mathbf{4}$：3　　また　$\overrightarrow{AP}=\dfrac{1}{k}\overrightarrow{AD}=\dfrac{{}^{オ}\mathbf{7}}{{}^{カ}\mathbf{9}}\overrightarrow{AD}$

よって　AP：PD＝7：2

ゆえに　$\triangle BCP=\dfrac{2}{9}\triangle ABC$

また　$\triangle ABP=\dfrac{7}{9}\triangle ABD=\dfrac{7}{9}\cdot\dfrac{4}{7}\triangle ABC$

$\triangle CAP=\dfrac{7}{9}\triangle ACD=\dfrac{7}{9}\cdot\dfrac{3}{7}\triangle ABC$

ゆえに　△ABP：△BCP：△CAP

$=\dfrac{4}{9}\triangle ABC:\dfrac{2}{9}\triangle ABC:\dfrac{3}{9}\triangle ABC={}^{キ}\mathbf{4}:2:{}^{ク}\mathbf{3}$

⬅CHART　始点を（A に）そろえる

➡基 110

⬅辺 BC 上にある ⟶ 係数の和が 1　➡基 111

⬅$\dfrac{n\overrightarrow{AB}+m\overrightarrow{AC}}{m+n}$ ⟶ BD：DC＝m：n　➡基 107

➡素早く解く！

⬅高さの比

⬅底辺の比　➡基 44

△ABD を間にはさんで △ABC との比を求める。

$\overrightarrow{AP}=\dfrac{3\overrightarrow{AB}+4\overrightarrow{AC}}{9}=\dfrac{7}{9}\cdot\dfrac{3\overrightarrow{AB}+4\overrightarrow{AC}}{4+3}=\dfrac{{}^{オ}\mathbf{7}}{{}^{カ}\mathbf{9}}\overrightarrow{AD}$ とすると

BD：DC＝${}^{エ}\mathbf{4}$：3，AP：PD＝7：2 がすぐにわかる。

(➡ CHECK 111)

練習 59　a を正の実数とする。三角形 ABC の内部の点 P が $5\overrightarrow{PA}+a\overrightarrow{PB}+\overrightarrow{PC}=\vec{0}$ を満たしているとする。このとき，$\overrightarrow{AP}=\dfrac{a}{a+\boxed{ア}}\overrightarrow{AB}+\dfrac{\boxed{イ}}{a+\boxed{ウ}}\overrightarrow{AC}$ が成り立つ。直線 AP と辺 BC との交点 D が辺 BC を 1：8 に内分するならば，$a=\boxed{エ}$ となり，$\overrightarrow{AP}=\dfrac{\boxed{オ}}{\boxed{カキ}}\overrightarrow{AD}$ となる。このとき，点 P は線分 AD を $\boxed{ク}$：$\boxed{ケ}$ に内分する。

重要 例題 60 平面図形と内積

$AB=5$, $AC=8$, $\angle BAC=60^\circ$ である $\triangle ABC$ の3つの頂点から対辺へ下ろした3本の垂線の交点（垂心）をHとする。このとき，$\overrightarrow{AB}\cdot\overrightarrow{AC}=$ [アイ] である。
また，$\overrightarrow{AH}=a\overrightarrow{AB}+b\overrightarrow{AC}$（$a$, b は実数）と表すと，$\overrightarrow{BH}\perp\overrightarrow{AC}$, $\overrightarrow{CH}\perp\overrightarrow{AB}$ であるから，a, b の間に2つの関係式 [ウ]$a+$[エオ]$b=5$, [カ]$a+$[キ]$b=4$ が成り立つ。したがって，$\overrightarrow{AH}=\dfrac{[クケ]}{[コサ]}\overrightarrow{AB}+\dfrac{[シ]}{[スセ]}\overrightarrow{AC}$ である。

POINT! 平面ベクトル ⟶ ベクトルを2つのベクトルで表す。（➡基107）
$\vec{a}\neq\vec{0}$, $\vec{b}\neq\vec{0}$ のとき　$\vec{a}\perp\vec{b}\iff\vec{a}\cdot\vec{b}=0$　（➡基113）

解答 $\overrightarrow{AB}\cdot\overrightarrow{AC}=|\overrightarrow{AB}||\overrightarrow{AC}|\cos 60^\circ$

$=5\cdot 8\cdot\dfrac{1}{2}={}^{アイ}\mathbf{20}$

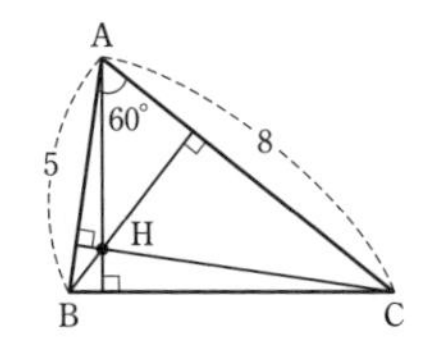

$\overrightarrow{AH}=a\overrightarrow{AB}+b\overrightarrow{AC}$ とすると

$\overrightarrow{BH}=\overrightarrow{AH}-\overrightarrow{AB}$

$=(a-1)\overrightarrow{AB}+b\overrightarrow{AC}$

$\overrightarrow{BH}\perp\overrightarrow{AC}$ であるから　$\overrightarrow{BH}\cdot\overrightarrow{AC}=0$

すなわち　$\{(a-1)\overrightarrow{AB}+b\overrightarrow{AC}\}\cdot\overrightarrow{AC}=0$

よって　$(a-1)\overrightarrow{AB}\cdot\overrightarrow{AC}+b|\overrightarrow{AC}|^2=0$

$\overrightarrow{AB}\cdot\overrightarrow{AC}=20$, $|\overrightarrow{AC}|^2=64$ であるから　$(a-1)\cdot 20+b\cdot 64=0$

ゆえに　${}^{ウ}\mathbf{5}a+{}^{エオ}\mathbf{16}b=5$ …… ①

また　$\overrightarrow{CH}=\overrightarrow{AH}-\overrightarrow{AC}=a\overrightarrow{AB}+(b-1)\overrightarrow{AC}$

$\overrightarrow{CH}\perp\overrightarrow{AB}$ であるから　$\overrightarrow{CH}\cdot\overrightarrow{AB}=0$

すなわち　$\{a\overrightarrow{AB}+(b-1)\overrightarrow{AC}\}\cdot\overrightarrow{AB}=0$

よって　$a|\overrightarrow{AB}|^2+(b-1)\overrightarrow{AB}\cdot\overrightarrow{AC}=0$

$\overrightarrow{AB}\cdot\overrightarrow{AC}=20$, $|\overrightarrow{AB}|^2=25$ であるから　$a\cdot 25+(b-1)\cdot 20=0$

ゆえに　${}^{カ}\mathbf{5}a+{}^{キ}\mathbf{4}b=4$ …… ②

①, ② から　$a=\dfrac{11}{15}$, $b=\dfrac{1}{12}$

ゆえに　$\overrightarrow{AH}=\dfrac{{}^{クケ}\mathbf{11}}{{}^{コサ}\mathbf{15}}\overrightarrow{AB}+\dfrac{{}^{シ}\mathbf{1}}{{}^{スセ}\mathbf{12}}\overrightarrow{AC}$

⬅$|\vec{a}||\vec{b}|\cos\theta$　➡基112

⬅CHART　始点を（Aに）そろえ，2つのベクトル（$\overrightarrow{AB}$, $\overrightarrow{AC}$）で表す

⬅垂直 ⟶（内積）$=0$

⬅普通の展開と同様に計算する。
$\overrightarrow{AC}\cdot\overrightarrow{AC}=|\overrightarrow{AC}|^2$　➡基112

⬅$\overrightarrow{BH}\perp\overrightarrow{AC}$ と同様に扱う。

練習 60　a は $0<a<1$ を満たす数とする。辺AB, ACの長さが等しい二等辺三角形ABCに対し，辺ABを $1:5$ に内分する点をP，辺ACを $a:(1-a)$ に内分する点をQとする。

(1) $\overrightarrow{CP}$ を $\overrightarrow{AB}$, $\overrightarrow{AC}$ で表すと，$\overrightarrow{CP}=\dfrac{1}{[ア]}\overrightarrow{AB}-\overrightarrow{AC}$ である。

(2) $\angle BAC=\theta$ とおく。$\overrightarrow{BQ}$ と $\overrightarrow{CP}$ が垂直であるとき，$\cos\theta$ の満たす条件を求めよう。
このとき，a は $(a+$[イ]$)\cos\theta-($[ウ]$a+$[エ]$)=0$ を満たす。したがって，求める条件は $\dfrac{[オ]}{[カ]}<\cos\theta<1$ である。

重要 例題 61 円のベクトル方程式

平面上に異なる2定点M，Nをとり，線分MNの中点をOとする。さらに，この平面上に，等式 $|\overrightarrow{OX}-\overrightarrow{ON}|=\sqrt{2}\,|\overrightarrow{OX}-\overrightarrow{OM}|$ を満たす動点Xを考える。
このとき，$|\overrightarrow{OX}|^2-$ ［ア］ $\overrightarrow{OM}\cdot\overrightarrow{OX}+|\overrightarrow{OM}|^2=0$ であるから，これを満たす点X全体の描く図形は半径 ［イ］$\sqrt{\text{［ウ］}}\,|\overrightarrow{OM}|$ の円であり，その中心をAとするとき，$\overrightarrow{OA}=$ ［エ］ $\overrightarrow{OM}$ である。

POINT!　点Aを中心とする半径 r の円周上の点P ⟶ $|\overrightarrow{OP}-\overrightarrow{OA}|=r$

解答　$|\overrightarrow{OX}-\overrightarrow{ON}|=\sqrt{2}\,|\overrightarrow{OX}-\overrightarrow{OM}|$ から

$$|\overrightarrow{OX}-\overrightarrow{ON}|^2=2|\overrightarrow{OX}-\overrightarrow{OM}|^2$$

よって　$|\overrightarrow{OX}|^2-2\overrightarrow{OX}\cdot\overrightarrow{ON}+|\overrightarrow{ON}|^2$
$=2(|\overrightarrow{OX}|^2-2\overrightarrow{OX}\cdot\overrightarrow{OM}+|\overrightarrow{OM}|^2)$

⬅ $(x-n)^2$ の展開と同様に計算する。

条件より，$\overrightarrow{ON}=-\overrightarrow{OM}$　すなわち $|\overrightarrow{ON}|=|\overrightarrow{OM}|$ であるから

⬅ M ―O― N

$|\overrightarrow{OX}|^2+2\overrightarrow{OX}\cdot\overrightarrow{OM}+|\overrightarrow{OM}|^2$
$=2(|\overrightarrow{OX}|^2-2\overrightarrow{OX}\cdot\overrightarrow{OM}+|\overrightarrow{OM}|^2)$

よって　$|\overrightarrow{OX}|^2-{}^{ア}\mathbf{6}\overrightarrow{OM}\cdot\overrightarrow{OX}+|\overrightarrow{OM}|^2=0$

⬅ $|\overrightarrow{OX}-(\text{中心})|^2=(\text{半径})^2$ の形に変形する。平方完成によく似ている。➡ 基 8

すなわち　$|\overrightarrow{OX}|^2-6\overrightarrow{OM}\cdot\overrightarrow{OX}+9|\overrightarrow{OM}|^2-8|\overrightarrow{OM}|^2=0$

ゆえに　$|\overrightarrow{OX}-3\overrightarrow{OM}|^2=(2\sqrt{2}\,|\overrightarrow{OM}|)^2$

すなわち　$|\overrightarrow{OX}-3\overrightarrow{OM}|=2\sqrt{2}\,|\overrightarrow{OM}|$

⬅ $|\overrightarrow{OX}-\overrightarrow{OA}|=r$

これを満たす点X全体の描く図形は，半径 ${}^{イ}\mathbf{2}\sqrt{{}^{ウ}\mathbf{2}}\,|\overrightarrow{OM}|$ の円である。
また，その円の中心をAとすると　$\overrightarrow{OA}={}^{エ}\mathbf{3}\overrightarrow{OM}$

参考　点Xが描く円は，右の図のようになる。
問題文の条件から　$|\overrightarrow{NX}|=\sqrt{2}\,|\overrightarrow{MX}|$
したがって　$XN:XM=\sqrt{2}:1$
これを満たす点X全体は，例題のとおり円を描く。
この円を **アポロニウスの円** という。

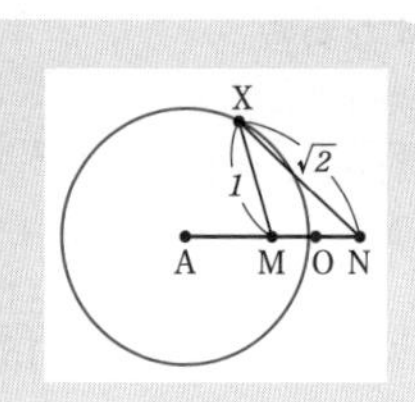

練習 61　平面上の△ABCについて，$\overrightarrow{BA}\cdot\overrightarrow{CA}=0$ …… ① が成り立つとする。この平面上の点Pが $\overrightarrow{AP}\cdot\overrightarrow{BP}+\overrightarrow{BP}\cdot\overrightarrow{CP}+\overrightarrow{CP}\cdot\overrightarrow{AP}=0$ …… ② を満たすとき，① から
$\overrightarrow{AB}\cdot\overrightarrow{AC}=$ ［ア］ であり，これを用いて ② を変形して整理すると，
$|\overrightarrow{AP}|^2-\dfrac{\text{［イ］}}{\text{［ウ］}}(\overrightarrow{AB}+\overrightarrow{AC})\cdot\overrightarrow{AP}=0$ となる。
ここで，線分BCの中点をMとすると，$\overrightarrow{AB}+\overrightarrow{AC}=$ ［エ］ $\overrightarrow{AM}$ であり，
$|\overrightarrow{AP}|^2-\dfrac{\text{［オ］}}{\text{［カ］}}\overrightarrow{AM}\cdot\overrightarrow{AP}=0$ となるから，点Pは線分AMを ［キ］：1 に内分する点を中心とする円を描き，その半径は $\dfrac{\text{［ク］}}{\text{［ケ］}}$AM に等しい。

重要 例題 62 直線と平面の交点

正四面体OABCにおいて，$\overrightarrow{OA}=\vec{a}$，$\overrightarrow{OB}=\vec{b}$，$\overrightarrow{OC}=\vec{c}$ とする。辺OAを4：3に内分する点をP，辺BCを5：3に内分する点をQとする。

このとき，$\overrightarrow{PQ}=\dfrac{\boxed{アイ}}{\boxed{ウ}}\vec{a}+\dfrac{\boxed{エ}}{\boxed{オ}}\vec{b}+\dfrac{\boxed{カ}}{\boxed{キ}}\vec{c}$ である。

線分PQの中点をRとし，直線ARが△OBCの定める平面と交わる点をSとする。このとき，AR：AS＝$\boxed{ク}$：$\boxed{ケ}$ である。

POINT! 四面体OABCにおいて $\overrightarrow{OP}=s\overrightarrow{OA}+t\overrightarrow{OB}+u\overrightarrow{OC}$ (s, t, u は実数) とする。
点Pが 平面ABC上にある ⟺ $s+t+u=1$ (➡基111) …(*)
点Pが 平面OAB上にある ⟺ $u=0$ ($\overrightarrow{OA}$，$\overrightarrow{OB}$ のみで表される)

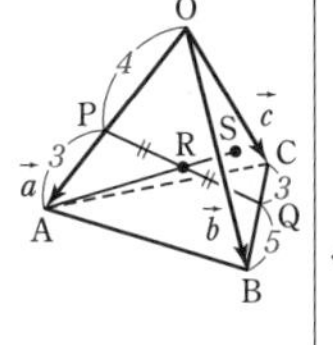

解答 $\overrightarrow{OP}=\dfrac{4}{7}\vec{a}$，

$\overrightarrow{OQ}=\dfrac{3\overrightarrow{OB}+5\overrightarrow{OC}}{5+3}=\dfrac{3}{8}\vec{b}+\dfrac{5}{8}\vec{c}$ であるから

$\overrightarrow{PQ}=\overrightarrow{OQ}-\overrightarrow{OP}=\dfrac{^{アイ}\mathbf{-4}}{^{ウ}\mathbf{7}}\vec{a}+\dfrac{^{エ}\mathbf{3}}{^{オ}\mathbf{8}}\vec{b}+\dfrac{^{カ}\mathbf{5}}{^{キ}\mathbf{8}}\vec{c}$

←CHART 始点を（Oに）そろえて，3つのベクトル（$\vec{a}$，$\vec{b}$，$\vec{c}$）で表す

また $\overrightarrow{OR}=\dfrac{\overrightarrow{OP}+\overrightarrow{OQ}}{2}=\dfrac{2}{7}\vec{a}+\dfrac{3}{16}\vec{b}+\dfrac{5}{16}\vec{c}$

←中点 ➡基107

3点A，R，Sは一直線上にあるから $\overrightarrow{AS}=k\overrightarrow{AR}$ (k は実数)

➡基110

とおくと $\overrightarrow{OS}=\overrightarrow{OA}+\overrightarrow{AS}=\overrightarrow{OA}+k\overrightarrow{AR}=\vec{a}+k(\overrightarrow{OR}-\overrightarrow{OA})$

➡素早く解く!

$=\vec{a}+k\left(\dfrac{2}{7}\vec{a}+\dfrac{3}{16}\vec{b}+\dfrac{5}{16}\vec{c}-\vec{a}\right)$

←$\overrightarrow{OS}=s\vec{a}+t\vec{b}+u\vec{c}$ の形に表す。

$=\left(1-\dfrac{5}{7}k\right)\vec{a}+\dfrac{3k}{16}\vec{b}+\dfrac{5k}{16}\vec{c}$

点Sは△OBCの定める平面上にあるから $1-\dfrac{5}{7}k=0$

←POINT! $\vec{b}$，$\vec{c}$ のみで表されるから，$\vec{a}$ の係数が0

よって $k=\dfrac{7}{5}$ ゆえに $\overrightarrow{AS}=\dfrac{7}{5}\overrightarrow{AR}$

したがって AR：AS＝^{ク}**5**：^{ケ}**7**

Sを線分ARを外分する点と考え，$\overrightarrow{OS}$ を $\vec{a}$，$\vec{b}$，$\vec{c}$ で表してもよいが，解答のように $\overrightarrow{OS}=\overrightarrow{OA}+\overrightarrow{AS}=\overrightarrow{OA}+k\overrightarrow{AR}$ とした方が早く計算できる。

練習 62 四面体OABCの辺OA，OB，OCを，それぞれ1：1，2：1，3：1に内分する点を，順にP，Q，Rとする。△PQRの重心をGとすると，

$\overrightarrow{OG}=\dfrac{\boxed{ア}}{\boxed{イ}}\overrightarrow{OA}+\dfrac{\boxed{ウ}}{\boxed{エ}}\overrightarrow{OB}+\dfrac{\boxed{オ}}{\boxed{カ}}\overrightarrow{OC}$ である。点CとGを通る直線が平面OABと交わる点をHとし，$\overrightarrow{CH}=k\overrightarrow{CG}$ (k は実数) とすると，$k=\dfrac{\boxed{キ}}{\boxed{ク}}$ であり，

$\overrightarrow{OH}=\dfrac{\boxed{ケ}}{\boxed{コ}}\overrightarrow{OA}+\dfrac{\boxed{サ}}{\boxed{シス}}\overrightarrow{OB}$ である。また，直線OGが平面ABCと交わる点をIとすると，OG：GI＝$\boxed{セソ}$：13である。

14 ベクトル

重要 例題 63　空間図形と内積

1辺の長さが2である正四面体OABCの辺BCを1：2に内分する点をDとし，辺OA上の点をPとする。また，$\overrightarrow{OA}=\vec{a}$，$\overrightarrow{OB}=\vec{b}$，$\overrightarrow{OC}=\vec{c}$，$\overrightarrow{OP}=k\vec{a}$（$k$は実数）と表す。このとき，$\overrightarrow{OD}=\dfrac{\boxed{ア}}{\boxed{イ}}\vec{b}+\dfrac{\boxed{ウ}}{\boxed{エ}}\vec{c}$，$\vec{a}\cdot\vec{b}=\vec{b}\cdot\vec{c}=\vec{c}\cdot\vec{a}=\boxed{オ}$ である。また，$|\overrightarrow{DP}|^2=\boxed{カ}k^2-\boxed{キ}k+\dfrac{\boxed{クケ}}{\boxed{コ}}$ であるから，線分DPの長さはOP：PA$=\boxed{サ}$：1のとき最小値 $\dfrac{\sqrt{\boxed{シス}}}{\boxed{セ}}$ をとる。

POINT!　空間ベクトル ⟶ ベクトルを3つのベクトルで表す。

解答　$\overrightarrow{OD}=\dfrac{2\overrightarrow{OB}+1\cdot\overrightarrow{OC}}{1+2}=\dfrac{^{ア}\mathbf{2}}{_{イ}\mathbf{3}}\vec{b}+\dfrac{^{ウ}\mathbf{1}}{_{エ}\mathbf{3}}\vec{c}$

また　$\vec{a}\cdot\vec{b}=\vec{b}\cdot\vec{c}=\vec{c}\cdot\vec{a}$

$$=|\vec{a}||\vec{b}|\cos60^\circ=2\cdot2\cdot\frac{1}{2}={}^{オ}\mathbf{2}$$

$$\overrightarrow{DP}=\overrightarrow{OP}-\overrightarrow{OD}=k\vec{a}-\left(\frac{2}{3}\vec{b}+\frac{1}{3}\vec{c}\right)$$

$$=k\vec{a}-\frac{2}{3}\vec{b}-\frac{1}{3}\vec{c}$$

よって　$|\overrightarrow{DP}|^2=\left|k\vec{a}-\dfrac{2}{3}\vec{b}-\dfrac{1}{3}\vec{c}\right|^2$

$$=k^2|\vec{a}|^2+\frac{4}{9}|\vec{b}|^2+\frac{1}{9}|\vec{c}|^2$$

$$-2k\cdot\frac{2}{3}\vec{a}\cdot\vec{b}+2\cdot\frac{2}{3}\cdot\frac{1}{3}\vec{b}\cdot\vec{c}-2\cdot\frac{1}{3}k\vec{c}\cdot\vec{a}$$

$$=k^2\cdot2^2+\frac{4}{9}\cdot2^2+\frac{1}{9}\cdot2^2-\frac{4}{3}k\cdot2+\frac{4}{9}\cdot2-\frac{2}{3}k\cdot2$$

$$={}^{カ}\mathbf{4}k^2-{}^{キ}\mathbf{4}k+\frac{^{クケ}\mathbf{28}}{_{コ}\mathbf{9}}=4\left(k-\frac{1}{2}\right)^2+\frac{19}{9}$$

$0\leqq k\leqq1$ であるから $|\overrightarrow{DP}|^2$ は $k=\dfrac{1}{2}$ のとき最小値　$\dfrac{19}{9}$

すなわち，線分DPの長さはOP：PA$={}^{サ}\mathbf{1}$：1のとき最小値

$\sqrt{\dfrac{19}{9}}=\dfrac{\sqrt{^{シス}\mathbf{19}}}{_{セ}\mathbf{3}}$ をとる。

⬅ $\dfrac{n\overrightarrow{OB}+m\overrightarrow{OC}}{m+n}$　➡基 107

⬅ $|\vec{a}||\vec{b}|\cos\theta$　➡基 112

⬅ CHART　始点を（Oに）そろえて，3つのベクトル（$\vec{a}$，$\vec{b}$，$\vec{c}$）で表す

⬅ $\left(ka-\dfrac{2}{3}b-\dfrac{1}{3}c\right)^2$ と同じように計算する。➡基 1

参考

$|\overrightarrow{DP}|$ が最小 ⟺ $\overrightarrow{DP}\perp\vec{a}$　➡基 113

$\overrightarrow{DP}\cdot\vec{a}=k|\vec{a}|^2-\dfrac{2}{3}\vec{a}\cdot\vec{b}-\dfrac{1}{3}\vec{c}\cdot\vec{a}$

$=4k-2=0$ より $k=\dfrac{1}{2}$

⬅ CHART　まず平方完成　➡基 10

⬅点Pは辺OA上にあるから $0\leqq k\leqq1$

練習 63　OP$=$OQ$=\sqrt{2}$，OR$=1$，$\angle$POR$=90^\circ$ である四面体OPQRにおいて，$\overrightarrow{OP}=\vec{p}$，$\overrightarrow{OQ}=\vec{q}$，$\overrightarrow{OR}=\vec{r}$ とおく。点Oと三角形PQRの重心Gを通る直線OGが三角形PQRに垂直であるとき，$\angle$POQの大きさと線分OGの長さを求めよう。
直線OGが三角形PQRに垂直であるための条件は，$\overrightarrow{OG}\cdot\overrightarrow{PQ}=0$，$\overrightarrow{OG}\cdot\overrightarrow{QR}=0$ であるから，$\vec{q}\cdot\vec{r}=\boxed{ア}$，$\vec{p}\cdot\vec{q}=\boxed{イウ}$ である。
よって，$\angle$POQ$=\boxed{エオカ}^\circ$，OG$=\dfrac{\sqrt{\boxed{キ}}}{\boxed{ク}}$ である。

演習 例題 26 ベクトルの分解 (2)

目安 5分　解説動画

$\overrightarrow{\mathrm{OP}}=(-4,\ 6)$ とする。次の (1)～(3) のそれぞれの $\vec{a}$, $\vec{b}$ に対し，$\overrightarrow{\mathrm{OP}}=s\vec{a}+t\vec{b}$ を満たす実数 s, t の組み合わせについて適切に述べたものを，下の ⓪ ～ ② から一つずつ選べ。ただし，同じものを繰り返し選んでもよい。

⓪ 存在しない。　① ただ1通り存在する。　② 無数に存在する。

(1) $\vec{a}=(5,\ 3)$, $\vec{b}=(3,\ -1)$ 　ア

(2) $\vec{a}=(2\sqrt{3},\ 3\sqrt{3})$, $\vec{b}=\left(\sqrt{2},\ \dfrac{3\sqrt{2}}{2}\right)$ 　イ

(3) $\vec{a}=(2,\ -3)$, $\vec{b}=\left(-1,\ \dfrac{3}{2}\right)$ 　ウ

Situation Check ✓

$\vec{a}\neq\vec{0}$, $\vec{b}\neq\vec{0}$, $\vec{a}\not\parallel\vec{b}$ のとき，$\overrightarrow{\mathrm{OP}}=s\vec{a}+t\vec{b}$ を満たす実数 s, t は「ただ1通り存在する」

$\vec{a}\parallel\vec{b}$ のとき，$\overrightarrow{\mathrm{OP}}\parallel\vec{a}$ ($\overrightarrow{\mathrm{OP}}\parallel\vec{b}$) ならば，$s$, t は「無数に存在する」

$\overrightarrow{\mathrm{OP}}\not\parallel\vec{a}$ ($\overrightarrow{\mathrm{OP}}\not\parallel\vec{b}$) ならば，$s$, t は「存在しない」

解答 $\overrightarrow{\mathrm{OP}}=s\vec{a}+t\vec{b}$ …… ① とする。

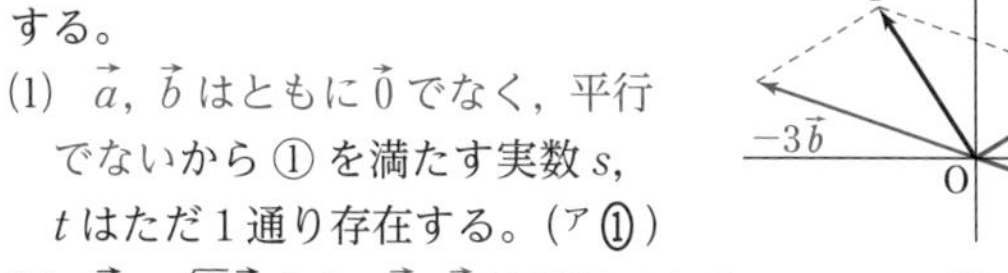

(1) $\vec{a}$, $\vec{b}$ はともに $\vec{0}$ でなく，平行でないから ① を満たす実数 s, t はただ1通り存在する。（ア ①）

(2) $\vec{a}=\sqrt{6}\vec{b}$ より，$\vec{a}$, $\vec{b}$ は平行であるから，$s\vec{a}+t\vec{b}$ は $\vec{a}$ または $\vec{b}$ に平行なベクトルと $\vec{0}$ のみを表すことができるが，$\overrightarrow{\mathrm{OP}}$ は $\vec{a}$ にも $\vec{b}$ にも平行でないから，① を満たす実数 s, t は存在しない。（イ ⓪）

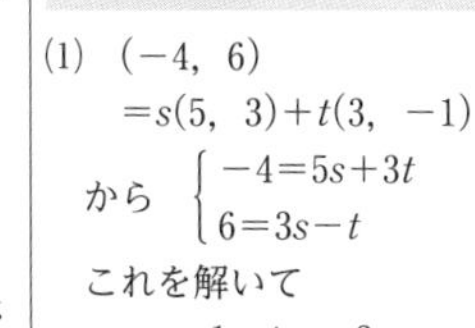

(3) $\vec{a}=-2\vec{b}$ から

$$s\vec{a}+t\vec{b}=s(-2\vec{b})+t\vec{b}=(-2s+t)\vec{b}$$

一方，$\overrightarrow{\mathrm{OP}}=4\vec{b}$ であるから，① より

$$4=-2s+t \quad \cdots\cdots \ (*)$$

これを満たす実数 s, t は無数に存在する。

ゆえに，① を満たす実数 s, t は無数に存在する。（ウ ②）

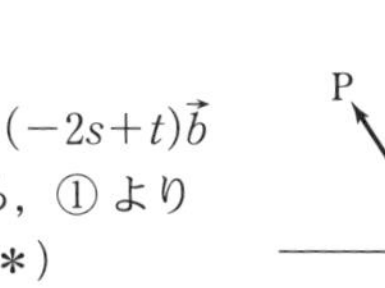

素早く解く！

$\overrightarrow{\mathrm{OP}}=s\vec{a}+t\vec{b}$ を満たす実数 s, t を具体的に求める必要はない。

(1) $(-4,\ 6)=s(5,\ 3)+t(3,\ -1)$

から $\begin{cases}-4=5s+3t\\ 6=3s-t\end{cases}$

これを解いて

$s=1$, $t=-3$

となり，ただ一通り存在する。

参考

$\vec{a}\neq\vec{0}$, $\vec{b}\neq\vec{0}$, $\vec{a}\not\parallel\vec{b}$ のとき，$\vec{a}$ と $\vec{b}$ は1次独立であるという。

⬅ $(s,\ t)=(-2,\ 0)$, $(0,\ 4)$, $(-1,\ 2)$ などが (＊) を満たし，これにより $\overrightarrow{\mathrm{OP}}$ を $\vec{a}$, $\vec{b}$ で表すと

$\overrightarrow{\mathrm{OP}}=-2\vec{a}=4\vec{b}=-\vec{a}+2\vec{b}$

問題 26 $\overrightarrow{\mathrm{OP}}=(2,\ -1)$ とする。次の (1)～(4) のそれぞれの $\vec{a}$, $\vec{b}$ に対し，$\overrightarrow{\mathrm{OP}}=s\vec{a}+t\vec{b}$ を満たす実数 s, t の組み合わせについて適切に述べたものを，演習例題 26 の ⓪ ～ ② から一つずつ選べ。ただし，同じものを繰り返し選んでもよい。

(1) $\vec{a}=(1,\ -1)$, $\vec{b}=(-2,\ 2)$ 　ア

(2) $\vec{a}=(8,\ 4)$, $\vec{b}=(-2,\ -3)$ 　イ

(3) $\vec{a}=(-4,\ 2)$, $\vec{b}=(6,\ -3)$ 　ウ

(4) $\vec{a}=(-2,\ 1)$, $\vec{b}=(2,\ 1)$ 　エ

14 ベクトル

演習 例題 27 直線と平面の交点の位置

目安 7分　解説動画

Oを原点とする座標空間の2点A(1, 1, 1), B(−1, 1, 2)に対し，線分ABを2：1に内分する点をCとする。また，3点O, A, Bが定める平面をαとし，点(0, 0, 1)をGとする。
α上に点Hを$\overrightarrow{GH}\perp\overrightarrow{OA}$，$\overrightarrow{GH}\perp\overrightarrow{OB}$となるようにとると，

$\overrightarrow{OC}=\dfrac{\fbox{ア}}{\fbox{イ}}\overrightarrow{OA}+\dfrac{\fbox{ウ}}{\fbox{エ}}\overrightarrow{OB}$，$\overrightarrow{OH}=\dfrac{\fbox{オ}}{\fbox{カ}}\overrightarrow{OA}+\dfrac{\fbox{キ}}{\fbox{ク}}\overrightarrow{OB}$ である。

このことから，点Hは［ケ］である。［ケ］は当てはまるものを下の⓪〜④のうちから一つ選べ。

⓪ 三角形OACの内部の点　① 三角形OBCの内部の点
② 点O, Cとは異なる線分OC上の点　③ 三角形OABの周上の点
④ 三角形OABの内部にも周上にもない点

Situation Check ✓

3点A, B, Cで定まる平面上に点Pがある
$\Longleftrightarrow \overrightarrow{AP}=s\overrightarrow{AB}+t\overrightarrow{AC}$ となる実数s，tがある。 (★)

これと，$\vec{a}\neq\vec{0}$，$\vec{b}\neq\vec{0}$のとき $\vec{a}\perp\vec{b}\Longleftrightarrow\vec{a}\cdot\vec{b}=0$ (➡基113) を利用。

解答 $\overrightarrow{OC}=\dfrac{1\cdot\overrightarrow{OA}+2\overrightarrow{OB}}{2+1}=\dfrac{{}^{ア}1}{{}^{イ}3}\overrightarrow{OA}+\dfrac{{}^{ウ}2}{{}^{エ}3}\overrightarrow{OB}$

← $\dfrac{n\overrightarrow{OA}+m\overrightarrow{OB}}{m+n}$

点Hは平面α上にあるから，実数s，tを用いて，
$\overrightarrow{OH}=s\overrightarrow{OA}+t\overrightarrow{OB}$ と表される。

← Situation Check の(★)と，重要例題62の(＊)はとても重要な性質である。きちんと押さえておこう。

よって　$\overrightarrow{GH}=\overrightarrow{OH}-\overrightarrow{OG}=s\overrightarrow{OA}+t\overrightarrow{OB}-\overrightarrow{OG}$

また，$\overrightarrow{GH}\perp\overrightarrow{OA}$，$\overrightarrow{GH}\perp\overrightarrow{OB}$ から　$\overrightarrow{GH}\cdot\overrightarrow{OA}=0$，$\overrightarrow{GH}\cdot\overrightarrow{OB}=0$

ここで　$\overrightarrow{GH}\cdot\overrightarrow{OA}=s|\overrightarrow{OA}|^2+t\overrightarrow{OA}\cdot\overrightarrow{OB}-\overrightarrow{OG}\cdot\overrightarrow{OA}=3s+2t-1$
$\overrightarrow{GH}\cdot\overrightarrow{OB}=s\overrightarrow{OA}\cdot\overrightarrow{OB}+t|\overrightarrow{OB}|^2-\overrightarrow{OG}\cdot\overrightarrow{OB}=2s+6t-2$

← $|\overrightarrow{OA}|^2=1^2+1^2+1^2=3$
$|\overrightarrow{OB}|^2=(-1)^2+1^2+2^2=6$
$\overrightarrow{OA}\cdot\overrightarrow{OB}=1\cdot(-1)+1\cdot1+1\cdot2=2$
$\overrightarrow{OG}\cdot\overrightarrow{OA}=0\cdot1+0\cdot1+1\cdot1=1$
$\overrightarrow{OG}\cdot\overrightarrow{OB}=0\cdot(-1)+0\cdot1+1\cdot2=2$
➡基113

これから　$3s+2t-1=0$，$s+3t-1=0$

これを解いて　$s=\dfrac{1}{7}$，$t=\dfrac{2}{7}$

ゆえに　$\overrightarrow{OH}=\dfrac{{}^{オ}1}{{}^{カ}7}\overrightarrow{OA}+\dfrac{{}^{キ}2}{{}^{ク}7}\overrightarrow{OB}$

$=\dfrac{3}{7}\cdot\dfrac{\overrightarrow{OA}+2\overrightarrow{OB}}{3}=\dfrac{3}{7}\overrightarrow{OC}$

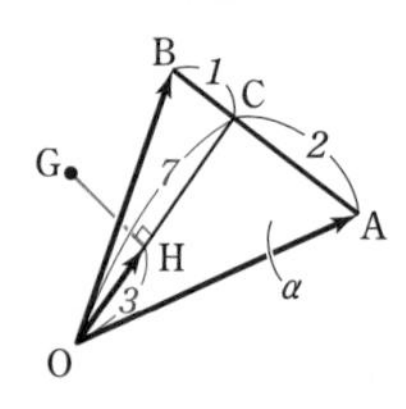

よって，点Hは線分OCを3：4に内分する位置にある。したがって　^{ケ}②

➡重59

問題 27 Oを原点とする座標空間に2点A(−1, 2, 0), B(2, 3, $\sqrt{7}$)がある。
3点O, A, Bの定める平面をαとし，線分ABの中点をC，点(4, 4, $-\sqrt{7}$)をGとする。また，α上に点Hを$\overrightarrow{GH}\perp\overrightarrow{OA}$と$\overrightarrow{GH}\perp\overrightarrow{OB}$が成り立つようにとると，

$\overrightarrow{OH}=\dfrac{\fbox{ア}}{\fbox{イ}}\overrightarrow{OA}+\dfrac{\fbox{ウ}}{\fbox{エオ}}\overrightarrow{OB}$ である。このことから，点Hは［カ］である。

［カ］は当てはまるものを，演習例題27の⓪〜④のうちから一つ選べ。

実践問題

目安時間 **51** [12分] **52** [12分] **53** [10分] **54** [15分]

指針 p.362

51 平面上の点Oを中心とする半径1の円周上に，3点A，B，Cがあり，

$\overrightarrow{OA}\cdot\overrightarrow{OB}=-\dfrac{2}{3}$ および $\overrightarrow{OC}=-\overrightarrow{OA}$ を満たすとする。t を $0<t<1$ を満たす実数とし，線分ABを $t:(1-t)$ に内分する点をPとする。また，直線OP上に点Qをとる。

(1) $\cos\angle AOB=\dfrac{\boxed{アイ}}{\boxed{ウ}}$ である。

また，実数 k を用いて，$\overrightarrow{OQ}=k\overrightarrow{OP}$ と表せる。したがって

$$\overrightarrow{OQ}=\boxed{エ}\,\overrightarrow{OA}+\boxed{オ}\,\overrightarrow{OB} \quad \cdots\cdots ①$$
$$\overrightarrow{CQ}=\boxed{カ}\,\overrightarrow{OA}+\boxed{キ}\,\overrightarrow{OB}$$

となる。

$\overrightarrow{OA}$ と $\overrightarrow{OP}$ が垂直となるのは，$t=\dfrac{\boxed{ク}}{\boxed{ケ}}$ のときである。

$\boxed{エ}$～$\boxed{キ}$ の解答群（同じものを繰り返し選んでもよい。）

⓪ kt	① $(k-kt)$	② $(kt+1)$
③ $(kt-1)$	④ $(k-kt+1)$	⑤ $(k-kt-1)$

以下，$t\neq\dfrac{\boxed{ク}}{\boxed{ケ}}$ とし，$\angle OCQ$ が直角であるとする。

(2) $\angle OCQ$ が直角であることにより，(1)の k は

$$k=\frac{\boxed{コ}}{\boxed{サ}\,t-\boxed{シ}} \quad \cdots\cdots ②$$

となることがわかる。

平面から直線OAを除いた部分は，直線OAを境に二つの部分に分けられる。そのうち，点Bを含む部分を D_1，含まない部分を D_2 とする。また，平面から直線OBを除いた部分は，直線OBを境に二つの部分に分けられる。そのうち，点Aを含む部分を E_1，含まない部分を E_2 とする。

・$0<t<\dfrac{\boxed{ク}}{\boxed{ケ}}$ ならば，点Qは $\boxed{ス}$。

・$\dfrac{\boxed{ク}}{\boxed{ケ}}<t<1$ ならば，点Qは $\boxed{セ}$。

$\boxed{ス}$，$\boxed{セ}$ の解答群（同じものを繰り返し選んでもよい。）

⓪ D_1 に含まれ，かつ E_1 に含まれる
① D_1 に含まれ，かつ E_2 に含まれる
② D_2 に含まれ，かつ E_1 に含まれる
③ D_2 に含まれ，かつ E_2 に含まれる

（次ページに続く。）

(3)　太郎さんと花子さんは，点 P の位置と $|\overrightarrow{OQ}|$ の関係について考えている。

$t=\dfrac{1}{2}$ のとき，① と ② により，$|\overrightarrow{OQ}|=\sqrt{\boxed{\text{ソ}}}$ とわかる。

太郎：$t \neq \dfrac{1}{2}$ のときにも，$|\overrightarrow{OQ}|=\sqrt{\boxed{\text{ソ}}}$ となる場合があるかな。

花子：$|\overrightarrow{OQ}|$ を t を用いて表して，$|\overrightarrow{OQ}|=\sqrt{\boxed{\text{ソ}}}$ を満たす t の値について考えればいいと思うよ。

太郎：計算が大変そうだね。

花子：直線 OA に関して，$t=\dfrac{1}{2}$ のときの点 Q と対称な点を R としたら，$|\overrightarrow{OR}|=\sqrt{\boxed{\text{ソ}}}$ となるよ。

太郎：$\overrightarrow{OR}$ を $\overrightarrow{OA}$ と $\overrightarrow{OB}$ を用いて表すことができれば，t の値が求められそうだね。

直線 OA に関して，$t=\dfrac{1}{2}$ のときの点 Q と対称な点を R とすると

$$\begin{aligned}\overrightarrow{CR}&=\boxed{\text{タ}}\,\overrightarrow{CQ}\\&=\boxed{\text{チ}}\,\overrightarrow{OA}+\boxed{\text{ツ}}\,\overrightarrow{OB}\end{aligned}$$

となる。

$t \neq \dfrac{1}{2}$ のとき，$|\overrightarrow{OQ}|=\sqrt{\boxed{\text{ソ}}}$ となる t の値は $\dfrac{\boxed{\text{テ}}}{\boxed{\text{ト}}}$ である。

〔22 共通テスト・本試〕

***52** 平面上の四角形 OABC において，$|\overrightarrow{OA}|=2$，$|\overrightarrow{OB}|=3$，$|\overrightarrow{OC}|=1$，$\angle AOB=\angle BOC=60^\circ$ であるとする。点 P が $\overrightarrow{PA}\cdot\overrightarrow{PB}=\dfrac{5}{4}$ …… ① を満たしながら動くとき，三角形 OCP の面積の最小値を求めよう。以下，$\overrightarrow{OA}=\vec{a}$，$\overrightarrow{OB}=\vec{b}$，$\overrightarrow{OP}=\vec{p}$ とおく。

まず，点 P の動く範囲を考えよう。① は，$(\vec{a}-\vec{p})\cdot(\vec{b}-\vec{p})=\dfrac{5}{4}$ であるから，

$\vec{a}\cdot\vec{b}=\boxed{\text{ア}}$ に注意すると $|\vec{p}|^2-(\vec{a}+\vec{b})\cdot\vec{p}+\dfrac{\boxed{\text{イ}}}{\boxed{\text{ウ}}}=0$ と書き換えられる。

これはさらに $\left|\vec{p}-\dfrac{\vec{a}+\vec{b}}{\boxed{\text{エ}}}\right|=\sqrt{\boxed{\text{オ}}}$ と書き換えられる。点 M を $\overrightarrow{OM}=\dfrac{\vec{a}+\vec{b}}{\boxed{\text{エ}}}$ となるように定めると，点 P は，M を中心とする半径 $\sqrt{\boxed{\text{オ}}}$ の円周上を動く。

次に，点 P と直線 OC の距離について考えよう。直線 OC 上の点 H を $\overrightarrow{OC}\perp\overrightarrow{MH}$ となるようにとる。実数 t を用いて $\overrightarrow{OH}=t\overrightarrow{OC}$ と表すと，$\overrightarrow{OC}\cdot\overrightarrow{MH}=\boxed{\text{カ}}$ であることから，$t=\dfrac{\boxed{\text{キ}}}{\boxed{\text{ク}}}$ となる。このとき，$|\overrightarrow{MH}|=\dfrac{\boxed{\text{ケ}}\sqrt{\boxed{\text{コ}}}}{\boxed{\text{サ}}}$ であるから，点 P が ① を満たしながら動くとき，点 P と直線 OC の距離の最小値は $\dfrac{\sqrt{\boxed{\text{シ}}}}{\boxed{\text{ス}}}$ となる。

したがって，三角形 OCP の面積の最小値は $\dfrac{\sqrt{\boxed{\text{セ}}}}{\boxed{\text{ソ}}}$ である。

〔15 センター試験・追試〕

53 点 O を原点とする座標空間に 4 点 A(1, 0, 0)，B(0, 1, 1)，C(1, 0, 1)，D(−2, −1, −2) がある。$0<a<1$ とし，線分 AB を $a:(1-a)$ に内分する点を E，線分 CD を $a:(1-a)$ に内分する点を F とする。

(1) $\overrightarrow{EF}$ は a を用いて $\overrightarrow{EF}=(\boxed{\text{アイ}}a,\ \boxed{\text{ウエ}}a,\ \boxed{\text{オ}}-\boxed{\text{カ}}a)$ と表される。

さらに，$\overrightarrow{EF}$ が $\overrightarrow{AB}$ に垂直であるのは $a=\dfrac{\boxed{\text{キ}}}{\boxed{\text{ク}}}$ のときである。

(2) $a=\dfrac{\boxed{\text{キ}}}{\boxed{\text{ク}}}$ とする。$0<b<1$ として，線分 EF を $b:(1-b)$ に内分する点を G とすると，$\overrightarrow{OG}$ は b を用いて $\overrightarrow{OG}=\left(\dfrac{\boxed{\text{ケ}}-\boxed{\text{コ}}b}{\boxed{\text{サ}}},\ \dfrac{\boxed{\text{シ}}-\boxed{\text{ス}}b}{\boxed{\text{サ}}},\ \dfrac{\boxed{\text{セ}}}{\boxed{\text{サ}}}\right)$ と表される。

(3) (2) において，直線 OG と直線 BC が交わるときの b の値と，その交点 H の座標を求めよう。

点 H は直線 BC 上にあるから，実数 s を用いて $\overrightarrow{BH}=s\overrightarrow{BC}$ と表される。また，ベクトル $\overrightarrow{OH}$ は実数 t を用いて $\overrightarrow{OH}=t\overrightarrow{OG}$ と表される。よって $b=\dfrac{\boxed{\text{ソ}}}{\boxed{\text{タ}}}$，$s=\dfrac{\boxed{\text{チ}}}{\boxed{\text{ツ}}}$，$t=\boxed{\text{テ}}$ である。したがって，点 H の座標は $\left(\dfrac{\boxed{\text{ト}}}{\boxed{\text{ナ}}},\ \dfrac{\boxed{\text{ニヌ}}}{\boxed{\text{ナ}}},\ \boxed{\text{ネ}}\right)$ である。

また，点 H は線分 BC を $\boxed{\text{ノ}}:1$ に外分する。

〔07 センター試験・本試〕

***54**　三角錐 PABC において，辺 BC の中点を M とおく。また，$\angle\mathrm{PAB}=\angle\mathrm{PAC}$ とし，この角度を θ とおく。ただし，$0^\circ<\theta<90^\circ$ とする。

(1)　$\overrightarrow{\mathrm{AM}}$ は $\overrightarrow{\mathrm{AM}}=\dfrac{\boxed{ア}}{\boxed{イ}}\overrightarrow{\mathrm{AB}}+\dfrac{\boxed{ウ}}{\boxed{エ}}\overrightarrow{\mathrm{AC}}$ と表せる。また，

$\dfrac{\overrightarrow{\mathrm{AP}}\cdot\overrightarrow{\mathrm{AB}}}{|\overrightarrow{\mathrm{AP}}||\overrightarrow{\mathrm{AB}}|}=\dfrac{\overrightarrow{\mathrm{AP}}\cdot\overrightarrow{\mathrm{AC}}}{|\overrightarrow{\mathrm{AP}}||\overrightarrow{\mathrm{AC}}|}=\boxed{オ}$ ……①である。

$\boxed{オ}$ の解答群

⓪ $\sin\theta$	① $\cos\theta$	② $\tan\theta$
③ $\dfrac{1}{\sin\theta}$	④ $\dfrac{1}{\cos\theta}$	⑤ $\dfrac{1}{\tan\theta}$
⑥ $\sin\angle\mathrm{BPC}$	⑦ $\cos\angle\mathrm{BPC}$	⑧ $\tan\angle\mathrm{BPC}$

(2)　$\theta=45^\circ$ とし，さらに

$$|\overrightarrow{\mathrm{AP}}|=3\sqrt{2},\ |\overrightarrow{\mathrm{AB}}|=|\overrightarrow{\mathrm{PB}}|=3,\ |\overrightarrow{\mathrm{AC}}|=|\overrightarrow{\mathrm{PC}}|=3$$

が成り立つ場合を考える。このとき

$$\overrightarrow{\mathrm{AP}}\cdot\overrightarrow{\mathrm{AB}}=\overrightarrow{\mathrm{AP}}\cdot\overrightarrow{\mathrm{AC}}=\boxed{カ}$$

である。さらに，直線 AM 上の点 D が $\angle\mathrm{APD}=90^\circ$ を満たしているとする。このとき，$\overrightarrow{\mathrm{AD}}=\boxed{キ}\overrightarrow{\mathrm{AM}}$ である。

(3)　$\overrightarrow{\mathrm{AQ}}=\boxed{キ}\overrightarrow{\mathrm{AM}}$ で定まる点を Q とおく。$\overrightarrow{\mathrm{PA}}$ と $\overrightarrow{\mathrm{PQ}}$ が垂直である三角錐 PABC はどのようなものかについて考えよう。例えば(2)の場合では，点 Q は点 D と一致し，$\overrightarrow{\mathrm{PA}}$ と $\overrightarrow{\mathrm{PQ}}$ は垂直である。

(i)　$\overrightarrow{\mathrm{PA}}$ と $\overrightarrow{\mathrm{PQ}}$ が垂直であるとき，$\overrightarrow{\mathrm{PQ}}$ を $\overrightarrow{\mathrm{AB}}$，$\overrightarrow{\mathrm{AC}}$，$\overrightarrow{\mathrm{AP}}$ を用いて表して考えると，$\boxed{ク}$ が成り立つ。さらに①に注意すると，$\boxed{ク}$ から $\boxed{ケ}$ が成り立つことがわかる。

したがって，$\overrightarrow{\mathrm{PA}}$ と $\overrightarrow{\mathrm{PQ}}$ が垂直であれば，$\boxed{ケ}$ が成り立つ。逆に，$\boxed{ケ}$ が成り立てば，$\overrightarrow{\mathrm{PA}}$ と $\overrightarrow{\mathrm{PQ}}$ は垂直である。

$\boxed{ク}$ の解答群

⓪ $\overrightarrow{\mathrm{AP}}\cdot\overrightarrow{\mathrm{AB}}+\overrightarrow{\mathrm{AP}}\cdot\overrightarrow{\mathrm{AC}}=\overrightarrow{\mathrm{AP}}\cdot\overrightarrow{\mathrm{AP}}$
① $\overrightarrow{\mathrm{AP}}\cdot\overrightarrow{\mathrm{AB}}+\overrightarrow{\mathrm{AP}}\cdot\overrightarrow{\mathrm{AC}}=-\overrightarrow{\mathrm{AP}}\cdot\overrightarrow{\mathrm{AP}}$
② $\overrightarrow{\mathrm{AP}}\cdot\overrightarrow{\mathrm{AB}}+\overrightarrow{\mathrm{AP}}\cdot\overrightarrow{\mathrm{AC}}=\overrightarrow{\mathrm{AB}}\cdot\overrightarrow{\mathrm{AC}}$
③ $\overrightarrow{\mathrm{AP}}\cdot\overrightarrow{\mathrm{AB}}+\overrightarrow{\mathrm{AP}}\cdot\overrightarrow{\mathrm{AC}}=-\overrightarrow{\mathrm{AB}}\cdot\overrightarrow{\mathrm{AC}}$
④ $\overrightarrow{\mathrm{AP}}\cdot\overrightarrow{\mathrm{AB}}+\overrightarrow{\mathrm{AP}}\cdot\overrightarrow{\mathrm{AC}}=0$
⑤ $\overrightarrow{\mathrm{AP}}\cdot\overrightarrow{\mathrm{AB}}-\overrightarrow{\mathrm{AP}}\cdot\overrightarrow{\mathrm{AC}}=0$

ケ の解答群

⓪ $|\overrightarrow{AB}|+|\overrightarrow{AC}|=\sqrt{2}\,|\overrightarrow{BC}|$
① $|\overrightarrow{AB}|+|\overrightarrow{AC}|=2|\overrightarrow{BC}|$
② $|\overrightarrow{AB}|\sin\theta+|\overrightarrow{AC}|\sin\theta=|\overrightarrow{AP}|$
③ $|\overrightarrow{AB}|\cos\theta+|\overrightarrow{AC}|\cos\theta=|\overrightarrow{AP}|$
④ $|\overrightarrow{AB}|\sin\theta=|\overrightarrow{AC}|\sin\theta=2|\overrightarrow{AP}|$
⑤ $|\overrightarrow{AB}|\cos\theta=|\overrightarrow{AC}|\cos\theta=2|\overrightarrow{AP}|$

(ii) k を正の実数とし

$$k\overrightarrow{AP}\cdot\overrightarrow{AB}=\overrightarrow{AP}\cdot\overrightarrow{AC}$$

が成り立つとする。このとき，コ が成り立つ。
また，点Bから直線APに下ろした垂線と直線APとの交点を B' とし，同様に点Cから直線APに下ろした垂線と直線APとの交点を C' とする。
このとき，$\overrightarrow{PA}$ と $\overrightarrow{PQ}$ が垂直であることは，サ であることと同値である。

コ の解答群

⓪ $k\lvert\overrightarrow{AB}\rvert=\lvert\overrightarrow{AC}\rvert$	① $\lvert\overrightarrow{AB}\rvert=k\lvert\overrightarrow{AC}\rvert$
② $k\lvert\overrightarrow{AP}\rvert=\sqrt{2}\,\lvert\overrightarrow{AB}\rvert$	③ $k\lvert\overrightarrow{AP}\rvert=\sqrt{2}\,\lvert\overrightarrow{AC}\rvert$

サ の解答群

⓪ B' と C' がともに線分APの中点
① B' と C' が線分APをそれぞれ $(k+1):1$ と $1:(k+1)$ に内分する点
② B' と C' が線分APをそれぞれ $1:(k+1)$ と $(k+1):1$ に内分する点
③ B' と C' が線分APをそれぞれ $k:1$ と $1:k$ に内分する点
④ B' と C' が線分APをそれぞれ $1:k$ と $k:1$ に内分する点
⑤ B' と C' がともに線分APを $k:1$ に内分する点
⑥ B' と C' がともに線分APを $1:k$ に内分する点

〔類 23 共通テスト・本試〕

第 15 章　平面上の曲線と複素数平面

基本　例題 114　複素数の実数倍

x を実数とし，$\alpha=x-4i$，$\beta=-3+2i$ とする。複素数平面上の 3 点 0，α，β が一直線上にあるとき，$x=$ ア である。

POINT!

3 点が一直線上にある条件　$\alpha\neq0$ のとき，

3 点 0，α，β が一直線上にある
$\iff \beta=k\alpha$ となる実数 k が存在する

解答　$\alpha\neq0$ であるから，$\beta=k\alpha$ となる実数 k がある。

$-3+2i=k(x-4i)$ から　　$-3+2i=kx-4ki$

kx，$-4k$ は実数であるから　　$-3=kx$ かつ $2=-4k$

$2=-4k$ から　　$k=-\dfrac{1}{2}$　　$-3=kx$ に代入して

$-3=-\dfrac{1}{2}x$　　よって　　$x=$ ア6

← POINT!

← a，b，c，d が実数のとき
$a+bi=c+di$
$\iff a=c$ かつ $b=d$

➡ 基 57

$\beta\neq0$ であるから，$\alpha=k\beta$（k は実数）とすると，
$x-4i=k(-3+2i)=-3k+2ki$ となり　　$x=-3k$ かつ $-4=2k$
よって，$k=-2$，$x=-3\cdot(-2)=$ ア6 と求めてもよい。
解答と比べ，kx の項が出てこない分，少し早く求められる。

基本　例題 115　複素数の絶対値

$z=\sqrt{3}-i$ のとき，$\left|z-\dfrac{1}{z}\right|=\dfrac{\text{ア}}{\text{イ}}$ である。

POINT!

複素数の絶対値　$\alpha=a+bi$（a，b は実数）のとき

$$|\alpha|=|a+bi|=\sqrt{a^2+b^2}$$

$|\alpha|$ は $|\alpha|^2$ として扱う　$|\alpha|^2=\alpha\overline{\alpha}$

⟶ $|\alpha|^2$ を $\alpha\overline{\alpha}$ にする変形，$\alpha\overline{\alpha}$ を $|\alpha|^2$ にする変形，どちらも使えるように。

解答　$\left|z-\dfrac{1}{z}\right|^2=\left(z-\dfrac{1}{z}\right)\overline{\left(z-\dfrac{1}{z}\right)}=\left(z-\dfrac{1}{z}\right)\left(\overline{z}-\dfrac{1}{\overline{z}}\right)$

$=z\overline{z}+\dfrac{1}{z\overline{z}}-2=|z|^2+\dfrac{1}{|z|^2}-2$

ここで，$|z|^2=|\sqrt{3}-i|^2=(\sqrt{3})^2+(-1)^2=4$ であるから

$\left|z-\dfrac{1}{z}\right|^2=4+\dfrac{1}{4}-2=\dfrac{9}{4}$　　よって　$\left|z-\dfrac{1}{z}\right|=\dfrac{{}^{ア}3}{{}^{イ}2}$

〔別解〕　$|z|=\sqrt{(\sqrt{3})^2+(-1)^2}=\sqrt{4}=2$ であるから

$\left|z-\dfrac{1}{z}\right|=\left|\dfrac{z\overline{z}-1}{\overline{z}}\right|=\dfrac{||z|^2-1|}{|z|}=\dfrac{|4-1|}{2}=\dfrac{{}^{ア}3}{{}^{イ}2}$

← $\overline{\left(z-\dfrac{1}{z}\right)}=\overline{z}-\overline{\left(\dfrac{1}{z}\right)}=\overline{z}-\dfrac{1}{\overline{z}}$

← $\alpha=a+bi$ のとき
$|\alpha|=\sqrt{a^2+b^2}$

← $\left|z-\dfrac{1}{z}\right|\geqq0$

← $\left|\dfrac{\alpha}{\beta}\right|=\dfrac{|\alpha|}{|\beta|}$，$|\overline{\alpha}|=|\alpha|$

基本 例題 116 複素数の極形式

$\alpha=1+\sqrt{3}\,i$，$\beta=\sqrt{2}+\sqrt{2}\,i$ の積および商の絶対値，偏角をそれぞれ求めると，

$|\alpha\beta|=$ ［ア］，$\arg\alpha\beta=\dfrac{［イ］}{［ウエ］}\pi$，$\left|\dfrac{\alpha}{\beta}\right|=$ ［オ］，$\arg\dfrac{\alpha}{\beta}=\dfrac{［カ］}{［キク］}\pi$ である。

ただし，偏角 θ は $0\leqq\theta<2\pi$ とする。

POINT!
複素数 α，β の積と商 ⟶ まず，α，β をそれぞれ **極形式で表す**
積：絶対値は掛ける，偏角は加える　　商：絶対値は割る，偏角は引く

解答 α，β をそれぞれ極形式で表すと

$$\alpha=2\left(\frac{1}{2}+\frac{\sqrt{3}}{2}i\right)=2\left(\cos\frac{\pi}{3}+i\sin\frac{\pi}{3}\right)$$

$$\beta=2\left(\frac{1}{\sqrt{2}}+\frac{1}{\sqrt{2}}i\right)=2\left(\cos\frac{\pi}{4}+i\sin\frac{\pi}{4}\right)$$

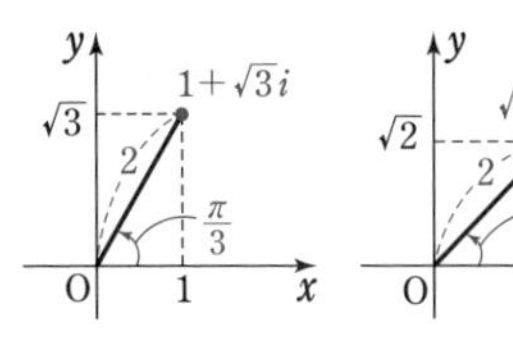

よって，$|\alpha|=2$，$\arg\alpha=\dfrac{\pi}{3}$，$|\beta|=2$，$\arg\beta=\dfrac{\pi}{4}$ であるから

$$|\alpha\beta|=|\alpha|\cdot|\beta|={}^{ア}\mathbf{4},\quad \arg\alpha\beta=\arg\alpha+\arg\beta=\frac{{}^{イ}\mathbf{7}}{{}^{ウエ}\mathbf{12}}\pi$$

⬅絶対値は掛ける，偏角は加える

$$\left|\frac{\alpha}{\beta}\right|=\frac{|\alpha|}{|\beta|}={}^{オ}\mathbf{1},\quad \arg\frac{\alpha}{\beta}=\arg\alpha-\arg\beta=\frac{{}^{カ}\mathbf{1}}{{}^{キク}\mathbf{12}}\pi$$

⬅絶対値は割る，偏角は引く

基本 例題 117 ド・モアブルの定理

$z=\dfrac{-1+\sqrt{3}\,i}{\sqrt{3}-i}$ のとき，$z^{12}=$ ［ア］，$z^{2024}=\dfrac{［イウ］+\sqrt{［エ］}\,i}{2}$ である。

POINT!
z^n の計算 ⟶
ド・モアブルの定理
$$\{r(\cos\theta+i\sin\theta)\}^n=r^n(\cos n\theta+i\sin n\theta)$$
を利用。そのために，まず z を極形式で表す。

解答
$$z=\frac{(-1+\sqrt{3}\,i)(\sqrt{3}+i)}{(\sqrt{3}-i)(\sqrt{3}+i)}=\frac{-2\sqrt{3}+2i}{4}$$

⬅ z を極形式で表す。

$$=-\frac{\sqrt{3}}{2}+\frac{1}{2}i=\cos\frac{5}{6}\pi+i\sin\frac{5}{6}\pi$$

よって，ド・モアブルの定理から

$$z^{12}=\left(\cos\frac{5}{6}\pi+i\sin\frac{5}{6}\pi\right)^{12}=\cos 10\pi+i\sin 10\pi={}^{ア}\mathbf{1}$$

⬅ z の絶対値は 1 で $\dfrac{5}{6}\pi\times12=10\pi$

$$z^{2024}=(z^{12})^{168}\cdot z^8=1^{168}\cdot\left(\cos\frac{5}{6}\pi+i\sin\frac{5}{6}\pi\right)^8$$

⬅ $z^{12}=1$ を利用。$2024=168\times12+8$

$$=\cos\frac{20}{3}\pi+i\sin\frac{20}{3}\pi=\cos\frac{2}{3}\pi+i\sin\frac{2}{3}\pi$$

$$=\frac{{}^{イウ}\mathbf{-1}+\sqrt{{}^{エ}\mathbf{3}}\,i}{2}$$

基本　例題 118　内分点・外分点，重心を表す複素数

a, b, c, d は実数とする。複素数平面上の4点 A$(-2-i)$, B$(a+bi)$, C$(4+2i)$, D$(c+di)$ について，点 C が線分 AB を 3：1 に外分し，△ACD の重心が G$(1+2i)$ であるとき，$a=$［ア］，$b=$［イ］，$c=$［ウ］，$d=$［エ］である。

POINT!

3点 A(α)，B(β)，C(γ) について　　線分 AB を $m:n$ に

内分する点は $\dfrac{n\alpha+m\beta}{m+n}$，外分する点は $\dfrac{-n\alpha+m\beta}{m-n}$

△ABC の重心は　$\dfrac{\alpha+\beta+\gamma}{3}$

解答　点 C は線分 AB を 3：1 に外分する点であるから

$$4+2i=\frac{-1\cdot(-2-i)+3(a+bi)}{3-1}$$

よって　　$3a+3bi=6+3i$　すなわち　$a+bi=2+i$

a, b は実数であるから　　$a=^{ア}\mathbf{2}$，$b=^{イ}\mathbf{1}$

また，点 G は △ACD の重心であるから

$$1+2i=\frac{(-2-i)+(4+2i)+(c+di)}{3}$$

よって　　$c+di=1+5i$　　　c, d は実数であるから　　$c=^{ウ}\mathbf{1}$，$d=^{エ}\mathbf{5}$

「点 C が線分 AB を 3：1 に外分する」を「点 B が線分 AC を 2：1 に内分する」と考えると　　$a+bi=\dfrac{1\cdot(-2-i)+2(4+2i)}{2+1}=2+i$

これから，$a=^{ア}\mathbf{2}$，$b=^{イ}\mathbf{1}$ と求めてもよい。

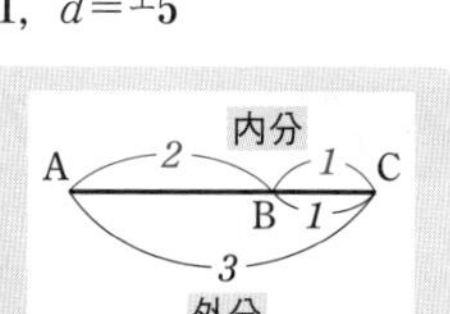

基本　例題 119　方程式の表す図形 (1)

方程式 $|z|=2|z+3|$ を満たす点 z は，複素数平面上の点［アイ］を中心とする半径［ウ］の円周上を動く。

POINT!

$n|z-●|=m|z-▲|$ $(m\neq n)$ の形の方程式

→ 両辺を2乗して $|z-\alpha|=r$ $(r>0)$ の形を導く。

……点 α を中心とする半径 r の円。

解答　$|z|=2|z+3|$ の両辺を2乗すると　$|z|^2=4|z+3|^2$

よって　　$z\overline{z}=4(z+3)\overline{(z+3)}$

右辺を展開して整理すると　　$z\overline{z}+4z+4\overline{z}+12=0$

ゆえに　　$(z+4)(\overline{z}+4)-16+12=0$

よって　　$|z+4|^2=4$　すなわち　$|z+4|=2$

したがって，点 z は，点 $^{アイ}\mathbf{-4}$ を中心とする半径 $^{ウ}\mathbf{2}$ の円周上を動く。

⬅ $|\alpha|$ は $|\alpha|^2$ として扱う
➡ 基 115

⬅ $z\overline{z}+az+b\overline{z}=(z+b)(\overline{z}+a)-ab$

⬅ $\alpha\overline{\alpha}=|\alpha|^2$
$|z-(中心)|=(半径)$ の形に変形する。

基本 例題 120 点 α を中心とする回転

複素数平面上の 3 点 $\mathrm{A}(i)$, $\mathrm{B}(6+3i)$, $\mathrm{C}(z)$ について，△ABC が正三角形であるとき，$z=($ ア $\mp\sqrt{\text{イ}})+($ ウ $\pm$ エ $\sqrt{\text{オ}})i$（複号同順）である。

POINT!

点 β を，点 α を中心として角 θ だけ回転した点を γ とすると

$$\gamma=(\cos\theta+i\sin\theta)(\beta-\alpha)+\alpha$$

正三角形の頂点 A，B，C は時計回り，反時計回りの 2 通りあることに注意。

解答　点 C は，点 A を中心として点 B を $\dfrac{\pi}{3}$ または $-\dfrac{\pi}{3}$ だけ回転した点であるから

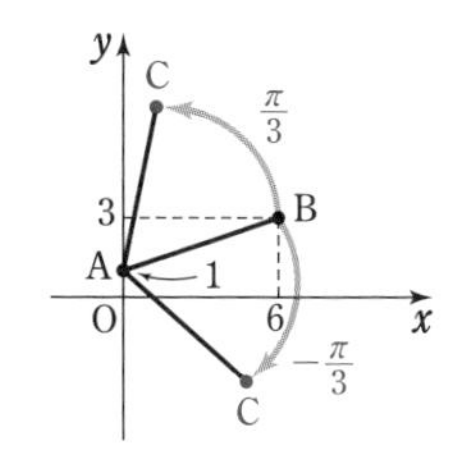

$$z=\left\{\cos\left(\pm\frac{\pi}{3}\right)+i\sin\left(\pm\frac{\pi}{3}\right)\right\}\{(6+3i)-i\}+i$$

$$=\left(\frac{1}{2}\pm\frac{\sqrt{3}}{2}i\right)(6+2i)+i=(1\pm\sqrt{3}\,i)(3+i)+i$$

$$=3\pm3\sqrt{3}\,i+i\mp\sqrt{3}+i=(^{ア}\mathbf{3}\mp\sqrt{^{イ}\mathbf{3}})+(^{ウ}\mathbf{2}\pm{}^{エ}\mathbf{3}\sqrt{^{オ}\mathbf{3}})i$$

（複号同順）

基本 例題 121 なす角，垂直条件

複素数平面上の 3 点 $\mathrm{A}(2+3i)$, $\mathrm{B}(1+i)$, $\mathrm{C}(5+4i)$ について，∠BAC の大きさは $\dfrac{\text{ア}}{\text{イ}}\pi$ である。また，点 $\mathrm{D}(x+2-3i)$ について，2 直線 AC，AD が垂直であるとき，実数 x の値は $x=$ ウ である。

POINT!

異なる 3 点 $\mathrm{A}(\alpha)$，$\mathrm{B}(\beta)$，$\mathrm{C}(\gamma)$ に対し，半直線 AB から半直線 AC までの回転角 θ は　$\theta=\arg\dfrac{\gamma-\alpha}{\beta-\alpha}$

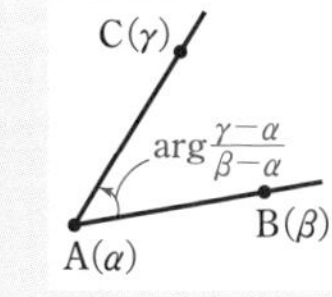

2 直線 AB，AC が垂直に交わる

$$\iff \frac{\gamma-\alpha}{\beta-\alpha}\text{ が純虚数}\left(\text{偏角が }\pm\frac{\pi}{2}\right)$$

解答　$\alpha=2+3i$，$\beta=1+i$，$\gamma=5+4i$ とする。

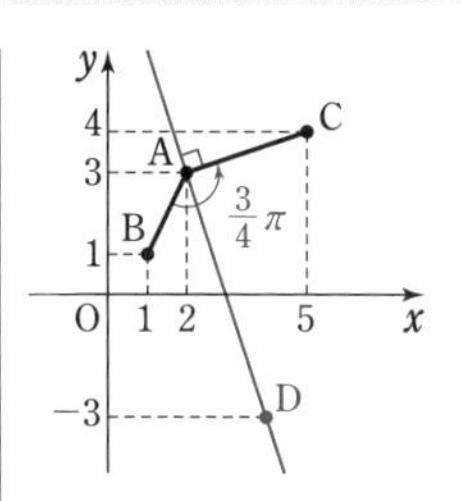

$$\frac{\gamma-\alpha}{\beta-\alpha}=\frac{3+i}{-1-2i}=-\frac{(3+i)(1-2i)}{(1+2i)(1-2i)}=-1+i$$

$$=\sqrt{2}\left(\cos\frac{3}{4}\pi+i\sin\frac{3}{4}\pi\right)$$

よって，∠BAC の大きさは　$\dfrac{^{ア}\mathbf{3}}{^{イ}\mathbf{4}}\pi$

また，$z=x+2-3i$ とすると，2 直線 AC，AD が垂直であるための条件は，$\dfrac{z-\alpha}{\gamma-\alpha}=\dfrac{x-6i}{3+i}=\dfrac{3(x-2)-(x+18)i}{10}$ が純虚数であることである。

よって，$3(x-2)=0$ かつ $-(x+18)\neq0$ から　$x={}^{ウ}\mathbf{2}$

⬅$a+bi$ が純虚数
$\iff a=0$ かつ $b\neq0$

基本 例題 122　放物線

(1)　放物線 $y^2=12x$ の焦点は点 (ア , 0), 準線は直線 $x=$ イウ である。

(2)　焦点が点 $\left(0,\ -\dfrac{1}{2}\right)$, 準線が直線 $y=\dfrac{1}{2}$ である放物線の方程式は

$x^2=$ エオ y である。

POINT!

放物線　$y^2=4px$　$(p\neq 0)$

① 頂点は原点, 焦点は点 $(p,\ 0)$, 準線は直線 $x=-p$

② 軸は x 軸で, 曲線は軸に関して対称

③ 放物線上の点から焦点, 準線までの距離は等しい

注意　$x^2=4py\ (p\neq 0)$ は, 焦点 $(0,\ p)$, 準線 $y=-p$, 軸は y 軸の放物線。

解答　(1)　$y^2=4\cdot 3x$ から

焦点は　点 (ア3, 0),

準線は　直線 $x=$ イウ-3

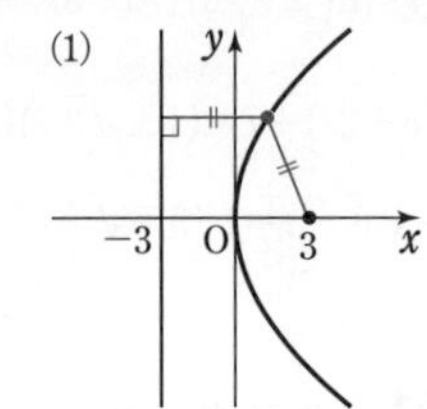

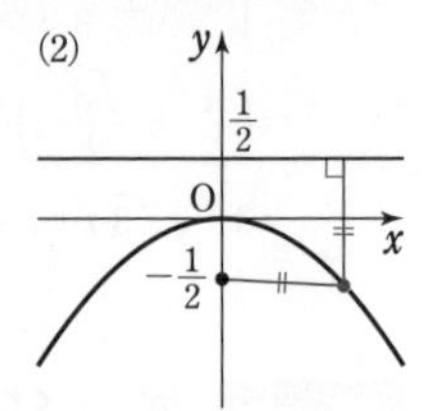

(2)　$x^2=4py$ に $p=-\dfrac{1}{2}$ を代入して

$x^2=4\cdot\left(-\dfrac{1}{2}\right)y$　すなわち　$x^2=$ エオ$-2y$

基本 例題 123　楕円

(1)　楕円 $\dfrac{x^2}{16}+\dfrac{y^2}{7}=1$ の長軸の長さは ア , 短軸の長さは イ $\sqrt{\text{ウ}}$, 焦点は 2 点 (エ , 0), ($-$ エ , 0) である。

(2)　2 点 (0, 1), (0, -1) を焦点とし, 焦点からの距離の和が 4 である楕円の方程式は $\dfrac{x^2}{\text{オ}}+\dfrac{y^2}{\text{カ}}=1$ である。

POINT!

楕円　$\dfrac{x^2}{a^2}+\dfrac{y^2}{b^2}=1$　$(a>b>0)$

① 焦点は 2 点 $(\sqrt{a^2-b^2},\ 0)$, $(-\sqrt{a^2-b^2},\ 0)$

② 長軸の長さは $2a$, 短軸の長さは $2b$　③ x 軸, y 軸, 原点に関して対称

④ 楕円上の点から 2 つの焦点までの距離の和は $2a$ (一定)

注意　$b>a>0$ なら, 焦点は 2 点 $(0,\ \sqrt{b^2-a^2})$, $(0,\ -\sqrt{b^2-a^2})$

長軸の長さは $2b$, 短軸の長さは $2a$

楕円上の点から 2 つの焦点までの距離の和は $2b$ (一定)

解答　(1)　$\dfrac{x^2}{4^2}+\dfrac{y^2}{(\sqrt{7})^2}=1$ から

長軸の長さは　$2\cdot 4=$ ア8,

短軸の長さは　$2\cdot\sqrt{7}=$ イ2$\sqrt{\text{ウ}7}$

$\sqrt{4^2-(\sqrt{7})^2}=3$ から, 焦点は

2 点 (エ3, 0), $(-3,\ 0)$

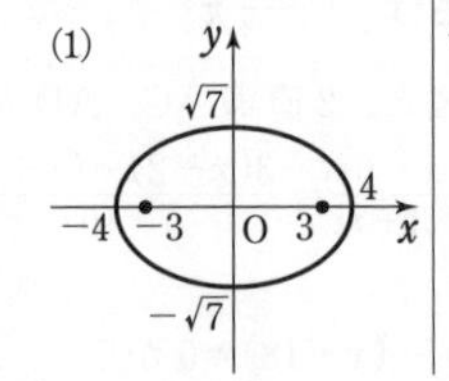

← **POINT!**
$\dfrac{x^2}{a^2}+\dfrac{y^2}{b^2}=1$ の形に表し, $a>b>0$ に注意して公式を利用 (横長の楕円である)。

(2) 2点 $(0,\ 1)$, $(0,\ -1)$ を焦点とする楕円の方程式は

$$\frac{x^2}{a^2}+\frac{y^2}{b^2}=1\ (b>a>0)$$

と表される。

焦点からの距離の和が4であるから

$2b=4$　　よって　　$b=2$

このとき, $a^2=b^2-1^2=3$ であるから,

求める方程式は　　$\dfrac{x^2}{{}^{オ}\mathbf{3}}+\dfrac{y^2}{{}^{カ}\mathbf{4}}=1$

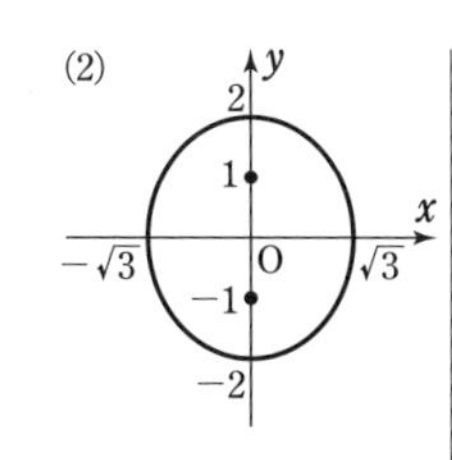

⬅ POINT!
焦点の座標から, $b>a>0$, すなわち縦長の楕円であることに注意。

⬅ $\sqrt{b^2-a^2}=1$

基本 例題 124 双曲線

(1) 双曲線 $\dfrac{x^2}{4}-y^2=1$ の焦点は2点 $(\sqrt{\boxed{ア}},\ 0)$, $(-\sqrt{\boxed{ア}},\ 0)$, 漸近線は2直線 $x+\boxed{イ}y=0$, $x-\boxed{イ}y=0$ である。

(2) 2点 $(0,\ 4)$, $(0,\ -4)$ を焦点とし, 焦点からの距離の差が4である双曲線の方程式は $\dfrac{x^2}{\boxed{ウエ}}-\dfrac{y^2}{\boxed{オ}}=-1$ である。

POINT!

双曲線 $\dfrac{x^2}{a^2}-\dfrac{y^2}{b^2}=1\quad(a>0,\ b>0)$

① 焦点は2点 $(\sqrt{a^2+b^2},\ 0)$, $(-\sqrt{a^2+b^2},\ 0)$

② 漸近線は2直線 $\dfrac{x}{a}-\dfrac{y}{b}=0$, $\dfrac{x}{a}+\dfrac{y}{b}=0$ $\left(y=\dfrac{b}{a}x,\ y=-\dfrac{b}{a}x\right)$

③ x 軸, y 軸, 原点に関して対称

④ 双曲線上の点から2つの焦点までの距離の差は $2a$（一定）

注意　$\dfrac{x^2}{a^2}-\dfrac{y^2}{b^2}=-1\ (a>0,\ b>0)$ なら,

焦点は2点 $(0,\ \sqrt{a^2+b^2})$, $(0,\ -\sqrt{a^2+b^2})$

双曲線上の点から2つの焦点までの距離の差は $2b$（一定）

解答 (1) $\dfrac{x^2}{2^2}-\dfrac{y^2}{1^2}=1$ から　　$\sqrt{2^2+1^2}=\sqrt{5}$

よって, 焦点は　　2点 $(\sqrt{{}^{ア}\mathbf{5}},\ 0)$, $(-\sqrt{5},\ 0)$

漸近線は　2直線 $\dfrac{x}{2}-\dfrac{y}{1}=0$, $\dfrac{x}{2}+\dfrac{y}{1}=0$

すなわち　$x+{}^{イ}\mathbf{2}y=0$, $x-2y=0$

(2) 2点 $(0,\ 4)$, $(0,\ -4)$ が焦点であるから, 求める双曲線の方程式は $\dfrac{x^2}{a^2}-\dfrac{y^2}{b^2}=-1\ (a>0,\ b>0)$ と表される。

2つの焦点からの距離の差が4であるから　　$2b=4$

よって　　$b=2$　　ゆえに　　$a^2=4^2-b^2=12$

したがって, 求める方程式は　　$\dfrac{x^2}{{}^{ウエ}\mathbf{12}}-\dfrac{y^2}{{}^{オ}\mathbf{4}}=-1$

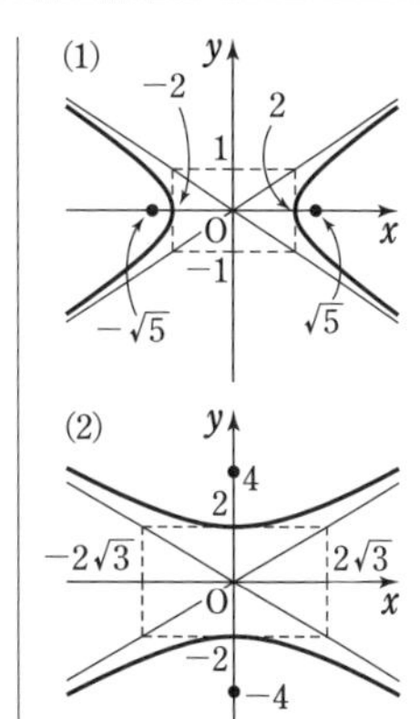

基本 例題 125　$ax^2+by^2+cx+dy+e=0$ の表す図形

楕円 $\dfrac{x^2}{2}+\dfrac{y^2}{3}=1$ …… ① を x 軸方向に [アイ]，y 軸方向に [ウ] だけ平行移動すると，楕円 $3x^2+2y^2+6x-20y+47=0$ …… ② となる。

POINT!　$ax^2+by^2+cx+dy+e=0$ の表す図形　**x，y について平方完成する**
曲線 $F(x,\ y)=0$ を x 軸方向に p，y 軸方向に q だけ平行移動した曲線の方程式は　$F(x-p,\ y-q)=0$

解答　② の方程式を変形すると

$3(x^2+2x+1)-3$
$\quad +2(y^2-10y+25)-50+47=0$

よって　$3(x+1)^2+2(y-5)^2=6$

すなわち　$\dfrac{(x+1)^2}{2}+\dfrac{(y-5)^2}{3}=1$

したがって，楕円 ① を x 軸方向に ア イ-1，y 軸方向に ウ5 だけ平行移動すると，楕円 ② となる。

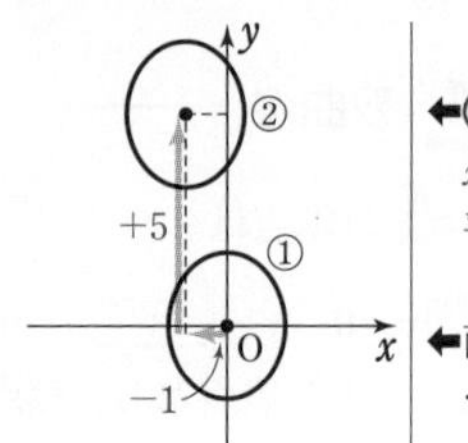

⬅ POINT!
x，y それぞれについて，平方完成する。　➡ 基 8

⬅ 両辺を 6 で割って，……$=1$ の形にする。

基本 例題 126　2 次曲線と直線の共有点

k は定数とする。双曲線 $x^2-3y^2=1$ …… ① と直線 $y=x+k$ …… ② の共有点の個数は，$k=\pm\dfrac{\sqrt{[ア]}}{[イ]}$ のとき 1 個，$k<-\dfrac{\sqrt{[ア]}}{[イ]}$，$\dfrac{\sqrt{[ア]}}{[イ]}<k$ のとき [ウ] 個，$-\dfrac{\sqrt{[ア]}}{[イ]}<k<\dfrac{\sqrt{[ア]}}{[イ]}$ のとき [エ] 個である。

POINT!　曲線と直線の共有点の個数　**共有点 ⟺ 実数解**
①，② から y を消去して得られる x の 2 次方程式の判別式 D の符号を調べる。

解答　② を ① に代入して整理すると

$$2x^2+6kx+(3k^2+1)=0$$

この x の 2 次方程式の判別式を D とすると

$$\frac{D}{4}=(3k)^2-2\cdot(3k^2+1)=3k^2-2=3\left(k+\frac{\sqrt{6}}{3}\right)\left(k-\frac{\sqrt{6}}{3}\right)$$

よって，共有点の個数は

$D=0$ すなわち $k=\pm\dfrac{\sqrt{6}}{3}$（ア 6，イ 3）のとき　1 個

$D>0$ すなわち $k<-\dfrac{\sqrt{6}}{3}$，$\dfrac{\sqrt{6}}{3}<k$ のとき　ウ**2** 個

$D<0$ すなわち $-\dfrac{\sqrt{6}}{3}<k<\dfrac{\sqrt{6}}{3}$ のとき　エ**0** 個

⬅ $x^2-3(x+k)^2=1$
y を消去。

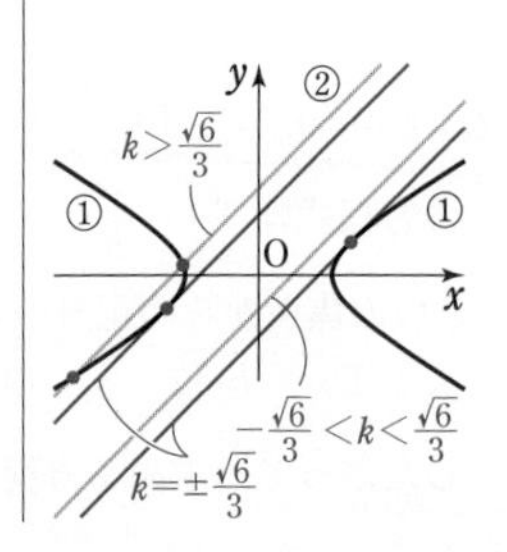

基本 例題 127　曲線の媒介変数表示 (1)

(1) t を媒介変数とする。$x=1+\sqrt{t}$，$y=2-t$ で表される図形は，放物線 $y=$ ア x^2+ イ $x+$ ウ の $x\geqq$ エ の部分である。

(2) θ を媒介変数とする。$x=3\cos\theta-4$，$y=2\sin\theta+2$ で表される図形は，楕円 $\dfrac{(x+\boxed{オ})^2}{\boxed{カ}}+\dfrac{(y-\boxed{キ})^2}{\boxed{ク}}=1$ である。

POINT!　媒介変数で表された曲線　**媒介変数を消去して x，y だけの式へ**

(1) $\sqrt{t}\geqq0$ に注意。　(2) $\cos^2\theta+\sin^2\theta=1$ を利用して θ を消去する。

解答　(1) $x-1=\sqrt{t}$ から　$t=(x-1)^2$

$y=2-t$ に代入して　$y=2-(x-1)^2=-x^2+2x+1$

また，$\sqrt{t}\geqq0$ であるから　$x-1\geqq0$　すなわち　$x\geqq1$

よって，放物線 $y=$ ア $-x^2+$ イ $2x+$ ウ 1 の $x\geqq$ エ 1 の部分である。

(2) $\cos\theta=\dfrac{x+4}{3}$，$\sin\theta=\dfrac{y-2}{2}$ を $\cos^2\theta+\sin^2\theta=1$ に代入して　$\dfrac{(x+{}^{オ}4)^2}{{}^{カ}9}+\dfrac{(y-{}^{キ}2)^2}{{}^{ク}4}=1$

補足　(2) の図形は，楕円 $\dfrac{x^2}{9}+\dfrac{y^2}{4}=1$ を x 軸方向に -4，y 軸方向に 2 だけ平行移動したものである。
$-1\leqq\cos\theta\leqq1$，
$-1\leqq\sin\theta\leqq1$ から
$-7\leqq x\leqq-1$，$0\leqq y\leqq4$
よって，楕円全体を表す。

基本 例題 128　極座標と直交座標

極座標の偏角 θ は $0\leqq\theta<2\pi$ とする。極座標が $\left(4,\ \dfrac{5}{6}\pi\right)$ である点 P の直交座標は (アイ $\sqrt{\boxed{ウ}}$， エ)，直交座標が $(2,\ 2\sqrt{3})$ である点 Q の極座標は $\left(\boxed{オ},\ \dfrac{\pi}{\boxed{カ}}\right)$ である。また，O を極とし，極座標が $\left(5,\ \dfrac{\pi}{6}\right)$ である点を R とすると，△OQR の面積は キ である。

POINT!　極座標 $(r,\ \theta)$ と直交座標 $(x,\ y)$

$$x=r\cos\theta,\ y=r\sin\theta,\ r=\sqrt{x^2+y^2}$$

を利用する。

△OQR の面積は　$\dfrac{1}{2}\cdot\mathrm{OQ}\cdot\mathrm{OR}\cdot\sin\angle\mathrm{QOR}$

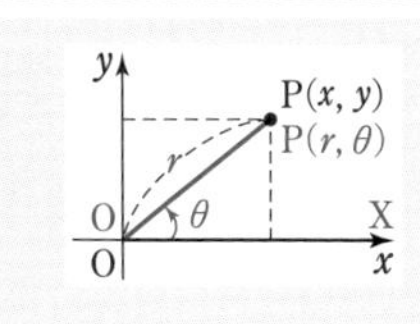

解答　点 P の直交座標を $(x,\ y)$ とすると

$x=4\cos\dfrac{5}{6}\pi=4\cdot\left(-\dfrac{\sqrt{3}}{2}\right)={}^{アイ}-2\sqrt{{}^{ウ}3}$，$y=4\sin\dfrac{5}{6}\pi=4\cdot\dfrac{1}{2}={}^{エ}2$

点 Q の極座標を $(r,\ \theta)$ とすると，$r=\sqrt{2^2+(2\sqrt{3})^2}=4$ から

$$\cos\theta=\frac{2}{4}=\frac{1}{2},\ \sin\theta=\frac{2\sqrt{3}}{4}=\frac{\sqrt{3}}{2}$$

$0\leqq\theta<2\pi$ であるから　$\theta=\dfrac{\pi}{3}$　よって　$\mathrm{Q}\left({}^{オ}4,\ \dfrac{\pi}{{}^{カ}3}\right)$

△OQR の面積は　$\dfrac{1}{2}\cdot4\cdot5\cdot\sin\left(\dfrac{\pi}{3}-\dfrac{\pi}{6}\right)={}^{キ}5$

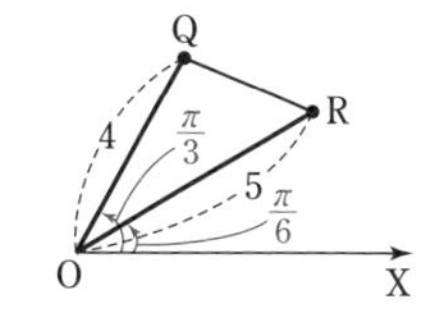

CHECK

□ **114** y を実数とし，$\alpha=-5-2i$，$\beta=10-2yi$ とする。複素数平面上の 3 点 0，α，β が一直線上にあるとき，$y=$ [アイ] である。

□ **115** $z=-1+2\sqrt{2}\,i$ のとき，$\left|2\bar{z}+\dfrac{3}{z}\right|=$ [ア] である。

□ **116** $\alpha=-1+i$，$\beta=-2-2\sqrt{3}\,i$ の積および商の絶対値，偏角をそれぞれ求めると，$|\alpha\beta|=$ [ア] $\sqrt{\text{[イ]}}$，$\arg\alpha\beta=\dfrac{\text{[ウ]}}{\text{[エオ]}}\pi$，$\left|\dfrac{\alpha}{\beta}\right|=\dfrac{\sqrt{\text{[カ]}}}{\text{[キ]}}$，$\arg\dfrac{\alpha}{\beta}=\dfrac{\text{[クケ]}}{\text{[コサ]}}\pi$ である。ただし，偏角 θ は $0\leqq\theta<2\pi$ とする。

□ **117** $z=\dfrac{2i}{-1+\sqrt{3}\,i}$ のとき，$z^6=$ [アイ]，$z^{2025}=$ [ウ] である。
[ウ] は，次の ⓪ ～ ③ から正しいものを一つ選べ。
⓪ 1　　① -1　　② i　　③ $-i$

□ **118** a，b，c，d は実数とする。複素数平面上の 4 点 A$(3+i)$，B$(-1+5i)$，C$(a+bi)$，M(i) について，点 M が線分 BC の中点であり，△ABC の重心が G$(c+di)$ であるとき，$a=$ [ア]，$b=$ [イウ]，$c=$ [エ]，$d=$ [オ] である。

□ **119** 方程式 $2|z-4i|=3|z+i|$ を満たす点 z は，複素数平面上の点 [アイ]i を中心とする半径 [ウ] の円周上を動く。

□ **120** a，b，c，d は実数で，$c>0$ とする。複素数平面上の 4 点 A$(-1-2i)$，B(4)，C$(a+bi)$，D$(c+di)$ について，四角形 ABCD が正方形であるとき，$a=$ [ア]，$b=$ [イウ]，$c=$ [エ]，$d=$ [オカ] である。

□ **121** 複素数平面上の 3 点 A$(-2+3i)$，B$(4+i)$，C$(-i)$ について，∠BAC の大きさは $\dfrac{\text{[ア]}}{\text{[イ]}}\pi$ である。
また，点 D$(-3+yi)$ について，3 点 A，C，D が一直線上にあるとき，実数 y の値は $y=$ [ウ] である。

□ **122** (1) 放物線 $x^2=8y$ の焦点は点 $(0,$ [ア]$)$，準線は直線 $y=$[イウ] である。

(2) 焦点が点 $\left(-\dfrac{3}{2},\ 0\right)$，準線が直線 $x=\dfrac{3}{2}$ である放物線の方程式は $y^2=$[エオ]x である。

□ **123** (1) 楕円 $\dfrac{x^2}{9}+\dfrac{y^2}{25}=1$ の長軸の長さは [アイ]，短軸の長さは [ウ]，焦点は 2 点 $(0,$ [エ]$)$，$(0,\ -$[エ]$)$ である。

(2) 2 点 $(\sqrt{3},\ 0)$，$(-\sqrt{3},\ 0)$ を焦点とし，焦点からの距離の和が 6 である楕円の方程式は $\dfrac{x^2}{\boxed{オ}}+\dfrac{y^2}{\boxed{カ}}=1$ である。

□ **124** (1) 双曲線 $\dfrac{x^2}{2}-\dfrac{y^2}{3}=-1$ の焦点は 2 点 $(0,\ \sqrt{\boxed{ア}})$，$(0,\ -\sqrt{\boxed{ア}})$，漸近線は 2 直線 $x+\dfrac{\sqrt{\boxed{イ}}}{\boxed{ウ}}y=0$，$x-\dfrac{\sqrt{\boxed{イ}}}{\boxed{ウ}}y=0$ である。

(2) 2 点 $(5,\ 0)$，$(-5,\ 0)$ を焦点とし，焦点からの距離の差が 6 である双曲線の方程式は $\dfrac{x^2}{\boxed{エ}}-\dfrac{y^2}{\boxed{オカ}}=1$ である。

□ **125** (1) 双曲線 $x^2-2y^2-4x-4y=0$ は，双曲線 $\dfrac{x^2}{2}-y^2=1$ を x 軸方向に [ア]，y 軸方向に [イウ] だけ平行移動したものである。

(2) 放物線 $y^2=-3x$ を x 軸方向に [エ]，y 軸方向に [オカ] だけ平行移動すると，放物線 $y^2+3x+6y+6=0$ となる。

□ **126** k は定数とする。楕円 $x^2+4y^2=25$ …… ① と直線 $3x+8y=k$ …… ② の共有点の個数は，$k=\pm$[アイ] のとき 1 個，$k<-$[アイ]，[アイ]$<k$ のとき [ウ] 個，$-$[アイ]$<k<$[アイ] のとき [エ] 個である。

□ **127** θ を媒介変数とする。

(1) $x=\sin\theta$，$y=\cos 2\theta$ で表される図形は，放物線 $y=$[アイ]x^2+[ウ] の [エオ]$\leqq x\leqq$[カ] の部分である。

(2) $x=\sqrt{2}\cos\theta+3$，$y=\sqrt{3}\sin\theta-1$ で表される図形は，楕円 $\dfrac{(x-\boxed{キ})^2}{\boxed{ク}}+\dfrac{(y+\boxed{ケ})^2}{\boxed{コ}}=1$ である。

(3) $x=\dfrac{2}{\cos\theta}$，$y=3\tan\theta$ で表される図形は，双曲線 $\dfrac{x^2}{\boxed{サ}}-\dfrac{y^2}{\boxed{シ}}=1$ である。

□ **128** 極座標の偏角 θ は $0\leqq\theta<2\pi$ とする。極座標が $\left(2\sqrt{2},\ \dfrac{7}{4}\pi\right)$ である点 P の直交座標は ([ア]，[イウ])，直交座標が $(-3\sqrt{2},\ 3\sqrt{2})$ である点 Q の極座標は $\left(\boxed{エ},\ \dfrac{\boxed{オ}}{\boxed{カ}}\pi\right)$ である。また，極座標が $\left(4,\ \dfrac{13}{12}\pi\right)$ である点を R とすると，線分 QR の長さは [キ]$\sqrt{\boxed{ク}}$ である。

重要　例題 64　方程式 $z^n=\alpha$ の解

方程式 $z^4=-2+2\sqrt{3}\,i$ の解は，次の4つである。

$$z=\pm\frac{\sqrt{\boxed{\text{ア}}}+\sqrt{\boxed{\text{イ}}}\,i}{2},\quad \pm\frac{\sqrt{\boxed{\text{ウ}}}-\sqrt{\boxed{\text{エ}}}\,i}{2}$$

POINT!

方程式 $z^n=\alpha$　z と α を極形式で表し，絶対値と偏角を比較

$z=r(\cos\theta+i\sin\theta)$ $(r>0,\ 0\leqq\theta<2\pi)$ とおいて，ド・モアブルの定理 を利用。

偏角を比較するときは，$+2k\pi$（k は整数）を忘れないように。

解答　z の極形式を $z=r(\cos\theta+i\sin\theta)$ $(r>0,\ 0\leqq\theta<2\pi)$

とすると　　$z^4=r^4(\cos4\theta+i\sin4\theta)$

←ド・モアブルの定理。

➡基 117

また，$-2+2\sqrt{3}\,i$ を極形式で表すと

$$-2+2\sqrt{3}\,i=4\left(\cos\frac{2}{3}\pi+i\sin\frac{2}{3}\pi\right)$$

←$-2+2\sqrt{3}\,i=4\left(-\frac{1}{2}+\frac{\sqrt{3}}{2}i\right)$

よって，方程式は

$$r^4(\cos4\theta+i\sin4\theta)=4\left(\cos\frac{2}{3}\pi+i\sin\frac{2}{3}\pi\right)$$

両辺の絶対値と偏角を比較すると

$$r^4=4,\quad 4\theta=\frac{2}{3}\pi+2k\pi\ (k\text{ は整数})$$

←POINT!　$+2k\pi$（k は整数）を忘れずに！

$r>0$ であるから　　$r=\sqrt{2}$　　　また　　$\theta=\dfrac{\pi}{6}+\dfrac{k\pi}{2}$

←$r^n=a$ $(a>0)$ の正の解は $r=\sqrt[n]{a}$

ゆえに　　$z=\sqrt{2}\left\{\cos\left(\dfrac{\pi}{6}+\dfrac{k\pi}{2}\right)+i\sin\left(\dfrac{\pi}{6}+\dfrac{k\pi}{2}\right)\right\}$ ……①

$0\leqq\theta<2\pi$ の範囲では　　$k=0,\ 1,\ 2,\ 3$

① で $k=0,\ 1,\ 2,\ 3$ としたときの z をそれぞれ $z_0,\ z_1,\ z_2,\ z_3$ とすると

$$z_0=\sqrt{2}\left(\cos\frac{\pi}{6}+i\sin\frac{\pi}{6}\right)=\frac{\sqrt{6}+\sqrt{2}\,i}{2},$$

$$z_1=\sqrt{2}\left(\cos\frac{2}{3}\pi+i\sin\frac{2}{3}\pi\right)=\frac{-\sqrt{2}+\sqrt{6}\,i}{2},$$

$$z_2=\sqrt{2}\left(\cos\frac{7}{6}\pi+i\sin\frac{7}{6}\pi\right)=\frac{-\sqrt{6}-\sqrt{2}\,i}{2},$$

$$z_3=\sqrt{2}\left(\cos\frac{5}{3}\pi+i\sin\frac{5}{3}\pi\right)=\frac{\sqrt{2}-\sqrt{6}\,i}{2}$$

よって，4つの解は　　$\pm\dfrac{\sqrt{{}^{\text{ア}}6}+\sqrt{{}^{\text{イ}}2}\,i}{2},\quad \pm\dfrac{\sqrt{{}^{\text{ウ}}2}-\sqrt{{}^{\text{エ}}6}\,i}{2}$

参考

4点 $z_0,\ z_1,\ z_2,\ z_3$ を複素数平面上に図示すると，下図のようになる。この4点は，原点Oを中心とする半径 $\sqrt{2}$ の円に内接する正方形の頂点である。

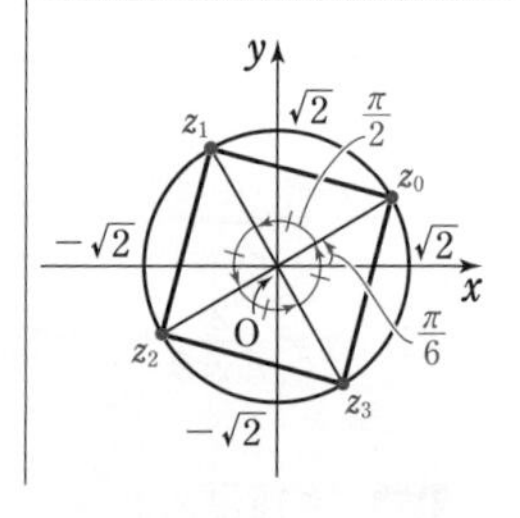

練習 64　方程式 $z^4=-\dfrac{1}{8}-\dfrac{\sqrt{3}}{8}i$ の解は，次の4つである。

$$z=\pm\frac{\sqrt{\boxed{\text{ア}}}+\sqrt{\boxed{\text{イ}}}\,i}{\boxed{\text{ウ}}},\quad \pm\frac{\sqrt{\boxed{\text{エ}}}-\sqrt{\boxed{\text{オ}}}\,i}{\boxed{\text{カ}}}$$

重要 例題 65 方程式の表す図形 (2)

複素数平面上において，点 z は原点 O を中心とする半径 $r\ (r>0)$ の円周上を動く。このとき，$w=\dfrac{z+1}{z-1}$ で表される点 w は

(1) $r=$ [ア] のとき，虚軸上を動く。

(2) $r=2$ のとき，点 $\dfrac{[イ]}{[ウ]}$ を中心とする半径 $\dfrac{[エ]}{[オ]}$ の円周上を動く。

POINT!

$w=f(z)$ の表す図形

　→ $z=$(w の式) に直して，z の条件式に代入

点 w の軌跡（$\alpha \neq \beta$，$r>0$ とする）

$|w-\alpha|=|w-\beta|$ …… 2 点 α，β を結ぶ線分の垂直二等分線

$|w-\alpha|=r$ …… 点 α を中心とする半径 r の円（➡ 基 119）

(1) 虚軸を，ある 2 点を結ぶ線分の垂直二等分線，と考える。

解答 $w=\dfrac{z+1}{z-1}$ から　$(w-1)z=w+1$ …… ①

$w=1$ とすると，① は成り立たないから　$w \neq 1$

よって　$z=\dfrac{w+1}{w-1}$ …… ②

条件から，$|z|=r$ である。② を代入すると　$\left|\dfrac{w+1}{w-1}\right|=r$

ゆえに　$|w+1|=r|w-1|$ …… ③

(1) 虚軸は，2 点 -1，1 を結ぶ線分の垂直二等分線であるから，③ で $r=$ ア1 とすると　$|w+1|=|w-1|$

w がこの式を満たすとき，点 w は虚軸上を動く。

(2) $r=2$ のとき，③ は　$|w+1|=2|w-1|$

両辺を 2 乗して　$|w+1|^2=4|w-1|^2$

よって　$(w+1)\overline{(w+1)}=4(w-1)\overline{(w-1)}$

整理すると　$3w\overline{w}-5w-5\overline{w}+3=0$

ゆえに　$\left(w-\dfrac{5}{3}\right)\left(\overline{w}-\dfrac{5}{3}\right)=\dfrac{16}{9}$

よって，$\left|w-\dfrac{5}{3}\right|^2=\dfrac{16}{9}$ から　$\left|w-\dfrac{5}{3}\right|=\dfrac{4}{3}$

したがって，点 w は点 $\dfrac{{}^{イ}5}{{}^{ウ}3}$ を中心とする半径 $\dfrac{{}^{エ}4}{{}^{オ}3}$ の円周上を動く。

←$w=$(z の式) を，$z=$(w の式) に変形する。

←$\left|\dfrac{\alpha}{\beta}\right|=\dfrac{|\alpha|}{|\beta|}$

←図形的な意味を考えると早い。

←$|\alpha|$ は $|\alpha|^2$ として扱う ➡ 基 115

←$\alpha\overline{\alpha}=|\alpha|^2$
$|w-$(中心)$|=$(半径) の形に変形する。 ➡ 基 119

練習 65 複素数平面上において，点 z は点 i を中心とする半径 2 の円周上を動く。このとき，$w=\dfrac{1+iz}{z}$ で表される点 w は，点 $\dfrac{[ア]}{[イ]}i$ を中心とする半径 $\dfrac{[ウ]}{[エ]}$ の円周上を動く。

重要 例題 66　複素数の絶対値と偏角の最大・最小

$|z-1-\sqrt{3}i|=1$ を満たす複素数 z を考える。

(1) $|z|$ の最大値は [ア] である。このとき，$z=\dfrac{[イ]}{[ウ]}+\dfrac{[エ]\sqrt{[オ]}}{[カ]}i$ である。

(2) $0\leqq \arg z<2\pi$ とすると，$\arg z$ の最小値は $\dfrac{\pi}{[キ]}$ である。このとき，

$z=\dfrac{[ク]}{[ケ]}+\dfrac{\sqrt{[コ]}}{[サ]}i$ である。

POINT! 絶対値 $|z|$ → 原点と点 z の距離，偏角 $\arg z$ → 原点と点 z を通る直線の傾き を考え，それぞれの最大・最小を考える。

解答　条件から　$|z-(1+\sqrt{3}i)|=1$

よって，点 $P(z)$ は，点 $C(1+\sqrt{3}i)$ を中心とする半径1の円周上にある。

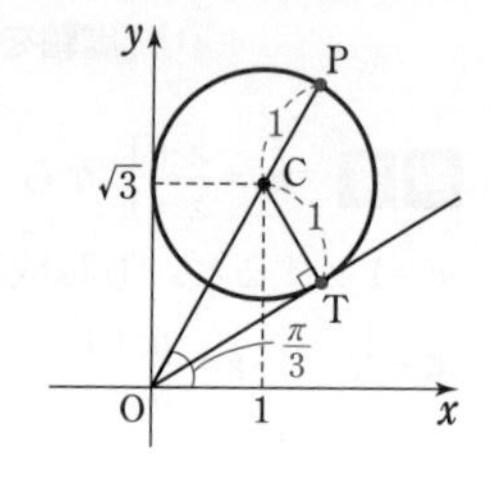

(1) $|z|$ が最大となるのは，図から，3点 O, C, P がこの順で一直線上にあるときである。よって，最大値は

$OP=OC+CP=|1+\sqrt{3}i|+1=2+1=$ ア3

このとき，点 P は線分 OC を $3:1$ に外分する点であるから

$$z=\frac{-1\cdot 0+3(1+\sqrt{3}i)}{3-1}=\frac{{}^{イ}3}{{}^{ウ}2}+\frac{{}^{エ}3\sqrt{{}^{オ}3}}{{}^{カ}2}i$$

(2) $0\leqq \arg z<2\pi$ から，$\arg z$ が最小となるのは，図から，点 P が，原点から円に引いた接線のうち偏角が小さい方の接点となるときである。その接点を T とすると，

$OC:CT=2:1$，$\angle OTC=\dfrac{\pi}{2}$ であるから，△OTC は

$CT:OT:OC=1:\sqrt{3}:2$ の直角三角形である。

よって，$\angle COT=\dfrac{\pi}{6}$ であるから，$\arg z$ の最小値は

$$\arg(1+\sqrt{3}i)-\angle COT=\frac{\pi}{3}-\frac{\pi}{6}=\frac{\pi}{{}^{キ}6}$$

また，$OT=\sqrt{3}$ であるから，$\arg z$ が最小となるときの z の値は

$$z=\sqrt{3}\left(\cos\frac{\pi}{6}+i\sin\frac{\pi}{6}\right)=\sqrt{3}\left(\frac{\sqrt{3}}{2}+\frac{i}{2}\right)$$
$$=\frac{{}^{ク}3}{{}^{ケ}2}+\frac{\sqrt{{}^{コ}3}}{{}^{サ}2}i$$

⬅$OC=2$，$CT=1$

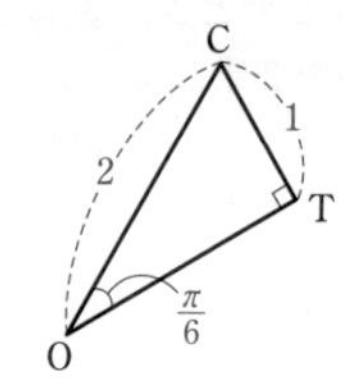

⬅z は絶対値 $\sqrt{3}$，偏角 $\dfrac{\pi}{6}$ である複素数。

練習 66　$|z-2-2i|=\sqrt{6}$ を満たす複素数 z を考える。

(1) $|z|$ の最小値は $[ア]\sqrt{[イ]}-\sqrt{[ウ]}$ である。このとき，$z=([エ]-\sqrt{[オ]})(1+i)$ である。

(2) $-\pi<\arg z\leqq\pi$ とすると，$\arg z$ の最大値は $\dfrac{[カ]}{[キク]}\pi$ である。

重要 例題 67 三角形の形状

複素数平面上の異なる3点 O(0)，A(α)，B(β) に対し，等式 $\alpha^2+\alpha\beta+\beta^2=0$ が成り立つ。このとき，$\dfrac{\alpha}{\beta}=\dfrac{\boxed{アイ}\pm\sqrt{\boxed{ウ}}\,i}{\boxed{エ}}$ であるから，△OAB の内角について，$\angle AOB=\dfrac{\boxed{オ}}{\boxed{カ}}\pi$，$\angle OAB=\dfrac{\pi}{\boxed{キ}}$，$\angle OBA=\dfrac{\pi}{\boxed{ク}}$ が成り立つ。

POINT!

(α，β の2次式)$=0$ ⟶ $\beta^2\ (\neq 0)$ で割って $\dfrac{\alpha}{\beta}$ の2次方程式を解く。

求めた $\dfrac{\alpha}{\beta}$ を極形式で表し，$\dfrac{\alpha}{\beta}$ の絶対値や偏角から三角形の辺の比や角度を調べる。

解答 $\beta\neq 0$ より，等式の両辺を β^2 で割ると

$$\left(\frac{\alpha}{\beta}\right)^2+\left(\frac{\alpha}{\beta}\right)+1=0$$

⬅ $\dfrac{\alpha^2}{\beta^2}+\dfrac{\alpha}{\beta}+1=0$

よって　$\dfrac{\alpha}{\beta}=\dfrac{-1\pm\sqrt{1^2-4}}{2}$

$=\dfrac{{}^{アイ}-1\pm\sqrt{{}^{ウ}3}\,i}{{}^{エ}2}$

⬅ $\dfrac{\alpha}{\beta}$ の2次方程式とみて，解の公式を利用。

$=\cos\dfrac{2\pi}{3}\pm i\sin\dfrac{2\pi}{3}$

$=\cos\left(\pm\dfrac{2\pi}{3}\right)+i\sin\left(\pm\dfrac{2\pi}{3}\right)$ (複号同順)

⬅ $\cos\left(-\dfrac{2\pi}{3}\right)=\cos\dfrac{2\pi}{3}$，$-\sin\dfrac{2\pi}{3}=\sin\left(-\dfrac{2\pi}{3}\right)$

ゆえに，$\arg\dfrac{\alpha}{\beta}=\pm\dfrac{2\pi}{3}$ であるから　$\angle BOA=\dfrac{2\pi}{3}$

⬅ $\dfrac{\alpha}{\beta}=\dfrac{\alpha-0}{\beta-0}$　➡ 基 121

$OA=|\alpha|$，$OB=|\beta|$，$\left|\dfrac{\alpha}{\beta}\right|=1$ から

$OA=OB$

よって，△OAB は OA＝OB の二等辺三角形である。したがって

$\angle AOB=\dfrac{{}^{オ}2}{{}^{カ}3}\pi$，

$\angle OAB=\left(\pi-\dfrac{2}{3}\pi\right)\div 2=\dfrac{\pi}{{}^{キ}6}$，

$\angle OBA=\angle OAB=\dfrac{\pi}{{}^{ク}6}$

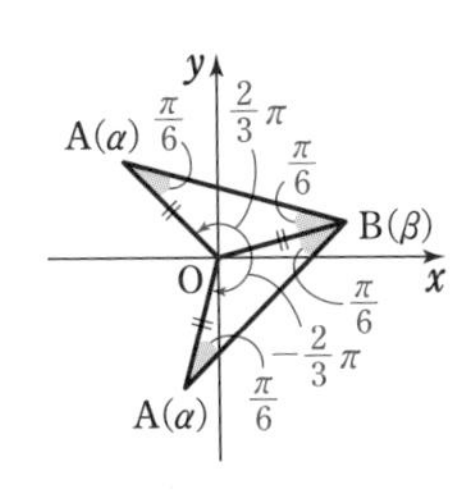

⬅ ∠BOA 以外の角を直接求めるのは計算がやや手間。辺の比を調べることで，△OAB の形状がわかる。

練習 67 複素数平面上の異なる3点 A(α)，B(β)，C(γ) に対し，等式 $\alpha^2+\beta^2+\gamma^2-\beta\gamma-\gamma\alpha-\alpha\beta=0$ が成り立つ。このとき，$z=\gamma-\alpha$，$w=\beta-\alpha$ とおいて考えることにより，△ABC は $\boxed{ア}$ であることがわかる。

$\boxed{ア}$ に当てはまる最も適切なものを，次の ⓪ ～ ③ から一つ選べ。

⓪ 正三角形　① 正三角形ではない二等辺三角形

② 二等辺三角形ではない鈍角三角形　③ 二等辺三角形ではない直角三角形

重要 例題 68　2次曲線と軌跡

長さが3の線分ABについて，端点Aはx軸上を，端点Bはy軸上を動くとき，線分ABを1：2に内分する点Pの軌跡は［ア］であり，その方程式は

$\dfrac{x^2}{\boxed{イ}}\ \boxed{ウ}\ y^2=1$ である。

［ア］，［ウ］については，最も適当なものを，次のそれぞれの解答群から一つずつ選べ。

［ア］の解答群：⓪ 円　① 放物線　② 楕円　③ 双曲線

［ウ］の解答群：⓪ ＋　① －　② ±

POINT!

連動形の軌跡

→ つなぎの文字を消去して，x，y の関係式を導く。

（➡ 基 67，演 13）

点Aはx軸上，点Bはy軸上を動くから，A$(s,\ 0)$，B$(0,\ t)$ と表される。P$(x,\ y)$ としてx，yをs，tで表し，AB=3の条件を用いてs，tを消去する。

解答　A$(s,\ 0)$，B$(0,\ t)$，P$(x,\ y)$ とする。

AB=3であるから　$s^2+t^2=9$ …… ①

点Pは線分ABを1：2に内分する点であるから

$$x=\frac{2\cdot s+1\cdot 0}{1+2},\quad y=\frac{2\cdot 0+1\cdot t}{1+2}$$

よって　$s=\dfrac{3}{2}x,\ t=3y$

これらを①に代入すると

$$\left(\frac{3}{2}x\right)^2+(3y)^2=9$$

すなわち　$\dfrac{x^2}{{}^{イ}4}+y^2=1$　（^{ウ}⓪）

したがって，点Pの軌跡は楕円である。（^{ア}②）

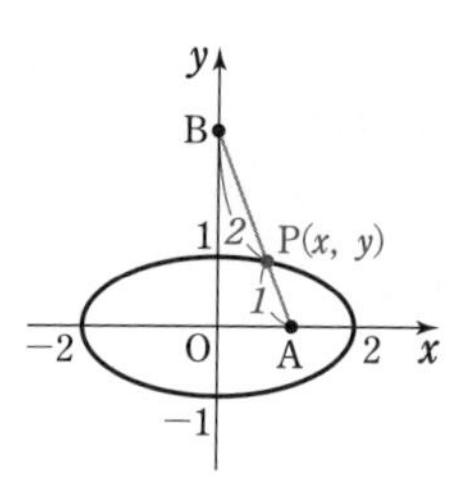

⬅A$(x_1,\ y_1)$，B$(x_2,\ y_2)$ について，線分ABを $m：n$ に内分する点の座標は

$$\left(\frac{nx_1+mx_2}{m+n},\ \frac{ny_1+my_2}{m+n}\right)$$

➡ 基 62

⬅つなぎの文字s，tを消去。

練習 68　Oを原点とする。点Aは直線 $y=\dfrac{3}{2}x$ 上を，点Bは直線 $y=-\dfrac{3}{2}x$ 上を，△OAB=6を満たしながらそれぞれ動くとする。ただし，2点A，Bのx座標は同符号であるとする。線分ABの中点Pの軌跡は［ア］であり，その方程式は

$\dfrac{x^2}{\boxed{イ}}\ \boxed{ウ}\ \dfrac{y^2}{\boxed{エ}}=1$ である。

［ア］，［ウ］については，最も適当なものを，次のそれぞれの解答群から一つずつ選べ。

［ア］の解答群：⓪ 円　① 放物線　② 楕円　③ 双曲線

［ウ］の解答群：⓪ ＋　① －　② ±

重要 例題 69　2 次曲線の接線と最大・最小

点 $(6,\ 1)$ から楕円 $x^2+4y^2=20$ …… ① に引いた傾きが負の接線の接点の座標は（ ア , イ ）である。また，点 $\mathrm{P}(x,\ y)$ が楕円 ① 上を動くとき，$x+y$ の最大値は ウ である。

POINT!

2 次曲線の接線　[1] 公式利用　[2] 判別式の利用

（前半）[1] 楕円 $\dfrac{x^2}{a^2}+\dfrac{y^2}{b^2}=1$ 上の点 $(x_1,\ y_1)$ における接線の方程式は

$$\frac{x_1x}{a^2}+\frac{y_1y}{b^2}=1$$ （$x^2 \longrightarrow x_1x,\ y^2 \longrightarrow y_1y$ とおき換えた形）

（後半）[2] $x+y=k$ とおいて，直線 $x+y=k$ と楕円が共有点をもつ範囲を考える。$\longrightarrow$ y を消去し，x の 2 次方程式の判別式を利用。

（➡ 演 14）

解答　接点の座標を $(a,\ b)$ とすると，接線の方程式は

$ax+4by=20$ …… ②

接線 ② が点 $(6,\ 1)$ を通るから　$6a+4b=20$

すなわち　$2b=-3a+10$ …… ③

また，接点は楕円 ① 上の点であるから

$a^2+4b^2=20$ …… ④

③ を ④ に代入して　$a^2+(-3a+10)^2=20$

整理して　$a^2-6a+8=0$　すなわち　$(a-2)(a-4)=0$

よって　$a=2,\ 4$

③ から，$a=2$ のとき $b=2$，$a=4$ のとき $b=-1$ であり，接線の傾きが負になるのは，② から $a=2$，$b=2$ のときである。

ゆえに，接点の座標は　（ア **2**，イ **2**）

次に，$x+y=k$ とおくと　$y=-x+k$ …… ⑤

直線 ⑤ が楕円 ① と共有点をもつときの k の最大値を求める。

⑤ を ① に代入して　$x^2+4(-x+k)^2=20$

整理して　$5x^2-8kx+4k^2-20=0$

この x の 2 次方程式の判別式を D とすると

$$\frac{D}{4}=(-4k)^2-5\cdot(4k^2-20)=-4(k^2-25)$$

$D\geqq 0$ とすると，$k^2-25\leqq 0$ から　$-5\leqq k\leqq 5$

したがって，k すなわち $x+y$ の最大値は　ウ **5**

⬅ POINT!
公式を利用。
楕円 $\dfrac{x^2}{20}+\dfrac{y^2}{5}=1$ 上の点 $(a,\ b)$ における接線の方程式は　$\dfrac{ax}{20}+\dfrac{by}{5}=1$
両辺に 20 を掛けて
$ax+4by=20$

⬅ 傾きは　$-\dfrac{a}{4b}$

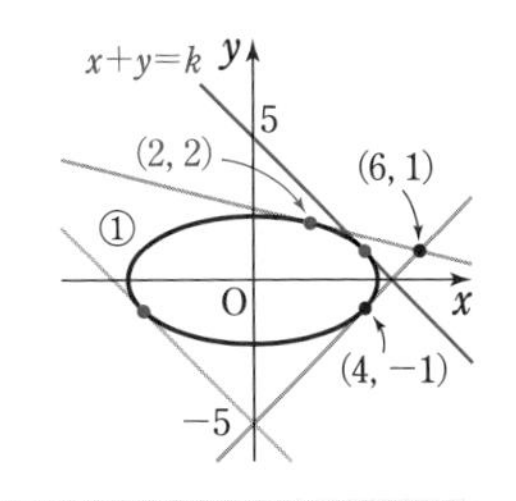

$x+y$ の最大値は，図形的に直線 $x+y=k$ が楕円 ① の接線になるときの y 切片であるから，$D=0$ の解 $k=\pm 5$ の大きい方の $k=5$，と答えてもよい。

練習 69　放物線 $y^2=-4x$ …… ① の接線のうち，点 $(0,\ 1)$ を通るものの方程式は $y=$ ア $x+$ イ ，$x=$ ウ である。また，点 $\mathrm{P}(x,\ y)$ が放物線 ① 上を動くとき，$-x+y$ の最小値は エオ である。

重要 例題 70　曲線の媒介変数表示 (2)

t を媒介変数とし，$x=\dfrac{3(1-t^2)}{1+t^2}$，$y=\dfrac{4t}{1+t^2}$ で表される曲線は，楕円 $\dfrac{x^2}{\boxed{ア}}+\dfrac{y^2}{\boxed{イ}}=1$ から点 ($\boxed{ウエ}$，$\boxed{オ}$) を除いた部分を表す。

POINT!　媒介変数で表された曲線　**媒介変数を消去して x，y だけの式へ**

（➡ 基 127）

本問は，$x=\dfrac{3(1-t^2)}{1+t^2}$ から $t=(x$ の式$)$ として，y の式に代入するのは大変。

→ まず $x=\dfrac{3(1-t^2)}{1+t^2}$ から $t^2=(x$ の式$)$ を作り，さらに $t=(x$，y の式$)$ として，t を消去する。

解答　$x=\dfrac{3(1-t^2)}{1+t^2}$ から　　$(x+3)t^2=3-x$ …… ①

$x=-3$ は ① を満たさないから　　$x\neq-3$

よって，① から　　$t^2=\dfrac{3-x}{3+x}$ …… ②

また，$y=\dfrac{4t}{1+t^2}$ から

$$t=\frac{1+t^2}{4}y=\frac{1+\dfrac{3-x}{3+x}}{4}y=\frac{3}{2(3+x)}y \quad \cdots\cdots ③$$

②，③ から t を消去して　　$\left\{\dfrac{3}{2(3+x)}y\right\}^2=\dfrac{3-x}{3+x}$

ゆえに　　$\dfrac{9}{4}y^2=(3-x)(3+x)$　　よって　　$\dfrac{x^2}{{}^{ア}9}+\dfrac{y^2}{{}^{イ}4}=1$

$x\neq-3$ であるから，点 (${}^{ウエ}-3$，${}^{オ}0$) を除く。

⬅ t^2 について整理する。

⬅ $t=$…… の式とし，t^2 は ② を用いて消去する。

⬅ $t=\dfrac{3}{2(3+x)}y$ を ② の左辺に代入。

⬅ 楕円の方程式に $x=-3$ を代入すると　$y=0$

参考　$t=\tan\theta$ とおくと，

$$x=\frac{3(1-\tan^2\theta)}{1+\tan^2\theta}=\frac{3(\cos^2\theta-\sin^2\theta)}{\cos^2\theta+\sin^2\theta}=3\cos2\theta \quad から \quad \cos2\theta=\frac{x}{3}$$

$$y=\frac{4\tan\theta}{1+\tan^2\theta}=\frac{4\sin\theta\cos\theta}{\cos^2\theta+\sin^2\theta}=2\sin2\theta \quad から \quad \sin2\theta=\frac{y}{2}$$

$\cos^22\theta+\sin^22\theta=1$ に代入すると，楕円の方程式 $\dfrac{x^2}{9}+\dfrac{y^2}{4}=1$ が得られる。

練習 70　t を媒介変数とする。

(1)　$x=\dfrac{2}{1+t^2}$，$y=\dfrac{2t}{1+t^2}$ で表される曲線は，円 $(x-\boxed{ア})^2+y^2=\boxed{イ}$ から点 ($\boxed{ウ}$，$\boxed{エ}$) を除いた部分である。

(2)　$x=t-\dfrac{1}{t}$，$y=t+\dfrac{1}{t}$ で表される曲線は，双曲線 $x^2-y^2=\boxed{オカ}$ である。

重要 例題 71 軌跡と極方程式

O を極とし，点 A の極座標を (3, 0)，点 A を通り始線 OX に垂直な直線を ℓ とする。極 O からの距離と直線 ℓ からの距離の比が 1 : 2 である点 P の軌跡を表す極方程式は $r=\dfrac{\boxed{ア}}{\boxed{イ}+\cos\theta}$ である。また，この極方程式を直交座標の方程式で表すと $\dfrac{(x+\boxed{ウ})^2}{\boxed{エ}}+\dfrac{y^2}{\boxed{オ}}=1$ である。

POINT!

軌跡と極方程式

→動点 $(r,\ \theta)$ について，r と θ の関係式を導く。

　図をかいて，与えられた条件から関係式を立てる。

直交座標に直すには，$x=r\cos\theta,\ y=r\sin\theta,\ r=\sqrt{x^2+y^2}$ を利用。（➡基 128）

解答　点 P の極座標を P$(r,\ \theta)$ とする。

条件から，右図において　　2PO=PH ……①

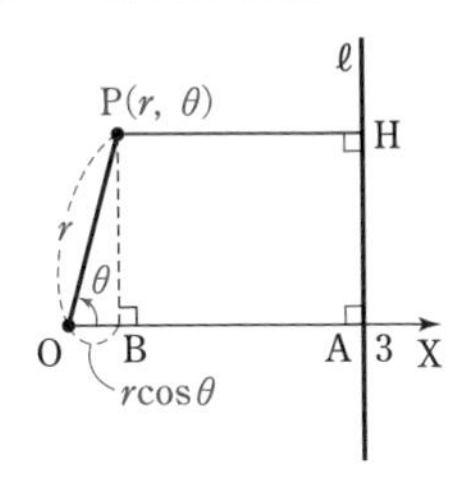

ここで，

$$PO=r,$$

$$PH=OA-OB=3-r\cos\theta \quad \cdots\cdots (*)$$

であるから，① より　　$2r=3-r\cos\theta$ …… ②

よって　　$r=\dfrac{^{ア}3}{^{イ}2+\cos\theta}$

また，② に $r\cos\theta=x$ を代入して　　$2r=3-x$

両辺を 2 乗して　　$4r^2=(3-x)^2$

$r^2=x^2+y^2$ を代入して　　$4(x^2+y^2)=(3-x)^2$

整理すると　　$\dfrac{(x+^{ウ}1)^2}{^{エ}4}+\dfrac{y^2}{^{オ}3}=1$

⬅ $r=\dfrac{3}{2+\cos\theta}$ の式よりも，② の式を変形する方が早い。

参考　$\dfrac{\pi}{2}<\theta<\dfrac{3}{2}\pi$ のとき，図は右のようになるが

$$PH=OA+OB$$
$$=3+(-r\cos\theta)$$
$$=3-r\cos\theta$$

であるから，$(*)$ は成り立つ。

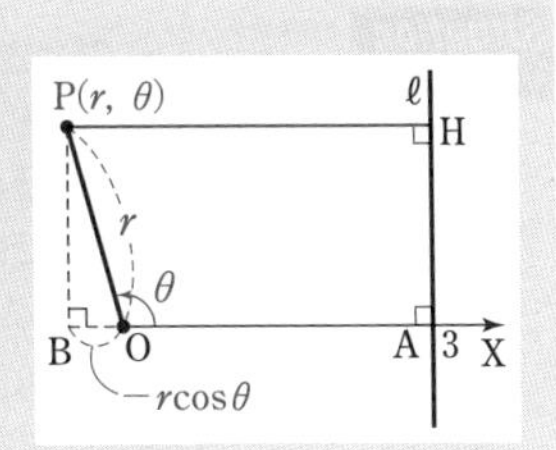

練習 71　O を極とし，点 A の極座標を (2, 0)，点 A を通り始線 OX に垂直な直線を ℓ とする。極 O からの距離と直線 ℓ からの距離が等しい点 P の軌跡を表す極方程式は $r=\dfrac{\boxed{ア}}{\boxed{イ}+\cos\theta}$ である。また，この極方程式を直交座標の方程式で表すと $y^2=\boxed{ウエ}(x-\boxed{オ})$ である。

演習 例題 28 方程式の表す図形 (3)

目安 8分　解説動画

複素数平面上の点 z $(z \neq 0)$ に対して，点 w を

$w=z+\dfrac{2}{z}$ …… ① によって定める。

(1) 点 z が点 O(0) を中心とする半径 2 の円 C の周上を動くとき，点 w の軌跡はどうなるかを考えよう。まず，円 C 上のいくつかの点について，① により移る点を調べてみる。円 C 上の点 2，$-2i$，$\sqrt{2}(1+i)$ は，① によりそれぞれ

点 [ア]，[イ]i，$\dfrac{[ウ]+i}{\sqrt{[エ]}}$ に移る。

次に，一般の場合について考えよう。z は $|z|=$[オ] を満たすから，z の偏角を θ とすると，$z=$[オ]$(\cos\theta+i\sin\theta)$ と表される。

よって，$w=x+yi$ (x，y は実数) として x，y を θ で表し，x，y の関係式を求めると，[カ]$=$[キ] となる。ゆえに，点 w の軌跡は [ク] である。

(2) O(0)，A$(1+2i)$ とする。点 z が半直線 OA 上 (ただし，点 O を除く) を動くとき，点 w はどのような曲線上にあるかを考えよう。z は正の実数 t を用いて，$z=t(1+2i)$ と表されるから，$w=x+yi$ (x，y は実数) として x，y を t で表し，x，y の関係式を求めると，[ケ]$=\dfrac{[コ]}{[サ]}$ …… ② となる。

また，x のとりうる値の範囲は $x \geqq \dfrac{[シ]\sqrt{[スセ]}}{[ソ]}$ …… ③ である。

よって，点 w は [タ] ② の ③ の部分にある。

[カ]，[ケ] の解答群 (同じものを繰り返し選んでもよい)

⓪ x^2+y^2　① x^2-y^2　② x^2+9y^2　③ x^2-9y^2

④ $x^2+\dfrac{y^2}{4}$　⑤ $x^2-\dfrac{y^2}{4}$　⑥ x^2+y　⑦ x^2-y

[ク]，[タ] の解答群 (同じものを繰り返し選んでもよい)

⓪ 円　① 放物線　② 楕円　③ 双曲線

Situation Check ✓

$w=f(z)$ のとき，点 w の表す図形を考える問題については，$z=(w$ の式$)$ に直し，これを z が満たす条件式に代入して w の関係式を求めるのが基本である。(➡ 重 65)

しかし，本問では ① から簡単に $z=(w$ の式$)$ に変形できない。そのため，

$w=x+yi$ (x，y は実数) として，x，y の関係式を求める

方針で考えてみよう。z の条件によっては，

極形式 $z=|z|(\cos\theta+i\sin\theta)$ を利用することも有効となる。

(1)，(2) とも誘導に従って解き進めるが，文字の消去 [(1) では θ の消去，(2) では t の消去] が必要になる。(➡ 基 127，重 70)

解答 (1) $z=2$ のとき　$w=2+\dfrac{2}{2}={}^{ア}3$

$z=-2i$ のとき　$w=-2i-\dfrac{2}{2i}=-2i-\dfrac{i}{i^2}={}^{イ}-i$

⬅ $w=z+\dfrac{2}{z}$ に z の値を代入して計算。$i^2=-1$ に注意。 ➡ 基 57

$z=\sqrt{2}(1+i)$ のとき

$$w=\sqrt{2}(1+i)+\frac{2}{\sqrt{2}(1+i)}=\sqrt{2}\left(\frac{3}{2}+\frac{1}{2}i\right)=\frac{{}^{ウ}\mathbf{3+i}}{\sqrt{{}^{エ}\mathbf{2}}}$$

←分母の実数化。

$|z|={}^{オ}\mathbf{2}$ より，$z=2(\cos\theta+i\sin\theta)$ と表されるから

←θ は z の偏角。

$$w=z+\frac{2}{z}=2(\cos\theta+i\sin\theta)+\frac{2}{2(\cos\theta+i\sin\theta)}$$
$$=2(\cos\theta+i\sin\theta)+(\cos\theta-i\sin\theta)=3\cos\theta+i\sin\theta$$

←$(\cos\theta+i\sin\theta)\times(\cos\theta-i\sin\theta)=1$

$w=x+yi$（x，y は実数）とすると

$$x=3\cos\theta,\ y=\sin\theta\ \cdots\cdots\ (*)$$

$\cos\theta=\dfrac{x}{3}$，$\sin\theta=y$ を $\cos^2\theta+\sin^2\theta=1$ に代入して

➡ 基 127

$$\left(\frac{x}{3}\right)^2+y^2=1\quad すなわち\quad x^2+9y^2={}^{キ}\mathbf{9}\ （{}^{カ}②）$$

ゆえに，点 w の軌跡は楕円（${}^{ク}②$）である。

(2)　点 z が点 O を除く半直線 OA 上を動くとき，
$z=t(1+2i)$ $(t>0)$ と表されるから

←$\alpha\neq0$ のとき，
3 点 0，α，β が一直線上にある $\Leftrightarrow$ $\beta=t\alpha$（t は実数）

➡ 基 114

$$w=z+\frac{2}{z}=t(1+2i)+\frac{2}{t(1+2i)}$$
$$=t+2ti+\frac{2(1-2i)}{5t}=t+\frac{2}{5t}+2\left(t-\frac{2}{5t}\right)i$$

$w=x+yi$（x，y は実数）とすると

$$x=t+\frac{2}{5t}\ \cdots\cdots\ ④,\quad y=2\left(t-\frac{2}{5t}\right)\ \cdots\cdots\ ⑤$$

←$t+\dfrac{2}{5t}$，$t-\dfrac{2}{5t}$ は $p+q$，$p-q$ の形で，$t\cdot\dfrac{2}{5t}$ は定数
⟶ 等式
$(p+q)^2-(p-q)^2=4pq$
を利用すると
$\left(t+\dfrac{2}{5t}\right)^2-\left(t-\dfrac{2}{5t}\right)^2=\dfrac{8}{5}$
すなわち　$x^2-\dfrac{y^2}{4}=\dfrac{8}{5}$
このように t を消去してもよい。

④×2＋⑤ から　　$2x+y=4t$　$\cdots\cdots$ ⑥

④×2－⑤ から　　$2x-y=\dfrac{8}{5t}$　$\cdots\cdots$ ⑦

⑥ と ⑦ の両辺をそれぞれ掛けると　　$4x^2-y^2=4\cdot\dfrac{8}{5}$

よって　　$x^2-\dfrac{y^2}{4}=\dfrac{{}^{コ}\mathbf{8}}{{}^{サ}\mathbf{5}}$（${}^{ケ}⑤$）$\cdots\cdots$ ②

また，$t>0$，$\dfrac{2}{5t}>0$ から

$$x=t+\frac{2}{5t}\geqq2\sqrt{t\cdot\frac{2}{5t}}=\frac{{}^{シ}\mathbf{2}\sqrt{{}^{スセ}\mathbf{10}}}{{}^{ソ}\mathbf{5}}\ \cdots\cdots\ ③$$

←相加平均と相乗平均の大小関係

➡ 基 56

（等号は，$t=\dfrac{2}{5t}$ すなわち $t=\dfrac{\sqrt{10}}{5}$ のとき成り立つ。）

よって，点 w は双曲線（${}^{タ}③$）② の ③ の部分にある。

参考　(1)　$z=2$，$-2i$，$\sqrt{2}(1+i)$ は，それぞれ $\theta=0$，$-\dfrac{\pi}{2}$，$\dfrac{\pi}{4}$ のときである。

よって，(ア)～(エ) については，まず $(*)$ を導き，それに $\theta=0$，$-\dfrac{\pi}{2}$，$\dfrac{\pi}{4}$ を代入して求めてもよい。

※演習例題 28 に対応した問題 28 は，次のページに掲載している。

問題 28　複素数平面上の点 z に対して，点 w を $w=z^2$ によって定める。

(1)　点 z が，点1を通り実軸に垂直な直線上を動くとき，$w=x+yi$ (x, y は実数) として x, y の関係式を求めると，［ア］＝［イ］となるから，点 w の軌跡は［ウ］である。

［ア］，［ウ］の解答群

⓪ x^2+y^2　① $4x^2+y^2$　② $4x^2-y^2$　③ $4x+y^2$
④ 円　⑤ 放物線　⑥ 楕円　⑦ 双曲線

(2)　点 z が2点 $-4+i$, $4+i$ を結ぶ線分上を動くとき，点 w の軌跡は曲線 $y^2=$［エ］$x+$［オ］の［カキ］$\leqq y \leqq$［ク］の部分である。

実践問題

目安時間　**55** [10分]　**56** [10分]　**57** [10分]　**58** [15分]　**59** [8分]　指針 p.364

***55**　α は絶対値1の複素数で $\alpha \neq 1$ とし，1, α, α^2 を表す複素数平面上の点をそれぞれA, B, Cとする。点Cが線分ABの垂直二等分線 ℓ 上の点であるとする。

(1)　α の偏角 $\arg\alpha$ は $\arg\alpha=\pm\dfrac{\text{ア}}{\text{イ}}\pi$ である。ただし，$\arg\alpha$ は $-\pi<\arg\alpha\leqq\pi$ の範囲で考える。

(2)　$\arg\alpha=\dfrac{\text{ア}}{\text{イ}}\pi$ とする。0でない複素数 z_0 を表す点をPとし，直線 ℓ に関してPと対称な点をQ，線分ACの垂直二等分線 m に関してQと対称な点をRとし，点Q, Rが表す複素数をそれぞれ z_1, z_2 とする。このとき

$$z_0z_1=|z_0|^2\frac{\text{ウエ}+\sqrt{\text{オ}}\,i}{\text{カ}},\quad z_1z_2=|z_1|^2\frac{\text{ウエ}-\sqrt{\text{オ}}\,i}{\text{カ}}$$

であり，z_2 を z_0 で表すと，RはPを原点の周りに $\dfrac{\text{キ}}{\text{ク}}\pi$ だけ回転した点であることがわかる。

(3)　$z_0=1-i$ のとき，Rが表す複素数 z_2 は

$$z_2=\frac{\text{ケコ}+\sqrt{\text{サ}}}{\text{シ}}+\frac{\text{ス}+\sqrt{\text{セ}}}{\text{ソ}}i$$

であり，線分PRの長さは $\sqrt{\text{タ}}$ である。　〔類 2006 センター試験・追試〕

56　複素数 $z=x+yi$ (x, y は実数) は $y\neq0$ を満たし，かつ1, z, z^2, z^3 は相異なるとする。

(1)　複素数平面において，1, z, z^2, z^3 の表す点をそれぞれ A_0, A_1, A_2, A_3 とする。線分 A_0A_1 と線分 A_2A_3 が両端以外で交わる条件を求めよう。
線分 A_0A_1 と線分 A_2A_3 が両端以外の点Bで交わるとする。点Bを表す複素数を w とする。
点Bが線分 A_0A_1 を $a:(1-a)$ に内分していれば $w=1-a+az$ と表される。ここで，$0<a<1$ である。

点 B が線分 A_2A_3 を $b:(1-b)$ に内分していれば $w=(1-b)z^2+bz^3$ と表される。
ここで，$0<b<1$ である。
ゆえに　$(1-b)z^2+bz^3=1-a+az$
すなわち，$(z-\boxed{ア})(\boxed{イ}z^2+z+1-\boxed{ウ})=0$ である。
z は実数ではないから，$z+\overline{z}=-\dfrac{1}{\boxed{エ}}$，$z\overline{z}=\dfrac{1-\boxed{オ}}{\boxed{カ}}$ である。

$\boxed{ア}$ ～ $\boxed{カ}$ の解答群（同じものを繰り返し選んでもよい。）

⓪ a	① b	② $-a$	③ $-b$	④ 1	⑤ 2

これから a と b を，x と y を用いて表すと $a=\boxed{キ}+\dfrac{x^{\boxed{ク}}+y^{\boxed{ケ}}}{\boxed{コ}x}$，$b=-\dfrac{1}{\boxed{サ}x}$
である。
したがって，$0<a<1$，$0<b<1$ より，線分 A_0A_1 と線分 A_2A_3 が両端以外で交わる
条件は $x<\dfrac{\boxed{シス}}{\boxed{セ}}$ かつ $(x+\boxed{ソ})^2+y^2<\boxed{タ}$ である。

(2)　z^4 の表す点を A_4 とする。z が(1)の条件を満たすとき，すなわち，線分 A_0A_1 と線分 A_2A_3 が両端以外で交わるならば，線分 A_3A_4 と線分 A_1A_2 は両端以外で $\boxed{チ}$。

$\boxed{チ}$ の解答群

⓪ 必ず交わる　① 交わることはない
② 交わることも，交わらないこともある

〔類 2004 センター試験・本試〕

***57**　太郎さんと花子さんは，複素数 w を 1 つ決めて，w，w^2，w^3，…… によって複素数平面上に表されるそれぞれの点 A_1，A_2，A_3，…… を表示させたときの様子をコンピュータソフトを用いて観察している。ただし，点 w は実軸より上にあるとする。つまり，w の偏角を $\arg w$ とするとき，$w\neq0$ かつ $0<\arg w<\pi$ を満たすとする。
図 1，図 2，図 3 は，w の値を変えて点 A_1，A_2，A_3，……，A_{20} を表示させたものである。ただし，観察しやすくするために，図 1，図 2，図 3 の間では，表示範囲を変えている。

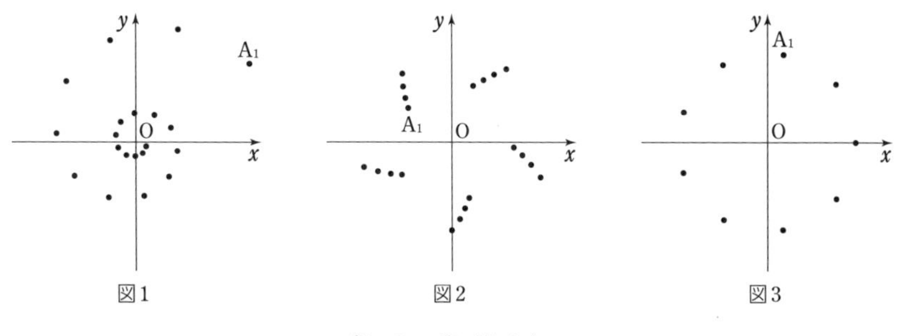

図1　図2　図3

（次ページに続く。）

太郎：w の値によって，A_1 から A_{20} までの点の様子もずいぶんいろいろなパターンがあるね。あれ，図3は点が20個ないよ。

花子：ためしに A_{30} まで表示させても図3は変化しないね。同じところを何度も通っていくんだと思う。

太郎：図3に対して，A_1，A_2，A_3，…… と線分で結んで点をたどってみると図4のようになったよ。なるほど，A_1 に戻ってきているね。

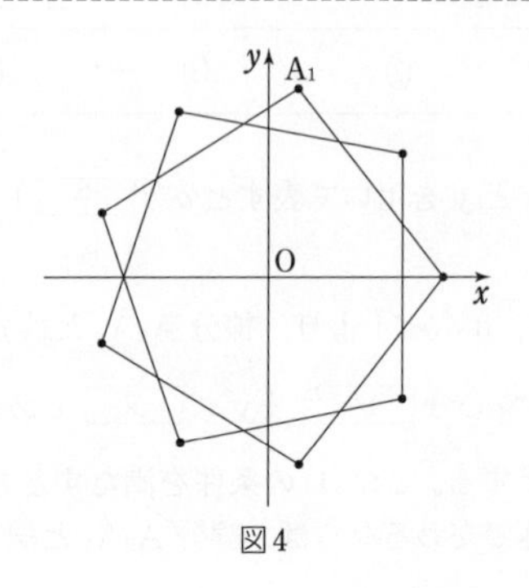

図4

図4をもとに，太郎さんは，A_1，A_2，A_3，…… と点をとっていって再び A_1 に戻る場合に，点を順に線分で結んでできる図形について一般に考えることにした。すなわち，A_1 と A_n が重なるような n があるとき，線分 A_1A_2，A_2A_3，……，$A_{n-1}A_n$ をかいてできる図形について考える。このとき，$w=w^n$ に着目すると $|w|=$ ア であることがわかる。また，次のことが成り立つ。

・$1 \leqq k \leqq n-1$ に対して $A_kA_{k+1}=$ イ であり，つねに一定である。

・$2 \leqq k \leqq n-1$ に対して $\angle A_{k+1}A_kA_{k-1}=$ ウ であり，つねに一定である。
　ただし，$\angle A_{k+1}A_kA_{k-1}$ は，線分 A_kA_{k+1} を線分 A_kA_{k-1} に重なるまで点 A_k を中心に回転させた角とする。

花子さんは，$n=25$ のとき，すなわち，A_1 と A_{25} が重なるとき，A_1 から A_{25} までを順に線分で結んでできる図形が，正多角形になる場合を考えた。このような w の値は全部で エ 個である。また，このような正多角形についてどの場合であっても，それぞれの正多角形に内接する円上の点を z とすると，z はつねに オ を満たす。

イ の解答群

⓪ $\lvert w+1\rvert$	① $\lvert w-1\rvert$	② $\lvert w\rvert+1$	③ $\lvert w\rvert-1$

ウ の解答群

⓪ $\arg w$	① $\arg(-w)$	② $\arg\dfrac{1}{w}$	③ $\arg\left(-\dfrac{1}{w}\right)$

［オ］の解答群

⓪ $\|z\|=1$	① $\|z-w\|=1$	② $\|z\|=\|w+1\|$
③ $\|z\|=\|w-1\|$	④ $\|z-w\|=\|w+1\|$	⑤ $\|z-w\|=\|w-1\|$
⑥ $\|z\|=\dfrac{\|w+1\|}{2}$	⑦ $\|z\|=\dfrac{\|w-1\|}{2}$	

〔類　新課程共通テスト試作問題〕

***58**　h は 3 と異なる正の定数とする。座標平面を水平な平面と考える。この平面上の 2 点 A(0, 1), Q(x, y) にそれぞれ高さが 3, h の塔が平面に垂直に立っていて，これら塔の先端をそれぞれ B, R とする。この平面上にあって，2 点 B, R を見上げる角度が等しい点を P とする。

このとき，PA：PQ=［ア］：h が成り立つ。

(1)　点 Q の座標が (5, 1) で，$h=2$ の場合を考える。
このとき，点 P は中心の座標が (［イ］, ［ウ］)，半径が［エ］の円周上にある。したがって，x 軸上にあって，2 つの塔の先端を見上げる角度が等しい点は全部で［オ］個ある。

(2)　x 軸上にあって，2 つの塔の先端を見上げる角度が等しい点が 1 個しかない場合を考える。
このとき，点 Q は方程式 $\dfrac{［カ］x^2}{［キ］}+\dfrac{［カ］y^2}{［ク］}=1$ で表される 2 次曲線 C 上にあることがわかる。

［キ］，［ク］の解答群（同じものを繰り返し選んでもよい。）

⓪ h^2	① $-h^2$	② h^2-9	③ $9-h^2$

C が楕円であるのは，$h>$［ケ］のときである。そのときの焦点は 2 点［コ］である。
$0<h<$［ケ］のとき，C は双曲線で，焦点は 2 点［サ］である。さらに，この双曲線 C の漸近線が直交するのは $h=\dfrac{［シ］\sqrt{［ス］}}{［セ］}$ のときである。

［コ］，［サ］の解答群（同じものを繰り返し選んでもよい。）

⓪ $(h,\ 0)$，$(-h,\ 0)$	① $(0,\ h)$，$(0,\ -h)$
② $(1,\ 0)$，$(-1,\ 0)$	③ $(0,\ 1)$，$(0,\ -1)$

59 以下，点Oを極とする極座標上で考える。ただし，極方程式が表す図形について，$r<0$ の点も考えるものとする。

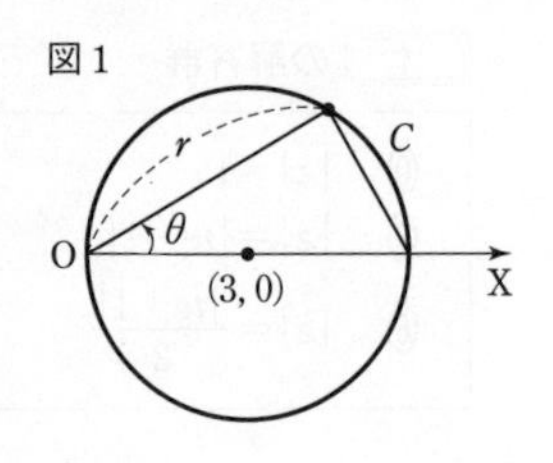

中心が点 $(3,\ 0)$，半径が3の円 C の極方程式は，図1から，$r=6\cos\theta$ と表される。このとき，円 C は極座標で $\left(\boxed{\text{ア}},\ \dfrac{\pi}{3}\right)$，$(-\boxed{\text{イ}},\ \pi)$ と表される点を通る。

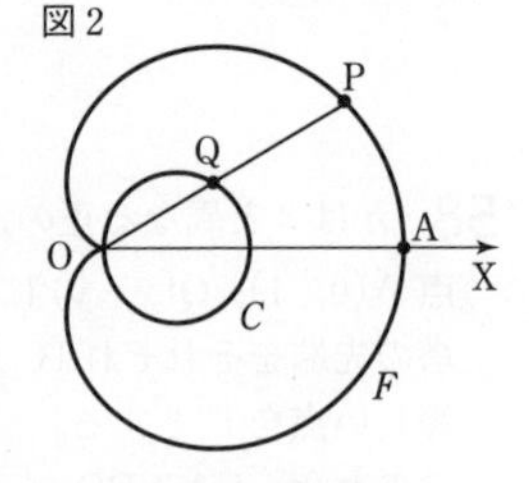

また，極方程式 $r=6\cos\theta+6$ で表される曲線を F とする。円 C と曲線 F をコンピュータソフトで同時に表示させると，右の図2のようになった。

このとき，画面に示した3点A，P，Qについて

$\text{OA}=\boxed{\text{ウエ}}$，$\text{PQ}=\boxed{\text{オ}}$

である。

(1)　円 C と曲線 F をそれぞれ同時に，偏角 θ を下に示した範囲で表示させると，図3～図5のようになった。

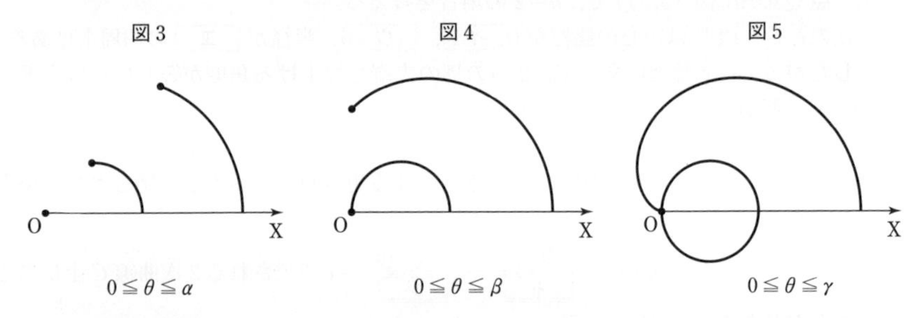

このとき，$(\alpha,\ \beta,\ \gamma)=\boxed{\text{カ}}$ である。$\boxed{\text{カ}}$ に当てはまるものとして最も適切なものを，次の⓪～⑤のうちから一つ選べ。

⓪ $\left(\dfrac{\pi}{4},\ \dfrac{\pi}{2},\ \pi\right)$　① $\left(\dfrac{\pi}{4},\ \dfrac{\pi}{2},\ 2\pi\right)$　② $\left(\dfrac{\pi}{4},\ \pi,\ 2\pi\right)$

③ $\left(\dfrac{\pi}{2},\ \pi,\ 2\pi\right)$　④ $\left(\dfrac{\pi}{2},\ \dfrac{3}{2}\pi,\ 2\pi\right)$　⑤ $\left(\pi,\ \dfrac{3}{2}\pi,\ 2\pi\right)$

(2)　$0<\theta<\pi$ の範囲で点Pが曲線 F 上を動くとき，△OAPに余弦定理を用いて AP^2 を計算すると，次のようになる。

$$\begin{aligned}\text{AP}^2&=\text{OP}^2+\text{OA}^2-2\text{OP}\cdot\text{OA}\cos\theta\\&=\boxed{\text{キク}}(1+\cos\theta)^2+\boxed{\text{ケコサ}}-\boxed{\text{ケコサ}}(1+\cos\theta)\cos\theta\\&=\boxed{\text{キク}}(-\boxed{\text{シ}}\cos^2\theta-\boxed{\text{ス}}\cos\theta+5)\end{aligned}$$

したがって，線分APの最大値は $\boxed{\text{セ}}\sqrt{\boxed{\text{ソ}}}$ である。

実 践 模 試

数　学　①　〔数学Ⅰ，数学A　数学Ⅰ〕　（100点 70分）

数　学　②　〔数学Ⅱ，数学B，数学C〕　（100点 70分）

Ⅰ　注 意 事 項

1　**本番の試験と思って時間を決めて取りかかってください。**

2　出題科目，ページ及び選択方法は，下表のとおりです。
ただし，本書では，出題科目として数学Ⅰは扱っていません。

<table>
<tr><th>出 題 科 目</th><th>ペ ー ジ</th><th>選 択 方 法</th></tr>
<tr><td>数学Ⅰ，数学A</td><td>313～329</td><td rowspan="2">左の2科目のうちから1科目を選択し，解答しなさい。</td></tr>
<tr><td>数　学　Ⅰ</td><td></td></tr>
<tr><td>数学Ⅱ，数学B，数学C</td><td>330～347</td><td></td></tr>
</table>

3　本番の試験のときに問題冊子の印刷不鮮明，ページの落丁・乱丁及び解答用紙の汚れ等に気付いた場合は，手を高く挙げて監督者に知らせなさい。

4　**本番の試験のとき，解答用紙には解答欄以外に**
［1］受験番号欄　［2］氏名欄，試験場コード欄　［3］解答科目欄
があるので，監督者の指示に従って，マーク，記入しなさい。
ただし，本書では，解答用紙はありません。

5　**数学Ⅰ，数学Aは全問必答です。数学Ⅱ，数学B，数学Cの選択問題については，いずれか3問を選択し，**その問題番号の解答欄に解答しなさい。

※　実践模試の指針はp.365～p.369に載せています。

Ⅱ　解答上の注意

1　問題の文中の ア ， イウ などには，特に指示がないかぎり，符号（－），又は数字（0～9）が入ります。**ア，イ，ウ，…** の一つ一つは，これらのいずれか一つに対応します。それらを解答用紙の**ア，イ，ウ，…** で示された解答欄にマークして答えなさい。

この解答上の注意は，次ページにも続きます。

本番の試験のときは，問題冊子の裏表紙に続きます。問題冊子を裏返して，必ず読みなさい。このとき，問題冊子を開いてはいけません。

例 [アイウ] に -83 と答えたいとき

ア	● ⓪ ① ② ③ ④ ⑤ ⑥ ⑦ ⑧ ⑨
イ	⊖ ⓪ ① ② ③ ④ ⑤ ⑥ ⑦ ● ⑨
ウ	⊖ ⓪ ① ② ● ④ ⑤ ⑥ ⑦ ⑧ ⑨

2　分数形で解答する場合は，分数の符号は分子につけ，分母につけてはいけません。例えば，$\dfrac{\boxed{エオ}}{\boxed{カ}}$ に $-\dfrac{4}{5}$ と答えたいときは，$\dfrac{-4}{5}$ として答えなさい。

また，それ以上約分できない形で答えなさい。例えば，$\dfrac{3}{4}$ と答えるところを，$\dfrac{6}{8}$ のように答えてはいけません。

3　小数の形で解答する場合，指定された桁数の一つ下の桁を四捨五入して答えなさい。また，必要に応じて，指定された桁まで⓪にマークしなさい。

例えば，[キ].[クケ] に 2.5 と答えたいときは，2.50 として答えなさい。

4　根号を含む形で解答する場合，根号の中に現れる自然数が最小となる形で答えなさい。例えば，$\boxed{コ}\sqrt{\boxed{サ}}$ に $4\sqrt{2}$ と答えるところを，$2\sqrt{8}$ のように答えてはいけません。

5　根号を含む分数形で解答する場合，例えば $\dfrac{\boxed{シ}+\boxed{ス}\sqrt{\boxed{セ}}}{\boxed{ソ}}$ に

$\dfrac{3+2\sqrt{2}}{2}$ と答えるところを，$\dfrac{6+4\sqrt{2}}{4}$ や $\dfrac{6+2\sqrt{8}}{4}$ のように答えてはいけません。

6　問題の文中の二重四角で表記された [[タ]] などには，選択肢から一つを選んで，答えなさい。

7　同一の問題文中に [チツ]，[[テ]] などが 2 度以上現れる場合，原則として，2 度目以降は，[チツ]，[[テ]] のように細字で表記します。

数学Ⅰ，数学A　（全問必答）

第1問　（配点 30）

〔1〕 全体集合 U を 2 以上 9 以下である自然数の集合とする。集合 A，B，C は U の部分集合であり，偶数である数の集合を A，3 の倍数である数の集合を B，素数である数の集合を C とする。このとき，次の問いに答えよ。

(1) 「集合 A と集合 B の共通部分は 6 のみを要素にもつ集合と等しい」という命題を，記号を用いて表すと，次のようになる。

ア の解答群

⓪ $\in$	① $\ni$	② $\subset$	③ $\supset$	④ $\cap$	⑤ $\cup$

イ の解答群

⓪ 6	① (6)	② {6}	③ [6]

(2) $k \in C$ であることは $k \in \overline{A \cup B}$ であるための ウ 。

ウ の解答群

⓪ 必要十分条件である
① 必要条件であるが，十分条件でない
② 十分条件であるが，必要条件でない
③ 必要条件でも十分条件でもない

（数学Ⅰ，数学A　第1問は次ページに続く。）

〔2〕 2次関数のグラフをコンピュータのグラフ表示ソフトを用いて表示させる。このソフトでは，3点A，B，Cの座標を入力すると，その3点を通る2次関数 $y=f(x)$ のグラフが表示される。最初に，A，B，Cの座標として $A(0,\ -2)$，$B(2,\ -6)$，$C(5,\ 3)$ を入力したところ，図1のような放物線が表示された。

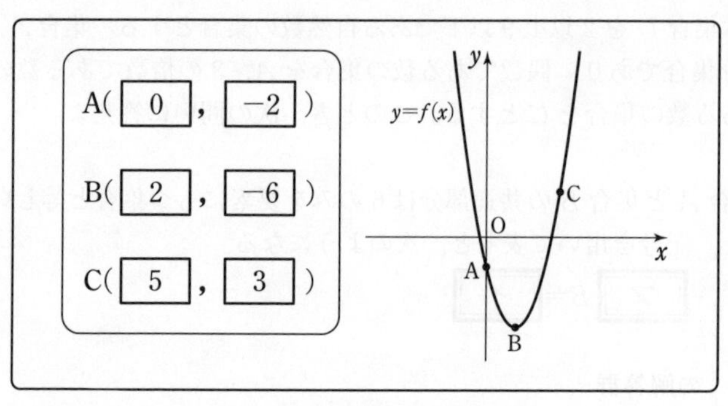

図1

(1) 図1の放物線 $y=f(x)$ に対し，方程式の解について正しく記述したものは **エ** である。

エ の解答群

⓪	方程式 $f(x)=2$ は異なる2つの正の解をもつ。
①	方程式 $f(x)=0$ は異なる2つの正の解をもつ。
②	方程式 $f(x)=-2$ は異なる2つの正の解をもつ。
③	方程式 $f(x)=-4$ は異なる2つの正の解をもつ。
④	方程式 $f(x)=-6$ は異なる2つの正の解をもつ。
⑤	方程式 $f(x)=-8$ は異なる2つの正の解をもつ。

（数学Ⅰ，数学A　第1問は次ページに続く。）

(2)　3点A，B，Cの座標を入力しても，その3点を通る2次関数のグラフが存在しない場合，エラーとなりグラフが表示されない。

次の⓪～⑤のうち，エラーとなりグラフが表示されない3点の組合せを二つ選べ。ただし，解答の順序は問わない。［オ］，［カ］

⓪　A(-1, 0)，B(1, 0)，C(2, 1)
①　A(-1, -2)，B(1, 2)，C(1, 3)
②　A(1, 2)，B(2, 3)，C(3, 5)
③　A(-1, -1)，B(0, 2)，C(1, -2)
④　A(-2, 4)，B(-1, 2)，C(0, 1)
⑤　A(-1, -2)，B(0, -1)，C(1, 0)

(数学Ⅰ，数学A　第1問は次ページに続く。)

〔3〕 三角形ABCにおいて，辺BC，CA，ABの長さをそれぞれa，b，cとし，$\angle$CAB，$\angle$ABC，$\angle$BCAの大きさをそれぞれA，B，Cとする。

太郎さんと花子さんは三角形ABCについて

$$a=b\cos C+c\cos B \quad \cdots\cdots (*)$$

の関係が成り立つことを知り，その理由について，太郎さんはまず$0°<B<90°$かつ$0°<C<90°$の場合を次のように考察した。

太郎さんの考察

$0°<B<90°$ かつ $0°<C<90°$ のとき，

Aから辺BCに垂線AHを引くと，BH= キ ，CH= ク であるから，(＊)は成り立つ。

キ ， ク の解答群（同じものを繰り返し選んでもよい。）

⓪ $a\cos A$	① $a\cos B$	② $a\cos C$
③ $b\cos A$	④ $b\cos B$	⑤ $b\cos C$
⑥ $c\cos A$	⑦ $c\cos B$	⑧ $c\cos C$

（数学Ⅰ，数学A 第1問は次ページに続く。）

花子さんは $B=90°$ および $B>90°$ の場合について次のように考察した。

花子さんの考察

点Aから直線BCに垂線AHを引く。
$B=90°$ のとき，点Bと点Hは一致し，$\cos 90°=$ ケ であるから，(＊)は成り立つ。
$B>90°$ のとき，BH= コ ，CH= サ であり，
$\cos(180°-\theta)=$ シ が成り立つから，(＊)は成り立つ。

ケ の解答群

⓪ -1	① $-\frac{\sqrt{3}}{2}$	② $-\frac{\sqrt{2}}{2}$	③ $-\frac{1}{2}$	④ 0
⑤ $\frac{1}{2}$	⑥ $\frac{\sqrt{2}}{2}$	⑦ $\frac{\sqrt{3}}{2}$	⑧ 1	

コ ，サ の解答群（同じものを繰り返し選んでもよい。）

⓪ $b\cos B$	① $b\cos(180°-B)$	② $b\cos C$	③ $b\cos(180°-C)$
④ $c\cos B$	⑤ $c\cos(180°-B)$	⑥ $c\cos C$	⑦ $c\cos(180°-C)$

シ の解答群

⓪ $\cos\theta$	① $-\cos\theta$	② $\sin\theta$	③ $-\sin\theta$

第2問 (配点 30)

〔1〕 a は定数とする。関数 $f(x)=ax^2-2x+1$ $(-4<x\leqq 2)$ の最小値について考える。

(1) $a=0$ のとき

$f(x)$ は [ア]。

[ア] の解答群

⓪	最小値をもたない
①	$x=-4$ のとき最小値をとる
②	$x=2$ のとき最小値をとる

(2) $a>0$ のとき

$$f(x)=a\left(x-\boxed{イ}\right)^2+1-\boxed{ウ}$$

と変形できる。よって,

$0<a<\dfrac{\boxed{エ}}{\boxed{オ}}$ のとき, $f(x)$ は [カ]。

$\dfrac{\boxed{エ}}{\boxed{オ}}\leqq a$ のとき, $f(x)$ は [キ]。

[イ], [ウ] の解答群（同じものを繰り返し選んでもよい。）

⓪	a	①	$2a$	②	a^2	③	$2a^2$
④	$\dfrac{1}{a}$	⑤	$\dfrac{2}{a}$	⑥	$\dfrac{1}{a^2}$	⑦	$\dfrac{2}{a^2}$

[カ], [キ] の解答群（同じものを繰り返し選んでもよい。）

⓪	最小値をもたない
①	$x=-4$ のとき最小値をとる
②	$x=2$ のとき最小値をとる
③	$x=\boxed{イ}$ のとき最小値をとる

（数学Ⅰ，数学A 第2問は次ページに続く。）

(3)　$a<0$ のとき

a の値の範囲が a [ク] [ケコ] のとき，$f(x)$ は最小値をもたない。

a の値の範囲が a [ク] [ケコ] ではないかつ $a<0$ のとき，$f(x)$ は $x=2$ のとき最小値をとる。

[ク] の解答群

⓪ $>$	① $<$	② $\geqq$	③ $\leqq$

(数学 I，数学A　第2問は次ページに続く。)

〔2〕 あるクラスの男子 20 人，女子 20 人の生徒に，同じ大きさの長方形の紙を 1 枚ずつ配付し，紙の縦の長さと横の長さを，定規などを用いずに目分量で回答してもらったデータがある。ただし，女子の 1 人が欠席したため，女子は 19 人分のデータである。

紙の実際の大きさは，縦 14.8 cm，横 10.6 cm であり，生徒は 0.1 cm の単位まで回答している。縦の長さのデータを X (cm)，横の長さのデータを Y (cm) とする。

花子さんと太郎さんは，そのデータについて考察することにした。

(1) 太郎さんは男子，女子のデータ X をそれぞれ次のようなヒストグラムにまとめた。

なお，階級の幅は 1 cm で，階級は 1 cm 以上 2 cm 未満のように設定されている。

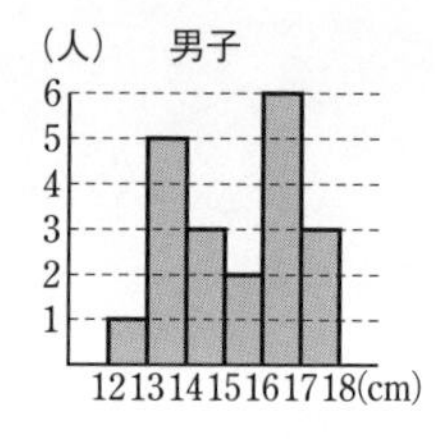

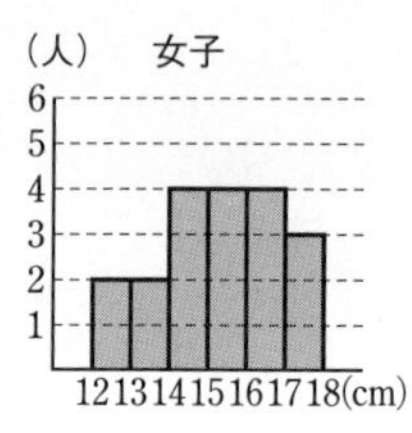

このヒストグラムから女子の方が大きいと読み取れるものは **サ** である。

サ の解答群

⓪ 最小値	① 第 1 四分位数	② 中央値
③ 第 3 四分位数	④ 最大値	

(数学 I，数学 A　第 2 問は次ページに続く。)

(2) 太郎さんと花子さんは，集めた 39 人分のデータについて，以下のような会話をしている。

太郎：データ X (cm) とデータ Y (cm) について，平均値と標準偏差，それから X と Y の共分散を計算したらこのようになったよ。

		平均値	標準偏差
男子	X	15.4	1.50
	Y	10.9	1.00
女子	X	15.3	1.53
	Y	11.0	1.37

	X と Y の共分散
男子	0.77
女子	0.68

花子：平均値は X，Y とも，男子と女子の差はそれほどないのね。

太郎：X の標準偏差にも大きな差は無いけど，(a)Y の標準偏差は女子の方が大きいよ。

花子：(b)相関係数の男子と女子の差についてはどうかしら？

(i) 下線部(a)のことから，データ Y について，女子の値の方が男子の値より大きいと判断できるものは **シ** である。

シ の解答群

⓪ 最大値　① 中央値　② 範囲
③ 分散　④ 最頻値

(ii) 下線部(b)について，相関係数の大小について正しいものは **ス** である。

ス の解答群

⓪ 相関係数は男子の方が大きい。
① 相関係数は女子の方が大きい。
② わかっているデータからだけでは判断できない。

(数学Ⅰ，数学A 第2問は次ページに続く。)

(3) 女子の欠席者1人に，後日同じように回答してもらったところ，「縦 15.3 cm，横 11.0 cm」であった。太郎さんと花子さんはそれについて以下のような会話をしている。

> 太郎：これで全員のデータがそろったね。女子の平均値や標準偏差，共分散を計算し直さないといけないね。
> 花子：あれ？　偶然だけど欠席者の回答は，縦も横も女子の平均値と一致しているよ。
> 太郎：本当だ！　じゃあどの値も変化しないんじゃないかな。
> 花子：本当にそうかしら？

欠席者を除いた女子19人分のデータに対して，欠席者を含めた女子20人分の X の平均値は［セ］。また，Y の標準偏差は［ソ］。さらに，X と Y の共分散は［タ］。

［セ］，［ソ］，［タ］の解答群（同じものを繰り返し選んでもよい。）

⓪ 変化しない　　① 減少する　　② 増加する

(4) 紙の縦，横の長さの正しい値と X，Y の差を mm の単位で調べるために，データを $X'=10(X-14.8)$，$Y'=10(Y-10.6)$ と変換して計算した。このとき，X，Y で計算したときの値と，X'，Y' で計算したときの値が変化しないものは［チ］である。

［チ］の解答群

⓪ 平均値　　① 標準偏差　　② 共分散　　③ 相関係数

第3問 (配点20)

AB＝4，BC＝5，CA＝6である△ABCにおいて，点Sを直線BC上に点Bから見て点Cと反対側にとり，点Tを辺AC上にとる。直線STと辺ABとの交点をP，直線CPと直線BTの交点をX，直線AXと直線BCの交点をQとする。

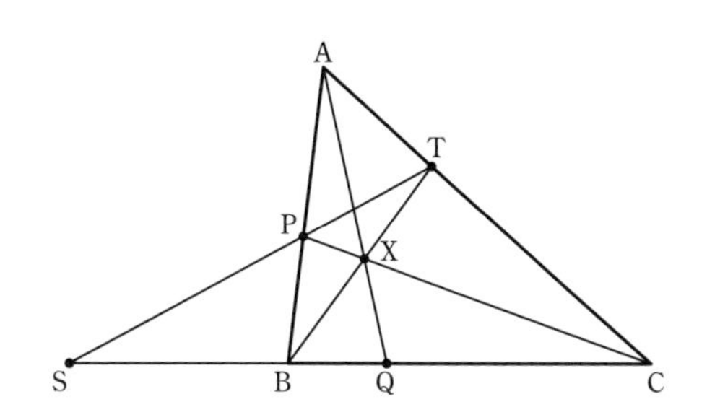

(1)　BS＝3，AT＝2のとき，

$$\frac{\mathrm{AP}}{\mathrm{PB}}=\frac{\boxed{\text{ア}}}{\boxed{\text{イ}}},\quad \frac{\mathrm{BQ}}{\mathrm{QC}}=\frac{\boxed{\text{ウ}}}{\boxed{\text{エ}}}$$

である。

(数学Ⅰ，数学A　第3問は次ページに続く。)

太郎さんと花子さんは，この図形の点Sの位置と点Tの位置を変化させたときの様子をコンピュータを使って考察することにした。コンピュータの画面上では，点Sや点Tの位置を動かすと，それに連動して自動的に点P，Q，Xの位置も変化するように設定されている。以下は，そのときの会話である。

太郎：まず，点Sの位置は固定して点Tの位置をいろいろ変えてみようよ。

花子：そうね。じゃあやってみるね。

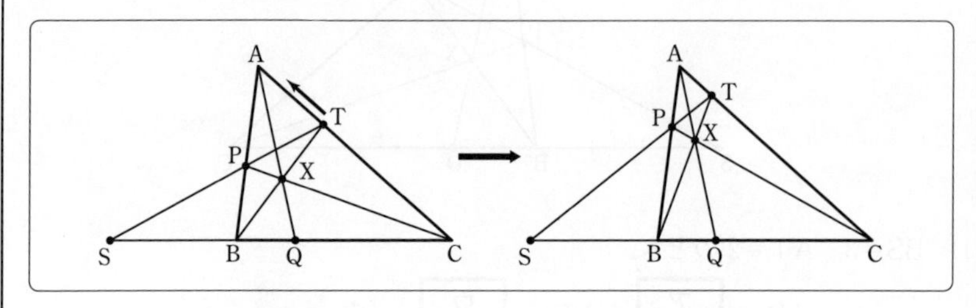

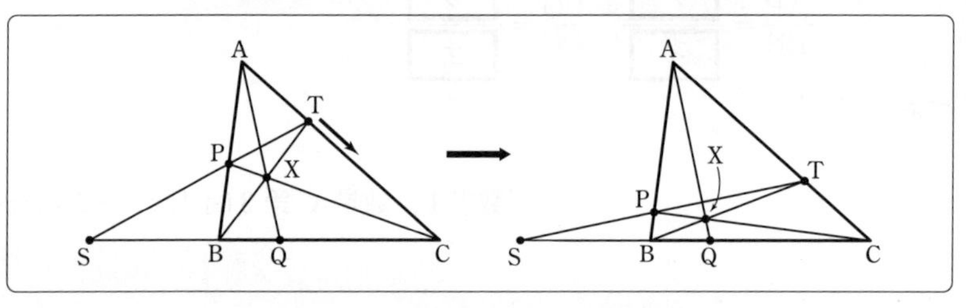

太郎：あれ？　点Tの位置を変えても，点Qの位置は動いていないように見えるよ。

花子：そうだね。本当に点Qの位置が変わらないのか，証明してみましょうよ。

（数学Ⅰ，数学A　第3問は次ページに続く。）

(2) 花子さんは，BQ：QC が一定であることを，以下のように証明した。

<花子さんの証明>

△ABC と直線 ST について，メネラウスの定理を用いることにより

$\dfrac{AP}{PB}\cdot\dfrac{CT}{TA}=\dfrac{\boxed{オ}}{\boxed{カ}}$ ……① が成り立つ。

また，AQ，BT，CP は 1 点で交わるから，△ABC について，チェバの定理を用いることにより

$\dfrac{AP}{PB}\cdot\dfrac{CT}{TA}=\dfrac{QC}{BQ}$ ……② が成り立つ。

ゆえに，①，②から，$\dfrac{QC}{BQ}=\dfrac{\boxed{オ}}{\boxed{カ}}$ すなわち

BQ：QC＝ オ ： カ （一定）

が成り立つ。

オ ， カ の解答群（同じものを繰り返し選んでもよい。）

⓪ AB	① BC	② CA	③ AP	④ BP
⑤ BS	⑥ CS	⑦ AT	⑧ CT	

(3) 点 T の位置を固定し，点 S の位置をコンピュータの画面上で変えてみる。このとき，点 Q の位置について正しく述べているものは キ ， ク の二つである。ただし，解答の順序は問わない。

キ ， ク の解答群

⓪ 点 S を動かしても，点 Q の位置は変わらない。
① 点 S を左に動かすと，点 Q は常に左に動く。
② 点 S を左に動かすと，点 Q は常に右に動く。
③ ある位置に点 S を移動させると，BQ：QC＝2：1 となる。
④ ある位置に点 S を移動させると，BQ：QC＝1：1 となる。
⑤ ある位置に点 S を移動させると，BQ：QC＝1：2 となる。

（数学Ⅰ，数学A 第3問は次ページに続く。）

(4) 点Xが△ABCの内心であるとすると，直線AXは ［ケ］ であるから，

$\dfrac{QC}{BQ}=\dfrac{［コ］}{［サ］}$ である。また，$\dfrac{CT}{TA}=\dfrac{［シ］}{［ス］}$ である。

よって，点Xが△ABCの内心となるのは，BS=［セソ］，AT=$\dfrac{［タ］}{［チ］}$ のときである。

［ケ］ の解答群

⓪ 中線
① 辺BCの垂直二等分線
② ∠Aの二等分線
③ AからBCに下ろした垂線

(5) 点S，点Tの位置をそれぞれ変化させて，点Xが△ABCの重心，外心，垂心にそれぞれなり得るかどうかを調べる。なり得るときは○，なり得ないときは×で表すとき，○，×の組として正しい組合せは ［ツ］ である。なお，三角形の3つの頂点から，向かい合う辺またはその延長に下ろした垂線は1点で交わり，その点を三角形の垂心という。

［ツ］ の解答群

⓪ 重心：○　外心：○　垂心：○
① 重心：○　外心：○　垂心：×
② 重心：○　外心：×　垂心：○
③ 重心：○　外心：×　垂心：×
④ 重心：×　外心：○　垂心：○
⑤ 重心：×　外心：○　垂心：×
⑥ 重心：×　外心：×　垂心：○
⑦ 重心：×　外心：×　垂心：×

第4問 （配点 20）

あるゲームの大会に A，B，C，D の4人が参加している。A，B，C，D のゲームの強さは順に 4，2，2，1 であり，強さが x である人と y である人が対戦すると，$\dfrac{x}{x+y}$ の確率で強さが x である人が勝つものとする。ただし，各ゲームにおいて，引き分けはないとする。

(1) 次の図1のようなトーナメント形式で大会が実施されるとする。

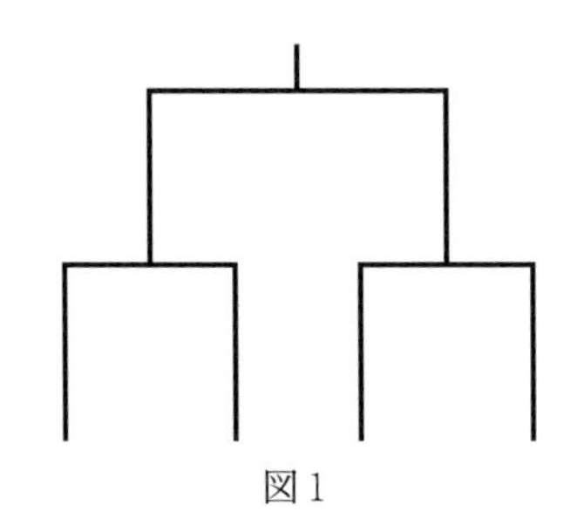

図1

この大会のトーナメントの組合せは，次の方法によって決められる。

4人がそれぞれコインを6枚ずつ投げ，表が出た枚数が最も多かった人が自由に組合せを決める権利を得る。ただし，最も多く出た表の枚数が同じであるときは強さを示す値が小さい人が権利を得るものとし，B と C が同じ枚数であるときは C が権利を得るものとする。

次の問いに答えよ。

(i) A，B，C がコインを投げると，表の枚数はそれぞれ 4，3，1 であった。このとき，D の表の枚数が A の表の枚数よりも多い確率は $\dfrac{\boxed{\text{ア}}}{\boxed{\text{イウ}}}$ であり，D が組合せを決める権利を得る確率は $\dfrac{\boxed{\text{エオ}}}{\boxed{\text{カキ}}}$ である。

（数学Ⅰ，数学A 第4問は次ページに続く。）

(ii)　次の⓪，①のトーナメントの組合せで，D が優勝する確率が大きいのは［ク］の組合せの方である。

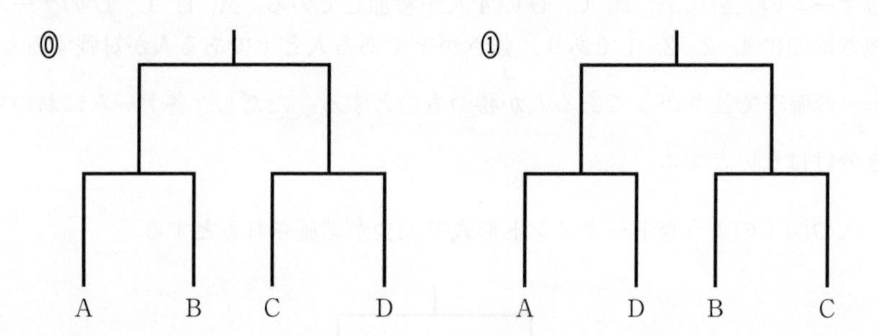

(iii)　この大会では，優勝者には 900 円，準優勝者には 600 円の賞金が与えられる。［ク］の組合せで大会が行われるとき，D が得られる賞金の期待値は

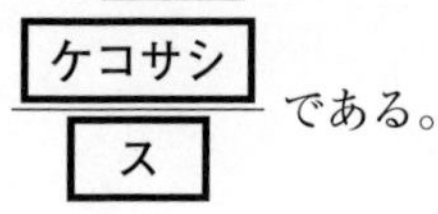
$\dfrac{\boxed{ケコサシ}}{\boxed{ス}}$ である。

(2)　図 2 のようなトーナメント形式で大会が実施されるとする。

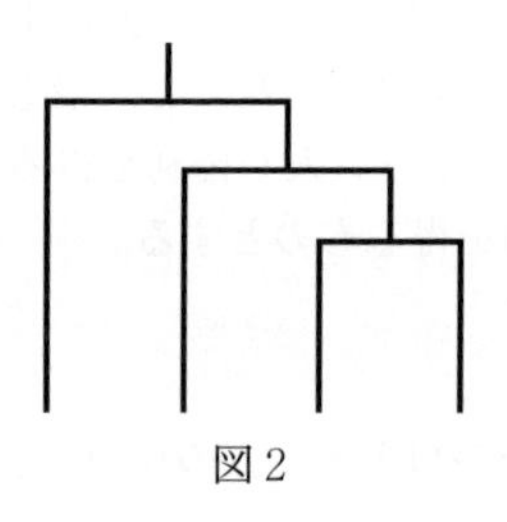
図 2

この大会の組合せは，次の方法によって決められる。

4 人がそれぞれさいころを 1 回投げ，出た目が大きい人から順に自分の場所を決める。ただし，出た目が同じであるときは強さを示す値が小さい人が先に場所を決めることができるものとし，B と C が同じ目であるときは C が先に場所を決めることができるものとする。

(i)　A，B，C，D の順に自分の場所を決めることになる確率は $\dfrac{\boxed{セ}}{\boxed{ソタチ}}$ である。

(数学 I，数学 A　第 4 問は次ページに続く。)

(ii) 次の ⓪ ～ ⑥ の組合せの中で，D の優勝する確率が最も大きい組合せは

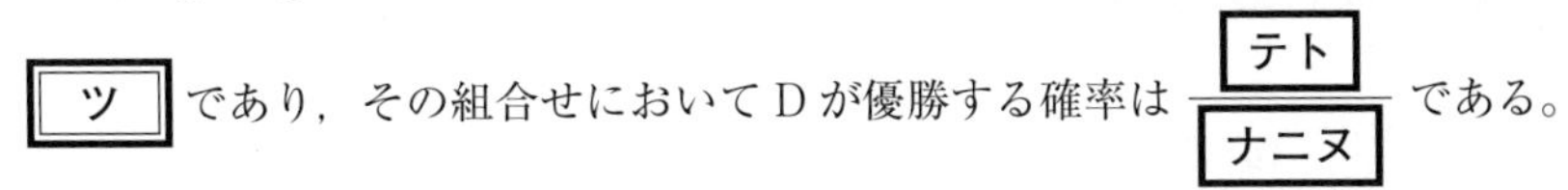

［ツ］であり，その組合せにおいて D が優勝する確率は $\dfrac{\text{テト}}{\text{ナニヌ}}$ である。

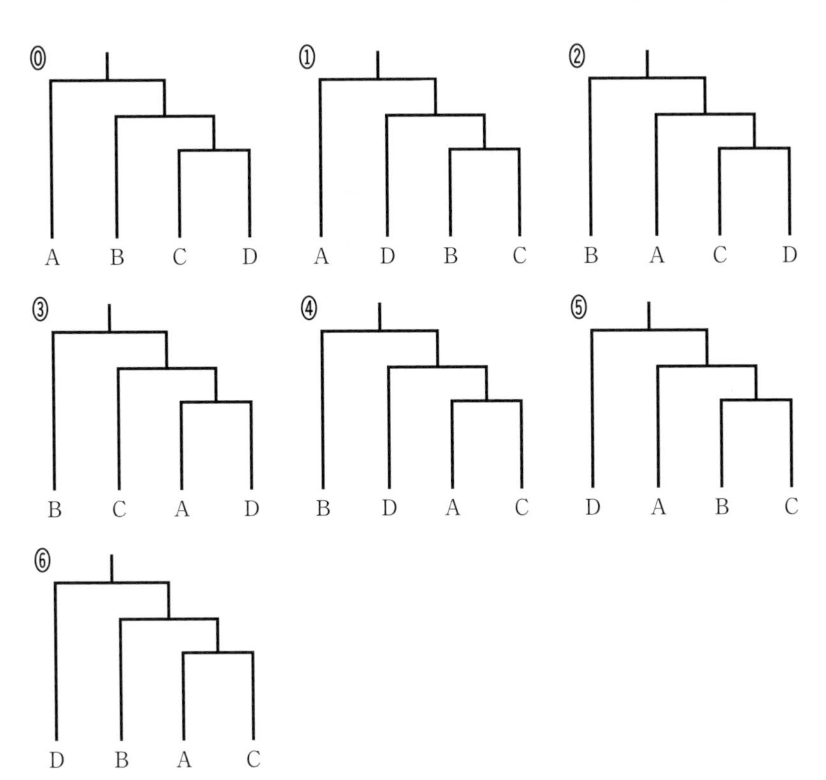

(iii) D，C，B，A の順に自分の場所を決めることになる確率は $\dfrac{\text{ネ}}{\text{ノハ}}$ である。

4 人がさいころを投げた結果，D，C，B，A の順で自分の場所を決めることになり，それぞれ自分が最も優勝する確率が大きくなるように場所を選んだ。

この組合せにおいて D が優勝したとき，A が準優勝である確率は $\dfrac{\text{ヒフ}}{\text{へホ}}$ である。

数学Ⅱ，数学B，数学C

（注）この科目には，選択問題があります。

第1問　（必答問題）（配点 25）

〔1〕 (1) 座標平面上の2点A(0, 0)，B(6, 3)に対して，2点A，Bからの距離の比が一定である点Pの軌跡を考える。

(i) AP：BP＝1：1のとき

点Pの軌跡は，直線 $y=$ アイ $x+\dfrac{\text{ウエ}}{\text{オ}}$ である。

(ii) AP：BP＝2：1のとき

AP＝2BPから　$AP^2=4BP^2$ …… ①

$P(x, y)$ とすると，$AP^2=x^2+y^2$，$BP^2=(x-\text{カ})^2+(y-\text{キ})^2$ であるから，これらを①に代入して整理すると，点Pの軌跡は，

中心が点(ク, ケ)，半径が コ $\sqrt{\text{サ}}$ の円

であることがわかる。

また，この円と直線ABとの2つの交点のうち，線分AB上にあるものをQ，もう一方をRとすると，Q(シ, ス)，R(セソ, タ)であり，この円の中心(ク, ケ)は直線AB上にあることから，この円は2点Q，Rを直径の両端とする円であるといえる。

(2) 点A，Bは平面上の異なる2点とし，m，n は $m>n>0$ を満たす定数であるとする。2点A，Bからの距離の比が $m:n$，すなわち AP：BP＝$m:n$ である点Pの軌跡は円であり，この円の中心は，線分ABを チ に ツ する点である。

チ の解答群

⓪ $m:n$　① $n:m$　② $(m+n):(m-n)$　③ $(m-n):(m+n)$
④ $2m:n$　⑤ $m:2n$　⑥ $m^2:n^2$　⑦ $n^2:m^2$

ツ の解答群

⓪ 内分　① 外分

（数学Ⅱ，数学B，数学C　第1問は次ページに続く。）

〔2〕 (1) 次の5つの数

⓪ $(0.25)^{-1}$　① $\left(\dfrac{1}{3}\right)^{\frac{2}{3}}$　② $2\sqrt[3]{2}$　③ $\log_{\frac{1}{2}}3$　④ $\log_3 4$

を小さい順に並べると テ < 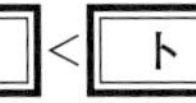 < ナ < ニ < ヌ である。

(2) $\log_4 7$ の整数部分を a とする。
また，$\log_4 7$ を小数で表したときの小数第1位の数を n とすると，n は0以上9以下の整数であり，不等式 ネ を満たす。

ネ の解答群

⓪ $\dfrac{n}{10} \leqq \log_4 7 < \dfrac{n+1}{10}$　① $\dfrac{n}{10} \leqq \log_4 7 - a < \dfrac{n+1}{10}$

② $\log_4 \dfrac{n}{10} \leqq \log_4 7 < \log_4 \dfrac{n+1}{10}$　③ $\log_4 \dfrac{n}{10} \leqq \log_4 7 - a < \log_4 \dfrac{n+1}{10}$

④ $\dfrac{n-1}{10} \leqq \log_4 7 < \dfrac{n}{10}$　⑤ $\dfrac{n-1}{10} \leqq \log_4 7 - a < \dfrac{n}{10}$

⑥ $\log_4 \dfrac{n-1}{10} \leqq \log_4 7 < \log_4 \dfrac{n}{10}$　⑦ $\log_4 \dfrac{n-1}{10} \leqq \log_4 7 - a < \log_4 \dfrac{n}{10}$

a の値を求めると $a=$ ノ であり，さらに，不等式 ネ を満たす n を求めると，$n=$ ハ である。

したがって，$\log_4 7$ を小数で表すと，整数部分は ノ ，小数第1位の数は ハ である。

第2問　（必答問題）（配点 12）

(1)　関数 $y=\cos 3x$ $(0 \leqq x \leqq \pi)$ のグラフの概形は [ア] である。

[ア] については，最も適当なものを，次の⓪～⑦のうちから一つ選べ。

⓪

①

②

③

④

⑤

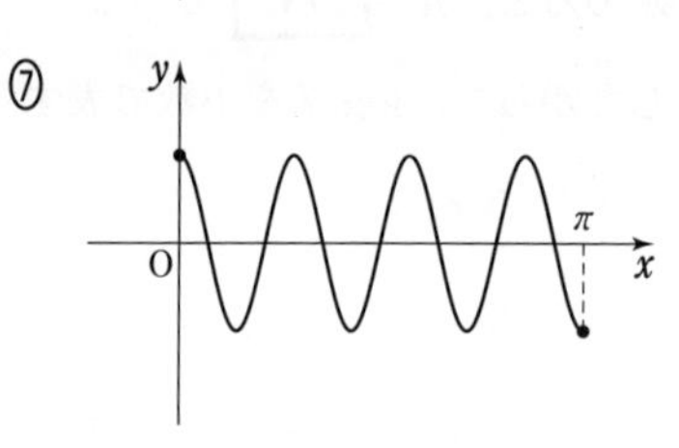

⑥

⑦

(2)　方程式 $\cos 3x=\dfrac{2}{3}$ の $0 \leqq x \leqq \pi$ における解の個数は [イ] 個である。

（数学Ⅱ，数学B，数学C　第2問は次ページに続く。）

(3)　$\sqrt{3}\sin 5x-\cos 5x=$ **ウ** $\sin\left(5x-\dfrac{\pi}{\boxed{エ}}\right)$ が成り立つ。

(4)　関数 $y=\sqrt{3}\sin 5x-\cos 5x$ $(0\leqq x\leqq\pi)$ のグラフの概形は **オ** である。

オ については，最も適当なものを，次の ⓪ ～ ⑦ のうちから一つ選べ。

⓪

①

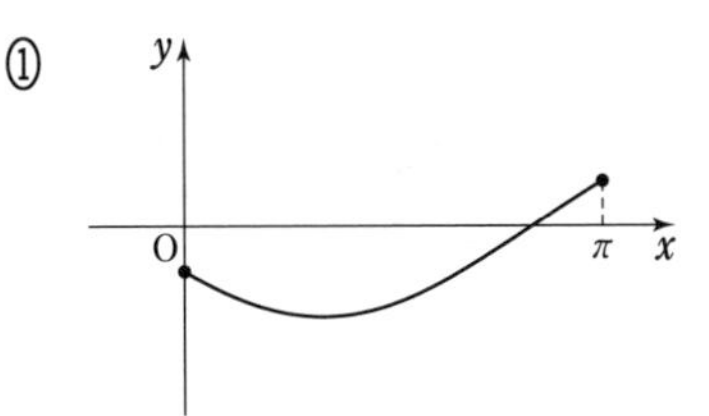

②

③

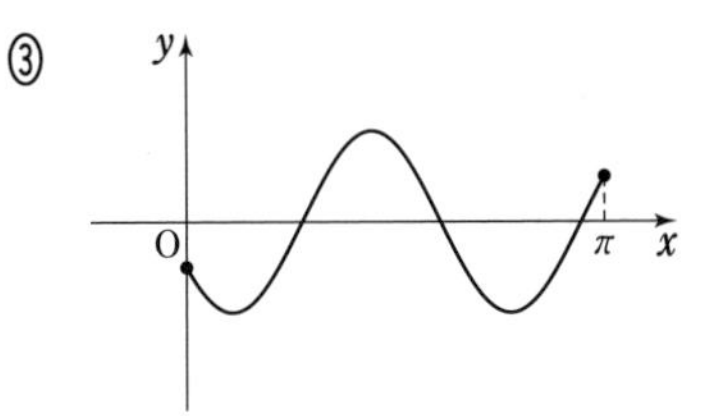

④

⑤

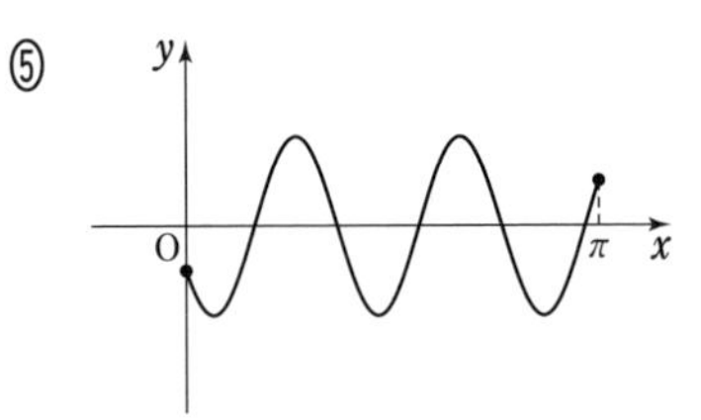

⑥

⑦

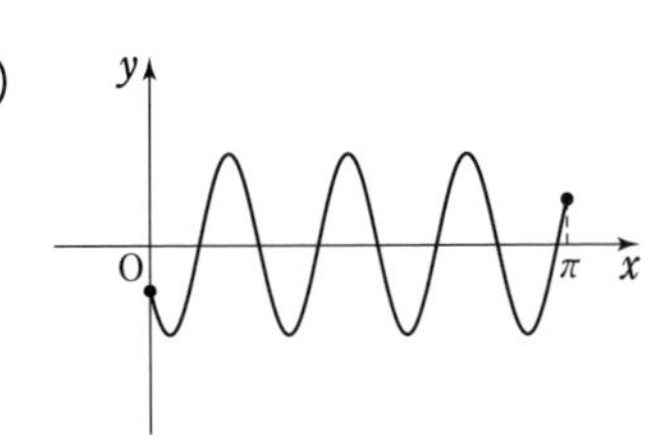

(5)　方程式 $\sqrt{3}\sin 5x-\cos 5x=\dfrac{3}{2}$ の $0\leqq x\leqq\pi$ における解の個数は **カ** 個である。

第3問　(必答問題)　(配点15)

$f(x)=x^2-3x+2$ とする。放物線 $y=f(x)$ 上の点 $\mathrm{A}(0,\ f(0))$ における接線を ℓ_1，点 A を通り ℓ_1 に垂直な直線を $\ell_2 : y=g(x)$ とする。

(1)　ℓ_1 の方程式は $y=$ [アイ] $x+$ [ウ] である。

(2)　$g(x)=\dfrac{[エ]}{[オ]}x+$ [カ] である。また，放物線 $y=f(x)$ と直線 $y=g(x)$ の交点のうち点 A と異なる点を $\mathrm{B}(b,\ f(b))$ とすると，$b=\dfrac{[キク]}{[ケ]}$ であり，放物線 $y=f(x)$ と直線 $y=g(x)$ で囲まれた図形の面積を S とすると，

$S=\dfrac{[コサシ]}{[スセ]}$ である。

(3)　$0<t<b$ を満たす t に対して，

$$F(t)=\int_0^t\{g(x)-f(x)\}dx-\int_t^b\{g(x)-f(x)\}dx$$

とする。

(i)　$F(t)$ の符号について正しく述べたものは [ソ] である。

[ソ] の解答群

⓪　$0<t<b$ を満たす t に対して，つねに $F(t)>0$ が成り立つ。
①　$0<t<b$ を満たす t に対して，つねに $F(t)<0$ が成り立つ。
②　$F(t)=0$ となる t が $0<t<b$ の範囲に存在する。

(ii)　$F'(t)$ の符号について正しく述べたものは [タ] である。

[タ] の解答群

⓪　$0<t<b$ を満たす t に対して，つねに $F'(t)>0$ が成り立つ。
①　$0<t<b$ を満たす t に対して，つねに $F'(t)<0$ が成り立つ。
②　$F'(t)=0$ となる t が $0<t<b$ の範囲に存在する。

(数学Ⅱ，数学B，数学C　第3問は次ページに続く。)

(iii)　$y=F(t)$ $(0<t<b)$ のグラフの概形は **チ** である。

チ については，最も適当なものを，次の⓪～⑨のうちから一つ選べ。ただし，⓪～③は2次関数のグラフの一部であり，④～⑨は3次関数のグラフの一部である。

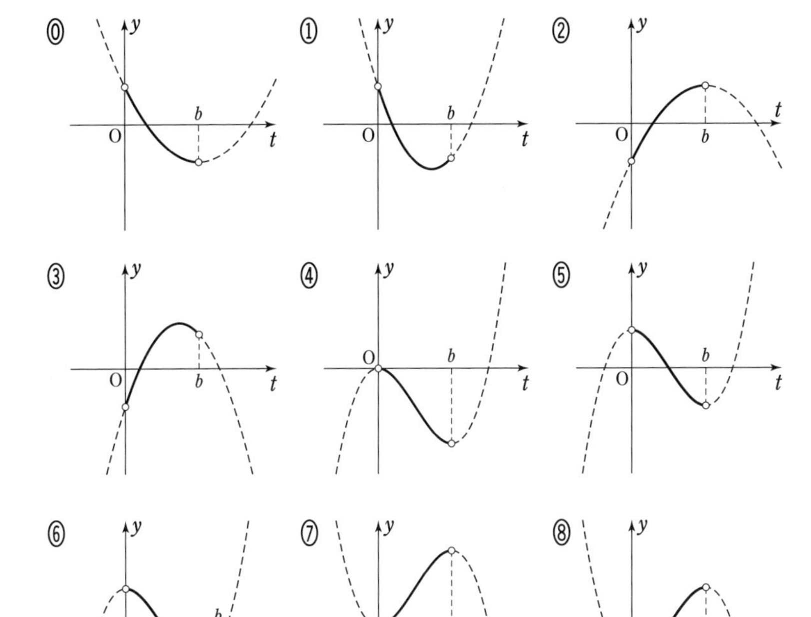

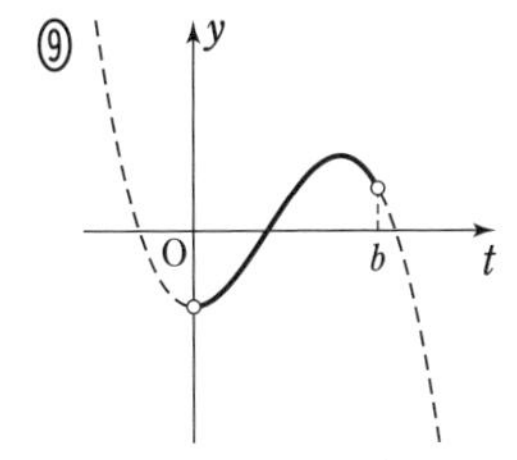

第4問～第7問は，いずれか3問を選択し，解答しなさい。

第4問 （選択問題）（配点 16）

ある研究室では，実験に用いる微生物を装置で培養し保管している。この微生物は増殖し，1時間ごとに全体の質量が1.2倍に増えるものとする。

(1) ある日の午前10時に，装置に微生物を120 mg入れた。このとき，この日の午前11時の微生物の質量は［アイウ］mgであり，翌日午前10時の微生物の質量は$(1.2)^{\boxed{エオ}}\cdot 10^{\boxed{カ}}$ mgである。このときの質量は，$(1.2)^{12}=9$とすると約［キ］mgである。

［キ］については，最も近い数を，次の⓪～⑧のうちから一つ選べ。

⓪ 1000	① 2000	② 5000	③ 8000	④ 10000
⑤ 20000	⑥ 50000	⑦ 80000	⑧ 100000	

(2) 別の日の午前10時に，装置にまず微生物を5 mg入れた。午前11時に装置に微生物を5 mg追加すると，追加した直後の微生物の質量は$5+5\cdot 1.2=11$ (mg)となる。このように，装置に微生物を1時間ごとに5 mgずつ追加すると，翌日午前9時に微生物を追加した直後の質量は

$$5+5\cdot 1.2+5\cdot (1.2)^2+\cdots\cdots+5\cdot (1.2)^{\boxed{クケ}}=\boxed{コサ}\left\{(1.2)^{\boxed{シス}}-1\right\}\ (\text{mg})$$

となる。このときの質量は，$(1.2)^{12}=9$とすると約［セ］mgである。

［セ］については，最も近い数を，次の⓪～⑧のうちから一つ選べ。

⓪ 1000	① 2000	② 5000	③ 8000	④ 10000
⑤ 20000	⑥ 50000	⑦ 80000	⑧ 100000	

（数学Ⅱ，数学B，数学C　第4問は次ページに続く。）

(3) 微生物を実験に用いるために，1時間ごとに一定量取り出すことにする。はじめに微生物を装置に A mg 入れ，その1時間後に取り出すのを1回目として，毎回1時間ごとに p mg ずつ取り出す。n 回目に取り出した直後に装置に残っている微生物の質量を a_n mg とする。ただし，微生物を取り出す際に，装置の中に残っている微生物の質量が p mg 以下の場合は，残っているすべての微生物を取り出し，残りを 0 mg として以後は取り出さないものとする。

(i) $A=120$, $p=20$ のとき

$a_1=$ **ソタチ** であり，a_{n+1} を a_n を用いて表すと

$$a_{n+1}=\frac{\boxed{ツ}}{\boxed{テ}}a_n-\boxed{トナ}$$

となる。

よって，数列 $\{a_n\}$ の一般項は $a_n=\boxed{ニヌネ}+\boxed{ノハ}\left(\frac{\boxed{ツ}}{\boxed{テ}}\right)^{n-1}$ である。

(ii) $A=120$, $p=20$ のとき，ちょうど48時間後，取り出す前の微生物の質量が装置の限界値（この装置で保管できる最大の値）に達することがわかっている。A, p の値を次のように変化させたとき，装置の中の微生物の質量について，**ヒ**，**フ**，**ヘ** に当てはまるものを次の⓪～④のうちから一つずつ選べ。ただし，同じものを繰り返し選んでもよい。

$A=150$, $p=20$ のとき，**ヒ**

$A=100$, $p=20$ のとき，**フ**

$A=120$, $p=30$ のとき，**ヘ**

⓪ 48時間経過するより前に，微生物の質量は限界値に達する。
① 48時間以上経過した後に，微生物の質量は限界値に達する。
② 48時間経過するより前に，微生物の質量は 0 mg になる。
③ 48時間以上経過した後に，微生物の質量は 0 mg になる。
④ 何時間経過しても，微生物の質量は限界値に達することはなく，また 0 mg にもならない。

第4問～第7問は，いずれか3問を選択し，解答しなさい。

第5問　（選択問題）（配点16）

以下の問題を解答するにあたっては，必要に応じて，p.341の正規分布表を用いてもよい。

ある工場では，スーパーなどで売られているおにぎりを製造している。この工場で製造しているおにぎり1個あたりの重さ（単位はg）を表す確率変数をXとし，Xは平均m，標準偏差σの正規分布$N(m,\ \sigma^2)$に従うとする。

(1)　平均mが100.2で，標準偏差σが0.4のとき，この工場で製造されるおにぎり1個あたりの重さが100g未満となる確率は，$Z=$［ア］が標準正規分布に従うから，$P(X<100)=P\left(Z<-［イ］.［ウ］\right)=0.［エオ］$である。

［ア］の解答群

⓪ $\dfrac{X-m}{\sigma}$	① $\dfrac{X-m}{\sqrt{\sigma}}$	② $\sqrt{\dfrac{X-m}{\sigma}}$
③ $\dfrac{X-m}{\sigma^2}$	④ $\left(\dfrac{X-m}{\sigma}\right)^2$	⑤ $\sqrt{\dfrac{X-m}{\sigma^2}}$

(2)　おにぎり1個の重さが100g未満となると，顧客の満足度が大きく下がるため，なるべく100g未満のおにぎりが製造されないようにしたい。そこで，おにぎり1個あたりの重さが100g未満となる確率が0.04となるためには，平均mの目標値をいくらにすればよいかを考える。ただし，標準偏差σは0.4であるとする。

　まず，標準正規分布に従う確率変数Zについて，$P(Z<-z_0)$が最も0.04に近い値をとる正の数z_0を正規分布表から求める。

$$P(Z<-z_0)=［カ］.［キ］-P(0\leqq Z\leqq z_0)$$

より，$P(0\leqq Z\leqq z_0)=［カ］.［キ］-0.04$に最も近い$z_0$の値は，正規分布表から$z_0=［ク］.［ケコ］$であることがわかる。したがって，平均$m$の目標値を［サシス］.［セ］とすれば，おにぎり1個あたりの重さが100g未満となる確率は約0.04となる。

（数学Ⅱ，数学B，数学C　第5問は次ページに続く。）

(3)　この工場では，おにぎりの具を変えた新商品を開発することにした。そこで，試験的に 100 個の新商品を製造したところ，その 100 個の新商品の重さの標本平均は 120.3 g，標本標準偏差は 0.6 であった。よって，この工場でこの新商品を製造するとき，新商品の重さの母平均 M に対する信頼度 95 % の信頼区間は

$$120.\boxed{ソタ} \leqq M \leqq 120.\boxed{チツ}$$

となる。ただし，母標準偏差は標本標準偏差と一致しているものとする。

母平均 M に対する信頼区間 $A \leqq M \leqq B$ において，$B-A$ をこの信頼区間の幅と呼ぶ。信頼度 95 % と標準偏差 0.6 は変わらないものとして，上で求めた信頼区間の幅を半分にするには，標本の大きさを $\boxed{テ}$ 倍にすればよい。

$\boxed{テ}$ の解答群

⓪ $\frac{1}{16}$	① $\frac{1}{8}$	② $\frac{1}{4}$	③ $\frac{1}{2}$
④ 2	⑤ 4	⑥ 8	⑦ 16

(数学Ⅱ，数学B，数学C　第5問は次ページに続く。)

(4)　この工場では従来，0.04 の確率で不適合品が発生していた。そこで，不適合品が発生する確率を下げるため，製造方法の見直しを行った。製造方法の見直し後，無作為に 600 個の製品を検査したところ，不適合品は 18 個見つかった。製造方法の見直しによって，不適合品が発生する確率は下がったと判断してよいかを，有意水準 5 % で仮説検定をする。

不適合品が発生する確率を p とする。このとき，帰無仮説は [ト] であり，対立仮説は [ナ] である。

次に，帰無仮説が正しいとすると，600 個のうち不適合品の個数 X' は，二項分布 $B(600,\ 0.04)$ に従う。X' の平均は [ニヌ]，標準偏差は [ネ].[ノ] であることから，$Z'=\dfrac{X'-\boxed{\text{ニヌ}}}{\boxed{\text{ネ}}.\boxed{\text{ノ}}}$ は近似的に標準正規分布 $N(0,\ 1)$ に従う。正規分布表より，有意水準 5 % の棄却域は [ハ] であるから，$X'=18$ のときの Z' の値は棄却域に [ヒ]。したがって，製造方法の見直しにより不適合品が発生する確率は [フ]。[ト]，[ナ]，[ハ]，[ヒ]，[フ] については最も適当なものを，次のそれぞれの解答群から一つずつ選べ。

[ト]，[ナ] の解答群（同じものを繰り返し選んでもよい。）

⓪　$p=0.04$	①　$p<0.04$	②　$p>0.04$
③　$p=0.96$	④　$p<0.96$	⑤　$p>0.96$

[ハ] の解答群

⓪　$Z'\leqq -1.96$	①　$Z'\geqq -1.96$	②　$Z'\leqq -1.64$	③　$Z'\geqq -1.64$
④　$Z'\leqq 1.96$	⑤　$Z'\geqq 1.96$	⑥　$Z'\leqq 1.64$	⑦　$Z'\geqq 1.64$

[ヒ] の解答群

⓪　入る	①　入らない

[フ] の解答群

⓪　下がったと判断してよい	①　下がったとは判断できない

（数学Ⅱ，数学B，数学C　第 5 問は次ページに続く。）

正規分布表

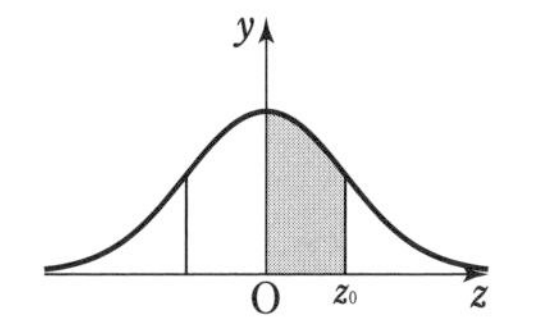

次の表は，標準正規分布の分布曲線における右図の灰色部分の面積の値をまとめたものである。

z_0	0.00	0.01	0.02	0.03	0.04	0.05	0.06	0.07	0.08	0.09
0.0	0.0000	0.0040	0.0080	0.0120	0.0160	0.0199	0.0239	0.0279	0.0319	0.0359
0.1	0.0398	0.0438	0.0478	0.0517	0.0557	0.0596	0.0636	0.0675	0.0714	0.0753
0.2	0.0793	0.0832	0.0871	0.0910	0.0948	0.0987	0.1026	0.1064	0.1103	0.1141
0.3	0.1179	0.1217	0.1255	0.1293	0.1331	0.1368	0.1406	0.1443	0.1480	0.1517
0.4	0.1554	0.1591	0.1628	0.1664	0.1700	0.1736	0.1772	0.1808	0.1844	0.1879
0.5	0.1915	0.1950	0.1985	0.2019	0.2054	0.2088	0.2123	0.2157	0.2190	0.2224
0.6	0.2257	0.2291	0.2324	0.2357	0.2389	0.2422	0.2454	0.2486	0.2517	0.2549
0.7	0.2580	0.2611	0.2642	0.2673	0.2704	0.2734	0.2764	0.2794	0.2823	0.2852
0.8	0.2881	0.2910	0.2939	0.2967	0.2995	0.3023	0.3051	0.3078	0.3106	0.3133
0.9	0.3159	0.3186	0.3212	0.3238	0.3264	0.3289	0.3315	0.3340	0.3365	0.3389
1.0	0.3413	0.3438	0.3461	0.3485	0.3508	0.3531	0.3554	0.3577	0.3599	0.3621
1.1	0.3643	0.3665	0.3686	0.3708	0.3729	0.3749	0.3770	0.3790	0.3810	0.3830
1.2	0.3849	0.3869	0.3888	0.3907	0.3925	0.3944	0.3962	0.3980	0.3997	0.4015
1.3	0.4032	0.4049	0.4066	0.4082	0.4099	0.4115	0.4131	0.4147	0.4162	0.4177
1.4	0.4192	0.4207	0.4222	0.4236	0.4251	0.4265	0.4279	0.4292	0.4306	0.4319
1.5	0.4332	0.4345	0.4357	0.4370	0.4382	0.4394	0.4406	0.4418	0.4429	0.4441
1.6	0.4452	0.4463	0.4474	0.4484	0.4495	0.4505	0.4515	0.4525	0.4535	0.4545
1.7	0.4554	0.4564	0.4573	0.4582	0.4591	0.4599	0.4608	0.4616	0.4625	0.4633
1.8	0.4641	0.4649	0.4656	0.4664	0.4671	0.4678	0.4686	0.4693	0.4699	0.4706
1.9	0.4713	0.4719	0.4726	0.4732	0.4738	0.4744	0.4750	0.4756	0.4761	0.4767
2.0	0.4772	0.4778	0.4783	0.4788	0.4793	0.4798	0.4803	0.4808	0.4812	0.4817
2.1	0.4821	0.4826	0.4830	0.4834	0.4838	0.4842	0.4846	0.4850	0.4854	0.4857
2.2	0.4861	0.4864	0.4868	0.4871	0.4875	0.4878	0.4881	0.4884	0.4887	0.4890
2.3	0.4893	0.4896	0.4898	0.4901	0.4904	0.4906	0.4909	0.4911	0.4913	0.4916
2.4	0.4918	0.4920	0.4922	0.4925	0.4927	0.4929	0.4931	0.4932	0.4934	0.4936
2.5	0.4938	0.4940	0.4941	0.4943	0.4945	0.4946	0.4948	0.4949	0.4951	0.4952
2.6	0.4953	0.4955	0.4956	0.4957	0.4959	0.4960	0.4961	0.4962	0.4963	0.4964
2.7	0.4965	0.4966	0.4967	0.4968	0.4969	0.4970	0.4971	0.4972	0.4973	0.4974
2.8	0.4974	0.4975	0.4976	0.4977	0.4977	0.4978	0.4979	0.4979	0.4980	0.4981
2.9	0.4981	0.4982	0.4982	0.4983	0.4984	0.4984	0.4985	0.4985	0.4986	0.4986
3.0	0.4987	0.4987	0.4987	0.4988	0.4988	0.4989	0.4989	0.4989	0.4990	0.4990

第4問〜第7問は，いずれか3問を選択し，解答しなさい。

第6問　（選択問題）（配点 16）

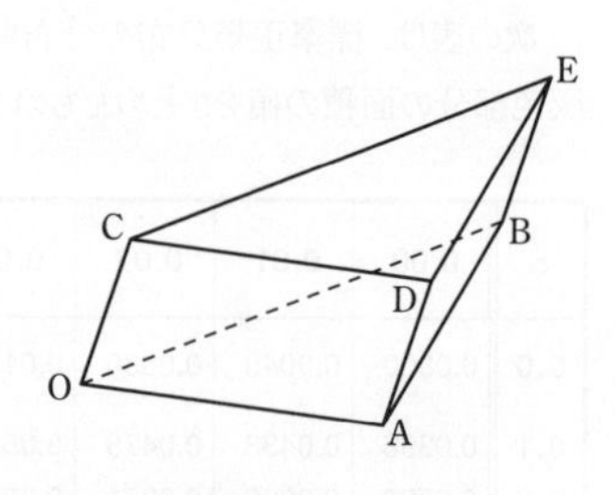

右の図のような立体図形 OABCDE において，
OA＝CD＝3，OB＝CE＝4，AB＝DE＝2，
OC＝AD＝BE＝1 である。
また，OC∥AD∥BE であり，
$\cos\angle\mathrm{AOC}=\dfrac{1}{3}$，$\angle\mathrm{BOC}=\dfrac{\pi}{2}$ である。
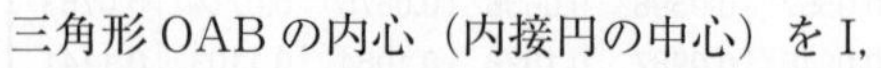
三角形 OAB の内心（内接円の中心）を I，
三角形 CDE の重心を G とし，$\overrightarrow{\mathrm{OA}}=\vec{a}$，$\overrightarrow{\mathrm{OB}}=\vec{b}$，$\overrightarrow{\mathrm{OC}}=\vec{c}$ とする。

(1)　直線 BI が辺 OA と交わる点を F とすると，$\dfrac{\mathrm{AF}}{\mathrm{OF}}=\dfrac{\boxed{\text{ア}}}{\boxed{\text{イ}}}$ であり，

$\overrightarrow{\mathrm{OI}}=\dfrac{\boxed{\text{ウ}}}{\boxed{\text{エ}}}\vec{a}+\dfrac{\boxed{\text{オ}}}{\boxed{\text{カ}}}\vec{b}$ である。また，$\overrightarrow{\mathrm{OG}}=\dfrac{\vec{a}+\vec{b}+\boxed{\text{キ}}\vec{c}}{\boxed{\text{ク}}}$ である。

よって，線分 IG の長さは $\dfrac{\boxed{\text{ケ}}\sqrt{\boxed{\text{コ}}}}{\boxed{\text{サ}}}$ である。

（数学Ⅱ，数学B，数学C　第6問は次ページに続く。）

(2)　この立体 OABCDE について，太郎さんは次の問題を考えている。

【問題】　直線 IG が三角形 ODE と交わる点を K とするとき，$\overrightarrow{\mathrm{OK}}$ を $\vec{a}$，$\vec{b}$，$\vec{c}$ を用いて表せ。

太郎さんは，この問題を次の方針で解いた。

<太郎さんの方針>

点 K は直線 IG 上の点であるから，実数 k を用いて

$\overrightarrow{\mathrm{IK}}=k\overrightarrow{\mathrm{IG}}$　すなわち　$\overrightarrow{\mathrm{OK}}=$ シ $\vec{a}+$ ス $\vec{b}+$ セ $\vec{c}$ …… ①

と表せる。

また，点 K は平面 ODE 上の点であるから，実数 s，t を用いて

$\overrightarrow{\mathrm{OK}}=s\overrightarrow{\mathrm{OD}}+t\overrightarrow{\mathrm{OE}}$

すなわち　$\overrightarrow{\mathrm{OK}}=$ ソ $\vec{a}+$ タ $\vec{b}+$ チ $\vec{c}$ …… ②

とも表せる。 ツ ことより，(a)$\overrightarrow{\mathrm{OK}}$ の $\vec{a}$，$\vec{b}$，$\vec{c}$ を用いた表し方はただ 1 通りであるから，①，② の係数を比較することにより，実数 k，s，t の値を求める。

(i)　シ ， ス ， セ に当てはまる式を，次の ⓪ ～ ⑧ のうちから一つずつ選べ。ただし，同じものを繰り返し選んでもよい。

⓪ $\frac{1}{9}$　① $\frac{1}{3}$　② $\frac{k}{9}$　③ $\frac{k}{3}$　④ k

⑤ $\frac{4-k}{3}$　⑥ $\frac{4-2k}{3}$　⑦ $\frac{4-k}{9}$　⑧ $\frac{4-2k}{9}$

(ii)　ソ ， タ ， チ に当てはまる式を，次の ⓪ ～ ⑧ のうちから一つずつ選べ。ただし，同じものを繰り返し選んでもよい。

⓪ s　① $2s$　② $3s$　③ t　④ $2t$

⑤ $3t$　⑥ $(s+t)$　⑦ $(2s+2t)$　⑧ $(3s+3t)$

(数学Ⅱ，数学B，数学C 第6問は次ページに続く。)

(iii)　ツ　には，下線部(a)が成り立つ根拠となる条件が入る。　ツ　に当てはまる条件として最も適切なものを，次の ⓪ ～ ⑤ のうちから一つ選べ。

⓪　$\overrightarrow{OA} \neq \vec{0}$，$\overrightarrow{OB} \neq \vec{0}$，$\overrightarrow{OC} \neq \vec{0}$ である
①　$\overrightarrow{OA} \not\parallel \overrightarrow{OB}$，$\overrightarrow{OB} \not\parallel \overrightarrow{OC}$，$\overrightarrow{OC} \not\parallel \overrightarrow{OA}$ である
②　4点 O，A，B，C が同一平面上にない
③　$\overrightarrow{OC} = p\overrightarrow{OA} + q\overrightarrow{OB}$ を満たす実数 p，q が存在する
④　$\overrightarrow{OD} \neq \vec{0}$，$\overrightarrow{OE} \neq \vec{0}$，$\overrightarrow{OD} \not\parallel \overrightarrow{OE}$ である
⑤　$\overrightarrow{OC} = p\overrightarrow{OD} + q\overrightarrow{OE}$ を満たす実数 p，q が存在する

(iv)　$\overrightarrow{OK}$ を $\vec{a}$，$\vec{b}$，$\vec{c}$ を用いて表すと

$$\overrightarrow{OK} = \frac{\boxed{テト}}{\boxed{ナニ}}\vec{a} + \frac{\boxed{ヌ}}{\boxed{ネ}}\vec{b} + \frac{\boxed{ノ}}{\boxed{ハヒ}}\vec{c}$$

である。

（数学Ⅱ，数学B，数学C　第6問は次ページに続く。）

(3) $\overrightarrow{\mathrm{OC'}}=2\overrightarrow{\mathrm{OC}}$, $\overrightarrow{\mathrm{AD'}}=2\overrightarrow{\mathrm{AD}}$, $\overrightarrow{\mathrm{BE'}}=2\overrightarrow{\mathrm{BE}}$ となる点 C′, D′, E′ をとり，△C′D′E′ の内心を I′, 重心を G′ とする。次の ⓪ ～ ⑤ のうち，**正しくないもの**は [フ] である。

⓪ $\overrightarrow{\mathrm{OI}}=\overrightarrow{\mathrm{C'I'}}$ が成り立つ。
① $\overrightarrow{\mathrm{CG}}=\overrightarrow{\mathrm{C'G'}}$ が成り立つ。
② $\overrightarrow{\mathrm{GG'}}=\overrightarrow{\mathrm{OC}}$ が成り立つ。
③ $\overrightarrow{\mathrm{II'}}=2\overrightarrow{\mathrm{OC}}$ が成り立つ。
④ $\overrightarrow{\mathrm{IG'}}=2\overrightarrow{\mathrm{IG}}$ が成り立つ。
⑤ $\overrightarrow{\mathrm{IG}}\cdot\overrightarrow{\mathrm{OB}}=\overrightarrow{\mathrm{IG'}}\cdot\overrightarrow{\mathrm{OB}}$ が成り立つ。

第4問～第7問は，いずれか**3問を選択**し，解答しなさい。

第7問　(選択問題)　(配点 16)

(1)　複素数平面上の点 $\alpha\ (\alpha \neq 0)$ を，α の偏角 θ が $0<\theta<\dfrac{\pi}{2}$ を満たすものとする。また，2点0，α を通る直線を ℓ とする。

一般に，複素数平面上の点 z を，実軸に関して対称移動した点を表す複素数は [ア] である。また，点 z を，原点を中心として θ だけ回転した点を表す複素数は [イ] であり，$-\theta$ だけ回転した点を表す複素数は [ウ] である。

次に，点 z を直線 ℓ に関して対称移動した点を表す複素数 z' を求めよう。z' は，次の **方針** によって求めることができる。

方針

1．点 z を，原点を中心として $-\theta$ だけ回転した点を γ とする。
　(この回転移動によって，直線 ℓ は実軸に移る。)
2．点 γ を実軸に関して対称移動した点を γ' とする。
3．点 γ' を，原点を中心として θ だけ回転した点が点 z' である。
　(この回転移動によって，実軸は直線 ℓ に移る。)

この **方針** で点 z' を求めると，$z'=$ [エ] である。

[ア]，[イ]，[ウ] の解答群（同じものを繰り返し選んでもよい。）

⓪ $-z$　① $\overline{z}$　② $-\overline{z}$　③ αz　④ $\overline{\alpha} z$
⑤ $\dfrac{\alpha}{|\alpha|}z$　⑥ $-\dfrac{\alpha}{|\alpha|}z$　⑦ $\dfrac{\overline{\alpha}}{|\alpha|}z$　⑧ $-\dfrac{\overline{\alpha}}{|\alpha|}z$

[エ] の解答群

⓪ $\dfrac{\alpha^2}{|\alpha|^2}z$　① $-\dfrac{\alpha^2}{|\alpha|^2}z$　② $\dfrac{(\overline{\alpha})^2}{|\alpha|^2}z$　③ $-\dfrac{(\overline{\alpha})^2}{|\alpha|^2}z$
④ $\dfrac{\alpha^2}{|\alpha|^2}\overline{z}$　⑤ $-\dfrac{\alpha^2}{|\alpha|^2}\overline{z}$　⑥ $\dfrac{(\overline{\alpha})^2}{|\alpha|^2}\overline{z}$　⑦ $-\dfrac{(\overline{\alpha})^2}{|\alpha|^2}\overline{z}$

（数学Ⅱ，数学B，数学C　第7問は次ページに続く。）

(2)　複素数平面上の3点 O(0), A$(1+\sqrt{3}i)$, B$(1-\sqrt{3}i)$ に対して，点 P(z) を直線 OA に関して対称移動した点を Q，点 Q を直線 OB に関して対称移動した点を R(w) とする。

このとき，$w=\left(\cos\boxed{\text{オ}}+i\sin\boxed{\text{オ}}\right)z$ である。

また，点 R を原点を中心に $\boxed{\text{カ}}$ だけ回転した点を S とすると，S(iz) となる。

ただし，$-\pi<\boxed{\text{オ}}\leqq\pi$，$-\pi<\boxed{\text{カ}}\leqq\pi$ とする。

$\boxed{\text{オ}}$，$\boxed{\text{カ}}$ の解答群（同じものを繰り返し選んでもよい。）

⓪ $\dfrac{\pi}{6}$	① $\dfrac{\pi}{3}$	② $\dfrac{2}{3}\pi$	③ $\dfrac{5}{6}\pi$
④ $-\dfrac{\pi}{6}$	⑤ $-\dfrac{\pi}{3}$	⑥ $-\dfrac{2}{3}\pi$	⑦ $-\dfrac{5}{6}\pi$

(3)　座標平面上の双曲線 C：$\dfrac{x^2}{a^2}-\dfrac{y^2}{b^2}=1$ $(a>0,\ b>0)$ を直線 $y=\sqrt{3}x$ に関して対称移動し，さらに直線 $y=-\sqrt{3}x$ に関して対称移動した後，原点 O を中心に $\boxed{\text{カ}}$ だけ回転した曲線を C' とする。

このとき，双曲線 C' を表す方程式は $\boxed{\text{キ}}$ である。

また，双曲線 C の漸近線と双曲線 C' の漸近線が一致し，C の2つの焦点の座標がそれぞれ $(\sqrt{3},\ 0)$，$(-\sqrt{3},\ 0)$ であるとき，$a=\dfrac{\sqrt{\boxed{\text{ク}}}}{\boxed{\text{ケ}}}$ である。

$\boxed{\text{キ}}$ の解答群

⓪ $\dfrac{x^2}{a^2}-\dfrac{y^2}{b^2}=1$	① $\dfrac{x^2}{a^2}-\dfrac{y^2}{b^2}=-1$
② $\dfrac{x^2}{b^2}-\dfrac{y^2}{a^2}=1$	③ $\dfrac{x^2}{b^2}-\dfrac{y^2}{a^2}=-1$

指針一覧 実践問題　各章の最後にある実践問題の指針を掲載した。問題文を読んだが，思うように問題が解けない場合は，解答を見る前にこの「指針」を読んで，もう1度考えてみてほしい。また，p.24，25にある「実践問題の取り組み方」もあわせて参照してほしい。

第1章　数と式，集合と命題

1 (ア)～(エ)　$A>0$ のとき　$|X|\leqq A \iff -A\leqq X\leqq A$　(➡基4)

(オ)～(ク)　$(1-\sqrt{3})(a-b)(c-d)=x$ ……（＊）とおいて，$|x+6|\leqq 2$ を解いた結果を利用する。($|x+6|\leqq 2$ の解に（＊）を代入する。)

不等式の両辺を $1-\sqrt{3}$ で割ると，$1-\sqrt{3}<0$ より不等号の向きが変わることに注意する。(➡基4)

(ケ)，(コ)　問題文にあるように，①，②，③の左辺を実際に展開してみる。

すると，①と②にはあるが③にはない項や，①と③にはあるが②にはない項などがあることがわかる。

⟶ ①と②の式から③の式を作るにはどのようにすればよいか考えてみる。

2 絶対値は場合に分ける。

$$A\geqq 0 \text{ のとき } |A|=A,\quad A<0 \text{ のとき } |A|=-A$$　(➡基2)

方程式①の左辺の絶対値の中身 $3x-3c+1$ に着目して，

$3x-3c+1\geqq 0$ すなわち $x\geqq c-\frac{1}{3}$ のとき　(…… ②)　と

$3x-3c+1<0$ すなわち $x<c-\frac{1}{3}$ のとき　(…… ④)　に場合分けしている。

(ウ)，(キ)　③，⑤を，それぞれ $x\geqq c-\frac{1}{3}$，$x<c-\frac{1}{3}$ に代入して，c の不等式を解く。

（不等号の向きに注意する。）

3 (1)　集合 C は，$A\cup B$ と $\overline{A\cap B}$ の **共通部分** である。

$A\cup B$ と $\overline{A\cap B}$ を，それぞれ実際にベン図で表してみる。

(2)　(イ)～(エ)　集合の要素を書き並べて，ベン図に表してみる。

(オ)～(キ)　(1)より，$C=(A\cap\overline{B})\cup(\overline{A}\cap B)$ であり，さらに

$(A\cap\overline{B})\cap(\overline{A}\cap B)=\varnothing$ であることを利用する。($\varnothing$ は **空集合** を表す。)

(ク)　必要条件，十分条件の判定

⟶ $p\Longrightarrow q$，$q\Longrightarrow p$ の真偽を判定する。(➡重4)

$p\Longrightarrow q$ が真であるとき　p が十分条件，q が必要条件。

反例 があれば偽。(➡基7)

なお，**素数** とは，2以上の自然数で，1とそれ自身以外に正の約数をもたない数のことである。

4 与えられた命題が偽であると述べられているので，命題の真偽は考えなくてよい。

偽である命題「p であるならば q である」の反例は，p であるが q でないもの。

したがって，仮定 p を満たさないもの（⓪，③）は最初から除外してよい。
残るものから，$x \in A$，$y \in A$ であるが $x+y \notin A$ であるものを見つけ出せばよい。
$x+y \notin A$ は，$x+y$ が有理数であるもの。（➡演1）
また，$\sqrt{4}=2$ であるから，$\sqrt{4}$，$-\sqrt{4}$ は有理数であることに注意する。

第2章　2次関数

5 (1)　①，② に p，q の値をそれぞれ代入し，実際に2次方程式を解く。
n は実数 x の個数であるから，$n=0$，1，2，3，4 のいずれかである。

(2)　$n=3$ となるのは，次の [1]，[2] の場合が考えられる。
[1]　① と ② はそれぞれ異なる2つの実数解をもち，そのうち1つだけが一致する。（⟶ 花子さんと太郎さんの会話の解法）
[2]　①，② のうち，一方は異なる2つの実数解，他方は重解をもち，それらの3つの解が異なる。

[1] では，① と ② の共通解を利用する。（共通解とは，両方の方程式をともに満たす解のことである。）
[2] では，**判別式** D を利用する。（➡基14）
⟶ **異なる2つの実数解をもつ** $\Longleftrightarrow D>0$
重解をもつ $\Longleftrightarrow D=0$

なお，[1]，[2] ともに，求めた q の値に対して，実際に $n=3$ となっているかどうかの確認が必要であることに注意する。

(3)　③，④ の式を **平方完成** して，グラフの **頂点** の座標を q で表す。
q の値を1から増加させたとき，頂点がどのように動くかを考える。

6　**グラフ** をかいて考える。最大・最小の候補は **頂点** と **区間の端**。
関数 $y=f(x)$ のグラフが上に凸の放物線（x^2 の係数が負）であることに注意する。
グラフが固定され，定義域の右端が a の値によって動くことに注目する。
最大値 $g(a)$　**軸と定義域の位置関係で場合分け** して考える。（➡重5，6）
最小値 $h(a)$　$f(a)=f(0)=3$ を満たす a の値で場合分けして考える。

7 (ア)～(ウ)　2次方程式 $ax^2+bx+c=0\ (a\neq 0)$ の **解の公式**

$$x=\frac{-b\pm\sqrt{b^2-4ac}}{2a}$$ を適用する。（➡基12）

また，分子の $\sqrt{\ }$ の中の b^2-4ac が **判別式** である。
D_1，D_2 が，それぞれ2次方程式 $x^2+px+r=0$，$x^2+qx+s=0$ の判別式であることを本文から見抜くことがポイント。

(エ)　**2次方程式が実数解をもつ** $\Longleftrightarrow$ **判別式** $D\geqq 0$　（➡基14）

(オ)～(ク)　**背理法** による証明
⟶ 証明したい **命題B** が成り立たないと仮定し，矛盾を導く。
「p_1 または p_2」の **否定** は「$\overline{p_1}$ かつ $\overline{p_2}$」である。（➡基7）

8 (1) 頂点 ⟶ **平方完成** (➡基8)

(2) 2次関数 $y=f(x)$ のグラフは下に凸の放物線（x^2 の係数が正）である。
$y=f(x)$ のグラフと x 軸の位置関係を，p の値によって三つの場合に分けて考える。
⟶ 判別式を利用してもよいが，頂点の座標を(1)で求めているから，
頂点の y 座標 を利用する。(➡基16)

(3) (カ) グラフの **平行移動** (➡基9)
⟶ $y=f(x)$ のグラフを x 軸方向に a，y 軸方向に b だけ平行移動すると

$$y-b=f(x-a)$$

(キ), (ク) 関数 $y=|h(x)|$ のグラフは，$|h(x)|\geqq 0$ であるから，$y\geqq 0$ の部分のみにある。
⟶ $h(x)=0$ となる x が存在すれば，その x で y は最小値をとる。

9 まず，**図** をかく。本文から，長方形ABCDの内部に **直角二等辺三角形** が現れることを読み取る。 ⟶ 直角二等辺三角形の辺の比を利用。

(1) $\mathrm{AP}=x$ として考える。

(ア) 線分CRの長さを x で表す。
ℓ が頂点C，D以外の点で辺CDと交わる。⟶ $0<\mathrm{CR}<5$ を満たせばよい。

(イ)～(エ) QR，RSの長さを x で表す。
四角形QRSTの面積の最大値 ⟶ 面積を y として，y を x の関数で表す。
2次関数の最大・最小 ⟶ **グラフ** をかいて考える。(➡基10)

(2) (キ), (ク) (1)と同様。この x の値の範囲が関数 y の **定義域** となる。

(ケ)～(サ) 上に凸の放物線をグラフにもつ2次関数が頂点で最大値をとる
⟶ 軸が定義域内にある。(➡重5)

(シ)～(ツ) 上に凸の放物線の軸が定義域の左外にある
⟶ 定義域の左端で最大値をとる。(➡重5)

第3章　図形と計量

10 問題文前半の文章から，正弦定理を証明しようとしていることを読みとる。

(1) 円周角の定理 …… 1つの弧に対する円周角は等しい。
⟶ 特に，直径に対する円周角は $90°$

(2) 円に内接する四角形 ⟶ **対角の和が 180°** (➡重9)

11 (1) (ア) 2辺と1つの角がわかっている場合
⟶ **余弦定理** $a^2=b^2+c^2-2bc\cos A$ (➡基22)

(2) (イ), (ウ) 点Bから直線ACに下ろした垂線の長さが，辺BCの長さの最小値である。

(エ) 辺ABと辺BCが一致する場合を考える。

(オ) $\sin\angle\mathrm{BAC}=\dfrac{1}{3}$ のとき，**三角比の相互関係**

$$\sin^2 A+\cos^2 A=1,\quad \tan A=\frac{\sin A}{\cos A}$$ (➡基17)

を利用して，$\tan\angle\mathrm{BAC}$ の値を求める。

12 (1) (ウ), (エ) 外接円の半径 ⟶ **正弦定理** $\dfrac{c}{\sin C}=2R$ (➡基21)

(オ), (カ) AC：BC＝$\sqrt{3}$：2 であるから AC＝$\sqrt{3}k$，BC＝$2k$ ($k>0$) とおける。
3 辺と 1 つの内角から **余弦定理** を用いて k の方程式を立てる。 (➡基22)

(2) (i) **正弦定理** を利用。

(ii) (シ), (ス) △ABC は円に内接
⟶ 1 辺の長さは円の直径より長くなることはない。

(セ)～(テ) AD の長さは AB の長さの 2 次関数として表される。
［シ］≦AB≦［ス］が定義域となることに注意。

13 (1) (i) (ア) 外接円の半径 ⟶ **正弦定理** $\dfrac{c}{\sin C}=2R$ (➡基21)

(イ) ∠ACB が鈍角のとき　$\cos\angle ACB<0$

(ii) (ウ)～(オ) 辺 AB を底辺とみて，高さ CD が最大となるときを考える。

(2) まず，△PQR の面積を求める。

(カ), (キ) 3 辺がわかっている

⟶ **余弦定理** $\cos A=\dfrac{b^2+c^2-a^2}{2bc}$ (➡基22)

(ク)～(コ) **三角形の面積**　$\dfrac{1}{2}bc\sin A$ (➡基23)

(サ)～(タ) △PQR を底面とみて，高さ TH が最大となるときを考える。

三角錐の体積は　$\dfrac{1}{3}\times$(底面積)$\times$(高さ)

第 4 章　データの分析

14 (1) (イ) **相関係数** $r=\dfrac{s_{xy}}{s_x s_y}$ (➡重14)

(ウ) 散布図の，交通量が 5000 台以上 10000 台未満の点と，5000 台未満の点の個数に着目。

(2) (カ) 速度と 1 km あたりの走行時間の関係式から，速度が大きいほど走行時間は短く，速度が小さいほど走行時間は長い。
⟶ データを速度が大きい順に並べると，走行時間が小さい順になる。
⟶ 1 km あたりの走行時間の **中央値** に着目。 (➡基26)

(キ) 交通量が 40000 台以上の 2 点に着目。

15 (1) 相関係数 r　$-1\leqq r\leqq 1$ (➡基28)

$r=-1.0$　　$r=-0.8$　　$r=-0.5$　　$r=0.0$　　$r=0.5$　　$r=0.8$　　$r=1.0$
負の相関が強い ←　　　　相関がない　　　　→ 正の相関が強い

(2), (3) 「消費額単価」＝「消費総額」÷「観光客数」
⟶ 原点と散布図上の点を通る直線の傾き

(4) 観光客数，および観光客の消費総額については箱ひげ図から，観光客の消費額単価については散布図から判断する。

③ 北海道，鹿児島県，沖縄県は，県外からの観光客の消費額単価が44県の中で上位3位の県であることが，散布図からわかる。大きな値を除外した場合の平均値がどのようになるかを考える。

④ 分散はデータの散らばりの度合いを表す量である。縦軸と横軸の目盛りの取り方に注意する。

16 **仮説検定**の問題。(➡演7)

「この空港は便利だと思う人の方が多い」といえるかどうかを判断するから，これに反する仮説として

“この空港の利用者全体のうちで「便利だと思う」と回答する割合と，「便利だと思う」と回答しない割合が等しい”

という**仮説**を立てる。

この仮説のもとで，30人中20人以上が「便利だと思う」という確率を調べる。

⟶ 確率が5％未満なら，仮説は誤っていると判断される
　確率が5％以上なら，仮説は誤っているとは判断されない

第5章　場合の数と確率

17 球の塗り分け方の**条件を把握**することがカギとなる。

(1) 球1の塗り方は，5色のいずれでもよいから5通り。そのおのおのに対して，球2の塗り方は，球1を塗った色以外で4通り。球3，4の塗り方も考え，**積の法則**を利用。

(2) 球1の色を5色から1色選び，固定して考える。

(3) 赤で塗る球は（1と3）または（2と4）の2通りある。⟶ **和の法則**を利用。

(4) 球1は赤，青で塗ることができない。したがって，球2〜6のうち3個を赤，2個を青で塗ることになる。

(5) **構想**の方法を理解するようにしよう。図Fのように，球3と球4が切り離されている場合は，図Bと同じと考えられる。そのうち，球3と球4が同色の場合は，球3と球4をつないだときに，条件を満たさないから，この場合の数を除く。

(6) (5)と同様の方法で求める。図Gで球4と球5のひもを外してみる。

18 (1) (i)，(ii) **樹形図**をかいて考えるとよい。

(iii) 求めにくい確率は，**余事象の確率**を利用（➡基37）

4回の交換でも交換会が終わらない場合の確率を利用する。

(2) 1人だけが自分のプレゼント ⟶ 残り3人は自分以外 ⟶ (1)の(ii)から
　2人だけが自分のプレゼント ⟶ 残り2人は自分以外 ⟶ (1)の(i)から

⟶ 連続した問題は，前問までの内容がヒントになることも多い。

19 (1)　x 軸の正の方向に 1，y 軸の正の方向に 1 進むことをそれぞれ →，↑ で表し，その場にとどまることを・で表すことにすると，点 A の動きは →，↑，・の順列に対応する。⟶ 3 回の試行後に点 (1，2) にあるための点 A の動き方は，→1 個，↑2 個，の順列と考える。**反復試行の確率**（➡ 基 38）を利用する。また，次のことも利用。

1 回の試行で事象 A，B，C が起こる確率がそれぞれ p，q，r $(p+q+r=1)$ であり，この試行を繰り返し n 回行うとき，事象 A，B，C がそれぞれ k，l，m 回 $(k+l+m=n)$ 起こる確率は　$\dfrac{n!}{k!l!m!}p^kq^lr^m$

(2)　（後半）（前半）で求めた a の範囲に $n=5$，6 を代入することで，適する値の組 $(a,\ b)$ を求める。確率の (1) と同様の計算で求める。

20 (1)　(i)　**反復試行の確率** ${}_n\mathrm{C}_r p^r(1-p)^{n-r}$（➡ 基 38）

(ii)　**条件付き確率** $P_A(B)=\dfrac{P(A\cap B)}{P(A)}$（➡ 基 39）

(2)　$P_W(A)=\dfrac{P(A\cap W)}{P(W)}$，$P_W(B)=\dfrac{P(B\cap W)}{P(W)}$ であるから，$P(A\cap W)$，$P(B\cap W)$ の関係に注目。

(3)，(4)　直接確率を求めるのではなく，3 つの箱，4 つの箱の場合でも事実（*）と同様のことが成り立つことを利用する。

21　**期待値**（➡ 基 40）

玉に数字が書かれているから，同色でも 1 個，1 個の玉を別のものと考える。
4 個の玉の色がすべて異なる取り出し方は，青玉，黄玉について，それぞれ 1 個ずつ含む場合，青玉 1 個のみ含む場合，黄玉 1 個のみ含む場合に分ける。

(1)　含まれる青玉の個数に注目して考えていく。2 点，3 点と順に考えていく段階で，規則性をつかむ。

(2)　期待値は　$x_1p_1+x_2p_2+\cdots\cdots+x_np_n$　⟵ 値×確率 の和
から求める $(p_1+p_2+\cdots\cdots+p_n=1)$。（➡ 基 40）

第 6 章　図形の性質

22　**図をかいて考える。**

(ア)，(イ)　△ABD，△ACD において，三平方の定理を利用する。

(ウ) ～ (オ)　三角形の面積の公式を利用して，△ABC の面積を 2 通りに表す。

⟶　$S=\dfrac{1}{2}r(a+b+c)$（➡ 基 24）

(カ)　$\mathrm{CE}=\mathrm{CF}=x$ として，円の外部から引いた **2 本の接線の長さは等しい**ことを利用する。（➡ 基 46）

(キ) ～ (コ)　△OEC において，三平方の定理を利用する。

(サ) ～ (ス)　線分 CO と円 O の交点を I とすると，点 I が △CEF の内心になる。

23 (1) (ア), (イ) **チェバの定理** を利用。(➡ 基 44)

(ウ), (エ) 円の外部の点から引いた2本の接線の長さは等しいことを利用。(➡ 基 46)

(2) (i) (カ)〜(サ) **メネラウスの定理** を利用。(➡ 基 44)

(シ)〜(セ) 三角形の面積比　高さが等しいときは底辺の比に注目。△BRC の面積を S として，△CQR，△BPR の面積を S で表すとよい。

(ii) AQ：QC＝1：t として，**メネラウスの定理** を利用することにより，$\dfrac{\mathrm{BR}}{\mathrm{RQ}}$，$\dfrac{\mathrm{PR}}{\mathrm{RC}}$ を t で表してみる。

24 まず，問題文の 手順 通りに **図をかき，各点の位置を把握** する。

(1) (ア) 右図のように，角の二等分線上の点に関し，AB＝AC，AB⊥OB，AC⊥OC が成り立つ。

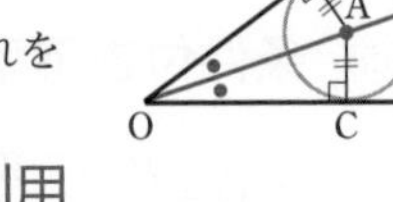

(イ)〜(カ) △ZDG∽△ZHS，△ZDC∽△ZHO を示し，それをもとに線分の比に注目。

(2) (ク)〜(コ) **共通接線の長さは三平方の定理を利用** して求める。(➡ 基 48)

(サ), (シ) **方べきの定理** を利用する。(➡ 基 47)

(ス)〜(ソ) $\triangle \mathrm{O_1JZ} \backsim \triangle \mathrm{O_2IZ}$ であることから求める。

(タ), (チ) 三角形における角の二等分線と辺の比を利用する。(➡ 基 42)

第7章　式と証明，複素数と方程式

25 (1) $i^2=-1$ を利用して，i^3，i^4 を求め，$P(i)$ の式に代入。(➡ 基 57)

(2) $P(x)$ を $Q(x)$ で割る割り算をして，商 $S(x)$ と余り $R(x)$ を求める。(➡ 基 52)
そして，割り算の等式 $P(x)=Q(x)S(x)+R(x)$ (➡ 基 53) に式を当てはめ，$P(\alpha)=Q(\alpha)=0$ が成り立つときの $R(x)$ の条件を考える。この条件から α の値が求められる。
次に，$Q(x)$ を $R(x)$ で割る割り算を行い，それに関する割り算の等式を利用。

(3) $S(x)$ を $T(x)$ で割る割り算を行い，(2) の考え方に沿って考察を進めていく。

26 (1) **因数定理**　x の多項式 $f(x)$ が $x-\alpha$ を因数にもつ $\Longleftrightarrow f(\alpha)=0$ (➡ 基 60)
を利用することにより，m を k，l で表すことができる。その結果を $P(x)$ の式に代入し，$x+1$ を因数にもつことを手掛かりにして，$P(x)$ を因数分解する。

(2) $Q(x)$ の式について，(1) と同様に因数定理を用いて l，m をそれぞれ k で表す。その結果を $Q(x)$ の式に代入し，$Q(x)$ を因数分解する。

(3) $ax^2+bx+c \geqq 0$ $(a \neq 0)$ が常に成り立つ $\Longleftrightarrow a>0$ かつ $b^2-4ac \leqq 0$ を利用。

(4) (2), (3) の結果に注目して，$x=t\pm 3i$ を解にもつ2次方程式を調べ，解と係数の関係を利用。(➡ 基 16)

27　(1)　$f(\alpha)=0$ のとき，多項式 $f(x)$ は $x-\alpha$ を因数にもつ。(➡ 基 61)
α は ±(定数項の約数) が候補。
(2)　実数係数の方程式 $f(x)=0$ が虚数 $a+bi$ (a, b は実数) を解にもつならば，共役な複素数 $a-bi$ も解にもつ。(➡ 演 12)
したがって，実数係数の方程式 $f(x)=0$ の異なる虚数解は必ず偶数個になる。

第 8 章　図形と方程式

28　図をかいて考える。
(1)　内分する点 ⟶ $\left(\dfrac{nx_1+mx_2}{m+n},\ \dfrac{ny_1+my_2}{m+n}\right)$,
外分する点 ⟶ $\left(\dfrac{-nx_1+mx_2}{m-n},\ \dfrac{-ny_1+my_2}{m-n}\right)$ (➡ 基 62)
(2)　○○の中点を通り，○○に垂直な直線の方程式 ⟶ 垂直二等分線 (➡ 基 63)
中点 ⟶ $\left(\dfrac{x_1+x_2}{2},\ \dfrac{y_1+y_2}{2}\right)$ (➡ 基 62)
点 $(x_1,\ y_1)$ を通り，傾きが m の直線の方程式　$y-y_1=m(x-x_1)$
2 直線 $y=m_1x+n_1$, $y=m_2x+n_2$ が 垂直 ⟺ $m_1m_2=-1$
(コ) ~ (ス)　中心 $(a,\ b)$，半径が r の円の方程式
$$(x-a)^2+(y-b)^2=r^2$$ (➡ 基 65)
点 $(a,\ b)$ は直線 $y=$ カキ $x+$ ク と直線 $y=x-$ ケ の交点。
円は原点 O を通るから，半径 r は原点と円の中心との距離。(➡ 基 62)

29　(1)　k の値に関係なく ⟶ k についての恒等式の問題と考える。(➡ 基 55)
(2)　図をかいて考える。(1) で求めた，直線 ℓ_2 が必ず通る点に注目して，直線 ℓ_2 の傾き k を変化させて (直線 ℓ_2 を回転させて)，適する k の値を調べる。
(3)　三角形の周および内部が，円の周および内部に含まれるためには，三角形の 3 頂点が円の周および内部に含まれていればよい。

30　(1)　内分する点 ⟶ $\left(\dfrac{nx_1+mx_2}{m+n},\ \dfrac{ny_1+my_2}{m+n}\right)$
(2)　(1) で求めた s, t の式を $s^2+t^2=1$ に代入し，それを円の方程式
$(x-●)^2+(y-■)^2=▲^2$ の形に変形。(➡ 基 65)
(3)　点 $(x_1,\ y_1)$ と直線 $ax+by+c=0$ の距離は　$\dfrac{|ax_1+by_1+c|}{\sqrt{a^2+b^2}}$ (➡ 基 64)
円と直線が接する ⟺ (中心と直線との距離)=(半径)
(4)　円 C_a の中心と，直線 ℓ_a の距離を求めてみる。

31 (1) 1袋あたりのエネルギーと脂質を下の表のようにまとめると条件を考えやすい。

100 g あたり	A	B
エネルギー	200 kcal	300 kcal
脂質	4 g	2 g

(i) 文章で与えられている条件を不等式で表す。

(ii) 与えられた $(x,\ y)$ を条件 ①，② に代入して不等式が成り立つかを調べる。

(iii) 条件の不等式の表す領域を図示し，食べる量の合計を k g とすると

$$k=100(x+y)\qquad \text{これから}\qquad y=-x+\frac{k}{100}$$

この直線が領域を通るときの y 切片 $\frac{k}{100}$ の最大値を考える。(➡演14)

x，y が整数の値しかとれないときは，$y=-x+b$ の y 切片 b も整数になることから，b の最大値を求める。

(2) 食品 A と B を合計 600 g 以上食べるから，$100(x+y)\geqq 600$ より　$x+y\geqq 6$

エネルギーが 1500 kcal 以下から　　$2x+3y\leqq 15$

$x+y\geqq 6$，$2x+3y\leqq 15$，$x\geqq 0$，$y\geqq 0$ を同時に満たす領域を図示し，脂質の量を l g とし，直線 $l=4x+2y$ が領域を通るときの l の最小値を考える。(➡演14)

第9章　三角関数

32 (1) ラジアンの定義が問われている。

(2) $180°=\pi$ ラジアンを利用する。(➡基68)

(3) 加法定理　$\boldsymbol{\cos(\alpha-\beta)=\cos\alpha\cos\beta+\sin\alpha\sin\beta}$ (➡基70)

三角関数の合成　$\boldsymbol{a\sin\theta+b\cos\theta=\sqrt{a^2+b^2}\sin(\theta+\alpha)}$

ただし　$\cos\alpha=\frac{a}{\sqrt{a^2+b^2}}$，$\sin\alpha=\frac{b}{\sqrt{a^2+b^2}}$　(➡基74)

33 (1) 具体的に三角関数の値を求めて，大小を比較する。(➡基68)

(2) **2倍角の公式 $\boldsymbol{\sin 2x=2\sin x\cos x}$** を利用して因数分解する。

また　**$AB>0 \iff$ ($A>0$ かつ $B>0$) または ($A<0$ かつ $B<0$)**

x のとりうる値の範囲に注意して，三角不等式を解く。(➡基71)

(3) $\sin 4x-\sin 3x$ を積の形で表し，(2) と同様に三角不等式を解く。(➡基71)

(4) $\sin 4x>\sin 2x$ の解は，$2x=X$ とおくと (2) の結果が利用できる。ただし，X のとりうる値の範囲に注意する。

34 (1) 三角関数の合成　$\boldsymbol{a\sin\theta+b\cos\theta=\sqrt{a^2+b^2}\sin(\theta+\alpha)}$

ただし，　$\cos\alpha=\frac{a}{\sqrt{a^2+b^2}}$，$\sin\alpha=\frac{b}{\sqrt{a^2+b^2}}$　(➡基74)

この変形により関数の周期をつかみ，$y=\sin x$ のグラフと比較して判断する。

(2) (i) $t=\sin x$ とおき，2倍角の公式を利用すると，y は t の **2次関数**。
$\longrightarrow$ **平方完成** して最大値，最小値を求める。その際，t の値の範囲に注意。
(ii) (i)の結果（最大値・最小値およびそのときの x の値）に注目して判断する。

第10章　指数関数・対数関数

35 (1) $\sqrt[n]{a^m}=a^{\frac{m}{n}}$，$\log_a M^p=p\log_a M$，$\log_a b=\dfrac{\log_c b}{\log_c a}$ (➡基75)

(2) 関数の式を変形し，次の性質を用いて判断する。
$y=f(x)$ のグラフと x 軸に関して対称なグラフの式は　$y=-f(x)$
y 軸に関して対称なグラフの式は　$y=f(-x)$
また，$y=a^x$ のグラフと $y=\log_a x$ のグラフは，直線 $y=x$ に関して対称である。
(3) $t=\log_2 x$ とおき y を t で表すと，t の2次関数となる。 $\longrightarrow$ **平方完成**
(➡基8)

36 (1) 連立方程式 (＊) の第1式の両辺を2乗，第2式の両辺を3乗して，$\sqrt{\ }$，$\sqrt[3]{\ }$ をはずす。 $\longrightarrow$ $(XY)^m=X^mY^m$ を利用する。(➡基75)
(＊)は $\begin{cases} x^2y^3=a^2 \\ xy^3=b^3 \end{cases}$ となるから，例えば，第1式を第2式で割ると y が消去される。
$\longrightarrow$ $\dfrac{1}{X^m}=X^{-m}$，$X^m\cdot X^n=X^{m+n}$ などを利用する。(➡基75)

37 (ア) 底2は1より大きいから　$p\geqq q \iff \log_2 p\geqq \log_2 q$ (➡基80)
(イ)，(ウ) $s+t=\log_2 x+\log_2 y=\log_2 xy$ (➡基75) で　$8\leqq xy\leqq 16$
(エ)，(オ) $\log_2\sqrt{x}=\log_2 x^{\frac{1}{2}}=\dfrac{1}{2}\log_2 x$ (➡基75)
(カ)～(ケ) 領域 $s\geqq$ [ア]，$t\geqq$ [ア]，[イ] $\leqq s+t\leqq$ [ウ] を図示する。
直線 $t=-\dfrac{[エ]}{[オ]}s+z$ が領域と共有点をもつような z の最大値を考える。(➡演14)
(コ)，(サ) $\log_2 x=$ [カ]，$\log_2 y=$ [キ] $\iff x=2^{[カ]}$，$y=2^{[キ]}$ (➡基75)

38 (1) 正の実数 N が $N=a\times 10^n$ $(1\leqq a<10$，n は整数) と表されるとき
$\log_{10}N=n+\log_{10}a$
$\log_{10}a$ の値を常用対数表から求める。なお，$\dfrac{y_2-y_1}{x_2-x_1}$ は座標平面上の2点 $(x_1,\ y_1)$，$(x_2,\ y_2)$ $(x_1\neq x_2)$ を通る直線の傾きを表す。
(2) まず，(1)の結果をもとに，$x=32$ のときの $\log_{10}N$ の値を求める。次に，その値の小数点以下の部分を A としたときの $\log_{10}a<A<\log_{10}(a+0.01)$ を満たす a (a は *.** の形の10未満の正の数) を，常用対数表から求める。(➡演18)

39 (2) (ii) 問題文から，$\log_2 3$ が無理数であることを **背理法** を用いて証明する方針であることがわかる。$\log_2 3$ から $2^{●}=3^{■}$ の形（●，■は自然数）を導き，●，■のとりうる値について検討。

(iii) (ii) と同様に，$\log_a b=\dfrac{p}{q}$ （p，q は自然数）として，指数の等式を導く。

第 11 章　微分法・積分法

40 (1) $f'(x)=0$ を満たす x の値をもとにして $f(x)$ の極値を求める。（➡基 87）

(2) 円柱の高さを h とする。円錐の頂点を通り，底面に垂直な平面で円錐を切った断面に注目し，x と h の関係式を作る。それを利用して，V を x のみの式で表す。
⟶ V は (1) の関数 $f(x)$ を用いて表すことができるので，(1) の結果を利用する。

41 (1) 3 次関数 $f(x)$ について，$y=f(x)$ のグラフの概形は，3 次の項の係数の符号と，極値を与える x の個数（$f'(x)=0$ の実数解の個数）から判断できる。（➡演 19）
$f(x)=ax^3+bx^2+cx+d$ $(a>0)$ のとき，$f'(x)=0$ すなわち $3ax^2+2bx+c=0$ の実数解の個数とグラフの概形は，次のようになる。

[1] 実数解 2 個

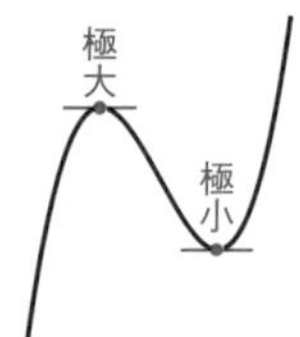

[2] 実数解 1 個（重解）

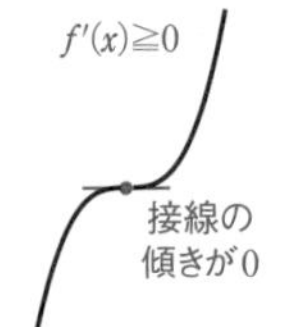

[3] 実数解 0 個

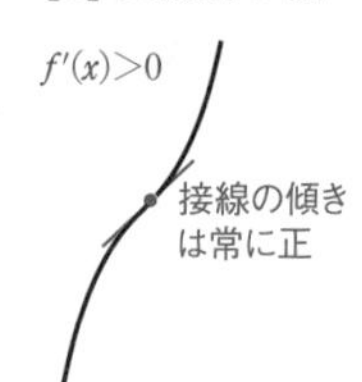

(2) 曲線 $y=f(x)$ と直線 $y=p$ の共有点の個数は，$y=f(x)$ のグラフに対して，x 軸に平行な直線 $y=p$ を平行移動して判断する。

(3) $a\leqq 0$ のときと $a>0$ のときで分けて考える。$a\leqq 0$ のときについては，(1) の結果を利用する。$a>0$ のときについては，$f(x)$ の極大値が正であるから，極小値が正か 0 か負かで方程式 $f(x)=0$ の実数解の個数が決まる。

42 [1] (1) 曲線 $y=f(x)$ 上の $x=a$ の点における接線の傾きは　$f'(a)$　（➡基 85）

(2) (カ)～(ケ)　$a\leqq x\leqq b$ のとき $f(x)\geqq g(x)$ ならば，曲線 $y=f(x)$，$y=g(x)$，および直線 $x=a$, $x=b$ で囲まれた部分の面積 S は

$$S=\int_a^b\{f(x)-g(x)\}dx$$ （➡基 92）

放物線とその接線で囲まれた面積であるから

$$\int_\alpha^\beta(ax+b)^2dx=\left[\frac{1}{a}\cdot\frac{1}{3}(ax+b)^3\right]_\alpha^\beta$$ が利用できる。（➡重 46）

(サ)　$x=\alpha$ で極値をもつ $\Longrightarrow f'(\alpha)=0$ （➡基 88）

(ソ)～(チ)　グラフをかいて考える。

〔2〕 $F'(x)=f(x)$ ならば　$F(x)=\int f(x)dx$

$a\leqq x\leqq b$ のとき $f(x)\leqq 0$ ならば，曲線 $y=f(x)$，および直線 $x=a$，$x=b$，x 軸で囲まれた部分の面積 S は　$S=\int_a^b\{-f(x)\}dx$ (➡演 20)

43 (2) は，問題文の条件を定積分と結び付ける。(1) の計算結果の利用も考える。

(2) (i) $S(t)=\int_0^t f(x)dx$ に $f(x)$ の式を代入し，定積分を計算して t の式で表す。そして，$S(t)=400$ とおいた t の方程式を解く。

(ii) $\int_0^{30}\left(\frac{1}{5}x+3\right)dx+\int_{30}^{40}\left(\frac{1}{100}x^2-\frac{1}{6}x+5\right)dx<400$ であるから，ソメイヨシノの開花日時は 2 月に入ってから 40 日後より後である。$f(x)>0$ のとき，$\int_a^b f(x)dx$ は曲線 $f(x)$ と 2 直線 $x=a$，$x=b$ および x 軸で囲まれた図形の面積であることに注目して，面積で考えて S(●)>400 となる●の値が 50 か 60 かそれより大きい値かを考える。

第12章　数　列

44 (1) (ア)～(エ) 与えらえた漸化式から，数列 $\{a_n\}$ は等差数列である。

一般項は　$a_n=a+(n-1)d$　(➡基 93)

(カ) 漸化式を変形して，a_n-a_{n+1} の符号に注目。

(キ) $S_n=\sum_{k=1}^{n}a_k$ は，数列 $\{a_n\}$ の初項から第 n 項までの和である。

ここでは，和を計算するのではなく，数列 $\{a_n\}$ の各項の正負から数列 $\{S_n\}$ の増減を考えるとよい。(➡重 48)

(ケ) $b_{n+1}-b_n$ を a_{n+1}，a_n の式で表す。

(2) 与えられた条件 $d_n=\frac{1}{c_n-20}$ $(n=1,\ 2,\ 3,\ \cdots\cdots)$ ……（＊）を利用。

(シ)，(ス)　（＊）を c_n について解く。

(セ)～(タ)　（＊）から $\frac{1}{d_{n+1}}$ を考え，① の式を代入。

(チ)～(ナ)　漸化式 $d_{n+1}=pd_n+q$ ⟶ $d_{n+1}-\alpha=p(d_n-\alpha)$ と変形。

数列 $\{d_n-\alpha\}$ は公比 p の等比数列。(➡基 99)

(ヌ) d_n-d_{n+1} を n の式で表す。

(ネ) (ヌ) の結果から，$c_n=\frac{1}{d_n}+$ シス，$c_{n+1}=\frac{1}{d_{n+1}}+$ シス の大小を調べる。(ニ) の結果も利用。

45 歩行者と自転車の動きを問題文からつかみ，与えられたグラフも利用しながら考えていく。花子さんと太郎さんの会話もヒントになる。

(ア) 自転車が最初に自宅を出発するとき，歩行者との間隔が 2 であることと，自転車が歩行者を追いかけるときに，間隔が 1 分間に 1 ずつ縮まることに注目。

(イ) 自転車が自宅に戻るのに要する移動時間と，停止している時間を考える。
(ウ) (イ)のうち，歩行者が移動した時間を考える。なお，歩行者の速さは毎分1。
(エ), (オ) (ア)と同様に考える。
自転車が n 回目に自宅を出発するとき，歩行者の位置は b_n である。
⟶ 自転車が歩行者に追いつくまでに要する移動時間は何分か。
(カ), (キ) (イ)と同様に考える。a_2 と a_1 の関係を一般化する。
(ク) (ウ)と同様に考える。歩行者が移動した時間を考える。
(ケ) 漸化式 $\boldsymbol{b_{n+1}=pb_n+q}$ ⟶ $\boldsymbol{b_{n+1}-\alpha=p(b_n-\alpha)}$ と変形。
数列 $\{b_n-\alpha\}$ は公比 p の等比数列。 (➡ 基 99)
(コ) (ケ)の結果を ① に代入。
漸化式 $\boldsymbol{a_{n+1}-a_n=c_n}$ ⟶ c_n は数列 $\{a_n\}$ の階差数列の一般項である。
⟶ $n\geqq 2$ のとき $\boldsymbol{a_n=a_1+\sum_{k=1}^{n-1}c_k}$ (➡ 基 98)

46 (ア), (イ) $\mathrm{A}(x_1)$, $\mathrm{B}(x_2)$ について，線分 AB の内分点
⟶ $m:n$ に内分する点の座標は $\boldsymbol{\dfrac{nx_1+mx_2}{m+n}}$ (➡ 基 62)
(ウ)～(カ) $y_{n+1}=x_{n+2}-x_{n+1}$ であり，x_{n+2} は線分 $\mathrm{P}_n\mathrm{P}_{n+1}$ を 3：1 に内分する点 P_{n+2} の座標。(➡ 基 62)
(キ)～(サ) $y_{n+1}=\dfrac{\boxed{\text{エオ}}}{\boxed{\text{カ}}}y_n$ から，$\{y_n\}$ は初項 y_1，公比 $\dfrac{\boxed{\text{エオ}}}{\boxed{\text{カ}}}$ の等比数列。(➡ 基 94)
また，$\{y_n\}$ は $\{x_n\}$ の階差数列。 ⟶ $n\geqq 2$ のとき $\boldsymbol{x_n=x_1+\sum_{k=1}^{n-1}y_k}$ (➡ 基 98)
(シ), (ス) $S_n=\sum_{k=1}^{n}k|y_k|$ ⟶ (等差)×(等比) 型の数列の和
⟶ $\boldsymbol{rS_n-S_n}$ を計算。(本問は問題文の指定により S_n-rS_n) (➡ 重 50)
(セ)～(ナ) $(1-r)S_n=\sum_{k=1}^{\boxed{\text{シ}}}r^{k-1}-nr^{\boxed{\text{ス}}}$ より $S_n=\dfrac{1}{1-r}\left(\sum_{k=1}^{\boxed{\text{シ}}}r^{k-1}-nr^{\boxed{\text{ス}}}\right)$
$\sum_{k=1}^{\boxed{\text{シ}}}r^{k-1}$ は初項1，公比 r，項数 $\boxed{\text{シ}}$ の等比数列の和 (➡ 基 94)

47 群数列 (➡ 重 51) 分母が同じもので区画を分ける。
このとき，第 m 区画には，$\dfrac{1}{m+1}$，$\dfrac{2}{m+1}$，……，$\dfrac{m}{m+1}$ の m 個の項が含まれる。
(1) (ア), (イ) 各区画の項数の和は，もとの数列の項の数を表す。
$1+2+3+4+5=15$ であるから，a_{15} は第5区画の最後の項である。
(ウ), (エ) 分母に初めて8が現れる項は，第7区画の最初の項である。
⟶ 第6区画の最後の項の次の項。
(2) (オ)～(ス) 先に N_k を考える。N_k は，第 $(k-1)$ 区画の最後の項の項数であるから，
(ア), (イ)と同様に考えて $1+2+\cdots\cdots+(k-1)=\sum_{l=1}^{k-1}l$ (➡ 基 96)
M_k は第 $(k-1)$ 区画の最初の項の項数であるから，(ウ), (エ)と同様に考えて
$M_k=N_{k-1}+1$

(セ)～(チ)　N_k に適当な数値を代入して，104 に近いものを見つける。(➡重 48 参考)
※ M_k に代入してもよいが，式の形から N_k の方が見つけやすい。

(3)　(ツ)～(ナ)　$\dfrac{1}{k}+\dfrac{2}{k}+\cdots\cdots+\dfrac{k-1}{k}$ を計算する。

(ニ)～(ノ)　$\displaystyle\sum_{l=2}^{k}\left(\frac{\boxed{ツ}}{\boxed{テ}}l-\frac{\boxed{ト}}{\boxed{ナ}}\right)$ を計算する。(➡基 96)

(ハ)～(ホ)　(2) を利用する。$\displaystyle\sum_{n=1}^{103}a_n=\sum_{n=1}^{105}a_n-(a_{104}+a_{105})$

第 13 章　統計的な推測

48　(1)　(ア), (イ)　余事象の確率を利用。三つのコースの割合の和は 100 %　(➡基 37)

(ウ)～(カ)　確率変数 X の **平均（期待値）$E(X)$，分散 $V(X)$**

$E(X)=x_1p_1+x_2p_2+\cdots\cdots+x_np_n$　$(p_1+p_2+\cdots\cdots+p_n=1)$　(➡基 101)

$V(X)=(x_1-m)^2p_1+(x_2-m)^2p_2+\cdots\cdots+(x_n-m)^2p_n$
$=E(X^2)-\{E(X)\}^2$　$(m=E(X))$　(➡基 102)

(キ)～(シ)　確率変数 X が二項分布 $B(n,\ p)$ に従うとき

平均（期待値）　$E(X)=np$,
分散　$V(X)=np(1-p)$,
標準偏差　$\sigma(X)=\sqrt{np(1-p)}$　(➡基 103)

(ス)　確率変数 X が二項分布 $B(n,\ p)$ に従うとすると，
X は，n が大きいとき，近似的に **正規分布 $N(np,\ np(1-p))$** に従う。
確率変数 X が正規分布 $N(m,\ \sigma^2)$ に従うとき，$Z=\dfrac{X-m}{\sigma}$ とおくと，
確率変数 Z は **標準正規分布 $N(0,\ 1)$** に従う。　(➡基 104)

(2)　(セ)　母平均 m，母標準偏差 σ の母集団から大きさ n の無作為標本を抽出するとき，

標本平均 $\overline{X}$ の期待値　$E(\overline{X})=m$，標準偏差　$\sigma(\overline{X})=\dfrac{\sigma}{\sqrt{n}}$

(➡基 105)

(ソ)～(ネ)　n が大きいとき，母平均 m に対する **信頼度 95 % の信頼区間** は

$$\left[\overline{X}-1.96\cdot\frac{\sigma}{\sqrt{n}},\ \overline{X}+1.96\cdot\frac{\sigma}{\sqrt{n}}\right]$$
(➡基 105)

(3)　信頼区間の幅を表す式のどの部分が変化するか，しないかを把握し，
変化する部分だけに着目する。　(➡演 24)

(ノ)　標本の大きさのみが $n=40$ から $n=50$ に変化。

(ハ), (ヒ)　標本平均および信頼度をかえずに，信頼区間の幅が等しい。

⟶ 標本平均の標準偏差 $\dfrac{\sigma}{\sqrt{n}}$ も等しい。

49 (ア) (確率の総和)$=1 \Longleftrightarrow$ (全面積)$=1$ (➡ 重 56)

(イ)～(キ) 連続型確率変数 X の **確率密度関数** $f(x)$ $(\alpha \leqq x \leqq \beta)$ について

$$P(a \leqq X \leqq b)=\int_a^b f(x)dx,\quad m=E(X)=\int_\alpha^\beta xf(x)dx$$ (➡ 重 56)

$P(100 \leqq X \leqq 300)$ を計算し，a，b で表す。

(ク)～(コ) ①，② から a，b の値を求める。

(サ) $P(200 \leqq X \leqq 300)$ を求める。

50 (1) (ア)，(イ) 母平均 m，母標準偏差 σ の母集団から大きさ n の無作為標本を抽出するとき，n が大きければ標本平均 $\overline{X}$ は正規分布 $N\left(m,\ \dfrac{\sigma^2}{n}\right)$ に近似的に従う。

(ウ)，(エ) 確率変数 X と定数 a，b に対して，$Y=aX+b$ とすると

期待値　$E(Y)=E(aX+b)=aE(X)+b$

分散　$V(Y)=V(aX+b)=a^2V(X)$

標準偏差　$\sigma(Y)=\sigma(aX+b)=|a|\sigma(X)$ (➡ 重 54)

(オ)～(コ) $W=125000 \times \overline{X}$ で推定すると，M に対する信頼度 95 % の信頼区間は

$$E(W)-1.96\cdot\sigma(W) \leqq M \leqq E(W)+1.96\cdot\sigma(W)$$

(2) (サ)，(シ) 正しいかどうか判断したい仮説が **対立仮説** であり，それに反する仮説が **帰無仮説** である。 (➡ 演 25)

(ス)，(セ) 帰無仮説が正しいとして，$\overline{X}$ の平均と標準偏差を求める。

(ソ)，(タ) まず，$Z=\dfrac{\overline{X}-\boxed{\text{ス}}}{\boxed{\text{セ}}}$ から $\overline{X}=16$ のときの z の値を求める。

次に，標準正規分布において確率 $P(Z \leqq -1.96)$ と確率 $P(Z \geqq 1.96)$ の和が 0.05 であることから，確率 $P(Z \leqq -|z|)$ と確率 $P(Z \geqq |z|)$ の和が 0.05 よりも大きいか小さいかを考える。

和＿＿が 0.05 よりも小さい …… z の値は棄却域に入る。

和＿＿が 0.05 よりも大きい …… z の値は棄却域に入らない。

第14章　ベクトル

51 (1) (ア)～(ウ) 内積の定義 $\vec{a}\cdot\vec{b}=|\vec{a}||\vec{b}|\cos\theta$ (➡ 基 112)

(エ)～(キ) 線分 AB を $m:n$ に内分する点 P について　$\overrightarrow{\mathrm{OP}}=\dfrac{n\overrightarrow{\mathrm{OA}}+m\overrightarrow{\mathrm{OB}}}{m+n}$

また　$\overrightarrow{\mathrm{CQ}}=\overrightarrow{\mathrm{OQ}}-\overrightarrow{\mathrm{OC}}$ (差の形に分解) (➡ 基 107)

(ク)，(ケ) ベクトルの垂直条件 $\vec{a}\perp\vec{b} \Longleftrightarrow \vec{a}\cdot\vec{b}=0$ を利用。(➡ 基 113)

(2) (コ)～(シ) $\angle\mathrm{OCQ}=90^\circ$ から　$\overrightarrow{\mathrm{CO}}\cdot\overrightarrow{\mathrm{CQ}}=0$　$\overrightarrow{\mathrm{CQ}}$ については，(1) の結果と，$\overrightarrow{\mathrm{OC}}=-\overrightarrow{\mathrm{OA}}$ であることを利用。

(ス)，(セ) k の符号を調べ，**図をかいて** 判断する。

(3) (ソ) k の値を求め，① から $\overrightarrow{\mathrm{OQ}}$ を $\overrightarrow{\mathrm{OA}}$ と $\overrightarrow{\mathrm{OB}}$ で表す。$\longrightarrow$ $|\overrightarrow{\mathrm{OQ}}|^2$ を計算し，$|\overrightarrow{\mathrm{OQ}}|$ の値を求める。(➡ 基 112)

(タ)～(ツ)　太郎さんと花子さんの会話をヒントに，**図をかいて**考える。

(テ)，(ト)　$\overrightarrow{\mathrm{OR}}$ を $\overrightarrow{\mathrm{OA}}$，$\overrightarrow{\mathrm{OB}}$ で表し，$\overrightarrow{\mathrm{OR}}=\bullet\cdot\dfrac{\blacktriangle\overrightarrow{\mathrm{OA}}+\blacksquare\overrightarrow{\mathrm{OB}}}{\blacksquare+\blacktriangle}$ の形に変形。

（➡重 59）

52　図をかいて考える。

(ア)　$\vec{a}\cdot\vec{b}=|\vec{a}||\vec{b}|\cos\theta$（$\theta$ は $\vec{a}$ と $\vec{b}$ のなす角，$0^\circ\leqq\theta\leqq180^\circ$）（➡基 112）

(イ)，(ウ)　$(\vec{a}-\vec{p})\cdot(\vec{b}-\vec{p})=\dfrac{5}{4}$ を展開するように変形。（➡基 112）

(エ)，(オ)　$|\vec{p}|^2-(\vec{a}+\vec{b})\cdot\vec{p}+\dfrac{\boxed{イ}}{\boxed{ウ}}=0$ を平方完成のように変形する。

→ 円のベクトル方程式　（➡重 61）

※その後の問題文「点 M を $\overrightarrow{\mathrm{OM}}=\dfrac{\vec{a}+\vec{b}}{\boxed{エ}}$ となるように定めると，点 P は，M を中心とする半径 $\sqrt{\boxed{オ}}$ の円周上を動く。」がヒントとなっている。

(カ)　$\vec{a}\perp\vec{b}\iff\vec{a}\cdot\vec{b}=0$　$(\vec{a}\neq\vec{0},\ \vec{b}\neq\vec{0})$ （➡基 113）

(キ)，(ク)　$\overrightarrow{\mathrm{OC}}\cdot\overrightarrow{\mathrm{MH}}=\boxed{カ}\iff\overrightarrow{\mathrm{OC}}\cdot(\overrightarrow{\mathrm{OH}}-\overrightarrow{\mathrm{OM}})=\boxed{カ}$ であり，

$\overrightarrow{\mathrm{OH}}=t\overrightarrow{\mathrm{OC}}$，$\overrightarrow{\mathrm{OM}}=\dfrac{\vec{a}+\vec{b}}{\boxed{エ}}$

(ケ)～(サ)　図から考える。

$|\overrightarrow{\mathrm{MH}}|^2$ を計算してもよいが，$\overrightarrow{\mathrm{OC}}\perp\overrightarrow{\mathrm{MH}}$ から △OMH は直角三角形である。

→ 三平方の定理を利用する。

(シ)，(ス)　図から考える。

点 P が線分 MH 上にあるとき，点 P と直線 OC の距離は最小になる。（➡重 32）

(セ)，(ソ)　△OCP の面積が最小 → 底辺を OC としたときの高さが最小

53　図をかいて考える。

(1)　(ア)～(カ)　内分（➡基 107），ベクトルの成分の計算（➡基 109）

$\overrightarrow{\mathrm{EF}}=\overrightarrow{\mathrm{OF}}-\overrightarrow{\mathrm{OE}}$ で　$\overrightarrow{\mathrm{OE}}=(1-a)\overrightarrow{\mathrm{OA}}+a\overrightarrow{\mathrm{OB}}$，$\overrightarrow{\mathrm{OF}}=(1-a)\overrightarrow{\mathrm{OC}}+a\overrightarrow{\mathrm{OD}}$

(キ)，(ク)　$\overrightarrow{\mathrm{EF}}$ が $\overrightarrow{\mathrm{AB}}$ に垂直 → $\overrightarrow{\mathrm{EF}}\cdot\overrightarrow{\mathrm{AB}}=0$　（➡基 113）

(2)　$\overrightarrow{\mathrm{OG}}=(1-b)\overrightarrow{\mathrm{OE}}+b\overrightarrow{\mathrm{OF}}$

(3)　(ソ)～(ネ)　$\overrightarrow{\mathrm{OH}}$ を 2 通りに表す。（➡基 111）

$\overrightarrow{\mathrm{BH}}=s\overrightarrow{\mathrm{BC}}$ から　$\overrightarrow{\mathrm{OH}}=\overrightarrow{\mathrm{OB}}+s\overrightarrow{\mathrm{BC}}$　　また　$\overrightarrow{\mathrm{OH}}=t\overrightarrow{\mathrm{OG}}$

(ノ)　求めた s の値を $\overrightarrow{\mathrm{BH}}=s\overrightarrow{\mathrm{BC}}$ に代入。線分比がわかる。外分（➡基 62，107）

54　(2)　(キ)　点 D が直線 AM 上 $\iff\overrightarrow{\mathrm{AD}}=t\overrightarrow{\mathrm{AM}}$ となる実数 t がある

（➡基 110）

これを利用して $\overrightarrow{\mathrm{PD}}$ を $\overrightarrow{\mathrm{AB}}$，$\overrightarrow{\mathrm{AC}}$，$\overrightarrow{\mathrm{AP}}$，$t$ で表す。次に，$\angle\mathrm{APD}=90^\circ$ すなわち $\overrightarrow{\mathrm{PA}}\cdot\overrightarrow{\mathrm{PD}}=0$ から t の値を求める。（➡重 60）

(3)　(i)　$\overrightarrow{\mathrm{PQ}}$ を $\overrightarrow{\mathrm{AB}}$，$\overrightarrow{\mathrm{AC}}$，$\overrightarrow{\mathrm{AP}}$ で表し，$\overrightarrow{\mathrm{PA}}\cdot\overrightarrow{\mathrm{PQ}}=0$ から導かれる関係式に注目。

内積の定義 $\vec{a}\cdot\vec{b}=|\vec{a}||\vec{b}|\cos\theta$ も利用する。

(ii) (コ) 内積の定義 $\vec{a}\cdot\vec{b}=|\vec{a}||\vec{b}|\cos\theta$ を利用。

(サ) (コ)の結果を(ケ)の結果に代入した式に注目。$\triangle ABB'$ は $\angle AB'B=90°$ の直角三角形であるから，$|\overrightarrow{AB}|\cos\theta=|\overrightarrow{AB'}|$ となることも利用して，点 B′ は線分 AP に対してどのような位置にあるかを調べる。
同様にして，点 C′ は線分 AP に対してどのような位置にあるかを調べる。

第 15 章　平面上の曲線と複素数平面

55 (1) $|\alpha|=1$ から，3 点 1，α，α^2 は単位円上にある。α^2 の偏角を α の偏角を用いて表す。

(2) 点 z_1 は点 $\overline{z_0}$ をどのように回転移動すると得られるかを，図をかいて考えるとよい。

(3) (2)の結果を利用。

56 (1) $(1-b)z^2+bz^3=1-a+az$ を，次数の低い a，b について整理して因数分解。
解と係数の関係も利用。(➡基 59)

(2) 1，z，z^2，z^3 にそれぞれ z を掛けると，z，z^2，z^3，z^4 になる。
また，z を掛ける $\Longleftrightarrow$ 原点を中心として $\arg z$ だけ回転し，原点からの距離を $|z|$ 倍する。(➡基 120)

57 (ア) $w=w^n$ から　$|w|=|w^n|$

(イ) 複素数平面上の 2 点 α，β 間の距離は　$|\alpha-\beta|$

(ウ) 3 点 $A(\alpha)$，$B(\beta)$，$C(\gamma)$ がすべて異なるとき，$\angle ABC$ は $\dfrac{\gamma-\beta}{\alpha-\beta}$ の偏角に注目して求める。(➡基 121)

(エ) $w=\cos\theta+i\sin\theta\ (0<\theta<\pi)$ として，$\angle A_{k+1}A_kA_{k-1}$ を θ で表す。また，A_1 と A_{25} が重なるとき　$w=w^{25}$　　よって　$w^{24}=1$ …… (＊)
$n=25$ のとき，A_1 から A_{25} までを順に結んでできる図形が正 N 角形になるとして，(＊) から θ についての関係式を作る。なお，正 N 角形の内角の和は　$\pi(N-2)$

(オ) 辺 A_1A_2 と内接円の接点は，辺 A_1A_2 の中点である。

58 (ア) 図をかいて考える。相似な三角形の辺の比に注目。

(1) $P(X,\ Y)$ として，辺の比 PA：PQ から X，Y の関係式を作る。
また　　x 軸上 ⟶ (y 座標)$=0$

(2) (1)と同様に，$P(X,\ Y)$，$Q(x,\ y)$ として，辺の比 PA：PQ から関係式を作り，その式において，点 P が x 軸上にあることから $Y=0$ とする。
さらにその式を X についての 2 次方程式とみて，その実数解の個数に注目。
なお，$\dfrac{x^2}{a^2}+\dfrac{y^2}{b^2}=1$ は，

$a>b>0$ のとき，焦点が 2 点 $(\sqrt{a^2-b^2},\ 0)$，$(-\sqrt{a^2-b^2},\ 0)$ の楕円，
$b>a>0$ のとき，焦点が 2 点 $(0,\ \sqrt{b^2-a^2})$，$(0,\ -\sqrt{b^2-a^2})$ の楕円

をそれぞれ表す。(➡基 123)

また，$\dfrac{x^2}{a^2}-\dfrac{y^2}{b^2}=1$ は，焦点が 2 点 $(\sqrt{a^2+b^2},\ 0)$，$(-\sqrt{a^2+b^2},\ 0)$ の双曲線，

$\dfrac{x^2}{a^2}-\dfrac{y^2}{b^2}=-1$ は，焦点が 2 点 $(0,\ \sqrt{a^2+b^2})$，$(0,\ -\sqrt{a^2+b^2})$ の双曲線

をそれぞれ表す。(➡基 124)

59 (ア)，(イ)　極方程式 $r=6\cos\theta$ に偏角の値を代入する。

(オ)　$F：r=6\cos\theta+6$ から，$OQ=r_1$，$OP=r_2$ とすると　$r_2=r_1+6$

(1)　曲線 F の偏角に注目するとよい。

(2)　余弦定理により AP^2 を計算すると，$\cos\theta$ の 2 次式 ⟶ 平方完成 (➡基 72)。$\cos\theta$ の値の範囲にも注意。

指針一覧
実践模試

数学Ⅰ，数学A

第1問

〔1〕 (1) (ア)，(イ)「集合 A と集合 B の共通部分」と「6 のみを要素にもつ集合」をそれぞれ集合の記号を用いて表す。(➡基 5)

(2) (ウ)　命題「$k\in C \Longrightarrow k\in\overline{A\cup B}$」と命題「$k\in\overline{A\cup B} \Longrightarrow k\in C$」の真偽を考える。(➡重 4)

〔2〕 (1) (エ)　方程式 $f(x)=k$ の解は，$y=f(x)$ のグラフと直線 $y=k$ の共有点の x 座標と一致することを利用する。

(2) (オ)，(カ)　実際に座標平面上に与えられた 3 点をとってみる。

〔3〕 **図をかいて考える。**

(キ)～(サ)　三角比の定義に当てはめて考える。

(シ)　**$180°-\theta$ の三角比** (➡基 19)

第2問

〔1〕 (1) (ア)　$a=0$ を代入して考える。

(2) (イ)，(ウ)　**平方完成** (➡基 8)

(エ)～(キ)　**グラフをかいて考える。**軸と定義域の位置関係で場合分け。(➡重 5)

(3) (ク)～(コ)　**グラフをかいて考える。**2 次の係数 a の符号に注意する。(➡重 6)

〔2〕 (1) (サ)　20 個のデータにおいて，第 1 四分位数，中央値，第 3 四分位数はそれぞれ，小さいほうから数えて 5 番目のデータと 6 番目のデータの平均値，10 番目のデータと 11 番目のデータの平均値，15 番目のデータと 16 番目のデータの平均値である。(➡基 26)

(2) (シ)　標準偏差と関わりの大きい値が何かを考える。

(ス)　x の標準偏差を s_x，y の標準偏差を s_y，x と y の共分散を s_{xy} とすると

相関係数 $r=\dfrac{s_{xy}}{s_x s_y}$ (➡重 14)

(3)　(セ)～(タ)　x の平均値 $\overline{x}=\dfrac{x_1+x_2+\cdots\cdots+x_n}{n}$

x の標準偏差

$$s_x=\sqrt{\frac{1}{n}\{(x_1-\overline{x})^2+(x_2-\overline{x})^2+\cdots\cdots+(x_n-\overline{x})^2\}}$$

x と y の共分散

$$s_{xy}=\frac{1}{n}\{(x_1-\overline{x})(y_1-\overline{y})+(x_2-\overline{x})(y_2-\overline{y})+\cdots\cdots+(x_n-\overline{x})(y_n-\overline{y})\}$$

(➡基25，基27，重14)

(4)　(チ)　変量の変換により，選択肢の値がそれぞれどのように変化するのかを定義から考える。

第3問

(1)　(ア)，(イ)　**メネラウスの定理** を利用する。(➡基44)

(ウ)，(エ)　**チェバの定理** を利用する。(➡基44)

(2)　(オ)，(カ)　問題文にある文章に従って，式を立てる。

(3)　(キ)，(ク)　BQ：QC＝［カ］：［オ］であることと，常に［カ］＜［オ］が成り立つことに着目する。

(4)　(ケ)　内心とは三角形の内接円の中心であり，三角形の3辺から等しい距離にある点である。

(コ)～(ス)　［ケ］の性質を利用する。(➡基42)

(5)　(ツ)　重心は3本の中線の交点であり，外心は各辺の垂直二等分線の交点である。

(➡基41，基43)

BQ：QC＝［カ］：［オ］であることと，常に［カ］＜［オ］が成り立つことに着目し，点Xが△ABCの重心，外心，垂心になり得るかどうかを考える。

第4問

(1)　(i)　(ア)～(キ)　**反復試行の確率**。Dが組合せを決める権利を得るのは表の枚数が4，5，6のいずれかの場合である。(➡基38)

(iii)　Dが優勝する確率と準優勝する確率をそれぞれ求め，期待値を計算する。期待値は **(値)×(確率) の和**。(➡基40)

(2)　(i)　A，B，C，Dが出したさいころの目をそれぞれ a，b，c，d とすると，A，B，C，Dの順に自分の場所を決めることになるのは $a>b>c>d$ のときである。

(➡基33)

(ii)　(ツ)　試合数が少ないほど優勝する確率は大きくなり，試合数が多いほど優勝する確率は小さくなる。

(テ)～(ヌ)　決勝での対戦相手がどのように勝ち上がって来るのかによって場合分けをして考える。

(iii)　(ネ)～(ハ)　D，C，B，Aの順で自分の場所を決めることになるのは $d\geqq c\geqq b\geqq a$ のときである。(➡重19)

(ヒ)～(ホ)　**条件付き確率**。Dが優勝するという事象を X，Aが準優勝であるという事象を Y とすると　　$P_X(Y)=\dfrac{P(X\cap Y)}{P(X)}$　(➡基39)

数学Ⅱ，数学B，数学C

第1問

〔1〕(1) (i) (ア)～(オ)　AP：BP＝1：1のとき，点Pは2点A，Bからの距離が等しい点の軌跡であるから，求める軌跡は線分ABの垂直二等分線である。(➡ 基 62，63)

(ii) (カ)，(キ)　2点A$(x_1,\ y_1)$，B$(x_2,\ y_2)$について，2点A，B間の距離は

$$\sqrt{(x_2-x_1)^2+(y_2-y_1)^2}$$ (➡ 基 62)

(ク)～(サ)　中心$(a,\ b)$，半径rの円の方程式は　$(x-a)^2+(y-b)^2=r^2$

(➡ 基 65)

(シ)～(タ)　点Q，Rは点Pの軌跡上の点であるから，AQ：BQ＝2：1，AR：BR＝2：1が成り立つ。

(2) (チ)，(ツ)　計算しやすいように座標軸を定めて考えるとよい。

〔2〕(1) (テ)～(ヌ)　各数のおよその大きさを求める。0との大小や，1との大小を考えるとよい。(➡ 基 75，80)

(2) (ネ)　例えば，実数Aを小数で表したときの整数部分が2，小数第1位の数が3であるとき，$2.3 \leqq A < 2.4$ すなわち $2+\frac{3}{10} \leqq A < 2+\frac{4}{10}$ が成り立つ。このように，具体的な数で考えるとイメージしやすい。

(ノ)　$\log_4 p < \log_4 7 < \log_4 q$ を満たし，$\log_4 p$，$\log_4 q$ は整数で $\log_4 q = \log_4 p + 1$ となるp，qを見つける。

(ハ)　不等式［ネ］を満たすnを求めるときは，$\log_4 X \leqq \log_4 Y < \log_4 Z$ の形に変形し，底4が1より大きいことから，$X \leqq Y < Z$ として求めるとよい。

第2問

(1) $y=\cos bx\ (b>0)$ の周期は $\dfrac{2\pi}{b}$ (➡ 基 69，演 16)

(2) $\cos 3x = \frac{2}{3}$ の $0 \leqq x \leqq \pi$ における解の個数は，$y=\cos 3x$ のグラフと $y=\frac{2}{3}$ のグラフの $0 \leqq x \leqq \pi$ における共有点の個数と一致する。

(3) 三角関数の合成 (➡ 基 74)

(4) (3)から，$y=$［ウ］$\sin\left(5x-\frac{\pi}{［エ］}\right)$ のグラフを選ぶ。

(5) (2)と同様に，$y=$［ウ］$\sin\left(5x-\frac{\pi}{［エ］}\right)$ のグラフと $y=\frac{3}{2}$ のグラフの $0 \leqq x \leqq \pi$ における共有点の個数を数える。

第3問

(1) (ア)～(ウ)　曲線 $y=f(x)$ 上の点 $(\alpha,\ f(\alpha))$ における接線の方程式は

$$y-f(\alpha)=f'(\alpha)(x-\alpha)$$ (➡ 基 85)

(2) (エ)～(カ)　2直線 $\ell_1：y=m_1x+n_1$，$\ell_2：y=m_2x+n_2$ について

$$\ell_1 \perp \ell_2 \iff m_1m_2=-1$$

(キ)～(ケ)　方程式 $f(x)=g(x)$ を解く。BはAと異なる点であることに注意。

(コ)～(セ)　$\displaystyle\int_\alpha^\beta (x-\alpha)(x-\beta)\,dx = -\frac{1}{6}(\beta-\alpha)^3$ を利用する。(➡ 基 92)

(3) (ソ)～(チ)　放物線 $y=f(x)$ と直線 $y=g(x)$ で囲まれる図形を直線 $x=t$ により2つに分けた図形のうち，左側の図形の面積を $T_1(t)$，右側の図形の面積を $T_2(t)$ とすると，$F(t)=T_1(t)-T_2(t)$ である。

第4問

(1) (ア)～(キ)　微生物の質量は，公比1.2の等比数列である。翌日午前10時は，24時間後であることに注意。

(2) (ク)～(セ)　等比数列の和となることを読み取る。

⟶ 初項 a，公比 $r\,(r\neq1)$ の等比数列の和は $\dfrac{a\{r^{(項数)}-1\}}{r-1}$　(➡基94)

翌日午前9時は，23時間後であることに注意。

(3) (ソ)～(ハ)　装置に残っている微生物の質量，増加の倍率，取り出す量の関係を把握し，漸化式を立式する。(➡演23)

⟶ 漸化式 $a_{n+1}=pa_n+q$ (➡基99)

(ヒ)～(ヘ)　A，p のまま一般項を求めた後，それぞれの値を代入して考える。A，p の値の変化により，結果がどのように変わるかを考察してもよい。

第5問

(1) (ア)～(オ)　$P(0\leqq Z\leqq$ イ . ウ $)$ の値を正規分布表から読み取る。

(➡基104)

(2) (カ)，(キ)　$z_0>0$ より，$P(Z<-z_0)=P(Z>z_0)=P(Z\geqq0)-P(0\leqq Z\leqq z_0)$

(ク)～(コ)　正規分布表から探す。

(サ)～(セ)　ア を用いて，$z_0=-$ ク . ケコ であるときの m の値を求める。

(3) (ソ)～(テ)　大きさ n の標本の標本平均が $\overline{X}$ のとき，母平均 M に対する信頼度95％の信頼区間は

$$\left[\overline{X}-1.96\cdot\frac{\sigma}{\sqrt{n}},\ \overline{X}+1.96\cdot\frac{\sigma}{\sqrt{n}}\right]$$ (➡基105)

信頼区間の幅は，式の中で変化する部分（本問では標本の大きさ）に着目する。

(➡演24)

(4) (ニ)～(ノ)　確率変数 X が二項分布 $B(n,\ p)$ に従うとき

平均 $E(X)=np$，標準偏差 $\sigma=\sqrt{np(1-p)}$　(➡基103)

(ハ)～(フ)　仮説検定の考え方を用いる。(➡演25)

第6問

(1) (ア)，(イ)　内心は，三角形の内角の二等分線の交点 (➡基42)

直線BIは∠OBAの二等分線であるから　OF：AF＝BO：AB

(ウ)～(カ)　FI：BI＝m：n とすると $\overrightarrow{OI}=\dfrac{n\overrightarrow{OF}+m\overrightarrow{OB}}{m+n}$　(➡基107)

(キ)，(ク)　$\overrightarrow{OG}=\dfrac{\overrightarrow{OC}+\overrightarrow{OD}+\overrightarrow{OE}}{3}$　(➡基108)

(ケ)～(サ)　$|\overrightarrow{IG}|^2$ を計算する。

(2) (シ)～(チ)　始点をOにそろえる。(➡基107)

(ツ)～(ヒ)　ツ とき，$\overrightarrow{OK}$ の $\vec{a}$，$\vec{b}$，$\vec{c}$ を用いた表し方はただ1通りであるから，シ＝ソ，ス＝タ，セ＝チ が成り立つ。

(3) (フ)　図をかいて考える。

第7問 (1) (ア) 複素数平面上の点 $a+bi$ (a, b は実数) を実軸に関して対称移動した点は点 $a-bi$ である。

(イ) 点 z を，原点を中心として θ だけ回転した点は　$\boldsymbol{(\cos\theta+i\sin\theta)z}$

(➡ 基 120)

⟶ $\cos\theta+i\sin\theta$ を α を用いて表すことを考える。

(エ) (ア)～(ウ) の結果を利用する。

(2) (オ) $\alpha=1+\sqrt{3}i$, $\beta=1-\sqrt{3}i$ とすると，$\arg\alpha=\dfrac{\pi}{3}$，$\arg\beta=-\dfrac{\pi}{3}$ であることに注意して，(エ) の結果を適用する。

(カ) iz を極形式で表すと　$iz=\left(\cos\dfrac{\pi}{2}+i\sin\dfrac{\pi}{2}\right)z$

⟶ w と iz の偏角の差を考える。

(3) (キ) 座標平面上の点 $(s,\ t)$ を複素数平面上の点 $s+ti$ と考え，(2) の結果を利用する。

(ク), (ケ) 双曲線 $\dfrac{x^2}{a^2}-\dfrac{y^2}{b^2}=1$ の

焦点は　　2 点 $\boldsymbol{(\sqrt{a^2+b^2},\ 0),\ (-\sqrt{a^2+b^2},\ 0)}$

漸近線は　2 直線　$\boldsymbol{y=\dfrac{b}{a}x,\ y=-\dfrac{b}{a}x}$

(➡ 基 124)

答の部

CHECKの答

1 (アイ) 12 (ウエ) 17 (オ) 7 (カ) 4 (キ) 9 (クケ) 12 (コ) 4 (サ) 6 (シ) 1 (ス) 2 (セ) 3 (ソ) 2 (タ) 3 (チ) 1 (ツ) 3 (テ) 2 (ト) 5

2 (ア)$\sqrt{(イ)}$ −(ウ)$\sqrt{(エ)}$　$3\sqrt{6}-5\sqrt{2}$

3 (ア) 6 (イ) 1 (ウエ) 34 (オカキク) 1154

4 (アイ) −1 (ウ) 0 (エ) 1 (オカ) −2　$\frac{(キ)}{(ク)}$ $\frac{2}{3}$　$\frac{(ケ)}{(コ)}$ $\frac{4}{5}$

5 (ア) ④ (イ) ③

6 (ア) 2 (イウ) 10　$\frac{(エオ)}{(カ)}$ $\frac{-7}{5}$　$\frac{(キ)}{(ク)}$ $\frac{2}{5}$

7 (ア) ① (イ) ① (ウ) ⓪

8 $\frac{(ア)}{(イ)}$ $\frac{1}{3}$　$\frac{(ウ)}{(エ)}$ $\frac{1}{3}$　$\frac{(オカ)}{(キ)}$ $\frac{-5}{6}$　(ク) − (ケ) 3 (コサ) −2 (シ) 7 (ス) 7

9 (アイ) −2 (ウ) 3 (エ) 1 (オカ) −2 (キ) 3 (ク) 1 (ケコ) −1 (サ) 2 (シ) 1

10 (アイ) −1 (ウ) 2 (エ) 3　$\frac{(オカ)}{(キ)}$ $\frac{-3}{4}$　(ク) 0 (ケコ) −3

11 (ア) − (イ) 4 (ウ) 1　$\frac{(エ)}{(オ)}$ $\frac{1}{3}$　$\frac{(カ)}{(キ)}$ $\frac{4}{3}$　(ク) 1

12 (アイ) −1　$\frac{(ウ)}{(エ)}$ $\frac{7}{2}$　(オ)±$\sqrt{(カ)}$　$4\pm\sqrt{7}$

13 (アイ) −2　$\frac{(ウ)}{(エ)}$ $\frac{2}{3}$　$\frac{(オカ)}{(キ)}$ $\frac{-2}{3}$　$\frac{(クケコ)}{(サ)}$ $\frac{-22}{9}$

14 $\frac{(アイ)}{(ウエ)}$ $\frac{13}{18}$　$\frac{(オ)}{(カ)}$ $\frac{2}{3}$

15 (アイ) −3 (ウ) 4 (エ) 3 (オ)$\sqrt{(カ)}$ $2\sqrt{2}$ (キ) 3 (クケ) −2 (コ) 3 (サ) ②

16 (ア) 3 (イ) 4 (ウエ) −1 (オ) 4 (カキ) −1 (ク) 4 (ケ) 2 (コサ) 10

17 $\frac{\sqrt{(ア)}}{(イ)}$ $\frac{\sqrt{5}}{3}$　$\frac{(ウ)\sqrt{(エ)}}{(オ)}$ $\frac{2\sqrt{5}}{5}$　$\frac{(カ)\sqrt{(キ)}}{(ク)}$ $\frac{-\sqrt{5}}{3}$　$\frac{(ケコ)\sqrt{(サ)}}{(シ)}$ $\frac{-2\sqrt{5}}{5}$　$\frac{(ス)\sqrt{(セソ)}}{(タチ)}$ $\frac{2\sqrt{13}}{13}$　$\frac{(ツ)\sqrt{(テト)}}{(ナニ)}$ $\frac{3\sqrt{13}}{13}$

18 (アイ) 30 (ウエオ) 150

19 $\frac{(アイ)}{(ウ)}$ $\frac{-4}{5}$

20 $\sqrt{(ア)}$ $\sqrt{3}$ (イウ) 30

21 (ア) 2 (イ) 2

22 (ア) 5　$\frac{(イ)}{(ウ)}$ $\frac{1}{2}$　(エオ) 60

23 $\frac{(ア)\sqrt{(イ)}}{(ウ)}$ $\frac{2\sqrt{5}}{5}$　(エ) 3

24 (アイ) 13 (ウエ)$\sqrt{(オ)}$ $14\sqrt{3}$　$\sqrt{(カ)}$ $\sqrt{3}$

25 (ア).(イ) 4.2 (ウ).(エ) 5.0 (オ) 6 (カ) 7

26 (アイ) 27 (ウエ) 37 (オカ) 10 (キ) 4

27 (ア).(イウ) 2.56 (エ).(オカ) 1.60

28 (ア) ① (イ) ⓪

29 (ア) 2 (イ) 7 (ウ) 5 (エオ) 30 (カキクケコ) 10602 (サシスセ) 1568

30 (アイウエ) 5040 (オカキ) 720 (クケコ) 144 (サシスセ) 2160

31 (アイウエ) 5040 (オカキ) 720 (クケコサ) 1440

32 (アイ) 63

33 (アイ) 84 (ウエ) 30 (オカ) 34

34 (アイ) 35 (ウエ) 21 (オカ) 14

35 (アイ) 90

36 $\frac{(ア)}{(イウ)}$ $\frac{1}{36}$　$\frac{(エ)}{(オカキ)}$ $\frac{5}{108}$　$\frac{(クケ)}{(コサシ)}$ $\frac{23}{108}$

37 $\frac{(アイ)}{(ウエ)}$ $\frac{29}{30}$　$\frac{(オ)}{(カ)}$ $\frac{5}{7}$

38 $\frac{(\text{ア})}{(\text{イウ})}$ $\frac{1}{72}$　$\frac{(\text{エオ})}{(\text{カキク})}$ $\frac{80}{243}$

39 $\frac{(\text{ア})}{(\text{イ})}$ $\frac{3}{5}$

40 $\frac{(\text{アイ})}{(\text{ウ})}$ $\frac{44}{3}$

41 (ア) 4　$\frac{(\text{イ})}{(\text{ウ})}$ $\frac{4}{3}$

42 $\frac{(\text{アイ})}{(\text{ウ})}$ $\frac{12}{7}$　(エ) 7　(オ) 2

43 (アイ) 65　(ウエオ) 130
(カ)$\sqrt{(\text{キ})}$ $2\sqrt{2}$　(ク)$\sqrt{(\text{ケ})}$ $4\sqrt{2}$

44 (ア) 2　(イ) 1　(ウエ) 12

45 (アイ) 79　(ウエ) 26

46 (アイ) 13　(ウエ) 37　(オカ) 48

47 $\sqrt{(\text{ア})}$ $\sqrt{3}$　(イ) 6

48 (ア) 8　(イ)$\sqrt{(\text{ウ})}$ $4\sqrt{6}$　(エ) 8　(オ) 6

49 (アイ) 12　(ウエ) 18　(オ) 8　(カ) 3
(キ) 6　(ク) 8

50 (ア) 9　(イウ) 27　(エオ) 27　(カ) 3
(キ) 1　(ク) 9　(ケ) 3　(コ) 1

51 (アイウエ) 2160　(オカキ) 576

52 (ア) 4　(イ) 2　(ウ) 2　(エ) 2　(オ) 3
(カキ) 19　(ク) 6　$\frac{(\text{ケコサ})}{(\text{シ})}$ $\frac{-19}{3}$
$\frac{(\text{スセ})}{(\text{ソ})}$ $\frac{-1}{3}$

53 (ア) 5　(イ) 3　(ウ) 2　(エオ) -5　(カ) 3

54 (ア) 3　(イ) 1　(ウ) 2　(エ) 1　(オ) 1

55 $\frac{(\text{ア})}{(\text{イ})}$ $\frac{3}{4}$　$\frac{(\text{ウ})}{(\text{エ})}$ $\frac{3}{4}$　$\frac{(\text{オ})}{(\text{カ})}$ $\frac{1}{4}$　(キ) 2
(クケ) 14　(コサ) 12　(シ) 2

56 $\frac{(\text{ア})}{(\text{イ})}$ $\frac{3}{2}$　(ウ) 3

57 (ア) 2　(イウ) -3　$\frac{(\text{エオ})}{(\text{カ})}$ $\frac{-1}{9}$
$\frac{(\text{キ})}{(\text{ク})}$ $\frac{2}{9}$

58 (アイ) -1　$\frac{(\text{ウ})}{(\text{エ})}$ $\frac{1}{3}$

59 (アイ) -1　$\frac{(\text{ウエ})}{(\text{オ})}$ $\frac{-1}{5}$　(カ) 5
(キ) 9　(ク) 5　(ケ) 1

60 (アイ) -8　(ウエ) -1　(オ) 2

61 (ア) 2
$\frac{(\text{イウ})\pm\sqrt{(\text{エオ})}\,i}{(\text{カ})}$ $\frac{-1\pm\sqrt{11}\,i}{2}$
$\frac{(\text{キク})}{(\text{ケ})}$ $\frac{-1}{3}$
$\frac{(\text{コサ})\pm\sqrt{(\text{シス})}}{(\text{セ})}$ $\frac{-1\pm\sqrt{17}}{4}$

62 (ア) 2　(イ) 2　(ウエ) -3　(オ) 7
(カ)$\sqrt{(\text{キ})}$ $4\sqrt{2}$　$\frac{(\text{ク})}{(\text{ケ})}$ $\frac{2}{3}$　(コ) 2

63 (ア) 3　(イ) 5　(ウエ) 21　(オ) 3
(カ) 5　(キ) 7　(ク) 3　(ケ) 4

64 (ア) 3　(イウ) 15
$\frac{(\text{エオ})\sqrt{(\text{カキ})}}{(\text{クケ})}$ $\frac{14\sqrt{13}}{13}$
$\sqrt{(\text{コサ})}$ $\sqrt{13}$　(シ) 7

65 (ア) 2　(イ) 6　(ウエ) 15　(オ) 1
(カ) 3　(キ) 5　$\frac{(\text{ク})}{(\text{ケ})}$ $\frac{1}{2}$　$\frac{(\text{コ})}{(\text{サ})}$ $\frac{1}{2}$
$\frac{(\text{シス})}{(\text{セ})}$ $\frac{25}{2}$

66 (ア) 2　(イ) 3　(ウエ) -1
(オカキ) -11

67 (アイ) -2　(ウエ) -2　(オ) 4
(カ) 3　$\frac{(\text{キク})}{(\text{ケ})}$ $\frac{-1}{2}$　(コ) 2　(サ) 3

68 (ア) 1　$\frac{(\text{イウ})}{(\text{エ})}$ $\frac{-1}{2}$　(オカ) -1

69 (ア) 2　(イ) 8

70 $\frac{(\text{アイウ})}{(\text{エオ})}$ $\frac{-12}{13}$　$\frac{(\text{カキク})}{(\text{ケコ})}$ $\frac{-63}{65}$
$\frac{(\text{サシ})}{(\text{スセ})}$ $\frac{24}{25}$

71 $\frac{(\text{ア})}{(\text{イ})}$ $\frac{5}{6}$　$\frac{(\text{ウ})}{(\text{エ})}$ $\frac{7}{6}$　(オ) 0　$\frac{(\text{カ})}{(\text{キ})}$ $\frac{4}{3}$
$\frac{(\text{ク})}{(\text{ケ})}$ $\frac{5}{3}$　(コ) 2　(サ) 4　(シ) 2　$\frac{(\text{ス})}{(\text{セ})}$ $\frac{3}{4}$
$\frac{(\text{ソ})}{(\text{タ})}$ $\frac{3}{2}$

72 (アイ) 11　(ウ) 1

73 $\frac{(\text{アイ})\sqrt{(\text{ウ})}}{(\text{エ})}$ $\frac{-2\sqrt{2}}{3}$
$\frac{(\text{オカ})}{(\text{キ})}$ $\frac{-1}{3}$　$\frac{\sqrt{(\text{ク})}}{(\text{ケ})}$ $\frac{\sqrt{2}}{4}$

74 (ア) 2　(イ) 6　$\frac{(ウ)}{(エオ)}$ $\frac{5}{12}$
$\frac{(カキ)}{(クケ)}$ $\frac{11}{12}$

75 (アイ) 12　(ウ) 4　$\frac{(エ)}{(オ)}$ $\frac{1}{2}$

76 (ア)−(イ)$\sqrt{(ウ)}$ $3-2\sqrt{2}$　(エ) 6
(オカ) 34

77 (ア) 9　(イウ) 27

78 (ア) 5　(イ) 4　(ウ) 0　$\frac{(エ)}{(オ)}$ $\frac{1}{5}$　(カ) 2
(キ) 5

79 (ア) 2

80 (ア) ③　(イ) ①　(ウ) ⓪　(エ) ②
(オ) ⓪

81 (アイ) −1　(ウ) 3

82 (ア) 0　(イ) 4　$\frac{(ウ)}{(エ)}$ $\frac{3}{2}$　(オ) 2　$\frac{(カ)}{(キ)}$ $\frac{5}{4}$
(クケ) −2　(コ) 5　(サ) 3　(シ) 1
$\frac{(スセ)}{(ソ)}$ $\frac{-5}{4}$

83 (アイ) 48　(ウエ) 53

84 (ア) 2　(イ) 7　(ウエ) −7

85 (アイ) 11　(ウエ) 17　(オ) 1　(カ) 3

86 (ア) 2　(イ) 8　(ウエ) 14
$\frac{(オカキ)}{(ク)}$ $\frac{343}{4}$　$\frac{(ケコサ)}{(シ)}$ $\frac{347}{2}$

87 (アイ) −3　(ウエ) 22　$\frac{(オ)}{(カ)}$ $\frac{1}{3}$
$\frac{(キク)}{(ケコ)}$ $\frac{94}{27}$　(サシ) −3　(スセ) 22
(ソタ) −1　(チツ) 10

88 (ア) 0　(イウ) −1　$\frac{(エ)\sqrt{(オ)}}{(カ)}$ $\frac{2\sqrt{3}}{9}$

89 (アイ) −1　(ウ) 2　(エ) 3
(オカ) 26　(キク) −6

90 (アイ) 16　$\frac{(ウ)}{(エ)}$ $\frac{1}{2}$

91 (ア) 2　$\frac{(イウ)}{(エ)}$ $\frac{14}{3}$　(オ) 3　$\frac{(カ)}{(キ)}$ $\frac{9}{2}$

92 $\frac{(ア)}{(イ)}$ $\frac{9}{2}$　(ウ) 2

93 (ア) 6　(イ) 4　(ウエ) 24　(オ) 2　(カ) 2

94 (ア) 2　(イウ) −3　(エオ) −3　(カ) 2

95 (ア) 2　$\frac{(イ)}{(ウ)}$ $\frac{4}{3}$　(エ) 4　$\frac{(オカ)}{(キ)}$ $\frac{16}{3}$

96 (ア) 2　$\frac{(イ)}{(ウ)}$ $\frac{5}{2}$　$\frac{(エ)}{(オ)}$ $\frac{1}{2}$　$\frac{(カ)}{(キ)}$ $\frac{9}{2}$

97 (ア) 4　(イ) 4　$\frac{(ウエ)}{(オカキ)}$ $\frac{58}{195}$

98 (アイ) −3　(ウ) 2　(エ) 2　(オ) 5
(カ) 6　(キ) 8

99 (ア) 6　(イウ) −2　(エ) 1

100 (ア) 3　(イ)n+(ウ) $2n+1$　(エ) 3
(オカ) −2　$\frac{(キ)}{(ク)}$ $\frac{2}{9}$　(ケコ) −2

101 $\frac{(ア)}{(イ)}$ $\frac{1}{6}$　$\frac{(ウ)}{(エ)}$ $\frac{1}{3}$　(オ) 5

102 $\frac{(ア)}{(イ)}$ $\frac{2}{3}$　$\frac{(ウ)}{(エ)}$ $\frac{5}{9}$　$\frac{\sqrt{(オ)}}{(カ)}$ $\frac{\sqrt{5}}{3}$

103 (ア) 5　$\frac{(イ)}{(ウ)}$ $\frac{3}{5}$　$\frac{(エオカ)}{(キクケ)}$ $\frac{216}{625}$
(コ) 3　$\frac{(サ)}{(シ)}$ $\frac{6}{5}$　$\frac{\sqrt{(スセ)}}{(ソ)}$ $\frac{\sqrt{30}}{5}$

104 0.(アイウエ) 0.5328
0.(オカキク) 0.1359

105 0.(アイウエ) 0.6826　(オカ) 20
(キクケ) 100

106 (ア) ⓪

107 (ア) 2　$\frac{(イ)}{(ウ)}$ $\frac{1}{2}$　$\frac{(エ)}{(オ)}$ $\frac{1}{2}$
$\frac{(カキ)}{(ク)}$ $\frac{-1}{2}$　$\frac{(ケ)}{(コ)}$ $\frac{3}{2}$

108 $\frac{(ア)}{(イ)}$ $\frac{1}{5}$　$\frac{(ウエ)}{(オカ)}$ $\frac{11}{45}$

109 (ア) 2　(イ) 1　(ウ) 0　(エ) 2
$\sqrt{(オカ)}$ $\sqrt{37}$　(キク) −3　(ケ) 2

110 (ア) ①　$\frac{(イ)}{(ウ)}$ $\frac{2}{3}$

111 $\frac{(ア)}{(イ)}$ $\frac{2}{5}$　$\frac{(ウ)}{(エ)}$ $\frac{1}{5}$　(オ) 2

112 $\frac{\sqrt{(ア)}}{(イ)}$ $\frac{\sqrt{2}}{3}$　$\frac{\sqrt{(ウエ)}}{(オ)}$ $\frac{\sqrt{14}}{2}$
$\sqrt{(カ)}$ $\sqrt{7}$

113 (アイ) 13　(ウエ) −2
$\frac{(オカ)}{(キ)}$ $\frac{-1}{2}$　$\frac{\sqrt{(クケ)}}{(コ)}$ $\frac{\sqrt{78}}{2}$

114　(アイ) -2

115　(ア) 7

116　(ア)$\sqrt{(イ)}$ $4\sqrt{2}$　$\frac{(ウ)}{(エオ)}$ $\frac{1}{12}$

$\frac{\sqrt{(カ)}}{(キ)}$ $\frac{\sqrt{2}}{4}$　$\frac{(クケ)}{(コサ)}$ $\frac{17}{12}$

117　(アイ) -1　(ウ) ②

118　(ア) 1　(イウ) -3　(エ) 1　(オ) 1

119　(アイ)i $-5i$　(ウ) 6

120　(ア) 6　(イウ) -5　(エ) 1

(オカ) -7

121　$\frac{(ア)}{(イ)}$ $\frac{1}{4}$　(ウ) 5

122　(ア) 2　(イウ) -2　(エオ) -6

123　(アイ) 10　(ウ) 6　(エ) 4　(オ) 9　(カ) 6

124　$\sqrt{(ア)}$ $\sqrt{5}$　$\frac{\sqrt{(イ)}}{(ウ)}$ $\frac{\sqrt{6}}{3}$　(エ) 9

(オカ) 16

125　(ア) 2　(イウ) -1　(エ) 1

(オカ) -3

126　(アイ) 25　(ウ) 0　(エ) 2

127　(アイ)x^2+(ウ) $-2x^2+1$

(エオ) -1　(カ) 1　(キ) 3　(ク) 2

(ケ) 1　(コ) 3　(サ) 4　(シ) 9

128　(ア) 2　(イウ) -2　(エ) 6　$\frac{(オ)}{(カ)}$ $\frac{3}{4}$

(キ)$\sqrt{(ク)}$ $2\sqrt{7}$

練習の答

1　(ア) 3　(イ) 1　(ウエ) 13　(オ) 6

(カ) 9　(キ) 5

2　(ア) ①　(イ) 1　(ウ) 2　$\frac{(エオ)}{(カ)}$ $\frac{-1}{3}$

(キ) ①　(ク) ③　(ケコ) 11

3　(アイ) -1　(ウ) 3　(エ) 7

(オカ) -5　(キ) 1　(ク) 4

4　(ア) ⓪　(イ) ①　(ウ) ⓪

5　(ア) $-$　(イ) 1　(ウ) $-$　(エ) 1　(オ) 0

(カ) 2　(キク) -2　(ケ) 3　(コ) 2　(サ) 1

(シ) 1

6　(ア) 1　(イ) 4　(ウ) 2　(エオ) 25

$\frac{(カ)}{(キ)}$ $\frac{5}{2}$　$\frac{(クケ)}{(コ)}$ $\frac{95}{4}$　(サ) 2　(シス) 25

7　(ア) 4　(イ) $-$　(ウ) 8　(エ) 8　$\frac{(オ)}{(カ)}$ $\frac{1}{2}$

(キ) 4　(ク) 2

8　$\frac{(アイ)}{(ウ)}$ $\frac{-3}{2}$　(エ) 2　$\frac{(オカ)}{(キ)}$ $\frac{-3}{2}$

(ク) ①

9　$\frac{(アイ)}{(ウ)}$ $\frac{-5}{8}$　$\frac{\sqrt{(エオ)}}{(カ)}$ $\frac{\sqrt{30}}{2}$

$\sqrt{(キ)}$ $\sqrt{3}$　$\sqrt{(クケ)}$ $\sqrt{10}$

10　(ア) 4　(イ) 3　$\frac{(ウ)}{(エ)}$ $\frac{1}{4}$　(オ) 6　(カ) 2

11　(アイ) 12　$\frac{(ウ)}{(エ)}$ $\frac{1}{8}$

(オカ)$\sqrt{(キ)}$ $15\sqrt{7}$　$\frac{(ク)\sqrt{(ケコ)}}{(サ)}$ $\frac{3\sqrt{42}}{7}$

12　(ア) ⓪

13　(アイ) 60　(ウエ) 70　(オ) ①

14　(アイ).(ウエ) -0.72　(オ) ②

15　(ア) ⓪　(イ) ②　(ウ) ①

16　(ア).(イ) 0.4　(ウ) 8　$\frac{\sqrt{(エ)}}{(オ)}$ $\frac{\sqrt{5}}{5}$

(カ).(キク) 0.45　(ケ).(コサ) 0.45

17　(アイウ) 120　(エオ) 56

(カキ) 20　(クケ) 48

18　(アイウ) 210　(エオカキ) 2520

(クケコサ) 4200　(シスセソ) 2100

19　(アイ) 45　(ウ) 6　(エオ) 21

20　$\frac{\text{(アイ)}}{\text{(ウエ)}}$ $\frac{13}{36}$　(オカキ) 169

21　$\frac{\text{(アイ)}}{\text{(ウエオ)}}$ $\frac{81}{256}$　$\frac{\text{(カキク)}}{\text{(ケコサ)}}$ $\frac{175}{256}$

22　$\frac{\text{(ア)}}{\text{(イウ)}}$ $\frac{3}{16}$　$\frac{\text{(エオ)}}{\text{(カキ)}}$ $\frac{11}{32}$　$\frac{\text{(ク)}}{\text{(ケコ)}}$ $\frac{5}{72}$

23　(ア) ③　(イ) ⑧　(ウ) ⑦　(エ) ④　(オ) ⑨

24　(ア) ①　(イウ) 12　(エ)$\sqrt{\text{(オ)}}$ $6\sqrt{2}$　$\sqrt{\text{(カ)}}$ $\sqrt{3}$　$\frac{\text{(キ)}}{\text{(ク)}}$ $\frac{1}{6}$

25　$\frac{\text{(ア)}}{\text{(イ)}}$ $\frac{1}{2}$　(ウ) 5　(エ) 1　$\frac{\text{(オカ)}}{\text{(キク)}}$ $\frac{11}{16}$　$\frac{\text{(ケ)}\sqrt{\text{(コサ)}}}{\text{(シ)}}$ $\frac{3\sqrt{34}}{4}$

26　(ア) 5　(イ) 5　(ウ) 4　(エ) 5　(オカ) 30

27　(ア) 2　(イ) 5　(ウ) 3　(エ) 0　(オ) 1　(カキ) -7

28　(アイ) -2　(ウ) 2　(エ) 5　(オ) 6　(カ) 2

29　$\frac{\text{(アイ)}}{\text{(ウ)}}$ $\frac{-2}{3}$　$\frac{\text{(エオ)}}{\text{(カ)}}$ $\frac{-5}{6}$　(キ) 6　(クケ) -3　(コ)$\sqrt{\text{(サ)}}$ $3\sqrt{5}$

30　$\frac{\text{(アイ)}}{\text{(ウ)}}$ $\frac{-4}{5}$　$\frac{\text{(エオ)}}{\text{(カ)}}$ $\frac{-3}{5}$　(キ) 6　(ク) 4　(ケ) 7

31　(ア) 1　(イウ) -1　(エ) 2　$\frac{\text{(オ)}}{\text{(カ)}}$ $\frac{1}{5}$　$\frac{\text{(キ)}}{\text{(ク)}}$ $\frac{7}{5}$　(ケ) 7　(コサ) 10　$\sqrt{\text{(シ)}}$ $\sqrt{3}$　$\frac{\text{(ス)}}{\text{(セ)}}$ $\frac{3}{2}$

32　$\sqrt{\text{(ア)}}$ $\sqrt{5}$　(イ) 2　(ウ) 3　(エオ) -1　(カ) 1　$\frac{\text{(キ)}\sqrt{\text{(ク)}}}{\text{(ケ)}}$ $\frac{2\sqrt{5}}{5}$　(コ) 1　(サ) 2　$\sqrt{\text{(シ)}}$ $\sqrt{5}$　(ス) 5　(セ) 0　(ソ)$\sqrt{\text{(タ)}}$ $3\sqrt{5}$

33　(ア) 3　(イ) 0　$\frac{\text{(ウ)}}{\text{(エ)}}$ $\frac{5}{6}$　$\frac{\text{(オカ)}}{\text{(キ)}}$ $\frac{11}{6}$　(ク) 2

34　(ア) 3　(イ) 4　(ウ) 3　(エ) 2　$\frac{\text{(オ)}}{\text{(カ)}}$ $\frac{2}{3}$　$\frac{\text{(キ)}}{\text{(ク)}}$ $\frac{4}{3}$　$\frac{\text{(ケ)}}{\text{(コ)}}$ $\frac{5}{3}$

35　$\frac{\text{(ア)}}{\text{(イ)}}$ $\frac{1}{4}$　$\frac{\text{(ウ)}}{\text{(エ)}}$ $\frac{1}{8}$　(オ) 2　(カ) 2　(キ) 4

36　(ア) 6　(イ) 2　(ウ) 3　(エ)$\sqrt{\text{(オ)}}$ $5\sqrt{3}$　(カキ) 12　(ク)+(ケ)$\sqrt{\text{(コ)}}$ $6+5\sqrt{3}$　(サ) 2　(シ)$\sqrt{\text{(ス)}}$ $2\sqrt{3}$

37　(ア) 2　$\frac{\text{(イウ)}}{\text{(エ)}}$ $\frac{-1}{2}$　(オ)$\sqrt{\text{(カ)}}$ $6\sqrt{3}$　(キク) 81

38　(ア) ⓪　(イ) ⑤　(ウ) ①　(エ) ⓪　(オ) ⓪　(カ) ②　(キ) ⑤　(ク) ②

39　(ア) 6　(イ) 4　(ウ) 5　(エ) 3　(オ) 1　(カ) 4

40　(ア) 3　(イ) 1　(ウ) 1　(エ) 3　(オ) 2　(カキ) -2　(クケ) -8

41　(ア) 2　(イ) 2　(ウ) 2　(エ) 2　$\sqrt{\text{(オ)}}$ $\sqrt{2}$

42　(ア) 2　$\frac{\sqrt{\text{(イ)}}}{\text{(ウ)}}$ $\frac{\sqrt{3}}{6}$　(エ) 3　$\frac{\sqrt{\text{(オ)}}}{\text{(カキ)}}$ $\frac{\sqrt{3}}{18}$

43　(アイ) -3　$\frac{\text{(ウエオ)}}{\text{(カキ)}}$ $\frac{-49}{27}$　(クケ) -3　(コサ) -2

44　(アイ) -2　(ウエ) 12　(オカ) 18　(キ) 0　(クケ) -8　(コ), (サ) 0, 9 または 9, 0　(シ) ⓪

45　(ア) 2　$\frac{\text{(イ)}}{\text{(ウ)}}$ $\frac{4}{3}$　(エ) 2　$\frac{\text{(オ)}}{\text{(カ)}}$ $\frac{8}{3}$　(キ) 2　$\frac{\text{(ク)}}{\text{(ケ)}}$ $\frac{8}{3}$　(コ) 1　(サ) 2

46　(アイ) -1　(ウエ) -1　(オ) 1　(カ) 2　(キク) 24　(ケ) 1　(コ) 3

47　(ア) $-$　(イ) 2　(ウエ) -1　(オ) 3　(カ) 2　$\frac{\text{(キク)}}{\text{(ケ)}}$ $\frac{27}{4}$

48　(アイ) -2　$\frac{\text{(ウ)}}{\text{(エ)}}$ $\frac{1}{3}$　(オカ) -7　(キ) 3　(ク) 9　(ケコ) 33

49　(ア) 6　(イ) 1　(ウエ) 12　(オ) 1　(カキ) 28　$\sqrt{\text{(ク)}}$ $\sqrt{3}$　$\sqrt{\text{(ケ)}}-\text{(コ)}$ $\sqrt{3}-1$

50 (アイウエオカ) 225060 (キク) 10
(ケコ) 11 (サシスセソ) 36868

51 (アイウ) 210 (エオ) 21
(カキクケ) 2870 (コサシ) 217

52 (アイ) -7 (ウ) $-$ (エ) 6
(オカ) -4 (キク) -1 (ケ) ① (コ) 3
(サ) 2 (シス) -1 (セ) ① (ソ) 3

53 $\frac{(ア)}{(イ)}$ $\frac{1}{4}$ $\frac{(ウ)}{(エ)}$ $\frac{1}{7}$ $\frac{(オ)}{(カキ)}$ $\frac{1}{10}$
$\frac{(ク)}{(ケ)n-(コ)}$ $\frac{1}{3n-2}$ $\frac{(サ)}{(シ)k+(ス)}$ $\frac{1}{3k+1}$
(セ) ②

54 $\frac{(ア)}{(イ)}$ $\frac{2}{7}$ (ウ) 5 (エ) 7 (オカキ) 147
(ク) 3 (ケ) 4 $\frac{(コサ)}{(シス)}$ $\frac{20}{49}$ (セ) 8
(ソタ) 20

55 (ア) 4 $\frac{(イ)}{(ウ)}$ $\frac{4}{3}$ $\frac{(エオ)}{(カ)}$ $\frac{22}{9}$
$\frac{(キク)}{(ケコ)}$ $\frac{38}{81}$ $\frac{(サシ)}{(ス)}$ $\frac{40}{9}$
$\frac{(セソタ)}{(チツ)}$ $\frac{146}{81}$

56 $\frac{(ア)}{(イ)}$ $\frac{1}{8}$ $\frac{(ウ)}{(エ)}$ $\frac{1}{3}$

57 (アイ) 20 (ウ) 4
0.(エオカキ) 0.0062
(ク).(ケコ) 0.04
(サ).(シス) 0.16

58 (ア) $-$ (イ) 2 (ウ) 0 $\frac{(エオ)}{(カ)}$ $\frac{-4}{3}$

59 (ア) 6 (イ) 1 (ウ) 6 (エ) 8
$\frac{(オ)}{(カキ)}$ $\frac{9}{14}$ (ク) 9 (ケ) 5

60 (ア) 6 (イ) 6 (ウ) 6 (エ) 1 $\frac{(オ)}{(カ)}$ $\frac{1}{6}$

61 (ア) 0 $\frac{(イ)}{(ウ)}$ $\frac{2}{3}$ (エ) 2 $\frac{(オ)}{(カ)}$ $\frac{4}{3}$
(キ) 2 $\frac{(ク)}{(ケ)}$ $\frac{2}{3}$

62 $\frac{(ア)}{(イ)}$ $\frac{1}{6}$ $\frac{(ウ)}{(エ)}$ $\frac{2}{9}$ $\frac{(オ)}{(カ)}$ $\frac{1}{4}$ $\frac{(キ)}{(ク)}$ $\frac{4}{3}$
$\frac{(ケ)}{(コ)}$ $\frac{2}{9}$ $\frac{(サ)}{(シス)}$ $\frac{8}{27}$ (セソ) 23

63 (ア) 0 (イウ) -1 (エオカ) 120
$\frac{\sqrt{(キ)}}{(ク)}$ $\frac{\sqrt{3}}{3}$

64 $\frac{\sqrt{(ア)}+\sqrt{(イ)}i}{(ウ)}$ $\frac{\sqrt{2}+\sqrt{6}i}{4}$
$\frac{\sqrt{(エ)}-\sqrt{(オ)}i}{(カ)}$ $\frac{\sqrt{6}-\sqrt{2}i}{4}$

65 $\frac{(ア)}{(イ)}$ $\frac{4}{3}$ $\frac{(ウ)}{(エ)}$ $\frac{2}{3}$

66 (ア)$\sqrt{(イ)}-\sqrt{(ウ)}$ $2\sqrt{2}-\sqrt{6}$
(エ)$-\sqrt{(オ)}$ $2-\sqrt{3}$ $\frac{(カ)}{(キク)}$ $\frac{7}{12}$

67 (ア) ⓪

68 (ア) ③ (イ) 4 (ウ) ① (エ) 9

69 (ア)x+(イ) $-x+1$ (ウ) 0 (エオ) -1

70 (ア) 1 (イ) 1 (ウ) 0 (エ) 0 (オカ) -4

71 (ア) 2 (イ) 1 (ウエ) -4 (オ) 1

問題の答

1 (ア) ①

2 (アイウエ) 1200 (オカキク) 1700
(ケコサシスセ) 602500 (ソタチ) 850
(ツテト) 350 (ナニ) 12

3 (ア) ③ (イ) ① (ウ) ② (エ) ⑦

4 (ア) ③

5 $\sqrt{(ア)}+\sqrt{(イ)}$ $\sqrt{6}+\sqrt{2}$ (ウエ) 45

6 (ア), (イ) ①, ② または ②, ①

7 (ア).(イ) 7.5 (ウ) ① (エ) ①

8 (アイ) 20 (ウ) 6 $\frac{(エ)}{(オカ)}$ $\frac{9}{32}$

9 $\frac{(アイ)}{(ウエオ)}$ $\frac{11}{450}$ $\frac{(カ)}{(キク)}$ $\frac{5}{11}$

10 (ア) ⓪

11 (ア) ③ $\frac{(イ)\sqrt{(ウ)}}{(エ)}$ $\frac{3\sqrt{6}}{2}$ (オ) 7

12 (ア) 2 (イ) 1 (ウエ) -2
(オ)$+\sqrt{(カ)}i$ $2+\sqrt{3}i$

13 (アイ) -1 (ウ) 0 (エ) ①

14 $-\sqrt{(ア)}$ $-\sqrt{5}$ $\sqrt{(イ)}$ $\sqrt{5}$
(ウ)$\sqrt{(エ)}$ $2\sqrt{5}$ (オ) 3 (カキ) -1
(クケ) -4

15 (ア) 6 (イ) 5 (ウ) 4 (エ) 2 (オ) 3
$\frac{(カ)}{(キ)}$ $\frac{3}{8}$ $\frac{(ク)}{(ケ)}$ $\frac{5}{6}$ $\frac{(コ)}{(サシ)}$ $\frac{3}{22}$

16 (ア) ②
(イ), (ウ) ①, ③ または ③, ①

17 (アイ) 21

18 (アイ) 26 (ウ) 1 (エ) 3

19 (ア) ④ (イ) ⓪

20 (ア) 1 (イ) 1 (ウ) 3 $\frac{(エ)}{(オ)}$ $\frac{1}{2}$
(カ) 2 (キ) 6 (ク) 1 $\frac{(ケコ)}{(サシ)}$ $\frac{68}{15}$

21 $\frac{(アイ)}{(ウ)a}$ $\frac{-1}{8a}$ (エ) 4 $\frac{(オ)}{(カ)}$ $\frac{9}{8}$
$\frac{(キ)}{(ク)}$ $\frac{2}{3}$ (ケ) 2 (コサ) 32
$\frac{(シ)}{(ス)}$ $\frac{1}{8}$ $\frac{(セ)}{(ソタ)}$ $\frac{1}{12}$

22 $\frac{(ア)}{(イ)}$ $\frac{4}{3}$ $\frac{(ウ)}{(エ)}$ $\frac{1}{3}$ $\frac{(オ)}{(カ)}$ $\frac{4}{3}$
(キ) 1 (ク) 4 $\frac{(ケ)}{(コ)}$ $\frac{3}{4}$
$\frac{(サ)}{(シ)}$ $\frac{3}{4}$ $\frac{(ス)}{(セ)}$ $\frac{3}{4}$
(ソ) 3 (タ) 4 (チ) 3

23 (ア).(イウ)a $1.02a$ (エ) ①
(オカ) 51 (キク) 40

24 (アイ).(ウエ) 61.02
(オカ).(キク) 62.98
(ケ).(コサ) 0.89 $\frac{(シ)}{(ス)}$ $\frac{1}{3}$

25 (ア) ② (イ) ⓪ (ウ) ②
(エ)$\sqrt{(オ)}$ $-\sqrt{2}$ (カ) ① (キ) ①

26 (ア) ⓪ (イ) ① (ウ) ② (エ) ①

27 $\frac{(ア)}{(イ)}$ $\frac{1}{3}$ $\frac{(ウ)}{(エオ)}$ $\frac{7}{12}$ (カ) ①

28 (ア) ③ (イ) 4 (ウ) ⑤
(エ)$x+$(オ) $4x+4$ (カキ) -8 (ク) 8

実践問題の答

1 (アイ) −8　(ウエ) −4　(オ) 2　(カ) 2　(キ) 4　(ク) 4　(ケ) 7　(コ) 3

2 (ア) 3　(イ) 2　(ウ) ②　(エ) 6　(オカ) 11　(キ) ⑤

3 (ア) ②　(イ) 6　(ウエ) 12　(オ) 7　(カキ) 13　(ク) ⓪

4 (ア), (イ) ①, ④　または　④, ①

5 (ア) 3　(イ) 2　(ウ) 5　(エ) 9　(オ) ⑥　(カ) ①

6 (ア) 2　(イ) ④　(ウ) ②　(エ) 4　(オ) ⓪　(カ) ④　(キ) ②

7 (ア) 2　(イ) 4　(ウ) 2　(エ) ⑧　(オ) ⓪　(カ) ①　(キ) ①　(ク) ③

8 (ア) 5　(イウ) −9　(エ) 9　(オ) 5　(カ) 4　$\frac{\text{(キ)}}{\text{(ク)}}$ $\frac{8}{3}$

9 (ア) 4　$\frac{\text{(イウ)}}{\text{(エ)}}$ $\frac{25}{2}$　(オカ) 12　(キク) 10　$\frac{\text{(ケコ)}}{\text{(サ)}}$ $\frac{15}{2}$　(シス) −2　(セソ) 30　(タチツ) 100

10 (ア) ①　(イ) ⑤　(ウ) ⑤

11 (ア) 6　$\frac{\text{(イ)}}{\text{(ウ)}}$ $\frac{4}{3}$　(エ) 4　$\sqrt{\text{(オ)}}$ $\sqrt{2}$　(カ) ⑤　(キ) ⑦　(ク) ⑧

12 $\frac{\sqrt{\text{(ア)}}}{\text{(イ)}}$ $\frac{\sqrt{6}}{3}$　(ウ)$\sqrt{\text{(エ)}}$ $2\sqrt{6}$　(オ)$\sqrt{\text{(カ)}}$ $2\sqrt{6}$　$\frac{\text{(キ)}}{\text{(ク)}}$ $\frac{2}{3}$　$\frac{\text{(ケコ)}}{\text{(サ)}}$ $\frac{10}{3}$　(シ) 4　(ス) 6　$\frac{\text{(セソ)}}{\text{(タ)}}$ $\frac{-1}{3}$　$\frac{\text{(チ)}}{\text{(ツ)}}$ $\frac{7}{3}$　(テ) 4　(ト)$\sqrt{\text{(ナ)}}$ $4\sqrt{5}$

13 (ア) ⓪　(イ) ⑦　(ウ) ④　(エオ) 27　$\frac{\text{(カ)}}{\text{(キ)}}$ $\frac{5}{6}$　(ク)$\sqrt{\text{(ケコ)}}$ $6\sqrt{11}$　(サ) ⑥　(シス)($\sqrt{\text{(セソ)}}+\sqrt{\text{(タ)}}$)　$10(\sqrt{11}+\sqrt{2})$

14 (ア) ⑥　(イ) ①　(ウ) ①　(エ), (オ) ①, ⑤　または　⑤, ①　(カ) ⓪　(キ) ②

15 (ア) ④　(イ) ⓪　(ウ) ⑧　(エ), (オ) ②, ③　または　③, ②

16 (ア).(イ) 5.8　(ウ) ①　(エ) ①

17 (アイウ) 320　(エオ) 60　(カキ) 32　(クケ) 30　(コ) ②　(サシス) 260　(セソタチ) 1020

18 (ア) 1　$\frac{\text{(イ)}}{\text{(ウ)}}$ $\frac{1}{2}$　(エ) 2　$\frac{\text{(オ)}}{\text{(カ)}}$ $\frac{1}{3}$　$\frac{\text{(キク)}}{\text{(ケコ)}}$ $\frac{65}{81}$　(サ) 8　(シ) 6　(スセ) 15　$\frac{\text{(ソ)}}{\text{(タ)}}$ $\frac{3}{8}$

19 $\frac{\text{(ア)}}{\text{(イ)}}$ $\frac{1}{9}$　$\frac{\text{(ウ)}}{\text{(エオ)}}$ $\frac{4}{27}$　$\frac{\text{(カ)}}{\text{(キ)}}$ $\frac{1}{3}$　$\frac{\text{(ク)}}{\text{(ケ)}}$ $\frac{2}{3}$　(コ) 2　(サ) 3　$\frac{\text{(シス)}}{\text{(セソタ)}}$ $\frac{20}{243}$　$\frac{\text{(チツ)}}{\text{(テトナ)}}$ $\frac{50}{729}$　$\frac{\text{(ニヌ)}}{\text{(ネノハ)}}$ $\frac{40}{243}$

20 $\frac{\text{(ア)}}{\text{(イ)}}$ $\frac{3}{8}$　$\frac{\text{(ウ)}}{\text{(エ)}}$ $\frac{4}{9}$　$\frac{\text{(オカ)}}{\text{(キク)}}$ $\frac{27}{59}$　$\frac{\text{(ケコ)}}{\text{(サシ)}}$ $\frac{32}{59}$　(ス) ③　$\frac{\text{(セソタ)}}{\text{(チツテ)}}$ $\frac{216}{715}$　(ト) ⑧

21 (アイウ) 126　(エオ) 10　(カキ) 30　(クケ) 40　$\frac{\text{(コ)}}{\text{(サシ)}}$ $\frac{2}{63}$　$\frac{\text{(ス)}}{\text{(セソ)}}$ $\frac{8}{63}$　$\frac{\text{(タチ)}}{\text{(ツテ)}}$ $\frac{10}{63}$　$\frac{\text{(トナ)}}{\text{(ニヌ)}}$ $\frac{68}{63}$

22 (ア) 5　(イ) 7　$\frac{\text{(ウ)}\sqrt{\text{(エ)}}}{\text{(オ)}}$ $\frac{2\sqrt{6}}{3}$　(カ) 4　$\frac{\text{(キ)}\sqrt{\text{(クケ)}}}{\text{(コ)}}$ $\frac{2\sqrt{42}}{3}$　$\frac{\text{(サ)}\sqrt{\text{(シ)}}}{\text{(ス)}}$ $\frac{2\sqrt{6}}{3}$

23 (ア) 3　(イ) 4　(ウ) 2　(エ) 7　(オ) ②　(カキ) 15　(ク) 8　(ケコ) 20　(サ) 3　$\frac{\text{(シス)}}{\text{(セ)}}$ $\frac{32}{9}$　(ソ) 5　(タ) 3

24 (ア) ⑤　(イ) ②　(ウ) ⑥　(エ) ⑦　(オ) ①　(カ) ②　(キ) 2　(ク)$\sqrt{\text{(ケコ)}}$ $2\sqrt{15}$　(サシ) 15　(ス)$\sqrt{\text{(セソ)}}$ $3\sqrt{15}$　$\frac{\text{(タ)}}{\text{(チ)}}$ $\frac{4}{5}$

25 (ア) i　$-i$　(イ) 1　(ウエオ) -24
(カキ) 16　(ク) 4　(ケ) 7　(コ) 2　(サ) 0
(シ) 2　$\sqrt{\text{(ス)}}$　$\sqrt{3}$　(セ) 2　(ソ) ②　(タ) 2
(チ) 3　(ツ) ⓪

26 (アイ) -1　(ウ) $-$　(エ) 1　(オ) 1
(カ) 1　(キ) 2　(ク) 4　(ケ) 3　(コ) 2　(サ) 3
(シ) ①　(ス) 2　(セ) ④　(ソ) 1　(タ) 7

27 (ア) ①
(イ), (ウ) ②, ⑦　または　⑦, ②

28 (ア) 4　(イ) 2　(ウ) 9　(エオ) -3
(カキ) -2　(ク) 5　(ケ) 7　(コ) 4　(サ) 3
(シス) 25

29 (アイ) 13　(ウ) 5　(エオ) 12　(カ) 0
$\dfrac{\text{(キク)}}{\text{(ケ)}}$　$\dfrac{-3}{2}$　$\dfrac{\text{(コ)}}{\text{(サ)}}$　$\dfrac{2}{3}$　(シス) 13
$\dfrac{\text{(セ)}}{\text{(ソ)}}$　$\dfrac{2}{3}$　$\dfrac{\text{(タチ)}}{\text{(ツ)}}$　$\dfrac{-3}{2}$

30 (ア) ⑤　(イ) ⑧　(ウ) ②　(エ) ⑥
(オ) ②　(カ) ⑧　(キ) ⑥　(ク) ②　(ケ) 2
(コ)$-\sqrt{\text{(サ)}}$　$1-\sqrt{2}$　(シ) 1　(ス) ②　(セ) ①

31 (ア) ⓪　(イ) ②
(ウ), (エ) ①, ③　または　③, ①
(オカキ) 575　$\dfrac{\text{(ク)}}{\text{(ケ)}}$　$\dfrac{9}{4}$　$\dfrac{\text{(コ)}}{\text{(サ)}}$　$\dfrac{7}{2}$
(シスセ) 500　(ソ) 4　(タ) 3　(チ) 3
(ツテ) 18

32 (ア) ②　$\dfrac{\text{(イ)}}{\text{(ウ)}}$　$\dfrac{4}{5}$　(エオカ) 345
(キ) 6　$\sqrt{\text{(ク)}}$　$\sqrt{3}$　(ケ) 3　(コ) 2
$\dfrac{\text{(サシ)}}{\text{(スセ)}}$　$\dfrac{29}{30}$

33 (ア) ⓪　(イ) ②　(ウ) 2　(エ) 1　(オ) 3
$\dfrac{\text{(カ)}}{\text{(キ)}}$　$\dfrac{5}{3}$　(ク) ⑧　(ケ) ⑤　(コ) 7　$\dfrac{\text{(サ)}}{\text{(シ)}}$　$\dfrac{3}{7}$
$\dfrac{\text{(ス)}}{\text{(セ)}}$　$\dfrac{5}{7}$　(ソ) 6　$\dfrac{\text{(タ)}}{\text{(チ)}}$　$\dfrac{5}{6}$

34 $\sqrt{\text{(ア)}}$　$\sqrt{2}$　(イ) 4　(ウ) ④
(エオ) -2　(カ) 2　(キ) 6　$\dfrac{\text{(ク)}}{\text{(ケ)}}$　$\dfrac{5}{6}$
$\dfrac{\text{(コ)}}{\text{(サ)}}$　$\dfrac{3}{2}$　$\dfrac{\text{(シ)}}{\text{(ス)}}$　$\dfrac{3}{2}$
(セソ) -3　(タ) ④

35 (ア)$\sqrt{\text{(イ)}}$　$4\sqrt{2}$　$\dfrac{\text{(ウエ)}}{\text{(オ)}}$　$\dfrac{-2}{3}$
(カ) ②　(キ) ③　(ク) ①　(ケ) ①
(コ) 0　(サ) 2　(シス) -4　(セ) 4
$\sqrt{\text{(ソ)}}$　$\sqrt{2}$　(タ) 1

36 (ア) 2　(イウ) -3　(エ) 2
$\dfrac{\text{(オカ)}}{\text{(キ)}}$　$\dfrac{-2}{3}$　(クケ) -2　(コ) 2
$\sqrt{\text{(サ)}}$　$\sqrt{2}$　$\dfrac{\text{(シス)}}{\text{(セ)}}$　$\dfrac{-5}{4}$

37 (ア) 1　(イ) 3　(ウ) 4　$\dfrac{\text{(エ)}}{\text{(オ)}}$　$\dfrac{1}{2}$　(カ) 1
(キ) 3　$\dfrac{\text{(ク)}}{\text{(ケ)}}$　$\dfrac{7}{2}$　(コ) 2　(サ) 8

38 (ア) 2　(イ).(ウエオ) 2.566　(カ) ②
(キ) ⑤

39 (ア) ②　(イ) 2　$\dfrac{\text{(ウ)}}{\text{(エ)}}$　$\dfrac{3}{2}$　(オ) ⑤
(カ) ⑤

40 (ア) ④　(イウ) -3　(エ) 2　(オ) ⓪
(カ) ⓪　(キ) ③　(ク) ⑧　$\dfrac{\text{(ケ)}}{\text{(コ)}}$　$\dfrac{5}{3}$　(サ) 9
(シ) 6　(スセソ) 180

41 (ア) ①　(イ) ⓪　(ウ) ③　(エ) ②
(オカ)$\sqrt{\text{(キ)}}$　$-2\sqrt{2}$　$\sqrt{\text{(ク)}}$　$\sqrt{2}$
(ケ), (コ) ①, ④　または　④, ①

42 (ア) 2
(イウ)$p+$(エ)　$-2p+2$
(オ) 1　(カ) 3　(キ) 3　(ク) 3
(ケ) 1　(コ) 2　(サ) 3
$\dfrac{\text{(シ)}+\sqrt{\text{(ス)}}}{\text{(セ)}}$　$\dfrac{3+\sqrt{5}}{2}$　(ソ) ③
(タチ) -1　(ツ) ⑦　(テ) ④
(トナ)$t^{\text{(ニ)}}+$(ヌ)　$-6t^2+2$

43 (アイウ) 180　(エオカ) 300
(キク) 12　(ケ) 5　(コ) ④　(サ) ⓪
(シ) ④

44 (アイ) -3 (ウエ) 26 (オ) 9
(カ) ① (キ) ② (ク) ⓪ (ケ) ⓪
(コサ) 10 (シス) 20 (セ) 3
(ソタ) 30 (チツ) 20 (テ) 3 (トナ) 20
(ニ) ② (ヌ) ① (ネ) ④

45 (ア) 4 (イ) 8 (ウ) 7 (エ) ③ (オ) ④
(カ) 2 (キ) 2 (ク) 1 (ケ) ⑧ (コ) ⑨

46 $\frac{(ア)}{(イ)}$ $\frac{7}{4}$ (ウ) 1
$\frac{(エオ)}{(カ)}$ $\frac{-1}{4}$ (キ) ⓪ $\frac{(ク)}{(ケ)}$ $\frac{9}{5}$
(コ) 4 (サ) ⓪ (シ) ① (ス) ①
$\frac{(セソ)}{(タ)}$ $\frac{16}{9}$ (チ) 4 (ツ) ① (テ) 3
(ト) 4 (ナ) ⓪

47 $\frac{(ア)}{(イ)}$ $\frac{5}{6}$ (ウエ) 22 $\frac{(オ)}{(カ)}$ $\frac{1}{2}$
$\frac{(キ)}{(ク)}$ $\frac{3}{2}$ (ケ) 2 $\frac{(コ)}{(サ)}$ $\frac{1}{2}$ $\frac{(シ)}{(ス)}$ $\frac{1}{2}$
$\frac{(セソ)}{(タチ)}$ $\frac{13}{15}$ $\frac{(ツ)}{(テ)}$ $\frac{1}{2}$ $\frac{(ト)}{(ナ)}$ $\frac{1}{2}$
$\frac{(ニ)}{(ヌ)}$ $\frac{1}{4}$ $\frac{(ネ)}{(ノ)}$ $\frac{1}{4}$ $\frac{(ハヒフ)}{(ヘホ)}$ $\frac{507}{10}$

48 (アイ) 45 (ウエ) 15 (オカ) 47
$\frac{(キ)}{(ク)}$ $\frac{1}{5}$ $\frac{(ケ)\sqrt{(コサ)}}{(シ)}$ $\frac{3\sqrt{11}}{8}$ (ス) ①
(セ) 4 (ソタチ).(ツテ) 112.16
(トナニ).(ヌネ) 127.84 (ノ) ②
(ハ).(ヒ) 1.5

49 (ア) 1 (イ) 4 (ウ) 2 $\frac{(エオ)}{(カ)}$ $\frac{26}{3}$
(キ) 4 (ク) 3 (ケコ) 11 (サ) ②

50 (ア) ⓪ (イ) ⑦ (ウ) ④ (エ) ⑤
(オカキ) 193 (クケコ) 207 (サ) ②
(シ) ⑥ (ス) ⑦ (セ) ① (ソ) ① (タ) ⓪

51 $\frac{(アイ)}{(ウ)}$ $\frac{-2}{3}$ (エ) ① (オ) ⓪
(カ) ④ (キ) ⓪ $\frac{(ク)}{(ケ)}$ $\frac{3}{5}$
$\frac{(コ)}{(サ)t-(シ)}$ $\frac{3}{5t-3}$ (ス) ③ (セ) ⓪
$\sqrt{(ソ)}$ $\sqrt{6}$ (タ) $-$ (チ) 2 (ツ) 3 $\frac{(テ)}{(ト)}$ $\frac{3}{4}$

52 (ア) 3 $\frac{(イ)}{(ウ)}$ $\frac{7}{4}$ (エ) 2 $\sqrt{(オ)}$ $\sqrt{3}$
(カ) 0 $\frac{(キ)}{(ク)}$ $\frac{1}{4}$ $\frac{(ケ)\sqrt{(コ)}}{(サ)}$ $\frac{5\sqrt{3}}{4}$
$\frac{\sqrt{(シ)}}{(ス)}$ $\frac{\sqrt{3}}{4}$ $\frac{\sqrt{(セ)}}{(ソ)}$ $\frac{\sqrt{3}}{8}$

53 (アイ) -2 (ウエ) -2
(オ)$-$(カ)a $1-4a$ $\frac{(キ)}{(ク)}$ $\frac{1}{4}$
$\frac{(ケ)-(コ)b}{(サ)}$ $\frac{3-2b}{4}$ (シ)$-$(ス)b $1-2b$
(セ) 1 $\frac{(ソ)}{(タ)}$ $\frac{3}{4}$ $\frac{(チ)}{(ツ)}$ $\frac{3}{2}$ (テ) 4
$\frac{(ト)}{(ナ)}$ $\frac{3}{2}$ (ニヌ) -1 (ネ) 1 (ノ) 3

54 $\frac{(ア)}{(イ)}$ $\frac{1}{2}$ $\frac{(ウ)}{(エ)}$ $\frac{1}{2}$ (オ) ① (カ) 9
(キ) 2 (ク) ⓪ (ケ) ③ (コ) ⓪ (サ) ④

55 $\frac{(ア)}{(イ)}$ $\frac{2}{3}$ $\frac{(ウエ)+\sqrt{(オ)}i}{(カ)}$ $\frac{-1+\sqrt{3}i}{2}$
$\frac{(キ)}{(ク)}$ $\frac{2}{3}$ $\frac{(ケコ)+\sqrt{(サ)}}{(シ)}$ $\frac{-1+\sqrt{3}}{2}$
$\frac{(ス)+\sqrt{(セ)}}{(ソ)}$ $\frac{1+\sqrt{3}}{2}$ $\sqrt{(タ)}$ $\sqrt{6}$

56 (ア) ④ (イ) ① (ウ) ⓪ (エ) ①
(オ) ⓪ (カ) ①
(キ)$+\frac{x^{(ク)}+y^{(ケ)}}{(コ)x}$ $1+\frac{x^2+y^2}{2x}$ (サ) 2
$\frac{(シス)}{(セ)}$ $\frac{-1}{2}$ (ソ) 1 (タ) 1 (チ) ⓪

57 (ア) 1 (イ) ① (ウ) ③ (エ) 6 (オ) ⑥

58 (ア) 3 (イ) 9 (ウ) 1 (エ) 6 (オ) 2
(カ) 9 (キ) ② (ク) ⓪ (ケ) 3 (コ) ③
(サ) ③ $\frac{(シ)\sqrt{(ス)}}{(セ)}$ $\frac{3\sqrt{2}}{2}$

59 (ア) 3 (イ) 6 (ウエ) 12 (オ) 6
(カ) ⓪ (キク) 36 (ケコサ) 144 (シ) 3
(ス) 2 (セ)$\sqrt{(ソ)}$ $8\sqrt{3}$

実践模試［数学Ⅰ，数学A］の解答と配点

問題番号(配点)	解答記号	正解	配点	採点
第1問(30)	ア，イ	④，②	3	
	ウ	①	3	
	エ	③	3	
	オ，カ	①，⑤（解答の順序は問わない）	4	
	キ	⑦	3	
	ク	⑤	3	
	ケ	④	2	
	コ	⑤	3	
	サ	②	3	
	シ	①	3	
第1問得点小計				
第2問(30)	ア	②	2	
	イ，ウ	④，④	3	
	$\frac{\text{エ}}{\text{オ}}$	$\frac{1}{2}$	3	
	カ	②	2	
	キ	③	2	
	ク，ケコ	①，−1	3	
	サ	①	2	
	シ	③	2	
	ス	⓪	2	
	セ	⓪	2	
	ソ	①	2	
	タ	①	2	
	チ	③	3	
第2問得点小計				
第3問(20)	$\frac{\text{ア}}{\text{イ}}$	$\frac{4}{3}$	2	
	$\frac{\text{ウ}}{\text{エ}}$	$\frac{3}{8}$	2	
	オ，カ	⑥，⑤	2	
	キ，ク	②，⑤（解答の順序は問わない）	3	
	ケ	②	2	
	$\frac{\text{コ}}{\text{サ}}$	$\frac{3}{2}$	1	
	$\frac{\text{シ}}{\text{ス}}$	$\frac{5}{4}$	2	
	セソ	10	1	
	$\frac{\text{タ}}{\text{チ}}$	$\frac{8}{3}$	2	
	ツ	⑥	3	
第3問得点小計				
第4問(20)	$\frac{\text{ア}}{\text{イウ}}$	$\frac{7}{64}$	2	
	$\frac{\text{エオ}}{\text{カキ}}$	$\frac{11}{32}$	2	
	ク	⓪	1	
	$\frac{\text{ケコサシ}}{\text{ス}}$	$\frac{2020}{9}$	3	
	$\frac{\text{セ}}{\text{ソタチ}}$	$\frac{5}{432}$	2	
	ツ	⑥	2	
	$\frac{\text{テト}}{\text{ナニヌ}}$	$\frac{37}{135}$	3	
	$\frac{\text{ネ}}{\text{ノハ}}$	$\frac{7}{72}$	2	
	$\frac{\text{ヒフ}}{\text{ヘホ}}$	$\frac{12}{37}$	3	
第4問得点小計				
数学Ⅰ，数学A得点合計				

実践模試［数学Ⅱ，数学B，数学C］の解答と配点

問題番号(配点)	解答記号	正解	配点	採点
第1問(25)	$\text{アイ}x+\frac{\text{ウエ}}{\text{オ}}$	$-2x+\frac{15}{2}$	2	
	$(x-\text{カ})^2+(y-\text{キ})^2$	$(x-6)^2+(y-3)^2$	2	
	(ク，ケ)，コ$\sqrt{\text{サ}}$	(8，4)，$2\sqrt{5}$	3	
	(シ，ス)	(4，2)	2	
	(セソ，タ)	(12，6)	2	
	チ，ツ	⑥，①	4	
	テ$<$ト$<$ナ$<$ニ$<$ヌ	③$<$①$<$④$<$②$<$⓪	3	
	ネ	①	3	
	ノ	1	2	
	ハ	4	2	
第1問得点小計				
第2問(12)	ア	③	2	
	イ	3	2	
	$\text{ウ}\sin\left(5x-\frac{\pi}{\text{エ}}\right)$	$2\sin\left(5x-\frac{\pi}{6}\right)$	2	
	オ	④	3	
	カ	6	3	
第2問得点小計				
第3問(15)	$\text{アイ}x+\text{ウ}$	$-3x+2$	2	
	$\frac{\text{エ}}{\text{オ}}x+\text{カ}$	$\frac{1}{3}x+2$	2	
	$\frac{\text{キク}}{\text{ケ}}$	$\frac{10}{3}$	2	
	$\frac{\text{コサシ}}{\text{スセ}}$	$\frac{500}{81}$	2	
	ソ	②	2	
	タ	⓪	2	
	チ	⑧	3	
第3問得点小計				
第4問(16)	アイウ	144	1	
	$(1.2)^{\text{エオ}}\cdot 10^{\text{カ}}$	$(1.2)^{25}\cdot 10^2$	1	
	キ	④	1	
	クケ	23	1	
	$\text{コサ}\{(1.2)^{\text{シス}}-1\}$	$25\{(1.2)^{24}-1\}$	2	
	セ	①	1	
	ソタチ	124	1	
	$\frac{\text{ツ}}{\text{テ}}a_n-\text{トナ}$	$\frac{6}{5}a_n-20$	2	
	$\text{ニヌネ}+\text{ノハ}\left(\frac{\text{ツ}}{\text{テ}}\right)^{n-1}$	$100+24\left(\frac{6}{5}\right)^{n-1}$	2	
	ヒ，フ，ヘ	⓪，④，②	4	
第4問得点小計				

問題番号(配点)	解答記号	正解	配点	採点
第5問(16)	ア	⓪	1	
	$P(Z<-\text{イ}.\text{ウ})$	$P(Z<-0.5)$	1	
	0.エオ	0.31	1	
	カ.キ，ク.ケコ	0.5，1.75	2	
	サシス.セ	100.7	2	
	$120.\text{ソタ}\leqq M\leqq 120.\text{チツ}$	$120.18\leqq M\leqq 120.42$	2	
	テ	⑤	2	
	ト，ナ	⓪，①	1	
	ニヌ，ネ.ノ	24，4.8	1	
	ハ	②	1	
	ヒ，フ	①，①	2	
第5問得点小計				
第6問(16)	$\frac{\text{ア}}{\text{イ}}$	$\frac{1}{2}$	1	
	$\frac{\text{ウ}}{\text{エ}}\vec{a}+\frac{\text{オ}}{\text{カ}}\vec{b}$	$\frac{4}{9}\vec{a}+\frac{1}{3}\vec{b}$	2	
	$\frac{\vec{a}+\vec{b}+\text{キ}\vec{c}}{\text{ク}}$	$\frac{\vec{a}+\vec{b}+3\vec{c}}{3}$	1	
	$\frac{\text{ケ}\sqrt{\text{コ}}}{\text{サ}}$	$\frac{2\sqrt{2}}{3}$	2	
	シ，ス，セ	⑦，①，④	2	
	ソ，タ，チ	⓪，③，⑥	2	
	ツ	②	2	
	$\frac{\text{テト}}{\text{ナニ}}\vec{a}+\frac{\text{ヌ}}{\text{ネ}}\vec{b}+\frac{\text{ノ}}{\text{ハヒ}}\vec{c}$	$\frac{11}{30}\vec{a}+\frac{1}{3}\vec{b}+\frac{7}{10}\vec{c}$	2	
	フ	④	2	
第6問得点小計				
第7問(16)	ア	①	1	
	イ	⑤	2	
	ウ	⑦	2	
	エ	④	2	
	オ	②	2	
	カ	④	2	
	キ	③	3	
	$\frac{\sqrt{\text{ク}}}{\text{ケ}}$	$\frac{\sqrt{6}}{2}$	2	
第7問得点小計				
数学Ⅱ，数学B，数学C得点合計				

答の部

常用対数表

数	0	1	2	3	4	5	6	7	8	9
1.0	.0000	.0043	.0086	.0128	.0170	.0212	.0253	.0294	.0334	.0374
1.1	.0414	.0453	.0492	.0531	.0569	.0607	.0645	.0682	.0719	.0755
1.2	.0792	.0828	.0864	.0899	.0934	.0969	.1004	.1038	.1072	.1106
1.3	.1139	.1173	.1206	.1239	.1271	.1303	.1335	.1367	.1399	.1430
1.4	.1461	.1492	.1523	.1553	.1584	.1614	.1644	.1673	.1703	.1732
1.5	.1761	.1790	.1818	.1847	.1875	.1903	.1931	.1959	.1987	.2014
1.6	.2041	.2068	.2095	.2122	.2148	.2175	.2201	.2227	.2253	.2279
1.7	.2304	.2330	.2355	.2380	.2405	.2430	.2455	.2480	.2504	.2529
1.8	.2553	.2577	.2601	.2625	.2648	.2672	.2695	.2718	.2742	.2765
1.9	.2788	.2810	.2833	.2856	.2878	.2900	.2923	.2945	.2967	.2989
2.0	.3010	.3032	.3054	.3075	.3096	.3118	.3139	.3160	.3181	.3201
2.1	.3222	.3243	.3263	.3284	.3304	.3324	.3345	.3365	.3385	.3404
2.2	.3424	.3444	.3464	.3483	.3502	.3522	.3541	.3560	.3579	.3598
2.3	.3617	.3636	.3655	.3674	.3692	.3711	.3729	.3747	.3766	.3784
2.4	.3802	.3820	.3838	.3856	.3874	.3892	.3909	.3927	.3945	.3962
2.5	.3979	.3997	.4014	.4031	.4048	.4065	.4082	.4099	.4116	.4133
2.6	.4150	.4166	.4183	.4200	.4216	.4232	.4249	.4265	.4281	.4298
2.7	.4314	.4330	.4346	.4362	.4378	.4393	.4409	.4425	.4440	.4456
2.8	.4472	.4487	.4502	.4518	.4533	.4548	.4564	.4579	.4594	.4609
2.9	.4624	.4639	.4654	.4669	.4683	.4698	.4713	.4728	.4742	.4757
3.0	.4771	.4786	.4800	.4814	.4829	.4843	.4857	.4871	.4886	.4900
3.1	.4914	.4928	.4942	.4955	.4969	.4983	.4997	.5011	.5024	.5038
3.2	.5051	.5065	.5079	.5092	.5105	.5119	.5132	.5145	.5159	.5172
3.3	.5185	.5198	.5211	.5224	.5237	.5250	.5263	.5276	.5289	.5302
3.4	.5315	.5328	.5340	.5353	.5366	.5378	.5391	.5403	.5416	.5428
3.5	.5441	.5453	.5465	.5478	.5490	.5502	.5514	.5527	.5539	.5551
3.6	.5563	.5575	.5587	.5599	.5611	.5623	.5635	.5647	.5658	.5670
3.7	.5682	.5694	.5705	.5717	.5729	.5740	.5752	.5763	.5775	.5786
3.8	.5798	.5809	.5821	.5832	.5843	.5855	.5866	.5877	.5888	.5899
3.9	.5911	.5922	.5933	.5944	.5955	.5966	.5977	.5988	.5999	.6010
4.0	.6021	.6031	.6042	.6053	.6064	.6075	.6085	.6096	.6107	.6117
4.1	.6128	.6138	.6149	.6160	.6170	.6180	.6191	.6201	.6212	.6222
4.2	.6232	.6243	.6253	.6263	.6274	.6284	.6294	.6304	.6314	.6325
4.3	.6335	.6345	.6355	.6365	.6375	.6385	.6395	.6405	.6415	.6425
4.4	.6435	.6444	.6454	.6464	.6474	.6484	.6493	.6503	.6513	.6522
4.5	.6532	.6542	.6551	.6561	.6571	.6580	.6590	.6599	.6609	.6618
4.6	.6628	.6637	.6646	.6656	.6665	.6675	.6684	.6693	.6702	.6712
4.7	.6721	.6730	.6739	.6749	.6758	.6767	.6776	.6785	.6794	.6803
4.8	.6812	.6821	.6830	.6839	.6848	.6857	.6866	.6875	.6884	.6893
4.9	.6902	.6911	.6920	.6928	.6937	.6946	.6955	.6964	.6972	.6981
5.0	.6990	.6998	.7007	.7016	.7024	.7033	.7042	.7050	.7059	.7067
5.1	.7076	.7084	.7093	.7101	.7110	.7118	.7126	.7135	.7143	.7152
5.2	.7160	.7168	.7177	.7185	.7193	.7202	.7210	.7218	.7226	.7235
5.3	.7243	.7251	.7259	.7267	.7275	.7284	.7292	.7300	.7308	.7316
5.4	.7324	.7332	.7340	.7348	.7356	.7364	.7372	.7380	.7388	.7396

数	0	1	2	3	4	5	6	7	8	9
5.5	.7404	.7412	.7419	.7427	.7435	.7443	.7451	.7459	.7466	.7474
5.6	.7482	.7490	.7497	.7505	.7513	.7520	.7528	.7536	.7543	.7551
5.7	.7559	.7566	.7574	.7582	.7589	.7597	.7604	.7612	.7619	.7627
5.8	.7634	.7642	.7649	.7657	.7664	.7672	.7679	.7686	.7694	.7701
5.9	.7709	.7716	.7723	.7731	.7738	.7745	.7752	.7760	.7767	.7774
6.0	.7782	.7789	.7796	.7803	.7810	.7818	.7825	.7832	.7839	.7846
6.1	.7853	.7860	.7868	.7875	.7882	.7889	.7896	.7903	.7910	.7917
6.2	.7924	.7931	.7938	.7945	.7952	.7959	.7966	.7973	.7980	.7987
6.3	.7993	.8000	.8007	.8014	.8021	.8028	.8035	.8041	.8048	.8055
6.4	.8062	.8069	.8075	.8082	.8089	.8096	.8102	.8109	.8116	.8122
6.5	.8129	.8136	.8142	.8149	.8156	.8162	.8169	.8176	.8182	.8189
6.6	.8195	.8202	.8209	.8215	.8222	.8228	.8235	.8241	.8248	.8254
6.7	.8261	.8267	.8274	.8280	.8287	.8293	.8299	.8306	.8312	.8319
6.8	.8325	.8331	.8338	.8344	.8351	.8357	.8363	.8370	.8376	.8382
6.9	.8388	.8395	.8401	.8407	.8414	.8420	.8426	.8432	.8439	.8445
7.0	.8451	.8457	.8463	.8470	.8476	.8482	.8488	.8494	.8500	.8506
7.1	.8513	.8519	.8525	.8531	.8537	.8543	.8549	.8555	.8561	.8567
7.2	.8573	.8579	.8585	.8591	.8597	.8603	.8609	.8615	.8621	.8627
7.3	.8633	.8639	.8645	.8651	.8657	.8663	.8669	.8675	.8681	.8686
7.4	.8692	.8698	.8704	.8710	.8716	.8722	.8727	.8733	.8739	.8745
7.5	.8751	.8756	.8762	.8768	.8774	.8779	.8785	.8791	.8797	.8802
7.6	.8808	.8814	.8820	.8825	.8831	.8837	.8842	.8848	.8854	.8859
7.7	.8865	.8871	.8876	.8882	.8887	.8893	.8899	.8904	.8910	.8915
7.8	.8921	.8927	.8932	.8938	.8943	.8949	.8954	.8960	.8965	.8971
7.9	.8976	.8982	.8987	.8993	.8998	.9004	.9009	.9015	.9020	.9025
8.0	.9031	.9036	.9042	.9047	.9053	.9058	.9063	.9069	.9074	.9079
8.1	.9085	.9090	.9096	.9101	.9106	.9112	.9117	.9122	.9128	.9133
8.2	.9138	.9143	.9149	.9154	.9159	.9165	.9170	.9175	.9180	.9186
8.3	.9191	.9196	.9201	.9206	.9212	.9217	.9222	.9227	.9232	.9238
8.4	.9243	.9248	.9253	.9258	.9263	.9269	.9274	.9279	.9284	.9289
8.5	.9294	.9299	.9304	.9309	.9315	.9320	.9325	.9330	.9335	.9340
8.6	.9345	.9350	.9355	.9360	.9365	.9370	.9375	.9380	.9385	.9390
8.7	.9395	.9400	.9405	.9410	.9415	.9420	.9425	.9430	.9435	.9440
8.8	.9445	.9450	.9455	.9460	.9465	.9469	.9474	.9479	.9484	.9489
8.9	.9494	.9499	.9504	.9509	.9513	.9518	.9523	.9528	.9533	.9538
9.0	.9542	.9547	.9552	.9557	.9562	.9566	.9571	.9576	.9581	.9586
9.1	.9590	.9595	.9600	.9605	.9609	.9614	.9619	.9624	.9628	.9633
9.2	.9638	.9643	.9647	.9652	.9657	.9661	.9666	.9671	.9675	.9680
9.3	.9685	.9689	.9694	.9699	.9703	.9708	.9713	.9717	.9722	.9727
9.4	.9731	.9736	.9741	.9745	.9750	.9754	.9759	.9763	.9768	.9773
9.5	.9777	.9782	.9786	.9791	.9795	.9800	.9805	.9809	.9814	.9818
9.6	.9823	.9827	.9832	.9836	.9841	.9845	.9850	.9854	.9859	.9863
9.7	.9868	.9872	.9877	.9881	.9886	.9890	.9894	.9899	.9903	.9908
9.8	.9912	.9917	.9921	.9926	.9930	.9934	.9939	.9943	.9948	.9952
9.9	.9956	.9961	.9965	.9969	.9974	.9978	.9983	.9987	.9991	.9996

三角比の表

θ	$\sin\theta$	$\cos\theta$	$\tan\theta$
0°	0.0000	1.0000	0.0000
1°	0.0175	0.9998	0.0175
2°	0.0349	0.9994	0.0349
3°	0.0523	0.9986	0.0524
4°	0.0698	0.9976	0.0699
5°	0.0872	0.9962	0.0875
6°	0.1045	0.9945	0.1051
7°	0.1219	0.9925	0.1228
8°	0.1392	0.9903	0.1405
9°	0.1564	0.9877	0.1584
10°	0.1736	0.9848	0.1763
11°	0.1908	0.9816	0.1944
12°	0.2079	0.9781	0.2126
13°	0.2250	0.9744	0.2309
14°	0.2419	0.9703	0.2493
15°	0.2588	0.9659	0.2679
16°	0.2756	0.9613	0.2867
17°	0.2924	0.9563	0.3057
18°	0.3090	0.9511	0.3249
19°	0.3256	0.9455	0.3443
20°	0.3420	0.9397	0.3640
21°	0.3584	0.9336	0.3839
22°	0.3746	0.9272	0.4040
23°	0.3907	0.9205	0.4245
24°	0.4067	0.9135	0.4452
25°	0.4226	0.9063	0.4663
26°	0.4384	0.8988	0.4877
27°	0.4540	0.8910	0.5095
28°	0.4695	0.8829	0.5317
29°	0.4848	0.8746	0.5543
30°	0.5000	0.8660	0.5774
31°	0.5150	0.8572	0.6009
32°	0.5299	0.8480	0.6249
33°	0.5446	0.8387	0.6494
34°	0.5592	0.8290	0.6745
35°	0.5736	0.8192	0.7002
36°	0.5878	0.8090	0.7265
37°	0.6018	0.7986	0.7536
38°	0.6157	0.7880	0.7813
39°	0.6293	0.7771	0.8098
40°	0.6428	0.7660	0.8391
41°	0.6561	0.7547	0.8693
42°	0.6691	0.7431	0.9004
43°	0.6820	0.7314	0.9325
44°	0.6947	0.7193	0.9657
45°	0.7071	0.7071	1.0000

θ	$\sin\theta$	$\cos\theta$	$\tan\theta$
45°	0.7071	0.7071	1.0000
46°	0.7193	0.6947	1.0355
47°	0.7314	0.6820	1.0724
48°	0.7431	0.6691	1.1106
49°	0.7547	0.6561	1.1504
50°	0.7660	0.6428	1.1918
51°	0.7771	0.6293	1.2349
52°	0.7880	0.6157	1.2799
53°	0.7986	0.6018	1.3270
54°	0.8090	0.5878	1.3764
55°	0.8192	0.5736	1.4281
56°	0.8290	0.5592	1.4826
57°	0.8387	0.5446	1.5399
58°	0.8480	0.5299	1.6003
59°	0.8572	0.5150	1.6643
60°	0.8660	0.5000	1.7321
61°	0.8746	0.4848	1.8040
62°	0.8829	0.4695	1.8807
63°	0.8910	0.4540	1.9626
64°	0.8988	0.4384	2.0503
65°	0.9063	0.4226	2.1445
66°	0.9135	0.4067	2.2460
67°	0.9205	0.3907	2.3559
68°	0.9272	0.3746	2.4751
69°	0.9336	0.3584	2.6051
70°	0.9397	0.3420	2.7475
71°	0.9455	0.3256	2.9042
72°	0.9511	0.3090	3.0777
73°	0.9563	0.2924	3.2709
74°	0.9613	0.2756	3.4874
75°	0.9659	0.2588	3.7321
76°	0.9703	0.2419	4.0108
77°	0.9744	0.2250	4.3315
78°	0.9781	0.2079	4.7046
79°	0.9816	0.1908	5.1446
80°	0.9848	0.1736	5.6713
81°	0.9877	0.1564	6.3138
82°	0.9903	0.1392	7.1154
83°	0.9925	0.1219	8.1443
84°	0.9945	0.1045	9.5144
85°	0.9962	0.0872	11.4301
86°	0.9976	0.0698	14.3007
87°	0.9986	0.0523	19.0811
88°	0.9994	0.0349	28.6363
89°	0.9998	0.0175	57.2900
90°	1.0000	0.0000	なし

正規分布表

次の表は，標準正規分布の分布曲線における右図の灰色部分の面積の値をまとめたものである。

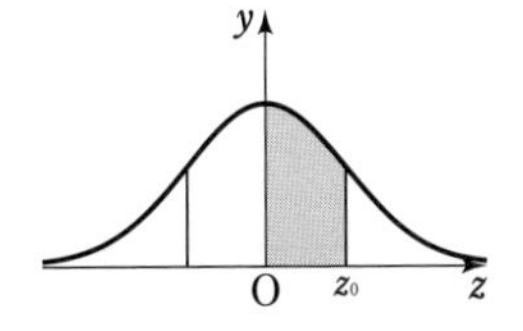

z_0	0.00	0.01	0.02	0.03	0.04	0.05	0.06	0.07	0.08	0.09
0.0	0.0000	0.0040	0.0080	0.0120	0.0160	0.0199	0.0239	0.0279	0.0319	0.0359
0.1	0.0398	0.0438	0.0478	0.0517	0.0557	0.0596	0.0636	0.0675	0.0714	0.0753
0.2	0.0793	0.0832	0.0871	0.0910	0.0948	0.0987	0.1026	0.1064	0.1103	0.1141
0.3	0.1179	0.1217	0.1255	0.1293	0.1331	0.1368	0.1406	0.1443	0.1480	0.1517
0.4	0.1554	0.1591	0.1628	0.1664	0.1700	0.1736	0.1772	0.1808	0.1844	0.1879
0.5	0.1915	0.1950	0.1985	0.2019	0.2054	0.2088	0.2123	0.2157	0.2190	0.2224
0.6	0.2257	0.2291	0.2324	0.2357	0.2389	0.2422	0.2454	0.2486	0.2517	0.2549
0.7	0.2580	0.2611	0.2642	0.2673	0.2704	0.2734	0.2764	0.2794	0.2823	0.2852
0.8	0.2881	0.2910	0.2939	0.2967	0.2995	0.3023	0.3051	0.3078	0.3106	0.3133
0.9	0.3159	0.3186	0.3212	0.3238	0.3264	0.3289	0.3315	0.3340	0.3365	0.3389
1.0	0.3413	0.3438	0.3461	0.3485	0.3508	0.3531	0.3554	0.3577	0.3599	0.3621
1.1	0.3643	0.3665	0.3686	0.3708	0.3729	0.3749	0.3770	0.3790	0.3810	0.3830
1.2	0.3849	0.3869	0.3888	0.3907	0.3925	0.3944	0.3962	0.3980	0.3997	0.4015
1.3	0.4032	0.4049	0.4066	0.4082	0.4099	0.4115	0.4131	0.4147	0.4162	0.4177
1.4	0.4192	0.4207	0.4222	0.4236	0.4251	0.4265	0.4279	0.4292	0.4306	0.4319
1.5	0.4332	0.4345	0.4357	0.4370	0.4382	0.4394	0.4406	0.4418	0.4429	0.4441
1.6	0.4452	0.4463	0.4474	0.4484	0.4495	0.4505	0.4515	0.4525	0.4535	0.4545
1.7	0.4554	0.4564	0.4573	0.4582	0.4591	0.4599	0.4608	0.4616	0.4625	0.4633
1.8	0.4641	0.4649	0.4656	0.4664	0.4671	0.4678	0.4686	0.4693	0.4699	0.4706
1.9	0.4713	0.4719	0.4726	0.4732	0.4738	0.4744	0.4750	0.4756	0.4761	0.4767
2.0	0.4772	0.4778	0.4783	0.4788	0.4793	0.4798	0.4803	0.4808	0.4812	0.4817
2.1	0.4821	0.4826	0.4830	0.4834	0.4838	0.4842	0.4846	0.4850	0.4854	0.4857
2.2	0.4861	0.4864	0.4868	0.4871	0.4875	0.4878	0.4881	0.4884	0.4887	0.4890
2.3	0.4893	0.4896	0.4898	0.4901	0.4904	0.4906	0.4909	0.4911	0.4913	0.4916
2.4	0.4918	0.4920	0.4922	0.4925	0.4927	0.4929	0.4931	0.4932	0.4934	0.4936
2.5	0.4938	0.4940	0.4941	0.4943	0.4945	0.4946	0.4948	0.4949	0.4951	0.4952
2.6	0.4953	0.4955	0.4956	0.4957	0.4959	0.4960	0.4961	0.4962	0.4963	0.4964
2.7	0.4965	0.4966	0.4967	0.4968	0.4969	0.4970	0.4971	0.4972	0.4973	0.4974
2.8	0.4974	0.4975	0.4976	0.4977	0.4977	0.4978	0.4979	0.4979	0.4980	0.4981
2.9	0.4981	0.4982	0.4982	0.4983	0.4984	0.4984	0.4985	0.4985	0.4986	0.4986
3.0	0.4987	0.4987	0.4987	0.4988	0.4988	0.4989	0.4989	0.4989	0.4990	0.4990

平方・立方・平方根の表

n	n^2	n^3	$\sqrt{n}$	$\sqrt{10n}$
1	1	1	1.0000	3.1623
2	4	8	1.4142	4.4721
3	9	27	1.7321	5.4772
4	16	64	2.0000	6.3246
5	25	125	2.2361	7.0711
6	36	216	2.4495	7.7460
7	49	343	2.6458	8.3666
8	64	512	2.8284	8.9443
9	81	729	3.0000	9.4868
10	100	1000	3.1623	10.0000
11	121	1331	3.3166	10.4881
12	144	1728	3.4641	10.9545
13	169	2197	3.6056	11.4018
14	196	2744	3.7417	11.8322
15	225	3375	3.8730	12.2474
16	256	4096	4.0000	12.6491
17	289	4913	4.1231	13.0384
18	324	5832	4.2426	13.4164
19	361	6859	4.3589	13.7840
20	400	8000	4.4721	14.1421
21	441	9261	4.5826	14.4914
22	484	10648	4.6904	14.8324
23	529	12167	4.7958	15.1658
24	576	13824	4.8990	15.4919
25	625	15625	5.0000	15.8114
26	676	17576	5.0990	16.1245
27	729	19683	5.1962	16.4317
28	784	21952	5.2915	16.7332
29	841	24389	5.3852	17.0294
30	900	27000	5.4772	17.3205
31	961	29791	5.5678	17.6068
32	1024	32768	5.6569	17.8885
33	1089	35937	5.7446	18.1659
34	1156	39304	5.8310	18.4391
35	1225	42875	5.9161	18.7083
36	1296	46656	6.0000	18.9737
37	1369	50653	6.0828	19.2354
38	1444	54872	6.1644	19.4936
39	1521	59319	6.2450	19.7484
40	1600	64000	6.3246	20.0000
41	1681	68921	6.4031	20.2485
42	1764	74088	6.4807	20.4939
43	1849	79507	6.5574	20.7364
44	1936	85184	6.6332	20.9762
45	2025	91125	6.7082	21.2132
46	2116	97336	6.7823	21.4476
47	2209	103823	6.8557	21.6795
48	2304	110592	6.9282	21.9089
49	2401	117649	7.0000	22.1359
50	2500	125000	7.0711	22.3607

n	n^2	n^3	$\sqrt{n}$	$\sqrt{10n}$
51	2601	132651	7.1414	22.5832
52	2704	140608	7.2111	22.8035
53	2809	148877	7.2801	23.0217
54	2916	157464	7.3485	23.2379
55	3025	166375	7.4162	23.4521
56	3136	175616	7.4833	23.6643
57	3249	185193	7.5498	23.8747
58	3364	195112	7.6158	24.0832
59	3481	205379	7.6811	24.2899
60	3600	216000	7.7460	24.4949
61	3721	226981	7.8102	24.6982
62	3844	238328	7.8740	24.8998
63	3969	250047	7.9373	25.0998
64	4096	262144	8.0000	25.2982
65	4225	274625	8.0623	25.4951
66	4356	287496	8.1240	25.6905
67	4489	300763	8.1854	25.8844
68	4624	314432	8.2462	26.0768
69	4761	328509	8.3066	26.2679
70	4900	343000	8.3666	26.4575
71	5041	357911	8.4261	26.6458
72	5184	373248	8.4853	26.8328
73	5329	389017	8.5440	27.0185
74	5476	405224	8.6023	27.2029
75	5625	421875	8.6603	27.3861
76	5776	438976	8.7178	27.5681
77	5929	456533	8.7750	27.7489
78	6084	474552	8.8318	27.9285
79	6241	493039	8.8882	28.1069
80	6400	512000	8.9443	28.2843
81	6561	531441	9.0000	28.4605
82	6724	551368	9.0554	28.6356
83	6889	571787	9.1104	28.8097
84	7056	592704	9.1652	28.9828
85	7225	614125	9.2195	29.1548
86	7396	636056	9.2736	29.3258
87	7569	658503	9.3274	29.4958
88	7744	681472	9.3808	29.6648
89	7921	704969	9.4340	29.8329
90	8100	729000	9.4868	30.0000
91	8281	753571	9.5394	30.1662
92	8464	778688	9.5917	30.3315
93	8649	804357	9.6437	30.4959
94	8836	830584	9.6954	30.6594
95	9025	857375	9.7468	30.8221
96	9216	884736	9.7980	30.9839
97	9409	912673	9.8489	31.1448
98	9604	941192	9.8995	31.3050
99	9801	970299	9.9499	31.4643
100	10000	1000000	10.0000	31.6228

● 編著者
チャート研究所

● 表紙・カバーデザイン
有限会社　アーク・ビジュアル・ワークス
● 本文デザイン
株式会社　加藤文明社

初版（センター試験対策）
第1刷　1999年4月1日　発行
改訂版
第1刷　2000年11月1日　発行
新課程
第1刷　2005年4月1日　発行
改訂版
第1刷　2007年2月1日　発行
新課程
第1刷　2014年4月1日　発行
改訂版
第1刷　2017年3月1日　発行
初版（大学入学共通テスト対策）
第1刷　2019年11月1日　発行
新課程
第1刷　2024年3月1日　発行
第2刷　2024年9月1日　発行

編集・制作　チャート研究所
発行者　星野 泰也

ISBN978-4-410-10638-5

※解答・解説は数研出版株式会社が作成したものです。

チャート式®
大学入学共通テスト対策　数学ⅠA＋ⅡBC
発行所
数研出版株式会社
〒101-0052 東京都千代田区神田小川町2丁目3番地3
〔振替〕00140-4-118431
〒604-0861 京都市中京区烏丸通竹屋町上る大倉町205番地
〔電話〕代表(075)231-0161
ホームページ　https://www.chart.co.jp
印刷　株式会社　加藤文明社

240802

まとめ（数学A，II）

第5章　場合の数と確率

●順列，組合せ

順列　$_n\mathrm{P}_r=\dfrac{n!}{(n-r)!}=n(n-1)\cdot\cdots\cdots\cdot(n-r+1)$

➡基 30

組合せ　$_n\mathrm{C}_r=\dfrac{n!}{r!(n-r)!}=\dfrac{n(n-1)\cdot\cdots\cdots\cdot(n-r+1)}{r(r-1)\cdot\cdots\cdots\cdot1}$

➡基 33

CHART　条件処理は先に行う

CHART　補集合の利用が早いことがある

円順列　$(n-1)!$　➡基 31

重複順列　n^r　➡基 32

同じものを含む順列

$\dfrac{n!}{p!q!r!}(={}_n\mathrm{C}_p\cdot{}_{n-p}\mathrm{C}_q\cdot{}_{n-p-q}\mathrm{C}_r)\quad(p+q+r=n)$

➡基 35

●確率

$P(A)=\dfrac{(\text{事象 }A\text{ の起こる場合の数})}{(\text{すべての場合の数})}$

$P(A\cup B)=P(A)+P(B)-P(A\cap B)$

A，B が排反であるとき

$P(A\cup B)=P(A)+P(B)$　➡基 36

独立な（影響し合わない）試行の確率

各試行の確率の積　➡基 38

CHART　余事象の利用が早いことがある

「少なくとも」には余事象

余事象の確率　$P(\overline{A})=1-P(A)$　➡基 37

反復試行　起こる確率 p の事象が n 回中 r 回

起こる確率　$_n\mathrm{C}_r p^r(1-p)^{n-r}$　➡基 38

●条件付き確率

事象 A が起こったときの事象 B が起こる確率

$P_A(B)=\dfrac{n(A\cap B)}{n(A)}=\dfrac{P(A\cap B)}{P(A)}$　➡基 39

●期待値

値 x_1，x_2，……，x_n をとる確率が p_1，p_2，……，p_n のとき，期待値は

$x_1p_1+x_2p_2+\cdots\cdots+x_np_n\quad(p_1+p_2+\cdots\cdots+p_n=1)$

➡基 40

第6章　図形の性質

●三角形の重心，内心，外心

重心　中線の交点。

中線を 2：1 に内分する点。　➡基 41

内心　内接円の中心。

内角の二等分線の交点。　➡基 42

外心　外接円の中心。

辺の垂直二等分線の交点。　➡基 43

●チェバ，メネラウスの定理

チェバの定理

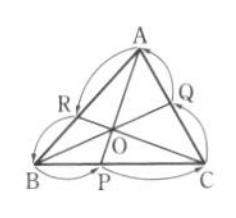

$\dfrac{\mathrm{AR}}{\mathrm{RB}}\cdot\dfrac{\mathrm{BP}}{\mathrm{PC}}\cdot\dfrac{\mathrm{CQ}}{\mathrm{QA}}=1$

メネラウスの定理

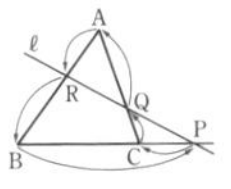

$\dfrac{\mathrm{AR}}{\mathrm{RB}}\cdot\dfrac{\mathrm{BP}}{\mathrm{PC}}\cdot\dfrac{\mathrm{CQ}}{\mathrm{QA}}=1$　➡基 44

●円に内接する四角形

円に内接する四角形の対角の和は 180°

内角と，その対角の外角は等しい。　➡基 45

●円の接線，接線と弦のつくる角

右の図において，ℓ は A における円の接線。このとき

$\angle\mathrm{CAD}=\angle\mathrm{ABC}$

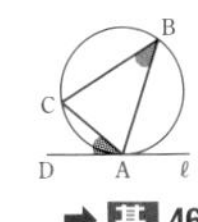

➡基 46

●方べきの定理

円の 2 つの弦 AB, CD（またはその延長）の交点を P とすると

$\mathrm{PA}\cdot\mathrm{PB}=\mathrm{PC}\cdot\mathrm{PD}$

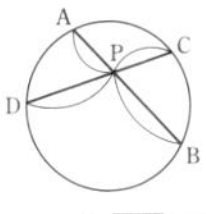

➡基 47

● 2 円の関係

2 円 O_1（半径 r_1），O_2（半径 r_2）の位置関係（$d=\mathrm{O}_1\mathrm{O}_2$）

(1)　外部にある $\Longleftrightarrow d>r_1+r_2$

(2)　外接する $\Longleftrightarrow d=r_1+r_2$

(3)　2 点で交わる $\Longleftrightarrow |r_1-r_2|<d<r_1+r_2$

(4)　内接する $\Longleftrightarrow d=|r_1-r_2|$

(5)　内部にある $\Longleftrightarrow d<|r_1-r_2|$　➡基 48

●空間における直線の位置関係

異なる 2 直線 ℓ，m について

ℓ と m がねじれの位置にある

$\longrightarrow$ ℓ と m が同じ平面上にない。　➡基 49

第7章　式と証明，複素数と方程式

● 3 次式の展開，因数分解　（複号同順）

$(a\pm b)^3=a^3\pm3a^2b+3ab^2\pm b^3$

$(a\pm b)(a^2\mp ab+b^2)=a^3\pm b^3$　➡基 50

●二項定理

$(a+b)^n={}_n\mathrm{C}_0a^n+{}_n\mathrm{C}_1a^{n-1}b+\cdots\cdots$

$+{}_n\mathrm{C}_ra^{n-r}b^r+\cdots\cdots+{}_n\mathrm{C}_nb^n$　➡基 51

●多項式の割り算

割り切れる $\Longleftrightarrow$ (余り)$=0$　➡基 52，60

CHART　$A\div B$ の商 Q，余り R

$A=BQ+R$　（R の次数）＜（B の次数）　➡基 53

まとめ（数学Ⅱ）

●相加平均と相乗平均の大小関係

$x>0$，$y>0$ のとき　$\dfrac{x+y}{2} \geqq \sqrt{xy}$　➡基56

等号は $x=y$ のとき成り立つ。

●解と係数の関係

$ax^2+bx+c=0$ $(a \neq 0)$ の解を α，β とすると

$\alpha+\beta=-\dfrac{b}{a}$，$\alpha\beta=\dfrac{c}{a}$　➡基59

●剰余の定理，因数定理

多項式 $f(x)$ を1次式 $x-\alpha$ で割るとき

余りは $f(\alpha)$,

割り切れる $\Longleftrightarrow f(\alpha)=0$　➡基60

第8章　図形と方程式

●点の座標

$A(x_1,\ y_1)$，$B(x_2,\ y_2)$ について

線分 AB を $m:n$ に内分する点

$$\left(\frac{nx_1+mx_2}{m+n},\ \frac{ny_1+my_2}{m+n}\right)$$

線分 AB を $m:n$ に外分する点

$$\left(\frac{-nx_1+mx_2}{m-n},\ \frac{-ny_1+my_2}{m-n}\right)$$

$AB=\sqrt{(x_2-x_1)^2+(y_2-y_1)^2}$　➡基62

●直線

2直線が　平行 $\Longleftrightarrow$ 傾きが等しい

垂直 $\Longleftrightarrow$ 傾きの積が -1　➡基63

●点と直線の距離

直線 $ax+by+c=0$ と点 $(x_1,\ y_1)$ との距離は

$$\frac{|ax_1+by_1+c|}{\sqrt{a^2+b^2}}$$　➡基64

●円

中心 $(a,\ b)$，半径 r の円の方程式

$(x-a)^2+(y-b)^2=r^2$　➡基65

円 $x^2+y^2=r^2$ 上の点 $(x_1,\ y_1)$ における接線

の方程式　$x_1x+y_1y=r^2$　➡基66

第9章　三角関数

●種々の定理，公式（すべて複号同順）

加法定理　$\sin(\alpha\pm\beta)=\sin\alpha\cos\beta\pm\cos\alpha\sin\beta$

$\cos(\alpha\pm\beta)=\cos\alpha\cos\beta\mp\sin\alpha\sin\beta$

2倍角　$\sin 2\alpha=2\sin\alpha\cos\alpha$

$\cos 2\alpha=\cos^2\alpha-\sin^2\alpha$

$=2\cos^2\alpha-1=1-2\sin^2\alpha$　➡基70

半角　$\sin^2\dfrac{\alpha}{2}=\dfrac{1-\cos\alpha}{2}$

$\cos^2\dfrac{\alpha}{2}=\dfrac{1+\cos\alpha}{2}$　➡基73

合成　$a\sin\theta+b\cos\theta=\sqrt{a^2+b^2}\sin(\theta+\alpha)$

ただし　$\cos\alpha=\dfrac{a}{\sqrt{a^2+b^2}}$,

$\sin\alpha=\dfrac{b}{\sqrt{a^2+b^2}}$　➡基74

第10章　指数・対数関数

●指数・対数の計算

$a^p=M \Longleftrightarrow p=\log_a M$

$\log_a a=1$，$\log_a 1=0$

$\log_a MN=\log_a M+\log_a N$,

$\log_a \dfrac{M}{N}=\log_a M-\log_a N$

$\log_a M^p=p\log_a M$,　$\log_a b=\dfrac{\log_c b}{\log_c a}$　➡基75

●指数・対数の方程式，不等式

▶CHART　対数　まず（真数）>0

$a^x=a^y \Longleftrightarrow x=y$,　$\log_a M=\log_a N \Longleftrightarrow M=N$

➡基78，79

$a>1$ のとき　$a^p<a^q \Longleftrightarrow p<q \Longleftrightarrow \log_a p<\log_a q$

$0<a<1$ のとき　$a^p>a^q \Longleftrightarrow p<q \Longleftrightarrow \log_a p>\log_a q$

➡基80，81，重38

第11章　微分法・積分法

●接線，法線

曲線 $y=f(x)$ 上の点 $(a,\ f(a))$ における

接線の方程式　$y-f(a)=f'(a)(x-a)$　➡基85

法線の方程式　$y-f(a)=-\dfrac{1}{f'(a)}(x-a)$　➡重41

2曲線 $y=f(x)$ と $y=g(x)$ が $x=p$ の点で共通接線

をもつ $\Longleftrightarrow f(p)=g(p)$ かつ $f'(p)=g'(p)$　➡重40

●極値と最大・最小

$x=\alpha$ で極値をもつ $\Longrightarrow f'(\alpha)=0$

最大・最小の候補は　極値と区間の端。➡基87～89

●微分と積分

$g(x)=\displaystyle\int_a^x f(t)dt$ のとき $g'(x)=f(x)$，$g(a)=0$

➡基91

●面積

$y=f(x)$，$y=g(x)$ の間の面積　$\displaystyle\int_\alpha^\beta\{f(x)-g(x)\}dx$

$\displaystyle\int_\alpha^\beta(x-\alpha)(x-\beta)dx=-\frac{1}{6}(\beta-\alpha)^3$

（2放物線，放物線と直線で囲まれる部分の面積）

➡基92

10638

Green Chart Method Mathematics IA+IIBC

まとめ（数学B, C）

第12章 数 列

●**等差数列** 初項 a，公差 d ➡ 基 93

一般項 $a_n=a+(n-1)d$

和 $\frac{1}{2}$(項数)・{(初項)＋(末項)}$=\frac{n}{2}\{2a+(n-1)d\}$

●**等比数列** 初項 a，公比 r ➡ 基 94

一般項 $a_n=ar^{n-1}$

和 $\frac{a\{r^{(項数)}-1\}}{r-1}=\frac{a\{1-r^{(項数)}\}}{1-r}$ $(r\neq1)$

●**Σ の計算** $\sum_{k=1}^{n}1=n$，$\sum_{k=1}^{n}k=\frac{1}{2}n(n+1)$，

$\sum_{k=1}^{n}k^2=\frac{1}{6}n(n+1)(2n+1)$，$\sum_{k=1}^{n}a^k$ は等比数列の和。

➡ 基 96

●**階差数列** $b_n=a_{n+1}-a_n$ について

$n\geqq2$ のとき $a_n=a_1+\sum_{k=1}^{n-1}b_k$ ➡ 基 98

●**漸化式** $a_{n+1}=pa_n+q$

⟶ $x=px+q$ の解 α を用いて $a_{n+1}-\alpha=p(a_n-\alpha)$

⟶ $\{a_n-\alpha\}$ は公比 p の等比数列。 ➡ 基 99

第13章 統計的な推測

●**期待値，分散，標準偏差**

確率変数 X が右のような確率分布に従うとき

X	x_1	x_2	$\cdots$	x_n	計
P	p_1	p_2	$\cdots$	p_n	1

期待値 $E(X)=x_1p_1+x_2p_2+\cdots\cdots+x_np_n$ ➡ 基 101

分散 $V(X)=(x_1-m)^2p_1+\cdots+(x_n-m)^2p_n$

$=E(X^2)-\{E(X)\}^2$ $(m=E(X))$

標準偏差 $\sigma(X)=\sqrt{V(X)}$ ➡ 基 102

●**二項分布**

確率変数 X が二項分布 $B(n,\ p)$ に従うとき

$E(X)=np$，$V(X)=np(1-p)$ ➡ 基 103

●**正規分布，標本平均**

確率変数 X が正規分布 $N(m,\ \sigma^2)$ に従うとき，

$Z=\frac{X-m}{\sigma}$ とおくと Z は $N(0,\ 1)$ に従う。

➡ 基 104

母集団が $N(m,\ \sigma^2)$ に従うとき，大きさ n の標本の標本平均 $\overline{X}$ は $N\left(m,\ \frac{\sigma^2}{n}\right)$ に従う。 ➡ 基 105

●**仮説検定の手順**

① 正しいかを判断したい仮説（対立仮説）に反する仮説 H_0（帰無仮説）を立てる。

② 仮説 H_0 のもとで棄却域を求める。

③ 標本から得られた確率変数の値が棄却域に入れば仮説 H_0 を棄却し，入らなければ仮説 H_0 を棄却しない。 ➡ 基 106，演 25

第14章 ベクトル

CHART 始点をそろえる

2つ（3つ）のベクトルで表す ➡ 基 107

●**交点の位置ベクトル**

交点を2通りに表し，係数比較。 ➡ 基 111

●**点の条件**

3点 A，B，C が一直線上

⟶ $\overrightarrow{AB}=k\overrightarrow{AC}$ となる実数 k が存在。 ➡ 基 110

$\triangle ABC$ で点 P $(\overrightarrow{AP}=s\overrightarrow{AB}+t\overrightarrow{AC})$ が直線 BC 上にある $\Longleftrightarrow s+t=1$ ➡ 基 111

$\vec{a}\neq\vec{0}$，$\vec{b}\neq\vec{0}$，$\vec{a}\not\parallel\vec{b}$ のとき，$\overrightarrow{OP}=s\vec{a}+t\vec{b}$ を満たす実数 s，t は，ただ1通り存在する。 ➡ 演 26

●**内積**

$\vec{a}\cdot\vec{b}=|\vec{a}||\vec{b}|\cos\theta$，$|\vec{a}|^2=\vec{a}\cdot\vec{a}$，$\vec{a}\perp\vec{b}\Longleftrightarrow\vec{a}\cdot\vec{b}=0$

$\vec{a}=(a_1,\ a_2,\ a_3)$，$\vec{b}=(b_1,\ b_2,\ b_3)$ のとき

$\vec{a}\cdot\vec{b}=a_1b_1+a_2b_2+a_3b_3$ ➡ 基 112，113

第15章 平面上の曲線と複素数平面

●**複素数の絶対値** 複素数 $z=a+bi$ に対し

$|z|=\sqrt{a^2+b^2}$，$|z|^2=z\overline{z}$ ➡ 基 115

●**ド・モアブルの定理** n が整数のとき

$\{r(\cos\theta+i\sin\theta)\}^n=r^n(\cos n\theta+i\sin n\theta)$

➡ 基 117

●**複素数と図形** $r>0$，$\alpha\neq\beta$ とする。

・$|z-\alpha|=r$ …… 点 α を中心とする半径 r の円。

・$|z-\alpha|=|z-\beta|$ …… 2点 α，β を結ぶ線分の垂直二等分線。 ➡ 基 119，重 65

・点 β を，点 α を中心として角 θ だけ回転した点を γ とすると

$\gamma=(\cos\theta+i\sin\theta)(\beta-\alpha)+\alpha$ ➡ 基 120

●**2次曲線**

・放物線 $y^2=4px$ $(p\neq0)$ ➡ 基 122

頂点は原点，軸は x 軸

焦点は点 $(p,\ 0)$，準線は直線 $x=-p$

・楕円 $\frac{x^2}{a^2}+\frac{y^2}{b^2}=1$ $(a>b>0)$ ➡ 基 123

焦点は2点 $(\sqrt{a^2-b^2},\ 0)$，$(-\sqrt{a^2-b^2},\ 0)$

長軸の長さは $2a$，短軸の長さは $2b$

・双曲線 $\frac{x^2}{a^2}-\frac{y^2}{b^2}=1$ $(a>0,\ b>0)$ ➡ 基 124

焦点は2点 $(\sqrt{a^2+b^2},\ 0)$，$(-\sqrt{a^2+b^2},\ 0)$

漸近線は2直線 $\frac{x}{a}-\frac{y}{b}=0$，$\frac{x}{a}+\frac{y}{b}=0$

●**極座標 $(r,\ \theta)$ と直交座標 $(x,\ y)$** ➡ 基 128

$x=r\cos\theta$，$y=r\sin\theta$，$r=\sqrt{x^2+y^2}$

https://www.chart.co.jp

Green Chart Method Mathematics ⅠA+ⅡBC

新課程

チャート式®

大学入学
共通テスト対策

数学IA+IIBC

〈解答編〉

数研出版
https://www.chart.co.jp

第1章　数と式，集合と命題

CHECKの解説

1 (1) $(3x-y)(4x+7y)$

$=3\cdot4x^2+\{3\cdot7y+(-y)\cdot4\}x+(-y)\cdot7y$

$=^{アイ}\mathbf{12}x^2+^{ウエ}\mathbf{17}xy-^{オ}\mathbf{7}y^2$

← $(ax+b)(cx+d)=acx^2+(ad+bc)x+bd$

$(2x-3y+1)^2=(2x)^2+(-3y)^2+1^2+2\cdot2x\cdot(-3y)+2\cdot(-3y)\cdot1+2\cdot1\cdot2x$

$=^{カ}\mathbf{4}x^2+^{キ}\mathbf{9}y^2-^{クケ}\mathbf{12}xy+^{コ}\mathbf{4}x-^{サ}\mathbf{6}y+^{シ}\mathbf{1}$

← $(a+b+c)^2=a^2+b^2+c^2+2ab+2bc+2ca$

(2) $3x^2-8xy+4y^2=(x-^{ス}\mathbf{2}y)(^{セ}\mathbf{3}x-^{ソ}\mathbf{2}y)$

← $acx^2+(ad+bc)x+bd=(ax+b)(cx+d)$

1	$-2y$	$-6y$
3	$-2y$	$-2y$
3	$4y^2$	$-8y$

$3x^2-6y^2-7xy+2x-17y-5$

$=3x^2+(-7y+2)x-(6y^2+17y+5)$

$=3x^2+(-7y+2)x-(3y+1)(2y+5)$

$=\{x-(3y+1)\}\{3x+(2y+5)\}$

$=(x-^{タ}\mathbf{3}y-^{チ}\mathbf{1})(^{ツ}\mathbf{3}x+^{テ}\mathbf{2}y+^{ト}\mathbf{5})$

← 1つの文字 x について整理。

3	1	2
2	5	15
6	5	17

1	$-(3y+1)$	$-9y-3$
3	$2y+5$	$2y+5$
3	$-(3y+1)(2y+5)$	$-7y+2$

2 $\sqrt{(3\sqrt{6}-5\sqrt{2})^2}=|3\sqrt{6}-5\sqrt{2}|$

$3\sqrt{6}-5\sqrt{2}=\sqrt{54}-\sqrt{50}>0$ であるから

$\sqrt{(3\sqrt{6}-5\sqrt{2})^2}=^{ア}\mathbf{3}\sqrt{^{イ}\mathbf{6}}-^{ウ}\mathbf{5}\sqrt{^{エ}\mathbf{2}}$

← $\sqrt{A^2}=|A|$

← $54>50$ から　$\sqrt{54}>\sqrt{50}$

← $A>0$ のとき　$|A|=A$

3 $y=\dfrac{1}{3+2\sqrt{2}}=\dfrac{3-2\sqrt{2}}{(3+2\sqrt{2})(3-2\sqrt{2})}=\dfrac{3-2\sqrt{2}}{3^2-(2\sqrt{2})^2}$

$=3-2\sqrt{2}$

← 分母の有理化
分母・分子に $3-2\sqrt{2}$ を掛ける。

よって　$x+y=(3+2\sqrt{2})+(3-2\sqrt{2})=^{ア}\mathbf{6}$

$xy=(3+2\sqrt{2})(3-2\sqrt{2})=3^2-(2\sqrt{2})^2=^{イ}\mathbf{1}$

ゆえに　$x^2+y^2=(x+y)^2-2xy=6^2-2\cdot1=^{ウエ}\mathbf{34}$

$x^4+y^4=(x^2)^2+(y^2)^2=(x^2+y^2)^2-2x^2y^2$

$=(x^2+y^2)^2-2(xy)^2=34^2-2=^{オカキク}\mathbf{1154}$

← $\boldsymbol{x^2+y^2=(x+y)^2-2xy}$

← x^2+y^2 の値を利用する。

〔別解〕　**xy の求め方**

$xy=(3+2\sqrt{2})\times\dfrac{1}{3+2\sqrt{2}}=^{イ}\mathbf{1}$

4　$3x-3 \leqq 2(2x-1)$ から　$3x-3 \leqq 4x-2$

すなわち　$-x \leqq 1$　よって　$x \geqq {}^{アイ}\mathbf{-1}$

←$-1<0$ より向きが変わる。

$|2x-1|>1$ から　$2x-1<-1$，$1<2x-1$

←$A>0$ のとき $|X|>A \iff X<-A$，$A<X$

　$2x-1<-1$ から　$2x<0$　よって　$x<0$

　$1<2x-1$ から　$-2x<-2$　よって　$x>1$

ゆえに　$x<{}^{ウ}\mathbf{0}$，${}^{エ}\mathbf{1}<x$

$5(x+1)<-(x+7)$ から　$5x+5<-x-7$

すなわち　$6x<-12$　よって　$x<-2$

$2x+5>3x-5$ から　$-x>-10$

よって　$x<10$

$x<-2$ かつ $x<10$ から

　$x<{}^{オカ}\mathbf{-2}$

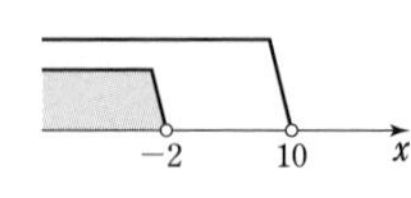

←▶CHART　数直線を利用

$2x-1<5x-3<1$ から　$2x-1<5x-3$ かつ $5x-3<1$

←$A<B<C \iff A<B$ かつ $B<C$

　$2x-1<5x-3$ から　$-3x<-2$　よって　$x>\dfrac{2}{3}$

　$5x-3<1$ から　$5x<4$　よって　$x<\dfrac{4}{5}$

▶CHART　数直線を利用

$x>\dfrac{2}{3}$ かつ $x<\dfrac{4}{5}$ から　$\dfrac{{}^{キ}\mathbf{2}}{{}^{ク}\mathbf{3}}<x<\dfrac{{}^{ケ}\mathbf{4}}{{}^{コ}\mathbf{5}}$

5　$A=\{2,\ 3,\ 5,\ 7,\ 11,\ 13,\ 17,\ 19,\ 23,\ 29\}$

　$B=\{4,\ 8,\ 12,\ 16,\ 20,\ 24,\ 28\}$

　$C=\{12,\ 24\}$

←要素を書き並べる。

よって　$A \cap B=\varnothing$（^{ア}④），

　$B \supset C$（^{イ}③）

←A と B に共通する要素はない。また，C の要素はすべて B の要素である。

参考　素数とは，2以上の自然数で，1とそれ自身以外に正の約数をもたない数のことである。

6　$\sqrt{5}(\sqrt{5}-4)a+(\sqrt{5}-1)b=2\sqrt{5}$ から

　$(5-4\sqrt{5})a+(\sqrt{5}-1)b-2\sqrt{5}=0$

すなわち　$(5a-b)+(-4a+b-2)\sqrt{5}=0$

←○＋□$\sqrt{5}=0$ の形にする。

a，b は有理数であるから，$5a-b$，$-4a+b-2$ も有理数である。

また，$\sqrt{5}$ は無理数であるから

　$5a-b=0$，$-4a+b-2=0$

←s，t が有理数，w が無理数のとき $s+tw=0 \iff s=t=0$

よって　$a={}^{ア}\mathbf{2}$，$b={}^{イウ}\mathbf{10}$

また，$(p+q+1)^2+(3p-2q+5)^2=0$ において，p，q は実数であるから，$p+q+1$，$3p-2q+5$ も実数である。

ゆえに　$p+q+1=0$，$3p-2q+5=0$

←u，v が実数のとき $u^2+v^2=0 \iff u=v=0$

よって　$p=\dfrac{{}^{エオ}\mathbf{-7}}{{}^{カ}\mathbf{5}}$，$q=\dfrac{{}^{キ}\mathbf{2}}{{}^{ク}\mathbf{5}}$

7 (1)　命題の逆は「n^2 が 24 の約数ならば $n=2$ である」である。

反例は　$n=1$

よって，偽である。ゆえに　ア①

⬅ $p \Longrightarrow q$ の逆は $q \Longrightarrow p$

⬅ 1つでも反例があれば偽。n^2 が 24 の約数であり，$n=2$ でない $n=1$ が反例。

(2)　$1 \leqq x \leqq 6$ …… ① とする。

$|x-3|<3$ から　　$-3<x-3<3$

各辺に 3 を加えて　　$0<x<6$ …… ②

①，② を図示すると右のようになり，①⊂② とはならない（$x=6$ が反例となる）から，偽である。よって　イ①

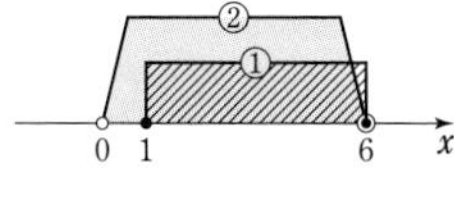

⬅ $A>0$ のとき $|X|<A \Longleftrightarrow -A<X<A$

➡ 基 4

⬅ 集合を利用。

▶CHART　数直線を利用

➡ 基 4

(3)「$x+y+z>0$ または $xyz>0$ ならば，x，y，z のうち少なくとも1つは正である」の対偶は，「x，y，z すべてが 0 または負であるならば，$x+y+z \leqq 0$ かつ $xyz \leqq 0$」である。これは明らかに真であるから，もとの命題も真である。よって　ウ⓪

⬅ 対偶を利用。直接判断しにくいときは対偶を考える。もとの命題とその対偶の真偽は一致。

参考　条件の否定について

「p_1 かつ p_2」　の否定は「$\overline{p_1}$ または $\overline{p_2}$」

「p_1 または p_2」の否定は「$\overline{p_1}$ かつ $\overline{p_2}$」　（➡ 基 7）

「少なくとも1つのものについて p」の否定は「すべてのものについて $\overline{p}$」

「すべてのものについて p」の否定は「少なくとも1つのものについて $\overline{p}$」

である。

▽ 練習の解説

練習 1

$|X|=A$ $(A>0)$ のとき　$X=\pm A$

実数 x の整数部分，小数部分

$n \leqq x < n+1$ となる整数 n を探す。

整数部分 は n，　小数部分 は $x-$(x の整数部分)

解答　$|3x-7|=\sqrt{5}$ から　　$3x-7=\pm\sqrt{5}$

よって　　$x=\dfrac{7\pm\sqrt{5}}{3}$

$\alpha>\beta$ であるから　　$\alpha=\dfrac{7+\sqrt{5}}{3}$，$\beta=\dfrac{7-\sqrt{5}}{3}$

$2<\sqrt{5}<3$ であるから　　$7+2<7+\sqrt{5}<7+3$

よって　　$\dfrac{9}{3}<\dfrac{7+\sqrt{5}}{3}<\dfrac{10}{3}$

⬅ $|X|=A$ $(A>0)$ のとき $X=\pm A$

⬅ 各辺に 7 を加え，各辺を 3 で割って，$\dfrac{7+\sqrt{5}}{3}$ をつくり出す。

ゆえに，$3<\alpha<3.3\cdots\cdots$ であるから　$3\leqq\alpha<4$

よって，α の整数部分 a は　$a={}^{ア}\mathbf{3}$

小数部分 b は　$b=\dfrac{7+\sqrt{5}}{3}-3=\dfrac{-2+\sqrt{5}}{3}$

←$\mathbf{3\leqq\alpha<3+1}$ より，整数部分は3，小数部分は **α−(整数部分)**

また，$2<\sqrt{5}<3$ であるから　$-2>-\sqrt{5}>-3$

よって　$7-2>7-\sqrt{5}>7-3$

ゆえに　$\dfrac{5}{3}>\dfrac{7-\sqrt{5}}{3}>\dfrac{4}{3}$

←α と同じように，$\dfrac{7-\sqrt{5}}{3}$ をつくり出す。-1 を掛けると不等号の向きが変わることに注意。

よって，$1.3\cdots\cdots<\beta<1.6\cdots\cdots$ であるから　$1\leqq\beta<2$

ゆえに，β の整数部分 c は　$c={}^{イ}\mathbf{1}$

小数部分 d は　$d=\dfrac{7-\sqrt{5}}{3}-1=\dfrac{4-\sqrt{5}}{3}$

←$\mathbf{1\leqq\beta<1+1}$ より，整数部分は1，小数部分は **β−(整数部分)**

よって　$bd=\dfrac{-2+\sqrt{5}}{3}\cdot\dfrac{4-\sqrt{5}}{3}$

$=\dfrac{-8+2\sqrt{5}+4\sqrt{5}-5}{9}$

$=\dfrac{-{}^{ウエ}\mathbf{13}+{}^{オ}\mathbf{6}\sqrt{5}}{{}^{カ}\mathbf{9}}$

また　$9b^2+12b+4=(3b+2)^2=\left(3\cdot\dfrac{-2+\sqrt{5}}{3}+2\right)^2$

$=(-2+\sqrt{5}+2)^2=(\sqrt{5})^2={}^{キ}\mathbf{5}$

←***素早く解く!***

そのまま代入すると計算が煩雑。$9b^2+12b+4$ を因数分解してから代入する。

参考　$\sqrt{5}=2.2\cdots\cdots$ であるから　$\dfrac{7+\sqrt{5}}{3}=3.0\cdots\cdots$，$\dfrac{7-\sqrt{5}}{3}=1.5\cdots\cdots$

よって，整数部分はそれぞれ　$a={}^{ア}\mathbf{3}$，$c={}^{イ}\mathbf{1}$

なお，$2\sqrt{13}$ のような無理数の整数部分を求めるには，$2\sqrt{13}=\sqrt{52}$ と変形してから $\sqrt{49}<\sqrt{52}<\sqrt{64}$ すなわち $7<2\sqrt{13}<8$ より，整数部分は7と判断する。

練習 2　不等式の解 → 数直線上で考える。

解答　$4x+a+5>6(x+1)$ から　$4x+a+5>6x+6$

よって　$-2x>-a+1$

ゆえに　$x<\dfrac{a-{}^{イ}\mathbf{1}}{{}^{ウ}\mathbf{2}}$ …… ①　（ア ①）

また，$|6x-13|=17$ から　$6x-13=\pm17$

←$|X|=A$ $(A>0)$ のとき $X=\pm A$

よって　$x=\dfrac{13\pm17}{6}$　すなわち　$x=-\dfrac{2}{3}$，5

① が $x=-\frac{2}{3}$，5 の一方 $\left(x=-\frac{2}{3}\right)$ を含み，もう一方 $(x=5)$ を含まないとき，右の数直線から

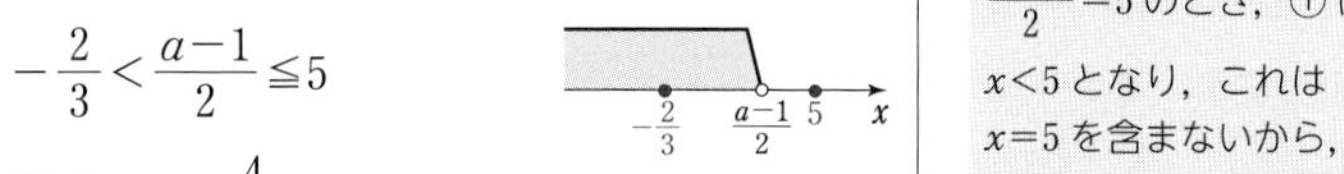

$$-\frac{2}{3}<\frac{a-1}{2}\leqq 5$$

各辺に 2 を掛けて　$-\frac{4}{3}<a-1\leqq 10$

各辺に 1 を加えて　$\frac{^{エオ}\mathbf{-1}}{^{カ}\mathbf{3}}<a\leqq {}^{ケコ}\mathbf{11}$　（^{キ}①，^{ク}③）

〔別解〕　$x=-\frac{2}{3}$ が不等式を満たすから，代入して

$$4\cdot\left(-\frac{2}{3}\right)+a+5>6\left(-\frac{2}{3}+1\right)$$

よって　$-8+3(a+5)>6$

すなわち　$-8+3a+15>6$

ゆえに　$a>-\frac{1}{3}$ …… ②

また，$x=5$ が不等式を満たさないから

$$4\cdot 5+a+5\leqq 6(5+1)$$

ゆえに　$a\leqq 11$ …… ③

②，③ から　$\frac{^{エオ}\mathbf{-1}}{^{カ}\mathbf{3}}<a\leqq {}^{ケコ}\mathbf{11}$　（^{キ}①，^{ク}③）

←数直線上で考える。
←**素早く解く！**
$\frac{a-1}{2}=5$ のとき，① は $x<5$ となり，これは $x=5$ を含まないから，$\frac{a-1}{2}=5$ でもよく，等号がつく。（➡ 重 2）

←不等式の解が $x=-\frac{2}{3}$ を含む。
⟶ $x=-\frac{2}{3}$ が不等式を満たす。

←不等式の解が $x=5$ を含まない。
⟶ $x=5$ が不等式を満たさない。
⟶ 不等号を $>$ から $\leqq$ に変えた不等式を満たす。

練習 3

不等式の解 ⟶ 数直線上で考える。
「存在する」，「すべて」などのキーワードに注意。

解答　(1)　$|x-1|\leqq 2$ から　$-2\leqq x-1\leqq 2$

各辺に 1 を加えて　$^{アイ}\mathbf{-1}\leqq x\leqq {}^{ウ}\mathbf{3}$

(2)　② から　$5x+3k>2x+4k+2$

すなわち　$3x>k+2$　よって　$x>\frac{k+2}{3}$

①，② をともに満たす実数 x が存在するのは，右の数直線のようになるときである。

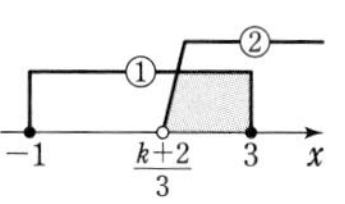

よって　$\frac{k+2}{3}<3$　すなわち　$k<{}^{エ}\mathbf{7}$

(3)　① を満たす実数 x がすべて ② を満たすのは，右の数直線のように，① が ② に含まれるときである。

よって　$\frac{k+2}{3}<-1$　すなわち　$k<{}^{オカ}\mathbf{-5}$

←$A>0$ のとき
$|X|\leqq A \Longleftrightarrow -A\leqq X\leqq A$
➡ 基 4

← CHART　数直線を利用
「存在する」＝1 つでもあればよい。$\frac{k+2}{3}$ が 3 より左にあればよい。

1 練習

(4) ①，② をともに満たす整数 x がちょうど2個存在するのは，右の数直線のようになるときである。

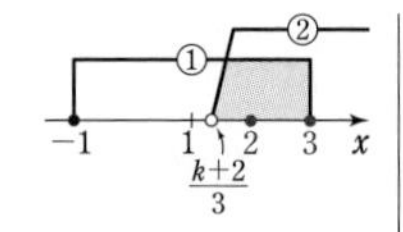

←①，② をともに満たす整数 x は 2，3 である。

よって　$1 \leqq \frac{k+2}{3} < 2$

←$\frac{k+2}{3}$ が1と2の間にあればよい。

各辺に3を掛けて　$3 \leqq k+2 < 6$

各辺から2を引いて　$^{キ}\mathbf{1} \leqq k <{}^{ク}\mathbf{4}$

練習 4

必要条件，十分条件の判定　$p \Longrightarrow q$，$q \Longrightarrow p$ の真偽を判定する。
$p \Rightarrow q$ が真であるとき　p が十分条件，q が必要条件。
条件を，同値な条件 に書きかえて考えるのも有効。

解答 (1) p，q は実数であるから，$p+q+1$，$q-1$ も実数である。

よって，$(p+q+1)^2+(q-1)^2=0$ と「$p+q+1=0$ かつ $q-1=0$」は同値である。

←同値な条件に書きかえる。 ➡ 基 6

$p+q+1=0$，$q-1=0$ を解くと　$p=-2$，$q=1$

ゆえに，必要十分条件である。(^{ア}⓪)

←同値な条件で書きかえられたから，必要十分条件。

(2) 「r または s が無理数ならば r^2-2s が無理数」は偽

(反例：$r=\sqrt{2}$，$s=2$)

←反例があれば偽。 ➡ 基 7

また，「r^2-2s が無理数ならば r または s が無理数」について，この命題の対偶は「r，s がともに有理数ならば r^2-2s が有理数」である。

←対偶を利用。 ➡ 基 7
真偽は一致する。

これは明らかに真であるから，もとの命題も真である。

ゆえに，必要条件であるが，十分条件でない。(^{イ}①)

←$q \Longrightarrow p$ のみが真。

(3) $(|a+b|+|a-b|)^2$

$=|a+b|^2+2|a+b||a-b|+|a-b|^2$

$=(a^2+2ab+b^2)+2|a^2-b^2|+(a^2-2ab+b^2)$

$=2(a^2+b^2+|a^2-b^2|)$

←$|X|^2=X^2$，$|X||Y|=|XY|$

よって　$(|a+b|+|a-b|)^2=4a^2$

$\Longleftrightarrow 2(a^2+b^2+|a^2-b^2|)=4a^2$

$\Longleftrightarrow a^2+b^2+|a^2-b^2|=2a^2$

$\Longleftrightarrow |a^2-b^2|=a^2-b^2$

←同値な条件に書きかえる。

すなわち，$|a^2-b^2|=a^2-b^2$ と同値である。

ここで，$|a^2-b^2|=\begin{cases} a^2-b^2 & (a^2 \geqq b^2) \\ -(a^2-b^2) & (a^2<b^2) \end{cases}$ であるから，

$|a^2-b^2|=a^2-b^2$ は $a^2 \geqq b^2$ と同値である。

ゆえに，必要十分条件である。(^{ウ}⓪)

←CHART 絶対値は場合分け
$|X|=\begin{cases} X & (X \geqq 0) \\ -X & (X<0) \end{cases}$

←同値な条件で書きかえられた。

1 問題

問題の解説

問題 1

命題の真偽の判定　偽であることを示すには **反例** を1つ示す
仮定：「$x>0$ または $y>0$」を満たすが，結論：「$x+y>0$ または $xy>0$」を満たさないものが反例となる。
また，条件「P または Q」は，P と Q のどちらか一方でも満たせばよいことに注意する。

解答　⓪　$x=2$，$y=1$ は，命題 A の仮定を満たすが，

$$x+y=3>0,\quad xy=2>0$$

であり結論も満たすから，反例ではない。

①　$x=-2$，$y=1$ は，命題 A の仮定を満たす。

$$x+y=-1\leqq 0 \quad かつ \quad xy=-2\leqq 0$$

であり結論を満たさないから，反例である。

②　$x=2$，$y=-1$ は，命題 A の仮定を満たすが，

$$x+y=1>0$$

であり結論も満たすから，反例ではない。

③　$x=-2$，$y=-1$ は，$x\leqq 0$ かつ $y\leqq 0$ であり，命題 A の仮定を満たさないから，反例ではない。

以上から，反例として最も適当なものは　ア ①

←条件 p，q の真偽をそれぞれ○，×で表すと，下の表のようになる。

p	q	p または q	p かつ q
○	○	○	○
○	×	○	×
×	○	○	×
×	×	×	×

←$xy=-2\leqq 0$ であるが，$x+y>0$ から結論を満たす。

参考　不等式の命題の真偽問題は，その条件を満たす領域を考えることによって判断できる場合がある。
「$x>0$ または $y>0$」を満たす領域を P，「$x+y>0$ または $xy>0$」を満たす領域を Q とすると，それぞれの領域は下図の斜線部分である。ただし，境界線上の点は除く。

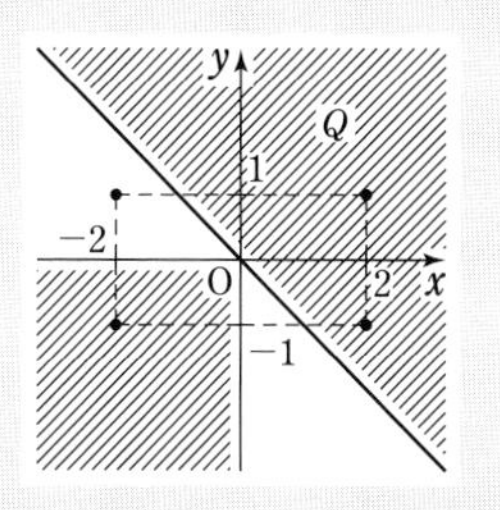

4 点 $(2,\ 1)$，$(-2,\ 1)$，$(2,\ -1)$，$(-2,\ -1)$ のうち，領域 P に含まれるが，領域 Q には含まれない点が反例であるから，反例として適当なものは点 $(-2,\ 1)$ である。

←領域は数学Ⅱで学習する。

←$x>0$ は第 1，4 象限
$y>0$ は第 1，2 象限
$x+y>0$ は直線 $y=-x$ の上側の部分。ただし，境界線を含まない。
$xy>0$ は第 1，3 象限

実践問題の解説

1 解答　$|x+6|\leqq 2$ から　　$-2\leqq x+6\leqq 2$

各辺から6を引いて　　$^{アイ}\mathbf{-8}\leqq x\leqq {}^{ウエ}\mathbf{-4}$

$|(1-\sqrt{3})(a-b)(c-d)+6|\leqq 2$ において，

$(1-\sqrt{3})(a-b)(c-d)=x$ とすると，$|x+6|\leqq 2$ となるから

$$-8\leqq(1-\sqrt{3})(a-b)(c-d)\leqq -4$$

$1-\sqrt{3}$ は負であることに注意すると

$$\frac{-4}{1-\sqrt{3}}\leqq(a-b)(c-d)\leqq\frac{-8}{1-\sqrt{3}}$$

ここで，$\dfrac{1}{1-\sqrt{3}}=\dfrac{1+\sqrt{3}}{(1-\sqrt{3})(1+\sqrt{3})}=-\dfrac{1+\sqrt{3}}{2}$

であるから

$$2(1+\sqrt{3})\leqq(a-b)(c-d)\leqq 4(1+\sqrt{3})$$

よって　　$^{オ}\mathbf{2}+{}^{カ}\mathbf{2}\sqrt{3}\leqq(a-b)(c-d)\leqq{}^{キ}\mathbf{4}+{}^{ク}\mathbf{4}\sqrt{3}$

また，①，②，③ の左辺をそれぞれ展開すると

$$(a-b)(c-d)=ac-ad-bc+bd \quad\cdots\cdots ①'$$
$$(a-c)(b-d)=ab-ad-bc+cd \quad\cdots\cdots ②'$$
$$(a-d)(c-b)=ac-ab-cd+bd \quad\cdots\cdots ③'$$

①′ の右辺から ②′ の右辺を引くと ③′ の右辺と等しくなるから，左辺についても同様に

$$\begin{aligned}(a-d)(c-b)&=(a-b)(c-d)-(a-c)(b-d)\\&=4+4\sqrt{3}-(-3+\sqrt{3})\\&={}^{ケ}\mathbf{7}+{}^{コ}\mathbf{3}\sqrt{3}\end{aligned}$$

⬅$A>0$ のとき
$|X|\leqq A \Longleftrightarrow -A\leqq X\leqq A$
➡基4

⬅$|x+6|\leqq 2$ を解いた結果を利用する。

⬅$1-\sqrt{3}<0$ より，不等号の向きが変わる。➡基4

素早く解く!　(ケ)，(コ) について，

(①′ の右辺)−(②′ の右辺)=(③′ の右辺) ……（＊＊）

が成り立つことに気づくのは難しいかもしれないが，

- ・(①′ の右辺) と (③′ の右辺) にはともに ac，bd が，(②′ の右辺) には ab，cd が，(③′ の右辺) には $-ab$，$-cd$ がある
- ・(①′ の右辺) と (②′ の右辺) にはともに $-ad$，$-bc$ があり，(③′ の右辺) には ad，bc がない

ということに着目すると，（＊＊）に気づきやすくなるだろう。

2 解答　$|3x-3c+1|=(3-\sqrt{3})x-1$ …… ①

$3x-3c+1\geqq 0$ すなわち $x\geqq c-\dfrac{1}{3}$ のとき，① は

$$3x-3c+1=(3-\sqrt{3})x-1 \quad\cdots\cdots ②$$

⬅方程式 ① の左辺の絶対値の中身が $\geqq 0$ のとき。

② を x について整理すると

$$3x-(3-\sqrt{3})x=3c-2$$

よって　$\sqrt{3}x=3c-2$

ゆえに　$x=\dfrac{3c-2}{\sqrt{3}}$

したがって　$x=\sqrt{^{ア}\mathbf{3}}\,c-\dfrac{^{イ}\mathbf{2}\sqrt{3}}{3}$ …… ③

③ が $x \geqq c-\dfrac{1}{3}$ を満たすような c の値の範囲は，

$x \geqq c-\dfrac{1}{3}$ に ③ を代入して　$\sqrt{3}c-\dfrac{2\sqrt{3}}{3} \geqq c-\dfrac{1}{3}$

よって　$(\sqrt{3}-1)c \geqq \dfrac{2\sqrt{3}-1}{3}$

$\sqrt{3}-1>0$ であるから　$c \geqq \dfrac{2\sqrt{3}-1}{3(\sqrt{3}-1)}$

⬅ $\sqrt{3}-1>0$ より，不等号の向きはそのまま。 ➡ 基 4

したがって　$c \geqq \dfrac{5+\sqrt{3}}{6}$　（ウ ②）

⬅ $\dfrac{2\sqrt{3}-1}{3(\sqrt{3}-1)} =\dfrac{(2\sqrt{3}-1)(\sqrt{3}+1)}{3(\sqrt{3}-1)(\sqrt{3}+1)} =\dfrac{6+2\sqrt{3}-\sqrt{3}-1}{3(3-1)} =\dfrac{5+\sqrt{3}}{6}$

$3x-3c+1<0$　すなわち　$x<c-\dfrac{1}{3}$ のとき，① は

$$-3x+3c-1=(3-\sqrt{3})x-1 \quad \cdots\cdots ④$$

④ を x について整理すると

$$-3x-(3-\sqrt{3})x=-3c$$

よって　$-(6-\sqrt{3})x=-3c$

ゆえに　$x=\dfrac{3}{6-\sqrt{3}}c$

したがって　$x=\dfrac{^{エ}\mathbf{6}+\sqrt{3}}{^{オカ}\mathbf{11}}c$ …… ⑤

⬅ $\dfrac{3}{6-\sqrt{3}} =\dfrac{3(6+\sqrt{3})}{(6-\sqrt{3})(6+\sqrt{3})} =\dfrac{3(6+\sqrt{3})}{33}=\dfrac{6+\sqrt{3}}{11}$

⑤ が $x<c-\dfrac{1}{3}$ を満たすような c の値の範囲は，

$x<c-\dfrac{1}{3}$ に ⑤ を代入して　$\dfrac{6+\sqrt{3}}{11}c<c-\dfrac{1}{3}$

よって　$\dfrac{\sqrt{3}-5}{11}c<-\dfrac{1}{3}$

$\sqrt{3}-5<0$ であるから　$c>-\dfrac{11}{3(\sqrt{3}-5)}$

⬅ $\sqrt{3}-5<0$ より，不等号の向きが変わる。 ➡ 基 4

したがって　$c>\dfrac{5+\sqrt{3}}{6}$　（キ ⑤）

⬅ $-\dfrac{11}{3(\sqrt{3}-5)} =-\dfrac{11(\sqrt{3}+5)}{3(\sqrt{3}-5)(\sqrt{3}+5)} =-\dfrac{11(\sqrt{3}+5)}{3\cdot(-22)}=\dfrac{5+\sqrt{3}}{6}$

3 解答

(1)　$A\cup B$ を図で表すと下の図3の斜線部分，$\overline{A\cap B}$ を図で表すと下の図4の斜線部分である。
C は $A\cup B$ と $\overline{A\cap B}$ の共通部分であるから，C を図で表すと下の図5の斜線部分である。（ア②）

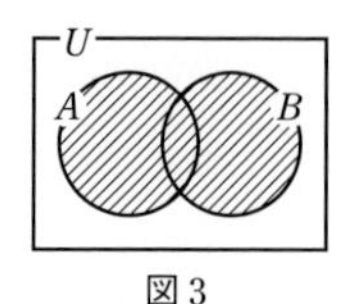

図3

図4

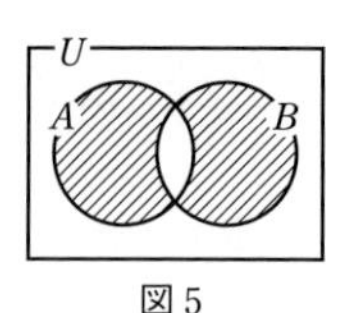

図5

(2)　$A=\{3,\ 6,\ 9,\ 12,\ 15\}$,
$\overline{C}=\{1,\ 4,\ 6,\ 8,\ 10,\ 12,\ 14\}$
であるから

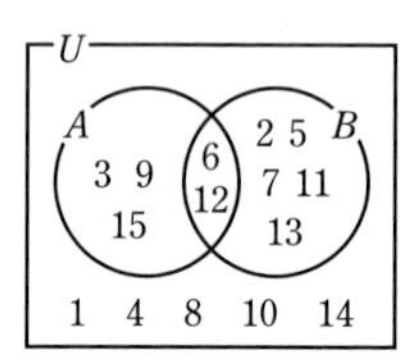

$A\cap B=A\cap\overline{C}=\{$ イ**6**, ウエ**12**$\}$

←要素を書き並べて，ベン図に表す。

よって　$A\cap\overline{B}=\{3,\ 9,\ 15\}$
(1)より，$C=(A\cap\overline{B})\cup(\overline{A}\cap B)$

←(1)を利用する。

であり，$(A\cap\overline{B})\cap(\overline{A}\cap B)=\varnothing$

←$A\cap\overline{B}$ と $\overline{A}\cap B$ に共通する要素はない。

であるから
$\overline{A}\cap B=\{2,\ 5,\ 7,\ 11,\ 13\}$
したがって，$B=\{2,\ 5,\ 6,\ 7,\ 11,\ 12,\ 13\}$ であるから，
B の要素は全部で オ**7** 個あり，そのうち最大のものは カキ**13** である。
また，条件 q を満たす x の集合を D とすると
$D=\{5,\ 7,\ 11,\ 13\}$
よって，命題 $p\Longrightarrow q$ は偽である。（反例 $x=2$）

←反例があれば偽。➡基7

また，$\overline{A}\cap B\supset D$ であるから，命題 $q\Longrightarrow p$ は真である。
したがって，p は q であるための
必要条件であるが，十分条件ではない。（ク⓪）

←$q\Longrightarrow p$ のみが真。➡重4

参考　素数とは，2以上の自然数で，1とそれ自身以外に正の約数をもたない数のことである。例えば，30以下の素数は
2，3，5，7，11，13，17，19，23，29
の10個であり，これらは覚えておくとよい。

4 解答

⓪　$x=\sqrt{2}$ は無理数，$y=0$ は有理数である。
よって，仮定を満たさないから，命題の反例ではない。

←仮定の $x\in A$，$y\in A$ は，「x は無理数」かつ「y は無理数」であることに注意する。

①　$x=3-\sqrt{3}$ と $y=\sqrt{3}-1$ はともに無理数であるから，仮定を満たす。

また，$x+y=3-\sqrt{3}+\sqrt{3}-1=2$ は有理数であるから，結論は満たさない。
よって，命題の反例である。

←反例は，仮定を満たすが，結論は満たさないもの。
➡ 演 1

② $x=\sqrt{3}+1$ と $y=\sqrt{2}-1$ はともに無理数であるから，仮定を満たす。
また，$x+y=\sqrt{3}+1+\sqrt{2}-1=\sqrt{3}+\sqrt{2}$ は無理数であるから，結論も満たす。
よって，命題の反例ではない。

③ $x=\sqrt{4}=2$，$y=-\sqrt{4}=-2$ はともに有理数である。
よって，仮定を満たさないから，命題の反例ではない。

←$\sqrt{4}$ は有理数。

④ $x=\sqrt{8}=2\sqrt{2}$，$y=1-2\sqrt{2}$ はともに無理数であるから，仮定を満たす。
また，$x+y=2\sqrt{2}+1-2\sqrt{2}=1$ は有理数であるから，結論は満たさない。
よって，命題の反例である。

⑤ $x=\sqrt{2}-2$ と $y=\sqrt{2}+2$ はともに無理数であるから，仮定を満たす。
また，$x+y=\sqrt{2}-2+\sqrt{2}+2=2\sqrt{2}$ は無理数であるから，結論も満たす。
よって，命題の反例ではない。

以上から　　ア①，イ④　（または　ア④，イ①）

第2章　2 次 関 数

CHECKの解説

8
$$y=-\frac{3}{2}x^2+x-1=-\frac{3}{2}\left(x^2-\frac{2}{3}x\right)-1$$
$$=-\frac{3}{2}\left\{x^2-\frac{2}{3}x+\left(\frac{1}{3}\right)^2-\left(\frac{1}{3}\right)^2\right\}-1$$
$$=-\frac{3}{2}\left\{x^2-\frac{2}{3}x+\left(\frac{1}{3}\right)^2\right\}-\frac{3}{2}\cdot\left\{-\left(\frac{1}{3}\right)^2\right\}-1$$
$$=-\frac{3}{2}\left(x-\frac{1}{3}\right)^2-\frac{5}{6}$$

←x^2，x の項を x^2 の係数 $-\frac{3}{2}$ でくくる。

←$\left(\frac{x\text{の係数}}{2}\right)^2=\left(\frac{1}{3}\right)^2$ を加えて引く。

←$-\frac{3}{2}$ を掛けるのを忘れずに。

よって，軸の方程式は　　$x=\frac{{}^{ア}\mathbf{1}}{{}^{イ}\mathbf{3}}$，

頂点の座標は　$\left(\frac{{}^{ウ}\mathbf{1}}{{}^{エ}\mathbf{3}},\ \frac{{}^{オカ}\mathbf{-5}}{{}^{キ}\mathbf{6}}\right)$

←$y=a(x-p)^2+q$
軸の方程式は $x=p$，
頂点の座標は $(p,\ q)$

$$\begin{aligned}y&=x^2+2(a-3)x-a^2+a+2\\&=x^2+2(a-3)x+(a-3)^2-(a-3)^2-a^2+a+2\\&=\{x^2+2(a-3)x+(a-3)^2\}-(a-3)^2-a^2+a+2\\&=(x+a-3)^2-2a^2+7a-7\end{aligned}$$

よって，頂点の座標は

$$({}^{ク}-a+{}^{ケ}\mathbf{3},\ {}^{コサ}\mathbf{-2}a^2+{}^{シ}\mathbf{7}a-{}^{ス}\mathbf{7})$$

⬅$\left(\dfrac{x\text{の係数}}{2}\right)^2=(a-3)^2$ を加えて引く。

⬅$y=a(x-p)^2+q$
頂点の座標は $(p,\ q)$

頂点の座標を求めるには，様々な方法がある。

①　放物線 $y=ax^2+bx+c$ の頂点の座標は，

$$y=ax^2+bx+c=a\left(x+\frac{b}{2a}\right)^2-\frac{b^2-4ac}{4a}\ \text{から，}$$

$\left(-\dfrac{b}{2a},\ -\dfrac{b^2-4ac}{4a}\right)$ である。これを利用して求める。

②　①の x 座標のみを記憶しておいて，それを用いて平方完成したり，答の確認に利用する。

③　y 座標を，2 次関数の式に $x=-\dfrac{b}{2a}$ を代入して求める。

例：放物線 $y=2x^2+10x+7$ について（基本例題 8)

①　頂点の座標は　$\left(-\dfrac{10}{2\cdot2},\ -\dfrac{10^2-4\cdot2\cdot7}{4\cdot2}\right)$　すなわち　$\left(-\dfrac{5}{2},\ -\dfrac{11}{2}\right)$

②　x 座標 $-\dfrac{5}{2}$ を利用すると

$$y=2x^2+10x+7=2\left(x+\frac{5}{2}\right)^2-2\cdot\left(\frac{5}{2}\right)^2+7=2\left(x+\frac{5}{2}\right)^2-\frac{11}{2}$$

③　頂点の y 座標は　$y=2\cdot\left(-\dfrac{5}{2}\right)^2+10\cdot\left(-\dfrac{5}{2}\right)+7=-\dfrac{11}{2}$

どのような方法で計算してもよいが，自分に合った方法で，**素早く確実**に計算できるようにしておくことが重要である。

9　(1)　放物線 $y=-2x^2+x+4$ を x 軸方向に -1，y 軸方向に -2 だけ平行移動した放物線の方程式は

$$y+2=-2(x+1)^2+(x+1)+4$$

すなわち　$y={}^{アイ}\mathbf{-2}x^2-{}^{ウ}\mathbf{3}x+{}^{エ}\mathbf{1}$

これを y 軸に関して対称に移動した放物線の方程式は

$$y=-2(-x)^2-3(-x)+1$$

すなわち　$y={}^{オカ}\mathbf{-2}x^2+{}^{キ}\mathbf{3}x+{}^{ク}\mathbf{1}$

〔別解〕　$y=-2x^2+x+4=-2\left(x^2-\dfrac{1}{2}x\right)+4$

$$=-2\left\{x^2-\frac{1}{2}x+\left(\frac{1}{4}\right)^2-\left(\frac{1}{4}\right)^2\right\}+4$$

$$=-2\left(x-\frac{1}{4}\right)^2+\frac{33}{8}$$

⬅$y-(-2)=f(x-(-1))$

⬅$y=f(-x)$

⬅頂点の座標に着目。平方完成する。　➡基8

よって，頂点の座標は　$\left(\frac{1}{4},\ \frac{33}{8}\right)$

頂点を x 軸方向に -1，y 軸方向に -2 だけ平行移動すると，その座標は

$$\left(\frac{1}{4}-1,\ \frac{33}{8}-2\right)\quad すなわち\quad \left(-\frac{3}{4},\ \frac{17}{8}\right)$$

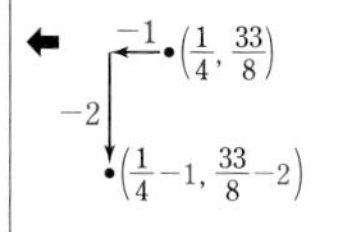

よって，求める放物線の方程式は

$$y=-2\left(x+\frac{3}{4}\right)^2+\frac{17}{8}$$

すなわち　$y=^{アイ}\mathbf{-2}x^2-^{ウ}\mathbf{3}x+^{エ}\mathbf{1}$

これを y 軸に関して対称に移動すると，頂点の座標は $\left(\frac{3}{4},\ \frac{17}{8}\right)$ となり，放物線の凹凸は変わらない。

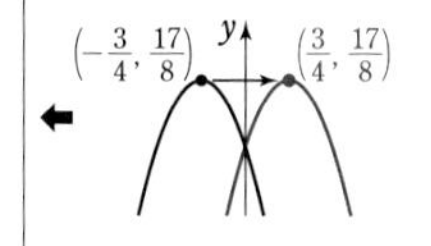

ゆえに，その方程式は　$y=-2\left(x-\frac{3}{4}\right)^2+\frac{17}{8}$

すなわち　$y=^{オカ}\mathbf{-2}x^2+^{キ}\mathbf{3}x+^{ク}\mathbf{1}$

(2)　逆に，放物線 $y=-x^2+5$ を x 軸方向に 1，y 軸方向に -3 だけ平行移動すると，放物線 $y=ax^2+bx+c$ になる。

←逆に移動する。

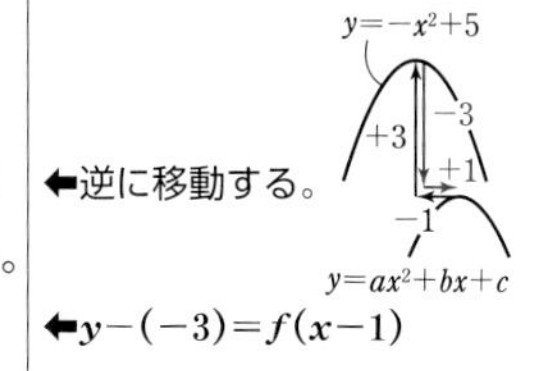

平行移動した放物線の方程式は　$y+3=-(x-1)^2+5$

←$\boldsymbol{y-(-3)=f(x-1)}$

すなわち　$y=-x^2+2x+1$

係数を比較して　$a=^{ケコ}\mathbf{-1}$，$b=^{サ}\mathbf{2}$，$c=^{シ}\mathbf{1}$

10　(1)　$y=-x^2-2x+1$

$$=-(x^2+2x)+1$$
$$=-(x^2+2x+1^2-1^2)+1$$
$$=-(x+1)^2+2$$

よって，この 2 次関数のグラフは図のようになり，$x=^{アイ}\mathbf{-1}$ のとき最大値 $^{ウ}\mathbf{2}$ をとる。

←グラフをかく。

CHART　まず平方完成

➡ 基 8

頂点で最大となる。

(2)　$y=-\frac{x^2}{12}+x-3$

$$=-\frac{1}{12}(x^2-12x)-3$$
$$=-\frac{1}{12}(x^2-12x+6^2-6^2)-3$$
$$=-\frac{1}{12}(x-6)^2$$

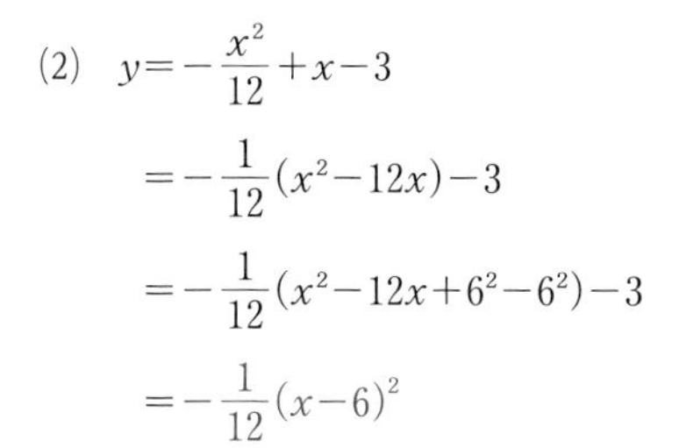

よって，$0\leqq x\leqq 3$ における関数のグラフは図のようになるから，$x=^{エ}\mathbf{3}$ のとき最大値 $\frac{^{オカ}\mathbf{-3}}{^{キ}\mathbf{4}}$ をとり，

$x=^{ク}\mathbf{0}$ のとき最小値 $^{ケコ}\mathbf{-3}$ をとる。

←グラフをかく。

CHART　まず平方完成

➡ 基 8

頂点は区間に含まれない。（区間の右外にある）

11 (1) 求める2次関数を $y=ax^2+bx+c$ とする。

グラフが点 $(1,\ 4)$ を通るから　$4=a+b+c$　…… ①

点 $(2,\ 5)$ を通るから　$5=4a+2b+c$　…… ②

点 $(-1,\ -4)$ を通るから　$-4=a-b+c$ …… ③

①−③ から　$8=2b$　よって　$b=4$

① に代入して　$4=a+4+c$　すなわち　$a+c=0$

② に代入して　$5=4a+8+c$　すなわち　$4a+c=-3$

これらから　$a=-1,\ c=1$

したがって　$y={}^{ア}-x^2+{}^{イ}\mathbf{4}x+{}^{ウ}\mathbf{1}$

(2) 軸が直線 $x=2$ であるから，求める2次関数は

$y=a(x-2)^2+q$ と表される。

2点 $(3,\ 0)$，$(0,\ 1)$ を通るから

$$\begin{cases} 0=a(3-2)^2+q \\ 1=a(0-2)^2+q \end{cases}\quad \text{すなわち}\quad \begin{cases} a+q=0 \\ 4a+q=1 \end{cases}$$

これを解いて　$a=\dfrac{1}{3},\ q=-\dfrac{1}{3}$

ゆえに　$y=\dfrac{1}{3}(x-2)^2-\dfrac{1}{3}=\dfrac{1}{3}(x^2-4x+4)-\dfrac{1}{3}$

すなわち　$y=\dfrac{{}^{エ}\mathbf{1}}{{}^{オ}\mathbf{3}}x^2-\dfrac{{}^{カ}\mathbf{4}}{{}^{キ}\mathbf{3}}x+{}^{ク}\mathbf{1}$

12 $2x^2-5x-7=0$ の左辺を因数分解して

$$(x+1)(2x-7)=0$$

よって　$x={}^{アイ}\mathbf{-1},\ \dfrac{{}^{ウ}\mathbf{7}}{{}^{エ}\mathbf{2}}$

$x^2-8x+9=0$ の解は，解の公式により

$$x=\frac{-(-4)\pm\sqrt{(-4)^2-1\cdot 9}}{1}={}^{オ}\mathbf{4}\pm\sqrt{{}^{カ}\mathbf{7}}$$

13 $x=2$ が $3x^2+2ax+3a^2-16=0$ の解であるから

$3\cdot 2^2+2a\cdot 2+3a^2-16=0$　すなわち　$3a^2+4a-4=0$

左辺を因数分解して　$(a+2)(3a-2)=0$

よって　$a={}^{アイ}\mathbf{-2},\ \dfrac{{}^{ウ}\mathbf{2}}{{}^{エ}\mathbf{3}}$

$a=-2$ のとき，2次方程式は $3x^2-4x-4=0$ となるから

$(x-2)(3x+2)=0$　よって，他の解は $x=\dfrac{{}^{オカ}\mathbf{-2}}{{}^{キ}\mathbf{3}}$

$a=\dfrac{2}{3}$ のとき，2次方程式は $3x^2+\dfrac{4}{3}x-\dfrac{44}{3}=0$　すなわち $9x^2+4x-44=0$ となるから　$(x-2)(9x+22)=0$

よって，他の解は　$x=\dfrac{{}^{クケコ}\mathbf{-22}}{{}^{サ}\mathbf{9}}$

⬅通る3点
→ $\boldsymbol{y=ax^2+bx+c}$

⬅点を通る → x 座標，y 座標を代入すれば成り立つ。

⬅連立方程式は，文字を消去して解く。①−③ を計算して，a と c を一気に消去する。

⬅軸 → $\boldsymbol{y=a(x-p)^2+q}$

⬅$a+q=0$ から $q=-a$
代入して $4a-a=1$
よって　$a=\dfrac{1}{3},\ q=-\dfrac{1}{3}$

⬅

1	1 →	2
2	−7 →	−7
2	−7	−5

➡ 基 1

⬅$b=2b'$ のとき
$$\boldsymbol{x=\frac{-b'\pm\sqrt{b'^2-ac}}{a}}$$

⬅$x=2$ が解であるから，方程式に代入すれば成り立つ。

⬅

1	2 →	6
3	−2 →	−2
3	−4	4

➡ 基 12

⬅

1	−2 →	−6
3	2 →	2
3	−4	−4

➡ 基 12

⬅

1	−2 →	−18
9	22 →	22
9	−44	4

➡ 基 12

$x=2$ が解であるから，方程式 $3x^2-4x-4=0$，$9x^2+4x-44=0$ の左辺は，ともに $x-2$ を必ず因数にもつ。

2

CHECK

14　2 次方程式の判別式を D とすると

$$\frac{D}{4}=\left(-\frac{2}{3}\right)^2-1\cdot(2k-1)=-2k+\frac{13}{9}$$

実数解をもつとき　$D\geqq0$

すなわち　$-2k+\frac{13}{9}\geqq0$　　よって　$k\leqq\frac{^{アイ}\mathbf{13}}{^{ウエ}\mathbf{18}}$

また，重解をもつとき　$D=0$

すなわち　$-2k+\frac{13}{9}=0$　　よって　$k=\frac{13}{18}$

このとき，方程式は　$x^2-\frac{4}{3}x+\frac{4}{9}=0$

すなわち　$\left(x-\frac{2}{3}\right)^2=0$　　よって，重解は　$x=\frac{^{オ}\mathbf{2}}{^{カ}\mathbf{3}}$

⬅$b=2b'$ のとき
$\frac{D}{4}=b'^2-ac$

⬅**実数解をもつ ⟺ $D\geqq0$**

⬅$-2k\geqq-\frac{13}{9}$ から $k\leqq\frac{13}{18}$

➡ **基 4**

⬅**重解をもつ ⟺ $D=0$**

⬅重解をもつから，$(\quad)^2=0$ の形に因数分解される。

⬅***素早く解く!***

k の値を求めずに，重解は　$x=-\frac{-\frac{4}{3}}{2\cdot1}=\frac{2}{3}$

15　(1)　$x^2-x-12<0$ から　$(x+3)(x-4)<0$

よって，① の解は　$^{アイ}\mathbf{-3}<x<^{ウ}\mathbf{4}$

$x^2-6x+1\geqq0$ について，方程式 $x^2-6x+1=0$ を解くと

$$x=3\pm2\sqrt{2}$$

よって，② の解は　$x\leqq{}^{エ}\mathbf{3}-{}^{オ}\mathbf{2}\sqrt{^{カ}\mathbf{2}}$，$3+2\sqrt{2}\leqq x$

①，② を同時に満たす x は，右の数直線から

$$-3<x\leqq3-2\sqrt{2}$$

$0<3-2\sqrt{2}<1$ から，①，② を同時に満たす整数 x は $-2,\ -1,\ 0$ の $^{キ}\mathbf{3}$ 個あり，そのうち最小のものは　$^{クケ}\mathbf{-2}$

参考　$y=$(左辺) のグラフは下のようになる。

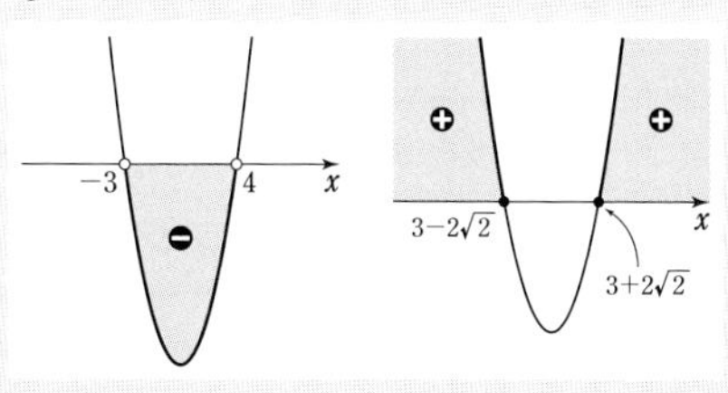

⬅左辺を因数分解。
$(x-\alpha)(x-\beta)<0$ の解は $\alpha<x<\beta$

⬅$x=\frac{-(-3)\pm\sqrt{(-3)^2-1\cdot1}}{1}$

➡ **基 12**

⬅**$(x-\alpha)(x-\beta)\geqq0$ の解は $x\leqq\alpha$，$\beta\leqq x$**

⬅**CHART**　数直線を利用

➡ **基 4**

⬅$2\sqrt{2}=2\times1.41\cdots\cdots$
$=2.8\cdots\cdots$
であるから　$2<2\sqrt{2}<3$
よって　$0<3-2\sqrt{2}<1$

(2)　$-x^2+6x-9=0$ から　$x^2-6x+9=0$

すなわち　$(x-3)^2=0$

よって　$x=$ ${}^{コ}\mathbf{3}$

$-x^2+6x-9\geqq 0$ から $x^2-6x+9\leqq 0$

$x^2-6x+9=(x-3)^2$ であるから，

$y=x^2-6x+9$ のグラフは右のようになり，$x=3$ においてのみ $y\leqq 0$ となる。

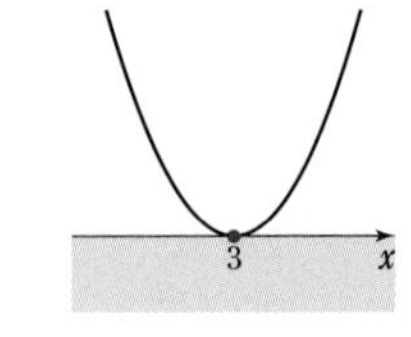

よって，$x^2-6x+9\leqq 0$ すなわち $-x^2+6x-9\geqq 0$ の解は

$x=3$　すなわち　^{サ}②

⬅両辺に -1 を掛ける。

⬅グラフでイメージをつかむ。

参考

$x^2-6x+9=0$ の判別式 D について $D=0$ である。

16　(1)　$y=-x^2+2kx-(3k+4)=-(x^2-2kx)-(3k+4)$

$=-(x^2-2kx+k^2-k^2)-3k-4$

$=-(x-k)^2+k^2-3k-4$

よって，頂点の y 座標は　$k^2-{}^{ア}\mathbf{3}k-{}^{イ}\mathbf{4}$

ゆえに，放物線が x 軸に接するとき　$k^2-3k-4=0$

すなわち　$(k+1)(k-4)=0$

よって　$k={}^{ウエ}\mathbf{-1}$，${}^{オ}\mathbf{4}$

また，この 2 次関数がすべての実数 x に対して常に負の値をとるとき　$k^2-3k-4<0$

すなわち　$(k+1)(k-4)<0$

よって　${}^{カキ}\mathbf{-1}<k<{}^{ク}\mathbf{4}$

⬅CHART　まず平方完成

➡基 8

⬅頂点の y 座標利用。

➡基 16

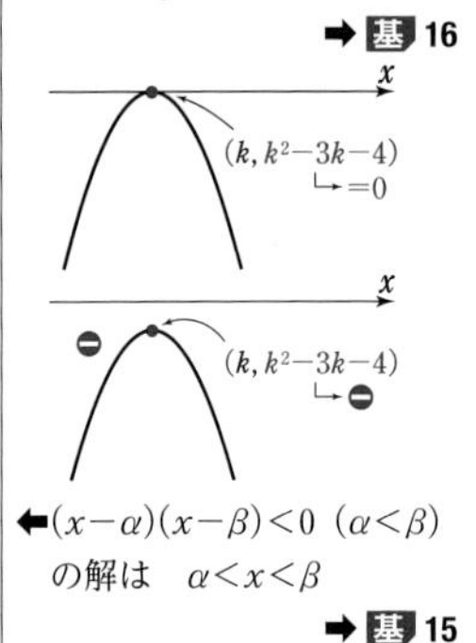

⬅$(x-\alpha)(x-\beta)<0$ $(\alpha<\beta)$ の解は　$\alpha<x<\beta$

➡基 15

参考　問題文で頂点の座標が問われていなければ，基本例題 16 のように判別式を用いた方が早い。

$\left(\dfrac{D}{4}=k^2-(-1)\cdot\{-(3k+4)\}=k^2-3k-4\right.$ について，順に $\left.D=0,\ D<0\right)$

しかし，共通テストでは，初めに頂点の座標を求めさせることも予想されるので，**[1] 判別式の利用，[2] 頂点の y 座標の利用** どちらの解法も身につけておきたい。

(2)　方程式 $x^2+mx+3m-5=0$ の判別式を D とすると

$D=m^2-4\cdot 1\cdot(3m-5)$

$=m^2-12m+20$

$=(m-2)(m-10)$

不等式がすべての実数 x について成り立つとき　$D<0$

よって　$(m-2)(m-10)<0$

したがって　${}^{ケ}\mathbf{2}<m<{}^{コサ}\mathbf{10}$

⬅不等式がすべての実数で成り立つ。
⟶ 2 次関数 $y=$(左辺) が常に正の値をとる。

参考　2次関数 $y=ax^2+bx+c$（ただし，$a>0$）のグラフと，方程式 $ax^2+bx+c=0$ の関係をまとめておこう。（$D=b^2-4ac$）

$y=ax^2+bx+c$ のグラフ			
$y=ax^2+bx+c$ のグラフと x 軸の共有点	2個	1個（接する）	ない
頂点の y 座標	負	0	正
$ax^2+bx+c=0$ の実数解	2個	1個（重解）	ない
判別式 D	$D>0$	$D=0$	$D<0$

不等式については，上のグラフを用いて考える。

練習の解説

練習 5

2次関数の最大・最小 → グラフ をかく。
最大・最小の候補は 頂点 と 区間の端。
軸と定義域の位置関係で場合分け。（軸が定義域の左か中か右か）

解答　$y=x^2+2(a-1)x$

$=x^2+2(a-1)x+(a-1)^2-(a-1)^2$

$=\{x+(a-1)\}^2-(a-1)^2$

⇔CHART　まず平方完成　➡基 8

よって，C は頂点の座標が

$(^{ア}-a+{}^{イ}\mathbf{1},\ {}^{ウ}-(a-{}^{エ}\mathbf{1})^2)$

の放物線である。

この放物線の軸は直線 $x=-a+1$ である。

[1]　$-1\leqq x\leqq 1$ において，最小値が $-(a-1)^2$ となるのは，軸が $-1\leqq x\leqq 1$ に含まれるときであるから　$-1\leqq -a+1\leqq 1$

⬅軸が定義域内にあれば，頂点において最小。　➡基 10

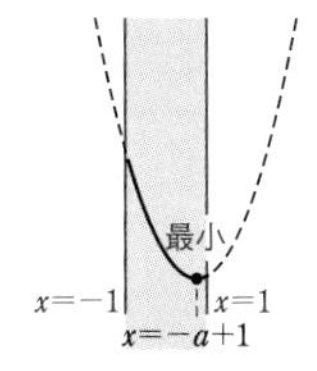

各辺から1を引いて　$-2\leqq -a\leqq 0$　➡基 4

各辺に -1 を掛けて　$2\geqq a\geqq 0$

すなわち　$^{オ}\mathbf{0}\leqq a\leqq {}^{カ}\mathbf{2}$

[2]　$a>2$ ならば，$-a+1<-1$ であるから，C の軸 $x=-a+1$ は
$-1\leqq x\leqq 1$ の左外にある。
右の図から，① は $x=-1$ のとき最小となり，その最小値は
$(-1)^2+2(a-1)\cdot(-1)=^{キク}\mathbf{-2}a+^{ケ}\mathbf{3}$

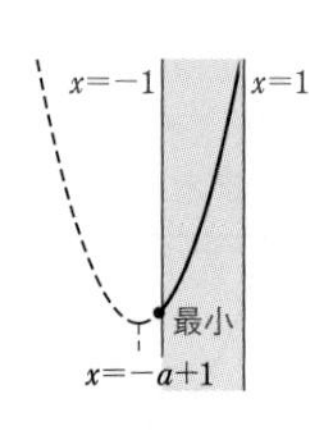

←$a>2$ から　$-a<-2$
よって　$-a+1<-1$
軸が定義域の左外にある。

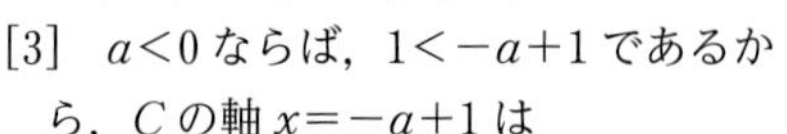

[3]　$a<0$ ならば，$1<-a+1$ であるから，C の軸 $x=-a+1$ は
$-1\leqq x\leqq 1$ の右外にある。
右の図から，① は $x=1$ のとき最小となり，その最小値は
$1^2+2(a-1)\cdot 1=^{コ}\mathbf{2}a-^{サ}\mathbf{1}$

←$a<0$ から　$-a>0$
よって　$-a+1>1$
軸が定義域の右外にある。

←***素早く解く!***

> $0\leqq a\leqq 2$ 以外のときは，区間の端で最小となるから，$x=\pm1$ のときの y の値 $-2a+3$，$2a-1$ を求めてしまえば，空欄は埋まる。

① の最小値を $f(a)$ とすると

$$f(a)=\begin{cases}2a-1 & (a<0 \text{ のとき})\\ -(a-1)^2 & (0\leqq a\leqq 2 \text{ のとき})\\ -2a+3 & (a>2 \text{ のとき})\end{cases}$$

よって，$y=f(a)$ のグラフは右のようになるから，$a=^{シ}\mathbf{1}$ のとき最大となる。

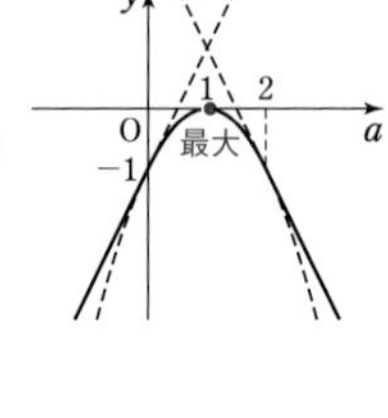

←a の値によって関数がかわる。それぞれの範囲におけるグラフをつないだものが $y=f(a)$ のグラフ。

練習 6

> 2次関数の最大・最小 → **グラフ** をかく。
> 最大・最小の候補は **頂点** と **区間の端**。
> 文字がある場合，**軸と定義域の位置関係で場合分け**。
> (軸が定義域の中央にあるか，中央より右にあるか，中央より左にあるか)

解答　(1)　$y=-x^2+8x+10$
$\quad=-(x-4)^2+26$

←▶CHART　まず平方完成
➡ 基8

よって，軸は直線 $x=4$ であり，右のグラフから，$M=26$ となる条件は　$a\leqq 4\leqq a+3$
すなわち　$^{ア}\mathbf{1}\leqq a\leqq ^{イ}\mathbf{4}$

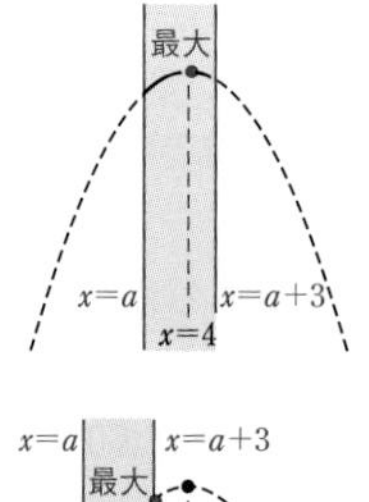

←グラフをかく。
←軸が定義域内にある。
←$A<B<C$
➡ 重5
$\iff A<B$ かつ $B<C$
➡ 基4

$f(x)=-x^2+8x+10$ とする。
$a<1$ のとき，右のグラフから，最大値 M は
$M=f(a+3)$
$\quad=-(a+3)^2+8(a+3)+10$
$\quad=-a^2+^{ウ}\mathbf{2}a+^{エオ}\mathbf{25}$

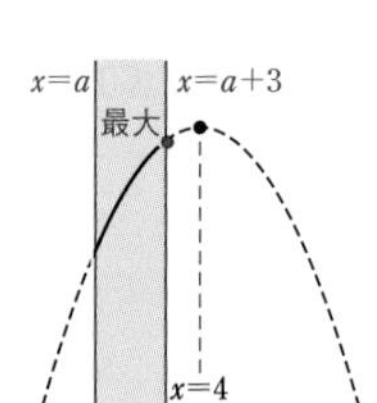

←$a<1$ のとき　$a+3<4$
軸が定義域より右にある。
➡ 重5

(2)　$f(a)=f(a+3)$ のとき

$$-a^2+8a+10=-a^2+2a+25$$

整理すると　$6a=15$

よって　　$a=\frac{^{カ}\mathbf{5}}{^{キ}\mathbf{2}}$

このとき，最小値 m は

$$m=f\left(\frac{5}{2}\right)=-\left(\frac{5}{2}\right)^2+8\cdot\frac{5}{2}+10$$

$$=\frac{^{クケ}\mathbf{95}}{^{コ}\mathbf{4}}$$

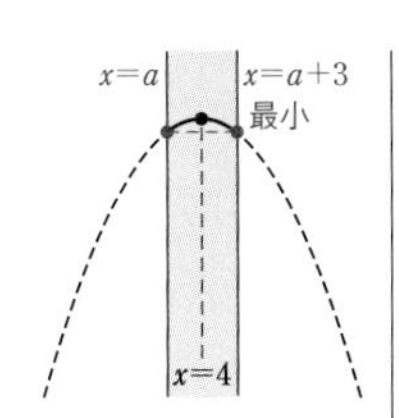

←$f(a)=f(a+3)$ のとき，軸が定義域の中央にある。

参考

軸は直線 $x=4$

$a\leqq x\leqq a+3$ の中央は

$$a+\frac{3}{2}$$

$4=a+\frac{3}{2}$ を解くと

$$a=\frac{5}{2}$$

また，$a>\frac{5}{2}$ のとき，右のグラフから，最小値 m は

$$m=f(a+3)=-a^2+{}^{サ}\mathbf{2}a+{}^{シス}\mathbf{25}$$

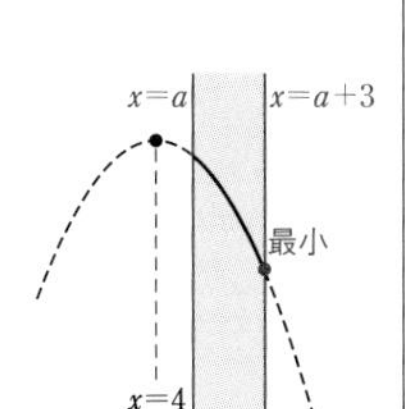

←軸が定義域の中央より左にある。

2 練習

練習 7

放物線と x 軸の共有点の位置

グラフ をかいて考える。

1. 判別式（頂点の y 座標）　2. 軸の位置

3. 区間の端の y 座標　に注目。

解答　(1)　$y=2x^2-ax+a-1=2\left(x^2-\frac{a}{2}x\right)+a-1$

$$=2\left\{x^2-\frac{a}{2}x+\left(\frac{a}{4}\right)^2-\left(\frac{a}{4}\right)^2\right\}+a-1$$

$$=2\left(x-\frac{a}{4}\right)^2-2\cdot\frac{a^2}{16}+a-1$$

$$=2\left(x-\frac{a}{4}\right)^2+\frac{-a^2+8a-8}{8}$$

←CHART　まず平方完成　➡基8

よって，グラフ C の頂点の座標は

$$\left(\frac{a}{^{ア}\mathbf{4}},\ \frac{^{イ}-a^2+{}^{ウ}8a-8}{^{エ}\mathbf{8}}\right)$$

←頂点 $(p,\ q)$　➡基8

(2)　$f(x)=2x^2-ax+a-1$ とする。

$f(x)$ の x^2 の係数が正であるから，グラフ C は下に凸の放物線である。また，(1) から，

軸の方程式は　　$x=\frac{a}{4}$

←軸 $x=p$

よって，右の図から，グラフ C が，x 軸の $-1<x<1$ の部分と，異なる 2 点で交わるための条件は

←1. 判別式　2. 軸の位置　3. 区間の端の y 座標

1 については，(1) で頂点の y 座標が求まっているので，それを利用する。　➡基16

$$\frac{-a^2+8a-8}{8}<0\ \cdots\cdots\ ①,\qquad -1<\frac{a}{4}<1\ \cdots\cdots\ ②,$$

$f(-1)>0$ …… ③，　$f(1)>0$ …… ④

① から　$a^2-8a+8>0$

$a^2-8a+8=0$ の解は $a=4\pm2\sqrt{2}$ であるから，① の解は　$a<4-2\sqrt{2}$，$4+2\sqrt{2}<a$ …… ①′

② の各辺に 4 を掛けて　$-4<a<4$ …… ②′

③ から　$2\cdot(-1)^2-a\cdot(-1)+a-1>0$

すなわち　$2a+1>0$　よって　$a>-\frac{1}{2}$ …… ③′

また，$f(1)=2\cdot1^2-a\cdot1+a-1=1>0$ であるから，④ はすべての実数 a で成り立つ。

①′ かつ ②′ かつ ③′ から　$-\frac{^{オ}\mathbf{1}}{^{カ}\mathbf{2}}<a<{}^{キ}\mathbf{4}-{}^{ク}\mathbf{2}\sqrt{2}$

⬅ 2 次不等式　➡ 基 15

⬅ CHART　数直線を利用

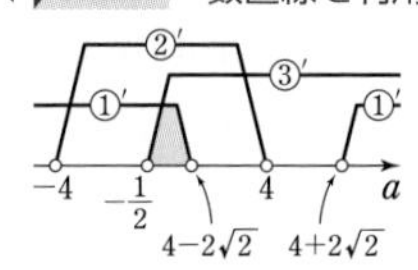

練習 8

> 文字を含む 2 次不等式 → **2 次方程式の 2 つの解の大小で場合分け** して解く。

解答 (1)　① から　$(2x+3)(x-2)<0$

よって　$\frac{^{アイ}\mathbf{-3}}{^{ウ}\mathbf{2}}<x<{}^{エ}\mathbf{2}$

⬅ $(x-\alpha)(x-\beta)<0$ $(\alpha<\beta)$ の解は　$\alpha<x<\beta$

➡ 基 15

(2)　② は　$(x-2)(x-a)>0$　となるから

⬅ $(x-\alpha)(x-\beta)>0$ $(\alpha<\beta)$ の解は　$x<\alpha$，$\beta<x$
よって，a と 2 の大小で場合分けする。

[1]　$a<2$ のとき

② の解は　$x<a$，$2<x$

① と ② を同時に満たす x の値が存在しないとき，右の数直線から

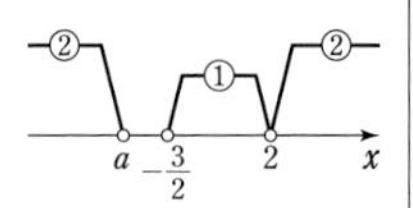

$a\leqq-\frac{3}{2}$　$a\leqq-\frac{3}{2}$ かつ $a<2$ から　$a\leqq-\frac{3}{2}$

⬅ CHART　数直線を利用

$a=-\frac{3}{2}$ のとき

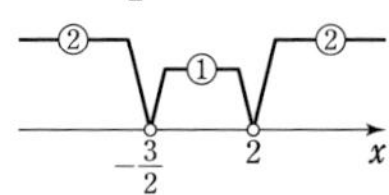

①，② を同時に満たす x は存在しない（問題文の条件を満たす）から，等号はつける。

[2]　$2<a$ のとき

② の解は　$x<2$，$a<x$

このとき，① と ② を同時に満たす x の値は右の数直線から常に存在する。

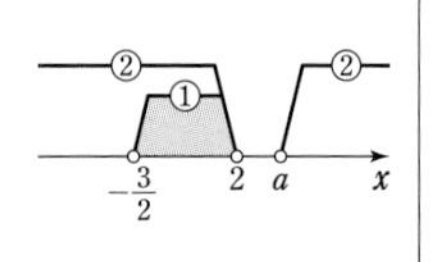

[3]　$a=2$ のとき

② は $(x-2)^2>0$ となるから，② の解は $x=2$ 以外のすべての実数。

このとき，① と ② を同時に満たす x の値は，右の数直線から，常に存在する。

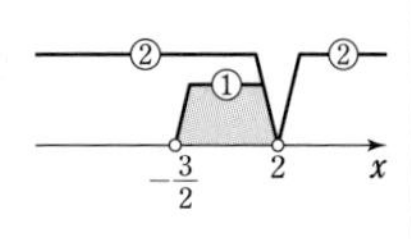

⬅

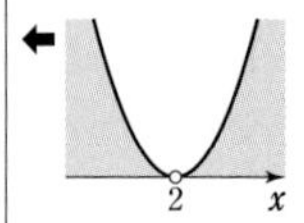

➡ 基 15

[1]～[3] から，① と ② を同時に満たす x の値が存在しないような a の値の範囲は　$a \leqq -\frac{3}{2}$

よって，$p=\frac{^{オカ}-3}{^{キ}2}$ で $a \leqq p$ であるから　ク①

←[2]，[3] のときは条件を満たさないから，解には含まない。

▼ 問題の解説

問題 2

販売価格の 10 円の値上げに対して 1 日の販売個数が 10 個の割合で減少する（また，10 円の値下げに対して 10 個の割合で増加する）ことから，販売個数は販売価格 x の 1 次関数で表される。
また，（利益）＝（売上金額の合計）－（必要な経費）で求められ，
（売上金額の合計）＝（販売価格）×（販売個数）
（必要な経費）＝（仕入れ価格）×（販売個数）＋（出店料）
である。よって，利益 y は販売価格 x の関数として表される。

解答　商品 1 個の販売価格を x 円，販売個数を z 個とすると，x が 10 増加すると z が 10 減少するから，z は x の 1 次関数で表され，x の係数は

$$\frac{-10}{10}=-1$$

$x=800$ のとき $z=400$ であるから

$$z-400=-(x-800)$$

すなわち　$z=1200-x$ …… ①

←$z=-x+C$ として，$400=-800+C$ から $C=1200$ と求めてもよい。

よって，販売個数は　アイウエ **$1200-x$**（個）

また，商品 1 個の仕入れ価格は 500 円であるから，1 日の利益を y 円とすると

$$\begin{aligned} y&=xz-500z-2500 \\ &=(x-500)z-2500 \\ &=(x-500)(1200-x)-2500 \\ &=-x^2+{}^{オカキク}\mathbf{1700}x-{}^{ケコサシスセ}\mathbf{602500} \\ &=-(x^2-1700x+850^2)+850^2-602500 \\ &=-(x-850)^2+120000 \end{aligned}$$

←（利益）＝（売上金額の合計）－（必要な経費）

←① を代入する。

←**CHART**　まず平方完成

➡ 基 8

また，$x \geqq 0$ かつ $1200-x \geqq 0$ から　$0 \leqq x \leqq 1200$

このとき，y は $x=850$ で最大値 120000 をとる。

したがって，1 日の利益を最大にする販売価格はソタチ **850** 円であり，そのときの 1 日の販売個数は，① からツテト **350** 個，利益はナニ **12** 万円となる。

←① に $x=850$ を代入して $z=1200-850=350$（個）

問題 3

[状態 X] のグラフの概形をかき，演習例題 3 の操作 A，P，Q をそれぞれ行うことによって，条件を満たすグラフに変化させることができるかを判断する。
また，方程式や不等式とその解の関係は次のようになる。
(1) $f(x)\leqq 0$ の 解がすべての実数
→グラフが $y\leqq 0$ の部分にのみ 存在
(2) $f(x)\leqq 0$ の 解がない →グラフが $y>0$ の部分にのみ 存在
(3) $f(x)=0$ が 異なる 2 つの負の解をもつ
→グラフが x 軸の負の部分と異なる 2 点で交わる
(4) $f(x)=0$ が 正の解と負の解をもつ
→グラフが x 軸の正の部分と負の部分で交わる

解答 [状態 X] は
$f(x)=-(x-2)^2+2$ であるから，
$y=f(x)$ のグラフは右の図のようになる。

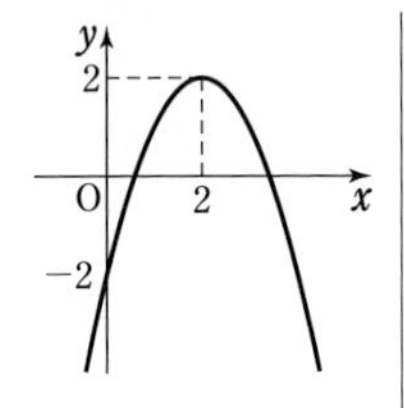

このグラフに対し，操作 A のみでは，グラフの頂点は移動せず，開き具合が変化する（$a>0$ ⟶ 下に凸，$a<0$ ⟶ 上に凸）。
操作 P のみでは，グラフは x 軸方向に平行移動する。
操作 Q のみでは，グラフは y 軸方向に平行移動する。

←初めに，3 つの操作それぞれについて，グラフがどのように変化するかを考える。なお，$a=0$ のときは直線 $y=q$ となる。

(1) 不等式 $f(x)\leqq 0$ の解がすべての実数となるのは，$y=f(x)$ のグラフが $y\leqq 0$ の部分にのみ存在するときである。
したがって，[状態 X] から，上に凸のまま y 軸の負の方向に平行移動（操作 Q）すればよい。
よって　ア ③

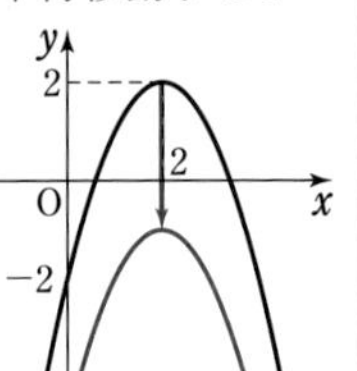

(1) 操作 A，操作 P では，頂点の y 座標が正のまま変化しないから，$y=f(x)$ のグラフは $y>0$ の部分にも存在する。
よって，操作 A，操作 P では条件を満たさない。

(2) 不等式 $f(x)\leqq 0$ の解がないのは，$y=f(x)$ のグラフが $y>0$ の部分にのみ存在するときである。
したがって，[状態 X] から，頂点は移動せずに，下に凸のグラフ（操作 A）になればよい。
よって　イ ①

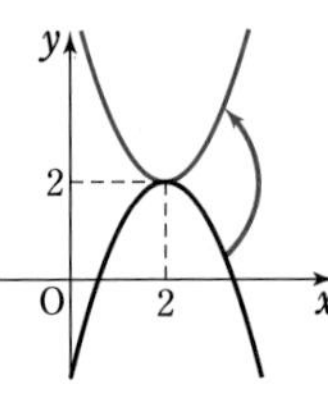

(2) 操作 P，操作 Q では，a の値が変化しないから，$y=f(x)$ のグラフが上に凸の放物線であることは変わらない。よって，$y=f(x)$ のグラフは $y\leqq 0$ の部分にも存在し，条件を満たさない。

(3)　方程式 $f(x)=0$ が異なる 2 つの負の解をもつためには，$y=f(x)$ のグラフが x 軸の負の部分と異なる 2 点で交わればよい。
したがって，［状態 X］から，x 軸の負の方向に平行移動（操作 P）すればよい。
よって　ウ ②

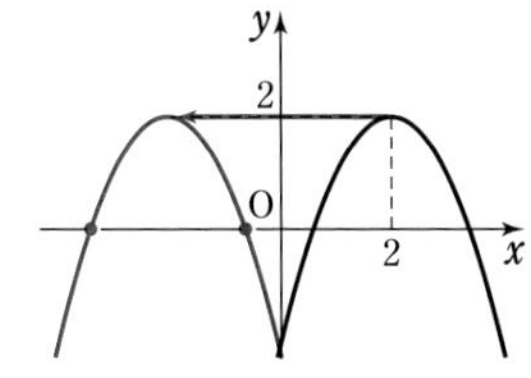

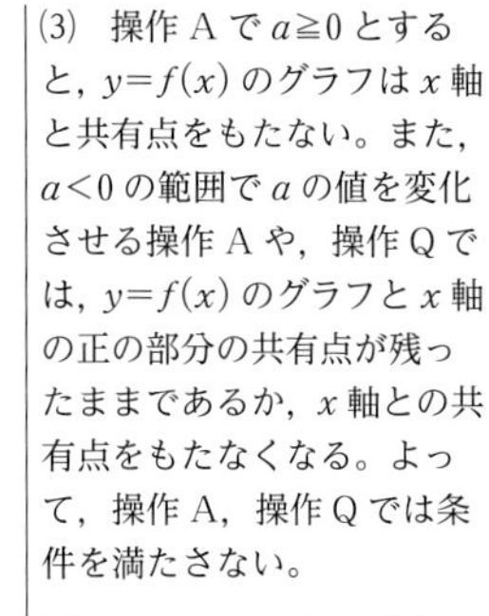

(3)　操作 A で $a\geqq 0$ とすると，$y=f(x)$ のグラフは x 軸と共有点をもたない。また，$a<0$ の範囲で a の値を変化させる操作 A や，操作 Q では，$y=f(x)$ のグラフと x 軸の正の部分の共有点が残ったままであるか，x 軸との共有点をもたなくなる。よって，操作 A，操作 Q では条件を満たさない。

(4)　方程式 $f(x)=0$ が正の解と負の解をもつためには，$y=f(x)$ のグラフが x 軸の正の部分と負の部分で交わればよい。
したがって，［状態 X］から，
(i)　放物線の開き具合を変える（操作 A）。
(ii)　x 軸の負の方向に平行移動する（操作 P）。
(iii)　y 軸の正の方向に平行移動する（操作 Q）。
のいずれでも可能である。
よって　エ ⑦

(4)　3 通り，いずれの場合でも可能であるので，慎重に判断することが大切。

⬅どのように変化させればよいか，具体的な値は参考を参照。

(i)
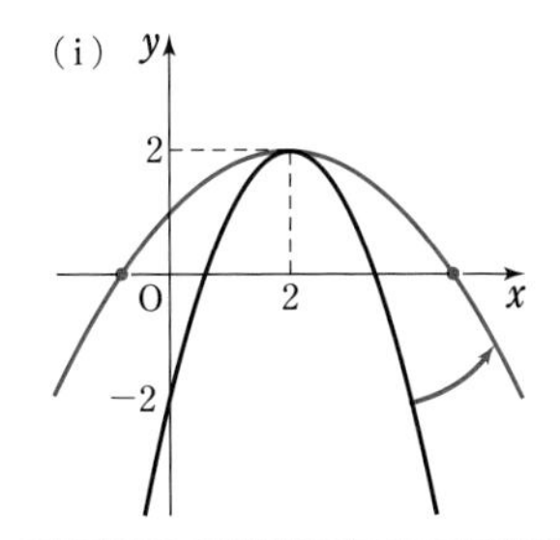

(ii)
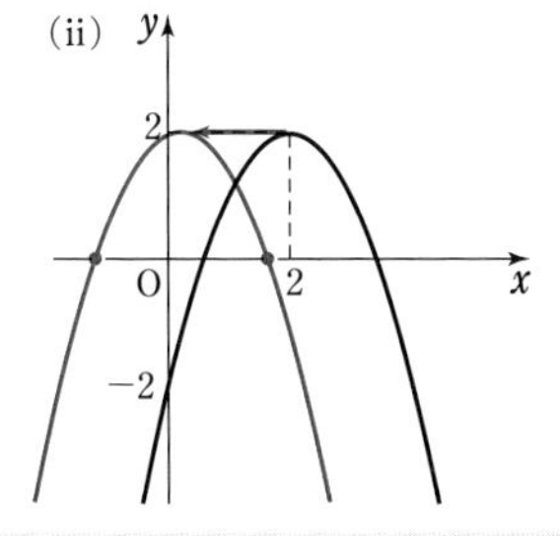

(iii)
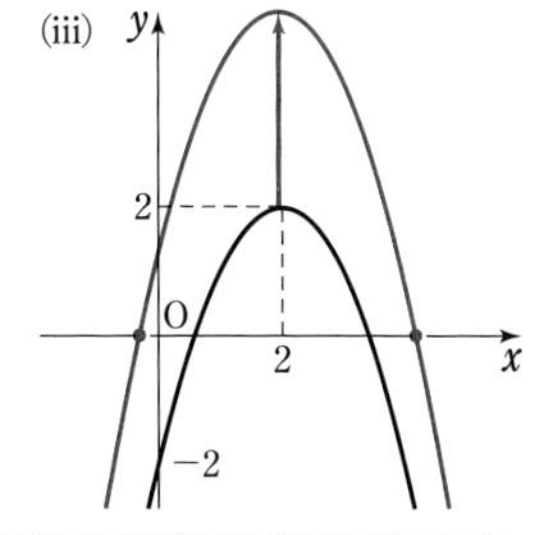

参考　(4) について，$a<0$ であれば，$f(0)>0$ のとき，方程式 $f(x)=0$ は正の解と負の解をもつ。また，$f(0)=ap^2+q$ であることに注意する。
(i)　$p=2$，$q=2$ のとき　　$f(0)=4a+2$
例えば，$a=-\dfrac{1}{4}$ とすれば，$a<0$ であり，$f(0)=1$ から $f(0)>0$ を満たす。
(ii)　$a=-1$，$q=2$ のとき　　$f(0)=-p^2+2$
例えば，$p=0$ とすれば，$f(0)=2$ から $f(0)>0$ を満たす。
(iii)　$a=-1$，$p=2$ のとき　　$f(0)=-4+q$
例えば，$q=5$ とすれば，$f(0)=1$ から $f(0)>0$ を満たす。
以上から，例えば，

操作 A では $a=-\dfrac{1}{4}$，操作 P では $p=0$，操作 Q では $q=5$

とすればよいことがわかる。

▼実践問題の解説

5 解答 (1) $p=4$, $q=-4$ のとき

①は $x^2+4x-4=0$ となり，その解は　$x=-2\pm2\sqrt{2}$

←解の公式を利用。

②は $x^2-4x+4=0$ となり，その解は　$x=2$

←$(x-2)^2=0$

よって　$n=$ ア**3**

←①または②を満たす実数 x は，$x=-2\pm2\sqrt{2}$，2 の 3 個。

また，$p=1$，$q=-2$ のとき

①は $x^2+x-2=0$ となり，その解は　$x=1,\ -2$

②は $x^2-2x+1=0$ となり，その解は　$x=1$

←$(x-1)^2=0$

よって　$n=$ イ**2**

←①または②を満たす実数 x は，$x=1,\ -2$ の 2 個。$x=1$ は，①，②両方の解であることに注意。

(2) $n=3$ となるのは，次の [1]，[2] のどちらかの場合である。

[1]　①と②はそれぞれ異なる 2 つの実数解をもち，そのうちの 1 つだけが一致する。

[2]　①，②のうち，一方は異なる 2 つの実数解，他方は重解をもち，それらの 3 つの解が異なる。

[1] の場合

花子さんと太郎さんの会話のように，①，②をともに満たす実数を α とすると，

$$\alpha^2-6\alpha+q=0 \quad かつ \quad \alpha^2+q\alpha-6=0$$

が成り立つ。

α^2 を消去すると　$6\alpha-q=-q\alpha+6$

←$\alpha(q+6)-(q+6)=0$

整理すると　$(q+6)(\alpha-1)=0$

よって　$q=-6$ または $\alpha=1$

(i)　$q=-6$ のとき，2 つの方程式①，②は一致する。よって，不適。

←このとき，$n=2$ となり，$n=3$ とならないから不適。

(ii)　$\alpha=1$ のとき　$q=-1^2+6\times1=5$

←$\alpha^2-6\alpha+q=0$ すなわち $q=-\alpha^2+6\alpha$ に $\alpha=1$ を代入する。

このとき，

①は $x^2-6x+5=0$ となり，その解は

$x=1,\ 5$

②は $x^2+5x-6=0$ となり，その解は

$x=1,\ -6$

よって，$n=3$ となるから，適する。

←実際に $n=3$ となっているかどうか確認する。

[2] の場合

①，②の判別式をそれぞれ D_1，D_2 とすると

$$\frac{D_1}{4}=(-3)^2-1\cdot q=9-q$$

$$D_2=q^2-4\cdot1\cdot(-6)=q^2+24$$

$D_2>0$ であるから，② は異なる 2 つの実数解をもつ。
よって，① が重解をもつから　$D_1=0$
ゆえに　$9-q=0$　すなわち　$q=9$
このとき，① の重解は　$x=3$
② は $x^2+9x-6=0$ となり，$x=3$ は ② の解ではない。
よって，$n=3$ となるから，適する。
以上から　$q=$ ウ**5**，エ**9**

←$D>0 \iff$ 異なる 2 つの実数解をもつ
$D=0 \iff$ 重解をもつ
➡ 基 14

←実際に $n=3$ となっているかどうか確認する。

(3) ③ を変形すると　$y=(x-3)^2+q-9$
③ のグラフの頂点の座標は　$(3,\ q-9)$
④ を変形すると　$y=\left(x+\dfrac{q}{2}\right)^2-\dfrac{q^2}{4}-6$
④ のグラフの頂点の座標は　$\left(-\dfrac{q}{2},\ -\dfrac{q^2}{4}-6\right)$
よって，q の値を 1 から増加させたとき，③ のグラフの頂点の x 座標の値は変化せず，y 座標の値は増加する。
したがって，③ のグラフは上に動く。（オ ⑥）
④ のグラフの頂点の x 座標，y 座標の値はいずれも減少する。
したがって，④ のグラフは左下に動く。（カ ①）

←③ のグラフの頂点の x 座標は常に 3 である。

6 **解答**　$f(x)=-2x^2+8x+3=-2(x-2)^2+11$
より，放物線 $y=f(x)$ の軸は直線 $x=2$ である。

←CHART　まず平方完成
➡ 基 8

(1) 最大値 $g(a)$ について
[1] 軸が $0 \leqq x \leqq a$ の右外にあるとき，すなわち
$0<a \leqq$ ア**2** のとき
$g(a)=f(a)=-2a^2+8a+3$（イ ④）
[2] 軸が $0 \leqq x \leqq a$ に含まれるとき，すなわち
$2<a$ のとき　$g(a)=f(2)=11$（ウ ②）

←[1]，[2] の結果から，最大値 $y=g(a)$ のグラフは下の図のようになる。

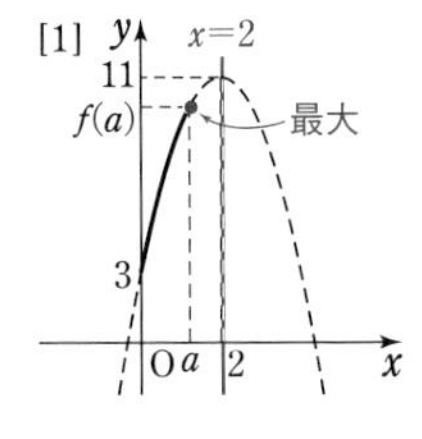

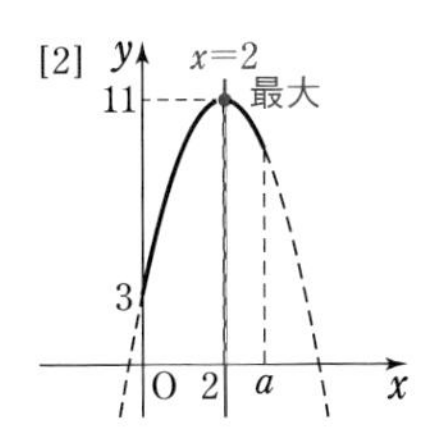

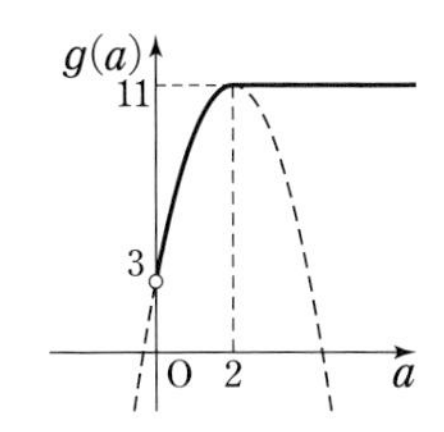

最小値 $h(a)$ について
$y=f(x)$ のグラフの対称性から，$f(0)=f(4)=3$ であることがわかる。
また，$0 \leqq x \leqq 4$ のとき，$f(0) \leqq f(x)$
　　$4<x$　のとき，$f(0)>f(x)$ である。

[3]　$0<a\leqq {}^{エ}4$ のとき　　$h(a)=f(0)=3$（オ ⓪）

[4]　$4<a$ のとき　　$h(a)=f(a)=-2a^2+8a+3$（カ ④）

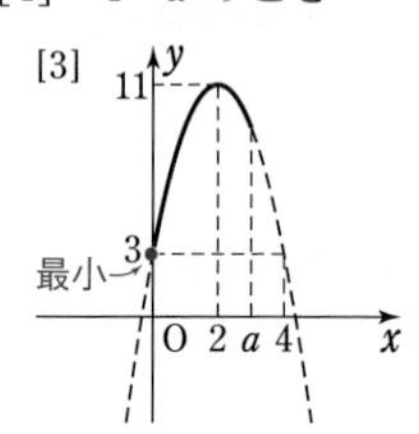

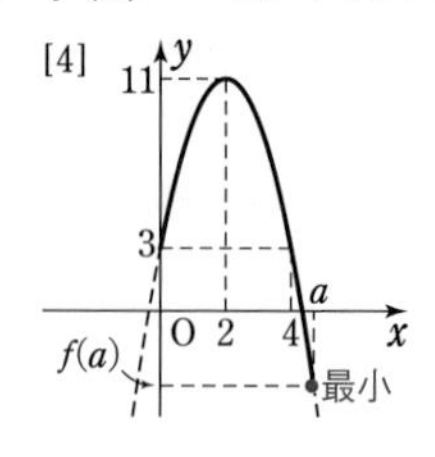

←[3]，[4] の結果から，最小値 $y=h(a)$ のグラフは下の図のようになる。

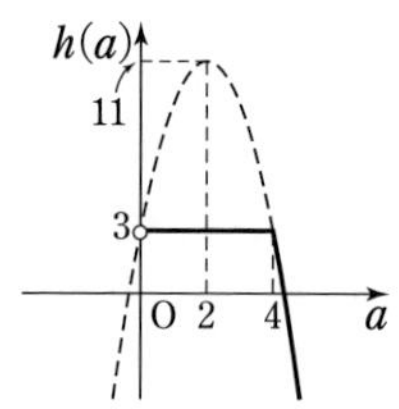

(2)　(1) の結果から，$y=g(a)$ と $y=h(a)$ のグラフの組合せとして正しいものは　　キ ②

〔注意〕　$h(a)$ について $a=4$ のとき，$f(x)$ は $x=0$，4 で最小値をとる。この値は $f(0)=f(4)$ に等しいが，$a=4$ であるから，$f(a)$ にも等しい。よって，$y=h(a)$ のグラフは $a=4$ でつながっているグラフになる。

(2)　グラフを選ぶ際に，定義域の左端が固定され，定義域が右に広がっていくことから，最大値 $g(a)$ が減少（⓪，⑤）したり，最小値 $h(a)$ が増加（①，④）したりすることはない。また，最小値のグラフが最大値のグラフの上（①）になることはない。よって，② または ③ が候補になるから，あとは最小値 $h(a)$ が減少し始める部分に注意して選択すればよい。

7　**解答**　2 次方程式 $x^2+px+r=0$ に解の公式を適用すると　　$x=\dfrac{-p\pm\sqrt{p^{{}^{ア}2}-{}^{イ}4r}}{{}^{ウ}2}$

← 2 次方程式 $ax^2+bx+c=0$ $(a\neq 0)$ の判別式は $D=b^2-4ac$ であり，解の公式は
$$x=\frac{-b\pm\sqrt{b^2-4ac}}{2a}$$
である。　➡基 12，14

ここで，$D_1=p^2-4r$ とおくと，D_1 はこの 2 次方程式の判別式である。

同様に，2 次方程式 $x^2+qx+s=0$ に対して，判別式を $D_2=q^2-4s$ とおく。

$y=x^2+px+r$，$y=x^2+qx+s$ のグラフのうち，少なくとも一方が x 軸と共有点をもつための必要十分条件は，$D_1\geqq 0$ または $D_2\geqq 0$ である。（エ ⑧）

←$y=x^2+px+r$ のグラフが x 軸と共有点をもつ
$\Longleftrightarrow$ $x^2+px+r=0$ が実数解をもつ
$\Longleftrightarrow$ $D_1\geqq 0$　➡基 14

よって，命題 A を証明するためには，

命題 B

「p，q，r，s を実数とする。$pq=2(r+s)$ ならば，$D_1\geqq 0$ または $D_2\geqq 0$ が成り立つ。」

を証明すればよい。

命題 B を背理法を用いて証明するには，$pq=2(r+s)$ のとき，「$D_1\geqq 0$ または $D_2\geqq 0$」が成り立たない，すなわち「$D_1<0$ かつ $D_2<0$」が成り立つと仮定して矛盾を導けばよい。（オ ⓪）

←「p_1 または p_2」の否定は「$\overline{p_1}$ かつ $\overline{p_2}$」　➡基 7

（命題 **B** の証明）

$pq=2(r+s)$ のとき，$D_1<0$ かつ $D_2<0$ が成り立つと仮定する。

$D_1<0$ かつ $D_2<0$ が成り立つとき　$D_1+D_2<0$　（カ①）

一方，$pq=2(r+s)$ から

$$D_1+D_2=(p^2-4r)+(q^2-4s)$$
$$=p^2+q^2-4(r+s)=p^2+q^2-2pq$$
$$=(p-q)^2\geqq 0$$　（キ①，ク③）

←(実数)$^2\geqq 0$

これは $D_1+D_2<0$ に矛盾するから，仮定は成り立たない。

←背理法による証明。

よって，命題 **B** は真である。

8 **解答**　(1)　$f(x)=x^2-10x+16+p=(x-5)^2-9+p$

←*素早く解く！*

よって，2次関数 $y=f(x)$ のグラフの頂点の座標は

（ア**5**，イウ$-$**9**$+p$）

(2)　2次関数 $y=f(x)$ のグラフは下に凸の放物線であるから，$y=f(x)$ のグラフと x 軸との位置関係は，次の3つの場合に分けられる。

←(1)より，p の値が変化すると，$y=f(x)$ のグラフは y 軸方向に平行移動する。

[1]　頂点の y 座標が正のとき　　$-9+p>0$

すなわち $p>$エ**9** のとき，2次関数 $y=f(x)$ のグラフは x 軸と共有点をもたない。

[2]　頂点の y 座標が0のとき　　$-9+p=0$

すなわち $p=9$ のとき，2次関数 $y=f(x)$ のグラフは x 軸と頂点（オ**5**，0）で接する。

[3]　頂点の y 座標が負のとき　　$-9+p<0$

すなわち $p<9$ のとき，2次関数 $y=f(x)$ のグラフは x 軸と異なる2点で交わる。

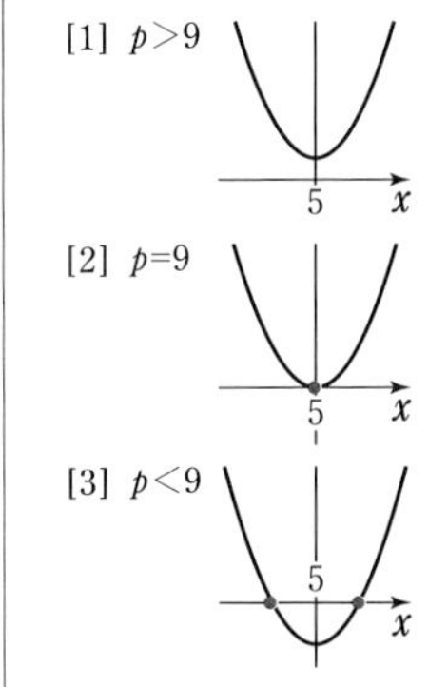

(3)　$f(x)=x^2-10x+16+p$ より，2次関数 $y=f(x)$ のグラフを x 軸方向に -3，y 軸方向に5だけ平行移動したグラフの方程式は

←$y-5=f(x-(-3))$

$$y-5=\{x-(-3)\}^2-10\{x-(-3)\}+16+p$$

整理すると　　$y=x^2-4x+p$

ゆえに　　$g(x)=x^2-$カ$\mathbf{4}x+p$

このとき

$$|f(x)-g(x)|=|(x^2-10x+16+p)-(x^2-4x+p)|$$
$$=|-6x+16|$$

したがって，関数 $y=|f(x)-g(x)|$ は，$-6x+16=0$ のとき，すなわち $x=\dfrac{\text{キ}\mathbf{8}}{\text{ク}\mathbf{3}}$ で最小値をとることがわかる。

〔別解〕(1)より，$y=f(x)$ のグラフの頂点の座標は $(5,\ -9+p)$ である。
これを x 軸方向に -3，y 軸方向に5だけ平行移動して，$y=g(x)$ のグラフの頂点の座標は $(2,\ -4+p)$ となる。
ゆえに
$$g(x)=(x-2)^2-4+p$$
$$=x^2-4x+p$$

2次関数のグラフは軸に関して対称である。

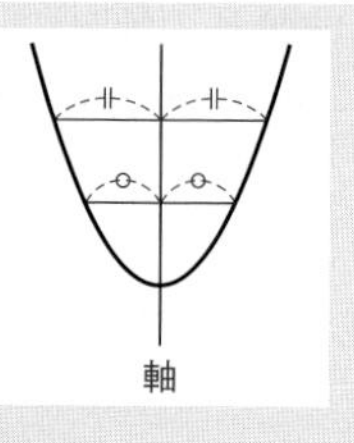

このことに着目すると，(1) では，
$y=(x-2)(x-8)$ のグラフと x 軸の交点の x 座標が 2，8 であり，頂点の x 座標がその平均の 5 であることを利用すると素早く解くことができる。
また，$y=f(x)$ のグラフは，$y=(x-2)(x-8)$ のグラフを y 軸方向に p だけ平行移動したものであるから，頂点の x 座標は変化せず 5 のままである。
さらに，$f(5)=(5-2)(5-8)+p=-9+p$ から，y 座標も素早く計算できる。

9 **解答**　四角形 QRST の面積を y とする。

(1)　$a=6$ のとき

右の図において，$\mathrm{AP}=x$ とする。

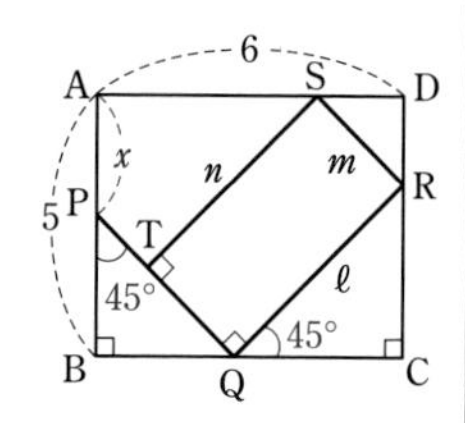

←図をかく。

このとき，

$$\mathrm{BP}=\mathrm{AB}-\mathrm{AP}$$

から　$\mathrm{BP}=5-x$

△BPQ は BP=BQ の直角二等辺三角形であるから

←**素早く解く!**

問題文を読みながら，参考図をもとに四角形 QRST を図示する。
$\mathrm{AP}=x$ とおき，直角二等辺三角形の辺の比が $1:1:\sqrt{2}$ であることに着目し，四角形の 2 辺 QR，RS の長さを x で表すことがポイント。

$$\mathrm{BQ}=\mathrm{BP}=5-x$$

また，CQ=BC−BQ より

$$\mathrm{CQ}=6-(5-x)=1+x$$

△CQR は CQ=CR の直角二等辺三角形であるから

$$\mathrm{CR}=\mathrm{CQ}=1+x$$

直線 ℓ が頂点 C，D 以外の点で辺 CD と交わるためには，CR の長さが $0<\mathrm{CR}<5$ を満たせばよい。

よって　　$0<1+x<5$

すなわち　$-1<x<4$

$\mathrm{AP}=x$ で，$x\geqq 0$ であるから　　$0\leqq \mathrm{AP}<{}^{ア}\mathbf{4}$

△CQR は直角二等辺三角形であるから

$$\mathrm{CQ}:\mathrm{QR}=1:\sqrt{2}$$

$\mathrm{CQ}=1+x$ であるから　　$\mathrm{QR}=\sqrt{2}(1+x)$

△DRS は直角二等辺三角形であるから

$$\mathrm{DR}:\mathrm{RS}=1:\sqrt{2}$$

$\mathrm{DR}=\mathrm{CD}-\mathrm{CR}=5-(1+x)=4-x$ であるから

$$\mathrm{RS}=\sqrt{2}(4-x)$$

よって

$y=\mathrm{QR}\cdot\mathrm{RS}$
$=\sqrt{2}(1+x)\cdot\sqrt{2}(4-x)$
$=2(1+x)(4-x)$
$=-2x^2+6x+8$
$=-2\left(x-\dfrac{3}{2}\right)^2+\dfrac{25}{2}$

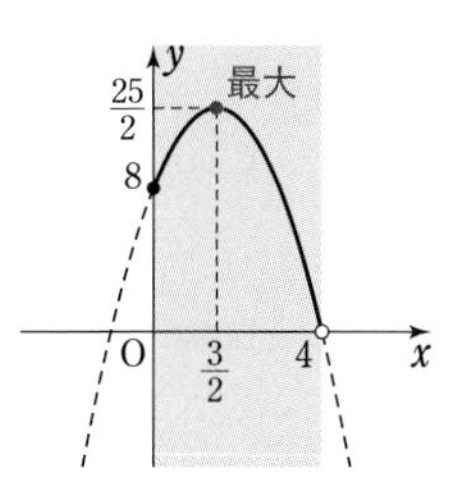

←CHART まず平方完成
→基8

$0\leqq x<4$ から，四角形 QRST の面積 y は $x=\dfrac{3}{2}$ で最大値 $\dfrac{{}^{イウ}\mathbf{25}}{{}^{エ}\mathbf{2}}$ をとる。

$a=8$ のとき，$\mathrm{CR}=\mathrm{CQ}=8-(5-x)=3+x$ であるから，直線 ℓ が頂点 C，D 以外の点で辺 CD と交わるための条件は，$a=6$ のときと同様に

$0<3+x<5$ すなわち $-3<x<2$

$\mathrm{AP}=x$ で，$x\geqq0$ であるから $0\leqq\mathrm{AP}<2$

QR，RS の長さについて，$a=6$ のときと同様に

$\mathrm{QR}=\sqrt{2}(3+x)$，$\mathrm{RS}=\sqrt{2}\{5-(3+x)\}=\sqrt{2}(2-x)$

よって

$y=\sqrt{2}(3+x)\cdot\sqrt{2}(2-x)$
$=2(3+x)(2-x)$
$=-2x^2-2x+12$
$=-2\left(x+\dfrac{1}{2}\right)^2+\dfrac{25}{2}$

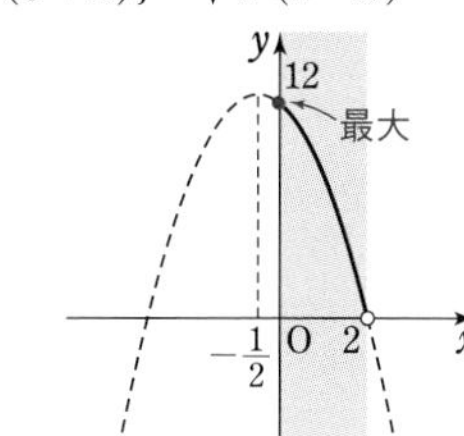

←CHART まず平方完成
→基8

$0\leqq x<2$ より，四角形 QRST の面積 y は $x=0$ で最大値 ${}^{オカ}\mathbf{12}$ をとる。

(2) $\mathrm{CQ}=a-(5-x)=-5+(x+a)$ であるから，直線 ℓ が頂点 C，D 以外の点で辺 CD と交わるための条件は，(1) と同様に $0<-5+(x+a)<5$

すなわち $5-a<x<10-a$

$5<a<10$ より $5-a<0$ であり，$\mathrm{AP}=x$ で $x\geqq0$ であるから $0\leqq\mathrm{AP}<{}^{キク}\mathbf{10}-a$

QR，RS の長さについて，(1) と同様に

$\mathrm{QR}=\sqrt{2}\{-5+(x+a)\}$，$\mathrm{RS}=\sqrt{2}\{10-(x+a)\}$

よって $y=\sqrt{2}\{-5+(x+a)\}\cdot\sqrt{2}\{10-(x+a)\}$
$=2\{-5+(x+a)\}\{10-(x+a)\}$ …… (＊)
$=-2(x^2+2ax+a^2-15x-15a+50)$
$=-2\left\{x+\left(a-\dfrac{15}{2}\right)\right\}^2+\dfrac{25}{2}$

←CHART まず平方完成
→基8

四角形 QRST の面積の最大値が $\dfrac{25}{2}$ となるとき，定義域 $0 \leqq x < 10-a$ に軸が含まれるから，グラフは右の図のようになる。

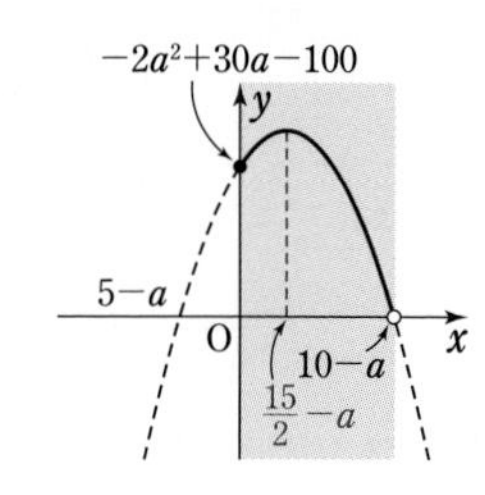

よって　　$0 \leqq \dfrac{15}{2}-a < 10-a$

←軸が定義域内にある。
➡ 重 5

すなわち　　$a \leqq \dfrac{15}{2}$

$5<a<10$ より，求める a の値の範囲は　$5 < a \leqq \dfrac{^{ケコ}\mathbf{15}}{^{サ}\mathbf{2}}$

a が $\dfrac{15}{2} < a < 10$ を満たすとき，$\dfrac{15}{2}-a<0$ であるから，グラフは右の図のようになる。

←軸が定義域の左外にある。
➡ 重 5

定義域に軸は含まれないから，y が最大となるのは $x=0$ のときである。

よって　$y=2(-5+a)(10-a)$
$\quad =2(-a^2+15a-50)$
$\quad = {}^{シス}\mathbf{-2}a^2 + {}^{セソ}\mathbf{30}a - {}^{タチツ}\mathbf{100}$

←（＊）に $x=0$ を代入。

第3章　図形と計量

CHECKの解説

17 (1) $\cos^2\alpha=1-\sin^2\alpha=1-\left(\frac{2}{3}\right)^2=\frac{5}{9}$

←$\sin^2\alpha+\cos^2\alpha=1$

よって　$\cos\alpha=\pm\frac{\sqrt{5}}{3}$

$\cos\alpha=\frac{\sqrt{{}^{ア}5}}{{}^{イ}3}$ のとき

$\tan\alpha=\frac{\sin\alpha}{\cos\alpha}=\frac{2}{3}\div\frac{\sqrt{5}}{3}=\frac{2}{\sqrt{5}}=\frac{{}^{ウ}2\sqrt{{}^{エ}5}}{{}^{オ}5}$

←$\tan\alpha=\frac{\sin\alpha}{\cos\alpha}$

$\cos\alpha=\frac{{}^{カ}-\sqrt{{}^{キ}5}}{{}^{ク}3}$ のとき

$\tan\alpha=\frac{\sin\alpha}{\cos\alpha}=\frac{2}{3}\div\left(-\frac{\sqrt{5}}{3}\right)=\frac{{}^{ケコ}-2\sqrt{{}^{サ}5}}{{}^{シ}5}$

(2) $\frac{1}{\cos^2\beta}=1+\tan^2\beta=1+\left(\frac{3}{2}\right)^2=\frac{13}{4}$ から

←$1+\tan^2\beta=\frac{1}{\cos^2\beta}$

$\cos^2\beta=\frac{4}{13}$

$\tan\beta>0$ より，$0°<\beta<90°$ であるから　$\cos\beta>0$

←$0°<\beta<90°$ のとき $\tan\beta>0$，$\cos\beta>0$

よって　$\cos\beta=\frac{2}{\sqrt{13}}=\frac{{}^{ス}2\sqrt{{}^{セソ}13}}{{}^{タチ}13}$

また　$\sin\beta=\tan\beta\cos\beta=\frac{3}{2}\cdot\frac{2\sqrt{13}}{13}=\frac{{}^{ツ}3\sqrt{{}^{テト}13}}{{}^{ナニ}13}$

←$\tan\beta=\frac{\sin\beta}{\cos\beta}$ から $\sin\beta=\tan\beta\cos\beta$

(1) $\sin\alpha>0$ より

$\cos\alpha>0$ のとき　$\tan\alpha>0$

$\cos\alpha<0$ のとき　$\tan\alpha<0$

$\sin\alpha=\frac{2}{3}$ であるから，右の図より

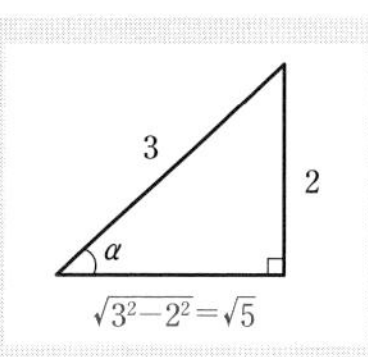

$\cos\alpha=\frac{\sqrt{{}^{ア}5}}{{}^{イ}3}$ のとき　$\tan\alpha=\frac{2}{\sqrt{5}}=\frac{{}^{ウ}2\sqrt{{}^{エ}5}}{{}^{オ}5}$

$\cos\alpha=\frac{{}^{カ}-\sqrt{{}^{キ}5}}{{}^{ク}3}$ のとき　$\tan\alpha=\frac{{}^{ケコ}-2\sqrt{{}^{サ}5}}{{}^{シ}5}$

(2) $0°\leqq\beta\leqq180°$ かつ $\tan\beta=\frac{3}{2}>0$ より

$\cos\beta>0$，$\sin\beta>0$

よって，右の図より

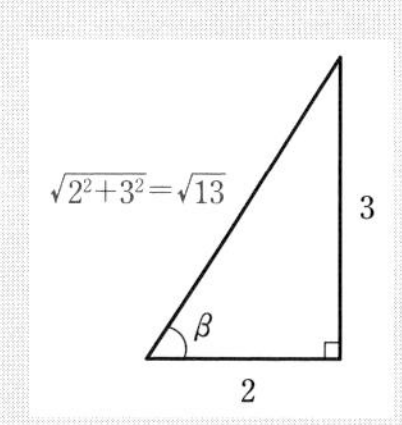

$\cos\beta=\frac{2}{\sqrt{13}}=\frac{{}^{ス}2\sqrt{{}^{セソ}13}}{{}^{タチ}13}$，$\sin\beta=\frac{3}{\sqrt{13}}=\frac{{}^{ツ}3\sqrt{{}^{テト}13}}{{}^{ナニ}13}$

〔基本例題 17 (2)〕　$0° \leqq \beta \leqq 180°$ かつ $\tan\beta=-2=-\dfrac{2}{1}<0$ から

$\cos\beta<0$，$\sin\beta>0$

よって，右の図から

$$\cos\beta=-\frac{1}{\sqrt{5}}=\frac{^{オ}\mathbf{-}\sqrt{^{カ}\mathbf{5}}}{^{キ}\mathbf{5}}$$

$$\sin\beta=\frac{2}{\sqrt{5}}=\frac{^{ク}\mathbf{2}\sqrt{^{ケ}\mathbf{5}}}{^{コ}\mathbf{5}}$$

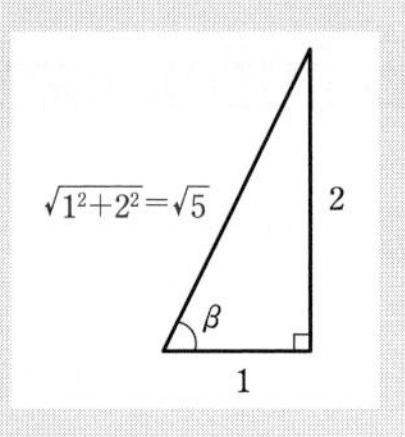

18　$2\sin\theta-1=0$ から　$\sin\theta=\dfrac{1}{2}$

y 座標が $\dfrac{1}{2}$ となる θ は，右の図から　$\theta=^{アイ}\mathbf{30°}$ または $^{ウエオ}\mathbf{150°}$

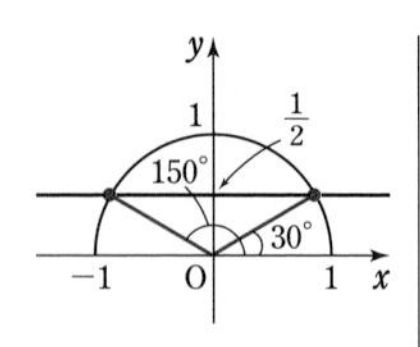

⬅ **CHART**
三角比は単位円で
y 座標が sin

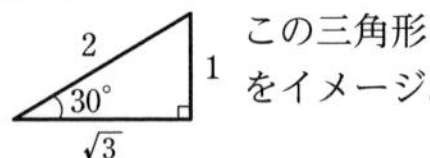

この三角形をイメージ。

19　$\sin(180°-\theta)+\cos(180°-\theta)-\cos(90°-\theta)$
$=\sin\theta-\cos\theta-\sin\theta=-\cos\theta$

ここで　$\cos^2\theta=1-\sin^2\theta=1-\left(\dfrac{3}{5}\right)^2=\dfrac{16}{25}$

$0°<\theta<90°$ より，$\cos\theta>0$ であるから　$\cos\theta=\dfrac{4}{5}$

ゆえに　$(与式)=\dfrac{^{アイ}\mathbf{-4}}{^{ウ}\mathbf{5}}$

⬅ $\boldsymbol{\sin(180°-\theta)=\sin\theta}$
$\boldsymbol{\cos(180°-\theta)=-\cos\theta}$
$\boldsymbol{\cos(90°-\theta)=\sin\theta}$

⬅ $\sin^2\theta+\cos^2\theta=1$
符号に注意。　➡ 基 17

⬅ ***素早く解く!***

右図より
$\cos\theta=\dfrac{4}{5}$

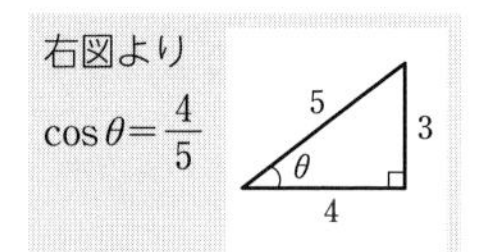

参考　$\boldsymbol{\tan(90°-\theta)=\dfrac{\sin(90°-\theta)}{\cos(90°-\theta)}=\dfrac{\cos\theta}{\sin\theta}=\dfrac{1}{\tan\theta}}$

$\boldsymbol{\tan(180°-\theta)=\dfrac{\sin(180°-\theta)}{\cos(180°-\theta)}=\dfrac{\sin\theta}{-\cos\theta}=-\tan\theta}$

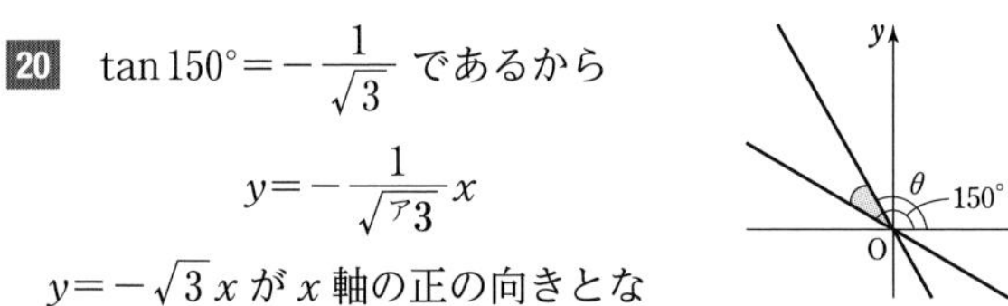

20　$\tan150°=-\dfrac{1}{\sqrt{3}}$ であるから

$$y=-\frac{1}{\sqrt{^{ア}\mathbf{3}}}x$$

$y=-\sqrt{3}x$ が x 軸の正の向きとなす角を θ とすると　$\tan\theta=-\sqrt{3}$

ゆえに　$\theta=120°$

よって，2 直線がなす鋭角は，図から

$150°-120°=^{イウ}\mathbf{30°}$

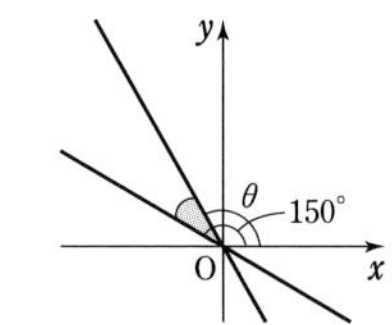

⬅ $\boldsymbol{m=\tan\theta}$

CHART
三角比は
単位円で
$x=1$ と
の交点の
y 座標が
tan

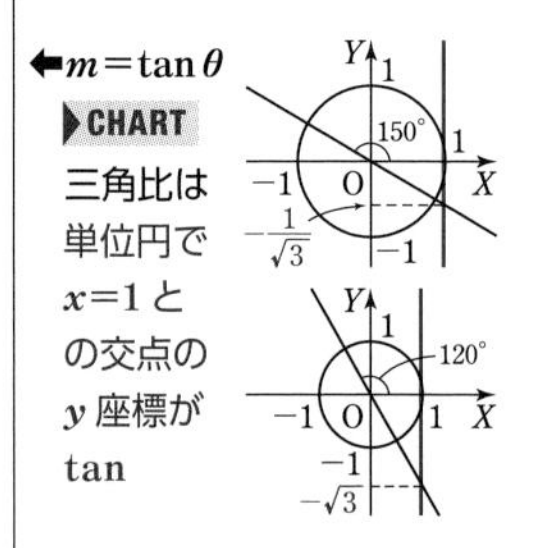

21　$\angle A=180°-(45°+105°)=30°$

正弦定理により　$\dfrac{BC}{\sin30°}=\dfrac{2\sqrt{2}}{\sin45°}$

ゆえに　$BC=2\sqrt{2}\div\dfrac{\sqrt{2}}{2}\times\dfrac{1}{2}=^{ア}\mathbf{2}$

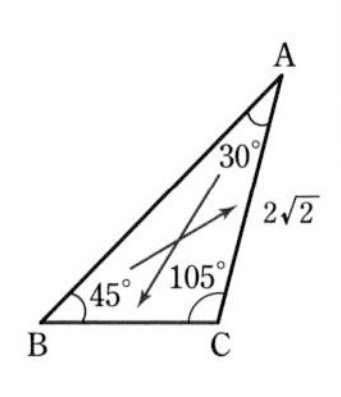

⬅ $A+B+C=180°$

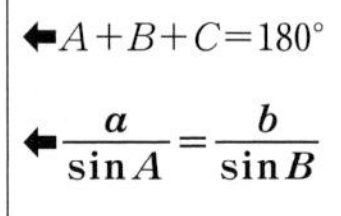

⬅ $\boldsymbol{\dfrac{a}{\sin A}=\dfrac{b}{\sin B}}$

また　$2R=\dfrac{2\sqrt{2}}{\sin 45^\circ}=2\sqrt{2}\div\dfrac{\sqrt{2}}{2}=4$

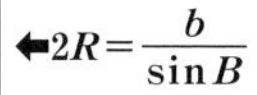

ゆえに　$R=\dfrac{4}{2}=$ イ$\mathbf{2}$

22　余弦定理により

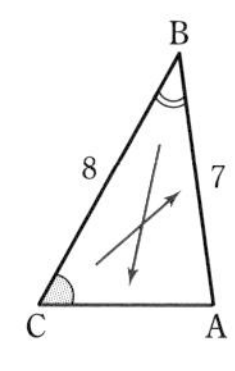

$$CA^2=7^2+8^2-2\cdot7\cdot8\cos\angle ABC$$
$$=49+64-2\cdot7\cdot8\cdot\frac{11}{14}=25$$

⬅$b^2=c^2+a^2-2ca\cos B$

$CA>0$ であるから　$CA=$ ア$\mathbf{5}$

また　$\cos\angle BCA=\dfrac{8^2+5^2-7^2}{2\cdot8\cdot5}=\dfrac{^{イ}\mathbf{1}}{^{ウ}\mathbf{2}}$

⬅$\cos C=\dfrac{a^2+b^2-c^2}{2ab}$

よって　$\angle BCA=$ エオ$\mathbf{60^\circ}$

⬅CHART 三角比は単位円で x 座標が cos　➡基 18

23　余弦定理により

$$\cos C=\frac{(\sqrt{5})^2+3^2-(2\sqrt{2})^2}{2\cdot\sqrt{5}\cdot3}=\frac{1}{\sqrt{5}}$$

⬅$\cos C=\dfrac{a^2+b^2-c^2}{2ab}$　➡基 22

ここで　$\sin^2C=1-\cos^2C$
$$=1-\left(\frac{1}{\sqrt{5}}\right)^2=\frac{4}{5}$$

⬅$\sin^2C+\cos^2C=1$
符号にも注意。　➡基 17

$0^\circ<C<180^\circ$ であるから　$\sin C>0$

よって　$\sin C=\dfrac{2}{\sqrt{5}}=\dfrac{^{ア}\mathbf{2}\sqrt{^{イ}\mathbf{5}}}{^{ウ}\mathbf{5}}$

素早く解く!
下図より　$\sin C=\dfrac{2\sqrt{5}}{5}$
$\sqrt{5^2-(\sqrt{5})^2}=2\sqrt{5}$

ゆえに，△ABC の面積は
$$\frac{1}{2}\cdot\sqrt{5}\cdot3\sin C=\frac{1}{2}\cdot\sqrt{5}\cdot3\cdot\frac{2}{\sqrt{5}}=^{エ}\mathbf{3}$$

⬅$S=\dfrac{1}{2}ab\sin C$
面積は 2 辺と間の角から求める。

計算するときに，有理化せず，分母に $\sqrt{\ }$ があるままで計算した方がスムーズな場合がある。本問でも，......の箇所は，有理化しないで計算した方がスムーズである。

24　余弦定理により

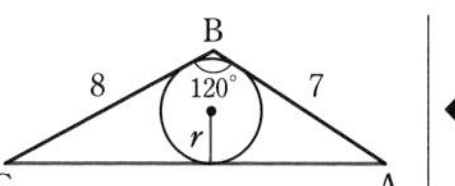

$$CA^2=7^2+8^2-2\cdot7\cdot8\cos120^\circ$$
$$=49+64+56=169$$

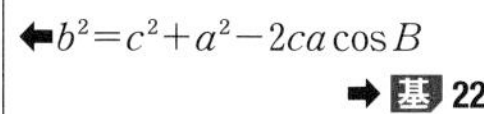

$CA>0$ であるから　$CA=$ アイ$\mathbf{13}$

△ABC の面積は　$\dfrac{1}{2}\cdot7\cdot8\cdot\sin120^\circ=^{ウエ}\mathbf{14}\sqrt{^{オ}\mathbf{3}}$

⬅$S=\dfrac{1}{2}ca\sin B$　➡基 23

また，$14\sqrt{3}=\frac{1}{2}r(8+13+7)$ が成り立つから

$14r=14\sqrt{3}$　　よって　　$r=\sqrt{^{カ}3}$

←$S=\frac{1}{2}r(a+b+c)$ …（＊）
内接円の半径は三角形の面積から求める。

参考　公式（＊）は下の図からわかる。

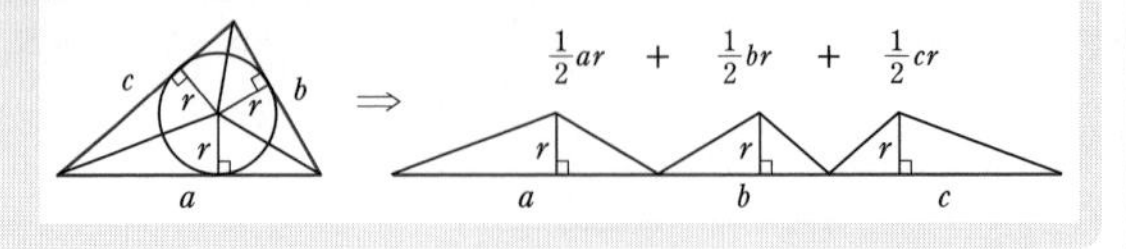

←$S=\frac{1}{2}ar+\frac{1}{2}br+\frac{1}{2}cr$
$=\frac{1}{2}r(a+b+c)$

▼ 練習の解説

練習 9

円に内接する四角形 ⟶ 対角の和が 180°
対角線の長さは，余弦定理で2通りに表す。

解答　四角形 ABCD は円に内接しているから　　$\angle \mathrm{ADC}=180°-\angle \mathrm{ABC}$

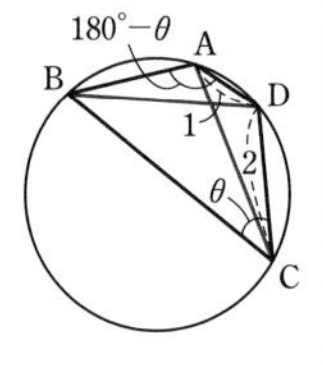

←対角の和が 180°

よって　　$\cos\angle \mathrm{ADC}$
$=\cos(180°-\angle \mathrm{ABC})$
$=-\cos\angle \mathrm{ABC}=\frac{^{アイ}-5}{^{ウ}8}$

←$\cos(180°-\theta)=-\cos\theta$
➡基 19

△ADC において，余弦定理により

←△ADC に着目。

$$\mathrm{AC}^2=1^2+2^2-2\cdot1\cdot2\cdot\left(-\frac{5}{8}\right)=\frac{15}{2}$$

←$\mathrm{AC}^2=\mathrm{AD}^2+\mathrm{CD}^2-2\mathrm{AD}\cdot\mathrm{CD}\cos\angle \mathrm{ADC}$
➡基 22

AC>0 であるから　　$\mathrm{AC}=\sqrt{\frac{15}{2}}=\frac{\sqrt{^{エオ}30}}{^{カ}2}$

$\mathrm{AB}=x$ $(x>0)$ とすると，条件から　　$\mathrm{BC}=2x$

△ABC において，余弦定理により

←△ABC に着目。

$$\frac{15}{2}=x^2+(2x)^2-2\cdot x\cdot 2x\cdot\frac{5}{8}$$

←$\mathrm{AC}^2=\mathrm{AB}^2+\mathrm{BC}^2-2\mathrm{AB}\cdot\mathrm{BC}\cos\angle \mathrm{ABC}$
➡基 22

よって　　$x^2=3$

$x>0$ から　$x=\mathrm{AB}=\sqrt{^{キ}3}$　　また　　$\mathrm{BC}=2\sqrt{3}$

ここで，$\angle \mathrm{BCD}=\theta$ とすると，四角形 ABCD は円に内接しているから　　$\angle \mathrm{BAD}=180°-\angle \mathrm{BCD}=180°-\theta$

←対角の和は 180°

△ABD において，余弦定理により

←対角線の長さを余弦定理で2通りに表す。

$$\mathrm{BD}^2=\mathrm{AB}^2+\mathrm{AD}^2-2\mathrm{AB}\cdot\mathrm{AD}\cos\angle \mathrm{BAD}$$
$$=(\sqrt{3})^2+1^2-2\cdot\sqrt{3}\cdot1\cdot\cos(180°-\theta)$$
$$=4+2\sqrt{3}\cos\theta\quad\cdots\cdots ①$$

←$\cos(180°-\theta)=-\cos\theta$
➡基 19

$\triangle$BCD において，余弦定理により

$$BD^2=BC^2+CD^2-2BC\cdot CD\cos\angle BCD$$
$$=(2\sqrt{3})^2+2^2-2\cdot2\sqrt{3}\cdot2\cos\theta$$
$$=16-8\sqrt{3}\cos\theta \quad \cdots\cdots ②$$

よって，①，② から　$4+2\sqrt{3}\cos\theta=16-8\sqrt{3}\cos\theta$

ゆえに　$\cos\theta=\dfrac{2\sqrt{3}}{5}$

このとき，② から　$BD^2=16-8\sqrt{3}\cdot\dfrac{2\sqrt{3}}{5}=\dfrac{32}{5}$

←①×4＋② より
$5BD^2=32$
から求めてもよい。

BD＞0 であるから　$BD=\sqrt{\dfrac{32}{5}}=\dfrac{4}{5}\sqrt{^{クケ}\mathbf{10}}$

トレミーの定理により

$$AB\cdot CD+AD\cdot BC=AC\cdot BD$$

よって　$\sqrt{3}\cdot2+1\cdot2\sqrt{3}=\dfrac{\sqrt{30}}{2}\cdot BD$

したがって　$BD=\dfrac{4}{5}\sqrt{^{クケ}\mathbf{10}}$

←トレミーの定理　➡ 重 9

練習 10

平面図形の知識を利用して，辺の長さ，角の大きさを求める。
角の二等分線の性質　の利用。
角の二等分線 ⟶ 線分の比　と考える。

解答　線分 AD は $\angle$BAC の二等分線であるから

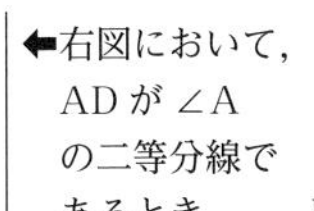

$$BD:DC=AB:AC=8:6$$
$$=^{ア}\mathbf{4}:3$$

←右図において，AD が $\angle$A の二等分線であるとき
AB : AC＝BD : DC
➡ 基 42

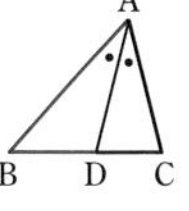

よって　$CD=7\times\dfrac{3}{4+3}=^{イ}\mathbf{3}$

また，$\triangle$ABC において余弦定理により

$$\cos\angle ACB=\frac{6^2+7^2-8^2}{2\cdot6\cdot7}=\frac{^{ウ}\mathbf{1}}{^{エ}\mathbf{4}}$$

← $\cos\angle ACB=\dfrac{CA^2+BC^2-AB^2}{2CA\cdot BC}$
➡ 基 22

$\triangle$CAD において余弦定理により

←$\triangle$CAD に着目。

$$AD^2=6^2+3^2-2\cdot6\cdot3\cos\angle ACB$$
$$=36+9-2\cdot6\cdot3\cdot\frac{1}{4}=36$$

←$AD^2=CA^2+CD^2-2CA\cdot CD\cos\angle ACB$
➡ 基 22

AD＞0 であるから　$AD=^{オ}\mathbf{6}$

線分 CE は $\angle$ACD の二等分線であるから

$$AE:ED=CA:CD=6:3=2:1$$

➡ 基 42

よって　$ED=6\times\dfrac{1}{2+1}=^{カ}\mathbf{2}$

練習 11

空間図形 ⟶ 平面図形を取り出して 考える。
垂線の長さ ⟶ 四面体の高さと考え，体積を利用。
錐体（四面体，円錐など）の体積 $\frac{1}{3}\times$(底面積)$\times$(高さ)

解答 △AEF，△AEH において，三平方の定理により

$$EF=\sqrt{AF^2-AE^2}=\sqrt{8^2-(\sqrt{10})^2}=\sqrt{54}=3\sqrt{6}$$

$$EH=\sqrt{AH^2-AE^2}=\sqrt{10^2-(\sqrt{10})^2}=\sqrt{90}=3\sqrt{10}$$

←△AEF，△AEH を取り出す。

よって，△EFH において，三平方の定理により

$$FH=\sqrt{EF^2+EH^2}=\sqrt{(3\sqrt{6})^2+(3\sqrt{10})^2}=3\sqrt{16}={}^{アイ}\mathbf{12}$$

←△EFH を取り出す。

←$\sqrt{(\sqrt{54})^2+(\sqrt{90})^2}=\sqrt{144}=12$ と計算してもよい。

△AFH において，余弦定理により

A
8
10
F
12
H

$$\cos\angle FAH=\frac{8^2+10^2-12^2}{2\cdot 8\cdot 10}=\frac{{}^{ウ}\mathbf{1}}{{}^{エ}\mathbf{8}}$$

←△AFH を取り出す。

←$\cos\angle FAH=\frac{AF^2+AH^2-FH^2}{2AF\cdot AH}$ ➡基 22

$\sin\angle FAH>0$ であるから

$$\sin\angle FAH=\sqrt{1-\cos^2\angle FAH}=\sqrt{1-\left(\frac{1}{8}\right)^2}=\frac{3\sqrt{7}}{8}$$

←$\sin^2\theta+\cos^2\theta=1$ ➡基 17 直角三角形を利用してもよい。

よって　$\triangle AFH=\frac{1}{2}\cdot 8\cdot 10\cdot\frac{3\sqrt{7}}{8}={}^{オカ}\mathbf{15}\sqrt{{}^{キ}\mathbf{7}}$

←$\frac{1}{2}AF\cdot AH\sin\angle FAH$ ➡基 23

四面体 AFHE の体積を V とすると

$$V=\frac{1}{3}\triangle FHE\times AE=\frac{1}{3}\cdot\left(\frac{1}{2}EF\cdot EH\right)\cdot AE=\frac{1}{6}\cdot 3\sqrt{6}\cdot 3\sqrt{10}\cdot\sqrt{10}=15\sqrt{6}$$

←$\frac{1}{3}\times$(底面積)$\times$(高さ)

また，この四面体を，△AFH を底面として体積を考える。

←垂線の長さ h を高さと考える。体積は同じ。

点 E から △AFH に下ろした垂線の長さを h とすると

$$V=\frac{1}{3}\triangle AFH\times h=\frac{1}{3}\cdot 15\sqrt{7}\,h=5\sqrt{7}\,h$$

←$\frac{1}{3}\times$(底面積)$\times$(高さ)

よって　$15\sqrt{6}=5\sqrt{7}\,h$

ゆえに　$h=\frac{3\sqrt{6}}{\sqrt{7}}=\frac{{}^{ク}\mathbf{3}\sqrt{{}^{ケコ}\mathbf{42}}}{{}^{サ}\mathbf{7}}$

参考 ヘロンの公式

三角形の3辺の長さを a, b, c, 面積を S とするとき

$$S=\sqrt{s(s-a)(s-b)(s-c)} \quad \left(\text{ただし} \quad s=\frac{a+b+c}{2}\right)$$

〔別解〕 △AFH において，$s=\dfrac{12+10+8}{2}=15$ であるから，その面積は，ヘロンの公式により　$\sqrt{15(15-12)(15-10)(15-8)}=\sqrt{15\cdot3\cdot5\cdot7}={}^{\text{オカ}}\mathbf{15}\sqrt{{}^{\text{キ}}\mathbf{7}}$

ヘロンの公式は，3辺の長さから三角形の面積が求められる便利な公式であるが，辺の長さが無理数である場合は，計算が繁雑になる。この問題のように，**辺の長さが有理数のとき**のみ利用した方がよい。

▼ 問題の解説

問題 4

∠ABC＝90° に着目。⟶ 対角線 AC を引き，∠BCD を ∠ACB と ∠ACD に分けて考える。
∠ACB については，tan∠ACB の値から求める。
∠ACD については，まず，三平方の定理により線分 AC の長さを求め，△ACD に余弦定理を適用することで求められる cos∠ACD の値を利用する。（➡基 22）

解答 計測により，土地 P は右の図のような四角形である。

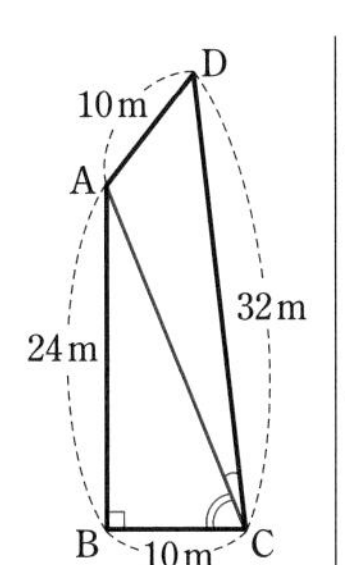

⬅図をかく。

△ABC は ∠B＝90° の直角三角形であるから

$$\tan\angle\mathrm{ACB}=\frac{24}{10}=2.4$$

⬅$\tan\angle\mathrm{ACB}=\dfrac{\mathrm{AB}}{\mathrm{BC}}$

ゆえに，三角比の表により，∠ACB はおよそ 67° である。

また，△ABC について，三平方の定理により

$$\mathrm{AC}=\sqrt{\mathrm{AB}^2+\mathrm{BC}^2}=\sqrt{24^2+10^2}=\sqrt{676}$$
$$=26\ (\mathrm{m})$$

⬅***素早く解く!***
△ABC が BC：AB：CA＝5：12：13 の直角三角形であることに注目すると
$\mathrm{AC}=10\cdot\dfrac{13}{5}=26\ (\mathrm{m})$

よって，△ACD について，余弦定理により

$$\cos\angle\mathrm{ACD}=\frac{13^2+16^2-5^2}{2\cdot13\cdot16}=\frac{400}{416}=\frac{25}{26}$$
$$=0.9615\cdots\cdots$$

⬅***素早く解く!***
△ACD の各辺の長さを2で割った相似な三角形で考えると計算がらく。

ゆえに，三角比の表により，∠ACD はおよそ 16° である。

∠BCD＝∠ACB＋∠ACD であるから，∠BCD はおよそ　67°＋16°＝83°（ア ③）

問題 5

条件を満たす三角形をかき，角の大きさや辺の長さを記入すると考えやすい。
与えられた条件が「2辺と1角」であるから，三角形が2通り考えられる場合があるが，条件 $a>c$ に注意する。

正弦定理　$\dfrac{a}{\sin A}=\dfrac{b}{\sin B}=\dfrac{c}{\sin C}=2R$ (➡基 21)

余弦定理　$a^2=b^2+c^2-2bc\cos A$ など (➡基 22)

解答　余弦定理により

$$2^2=(2\sqrt{2})^2+a^2-2\cdot2\sqrt{2}\cdot a\cos30^\circ$$

整理して　$a^2-2\sqrt{6}\,a+4=0$

これを解いて

$$a=-(-\sqrt{6})\pm\sqrt{(-\sqrt{6})^2-1\cdot4}$$
$$=\sqrt{6}\pm\sqrt{2}$$

$a>c$ から　$a=\sqrt{{}^{ア}\mathbf{6}}+\sqrt{{}^{イ}\mathbf{2}}$

ゆえに　$\cos C=\dfrac{(\sqrt{6}+\sqrt{2})^2+2^2-(2\sqrt{2})^2}{2\cdot(\sqrt{6}+\sqrt{2})\cdot2}$

$$=\frac{4(\sqrt{3}+1)}{4\sqrt{2}(\sqrt{3}+1)}=\frac{1}{\sqrt{2}}$$

よって　$C={}^{ウエ}\mathbf{45^\circ}$

〔別解〕　正弦定理により　$\dfrac{2}{\sin30^\circ}=\dfrac{2\sqrt{2}}{\sin C}$

これから　$\sin C=\dfrac{\sin30^\circ}{2}\cdot2\sqrt{2}=\dfrac{1}{\sqrt{2}}$

したがって　$C=45^\circ,\ 135^\circ$

$a>c$ より $A>C$ であるから，適するのは

$$C={}^{ウエ}\mathbf{45^\circ}$$

よって　$a=2\sqrt{2}\cos30^\circ+2\cos45^\circ$

$$=\sqrt{{}^{ア}\mathbf{6}}+\sqrt{{}^{イ}\mathbf{2}}$$

⬅図をかいて角と辺の対応を間違えないようにする。

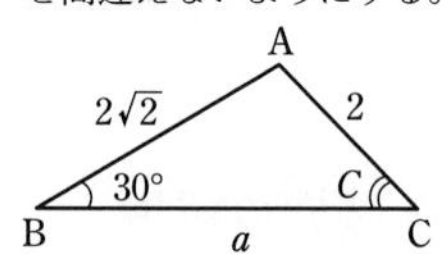

⬅条件が2辺と1つの角である場合，三角形が2通り定まることがある。ただし，本問は $a>c$ という条件があるから，1通りに定まる。

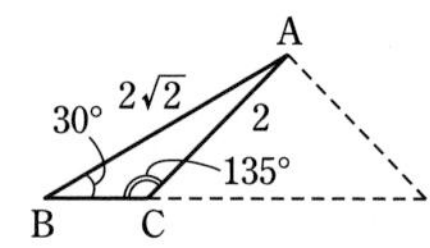

⬅下の図のように，点Aから辺BCに垂線を下ろして考える。

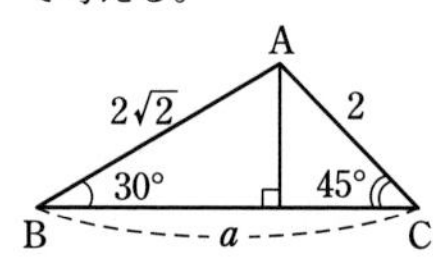

参考　**正弦定理・余弦定理の使い分け**

三角形の3つの辺と3つの角の6つの要素のうち，(3つの角の場合を除く) 3つの要素がわかれば，三角形はほぼ1つに決まり，残りの要素を正弦定理か余弦定理を用いて求めることができる。

正弦定理・余弦定理のどちらを使うかは，以下のような基準で考えればよい。

①　三角形の**外接円**が出てくる ⟶ **正弦定理**（➡基 21）

わかっている要素3つと求めたい要素1つの計4つに

②　辺の長さが**3つ**とも含まれている ⟶ **余弦定理**（➡基 22，演 5）

③　辺の長さが**2つ**しか含まれていない ⟶ **正弦定理**（➡基 21）

実践問題の解説

10 **解答**　(1)　直角三角形の場合を利用するために，点 A′ を $\angle \mathrm{A'CB}=90^\circ$ となるようにとることを考える。

直線 BO と円 O との交点のうち点 B と異なる点を A′ とすると，A′B は円 O の直径であるから

$$\angle \mathrm{A'CB}=90^\circ$$

よって　ア ①

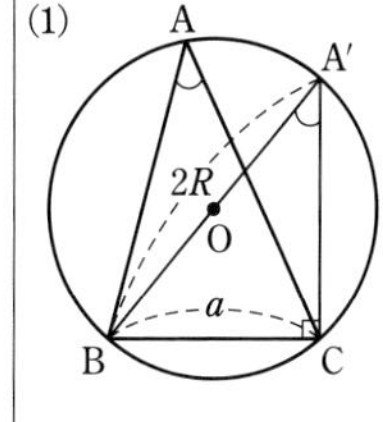

(2)　直角三角形の場合を利用すると

$$\sin\angle \mathrm{BDC}=\frac{\mathrm{BC}}{2R}=\frac{a}{2R}\quad(^{イ}⑤)$$

四角形 ABDC は円 O に内接するから

$$\angle \mathrm{CAB}=180^\circ-\angle \mathrm{BDC}\quad(^{ウ}⑤)$$

よって，$\sin\angle \mathrm{CAB}=\sin(180^\circ-\angle \mathrm{BDC})=\sin\angle \mathrm{BDC}$

であるから，$\sin A=\dfrac{a}{2R}$，すなわち，$\dfrac{a}{\sin A}=2R$ が成り立つことがわかる。

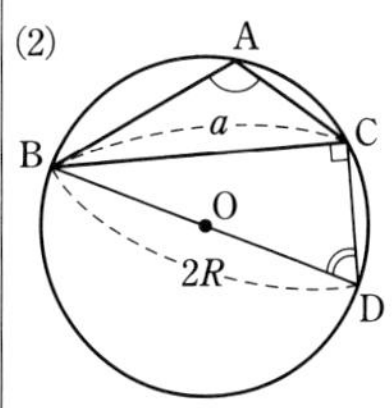

(1) の前に述べられている $C=90^\circ$ の場合の説明と証明を知っていれば，簡単に流れを確認すればよいだろう。また，(1) の点 A′，(2) の点 D の取り方がわかっている人は，穴埋めに適するものを選び出すだけでよい。

共通テストでは，教科書に載っているような基本的な定理や公式の証明が出題されることも予想されるので，もう一度，教科書で証明の手順や方法を理解しておくとよいだろう。

11 **解答** (1)　△ABC について，余弦定理により

$$BC^2=6^2+4^2-2\cdot6\cdot4\cdot\cos\angle BAC$$
$$=52-2\cdot6\cdot4\cdot\frac{1}{3}$$
$$=36$$

←$a^2=b^2+c^2-2bc\cos A$　➡ 基 22

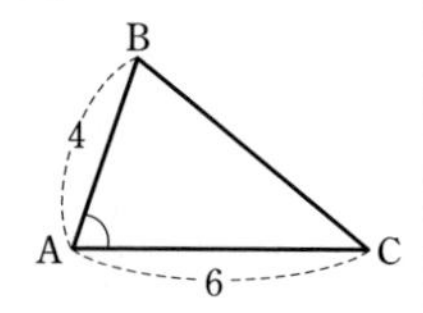

BC>0 であるから　BC=ア**6**

(2)　2点 A，C を通る直線を ℓ とすると，点 C は，点 A を除く直線 ℓ 上を動く。BC の長さのとりうる値の範囲について，BC の長さが最小となるのは，点 B から直線 ℓ に引いた垂線と直線 ℓ との交点を H とすると，点 C が点 H と一致するときである。

←このとき，線分 BC の長さは，点 B と直線 AC との距離と等しくなる。

$\sin\angle BAC=\frac{1}{3}$ であるから

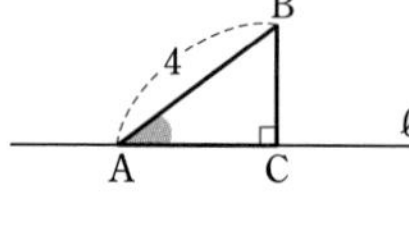

$$BC=AB\sin\angle BAC$$
$$=4\cdot\frac{1}{3}=\frac{4}{3}$$

よって　　BC≧$\frac{\text{イ}\mathbf{4}}{\text{ウ}\mathbf{3}}$

BC>$\frac{4}{3}$ のとき，辺 BC と直線 ℓ との交点を左側から順に C_1，C_2 とすると，$\triangle ABC_1$ と $\triangle ABC_2$ の二通り存在する。

←図のように，左から順に C_1，H，C_2 となるように C_1，C_2 を定める。

ただし，点 A と点 C が重なるときは三角形にはならないから，

$BC_1=AB=4$ のとき，点 A，点 B，点 C_1 を結んでできる図形は三角形にはならない。

←点 A と点 C_1 は一致するから，結んでできる図形は線分である。

$BC_2=AB=4$ のとき，$\triangle ABC_2$ は，$AB=BC_2$ の二等辺三角形である。

ゆえに，$BC_2=AB=4$ のとき，できる三角形は $\triangle ABC_2$ のみである。

よって，BC=$\frac{4}{3}$ または BC=エ**4** のとき，△ABC はただ一通りに決まる。

∠ABC=90° のとき，

BC=4tan∠BAC である。

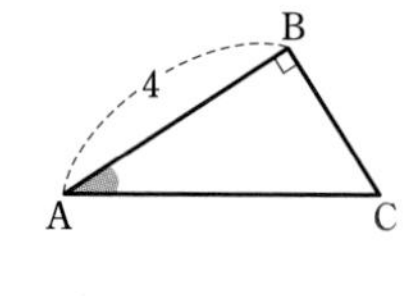

$$\cos^2\angle BAC=1-\sin^2\angle BAC$$
$$=1-\left(\frac{1}{3}\right)^2=\frac{8}{9}$$

←$\sin^2 A+\cos^2 A=1$　➡ 基 17

$\angle BAC < 90°$ より，$\cos\angle BAC > 0$ であるから

$$\cos\angle BAC = \sqrt{\frac{8}{9}} = \frac{2\sqrt{2}}{3}$$

よって　$BC = 4\tan\angle BAC = 4\cdot\frac{\sin\angle BAC}{\cos\angle BAC}$

$$= 4\cdot\frac{1}{3}\cdot\frac{3}{2\sqrt{2}} = \sqrt{{}^{オ}\mathbf{2}}$$

⬅$\tan A = \frac{\sin A}{\cos A}$

➡ 基 17

$\triangle ABC_2$ について，$\angle ABC_2 = 90°$ のとき，$BC = \sqrt{2}$ であるから，場合分けは次のようになる。

[1]　$\frac{4}{3} < BC < \sqrt{2}$ のとき

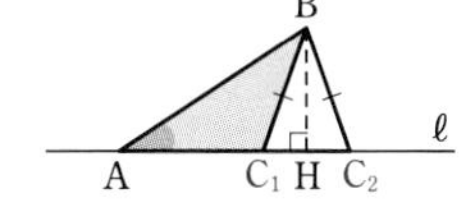

$\angle AC_1B > 90°$ より，$\triangle ABC_1$ は鈍角三角形であり，
$\angle ABC_2 < 90°$，$\angle AC_2B < 90°$
より，$\triangle ABC_2$ は鋭角三角形となる。

よって，$\frac{4}{3} < BC < \sqrt{2}$ のとき，$\triangle ABC$ は二通りに決まり，それらは鋭角三角形と鈍角三角形である。
(^{カ}⑤)

⬅厳密には，
$\angle AC_1B$
$= \angle C_1BH + \angle C_1HB$
$= \angle C_1BH + 90° > 90°$
(三角形の外角の性質と，$\angle C_1BH > 0°$ であることを用いた)
のように示されるが，左のような図をかけば $\angle AC_1B > 90°$ であることは明らかだろう。

[2]　$BC = \sqrt{2}$ のとき

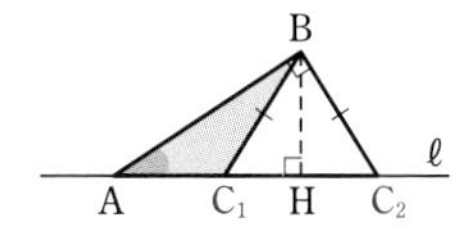

$\angle AC_1B > 90°$ より，$\triangle ABC_1$ は鈍角三角形であり，
$\triangle ABC_2$ は $\angle ABC_2 = 90°$ の直角三角形となる。

よって，$BC = \sqrt{2}$ のとき，$\triangle ABC$ は二通りに決まり，それらは直角三角形と鈍角三角形である。(^{キ}⑦)

[3]　$BC > \sqrt{2}$ かつ $BC \neq 4$ のとき

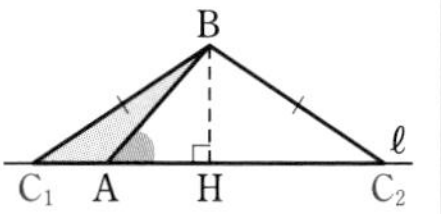

⬅図は $4 < BC$ の場合のもの。$4 < BC$ のとき，左から順に C_1，A，H，C_2 と並ぶ。

$BC > \sqrt{2}$ より，$\triangle ABC_2$ は $\angle ABC_2 > 90°$ の鈍角三角形となる。
また，$BC \neq 4$ のとき，$AB \neq BC_1$ であるから，$\triangle ABC_1$ は

・$\frac{4}{3} < BC < 4$ のとき，$\angle AC_1B > 90°$ の鈍角三角形

・$4 < BC$ のとき，$\angle C_1AB > 90°$ の鈍角三角形

となる。

よって，$BC > \sqrt{2}$ かつ $BC \neq 4$ のとき，$\triangle ABC$ は二通りに決まり，それらはともに鈍角三角形である。
(^{ク}⑧)

参考　(2) の後半の三角形の形状についても，直線 AC（解答では直線 ℓ としている）を利用すると考えやすい。

$BC>\dfrac{4}{3}$ のとき，点 C は直線 ℓ 上に 2 つとることができる（解答では C_1，C_2 とした）。BC の長さが大きくなるにつれて，C_1，C_2 がそれぞれ H から離れるように動くと考え，次の図のように $\triangle ABC_1$ と $\triangle ABC_2$ を別々に観察すると，三角形の形状の変化のようすをつかみやすくなる。

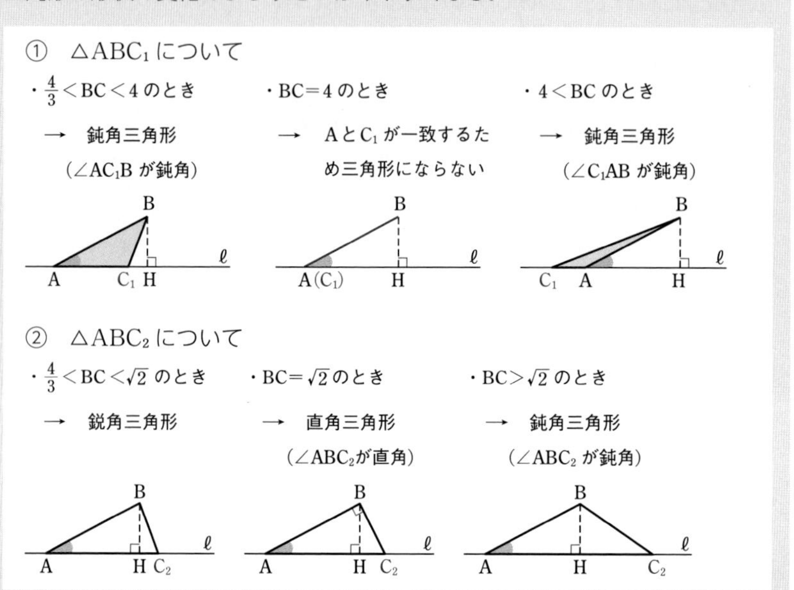

12 **解答**　(1)　$\sin\angle ACB>0$ であるから

$$\sin\angle ACB=\sqrt{1-\cos^2\angle ACB}$$

$$=\sqrt{1-\left(\frac{\sqrt{3}}{3}\right)^2}=\sqrt{\frac{2}{3}}=\frac{\sqrt{{}^{ア}\mathbf{6}}}{{}^{イ}\mathbf{3}}$$

$\triangle ABC$ において，正弦定理により

$$\frac{AB}{\sin\angle ACB}=2\cdot 3$$

← $\dfrac{c}{\sin C}=2R$　➡基 21

よって　　$AB=6\sin\angle ACB=6\cdot\dfrac{\sqrt{6}}{3}={}^{ウ}\mathbf{2}\sqrt{{}^{エ}\mathbf{6}}$

$AC:BC=\sqrt{3}:2$ であるから，$AC=\sqrt{3}k$，$BC=2k$ $(k>0)$ とする。

$\triangle ABC$ において，余弦定理により

$$(2\sqrt{6})^2=(2k)^2+(\sqrt{3}k)^2-2\cdot 2k\cdot\sqrt{3}k\cdot\cos\angle ACB$$

← $c^2=a^2+b^2-2ab\cos C$
➡基 22

よって　$24=4k^2+3k^2-4\sqrt{3}\,k^2\cdot\dfrac{\sqrt{3}}{3}$

すなわち　$3k^2=24$　したがって　$k^2=8$

$k>0$ であるから　$k=2\sqrt{2}$

ゆえに　$\mathrm{AC}=\sqrt{3}\cdot 2\sqrt{2}=$ ${}^{オ}\mathbf{2}\sqrt{{}^{カ}\mathbf{6}}$

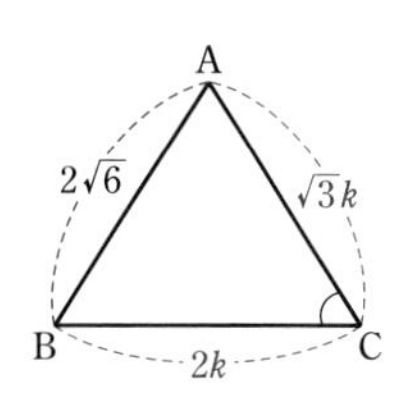

(2)　(i)　△ABC において，正弦定理により

$$\frac{4}{\sin\angle\mathrm{ABC}}=2\cdot 3$$

⬅ $\dfrac{b}{\sin B}=2R$　➡ 基 21

よって

$$\sin\angle\mathrm{ABC}=\frac{4}{6}=\frac{{}^{キ}\mathbf{2}}{{}^{ク}\mathbf{3}}$$

ゆえに　$\mathrm{AD}=\mathrm{AB}\sin\angle\mathrm{ABC}=5\cdot\dfrac{2}{3}=\dfrac{{}^{ケコ}\mathbf{10}}{{}^{サ}\mathbf{3}}$

(ii)　辺 AB の長さは外接円の直径より長くなることはないから　$0<\mathrm{AB}\leqq 6$ …… ①

⬅ △ABC は円に内接している。

同様に，$0<\mathrm{AC}\leqq 6$ であるから　$0<14-2\mathrm{AB}\leqq 6$

⬅ 与えられた条件 $2\mathrm{AB}+\mathrm{AC}=14$ を利用する。

これを解くと　$4\leqq\mathrm{AB}<7$ …… ②

① と ② の共通範囲を求めて　${}^{シ}\mathbf{4}\leqq\mathrm{AB}\leqq{}^{ス}\mathbf{6}$

また，△ABC において，正弦定理により

$$\frac{\mathrm{AC}}{\sin\angle\mathrm{ABC}}=2\cdot 3$$

⬅ $\dfrac{b}{\sin B}=2R$　➡ 基 21

よって　$\sin\angle\mathrm{ABC}=\dfrac{\mathrm{AC}}{6}$

したがって

$$\mathrm{AD}=\mathrm{AB}\sin\angle\mathrm{ABC}=\mathrm{AB}\cdot\frac{\mathrm{AC}}{6}$$

$$=\mathrm{AB}\cdot\frac{14-2\mathrm{AB}}{6}=\frac{{}^{セソ}\mathbf{-1}}{{}^{タ}\mathbf{3}}\mathrm{AB}^2+\frac{{}^{チ}\mathbf{7}}{{}^{ツ}\mathbf{3}}\mathrm{AB}$$

⬅ AC=14−2AB を代入し，AD を AB の２次式で表す。

$$=-\frac{1}{3}\left(\mathrm{AB}-\frac{7}{2}\right)^2+\frac{49}{12}$$

⬅ CHART　まず平方完成　➡ 基 8

$4\leqq\mathrm{AB}\leqq 6$ であるから，AD は AB=4 で最大値をとる。

⬅ $\dfrac{7}{2}$ は $4\leqq\mathrm{AB}\leqq 6$ の左外にある。　➡ 基 10

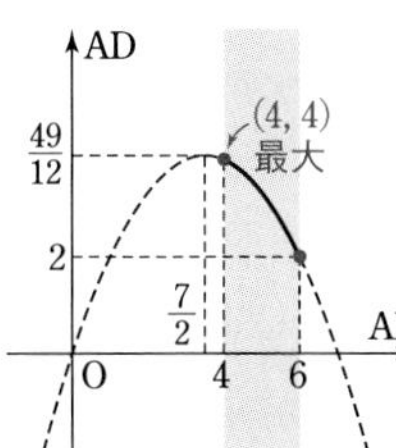

このとき

$$\mathrm{AD}=-\frac{1}{3}\cdot 4^2+\frac{7}{3}\cdot 4$$

$$={}^{テ}\mathbf{4}$$

また，AD=4 のとき，AB=4 であり，点 D は点 B と重なる。

よって，△ABC は
　　∠ABC＝90° の直角三角形
である。
AC＝14−2AB＝14−2・4＝6
であるから

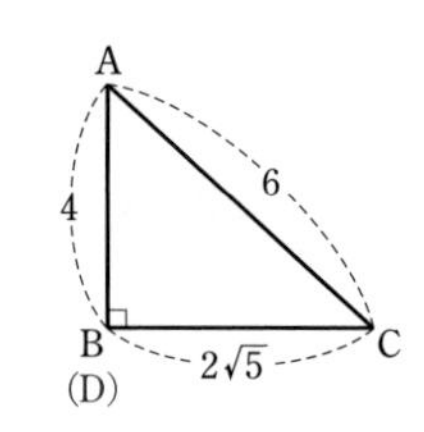

$$BC=\sqrt{AC^2-AB^2}$$
$$=\sqrt{6^2-4^2}=2\sqrt{5}$$

⬅三平方の定理。

したがって，△ABC の面積は

$$\triangle ABC=\frac{1}{2}\cdot BC\cdot AB=\frac{1}{2}\cdot 2\sqrt{5}\cdot 4={}^{ト}\mathbf{4}\sqrt{{}^{ナ}\mathbf{5}}$$

⬅$\angle ABC=90^\circ$

13 解答

(1) (i) △ABC において，正弦定理により

$$\frac{6}{\sin\angle ACB}=2\cdot 5$$

⬅$\dfrac{c}{\sin C}=2R$ ➡基 21

よって　$\sin\angle ACB=\dfrac{6}{10}=\dfrac{3}{5}$　(ア ⓪)

∠ACB は鈍角であるから　$\cos\angle ACB<0$

ゆえに　$\cos\angle ACB=-\sqrt{1-\left(\dfrac{3}{5}\right)^2}$

$$=-\sqrt{\frac{16}{25}}=-\frac{4}{5}$$　(イ ⑦)

⬅$\sin^2 C+\cos^2 C=1$ ➡基 17

(ii) △ABC の面積が最大になるのは，右の図のように，点 O が直線 CD 上にあり，3 点 C，O，D がこの順に並ぶときである。

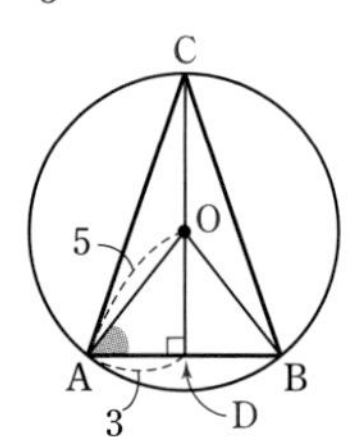

⬅底辺 AB に対して高さ CD が最大になる。

このとき，AD＝3，AO＝5 であるから，△OAD において，三平方の定理により

$$OD=\sqrt{5^2-3^2}=4$$

⬅△OAB は
　OA＝OB＝5 (半径)
の二等辺三角形であり，OD⊥AB であるから，点 D は辺 AB を二等分する。

よって　$\tan\angle OAD=\dfrac{OD}{AD}=\dfrac{4}{3}$　(ウ ④)

また　$\triangle ABC=\dfrac{1}{2}AB(CO+OD)$

$$=\frac{1}{2}\cdot 6\cdot(5+4)={}^{エオ}\mathbf{27}$$

(2) △PQR において，余弦定理により

$$\cos\angle QPR=\frac{9^2+8^2-5^2}{2\cdot 9\cdot 8}=\frac{{}^{カ}\mathbf{5}}{{}^{キ}\mathbf{6}}$$

⬅$\cos\angle QPR=\dfrac{RP^2+PQ^2-QR^2}{2RP\cdot PQ}$ ➡基 22

$\sin\angle QPR>0$ であるから

$$\sin\angle QPR=\sqrt{1-\left(\frac{5}{6}\right)^2}=\frac{\sqrt{11}}{6}$$

⬅$\sin^2\angle QPR=1-\cos^2\angle QPR$ ➡基 17

よって　　$\triangle PQR=\frac{1}{2}\cdot 9\cdot 8\cdot \frac{\sqrt{11}}{6}=^{ク}\mathbf{6}\sqrt{^{ケコ}\mathbf{11}}$

次に，球Sの中心をOとする。
三角錐TPQRの体積が最大になるのは，右の図のように，点Oが直線TH上にあり，3点T，O，Hがこの順に並ぶときである。

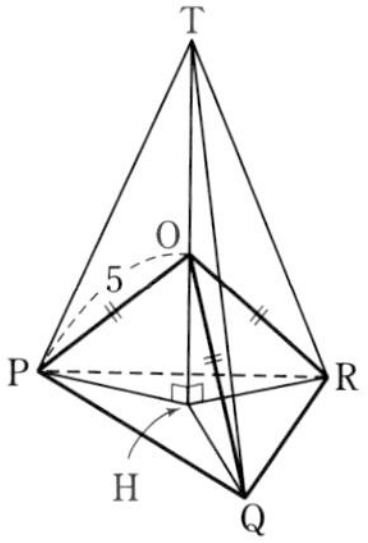

直角三角形OPH，OQH，ORHは $OP=OQ=OR=5$ であり，OHは共通であるから合同である。
よって　　$PH=QH=RH$　（^{サ}⑥）
△PQRにおいて，PHは外接円の半径であるから

$$\frac{QR}{\sin\angle QPR}=2PH$$

ゆえに　　$PH=\frac{QR}{2\sin\angle QPR}=\frac{5}{2\cdot\frac{\sqrt{11}}{6}}=\frac{15}{\sqrt{11}}$

△OPHにおいて，三平方の定理により

$$OH=\sqrt{5^2-\left(\frac{15}{\sqrt{11}}\right)^2}=\sqrt{\frac{50}{11}}=\frac{5\sqrt{2}}{\sqrt{11}}$$

よって，三角錐TPQRの体積は

$$\frac{1}{3}\cdot\triangle PQR\cdot TH=\frac{1}{3}\cdot\triangle PQR\cdot(TO+OH)$$
$$=\frac{1}{3}\cdot 6\sqrt{11}\left(5+\frac{5\sqrt{2}}{\sqrt{11}}\right)$$
$$=2(5\sqrt{11}+5\sqrt{2})$$
$$=^{シス}\mathbf{10}(\sqrt{^{セソ}\mathbf{11}}+\sqrt{^{タ}\mathbf{2}})$$

⬅$\triangle PQR=\frac{1}{2}RP\cdot PQ\sin\angle QPR$

➡基23

⬅底面△PQRに対して高さTHが最大になる。

⬅OP，OQ，ORはすべて球Sの半径である。

⬅直角三角形の斜辺と他の1辺がそれぞれ等しい。

⬅正弦定理。　➡基21

⬅$OH=\sqrt{OP^2-PH^2}$
なお，分母を有理化せず $\sqrt{11}$ を残しておくと，三角錐TPQRの体積の計算がらくになる。

第4章　データの分析

CHECKの解説

25　平均値は

$\frac{1}{15}(7+3+0+1+4+1+7+6+5+6+6+2+4+6+5)$　　←$\bar{x}=\frac{1}{n}(x_1+x_2+\cdots+x_n)$

$=\frac{63}{15}=^{ア}\mathbf{4}.^{イ}\mathbf{2}$ (点)

データを，値が小さい方から順に並べると

0, 1, 1, 2, 3, 4, 4, 5, 5, 6, 6, 6, 6, 7, 7　　←中央の値は5

よって，中央値は　$^{ウ}\mathbf{5}.^{エ}\mathbf{0}$ (点)　　最頻値は　$^{オ}\mathbf{6}$ (点)

また，データの範囲は　$7-0=^{カ}\mathbf{7}$ (点)　　←範囲＝最大値−最小値

26　与えられたデータは小さい順に並んでいる。

よって　　第1四分位数 Q_1 は　　$Q_1=^{アイ}\mathbf{27}$,　　←Q_1 は下組の中央値 Q_3 は上組の中央値

第3四分位数 Q_3 は　　$Q_3=^{ウエ}\mathbf{37}$

また，四分位範囲は　　$Q_3-Q_1=37-27=^{オカ}\mathbf{10}$

さらに，

$27-1.5\times10=12,\ 37+1.5\times10=52$

であるから，このデータの外れ値は12以下または52以上の値である。

したがって，外れ値は8, 10, 11, 54の　$^{キ}\mathbf{4}$ 個

下組のデータの個数が奇数の場合

下組
○…○○○…○
中央の値が Q_1
(上組の場合も同様)

27　平均値は　　$\frac{1}{5}(6+8+10+9+6)=\frac{39}{5}=7.8$　　←$\bar{x}=\frac{1}{n}(x_1+x_2+\cdots+x_n)$

➡基25

データの各値の2乗の平均値は

$$\frac{1}{5}(6^2+8^2+10^2+9^2+6^2)=\frac{317}{5}=63.4$$

よって，分散は　　$63.4-7.8^2=63.4-60.84$

$=^{ア}\mathbf{2}.^{イウ}\mathbf{56}$　　←$s^2=\overline{x^2}-(\bar{x})^2$ POINT! ②の方法

➡基27参考

標準偏差は　　$\sqrt{2.56}=^{エ}\mathbf{1}.^{オカ}\mathbf{60}$

〔別解〕 **分散の求め方**

$\frac{1}{5}\{(6-7.8)^2+(8-7.8)^2+(10-7.8)^2+(9-7.8)^2+(6-7.8)^2\}$　　←$s^2=\frac{1}{n}\{(x_1-\bar{x})^2+\cdots+(x_n-\bar{x})^2\}$ POINT! ①の方法

$=\frac{12.8}{5}=^{ア}\mathbf{2}.^{イウ}\mathbf{56}$

28　4番目のデータ $(x,\ y)=(5,\ 3)$ の位置に点がある散布図は　　ア ①

①の散布図から，強い負の相関が読み取れるから，相関係数 r の値は -1 に近いと考えられる。　　←散布図の点が右下がりに分布 ⟶ 負の相関 点の分布が右下がりの直線に近いから，強い相関。

よって，相関係数 r の範囲は　　イ ⓪

参考　散布図 ⓪ の相関係数は　-0.11
散布図 ① の相関係数は　-0.80
散布図 ② の相関係数は　-0.39
（すべて小数第3位を四捨五入）

練習の解説

練習 12

箱ひげ図の読み取り
最小値，Q_1，Q_2，Q_3，最大値
に着目する。
最小値〜Q_1，Q_1〜Q_2，Q_2〜Q_3，Q_3〜最大値の区間にはそれぞれ全体の $\frac{1}{4}$ のデータがある。
箱の中（Q_1〜Q_3）には全体の $\frac{1}{2}$ のデータがある。

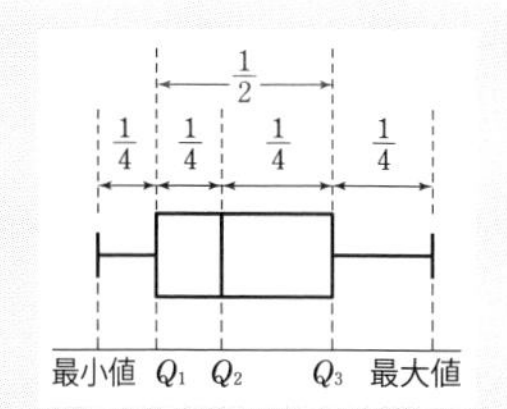

解答　全部で31日であるから，小さい方から数えて，Q_1 は8番目，Q_2 は16番目，Q_3 は24番目のデータである。

➡ 基 26

⓪　箱ひげ図より，最小値は5℃から10℃の間にあり，$Q_1=10$（℃）であるから，10℃以下の日は少なくとも2日ある。

①　箱ひげ図より，5℃以上15℃以下の日は全体の $\frac{3}{4}$ 以上であるから，少なくとも24日は5℃以上15℃以下である。しかし，25日以上かどうかはわからない。

⬅残り7日がすべて20℃に近くても同じ箱ひげ図になる。

②　箱ひげ図より，$Q_3<15$ であるから，15℃を超えた日は全体の約 $\frac{1}{4}$ である8日以下である。

以上より，正しいものは　ア ⓪

練習 13

ヒストグラムから，最大値，最小値，Q_1，Q_2，Q_3 が含まれる階級を読み取る。
箱ひげ図からも，最大値，最小値，Q_1，Q_2，Q_3 が含まれる階級を読み取り，それぞれを比較する。

解答　A組のデータについて，生徒の数が30人であるから，Q_1 は，データの小さい方から数えて8番目のデータである。よって，A組のヒストグラムから，Q_1 が含まれる階級は

➡ 基 26

アイ **60** 点以上 ウエ **70** 点未満

⬅小さい方から数えて8番目のデータが含まれる階級。

次に，B組の生徒の数も30人であるから，箱ひげ図より

Q_1 は　データの小さい方から数えて8番目のデータで60点以上70点未満の階級に含まれる。

Q_2 は　データの小さい方から数えて15番目と16番目のデータの平均値で，70点以上80点未満の階級に含まれる。

Q_3 は　データの大きい方から数えて8番目のデータで，80点以上90点未満の階級に含まれる。

また，箱ひげ図から，

最大値は　　90点以上100点未満

最小値は　　40点以上50点未満

の階級にそれぞれ含まれる。

これを満たすヒストグラムは　　オ①

➡基26

⬅⓪は満たさない。

⬅②は満たさない。

⬅最大値，最小値は⓪～②すべて条件を満たす。

練習 14

相関係数 r

$$r=\frac{(x_1-\overline{x})(y_1-\overline{y})+\cdots\cdots+(x_n-\overline{x})(y_n-\overline{y})}{\sqrt{(x_1-\overline{x})^2+\cdots\cdots+(x_n-\overline{x})^2}\sqrt{(y_1-\overline{y})^2+\cdots\cdots+(y_n-\overline{y})^2}}$$

解答　変量 x の平均値 $\overline{x}$ は

$$\overline{x}=\frac{1}{10}(7+6+6+5+4+4+4+2+1+1)=\frac{40}{10}=4$$

変量 y の平均値 $\overline{y}$ は

$$\overline{y}=\frac{1}{10}(1+2+0+6+8+8+4+7+5+9)=\frac{50}{10}=5$$

x	y	$x-\overline{x}$	$y-\overline{y}$	$(x-\overline{x})^2$	$(y-\overline{y})^2$	$(x-\overline{x})(y-\overline{y})$
7	1	3	−4	9	16	−12
6	2	2	−3	4	9	−6
6	0	2	−5	4	25	−10
5	6	1	1	1	1	1
4	8	0	3	0	9	0
4	8	0	3	0	9	0
4	4	0	−1	0	1	0
2	7	−2	2	4	4	−4
1	5	−3	0	9	0	0
1	9	−3	4	9	16	−12
				計 40	計 90	計 −43

よって，相関係数 r は

$$r=\frac{-43}{\sqrt{40}\sqrt{90}}=\frac{-43}{60}=-0.7166\cdots\cdots\fallingdotseq {}^{アイ}\mathbf{-0.}{}^{ウエ}\mathbf{72}$$

➡基25

⬅***素早く解く！***

相関係数を求めるのに必要なものを表にまとめる。重要例題14では x の分散，y の標準偏差が既に計算されていたので，$(x-\overline{x})^2$，$(y-\overline{y})^2$ の欄は省略している。

⬅POINT!

$r<0$ で -1 に近いから，^{オ}② 負の相関がある。

練習 15

次の値の変化を考える。

平均値：データの総和　　分散・標準偏差：(偏差)^2 の和

共分散：2 つの変量の 偏差の積の和

相関係数：$\dfrac{\text{共分散}}{\text{2 つの変量の 標準偏差の積}}$（分子の正負に注意）

解答 修正によって，データ X は A が $+1$，B が -1 だけ変化するから，データ X の総和は変わらない。　←POINT!

よって，X の平均値は変わらないから　^{ア}⓪

データ Y について，B が -4，C が $+4$ だけ変化するから，Y の平均値は変わらないが，B，C の偏差の 2 乗の和は，$(20-20)^2+(15-20)^2=25$ から　←変化分だけ計算。

$(16-20)^2+(19-20)^2=17$ へと減少する。

よって，Y の分散は減少するから　^{イ}②

同様に，データ X について，平均値は変わらないが，A，B の偏差の 2 乗の和は，$(9-12)^2+(12-12)^2=9$ から　←変化分だけ計算。

$(10-12)^2+(11-12)^2=5$ へと減少する。

よって，X の分散は減少する。

X と Y の偏差の積の和について，A，C は修正前も修正後もそれぞれ一方の値が平均値と等しいから，ともに 0 で変わらず，B は 0 から $(11-12)(16-20)=4$ へと変わり増加する。

←A は Y の値が平均値と等しく，変化しない。C は X の値が平均値と等しく，変化しない。

また，修正前の X と Y の相関係数は正の値であるから，修正前の X と Y の共分散は正の値である。

よって，X と Y の共分散は増加する。

X と Y の共分散は，正の値で増加し，X，Y の標準偏差はともに減少するから，X と Y の相関係数は増加する。

←共分散の正負に注意。
$s_x{}^2$，$s_y{}^2$ が減少
$\longrightarrow s_x$，s_y も減少

ゆえに　^{ウ}①

練習 16

変量 x，y を $u=ax+b$，$v=cy+d$（a，b，c，d は定数）によって新しい変量 u，v に変換するとき

平均値　$\overline{u}=a\overline{x}+b$　分散　$s_u{}^2=a^2s_x{}^2$　標準偏差　$s_u=|a|s_x$

共分散　$s_{uv}=acs_{xy}$　　$ac>0$ のとき，相関係数　変わらない

解答 (1) x の平均は　$\frac{1}{5}(3+4+5+4+4)=4$

➡ 基 25

よって，x の分散は

$$\frac{1}{5}\{(3-4)^2+(4-4)^2+(5-4)^2+(4-4)^2+(4-4)^2\}$$

➡ 基 27

$$=\frac{2}{5}={}^{ア}0.{}^{イ}4$$

⬅ $s_x{}^2$

(2) y の平均は　$\frac{1}{5}(7+9+10+8+6)=8$

よって，変量 t を $t=y-{}^{ウ}8$ で定めると，変量 t の平均は 0 になる。

⬅参考

$t=y-b$ とおくと
$\overline{t}=\overline{y}-b=8-b$
$\overline{t}=0$ から　$8-b=0$
よって，$b=8$ から　${}^{ウ}8$

(3) 変量 u を $u=ky$ $(k>0)$ とおく。

y の分散は

$$\frac{1}{5}\{(7-8)^2+(9-8)^2+(10-8)^2+(8-8)^2+(6-8)^2\}$$

$$=\frac{10}{5}=2$$

⬅ $s_y{}^2$

よって，変量 u の分散は　$2k^2$

⬅ $u=ky$ のとき
$\boldsymbol{s_u{}^2=k^2s_y{}^2}$

これが x の分散と同じ値になるとき　$2k^2=\frac{2}{5}$

ゆえに　$k^2=\frac{1}{5}$

$k>0$ であるから　$k=\frac{\sqrt{5}}{5}$

よって，変量 u を $u=\frac{\sqrt{{}^{エ}5}}{{}^{オ}5}y$ で定めると，u の分散は x の分散と同じ値になる。

また，x と y の共分散は

$$\frac{1}{5}\{(3-4)(7-8)+(4-4)(9-8)+(5-4)(10-8)$$
$$+(4-4)(8-8)+(4-4)(6-8)\}=\frac{3}{5}=0.6$$

⬅ x と y の偏差の積の平均値。

⬅ s_{xy}

よって　$r^2=\frac{0.6^2}{0.4\times 2}={}^{カ}0.{}^{キク}45$

⬅ $r=\frac{s_{xy}}{s_xs_y}$ から $r^2=\frac{s_{xy}{}^2}{s_x{}^2s_y{}^2}$

また，x と u の共分散は　$\frac{\sqrt{5}}{5}\times 0.6$

⬅ $s_{xu}=1\cdot ks_{xy}$

ゆえに　$(r')^2=\frac{\left(\frac{\sqrt{5}}{5}\times 0.6\right)^2}{0.4\times 0.4}={}^{ケ}0.{}^{コサ}45$

⬅ $(r')^2=\frac{s_{xu}{}^2}{s_x{}^2s_u{}^2}$　$(s_x{}^2=s_u{}^2)$

参考　x と u の相関係数は，x と y の相関係数と変わらないから
${}^{ケ}0.{}^{コサ}45$

参考　**本冊 p.77 POINT の解説**

変量 x を $u=ax+b$ (a, b は定数) によって変量 u に変換するとき，変量 x のデータを x_1, x_2, ……, x_n, 変量 u のデータを u_1, u_2, ……, u_n とすると

$$\begin{aligned}\overline{u}&=\frac{1}{n}(u_1+u_2+\cdots\cdots+u_n)\\&=\frac{1}{n}\{(ax_1+b)+(ax_2+b)+\cdots\cdots+(ax_n+b)\}\\&=\frac{1}{n}\{a(x_1+x_2+\cdots\cdots+x_n)+nb\}\\&=a\times\frac{1}{n}(x_1+x_2+\cdots\cdots+x_n)+b=a\overline{x}+b\end{aligned}$$

よって　　$\boldsymbol{\overline{u}=a\overline{x}+b}$

また，偏差について

$$\begin{aligned}u_1-\overline{u}&=ax_1+b-(a\overline{x}+b)=a(x_1-\overline{x}),\\u_2-\overline{u}&=ax_2+b-(a\overline{x}+b)=a(x_2-\overline{x}),\\&\vdots\\u_n-\overline{u}&=ax_n+b-(a\overline{x}+b)=a(x_n-\overline{x})\end{aligned}$$

であるから

$$\begin{aligned}s_u{}^2&=\frac{1}{n}\{(u_1-\overline{u})^2+(u_2-\overline{u})^2+\cdots\cdots+(u_n-\overline{u})^2\}\\&=\frac{1}{n}\{a^2(x_1-\overline{x})^2+a^2(x_2-\overline{x})^2+\cdots\cdots+a^2(x_n-\overline{x})^2\}\\&=a^2\times\frac{1}{n}\{(x_1-\overline{x})^2+(x_2-\overline{x})^2+\cdots\cdots+(x_n-\overline{x})^2\}=a^2s_x{}^2\end{aligned}$$

よって　　$\boldsymbol{s_u{}^2=a^2s_x{}^2}$　　　ゆえに　　$\boldsymbol{s_u=|a|s_x}$

同様にして，変量 y を $v=cy+d$ (c, d は定数) によって変量 v に変換するとき，$\overline{v}=c\overline{y}+d$, $s_v{}^2=c^2s_y{}^2$, $s_v=|c|s_y$ が成り立つ。

このとき，u と v の偏差の積は

$$(u-\overline{u})(v-\overline{v})=\{a(x-\overline{x})\}\{c(y-\overline{y})\}=ac(x-\overline{x})(y-\overline{y})$$

の形で表されるから，共分散について $\boldsymbol{s_{uv}=acs_{xy}}$ が成り立つ。

さらに，x と y の相関係数を r_{xy}, u と v の相関係数を r_{uv} とすると

$$r_{uv}=\frac{s_{uv}}{s_us_v}=\frac{acs_{xy}}{|a|s_x\cdot|c|s_y}=\frac{acs_{xy}}{|ac|s_xs_y}=\begin{cases}r_{xy} & (ac>0 \text{ のとき})\\-r_{xy} & (ac<0 \text{ のとき})\end{cases}$$

よって，$ac>0$ のとき，相関係数は**変わらない**。

▼ 問題の解説

問題 6

設問の正誤を判定する資料として，箱ひげ図と散布図が与えられている。
それぞれの設問に対し，箱ひげ図と散布図，どちらが正誤判定に適しているかを判断して，資料を読み取る必要がある。
また，散布図において，実線上の点はモンシロチョウの初見日とツバメの初見日が同じである地点を表すことに注意する。
範囲　最大値−最小値
四分位範囲　Q_3-Q_1（箱の長さ）
箱ひげ図の読み取り　最小値，Q_1，Q_2（中央値），Q_3，最大値　に着目

（➡ 基 26，重 12）

解答　⓪　範囲は最大値から最小値を引いた値である。
図1において，モンシロチョウの初見日の範囲は，ツバメの初見日の範囲より大きいから，正しい。

⬅図2を参照してもよい。

①　ツバメの初見日がモンシロチョウの初見日より小さい地点は，図2において，実線より下側にある点である。実際に数えると18地点で，重なった点がある場合でも19地点または20地点であり，半数に満たないから，正しくない。

⬅「小さい」であるから，初見日が同じである実線上の点は除く。

②　モンシロチョウとツバメの初見日が同じ日である地点は，図2において，実線上の点である。実際に数えると4地点で，重なった点がある場合でも5地点または6地点であるから，正しくない。

③　年間通し日について，1月1日を「1」とすることから，3月1日の年間通し日は「31＋28＋1＝60」である。したがって，図1または図2において，モンシロチョウの初見日とツバメの初見日のすべてのデータの値は60より大きいから，正しい。

⬅うるう年でないとき，1月は31日，2月は28日までである。

④　5月1日の年間通し日は「31＋28＋31＋30＋1＝121」である。図1または図2において，ツバメの初見日の最大値は120より小さいから，正しい。

⬅3月は31日，4月は30日までである。

⑤　図2において，モンシロチョウの初見日とツバメの初見日には正の相関が認められるから，正しい。

⬅右上がりの直線に沿って分布しているといえる。

以上から，正しくないものは

ア①，イ②（またはア②，イ①）

問題 7

仮説検定を用いて考察をする問題では，次のような手順で進める。
① 判断したい仮説に反する仮説を立てる。
② 立てた仮説のもとで，24人中16人以上が「リフォームを行うべき」と回答する確率を調べる。確率を調べる際には，コイン投げの実験結果を用いる。
③ ②で調べた確率を基準となる確率5％と比較し，仮説が正しいかどうかを判断する。

解答 リフォームを行うべきと判断してよいかを考察するために，次の仮説を立てる。

仮説　リフォームを行うべきとはいえず，「行うべき」と回答する場合と，そうでない場合がまったくの偶然で起こる ……（＊）

←手順①：仮説を立てる。「リフォームを行うべき」と回答する確率が $\frac{1}{2}$ であると考える。

コイン投げの実験結果から，24枚投げて表が16枚以上出た割合は

$$\frac{8+4+2+1}{200}=\frac{15}{200}=0.075$$ すなわち ア**7**.イ**5**（％）

←手順②：確率を調べる。

よって，仮説（＊）のもとでは，24人のうち16人以上が「行うべき」と回答する確率は7.5％程度であると考えられ，これは5％以上である。

←手順③：基準となる確率5％と比較する。

したがって，仮説（＊）は誤っているとは考えられず（ウ①），リフォームを行うべきとは判断できない（エ①）。

参考 仮説検定において，正しいかどうか判断したい主張に反する仮定として立てた仮説を**帰無仮説**(きむ)といい，もとの主張を**対立仮説**という。
問題7では，帰無仮説は上の解答の（＊）であり，対立仮説は「リフォームを行うべき」である。

実践問題の解説

14 **解答** (1) 速度の（標準偏差）：（平均値）の比の値は $\frac{9.60}{82.0}=0.117\cdots\cdots$

よって，最も適当なものは ア⑥

←$0.117\cdots\cdots \fallingdotseq 0.12$

また，交通量と速度の相関係数は

$$\frac{-63600}{10200\cdot 9.60}=-0.649\cdots\cdots$$

←交通量，速度の，それぞれの標準偏差を s_x，s_y，共分散を s_{xy} とすると，相関係数 r は $r=\frac{s_{xy}}{s_x s_y}$

➡重14

よって，最も適当なものは イ①

図1の散布図を見ると，交通量が5000台以上10000台未満の点は17個あり，5000台未満の点は4個あるから，

正しいヒストグラムは　ウ①

表1および図1から読み取れることとして

⓪　交通量が27500以上で速度が75以上の地域は存在するから誤りである。

①　正しい。

②　速度が82.0以上だが，交通量は17300未満の地域は存在するから誤りである。

③　速度が82.0未満だが，交通量は17300以上の地域は存在するから誤りである。

④　交通量が27500以上の地域は8地域以上存在するから誤りである。

⬅交通量が30000以上の地域は12地域ある。

⑤　正しい。

よって　エ①，オ⑤（または　エ⑤，オ①）

(2)　$(\text{走行時間})=\dfrac{60}{(\text{速度})}$ であるから，速度が大きいほど走行時間は短く，速度が小さいほど走行時間は長い。
67地点のデータを速度が大きい順に並べると，走行時間が小さい順になる。速度の中央値はおよそ84 km/h であるから，走行時間の中央値はおよそ $\dfrac{60}{84}\fallingdotseq 0.71$（分）となる。これが反映されている箱ひげ図は カ⓪のみである。

⬅箱ひげ図から読み取る。
下線部により，いずれの箱ひげ図も，中央値は同じ地点のものである。

図3の散布図において，交通量が40000台以上の2点に着目する。速度がおよそ46 km/h の点の走行時間はおよそ $\dfrac{60}{46}\fallingdotseq 1.30$（分）であり，速度がおよそ76 km/h の点の走行時間はおよそ $\dfrac{60}{76}\fallingdotseq 0.79$（分）であるから，正しい散布図は　キ②

⬅いずれの散布図も，横軸が交通量であることに注目する。

(キ)の変換されたデータの散布図を選ぶ問題では，着目する点を決める前に解答群の散布図を確認することも，素早く解くためのポイントである。
交通量が最も多い点に着目するだけでは，選択肢⓪と①が不適であることはわかるが，②と③のどちらが正しい散布図かは判断できない。2番目に交通量が多い点にも着目することで，②と③のどちらが正しい散布図かを判断することができる。

15 **解答** (1)　図 1 の散布図より，観光客数と消費総額の間には強い正の相関があることが読み取れるから，相関係数に最も近い値は　0.83　（ア ④）

 28

(2)　消費総額を観光客数で割った値が消費額単価である。よって，各県を表す点のうち，その点と原点を通る直線の傾きが最も大きい点を選べばよいから　イ ⓪

(3)　消費額単価が最も高い県を表す点は，散布図の ⓪ ～ ⑨ の点のうち，その点と原点を通る直線の傾きが最も大きい点であるから　ウ ⑧

⬅原点と ⑧ の点を通る直線の下側に ⑨ の点がある。

(4)　図 2 の箱ひげ図では，各県のデータが箱ひげ図のどの位置にあるか特定できないので，⓪，① のことは読み取れない。

⬅⓪ は観光客数，① は観光客の消費総額についての記述であるから，図 2 を参照する。

図 3 において，県内からの観光客の消費額単価を x（千円），県外からの観光客の消費額単価を y（千円）として，次の図のように直線 $y=x$ をかく。

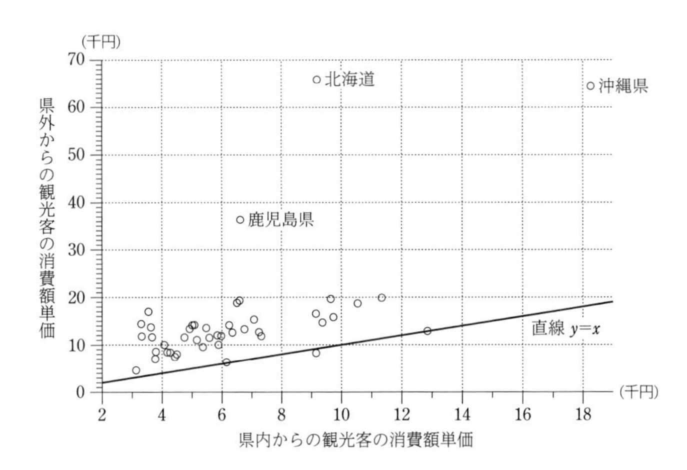

直線 $y=x$ の近くに 4 つの点があるが，それら以外の点は明らかに直線の上側にあり，それらの点では x の値より y の値の方が大きい。

したがって，② は正しい。

⬅②，③，④ は観光客の消費額単価についての記述であるから，図 3 を参照する。

図 3 において，県外からの観光客の消費額単価（縦軸）に着目すると，北海道，鹿児島県，沖縄県は 44 県の中で上位 3 位の県であることがわかる。

したがって，③ は正しい。

4 実践問題

図3において，県内からの観光客の消費額単価のデータ（横軸）は3～13（千円）に分布している。県外からの観光客の消費額単価のデータ（縦軸）は5～20（千円）に分布している。県内の方が県外よりも散らばりが小さく見えるので，④のことは読み取れない。
以上から　エ②，オ③（またはエ③，オ②）

←縦軸と横軸の目盛りのとり方に注意。

素早く読む！　「消費額単価」のように定義が説明の文中にある場合は，その部分をきちんと読むことが大切である。
また，(4)では「観光客数」「観光客の消費総額」「観光客の消費額単価」という似た言葉が現れる。
花子と太郎の会話を読んで概要をつかんだら，(4)の設問を読み，その都度，箱ひげ図や散布図を参照しながら各選択肢を検討するとよい。

16 **解答**　与えられた方針に従い，
“この空港の利用者全体のうちで「便利だと思う」と回答する割合と,「便利だと思う」と回答しない割合が等しい”……（＊）
という仮説を立てる。

←仮説検定の考え方。
➡演7

与えられた実験結果から，30枚の硬貨のうち20枚以上が表となった割合は

$$3.2+1.4+1.0+0.0+0.1+0.0+0.1+0.0+0.0+0.0+0.0={}^{ア}\mathbf{5}.{}^{イ}\mathbf{8}\ (\%)$$

←立てた仮説のもとで，30人のうち20人以上が「便利だと思う」と回答する確率を調べる。

したがって，仮説（＊）のもとで，30人抽出したうちの20人以上が「便利だと思う」と回答する確率は5％以上である。

←基準となる確率5％と比較する。

よって，与えられた方針に従うと,「便利だと思う」と回答する割合と,「便利だと思う」と回答しない割合が等しいという仮説は誤っているとは判断されず（ウ①），この空港は便利だと思う人の方が多いとはいえない（エ①）。

第 5 章　場合の数と確率

▽ CHECKの解説

29　$3920={}^{ア}\mathbf{2}^4\times{}^{イ}\mathbf{7}^2\times{}^{ウ}\mathbf{5}$　　⬅素因数分解

3920 の正の約数は　$(4+1)(2+1)(1+1)={}^{エオ}\mathbf{30}$ (個)　　⬅$(a+1)(b+1)(c+1)$

また，その総和は

$(1+2+2^2+2^3+2^4)(1+7+7^2)(1+5)={}^{カキクケコ}\mathbf{10602}$　　⬅$(1+p+p^2+p^3+p^4)\times(1+q+q^2)(1+r)$

3920 以下の自然数全体の集合を U とし，U の部分集合のうち，2 の倍数，5 の倍数の集合をそれぞれ A，B とすると　$n(A)=3920\div2=1960$，$n(B)=3920\div5=784$

⬅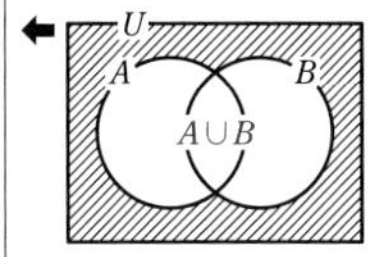

$A\cap B$ は U の部分集合のうち，10 の倍数の集合であるから　$n(A\cap B)=3920\div10=392$

よって　$n(A\cup B)=n(A)+n(B)-n(A\cap B)$

$=1960+784-392=2352$

ゆえに，求める個数は　　⬅$n(\overline{A\cup B})$ を求める。

$n(U)-n(A\cup B)=3920-2352={}^{サシスセ}\mathbf{1568}$ (個)

参考　自然数 N が $N=p^aq^br^c\cdots\cdots$ と素因数分解できるとき，N の正の約数は，p^a の正の約数，q^b の正の約数，r^c の正の約数，…… の積で表される。

p^a の正の約数は　1，p，p^2，……，p^a の　$(a+1)$ 個

q^b の正の約数は　1，q，q^2，……，q^b の　$(b+1)$ 個

r^c の正の約数は　1，r，r^2，……，r^c の　$(c+1)$ 個

……

であるから，N の正の約数の個数は全部で $\boldsymbol{(a+1)(b+1)(c+1)\cdots\cdots}$ 個となる。

また，N の正の約数は，次の式の展開にすべて現れる。

$$\underline{\boldsymbol{(1+p+p^2+\cdots\cdots+p^a)(1+q+q^2+\cdots\cdots+q^b)(1+r+r^2+\cdots\cdots+r^c)\cdots\cdots}}$$

よって，正の約数の総和は下線部の式となる。

(例：$12=2^2\cdot3$ の場合，12 の正の約数は，2^2 の正の約数 1，2，2^2 と，3 の正の約数 1，3 の積　$1\cdot1$，$1\cdot3$，$2\cdot1$，$2\cdot3$，$2^2\cdot1$，$2^2\cdot3$　で表される。

ゆえに，正の約数の個数は　$(2+1)(1+1)=6$ (個)

12 の正の約数は，$(1+2+2^2)(1+3)$ の展開にすべて現れる。

よって，12 の正の約数の総和は　$(1+2+2^2)(1+3)=28$)

30　(1)　順列の総数は

${}_7\mathrm{P}_7=7!=7\cdot6\cdot5\cdot4\cdot3\cdot2\cdot1={}^{アイウエ}\mathbf{5040}$ (通り)　　⬅${}_n\mathrm{P}_n=n!$

男子 3 人が続けて並ぶ並び方は，男子 3 人を 1 人と考えると，並び方は 5! 通り。そのおのおのに対して，1 人として考えた男子 3 人の並び方が 3! 通りずつあるから

⬅続けて並ぶ 3 人を 1 人と考える。その中の順列も考える。

$\underline{5!}\times\underline{3!}=5\cdot4\cdot3\cdot2\cdot1\times3\cdot2\cdot1=^{オカキ}\mathbf{720}$ (通り)

男女が交互に並ぶのは「女男女男女男女」の場合であるから　$\underline{3!}\times\underline{4!}=3\cdot2\cdot1\times4\cdot3\cdot2\cdot1=^{クケコ}\mathbf{144}$ (通り)

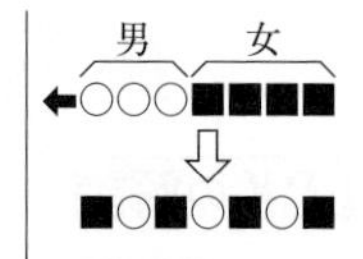

(2) 万の位は0でないから，万の位は1～6の　6通り

そのおのおのに対して，一，十，百，千の位は，万の位の数字以外の6個から4個選んで並べればよいから

$${}_6P_4=6\cdot5\cdot4\cdot3=360 \text{ (通り)}$$

よって，5桁の整数は　$6\times360=^{サシスセ}\mathbf{2160}$ (個)

←CHART　条件処理は先に行う

〔別解〕 7個の数から5個を選んで並べる順列の総数は

$${}_7P_5=7\cdot6\cdot5\cdot4\cdot3=2520 \text{ (通り)}$$

そのうち，左端に0がくるものは

$${}_6P_4=6\cdot5\cdot4\cdot3=360 \text{ (通り)}$$

よって，5桁の整数は　$2520-360=^{サシスセ}\mathbf{2160}$ (個)

←左端以外の4つの数字の順列。

31　1～8の円順列で　$(8-1)!=^{アイウエ}\mathbf{5040}$ (通り)

1と8が点対称な位置に置かれているとき，1と8を固定し，図の a ～ f の位置に2～7を並べる。

よって　$6!=^{オカキ}\mathbf{720}$ (通り)

1と8が隣り合うとき，1と8を1つのものと考えると，$\underline{(7-1)!}$ 通り。

そのおのおのに対して，1と8の並べ方が $\underline{2!}$ 通りずつあるから　$\underline{(7-1)!}\cdot\underline{2!}=^{クケコサ}\mathbf{1440}$ (通り)

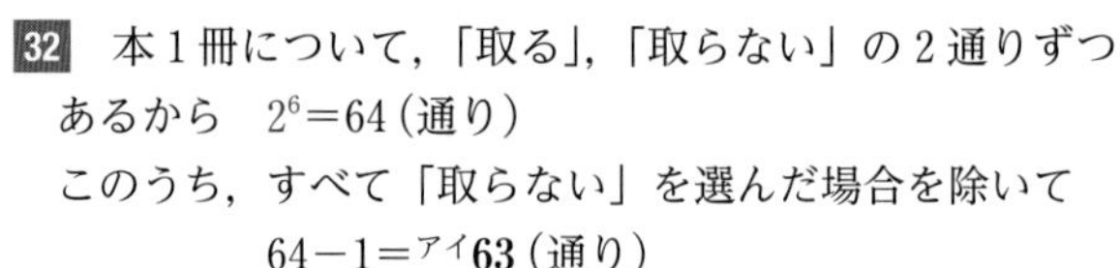

←円順列 $(n-1)!$

←CHART　条件処理は先に行う

←順列　➡基30

←隣り合うものを1つと考え，その中での順列も考える。　➡基30

32　本1冊について，「取る」，「取らない」の2通りずつあるから　$2^6=64$ (通り)

このうち，すべて「取らない」を選んだ場合を除いて

$$64-1=^{アイ}\mathbf{63} \text{ (通り)}$$

←重複順列　n^r

←「1冊以上」取るから。

33　合計9人の中から3人を選ぶ組合せであるから

$${}_9C_3=\frac{9\cdot8\cdot7}{3\cdot2\cdot1}=^{アイ}\mathbf{84} \text{ (通り)}$$

←n 個から r 個取る組合せ

$${}_nC_r=\frac{n(n-1)\cdot\cdots\cdot(n-r+1)}{r(r-1)\cdot\cdots\cdot1}$$

また，男子$\underline{5人から4人}$，女子$\underline{4人から2人}$をそれぞれ選ぶ組合せであるから

$$\underline{{}_5C_4}\cdot\underline{{}_4C_2}={}_5C_1\cdot{}_4C_2=5\cdot\frac{4\cdot3}{2\cdot1}=^{ウエ}\mathbf{30} \text{ (通り)}$$

←${}_nC_r={}_nC_{n-r}$

次に，男子を4人以上含む6人は，(男，女) の数が (4，2)，(5，1) の場合がある。

(4，2) の場合　30通り

(5，1) の場合，上と同様に考えて

$${}_5C_5\cdot{}_4C_1=1\cdot4=4 \text{ (通り)}$$

よって，求める選び方は　$30+4=^{オカ}\mathbf{34}$ (通り)

←求める選び方は2つのパターンの選び方の和。

34　７個の頂点から３点を選んで結ぶと１つの三角形ができるから，三角形は全部で　$_7C_3=\frac{7\cdot6\cdot5}{3\cdot2\cdot1}=$ ^{アイ}**35**（個）

➡ 基 33

正七角形と１だけ辺を共有する三角形について，辺 AB だけを共有するものは，図のように３個あり，これは７本すべての辺についていえるから，全部で

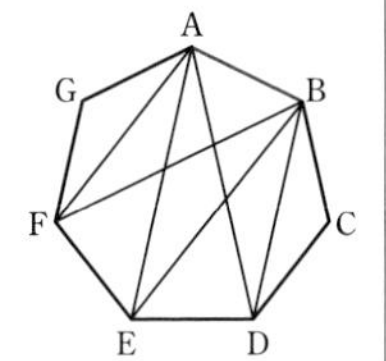

$3\times7=$ ^{ウエ}**21**（個）

⬅図をかいて考える。

また，７個の頂点から２点を選んで結ぶと１本の対角線または辺ができるから，対角線の本数は

$_7C_2-7=\frac{7\cdot6}{2\cdot1}-7=$ ^{オカ}**14**（本）

参考
正 n 角形の対角線の本数は
$_nC_2-n=\frac{n(n-1)}{2}-n$
$=\frac{n(n-3)}{2}$

⬅対角線＝全体－辺の数

35　１を２個，２を２個，３を２個並べる順列であるから

$\frac{6!}{2!2!2!}=$ ^{アイ}**90**（個）

⬅$\frac{n!}{p!q!r!}$

〔別解〕　6か所のうち，１の入る2か所を決め，残りの4か所から２の入る2か所を決めれば，残りの２か所には３が入るから

⬅2 1 2 3 1 3

$_6C_2\cdot{}_4C_2=$ ^{アイ}**90**（個）

➡ 基 33

36　すべての場合の数は　6^3 通り

⬅重複順列 n^r　➡ 基 32

(1)　1, 2, 3 の目が１回ずつ出るのは，出る目の順序を考えて　$3!=6$（通り）

⬅分母が順列であるから，分子も順列で考える。
1, 2, 3 の順列の数は 3!
➡ 基 30

よって，求める確率は　$\frac{6}{6^3}=\frac{{}^{ア}\mathbf{1}}{{}^{イウ}\mathbf{36}}$

また，目の和が６になる組合せは (1, 1, 4), (1, 2, 3), (2, 2, 2) の３通りある。

⬅まず，目の組合せを考え，それぞれの組合せについて順列を考える。

(1, 1, 4) の順列の総数は　$\frac{3!}{2!1!}=3$（通り）

⬅同じものを含む順列。
➡ 基 35

(1, 2, 3) の順列の総数は　6 通り
(2, 2, 2) の順列の総数は　1 通り
よって，目の和が６となる順列の総数は
$3+6+1=10$（通り）

⬅各パターンの和。

ゆえに，求める確率は　$\frac{10}{6^3}=\frac{{}^{エ}\mathbf{5}}{{}^{オカキ}\mathbf{108}}$

⬅$\frac{(事象が起こる場合)}{(すべての場合)}$

(2)　１回目に５の目が出る確率は　$\frac{1}{6}$

また，(1) から目の和が６かつ１回目に５の目が出ることはないから，２つの事象は排反である。

⬅(1, 1, 4), (1, 2, 3), (2, 2, 2) に５は含まれない。

ゆえに，求める確率は　$\frac{5}{108}+\frac{1}{6}=\frac{{}^{クケ}\mathbf{23}}{{}^{コサシ}\mathbf{108}}$

⬅A, B が排反のとき
$P(A\cup B)=P(A)+P(B)$

5
CHECK

参考　目の和が6になる場合を，樹形図を用いて考えると，次のようになる。

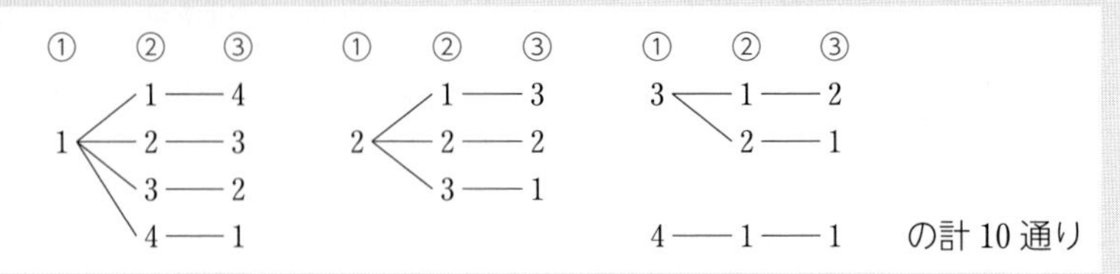

樹形図は，もれなく，重複なく数え上げるのに有効である。

37 (1)「少なくとも1個が赤玉」という事象の余事象は「3個とも白玉」である。

←**CHART**「少なくとも」には余事象

3個とも白玉の確率は $\frac{{}_4C_3}{{}_{10}C_3}$ であるから，求める確率は

←$\frac{(白玉3個の選び方)}{(すべての選び方)}$

$$1-\frac{{}_4C_3}{{}_{10}C_3}=\frac{^{アイ}\mathbf{29}}{^{ウエ}\mathbf{30}}$$

←$P(\overline{A})=1-P(A)$

(2)「母音が隣り合わない」という事象の余事象は「母音 a，e が隣り合う」である。

←**CHART** 余事象利用

母音が隣り合う順列は，母音 a，e を1つと考え，6つの文字の順列をつくり，a，e の並べ方を考えればよいから，

←隣り合う順列。 ➡ **基** 30

その確率は　$\frac{6!\cdot 2!}{7!}=\frac{2}{7}$

←すべての順列は 7!

よって，求める確率は　$1-\frac{2}{7}=\frac{^{オ}\mathbf{5}}{^{カ}\mathbf{7}}$

←$P(\overline{A})=1-P(A)$

38 (1) 偶数，3の倍数，奇数の目が出る確率はそれぞれ $\frac{3}{6}$，$\frac{2}{6}$，$\frac{3}{6}$ であるから，求める確率は

←3の倍数は 3，6

$$\left(\frac{3}{6}\right)^2\times\left(\frac{2}{6}\right)^2\times\frac{3}{6}=\frac{^{ア}\mathbf{1}}{^{イウ}\mathbf{72}}$$

←各回の試行は**独立**であるから，各試行の確率の積。

(2) 6の約数 1，2，3，6 の目が出る確率は $\frac{4}{6}=\frac{2}{3}$ であるから，5回中ちょうど3回出る確率は

$${}_5C_3\left(\frac{2}{3}\right)^3\left(\frac{1}{3}\right)^2=10\cdot\frac{8}{3^5}=\frac{^{エオ}\mathbf{80}}{^{カキク}\mathbf{243}}$$

←${}_nC_r p^r(1-p)^{n-r}$

参考　${}_nC_r p^r(1-p)^{n-r}$ の意味

起こる確率が p である事象 A について，$1\sim r$ 回目に事象 A が起こり，$(r+1)\sim n$ 回目に A が起こらない確率は $p^r\times(1-p)^{n-r}$ であるが，この確率は A が何回目に起こるかの順列は考えていない。

n 回中，A が起こる r 回の場所の決め方が ${}_nC_r$ 通りあり（➡ **基** 33），その確率はすべて $p^r(1-p)^{n-r}$ であるから，${}_nC_r p^r(1-p)^{n-r}$ となる。

39 大型バスの乗客の中から1人を選ぶとき，それが成人であるという事象を A，男性であるという事象を B とする。
このとき，成人男性であるという事象は $A\cap B$ である。

$$P(A)=\frac{70}{100},\ P(A\cap B)=\frac{42}{100}$$

求める確率は $P_A(B)$ であるから

$$P_A(B)=\frac{P(A\cap B)}{P(A)}=\frac{42}{100}\div\frac{70}{100}=\frac{{}^{ア}\mathbf{3}}{{}^{イ}\mathbf{5}}$$

←100人の乗客のうち，成人が70人，成人男性が42人と考えて，成人の中で男性の割合は $\frac{42}{70}=\frac{3}{5}$ としてもよい。

40 できる2桁の整数は11，12，21の3種類である。
2枚の1を区別して $1_{①}$，$1_{②}$ とすると，できる2桁の整数は，3枚のカードから2枚とって並べた順列の総数だけあるから　${}_3\mathrm{P}_2=3\cdot2=6$（通り）

←カードを区別する。

➡基 30

11となるのは $1_{①}1_{②}$ と $1_{②}1_{①}$ であるから，確率は $\frac{2}{6}=\frac{1}{3}$

12となるのは $1_{①}2$ と $1_{②}2$ であるから，確率は $\frac{2}{6}=\frac{1}{3}$

21となるのは $21_{①}$ と $21_{②}$ であるから，確率は $\frac{2}{6}=\frac{1}{3}$

←すべての確率を求める。各確率の分母は同じ数にしておくとよい。

よって，求める期待値は

$$11\cdot\frac{1}{3}+12\cdot\frac{1}{3}+21\cdot\frac{1}{3}=\frac{{}^{アイ}\mathbf{44}}{{}^{ウ}\mathbf{3}}$$

←値×確率 の和

参考 できる整数と確率を表にまとめると，右のようになる。値・確率のパターンが多くなるときは，表にまとめて整理すると，期待値を求めやすくなる。

整数	11	12	21	計
確率	$\frac{1}{3}$	$\frac{1}{3}$	$\frac{1}{3}$	1

この問題における期待値の計算では，例えば $12\cdot\frac{1}{3}=4$ などと約分をせずに，値×確率のそれぞれの分母を3でそろえたまま進めると計算しやすい。

練習の解説

練習 17

順列 ${}_n\mathrm{P}_r$　　各条件を順列の条件に書きかえる。
1つの組合せが，1つの順列に対応する場合もある。
3の倍数 ⟶ 各位の数の和が3の倍数。

解答 (1) 3桁の整数は全部で　${}_6\mathrm{P}_3={}^{アイウ}\mathbf{120}$（個）

➡基 30

(2) 420より大きくなるのは

5 練習

[1] 百の位の数字が5以上のとき
[2] 百の位の数字が4で十の位の数字が2以上のとき

⇐順列の条件にする。

[1] のとき 百の位に入る数字を5, 6から選び，そのおのおのに対して残りの5つの数字から2つ選んで並べればよいから $2\cdot{}_5P_2=40$ (個)

⇐▶CHART 条件処理は先に行う

[2] のとき 百の位に入る数字は4で，十の位に入る数字を2, 3, 5, 6から選び，そのおのおのに対して一の位に入る数字を残りの4つから選べばよいから

$4\cdot4=16$ (個)

よって，420より大きい数は $40+16=$ ^エオ^**56** (個)

⇐2つのパターンの和。

(3) 左から大きい順に並んでいる数の個数は，6個の数から3個を選ぶ組合せの総数に等しい。

⇐組合せと対応。 ➡重17

よって ${}_6C_3=$ ^カキ^**20** (個)

(4) 3の倍数になるには，3つの数の和が3の倍数になればよい。3の倍数になるような数の組合せは，

⇐まず，数の組合せを考え，それぞれの組合せについて順列を考える。

和が6のとき (1, 2, 3)
和が9のとき (1, 2, 6), (1, 3, 5), (2, 3, 4)
和が12のとき (1, 5, 6), (2, 4, 6), (3, 4, 5)
和が15のとき (4, 5, 6)

の合計8個あり，そのおのおのについて，順列が $3!=6$ (通り) ずつ存在する。

⇐順列 ➡基30

よって $8\times6=$ ^クケ^**48** (個)

参考 整数がある数の倍数になる条件のうち，代表的なものを挙げる。

2の倍数 ⟶ 一の位が偶数
5の倍数 ⟶ 一の位が0か5
3の倍数 ⟶ 各位の数の和が3の倍数
9の倍数 ⟶ 各位の数の和が9の倍数
6の倍数 ⟶ 2の倍数かつ3の倍数
4の倍数 ⟶ 下2桁が4の倍数

練習 18

組分けの問題 組に区別があるかどうか に注意。
人数が 異なる 組に分ける → 区別がある
人数が 同じ 組に分ける。組に 名前がある → 区別がある
（以上2つ）→ 入る人を順に決める。
人数が 同じ 組に分ける。組に 名前がない → 区別がない
後で区別をなくす。

解答 4人と6人の2つの組に分けるには，4人の組に入る生徒を決めれば，残りの6人が6人の組になるから

⇐人数が異なる → 入る人を順に決める。

${}_{10}C_4=$ ^アイウ^**210** (通り)

➡基33

また，5人と3人と2人の3つの組に分けるには，5人の組に入る生徒を決め，残りの5人から3人の組に入る生

⇐人数が異なる → 入る人を順に決める。

徒を決めれば，残りの２人が２人の組になるから

$${}_{10}C_5 \cdot {}_5C_3 \cdot 1 = 252 \cdot 10 \cdot 1 = {}^{エオカキ}\mathbf{2520}\text{（通り）}$$

➡ 基 33

さらに，３人ずつの組Ａ，Ｂと４人の組Ｃの３組に分ける方法は，同様に，３人，３人と決めていけばよいから

⬅人数が同じで組に名前がある → 入る人を順に決める。

$${}_{10}C_3 \cdot {}_7C_3 \cdot 1 = {}^{クケコサ}\mathbf{4200}\text{（通り）}$$

➡ 基 33

３人，３人，４人の３組に分けるには，上の 4200 通りで３人ずつの組の区別をなくせばよい。

組の区別をなくすと，同じものが 2! 通りずつ存在するから　$4200 \div 2! = {}^{シスセソ}\mathbf{2100}$（通り）

⬅人数が同じで組に名前がない → 区別がない。後で区別をなくす。３人の組Ａ，Ｂの区別をなくすから，2! で割る。

練習 19

重複組合せ　○と｜の順列と考える。　公式 ${}_{n+r-1}C_r$

解答　玉を○で表し，仕切り｜を２つ入れることにより，赤，白，青各玉の個数を表す。

○○○○○｜｜○○○
赤　白　青

⬅○と｜の順列と考える。（図では赤：５個，白：０個，青：３個となっている）

(1)　８個の○と２つの｜の順列の総数は

$$\frac{10!}{8!2!} = {}^{アイ}\mathbf{45}\text{（通り）}$$

⬅同じものを含む順列。
➡ 基 35

(2)　まず，すべての色の玉を２個ずつ選び，残りの２個について，(1)と同様に考える。

⬅まず２個ずつ選べば，(1)と同様に考えられる。

２個の○と２つの｜の順列の総数は

○｜○｜
赤　白　青

$$\frac{4!}{2!2!} = {}^{ウ}\mathbf{6}\text{（通り）}$$

⬅同じものを含む順列。

(3)　まず，赤玉を３個選び，残りの５個について同様に考える。

○｜○○｜○○
赤　白　青

５個の○と２つの｜の順列の総数は

$$\frac{7!}{5!2!} = {}^{エオ}\mathbf{21}\text{（通り）}$$

⬅同じものを含む順列。

〔別解〕　公式を利用する。

(1)　異なる３個のもの赤，白，青から８個取る重複組合せであるから　${}_{3+8-1}C_8 = {}_{10}C_8 = {}_{10}C_2 = {}^{アイ}\mathbf{45}$（通り）

⬅${}_{n+r-1}C_r$

(2)　すべての色の玉を２個ずつ取った後，同様に，異なる３個のものから２個取る重複組合せであるから

$${}_{3+2-1}C_2 = {}_4C_2 = {}^{ウ}\mathbf{6}\text{（通り）}$$

⬅${}_{n+r-1}C_r$

(3)　赤玉を３個取った後，同様に，異なる３個のものから５個取る重複組合せであるから

$${}_{3+5-1}C_5 = {}_7C_5 = {}_7C_2 = {}^{エオ}\mathbf{21}\text{（通り）}$$

⬅${}_{n+r-1}C_r$

練習 20

> 2つの袋から取り出す確率　→ 各確率の積
> 何パターンか取り出し方があるとき → 各確率の和

解答 (1)　Aの合計得点が6点となるには，6点の玉と0点の玉，または2回とも3点の玉を取り出す場合がある。

←この2つの場合は互いに排反。

6点の玉と0点の玉を取り出す場合は

1回目：6点の玉，2回目：0点の玉

1回目：0点の玉，2回目：6点の玉

の2通りあり，ともに同じ確率であるから，求める確率は　$\dfrac{2}{6}\cdot\dfrac{3}{6}\cdot2+\dfrac{1}{6}\cdot\dfrac{1}{6}=\dfrac{^{アイ}\mathbf{13}}{^{ウエ}\mathbf{36}}$

←2つの事象の確率の和。それぞれの確率は各確率の積。

(2)　Bの合計得点が6点となるには，(1)と同様に，6点の玉と0点の玉，または2回とも3点の玉を取り出す場合があるから，その確率は　$\dfrac{1}{6}\cdot\dfrac{2}{6}\cdot2+\dfrac{3}{6}\cdot\dfrac{3}{6}=\dfrac{13}{36}$

←2つの事象の確率の和。それぞれの確率は各確率の積。

(1)から，Aが6点となる確率は $\dfrac{13}{36}$ であるから，

求める確率は　$\dfrac{13}{36}\cdot\dfrac{13}{36}=\dfrac{^{オカキ}\mathbf{169}}{1296}$

←各確率の積。

練習 21

> 最大値が X となる確率
> (最大値が X 以下となる確率)
> 　−(最大値が $X-1$ 以下となる確率)

解答　a, b, c, d の最大の数を m とする。

$m\leqq3$ となるのは，a, b, c, d がどれも3以下になるときであるから，その確率は　$\left(\dfrac{3}{4}\right)^4=\dfrac{^{アイ}\mathbf{81}}{^{ウエオ}\mathbf{256}}$

←確率の積。　➡基 38

また，$m\leqq4$ となるのはすべての場合であるから，その確率は　1

←a, b, c, d がどれも4以下。

よって，$m=4$ となる確率は

$$1-\frac{81}{256}=\frac{^{カキク}\mathbf{175}}{^{ケコサ}\mathbf{256}}$$

←($m\leqq4$ となる場合の数)
　−($m\leqq3$ となる場合の数)

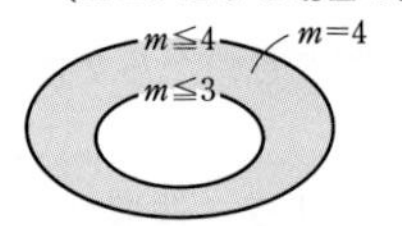

練習 22

> 反復試行　起こる確率 p の事象が n 回中 r 回起こる確率　${}_nC_rp^r(1-p)^{n-r}$
> どの事象が何回目に起こるかの順列を考える。最後の1回は別扱い。

解答　5回目に3度目の偶数が出るには，4回目までで偶数2回，奇数2回出ていて，5回目で偶数が出ればよいから，その確率は　$_4C_2\left(\frac{1}{2}\right)^2\left(\frac{1}{2}\right)^2\times\frac{1}{2}=\frac{^{ア}\mathbf{3}}{^{イウ}\mathbf{16}}$

6回以内で試行が終了するには，4回で終了，5回で終了，6回で終了の場合がある。

4回で終了するには，4回連続で偶数が出ればよいから

$$\left(\frac{1}{2}\right)^4=\frac{1}{16}$$

5回で終了するには，4回目までで偶数3回，奇数1回出ていて，5回目で偶数が出ればよいから，その確率は

$$_4C_3\left(\frac{1}{2}\right)^3\left(\frac{1}{2}\right)^1\times\frac{1}{2}=\frac{1}{8}$$

6回で終了するには，5回目までで偶数3回，奇数2回出ていて，6回目で偶数が出ればよいから，その確率は

$$_5C_3\left(\frac{1}{2}\right)^3\left(\frac{1}{2}\right)^2\times\frac{1}{2}=\frac{5}{32}$$

よって，求める確率は　$\frac{1}{16}+\frac{1}{8}+\frac{5}{32}=\frac{^{エオ}\mathbf{11}}{^{カキ}\mathbf{32}}$

また，6回で終了し，6回のうちちょうど1回が1の目であるには，5回目までで偶数が3回，1が1回，3，5のいずれかが1回出ていて，6回目で偶数が出ればよい。

1～3回目に偶数が出て，4回目に1，5回目に3，5のいずれかが出る確率は　$\left(\frac{1}{2}\right)^3\cdot\frac{1}{6}\cdot\frac{2}{6}$

この順序を入れかえることを考える。

各試行の結果の並び方は　$\frac{5!}{3!1!1!}=20$（通り）

よって，偶数が3回，1が1回，3，5のいずれかが1回出る確率は　$20\cdot\left(\frac{1}{2}\right)^3\cdot\frac{1}{6}\cdot\frac{2}{6}=\frac{5}{36}$

ゆえに，求める確率は　$\frac{5}{36}\cdot\frac{1}{2}=\frac{^{ク}\mathbf{5}}{^{ケコ}\mathbf{72}}$

⬅5回目は別扱い。

⬅$_nC_rp^r(1-p)^{n-r}$　➡基38

⬅3つの場合がある。

⬅5回目は別扱い。

⬅$_nC_rp^r(1-p)^{n-r}$

⬅6回目は別扱い。

⬅$_nC_rp^r(1-p)^{n-r}$

⬅3つの事象の確率の和。

⬅6回目は別扱い。

⬅各確率の積。　➡基38

➡参考

⬅同じものを含む順列。
$_5C_3\cdot{}_2C_1\cdot{}_1C_1$ でもよい。
➡基35

⬅6回目は別扱い。

5

練習

参考　$_nC_rp^r(1-p)^{n-r}$ の公式は「起こる」「起こらない」の順列を考えることにより得られた（➡ CHECK 38 の**解説参考**）。「起こる」，「起こらない」以外にも事象がある場合（この問題の場合は「偶数」，「1の目」，「1以外の奇数の目」）も同様に，各事象が起こる順序の順列を考えて確率を求められる。この問題の場合，各事象が起こる順序の順列の数は $\frac{5!}{3!1!1!}$（通り）である。

問題の解説

問題 8

最短経路の総数は **同じものを含む順列で考える。**
確率は道順によって異なる（同様に確からしくない）。

解答 (1)　A地点からB地点に行く経路の総数は，↑3個と→3個を1列に並べる順列の総数に等しいから

$$\frac{6!}{3!3!}={}^{アイ}\mathbf{20}\text{（通り）}$$

⬅同じものを含む順列。 ➡基35

(2)　A地点からP地点に行く経路は　$\frac{3!}{2!1!}=3$（通り）

⬅↑2個，→1個の順列。 ➡基35

P地点からQ地点に行く経路は　$\frac{2!}{1!1!}=2$（通り）

⬅↑1個，→1個の順列。 ➡基35

Q地点からB地点に行く経路は1通り

よって，A地点からP，Qの2地点をともに経由してB地点に行く経路の総数は　$3\times2\times1={}^{ウ}\mathbf{6}$（通り）

次に，A地点からP地点に行く確率は　$\left(\frac{1}{2}\right)^3\times3=\frac{3}{8}$

⬅{↑↑→，↑→↑，→↑↑} の3通りで，いずれも3か所の交差点での確率は $\frac{1}{2}$。

P地点からQ地点に行く経路のうち

↑→の確率が $\frac{1}{2}\times1=\frac{1}{2}$，→↑ の確率が $\left(\frac{1}{2}\right)^2=\frac{1}{4}$

さらに，Q地点からB地点に行く確率は1であるから，

求める確率は　$\frac{3}{8}\times\left(\frac{1}{2}+\frac{1}{4}\right)\times1=\frac{{}^{エ}\mathbf{9}}{{}^{オカ}\mathbf{32}}$

問題 9

問題の文章を読みながら右の表のように整理する。

$$P(A\cap C)=P(A)P_A(C)$$

条件付き確率 $P_C(A)=\dfrac{P(C\cap A)}{P(C)}$

機械	製造割合	不良品 (C)
A	$\frac{5}{9}$	2 %
B	$\frac{4}{9}$	3 %

解答　1個の部品が機械A，Bで製造される事象をそれぞれA，B，製造された部品が不良品であるという事象をCとすると

$$P(A)=\frac{5}{9},\ P(B)=\frac{4}{9},\ P_A(C)=\frac{2}{100},\ P_B(C)=\frac{3}{100}$$

⬅不良品の割合を図にすると下のようになる。

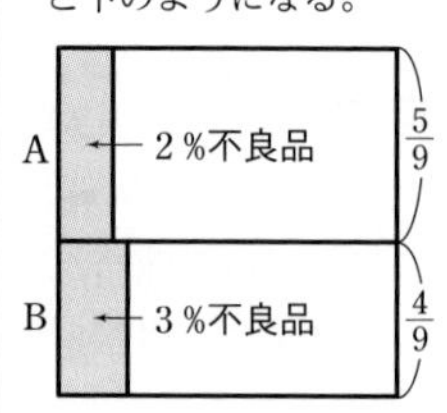

(1)　$P(C)=P(A\cap C)+P(B\cap C)$

$=P(A)P_A(C)+P(B)P_B(C)$

$=\frac{5}{9}\cdot\frac{2}{100}+\frac{4}{9}\cdot\frac{3}{100}=\frac{5}{450}+\frac{6}{450}=\frac{{}^{アイ}\mathbf{11}}{{}^{ウエオ}\mathbf{450}}$

(2) $P(C\cap A)=P(A)P_A(C)=\dfrac{5}{9}\cdot\dfrac{2}{100}=\dfrac{5}{450}$

よって，求める確率は $P_C(A)$ であるから

$$P_C(A)=\frac{P(C\cap A)}{P(C)}=\frac{5}{450}\div\frac{11}{450}=\frac{^{カ}\mathbf{5}}{^{キク}\mathbf{11}}$$

⬅「不良品の中での機械Ａで製造された不良品の割合」 ➡ 基 39

問題 10

まず，E_1，E_2 を a，b で表す。それには，樹形図をかいて，勝敗のパターンごとの確率，Ｃの得点を調べるとよい。

解答　Ｃの勝敗ごとに，確率と得点を樹形図で表すと，次のようになる。

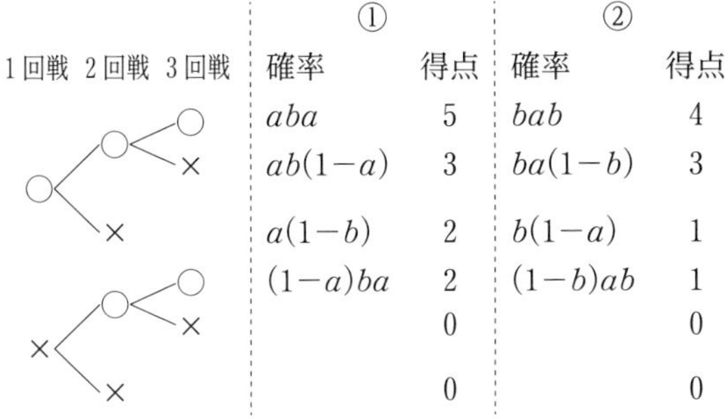

1回戦 2回戦 3回戦	① 確率	① 得点	② 確率	② 得点
○ ○ ○	aba	5	bab	4
○ ○ ×	$ab(1-a)$	3	$ba(1-b)$	3
○ ×	$a(1-b)$	2	$b(1-a)$	1
× ○ ○	$(1-a)ba$	2	$(1-b)ab$	1
× ○ ×		0		0
× ×		0		0

$E_1=5\times aba+3\times ab(1-a)+2\times a(1-b)+2\times(1-a)ba$

$\quad=3ab+2a$

$E_2=4\times bab+3\times ba(1-b)+1\times b(1-a)+1\times(1-b)ab$

$\quad=3ab+b$

したがって，$E_1>E_2$ であるとき，$2a>b$（ア ⓪）である。

⬅○はＣの勝ち，×はＣの負け。得点が０になる場合の確率を求めることは省略。なお，２回戦に負けた場合は，３回戦の結果に関係なく１回戦で得られる得点が総得点となる。

⬅ $E_1>E_2$ から $3ab+2a>3ab+b$

▽ 実践問題の解説

17 **解答**　(1)　球１の塗り方は　５通り

球２の塗り方は，球１に塗った色以外で　４通り

球３の塗り方は，球２に塗った色以外で　４通り

球４の塗り方は，球３に塗った色以外で　４通り

よって，球の塗り方の総数は

$$5\times4\times4\times4=^{アイウ}\mathbf{320}\text{（通り）}$$

(2)　球１の塗り方は　５通り

球２の塗り方は，球１に塗った色以外で　４通り

球３の塗り方は，球１と球２に塗った２色以外で　３通り

よって，球の塗り方の総数は　$5\times4\times3=^{エオ}\mathbf{60}$（通り）

⬅１本のひもでつながれている二つの球は異なる色。同じ色は何回でも使える。

⬅ひもでつながれている球１と球２，球２と球３，球３と球１は異なる色を塗る。

(3)　赤をちょうど2回使う塗り方を考えると，赤を塗る球の選び方は，(球1と球3)，(球2と球4) の　　2通り
そのおのおのの場合について，残りの2個の球の塗り方は　　4×4 通り
よって，球の塗り方の総数は　　$2\times4\times4=$ [カキ]**32** (通り)

⬅ひもでつながれている球1と球2，球2と球3，球3と球4，球4と球1は異なる色を塗る。

(4)　赤をちょうど3回使い，かつ青をちょうど2回使う場合，球1には赤と青以外の色を塗ることから，球1の塗り方は　　3通り
そのおのおのについて，球2～球6の塗り方は

$$\frac{5!}{3!2!}=\frac{5\cdot4}{2\cdot1}=10\ (\text{通り})$$

よって，球の塗り方の総数は
$3\times10=$ [クケ]**30** (通り)

⬅ひもでつながれている球1と球2，球1と球3，球1と球4，球1と球5，球1と球6は異なる色を塗る。

⬅同じものを含む順列。
➡ 基 35

(5)　図Fにおける球の塗り方のうち，球3と球4が同色である場合と，同色でない場合に分けて考えたとき，同色でない塗り方の総数は，図Dにおける球の塗り方の総数と一致する。
図Fにおける球の塗り方は，図Bにおける球の塗り方と同じであるため，その塗り方は，(1)より　　320通り
そのうち球3と球4が同色になるような塗り方の総数は，球3と球4を同じものとして重ねてできる図Cの塗り方の総数と一致する。([コ] ②)
その塗り方の総数は，(2)から　　60通り
したがって，図Dにおける球の塗り方の総数は
$320-60=$ [サシス]**260** (通り)

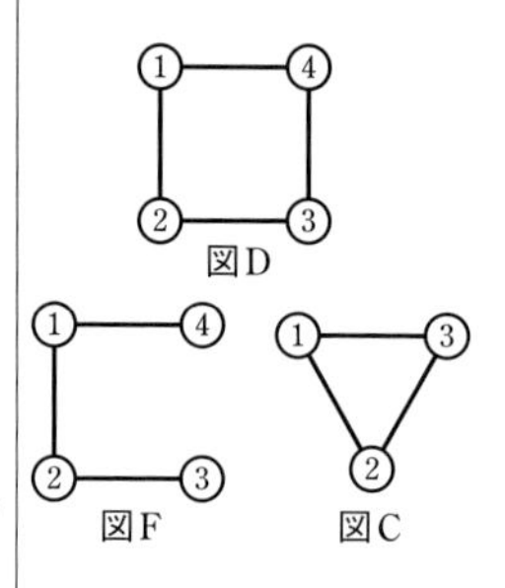

➡ 基 30〔別解〕

(6)　(5)と同様に，図Gにおいて，球4と球5の間のひもをなくしてできる右の図Hを考え，図Gと図Hを比較する。図Hにおける球の塗り方のうち，球4と球5が同色である場合と，同色でない場合に分けて考えたとき，同色でない塗り方の総数は，図Gにおける球の塗り方の総数と一致する。
図Hにおける球の塗り方の総数は，(1)と同様に考えて
$5\times4\times4\times4\times4=1280$ (通り)
そのうち球4と球5が同色になるような塗り方の総数は，球4と球5を同じものとして重ねてできる図Dの塗り方の総数と一致する。
その塗り方の総数は，(5)から　　260通り
したがって，図Gにおける球の塗り方の総数は
$1280-260=$ [セソタチ]**1020** (通り)

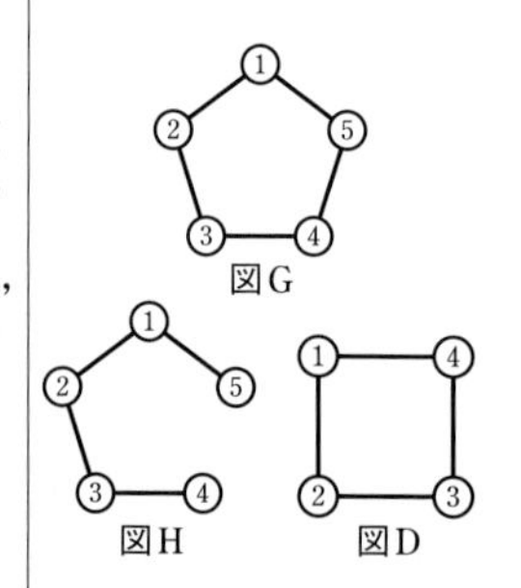

➡ 基 30〔別解〕

(6) を解くには，(5) の**構想をまねる**ことがカギとなる。それには，(5) をただ誘導に従って解くだけでなく，構想に関する説明をよく読んで方針をつかむ，ということが重要である。また，(4) までの**結果を利用**できないかということも，適宜考えよう。

18 **解答** (1) (i) A，B の持参したプレゼントをそれぞれ a，b とすると，1 回目の交換で交換会が終了するプレゼントの受け取り方は，右の　ア**1** 通り

A　B
b ― a ○

プレゼントの受け取り方の総数は $2!=2$（通り）あるから，1 回目の交換で交換会が終了する確率は

$$\frac{1}{2!}=\frac{^{イ}\mathbf{1}}{^{ウ}\mathbf{2}}$$

←○ は，1 回目で交換会が終わる場合。

A　B
a ― b ×
b ― a ○

(ii) A，B，C の持参したプレゼントをそれぞれ a，b，c として，プレゼントの受け取り方を樹形図で表すと，右の図のようになる。

よって，3 人全員が自分以外の人の持参したプレゼントを受け取る，すなわち 1 回目の交換で交換会が終了するプレゼントの受け取り方は　エ**2** 通り

A　B　C
a < b ― c ×
　　c ― b ×
b < a ― c ×
　　c ― a ○
c < a ― b ○
　　b ― a ×

また，プレゼントの受け取り方の総数は $3!=6$（通り）あるから，1 回目の交換で交換会が終了する確率は

$$\frac{2}{6}=\frac{^{オ}\mathbf{1}}{^{カ}\mathbf{3}}$$

←$1\sim n$ の n 個の数を並べた順列のうち，どの k 番目の数も k でないものを**完全順列**という。完全順列の総数を求めるには，**樹形図**の利用を考えるとよい。

(iii) 3 人で交換会を開く場合，1 回目の交換で交換会が終了しない確率は，(ii) から　$1-\frac{1}{3}=\frac{2}{3}$

よって，4 回の交換でも交換会が終了しない確率は

$$\left(\frac{2}{3}\right)^4=\frac{16}{81}$$

「4 回以下の交換で交換会が終了する」という事象は「4 回の交換でも交換会が終了しない」という事象の余事象であるから，求める確率は　$1-\frac{16}{81}=\frac{^{キク}\mathbf{65}}{^{ケコ}\mathbf{81}}$

←独立な試行の確率，余事象の確率を利用。

➡ 基 37，38

(2) A，B，C，D の 4 人で交換会を開く場合，プレゼントの受け取り方の総数は　$4!=24$（通り）

[1] ちょうど 1 人が自分の持参したプレゼントを受け取る場合

自分の持参したプレゼントを受け取る人の選び方は

$_4C_1$ 通り

残りの3人のプレゼントの受け取り方は，(1)の(ii)から　　2通り

←残りの3人は自分以外のプレゼントを受け取る。

よって　$_4C_1\times2=$ ^サ^**8**（通り）

[2]　ちょうど2人が自分の持参したプレゼントを受け取る場合

自分の持参したプレゼントを受け取る人の選び方は

$_4C_2$ 通り

残りの2人のプレゼントの受け取り方は，(1)の(i)から　　1通り

←残りの2人は自分以外のプレゼントを受け取る。

よって　$_4C_2\times1=$ ^シ^**6**（通り）

[3]　ちょうど3人が自分の持参したプレゼントを受け取る場合

3人が自分の持参したプレゼントを受け取ると，残りの1人も自動的に自分の持参したプレゼントを受け取るから　　0通り

[4]　4人全員が自分の持参したプレゼントを受け取る場合，プレゼントの受け取り方は　　1通り

[1]～[4]から，1回目の交換で交換会が終了しないプレゼントの受け取り方の総数は

$8+6+0+1=$ ^スセ^**15**（通り）

よって，4人全員が自分以外の人の持参したプレゼントを受け取る受け取り方の総数は　　$24-15=9$（通り）

←このとき，1回目の交換で交換会が終了する。

よって，1回目の交換で交換会が終了する確率は

$$\frac{9}{24}=\frac{{}^{ソ}\mathbf{3}}{{}^{タ}\mathbf{8}}$$

〔別解〕　(2)　プレゼントの並べ方［$4!=24$（通り）］をすべて書き出してみると，次の図（次ページ）のようになる。

←**構想** に従った方法ではないが，すべての受け取り方を書き上げる方法で解くこともできる。

ちょうど1人が自分のプレゼントを受け取るのは①の

^サ^**8**通り

ちょうど2人が自分のプレゼントを受け取るのは②の

^シ^**6**通り

1回目の交換で交換会が終了しない受け取り方は①，②，③から　　$8+6+1=$ ^スセ^**15**（通り）

←③は4人全員が自分のプレゼントを受け取る。

1回目の交換で交換会が終了する場合，その受け取り方は，①，②，③のいずれでもない場合の9通りあるから，

その確率は　　$\frac{9}{24}=\frac{{}^{ソ}\mathbf{3}}{{}^{タ}\mathbf{8}}$

	A	B	C	D
③	ⓐ	ⓑ	ⓒ	ⓓ
②	ⓐ	ⓑ	d	c
②	ⓐ	c	b	ⓓ
①	ⓐ	c	d	b
①	ⓐ	d	b	c
②	ⓐ	d	ⓒ	b

	A	B	C	D
②	b	a	ⓒ	ⓓ
	b	a	d	c
①	b	c	a	ⓓ
	b	c	d	a
	b	d	a	c
①	b	d	ⓒ	a

	A	B	C	D
①	c	a	b	ⓓ
	c	a	d	b
②	c	ⓑ	a	ⓓ
①	c	ⓑ	d	a
	c	d	a	b
	c	d	b	a

	A	B	C	D
	d	a	b	c
①	d	a	ⓒ	b
①	d	ⓑ	a	c
②	d	ⓑ	ⓒ	a
	d	c	a	b
	d	c	b	a

19 **解答**　(1)　さいころを投げたとき，1または2の目が出る事象をA，3または4の目が出る事象をB，5または6の目が出る事象をCとすると

$$P(A)=P(B)=P(C)=\frac{2}{6}=\frac{1}{3}$$

3回の試行の後に点Aが点(1，2)にあるのは，3回のうちAが1回，Bが2回起こったときであるから，この場合の確率は　${}_3C_1\left(\frac{1}{3}\right)^1\left(\frac{1}{3}\right)^2=3\cdot\frac{1}{3^3}=\frac{{}^{ア}\mathbf{1}}{{}^{イ}\mathbf{9}}$

4回の試行の後に点Aが点(1，2)にあるのは，4回のうちAが1回，Bが2回，Cが1回起こったときであるから，この場合の確率は

$$\frac{4!}{1!2!1!}\left(\frac{1}{3}\right)^1\left(\frac{1}{3}\right)^2\left(\frac{1}{3}\right)^1=4\cdot3\cdot\frac{1}{3^4}=\frac{{}^{ウ}\mathbf{4}}{{}^{エオ}\mathbf{27}}$$

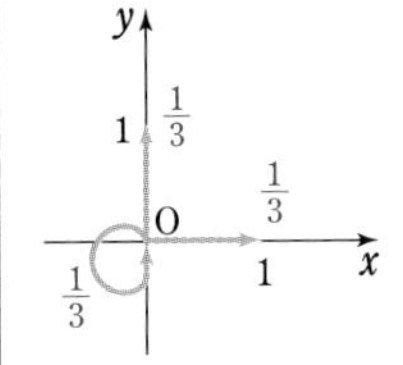

←反復試行の確率。

←A1回，B2回，C1回の起こり方が$\frac{4!}{1!2!1!}$通り，そのおのおのが起こる確率が$\left(\frac{1}{3}\right)^1\left(\frac{1}{3}\right)^2\left(\frac{1}{3}\right)^1$

➡基35，38

(2)　a，bが①，②を満たすとき，②から　$b=n-a$

これを①に代入して　$\frac{1}{2}a\leqq n-a\leqq 2a$

$\frac{1}{2}a\leqq n-a$から　$a\leqq\frac{2}{3}n$

$n-a\leqq 2a$から　$a\geqq\frac{1}{3}n$

よって　$\frac{{}^{カ}\mathbf{1}}{{}^{キ}\mathbf{3}}n\leqq a\leqq\frac{{}^{ク}\mathbf{2}}{{}^{ケ}\mathbf{3}}n$ ……③

①，②を満たす$(a,\ b)$について

$n=5$のとき，③から　$\frac{5}{3}\leqq a\leqq\frac{10}{3}$

これを満たす整数aは　$a=2,\ 3$

ゆえに，①，②を満たす$(a,\ b)$は$(2,\ 3)$，$(3,\ 2)$の${}^{コ}\mathbf{2}$個ある。

←$b=5-a$からbの値を求める。

$n=6$のとき，③から　$2\leqq a\leqq 4$

これを満たす整数aは　$a=2,\ 3,\ 4$

5　実践問題

よって，①，② を満たす $(a,\ b)$ は $(2,\ 4)$，$(3,\ 3)$，$(4,\ 2)$ の ${}^{サ}\mathbf{3}$ 個ある。

⬅$b=6-a$ から b の値を求める。

①，② を満たす確率について，$n=5$ のとき

5回の試行の後に点Aの座標 $(a,\ b)$ が ①，② を満たすのは次の2つの場合であり，これらは互いに排反である。

[1]　A が2回，B が3回起こった場合

その確率は　$\dfrac{5!}{2!3!}\left(\dfrac{1}{3}\right)^2\left(\dfrac{1}{3}\right)^3=10\cdot\dfrac{1}{3^5}=\dfrac{10}{243}$

⬅(2) の前半の結果を利用して，(1) と同様に確率を求める。

[2]　A が3回，B が2回起こった場合

その確率は　$\dfrac{5!}{3!2!}\left(\dfrac{1}{3}\right)^3\left(\dfrac{1}{3}\right)^2=10\cdot\dfrac{1}{3^5}=\dfrac{10}{243}$

よって，求める確率は　$\dfrac{10}{243}+\dfrac{10}{243}=\dfrac{{}^{シス}\mathbf{20}}{{}^{セソタ}\mathbf{243}}$

$n=6$ のとき

6回の試行の後に点Aの座標 $(a,\ b)$ が ①，② を満たすのは次の3つの場合であり，これらは互いに排反である。

[1]　A が2回，B が4回起こった場合

その確率は　$\dfrac{6!}{2!4!}\left(\dfrac{1}{3}\right)^2\left(\dfrac{1}{3}\right)^4=15\cdot\dfrac{1}{3^6}=\dfrac{15}{729}$

[2]　A が3回，B が3回起こった場合

その確率は　$\dfrac{6!}{3!3!}\left(\dfrac{1}{3}\right)^3\left(\dfrac{1}{3}\right)^3=20\cdot\dfrac{1}{3^6}=\dfrac{20}{729}$

[3]　A が4回，B が2回起こった場合

その確率は　$\dfrac{6!}{4!2!}\left(\dfrac{1}{3}\right)^4\left(\dfrac{1}{3}\right)^2=15\cdot\dfrac{1}{3^6}=\dfrac{15}{729}$

よって，求める確率は　$\dfrac{15}{729}+\dfrac{20}{729}+\dfrac{15}{729}=\dfrac{{}^{チツ}\mathbf{50}}{{}^{テトナ}\mathbf{729}}$

(3)　6回の試行の後に $(a,\ b)$ が (2) の ① を満たし，$a+b=5$ となるのには，「A が2回，B が3回，C が1回起こった場合」と「A が3回，B が2回，C が1回起こった場合」がある。この2つの事象は互いに排反であるから，求める確率は

$$\frac{6!}{2!3!1!}\left(\frac{1}{3}\right)^2\left(\frac{1}{3}\right)^3\left(\frac{1}{3}\right)^1+\frac{6!}{3!2!1!}\left(\frac{1}{3}\right)^3\left(\frac{1}{3}\right)^2\left(\frac{1}{3}\right)^1$$

$$=2\cdot60\cdot\frac{1}{3^6}=\frac{{}^{ニヌ}\mathbf{40}}{{}^{ネノハ}\mathbf{243}}$$

20 **解答** (1) (i) 箱Aにおいて，3回中ちょうど1回当たる確率は　${}_3C_1\left(\frac{1}{2}\right)^1\left(\frac{1}{2}\right)^2=\frac{{}^{ア}\mathbf{3}}{{}^{イ}\mathbf{8}}$ …… ①

←反復試行の確率。

箱Bにおいて，3回中ちょうど1回当たる確率は

$${}_3C_1\left(\frac{1}{3}\right)^1\left(\frac{2}{3}\right)^2=\frac{{}^{ウ}\mathbf{4}}{{}^{エ}\mathbf{9}} \;\cdots\cdots\; ②$$

(ii) $P(A\cap W)=\frac{1}{2}\times\frac{3}{8}=\frac{3}{16}$，

$P(B\cap W)=\frac{1}{2}\times\frac{4}{9}=\frac{2}{9}$ であるから

$$P(W)=P(A\cap W)+P(B\cap W)=\frac{3}{16}+\frac{2}{9}=\frac{59}{144}$$

よって　$P_W(A)=\frac{P(A\cap W)}{P(W)}=\frac{3}{16}\div\frac{59}{144}=\frac{{}^{オカ}\mathbf{27}}{{}^{キク}\mathbf{59}}$

また　$P_W(B)=\frac{P(B\cap W)}{P(W)}=\frac{2}{9}\div\frac{59}{144}=\frac{{}^{ケコ}\mathbf{32}}{{}^{サシ}\mathbf{59}}$

←箱Aを選ぶ確率，箱Bを選ぶ確率はどちらも $\frac{1}{2}$

	W	$\overline{W}$	計
A	$\frac{1}{2}\times\frac{3}{8}$	$\frac{1}{2}\times\frac{5}{8}$	$\frac{1}{2}$
B	$\frac{1}{2}\times\frac{4}{9}$	$\frac{1}{2}\times\frac{5}{9}$	$\frac{1}{2}$
計	$\frac{59}{144}$	$\frac{85}{144}$	1

➡ 基 39

(2)　$P_W(A):P_W(B)=\frac{27}{59}:\frac{32}{59}=27:32$

また　(①の確率)：(②の確率)$=\frac{3}{8}:\frac{4}{9}=\frac{27}{72}:\frac{32}{72}$
$=27:32$

よって，$P_W(A)$ と $P_W(B)$ の比は，①の確率と②の確率の比に等しい。（^{ス}③）

〔別解〕 (2)
$P_W(A):P_W(B)$
$=\frac{P(A\cap W)}{P(W)}:\frac{P(B\cap W)}{P(W)}$
$=P(A\cap W):P(B\cap W)$
$=$(①の確率)：(②の確率)
└ $P(A)=P(B)$ から。

参考　⓪ $\frac{27}{59}+\frac{32}{59}\neq\frac{27}{72}+\frac{32}{72}$　① $\left(\frac{27}{59}\right)^2+\left(\frac{32}{59}\right)^2\neq\left(\frac{27}{72}\right)^2+\left(\frac{32}{72}\right)^2$

② $\left(\frac{27}{59}\right)^3+\left(\frac{32}{59}\right)^3\neq\left(\frac{27}{72}\right)^3+\left(\frac{32}{72}\right)^3$　④ $\frac{27}{59}\times\frac{32}{59}\neq\frac{27}{72}\times\frac{32}{72}$

(3) 箱Cにおいて，3回中ちょうど1回当たる確率は

$${}_3C_1\left(\frac{1}{4}\right)^1\left(\frac{3}{4}\right)^2=\frac{27}{64} \;\cdots\cdots\; ③$$

3つの箱の場合でも，事実（＊）と同様のことが成り立つから，箱Cが選ばれる事象を C とすると

$P_W(A):P_W(B):P_W(C)$
$=$(①の確率)：(②の確率)：(③の確率)
$=\frac{3}{8}:\frac{4}{9}:\frac{27}{64}=216:256:243$

$P(W)=P(A\cap W)+P(B\cap W)+P(C\cap W)$ から，求める条件付き確率は

$$P_W(A)=\frac{P(A\cap W)}{P(W)}=\frac{216}{216+256+243}=\frac{{}^{セソタ}\mathbf{216}}{{}^{チツテ}\mathbf{715}}$$

〔参考〕 (1)と同様に計算すると
$P(A\cap W)=\frac{1}{3}\times\frac{3}{8}=\frac{1}{8}$，
$P(B\cap W)=\frac{1}{3}\times\frac{4}{9}=\frac{4}{27}$，
$P(C\cap W)=\frac{1}{3}\times\frac{27}{64}=\frac{9}{64}$
$P(W)=\frac{1}{8}+\frac{4}{27}+\frac{9}{64}$
$=\frac{715}{1728}$ から
$P_W(A)=\frac{P(A\cap W)}{P(W)}$
$=\frac{1}{8}\div\frac{715}{1728}$
$=\frac{{}^{セソタ}\mathbf{216}}{{}^{チツテ}\mathbf{715}}$

5 実践問題

(4)　箱Dにおいて，3回中ちょうど1回当たる確率は

$${}_3C_1\left(\frac{1}{5}\right)^1\left(\frac{4}{5}\right)^2=\frac{48}{125}\ \cdots\cdots\ ④$$

4つの箱の場合でも，事実（＊）と同様のことが成り立つから，①～④の確率の大小を比較したとき，その確率が大きい箱ほど，くじを引いた可能性が高いことがわかる。

256＞243＞216であるから　$\frac{4}{9}>\frac{27}{64}>\frac{3}{8}$

これと $\frac{27}{64}:\frac{48}{125}=1125:1024$，$\frac{3}{8}:\frac{48}{125}=125:128$ から

$$\frac{4}{9}>\frac{27}{64}>\frac{48}{125}>\frac{3}{8}$$

したがって，可能性が高い方から順に並べると

B，C，D，A　（ト⑧）

⬅ $\frac{3}{8}=0.375$，$\frac{4}{9}=0.444\cdots\cdots$，$\frac{27}{64}=0.421\cdots\cdots$，$\frac{48}{125}=0.384$ から求めてもよい。

21　**解答**　4個の玉の取り出し方は

$${}_9C_4=\frac{9\cdot8\cdot7\cdot6}{4\cdot3\cdot2\cdot1}={}^{アイウ}\mathbf{126}\ (\text{通り})$$

⬅同色の玉でも番号はすべて異なるから，9個の玉は異なる。

取り出した4個の玉の数字がすべて異なるのは，4個の玉の数字がそれぞれ1，2，3，4のときである。このような取り出し方は

$$5\cdot2\cdot1\cdot1={}^{エオ}\mathbf{10}\ (\text{通り})$$

⬅数字1，2，3，4の取り出し方はそれぞれ ${}_5C_1$，${}_2C_1$，${}_1C_1$，${}_1C_1$ 通りずつある。⟶ 積の法則。➡基33

取り出した4個の玉の色がすべて異なるのには，次の場合がある。

[1]　青と黄を含むとき

残りは黒，白，緑のうち2色を選ぶ。その選び方は

${}_3C_2=3$（通り）

色の組合せそれぞれに対して，玉の取り出し方は

$4\cdot2\cdot1\cdot1=8$（通り）ずつある。

よって，青と黄を含む取り出し方は

$3\times8=24$（通り）

[2]　青，黒，白，緑のとき

玉の取り出し方は　$4\cdot1\cdot1\cdot1=4$（通り）

[3]　黄，黒，白，緑のとき

玉の取り出し方は　$2\cdot1\cdot1\cdot1=2$（通り）

⬅[1]　青，黄，○，○（${}_4C_1$，${}_2C_1$，${}_3C_2$）
[2]　青，黒，白，緑（${}_4C_1$，${}_1C_1$，${}_1C_1$，${}_1C_1$）
[3]　黄，黒，白，緑（${}_2C_1$，${}_1C_1$，${}_1C_1$，${}_1C_1$）

[1]～[3]から，取り出した4個の玉の色がすべて異なる取り出し方は　$24+4+2={}^{カキ}\mathbf{30}$（通り）

取り出した4個の玉の中に，青玉が一つだけある取り出し方は　${}_4C_1\cdot{}_5C_3=4\times10={}^{クケ}\mathbf{40}$（通り）

⬅青，○，○，○（${}_4C_1$，${}_5C_3$）

(1)　得点が2点となるのは，1個が(青2)で，残りが(黄1)(黒1)(白1)(緑1)のうちいずれか3個のときである。

←青玉は1個で，2の数字の玉は全部で1個 ⟶ 2･1点
なお，(青1)の場合，得点は0か3以上。また，(黄1)の代わりに(黄2)が出てしまうと得点は4になる。

このような取り出し方は　$_4C_3=4$ (通り)

よって，得点が2点となる確率は　$\dfrac{4}{126}=\dfrac{^{コ}\mathbf{2}}{^{サシ}\mathbf{63}}$

得点が3点となるのは，次の[1]，[2]の場合である。

[1]　(青1)と(黄2)を含み，残りが(黄1)(黒1)(白1)(緑1)のうちいずれか2個の場合で，このような取り出し方は　$_4C_2=6$ (通り)

←青玉は1個で，1の数字の玉は全部で3個 ⟶ 1･3点

[2]　1個が(青3)で，残りは青玉以外の玉である場合で，このような取り出し方は　$_5C_3=10$ (通り)

←青玉は1個で，3の数字の玉は青以外になく全部で1個 ⟶ 3･1点

[1]，[2]から，得点が3点となる確率は

$$\frac{6+10}{126}=\frac{^{ス}\mathbf{8}}{^{セソ}\mathbf{63}}$$

得点が4点となるのは，次の[3]〜[5]の場合である。

[3]　1個が(青1)で，残りが(黄1)(黒1)(白1)(緑1)のうちいずれか3個の場合で，このような取り出し方は

$_4C_3=4$ (通り)

←青玉は1個で，1の数字の玉は全部で4個 ⟶ 1･4点

[4]　(青2)と(黄2)を含み，残りが(黄1)(黒1)(白1)(緑1)のうちいずれか2個の場合で，このような取り出し方は　$_4C_2=6$ (通り)

←青玉は1個で，2の数字の玉は全部で2個 ⟶ 2･2点

[5]　1個が(青4)で，残りは青玉以外の玉である場合で，このような取り出し方は

$_5C_3=10$ (通り)

←青玉は1個で，4の数字の玉は青以外になく全部で1個 ⟶ 4･1点

[3]〜[5]から，得点が4点となる確率は

$$\frac{4+6+10}{126}=\frac{^{タチ}\mathbf{10}}{^{ツテ}\mathbf{63}}$$

(2)　とりうる得点の値は0，2，3，4である。

(1)から，得点の期待値は

$$2\cdot\frac{2}{63}+3\cdot\frac{8}{63}+4\cdot\frac{10}{63}=\frac{^{トナ}\mathbf{68}}{^{ニヌ}\mathbf{63}}$$

←値×確率 の和　➡ 基 40

(2)の期待値を求める計算において，0×確率＝0であるから，得点が0になる確率を求める必要はない。

第6章　図形の性質

CHECKの解説

41　△ABC は二等辺三角形であるから　AM⊥BC

よって，△ABM において，三平方の定理により

$AM^2=5^2-3^2=16$

AM>0 であるから　AM=ア**4**

G は △ABC の重心であるから　AG：GM=2：1

よって　$GM=4\cdot\frac{1}{2+1}=\frac{イ\mathbf{4}}{ウ\mathbf{3}}$

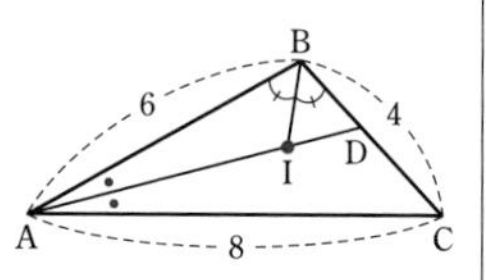

←三平方の定理
$a^2=b^2+c^2$

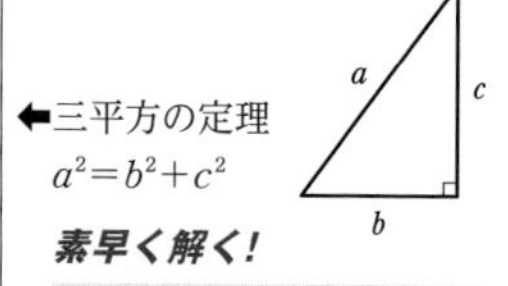

素早く解く！

AB：AM：BM=5：4：3
(➡ 基 17 ***素早く解く！***)

←重心は中線を 2：1 に内分する。

42　線分 AD は ∠A の二等分線であるから AB：AC=BD：DC

すなわち　BD：DC=3：4

よって　$BD=4\cdot\frac{3}{3+4}=\frac{アイ\mathbf{12}}{ウ\mathbf{7}}$

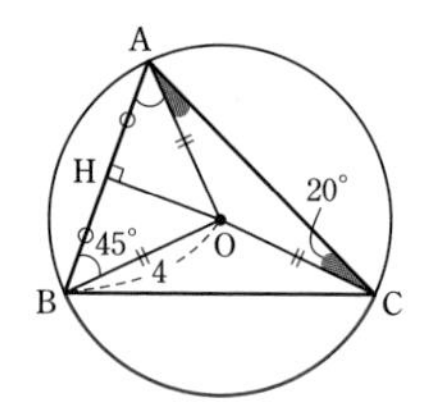

また，I は △ABC の内心であるから，線分 BI は ∠B の二等分線である。

←内心は内角の二等分線の交点。

ゆえに，△BAD において　BA：BD=AI：ID

よって　$AI：ID=6：\frac{12}{7}=$ エ**7**：オ**2**

43　O は △ABC の外心であるから

OA=OB=OC

よって，△OAB，△OAC は二等辺三角形であるから

←外心は外接円の中心。
外接円をかいて考える。
OA，OB，OC は外接円の半径。

∠OAB=∠OBA=45°

∠OAC=∠OCA=20°

←二等辺三角形の底角は等しい。

ゆえに　∠BAC=∠OAB+∠OAC=アイ**65**°

また，円周角の定理により

∠BOC=2∠BAC=ウエオ**130**°

←(中心角)=2(円周角)

ここで，△OBH において　∠OHB=90°，∠OBH=45°

であるから　$BH=4\cdot\frac{1}{\sqrt{2}}=$ カ$\mathbf{2}\sqrt{キ\mathbf{2}}$

←

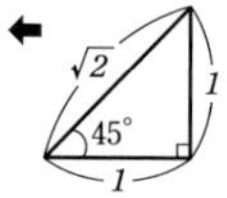

O は △ABC の外心であるから，OH は辺 AB の垂直二等分線である。

←外心は各辺の垂直二等分線の交点。

よって　AB=2BH=ク$\mathbf{4}\sqrt{ケ\mathbf{2}}$

〔別解〕（ウエオ）　△OAB において

∠AOB=180°−(45°+45°)=90°

←三角形の内角の和は 180°

△OAC において　$\angle AOC=180^\circ-(20^\circ+20^\circ)=140^\circ$

ゆえに　$\angle BOC=360^\circ-(90^\circ+140^\circ)=$ ウエオ**130°**

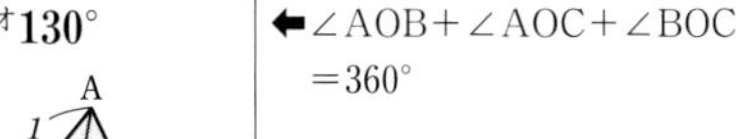

←$\angle AOB+\angle AOC+\angle BOC=360^\circ$

44 △BQA と直線 PC について，
メネラウスの定理により

$$\frac{2}{1}\cdot\frac{AC}{CQ}\cdot\frac{1}{3}=1$$

←$\dfrac{\mathbf{BP}}{\mathbf{PA}}\cdot\dfrac{\mathbf{AC}}{\mathbf{CQ}}\cdot\dfrac{\mathbf{QO}}{\mathbf{OB}}=1$

すなわち　$\dfrac{AC}{CQ}=\dfrac{3}{2}$

よって　AC：CQ=3：2

ゆえに　AQ：QC=(AC−CQ)：CQ=1：ア**2**

また，△ABC について，チェバの定理により

$$\frac{1}{2}\cdot\frac{BR}{RC}\cdot\frac{2}{1}=1$$

←$\dfrac{\mathbf{AP}}{\mathbf{PB}}\cdot\dfrac{\mathbf{BR}}{\mathbf{RC}}\cdot\dfrac{\mathbf{CQ}}{\mathbf{QA}}=1$

すなわち　$\dfrac{BR}{RC}=1$　　よって　BR：RC=イ**1**：1

また　△ABC：△ABQ=AC：AQ=3：1

←高さが等しいから底辺の比。△ABC と △OAQ は直接比べにくいので，△ABQ を間にはさんで考える。

よって　$\triangle ABQ=\dfrac{1}{3}\triangle ABC=\dfrac{S}{3}$

また　△ABQ：△AOQ
　=BQ：OQ=4：1

←高さが等しいから底辺の比。

よって　$\triangle AOQ=\dfrac{1}{4}\triangle ABQ$

ゆえに　$\triangle AOQ=\dfrac{1}{4}\cdot\dfrac{S}{3}=\dfrac{S}{\text{ウエ}\mathbf{12}}$

6 CHECK

参考 チェバの定理，メネラウスの定理は，**「頂点 → 分点 → 頂点 →…… と三角形をひと回りする」**と考えると覚えやすい。

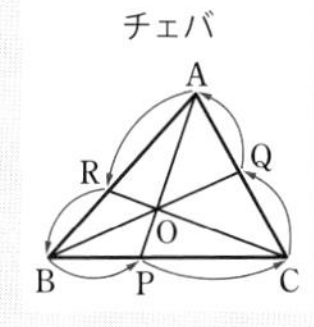

$$\frac{AR}{RB}\cdot\frac{BP}{PC}\cdot\frac{CQ}{QA}=1$$

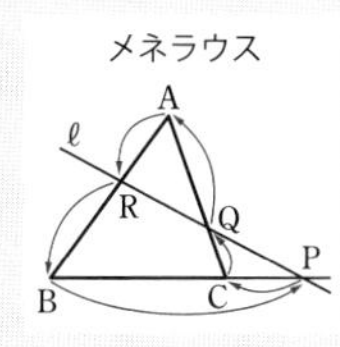

参考 チェバの定理，メネラウスの定理は，ベクトルの問題で利用すると便利なことがある。（➡基 111）

45 ∠BCD の外角 α は ∠BAD に等しいから　$\alpha=$ アイ**79°**

←対角の外角に等しい。

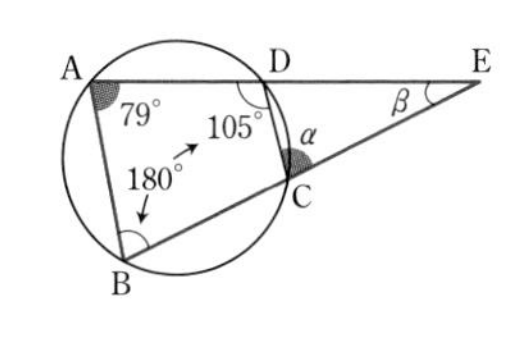

また，$\angle ABC+\angle CDA=180^\circ$ であるから

←対角の和は 180°

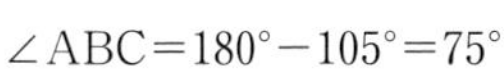

$\angle ABC=180^\circ-105^\circ=75^\circ$

ここで，△ABE において

$\beta=180^\circ-(\angle BAD+\angle ABC)=180^\circ-(79^\circ+75^\circ)=$ ウエ**26°**

←三角形の内角の和は 180°

〔別解〕 β の求め方

△DCE において，$\angle CDA=\alpha+\beta$ であるから

$105^\circ=79^\circ+\beta$　　よって　　$\beta=$ ウエ**26°**

←三角形の外角は隣り合わない 2 つの内角の和。

46 (1) CQ=CP であるから　　CQ=6

←2 本の接線の長さが等しい。

また，内心 I は内接円の中心であるから　　$\angle IPB=90^\circ$

➡基 42

←接線は，接点における半径に垂直。

よって △IPB において，三平方の定理により

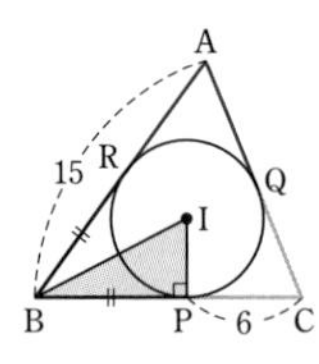

$$BP^2=BI^2-IP^2=(4\sqrt{5})^2-4^2=64$$

←三平方の定理 $a^2=b^2+c^2$

BP>0 であるから　　BP=8

よって，BR=BP=8 であるから　AR=AB−BR=7

したがって　AC=AQ+CQ=AR+CQ=7+6= アイ**13**

←**AQ=AR**

(2) 接線と弦のつくる角により

$\alpha=\angle ACB$

ここで，△ABC において

$\angle ACB=180^\circ-(\angle CAB+\angle ABC)$

$=180^\circ-(47^\circ+96^\circ)=37^\circ$

←三角形の内角の和は 180°

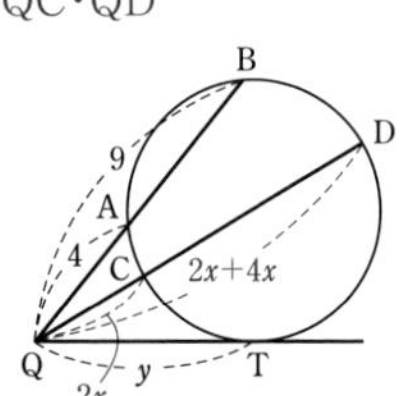

よって　　$\alpha=\angle ACB=$ ウエ**37°**

また，四角形 ABCD は円に内接するから

$\angle BCD+\angle BAD=180^\circ$

←対角の和は 180°　➡基 45

ゆえに　$(\angle ACB+\beta)+(\angle BAC+\angle DAC)=180^\circ$

よって　$37^\circ+\beta+47^\circ+48^\circ=180^\circ$　　ゆえに　$\beta=$ オカ**48°**

47 方べきの定理により　QA·QB=QC·QD

すなわち　$4\cdot 9=2x(2x+4x)$

よって　　$x^2=3$

$x>0$ であるから　　$x=\sqrt{\text{ア}3}$

また，$QA\cdot QB=QT^2$ であるから

$4\cdot 9=y^2$

←これも方べきの定理。

➡参考

$y>0$ であるから　　$y=$ イ**6**

参考　方べきの定理について，一方の弦が円の接線になるとき，次の式が成り立つ。

右の図において　　$\mathbf{PA\cdot PB=PT^2}$

このことは，次のように考えるとわかりやすい。

接線になるとき，C と D がともに接点 T に一致すると考えると，PA·PB=PC·PD から

$PA\cdot PB=PT\cdot PT$　すなわち　$PA\cdot PB=PT^2$

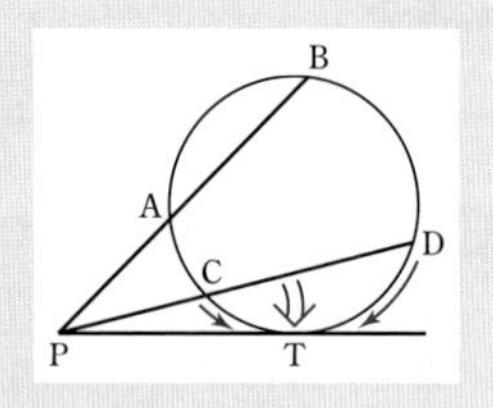

48　O_1 と O_2 が互いに外部にあるから　$d>5+3$

すなわち　$d>{}^{ア}\mathbf{8}$

$d=10$ のとき，O_2 から AO_1 に垂線 O_2H を下ろすと，四角形 AHO_2B は長方形となるから　$AB=HO_2$

ここで，$\triangle O_1O_2H$ において，三平方の定理により

$$HO_2{}^2=O_1O_2{}^2-HO_1{}^2=d^2-(5-3)^2=10^2-2^2=96$$

$HO_2>0$ であるから　$HO_2=4\sqrt{6}$

したがって　$AB={}^{イ}\mathbf{4}\sqrt{{}^{ウ}\mathbf{6}}$

また，四角形 CDO_2E も長方形であるから　$CD=EO_2$

ここで　$O_1E=O_1C+CE=O_1C+DO_2=5+3={}^{エ}\mathbf{8}$

よって，$\triangle O_1O_2E$ において，三平方の定理により

$$EO_2{}^2=O_1O_2{}^2-O_1E^2=10^2-8^2=36$$

$EO_2>0$ であるから　$EO_2=6$　　したがって　$CD={}^{オ}\mathbf{6}$

⬅ 2円が互いに外部にあるとき　$d>r_1+r_2$

⬅ 4つの角がすべて 90°

⬅ 4つの角がすべて 90°

⬅四角形 CDO_2E は長方形であるから　$CE=DO_2$

49　右の図から頂点は ${}^{アイ}\mathbf{12}$ 個，

辺の数は ${}^{ウエ}\mathbf{18}$ 本，

面の数は ${}^{オ}\mathbf{8}$ 個である。

図のように点をとると，

辺 AB と平行な辺は，辺 GH，辺 ED，辺 KJ の　${}^{カ}\mathbf{3}$ 本

辺 AB と垂直な辺は，辺 AG，辺 BH，辺 CI，辺 DJ，辺 EK，辺 FL の　${}^{キ}\mathbf{6}$ 本

辺 AB とねじれの位置にある辺は，辺 HI，辺 IJ，辺 KL，辺 LG，辺 CI，辺 DJ，辺 EK，辺 FL の　${}^{ク}\mathbf{8}$ 本

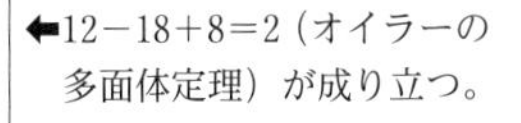

⬅12−18+8=2（オイラーの多面体定理）が成り立つ。

⬅平行 ⟶ 同じ平面上にあって交わらない

⬅垂直 ⟶ なす角が直角
同じ平面上になくてもよい。

⬅ねじれの位置 ⟶ 同じ平面上にない

6 練習

▼ 練習の解説

練習 23

4点 A，B，C，D が 同一円周上 にある条件　（角はすべて一例）

・$\angle BAD+\angle BCD=180°$　（外角が等しくてもよい）

・A，D が直線 BC について同じ側にあって　$\angle BAC=\angle BDC$
（円周角の定理の逆）

・ある点 P について　$PA\cdot PB=PD\cdot PC$　（方べきの定理の逆）

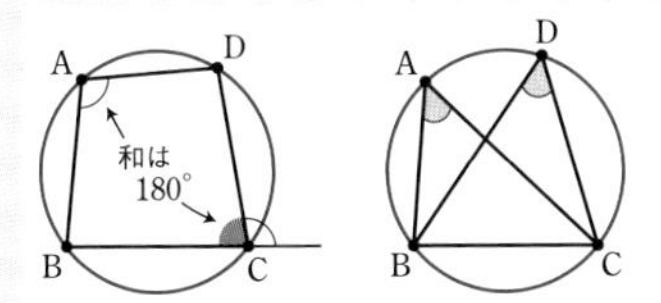

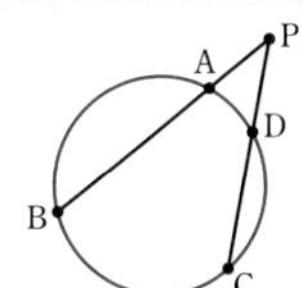

解答　E，G はそれぞれ △ABD の辺 AD，AB の中点であるから，中点連結定理により

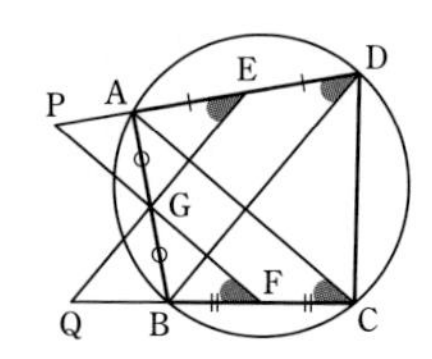

GE∥BD（ア③）

同位角は等しいから

∠AEG＝∠ADB …… ①（イ⑧）

また，F，G はそれぞれ △BCA の辺 BC，BA の中点であるから，中点連結定理により　GF∥AC

同位角は等しいから　∠BFG＝∠BCA …… ②（ウ⑦）

円周角の定理により　∠ADB＝∠ACB

これと ①，② から

∠AEG＝∠ADB＝∠ACB＝∠BFG

すなわち　∠AEG＝∠BFG

ゆえに　∠PEQ＝∠PFQ（エ④）

よって，円周角の定理の逆により，4 点 E，F，P，Q は同一円周上にある。

したがって　∠PQF＝∠DEF（オ⑨）

←**中点連結定理**
右図で，D，E がそれぞれ AB，AC の中点のとき
DE∥BC，DE＝$\frac{1}{2}$BC

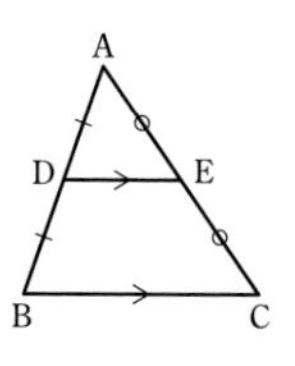

←$\overset{\frown}{AB}$ に対する円周角。

←**POINT!**
円周角の定理の逆。

←対角の外角に等しい。

➡基45

素早く読む!

この問題において，**エ**がどうしても埋まらないときは，以下のように考えてもよい。

∠P［エ］Q＝∠PFQ は ①，② と円周角の定理から導かれるが，それを無視して，次の行の「4 点 E，F，P，Q は同一円周上にある」に注目する。4 点が同一円周上にあることは「事実」なのだから，4 点を通る円をかいてみることにより，∠PEQ＝∠PFQ（円周角）であることがわかる。

このように，誘導形式の問題（特に証明の問題）では結果がわかっていることがほとんどであるから，結果を利用して逆に考えることもできる。

そのためにも**「何を証明しようとしているのか」**を先に読んでつかむことが重要である。

練習 24

立体図形の問題 ⟶ 断面図を考え，平面の問題に帰着させる。

解答　右図から，立体 P は正八面体になる。

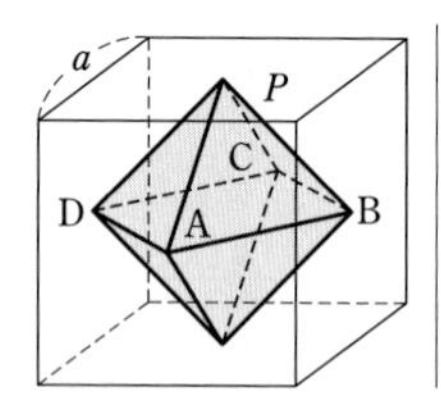

よって　ア①

図のように点をとると，四角形 ABCD は正方形であり，AC＝a

であるから　$AB=\dfrac{a}{\sqrt{2}}$

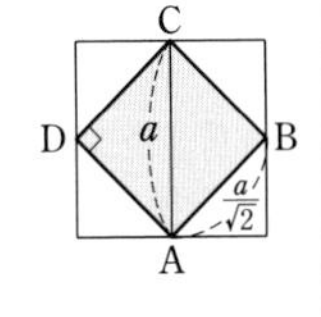

←断面図を考える。
$AC：AB=\sqrt{2}：1$

正八面体の辺は全部で，^{イウ}**12** 本であるから，P のすべての辺の長さの和は

$$\frac{a}{\sqrt{2}}\times 12={}^{エ}\mathbf{6}\sqrt{{}^{オ}\mathbf{2}}\,a$$

P の各面は，1 辺が $\dfrac{a}{\sqrt{2}}$ の正三角形であるから，

表面積は　$\left\{\dfrac{1}{2}\cdot\left(\dfrac{a}{\sqrt{2}}\right)^2\sin 60^\circ\right\}\times 8=\sqrt{{}^{カ}\mathbf{3}}\,a^2$

←三角形の面積
$S=\dfrac{1}{2}bc\sin A$　➡基 23

体積は，底面が 1 辺 $\dfrac{a}{\sqrt{2}}$ の正方形，高さが $\dfrac{a}{2}$ の正四角錐の体積の 2 倍であるから

$$\left\{\frac{1}{3}\cdot\left(\frac{a}{\sqrt{2}}\right)^2\cdot\frac{a}{2}\right\}\times 2=\frac{{}^{キ}\mathbf{1}}{{}^{ク}\mathbf{6}}a^3$$

➡重 11

6
練習

練習 25

> 線分の長さを求めるとき，三角比の知識を利用することがある。
> ・三角形の外接円の半径（直径）⟶ 正弦定理（➡基 21）
> ・2 辺とその間の角から残り 1 辺を求める ⟶ 余弦定理（➡基 22）

解答　線分 AD は，∠BAC の二等分線であるから

$BD：DC=4：8=1：2$

←角の二等分線の性質　➡基 42
$BD：DC=AB：AC$

よって　$\dfrac{BD}{CD}=\dfrac{{}^{ア}\mathbf{1}}{{}^{イ}\mathbf{2}}$

したがって　$BD=2$，$CD=4$

←$BD=\dfrac{1}{1+2}BC=2$

△ABD の外接円において，方べきの定理により

$CE\cdot CA=CD\cdot CB$

よって　$(8-AE)\cdot 8=4\cdot 6$　　ゆえに　$AE={}^{ウ}\mathbf{5}$

←$CE=CA-AE$

△ACD の外接円において，方べきの定理により

$BF\cdot BA=BD\cdot BC$

よって　$(4-AF)\cdot 4=2\cdot 6$　　ゆえに　$AF={}^{エ}\mathbf{1}$

←$BF=AB-AF$

△ABC において，余弦定理により

$$\cos\angle BAC=\frac{4^2+8^2-6^2}{2\cdot 4\cdot 8}=\frac{{}^{オカ}\mathbf{11}}{{}^{キク}\mathbf{16}}$$

←$\cos\angle BAC=\dfrac{AB^2+CA^2-BC^2}{2AB\cdot CA}$

ゆえに，△AEF において，余弦定理により

$$EF^2=5^2+1^2-2\cdot 5\cdot 1\cdot\frac{11}{16}=\frac{153}{8}$$

←$EF^2=AE^2+AF^2-2AE\cdot AF\cos\angle EAF$
$\angle EAF=\angle BAC$

$EF>0$ であるから　$EF=\sqrt{\dfrac{153}{8}}=\dfrac{{}^{ケ}\mathbf{3}\sqrt{{}^{コサ}\mathbf{34}}}{{}^{シ}\mathbf{4}}$

問題の解説

問題 11

手順2の各Stepの説明に従って図をかき，点P，Q，R，S，Tの位置を正確につかむ。円に内接する四角形を見つけることがカギとなる。

解答　手順2に従って図をかくと，右のようになる。

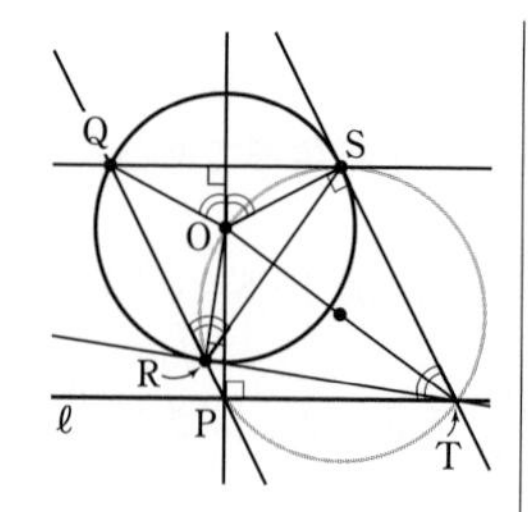

手順2の（Step 1）と（Step 4）により

$\angle OPT=\angle OST=90^\circ$

←接線⊥半径

よって，四角形OPTSの対角の和は180°であるから，四角形OPTSは円に内接する。

←$\angle OPT+\angle OST=180^\circ$
➡基45

ゆえに，4点O，P，T，Sは同一円周上にある。

また，四角形OPTSが円に内接することと，OQ=OS，OP⊥QSよりOPは∠QOSの二等分線となるから

←△OQSはOQ=OSの二等辺三角形であり，二等辺三角形の頂点から底辺に下ろした垂線は，頂角の二等分線と一致する。

$$\angle PTS=\frac{1}{2}\angle QOS \quad \cdots\cdots \text{①}$$

さらに，点Rは円Oの周上にあるから

$$\angle QOS=2\angle QRS \quad \cdots\cdots \text{②}$$

←中心角=2×円周角

よって　$\angle PTS=\angle QRS$　（ア③）

ゆえに，四角形PTSRは円に内接するから，4点O，P，T，Sを通る円は点Rも通る。すなわち，3点O，P，Rを通る円は2点T，Sを通り，$\angle OPT=\angle OST=90^\circ$であるから，線分OTはその円の直径である。

➡基45

よって，3点O，P，Rを通る円の半径は

$$\frac{OT}{2}=\frac{{}^{イ}\mathbf{3}\sqrt{{}^{ウ}\mathbf{6}}}{{}^{エ}\mathbf{2}}$$

また，$\angle ORT=90^\circ$であるから，三平方の定理により

$$RT=\sqrt{OT^2-OR^2}=\sqrt{(3\sqrt{6})^2-(\sqrt{5})^2}$$
$$=\sqrt{49}={}^{オ}\mathbf{7}$$

素早く解く!

この問題では，条件に従って図を正確にかくことが求められる。**図はなるべく大きくかき**，1つ1つ点や直線や線分を正確に加えていくようにしよう。

実践問題の解説

22 解答 BC=6,

BD：DC=1：5 であるから

BD=1, CD=5

よって，△ABD において，

三平方の定理により

$$AB=\sqrt{1^2+(2\sqrt{6})^2}=\sqrt{25}={}^{ア}\mathbf{5}$$

△ACD において，三平方の定理により

$$AC=\sqrt{5^2+(2\sqrt{6})^2}=\sqrt{49}={}^{イ}\mathbf{7}$$

△ABC の面積を S，内接円の半径を r とすると

$$S=\frac{1}{2}r(AB+BC+CA)=\frac{1}{2}r(5+6+7)=9r$$

➡ 基 24
△ABC の面積を 2 通りに表す。

一方 $S=\dfrac{1}{2}BC\cdot AD=\dfrac{1}{2}\cdot6\cdot2\sqrt{6}=6\sqrt{6}$

よって $9r=6\sqrt{6}$ したがって $r=\dfrac{{}^{ウ}\mathbf{2}\sqrt{{}^{エ}\mathbf{6}}}{{}^{オ}\mathbf{3}}$

内接円が辺 AB に接する点を K とすると AK=AF, BK=BE, CE=CF

←円の外部の点から引いた 2 本の接線の長さは等しい。 ➡ 基 46

CE=CF=x とおくと

AF=7−x, BE=6−x

よって AK=7−x, BK=6−x

AK+BK=5 であるから

$(7-x)+(6-x)=5$

これを解くと $x=4$ すなわち CE=CF=${}^{カ}\mathbf{4}$

△OEC において ∠OEC=90°, OE=$r=\dfrac{2\sqrt{6}}{3}$

ゆえに，三平方の定理により

$$CO=\sqrt{OE^2+CE^2}=\sqrt{\left(\frac{2\sqrt{6}}{3}\right)^2+4^2}=\sqrt{\frac{168}{9}}$$

$$=\frac{{}^{キ}\mathbf{2}\sqrt{{}^{クケ}\mathbf{42}}}{{}^{コ}\mathbf{3}}$$

線分 CO と円 O の交点を I とする。△CEF は CE=CF の二等辺三角形であり，CO はその頂角の二等分線であるから，CO は辺 EF の垂直二等分線でもある。

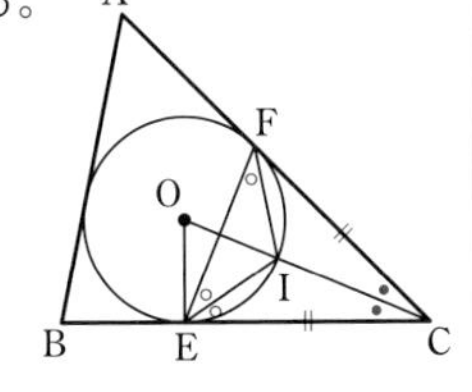

←EI が ∠FEC の二等分線であることを示す。これにより，△CEF の内心が円 O 上にあることを示す。

よって IE=IF

ゆえに ∠IEF=∠IFE …… ①

また，接線と弦のつくる角により

$$\angle \mathrm{IEC}=\angle \mathrm{IFE} \cdots\cdots ②$$

➡ 基 46

①，② から　　$\angle \mathrm{IEF}=\angle \mathrm{IEC}$

よって，△CEF において，点 I は ∠FEC の二等分線上にある。

点 I は ∠ECF の二等分線上にもあるから，点 I は △CEF の内心である。

⬅内心は内角の二等分線の交点。（➡ 基 42）

したがって，求める距離は，線分 OI の長さ，すなわち円 O の半径 r であるから　$\dfrac{^{サ}2\sqrt{^{シ}6}}{^{ス}3}$

23 解答　(1)　△ABC において，チェバの定理により

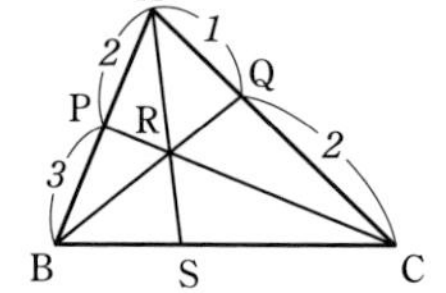

$$\frac{2}{3}\cdot\frac{\mathrm{BS}}{\mathrm{SC}}\cdot\frac{2}{1}=1$$

⬅ $\dfrac{\mathrm{AP}}{\mathrm{PB}}\cdot\dfrac{\mathrm{BS}}{\mathrm{SC}}\cdot\dfrac{\mathrm{CQ}}{\mathrm{QA}}=1$

よって　　$\dfrac{\mathrm{BS}}{\mathrm{SC}}=\dfrac{3}{4}$

ゆえに　　BS：SC＝3：4 …… ①

よって，点 S は辺 BC を ^{ア}**3**：^{イ}**4** に内分する点である。

また，AB＝5 で，△ABC の内接円と辺 AB，AC の接点がそれぞれ P，Q であるとき

　　AP＝2，PB＝3，

　　AQ＝AP＝^{ウ}**2**

⬅ AP：PB＝2：3

⬅円の外部の点からその円に引いた 2 本の接線の長さは等しい。

△ABC の内接円と辺 BC の接点を U とすると

$$\mathrm{BC}=\mathrm{BU}+\mathrm{CU}=\mathrm{BP}+\mathrm{CQ}$$
$$=\mathrm{BP}+2\mathrm{AQ}=3+4={}^{エ}\mathbf{7}$$

⬅ AQ：QC＝1：2

さらに　　BU：UC＝3：4 …… ②

①，② から，点 S は △ABC の内接円と辺 BC との接点 U に一致する。（^{オ}②）

⬅点 S，U はどちらも辺 BC を 3：4 に内分する点であるから，一致する。

(2)　(i)　△ABQ と直線 PC について，メネラウスの定理により　$\dfrac{2}{3}\cdot\dfrac{\mathrm{BR}}{\mathrm{RQ}}\cdot\dfrac{4}{5}=1$

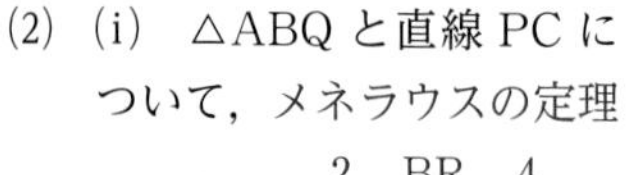

➡ 基 44

$\dfrac{\mathrm{AP}}{\mathrm{PB}}\cdot\dfrac{\mathrm{BR}}{\mathrm{RQ}}\cdot\dfrac{\mathrm{QC}}{\mathrm{CA}}=1$

よって　　$\dfrac{\mathrm{BR}}{\mathrm{RQ}}=\dfrac{15}{8}$

ゆえに　　BR：RQ＝15：8

よって，点 R は線分 BQ を ^{カキ}**15**：^{ク}**8** に内分する。

△APC と直線 BQ について，メネラウスの定理により

$\dfrac{5}{3}\cdot\dfrac{PR}{RC}\cdot\dfrac{4}{1}=1$　　よって　　$\dfrac{PR}{RC}=\dfrac{3}{20}$

ゆえに　　CR：RP＝20：3

よって，点 R は線分 CP を ケコ**20**：サ**3** に内分する。

また，△BRC の面積を S とすると，CR：RP＝20：3

から　　$\triangle BPR=\dfrac{3}{20}S$

BR：RQ＝15：8 から　　$\triangle CQR=\dfrac{8}{15}S$

したがって　$\dfrac{\triangle CQR\text{ の面積}}{\triangle BPR\text{ の面積}}=\dfrac{8}{15}S\div\dfrac{3}{20}S=\dfrac{\text{シス}\mathbf{32}}{\text{セ}\mathbf{9}}$

➡ 基 44
$\dfrac{AB}{BP}\cdot\dfrac{PR}{RC}\cdot\dfrac{CQ}{QA}=1$

⬅高さが等しいから，底辺の比。

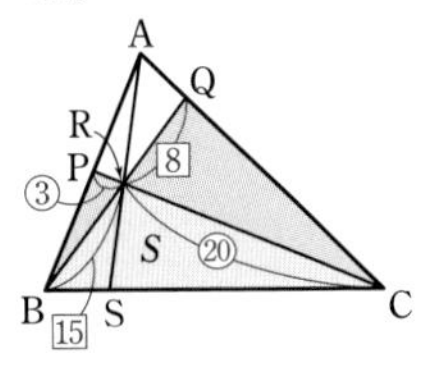

(ii)　AQ：QC＝1：t とする。

△ABQ と直線 PC について，メネラウスの定理により　$\dfrac{2}{3}\cdot\dfrac{BR}{RQ}\cdot\dfrac{t}{t+1}=1$

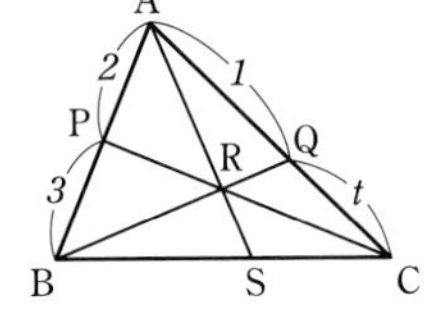

よって　　$\dfrac{BR}{RQ}=\dfrac{3(t+1)}{2t}$　…… ③

➡ 基 44
$\dfrac{AP}{PB}\cdot\dfrac{BR}{RQ}\cdot\dfrac{QC}{CA}=1$

さらに，△APC と直線 BQ について，メネラウスの定理により　$\dfrac{5}{3}\cdot\dfrac{PR}{RC}\cdot\dfrac{t}{1}=1$

➡ 基 44
$\dfrac{AB}{BP}\cdot\dfrac{PR}{RC}\cdot\dfrac{CQ}{QA}=1$

ゆえに　　$\dfrac{PR}{RC}=\dfrac{3}{5t}$　…… ④

△BRC の面積を S とすると，④ から △BPR の面積

は　　$\dfrac{3}{5t}S$

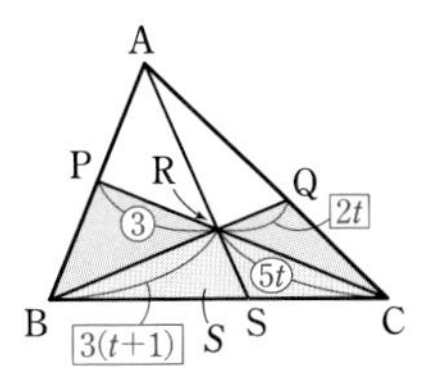

③ から，△CQR の面積は　　$\dfrac{2t}{3(t+1)}S$

△CQR：△BPR＝1：4 から　　4△CQR＝△BPR

よって　　$\dfrac{8t}{3(t+1)}S=\dfrac{3}{5t}S$

ゆえに　　$40t^2=9(t+1)$

⬅ $40t^2-9t-9=0$

よって　　$(5t-3)(8t+3)=0$

$t>0$ であるから　　$t=\dfrac{3}{5}$

ゆえに　　AQ：QC$=1:\dfrac{3}{5}=5:3$

よって，点 Q は辺 AC を ソ**5**：タ**3** に内分する点である。

6
実践問題

(2) 右の図のような △OAB と △OCD の面積をそれぞれ S_1, S_2 とすると，次のことが成り立つ。

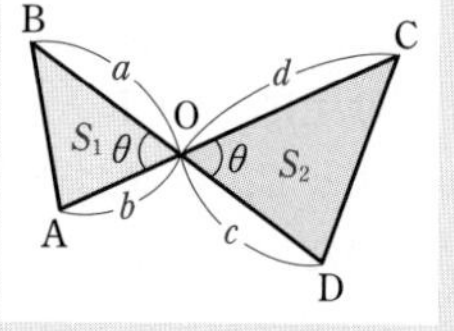

$$S_1 : S_2 = \frac{1}{2}ab\sin\theta : \frac{1}{2}cd\sin\theta = \boldsymbol{ab : cd}$$

これを利用すると，メネラウスの定理により線分比を求めたあとは，次のように手早く面積比を求めることができる。

(i) $\dfrac{\triangle \text{CQR の面積}}{\triangle \text{BPR の面積}} = \dfrac{\text{CR}\cdot\text{QR}}{\text{BR}\cdot\text{PR}} = \dfrac{\text{RQ}}{\text{BR}}\cdot\dfrac{\text{RC}}{\text{PR}} = \dfrac{8}{15}\cdot\dfrac{20}{3} = \dfrac{^{\text{シス}}\mathbf{32}}{^{\text{セ}}\mathbf{9}}$

(ii) $\dfrac{\triangle \text{CQR の面積}}{\triangle \text{BPR の面積}} = \dfrac{\text{RQ}}{\text{BR}}\cdot\dfrac{\text{RC}}{\text{PR}} = \dfrac{2t}{3(t+1)}\cdot\dfrac{5t}{3} = \dfrac{10t^2}{9(t+1)}$

24 解答 (1) 手順に従って作図を行うと，右のようになる。

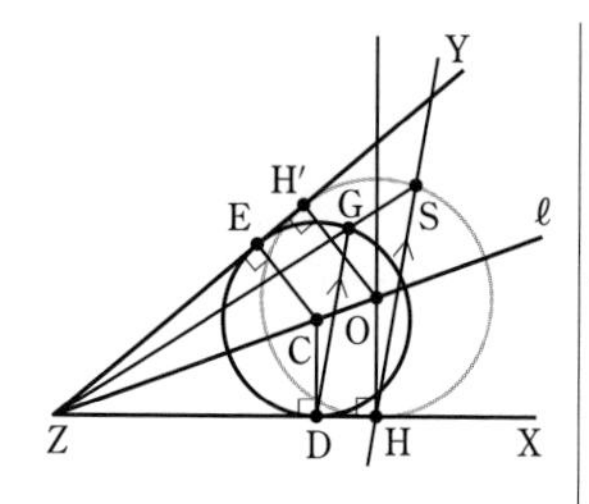

←問題文の参考図にかき込んでいくとよい。

OH は点 O から半直線 ZX に下ろした垂線であるから，円 O は半直線 ZX に接する。

← (Step 4)

また，点 O は ∠XZY の二等分線 ℓ 上にあるから，点 O から半直線 ZY に垂線 OH′ を下ろすと，OH＝OH′ が成り立つ。

←ZO は ∠XZY の二等分線 ℓ 上。

よって，円 O は半直線 ZY と点 H′ で接している。

ゆえに，円 O が点 S を通り，半直線 ZX と半直線 ZY の両方に接する円であることを示すには，OH＝OS が成り立つことを示せばよい。(ア⑤)

△ZDG と △ZHS で，DG∥HS から

　　△ZDG∽△ZHS

←∠GZD＝∠SZH (共通)，∠GDZ＝∠SHZ (同位角)

よって　DG：HS＝ZD：ZH　(イ②，ウ⑥，エ⑦)

一方，△ZDC と △ZHO で，∠CDZ＝∠OHZ＝90° から

　　△ZDC∽△ZHO

←∠CZD＝∠OZH (共通)，∠CDZ＝∠OHZ (直角)

ゆえに　DC：HO＝ZD：ZH　(オ①) …… ①

したがって　DG：HS＝DC：HO

[1] 3 点 S，O，H が一直線上にない場合

←最初の図を参照。

　∠CDG＝90°－∠GDH，∠OHS＝90°－∠SHX

ここで，DG∥HS から　∠GDH＝∠SHX

←同位角は等しい。

よって　∠CDG＝∠OHS (カ②) …… ②

①，② から　△CDG∽△OHS

←2 組の辺の比とその間の角がそれぞれ等しい。

これと CD＝CG から　OH＝OS

[2]　3点S，O，Hが一直線にある場合

CD，CGはそれぞれ円Cの半径であるから

$DG=$ ${}^{キ}\mathbf{2}$DC

① から　HO：HS＝DC：DG＝DC：2DC＝1：2

よって　OH＝OS

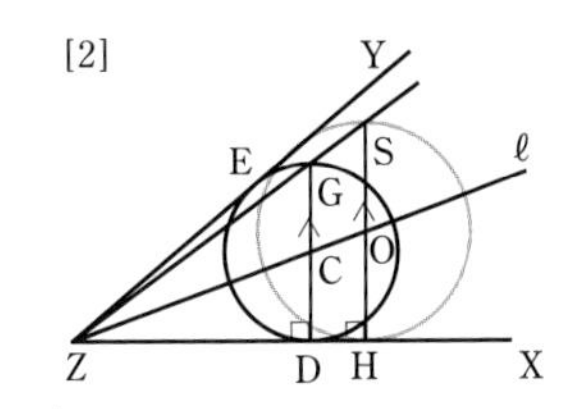

(2)（前半）条件を満たす図をかくと，次のようになる。

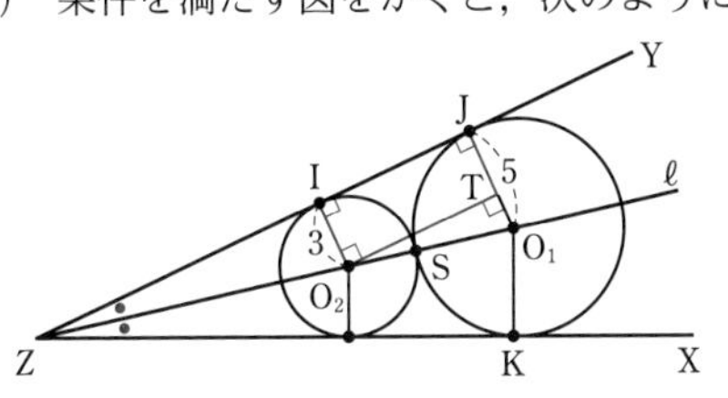

⬅点Sが∠XZYの二等分線ℓ上にあることに注意して図をかく。

円 O_2 から直線 O_1J に垂線 O_2T を下ろすと

$O_1T=O_1J-O_2I=5-3=2$，　$O_1O_2=5+3=8$

よって　$IJ=O_2T=\sqrt{8^2-2^2}=\sqrt{60}=$ ${}^{ク}\mathbf{2}\sqrt{{}^{ケコ}\mathbf{15}}$

⬅直角三角形 O_1O_2T において三平方の定理。

（後半）円 O_1 において，方べきの定理により

$LM\cdot LK=LS^2$

また　LS＝LJ

さらに，円 O_2 においてLS＝LIである

から　LS＝LI＝LJ

$IJ=2\sqrt{15}$ から　$LI=LJ=\sqrt{15}$

よって　$LM\cdot LK=LS^2=$ ${}^{サシ}\mathbf{15}$

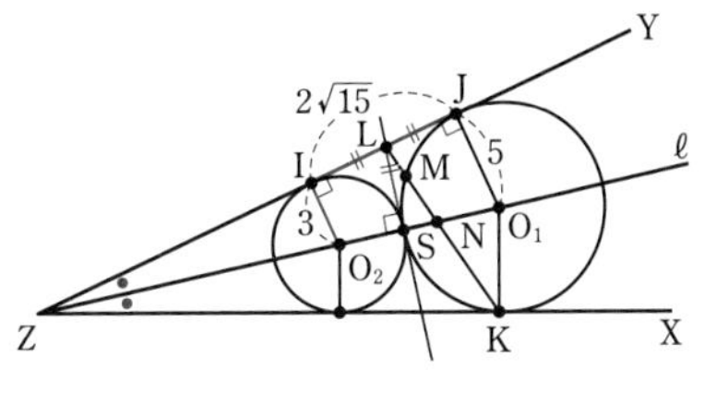

$ZJ:ZI=O_1J:O_2I=5:3$ から　ZI：IJ＝3：2

⬅ $O_1J \parallel O_2I$

ゆえに，$IJ=2\sqrt{15}$ から　$ZI=\dfrac{3}{2}IJ=$ ${}^{ス}\mathbf{3}\sqrt{{}^{セソ}\mathbf{15}}$

直線ZNは∠XZYの二等分線であるから

LN：NK＝ZL：ZK

➡基 42

ここで　$ZL=ZI+IL=3\sqrt{15}+\sqrt{15}=4\sqrt{15}$

$ZK=ZJ=ZI+IJ=3\sqrt{15}+2\sqrt{15}=5\sqrt{15}$

したがって　$\dfrac{LN}{NK}=\dfrac{ZL}{ZK}=\dfrac{{}^{タ}\mathbf{4}}{{}^{チ}\mathbf{5}}$

第７章　式と証明，複素数と方程式

CHECKの解説

50 (1) $(x+3y)^3=x^3+3\cdot x^2\cdot 3y+3\cdot x\cdot(3y)^2+(3y)^3$

$=x^3+{}^{ア}\mathbf{9}x^2y+{}^{イウ}\mathbf{27}xy^2+{}^{エオ}\mathbf{27}y^3$

(2) $27x^3+1=(3x)^3+1^3=(3x+1)\{(3x)^2-3x\cdot 1+1^2\}$

$=({}^{カ}\mathbf{3}x+{}^{キ}\mathbf{1})({}^{ク}\mathbf{9}x^2-{}^{ケ}\mathbf{3}x+{}^{コ}\mathbf{1})$

←$(a+b)^3=a^3+3a^2b+3ab^2+b^3$

←$a^3+b^3=(a+b)(a^2-ab+b^2)$

51 $(2a+3b^2)^6$ の展開式の一般項は

$${}_6\mathrm{C}_r(2a)^{6-r}(3b^2)^r={}_6\mathrm{C}_r 2^{6-r}\cdot 3^r a^{6-r}b^{2r}$$

a^4b^4 は $6-r=4$ かつ $2r=4$ すなわち $r=2$ のときであるから，係数は

$${}_6\mathrm{C}_2 2^4\cdot 3^2=\frac{6\cdot 5}{2\cdot 1}\cdot 2^4\cdot 3^2={}^{アイウエ}\mathbf{2160}$$

a^5b^2 は $6-r=5$ かつ $2r=2$ すなわち $r=1$ のときであるから，係数は

$${}_6\mathrm{C}_1 2^5\cdot 3=6\cdot 2^5\cdot 3={}^{オカキ}\mathbf{576}$$

←$(a+b)^n$ の展開式の一般項は ${}_n\mathrm{C}_r a^{n-r}b^r$

➡ 基 33

➡ 基 33

52 (1) 右の計算から

商は $x^2+{}^{ア}\mathbf{4}x+{}^{イ}\mathbf{2}$

余りは ${}^{ウ}\mathbf{2}x-{}^{エ}\mathbf{2}$

$$\begin{array}{r}
x^2+4x+2 \\
x^2-2x-6\,\overline{)\,x^4+2x^3-12x^2-26x-14} \\
\underline{x^4-2x^3\ \ -6x^2\qquad\qquad} \\
4x^3\ \ -6x^2-26x\quad \\
\underline{4x^3\ \ -8x^2-24x\quad} \\
2x^2\ \ -2x-14 \\
\underline{2x^2\ \ -4x-12} \\
2x\ \ -2
\end{array}$$

➡ ***素早く解く！***

(2) 右の計算から，余りは

$({}^{オ}\mathbf{3}a+{}^{カキ}\mathbf{19})x$

$+b-a-{}^{ク}\mathbf{6}$

$$\begin{array}{r}
2x+(a+6) \\
x^2-3x+1\,\overline{)\,2x^3+ax^2\qquad\quad +3x+b} \\
\underline{2x^3-6x^2\qquad\quad +2x\qquad} \\
(a+6)x^2\qquad\quad +x+b \\
\underline{(a+6)x^2-(3a+18)x+a+6} \\
(3a+19)x+b-a-6
\end{array}$$

➡ ***素早く解く！***

よって，割り切れるとき

$(3a+19)x+b-a-6=0$

すなわち　$3a+19=0,\ b-a-6=0$

ゆえに　$a=\dfrac{{}^{ケコサ}\mathbf{-19}}{{}^{シ}\mathbf{3}},\ b=\dfrac{{}^{スセ}\mathbf{-1}}{{}^{ソ}\mathbf{3}}$

←割り切れる ⟺ (余り)＝0

←x の係数と定数項が 0

x を省略して書くと，次のようになる。

(1)

$$\begin{array}{r|rrrrr}
 & 1 & 4 & 2 & & \\
\hline
1\ -2\ -6 & 1 & 2 & -12 & -26 & -14 \\
 & 1 & -2 & -6 & & \\
\hline
 & & 4 & -6 & -26 & \\
 & & 4 & -8 & -24 & \\
\hline
 & & & 2 & -2 & -14 \\
 & & & 2 & -4 & -12 \\
\hline
 & & & & 2 & -2
\end{array}$$

(2)

$$\begin{array}{r|rrrr}
 & 2 & a+6 & & \\
\hline
1\ -3\ 1 & 2 & a & 3 & b \\
 & 2 & -6 & 2 & \\
\hline
 & & a+6 & 1 & b \\
 & & a+6 & -(3a+18) & a+6 \\
\hline
 & & & 3a+19 & b-a-6
\end{array}$$

53　条件から　$6x^4+5x^3-ax^2+3x+1$

$=(bx^2-cx+2)(2x^2+3x-1)+px+q$ …… ①

と表される。

両辺の x^4 の項を比べると　$6=2b$　　よって　$b={}^{イ}\mathbf{3}$

また，両辺の定数項を比べると　$1=-2+q$

よって　$q={}^{カ}\mathbf{3}$

このとき，① の右辺は

$(3x^2-cx+2)(2x^2+3x-1)+px+3$

$=6x^4+(9-2c)x^3+(1-3c)x^2+(c+6+p)x+1$

① の左辺と係数を比較して

$5=9-2c$，$-a=1-3c$，$3=c+6+p$

よって　$c={}^{ウ}\mathbf{2}$，$a={}^{ア}\mathbf{5}$，$p={}^{エオ}\mathbf{-5}$

←CHART　$A=BQ+R$
□ を文字でおきかえた。

←素早く解く!
最高次，定数項のみを計算する。

←x についての恒等式。
➡ 基 55

54　$\dfrac{5x+6}{2x^2-5x-3}-\dfrac{x+9}{x^2-2x-3}$

$=\dfrac{5x+6}{(2x+1)(x-3)}-\dfrac{x+9}{(x-3)(x+1)}$

$=\dfrac{(5x+6)(x+1)}{(2x+1)(x-3)(x+1)}-\dfrac{(x+9)(2x+1)}{(2x+1)(x-3)(x+1)}$

$=\dfrac{(5x+6)(x+1)-(x+9)(2x+1)}{(2x+1)(x-3)(x+1)}$

$=\dfrac{3x^2-8x-3}{(2x+1)(x-3)(x+1)}=\dfrac{(3x+1)(x-3)}{(2x+1)(x-3)(x+1)}$

$=\dfrac{{}^{ア}\mathbf{3}x+{}^{イ}\mathbf{1}}{({}^{ウ}\mathbf{2}x+{}^{エ}\mathbf{1})(x+{}^{オ}\mathbf{1})}$

←分母を因数分解。➡ 基 1

←通分（分母をそろえる）

←分子を因数分解。➡ 基 1

←約分（分母，分子を共通因数 $x-3$ で割る）

55　(1)　左辺を x について整理すると

$(a-b)x^2+(-a+3c)x+3b-c=2$

両辺の係数を比較すると

$a-b=0$，$-a+3c=0$，$3b-c=2$

これを解くと　$a=\dfrac{{}^{ア}\mathbf{3}}{{}^{イ}\mathbf{4}}$，$b=\dfrac{{}^{ウ}\mathbf{3}}{{}^{エ}\mathbf{4}}$，$c=\dfrac{{}^{オ}\mathbf{1}}{{}^{カ}\mathbf{4}}$

←x について整理。

←係数比較。

←$(a=)b=3c$ を $3b-c=2$ に代入して　$8c=2$
よって　$c=\dfrac{1}{4}$

(2)　$2x^3=a+b(x-1)+c(x-1)(x-2)+d(x-1)(x-2)(x-3)$ とする。

この式の両辺に $x=1,\ 2,\ 3,\ 0$ を代入すると

$2=a$ …… ①，　$16=a+b$ …… ②，

$54=a+2b+2c$ …… ③，$0=a-b+2c-6d$ …… ④

> ⬅数値代入法が早い。
>
> ⬅***素早く解く!***
>
> 3次の係数を比べて $d=2$ とすると早い。

① から　$a=$ キ$\mathbf{2}$ …… ①′

①′ を ② に代入して　$16=2+b$

よって　$b=$ クケ$\mathbf{14}$ …… ②′

①′，②′ を ③ に代入して　$54=2+28+2c$

よって　$c=$ コサ$\mathbf{12}$ …… ③′

①′，②′，③′ を ④ に代入して　$0=2-14+24-6d$

よって　$d=$ シ$\mathbf{2}$

逆にこのとき，確かに恒等式となる。

> ⬅***素早く解く!***
>
> 共通テストでは確認は省略できる。

56　$\dfrac{2y}{3x}>0,\ \dfrac{3x}{2y}>0$ であるから，相加平均と相乗平均の大小関係により　$\dfrac{2y}{3x}+\dfrac{3x}{2y}\geqq 2\sqrt{\dfrac{2y}{3x}\cdot\dfrac{3x}{2y}}=2$

> ⬅$\boldsymbol{a+b\geqq 2\sqrt{ab}}$

すなわち　$\dfrac{2y}{3x}+\dfrac{3x}{2y}+1\geqq 2+1=3$

> ⬅両辺に1を加える。

等号が成り立つとき　$\dfrac{2y}{3x}=\dfrac{3x}{2y}$　すなわち　$y^2=\dfrac{9}{4}x^2$

> ⬅等号は $a=b$ のとき成り立つ。

$x>0,\ y>0$ であるから　$y=\dfrac{3}{2}x$

ゆえに，$y=\dfrac{^{ア}\mathbf{3}}{^{イ}\mathbf{2}}x$ のとき，最小値 ウ$\mathbf{3}$ をとる。

> ⬅***素早く解く!***
>
> 等号が成り立つのは $\dfrac{2y}{3x}=\dfrac{3x}{2y}=\dfrac{2}{2}$ のとき。

57　(1)　$(i-2)^2-\dfrac{1-3i}{2-i}=i^2-4i+4-\dfrac{(1-3i)(2+i)}{(2-i)(2+i)}$

$=-1-4i+4-\dfrac{2-5i-3i^2}{2^2-i^2}=3-4i-\dfrac{2-5i+3}{4-(-1)}$

$=3-4i-\dfrac{5-5i}{5}=2-3i$

> ⬅分母・分子に $2+i$ を掛ける。
>
> ⬅$\boldsymbol{i^2=-1}$

よって，実部は ア$\mathbf{2}$，虚部は イウ$\mathbf{-3}$

> ⬅$a+bi$ の実部は a，虚部は b

(2)　与式から　$(2a+b)+(-a+4b-1)i=0$

> ⬅○＋□i の形にする。

$a,\ b$ は実数であるから，$2a+b,\ -a+4b-1$ も実数である。

よって　$2a+b=0,\ -a+4b-1=0$

> ⬅$x,\ y$ が実数のとき $\boldsymbol{x+yi=0 \Longleftrightarrow x=y=0}$

これを解いて　$a=\dfrac{^{エオ}\mathbf{-1}}{^{カ}\mathbf{9}},\ b=\dfrac{^{キ}\mathbf{2}}{^{ク}\mathbf{9}}$

58　2次方程式 $x^2+(a-1)x+a^2=0$ の判別式を D とすると，虚数解をもつとき　$D<0$

> ⬅異なる2つの虚数解をもつ $\Longleftrightarrow$ $\boldsymbol{D<0}$

ここで　$D=(a-1)^2-4\cdot1\cdot a^2=-(3a^2+2a-1)$

よって　$3a^2+2a-1>0$

ゆえに　$(a+1)(3a-1)>0$

よって　$a<{}^{アイ}\mathbf{-1},\ \dfrac{{}^{ウ}\mathbf{1}}{{}^{エ}\mathbf{3}}<a$

59 解と係数の関係により　$\alpha+\beta=3,\ \alpha\beta=5$

← $\alpha+\beta=-\dfrac{b}{a},\ \alpha\beta=\dfrac{c}{a}$

よって　$\alpha^2+\beta^2=(\alpha+\beta)^2-2\alpha\beta=3^2-2\cdot5={}^{アイ}\mathbf{-1}$

$$\frac{\alpha}{\beta}+\frac{\beta}{\alpha}=\frac{\alpha^2+\beta^2}{\alpha\beta}=\frac{{}^{ウエ}\mathbf{-1}}{{}^{オ}\mathbf{5}}$$

← $\alpha^2+\beta^2=-1$ を利用。

$$\left(\alpha+\frac{1}{\alpha}\right)\left(\beta+\frac{1}{\beta}\right)=\alpha\beta+\frac{\alpha}{\beta}+\frac{\beta}{\alpha}+\frac{1}{\alpha\beta}$$

$$=5+\left(-\frac{1}{5}\right)+\frac{1}{5}={}^{カ}\mathbf{5}$$

← $\dfrac{\alpha}{\beta}+\dfrac{\beta}{\alpha}=-\dfrac{1}{5}$ を利用。

後半の2次方程式について，解の和は

$$\frac{1}{\alpha+1}+\frac{1}{\beta+1}=\frac{\beta+1+\alpha+1}{(\alpha+1)(\beta+1)}=\frac{\alpha+\beta+2}{\alpha\beta+(\alpha+\beta)+1}$$

$$=\frac{3+2}{5+3+1}=\frac{5}{9}$$

← $\alpha,\ \beta$ を解にもつ2次方程式の1つは
$\boldsymbol{x^2-(\alpha+\beta)x+\alpha\beta=0}$
であるから，解の和，積を計算する。

積は　$\dfrac{1}{\alpha+1}\cdot\dfrac{1}{\beta+1}=\dfrac{1}{(\alpha+1)(\beta+1)}=\dfrac{1}{\alpha\beta+(\alpha+\beta)+1}$

$$=\frac{1}{5+3+1}=\frac{1}{9}$$

ゆえに，$\dfrac{1}{\alpha+1},\ \dfrac{1}{\beta+1}$ を解にもつ2次方程式の1つは

$$x^2-\frac{5}{9}x+\frac{1}{9}=0$$

← $x^2-(和)x+(積)=0$

すなわち　${}^{キ}\mathbf{9}x^2-{}^{ク}\mathbf{5}x+{}^{ケ}\mathbf{1}=0$

60 (1) $f(x)=2x^3+5x^2+1$ とすると，$x+3$ で割った余りは　$f(-3)=2\cdot(-3)^3+5\cdot(-3)^2+1={}^{アイ}\mathbf{-8}$

← **剰余の定理**　$x-\alpha$ で割った余りは $\boldsymbol{f(\alpha)}$

(2) $f(x)=4x^3+6x^2+2a^2x-a-4$ とすると，$2x-1$ で割り切れるとき　$f\left(\dfrac{1}{2}\right)=0$

← **因数定理**
$ax-b$ で割り切れる
$\Longleftrightarrow f\left(\dfrac{b}{a}\right)=0$

すなわち　$4\cdot\left(\dfrac{1}{2}\right)^3+6\cdot\left(\dfrac{1}{2}\right)^2+2a^2\cdot\dfrac{1}{2}-a-4=0$

よって　$a^2-a-2=0$　すなわち　$(a+1)(a-2)=0$

ゆえに　$a={}^{ウエ}\mathbf{-1},\ {}^{オ}\mathbf{2}$

組立除法（➡ 基 60）を利用すると早い。

(1)
$$\begin{array}{rrrr|r} 2 & 5 & 0 & 1 & \underline{-3} \\ & -6 & 3 & -9 & \\ \hline 2 & -1 & 3 & -8 & \end{array}$$

(2)
$$\begin{array}{rrrr|r} 4 & 6 & 2a^2 & -a-4 & \dfrac{1}{2} \\ & 2 & 4 & a^2+2 & \\ \hline 4 & 8 & 2a^2+4 & \boldsymbol{a^2-a-2} & \end{array}$$

61　$f(x)=x^3-x^2+x-6$ とすると，

$f(2)=2^3-2^2+2-6=0$ であるから，方程式は

$$(x-2)(x^2+x+3)=0$$

ゆえに　$x=2$　または　$x^2+x+3=0$

$x^2+x+3=0$ から　$x=\dfrac{-1\pm\sqrt{-11}}{2}=\dfrac{-1\pm\sqrt{11}\,i}{2}$

よって　$x={}^{ア}\mathbf{2},\ \dfrac{{}^{イウ}\mathbf{-1}\pm\sqrt{{}^{エオ}\mathbf{11}}\,i}{{}^{カ}\mathbf{2}}$

次に，$g(x)=6x^3+5x^2-5x-2$ とすると，

$$g\left(-\frac{1}{3}\right)=6\cdot\left(-\frac{1}{3}\right)^3+5\cdot\left(-\frac{1}{3}\right)^2-5\cdot\left(-\frac{1}{3}\right)-2=0$$

であるから，方程式は　$(3x+1)(2x^2+x-2)=0$

ゆえに　$x=-\dfrac{1}{3}$　または　$2x^2+x-2=0$

$2x^2+x-2=0$ から

$$x=\frac{-1\pm\sqrt{1+16}}{2\cdot2}=\frac{-1\pm\sqrt{17}}{4}$$

よって　$x=\dfrac{{}^{キク}\mathbf{-1}}{{}^{ケ}\mathbf{3}},\ \dfrac{{}^{コサ}\mathbf{-1}\pm\sqrt{{}^{シス}\mathbf{17}}}{{}^{セ}\mathbf{4}}$

⬅$f(2)=0$ であるから，$f(x)$ は $x-2$ で割り切れる。➡**素早く解く!**

⬅解の公式　➡基 12

⬅$\sqrt{-11}=\sqrt{11}\,i$　➡基 57

⬅$-\dfrac{2}{9}+\dfrac{5}{9}+\dfrac{5}{3}-2=0$

⬅$g\left(-\dfrac{1}{3}\right)=0$ であるから，$g(x)$ は $3x+1$ で割り切れる。➡**素早く解く!**

⬅解の公式　➡基 12

組立除法を利用すると右のようになる。
(➡基 60)

1	−1	1	−6	2
	2	2	6	
1	1	3	0	

6	5	−5	−2	$-\frac{1}{3}$
	−2	−1	2	
6	3	−6	0	

▼ 練習の解説

練習 26

$(a+b+c)^n$ の展開

$\{a+(b+c)\}^n$ を展開して，$(b+c)^r$ を展開する。

公式の利用も　一般項は $\dfrac{n!}{p!q!r!}a^pb^qc^r$　$(p+q+r=n)$

解答　$(a+b+1)^5=\{a+(b+1)\}^5$ の展開式の一般項は

$${}_5\mathrm{C}_r a^{5-r}(b+1)^r$$

a を含まないのは $r=5$ のときで，それをまとめると

$${}_5\mathrm{C}_5(b+1)^5=(b+1)^{{}^{ア}5}$$

a について１次になるのは $r=4$ のときで，それをまとめると　${}_5\mathrm{C}_4a^1(b+1)^4={}^{イ}\mathbf{5}(b+1)^{{}^{ウ}4}a$

⬅$\{a+(b+1)\}^5$ の展開を考える。➡基 51

$a=x^2$，$b=x$ とすると，
$(x^2+x+1)^5$ の展開式の一般項は
$${}_5\mathrm{C}_r(x^2)^{5-r}(x+1)^r \cdots\cdots ①$$

⬅ CHART　(1)（ア～ウ）は(2)（エ，オカ）のヒント
前半の結果を利用するため，$a=x^2$，$b=x$ とする。

x の係数については，① において，$r=5$ のとき，
$(x+1)^5$ の展開を考える。

⬅さらに，$(x+1)^5$ の展開を考える（$r\leqq4$ のときは，x の項は出てこない）。

一般項は ${}_5\mathrm{C}_m x^{5-m}1^m$ で，$m=4$ のときであるから，
係数は　${}_5\mathrm{C}_4=$ ^{エ}**5**

x^3 の係数については，① において，
$r=5$ のとき $(x+1)^5$ の展開，
$r=4$ のとき $5(x+1)^4x^2$ の展開を考える。

⬅$r\leqq3$ のときは，x^3 の項は出てこない。
$(x^2)^0\cdot x^3$ と $(x^2)^1\cdot x^1$ の場合がある。

$r=5$ のとき，$(x+1)^5$ の展開式の一般項は ${}_5\mathrm{C}_m x^{5-m}1^m$
で，x^3 となるのは $m=2$ のときであるから，
係数は　${}_5\mathrm{C}_2=10$

$r=4$ のとき，$5(x+1)^4x^2$ の展開式の一般項は
$$5x^2\times{}_4\mathrm{C}_n x^{4-n}1^n=5\cdot{}_4\mathrm{C}_n x^{6-n}$$

⬅$5(b+1)^4a$

x^3 となるのは $n=3$ のときであるから，係数は
$$5\cdot{}_4\mathrm{C}_3=20$$

よって，x^3 の係数は　$10+20=$ ^{オカ}**30**

⬅$(x^2)^0\cdot x^3$ と $(x^2)^1\cdot x^1$ の係数の和。

〔別解〕　$(x^2+x+1)^5$ の展開式の一般項は
$$\frac{5!}{p!q!r!}(x^2)^p x^q 1^r=\frac{5!}{p!q!r!}x^{2p+q}\ (p+q+r=5)$$

⬅$\dfrac{n!}{p!q!r!}a^pb^qc^r$
$(p+q+r=n)$

x となるのは，$2p+q=1$ のときである。
p，q は 0 以上の整数であるから，$2p+q=1$ より
$$p=0,\ q=1$$

⬅$q=1-2p$ で $q\geqq0$ から
$p\leqq\dfrac{1}{2}$　よって　$p=0$

これらを $p+q+r=5$ に代入すると　$r=4$

よって，x の係数は　$\dfrac{5!}{0!1!4!}=$ ^{エ}**5**

x^3 となるのは，$2p+q=3$ のときである。
p，q は 0 以上の整数であるから，$2p+q=3$ より
$$p=0,\ q=3\quad または\quad p=1,\ q=1$$

⬅$q=3-2p$ で $q\geqq0$ から
$p\leqq\dfrac{3}{2}$　よって　$p=0$，1

$p=0$，$q=3$ のとき，$p+q+r=5$ から　$r=2$
$p=1$，$q=1$ のとき，$p+q+r=5$ から　$r=3$
よって，x^3 の係数は
$$\frac{5!}{0!3!2!}+\frac{5!}{1!1!3!}=10+20=$$ ^{オカ}**30**

⬅2つの場合の和。

練習 27

割り算の基本公式 $A(x)=B(x)Q(x)+R(x)$ において
$B(\alpha)=0$ となる α について　$A(\alpha)=R(\alpha)$

解答

$$\begin{array}{r|l} & x \quad +m+2 \\ \hline x^2-2x-1 & x^3+mx^2 \qquad +nx+2m+n+1 \\ & x^3-2x^2 \qquad -x \\ \hline & (m+2)x^2 \quad +(n+1)x+2m+n+1 \\ & (m+2)x^2-2(m+2)x-m \quad -2 \\ \hline & (2m+n+5)x+3m+n+3 \end{array}$$

➡ 基 52

この計算から　$Q=x+(m+{}^{ア}\mathbf{2})$
$R=(2m+n+{}^{イ}\mathbf{5})x+(3m+n+{}^{ウ}\mathbf{3})$

$x=1+\sqrt{2}$ のとき　$x-1=\sqrt{2}$
両辺を2乗して　$(x-1)^2=2$　よって　$x^2-2x-1=0$
ゆえに，B の値は　${}^{エ}\mathbf{0}$

⬅ $\sqrt{2}$ のみを右辺に残し，両辺を2乗する。

$A=BQ+R$ で，$x=1+\sqrt{2}$ のとき $B=0$，$A=-1$ であるから

$$-1=0\cdot\{(1+\sqrt{2})+(m+2)\}$$
$$+(2m+n+5)(1+\sqrt{2})+(3m+n+3)$$

⬅ CHART　$A=BQ+R$

⬅ CHART　(1)(エ)は(2)(オ，カキ)のヒント
$B=0$ であることを利用する。

整理すると　$(5m+2n+9)+(2m+n+5)\sqrt{2}=0$
m，n はともに有理数であるから，$5m+2n+9$，$2m+n+5$ も有理数である。
よって　$5m+2n+9=0$，$2m+n+5=0$
これを解くと　$m={}^{オ}\mathbf{1}$，$n={}^{カキ}\mathbf{-7}$

⬅ a，b が有理数のとき
$a+b\sqrt{2}=0 \Longleftrightarrow a=b=0$
➡ 基 6

練習 28

割り算の基本公式
$$A(x)=B(x)Q(x)+R(x)$$
$$(R(x)\text{ の次数})<(B(x)\text{ の次数})\text{ において，}$$
$R(x)=ax+b$ などとおいて $B(\alpha)=0$ となる α を代入。

解答　剰余の定理により

$$f(-2)=2 \quad \cdots\cdots ①,\quad f(-3)=2$$

⬅ $x-\alpha$ で割った余りは $f(\alpha)$　➡ 基 60

また，$x=-1$ が解であるから　$f(-1)=0$ ……②

⬅ 方程式の解 ⟶ 代入すると成り立つ。　➡ 基 13

$f(x)$ を $x^2+3x+2=(x+1)(x+2)$ で割った余りは $px+q$ とおけるから，商を $Q(x)$ とすると

$$f(x)=(x+1)(x+2)Q(x)+px+q$$

⬅ $(R(x)$ の次数$)$
$<(B(x)$ の次数$)=2$ であるから $px+q$ とおける。

⬅ CHART　$A=BQ+R$

両辺に $x=-1$，-2 を代入して

$f(-1)=0\cdot Q(-1)-p+q$　すなわち $f(-1)=-p+q$

$f(-2)=0\cdot Q(-2)-2p+q$　すなわち $f(-2)=-2p+q$

①，② から　　$0=-p+q$，$2=-2p+q$

これを解いて　　$p=-2$，$q=-2$

ゆえに，余りは　ｱｲ$\mathbf{-2x}-$ｳ$\mathbf{2}$

➡**素早く解く！**

ここで，$f(-2)=2$，$f(-3)=2$ から

$(-2)^3+a\cdot(-2)^2+b\cdot(-2)+c=2$,

$(-3)^3+a\cdot(-3)^2+b\cdot(-3)+c=2$

すなわち　　$4a-2b+c=10$ …… ③,

$9a-3b+c=29$ …… ④

また，② から　$(-1)^3+a\cdot(-1)^2+b\cdot(-1)+c=0$

すなわち　　$a-b+c=1$ …… ⑤

③－⑤ から　　$3a-b=9$

④－③ から　　$5a-b=19$

⬅連立方程式は，文字を消去して解く。

これらから　　$a=$ｴ$\mathbf{5}$，$b=$ｵ$\mathbf{6}$

⑤ に代入して　　$c=$ｶ$\mathbf{2}$

$f(x)=(x+1)(x+2)Q(x)+R(x)$ で，$f(x)$ と $(x+1)(x+2)Q(x)$がともに $x+1$ で割り切れるから，$R(x)$ も $x+1$ で割り切れる。

⬅$f(x)-(x+1)(x+2)Q(x)=R(x)$ で左辺は $x+1$ で割り切れる。

$R(x)$ は１次式であるから，$R(x)=p(x+1)$ とおける。

$f(-2)=2$ から　　$p=-2$

よって　ｱｲ$\mathbf{-2x}-$ｳ$\mathbf{2}$

このようにしても求められる。

問題の解説

問題 12

$\boldsymbol{x=\alpha}$ が方程式の解 → $\boldsymbol{x=\alpha}$ **を方程式に代入** すれば成り立つ。 （➡基 13）

$\boldsymbol{a}$，$\boldsymbol{b}$ が実数のとき　$\boldsymbol{a+bi=0 \iff a=0}$ **かつ** $\boldsymbol{b=0}$ （➡基 57）

〔別解〕　実数を係数とする $\boldsymbol{n}$ 次方程式が虚数解 $\boldsymbol{\alpha}$ を解にもつならば共役な複素数 $\overline{\alpha}$ も解である。

解答　$x^3-ax^2-bx+14=0$ …… ① とする。

⬅演習例題 12 の **方針 1** で進める。

$x=2-\sqrt{3}\,i$ を ① に代入して

$(2-\sqrt{3}\,i)^3-a(2-\sqrt{3}\,i)^2-b(2-\sqrt{3}\,i)+14=0$

ここで，$(2-\sqrt{3}i)^3$

$=2^3-3\cdot2^2\cdot\sqrt{3}i+3\cdot2\cdot(\sqrt{3}i)^2-(\sqrt{3}i)^3$

$=8-12\sqrt{3}i-18+3\sqrt{3}i=-10-9\sqrt{3}i$,

$(2-\sqrt{3}i)^2=2^2-2\cdot2\cdot\sqrt{3}i+(\sqrt{3}i)^2$

$=4-4\sqrt{3}i-3=1-4\sqrt{3}i$

であるから

$$(-10-9\sqrt{3}i)-a(1-4\sqrt{3}i)-b(2-\sqrt{3}i)+14=0$$

i について整理すると

$$(-a-2b+4)+\sqrt{3}(4a+b-9)i=0$$

$-a-2b+4$，$4a+b-9$ は実数であるから

$-a-2b+4=0$　かつ　$4a+b-9=0$

これを解いて　$a=$ア**2**，$b=$イ**1**

このとき方程式 ① は　$x^3-2x^2-x+14=0$

$f(x)=x^3-2x^2-x+14$ とすると，

$f(-2)=(-2)^3-2\cdot(-2)^2-(-2)+14=0$

であるから，方程式は　$(x+2)(x^2-4x+7)=0$

ゆえに　$x=-2$　または　$x^2-4x+7=0$

$x^2-4x+7=0$ を解いて　$x=2\pm\sqrt{-3}=2\pm\sqrt{3}i$

よって，他の解は　$x=$ウエ**−2**，オ**2**$+\sqrt{\text{カ}\mathbf{3}}\,i$

〔別解〕 実数を係数とする方程式 ① の1つの解が $2-\sqrt{3}i$ であるから，これと共役な複素数 $2+\sqrt{3}i$ も解である。

これらの和は　$(2-\sqrt{3}i)+(2+\sqrt{3}i)=4$

積は　$(2-\sqrt{3}i)(2+\sqrt{3}i)=2^2-(\sqrt{3}i)^2$

$=4+3=7$

よって，$2\pm\sqrt{3}i$ を解にもつ2次方程式の1つは

$x^2-4x+7=0$

したがって，$x^3-ax^2-bx+14=(x^2-4x+7)(x+c)$ とおける。

両辺の定数項を比較して　$14=7c$

すなわち　$c=2$

このとき，$(x^2-4x+7)(x+2)=x^3-2x^2-x+14$

となるから，① の左辺と係数を比較して

$-a=-2$，$-b=-1$

すなわち　$a=$ア**2**，$b=$イ**1**

また，① の解は $x=-2$，$2\pm\sqrt{3}i$ であるから，他の解は

$x=$ウエ**−2**，オ**2**$+\sqrt{\text{カ}\mathbf{3}}\,i$

⬅$(a-b)^3=a^3-3a^2b+3ab^2-b^3$ ➡基 50

⬅$(a-b)^2=a^2-2ab+b^2$

⬅A，B が実数のとき **$A+Bi=0$ ⟺ $A=0$ かつ $B=0$** ➡基 57

⬅$f(\alpha)=0$ となる α を探す。➡基 61

素早く解く!

組立除法 ➡基 60

1	−2	−1	14	−2
	−2	8	−14	
1	−4	7	0	

⬅演習例題 12 の **方針 2** で進める。

⬅α，β を解にもつ2次方程式の1つは **$x^2-(\alpha+\beta)x+\alpha\beta=0$** ➡基 59

⬅右辺の定数項は，$7\cdot c=7c$ である。

▼ 実践問題の解説

25 解答　(1)　$i^3=i^2\cdot i=^{ア}-i$,　$i^4=(i^2)^2=(-1)^2=^{イ}\mathbf{1}$

←$i^2=-1$

また　$P(i)=i^4-4i^3+4i^2+12i-21$

$=1-4(-i)+4(-1)+12i-21$

$=^{ウエオ}\mathbf{-24}+^{カキ}\mathbf{16}i$

←$i^3=-i$，$i^4=1$ を代入。

(2)

$$\begin{array}{r} x+2 \\ x^3-6x^2+15x-14\,\big)\,\overline{x^4-4x^3+\ \ 4x^2+12x-21} \\ \underline{x^4-6x^3+15x^2-14x\qquad} \\ 2x^3-11x^2+26x-21 \\ \underline{2x^3-12x^2+30x-28} \\ x^2-\ \ 4x+\ \ 7 \end{array}$$

← $P(x)$ を $Q(x)$ で割る。

➡ 基 52

係数のみを取り出した筆算でもよい。

この計算から　$R(x)=x^2-^{ク}\mathbf{4}x+^{ケ}\mathbf{7}$

←$R(x)$ は $P(x)$ を $Q(x)$ で割ったときの余り。

また　$P(x)=Q(x)(x+^{コ}\mathbf{2})+R(x)$ …… ①

よって，$P(\alpha)=Q(\alpha)=0$ ならば　$R(\alpha)=^{サ}\mathbf{0}$

←① の両辺に $x=\alpha$ を代入することで求められる。

ゆえに，$P(\alpha)=Q(\alpha)=0$ ならば，α は方程式 $R(x)=0$ の解である。$R(x)=0$ すなわち $x^2-4x+7=0$ を解くと

$x=2\pm\sqrt{3}\,i$

←解の公式を利用。

したがって　$\alpha=^{シ}\mathbf{2}\pm\sqrt{^{ス}\mathbf{3}}\,i$ …… ②

$Q(x)$ を $R(x)$ で割ると，右の計算から

$$\begin{array}{r} x-2 \\ x^2-4x+7\,\big)\,\overline{x^3-6x^2+15x-14} \\ \underline{x^3-4x^2+\ \ 7x\qquad} \\ -2x^2+\ \ 8x-14 \\ \underline{-2x^2+\ \ 8x-14} \\ 0 \end{array}$$

$Q(x)=R(x)(x-^{セ}\mathbf{2})$

よって，① から

$P(x)=R(x)(x-2)(x+2)+R(x)$

$=R(x)\{(x-2)(x+2)+1\}=R(x)(x^2-3)$

ゆえに，$P(x)=0$ を解くと　$x=2\pm\sqrt{3}\,i$，$\pm\sqrt{3}$

$Q(x)=0$ を解くと　$x=2\pm\sqrt{3}\,i$，2

したがって，$P(\alpha)=Q(\alpha)=0$ を満たす複素数 α はちょうど 2 個存在する。（^{ソ}②）

←$R(x)=0$ の解は $x=2\pm\sqrt{3}\,i$ この値が $P(\alpha)=Q(\alpha)=0$ を満たす α となる。

(3)　$S(x)$ を $T(x)$ で割ると，右の計算から

$$\begin{array}{r} x \\ x^3+2x^2+3x+1\,\big)\,\overline{x^4+2x^3+4x^2+3x+3} \\ \underline{x^4+2x^3+3x^2+\ \ x\qquad} \\ x^2+2x+3 \end{array}$$

$S(x)=T(x)x$

$+x^2+^{タ}\mathbf{2}x+^{チ}\mathbf{3}$ …… ③

が成り立つ。

素早く解く!

割り算をせずに，$T(x)x=x^4+2x^3+3x^2+x$ であることに注目して ③ を導いてもよい。

また，$T(x)=(x^2+2x+3)x+1$ …… ④ と変形できる。

ここで，$S(\beta)=T(\beta)=0$ を満たす複素数 β が存在すると仮定すると，③ から　$S(\beta)=T(\beta)\beta+\beta^2+2\beta+3$

よって，複素数 β は $\beta^2+2\beta+3=0$ を満たす。

このとき，④ から $T(\beta)=(\beta^2+2\beta+3)\beta+1=1$ となり，

←(2) と同様の方針で進めるため，④ の変形を行うと，$T(x)$ を x^2+2x+3 で割ると割り切れないことがわかる。これから，$S(\beta)=T(\beta)=0$ を満たす

$T(\beta)=0$ に矛盾する。
したがって，$S(\beta)=T(\beta)=0$ を満たす複素数 β は存在しない。（ツ⓪）

β は存在しないのではないか，と予想し，以後の背理法の方法を試みている。

参考　(2) は方程式 $P(x)=0$ と $Q(x)=0$ の共通解の個数を調べる問題である。
共通解 α は $P(\alpha)=0$，$Q(\alpha)=0$ すなわち $\alpha^4-4\alpha^3+4\alpha^2+12\alpha-21=0$ …… ⑤，$\alpha^3-6\alpha^2+15\alpha-14=0$ …… ⑥ から，⑤$-$⑥$\times\alpha$ を考えていくことでも求められる。

26 **解答**　(1)　$P(x)$ が $x+1$ で割り切れるとき，
$P($アイ$\mathbf{-1})=0$ が成り立つ。

➡ 基60（因数定理）

$$P(-1)=1+k\cdot 1+l(-1)+m=m+k-l+1$$

よって　$m+k-l+1=0$
ゆえに　$m=$ウ$-k+l-$エ$\mathbf{1}$ …… ①
よって　$P(x)=x^4+kx^2+lx-k+l-1$
$=(x^4-1)+k(x^2-1)+l(x+1)$
$=(x+1)\{(x-1)(x^2+1)+k(x-1)+l\}$
$=(x+1)\{(x^3-x^2+x-1)+(kx-k)+l\}$
$=(x+1)\{x^3-x^2+(k+1)x-k+l-1\}$

⬅**次数の低い文字 $\boldsymbol{k}$，$\boldsymbol{l}$ で整**理の方針で因数分解することができる。
$x^4-1=(x^2-1)(x^2+1)$
$=(x+1)(x-1)(x^2+1)$
⬅ $P(x)=(x+1)Q(x)$ の形。

したがって　$Q(x)=x^3-x^2+(k+$オ$\mathbf{1})x-k+l-$カ$\mathbf{1}$

(2)　$Q(x)$ が $x+1$ で割り切れることから　$Q(-1)=0$
ここで
$Q(-1)=-1-1+(k+1)(-1)-k+l-1=-2k+l-4$
よって　$-2k+l-4=0$　　ゆえに　$l=$キ$\mathbf{2}k+$ク$\mathbf{4}$
① に代入して　$m=-k+(2k+4)-1=k+$ケ$\mathbf{3}$
よって　$Q(x)=x^3-x^2+(k+1)x-k+(2k+4)-1$
$=x^3-x^2+(k+1)x+k+3$

1	-1	$k+1$	$k+3$	-1
	-1	2	$-k-3$	
1	-2	$k+3$	0	

$Q(-1)=0$ であるから
$Q(x)=(x+1)(x^2-2x+k+3)$
よって　$P(x)=(x+1)\cdot(x+1)(x^2-2x+k+3)$
$=(x+1)^2(x^2-2x+k+3)$
したがって　$R(x)=x^2-$コ$\mathbf{2}x+k+$サ$\mathbf{3}$

⬅ $P(x)=(x+1)Q(x)$
⬅ $P(x)=(x+1)^2R(x)$ の形。

(3)　$(x+1)^2$ はつねに 0 以上の値をとるから，$P(x)$ がつねに 0 以上の値をとることは，$R(x)$ がつねに 0 以上の値をとること，すなわち 2 次方程式 $R(x)=0$ の判別式 D が 0 以下（シ①）となることと同値である。

ここで　$\dfrac{D}{4}=(-1)^2-1\cdot(k+3)=-(k+2)$

$D\leqq 0$ から　$-(k+2)\leqq 0$　すなわち　$k+$ス$\mathbf{2}\geqq 0$（セ④）

⬅ $P(x)=(x+1)^2R(x)$
⬅ $f(x)=ax^2+bx+c\ (a\neq 0)$ について，つねに $f(x)\geqq 0$ が成り立つための条件は，$f(x)=0$ の判別式を D とすると
$a>0$ かつ $D\leqq 0$

(4) 4 次方程式 $P(x)=0$ の虚数解 $t+3i$，$t-3i$ は，2 次方程式 $R(x)=0$ の解である。2 次方程式の解と係数の関係により　$(t+3i)+(t-3i)=2$ …… ②，
$(t+3i)(t-3i)=k+3$ …… ③
② から　$2t=2$　すなわち　$t=$ ツ$\mathbf{1}$
③ から　$1^2-9(-1)=k+3$　すなわち　$k=$ タ$\mathbf{7}$

⬅ $P(x)=0$ すなわち $(x+1)^2R(x)=0$ とすると $x+1=0$ または $R(x)=0$

27 解答 (1) $f(x)=x^4-2x^3-x^2-10x+12$ とすると
$f(1)=1-2\cdot1-1-10\cdot1+12=0$

➡ 基 61

よって，方程式は
$(x-1)(x^3-x^2-2x-12)=0$
次に，$g(x)=x^3-x^2-2x-12$ とすると
$g(3)=27-9-2\cdot3-12=0$

1	−2	−1	−10	12	1
	1	−1	−2	−12	
1	−1	−2	−12	0	3
	3	6	12		
1	2	4	0		

ゆえに，方程式は
$(x-1)(x-3)(x^2+2x+4)=0$
$x^2+2x+4=0$ を解くと　$x=-1\pm\sqrt{3}\,i$
よって，$f(x)=0$ の解は，$x=1$，3，$-1\pm\sqrt{3}\,i$ であるから，$f(x)=0$ は異なる 2 つの実数解と，異なる 2 つの虚数解をもつ。(ア ①)

(2) 実数を係数とする 4 次方程式が虚数解をもつとすると，その虚数と共役な複素数も解である。

➡ 演 12

よって，実数を係数とする 4 次方程式が虚数解をもつとき，異なる虚数解は 2 つまたは 4 つである。
したがって，② と ⑦ は起こりえない。

➡ ***素早く解く!***

a，b，c，d を実数とする。
$(x-a)(x-b)(x-c)(x-d)=0$ …… ① は，実数を係数とする 4 次方程式である。

⬅ 実数の和，積は実数であるから，① の左辺を展開したときの係数も実数である。

a，b，c，d が互いに異なるとき，4 次方程式 ① は異なる 4 つの実数解をもつ。
$a=b$，$c=d$，$a\neq c$ のとき，① は $(x-a)^2(x-c)^2=0$ となるから，この 4 次方程式は異なる 2 つの実数解をもつ。
ゆえに，⓪ と ④ は起こりうる。
p，q，r，s を実数とする。
2 つの 2 次方程式 $x^2+px+q=0$，$x^2+rx+s=0$ は，それぞれ異なる 2 つの虚数解をもつとし，これら 4 つの数は互いに異なる虚数であるとする。
$(x^2+px+q)(x^2+rx+s)=0$ は，実数を係数とする 4 次方程式である。

⬅ 例えば，$p=0$，$q=1$，$r=0$，$s=4$ とすると，
$x^2+1=0$ の解は
$x=\pm i$
$x^2+4=0$ の解は
$x=\pm 2i$
であり，これら 4 つの数は互いに異なる虚数である。

この 4 次方程式は異なる 4 つの虚数解をもつから，①は起こりうる。

$(x^2+px+q)^2=0$ は，実数を係数とする 4 次方程式である。

この 4 次方程式は異なる 2 つの虚数解をもつから，⑤は起こりうる。

$(x-a)(x-b)(x^2+px+q)=0$ …… ② は，実数を係数とする 4 次方程式である。

$a \neq b$ のとき，② は異なる 2 つの実数解と，異なる 2 つの虚数解をもつ。

$a=b$ のとき，② はただ 1 つの実数解と，異なる 2 つの虚数解をもつ。

よって，③と⑥は起こりうる。

以上から，起こりえないのは

　　イ②，ウ⑦（またはイ⑦，ウ②）

実際の試験では，起こりえない場合を 2 つ見つけたら，その 2 つをすぐに解答してよい。また，起こりうる場合についても，簡単な方程式で確認するとよい。

例えば，

　　⓪：$x(x-1)(x-2)(x-3)=0$ の解は　　$x=0, 1, 2, 3$

　　③：$x(x-1)(x^2+1)=0$ の解は　　$x=0, 1, \pm i$

を考えることで判断できる。

第 8 章　図形と方程式

CHECK の解説

62　線分 AB を 3：1 に内分する点の座標は

$\left(\dfrac{1\cdot(-1)+3\cdot3}{3+1},\ \dfrac{1\cdot5+3\cdot1}{3+1}\right)$　すなわち　(ア**2**，イ**2**)

←$\left(\dfrac{nx_1+mx_2}{m+n},\ \dfrac{ny_1+my_2}{m+n}\right)$

1：3 に外分する点の座標は

$\left(\dfrac{-3\cdot(-1)+1\cdot3}{1-3},\ \dfrac{-3\cdot5+1\cdot1}{1-3}\right)$

←$\left(\dfrac{-nx_1+mx_2}{m-n},\ \dfrac{-ny_1+my_2}{m-n}\right)$

すなわち　(ウエ**−3**，オ**7**)

また　$AB=\sqrt{\{3-(-1)\}^2+(1-5)^2}=\sqrt{32}=$ カ**4**$\sqrt{}$キ**2**

←$\sqrt{(x_2-x_1)^2+(y_2-y_1)^2}$

△OAB の重心の座標は

$\left(\dfrac{0+(-1)+3}{3},\ \dfrac{0+5+1}{3}\right)$　すなわち　$\left(\dfrac{ク\mathbf{2}}{ケ\mathbf{3}},\ コ\mathbf{2}\right)$

←$\left(\dfrac{x_1+x_2+x_3}{3},\ \dfrac{y_1+y_2+y_3}{3}\right)$

63　点 A を通り，傾きが $\dfrac{3}{5}$ である直線 ℓ の方程式は

$$y-3=\frac{3}{5}\{x-(-2)\}$$

←$y-y_1=m(x-x_1)$

すなわち　ア$\mathbf{3}x-$イ$\mathbf{5}y+$ウエ$\mathbf{21}=0$

直線 ℓ の傾きは $\dfrac{3}{5}$ であるから，ℓ に平行で点 B を通る

←平行 ⟺ 傾きが等しい

直線の方程式は　$y-2=\dfrac{3}{5}(x-1)$

すなわち　オ$\mathbf{3}x-$カ$\mathbf{5}y+$キ$\mathbf{7}=0$

←$y-y_1=m(x-x_1)$

〔別解〕 ℓ に平行で点 B を通る直線の方程式は

$$3(x-1)-5(y-2)=0$$

　すなわち　オ$\mathbf{3}x-$カ$\mathbf{5}y+$キ$\mathbf{7}=0$

←点 $(x_1,\ y_1)$ を通り，直線 $ax+by+c=0$ に平行な直線は
$a(x-x_1)+b(y-y_1)=0$

また，線分 AB の中点の座標は

$\left(\dfrac{-2+1}{2},\ \dfrac{3+2}{2}\right)$　すなわち　$\left(-\dfrac{1}{2},\ \dfrac{5}{2}\right)$

←中点$\left(\dfrac{x_1+x_2}{2},\ \dfrac{y_1+y_2}{2}\right)$

➡基 62

直線 AB の傾きは　$\dfrac{2-3}{1-(-2)}=-\dfrac{1}{3}$

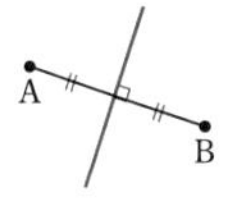

よって，線分 AB の垂直二等分線の傾きを m とすると

$-\dfrac{1}{3}\cdot m=-1$　　ゆえに　　$m=3$

←垂直 ⟺ 傾きの積が −1

線分 AB の垂直二等分線は，点$\left(-\dfrac{1}{2},\ \dfrac{5}{2}\right)$を通り，傾き 3 の直線であるから，その方程式は

$y-\dfrac{5}{2}=3\left(x+\dfrac{1}{2}\right)$　すなわち　ク$\mathbf{3}x-y+$ケ$\mathbf{4}=0$

←$y-y_1=m(x-x_1)$

参考 **基本例題63 参考の証明**

[1]　$a \neq 0$, $b \neq 0$ のとき

直線 $ax+by+c=0$ の傾きは　$-\dfrac{a}{b}$

点 $(x_1,\ y_1)$ を通るから,

直線 $ax+by+c=0$ に平行な直線は

$$y-y_1=-\frac{a}{b}(x-x_1)$$

直線 $ax+by+c=0$ に垂直な直線は

$$y-y_1=\frac{b}{a}(x-x_1)$$

これらを整理すると

$$\boldsymbol{a(x-x_1)+b(y-y_1)=0,}\quad \cdots\cdots Ⓐ$$
$$\boldsymbol{b(x-x_1)-a(y-y_1)=0}$$

が得られる。

[2]　$a=0$, $b \neq 0$ のとき

直線 $ax+by+c=0$ は y 軸に垂直な直線である。

点 $(x_1,\ y_1)$ を通るから,

直線 $ax+by+c=0$ に平行な直線は　$y=y_1$

直線 $ax+by+c=0$ に垂直な直線は　$x=x_1$

これは, Ⓐ の式において, $a=0$, $b \neq 0$ とした場合の結果に一致する。

[3]　$a \neq 0$, $b=0$ のときも, [2] と同様である。

←平行 ⇔ 傾きが等しい
$y-y_1=m(x-x_1)$

←垂直 ⇔ 傾きの積が -1

←$by+c=0$ から　$y=-\dfrac{c}{b}$

64　直線 ℓ の方程式は

$$y-6=\frac{3-6}{3-1}(x-1)$$

すなわち　${}^{ア}\boldsymbol{3}x+2y-{}^{イウ}\boldsymbol{15}=0$

よって　$d=\dfrac{|3\cdot(-1)+2\cdot2-15|}{\sqrt{3^2+2^2}}$

$$=\frac{14}{\sqrt{13}}=\frac{{}^{エオ}\boldsymbol{14}\sqrt{{}^{カキ}\boldsymbol{13}}}{{}^{クケ}\boldsymbol{13}}$$

また, $\mathrm{AB}=\sqrt{(3-1)^2+(3-6)^2}=\sqrt{{}^{コサ}\boldsymbol{13}}$ であるから

$$\triangle\mathrm{ABC}=\frac{1}{2}\cdot\mathrm{AB}\cdot d=\frac{1}{2}\cdot\sqrt{13}\cdot\frac{14}{\sqrt{13}}={}^{シ}\boldsymbol{7}$$

←$y-y_1=\dfrac{y_2-y_1}{x_2-x_1}(x-x_1)$
➡ 基 63

←$\dfrac{|\boldsymbol{ax_1+by_1+c}|}{\sqrt{\boldsymbol{a^2+b^2}}}$

←$\sqrt{(x_2-x_1)^2+(y_2-y_1)^2}$
➡ 基 62

← AB が底辺, d が高さ。

$\overrightarrow{\mathrm{AB}}=(2,\ -3)$, $\overrightarrow{\mathrm{AC}}=(-2,\ -4)$
であるから

$$\triangle\mathrm{ABC}=\frac{1}{2}|2\cdot(-4)-(-2)\cdot(-3)|={}^{シ}\boldsymbol{7}$$

←ベクトル　➡ 基 109

←$\boldsymbol{S=\dfrac{1}{2}|x_1y_2-x_2y_1|}$

65　求める円の方程式を $x^2+y^2+lx+my+n=0$ とすると，A，B，C を通るから

$17+4l-m+n=0$ …… ①，

$45+6l+3m+n=0$ …… ②，$9-3l+n=0$ …… ③

②−① から　$28+2l+4m=0$

すなわち　$14+l+2m=0$ …… ④

①−③ から　$8+7l-m=0$ …… ⑤

④，⑤ を解いて　$l=-2$，$m=-6$

③ から　$n=-15$

よって　$x^2+y^2-{}^{ア}\mathbf{2}x-{}^{イ}\mathbf{6}y-{}^{ウエ}\mathbf{15}=0$

これより　$(x^2-2x+1)+(y^2-6y+9)-1-9-15=0$

すなわち　$(x-1)^2+(y-3)^2=25$

よって　中心の座標は $({}^{オ}\mathbf{1},\ {}^{カ}\mathbf{3})$，半径は ${}^{キ}\mathbf{5}$

また，2 点 A，C を直径の両端とする円について，中心は線分 AC の中点，半径は $\dfrac{\mathrm{AC}}{2}$ である。

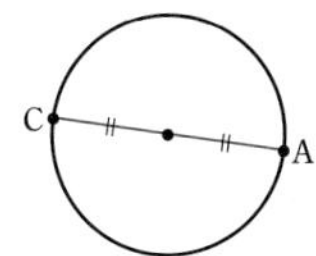

線分 AC の中点の座標は　$\left(\dfrac{4-3}{2},\ \dfrac{-1+0}{2}\right)$

すなわち　$\left(\dfrac{1}{2},\ -\dfrac{1}{2}\right)$

また　$\mathrm{AC}=\sqrt{(-3-4)^2+\{0-(-1)\}^2}=\sqrt{50}$

ゆえに，円の方程式は

$$\left(x-\frac{1}{2}\right)^2+\left\{y-\left(-\frac{1}{2}\right)\right\}^2=\left(\frac{\sqrt{50}}{2}\right)^2$$

すなわち　$\left(x-\dfrac{{}^{ク}\mathbf{1}}{{}^{ケ}\mathbf{2}}\right)^2+\left(y+\dfrac{{}^{コ}\mathbf{1}}{{}^{サ}\mathbf{2}}\right)^2=\dfrac{{}^{シス}\mathbf{25}}{{}^{セ}\mathbf{2}}$

←一般形

←点を通る ⟶ x 座標，y 座標を代入すると成り立つ。

➡ 基 11

←1 つの文字 n を消去して解く。

←$(x-a)^2+(y-b)^2=r^2$ の形に変形。

←中心 $(a,\ b)$，半径 r

←中点 $\left(\dfrac{x_1+x_2}{2},\ \dfrac{y_1+y_2}{2}\right)$

➡ 基 62

←$\sqrt{(x_2-x_1)^2+(y_2-y_1)^2}$

➡ 基 62

←中心 $(a,\ b)$，半径 r の円の方程式
$(x-a)^2+(y-b)^2=r^2$

参考　2 点 A，C を直径とする円については，ベクトルの考え方を利用すると，次のように求めることもできる。

円上の点を $\mathrm{P}(x,\ y)$ とすると，$\overrightarrow{\mathrm{AP}}=(x-4,\ y+1)$，$\overrightarrow{\mathrm{CP}}=(x+3,\ y)$ であり，$\overrightarrow{\mathrm{AP}}\cdot\overrightarrow{\mathrm{CP}}=0$ であるから

$$(x-4)(x+3)+(y+1)y=0$$

整理して　$x^2-x+y^2+y-12=0$

すなわち　$\left(x-\dfrac{{}^{ク}\mathbf{1}}{{}^{ケ}\mathbf{2}}\right)^2+\left(y+\dfrac{{}^{コ}\mathbf{1}}{{}^{サ}\mathbf{2}}\right)^2=\dfrac{{}^{シス}\mathbf{25}}{{}^{セ}\mathbf{2}}$

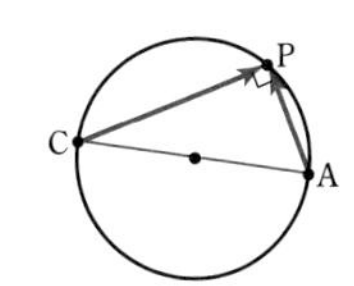

←P≠A，P≠C のとき ∠APC=90° である。
P=A のときは $\overrightarrow{\mathrm{AP}}=\vec{0}$ であるから $\overrightarrow{\mathrm{AP}}\cdot\overrightarrow{\mathrm{CP}}=0$ が成り立つ。
P=C のときも同様。

66　(1)　$x^2+y^2=13$ 上の点 $(2,\ 3)$ における接線の方程式は　${}^{ア}2x+{}^{イ}3y=13$

←$x_1x+y_1y=r^2$

(2) 中心 $(3,\ 0)$ と直線 $2x+y+a=0$ の距離が半径 $\sqrt{5}$ に等しいから $\dfrac{|2\cdot3+0+a|}{\sqrt{2^2+1^2}}=\sqrt{5}$ すなわち $|a+6|=5$

よって　$a+6=\pm5$

ゆえに　$a=$ ウエ-1 または オカキ-11

←(中心と直線の距離)$=r$

←$\dfrac{|ax_1+by_1+c|}{\sqrt{a^2+b^2}}$　➡基 64

←$|X|=A$（A は正の定数）のとき　$X=\pm A$

〔別解〕(2) $y=-2x-a$ を円の方程式に代入して

$$(x-3)^2+(-2x-a)^2=5$$

すなわち　$5x^2+2(2a-3)x+a^2+4=0$

この方程式の判別式を D とすると，接するとき　$D=0$

ここで　$\dfrac{D}{4}=(2a-3)^2-5(a^2+4)=-(a^2+12a+11)$

よって　$a^2+12a+11=0$

ゆえに　$(a+1)(a+11)=0$

したがって　$a=$ ウエ-1 または オカキ-11

←y を消去する。

←接する $\Leftrightarrow$ $D=0$

←$b=2b'$ のとき $\dfrac{D}{4}=b'^2-ac$　➡基 14

67 $y=x^2+4px+2p^2-4p-3$

$=x^2+4px+(2p)^2-(2p)^2+2p^2-4p-3$

$=(x+2p)^2-2p^2-4p-3$

よって，頂点の座標は　(アイ$-2p$，ウエ$-2p^2-$オ$4p-$カ3)

$x=-2p$ …… ①，$y=-2p^2-4p-3$ …… ② とする。

① から　$p=-\dfrac{x}{2}$　② に代入して

$$y=-2\left(-\frac{x}{2}\right)^2-4\left(-\frac{x}{2}\right)-3=-\frac{1}{2}x^2+2x-3$$

よって，軌跡の方程式は　$y=\dfrac{\text{キク}-1}{\text{ケ}2}x^2+$コ$2x-$サ$3$

←CHART　まず平方完成　➡基 8

←頂点の座標 $(x,\ y)$

←媒介変数 p を消去する。

←$x,\ y$ の関係式を導く。

▼ 練習の解説

練習 29

すべての a について 成り立つ → a についての 恒等式。
$f(x,\ y)+kg(x,\ y)=0$ → $f(x,\ y)=0,\ g(x,\ y)=0$ の交点を通る図形

解答 (1) a について整理して $(x-2y-1)a+3x+2=0$

これがどのような a に対しても成り立つとき

$$x-2y-1=0,\ 3x+2=0$$

これを解いて　$x=-\dfrac{2}{3}$，$y=-\dfrac{5}{6}$

よって，点 $\left(\dfrac{\text{アイ}-2}{\text{ウ}3},\ \dfrac{\text{エオ}-5}{\text{カ}6}\right)$ が求める定点である。

←a についての恒等式。　➡基 55

(2) k を定数とすると，$x^2+y^2-6+k(2x-y-1)=0$ は円 $x^2+y^2=6$ と直線 $y=2x-1$ の交点を通る図形を表す。

←$f(x,\ y)+kg(x,\ y)=0$

これが原点O(0, 0)を通るから　$-6-k=0$

よって　$k=-6$

ゆえに，円の方程式は　$x^2+y^2-6-6(2x-y-1)=0$

すなわち　$x^2+y^2-12x+6y=0$

ゆえに　$(x^2-12x+36)+(y^2+6y+9)-36-9=0$

よって　$(x-6)^2+(y+3)^2=45$

ゆえに，中心 (ｷ$\mathbf{6}$, ｸｹ$\mathbf{-3}$)，半径 $\sqrt{45}=$ ｺ$\mathbf{3}\sqrt{{}^{サ}\mathbf{5}}$

←点を通る ⟶ x 座標，y 座標を代入すると成り立つ。 ➡基 11

←$(x-a)^2+(y-b)^2=r^2$ の形に変形。中心 (a, b)，半径 r ➡基 65

練習 30

2点A，Bが
点Pに関して対称
⟺ Pは線分 ABの中点。
直線 ℓ に関して対称
⟺ AB⊥ℓ，線分ABの 中点は ℓ 上 にある。
対称な円 ⟶ 中心の対称点を考える。半径は変わらない。

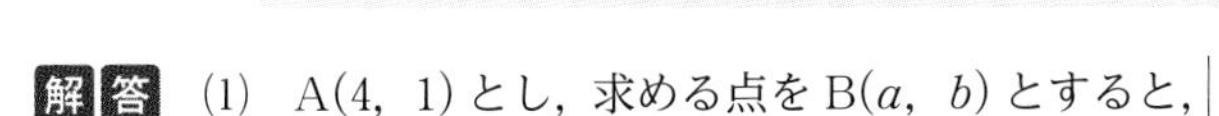

解答 (1)　A(4, 1)とし，求める点をB(a, b)とすると，直線ABと直線 $3x+y-5=0$ が垂直である。

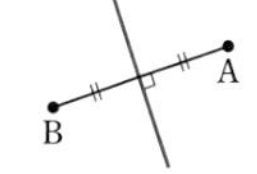

ABの傾きは　$\dfrac{b-1}{a-4}$，　$3x+y-5=0$ の傾きは　-3

よって　$\dfrac{b-1}{a-4}\cdot(-3)=-1$

すなわち　$-3(b-1)=-(a-4)$

ゆえに　$a-3b-1=0$ …… ①

また，線分ABの中点 $\left(\dfrac{a+4}{2},\ \dfrac{b+1}{2}\right)$ が直線

$3x+y-5=0$ 上にあるから　$3\cdot\dfrac{a+4}{2}+\dfrac{b+1}{2}-5=0$

すなわち　$3a+b+3=0$ …… ②

①，② から　$a=-\dfrac{4}{5}$，$b=-\dfrac{3}{5}$

よって，求める点の座標は　$\left(\dfrac{{}^{アイ}\mathbf{-4}}{{}^{ウ}\mathbf{5}},\ \dfrac{{}^{エオ}\mathbf{-3}}{{}^{カ}\mathbf{5}}\right)$

←POINT!

←垂直 ⟺ 傾きの積が -1 ➡基 63

←POINT!

(2)　P(3, −2)，求める円の中心をC(x, y)とすると，CはPに関して，点O(0, 0)と対称な点である。

線分OCの中点 $\left(\dfrac{x+0}{2},\ \dfrac{y+0}{2}\right)$ が点Pに一致するから

$\dfrac{x}{2}=3$，$\dfrac{y}{2}=-2$　　よって　$x=6$，$y=-4$

ゆえに，対称な円の中心の座標は $(6, -4)$ である。

←中心に着目して考える。

←Oは円 $x^2+y^2=7$ の中心。

←POINT!
中点 $\left(\dfrac{x_1+x_2}{2},\ \dfrac{y_1+y_2}{2}\right)$ ➡基 62

また，半径はもとの円と変わらないから，求める円の方程式は　$(x-^{キ}\mathbf{6})^2+(y+^{ク}\mathbf{4})^2=^{ケ}\mathbf{7}$

⬅対称移動で円の半径は変わらない。

ベクトルを利用すると，点Cの座標は
$\overrightarrow{OC}=2\overrightarrow{OP}=2(3,\ -2)=(6,\ -4)$　[Oは原点]

練習 31

円の外にある点を通る接線 ⟶ 接点を $(a,\ b)$ とおく。

円の接線 ⟶ ① $x_1x+y_1y=r^2$　② (中心と接線の距離)$=r$
③ 判別式 $D=0$　④ 中心と接点を通る直線に垂直

直線と半径 r の円が **異なる2点** で交わる

⟺ (中心と直線の距離)$<r$

⟺ 1文字消去した方程式の判別式 $D>0$

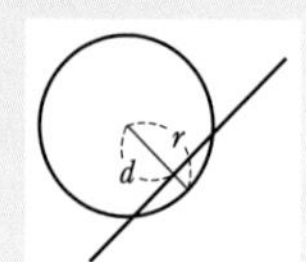

解答　(1)　接点を $(a,\ b)$ とすると，接線の方程式は
$ax+by=2$ …… ①

⬅接点を $(a,\ b)$ とおくと $ax+by=r^2$

① が点 A(3, 1) を通るから　$3a+b=2$ …… ②

また，点 $(a,\ b)$ は円上にあるから　$a^2+b^2=2$ …… ③

⬅ A は接線上，$(a,\ b)$ は円上の点 ⟶ x 座標，y 座標を代入すると成り立つ。

② から　$b=2-3a$

これを ③ に代入して　$a^2+(2-3a)^2=2$

⬅ b を消去。

ゆえに　$5a^2-6a+1=0$

よって　$(a-1)(5a-1)=0$　　ゆえに　$a=1,\ \dfrac{1}{5}$

② から　$a=1$ のとき $b=-1$,　$a=\dfrac{1}{5}$ のとき $b=\dfrac{7}{5}$

よって，① から

⇒素早く解く！

接点が点 $(^{ア}\mathbf{1},\ ^{イウ}\mathbf{-1})$ のものは　$x-y=^{エ}\mathbf{2}$

接点が点 $\left(\dfrac{^{オ}\mathbf{1}}{^{カ}\mathbf{5}},\ \dfrac{^{キ}\mathbf{7}}{^{ク}\mathbf{5}}\right)$ のものは　$\dfrac{1}{5}x+\dfrac{7}{5}y=2$

すなわち　$x+^{ケ}\mathbf{7}y=^{コサ}\mathbf{10}$

接線が $x-y=$ [エ] の形まで与えられているから，接線が A(3, 1) を通ることにより　$3-1=2$　　ゆえに　$x-y=^{エ}\mathbf{2}$
このように求めることもできる。
(接点の座標は求める必要がある)

(2)　C と $\ell：ax-y-2a=0$ が異なる2点で交わるとき

$$\frac{|-2a|}{\sqrt{a^2+(-1)^2}}<\sqrt{3}$$

⬅(中心と接線の距離)$<r$
中心 $(0,\ 0)$，半径 $\sqrt{3}$

よって　$2|a|<\sqrt{3}\sqrt{a^2+1}$

両辺は正であるから2乗して　$4a^2<3(a^2+1)$

ゆえに　$a^2-3<0$　よって　$-\sqrt{{}^{シ}3}<a<\sqrt{3}$

$a=\sqrt{3}$ のとき，円 C の中心と ℓ の距離が半径に等しくなるから，ℓ と C は接する。

接点は，接線 ℓ：$y=\sqrt{3}(x-2)$ と，接線に垂直で円の中心 $(0,\ 0)$ を通る直線 n との交点である。

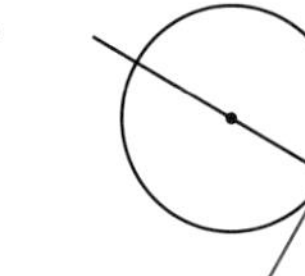

n の傾きは $-\dfrac{1}{\sqrt{3}}$ であるから，

n の方程式は　$y=-\dfrac{1}{\sqrt{3}}x$

$y=\sqrt{3}(x-2)$ に代入して　$-\dfrac{1}{\sqrt{3}}x=\sqrt{3}(x-2)$

よって　$x=\dfrac{{}^{ス}3}{{}^{セ}2}$　これが接点の x 座標である。

〔別解〕　$y=a(x-2)$ を $x^2+y^2=3$ に代入して

$$x^2+a^2(x-2)^2=3$$

すなわち　$(a^2+1)x^2-4a^2x+4a^2-3=0$ …… ①

よって，$a^2+1 \neq 0$ より ① の判別式を D とすると，異なる2点で交わるから　$D>0$

ここで　$\dfrac{D}{4}=(-2a^2)^2-(a^2+1)(4a^2-3)$

$$=4a^4-(4a^4+a^2-3)=-(a^2-3)$$

$D>0$ から　$a^2-3<0$　よって　$-\sqrt{{}^{シ}3}<a<\sqrt{3}$

$a=\sqrt{3}$ のとき，$D=0$ となるから，ℓ と C は接する。

このとき，① は　$4x^2-12x+9=0$

すなわち　$(2x-3)^2=0$

よって　$x=\dfrac{{}^{ス}3}{{}^{セ}2}$

これが接点の x 座標である。

〔重要例題 31 (2) の別解〕

$y=-kx+3\sqrt{2}$ を $x^2+y^2=6$ に代入すると

$$x^2+(-kx+3\sqrt{2})^2=6$$

すなわち　$(k^2+1)x^2-6\sqrt{2}kx+12=0$ …… ①

よって，$k^2+1 \neq 0$ より ① の判別式を D とすると，接するから　$D=0$

ゆえに　$\dfrac{D}{4}=(-3\sqrt{2}k)^2-(k^2+1)\cdot 12=6(k^2-2)$

$D=0$ から　$k^2=2$　$k>0$ であるから　$k=\sqrt{{}^{オ}2}$

←$a^2-3<0$ から $(a+\sqrt{3})(a-\sqrt{3})<0$

←接線は，中心と接点を通る直線 n に垂直。

←ℓ の傾きは $\sqrt{3}$
$\sqrt{3}\cdot m=-1$ から $m=-\dfrac{1}{\sqrt{3}}$
傾き $-\dfrac{1}{\sqrt{3}}$ で $(0,\ 0)$ を通る直線は　$y=-\dfrac{1}{\sqrt{3}}x$

←異なる2点で交わる $\iff D>0$

←$b=2b'$ のとき $\dfrac{D}{4}=b'^2-ac$　➡ 基 14

←接する $\iff D=0$　➡ 基 66

←① の重解は
$x=-\dfrac{-4a^2}{2(a^2+1)}=\dfrac{4\cdot 3}{2\cdot 4}=\dfrac{3}{2}$
として求めてもよい。

←接する $\iff D=0$　➡ 基 66

←$b=2b'$ のとき $\dfrac{D}{4}=b'^2-ac$　➡ 基 14

このとき，① は　$3x^2-12x+12=0$

すなわち　$(x-2)^2=0$

ゆえに　$x=2$

$y=-kx+3\sqrt{2}$ に代入して　$y=-\sqrt{2}\cdot 2+3\sqrt{2}=\sqrt{2}$

したがって，接点の座標は　（$^{カ}\mathbf{2}$，$\sqrt{^{キ}\mathbf{2}}$）

⬅① の重解は $x=-\dfrac{-6\sqrt{2}k}{2(k^2+1)}=\dfrac{12}{6}=2$ として求めてもよい。

⬅接線の方程式に $k=\sqrt{2}$，$x=2$ を代入。

参考　円の接線の方程式を求めるにはいろいろな方法があるが，次の点に注意して使い分けるとよいだろう。

① $\boldsymbol{x_1x+y_1y=r^2}$：円の中心が原点のときしか使えない。
接点がわかっているときは，一番早い。

② **(中心と接線の距離)$=r$，**　③ $\boldsymbol{D=0}$：
円の中心が原点以外のときも使える。
接線が具体的な形（$kx+y=3\sqrt{2}$ など）で与えられているとき，使いやすい。
「異なる2点で交わる」，「共有点がない」ときにも使える。（➡練習 31）

④ **中心と接点を通る直線に垂直：**
接線がわかっているときに，接点の座標を求めるのに便利。

練習 32

図形上の点との距離の最大・最小
・距離を文字で表して，最大・最小を考える。
・（特に円の場合は）図をかく とわかりやすくなる。

解答　点 $\mathrm{P}(p,\ -p^2+2)$ と直線 $\ell：2x-y+5=0$ との距離 d は

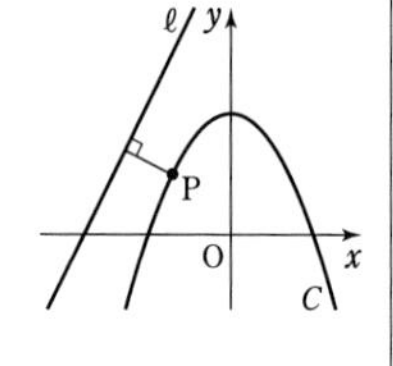

$$d=\frac{|2p-(-p^2+2)+5|}{\sqrt{2^2+(-1)^2}}$$
$$=\frac{1}{\sqrt{5}}|p^2+2p+3|$$

⬅$\dfrac{|ax_1+by_1+c|}{\sqrt{a^2+b^2}}$　➡基 64

ここで，$p^2+2p+3=(p+1)^2+2>0$ であるから

$$d=\frac{1}{\sqrt{^{ア}5}}(p^2+{}^{イ}2p+{}^{ウ}3)=\frac{1}{\sqrt{5}}\{(p+1)^2+2\}$$

よって，$p=-1$ のとき d は最小となる。

このとき，$-p^2+2=-(-1)^2+2=1$ であるから，

$\mathrm{P}(^{エオ}\mathbf{-1},\ ^{カ}\mathbf{1})$ のとき最小値は　$\dfrac{2}{\sqrt{5}}=\dfrac{^{キ}2\sqrt{^{ク}5}}{^{ケ}5}$

⬅$X>0$ のとき $|X|=X$

⬅距離を文字 p で表した。

⬅2次関数の最小値。

CHART　まず平方完成　➡基 10

➡**素早く解く！**

また，$x^2+y^2-6x-2y+5=0$ から

$$(x-3)^2+(y-1)^2=5$$

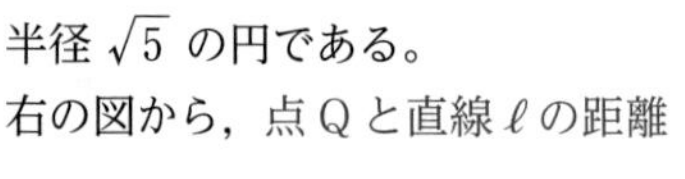

よって，これは中心 $\mathrm{A}(3,\ 1)$，半径 $\sqrt{5}$ の円である。

右の図から，点 Q と直線 ℓ の距離

➡基 65

⬅図をかくと一目瞭然。

が最小となるのはQから直線 ℓ に垂線QHを下ろしたとき，H，Q，Aがこの順に一直線上にあるときである。
よって，最小値は AH－(円の半径) である。
また，点Qと直線 ℓ の距離が最大となるのは，H，A，Qがこの順に一直線上にあるときである。
よって，最大値は AH＋(円の半径) である。

ここで，$\mathrm{AH}=\dfrac{|2\cdot3-1+5|}{\sqrt{2^2+(-1)^2}}=\dfrac{10}{\sqrt{5}}=2\sqrt{5}$ であるから，

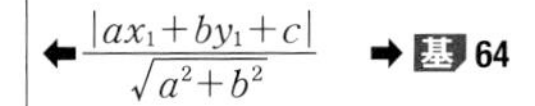

⇒ 基 64

最小値は　$2\sqrt{5}-\sqrt{5}=\sqrt{{}^{シ}\mathbf{5}}$，
最大値は　$2\sqrt{5}+\sqrt{5}={}^{ソ}\mathbf{3}\sqrt{{}^{タ}\mathbf{5}}$

最小となる点Qについて
AQ：QH$=\sqrt{5}:(2\sqrt{5}-\sqrt{5})=1:1$
また，最大となる点Qについて
AQ：QH$=\sqrt{5}:(2\sqrt{5}+\sqrt{5})=1:3$

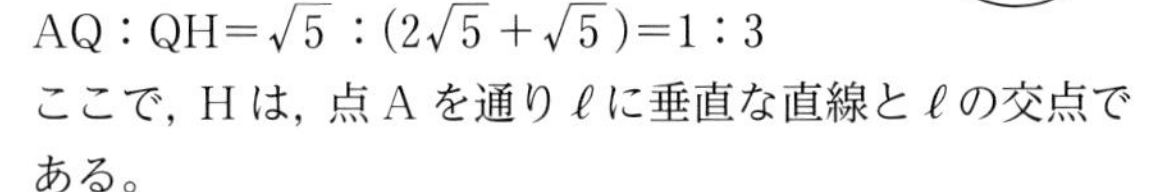

ここで，Hは，点Aを通り ℓ に垂直な直線と ℓ の交点である。

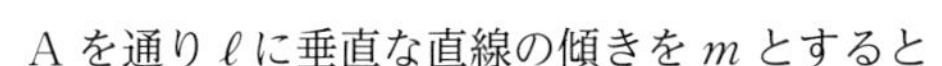

Aを通り ℓ に垂直な直線の傾きを m とすると

$$2m=-1 \qquad よって \qquad m=-\frac{1}{2}$$

ゆえに，その方程式は　$y-1=-\dfrac{1}{2}(x-3)$

すなわち　$y=-\dfrac{1}{2}x+\dfrac{5}{2}$

これと $\ell：y=2x+5$ を連立させて解くと

$$x=-1,\ y=3 \qquad ゆえに \qquad \mathrm{H}(-1,\ 3)$$

最小となる点Qは線分AHの中点であるから，その座標は　$\left(\dfrac{3-1}{2},\ \dfrac{1+3}{2}\right)$　よって　$({}^{コ}\mathbf{1},\ {}^{サ}\mathbf{2})$

また，最大となる点Qは線分AHを1：3に外分する点であるから，その座標は

$$\left(\frac{-3\cdot3+1\cdot(-1)}{1-3},\ \frac{-3\cdot1+1\cdot3}{1-3}\right)$$

すなわち　$({}^{ス}\mathbf{5},\ {}^{セ}\mathbf{0})$

⬅**素早く解く！**
AH：$y=-\dfrac{1}{2}x+\dfrac{5}{2}$ と円の交点としてQを求めてもよいが，内分点，外分点と考える方が計算が早い。

⬅垂直 ⟺ 傾きの積が -1

⬅$y-y_1=m(x-x_1)$
⇒ 基 63

⬅中点 $\left(\dfrac{x_1+x_2}{2},\ \dfrac{y_1+y_2}{2}\right)$
⇒ 基 62

⬅$\left(\dfrac{-nx_1+mx_2}{m-n},\ \dfrac{-ny_1+my_2}{m-n}\right)$
⇒ 基 62

最小となる点Pは直線 ℓ と同じ傾きをもつ C の接線の接点である。(⇒ 基 85)
C について，$y=-x^2+2$ を微分すると
$$y'=-2x$$
ℓ の傾きは2であるから　$-2x=2$　よって　$x=-1$
したがって　$\mathrm{P}({}^{エオ}\mathbf{-1},\ {}^{カ}\mathbf{1})$

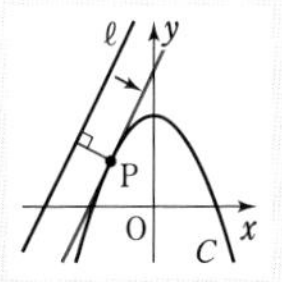

問題の解説

問題 13

(2)　k の値によって放物線も直線も動くので，演習例題 13 とは異なり，直感的に答を予想するのは難しい。しかし，例題と同じ手順で軌跡を求め，特徴をつかめばよい。

2 つのグラフが異なる 2 点で交わる ⟶ 判別式 $D>0$

軌跡 ⟶ 文字（媒介変数）を消去して関係式を導く。（➡基 67）

交点の x 座標は方程式の解 ⟶ 解と係数の関係（➡基 59）を利用。

解答　(1)　$y=-x^2-k^2$, $y=4kx-3k$ から y を消去すると　$-x^2-k^2=4kx-3k$

すなわち　$x^2+4kx+k^2-3k=0$ …… ①

この判別式を D とすると

$$\frac{D}{4}=(2k)^2-1\cdot(k^2-3k)=3k^2+3k=3k(k+1)$$

⬅ $ax^2+2b'x+c=0\ (a\neq0)$ の判別式を D とすると $\frac{D}{4}=b'^2-ac$　➡基 14

放物線と直線が異なる 2 点で交わるから　$D>0$

ゆえに　$3k(k+1)>0$

よって　$k<$ ^{アイ}-1, ^{ウ}$0<k$

(2)　① の 2 つの解を $x=\alpha$, β とすると，解と係数の関係により　$\alpha+\beta=-4k$

⬅ $ax^2+bx+c=0\ (a\neq0)$ の 2 つの解を α, β とすると $\alpha+\beta=-\frac{b}{a}$　➡基 59

線分 AB の中点を M$(x,\ y)$ とすると

$$x=\frac{\alpha+\beta}{2}=-2k \quad \cdots\cdots ②$$

また，点 M は直線 $y=4kx-3k$ 上の点であるから，

$$y=4kx-3k \quad \cdots\cdots ③$$

を満たす。

② より，$k=-\frac{1}{2}x$ であるから，③ に代入して

$$y=4kx-3k=4\left(-\frac{1}{2}x\right)x-3\left(-\frac{1}{2}x\right)$$
$$=-2x^2+\frac{3}{2}x$$

⬅ k を消去。　➡基 67

(1) の結果より，$k<-1$, $0<k$ であるから，$k=-\frac{1}{2}x$ を代入して　$-\frac{1}{2}x<-1$, $0<-\frac{1}{2}x$

よって　$x<0$, $2<x$

ゆえに，点 M の軌跡の方程式は

$$y=-2x^2+\frac{3}{2}x \quad (x<0,\ 2<x)$$

したがって，点 M の軌跡を表すグラフとして適するものは　^{エ}①

素早く解く!

$y=-2x\left(x-\frac{3}{4}\right)$ と変形すると，x 軸の $x=0$, $\frac{3}{4}$ の点で交わり，上に凸の放物線であることがわかるから，⓪，① のいずれかまで絞れる。

問題 14

領域における最大・最小

① 連立不等式を満たす領域を図示する。

$$f(x)g(x)\geqq 0 \Longleftrightarrow \begin{cases} f(x)\geqq 0 \\ g(x)\geqq 0 \end{cases} \text{ または } \begin{cases} f(x)\leqq 0 \\ g(x)\leqq 0 \end{cases}$$

② $y-x=k$ とおき，k を変化させたとき，連立不等式を満たす領域と共有点をもつような k の値の最大・最小を考える。

解答　$x^2+y^2=10$ …… ① とする。

不等式 $x^2+y^2\leqq 10$ の表す領域は，

円 ① の周および内部 …… ② である。

←① は，原点中心，半径 $\sqrt{10}$ の円である。

次に，不等式 $(2x+y-5)(x-2y)\geqq 0$ が成り立つことは

$$\begin{cases} 2x+y-5\geqq 0 \\ x-2y\geqq 0 \end{cases} \text{ または } \begin{cases} 2x+y-5\leqq 0 \\ x-2y\leqq 0 \end{cases}$$

すなわち

$$\begin{cases} y\geqq -2x+5 \\ y\leqq \dfrac{1}{2}x \end{cases} \cdots\cdots ③ \quad \text{または} \quad \begin{cases} y\leqq -2x+5 \\ y\geqq \dfrac{1}{2}x \end{cases} \cdots\cdots ④$$

が成り立つことと同じである。

よって，② かつ（③ または ④）が成り立つ領域を図示すると，右の図の斜線部分である。

ただし，境界線を含む。

←点 (0, 1) は不等式 $(2x+y-5)(x-2y)\geqq 0$ を満たす。
領域を図示したら，このように簡単に確認するとよい。
なお，点 (0, 0) は境界線上の点であることに注意。

$y-x=k$ …… ⑤ とおくと，

⑤ は傾き 1，y 切片 k の直線を表す。

図から，直線 ⑤ が円 ① に第 2 象限で接するとき，k の値は最大となる。この接点を A とし，原点を O とすると，直線 OA は原点を通り直線 ⑤ に垂直な直線である。

直線 OA の傾きを m とすると，$1\cdot m=-1$ から

$$m=-1$$

➡ 基 63

よって，直線 OA の方程式は　$y=-x$

① に代入して　$x^2+(-x)^2=10$

整理すると　$x^2=5$　　よって　$x=\pm\sqrt{5}$

$x<0$ であるから　$x=-\sqrt{5}$

←A は第 2 象限の点。

$y=-x$ に代入して　$y=\sqrt{5}$

ゆえに，A$(-\sqrt{5},\ \sqrt{5})$ であり，このとき

$$k=y-x=\sqrt{5}-(-\sqrt{5})=2\sqrt{5}$$

よって，$x=-\sqrt{{}^{ア}\mathbf{5}}$，$y=\sqrt{{}^{イ}\mathbf{5}}$ のとき最大値 ${}^{ウ}\mathbf{2}\sqrt{{}^{エ}\mathbf{5}}$ をとる。

次に，直線 $y=-2x+5$ と円 ① の第4象限における交点をBとする。図から，直線 ⑤ が点Bを通るとき，k の値は最小となる。

←直線 ⑤ が円 ① に第4象限で接するときの接点は，連立不等式を満たす領域に含まれない。

$y=-2x+5$ を ① に代入して

$$x^2+(-2x+5)^2=10$$

整理すると　$x^2-4x+3=0$

ゆえに　$(x-1)(x-3)=0$　　よって　$x=1,\ 3$

図から　$x=3$

←点Bは2つある交点のうち，x 座標の大きい方である。

$y=-2x+5$ に代入して　$y=-2\cdot3+5=-1$

ゆえに，B(3, −1) であり，このとき

$$k=y-x=-1-3=-4$$

よって，$x={}^{オ}\mathbf{3}$，$y={}^{カキ}\mathbf{-1}$ のとき最小値 ${}^{クケ}\mathbf{-4}$ をとる。

実践問題の解説

28 解答 (1)　Pは線分ABを2：1に内分する点であるから，その座標は

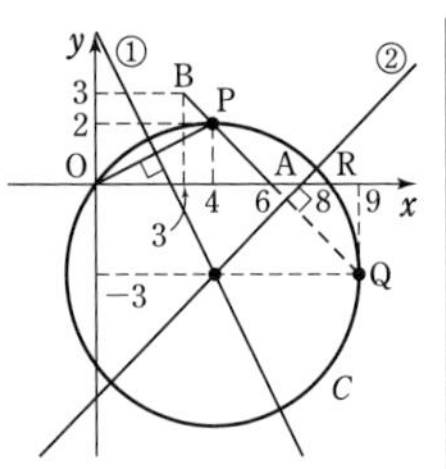

$$\left(\frac{1\cdot6+2\cdot3}{2+1},\ \frac{1\cdot0+2\cdot3}{2+1}\right)$$

←$\left(\dfrac{nx_1+mx_2}{m+n},\ \dfrac{ny_1+my_2}{m+n}\right)$ ➡ 基 62

すなわち　$({}^{ア}\mathbf{4},\ {}^{イ}\mathbf{2})$

Qは線分ABを1：2に外分する点であるから，その座標は

$$\left(\frac{-2\cdot6+1\cdot3}{1-2},\ \frac{-2\cdot0+1\cdot3}{1-2}\right)$$

←$\left(\dfrac{-nx_1+mx_2}{m-n},\ \dfrac{-ny_1+my_2}{m-n}\right)$ ➡ 基 62

すなわち　$({}^{ウ}\mathbf{9},\ {}^{エオ}\mathbf{-3})$

(2)　線分OPの中点の座標は　$\left(\dfrac{0+4}{2},\ \dfrac{0+2}{2}\right)$

←中点 $\left(\dfrac{x_1+x_2}{2},\ \dfrac{y_1+y_2}{2}\right)$ ➡ 基 62

すなわち　(2, 1)

また，直線OPの傾きは　$\dfrac{2-0}{4-0}=\dfrac{1}{2}$

したがって，OPに垂直な直線の傾きを m_1 とすると，

$\dfrac{1}{2}\cdot m_1=-1$ から　$m_1=-2$

←垂直 ⟺ 傾きの積が −1 ➡ 基 63

よって，線分OPの中点を通り，OPに垂直な直線の方程式は　$y-1=-2(x-2)$

←$y-y_1=m(x-x_1)$ ➡ 基 63

すなわち　$y={}^{カキ}\mathbf{-2}x+{}^{ク}\mathbf{5}$ …… ①

線分PQの中点の座標は　$\left(\dfrac{4+9}{2},\ \dfrac{2+(-3)}{2}\right)$

➡ 基 62

すなわち　$\left(\dfrac{13}{2},\ -\dfrac{1}{2}\right)$

また，直線 PQ の傾きは　$\dfrac{-3-2}{9-4}=-1$

したがって，PQ に垂直な直線の傾きを m_2 とすると，
$(-1)\cdot m_2=-1$ から　$m_2=1$　➡基 63

よって，線分 PQ の中点を通り，PQ に垂直な直線の方程式は　$y-\left(-\dfrac{1}{2}\right)=x-\dfrac{13}{2}$　➡基 63

すなわち　$y=x-{}^{ケ}\mathbf{7}$ …… ②

①，② を連立して解くと　$x=4,\ y=-3$

ゆえに，2 直線 ①，② の交点，すなわち円 C の中心の座標は　$(4,\ -3)$

円 C の半径，すなわち原点 O と中心 $(4,\ -3)$ の距離は

$$\sqrt{4^2+(-3)^2}=5$$

←原点との距離 $\sqrt{x_1{}^2+y_1{}^2}$ ➡基 62

したがって，円 C の方程式は

$$(x-4)^2+\{y-(-3)\}^2=5^2$$

すなわち　$(x-{}^{コ}\mathbf{4})^2+(y+{}^{サ}\mathbf{3})^2={}^{シス}\mathbf{25}$

←中心 $(a,\ b)$，半径 r の円の方程式
$(\boldsymbol{x-a})^2+(\boldsymbol{y-b})^2=\boldsymbol{r}^2$ ➡基 65

参考 円の方程式を求めるだけならば，円の方程式を $x^2+y^2+lx+my+n=0$ として，通る 3 点 O(0, 0)，P(4, 2)，Q(9, −3) の x，y 座標をそれぞれ代入して，その連立方程式を解けばよい。(➡基 65)

29 解答

(1)　$3x+2y-39=0$ に $y=0$ を代入すると

$$3x-39=0 \quad よって \quad x=13$$

ゆえに，直線 ℓ_1 と x 軸の交点の座標は　$({}^{アイ}\mathbf{13},\ 0)$

また，直線 ℓ_2 の方程式を k について整理すると

$$k(x-5)-y+12=0$$

この等式が k の値に関係なく成り立つための条件は

$$x-5=0,\ -y+12=0$$

この連立方程式を解いて　$x=5,\ y=12$

よって，直線 ℓ_2 が k の値に関係なく通る点の座標は

$$({}^{ウ}\mathbf{5},\ {}^{エオ}\mathbf{12})$$

素早く解く!
直線 $\dfrac{x}{a}+\dfrac{y}{b}=1$ と座標軸の交点の座標は $(a,\ 0)$，$(0,\ b)$ である。
(アイ) は ℓ_1 の方程式を
$$\frac{x}{13}+\frac{2}{39}y=1$$
と変形して求めてもよい。

(2)　点 (5, 12) は直線 ℓ_1 上にもあるから，2 直線 ℓ_1，ℓ_2 および x 軸によって囲まれた三角形ができない条件は，直線 ℓ_2 が x 軸と平行になるか，または直線 ℓ_2 が直線 ℓ_1 に一致することである。

直線 ℓ_2 の方程式を変形すると　$y=kx-5k+12$

よって，直線 ℓ_2 が x 軸と平行になるための条件は

$$k={}^{カ}\mathbf{0}$$

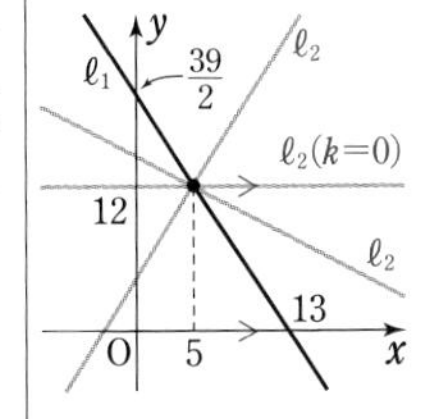

直線 ℓ_2 が直線 ℓ_1 に一致するための条件は，直線 ℓ_2 が点 $(13,\ 0)$ を通ることである。

←直線は通る2点が定まると決まる。(1)の結果を利用。

したがって，$0=k\cdot 13-5k+12$ から　　$k=\dfrac{{}^{キク}\mathbf{-3}}{{}^{ケ}\mathbf{2}}$

(3)　直線 ℓ_2 が点 $(-13,\ 0)$ を通るとき

$$0=k\cdot(-13)-5k+12$$

これを解いて　　$k=\dfrac{{}^{コ}\mathbf{2}}{{}^{サ}\mathbf{3}}$

また，点 $(5,\ 12)$ と原点の距離は　　$\sqrt{5^2+12^2}=13$

よって，原点Oと3点 $(5,\ 12)$，$(13,\ 0)$，$(-13,\ 0)$ の距離はすべて13で等しいから，D が E に含まれるような r の値の範囲は　　$r\geqq{}^{シス}\mathbf{13}$

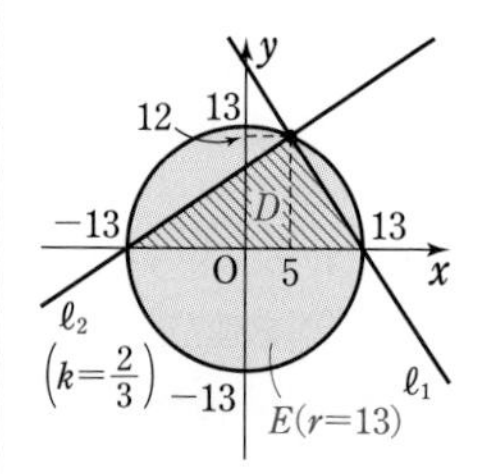

領域 E は円 $x^2+y^2=r^2$ の周および内部である。r の値を大きくしていき，$D\subset E$ となる r の値の範囲を求める。

次に，$r=13$ のとき，直線 ℓ_2 が点 $(-13,\ 0)$ を通るときの ℓ_2 の傾きを k_1，直線 ℓ_2 が点 $(13,\ 0)$ を通るときの ℓ_2 の傾きを k_2 とすると　　$k_1=\dfrac{2}{3}$，$k_2=-\dfrac{3}{2}$

←k_1 の値は(3)の前半から，k_2 の値は(2)から。

$r=13$ のとき，D が E に含まれるための条件は，直線 ℓ_2 の傾きについて，$k\geqq k_1$ または $k<k_2$　すなわち

←傾き k の値を変化させて，図をもとに判断する。

$$k\geqq\frac{{}^{セ}\mathbf{2}}{{}^{ソ}\mathbf{3}} \text{ または } k<\frac{{}^{タチ}\mathbf{-3}}{{}^{ツ}\mathbf{2}}$$ となることである。

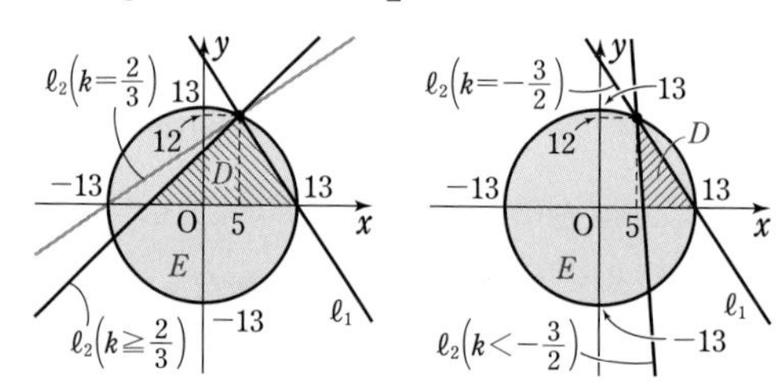

←$k=-\dfrac{3}{2}$ のときは ℓ_2 が ℓ_1 と一致する。

〔別解〕（D が E に含まれるような k の値の範囲）

$k\neq 0$ のとき，直線 ℓ_2 と x 軸との交点の x 座標 $\dfrac{5k-12}{k}$ について，$-13\leqq\dfrac{5k-12}{k}<13$ …… ① を満たすことが条件である。

$k>0$ の場合，$k<0$ の場合に分けて，①の各辺に k を掛けることにより不等式を解く（$k<0$ のとき，k を①の各辺に掛けると不等号の向きが変わることに注意）。

←計算がややめんどうな解法になる。

30 **解答**　(1)　$\mathrm{MQ}=a\mathrm{MP}$ から　　$\mathrm{MP}:\mathrm{MQ}=1:a$

点Pは線分MQ上にあるから，点Pは線分MQを $1:(a-1)$（^{ア}⑤）に内分する。

よって，点Qの座標を $(x,\ y)$ とすると

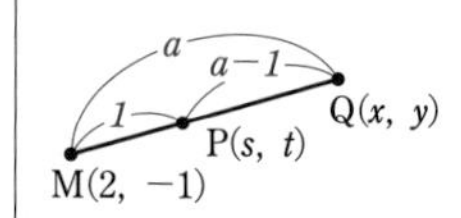

$$s=\frac{(a-1)\cdot 2+1\cdot x}{1+(a-1)}=\frac{x+2a-2}{a},$$ （イ⑧，ウ②）

$$t=\frac{(a-1)\cdot(-1)+1\cdot y}{1+(a-1)}=\frac{y+1-a}{a}$$ （エ⑥，オ②）

➡基62
$M(2,\ -1)$，$P(s,\ t)$

(2) 点Pが円 C 上にあるとき　$s^2+t^2=1$

s，t を消去すると　$\left(\frac{x+2a-2}{a}\right)^2+\left(\frac{y+1-a}{a}\right)^2=1$

両辺に a^2 を掛けて　$(x+2a-2)^2+(y+1-a)^2=a^2$ … ①
（カ⑧，キ⑥，ク②）

よって，点Qは点 $(-(2a-2),\ -(1-a))$ を中心とする半径 a の円上にある。

⬅$C：x^2+y^2=1$

⬅$s=\frac{x+2a-2}{a}$，$t=\frac{y+1-a}{a}$ を代入。

(3) 直線 ℓ と円 C が接するから　$\frac{|-k|}{\sqrt{1^2+1^2}}=1$

よって　$|k|=\sqrt{2}$　$k>0$ であるから　$k=\sqrt{^{ケ}\mathbf{2}}$

点Pが ℓ 上を動くとき　$s+t-\sqrt{2}=0$

s，t を消去すると　$\frac{x+2a-2}{a}+\frac{y+1-a}{a}-\sqrt{2}=0$

整理すると　$x+y+({}^{コ}\mathbf{1}-\sqrt{^{サ}\mathbf{2}})a-{}^{シ}\mathbf{1}=0$ …… ②

したがって，点Qの軌跡は ℓ と平行な直線である。

⬅円 C の中心 $(0,\ 0)$ と直線 ℓ との距離が円 C の半径に等しい。
➡基66，➡重31

⬅$\ell：x+y-k=0$ で②と x，y の係数が一致している。

(4) 円 C_a の中心は点 $(2-2a,\ a-1)$，直線 ℓ_a の方程式は $x+y+(1-\sqrt{2})a-1=0$ である。

よって，円 C_a の中心と直線 ℓ_a の距離は

$$\frac{|(2-2a)+(a-1)+(1-\sqrt{2})a-1|}{\sqrt{1^2+1^2}}=\frac{|-\sqrt{2}a|}{\sqrt{2}}=a$$
（ス②）

であり，C_a と ℓ_a は a の値によらず，接する。（セ①）

⬅円 C_a の半径は a

31 解答

100gあたり	A	B
エネルギー	200 kcal	300 kcal
脂質	4 g	2 g

⬅表にまとめると，条件を考えやすい。

(1) (i) 摂取するエネルギーは1500 kcal以下に抑えることから，条件は　$200x+300y\leqq 1500$ …… ①

摂取する脂質は16 g以下に抑えることから，条件は
$4x+2y\leqq 16$ …… ②

よって　ア⓪，イ②

(ii) ⓪ $(x,\ y)=(0,\ 5)$ のとき
$200x+300y=200\cdot 0+300\cdot 5=1500$
$4x+2y=4\cdot 0+2\cdot 5=10\leqq 16$

よって，$(x,\ y)=(0,\ 5)$ は条件①，②をともに満たす。ゆえに，⓪は正しくない。

⬅$(x,\ y)$ の組それぞれについて，①，②に代入し，不等式が成り立つかを調べる。なお，条件を満たす領域を図示し，$(x,\ y)$ の組を点で表すと，図（次ページ）のようになる。

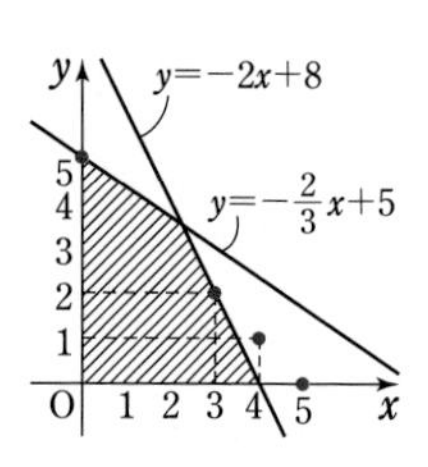

① $(x,\ y)=(5,\ 0)$ のとき

$$200x+300y=200\cdot5+300\cdot0=1000\leqq1500$$
$$4x+2y=4\cdot5+2\cdot0=20>16$$

よって，$(x,\ y)=(5,\ 0)$ は条件 ① を満たすが，条件 ② は満たさない。ゆえに，① は正しい。

② $(x,\ y)=(4,\ 1)$ のとき

$$200x+300y=200\cdot4+300\cdot1=1100\leqq1500$$
$$4x+2y=4\cdot4+2\cdot1=18>16$$

よって，$(x,\ y)=(4,\ 1)$ は条件 ① を満たすが，条件 ② は満たさない。ゆえに，② は正しくない。

③ $(x,\ y)=(3,\ 2)$ のとき

$$200x+300y=200\cdot3+300\cdot2=1200\leqq1500$$
$$4x+2y=4\cdot3+2\cdot2=16$$

よって，$(x,\ y)=(3,\ 2)$ は条件 ①，② をともに満たす。ゆえに，③ は正しい。

以上から　ウ①，エ③　（またはウ③，エ①）

(iii) 条件から　$x\geqq0,\ y\geqq0$

① から　$y\leqq-\dfrac{2}{3}x+5$　　② から　$y\leqq-2x+8$

2 直線 $y=-\dfrac{2}{3}x+5$，$y=-2x+8$ の交点の座標を求めると　$\left(\dfrac{9}{4},\ \dfrac{7}{2}\right)$

⬅ $-\dfrac{2}{3}x+5=-2x+8$ から　$\dfrac{4}{3}x=3$ 　ゆえに　$x=\dfrac{9}{4}$ 　$y=-2\cdot\dfrac{9}{4}+8=\dfrac{7}{2}$

よって，連立不等式 $x\geqq0$，$y\geqq0$，①，② の表す領域 D は，右の図の斜線部分のようになる。ただし，境界線を含む。食べる量の合計を k g とすると　$k=100(x+y)$

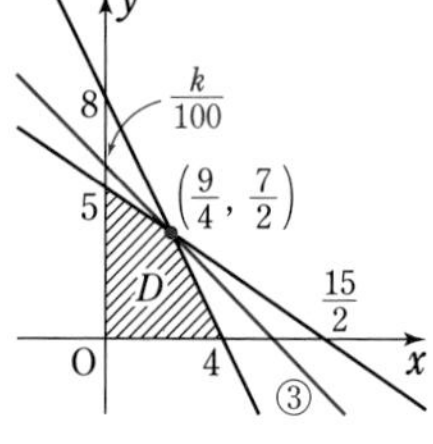

よって　$y=-x+\dfrac{k}{100}$ …… ③

③ は傾き -1，y 切片 $\dfrac{k}{100}$ の直線を表す。

x，y のとり得る値が実数のとき，図から，直線 ③ が点 $\left(\dfrac{9}{4},\ \dfrac{7}{2}\right)$ を通るとき，k の値は最大となる。

➡ 演 14

このとき　$k=100\left(\dfrac{9}{4}+\dfrac{7}{2}\right)=575$

以上から，食べる量の合計の最大値はオカキ **575** g であり，このとき，$(x,\ y)=\left(\dfrac{{}^{ク}\mathbf{9}}{{}^{ケ}\mathbf{4}},\ \dfrac{{}^{コ}\mathbf{7}}{{}^{サ}\mathbf{2}}\right)$ である。

x, y のとり得る値が整数の場合，$x+y$ は整数である。

$(x,\ y)=\left(\dfrac{9}{4},\ \dfrac{7}{2}\right)$ のとき　　$x+y=\dfrac{23}{4}=5.75$

よって，k は $x+y=5$ のとき最大値 $100\cdot5=500$ をとる。

$x\geqq0$, $y\geqq0$ のとき，$x+y=5$ を満たす整数 $(x,\ y)$ の組は

$(x,\ y)=(0,\ 5),\ (1,\ 4),\ (2,\ 3),\ (3,\ 2),\ (4,\ 1),\ (5,\ 0)$

の 6 組ある。

(ii) から，点 $(0,\ 5)$, $(3,\ 2)$ は領域 D に含まれる。

よって，D の形状から，点 $(1,\ 4)$, $(2,\ 3)$ も明らかに領域 D に含まれる。

一方，(ii) から，点 $(4,\ 1)$, $(5,\ 0)$ は領域 D に含まれない。

以上から，食べる量の合計の最大値は [シスセ]**500** g であり，このときの $(x,\ y)$ の組は

$(x,\ y)=(0,\ 5),\ (1,\ 4),\ (2,\ 3),\ (3,\ 2)$

の [ソ]**4** 通りある。

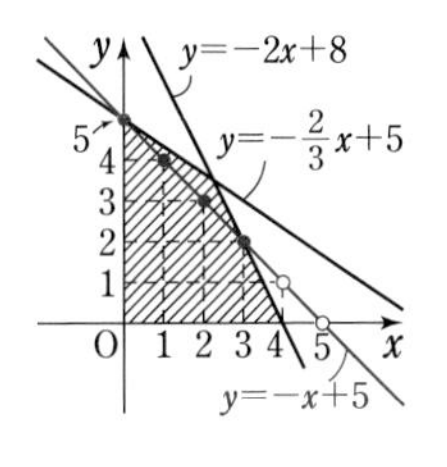

(2)　エネルギー量についての条件は，① と同じである。

食品 A と B を合計 600 g 以上食べるから

$100(x+y)\geqq600$　　よって　$y\geqq-x+6$ …… ④

2 直線 $y=-\dfrac{2}{3}x+5$, $y=-x+6$ の交点の座標を求めると　　$(3,\ 3)$

← $-\dfrac{2}{3}x+5=-x+6$ から　$\dfrac{1}{3}x=1$　よって　$x=3$, $y=3$

よって，連立不等式 $x\geqq0$, $y\geqq0$, ①, ④ の表す領域 E は，右の図の斜線部分のようになる。ただし，境界線を含む。

脂質の量を l g とすると

$l=4x+2y$

よって　　$y=-2x+\dfrac{l}{2}$　…… ⑤

⑤ は傾き -2, y 切片 $\dfrac{l}{2}$ の直線を表す。

直線 ⑤ が領域 E を通るように動き，x, y の値が整数の場合，図より，直線 ⑤ が点 $(3,\ 3)$ を通るとき，l の値は最小となる。 このとき　　$l=4\cdot3+2\cdot3=18$

→ 演 14

したがって，脂質を最も少なくできるのは，A を [タ]**3** 袋，B を [チ]**3** 袋食べるときで，そのときの脂質は [ツテ]**18** g である。

第9章　三角関数

CHECKの解説

68　$\sin\frac{5}{2}\pi=\sin\frac{\pi}{2}=$ ア$\mathbf{1}$，$\cos\left(-\frac{4}{3}\pi\right)=\frac{\text{イウ}\mathbf{-1}}{\text{エ}\mathbf{2}}$

$\tan\frac{15}{4}\pi=\tan\frac{7}{4}\pi=$ オカ$\mathbf{-1}$

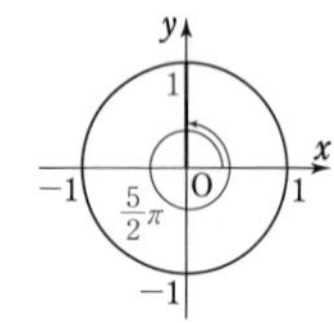

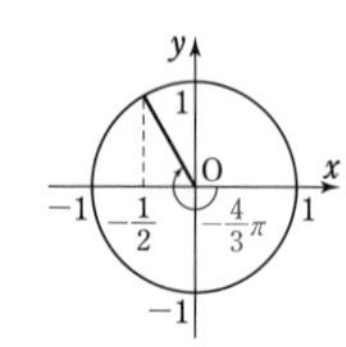

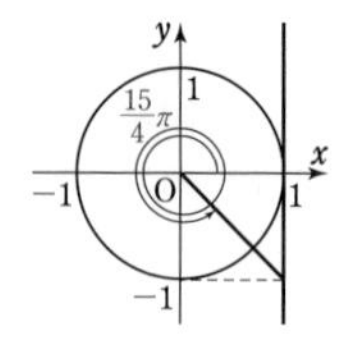

←$\frac{5}{2}\pi=450°$，

$-\frac{4}{3}\pi=-240°$，

$\frac{15}{4}\pi=675°$

← CHART
三角関数は単位円で
x 座標が cos，
y 座標が sin，
直線 $x=1$ との交点の
y 座標が tan

69　$y=\cos\left(4x-\frac{\pi}{2}\right)=\cos 4\left(x-\frac{\pi}{8}\right)$

よって，周期は　　$2\pi\div 4=\frac{\pi}{\text{ア}\mathbf{2}}$

また，このグラフは，$y=\cos 4x$ のグラフを x 軸方向に

$\frac{\pi}{\text{イ}\mathbf{8}}$ だけ平行移動したものである。

←$y=\cos bx\ (b>0)$ の周期は $\frac{2\pi}{b}$

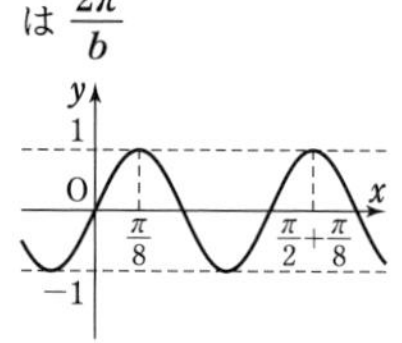

70　$0<\alpha<\pi$，$\tan\alpha>0$ であるから　　$0<\alpha<\frac{\pi}{2}$

$0<\beta<\pi$，$\tan\beta<0$ であるから　　$\frac{\pi}{2}<\beta<\pi$

ここで　　$\frac{1}{\cos^2\beta}=1+\tan^2\beta=1+\left(-\frac{5}{12}\right)^2=\frac{169}{144}$

ゆえに　　$\cos^2\beta=\frac{144}{169}$

$\frac{\pi}{2}<\beta<\pi$ であるから　　$\cos\beta<0$

よって　　$\cos\beta=\frac{\text{アイウ}\mathbf{-12}}{\text{エオ}\mathbf{13}}$

ゆえに　　$\sin\beta=\cos\beta\tan\beta=-\frac{12}{13}\cdot\left(-\frac{5}{12}\right)=\frac{5}{13}$

また　　$\frac{1}{\cos^2\alpha}=1+\tan^2\alpha=1+\left(\frac{3}{4}\right)^2=\frac{25}{16}$

ゆえに　　$\cos^2\alpha=\frac{16}{25}$

$0<\alpha<\frac{\pi}{2}$ であるから　　$\cos\alpha>0$

よって　　$\cos\alpha=\frac{4}{5}$

←第何象限の角であるか考える。

←$1+\tan^2\theta=\frac{1}{\cos^2\theta}$

➡ 基 17

←$\tan\theta=\frac{\sin\theta}{\cos\theta}$ から
$\sin\theta=\cos\theta\tan\theta$

➡ 基 17

ゆえに　$\sin\alpha=\cos\alpha\tan\alpha=\dfrac{4}{5}\cdot\dfrac{3}{4}=\dfrac{3}{5}$

したがって　$\cos(\alpha+\beta)=\cos\alpha\cos\beta-\sin\alpha\sin\beta$　➡ 基 70

$$=\frac{4}{5}\cdot\left(-\frac{12}{13}\right)-\frac{3}{5}\cdot\frac{5}{13}=\frac{^{カキク}\mathbf{-63}}{^{ケコ}\mathbf{65}}$$

また　$\sin 2\alpha=2\sin\alpha\cos\alpha=2\cdot\dfrac{3}{5}\cdot\dfrac{4}{5}=\dfrac{^{サシ}\mathbf{24}}{^{スセ}\mathbf{25}}$　➡ 基 70

図を利用して三角関数の値を求める。

$\tan\alpha=\dfrac{3}{4}\ (0<\alpha<\pi)$,

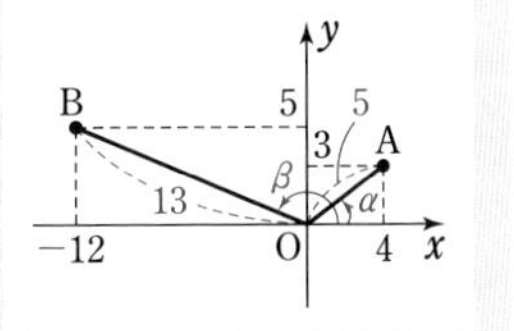

$\tan\beta=-\dfrac{5}{12}\ (0<\beta<\pi)$ から，右のような図をかくことができて，直角三角形の辺の比 3：4：5，5：12：13 から OA$=5$，OB$=13$ である。

よって　$\sin\alpha=\dfrac{3}{5}$，$\cos\alpha=\dfrac{4}{5}$，$\sin\beta=\dfrac{5}{13}$，$\cos\beta=-\dfrac{12}{13}$

71 右の図から，$0\leqq\theta<2\pi$ において，

x 座標が $-\dfrac{\sqrt{3}}{2}$ 以下になる θ の

値の範囲は　$\dfrac{^{ア}\mathbf{5}}{^{イ}\mathbf{6}}\pi\leqq\theta\leqq\dfrac{^{ウ}\mathbf{7}}{^{エ}\mathbf{6}}\pi$

⬅ CHART 三角関数は単位円で x 座標が cos

$2\cos^2\theta+\sqrt{3}\sin\theta+1>0$ から

$$2(1-\sin^2\theta)+\sqrt{3}\sin\theta+1>0$$

⬅ $\sin^2\theta+\cos^2\theta=1$（➡ 基 17）を用いて $\sin\theta$ のみで表す。

すなわち　$2\sin^2\theta-\sqrt{3}\sin\theta-3<0$

よって　$(\sin\theta-\sqrt{3})(2\sin\theta+\sqrt{3})<0$ …… ①

⬅
1	$-\sqrt{3}$ →	$-2\sqrt{3}$
2	$\sqrt{3}$ →	$\sqrt{3}$
2	-3	$-\sqrt{3}$

解の公式を用いてもよい。

ここで，$-1\leqq\sin\theta\leqq1$ であるから　$\sin\theta-\sqrt{3}<0$

よって，① から　$2\sin\theta+\sqrt{3}>0$

すなわち　$\sin\theta>-\dfrac{\sqrt{3}}{2}$

$0\leqq\theta<2\pi$ であるから

$$^{オ}\mathbf{0}\leqq\theta<\frac{^{カ}\mathbf{4}}{^{キ}\mathbf{3}}\pi,\quad \frac{^{ク}\mathbf{5}}{^{ケ}\mathbf{3}}\pi<\theta<{}^{コ}\mathbf{2}\pi$$

⬅ CHART 三角関数は単位円で　y 座標が sin

y 座標が $-\dfrac{\sqrt{3}}{2}$ より大きくなる θ の範囲。

$\sin 2\theta=\sqrt{2}\cos\theta$ から　$2\sin\theta\cos\theta=\sqrt{2}\cos\theta$

すなわち　$\cos\theta(2\sin\theta-\sqrt{2})=0$

⬅ $\sin 2\theta=2\sin\theta\cos\theta$（➡ 基 70）を用いて角を θ にそろえ，因数分解して解く。

よって　$\cos\theta=0$，$\sin\theta=\dfrac{\sqrt{2}}{2}$

$0\leqq\theta<2\pi$ に注意して，

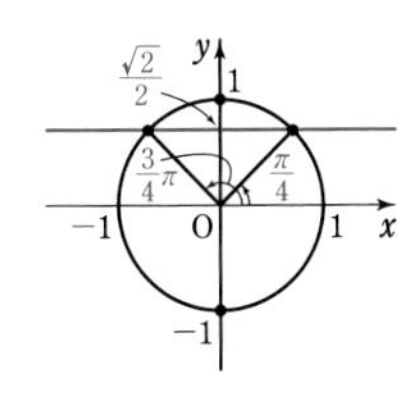

$\cos\theta=0$ から　　$\theta=\dfrac{\pi}{2},\ \dfrac{3}{2}\pi$

$\sin\theta=\dfrac{\sqrt{2}}{2}$ から　$\theta=\dfrac{\pi}{4},\ \dfrac{3}{4}\pi$

よって，解は小さい順に　$\theta=\dfrac{\pi}{{}^{サ}\mathbf{4}},\ \dfrac{\pi}{{}^{シ}\mathbf{2}},\ \dfrac{{}^{ス}\mathbf{3}}{{}^{セ}\mathbf{4}}\pi,\ \dfrac{{}^{ソ}\mathbf{3}}{{}^{タ}\mathbf{2}}\pi$

⬅CHART 三角関数は単位円で x 座標が cos，y 座標が sin

72　$y=3\cos 2\theta+4\sin\theta=3(1-2\sin^2\theta)+4\sin\theta$

$=-6\sin^2\theta+4\sin\theta+3$

$=-6\left\{\sin^2\theta-\dfrac{2}{3}\sin\theta+\left(\dfrac{1}{3}\right)^2-\left(\dfrac{1}{3}\right)^2\right\}+3$

$=-6\left(\sin\theta-\dfrac{1}{3}\right)^2+\dfrac{11}{3}$

⬅$\cos 2\theta=1-2\sin^2\theta$（➡基70）を用いて角を θ にそろえ，sin のみで表す。

⬅CHART　まず平方完成　➡基10

$0\leqq\theta<\pi$ のとき，$0\leqq\sin\theta\leqq1$ であるから，右のグラフより，

$\sin\theta=\dfrac{1}{3}$ のとき最大値 $\dfrac{{}^{アイ}\mathbf{11}}{3}$，

$\sin\theta=1$ のとき最小値 ${}^{ウ}\mathbf{1}$

をとる。

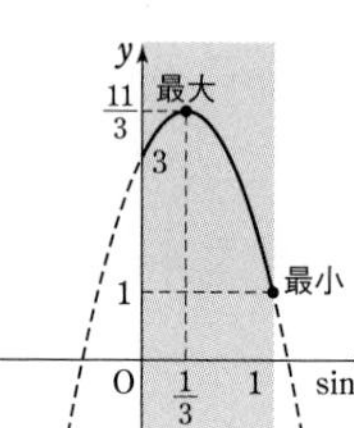

⬅CHART おきかえ ⟶ 範囲に注意

73　$\dfrac{3}{2}\pi<\theta<\dfrac{5}{2}\pi$ で，$\sin\theta>0$ であるから

$$2\pi<\theta<\frac{5}{2}\pi$$

⬅$\sin\theta>0$ から，θ の範囲を絞る。

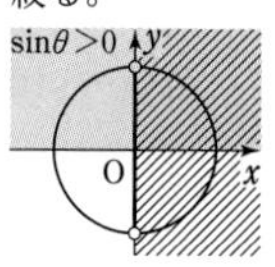

各辺を2で割って　　$\pi<\dfrac{\theta}{2}<\dfrac{5}{4}\pi$

ここで　　$\cos^2\theta=1-\sin^2\theta=1-\left(\dfrac{4\sqrt{2}}{9}\right)^2=\dfrac{49}{81}$

$2\pi<\theta<\dfrac{5}{2}\pi$ から　　$\cos\theta>0$　　よって　　$\cos\theta=\dfrac{7}{9}$

ゆえに　　$\cos^2\dfrac{\theta}{2}=\dfrac{1+\cos\theta}{2}=\dfrac{1+\dfrac{7}{9}}{2}=\dfrac{8}{9}$

➡基73

$\pi<\dfrac{\theta}{2}<\dfrac{5}{4}\pi$ であるから　　$\cos\dfrac{\theta}{2}<0$

よって　　$\cos\dfrac{\theta}{2}=\dfrac{{}^{アイ}\mathbf{-2}\sqrt{{}^{ウ}\mathbf{2}}}{{}^{エ}\mathbf{3}}$

また　　$\sin^2\dfrac{\theta}{2}=\dfrac{1-\cos\theta}{2}=\dfrac{1-\dfrac{7}{9}}{2}=\dfrac{1}{9}$

➡基73
$\sin^2\dfrac{\theta}{2}+\cos^2\dfrac{\theta}{2}=1$ を利用してもよい。

$\pi<\dfrac{\theta}{2}<\dfrac{5}{4}\pi$ であるから　　$\sin\dfrac{\theta}{2}<0$

よって　　$\sin\dfrac{\theta}{2}=\dfrac{{}^{オカ}\mathbf{-1}}{{}^{キ}\mathbf{3}}$

ゆえに　$\tan\dfrac{\theta}{2}=\dfrac{\sin\dfrac{\theta}{2}}{\cos\dfrac{\theta}{2}}=\dfrac{-\dfrac{1}{3}}{-\dfrac{2\sqrt{2}}{3}}=\dfrac{\sqrt{^{ク}2}}{^{ケ}4}$

←$\tan\theta=\dfrac{\sin\theta}{\cos\theta}$　➡ 基 17

74　$\sqrt{3}\sin\theta-\cos\theta$

$=\sqrt{(\sqrt{3})^2+(-1)^2}\sin\left(\theta-\dfrac{\pi}{6}\right)$

$={}^{ア}2\sin\left(\theta-\dfrac{\pi}{^{イ}6}\right)$

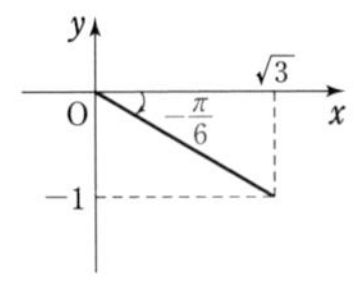

←$a\sin\theta+b\cos\theta$
$=\sqrt{a^2+b^2}\sin(\theta+\alpha)$
α は図をかいて求める。

また，$\sqrt{3}\sin\theta-\cos\theta=\sqrt{2}$ から　$2\sin\left(\theta-\dfrac{\pi}{6}\right)=\sqrt{2}$

すなわち　$\sin\left(\theta-\dfrac{\pi}{6}\right)=\dfrac{\sqrt{2}}{2}$　…… ①

ここで，$0\leqq\theta<2\pi$ から　$-\dfrac{\pi}{6}\leqq\theta-\dfrac{\pi}{6}<\dfrac{11}{6}\pi$

よって，① から　$\theta-\dfrac{\pi}{6}=\dfrac{\pi}{4},\ \dfrac{3}{4}\pi$

ゆえに　$\theta=\dfrac{^{ウ}5}{^{エオ}12}\pi,\ \dfrac{^{カキ}11}{^{クケ}12}\pi$

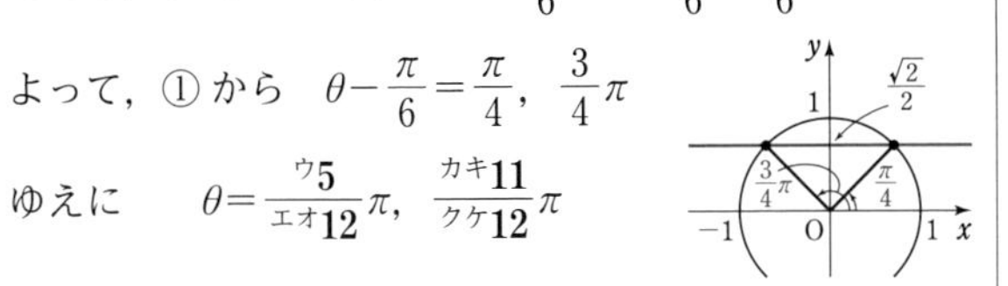

←$\theta-\dfrac{\pi}{6}$ の範囲は右図。

▶CHART
三角関数は単位円で　y 座標が sin
y 座標が $\dfrac{\sqrt{2}}{2}$ となる $\theta-\dfrac{\pi}{6}$ の値。　➡ 基 18

▼ 練習の解説

練習 33　合成（➡ 基 74）して考える。　おきかえ → 範囲に注意。

解答　$f(\theta)=-\sqrt{3}\sin\dfrac{\theta}{2}+\cos\dfrac{\theta}{2}$

$=\sqrt{(-\sqrt{3})^2+1^2}\sin\left(\dfrac{\theta}{2}+\dfrac{5}{6}\pi\right)=2\sin\left(\dfrac{\theta}{2}+\dfrac{5}{6}\pi\right)$

←合成
➡ 基 74

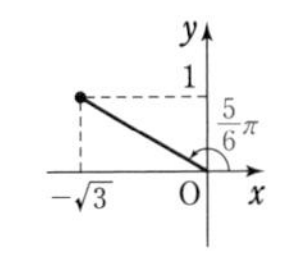

ここで，$0\leqq\theta<2\pi$ の各辺を 2 で割って　$0\leqq\dfrac{\theta}{2}<\pi$

各辺に $\dfrac{5}{6}\pi$ を加えて　$\dfrac{5}{6}\pi\leqq\dfrac{\theta}{2}+\dfrac{5}{6}\pi<\dfrac{11}{6}\pi$

←▶CHART
おきかえ → 範囲に注意
$\dfrac{\theta}{2}+\dfrac{5}{6}\pi$ の範囲は右図。

$f(\theta)=0$ から　$\sin\left(\dfrac{\theta}{2}+\dfrac{5}{6}\pi\right)=0$

よって，右の図から　$\dfrac{\theta}{2}+\dfrac{5}{6}\pi=\pi$

したがって　$\theta=\dfrac{\pi}{^{ア}3}$

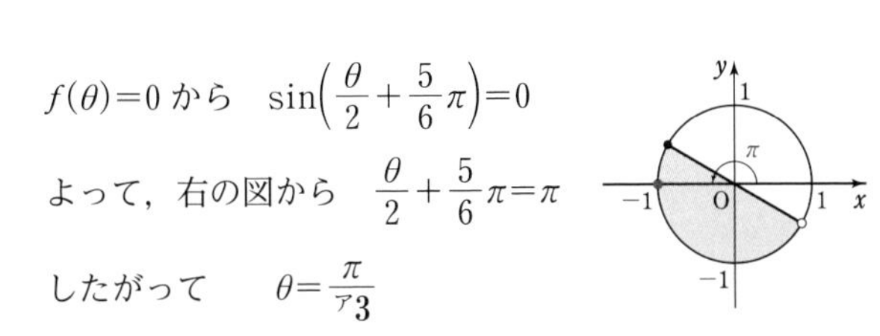

←▶CHART
三角関数は単位円で
y 座標が sin
y 座標が 0 になる $\dfrac{\theta}{2}+\dfrac{5}{6}\pi$ の値。0，2π は先に求めた $\dfrac{\theta}{2}+\dfrac{5}{6}\pi$ の範囲に含まれないことに注意。

また，$f(\theta) \geqq -\sqrt{2}$ から

$$2\sin\left(\frac{\theta}{2}+\frac{5}{6}\pi\right) \geqq -\sqrt{2}$$

すなわち　$\sin\left(\frac{\theta}{2}+\frac{5}{6}\pi\right) \geqq -\frac{\sqrt{2}}{2}$

よって，右の図から

$$\frac{5}{6}\pi \leqq \frac{\theta}{2}+\frac{5}{6}\pi \leqq \frac{5}{4}\pi,$$

$$\frac{7}{4}\pi \leqq \frac{\theta}{2}+\frac{5}{6}\pi < \frac{11}{6}\pi$$

各辺から $\frac{5}{6}\pi$ を引いて，各辺

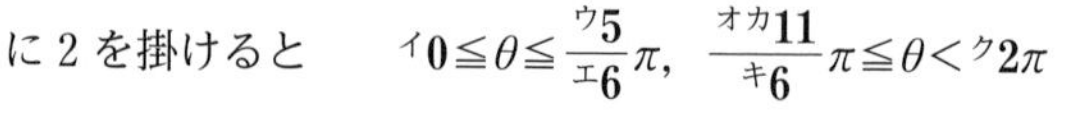

に2を掛けると　${}^{イ}\mathbf{0} \leqq \theta \leqq \frac{{}^{ウ}\mathbf{5}}{{}^{エ}\mathbf{6}}\pi$，$\frac{{}^{オカ}\mathbf{11}}{{}^{キ}\mathbf{6}}\pi \leqq \theta < {}^{ク}\mathbf{2}\pi$

⬅CHART
三角関数は単位円で
y 座標が sin
y 座標が $-\frac{\sqrt{2}}{2}$ 以上になる $\frac{\theta}{2}+\frac{5}{6}\pi$ の範囲。

練習 34

3倍角　$\sin 3\alpha = 3\sin\alpha - 4\sin^3\alpha$　　$\cos 3\alpha = -3\cos\alpha + 4\cos^3\alpha$
3次方程式 ⟶ 因数定理を用いる。

解答　$\sin 3\theta = \sin(2\theta+\theta) = \sin 2\theta\cos\theta + \cos 2\theta\sin\theta$

$$= 2\sin\theta\cos^2\theta + (1-2\sin^2\theta)\sin\theta$$
$$= 2\sin\theta(1-\sin^2\theta) + \sin\theta - 2\sin^3\theta$$
$$= {}^{ア}3\sin\theta - {}^{イ}4\sin^3\theta$$

⬅加法定理
⬅2倍角　➡基70
⬅$\sin^2\theta+\cos^2\theta=1$ ➡基17
角を θ にそろえ，sin のみで表す。

よって，方程式から

$$(3\sin\theta - 4\sin^3\theta) - 2(1-2\sin^2\theta) - 1 = 0$$

整理して　$4\sin^3\theta - 4\sin^2\theta - 3\sin\theta + 3 = 0$

$\sin\theta = x$ とし，$f(x) = 4x^3 - 4x^2 - 3x + 3$ とすると，

$$f(x) = 4x^2(x-1) - 3(x-1) = (x-1)(4x^2-3)$$

⬅$f(1)=0$ から因数定理を用いてもよい。

4	−4	−3	3	1
	4	0	−3	
4	0	−3	0	

よって，方程式は　$(x-1)(4x^2-3) = 0$

$-1 \leqq x \leqq 1$ から　$x = 1,\ \pm\frac{\sqrt{3}}{2}$

すなわち　$\sin\theta = 1,\ \pm\frac{\sqrt{3}}{2}$

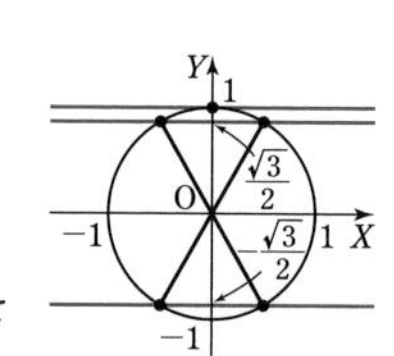

ゆえに，解は小さい順に

$$\theta = \frac{\pi}{{}^{ウ}3},\ \frac{\pi}{{}^{エ}2},\ \frac{{}^{オ}\mathbf{2}}{{}^{カ}\mathbf{3}}\pi,\ \frac{{}^{キ}\mathbf{4}}{{}^{ク}\mathbf{3}}\pi,\ \frac{{}^{ケ}\mathbf{5}}{{}^{コ}\mathbf{3}}\pi$$

⬅CHART
三角関数は単位円で
y 座標が sin

練習 35

方程式 $f(x)=a$ の実数解
⟶ 曲線 $y=f(x)$ と直線 $y=a$ の 共有点の x 座標。
t の方程式などにおきかえたとき，t の範囲に注意。
方程式の 解 t に対して，解 x がいくつあるか にも注意。

解答 $F(x)=a\left(\sin x\cos\frac{\pi}{3}-\cos x\sin\frac{\pi}{3}\right)$

$+a\left(\sin x\cos\frac{\pi}{3}+\cos x\sin\frac{\pi}{3}\right)-2\sin^2 x$

$=2a\sin x\cdot\frac{1}{2}-2\sin^2 x=-2\sin^2 x+a\sin x$

←$\sin(\alpha\pm\beta)$
$=\sin\alpha\cos\beta\pm\cos\alpha\sin\beta$
(複号同順) ➡基 70

$\sin x=t$ とすると，$0\leqq x\leqq\pi$ から　$0\leqq t\leqq 1$

$F(x)=G(t)$ とすると

←CHART おきかえ ⟶ 範囲に注意

$G(t)=-2t^2+at=-2\left(t^2-\frac{a}{2}t\right)$

$=-2\left\{t^2-\frac{a}{2}t+\left(\frac{a}{4}\right)^2-\left(\frac{a}{4}\right)^2\right\}$

$=-2\left(t-\frac{a}{4}\right)^2+\frac{a^2}{8}$

←CHART まず平方完成 ➡基 72

$0<a\leqq 2$ のとき　$0<\frac{a}{4}\leqq\frac{1}{2}$

よって，右のグラフより，$G(t)$ すなわち $F(x)$ は

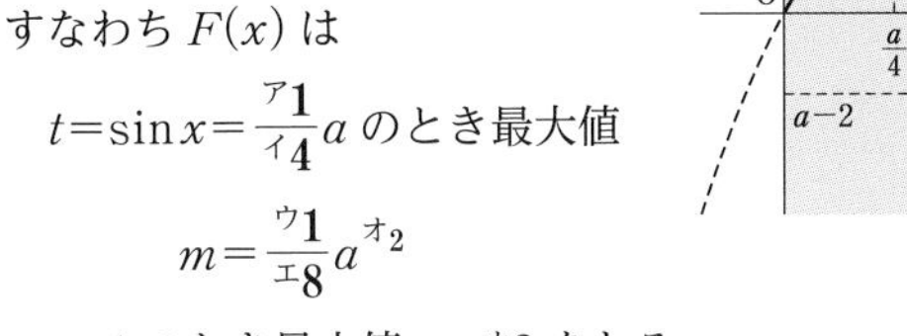

←軸が定義域 $0\leqq t\leqq 1$ の中央より左にある。

$t=\sin x=\frac{^{ア}\mathbf{1}}{^{イ}\mathbf{4}}a$ のとき最大値

$m=\frac{^{ウ}\mathbf{1}}{^{エ}\mathbf{8}}a^{オ2}$

$t=1$ のとき最小値 $a-{}^{カ}\mathbf{2}$ をとる。

$0<a\leqq 2$ のとき，$G(1)=a-2\leqq 0$，$G(0)=0$ であるから，グラフより，$0<b<m$ のとき，$y=G(t)$ のグラフと直線 $y=b$ は $0<t<1$ の範囲で異なる 2 点で交わる。

←解は共有点の t 座標。

その解 t それぞれに対して，x の値は 2 つずつ存在し，それらはすべて異なるから，$F(x)=b$ の解は　${}^{キ}\mathbf{4}$ 個

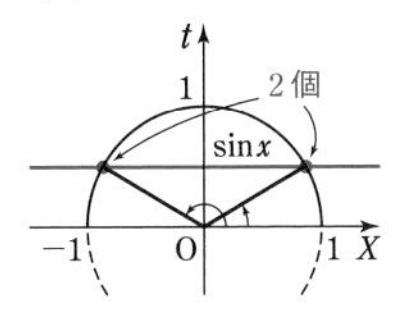

←解 t 1 つに対して解 x が 2 つある。

練習 36

$a\sin\alpha+b\cos\alpha$ の形に変形して 合成。

解答 $\cos^2\theta=\frac{1+\cos 2\theta}{2}$，$2\sin\theta\cos\theta=\sin 2\theta$，

$\sin^2\theta=\frac{1-\cos 2\theta}{2}$ から

←2 倍角，半角の公式 (➡基 70，73) を用いて $\sin 2\theta$，$\cos 2\theta$ の 1 次式に変形。

$y=8\sqrt{3}\cdot\frac{1+\cos 2\theta}{2}+3\sin 2\theta+2\sqrt{3}\cdot\frac{1-\cos 2\theta}{2}$

$=3\sin 2\theta+3\sqrt{3}\cos 2\theta+5\sqrt{3}$

$={}^{ア}6\sin\left({}^{イ}2\theta+\frac{\pi}{{}^{ウ}3}\right)+{}^{エ}5\sqrt{{}^{オ}3}$

←合成 ➡基 74

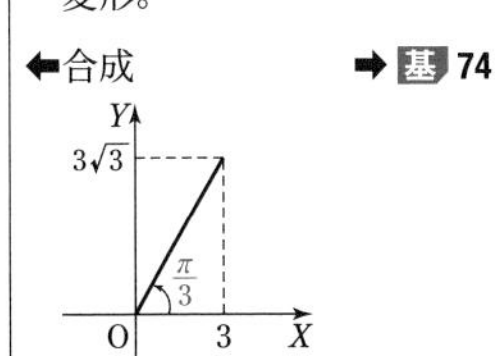

$\sin\left(2\theta+\dfrac{\pi}{3}\right)$ が最大のとき y も最大となり，

$\sin\left(2\theta+\dfrac{\pi}{3}\right)$ が最小のとき y も最小となる。

ここで，$0 \leqq \theta \leqq \dfrac{\pi}{2}$ から　$0 \leqq 2\theta \leqq \pi$

←CHART　おきかえ ⟶ 範囲に注意

よって　$\dfrac{\pi}{3} \leqq 2\theta+\dfrac{\pi}{3} \leqq \dfrac{4}{3}\pi$

したがって，右の図から，

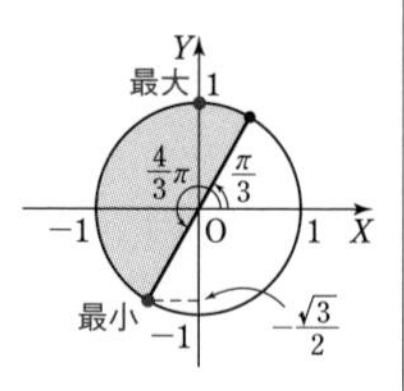

←CHART　三角関数は単位円で　y 座標が sin　y 座標が最大・最小になる $2\theta+\dfrac{\pi}{3}$ の値。

y が最大になるとき　$2\theta+\dfrac{\pi}{3}=\dfrac{\pi}{2}$

ゆえに　$\theta=\dfrac{\pi}{^{カキ}\mathbf{12}}$

このとき，最大値は　$6\cdot1+5\sqrt{3}={}^{ク}\mathbf{6}+{}^{ケ}\mathbf{5}\sqrt{^{コ}\mathbf{3}}$

←$\sin\left(2\theta+\dfrac{\pi}{3}\right)=1$

また，y が最小になるとき　$2\theta+\dfrac{\pi}{3}=\dfrac{4}{3}\pi$

ゆえに　$\theta=\dfrac{\pi}{^{サ}\mathbf{2}}$

このとき，最小値は　$6\cdot\left(-\dfrac{\sqrt{3}}{2}\right)+5\sqrt{3}={}^{シ}\mathbf{2}\sqrt{^{ス}\mathbf{3}}$

←$\sin\left(2\theta+\dfrac{\pi}{3}\right)=-\dfrac{\sqrt{3}}{2}$

問題の解説

問題 15

sin●＝cos■ の形の方程式は，三角関数の種類（sin，cos）を統一して，角の範囲を考える（単位円を利用）ことで解くことができる場合もある。
演習例題 15 では，$\cos x=\sin\left(\dfrac{\pi}{2}-x\right)$ を利用して sin で統一したが，この問題では，$\sin x=\cos\left(\dfrac{\pi}{2}-x\right)$ を利用して cos で統一する方針で解いてみよう。

解答　$\alpha=\dfrac{\pi}{6}$ のとき　$\sin\dfrac{\pi}{6}=\cos2\beta$

←$\sin\alpha=\cos2\beta$ において $\alpha=\dfrac{\pi}{6}$

すなわち　$\cos2\beta=\dfrac{1}{2}$

$0 \leqq 2\beta \leqq 2\pi$ であるから　$2\beta=\dfrac{\pi}{3},\ \dfrac{5}{3}\pi$

←$0 \leqq \beta \leqq \pi$

よって　$\beta=\dfrac{\pi}{^{ア}\mathbf{6}},\ \dfrac{^{イ}\mathbf{5}}{6}\pi$

$\sin\alpha=\cos\left(\dfrac{\pi}{2}-\alpha\right)$ であるから，$\sin\alpha=\cos2\beta$ より

$$\cos2\beta=\cos\left(\frac{\pi}{2}-\alpha\right)$$

←三角関数の種類を cos で統一。

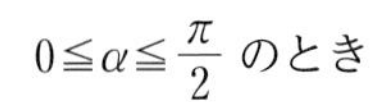

$0 \leqq \alpha \leqq \dfrac{\pi}{2}$ のとき

$$0 \leqq \frac{\pi}{2}-\alpha \leqq \frac{\pi}{2}$$

$0 \leqq 2\beta \leqq 2\pi$ であるから，右図より

$$2\beta=\frac{\pi}{2}-\alpha \text{ または}$$

$$2\beta=2\pi-\left(\frac{\pi}{2}-\alpha\right)$$

$\beta_1<\beta_2$ から　　$\beta_1=\dfrac{\pi}{{}^{ウ}\mathbf{4}}-\dfrac{\alpha}{{}^{エ}\mathbf{2}}$，$\beta_2=\dfrac{{}^{オ}\mathbf{3}}{4}\pi+\dfrac{\alpha}{2}$

⬅範囲に注意。

⬅範囲 $0 \leqq 2\beta \leqq 2\pi$，$0 \leqq \dfrac{\pi}{2}-\alpha \leqq \dfrac{\pi}{2}$ に注意。
〰〰 の場合を落とさないように。

このとき

$$\alpha+\frac{\beta_1}{2}+\frac{\beta_2}{3}=\alpha+\frac{1}{2}\left(\frac{\pi}{4}-\frac{\alpha}{2}\right)+\frac{1}{3}\left(\frac{3}{4}\pi+\frac{\alpha}{2}\right)$$

$$=\frac{11}{12}\alpha+\frac{3}{8}\pi$$

$0 \leqq \alpha \leqq \dfrac{\pi}{2}$ であるから

$$\frac{3}{8}\pi \leqq \frac{11}{12}\alpha+\frac{3}{8}\pi \leqq \frac{11}{12}\times\frac{\pi}{2}+\frac{3}{8}\pi$$

よって　$\dfrac{3}{8}\pi \leqq \dfrac{11}{12}\alpha+\dfrac{3}{8}\pi \leqq \dfrac{5}{6}\pi$

ゆえに　$\dfrac{{}^{カ}\mathbf{3}}{{}^{キ}\mathbf{8}}\pi \leqq \alpha+\dfrac{\beta_1}{2}+\dfrac{\beta_2}{3} \leqq \dfrac{{}^{ク}\mathbf{5}}{{}^{ケ}\mathbf{6}}\pi$

⬅$0 \leqq \alpha \leqq \dfrac{\pi}{2}$ の各辺に $\dfrac{11}{12}$ を掛けて $\dfrac{3}{8}\pi$ を加える。

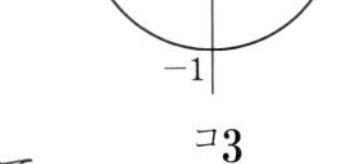

これから，$y=\sin\left(\alpha+\dfrac{\beta_1}{2}+\dfrac{\beta_2}{3}\right)$ が最大となるとき

$$\alpha+\frac{\beta_1}{2}+\frac{\beta_2}{3}=\frac{\pi}{2}$$

すなわち　$\dfrac{11}{12}\alpha+\dfrac{3}{8}\pi=\dfrac{\pi}{2}$　　よって　$\alpha=\dfrac{{}^{コ}\mathbf{3}}{{}^{サシ}\mathbf{22}}\pi$

⬅CHART
三角関数は単位円で
y 座標が sin
$\dfrac{\pi}{2}$ のとき最大となる。

参考　$\sin\alpha=\cos 2\beta$ を sin のみで表すと，次のようになる。

$\cos x=\sin\left(\dfrac{\pi}{2}-x\right)$ であるから　　$\sin\alpha=\sin\left(\dfrac{\pi}{2}-2\beta\right)$

$-\dfrac{3}{2}\pi \leqq \dfrac{\pi}{2}-2\beta \leqq \dfrac{\pi}{2}$ であるから

$$\frac{\pi}{2}-2\beta=\alpha \text{ または } \frac{\pi}{2}-2\beta=-\pi-\alpha$$

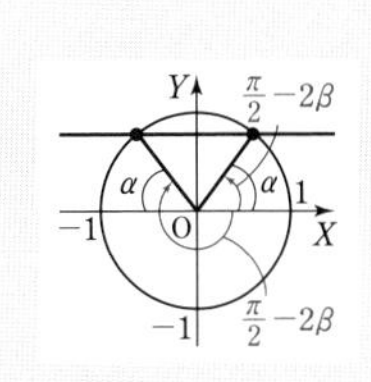

よって　　$\beta_1=\dfrac{\pi}{{}^{ウ}\mathbf{4}}-\dfrac{\alpha}{{}^{エ}\mathbf{2}}$，$\beta_2=\dfrac{{}^{オ}\mathbf{3}}{4}\pi+\dfrac{\alpha}{2}$

なお，演習例題 15 では誘導に従い，① を sin のみで表していた。問題 15 のように cos のみで表すと，次のようになる。

$\sin x=\cos\left(\dfrac{\pi}{2}-x\right)$ であるから　　$\cos\left(\dfrac{\pi}{2}-4\theta\right)=\cos\theta$

$-\dfrac{3}{2}\pi<\dfrac{\pi}{2}-4\theta<\dfrac{\pi}{2}$ であるから　　$\dfrac{\pi}{2}-4\theta=\pm\theta$

よって　　$\theta=\dfrac{\pi}{{}^{ウエ}\mathbf{10}}$，$\theta=\dfrac{\pi}{{}^{イ}\mathbf{6}}$

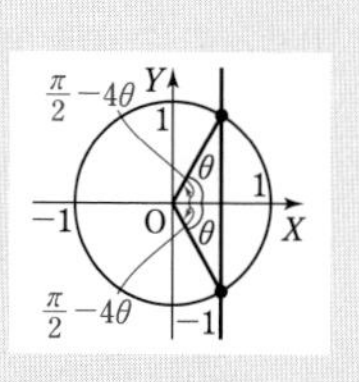

問題 16

グラフを選択する問題では，周期や y のとり得る値の範囲に注目する。
また，2つのグラフに対し，一方をどのように平行移動すると他方に重なるかも考えるとよい。
関数の式を選択する問題では，周期や y のとり得る値の範囲，また，$y=a\sin bx$，$y=a\cos bx$ のグラフが x 軸方向にどのように平行移動されたグラフかに注目して素早く選択できるようにする。
$y=f(x)$ のグラフに対し，$y=af(b(x-p))$ $(a>0,\ b>0)$ のグラフは

　y 軸方向に a 倍，x 軸方向に $\dfrac{1}{b}$ 倍に拡大または縮小し，

　x 軸方向に p だけ平行移動したもの

$y=\sin bx$，$y=\cos bx$ $(b>0)$ の周期は　$\dfrac{2\pi}{b}$　(➡ 基 69)

解答　(1)　$y=\cos\left(x+\dfrac{\pi}{4}\right)$ のグラフは，$y=\cos x$ のグラフを x 軸方向に $-\dfrac{\pi}{4}$ だけ平行移動したものである。

よって，適するグラフは　　^{ア}②

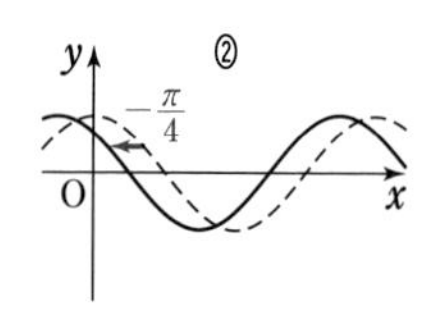

(2)　求める関数の式を $y=a\sin b(x-p)$ $(a>0,\ b>0)$ とすると，最大値が $\dfrac{3}{2}$ であるから　　$a=\dfrac{3}{2}$

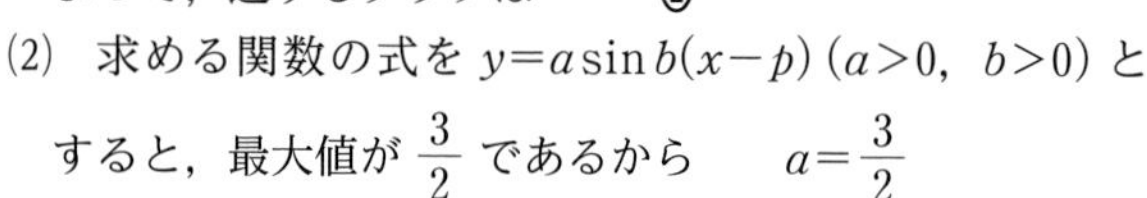

周期は，図より $\left(\dfrac{5}{12}\pi-\dfrac{\pi}{6}\right)\times4=\pi$ であるから

$$\frac{2\pi}{b}=\pi \quad \text{すなわち} \quad b=2$$

与えられたグラフは，$y=\dfrac{3}{2}\sin 2x$ のグラフを x 軸方向に $\dfrac{\pi}{6}-\dfrac{\pi}{4}=-\dfrac{\pi}{12}$ だけ平行移動したものであるから

$$p=-\frac{\pi}{12}$$

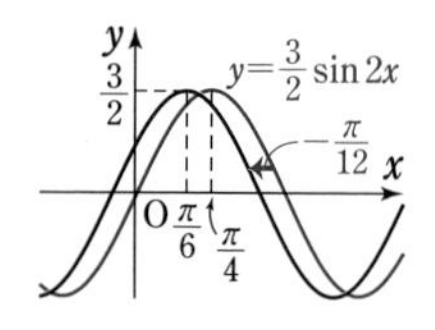

よって　　$y=\dfrac{3}{2}\sin 2\left(x+\dfrac{\pi}{12}\right)=\dfrac{3}{2}\sin\left(2x+\dfrac{\pi}{6}\right)$

続いて，求める関数の式を $y=\dfrac{3}{2}\cos 2(x-\alpha)$ とすると，

⬅$a=\dfrac{3}{2}$，$b=2$ は同様。

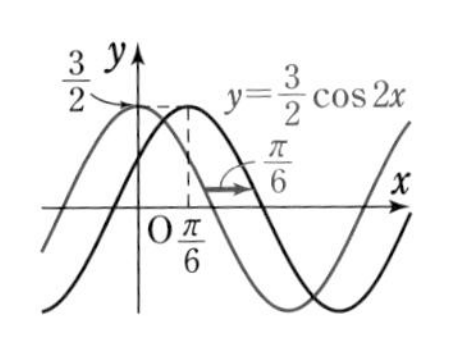

与えられたグラフは，$y=\frac{3}{2}\cos 2x$ のグラフを x 軸方向に $\frac{\pi}{6}$ だけ平行移動したものであるから　$\alpha=\frac{\pi}{6}$

よって　$y=\frac{3}{2}\cos 2\left(x-\frac{\pi}{6}\right)$

以上から，正しいものは^{イ}①，^{ウ}③（または^{イ}③，^{ウ}①）

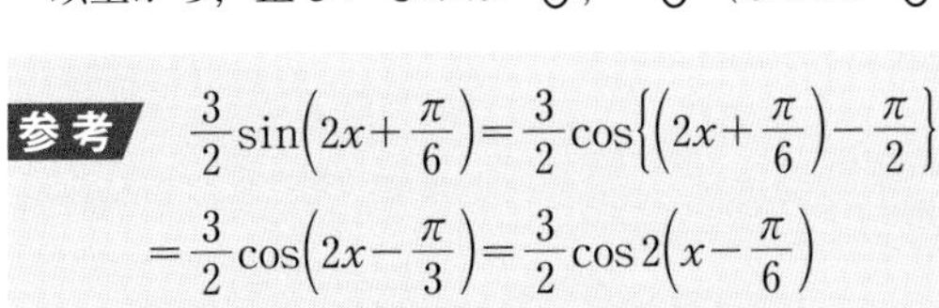
参考　$\frac{3}{2}\sin\left(2x+\frac{\pi}{6}\right)=\frac{3}{2}\cos\left\{\left(2x+\frac{\pi}{6}\right)-\frac{\pi}{2}\right\}$

$=\frac{3}{2}\cos\left(2x-\frac{\pi}{3}\right)=\frac{3}{2}\cos 2\left(x-\frac{\pi}{6}\right)$

であるから，①と③は同じ関数である。

⬅$\sin\theta=\cos\left(\theta-\frac{\pi}{2}\right)$

▼ 実践問題の解説

32 **解答**　(1)　1ラジアンとは，半径が1，弧の長さが1の扇形の中心角の大きさのことである。(^{ア}②)

⬅ラジアンの定義。

(2)　144° を弧度で表すと　$\frac{144}{180}\pi=\frac{^{イ}\mathbf{4}}{^{ウ}\mathbf{5}}\pi$

⬅$180°=\pi$　➡ 基 68

$\frac{23}{12}\pi$ ラジアンを度で表すと　$\frac{23}{12}\times 180°=^{エオカ}\mathbf{345}°$

⬅$\pi=180°$

(3)　$2\sin\left(\theta+\frac{\pi}{5}\right)-2\cos\left(\theta+\frac{\pi}{30}\right)=1$ …… ① について，

$\theta+\frac{\pi}{5}=x$ とおくと　$2\sin x-2\cos\left(x-\frac{\pi}{5}+\frac{\pi}{30}\right)=1$

すなわち　$2\sin x-2\cos\left(x-\frac{\pi}{^{キ}\mathbf{6}}\right)=1$

加法定理により

$$(\text{左辺})=2\sin x-2\left(\cos x\cos\frac{\pi}{6}+\sin x\sin\frac{\pi}{6}\right)$$
$$=2\sin x-\sqrt{3}\cos x-\sin x$$
$$=\sin x-\sqrt{3}\cos x$$

⬅$\cos(\alpha-\beta)$
$=\cos\alpha\cos\beta+\sin\alpha\sin\beta$
➡ 基 70

よって，① は　$\sin x-\sqrt{^{ク}\mathbf{3}}\cos x=1$

さらに，左辺について，三角関数の合成を用いると

$$\sin x-\sqrt{3}\cos x=\sqrt{1^2+(\sqrt{3})^2}\sin\left(x-\frac{\pi}{3}\right)$$
$$=2\sin\left(x-\frac{\pi}{3}\right)$$

➡ 基 74

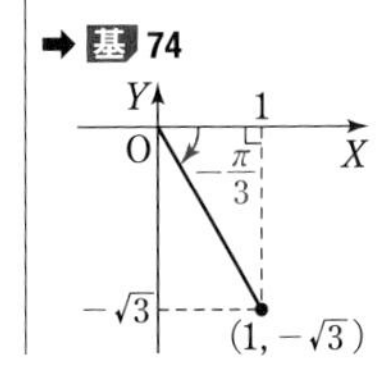

すなわち　$\sin\left(x-\frac{\pi}{^{ケ}\mathbf{3}}\right)=\frac{1}{^{コ}\mathbf{2}}$

$x-\frac{\pi}{3}=\left(\theta+\frac{\pi}{5}\right)-\frac{\pi}{3}=\theta-\frac{2}{15}\pi$ であるから

$$\sin\left(\theta-\frac{2}{15}\pi\right)=\frac{1}{2}$$

$\frac{\pi}{2}\leqq\theta\leqq\pi$ から　　$\frac{11}{30}\pi\leqq\theta-\frac{2}{15}\pi\leqq\frac{13}{15}\pi$

この範囲において，$\sin\left(\theta-\frac{2}{15}\pi\right)=\frac{1}{2}$ を満たすのは

$$\theta-\frac{2}{15}\pi=\frac{5}{6}\pi$$

よって　　$\theta=\frac{^{サシ}\mathbf{29}}{_{スセ}\mathbf{30}}\pi$

⬅ $\frac{\pi}{3}<\frac{11}{30}\pi$，$\frac{13}{15}\pi<\pi$ であるから，$\theta-\frac{2}{15}\pi$ は $\frac{\pi}{3}<\theta-\frac{2}{15}\pi<\pi$ を満たすことに注意。

33 **解答**　(1)　$x=\frac{\pi}{6}$ のとき

$$\sin x=\sin\frac{\pi}{6}=\frac{1}{2},\ \sin 2x=\sin\frac{\pi}{3}=\frac{\sqrt{3}}{2}$$

よって　　$\sin x<\sin 2x$　（ア ⓪）

$x=\frac{2}{3}\pi$ のとき

$$\sin x=\sin\frac{2}{3}\pi=\frac{\sqrt{3}}{2},\ \sin 2x=\sin\frac{4}{3}\pi=-\frac{\sqrt{3}}{2}$$

ゆえに　　$\sin x>\sin 2x$　（イ ②）

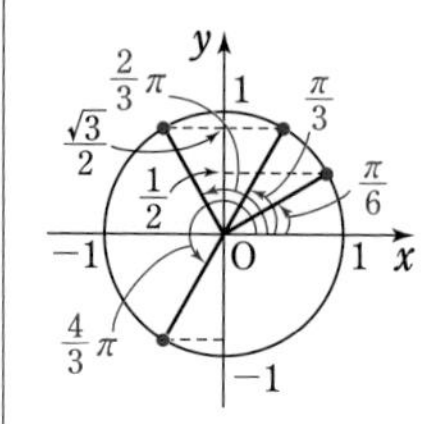

⬅ CHART
三角関数の値は単位円で
y 座標が sin　　➡ 基 68

(2)　$\sin 2x-\sin x=2\sin x\cos x-\sin x$
$=\sin x(^{ウ}\mathbf{2}\cos x-{}^{エ}\mathbf{1})$

⬅ 2倍角の公式　　➡ 基 70

⬅ $AB>0 \iff \begin{cases}A>0\\B>0\end{cases}$ または $\begin{cases}A<0\\B<0\end{cases}$

よって，$\sin 2x-\sin x>0$ が成り立つことは
「$\sin x>0$ かつ $2\cos x-1>0$」…… ①
または「$\sin x<0$ かつ $2\cos x-1<0$」…… ②
が成り立つことと同値である。

$0\leqq x\leqq 2\pi$ のとき，① について，$\sin x>0$ から　$0<x<\pi$

また，$2\cos x-1>0$ から　　$\cos x>\frac{1}{2}$

これを $0<x<\pi$ の範囲で解くと　　$0<x<\frac{\pi}{_{オ}\mathbf{3}}$

次に，② について，$\sin x<0$ から　　$\pi<x<2\pi$

また，$2\cos x-1<0$ から　　$\cos x<\frac{1}{2}$

これを $\pi<x<2\pi$ の範囲で解くと　　$\pi<x<\frac{^{カ}\mathbf{5}}{_{キ}\mathbf{3}}\pi$

よって，$0\leqq x\leqq 2\pi$ のとき，$\sin 2x>\sin x$ が成り立つような x の値の範囲は　　$0<x<\frac{\pi}{3}$，$\pi<x<\frac{5}{3}\pi$

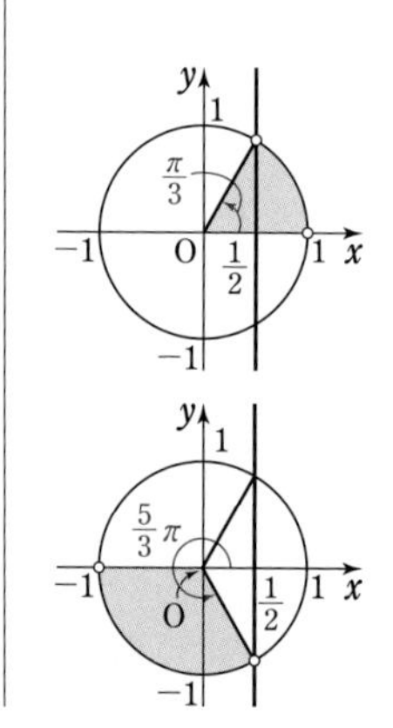

(3) $\alpha+\beta=4x$, $\alpha-\beta=3x$ のとき $\alpha=\frac{7}{2}x$, $\beta=\frac{x}{2}$

←$\alpha+\beta=4x$ …… Ⓐ, $\alpha-\beta=3x$ …… Ⓑとして, (Ⓐ+Ⓑ)÷2, (Ⓐ−Ⓑ)÷2 からそれぞれ求める。

よって, ③ から $\sin 4x-\sin 3x=2\cos\frac{7}{2}x\sin\frac{x}{2}$

したがって, $\sin 4x-\sin 3x>0$ が成り立つことは

$$「\cos\frac{7}{2}x>0 \text{ かつ } \sin\frac{x}{2}>0」 \cdots\cdots ④$$

または $「\cos\frac{7}{2}x<0 \text{ かつ } \sin\frac{x}{2}<0」 \cdots\cdots ⑤$

が成り立つことと同値である。(ク ⑧, ケ ⑤)

$0\leqq x\leqq\pi$ のとき $0\leqq\frac{x}{2}\leqq\frac{\pi}{2}$, $0\leqq\frac{7}{2}x\leqq\frac{7}{2}\pi$

←範囲に注意。

このとき, ④ について, $\cos\frac{7}{2}x>0$ から

$$0\leqq\frac{7}{2}x<\frac{\pi}{2},\ \frac{3}{2}\pi<\frac{7}{2}x<\frac{5}{2}\pi$$

よって $0\leqq x<\frac{\pi}{7}$, $\frac{3}{7}\pi<x<\frac{5}{7}\pi$

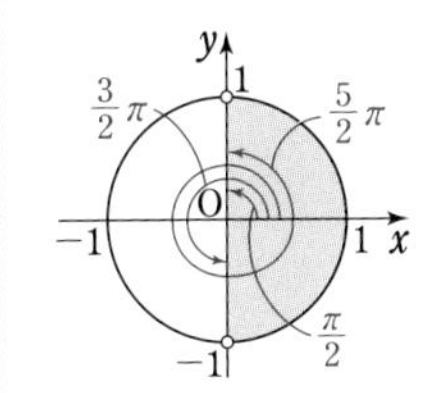

$\sin\frac{x}{2}>0$ から $0<\frac{x}{2}\leqq\frac{\pi}{2}$ ゆえに $0<x\leqq\pi$

したがって, $0\leqq x\leqq\pi$ のとき, ④ が成り立つような x の値の範囲は $0<x<\frac{\pi}{7}$, $\frac{3}{7}\pi<x<\frac{5}{7}\pi$

また, $0\leqq x\leqq\pi$ において $\sin\frac{x}{2}<0$ を満たす x は存在しない。よって, このとき ⑤ を満たす x は存在しない。

以上から $0<x<\frac{\pi}{{}^{コ}\mathbf{7}}$, $\frac{{}^{サ}\mathbf{3}}{{}^{シ}\mathbf{7}}\pi<x<\frac{{}^{ス}\mathbf{5}}{{}^{セ}\mathbf{7}}\pi$

(4) (3) の考察から, $0\leqq x\leqq\pi$ のとき, $\sin 3x>\sin 4x$ が成り立つような x の値の範囲は

←(3) の結果の補集合。ただし, 等号の場合は除く。

$$\frac{\pi}{7}<x<\frac{3}{7}\pi,\ \frac{5}{7}\pi<x<\pi \cdots\cdots ⑥$$

また, $\sin 4x>\sin 2x$ について, $2x=X$ とおくと

$$\sin 2X>\sin X$$

$0\leqq x\leqq\pi$ のとき, $0\leqq X\leqq 2\pi$ であるから, (2) の結果が利用できて $0<X<\frac{\pi}{3}$, $\pi<X<\frac{5}{3}\pi$

←範囲に注意。

←$0<2x<\frac{\pi}{3}$, $\pi<2x<\frac{5}{3}\pi$

よって $0<x<\frac{\pi}{6}$, $\frac{\pi}{2}<x<\frac{5}{6}\pi$ …… ⑦

求める x の値の範囲は, ⑥, ⑦ を同時に満たす x の値の範囲であるから $\frac{\pi}{7}<x<\frac{\pi}{{}^{ソ}\mathbf{6}}$, $\frac{5}{7}\pi<x<\frac{{}^{タ}\mathbf{5}}{{}^{チ}\mathbf{6}}\pi$

←⑥, ⑦ の共通範囲。

34 **解答** (1) 三角関数の合成により

➡基 74

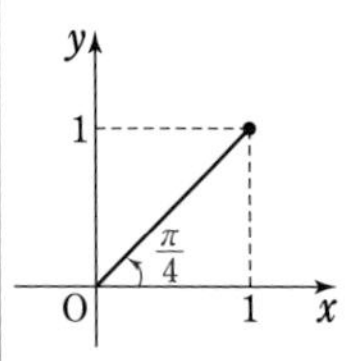

$$\sin 3x+\cos 3x=\sqrt{{}^{ア}\mathbf{2}}\sin\left(3x+\frac{\pi}{{}^{イ}\mathbf{4}}\right)$$

$$=\sqrt{2}\sin 3\left(x+\frac{\pi}{12}\right)$$

よって，関数 $y=\sin 3x+\cos 3x$ のグラフは，関数 $y=\sin x$ のグラフを次の ①～③ の順に拡大・縮小したり，移動したりしたものである。

① y 軸をもとにして，x 軸方向に $\frac{1}{3}$ 倍に縮小

② x 軸をもとにして，y 軸方向に $\sqrt{2}$ 倍に拡大

③ x 軸方向に $-\frac{\pi}{12}$ だけ平行移動

ゆえに，$y=\sin 3x+\cos 3x$ のグラフを実線で表したものは　^{ウ}④

➡基 69

(2) (i) $0\leqq x<2\pi$ において，$t=\sin x$ とおくと

$$-1\leqq t\leqq 1$$

⬅範囲に注意。

このとき，$y=2\sin x+\cos 2x$ を t を用いて表すと

$$y=2\sin x+(1-2\sin^2 x)$$

$$={}^{エオ}\mathbf{-2}t^2+{}^{カ}\mathbf{2}t+1$$

$$=-2\left(t-\frac{1}{2}\right)^2+\frac{3}{2}$$

⬅ 2 倍角の公式
$\cos 2\alpha=1-2\sin^2\alpha$

➡基 70

⬅ t の 2 次式 ⟶ 平方完成

➡基 10

$-1\leqq t\leqq 1$ の範囲において，

y は　$t=\frac{1}{2}$ で最大値 $\frac{3}{2}$，

$t=-1$ で最小値 -3

をとる。$0\leqq x<2\pi$ であるから

$t=\frac{1}{2}$ となるのは，$\sin x=\frac{1}{2}$ から　$x=\frac{\pi}{6}$，$\frac{5}{6}\pi$

$t=-1$ となるのは，$\sin x=-1$ から　$x=\frac{3}{2}\pi$

したがって　$x=\frac{\pi}{{}^{キ}\mathbf{6}}$，$\frac{{}^{ク}\mathbf{5}}{{}^{ケ}\mathbf{6}}\pi$ のとき最大値 $\frac{{}^{コ}\mathbf{3}}{{}^{サ}\mathbf{2}}$；

$x=\frac{{}^{シ}\mathbf{3}}{{}^{ス}\mathbf{2}}\pi$ のとき最小値 ${}^{セソ}\mathbf{-3}$

⬅最大値をとる x の値は 2 つ。

(ii) (i)の結果から，関数 $y=2\sin x+\cos 2x$ のグラフを実線で表したものは ^{タ}④ である。

⬅$0\leqq x<2\pi$ において，最大値をとる x の値が 2 つあることから，④と⑤に絞られる。

第 10 章　指数関数・対数関数

▼ CHECK の解説

75 $\dfrac{1}{9}\times\sqrt[4]{3^5}\div\dfrac{1}{\sqrt[3]{9}}=\dfrac{1}{3^2}\times 3^{\frac{5}{4}}\div\dfrac{1}{3^{\frac{2}{3}}}$

$=3^{-2}\times 3^{\frac{5}{4}}\times 3^{\frac{2}{3}}$

$=3^{-2+\frac{5}{4}+\frac{2}{3}}=3^{-\frac{1}{12}}$

$=\dfrac{1}{3^{\frac{1}{12}}}=\dfrac{1}{{}^{アイ}\sqrt[12]{3}}$

←$\sqrt[n]{a^m}=a^{\frac{m}{n}}$

←$\dfrac{1}{a^x}=a^{-x}$, $\div\dfrac{1}{a}\longrightarrow\times a$

←$a^x\cdot a^y=a^{x+y}$

←$a^{-x}=\dfrac{1}{a^x}$, $a^{\frac{m}{n}}=\sqrt[n]{a^m}$

$\log_9 72+\log_3\dfrac{27}{2}=\dfrac{\log_3 72}{\log_3 9}+\log_3\dfrac{27}{2}$

$=\dfrac{\log_3 2^3\cdot 3^2}{\log_3 3^2}+\log_3\dfrac{3^3}{2}$

$=\dfrac{\log_3 2^3+\log_3 3^2}{\log_3 3^2}+\log_3 3^3-\log_3 2$

$=\dfrac{3\log_3 2+2\log_3 3}{2\log_3 3}+3\log_3 3-\log_3 2$

$=\dfrac{3\log_3 2+2\cdot 1}{2\cdot 1}+3\cdot 1-\log_3 2$

$={}^{ウ}\mathbf{4}+\dfrac{{}^{エ}\mathbf{1}}{{}^{オ}\mathbf{2}}\log_3 2$

←底を 3 にそろえる。
$\log_a b=\dfrac{\log_c b}{\log_c a}$

←$\log_a MN=\log_a M+\log_a N$
$\log_a\dfrac{M}{N}=\log_a M-\log_a N$

←$\log_a M^p=p\log_a M$

←$\log_a a=1$

〔別解〕 $\log_9 72+\log_3\dfrac{27}{2}=\dfrac{\log_3 72}{\log_3 9}+\log_3\dfrac{27}{2}$

$=\dfrac{1}{2}\log_3 72+\log_3\dfrac{27}{2}=\log_3\left(\sqrt{72}\times\dfrac{27}{2}\right)$

$=\log_3 81\sqrt{2}={}^{ウ}\mathbf{4}+\dfrac{{}^{エ}\mathbf{1}}{{}^{オ}\mathbf{2}}\log_3 2$

←底を 3 にそろえる。

←$\log_a M+\log_a N$
$=\log_a MN$

←$81\sqrt{2}=3^4\times 2^{\frac{1}{2}}$

76 $x=2\log_2(\sqrt{2}-1)=\log_2(\sqrt{2}-1)^2=\log_2(3-2\sqrt{2})$

よって　$2^x={}^{ア}\mathbf{3}-{}^{イ}\mathbf{2}\sqrt{{}^{ウ}\mathbf{2}}$

また，$2^{-x}=\dfrac{1}{2^x}=\dfrac{1}{3-2\sqrt{2}}=3+2\sqrt{2}$ であるから

$2^x+2^{-x}=(3-2\sqrt{2})+(3+2\sqrt{2})={}^{エ}\mathbf{6}$

ゆえに　$4^x+4^{-x}=(2^x+2^{-x})^2-2\cdot 2^x\cdot 2^{-x}$

$=6^2-2\cdot 1={}^{オカ}\mathbf{34}$

←$p\log_a M=\log_a M^p$

←対数の定義
$p=\log_a M\Longleftrightarrow a^p=M$

←$\alpha^2+\beta^2=(\alpha+\beta)^2-2\alpha\beta$

←$a^x\cdot a^{-x}=1$

77 $y=\log_3 x$ のグラフを x 軸方向に -3，y 軸方向に 2 だけ平行移動すると　$y-2=\log_3\{x-(-3)\}$

すなわち　$y=\log_3(x+3)+2$

$\log_3(x+3)+2=\log_3(x+3)+\log_3 3^2=\log_3 3^2(x+3)$

$=\log_3(9x+27)$

←$y-q=f(x-p)$

←$2=2\log_3 3=\log_3 3^2$

➡ 基 75

であるから，求めるグラフの方程式は

$y=\log_3({}^{ア}\mathbf{9}x+{}^{イウ}\mathbf{27})$

78 $\dfrac{4}{(\sqrt{2})^x}+\dfrac{5}{2^x}=1$ から　$\dfrac{4}{(\sqrt{2})^x}+\dfrac{5}{(\sqrt{2})^{2x}}=1$

⬅ $2^x=\{(\sqrt{2})^2\}^x=(\sqrt{2})^{2x}$

よって，$X=\dfrac{1}{(\sqrt{2})^x}$ とおくと，X の方程式

$4X+5X^2=1$ すなわち ${}^{ア}\mathbf{5}X^2+{}^{イ}\mathbf{4}X-1=0$ が得られる。

ゆえに　$(X+1)(5X-1)=0$ …… ②

一方，① において，$\dfrac{1}{(\sqrt{2})^x}>0$ であるから　$X>{}^{ウ}\mathbf{0}$

⬅ CHART
おきかえ ⟶ 範囲に注意
$X>0$ を満たすものが解。

したがって，② から　$X=\dfrac{{}^{エ}\mathbf{1}}{{}^{オ}\mathbf{5}}$

よって　$\dfrac{1}{(\sqrt{2})^x}=\dfrac{1}{5}$

ゆえに，$(\sqrt{2})^x=5$ から　$2^{\frac{x}{2}}=5$

⬅ $(\sqrt{2})^x=(2^{\frac{1}{2}})^x=2^{\frac{x}{2}}$

よって　$\dfrac{x}{2}=\log_2 5$

⬅ $a^p=M \Longleftrightarrow p=\log_a M$ ➡ 基 75

したがって　$x={}^{カ}\mathbf{2}\log_2{}^{キ}\mathbf{5}$

79 真数は正であるから

⬅ CHART　まず (真数)>0

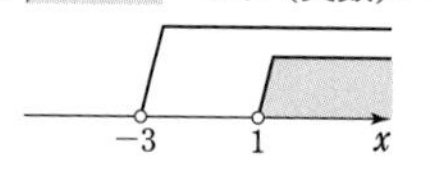

$x-1>0,\ x+3>0$

共通範囲を求めて　$x>1$

方程式から　$\log_5(x-1)^2+\dfrac{1}{2}\cdot\dfrac{\log_5(x+3)}{\log_5\sqrt{5}}=1$

⬅ 底を 5 にそろえる。
$\log_a b=\dfrac{\log_c b}{\log_c a}$ ➡ 基 75

$\log_5\sqrt{5}=\dfrac{1}{2}$ であるから　$\log_5(x-1)^2(x+3)=\log_5 5$

⬅ $1=\log_5 5$

よって　$(x-1)^2(x+3)=5$

⬅ $\log_a M=\log_a N \Longrightarrow M=N$

すなわち　$x^3+x^2-5x-2=0$

⬅ 3 次方程式 ➡ 基 61

$f(x)=x^3+x^2-5x-2$ とすると，$f(2)=0$ であるから，

方程式は　$(x-2)(x^2+3x+1)=0$

よって　$x=2$　または　$x^2+3x+1=0$

素早く解く!

組立除法を利用すると

1	1	−5	−2	2
	2	6	2	
1	3	1	0	

$x^2+3x+1=0$ から　$x=\dfrac{-3\pm\sqrt{5}}{2}$

⬅ 解の公式 ➡ 基 12

このうち，$x>1$ を満たすものは　$x={}^{ア}\mathbf{2}$

⬅ $x>1$ を満たすもののみが解。

$x=2$ さえ求められれば，これは $x>1$ を満たすから，空欄の形から ${}^{ア}\mathbf{2}$ としてよい。$x=\dfrac{-3\pm\sqrt{5}}{2}$ が $x>1$ を満たすかの吟味はもとより，$x^2+3x+1=0$ を解く必要もない。

80 (1) $0=\log_5 1$，$1=\log_5 5$

←底を5にそろえる。

まず，真数1，5，$2^{1.5}$，$3^{1.5}$，$0.5^{1.5}$ の大小を調べる。

$$2^{1.5}=2^{\frac{3}{2}}=\sqrt{8},\ 3^{1.5}=3^{\frac{3}{2}}=\sqrt{27},$$

$$0.5^{1.5}=\left(\frac{1}{2}\right)^{\frac{3}{2}}=\sqrt{\frac{1}{8}}$$

←すべて $\sqrt{\ }$ の中に入れる。$\left(指数を\ \frac{1}{2}\ にそろえる\right)$

計算は ➡ 基 75

また　$1=\sqrt{1}$，$5=\sqrt{25}$

$\frac{1}{8}<1<8<25<27$ であるから

$$\sqrt{\frac{1}{8}}<\sqrt{1}<\sqrt{8}<\sqrt{25}<\sqrt{27}$$

←$x^{\frac{1}{2}}<y^{\frac{1}{2}} \Longleftrightarrow x<y$

よって　$0.5^{1.5}<1<2^{1.5}<5<3^{1.5}$

底5は1より大きいから

$$\log_5 0.5^{1.5}<\log_5 1<\log_5 2^{1.5}<\log_5 5<\log_5 3^{1.5}$$

←不等号の向きはそのまま。

よって　$c<0<a<1<b$　（ア ③，イ ①，ウ ⓪，エ ②）

(2) まず，$\log_2 p$ と $\log_4 p$ の大小を調べる。

$0<p<1$ で，底2は1より大きいから

$$\log_2 p<\log_2 1=0$$

←不等号の向きはそのまま。

また　$\log_4 p=\frac{\log_2 p}{\log_2 4}=\frac{1}{2}\log_2 p$

←底を2にそろえる。➡ 基 75

$\log_2 p<0$ であるから　$\log_2 p<\frac{1}{2}\log_2 p=\log_4 p$

←$a<0$ のとき　$a<\frac{1}{2}a$

ここで，底 q は1より小さいから　$q^{\log_2 p}>q^{\log_4 p}$

←不等号の向きが変わる。

ゆえに　$a>b$　（オ ⓪）

素早く解く！

(2) の問題は $0<p<1$，$0<q<1$ を満たすすべての p，q で $a<b$ か $b<a$ のどちらか一方が成り立つということである。

すべての p，q で成り立つということは，ある特定の p，q でも成り立つ。共通テストでは，**p，q に特定の値を代入して a，b の大小関係を調べる**と，早く処理できる。p，q には，$0<p<1$，$0<q<1$ を満たす計算しやすい値を代入して調べるとよい。

例えば，$p=\frac{1}{4}$，$q=\frac{1}{2}$ とすると　$\log_2 p=\log_2\frac{1}{4}=\log_2 2^{-2}=-2$

$$\log_4 p=\log_4\frac{1}{4}=\log_4 4^{-1}=-1$$

よって　$a=\left(\frac{1}{2}\right)^{-2}=4$，$b=\left(\frac{1}{2}\right)^{-1}=2$　　ゆえに　$b<a$

ただし，この解法は，記述式では見通しを立てるため，または，検算に利用する程度とすること。

81　真数は正であるから　$x+1>0$，$5-x>0$

共通範囲を求めて　$-1<x<5$ …… ①

←CHART　まず（真数）>0

← 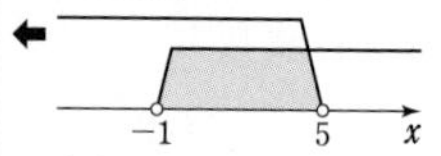

不等式から　$4\cdot\dfrac{\log_2(x+1)}{\log_2 4}<\log_2(5-x)+3$

←底を2にそろえ，係数が負の項を移項。

すなわち　$4\cdot\dfrac{\log_2(x+1)}{2}<\log_2(5-x)+\log_2 2^3$

←計算は　➡基75

よって　$\log_2(x+1)^2<\log_2 8(5-x)$

底2は1より大きいから　$(x+1)^2<8(5-x)$

←$a>1$ のとき不等号の向きはそのまま。

すなわち　$x^2+10x-39<0$　よって　$(x+13)(x-3)<0$

←2次不等式　➡基15

ゆえに　$-13<x<3$ …… ②

←CHART　数直線を利用

①，②から　$^{アイ}\mathbf{-1}<x<{}^{ウ}\mathbf{3}$

82　底 $\dfrac{1}{2}$ は1より小さいから，$x\geqq-2$ のとき

$$\left(\frac{1}{2}\right)^x\leqq\left(\frac{1}{2}\right)^{-2}$$

←不等号の向きが変わる。➡基80

すなわち　$\left(\dfrac{1}{2}\right)^x\leqq 4$

←$\left(\dfrac{1}{2}\right)^{-2}=\dfrac{1}{\left(\dfrac{1}{2}\right)^2}=4$

また　$\left(\dfrac{1}{2}\right)^x>0$

←$a>0$ のとき　$a^x>0$

$t=\left(\dfrac{1}{2}\right)^x$ とおくと　$^{ア}\mathbf{0}<t\leqq{}^{イ}\mathbf{4}$

←CHART　おきかえ ⟶ 範囲に注意

また　$y=\left(\dfrac{1}{4}\right)^x-3\cdot\left(\dfrac{1}{2}\right)^x+1=\left\{\left(\dfrac{1}{2}\right)^x\right\}^2-3\cdot\left(\dfrac{1}{2}\right)^x+1$

$$=t^2-3t+1=\left\{t^2-3t+\left(\frac{3}{2}\right)^2\right\}-\left(\frac{3}{2}\right)^2+1$$

←CHART　まず平方完成　➡基10

$$=\left(t-\frac{^{ウ}\mathbf{3}}{^{エ}\mathbf{2}}\right)^{^{オ}2}-\frac{^{カ}\mathbf{5}}{^{キ}\mathbf{4}}$$

よって，$0<t\leqq4$ において

$t=4$ すなわち $x={}^{クケ}\mathbf{-2}$ のとき

最大値 $^{コ}\mathbf{5}$ をとる。

←$\left(\dfrac{1}{2}\right)^x=4$ から　$2^{-x}=2^2$

よって　$x=-2$

また，最小値をとるとき　$t=\dfrac{3}{2}$

すなわち　$\left(\dfrac{1}{2}\right)^x=\dfrac{3}{2}$　　よって　$2^{-x}=\dfrac{3}{2}$

ゆえに　$-x=\log_2\dfrac{3}{2}$　　すなわち　$-x=\log_2 3-1$

←$a^p=M \Longleftrightarrow p=\log_a M$　➡基75

よって　$x=-\log_2{}^{サ}\mathbf{3}+{}^{シ}\mathbf{1}$

このとき，最小値は　$\dfrac{^{スセ}\mathbf{-5}}{^{ソ}\mathbf{4}}$

83　$\log_{10}3^{100}=100\log_{10}3=100\times0.4771$

$=47.71$

←$\log_a M^p=p\log_a M$　➡基75

よって，$48-1 \leqq \log_{10} 3^{100} < 48$ であるから，3^{100} は ${}^{アイ}\mathbf{48}$ 桁の整数である。

⬅$n-1 \leqq \log_{10} N < n$

また　$\log_{10} 0.3^{100} = 100\log_{10}\dfrac{3}{10} = 100(\log_{10}3-1)$

$= 100\times(0.4771-1) = -52.29$

⬅$\log_a M^p = p\log_a M$

よって，$-53 \leqq \log_{10} 0.3^{100} < -53+1$ であるから，0.3^{100} は小数第 ${}^{ウエ}\mathbf{53}$ 位に初めて 0 でない数字が現れる。

⬅$-n \leqq \log_{10} N < -n+1$

10
練習

▼ 練習の解説

練習 37

和や積が一定の 2 つの正の数
→ **相加平均と相乗平均の大小関係** を利用する。(➡基 56)

解答 (1) $y=9^b$ であるから

$\log_3 y = \log_3 9^b = b\log_3 3^2 = 2b\log_3 3 = {}^{ア}\mathbf{2b}$

(2) $x^2y=\dfrac{1}{3}$ から　$\log_3 x^2y = \log_3\dfrac{1}{3}$

⬅両辺の 3 を底とする対数をとる。

すなわち　$2\log_3 x + \log_3 y = \log_3 3^{-1}$

よって，(1) から　$2a+2b=-1$

ゆえに　$a+b=\dfrac{{}^{イウ}\mathbf{-1}}{{}^{エ}\mathbf{2}}$

(3) $a+2b=3$ から　$\log_3 x + \log_3 y = 3$

よって　$\log_3 xy = 3$　ゆえに　$xy=3^3=27$

⬅積が一定である。

ここで，$x>0$，$y>0$ であるから，相加平均と相乗平均の大小関係により　$x+y \geqq 2\sqrt{xy} = 2\sqrt{27} = 6\sqrt{3}$

⬅$x>0$，$y>0$ のとき
$\boldsymbol{x+y \geqq 2\sqrt{xy}}$
等号は $x=y$ のとき成り立つ。➡基 56

等号は $x=y=\dfrac{6\sqrt{3}}{2}=3\sqrt{3}$ のとき成り立つ。

よって，$x+y$ の最小値は　${}^{オ}\mathbf{6}\sqrt{{}^{カ}\mathbf{3}}$

➡***素早く解く!***

(4) $x>1$，$y>1$ から　$a>0$，$b>0$

⬅$\log_3 x > \log_3 1 = 0$ ➡基 80

また，$x=3^a$，$y=3^{2b}$ であるから

$xy = 3^a\cdot 3^{2b} = 3^{a+2b}$ …… ①

⬅$a=\log_3 x \Longleftrightarrow x=3^a$
➡基 75

$a>0$，$b>0$ であるから，相加平均と相乗平均の大小関係により　$a+2b \geqq 2\sqrt{2ab} = 4$

⬅積 $\boldsymbol{ab}$ が一定である。
$a+2b \geqq 2\sqrt{a\cdot 2b}$
等号は $a=2b$ のとき成り立つ。➡基 56

等号は $a=2b=\dfrac{4}{2}=2$ すなわち $a=2$，$b=1$ のとき成り立つ。

よって，$a+2b$ の最小値は 4 であるから，① より，xy の最小値は　$3^4={}^{キク}\mathbf{81}$

⬅底 3 が 1 より大きいから，$a+2b$ が最小のとき 3^{a+2b} も最小。➡基 80

素早く解く！　記述式の試験では，等号が成り立つ（最小となる）x，y が確かに存在するか，その値を求めておく必要があるが，共通テストでは，問われていない限り求める必要はない。また，重37 のように値を問われた場合，$x=y$ かつ $x+y=6\sqrt{3}$（等号が成り立っているから）より

$x=y=\dfrac{6\sqrt{3}}{2}=3\sqrt{3}$ と求めれば，$x=y$ かつ $xy=27$ から求めるよりも早い。

（➡基56）

練習 38　文字を含む不等式 → **場合分け** して解く。（➡重8）

解答　(1)　真数は正であるから

$x>0$，$x-2a>0$，$4-4a>0$

よって　$x>0$ かつ $x>2a$ かつ $a<1$ …… ②

（ア⓪，イ⑤，ウ①）

[1]　$2a\leqq 0$ すなわち $a\leqq 0$（エ⓪）のとき

$x>0$ かつ $x>2a$ から

$x>0$

[2]　$0<2a$ すなわち $0<a<1$ のとき

$x>0$ かつ $x>2a$ から

$x>2a$

(2)　① から　$\log_{10}x(x-2a)<\log_{10}(4-4a)$

底 10 は 1 より大きいから　$x(x-2a)<4-4a$

すなわち　$x^2-2ax+2(2a-2)<0$

よって　$(x-2)\{x-(2a-2)\}<0$ …… ③

ここで，$a<1$ から　$2a<2$ すなわち $2a-2<0$

ゆえに，③ から　$2a-2<x<2$

[1]　$a\leqq 0$ のとき

① の解は

$x>0$ かつ $2a-2<x<2$

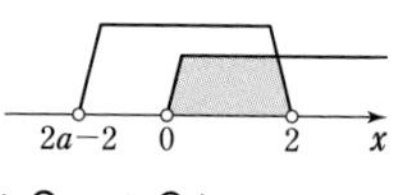

$2a-2<0$ であるから　$0<x<2$（オ⓪，カ②）

[2]　$0<a<1$ のとき

① の解は

$x>2a$ かつ $2a-2<x<2$

$2a-2<2a<2$ であるから　$2a<x<2$（キ⑤，ク②）

⇐CHART　まず（真数）>0

⇐ $2a$ と 0 の大小で場合分け。

⇐CHART　数直線を利用

⇐ $0<2a$ から　$a>0$
また，② から　$a<1$

➡基81

⇐ 2 と $2a-2$ の大小を考える。➡重8
$2a-2<0<2$ である。

⇐ $2a-2$ と 0 の大小を考える。

⇐ $2a-2$，$2a$，2 の大小を考える。

練習 39

方程式 $f(x)=a$ の解
　→ 曲線 $y=f(x)$ と直線 $y=a$ の **共有点の x 座標。**

解答　真数は正であるから $x-1>0$, $4-x>0$, $a-x>0$

これらより　$1<x<4$　かつ　$x<a$

また, ① から　$\log_4(x-1)(4-x)=\log_4(a-x)$

よって　$(x-1)(4-x)=a-x$ …… ③

整理すると　$-x^2+{}^{ア}\mathbf{6}x-{}^{イ}\mathbf{4}=a$ …… ②

すなわち　$x^2-6x+4+a=0$ …… ②′

②′ の判別式を D とすると

$$\frac{D}{4}=(-3)^2-(4+a)=-a+5$$

②′ が重解をもつのは, $D=0$ のときであるから　$a={}^{ウ}\mathbf{5}$

このとき, ②′ の重解は　$x=-\dfrac{-6}{2\cdot 1}={}^{エ}\mathbf{3}$

① がただ1つの解をもつには, 放物線 $y=-x^2+6x-4$ …… ④ と直線 $y=a$ が $1<x<4$ かつ $x<a$ の範囲で共有点をただ1つもてばよい。……（＊）

ここで, $1<x<4$ を満たす ② すなわち ③ の解 $x=x_0$ が $x_0<a$ を満たすことを示す。

　解 $x=x_0$ $(1<x_0<4)$ について $(x_0-1)(4-x_0)=a-x_0$
　$1<x_0<4$ であるから, 左辺は正。よって, 右辺も正。
　ゆえに　$a-x_0>0$　すなわち　$x_0<a$

よって, $1<x<4$ の範囲の ② の解は $x<a$ も満たす。

ゆえに, $1<x<4$ について ④ と直線 $y=a$ の共有点を考えればよい。

④ から

$$y=-x^2+6x-4$$
$$=-(x^2-6x+3^2-3^2)-4$$
$$=-(x-3)^2+5$$

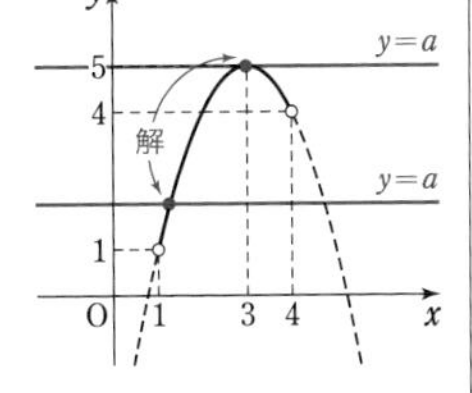

よって, グラフは右の図のようになり, $1<x<4$ においてただ1つの共有点をもつのは $a=5$ または ${}^{オ}\mathbf{1}<a\leqq{}^{カ}\mathbf{4}$ のときである。

〔別解〕　**オ, カについて。解答の（＊）までは同じ。**

④ を変形すると　$y=-(x-3)^2+5$

$1<x<4$ かつ $x<a$ の範囲における共有点の個数は, 放物線 ④ $(1<x<4)$ と, 直線 $y=a$ $(x<a)$ の共有点の個数に等しい。

⇔ CHART　まず (真数)>0

⇐ 対数方程式　➡ 基 79

⇐ $b=2b'$ のとき $\dfrac{D}{4}=b'^2-ac$

⇐ 重解 ⟺ $D=0$　➡ 基 14

⇐ **共有点の x 座標が方程式の解。範囲に注意。**

⇐ 方程式 ③ の解 → ③ に代入すれば成り立つ。➡ 基 13

⇐ $1<x<4$ の範囲の解は $x<a$ も自動的に満たすから, 条件 $x<a$ は考えなくてよくなった。

⇔ CHART　まず平方完成　➡ 基 8

⇐ ただ1つの共有点の x 座標が方程式 ① のただ1つの解。

直線 $y=a\ (x<a)$ のグラフは，右の図のように，領域 $y>x$ 内に存在する。 …… Ⓐ
また，右の図より，放物線④ $(1<x<4)$ は，放物線④の領域 $y>x$ 内の部分である。 …… Ⓑ

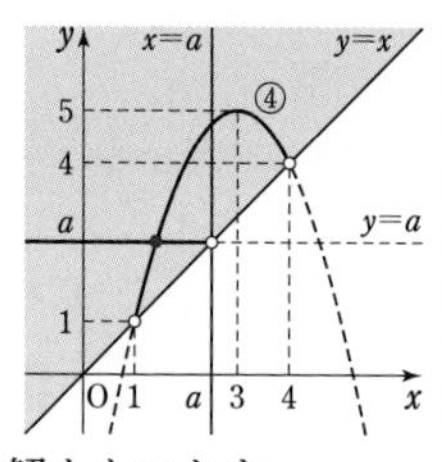

Ⓐ，Ⓑと図から，①がただ1つの解をもつとき

$a=5$　または　ｵ$\mathbf{1<a\leqq}$ｶ$\mathbf{4}$

⬅ a の値を変えても，直線 $y=a$ $(x<a)$ は，右の図のように，$y>x$ 内にあることがわかる。

▽ 問題の解説

問題 17

「3年間で4％減少から，1年間で $\frac{4}{3}$％」としては誤り。1年ごとの減少率が一定であることから次のように考える。
1年ごとに人口が a 倍になるとすると，3年で4％減少 ⟶ $a^3=0.96$
これに注意して式を立て，両辺の常用対数をとる。
また，$a>0$，$a\neq1$，$M>0$ のとき　　$\log_a M^p=p\log_a M$ (➡基75)

解答　1年ごとに人口が a 倍になるとすると

$$a^3=0.96$$

⬅4％減少＝0.96倍

両辺の常用対数をとると　　$\log_{10}a^3=\log_{10}0.96$

⬅$\log_a M^p=p\log_a M$　➡基75

すなわち　　$3\log_{10}a=\log_{10}0.96$

ここで　　$\log_{10}0.96=\log_{10}\frac{96}{100}=\log_{10}\frac{2^5\times3}{100}$

$$=5\log_{10}2+\log_{10}3-2$$
$$=5\times0.301+0.477-2$$
$$=-0.018$$

よって　　$\log_{10}a=\frac{-0.018}{3}=-0.006$

n 年後に人口が25％以上減少するとすると

⬅25％減少＝$\frac{3}{4}$倍

$$a^n\leqq\frac{3}{4}$$

両辺の常用対数をとると　　$n\log_{10}a\leqq\log_{10}\frac{3}{4}$

ここで　　$\log_{10}\frac{3}{4}=\log_{10}3-2\log_{10}2$

$$=0.477-2\times0.301=-0.125$$

ゆえに　　$n\geqq\frac{-0.125}{-0.006}=20.8\cdots\cdots$

⬅$-0.006<0$ であるから，不等号の向きが変わる。

よって　　ｱｲ**21** 年後

⬅求める n は最小の自然数。

問題 18

正の数 A の　**桁数は $\log_{10}A$ の整数部分，**
最高位の数字は $\log_{10}A$ の小数部分　に注目。
A の桁数を k，最高位の数を N（N は $1 \leqq N \leqq 9$ の整数）とすると
$$N \cdot 10^{k-1} \leqq A < (N+1) \cdot 10^{k-1}$$
a^n（a は自然数）の一の位の数字は a^1，a^2，a^3，…… の一の位の数字の規則性に注目。

解答　$\log_{10}3^{53}=53\log_{10}3$，$0.4771<\log_{10}3<0.4772$ から
$$53\times0.4771<\log_{10}3^{53}<53\times0.4772$$
すなわち　$25.2863<\log_{10}3^{53}<25.2916$ …… ①
よって　$25<\log_{10}3^{53}<26$
ゆえに　$10^{25}<3^{53}<10^{26}$
したがって，3^{53} の桁数は　ア イ **26 桁**
また，① から　$0.2863<\log_{10}3^{53}-25<0.2916$
ここで，$0.3010<\log_{10}2<0.3011$ から
$$0.2916<\log_{10}2$$
ゆえに　$0<53\log_{10}3^{53}-25<\log_{10}2$
よって　$25+\log_{10}1<\log_{10}3^{53}<25+\log_{10}2$
ゆえに　$\log_{10}(1\cdot10^{25})<\log_{10}3^{53}<\log_{10}(2\cdot10^{25})$
すなわち　$1\cdot10^{25}<3^{53}<2\cdot10^{25}$
したがって，3^{53} の最高位の数字は　ウ **1**
さらに，3^1，3^2，3^3，3^4，3^5，…… の一の位の数字は，順に　3，9，7，1，3，……
となり，3，9，7，1 の 4 つの数を順に繰り返す。
$53=4\times13+1$ であるから，3^{53} の一の位の数字は　エ **3**

➡ 基 83

⬅演習例題 18 と同様の方針。$\log_{10}3^{53}$ について，$\log_{10}(N\cdot10^{25})\leqq\log_{10}3^{53}<\log_{10}\{(N+1)\cdot10^{25}\}$ を満たす整数 $N(1\leqq N\leqq9)$ を見つける。

⬅$25=25\cdot1=25\log_{10}10=\log_{10}10^{25}$

⬅ 3，9，7，1 の並びを 13 回繰り返した後の 1 番目。

▼ 実践問題の解説

35 解答　(1)　$8^{\frac{5}{6}}=(2^3)^{\frac{5}{6}}=2^{3\times\frac{5}{6}}=2^{\frac{5}{2}}=2^2\cdot2^{\frac{1}{2}}=$ ア $\mathbf{4}\sqrt{{}^{イ}\mathbf{2}}$

$$\log_{27}\frac{1}{9}=\log_{27}9^{-1}=-\log_{27}9=-\frac{\log_3 9}{\log_3 27}$$
$$=-\frac{\log_3 3^2}{\log_3 3^3}=\frac{{}^{ウエ}\mathbf{-2}}{{}^{オ}\mathbf{3}}$$

(2)　$y=\left(\frac{1}{2}\right)^x=(2^{-1})^x=2^{-x}$

よって，$y=2^x$ のグラフと $y=\left(\frac{1}{2}\right)^x$ のグラフは y 軸に関して対称である。（カ ②）

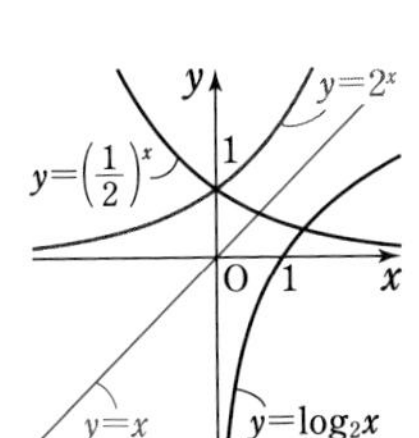

➡ 基 75

⬅$\log_a b=\dfrac{\log_c b}{\log_c a}$

⬅$y=f(x)$ のグラフと $y=f(-x)$ のグラフは y 軸対称。

10 実践問題

$y=2^x$ のグラフと $y=\log_2 x$ のグラフは直線 $y=x$ に関して対称である。(キ③)

←$y=a^x$ のグラフと $y=\log_a x$ のグラフは，直線 $y=x$ に関して対称。

$$y=\log_{\frac{1}{2}}x=\frac{\log_2 x}{\log_2\frac{1}{2}}$$

$$=\frac{\log_2 x}{\log_2 2^{-1}}=-\log_2 x$$

よって，$y=\log_2 x$ のグラフと $y=\log_{\frac{1}{2}}x$ のグラフは x 軸に関して対称である。(ク①)

←$y=f(x)$ のグラフと $y=-f(x)$ のグラフは x 軸対称。

$$y=\log_2\frac{1}{x}=\log_2 x^{-1}=-\log_2 x$$

←$y=\log_{\frac{1}{2}}x$ と $y=\log_2\frac{1}{x}$ は同じ関数である。

よって，$y=\log_2 x$ のグラフと $y=\log_2\frac{1}{x}$ のグラフは x 軸に関して対称である。(ケ①)

(3)　$1\leqq x\leqq 4$ から　$\log_2 1\leqq t\leqq \log_2 4$　すなわち　コ$\mathbf{0}\leqq t\leqq$ サ$\mathbf{2}$

←**CHART**
おきかえ ⟶ 範囲に注意

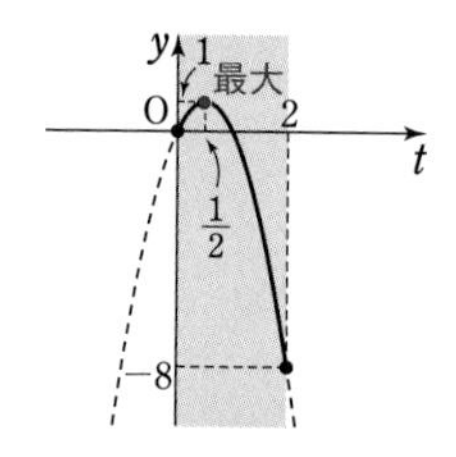

また　　$\log_2 x^4=4\log_2 x=4t$,

$$\log_2\frac{2}{x}=\log_2 2-\log_2 x=1-t$$

よって　　$y=4t(1-t)=$ シス$\mathbf{-4}t^2+$ セ$\mathbf{4}t$

変形すると　　$y=-4\left(t-\frac{1}{2}\right)^2+1$

$0\leqq t\leqq 2$ において，y は $t=\frac{1}{2}$ で最大値 タ$\mathbf{1}$ をとる。

このとき　　$x=2^{\frac{1}{2}}=\sqrt{{}^{ソ}\mathbf{2}}$

←$t=\log_2 x \iff x=2^t$

36 **解答**　(1)　$x\sqrt{y^3}=a$ の両辺を2乗すると

←根号をはずす。

$$(x\sqrt{y^3})^2=a^2 \quad すなわち \quad x^2(\sqrt{y^3})^2=a^2$$

←$(XY)^m=X^mY^m$　➡基75

よって　　$x^2y^3=a^2$ …… ①

$\sqrt[3]{x}\,y=b$ の両辺を3乗すると

$$(\sqrt[3]{x}\,y)^3=b^3 \quad すなわち \quad (\sqrt[3]{x})^3y^3=b^3$$

よって　　$xy^3=b^3$ …… ②

$x>0$，$y>0$，$b>0$ であるから，①÷② より

$$x=\frac{a^2}{b^3}=a^{{}^{ア}\mathbf{2}}b^{{}^{イウ}\mathbf{-3}}$$

←$\frac{1}{X^m}=X^{-m}$　➡基75

これを ② に代入すると　　$(a^2b^{-3})y^3=b^3$

両辺に $a^{-2}b^3$ を掛けて　　$y^3=a^{-2}b^6$

←$X^m\cdot X^n=X^{m+n}$　➡基75

よって　　$y=(a^{-2}b^6)^{\frac{1}{3}}=a^{-2\times\frac{1}{3}}b^{6\times\frac{1}{3}}=a^{-\frac{2}{3}}b^{{}^{エ}\mathbf{2}}$

←$(X^mY^n)^l=X^{ml}Y^{nl}$　➡基75

ゆえに　　$p=\dfrac{{}^{オカ}\mathbf{-2}}{{}^{キ}\mathbf{3}}$

(2)　$b=2\sqrt[3]{a^4}=2a^{\frac{4}{3}}$ のとき

$$x=a^2(2a^{\frac{4}{3}})^{-3}=a^2\cdot 2^{-3}a^{\frac{4}{3}\times(-3)}=2^{-3}a^{2-4}=2^{-3}a^{{}^{クケ}-2}$$

$$y=a^{-\frac{2}{3}}(2a^{\frac{4}{3}})^2=a^{-\frac{2}{3}}\cdot 2^2a^{\frac{4}{3}\times 2}=2^2a^{-\frac{2}{3}+\frac{8}{3}}=2^2a^{{}^{コ}2}$$

よって　$x+y=2^{-3}a^{-2}+2^2a^2$

$a>0$ であるから，相加平均と相乗平均の大小関係により　$x+y=2^{-3}a^{-2}+2^2a^2$

$$\geqq 2\sqrt{2^{-3}a^{-2}\cdot 2^2a^2}=2\sqrt{2^{-1}}=2\sqrt{\frac{1}{2}}=\sqrt{2}$$

等号が成り立つのは $2^{-3}a^{-2}=2^2a^2$ のときである。

$2^{-3}a^{-2}=2^2a^2$ の両辺に $2^{-2}a^2$ を掛けて　$2^{-5}=a^4$

ゆえに　$a=2^{-\frac{5}{4}}$

よって，$x+y$ の最小値は $\sqrt{{}^{サ}\mathbf{2}}$ で，このとき

$$q=\frac{{}^{シス}\mathbf{-5}}{{}^{セ}\mathbf{4}}$$

←$\sqrt[n]{X^m}=X^{\frac{m}{n}}$　➡基 75

←$x>0$，$y>0$ のとき $\boldsymbol{x+y\geqq 2\sqrt{xy}}$ 等号は $x=y$ のとき成り立つ。　➡基 56

37 **解答**　$x\geqq 2$ の両辺において，2 を底とする対数をとると，底 2 は 1 より大きいから　$\log_2 x\geqq\log_2 2$

よって　$s\geqq{}^{ア}\mathbf{1}$　　同様に　$t\geqq 1$

また　$s+t=\log_2 x+\log_2 y=\log_2 xy$

$8\leqq xy\leqq 16$ の各辺において，2 を底とする対数をとると

$$\log_2 8\leqq\log_2 xy\leqq\log_2 16$$

よって　${}^{イ}\mathbf{3}\leqq s+t\leqq{}^{ウ}\mathbf{4}$

また　$z=\log_2\sqrt{x}+\log_2 y=\log_2 x^{\frac{1}{2}}+\log_2 y$

$$=\frac{1}{2}\log_2 x+\log_2 y$$

よって　$z=\dfrac{{}^{エ}\mathbf{1}}{{}^{オ}\mathbf{2}}s+t$ …… ①

st 平面において，$s\geqq 1$，$t\geqq 1$，$3\leqq s+t\leqq 4$ の表す領域は，右の図の斜線部分である。ただし，境界線を含む。

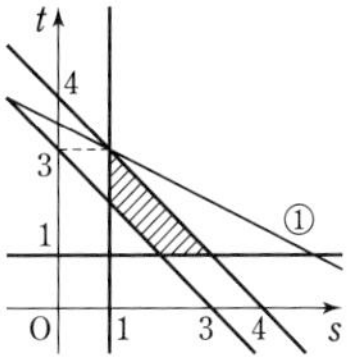

また，① から　$t=-\dfrac{1}{2}s+z$

この直線が右の図の領域と共有点をもつような z の最大値を求める。

図から，直線 ① が点 (1，3) を通るとき，z は最大となり

$$z=\frac{1}{2}\times 1+3=\frac{7}{2}$$

すなわち，z は $s={}^{カ}\mathbf{1}$，$t={}^{キ}\mathbf{3}$ のとき最大値 $\dfrac{{}^{ク}\mathbf{7}}{{}^{ケ}\mathbf{2}}$ をとる。

←不等号の向きはそのまま。　➡基 80

➡基 75

←不等号の向きはそのまま。

←$\log_a M^p=p\log_a M$　➡基 75

←領域を図示する。直線 ① が領域と共有点をもつような z の最大値を考える。　➡演 14

10 実践問題

$\log_2 x=1$ から　$x=2$　　$\log_2 y=3$ から　$y=8$

したがって，z は $x=$ ^{コ}**2**, $y=$ ^{サ}**8** のとき最大値 $\dfrac{7}{2}$ をとる。

38 **解答** (1) 常用対数表によると，

$\log_{10}2.85=0.4548$ であるから

$$\log_{10}N_1=\log_{10}285=\log_{10}(2.85\cdot10^2)$$
$$=\log_{10}2.85+\log_{10}10^2$$
$$=0.4548+{}^{ア}\mathbf{2}=2.4548$$

よって　$p_1=2.455$

常用対数表によると，$\log_{10}3.68=0.5658$ であるから

$$\log_{10}N_2=\log_{10}368=\log_{10}(3.68\cdot10^2)$$
$$=\log_{10}3.68+\log_{10}10^2$$
$$=0.5658+2=2.5658$$

ゆえに　$p_2={}^{イ}\mathbf{2}.{}^{ウエオ}\mathbf{566}$

ここで　$p_2-p_1=0.111$

さらに，$\log_{10}N_3$ の値の小数第4位を四捨五入したものを p_3 とすると，$\dfrac{p_2-p_1}{25-22}=\dfrac{p_3-p_2}{28-25}=0.037$ が成り立つことが確かめられるから，$k=0.037$ とする。

点 $(x,\ \log_{10}N)$ が直線 $y=k(x-22)+p_1$ 上にあるとき

$\log_{10}N=k(x-22)+p_1$　すなわち　$N=10^{k(x-22)+p_1}$

(^{カ}②)

(2) $x=32$ のとき

$$\log_{10}N=0.037(32-22)+2.455=2.825$$

常用対数表によると，$\log_{10}6.68=0.8248$,

$\log_{10}6.69=0.8254$ であるから(＊)

$$\log_{10}6.68<0.825<\log_{10}6.69$$

よって　$2+\log_{10}6.68<\log_{10}N<2+\log_{10}6.69$

ゆえに　$\log_{10}(10^2\cdot6.68)<\log_{10}N<\log_{10}(10^2\cdot6.69)$

よって　$668<N<669$

したがって，N の値は660以上670未満の範囲にある。

(^{キ}⑤)

⬅ $M>0$, $N>0$ のとき
$\log_a MN=\log_a M+\log_a N$
$\log_a a^p=p$　➡ 基 75

⬅ p_1 は $\log_{10}N_1$ の値の小数第4位を四捨五入したもの。

⬅ p_2 は $\log_{10}N_2$ の値の小数第4位を四捨五入したもの。

⬅ $p_3=2.677$ となり，
$p_3-p_2=0.111$
なお，問題文で「確かめられる」と書かれているので，実際に p_3 の値を求めて確かめを行う必要はない。

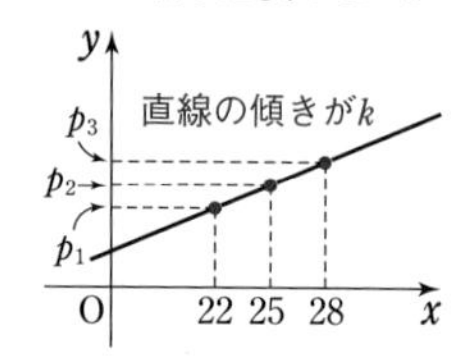

(＊) 常用対数表から，$\log_{10}$● の値が最も0.825に近い値●をさがす。

39 **解答** (1) $a>0$, $a \neq 1$, $b>0$ のとき，$\log_a b = x$ とおくと，対数の定義から　$a^x = b$ （ア ②）

(2) (i) $\log_5 25 = \log_5 5^2 = {}^{イ}\mathbf{2}$,

$$\log_9 27 = \frac{\log_3 27}{\log_3 9} = \frac{\log_3 3^3}{\log_3 3^2} = \frac{{}^{ウ}\mathbf{3}}{{}^{エ}\mathbf{2}}$$

←底の変換公式

➡ 基 75

(ii) $\log_2 3$ が有理数であると仮定すると，$\log_2 3 > 0$ であるので，2 つの自然数 p, q を用いて $\log_2 3 = \dfrac{p}{q}$ と表すことができる。

←有理数は $\dfrac{\text{整数}}{\text{整数}}$ で表される実数。

このとき，(1) により $\log_2 3 = \dfrac{p}{q}$ は $2^{\frac{p}{q}} = 3$ すなわち $2^p = 3^q$ と変形できる。（オ ⑤）

←$2^{\frac{p}{q}} = 3$ の両辺を q 乗する。

いま，2 は偶数であり 3 は奇数であるので，$2^p = 3^q$ を満たす自然数 p, q は存在しない。

←2^p は偶数，3^q は奇数。

したがって，$\log_2 3$ は無理数であることがわかる。

(iii) 2 以上の自然数 a, b に対し，$\log_a b > 0$ である。

このとき，2 つの自然数 p, q に対して，$\log_a b = \dfrac{p}{q}$ が成り立つとすると，(1) により，$a^p = b^q$ …… ① が成り立つ。

←$a^{\frac{p}{q}} = b$ として，両辺を q 乗する。

(ii) と同様に考えると，$\log_a b$ がつねに無理数であるといえるのは，① を満たす自然数 p, q がつねに存在しないときである。

⓪ ～ ⑤ のうち，① を満たす自然数 p, q がつねに存在しないのは，a と b のいずれか一方が偶数で，もう一方が奇数のときである。（カ ⑤）

←偶数^{自然数} は偶数，奇数^{自然数} は奇数。

10 実践問題

第11章　微分法・積分法

CHECKの解説

84　平均変化率は　$\dfrac{f(-1+h)-f(-1)}{-1+h-(-1)}$

$=\dfrac{2(-1+h)^2-3(-1+h)-(2+3)}{h}$

$=\dfrac{2h^2-7h}{h}=\dfrac{h(2h-7)}{h}=$ ア$\mathbf{2h}-$イ$\mathbf{7}$

←$\dfrac{f(b)-f(a)}{b-a}$

また　$\displaystyle\lim_{h\to 0}(2h-7)=2\cdot 0-7=-7$

←$h=0$ を代入する。

よって，ウエ$\mathbf{-7}$ に限りなく近づく。

参考　$h\longrightarrow 0$ のとき $-1+h\longrightarrow -1$ であるから，

$\displaystyle\lim_{h\to 0}\frac{f(-1+h)-f(-1)}{-1+h-(-1)}=f'(-1)$　である。

85　$f'(x)=3x^2-1$

←$(x^3)'=3x^2$，$(x)'=1$
$(1)'=0$

$f(-2)=(-2)^3-(-2)+1=-5$，

$f'(-2)=3\cdot(-2)^2-1=11$ であるから，

接線の方程式は　$y-(-5)=11\{x-(-2)\}$

すなわち　$y=$ アイ$\mathbf{11}x+$ウエ$\mathbf{17}$

←$y-f(-2)$
$=f'(-2)\{x-(-2)\}$

また，点 $(a,\ f(a))$ における接線の方程式は

$y-(a^3-a+1)=(3a^2-1)(x-a)$ ……①

←接点の x 座標を a とおく。
$f'(a)$ が接線の傾き。

この直線の傾きが2であるとすると　$3a^2-1=2$

ゆえに　$a^2=1$　　よって　$a=\pm 1$

傾きが2である接線は，この a の値を①に代入して

$a=1$ のとき　$y-1=2(x-1)$　すなわち　$y=2x-$オ$\mathbf{1}$

$a=-1$ のとき　$y-1=2\{x-(-1)\}$

すなわち　$y=2x+$カ$\mathbf{3}$

86　$f'(x)=-3x^2-14x$ であるから，接点の座標を $(a,\ -a^3-7a^2+2)$ とすると，接線の方程式は

$y-(-a^3-7a^2+2)=(-3a^2-14a)(x-a)$

←接点の座標を $(a,\ f(a))$ とすると，接線の方程式は
$y-f(a)=f'(a)(x-a)$

すなわち　$y=(-3a^2-14a)x+2a^3+7a^2+2$ ……①

直線①が $(2,\ 2)$ を通るから

$2=(-3a^2-14a)\cdot 2+2a^3+7a^2+2$

←通る点の x 座標，y 座標を代入。

よって　$2a^3+a^2-28a=0$

ゆえに　$a(2a^2+a-28)=0$

よって　$a(a+4)(2a-7)=0$

ゆえに　$a=0,\ -4,\ \dfrac{7}{2}$

① から，接線の方程式は

$a=0$ のとき　$y={}^{ア}\mathbf{2}$

$a=-4$ のとき

$$y=\{-3\cdot(-4)^2-14\cdot(-4)\}x+2\cdot(-4)^3+7\cdot(-4)^2+2$$

すなわち　$y={}^{イ}\mathbf{8}x-{}^{ウエ}\mathbf{14}$

$a=\frac{7}{2}$ のとき

$$y=\left\{-3\cdot\left(\frac{7}{2}\right)^2-14\cdot\frac{7}{2}\right\}x+2\cdot\left(\frac{7}{2}\right)^3+7\cdot\left(\frac{7}{2}\right)^2+2$$

すなわち　$y=-\frac{{}^{オカキ}\mathbf{343}}{{}^{ク}\mathbf{4}}x+\frac{{}^{ケコサ}\mathbf{347}}{{}^{シ}\mathbf{2}}$

←それぞれの a の値について接線の方程式を求める。接線は 3 本存在することになる。

接線のうち 1 つは，$y=$ ア の形であることと，点 (2, 2) を通ることから $y={}^{ア}\mathbf{2}$ であるとすぐに求まる。

また，$a=-4,\ \frac{7}{2}$ のときの接線の方程式の y 切片の値を求めるのはやや大変であるが，**接線が点 (2, 2) を通ることを利用する**と，次のように求めることもできる。

$a=-4$ のときの接線の傾きは

$$-3(-4)^2-14\cdot(-4)=8$$

←$f'(-4)$

接線は傾きが 8 で (2, 2) を通る直線であるから

$$y-2=8(x-2)\quad すなわち\quad y={}^{イ}\mathbf{8}x-{}^{ウエ}\mathbf{14}$$

←接点ではないが，点 (2, 2) を通ることが問題文からわかっている。

$a=\frac{7}{2}$ についても同様にすればよい。この方法だと，$2a^3+7a^2+2$ に $a=-4,\ \frac{7}{2}$ を代入して計算する必要がなくなる。

87 (1)　$f'(x)=3x^2+8x-3=(x+3)(3x-1)$

➡ 基 1

$f'(x)=0$ とすると　$x=-3,\ \frac{1}{3}$

←極値 $\Longrightarrow$ $f'(x)=0$

x^3 の係数は正であるから，$y=f(x)$ のグラフは右のようになり，

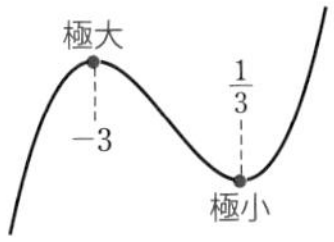

(グラフ：極大 -3，極小 $\frac{1}{3}$)

←グラフをイメージする。

←増減表をかくと

x	$\cdots$	-3	$\cdots$	$\frac{1}{3}$	$\cdots$
$f'(x)$	+	0	−	0	+
$f(x)$	↗	極大	↘	極小	↗

$x={}^{アイ}\mathbf{-3}$ のとき極大値

$$f(-3)=(-3)^3+4(-3)^2-3\cdot(-3)+4={}^{ウエ}\mathbf{22}$$

$x=\frac{{}^{オ}\mathbf{1}}{{}^{カ}\mathbf{3}}$ のとき極小値

$$f\left(\frac{1}{3}\right)=\left(\frac{1}{3}\right)^3+4\left(\frac{1}{3}\right)^2-3\cdot\frac{1}{3}+4=\frac{{}^{キク}\mathbf{94}}{{}^{ケコ}\mathbf{27}}$$

(2)　$f(-4)$

$=(-4)^3+4(-4)^2-3\cdot(-4)+4$

$=16$

$f(-1)=(-1)^3+4(-1)^2-3\cdot(-1)+4$

$=10$

よって　$x=$ サシ $\mathbf{-3}$ のとき最大値 スセ $\mathbf{22}$

$x=$ ソタ $\mathbf{-1}$ のとき最小値 チツ $\mathbf{10}$

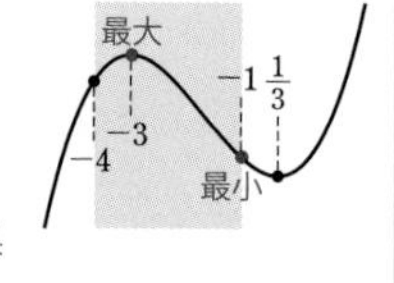

⬅極値と区間の端が候補。グラフの概形から，極大値が最大。最小値については $f(-4)$ と $f(-1)$ を比べる。
$f(-4)>f(-1)$

素早く解く！　組立除法を利用すると

1	4	−3	4	−3
	−3	−3	18	
1	1	−6	22	

1	4	−3	4	$\frac{1}{3}$
	$\frac{1}{3}$	$\frac{13}{9}$	$-\frac{14}{27}$	
1	$\frac{13}{3}$	$-\frac{14}{9}$	$\frac{94}{27}$	

1	4	−3	4	−4
	−4	0	12	
1	0	−3	16	

よって　$f(-3)=22$，$f\left(\frac{1}{3}\right)=\frac{94}{27}$，$f(-4)=16$

88　$f'(x)=3x^2+2ax+b$

$x=\frac{1}{\sqrt{3}}$ で極値をもつから　$f'\left(\frac{1}{\sqrt{3}}\right)=0$

⬅極値 $\Longrightarrow$ $f'(\alpha)=0$

よって　$3\cdot\left(\frac{1}{\sqrt{3}}\right)^2+2a\cdot\frac{1}{\sqrt{3}}+b=0$

すなわち　$\frac{2}{\sqrt{3}}a+b+1=0$ …… ①

⬅***素早く解く！***
空欄の形から a，b は整数である。よって，① より，$a=0$，$b=-1$ がすぐにわかる。➡ 基 6

また，極小値は $-\frac{2\sqrt{3}}{9}$ であるから

$$f\left(\frac{1}{\sqrt{3}}\right)=-\frac{2\sqrt{3}}{9}$$

よって　$\left(\frac{1}{\sqrt{3}}\right)^3+a\cdot\left(\frac{1}{\sqrt{3}}\right)^2+b\cdot\frac{1}{\sqrt{3}}=-\frac{2\sqrt{3}}{9}$

すなわち　$\sqrt{3}\,a+3b+3=0$ …… ②

①，② から　$a=$ ア $\mathbf{0}$，$b=$ イウ $\mathbf{-1}$

このとき　$f(x)=x^3-x$，$f'(x)=3x^2-1$

$f'(x)=0$ とすると　$x=\pm\frac{1}{\sqrt{3}}$

よって，確かに $x=\frac{1}{\sqrt{3}}$ で極小値 $-\frac{2\sqrt{3}}{9}$ をとる。

⬅***素早く解く！***
共通テストではこの確認を省略できる。

⬅グラフをイメージ。

また，極大値は

$$f\left(-\frac{1}{\sqrt{3}}\right)=\left(-\frac{1}{\sqrt{3}}\right)^3-\left(-\frac{1}{\sqrt{3}}\right)=\frac{{}^{エ}\mathbf{2}\sqrt{{}^{オ}\mathbf{3}}}{{}^{カ}\mathbf{9}}$$

89 $f'(x)=3x^2+6ax+3(a+2)=3\{x^2+2ax+(a+2)\}$

$f(x)$ が極値をもつとき，$f'(x)=0$ が異なる2つの実数解をもつから，$x^2+2ax+(a+2)=0$ の判別式を D とすると　$D>0$

←判別式　➡基14

ここで　$\dfrac{D}{4}=a^2-(a+2)=a^2-a-2=(a+1)(a-2)$

よって，$(a+1)(a-2)>0$ から　$a<$ ア イ $\mathbf{-1}$，ウ $\mathbf{2}<a$

←2次不等式　➡基15

また，$x=-1$ で極値をもつとき　$f'(-1)=0$

←極値 $\Longrightarrow f'(-1)=0$　➡基88

よって　$3\{(-1)^2+2a\cdot(-1)+(a+2)\}=0$

すなわち　$3(3-a)=0$　　よって　$a=$ エ $\mathbf{3}$

このとき　$f(x)=x^3+9x^2+15x+1$,

$f'(x)=3(x^2+6x+5)=3(x+1)(x+5)$

$f'(x)=0$ とすると　$x=-1,\ -5$

よって，確かに $x=-1$ で極値をもち，極大値

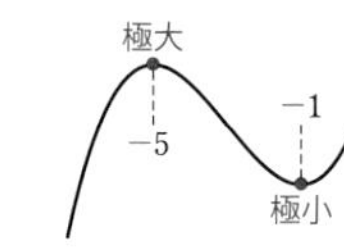

←グラフをイメージ。

←**素早く解く!**

共通テストではこの確認を省略できる。

$f(-5)$

$=(-5)^3+9\cdot(-5)^2+15\cdot(-5)+1=$ オ カ $\mathbf{26}$

極小値 $f(-1)=(-1)^3+9\cdot(-1)^2+15\cdot(-1)+1=$ キ ク $\mathbf{-6}$

90 (1) $\displaystyle\int_{-2}^{2}(3x^2-10x)dx=2\int_0^2 3x^2dx=2\left[\frac{3}{3}x^3\right]_0^2$

$=2(2^3-0)=$ ア イ $\mathbf{16}$

←**素早く解く!**

$\displaystyle\int_{-a}^{a}x\,dx=0$

$\displaystyle\int_{-a}^{a}x^2dx=2\int_0^a x^2dx$

(2) $2x-1\geqq0$ すなわち $x\geqq\dfrac{1}{2}$ のとき $|2x-1|=2x-1$

$2x-1\leqq0$ すなわち $x\leqq\dfrac{1}{2}$ のとき $|2x-1|=-(2x-1)$

←**CHART**

絶対値は場合分け

$|X|=\begin{cases}X & (X\geqq0)\\ -X & (X\leqq0)\end{cases}$

よって　$\displaystyle\int_0^1|2x-1|dx=\int_0^{\frac{1}{2}}|2x-1|dx+\int_{\frac{1}{2}}^1|2x-1|dx$

$\displaystyle=\int_0^{\frac{1}{2}}(-2x+1)dx+\int_{\frac{1}{2}}^1(2x-1)dx$

$\displaystyle=\left[-\frac{2}{2}x^2+x\right]_0^{\frac{1}{2}}+\left[\frac{2}{2}x^2-x\right]_{\frac{1}{2}}^1$

$\displaystyle=\left\{-\left(\frac{1}{2}\right)^2+\frac{1}{2}\right\}-0+(1^2-1)-\left\{\left(\frac{1}{2}\right)^2-\frac{1}{2}\right\}=\frac{\text{ウ}\mathbf{1}}{\text{エ}\mathbf{2}}$

←$\displaystyle\int_a^b x^n dx=\left[\frac{1}{n+1}x^{n+1}\right]_a^b$

(2) $\displaystyle\int_0^1|2x-1|dx$ は右の図の斜線部分の面積であるから

$\displaystyle\int_0^1|2x-1|dx=\frac{1}{2}\cdot\frac{1}{2}\cdot1+\frac{1}{2}\left(1-\frac{1}{2}\right)\cdot1=\frac{\text{ウ}\mathbf{1}}{\text{エ}\mathbf{2}}$

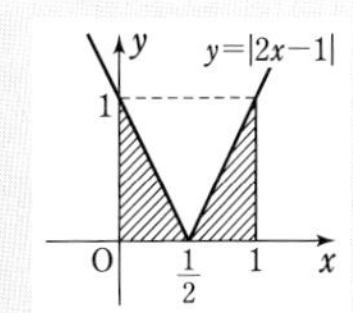

11 CHECK

91　$f'(x)=\left\{\int_0^x (t^2-5t+6)dt\right\}'=x^2-5x+6=(x-2)(x-3)$

$f'(x)=0$ とすると　$x=2,\ 3$

$f(x)$ の3次の係数は正であるから，

グラフは右のようになる。

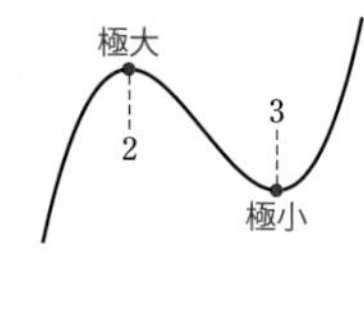

よって，$x=$ ア**2** のとき極大となり，

$x=$ オ**3** のとき極小となる。

←極値 $\Longrightarrow f'(\alpha)=0$
グラフをイメージ
➡ 基 87
$f'(x)$ の2次の係数が正であるから，$f(x)$ の3次の係数も正。

ここで　$f(x)=\int_0^x (t^2-5t+6)dt=\left[\dfrac{t^3}{3}-\dfrac{5}{2}t^2+6t\right]_0^x$

$=\dfrac{x^3}{3}-\dfrac{5}{2}x^2+6x$

←$\int_a^b x^n dx=\left[\dfrac{1}{n+1}x^{n+1}\right]_a^b$
➡ 基 90

よって，極大値は　$f(2)=\dfrac{8}{3}-10+12=\dfrac{^{イウ}\mathbf{14}}{^{エ}\mathbf{3}}$

極小値は　$f(3)=9-\dfrac{45}{2}+18=\dfrac{^{カ}\mathbf{9}}{^{キ}\mathbf{2}}$

92　放物線 C，直線 ℓ は右の図のようになる。

←グラフをかく。

$-x^2+2x=x-2$ とすると

$x^2-x-2=0$

←交点の x 座標を求める。

すなわち　$(x+1)(x-2)=0$

よって　　$x=-1,\ 2$

ゆえに　$S_1=\int_{-1}^2 \{(-x^2+2x)-(x-2)\}dx$

←$\int_\alpha^\beta \{f(x)-g(x)\}dx$

$=\int_{-1}^2 (-x^2+x+2)dx=-\int_{-1}^2 (x+1)(x-2)dx$

$=\dfrac{1}{6}\{2-(-1)\}^3=\dfrac{^{ア}\mathbf{9}}{^{イ}\mathbf{2}}$

←$\int_\alpha^\beta (x-\alpha)(x-\beta)dx=-\dfrac{1}{6}(\beta-\alpha)^3$

また，S_2 は右のようになるから

$S_2=\int_1^2 (-x^2+2x)dx$

$+\int_2^3 \{-(-x^2+2x)\}dx$

←$2\leqq x\leqq 3$ のときは x 軸より下にあるから $-f(x)$ を積分する。

$=\left[-\dfrac{x^3}{3}+x^2\right]_1^2+\left[\dfrac{x^3}{3}-x^2\right]_2^3$

$=\left(-\dfrac{8}{3}+4\right)-\left(-\dfrac{1}{3}+1\right)+(9-9)-\left(\dfrac{8}{3}-4\right)$

$=$ ウ**2**

練習の解説

練習 40

2曲線 $y=f(x)$ と $y=g(x)$ が $x=p$ の点で共通接線をもつ

$\Leftrightarrow f(p)=g(p)$ かつ $f'(p)=g'(p)$

解答　$f'(x)=6x-a$，$g'(x)=3x^2$

点Pの x 座標を p とすると，共通接線をもつから

$3p^2-ap-a+4=p^3$ …… ①　かつ　$6p-a=3p^2$ …… ②

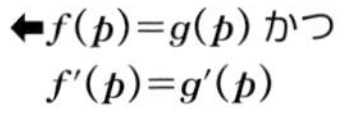

② から　　　$a=6p-3p^2$ …… ③

① に代入して　$3p^2-(6p-3p^2)p-(6p-3p^2)+4=p^3$　　⬅ a を消去して解く。

すなわち　$2p^3-6p+4=0$　　よって　$p^3-3p+2=0$　　⬅3次方程式　➡基 61

1	0	−3	2	1
	1	1	−2	
1	1	−2	0	

ゆえに　$(p-1)(p^2+p-2)=0$

よって　$(p-1)^2(p+2)=0$　　したがって　$p=1,\ -2$

③ から　$p=1$ のとき $a=3$，　$p=-2$ のとき $a=-24$

$a>0$ であるから　$p=1$，$a=$ ア$\mathbf{3}$

点Pの y 座標は　$g(1)=1$　　よって　P(イ$\mathbf{1}$，ウ$\mathbf{1}$)

また，このとき，接線の傾きは　$g'(1)=3\cdot1^2=3$

ゆえに，接線の方程式は　$y-1=3(x-1)$　　⬅Pにおける接線。➡基 85

すなわち　$y=$ エ$\mathbf{3}x-$ オ$\mathbf{2}$

さらに，$x^3=3x-2$ とすると　　⬅3次方程式　➡基 61

$x^3-3x+2=0$

よって　$(x-1)^2(x+2)=0$　　➡**素早く解く！**

Q の x 座標は1ではないから

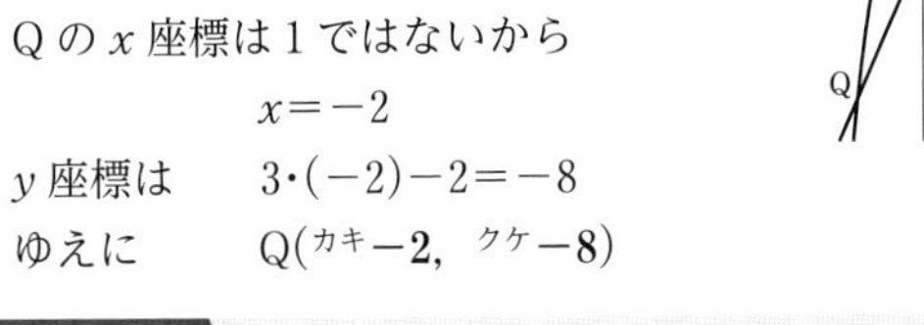

$x=-2$

y 座標は　$3\cdot(-2)-2=-8$

ゆえに　Q(カキ$\mathbf{-2}$，クケ$\mathbf{-8}$)

$y=g(x)$ のグラフと直線 ℓ は $x=1$ で接するから，x^3-3x+2 は $(x-1)^2$ を必ず因数にもつ。よって，$(x-1)^2(sx+t)$ と因数分解できて，3次の項と定数項を考えれば，$s=1$，$t=2$ がすぐにわかる。ゆえに，$(x-1)^2(x+2)$ となる。

練習 41

曲線 $y=f(x)$ 上の点 $\mathrm{A}(\alpha,\ f(\alpha))$ における法線

$$y-f(\alpha)=-\frac{1}{f'(\alpha)}(x-\alpha)\quad (f'(\alpha)\neq0)$$

相加平均と相乗平均の大小関係　$\dfrac{a+b}{2}\geqq\sqrt{ab}$　$(a>0,\ b>0)$　(➡基 56)

解答　$y'=2x$ から，$x=-a$ のとき

$y'=-2a$

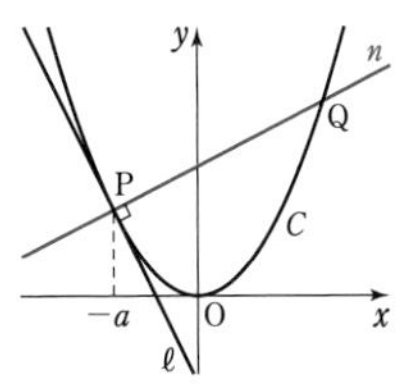

すなわち，接線 ℓ の傾きは　$-2a$

$a\neq0$ より，直線 n の傾きは $\dfrac{1}{2a}$　　⬅垂直 ⟶ 傾きの積が -1　➡基 63

であるから，n の方程式は

$$y-a^2=\frac{1}{2a}(x+a)$$

⬅$y-f(\alpha)=-\frac{1}{f'(\alpha)}(x-\alpha)$

すなわち　$y=\frac{1}{{}^{ア}\mathbf{2a}}x+a^{{}^{イ}2}+\frac{1}{{}^{ウ}\mathbf{2}}$

$x^2=\frac{1}{2a}x+a^2+\frac{1}{2}$ とすると　$x^2-\frac{1}{2a}x-a^2-\frac{1}{2}=0$

⬅**素早く解く!**

1つの交点の x 座標が $x=-a$ であるから $x+a$ を因数にもつ。

よって　$(x+a)\left(x-a-\frac{1}{2a}\right)=0$

ゆえに　$x=-a,\ a+\frac{1}{2a}$

よって，点Qの x 座標は　$a+\frac{1}{{}^{エ}\mathbf{2a}}$

ここで，$a>0$，$\frac{1}{2a}>0$ であるから，相加平均と相乗平均の大小関係により　$a+\frac{1}{2a}\geqq 2\sqrt{a\cdot\frac{1}{2a}}=\sqrt{2}$

⬅$a>0$，$b>0$ のとき $a+b\geqq 2\sqrt{ab}$ 等号成立は $a=b$ のとき。

➡基56

等号が成り立つのは　$a=\frac{1}{2a}=\frac{\sqrt{2}}{2}$ のときである。

⬅**素早く解く!**

共通テストでは，問われていなければ等号が成り立つ a の値を求めなくてもよい。

このとき，$a+\frac{1}{2a}$ は最小値 $\sqrt{{}^{オ}\mathbf{2}}$ をとる。

$x^2-\frac{1}{2a}x-a^2-\frac{1}{2}$ を因数分解するのは一見難しそうに見える。しかし，C と n の交点の1つがP（x 座標が $-a$）であることに着目すると，$x+a$ を因数にもつことがわかり，簡単に因数分解できる。また，$x^2-\frac{1}{2a}x-a^2-\frac{1}{2}=0$ の $x=-a$ 以外の解を β とすると，解と係数の関係（➡基59）により　$-a+\beta=\frac{1}{2a}$　すなわち　$\beta=a+\frac{1}{{}^{エ}\mathbf{2a}}$

と，因数分解をしなくても点Qの x 座標をスムーズに求められる。

練習 42

$x=\alpha$ で極値をもつ $\Longrightarrow f'(\alpha)=0$

α が無理数のときは，**$f(x)$ を $f'(x)$ で割った余りを利用**して極値 $f(\alpha)$ を求める。　$A(x)=B(x)Q(x)+R(x)$

解答　$f'(x)=6x^2-6x+1$

$f'(x)=0$ とすると　$x=\frac{3\pm\sqrt{3}}{6}=\frac{1}{2}\pm\frac{\sqrt{3}}{6}$

⬅$f'(\alpha)=0$　➡基87

$x=\frac{-b'\pm\sqrt{b'^2-ac}}{a}$

➡基12

$f(x)$ の 3 次の係数は正であるから，
$y=f(x)$ のグラフは右のようになり，
$x=\frac{1}{{}^{ア}\mathbf{2}}-\frac{\sqrt{{}^{イ}\mathbf{3}}}{{}^{ウ}\mathbf{6}}$ で極大となる。

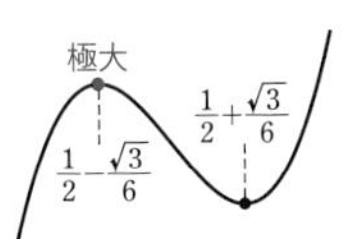

➡ 基 87

$f(x)$ を $f'(x)$ で割ると，
商が $\frac{1}{3}x-\frac{1}{6}$，余りが
$-\frac{1}{3}x+\frac{1}{6}$ であるから

➡ 基 52

$$\begin{array}{r} \frac{1}{3}x-\frac{1}{6} \\ 6x^2-6x+1 \overline{) 2x^3-3x^2+x} \\ 2x^3-2x^2+\frac{1}{3}x \\ \hline -x^2+\frac{2}{3}x \\ -x^2+x-\frac{1}{6} \\ \hline -\frac{1}{3}x+\frac{1}{6} \end{array}$$

$f(x)=\left(\frac{1}{{}^{エ}\mathbf{3}}x-\frac{1}{6}\right)f'(x)-\frac{1}{3}x+\frac{1}{6}$

⬅ CHART　$A=BQ+R$

$f'\left(\frac{1}{2}-\frac{\sqrt{3}}{6}\right)=0$ であるから，極大値は

⬅ $x=\frac{1}{2}-\frac{\sqrt{3}}{6}$ は $f'(x)=0$ の解。

$$f\left(\frac{1}{2}-\frac{\sqrt{3}}{6}\right)$$
$$=\left\{\frac{1}{3}\left(\frac{1}{2}-\frac{\sqrt{3}}{6}\right)-\frac{1}{6}\right\}\cdot 0-\frac{1}{3}\left(\frac{1}{2}-\frac{\sqrt{3}}{6}\right)+\frac{1}{6}$$
$$=\frac{\sqrt{{}^{オ}\mathbf{3}}}{{}^{カキ}\mathbf{18}}$$

⬅ $f(\alpha)=R(\alpha)$ となる。

➡ 重 27

エに入る数は次のように求めると早い。
[エ] に入る数を a とすると

$$2x^3-3x^2+x=\left(\frac{1}{a}x-\frac{1}{6}\right)(6x^2-6x+1)-\frac{1}{3}x+\frac{1}{6}$$

両辺の 3 次の係数を比較して　$a={}^{エ}\mathbf{3}$
このようにすると，この問題では割り算をする必要はない。

⬅ 恒等式

➡ 基 55

11 練習

練習 43

方程式 $f(x)=k$ の実数解
→ 曲線 $y=f(x)$ と直線 $y=k$ の **共有点の x 座標。**
解の条件も，共有点の条件として考える。

解答　方程式から　$k=-x^3-x^2+x-2$
ここで，$f(x)=-x^3-x^2+x-2$ とすると，方程式が異なる 3 つの実数解をもつのは，曲線 $y=f(x)$ と直線 $y=k$ が異なる 3 つの共有点をもつときである。

⬅ POINT!

$$f'(x)=-3x^2-2x+1$$
$$=-(3x^2+2x-1)$$
$$=-(x+1)(3x-1)$$

⬅ 極値を求めてグラフをかく。
極値 ⟹ $f'(\alpha)=0$
3 次の係数の正負に注意。

➡ 基 87

$f'(x)=0$ とすると　$x=-1,\ \dfrac{1}{3}$

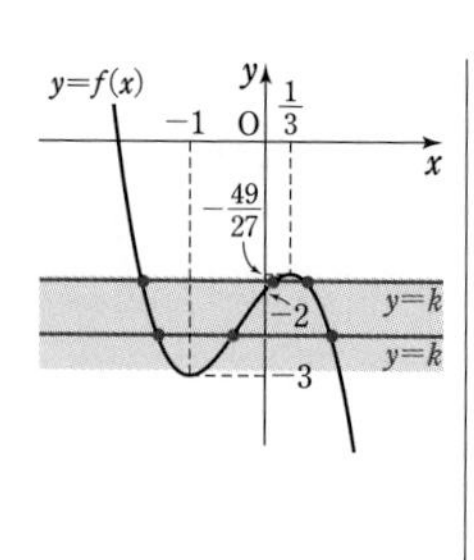

$f(-1)$

$=-(-1)^3-(-1)^2+(-1)-2$

$=-3$

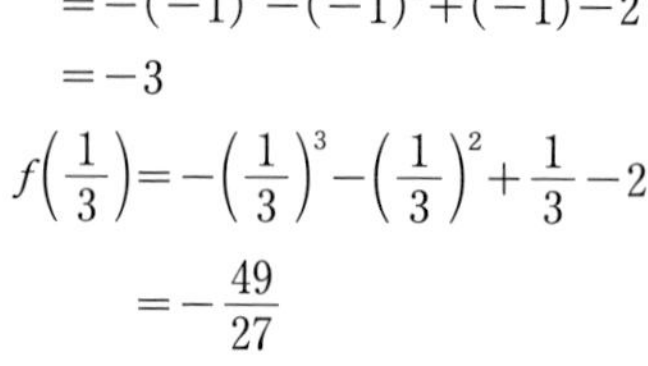

$f\left(\dfrac{1}{3}\right)=-\left(\dfrac{1}{3}\right)^3-\left(\dfrac{1}{3}\right)^2+\dfrac{1}{3}-2$

$=-\dfrac{49}{27}$

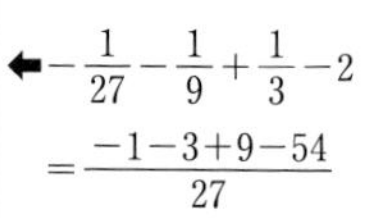

⬅$-\dfrac{1}{27}-\dfrac{1}{9}+\dfrac{1}{3}-2$
$=\dfrac{-1-3+9-54}{27}$

$f(x)$ の 3 次の係数は負であるから，$y=f(x)$ のグラフは図のようになり，$y=f(x)$ と $y=k$ が異なる 3 つの共有点をもつとき　　$^{アイ}\mathbf{-3}<k<\dfrac{^{ウエオ}\mathbf{-49}}{^{カキ}\mathbf{27}}$

また，正の解 1 つと異なる負の解 2 つをもつのは，曲線 $y=f(x)$ と直線 $y=k$ が $x>0$ の範囲に 1 つ，$x<0$ の範囲に 2 つの共有点をもつときである。

⬅解の条件は共有点の x 座標の条件。

よって，図から　　$^{クケ}\mathbf{-3}<k<^{コサ}\mathbf{-2}$

⬅-2 は $y=f(x)$ と y 軸の交点の y 座標。

練習 44

> 3 次関数のグラフの接線の本数
> ⟶ 点 $(t,\ f(t))$ における接線が満たす条件を求め，その条件を満たす
> **接点の個数が接線の本数に等しい。**
> 接線の傾きは，接点の x 座標によって決まる。

解答　(1)　$y'=3x^2-6x$

よって，点 $\mathrm{Q}(t,\ t^3-3t^2)$ における C の接線の方程式は

$y-(t^3-3t^2)=(3t^2-6t)(x-t)$

すなわち　　$y=(3t^2-6t)x-2t^3+3t^2$

これが点 $\mathrm{P}(3,\ a)$ を通るとき

$a=(3t^2-6t)\cdot 3-2t^3+3t^2$

よって　　$^{アイ}\mathbf{-2}t^3+{}^{ウエ}\mathbf{12}t^2-{}^{オカ}\mathbf{18}t=a$ ……①

⬅点 $\mathrm{P}(3,\ a)$ から引いた接線 ⟶ 点 $(t,\ t^3-3t^2)$ における接線が点 $\mathrm{P}(3,\ a)$ を通る，と考える。
➡ 基 86

(2)　P を通る C の接線の本数が 2 本となるのは，t の方程式 ① の異なる実数解の個数が 2 個のときである。

よって，$f(t)=-2t^3+12t^2-18t$ とおくと，$y=f(t)$ のグラフと直線 $y=a$ が異なる 2 つの共有点をもつことが条件である。

⬅接線が 2 本
⟺ 接点が 2 個
⟺ ① の実数解が 2 個
⟺ $y=f(t)$ と $y=a$ の共有点が 2 個
➡ 重 43

$f'(t)=-6t^2+24t-18=-6(t-1)(t-3)$

$f'(t)=0$ とすると　　$t=1,\ 3$

また　　$f(1)=-2\cdot 1^3+12\cdot 1^2-18\cdot 1=-8$

$f(3)=-2\cdot 3^3+12\cdot 3^2-18\cdot 3=0$

$f(t)$ の 3 次の係数は負であるから，$y=f(t)$ のグラフは右の図のようになり，$y=f(t)$ と $y=a$ が異なる 2 つの共有点をもつとき

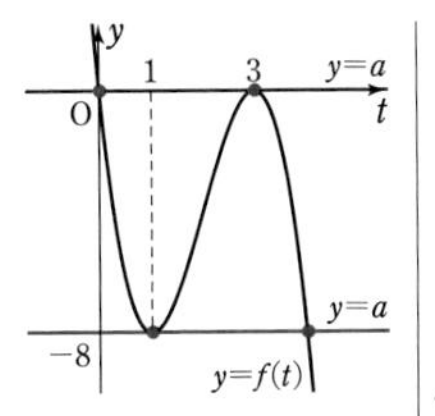

$a=$ キ$\mathbf{0}$，クケ$\mathbf{-8}$

$a=0$ のとき，グラフから　$t=0,\ 3$

接線の傾きは $3t^2-6t$ であり，$g(t)=3t^2-6t$ とすると

$$g(0)=0,\ g(3)=27-18=9$$

よって，$a=0$ のときの 2 本の接線の傾きは

コ$\mathbf{0}$ と サ$\mathbf{9}$　（または コ$\mathbf{9}$ と サ$\mathbf{0}$）

←接線の傾きを求めるために，接点の x 座標 t を求める。

素早く解く!

方程式 ① に $a=0$ を代入して t の値を求めてもよいが，グラフ利用が早い。 ➡ 重 43

(3)　$g(t)=3t(t-2)$ であるから，$t<0,\ 2<t$ のとき $g(t)>0$ となり，接線の傾きは正になる。また，$0<t<2$ のとき $g(t)<0$ となり，接線の傾きは負になる。

←接点の x 座標 t の範囲によって，接線の傾き $g(t)$ の正負が決まる。
⟶ t の値の範囲を調べる。

$a=2$ のとき，右のグラフより共有点は 1 つであるから，接線は 1 本である。

また，共有点の t 座標 t は，グラフから $t<0$ であるから

$$g(t)>0$$

すなわち，接線の傾きは正である。

よって　シ⓪

11 練習

練習 45

絶対値のついた関数の定積分

⟶ 区間によって分けて絶対値をはずし，積分する。

$$\int_a^b f(x)dx=\int_a^c f(x)dx+\int_c^b f(x)dx$$

変わり目が積分区間に含まれるかに注意。

解答　$x^2-a^2=(x+a)(x-a)$ で，$a>0$ であるから

$x^2-a^2\geqq 0$ すなわち $x\leqq -a,\ a\leqq x$ のとき

$$|x^2-a^2|=x^2-a^2$$

$x^2-a^2\leqq 0$ すなわち $-a\leqq x\leqq a$ のとき

$$|x^2-a^2|=-(x^2-a^2)$$

←**CHART** 絶対値は場合分け

$$|X|=\begin{cases} X & (X\geqq 0) \\ -X & (X\leqq 0) \end{cases}$$

[1]　$0<a<$ ア$\mathbf{2}$ のとき

$0\leqq x\leqq a$ で　$|x^2-a^2|=-x^2+a^2$

$a\leqq x\leqq 2$ で　$|x^2-a^2|=x^2-a^2$

←2 と a の位置関係で場合分けする。

[1]

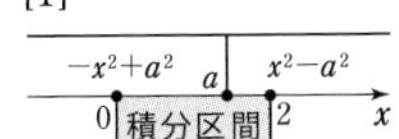

よって　$f(a)=\int_0^2|x^2-a^2|dx$

$$=\int_0^a(-x^2+a^2)dx+\int_a^2(x^2-a^2)dx$$

$$=\left[-\frac{x^3}{3}+a^2x\right]_0^a+\left[\frac{x^3}{3}-a^2x\right]_a^2$$

$$=-\frac{a^3}{3}+a^2\cdot a-0+\frac{2^3}{3}-a^2\cdot 2-\left(\frac{a^3}{3}-a^2\cdot a\right)$$

$$=\frac{^{イ}\mathbf{4}}{_{ウ}\mathbf{3}}a^3-{}^{エ}\mathbf{2}a^2+\frac{^{オ}\mathbf{8}}{_{カ}\mathbf{3}}$$

⬅ $\int_a^b f(x)dx=\int_a^c f(x)dx+\int_c^b f(x)dx$

[2]　$2\leqq a$ のとき　　$0\leqq x\leqq 2$ で　$|x^2-a^2|=-x^2+a^2$

よって　$f(a)=\int_0^2|x^2-a^2|dx=\int_0^2(-x^2+a^2)dx$

$$=\left[-\frac{x^3}{3}+a^2x\right]_0^2=-\frac{2^3}{3}+a^2\cdot 2-0$$

$$={}^{キ}\mathbf{2}a^2-\frac{^{ク}\mathbf{8}}{_{ケ}\mathbf{3}}$$

⬅[2]

以下，$f(a)$ の最小値を求める。

[1]　$0<a<2$ のとき

$$f'(a)=4a^2-4a=4a(a-1)$$

$f'(a)=0$ $(0<a<2)$ とすると　　$a=1$

$f(a)$ の3次の係数は正であるから，$f(a)$ は $a=1$ のとき極小値

$$f(1)=\frac{4}{3}\cdot 1^3-2\cdot 1^2+\frac{8}{3}=2$$

をとる。

⬅ a の値によって関数がかわる。それぞれの区間で $f(a)$ の増減を調べる。

➡ 基 87

[2]　$a\geqq 2$ のとき

$f(a)=2a^2-\dfrac{8}{3}$ は増加する。

⬅ $f'(a)=4a>0$

[1]，[2] から，$y=f(a)$ のグラフは右のようになり，$f(a)$ は $a={}^{コ}\mathbf{1}$ のとき最小値 ${}^{サ}\mathbf{2}$ をとる。

⬅[1]，[2] それぞれのグラフを合わせる。

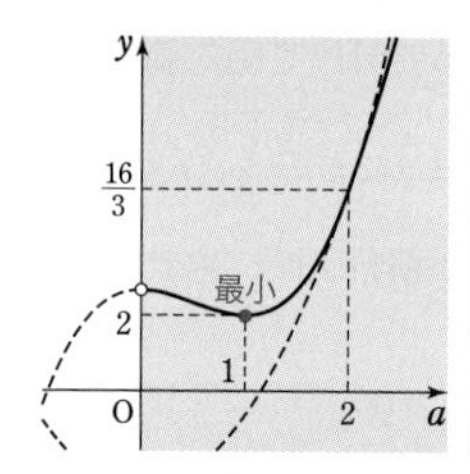

参考　$y=|x^2-a^2|$ のグラフは右の図のようになり，求める定積分は，これと x 軸，y 軸，直線 $x=2$ で囲まれた部分の面積である。図をかくと，$0<a<2$，$2\leqq a$ で場合分けし，$0<a<2$ の場合は $0\leqq x\leqq a$ と $a\leqq x\leqq 2$ に分けて積分した理由が理解しやすい。

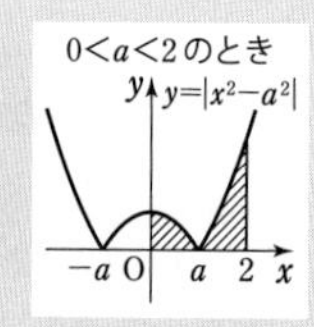

練習 46

放物線の接線と面積 ⟶ 図をかいて積分。

$a \neq 0$ のとき $\displaystyle\int_\alpha^\beta (ax+b)^n dx = \left[\frac{1}{a}\cdot\frac{1}{n+1}(ax+b)^{n+1}\right]_\alpha^\beta$

とくに $\displaystyle\int_\alpha^\beta (ax+b)^2 dx = \left[\frac{1}{a}\cdot\frac{1}{3}(ax+b)^3\right]_\alpha^\beta$

解答 (1) $y'=x$

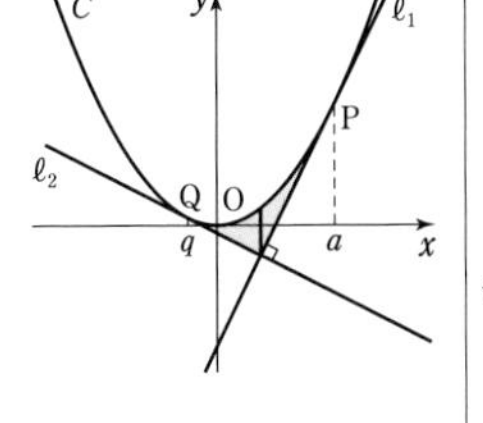

$\mathrm{Q}\left(q,\ \dfrac{1}{2}q^2\right)$ とすると接線 ℓ_1，ℓ_2 の傾きはそれぞれ a，q である。

$\ell_1 \perp \ell_2$ であるから　$aq=-1$

ゆえに　$q=-\dfrac{1}{a}$

←垂直 ⟺ 傾きの積が -1 ➡基 63

したがって，点 Q の x 座標は　$\dfrac{^{アイ}-1}{a}$

また，Q の y 座標は $\dfrac{1}{2}\cdot\left(-\dfrac{1}{a}\right)^2=\dfrac{1}{2a^2}$ であるから ℓ_2 の

方程式は　$y-\dfrac{1}{2a^2}=-\dfrac{1}{a}\left\{x-\left(-\dfrac{1}{a}\right)\right\}$

←$y-f(a)=f'(a)(x-a)$ ➡基 85

すなわち　$y=\dfrac{^{ウエ}-1}{a}x-\dfrac{^{オ}1}{^{カ}2a^2}$

(2) ℓ_1 の方程式は　$y-\dfrac{1}{2}a^2=a(x-a)$

←$y-f(a)=f'(a)(x-a)$ ➡基 85

すなわち　$y=ax-\dfrac{1}{2}a^2$

ここで，$ax-\dfrac{1}{2}a^2=-\dfrac{1}{a}x-\dfrac{1}{2a^2}$ とすると

←ℓ_1，ℓ_2 の交点の x 座標を求める。

$$\left(a+\frac{1}{a}\right)x=\frac{1}{2}\left(a^2-\frac{1}{a^2}\right)$$

すなわち　$\left(a+\dfrac{1}{a}\right)x=\dfrac{1}{2}\left(a+\dfrac{1}{a}\right)\left(a-\dfrac{1}{a}\right)$

$a+\dfrac{1}{a}\neq 0$ であるから　$x=\dfrac{1}{2}\left(a-\dfrac{1}{a}\right)$

よって，求める面積は

$$\int_{-\frac{1}{a}}^{\frac{1}{2}\left(a-\frac{1}{a}\right)}\left\{\frac{1}{2}x^2-\left(-\frac{1}{a}x-\frac{1}{2a^2}\right)\right\}dx$$

$$+\int_{\frac{1}{2}\left(a-\frac{1}{a}\right)}^{a}\left\{\frac{1}{2}x^2-\left(ax-\frac{1}{2}a^2\right)\right\}dx$$

←区間によって囲む直線が違うので，区間を分けて積分する。

$$=\frac{1}{2}\int_{-\frac{1}{a}}^{\frac{1}{2}\left(a-\frac{1}{a}\right)}\left(x+\frac{1}{a}\right)^2dx+\frac{1}{2}\int_{\frac{1}{2}\left(a-\frac{1}{a}\right)}^{a}(x-a)^2dx$$

←***素早く解く!***

接点 → 重解。必ず $(\quad)^2$ の形に因数分解できる。

$$=\frac{1}{2}\left[\frac{1}{3}\left(x+\frac{1}{a}\right)^3\right]_{-\frac{1}{a}}^{\frac{1}{2}\left(a-\frac{1}{a}\right)}+\frac{1}{2}\left[\frac{1}{3}(x-a)^3\right]_{\frac{1}{2}\left(a-\frac{1}{a}\right)}^{a}$$

$$=\frac{1}{6}\left(\frac{1}{2}a-\frac{1}{2a}+\frac{1}{a}\right)^3-0+0-\frac{1}{6}\left(\frac{1}{2}a-\frac{1}{2a}-a\right)^3$$

$$=\frac{1}{6}\left\{\frac{1}{2}\left(a+\frac{1}{a}\right)\right\}^3-\frac{1}{6}\left\{-\frac{1}{2}\left(a+\frac{1}{a}\right)\right\}^3$$

$$=\frac{1}{{}^{キク}\mathbf{24}}\left(a+\frac{{}^{ケ}\mathbf{1}}{a}\right)^{{}^{コ}3}$$

⬅$\displaystyle\int_\alpha^\beta(ax+b)^2dx$
$\displaystyle=\left[\frac{1}{a}\cdot\frac{1}{3}(ax+b)^3\right]_\alpha^\beta$

放物線 $y=kx^2$ 上の異なる2点 $\mathrm{A}(\alpha,\ k\alpha^2)$, $\mathrm{B}(\beta,\ k\beta^2)$ における接線の方程式は,

$y'=2kx$ から

$$\begin{cases}y-k\alpha^2=2k\alpha(x-\alpha)\\ y-k\beta^2=2k\beta(x-\beta)\end{cases}$$

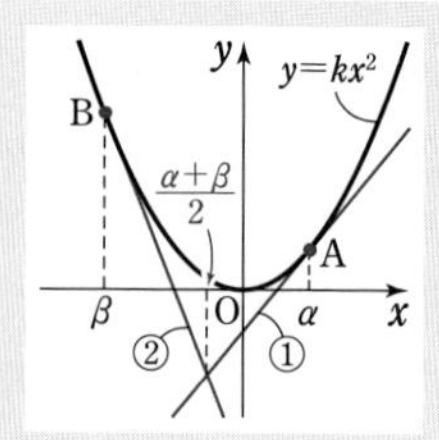

すなわち　$\begin{cases}y=2k\alpha x-k\alpha^2 \quad \cdots\cdots ①\\ y=2k\beta x-k\beta^2 \quad \cdots\cdots ②\end{cases}$

①, ② の交点の x 座標は, y を消去して

$2k\alpha x-k\alpha^2=2k\beta x-k\beta^2$　すなわち　$2k(\alpha-\beta)x=k(\alpha-\beta)(\alpha+\beta)$

$k(\alpha-\beta)\neq0$ であるから　　$x=\dfrac{\alpha+\beta}{2}$

これを利用すると, (2) において2点 P, Q の x 座標がそれぞれ a, $-\dfrac{1}{a}$ である

ことから, 2本の接線 ℓ_1, ℓ_2 の交点の x 座標は, $x=\dfrac{a+\left(-\frac{1}{a}\right)}{2}=\dfrac{1}{2}\left(a-\dfrac{1}{a}\right)$

と素早く求めることができる。

練習 47

図をかいて積分。
3次曲線 $y=f(x)$ とその接線 $y=g(x)$ が $x=a$ で接するとき,
$f(x)-g(x)=0$ の左辺は $(x-a)^2$ を因数にもつ。

解答　$f'(x)=3x^2-4$ であるから, 接点を $(a,\ a^3-4a)$ とすると, 接線 ℓ の方程式は

$$y-(a^3-4a)=(3a^2-4)(x-a)$$

すなわち　　$y=(3a^2-4)x-2a^3$ ⋯⋯ ①

これが, 点 A(1, 1) を通るから　$1=(3a^2-4)\cdot1-2a^3$

すなわち　　$2a^3-3a^2+5=0$

よって　　$(a+1)(2a^2-5a+5)=0$ ⋯⋯ ②

$2a^2-5a+5=0$ の判別式 D について

⬅点 $(a,\ a^3-4a)$ における接線が点 (1, 1) を通る, と考える。　➡基86

⬅3次方程式　➡基61

2	−3	0	5	−1
	−2	5	−5	
2	−5	5	0	

$D=(-5)^2-4\cdot2\cdot5<0$

ゆえに，② の実数解は　$a=-1$

したがって，接線 ℓ の方程式は，① から　$y={}^{ア}-x+{}^{イ}2$

接点の座標は　$({}^{ウエ}-1,\ {}^{オ}3)$

また，C と ℓ の共有点の x 座標は $x^3-4x=-x+2$ の解である。

これから　$x^3-3x-2=0$

よって　$(x+1)^2(x-2)=0$

ゆえに，C と ℓ の接点以外の共有点の x 座標は　${}^{カ}2$

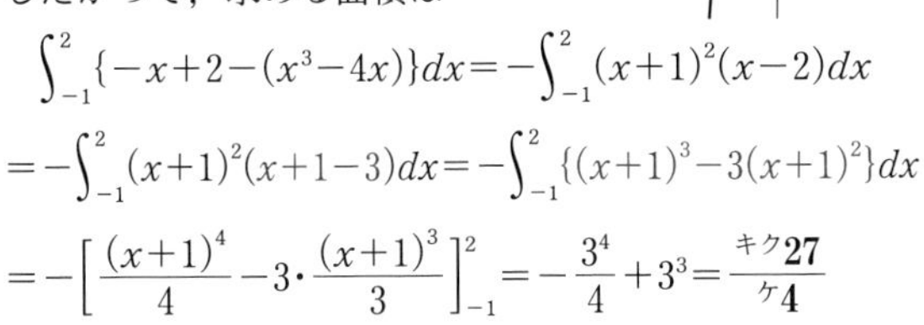

したがって，求める面積は

$$\int_{-1}^{2}\{-x+2-(x^3-4x)\}dx=-\int_{-1}^{2}(x+1)^2(x-2)dx$$

$$=-\int_{-1}^{2}(x+1)^2(x+1-3)dx=-\int_{-1}^{2}\{(x+1)^3-3(x+1)^2\}dx$$

$$=-\left[\frac{(x+1)^4}{4}-3\cdot\frac{(x+1)^3}{3}\right]_{-1}^{2}=-\frac{3^4}{4}+3^3=\frac{{}^{キク}27}{{}^{ケ}4}$$

⬅判別式　➡ 基 14

⬅$x=-1$ で接するから $(x+1)^2$ を因数にもつ。

⬅$\displaystyle\int_{\alpha}^{\beta}(ax+b)^n dx=\left[\frac{1}{a}\cdot\frac{1}{n+1}(ax+b)^{n+1}\right]_{\alpha}^{\beta}$

➡ 重 46

参考　$\displaystyle\int_{\alpha}^{\beta}(x-\alpha)^2(x-\beta)dx=-\frac{1}{12}(\beta-\alpha)^4$ …… Ⓐ が成り立つ。

（証明）　$\displaystyle\int_{\alpha}^{\beta}(x-\alpha)^2(x-\beta)dx=\int_{\alpha}^{\beta}(x-\alpha)^2(x-\alpha+\alpha-\beta)dx$

$$=\int_{\alpha}^{\beta}\{(x-\alpha)^3+(\alpha-\beta)(x-\alpha)^2\}dx=\left[\frac{(x-\alpha)^4}{4}+(\alpha-\beta)\cdot\frac{(x-\alpha)^3}{3}\right]_{\alpha}^{\beta}$$

$$=\frac{(\beta-\alpha)^4}{4}+\frac{(\alpha-\beta)(\beta-\alpha)^3}{3}=(\beta-\alpha)^4\left(\frac{1}{4}-\frac{1}{3}\right)=-\frac{1}{12}(\beta-\alpha)^4$$

Ⓐ を利用すると

$$\int_{-1}^{2}\{-x+2-(x^3-4x)\}dx=-\int_{-1}^{2}(x+1)^2(x-2)dx=\frac{1}{12}\{2-(-1)\}^4=\frac{{}^{キク}27}{{}^{ケ}4}$$

なお，公式 Ⓐ は 3 次曲線と接線で囲まれた部分の面積を求めるのに利用できる。

▽ 問題の解説

問題 19

与えられた $f'(x)$ の条件から $y=f'(x)$ のグラフをイメージし，$y=f(x)$ のグラフがどのような形になるかを考える。

$f(x)$ は 3 次関数であるから，$f'(x)$ は 2 次関数であることに注意する。

$f'(x)>0$ の区間で $f(x)$ は増加，$f'(x)<0$ の区間で $f(x)$ は減少

(1)　2 次関数 $f'(x)$ が $x=1$ のとき最大値 0 をとる

→ $x<1$，$1<x$ のとき $f'(x)<0$，$x=1$ のとき $f'(1)=0$ である。

11 問題

(2) 2次関数 $g(x)$ において　$g(a)g(b)<0$, $a<b$
$\longrightarrow$ $y=g(x)$ のグラフは区間 $a<x<b$ で x 軸と共有点をもつ。
この性質を用いて $f'(x)$ の符号を調べる。

解答 (1) 条件から，$f'(x)$ は2次関数であり，$f'(x)$ は $x=1$ のとき最大値0をとることから，$x<1$, $1<x$ のとき，常に $f'(x)<0$ であり，$f(x)$ は常に減少する。
また，$f'(1)=0$ であるから，$x=1$ の点における接線の傾きは0である。
よって，適するグラフは　ア④

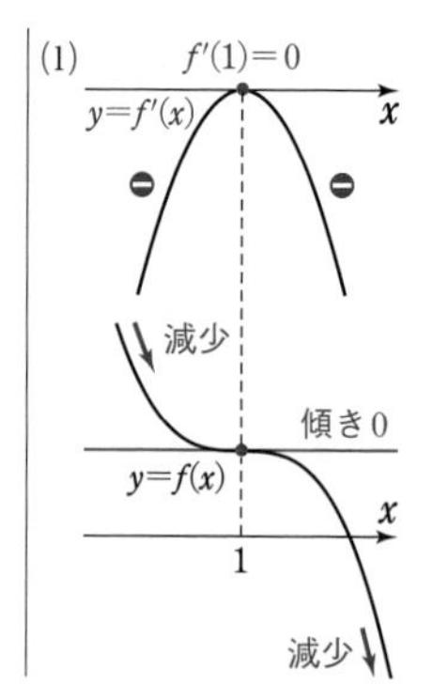

参考 問題19(1)は $f'(1)=0$ であるから，接線の傾きが0となる点が存在するので，⑤ではなく④が適する。一方，演習例題19(2)は，常に $f'(x)>0$ であり，接線の傾きが0になる点はないから，①ではなく②が適する。

(2) 条件から，$f'(x)$ は2次関数であり，$f'(-1)>0$, $f'(2)<0$, $f'(4)>0$ から，$y=f'(x)$ のグラフは $-1<x<2$, $2<x<4$ の区間それぞれで x 軸との共有点をもつ。その共有点の x 座標をそれぞれ α, β とすると，$\alpha<\beta$ であり，$f'(x)$ の符号は，$x=\alpha$ と $x=\beta$ を境に正，負，正と変化することから，$f(x)$ は増加，減少，増加と変化することがわかる。
よって，適するグラフは　イ⓪

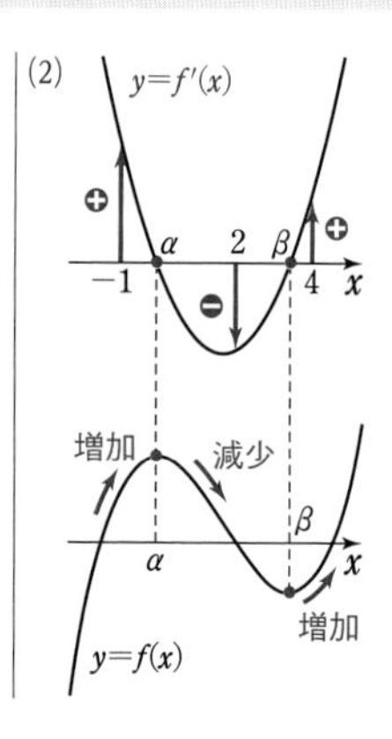

問題 20

(1) $f(x)$ の極値をとる条件から，導関数 $f'(x)$ が満たす条件を求める。
$x=\alpha$ で極値をもつ $\Longrightarrow$ $f'(\alpha)=0$ (➡基87)
因数定理　$f(x)$ が $x-\alpha$ を因数にもつ $\Longleftrightarrow$ $f(\alpha)=0$
(➡基60)

(2) $f(x)=\int f'(x)dx$, 積分定数を忘れないようにする。

(3) (1), (2)の結果から，$y=f(x)$ のグラフと x 軸との位置関係がわかる。

解答　(1)　4 次関数 $f(x)$ が，$x=-1,\ 1,\ 3$ で極値をとることから　$f'(-1)=0,\ f'(1)=0,\ f'(3)=0$

よって，因数定理により，$f'(x)$ は $x+1,\ x-1,\ x-3$ を因数にもつ。

ゆえに，$f'(x)=k(x+{}^{ア}\mathbf{1})(x-{}^{イ}\mathbf{1})(x-{}^{ウ}\mathbf{3})$（ただし，$k$ は 0 でない定数）と表される。

(2)　$f(x)=\int f'(x)dx=\int k(x+1)(x-1)(x-3)dx$

$=k\int(x^3-3x^2-x+3)dx$

$=k\left(\dfrac{x^4}{4}-x^3-\dfrac{x^2}{2}+3x\right)+C$（$C$ は積分定数）

⬅$\int x^n dx=\dfrac{1}{n+1}x^{n+1}+C$

曲線 $y=f(x)$ は点 $(2,\ 0)$ を通るから　$f(2)=0$

よって　$k(4-8-2+6)+C=0$

ゆえに　$C=0$

$x=-1$ で極小値 $-\dfrac{9}{2}$ をとるから　$f(-1)=-\dfrac{9}{2}$

よって　$k\left(\dfrac{1}{4}+1-\dfrac{1}{2}-3\right)=-\dfrac{9}{2}$

これを解いて　$k=2$（$k\neq0$ を満たす。）

逆にこのとき，$f(x)$ は確かに $x=-1$ で極小，$x=1$ で極大，$x=3$ で極小となる。

⬅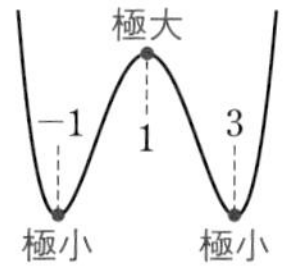

基 88 の ***素早く解く!*** も参照。

したがって　$f(x)=2\left(\dfrac{x^4}{4}-x^3-\dfrac{x^2}{2}+3x\right)$

$=\dfrac{{}^{エ}\mathbf{1}}{{}^{オ}\mathbf{2}}x^4-{}^{カ}\mathbf{2}x^3-x^2+{}^{キ}\mathbf{6}x$

(3)　(1)，(2) から，$y=f(x)$ のグラフの概形は右の図のようになる。

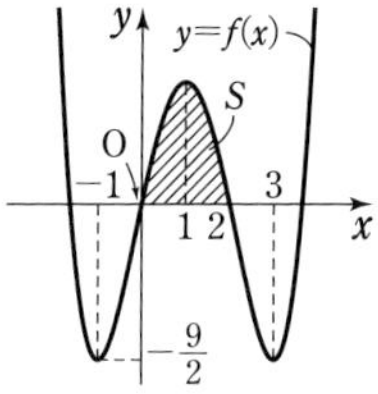

これから，方程式 $f(x)=0$ の 4 個の実数解のうち，負の解は ${}^{ク}\mathbf{1}$ 個である。

⬅$f(x)=0$ とすると
$\dfrac{1}{2}x^4-2x^3-x^2+6x=0$
両辺に 2 を掛けて x でくくると
$x(x^3-4x^2-2x+12)=0$
$f(2)=0$ であることから
$x(x-2)(x^2-2x-6)=0$
よって，4 個の実数解は
$x=0,\ 2,\ 1\pm\sqrt{7}$
このうち，負の解は
$x=1-\sqrt{7}$ の 1 個のみである。

また，グラフより $b=0,\ c=2$ であるから，曲線 $y=f(x)$ の $b\leqq x\leqq c$ の部分と x 軸とで囲まれた図形の面積 S は

$S=\int_0^2\left(\dfrac{1}{2}x^4-2x^3-x^2+6x\right)dx$

$=\left[\dfrac{x^5}{10}-\dfrac{x^4}{2}-\dfrac{x^3}{3}+3x^2\right]_0^2$

$=\dfrac{16}{5}-8-\dfrac{8}{3}+12=\dfrac{{}^{ケコ}\mathbf{68}}{{}^{サシ}\mathbf{15}}$

⬅$\int_a^b x^n dx=\left[\dfrac{1}{n+1}x^{n+1}\right]_a^b$

➡ **基** 90

問題 21

面積の最小 ⟶ 面積を a の関数と考えて，最小値を求める。
この問題では，相加平均と相乗平均の大小関係を利用する。(➡ 基 56)

解答　$y'=8x$ であるから，点Aにおける放物線 C の接線の傾きは　$8a$

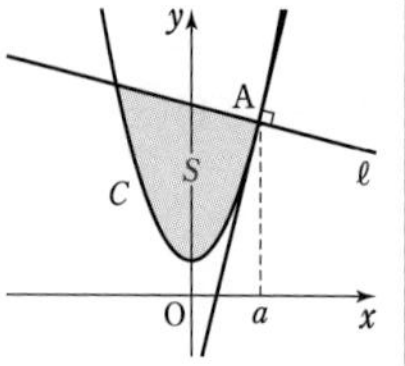

よって，直線 ℓ の傾きは $-\dfrac{1}{8a}$ となるから，ℓ の方程式は

⬅垂直 ⟶ 傾きの積が -1　➡ 基 63

$$y-(4a^2+1)=-\frac{1}{8a}(x-a)$$

⬅$y-f(a)=-\dfrac{1}{f'(a)}(x-a)$　➡ 重 41

すなわち　　$y=\dfrac{^{アイ}\mathbf{-1}}{^{ウ}\mathbf{8a}}x+{}^{エ}\mathbf{4}a^2+\dfrac{^{オ}\mathbf{9}}{^{カ}\mathbf{8}}$

次に，ℓ と C の交点の x 座標を求める。

$4x^2+1=-\dfrac{1}{8a}x+4a^2+\dfrac{9}{8}$ とすると

$$4x^2+\frac{1}{8a}x-4a^2-\frac{1}{8}=0$$

⬅***素早く解く!***

A が交点の1つである($x=a$ が解である)ことはわかっているから $x-a$ を因数にもつ。

すなわち　$(x-a)\left(4x+4a+\dfrac{1}{8a}\right)=0$

よって　　$x=a,\ -a-\dfrac{1}{32a}$

ゆえに　　$S=\displaystyle\int_{-a-\frac{1}{32a}}^{a}\left\{-\frac{1}{8a}x+4a^2+\frac{9}{8}-(4x^2+1)\right\}dx$

$$=-\int_{-a-\frac{1}{32a}}^{a}4(x-a)\left(x+a+\frac{1}{32a}\right)dx$$

⬅$\displaystyle\int_{\alpha}^{\beta}(x-\alpha)(x-\beta)dx=-\frac{1}{6}(\beta-\alpha)^3$　➡ 基 92

$$=-4\left[-\frac{1}{6}\left\{a-\left(-a-\frac{1}{32a}\right)\right\}^3\right]$$

$$=\frac{^{キ}\mathbf{2}}{^{ク}\mathbf{3}}\left({}^{ケ}\mathbf{2}a+\frac{1}{^{コサ}\mathbf{32}a}\right)^3$$

ここで，$2a>0,\ \dfrac{1}{32a}>0$ であるから，相加平均と相乗平均の大小関係により

⬅S を a の関数と考える。

$$2a+\frac{1}{32a}\geqq 2\sqrt{2a\cdot\frac{1}{32a}}=\frac{1}{2}$$

⬅$x>0,\ y>0$ のとき $\boldsymbol{x+y\geqq 2\sqrt{xy}}$ 等号成立は $x=y$ のとき。　➡ 基 56

等号が成り立つのは，$2a=\dfrac{1}{32a}$ から $a^2=\dfrac{1}{64}$ すなわち $a=\dfrac{1}{8}$ のときである。

このとき，$2a+\dfrac{1}{32a}$ は最小値 $\dfrac{1}{2}$ をとる。

したがって，S は　$a=$ シ$\mathbf{1}$/ス$\mathbf{8}$ のとき最小値

$\frac{2}{3}\left(\frac{1}{2}\right)^3=$ セ$\mathbf{1}$/ソタ$\mathbf{12}$ をとる。

←$2a+\frac{1}{32a}$ が最小のとき S も最小となる。

実践問題の解説

40 解答 (1)　$x^2(k-x)=0$ とすると　　$x=0,\ k$

よって，$y=f(x)$ のグラフと x 軸との共有点の座標は

$(0,\ 0)$ と $(k,\ 0)$　(ア ④)

また　　$f(x)=-x^3+kx^2$

ゆえに　$f'(x)=$ イウ$\mathbf{-3}x^2+$エ$\mathbf{2}kx=-3x\left(x-\frac{2}{3}k\right)$

$f'(x)=0$ とすると

$x=0,\ \frac{2}{3}k$

$f(x)$ の x^3 の係数は負であるから，$y=f(x)$ のグラフは右のようになり，$f(x)$ は $x=0$ で極小値 $f(0)=0$ をとり，

$x=\frac{2}{3}k$ で極大値 $f\left(\frac{2}{3}k\right)=\left(\frac{2}{3}k\right)^2\left(k-\frac{2}{3}k\right)=\frac{4}{27}k^3$ をとる。(オ ⓪，カ ⓪，キ ③，ク ⑧)

また，$0<x<k$ のとき，$x=\frac{2}{3}k$ で $f(x)$ は最大となる。

←x 軸との共有点の x 座標は，$f(x)=0$ の解。

←グラフをイメージ。

$k>0$ から　$0<\frac{2}{3}k$

➡ 基 87

x	$\cdots$	0	$\cdots$	$\frac{2}{3}k$	$\cdots$
$f'(x)$	$-$	0	$+$	0	$-$
$f(x)$	↘	極小	↗	極大	↘

(2)　円錐の頂点を通り底面に垂直な平面で立体を切ったときの断面の左半分を考える。

円錐に内接する円柱の底面の半径を x，高さを h とすると　　$0<x<9$

また，$(9-x):9=h:15$ から

$9h=15(9-x)$　　　ゆえに　　$h=\frac{5}{3}(9-x)$

←立体の問題は，断面の図形に注目するとよい。

←図で，DE∥AC から
BE : BC＝DE : AC

よって，円柱の体積 V は　$V=\pi x^2h=$ ケ$\mathbf{5}$/コ$\mathbf{3}$ $\pi x^2($サ$\mathbf{9}-x)$

←$x^2(9-x)$ の形に注目。

(1) の $f(x)$ について，$k=9$ とすると　　$V=\frac{5}{3}\pi f(x)$

よって，(1) の結果から，$0<x<9$ の範囲において，

$x=\frac{2}{3}\cdot 9=6$ で $f(x)$ は最大となる。

以上から，V は $x=$ シ$\mathbf{6}$ で最大値 $\frac{5}{3}\pi\cdot\frac{4}{27}\cdot 9^3=$ スセソ$\mathbf{180}\pi$ をとる。

←$x=\frac{2}{3}k$ で最大。このとき，$f(x)$ の値は $\frac{4}{27}k^3$

41 **解答** (1)　$f(x)=x^3-6ax+16$ から

$f'(x)=3x^2-6a$

$a=0$ のとき　$f'(x)=3x^2\geqq 0$

$f(x)$ は常に増加し，$x=0$ における $y=f(x)$ のグラフの接線の傾きは 0 であるから，グラフの概形は

ア ①

←⓪と①は，$x=0$ における接線の傾きに注目して違いを判断する。

$a<0$ のとき　$f'(x)=3x^2-6a>0$

$f(x)$ は常に増加するから，グラフの概形は　イ ⓪

(2)　$a>0$ のとき，$f'(x)=0$ とすると　$3x^2-6a=0$

よって　$x^2=2a$　ゆえに　$x=\pm\sqrt{2a}$

$f(x)$ の x^3 の係数は正であるから，$y=f(x)$ のグラフは右の図のようになる。

➡ 基 87

また　$f(-\sqrt{2a})$

$=-2a\sqrt{2a}+6a\sqrt{2a}+16$

$=4a\sqrt{2a}+16$

$=4\sqrt{2}\,a^{\frac{3}{2}}+16$

←$a\sqrt{a}=a^{\frac{3}{2}}$

$f(\sqrt{2a})$

$=2a\sqrt{2a}-6a\sqrt{2a}+16$

$=-4a\sqrt{2a}+16$

$=-4\sqrt{2}\,a^{\frac{3}{2}}+16$

よって，曲線 $y=f(x)$ と直線 $y=p$ が 3 個の共有点をもつような p の値の範囲は

←図において，直線 $y=p$ を上下に平行移動して調べる。

$-4\sqrt{2}\,a^{\frac{3}{2}}+16<p<4\sqrt{2}\,a^{\frac{3}{2}}+16$　(ウ ③，エ ②)

←(極小値)$<p<$(極大値)

$p=-4\sqrt{2}\,a^{\frac{3}{2}}+16$ のとき，曲線 $y=f(x)$ と直線 $y=p$ は 2 個の共有点をもつ。

このとき　$x^3-6ax+16=-4\sqrt{2}\,a^{\frac{3}{2}}+16$

すなわち　$x^3-6ax+4\sqrt{2}\,a^{\frac{3}{2}}=0$

この方程式が $x=\sqrt{2a}$ を重解にもつことに着目して，左辺を因数分解すると　$(x-\sqrt{2a})^2(x+2\sqrt{2a})=0$

よって　$x=\sqrt{2a}$，$-2\sqrt{2a}$

したがって　$q=$ オカ $\mathbf{-2}\sqrt{\text{キ}\mathbf{2}}\,a^{\frac{1}{2}}$，$r=\sqrt{\text{ク}\mathbf{2}}\,a^{\frac{1}{2}}$

素早く解く!

$x^3-6ax+4\sqrt{2}\,a^{\frac{3}{2}}$
$=(x^2-2\sqrt{2a}\,x+2a)$
$\times(x+A)$
として，両辺の定数項に注目すると
$4\sqrt{2}\,a^{\frac{3}{2}}=2aA$
よって　$A=2\sqrt{2a}$

(3)　方程式 $f(x)=0$ の異なる実数解の個数 n は，曲線 $y=f(x)$ と x 軸の共有点の個数に一致する。

(1) により，$a\leqq 0$ のとき　$n=1$

←(1) の⓪，①のグラフ参照。

(2) により，$a>0$ のとき極小値 $-4\sqrt{2}a^{\frac{3}{2}}+16$ は a の値によって，正，0，負いずれの場合もあるから

$n=1,\ 2,\ 3$

よって　$n=1$ となるとき　a はすべての実数

$n=2$ となるとき　$a>0$

$n=3$ となるとき　$a>0$

⓪：$n=1$ であっても $a=0$ や $a>0$ の場合があるから，正しくない。

①：正しい。

②：$n=2$ ならば $a>0$ であるから，正しくない。

③：$a<0$ ならば $n=1$ であるから，正しくない。

④：正しい。

⑤：$a>0$ であっても $n=1,\ 2$ となる場合もあるから，正しくない。

以上から，正しいものは

ケ①，コ④　（またはケ④，コ①）

←$-4\sqrt{2}a^{\frac{3}{2}}+16$
$=4\sqrt{2}(2\sqrt{2}-a\sqrt{a})$
$=4\sqrt{2}(2^{\frac{1}{2}}-a^{\frac{1}{2}})\times\{2+(2a)^{\frac{1}{2}}+a\}$
の値は，例えば $a=1$ なら $16-4\sqrt{2}>0$，$a=2$ なら 0，$a=4$ なら $16-32\sqrt{2}<0$
極小値>0 のとき　$n=1$,
極小値$=0$ のとき　$n=2$,
極小値<0 のとき　$n=3$

42 **解答**　〔1〕 (1)　$y=px^2+qx+r$ から

$y'=2px+q$

点 A(1, 1) における接線 ℓ の傾きは ア**2** であるから

$2p\cdot1+q=2$

よって　$q=$ イウ$\mathbf{-2}p+$エ$\mathbf{2}$

また，C が点 A(1, 1) を通ることから

$1=p\cdot1^2+q\cdot1+r$

よって　$r=-p-q+1=-p-(-2p+2)+1$

$=p-$オ$\mathbf{1}$

(2)　$p>0$ より，C は下に凸の放物線である。よって，$1\leqq x\leqq v$ のとき，$px^2+qx+r\geqq 2x-1$ であるから

➡基 92

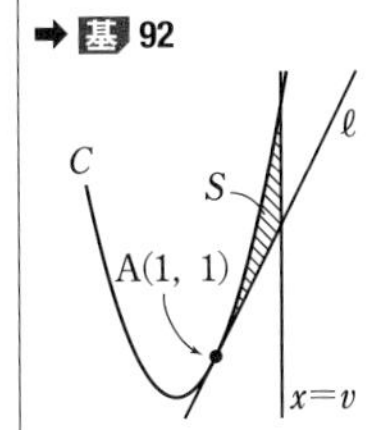

$$S=\int_1^v\{(px^2+qx+r)-(2x-1)\}dx$$
$$=\int_1^v[\{px^2+(-2p+2)x+(p-1)\}-2x+1]dx$$
$$=\int_1^v p(x^2-2x+1)dx$$
$$=\int_1^v p(x-1)^2dx=p\left[\frac{(x-1)^3}{3}\right]_1^v$$
$$=\frac{p}{3}(v-1)^3$$
$$=\frac{p}{\text{カ}\mathbf{3}}(v^3-\text{キ}\mathbf{3}v^2+\text{ク}\mathbf{3}v-\text{ケ}\mathbf{1})$$

←$\int_\alpha^\beta(ax+b)^2dx=\left[\frac{1}{a}\cdot\frac{1}{3}(ax+b)^3\right]_\alpha^\beta$

➡重 46

また　　$T=\dfrac{1}{2}\{1+(2v-1)\}(v-1)$

$=v^{\text{コ}2}-v$

よって

$U=S-T$

$=\dfrac{p}{3}(v^3-3v^2+3v-1)-(v^2-v)$

$=\dfrac{p}{3}v^3-(p+1)v^2+(p+1)v-\dfrac{p}{3}$

←T は台形の面積として求める。
なお，積分計算で T を求めると，次のようになる。
$T=\displaystyle\int_1^v(2x-1)dx$
$=\Big[x^2-x\Big]_1^v=v^2-v$

$U=g(v)$ とすると　　$g'(v)=pv^2-2(p+1)v+p+1$

$g(v)$ は $v=2$ で極値をとるから　　$g'(2)=0$

➡ 基 88

よって　　$p\cdot2^2-2(p+1)\cdot2+p+1=0$

ゆえに　　$p={}^{\text{サ}}\mathbf{3}$

よって　　$g(v)=v^3-4v^2+4v-1$

逆に，このとき $g(v)$ は確かに $v=2$ で極値をとる。

また　　$g(v)=v^3-4v^2+4v-1$

$=(v-1)(v^2-3v+1)$

←$g(1)=0$ から，$g(v)$ は $v-1$ で割り切れる。

➡ 基 60

$g(v)=0$ とすると　　$v=1,\ \dfrac{3\pm\sqrt{5}}{2}$

$v_0>1$ より　　$v_0=\dfrac{{}^{\text{シ}}\mathbf{3}+\sqrt{{}^{\text{ス}}\mathbf{5}}}{{}^{\text{セ}}\mathbf{2}}$

$\dfrac{3-\sqrt{5}}{2}<1<\dfrac{3+\sqrt{5}}{2}(=v_0)$ であるから，$1<v<v_0$ における $y=g(v)$ のグラフは右の図の実線部分のようになる。

←$g(v)=0$ となる v の値と，$g'(2)=0$ から，グラフの概形をかく。

ゆえに，$1<v<v_0$ の範囲で U は，負の値のみをとる。（ツ ③）

また，$v>1$ における U の最小値は

$g(2)=(2-1)(2^2-3\cdot2+1)={}^{\text{タチ}}\mathbf{-1}$

〔2〕　$f(x)$ とその不定積分 $F(x)$ について

$F'(x)=f(x)$　（ツ ⑦）

$f(x)$ について，$x\geqq1$ の範囲でつねに $f(x)\leqq0$ であるから，$t>1$ のとき

➡ 演 20

$W=\displaystyle\int_1^t\{-f(x)\}dx$

$=-\displaystyle\int_1^t f(x)dx=-\int_1^t F'(x)dx$

$=-\Big[F(x)\Big]_1^t=-F(t)+F(1)$　（テ ④）

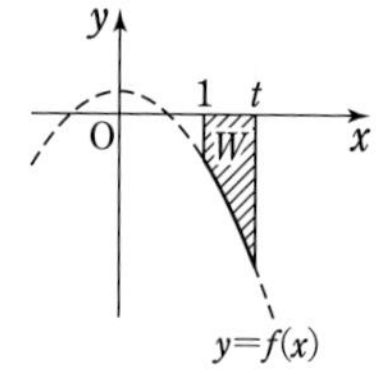

一方，底辺の長さが $2t^2-2$，他の 2 辺の長さがそれぞれ t^2+1 の二等辺三角形について，高さは

$$\sqrt{(t^2+1)^2-(t^2-1)^2}=\sqrt{4t^2}=2t$$

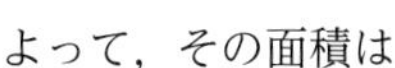

よって，その面積は

$$\frac{1}{2}(2t^2-2)\cdot 2t=2t^3-2t$$

ゆえに　$W=2t^3-2t$

よって　$-F(t)+F(1)=2t^3-2t$

すなわち　$F(t)=-2t^3+2t+F(1)$

ゆえに　$F'(t)=-6t^2+2$

⬅$F(1)$ は定数であるから $\{F(1)\}'=0$

したがって　$f(t)=^{トナ}\mathbf{-6}t^{ニ\mathbf{2}}+^{ヌ}\mathbf{2}$

よって，$x>1$ において　$f(x)=-6x^2+2$

43 **解答**　(1) $\displaystyle\int_0^{30}\left(\frac{1}{5}x+3\right)dx=\left[\frac{1}{10}x^2+3x\right]_0^{30}$

$$=\frac{1}{10}\cdot 30^2+3\cdot 30=90+90=^{アイウ}\mathbf{180}$$

素早く解く！

次の図の斜線部分の面積を求めて

$\dfrac{1}{2}\cdot 30\cdot(3+9)=^{アイウ}\mathbf{180}$

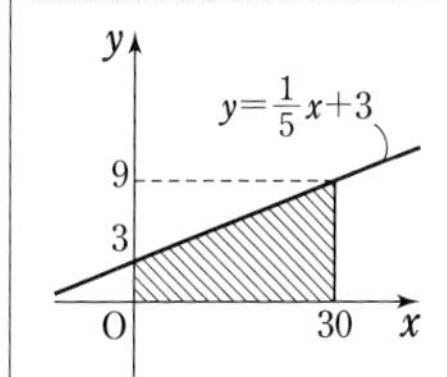

$$\int\left(\frac{1}{100}x^2-\frac{1}{6}x+5\right)dx=\frac{1}{^{エオカ}\mathbf{300}}x^3-\frac{1}{^{キク}\mathbf{12}}x^2+^{ケ}\mathbf{5}x+C$$

（C は積分定数）

(2) (i) $\displaystyle S(t)=\int_0^t f(x)dx=\int_0^t\left(\frac{1}{5}x+3\right)dx=\left[\frac{1}{10}x^2+3x\right]_0^t$

$$=\frac{1}{10}t^2+3t$$

2 月に入ってから t 日後にソメイヨシノが開花するとすると　$\dfrac{1}{10}t^2+3t=400$

⬅$S(t)$ が 400 に到達したとき，ソメイヨシノが開花する。

よって　$t^2+30t-4000=0$

ゆえに　$(t-50)(t+80)=0$

$t\geqq 0$ であるから　$t=50$

したがって，ソメイヨシノの開花日時は 2 月に入ってから 50 日後となる。（^{コ}④）

(ii) $0\leqq x\leqq 30$ のとき　$f(x)=\dfrac{1}{5}x+3$

$x\geqq 30$ のとき　$f(x)=\dfrac{1}{100}x^2-\dfrac{1}{6}x+5$

であるから，(1) より　$\displaystyle\int_0^{30}f(x)dx=180$

また　$\displaystyle\int_{30}^{40}f(x)dx=115$ ……（＊）

よって　　$S(40)=\int_0^{40} f(x)dx$

$$=\int_0^{30} f(x)dx+\int_{30}^{40} f(x)dx=295$$

また，$x \geqq 30$ の範囲において，$f(x)$ は増加するから，

右の図より　　$\int_{30}^{40} f(x)dx<\int_{40}^{50} f(x)dx$　（サ ⓪）

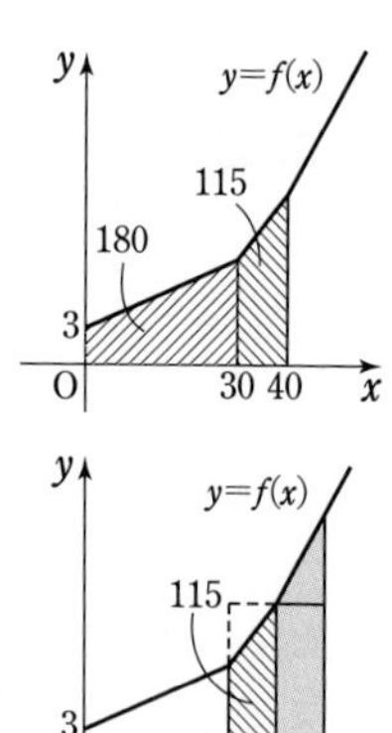

$S(40)<400$ より，ソメイヨシノの開花日時は2月に入ってから40日後より後であり，$S(50)$ を考えると

$$S(50)=\int_0^{50} f(x)dx=\int_0^{40} f(x)dx+\int_{40}^{50} f(x)dx$$

$$=S(40)+\int_{40}^{50} f(x)dx>S(40)+\int_{30}^{40} f(x)dx$$

$$=295+115=410$$

よって　　$S(50)>400$

したがって，$S(40)<400<S(50)$ であるから，ソメイヨシノの開花日時は2月に入ってから40日後より後，かつ50日後より前である。（シ ④）

素早く読む!　実践問題43は問題文がとても長い。問題文で与えられた条件を手早く式で表すなどして解いていく必要がある。(2) では，$f(x)$ の式の形から，(1) の結果や，問題文で与えられた（＊）をどう利用するかを見極めよう。

参考　$x \geqq 30$ のとき

$$S(t)=\int_0^{30}\left(\frac{1}{5}x+3\right)dx+\int_{30}^{t}\left(\frac{1}{100}x^2-\frac{1}{6}x+5\right)dx$$

$$=180+\left[\frac{1}{300}x^3-\frac{1}{12}x^2+5x\right]_{30}^{t}$$

$$=180+\frac{1}{300}t^3-\frac{1}{12}t^2+5t-\left(\frac{30^3}{300}-\frac{30^2}{12}+5\cdot 30\right)$$

$$=\frac{1}{300}t^3-\frac{1}{12}t^2+5t+15$$

これから，$S(40)=295$，$S(50)=473.3\cdots$ であり，40日後～50日後の間に開花することがわかる。しかし，この求め方は計算がかなり大変である。解答のように，定積分の値を面積と結び付けて，手際よく解答しよう。

第12章　数　列

CHECKの解説

93　$a_3=a_1+2d$，$a_2+a_5=(a_1+d)+(a_1+4d)=2a_1+5d$
であるから，条件より

$$a_1+2d=14,\ 2a_1+5d=32$$

ゆえに　$a_1={}^{ア}\mathbf{6}$，$d={}^{イ}\mathbf{4}$

このとき，$a_n=6+(n-1)\cdot4=4n+2$ であるから，
$a_n=98$ とすると　$4n+2=98$　　よって　$n={}^{ウエ}\mathbf{24}$

また　$S_n=\dfrac{1}{2}n\{6+(4n+2)\}=\dfrac{1}{2}n(4n+8)$

$={}^{オ}\mathbf{2}n(n+{}^{カ}\mathbf{2})$

⬅$\boldsymbol{a_n=a_1+(n-1)d}$

⬅$\boldsymbol{a_n=a_1+(n-1)d}$

⬅$\dfrac{1}{2}$(項数)・{(初項)+(末項)}

参考　数列 $\{a_n\}$ の初項から第 n 項までの和 S_n について，$\boldsymbol{S_1=a_1}$ である。S_n を求めた後は $n=1$ を代入して，a_1 と等しくなっているかを確認するのが基本。

94　$a_1+a_3=a_1+a_1r^2$，$a_2=a_1r$
条件から　$a_1+a_1r^2=20$ …… ①，$a_1r=-6$ …… ②
①×r から　$a_1r(1+r^2)=20r$
これに ② を代入して　$-6(1+r^2)=20r$
整理して　$6r^2+20r+6=0$　すなわち　$3r^2+10r+3=0$
よって　$(r+3)(3r+1)=0$
r は整数であるから　$r={}^{イウ}\mathbf{-3}$　② から　$a_1={}^{ア}\mathbf{2}$

また　$S_n=\dfrac{2\{1-(-3)^n\}}{1-(-3)}=\dfrac{1-({}^{エオ}\mathbf{-3})^n}{{}^{カ}\mathbf{2}}$

⬅$\boldsymbol{a_n=a_1r^{n-1}}$

⬅a_1r を一気に消去する。

⬅2次方程式　➡基 12

⬅$\dfrac{\boldsymbol{a_1\{1-r^{(項数)}\}}}{\boldsymbol{1-r}}$

95　数列 3, a, b が等比数列であるから

$$a^2=3b \text{ …… ①}$$

数列 b, a, $\dfrac{8}{3}$ が等差数列であるから

$$2a=b+\frac{8}{3} \text{ …… ②}$$

①，② から b を消去して　$a^2=3\left(2a-\dfrac{8}{3}\right)$

すなわち　$a^2-6a+8=0$
よって　$(a-2)(a-4)=0$　　ゆえに　$a=2,\ 4$

① から，$a={}^{ア}\mathbf{2}$ のとき $b=\dfrac{{}^{イ}\mathbf{4}}{{}^{ウ}\mathbf{3}}$，$a={}^{エ}\mathbf{4}$ のとき $b=\dfrac{{}^{オカ}\mathbf{16}}{{}^{キ}\mathbf{3}}$

⬅$\boldsymbol{y^2=xz}$

⬅$\boldsymbol{2y=x+z}$

⬅② から　$b=2a-\dfrac{8}{3}$
これを ① に代入して b を消去。

96　$\displaystyle\sum_{k=1}^{n}(3^{k+1}+3k^2+2k-1)=\sum_{k=1}^{n}3^{k+1}+3\sum_{k=1}^{n}k^2+2\sum_{k=1}^{n}k-\sum_{k=1}^{n}1$

⬅$\displaystyle\sum_{k=1}^{n}(\alpha a_k+\beta b_k)$
$\displaystyle=\alpha\sum_{k=1}^{n}a_k+\beta\sum_{k=1}^{n}b_k$

$$=\frac{3^{1+1}(3^n-1)}{3-1}+3\cdot\frac{1}{6}n(n+1)(2n+1)+2\cdot\frac{1}{2}n(n+1)-n$$

$$=\frac{1}{2}(3^{n+2}-9)+\frac{1}{2}(2n^3+3n^2+n)+(n^2+n)-n$$

$$=\frac{1}{2}\cdot 3^{n+{}^{ア}\mathbf{2}}+n^3+\frac{{}^{イ}\mathbf{5}}{{}^{ウ}\mathbf{2}}n^2+\frac{{}^{エ}\mathbf{1}}{{}^{オ}\mathbf{2}}n-\frac{{}^{カ}\mathbf{9}}{{}^{キ}\mathbf{2}}$$

←$\sum_{k=1}^{n}a^k$ は等比数列の和。3^{k+1} に $k=1$ を代入した 3^{1+1} が初項となる。
$\sum_{k=1}^{n}k^2=\frac{1}{6}n(n+1)(2n+1)$
$\sum_{k=1}^{n}k=\frac{1}{2}n(n+1)$，$\sum_{k=1}^{n}1=n$

97　$\frac{1}{(3k+1)(3k+4)}=\frac{1}{3}\left(\frac{1}{3k+1}-\frac{1}{3k+4}\right)$ であるから

←部分分数の差に変形。

$$S=\frac{1}{4\cdot7}+\frac{1}{7\cdot10}+\frac{1}{10\cdot13}+\cdots\cdots+\frac{1}{(3n+1)(3n+4)}$$

$$=\frac{1}{3}\left(\frac{1}{4}-\frac{1}{7}\right)+\frac{1}{3}\left(\frac{1}{7}-\frac{1}{10}\right)+\frac{1}{3}\left(\frac{1}{10}-\frac{1}{13}\right)$$

$$+\cdots\cdots+\frac{1}{3}\left(\frac{1}{3n+1}-\frac{1}{3n+4}\right)$$

←両端以外の項は消し合う。

$$=\frac{1}{3}\left(\frac{1}{4}-\frac{1}{3n+4}\right)=\frac{1}{3}\cdot\frac{3n+4-4}{4(3n+4)}=\frac{n}{{}^{ア}\mathbf{4}(3n+{}^{イ}\mathbf{4})}$$

また，T について，第 k 項は　$\frac{1}{(2k-1)(2k+3)}$

$\frac{1}{(2k-1)(2k+3)}=\frac{1}{4}\left(\frac{1}{2k-1}-\frac{1}{2k+3}\right)$ であるから

←部分分数の差の形に変形。

$$T=\frac{1}{1\cdot5}+\frac{1}{3\cdot7}+\cdots\cdots+\frac{1}{11\cdot15}$$

$$=\frac{1}{4}\left(\frac{1}{1}-\frac{1}{5}\right)+\frac{1}{4}\left(\frac{1}{3}-\frac{1}{7}\right)+\frac{1}{4}\left(\frac{1}{5}-\frac{1}{9}\right)$$

$$+\frac{1}{4}\left(\frac{1}{7}-\frac{1}{11}\right)+\frac{1}{4}\left(\frac{1}{9}-\frac{1}{13}\right)+\frac{1}{4}\left(\frac{1}{11}-\frac{1}{15}\right)$$

←途中の項が消えて，最初と最後の 2 項ずつが残る。

$$=\frac{1}{4}\left(1+\frac{1}{3}-\frac{1}{13}-\frac{1}{15}\right)=\frac{1}{4}\cdot\frac{195+65-15-13}{195}$$

$$=\frac{{}^{ウエ}\mathbf{58}}{{}^{オカキ}\mathbf{195}}$$

98　数列 $\{a_n\}$ の階差数列は -3，-1，1，3，5，7，……
これは，初項 ${}^{アイ}\mathbf{-3}$，公差 ${}^{ウ}\mathbf{2}$ の等差数列であるから，
第 n 項は　　$-3+(n-1)\cdot2={}^{エ}\mathbf{2}n-{}^{オ}\mathbf{5}$
よって，$n\geqq2$ のとき

←3　0　−1　0　3　8 …
　−3　−1　1　3　5 …
←$a+(n-1)d$　　➡基 93

$$a_n=3+\sum_{k=1}^{n-1}(2k-5)$$

←$a_n=a_1+\sum_{k=1}^{n-1}b_k$

$$=3+2\sum_{k=1}^{n-1}k-5\sum_{k=1}^{n-1}1$$

$$=3+2\cdot\frac{1}{2}(n-1)n-5(n-1)=n^2-6n+8$$

←$\sum_{k=1}^{n}k=\frac{1}{2}n(n+1)$ などにおいて，n を $n-1$ におきかえる。

$n=1$ とすると　$1-6+8=3$　　$a_1=3$ であるから，$n=1$ のときも成り立つ。ゆえに　$a_n=n^2-{}^{カ}\mathbf{6}n+{}^{キ}\mathbf{8}$

←もとの数列 $\{a_n\}$ において，確かに $a_1=3$ である。

素早く解く! $n \geqq 2$ と $n=1$ での場合分けは，共通テストでは通常は不要と考えられる。

また，この問題の $\{a_n\}$ の第 n 項のように n の式で答えるような問題は，n に1や2などを代入して求める方法もある。

この問題の場合は以下のようになる。

$a_n=n^2-pn+q$ とすると，$a_1=3$ であるから $3=1-p+q$

$a_2=0$ であるから $0=4-2p+q$

これを解いて $p=$ カ**6**，$q=$ キ**8**

求める必要のある係数が少ないほどこの解法は有効である。ただし，**記述式の試験の答案としては厳禁**である。

99 $a_{n+1}=-2a_n+3$ について $x=-2x+3$ とすると，

$3x=3$ から $x=1$

よって，$a_{n+1}=-2a_n+3$ を変形すると

$$a_{n+1}-1=-2(a_n-1)$$

ゆえに，数列 $\{a_n-1\}$ は初項 $a_1-1=7-1=6$，公比 -2 の等比数列であるから

$$a_n-1=6(-2)^{n-1}$$

ゆえに $a_n=$ ア**6**(イウ**−2**)$^{n-1}$+エ**1**

⬅ $\boldsymbol{a_{n+1}}$，$\boldsymbol{a_n}$ を $\boldsymbol{x}$ とおきかえた方程式を解く。

⬅ $\boldsymbol{a_{n+1}-\alpha=p(a_n-\alpha)}$

12 CHECK

参考 漸化式の変形を間違えると，それ以降の問題に影響する可能性がある。

変形したら，その式を整理して，**もとの式と一致するか確認する**ようにしよう。

(本問であれば，$a_{n+1}-1=-2(a_n-1)$ を整理して $a_{n+1}=-2a_n+3$ になるかを確認する。)

100 (1) $a_1=S_1=1\cdot(1+2)=$ ア**3** …… ①

$n \geqq 2$ のとき

$$a_n=S_n-S_{n-1}=n(n+2)-(n-1)(n+1)$$

$$=2n+1 \quad \cdots\cdots ②$$

$n=1$ とすると $2+1=3$ となり，① に一致するから，

② は $n=1$ のときも成り立つ。

ゆえに $a_n=$ イ**2**$n+$ ウ**1**

(2) $b_1=T_1=1-(-2)=3$ …… ③

$n \geqq 2$ のとき

$$b_n=T_n-T_{n-1}$$

$$=1-(-2)^n-\{1-(-2)^{n-1}\}$$

⬅ $\boldsymbol{a_1=S_1}$

⬅ $\boldsymbol{n \geqq 2}$ **のとき**
$\boldsymbol{a_n=S_n-S_{n-1}}$
S_{n-1} は S_n において n を $n-1$ におきかえたもの。

⬅ $\boldsymbol{b_1=T_1}$

⬅ $\boldsymbol{n \geqq 2}$ **のとき**
$\boldsymbol{b_n=T_n-T_{n-1}}$

$=(-2)^{n-1}-(-2)^n=(-2)^{n-1}-(-2)\cdot(-2)^{n-1}$
$=(1+2)(-2)^{n-1}=3(-2)^{n-1}$ …… ④

$n=1$ とすると $3(-2)^0=3$ となり，③ に一致するから，④ は $n=1$ のときも成り立つ。

ゆえに　$b_n=$ ᴱ$\mathbf{3}$(ᵒᵏ$\mathbf{-2}$)$^{n-1}$

このとき，$\dfrac{1}{b_n}=\dfrac{1}{3(-2)^{n-1}}=\dfrac{1}{3}\left(-\dfrac{1}{2}\right)^{n-1}$ であるから

$$\sum_{k=1}^{n}\frac{1}{b_k}=\sum_{k=1}^{n}\frac{1}{3}\left(-\frac{1}{2}\right)^{k-1}=\frac{\frac{1}{3}\left\{1-\left(-\frac{1}{2}\right)^n\right\}}{1-\left(-\frac{1}{2}\right)}$$

$$=\frac{1-\left(-\frac{1}{2}\right)^n}{3\cdot\frac{3}{2}}=\frac{2}{9}\left\{1-\left(-\frac{1}{2}\right)^n\right\}=\frac{^{キ}\mathbf{2}}{^{ク}\mathbf{9}}\left\{1-\frac{1}{(^{ケコ}\mathbf{-2})^n}\right\}$$

⬅ $(-2)^n=-2\cdot(-2)^{n-1}$ とし，$(-2)^{n-1}$ でくくって計算する。
$(-2)^{n-1}=A$ とすると
$(-2)^{n-1}-(-2)^n$
$=(-2)^{n-1}-(-2)\cdot(-2)^{n-1}$
$=A+2A=3A=3(-2)^{n-1}$

⬅ 等比数列の逆数も等比数列。
$\dfrac{1}{(-2)^{n-1}}=\dfrac{1^{n-1}}{(-2)^{n-1}}$
$=\left(\dfrac{1}{-2}\right)^{n-1}=\left(-\dfrac{1}{2}\right)^{n-1}$

⬅ 初項 $\dfrac{1}{3}$，公比 $-\dfrac{1}{2}$，項数 n の等比数列の和

➡ 基 94

▼ 練習の解説

練習 48

等差数列の和の最大，最小 ⟶ 数列の **項の正負** で考える。
　正の項を加えれば和は増加し，負の項を加えれば和は減少する。
(和)>(定数) は適当な数を代入して考える。

解答 (1)　$S_{10}=\dfrac{10}{2}\{2a+(10-1)d\}=5(2a+9d)$

$S_{16}=\dfrac{16}{2}\{2a+(16-1)d\}=8(2a+15d)$

条件から　$5(2a+9d)=-5,\ 8(2a+15d)=8$

これらを解くと　$a=$ ᵃⁱ$\mathbf{-2}$，$d=\dfrac{^{ウ}\mathbf{1}}{^{エ}\mathbf{3}}$

このとき　$a_n=-2+(n-1)\cdot\dfrac{1}{3}=\dfrac{1}{3}n-\dfrac{7}{3}$

$\dfrac{1}{3}n-\dfrac{7}{3}\geqq 0$ とすると　$n\geqq 7$

ゆえに，$1\leqq n\leqq 6$ のとき　$a_n<0$，$n=7$ のとき　$a_n=0$
$n\geqq 8$ のとき　$a_n>0$

よって　$S_1>S_2>\cdots\cdots>S_6=S_7<S_8<\cdots\cdots<S_{100}$

したがって，S_n は $n=6$，7 のとき最小であり，その最小値は　$S_6=S_7=\dfrac{6}{2}\left\{2\cdot(-2)+(6-1)\cdot\dfrac{1}{3}\right\}=$ ᵒᵏ$\mathbf{-7}$

(2)　等差数列 $\{b_n\}$ の一般項は
$b_n=5+(n-1)\cdot(-2)=-2n+7$

⬅ $S_n=\dfrac{n}{2}\{2a+(n-1)d\}$ ➡ 基 93

⬅ $2a+9d=-1$，$2a+15d=1$ まず辺々を引いて，a を消去。

⬅ $a+(n-1)d$ ➡ 基 93

⬅ $a_n\geqq 0$ となる n を考える。

⬅ $1\leqq n\leqq 6$ では S_n は減少し，$n\geqq 8$ では S_n は増加する。

⬅ $\dfrac{n}{2}\{2a+(n-1)d\}$

⬅ $a+(n-1)d$

よって，T_n は初項 $b_{10}=-2\cdot10+7=-13$，末項 $b_n=-2n+7$，項数 $n-10+1=n-9$ の等差数列の和であるから

$$T_n=\frac{1}{2}(n-9)\{-13+(-2n+7)\}=\frac{1}{2}(n-9)(-2n-6)$$
$$=-(n+{}^{キ}\mathbf{3})(n-{}^{ク}\mathbf{9})$$

$T_n>-900$ から　$(n+3)(n-9)<900$

この左辺は　$n=33$ のとき　$(33+3)(33-9)=864$，
$n=34$ のとき　$(34+3)(34-9)=925$

よって，$T_n>-900$ となる最大の n は　$n={}^{ケコ}\mathbf{33}$

〔別解〕 T_n は以下のように求めてもよい。

$\{b_n\}$ の初項から第 n 項までの和を U_n とすると

$$U_n=\frac{n}{2}\{2\cdot5+(n-1)\cdot(-2)\}=-n(n-6)$$

よって　$T_n=U_n-U_9=-n(n-6)+9(9-6)$
$=-n^2+6n+27=-(n^2-6n-27)$
$=-(n+{}^{キ}\mathbf{3})(n-{}^{ク}\mathbf{9})$

⬅$\{b_n\}$ の第10項 b_{10} を初項とする等差数列の和と考える。 ➡〔別解〕

⬅$\frac{1}{2}$(項数)・{(初項)+(末項)} ➡基93

⬅適当な n を代入する。
$900=30^2$ で，$\frac{(n+3)+(n-9)}{2}=30$ とすると，$n=33$ であるから，$n=33$ あたりを代入してみる。

⬅$\frac{n}{2}\{2a+(n-1)d\}$

⬅ U_n: $b_1+\cdots+b_9+b_{10}+\cdots+b_n$（$U_9$：$b_1+\cdots+b_9$，$T_n$：$b_{10}+\cdots+b_n$）

練習 49

等比数列の和 ⟶ $\dfrac{a\{r^{(項数)}-1\}}{r-1}$

連立方程式を解くには **辺々割る** 方法もある。

解答 初項から第 n 項までの和を S_n とすると，$r\neq1$ であるから　$S_n=\dfrac{a(r^n-1)}{r-1}$

条件から　$S_6=\dfrac{a(r^{{}^{ア}\mathbf{6}}-{}^{イ}\mathbf{1})}{r-1}=26$ …… ①，

$S_{12}=\dfrac{a(r^{{}^{ウエ}\mathbf{12}}-{}^{オ}\mathbf{1})}{r-1}=728$ …… ②

②÷① から　$\dfrac{\frac{a(r^{12}-1)}{r-1}}{\frac{a(r^6-1)}{r-1}}=\dfrac{728}{26}$　すなわち　$\dfrac{r^{12}-1}{r^6-1}=28$

ここで　$\dfrac{r^{12}-1}{r^6-1}=\dfrac{(r^6)^2-1}{r^6-1}=\dfrac{(r^6+1)(r^6-1)}{r^6-1}=r^6+1$

よって　$r^6+1={}^{カキ}\mathbf{28}$　すなわち　$r^6=3^3$

r は正の実数であるから　$r=\sqrt{{}^{ク}\mathbf{3}}$

このとき，① から　$\dfrac{a\{(\sqrt{3})^6-1\}}{\sqrt{3}-1}=26$

よって　$a=\sqrt{{}^{ケ}\mathbf{3}}-{}^{コ}\mathbf{1}$

⬅$\dfrac{a\{r^{(項数)}-1\}}{r-1}$ ➡基94

⬅辺々割るとうまくいく。
分数式の計算 ➡基54

⬅r^6 を x とおくと $\dfrac{x^2-1}{x-1}=\dfrac{(x+1)(x-1)}{x-1}$ となり，わかりやすい。

⬅$\dfrac{26a}{\sqrt{3}-1}=26$

練習 50

(等差数列)×(等比数列) の和 ⟶ rS_n-S_n (または S_n-rS_n) を計算。

解答 枠内に現れるすべての数は，二つの数列

2, 4, 6, ……, 20　と　2, 4, 8, ……, 1024

から1項ずつとって掛け合わせたものすべての組み合わせであるから，その和は

$(2+4+6+\cdots\cdots+20)(2+4+8+\cdots\cdots+1024)$ に等しい。

よって　$\dfrac{10\cdot(2+20)}{2}\times\dfrac{2(2^{10}-1)}{2-1}=110\cdot2046$

$=^{アイウエオカ}\mathbf{225060}$

また　$S=2\cdot2+4\cdot2^2+6\cdot2^3+\cdots\cdots+20\cdot2^{10}$　であるから

$2S=\quad 2\cdot2^2+4\cdot2^3+\cdots\cdots+18\cdot2^{10}+20\cdot2^{11}$

辺々を引くと

$S-2S=2\cdot2+2\cdot2^2+2\cdot2^3+\cdots\cdots+2\cdot2^{^{キク}10}-20\cdot2^{^{ケコ}11}$

$=\dfrac{4(2^{10}-1)}{2-1}-20\cdot2^{11}=4092-40960=-36868$

よって　$-S=-36868$

ゆえに　$S=^{サシスセソ}\mathbf{36868}$

⬅$(a+b)\times(c+d)=ac+ad+bc+bd$

	a	b
c	ac	bc
d	ad	bd

と同様，( )( ) を展開すればすべての項が現れる。

⬅$\dfrac{1}{2}$(項数)・{(初項)+(末項)}　➡ 基 93

$\dfrac{a\{r^{(項数)}-1\}}{r-1}$　➡ 基 94

素早く解く!

$2^{10}=1024$ は覚えておくとよい。

⬅2の指数部分が同じ項を並べて書く。

⬅S_n-rS_n を計算する。

⬅$\dfrac{a\{r^{(項数)}-1\}}{r-1}$　➡ 基 94

練習 51

第 k 区画の 項数を k で表す。 第 k 区画の項の 和を k で表す。

解答 第 k 区画に含まれる項の個数は k である。

よって，第1区画から第20区画までの区画に含まれる項の個数は　$\displaystyle\sum_{k=1}^{20}k=\frac{20\cdot(20+1)}{2}=^{アイウ}\mathbf{210}$ (個)

ゆえに，a_{215} は第21区画の項であるから

$a_{215}=^{エオ}\mathbf{21}$

また，第1区画から第20区画までの区画に含まれる項の総和は

$1\times1+2\times2+\cdots\cdots+20\times20$

$\displaystyle=\sum_{k=1}^{20}k\cdot k=\frac{1}{6}\cdot20(20+1)(2\cdot20+1)=^{カキクケ}\mathbf{2870}$

$3000-2870=130$ で，$21\times6=126$，$21\times7=147$ であるから，求める最小の自然数 n の値は

$n=$(第20区画までの項数)$+7=210+7=^{コサシ}\mathbf{217}$

⬅個数を k で表す。

区画　1　2　……　20
|1|2 2|……|20…20|
⬅項数　1　2　……　20

$\displaystyle\sum_{k=1}^{n}k=\frac{1}{2}n(n+1)$　➡ 基 96

⬅第211項から数えて21項が第21区画。

⬅第 k 区画には k が k 個ある。

$\displaystyle\sum_{k=1}^{n}k^2=\frac{1}{6}n(n+1)(2n+1)$　➡ 基 96

⬅3000まであと130
第21区画で3000をこえる。21があと何項あればよいかを考える。

練習 52

漸化式　$a_{n+1}=pa_n+f(n)$　（$f(n)$ は n の1次式）
→〔1〕$a_{n+1}-g(n+1)=p\{a_n-g(n)\}$ の形に変形。
〔2〕$a_{n+2}=pa_{n+1}+f(n+1)$ と辺々引いて，階差数列を利用。

解答　$a_{n+1}+a_n=-6n-3$ から

$$a_{n+1}=-a_n-6n-3 \quad \cdots\cdots ①$$

よって　$a_2=-a_1-6\cdot1-3=-8$

$b_n=a_{n+1}-a_n$ から　$b_1=a_2-a_1=^{アイ}-7$

また，① において n を $n+1$ におきかえると

$$a_{n+2}=-a_{n+1}-6(n+1)-3$$

よって　$b_{n+1}=a_{n+2}-a_{n+1}$
$=-a_{n+1}-6(n+1)-3-(-a_n-6n-3)$
$=-(a_{n+1}-a_n)-6=^{ウ}-b_n-^{エ}6$

$b_{n+1}=-b_n-6$ について $x=-x-6$ とおくと　$x=-3$

よって　$b_{n+1}-(-3)=-\{b_n-(-3)\}$

すなわち　$b_{n+1}+3=-(b_n+3)$

よって，数列 $\{b_n+3\}$ は初項 $b_1+3=-4$，公比 -1 の等比数列であるから　$b_n+3=-4(-1)^{n-1}$

ゆえに　$b_n=^{オカ}-4(^{キク}-1)^{n-1}-^{コ}3$
$(n=1,\ 2,\ 3,\ \cdots\cdots)$　（^{ケ}①）

すなわち　$a_{n+1}-a_n=-4(-1)^{n-1}-3$

したがって，$n\geqq2$ のとき

$$a_n=a_1+\sum_{k=1}^{n-1}\{-4(-1)^{k-1}-3\}$$
$$=-1-\sum_{k=1}^{n-1}4(-1)^{k-1}-3\sum_{k=1}^{n-1}1$$
$$=-1-\frac{4\{1-(-1)^{n-1}\}}{1-(-1)}-3(n-1)$$
$$=-1-2\{1-(-1)^{n-1}\}-3n+3=2(-1)^{n-1}-3n$$

$n=1$ とすると　$2(-1)^0-3=-1$

$a_1=-1$ であるから，上の式は $n=1$ のときも成り立つ。

ゆえに　$a_n=^{サ}2(^{シス}-1)^{n-1}-^{ソ}3n$
$(n=1,\ 2,\ 3,\ \cdots\cdots)$　（^{セ}①）

参考　数列 $\{a_n\}$ の一般項を POINT〔1〕の方法で求めると，次のようになる。

$a_{n+1}+a_n=-6n-3$ を変形すると

$$a_{n+1}+3(n+1)=-(a_n+3n)$$

数列 $\{a_n+3n\}$ は初項 $a_1+3=2$，公比 -1 の等比数列であるから　$a_n+3n=2(-1)^{n-1}$

←POINT!〔2〕の方法

←b_{n+1}，b_n を x とおきかえた方程式を解く。
➡基 99

←$b_n+3=(b_1+3)r^{n-1}$
➡基 94

←階差数列を利用。
$n\geqq2$ のとき $a_n=a_1+\sum_{k=1}^{n-1}b_k$
➡基 98

←Σの計算　➡基 94，96

←***素早く解く!***
共通テストでは，問題文に $(n=1,\ 2,\ 3,\ \cdots\cdots)$ と書かれていれば，$n=1$ のときの確認は不要。

←$a_{n+1}-\{\alpha(n+1)+\beta\}=-\{a_n-(\alpha n+\beta)\}$ の形に変形できるように，実数 α，β を定めると
$\alpha=-3$，$\beta=0$　➡重 52

ゆえに　$a_n=^{サ}\mathbf{2}(^{シス}\mathbf{-1})^{n-1}-^{ソ}\mathbf{3}n$

$(n=1,\ 2,\ 3,\ \cdots\cdots)$　(セ ①)

また，重要例題 52 について，数列 $\{a_n\}$ の一般項を POINT〔2〕の方法で求めると，次のようになる。

$a_{n+1}=3a_n-4n+2,\ a_{n+2}=3a_{n+1}-4(n+1)+2$

よって　$a_{n+2}-a_{n+1}=3(a_{n+1}-a_n)-4$

変形すると　$a_{n+2}-a_{n+1}-2=3(a_{n+1}-a_n-2)$

数列 $\{a_{n+1}-a_n-2\}$ は初項 $a_2-a_1-2=8$，公比 3 の等比数列であるから

$$a_{n+1}-a_n-2=8\cdot3^{n-1}$$

よって　$a_{n+1}-a_n=8\cdot3^{n-1}+2$

したがって，$n\geqq2$ のとき

$$a_n=a_1+\sum_{k=1}^{n-1}(8\cdot3^{k-1}+2)$$

$$=6+\frac{8(3^{n-1}-1)}{3-1}+2(n-1)=4\cdot3^{n-1}+2n$$

$n=1$ とすると　$4\cdot3^0+2=6$

$a_1=6$ であるから，上の式は $n=1$ のときも成り立つ。

ゆえに　$a_n=^{キ}\mathbf{4}\cdot^{ク}\mathbf{3}^{n-1}+^{コ}\mathbf{2}n$

$(n=1,\ 2,\ 3,\ \cdots\cdots)$　(ケ ①)

⬅$b_n=a_{n+1}-a_n$ とおくと
$b_{n+1}=3b_n-4$
$x=3x-4$ を解くと
$x=2$　➡基 99

⬅階差数列を利用。
➡基 98

練習 53

自然数 n に対して，命題 $P(n)$ がすべての自然数 n について成り立つことを証明する方法（数学的帰納法）

[Ⅰ]　$n=1$ のとき，$P(1)$ が成り立つ ことを示す。

[Ⅱ]　$n=k$ のとき，$P(k)$ が成り立つことを仮定 し，それを用いて，$n=k+1$ のときの $P(k+1)$ が成り立つことを示す。

解答　$a_1=1,\ a_{n+1}=\dfrac{a_n}{1+3a_n}$　…… ① から

$$a_2=\frac{a_1}{1+3a_1}=\frac{1}{1+3\cdot1}=\frac{^{ア}\mathbf{1}}{^{イ}\mathbf{4}},$$

$$a_3=\frac{a_2}{1+3a_2}=\frac{\frac{1}{4}}{1+3\cdot\frac{1}{4}}=\frac{^{ウ}\mathbf{1}}{^{エ}\mathbf{7}},$$

$$a_4=\frac{a_3}{1+3a_3}=\frac{\frac{1}{7}}{1+3\cdot\frac{1}{7}}=\frac{^{オ}\mathbf{1}}{^{カキ}\mathbf{10}}$$

⬅$a_1=1$

⬅分母・分子に 4 を掛けて
$\dfrac{1}{4+3}=\dfrac{1}{7}$

分子は常に1で，分母は1から3ずつ増えているから，

$a_n=\dfrac{1}{1+(n-1)\cdot 3}=\dfrac{{}^{ク}\mathbf{1}}{{}^{ケ}\mathbf{3}n-{}^{コ}\mathbf{2}}$ …… ② と推定できる。

②が成り立つことを，数学的帰納法によって証明する。

[Ⅰ]　$n=1$ のとき，$a_1=\dfrac{1}{3\cdot 1-2}=1$ であるから，②が成り立つ。

[Ⅱ]　$n=k$ のとき，②が成り立つ，すなわち

$$a_k=\frac{1}{3k-2}\ \cdots\cdots ③$$ と仮定する。

①，③から

$$a_{k+1}=\frac{a_k}{1+3a_k}=\frac{\frac{1}{3k-2}}{1+3\cdot\frac{1}{3k-2}}$$

$$=\frac{1}{3k-2+3}=\frac{{}^{サ}\mathbf{1}}{{}^{シ}\mathbf{3}k+{}^{ス}\mathbf{1}}$$

$$=\frac{1}{3(k+1)-2}$$

ゆえに，$n=k+1$ のときも成り立つ。（セ ②）

[Ⅰ]，[Ⅱ]により，すべての自然数 n について，②が成り立つ。

←$a_1=\dfrac{1}{1}$

←分母は初項1，公差3の等差数列　➡基93

←分母・分子に $3k-2$ を掛ける。

←②で，$n=k+1$ とした式。

参考　数列 $\{a_n\}$ は，次のようにして一般項を求めることができる。

$a_{n+1}=0$ とすると，$a_n=0$ であるから，$a_n=0$ となる n があると仮定すると

$$a_{n-1}=a_{n-2}=\cdots\cdots=a_1=0$$

ところが，$a_1=1$ であるから，これは矛盾。

よって，すべての自然数 n について $a_n\neq 0$ である。

$a_{n+1}=\dfrac{a_n}{1+3a_n}$ から　$\dfrac{1}{a_{n+1}}=\dfrac{1+3a_n}{a_n}=\dfrac{1}{a_n}+3$

数列 $\left\{\dfrac{1}{a_n}\right\}$ は，初項 $\dfrac{1}{a_1}=1$，公差3の等差数列であるから　$\dfrac{1}{a_n}=1+(n-1)\cdot 3=3n-2$

よって　$\boldsymbol{a_n=\dfrac{1}{3n-2}}$

←$b_{n+1}=b_n+3$ の形。

➡基93

12　練習

問題の解説

問題 22

指定された方針に従うと，一般項を求めやすい漸化式に変形できる。

n を $n+1$ にすると，$b_{n+1}=\dfrac{a_{n+1}}{3^{n+1}}$，$c_{n+1}=\dfrac{a_{n+1}}{4^{n+1}}$ であることに注意して，変形後の漸化式をどう処理するか考える。

$b_{n+1}=pb_n+q \longrightarrow x=px+q$ の解 α から $b_{n+1}-\alpha=p(b_n-\alpha)$ （➡基 99）

$c_{n+1}=c_n+f(n) \longrightarrow$ 階差数列を利用 $c_n=c_1+\displaystyle\sum_{k=1}^{n-1}f(k)\ (n\geqq 2)$ （➡基 98）

解答　① の両辺を 3^{n+1} で割ると　$\dfrac{a_{n+1}}{3^{n+1}}=\dfrac{4}{3}\cdot\dfrac{a_n}{3^n}-\dfrac{1}{3}$

よって，$b_n=\dfrac{a_n}{3^n}$ とおくと　　$b_{n+1}=\dfrac{{}^{ア}\mathbf{4}}{{}^{イ}\mathbf{3}}b_n-\dfrac{{}^{ウ}\mathbf{1}}{{}^{エ}\mathbf{3}}$

これを変形すると　　$b_{n+1}-1=\dfrac{4}{3}(b_n-1)$

ゆえに，数列 $\{b_n-1\}$ は初項 $b_1-1=\dfrac{a_1}{3^1}-1=1$，公比 $\dfrac{4}{3}$ の等比数列であるから

$$b_n-1=1\cdot\left(\frac{4}{3}\right)^{n-1}=\left(\frac{4}{3}\right)^{n-1}$$

よって　　$b_n=\left(\dfrac{{}^{オ}\mathbf{4}}{{}^{カ}\mathbf{3}}\right)^{n-1}+{}^{キ}\mathbf{1}$ ……②

また，① の両辺を 4^{n+1} で割ると　　$\dfrac{a_{n+1}}{4^{n+1}}=\dfrac{a_n}{4^n}-\dfrac{3^n}{4^{n+1}}$

よって，$c_n=\dfrac{a_n}{4^n}$ とおくと

$$c_{n+1}=c_n-\frac{3^n}{4^{n+1}}=c_n-\frac{1}{{}^{ク}\mathbf{4}}\left(\frac{{}^{ケ}\mathbf{3}}{{}^{コ}\mathbf{4}}\right)^n$$

すなわち　$c_{n+1}-c_n=-\dfrac{1}{4}\left(\dfrac{3}{4}\right)^n$

よって，$n\geqq 2$ のとき

$$c_n=c_1+\sum_{k=1}^{n-1}\left\{-\frac{1}{4}\left(\frac{3}{4}\right)^k\right\}=\frac{a_1}{4^1}-\sum_{k=1}^{n-1}\frac{1}{4}\left(\frac{3}{4}\right)^k$$

$$=\frac{6}{4}-\frac{\frac{3}{16}\left\{1-\left(\frac{3}{4}\right)^{n-1}\right\}}{1-\frac{3}{4}}$$

$$=\frac{3}{2}-\frac{3}{4}\left\{1-\left(\frac{3}{4}\right)^{n-1}\right\}=\frac{3}{4}+\left(\frac{3}{4}\right)^n$$

$n=1$ とすると　　$\dfrac{3}{4}+\left(\dfrac{3}{4}\right)^1=\dfrac{3}{2}$

$c_1=\dfrac{3}{2}$ であるから，上の式は $n=1$ のときも成り立つ。

⬅ b_{n+1}，b_n を x とおくと
$x=\dfrac{4}{3}x-\dfrac{1}{3}$
これを解いて　$x=1$
➡基 99

⬅数列 $\{c_{n+1}-c_n\}$ は数列 $\{c_n\}$ の階差数列。
➡基 98

⬅ $\displaystyle\sum_{k=1}^{n-1}\frac{1}{4}\left(\frac{3}{4}\right)^k$ は
初項 $\dfrac{1}{4}\left(\dfrac{3}{4}\right)^1=\dfrac{3}{16}$，公比 $\dfrac{3}{4}$，項数 $n-1$ の等比数列の和。

ゆえに　$c_n=\frac{^{サ}\mathbf{3}}{^{シ}\mathbf{4}}+\left(\frac{^{ス}\mathbf{3}}{^{セ}\mathbf{4}}\right)^n$ …… ③

② から　$\frac{a_n}{3^n}=\left(\frac{4}{3}\right)^{n-1}+1$

両辺に 3^n を掛けて　$a_n={}^{ソ}\mathbf{3}\cdot{}^{タ}\mathbf{4}^{n-1}+{}^{チ}\mathbf{3}^n$

⬅③ から求めると
$\frac{a_n}{4^n}=\frac{3}{4}+\left(\frac{3}{4}\right)^n$
両辺に 4^n を掛けて
$a_n={}^{ソ}\mathbf{3}\cdot{}^{タ}\mathbf{4}^{n-1}+{}^{チ}\mathbf{3}^n$

問題 23

右のような**図をかき，状況を整理**しながら問題文を読む。
積み立てと利息や元利合計の仕組みを把握し，p_{n+1} と p_n の間に成り立つ漸化式を立式する。
$p_{n+1}=sp_n+t$
$\longrightarrow x=sx+t$ の解 α から
$p_{n+1}-\alpha=s(p_n-\alpha)$　(➡ 基 99)

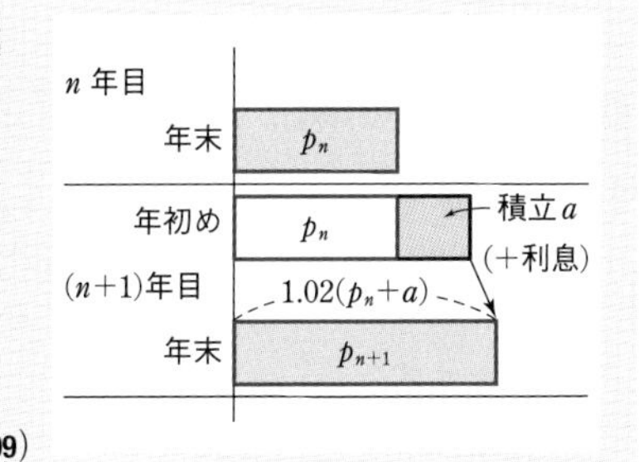

解答　$p_1=a+0.02a={}^{ア}\mathbf{1}.{}^{イウ}\mathbf{02}a$

$(n+1)$ 年目は，n 年目の年末の元利合計 p_n 万円と $(n+1)$ 年目の初めに積み立てた a 万円の合計に，2 % の利息が付くから　$p_{n+1}=1.02(p_n+a)$　(^{エ}①)

これを変形すると　$p_{n+1}+51a=1.02(p_n+51a)$

よって，数列 $\{p_n+51a\}$ は，初項 p_1+51a，公比 1.02 の等比数列であるから

$$p_n+51a=(p_1+51a)\cdot1.02^{n-1}$$

ゆえに　$p_n=(1.02a+51a)\cdot1.02^{n-1}-51a$
$=1.02(a+50a)\cdot1.02^{n-1}-51a$
$=51a\cdot1.02^n-51a={}^{オカ}\mathbf{51}(1.02^n-1)a$

35 年目の年末の元利合計が 2000 万円以上になるとき

$$p_{35}=51(1.02^{35}-1)a\geqq2000$$

$1.02^{35}=2$ から　$51\times1\times a\geqq2000$

ゆえに　$a\geqq\frac{2000}{51}=39.2\cdots$

よって，毎年 ^{キク}**40** 万円以上積み立てればよい。

⬅(1 年目の年末の元利合計)
$=$(元金)$+$(利息)
$=a+a\times0.02$
$=a(1+0.02)=1.02a$

⬅p_{n+1}，p_n を x とおくと
$x=1.02(x+a)$ から
$0.02x=-1.02a$
ゆえに
$x=-\frac{1.02}{0.02}a=-51a$
➡ 基 99

⬅$51=1.02\times50$

⬅求める a は不等式を満たす最小の整数値。

参考　各年の初めの積み立て金 a 万円が n 年目の年末にいくらになっているかを考えると

1 年目に積み立てた a 万円は　$a\times1.02^n$
2 年目に積み立てた a 万円は　$a\times1.02^{n-1}$
⋮
n 年目に積み立てた a 万円は　$a\times1.02$

12 問題

n 年目の年末の元利合計 p_n は，これらの和であるから　$p_n=a\times1.02^n+a\times1.02^{n-1}+\cdots\cdots+a\times1.02$

$$=\frac{a\times1.02(1.02^n-1)}{1.02-1}=51(1.02^n-1)a$$

このように，複利法による積み立ては，等比数列の和から考えることもできる。

←逆順に見ると，初項 $a\times1.02$，公比 1.02，項数 n の等比数列の和。

実践問題の解説

44 **解答** (1)　$a_{n+1}-a_n=-3$ より，数列 $\{a_n\}$ は，初項 $a_1=23$，公差 -3 の等差数列であるから

$$a_n=23+(n-1)\cdot(-3)={}^{アイ}\mathbf{-3}n+{}^{ウエ}\mathbf{26}$$

←$\boldsymbol{a_n=a_1+(n-1)d}$ ➡ 基 93

$a_n<0$ とすると　$-3n+26<0$

よって　$n>\dfrac{26}{3}=8.6\cdots\cdots$

ゆえに，$a_n<0$ を満たす最小の自然数 n は ${}^{オ}\mathbf{9}$ である。

また，すべての自然数 n について　$a_n-a_{n+1}=3>0$

すなわち　$a_n>a_{n+1}$

よって，数列 $\{a_n\}$ はつねに減少する。(^{カ}①)

また，$S_n=\sum_{k=1}^{n}a_k$ に対し，

　$1\leqq n\leqq8$ を満たす自然数 n について　$a_n>0$，

　$n\geqq9$ を満たす自然数 n について　$a_n<0$

であるから，数列 $\{S_n\}$ は

　$1\leqq n\leqq7$ を満たす自然数 n について　$S_n<S_{n+1}$，

　$n\geqq8$ を満たす自然数 n について　$S_n>S_{n+1}$

←$S_1<S_2<\cdots\cdots<S_7<S_8$，$S_8>S_9>S_{10}>\cdots\cdots$ ➡ 重 48

となる。よって，数列 $\{S_n\}$ は増加することも減少することもある。(^{キ}②)

ここで，$n\geqq9$ のとき，$a_n<0$ である。(^{ク}⓪)

また，$b_n=\dfrac{1}{a_n}$ とすると，$n\geqq9$ のとき

$$b_{n+1}-b_n=\frac{1}{a_{n+1}}-\frac{1}{a_n}=\frac{a_n-a_{n+1}}{a_{n+1}a_n}=\frac{3}{a_{n+1}a_n}>0$$

←$n\geqq9$ のとき，$a_n<0$ かつ $a_{n+1}<0$ から　$a_na_{n+1}>0$

したがって，$n\geqq9$ のとき，$b_n<b_{n+1}$ である。(^{ケ}⓪)

(2)　$d_n=\dfrac{1}{c_n-20}$ とおくと　$d_1=\dfrac{1}{c_1-20}=\dfrac{1}{30-20}=\dfrac{1}{{}^{コサ}\mathbf{10}}$

また，$d_n\neq0$ であるから　$\dfrac{1}{d_n}=c_n-20$

すなわち　$c_n=\dfrac{1}{d_n}+{}^{シス}\mathbf{20}$ $(n=1,\ 2,\ 3,\ \cdots\cdots)$　…①

よって　$\dfrac{1}{d_{n+1}}=c_{n+1}-20=\dfrac{50c_n-800}{c_n-10}-20$

$=\dfrac{50\left(\dfrac{1}{d_n}+20\right)-800}{\left(\dfrac{1}{d_n}+20\right)-10}-20$

←① を代入。

$=\dfrac{200d_n+50}{10d_n+1}-20$

$=\dfrac{30}{10d_n+1}$ $(n=1,\ 2,\ 3,\ \cdots\cdots)$

ゆえに　$d_{n+1}=\dfrac{10d_n+1}{30}=\dfrac{d_n}{{}^{セ}\mathbf{3}}+\dfrac{1}{{}^{ソタ}\mathbf{30}}$

$(n=1,\ 2,\ 3,\ \cdots\cdots)$

変形すると　$d_{n+1}-\dfrac{1}{20}=\dfrac{1}{3}\left(d_n-\dfrac{1}{20}\right)$

←$d_{n+1}=\dfrac{1}{3}d_n+\dfrac{1}{30}$ の d_{n+1}，d_n を x とおくと $x=\dfrac{1}{3}x+\dfrac{1}{30}$ これを解くと　$x=\dfrac{1}{20}$

➡ 基 99

また　$d_1-\dfrac{1}{20}=\dfrac{1}{10}-\dfrac{1}{20}=\dfrac{1}{20}$

よって，数列 $\left\{d_n-\dfrac{1}{20}\right\}$ は初項 $\dfrac{1}{20}$，公比 $\dfrac{1}{3}$ の等比数列

であるから　$d_n-\dfrac{1}{20}=\dfrac{1}{20}\left(\dfrac{1}{3}\right)^{n-1}$

←$d_n-\dfrac{1}{20}=\left(d_1-\dfrac{1}{20}\right)r^{n-1}$

➡ 基 94

すなわち　$d_n=\dfrac{1}{{}^{チツ}\mathbf{20}}\left(\dfrac{1}{{}^{テ}\mathbf{3}}\right)^{n-1}+\dfrac{1}{{}^{トナ}\mathbf{20}}$

ゆえに　$d_n>\dfrac{1}{20}$ $(n=1,\ 2,\ 3,\ \cdots\cdots)$　(ニ②)

また，すべての自然数 n について

$$d_n-d_{n+1}=\left\{\frac{1}{20}\left(\frac{1}{3}\right)^{n-1}+\frac{1}{20}\right\}-\left\{\frac{1}{20}\left(\frac{1}{3}\right)^{(n+1)-1}+\frac{1}{20}\right\}$$

$$=\frac{3}{20}\left(\frac{1}{3}\right)^n-\frac{1}{20}\left(\frac{1}{3}\right)^n=\frac{1}{10}\left(\frac{1}{3}\right)^n>0$$

よって，数列 $\{d_n\}$ は，すべての自然数 n について $d_n>d_{n+1}$ …… ② となるから，数列 $\{d_n\}$ はつねに減少する。(ヌ①)

参考

$d_n=\dfrac{1}{20}\left(\dfrac{1}{3}\right)^{n-1}+\dfrac{1}{20}$

$=\dfrac{1+3^{n-1}}{20\cdot3^{n-1}}$

であるから

$c_n=\dfrac{1}{d_n}+20$

$=\dfrac{20\cdot3^{n-1}}{1+3^{n-1}}+20$

$=\dfrac{40\cdot3^{n-1}+20}{3^{n-1}+1}$

② と $d_n>0$ から　$\dfrac{1}{d_n}<\dfrac{1}{d_{n+1}}$

ゆえに　$\dfrac{1}{d_n}+20<\dfrac{1}{d_{n+1}}+20$　すなわち　$c_n<c_{n+1}$ … ③

また，$d_n>\dfrac{1}{20}$ から　$\dfrac{1}{d_n}<20$

よって　$\dfrac{1}{d_n}+20<20+20$　すなわち　$c_n<40$ …… ④

③，④ より，O を原点とする座標平面上に $n=1$ から $n=10$ まで点 $(n,\ c_n)$ を図示すると，ネ④ となる。

←$c_n<40$ から，③ は不適。

12

実践問題

45 **解答**　自転車が最初に自宅を出発するとき，歩行者との間隔は2である。自転車が歩行者を追いかけるときに，間隔が1分間に1ずつ縮まるから，自転車が最初に歩行者に追いつくのは出発してから2分後である。

よって，自転車が最初に歩行者に追いつくときの時刻と位置を表す点の座標は（ア**4**，4）である。

その後，自転車が自宅に戻るまでに要する移動時間は2分であり，停止している時間と合わせると，2回目に自宅を出発するのは最初に歩行者に追いつく時刻の4分後である。

よって　　$a_2=4+(1+2+1)=$ イ**8**

この8分の間に歩行者が移動した時間は，停止していた1分を除く7分である。

ゆえに　　$b_2=$ ウ**7**

自転車が n 回目に自宅を出発するときを考える。自転車が出発するとき，歩行者の位置は b_n であるから，追いつくまでに要する移動時間は b_n 分である。

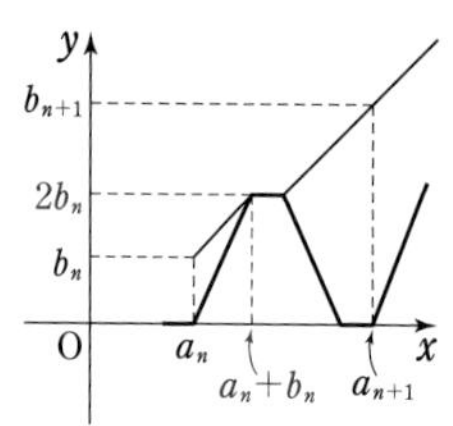

よって，自転車が歩行者に追いつく時刻は

$$x=a_n+b_n$$

自転車が b_n 分移動する間に，歩行者は b_n だけ移動するから，自転車が歩行者に追いつく位置は

$$y=b_n+b_n=2b_n$$

したがって，求める点の座標は

$(a_n+b_n,\ 2b_n)$　（エ**③**，オ**④**）

この後，自転車が自宅に戻るのに要する移動時間は b_n 分であり，停止している時間と合わせると，$(n+1)$ 回目に自宅を出発するのは，n 回目に歩行者に追いつく時刻の (b_n+2) 分後である。

よって　　$a_{n+1}=a_n+b_n+b_n+2$

$=a_n+$ カ**2**b_n+ キ**2** ……①

自転車が n 回目に歩行者に追いついてから $(n+1)$ 回目に自宅を出発するまでの (b_n+2) 分の間に，歩行者が移動した時間は，停止していた1分を除く (b_n+1) 分である。

ゆえに　　$b_{n+1}=2b_n+b_n+1$

$=3b_n+$ ク**1**

←自転車は時刻2に出発。

←花子さんの考え方を利用。

参考

（太郎さんの考え方）
歩行者と自転車の動きをそれぞれ直線の方程式で表すと
歩行者：$y=x$ …… Ⓐ
自転車：$y-0=2(x-2)$
　すなわち　$y=2x-4$ …… Ⓑ
Ⓐ，Ⓑ を連立して解くと　　$x=4$，$y=4$

←$a_2=a_1+2+(1+2+1)$
（歩行者とともに停止1分，自宅に戻る所要時間2分，自宅で停止1分）

←自転車が歩行者を追いかけるときに，間隔が1分間に1ずつ縮まる。

←$a_{n+1}=a_n+b_n+(1+b_n+1)$
（歩行者とともに停止1分，自宅に戻る所要時間 b_n 分，自宅で停止1分）

これを変形すると　$b_{n+1}+\frac{1}{2}=3\left(b_n+\frac{1}{2}\right)$

数列 $\left\{b_n+\frac{1}{2}\right\}$ は初項 $b_1+\frac{1}{2}=2+\frac{1}{2}=\frac{5}{2}$，公比 3 の等比数列であるから　$b_n+\frac{1}{2}=\frac{5}{2}\cdot 3^{n-1}$

よって　$b_n=\frac{5}{2}\cdot 3^{n-1}-\frac{1}{2}$　（ケ ⑧）

これを ① に代入すると

$$a_{n+1}=a_n+2\left(\frac{5}{2}\cdot 3^{n-1}-\frac{1}{2}\right)+2=a_n+5\cdot 3^{n-1}+1$$

ゆえに，$a_{n+1}-a_n=5\cdot 3^{n-1}+1$ より，数列 $\{a_n\}$ の階差数列の第 n 項は $5\cdot 3^{n-1}+1$ である。よって，$n\geqq 2$ のとき

$$a_n=a_1+\sum_{k=1}^{n-1}(5\cdot 3^{k-1}+1)$$

$$=2+\frac{5(3^{n-1}-1)}{3-1}+n-1$$

$$=\frac{5}{2}\cdot 3^{n-1}+n-\frac{3}{2}\ \cdots\cdots\ ②$$

$n=1$ とすると　$\frac{5}{2}\cdot 3^0+1-\frac{3}{2}=2$

$a_1=2$ であるから，② は $n=1$ のときにも成り立つ。

したがって　$a_n=\frac{5}{2}\cdot 3^{n-1}+n-\frac{3}{2}$　（コ ⑨）

←$b_{n+1}=3b_n+1$ の b_{n+1}，b_n を x とおくと　$x=3x+1$
これを解いて　$x=-\frac{1}{2}$
➡ 基 99

←数列 $\{p_n\}$ の階差数列を $\{q_n\}$ とすると，$n\geqq 2$ のとき　$p_n=p_1+\sum_{k=1}^{n-1}q_k$
➡ 基 98

← ～～ は初項 5，公比 3，項数 $n-1$ の等比数列の和。
➡ 基 94

←***素早く解く!***
問題文に（$n=1$，2，3，……）と書いてあるから，この確認は省略できる。

46 **解答**　P_3 は線分 P_1P_2 を 3：1 に内分する点であるから　$x_3=\frac{1\cdot 1+3\cdot 2}{3+1}=\frac{^{ア}\mathbf{7}}{^{イ}\mathbf{4}}$

P₁　3　P₃　1　P₂
1　　　　　　2

同様に，P_{n+2} は線分 P_nP_{n+1} を 3：1 に内分する点であるから　$x_{n+2}=\frac{1\cdot x_n+3\cdot x_{n+1}}{3+1}=\frac{3}{4}x_{n+1}+\frac{1}{4}x_n$

$y_n=x_{n+1}-x_n$ とすると　$y_1=x_2-x_1=2-1={}^{ウ}\mathbf{1}$，

$$y_{n+1}=x_{n+2}-x_{n+1}=\frac{3}{4}x_{n+1}+\frac{1}{4}x_n-x_{n+1}$$

$$=-\frac{1}{4}(x_{n+1}-x_n)=-\frac{1}{4}y_n$$

したがって　$y_{n+1}=\frac{^{エオ}\mathbf{-1}}{^{カ}\mathbf{4}}y_n$（$n=1$，2，3，……）

よって，数列 $\{y_n\}$ は，初項 1，公比 $-\frac{1}{4}$ の等比数列であるから　$y_n=1\cdot\left(-\frac{1}{4}\right)^{n-1}=\left(\frac{-1}{4}\right)^{n-1}$

（$n=1$，2，3，……）（キ ⓪）

←$A(x_1)$，$B(x_2)$ について，線分 AB を $m：n$ に内分する点の座標は $\frac{nx_1+mx_2}{m+n}$
➡ 基 62

←$y_n=y_1r^{n-1}$
➡ 基 94

12 実践問題

また，数列 $\{y_n\}$ は数列 $\{x_n\}$ の階差数列であるから，
$n \geqq 2$ のとき

$$x_n = x_1 + \sum_{k=1}^{n-1} y_k = 1 + \underset{\sim\sim\sim\sim}{\sum_{k=1}^{n-1}\left(-\frac{1}{4}\right)^{k-1}}$$

$$= 1 + \frac{1-\left(-\frac{1}{4}\right)^{n-1}}{1-\left(-\frac{1}{4}\right)} = \frac{9}{5} - \frac{4}{5}\left(-\frac{1}{4}\right)^{n-1}$$

←$n \geqq 2$ のとき $a_n = a_1 + \sum_{k=1}^{n-1} b_k$

➡ 基 98

←〰〰は初項 1，公比 $-\frac{1}{4}$，項数 $n-1$ の等比数列の和。

➡ 基 94

$n=1$ とすると　　$\frac{9}{5} - \frac{4}{5}\left(-\frac{1}{4}\right)^0 = 1$

$x_1 = 1$ であるから，上の式は $n=1$ のときにも成り立つ。

←***素早く解く!***

問題文に（$n=1$，2，3，……）と書いてあるから，この確認は省略できる。

したがって　　$x_n = \frac{^{ク}\mathbf{9}}{^{ケ}\mathbf{5}} - \frac{^{コ}\mathbf{4}}{5}\left(\frac{-1}{4}\right)^{n-1}$

（$n=1$，2，3，……）　（サ ⓪）

次に，$S_n = \sum_{k=1}^{n} k|y_k| = \sum_{k=1}^{n} k\left|\left(-\frac{1}{4}\right)^{k-1}\right|$

$= \sum_{k=1}^{n} k\left|-\frac{1}{4}\right|^{k-1} = \sum_{k=1}^{n} k\left(\frac{1}{4}\right)^{k-1}$ を求める。

$\frac{1}{4} = r$ とおくと　　$S_n = \sum_{k=1}^{n} kr^{k-1}$

すなわち　　$S_n = 1 + 2r + 3r^2 + \cdots\cdots + nr^{n-1}$

$rS_n = r + 2r^2 + \cdots\cdots + (n-1)r^{n-1} + nr^n$

辺々を引くと

$$S_n - rS_n = 1 + r + r^2 + \cdots\cdots + r^{n-1} - nr^n$$

←$S_n - rS_n$ を計算する。

➡ 重 50

よって　　$S_n - rS_n = \sum_{k=1}^{n} r^{k-1} - nr^n$

（$n=1$，2，3，……）　（シ ①，ス ①）

すなわち　　$(1-r)S_n = \sum_{k=1}^{n} r^{k-1} - nr^n$

$r \neq 1$ から　　$S_n = \frac{1}{1-r}\left(\sum_{k=1}^{n} r^{k-1} - nr^n\right)$

$$= \frac{1}{1-r}\left(\frac{1-r^n}{1-r} - nr^n\right)$$

$$= \frac{1}{(1-r)^2}(1-r^n) - \frac{n}{1-r}r^n$$

$$= \frac{1}{\left(1-\frac{1}{4}\right)^2}\left\{1-\left(\frac{1}{4}\right)^n\right\} - \frac{n}{1-\frac{1}{4}}\left(\frac{1}{4}\right)^n$$

$$= \frac{^{セソ}\mathbf{16}}{^{タ}\mathbf{9}}\left\{1-\left(\frac{1}{^{チ}\mathbf{4}}\right)^n\right\} - \frac{n}{^{テ}\mathbf{3}}\left(\frac{1}{^{ト}\mathbf{4}}\right)^{n-1}$$

（ツ ①，ナ ⓪）

←Σ の計算　　➡ 基 96

$\sum_{k=1}^{n} r^{k-1}$ は初項 1，公比 r，項数 n の等比数列の和。

➡ 基 94

47 **解答** 数列 $\{a_n\}$ を，次のように区画に分けて考える。

$$\frac{1}{2} \,\Big|\, \frac{1}{3},\ \frac{2}{3} \,\Big|\, \frac{1}{4},\ \frac{2}{4},\ \frac{3}{4} \,\Big|\, \frac{1}{5},\ \cdots\cdots$$

このとき，第 m 区画には，$\dfrac{1}{m+1}$，$\dfrac{2}{m+1}$，……，$\dfrac{m}{m+1}$ の m 個の項が含まれる。

➡ 重 51

(1) $1+2+3+4+5=15$ であるから，a_{15} は第5区画の最後の項である。

よって　$a_{15}=\dfrac{5}{5+1}=\dfrac{{}^{ア}\mathbf{5}}{{}^{イ}\mathbf{6}}$

また，分母に初めて8が現れる項は，第7区画の最初の項である。第1区画から第6区画までの項数は，全部で

$$\sum_{l=1}^{6} l=\frac{1}{2}\cdot 6\cdot(6+1)=21\text{(個)}$$

であるから，分母に初めて8が現れる項は　$a_{{}^{ウエ}22}$

⬅各区画の項数の和がもとの数列の項の数を表す。

➡ 重 51

なお，a_{15} まですべて書き出してもよい。

⬅分母が7以下の項の数。

(2) 分母が k である数が含まれる区画は，第 $(k-1)$ 区画である。よって，N_k は第1区画から第 $(k-1)$ 区画までの項数に等しい。

(1) と同様に考えると，第1区画から第 $(k-1)$ 区画までの項数は，全部で

$$\sum_{l=1}^{k-1} l=\frac{1}{2}(k-1)\{(k-1)+1\}$$
$$=\frac{1}{2}(k-1)k=\frac{1}{2}k^2-\frac{1}{2}k$$

よって　$N_k=\dfrac{{}^{コ}\mathbf{1}}{{}^{サ}\mathbf{2}}k^2-\dfrac{{}^{シ}\mathbf{1}}{{}^{ス}\mathbf{2}}k$

また，M_k は第 $(k-1)$ 区画の最初の項の項数であるから，$k \geqq 3$ のとき

$$M_k=N_{k-1}+1=\frac{1}{2}(k-1)^2-\frac{1}{2}(k-1)+1$$
$$=\frac{{}^{オ}\mathbf{1}}{{}^{カ}\mathbf{2}}k^2-\frac{{}^{キ}\mathbf{3}}{{}^{ク}\mathbf{2}}k+{}^{ケ}\mathbf{2}$$

これは $k=2$ でも成り立つ。

a_{104} について，$N_{15}=\dfrac{1}{2}\cdot 14\cdot 15=105$ であるから，a_{105} は第14区画の最後の項で　$a_{105}=\dfrac{14}{15}$

よって　$a_{104}=\dfrac{{}^{セソ}\mathbf{13}}{{}^{タチ}\mathbf{15}}$

⬅　第 $(k-1)$ 区画
$\left|\dfrac{1}{k},\ \dfrac{2}{k},\ \cdots\cdots,\ \dfrac{k-1}{k}\right|$

⬅Σ の計算　➡ 基 96

⬅第 $(k-1)$ 区画の最後の項の項数。

$k-2$　　　$k-1$
$\cdots,\ \dfrac{k-2}{k-1}\,\Big|\,\dfrac{1}{k},\ \cdots\cdots,\ \dfrac{k-1}{k}\,\Big|$
第 N_{k-1} 項　第 M_k 項　第 N_k 項

⬅$N_k=\dfrac{1}{2}(k-1)k$ の k に適当な数値を代入して，104に近いものを見つける。

➡ 重 48 参考

⬅a_{104} は第14区画の最後の項の1つ前。

12 実践問題

(3) 数列 $\{a_n\}$ の第 M_k 項から第 N_k 項までの和は

$$\sum_{l=1}^{k-1}\frac{l}{k}=\frac{1}{k}\sum_{l=1}^{k-1}l=\frac{1}{k}\left(\frac{1}{2}k^2-\frac{1}{2}k\right)$$

$$=\frac{^{ツ}\mathbf{1}}{^{テ}\mathbf{2}}k-\frac{^{ト}\mathbf{1}}{^{ナ}\mathbf{2}}$$

←第 $(k-1)$ 区画に含まれる項の和
$\frac{1}{k}+\frac{2}{k}+\cdots\cdots+\frac{k-1}{k}$
$\sum_{l=1}^{k-1}l$ は (2) で計算した。

したがって，数列 $\{a_n\}$ の初項から第 N_k 項までの和 S_k は

$$S_k=\sum_{l=2}^{k}\left(\frac{1}{2}l-\frac{1}{2}\right)=\frac{1}{2}\sum_{l=2}^{k}(l-1)=\frac{1}{2}\sum_{l=1}^{k-1}l$$

$$=\frac{1}{2}\left(\frac{1}{2}k^2-\frac{1}{2}k\right)=\frac{^{ニ}\mathbf{1}}{^{ヌ}\mathbf{4}}k^2-\frac{^{ネ}\mathbf{1}}{^{ノ}\mathbf{4}}k$$

←$\sum_{l=2}^{k}$ を $\sum_{l=1}^{k-1}$ に変更。

ゆえに

$$\sum_{n=1}^{103}a_n=\sum_{n=1}^{105}a_n-(a_{104}+a_{105})$$

$$=S_{15}-\left(\frac{13}{15}+\frac{14}{15}\right)$$

$$=\frac{1}{4}\cdot 15\cdot(15-1)-\frac{9}{5}$$

$$=\frac{^{ハヒフ}\mathbf{507}}{^{ヘホ}\mathbf{10}}$$

←a_{105} までの和を求めてから a_{104} と a_{105} を引く。
$\sum_{n=1}^{105}a_n=S_{15}$

←$S_k=\frac{1}{4}k(k-1)$

第13章　統計的な推測

CHECKの解説

101 すべての場合の数は　${}_4C_2=6$（通り）

例えば，取り出したカードに書かれている数が 1, 2 の場合を (1, 2) のように表すとする。

取り出すカードのすべての場合と，それに対応する X は，次の表のようになる。

カード	(1, 2)	(1, 3)	(1, 4)	(2, 3)	(2, 4)	(3, 4)
X	3	4	5	5	6	7

←**素早く解く！**
すべての場合の数が少ないから，すべて書き出した方が早い。

よって　$P(X=3)=\frac{^{ア}\mathbf{1}}{^{イ}\mathbf{6}}$,

$P(X=5)=\frac{2}{6}=\frac{^{ウ}\mathbf{1}}{^{エ}\mathbf{3}}$

また，$P(X=4)$，$P(X=6)$，$P(X=7)$ はすべて $\frac{1}{6}$ である。右の表から，X の期待値は　${}^{オ}\mathbf{5}$

X	3	4	5	6	7	計
P	$\frac{1}{6}$	$\frac{1}{6}$	$\frac{2}{6}$	$\frac{1}{6}$	$\frac{1}{6}$	1
XP	$\frac{3}{6}$	$\frac{4}{6}$	$\frac{10}{6}$	$\frac{6}{6}$	$\frac{7}{6}$	5

←$E(X)$
$=x_1p_1+x_2p_2+\cdots+x_5p_5$
素早く解く！
表を利用する。

102 X に対して，P, XP, X^2P は右の表のようになる。

X	0	1	2	計
P	$\frac{9}{18}$	$\frac{6}{18}$	$\frac{3}{18}$	1
XP	0	$\frac{6}{18}$	$\frac{6}{18}$	$\frac{2}{3}$
X^2P	0	$\frac{6}{18}$	$\frac{12}{18}$	1

よって，X の期待値は　$\dfrac{{}^{ア}\mathbf{2}}{{}^{イ}\mathbf{3}}$

分散は　$1-\left(\dfrac{2}{3}\right)^2=\dfrac{{}^{ウ}\mathbf{5}}{{}^{エ}\mathbf{9}}$

標準偏差は　$\sqrt{\dfrac{5}{9}}=\dfrac{\sqrt{{}^{オ}\mathbf{5}}}{{}^{カ}\mathbf{3}}$

←**素早く解く!**
表を利用する。
➡基 101

←$V(X)=E(X^2)-\{E(X)\}^2$

←$\sigma(X)=\sqrt{V(X)}$

103 1回の試行で赤玉が出る確率は　$\dfrac{3}{5}$

$k=0$, 1, 2, ……, 5 に対して，

$P(X=k)={}^{ア}{}_5\mathrm{C}_k\left(\dfrac{{}^{イ}\mathbf{3}}{{}^{ウ}\mathbf{5}}\right)^k\left(1-\dfrac{3}{5}\right)^{5-k}$ であるから

$P(X=3)={}_5\mathrm{C}_3\left(\dfrac{3}{5}\right)^3\left(\dfrac{2}{5}\right)^{5-3}=\dfrac{{}^{エオカ}\mathbf{216}}{{}^{キクケ}\mathbf{625}}$

X は二項分布 $B\left(5,\ \dfrac{3}{5}\right)$ に従うから

X の期待値は　$5\cdot\dfrac{3}{5}={}^{コ}\mathbf{3}$，分散は　$5\cdot\dfrac{3}{5}\cdot\dfrac{2}{5}=\dfrac{{}^{サ}\mathbf{6}}{{}^{シ}\mathbf{5}}$，

標準偏差は　$\sqrt{\dfrac{6}{5}}=\dfrac{\sqrt{{}^{スセ}\mathbf{30}}}{{}^{ソ}\mathbf{5}}$

←反復試行の確率
➡基 38

←$E(X)=np$
$V(X)=np(1-p)$
$\sigma(X)=\sqrt{np(1-p)}$

104 $P(-0.5\leqq Z\leqq 1.0)$
$=P(-0.5\leqq Z\leqq 0)+P(0\leqq Z\leqq 1.0)$
$=P(0\leqq Z\leqq 0.5)+P(0\leqq Z\leqq 1.0)$
$=0.1915+0.3413=0.{}^{アイウエ}\mathbf{5328}$

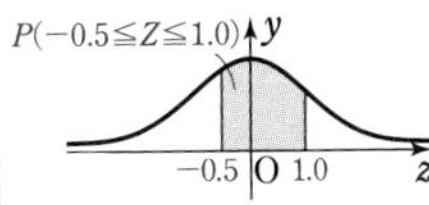

対称性から
$P(-a\leqq Z\leqq 0)=P(0\leqq Z\leqq a)$
$(a>0)$

また，確率変数 X が正規分布 $N(20,\ 3^2)$ に従うとき，

$Z=\dfrac{X-20}{3}$ とおくと，Z は標準正規分布 $N(0,\ 1)$ に従う。よって

$P(23\leqq X\leqq 26)=P\left(\dfrac{23-20}{3}\leqq\dfrac{X-20}{3}\leqq\dfrac{26-20}{3}\right)$
$=P(1.0\leqq Z\leqq 2.0)$
$=P(0\leqq Z\leqq 2.0)-P(0\leqq Z\leqq 1.0)$
$=0.4772-0.3413=0.{}^{オカキク}\mathbf{1359}$

←$N(m,\ \sigma^2)\longrightarrow$
$Z=\dfrac{X-m}{\sigma}$ とおくと，
Z は $N(0,\ 1)$ に従う。

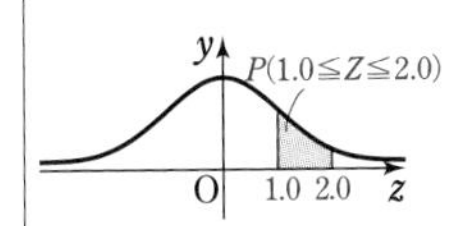

105 (1)　標本平均 $\overline{X}$ は，正規分布 $N\left(20,\ \dfrac{40^2}{400}\right)$ に従う。

←POINT!

よって，$Z=\dfrac{\overline{X}-20}{\dfrac{40}{\sqrt{400}}}=\dfrac{\overline{X}-20}{2}$ は標準正規分布 $N(0,\ 1)$ に従う。

$P(18\leqq\overline{X}\leqq 22)=P\left(\dfrac{18-20}{2}\leqq\dfrac{\overline{X}-20}{2}\leqq\dfrac{22-20}{2}\right)$

$=P(-1.0\leqq Z\leqq 1.0)=2P(0\leqq Z\leqq 1.0)$

$=2\times 0.3413=0.$ アイウエ**6826**

←対称性から $P(-a\leqq Z\leqq 0)=P(0\leqq Z\leqq a)$　$(a>0)$

(2)　標本平均を $\overline{x}$ とすると

$$\overline{x}-1.96\cdot\frac{40}{\sqrt{n}}=12.16,\quad \overline{x}+1.96\cdot\frac{40}{\sqrt{n}}=27.84$$

←POINT!

これを解くと　$\overline{x}=$ オカ**20**，$n=$ キクケ**100**

参考　**母平均 m に対する信頼度 95 % の信頼区間**

$$\left[\overline{X}-1.96\cdot\frac{\sigma}{\sqrt{n}},\ \overline{X}+1.96\cdot\frac{\sigma}{\sqrt{n}}\right]$$ **の証明**

$P(-1.96\leqq Z\leqq 1.96)=0.95$ であるから　$P\left(-1.96\leqq\dfrac{\overline{X}-m}{\dfrac{\sigma}{\sqrt{n}}}\leqq 1.96\right)=0.95$

よって　$P\left(-1.96\cdot\dfrac{\sigma}{\sqrt{n}}\leqq\overline{X}-m\leqq 1.96\cdot\dfrac{\sigma}{\sqrt{n}}\right)=0.95$

すなわち　$P\left(\overline{X}-1.96\cdot\dfrac{\sigma}{\sqrt{n}}\leqq m\leqq\overline{X}+1.96\cdot\dfrac{\sigma}{\sqrt{n}}\right)=0.95$

ゆえに，母平均 m に対する信頼度 95 % の信頼区間は

$$\left[\overline{X}-1.96\cdot\frac{\sigma}{\sqrt{n}},\ \overline{X}+1.96\cdot\frac{\sigma}{\sqrt{n}}\right]$$

106　4 の目が出る確率を p とする。

4 の目が出る確率が $\dfrac{1}{6}$ でなければ，$p\neq\dfrac{1}{6}$ である。

ここで，「4 の目が出る確率は $\dfrac{1}{6}$ である」，すなわち $p=\dfrac{1}{6}$ という仮説を立てる。この仮説が正しいとするとき，720 回のうち 4 の目が出る回数 X は，二項分布 $B\left(720,\ \dfrac{1}{6}\right)$ に従い，X の期待値 m と標準偏差 σ は

←手順①：正しいかどうか判断したい仮説は，「4 の目が出る確率が $\dfrac{1}{6}$ ではない」であるから，これに反する仮説を立てる。

$$m=720\cdot\frac{1}{6}=120,\qquad \sigma=\sqrt{720\cdot\frac{1}{6}\cdot\frac{5}{6}}=10$$

←二項分布の期待値，標準偏差。 ➡ 基 103

よって，$Z=\dfrac{X-120}{10}$ は近似的に標準正規分布 $N(0,\ 1)$ に従う。$P(-1.96\leqq Z\leqq 1.96)\fallingdotseq 0.95$ であるから，有意水準 5 % の棄却域は

←二項分布の正規分布による近似。 ➡ 重 57

←手順②：有意水準 5 % の棄却域を求める。

$$Z\leqq -1.96,\ 1.96\leqq Z$$

$X=100$ のとき，$Z=\dfrac{100-120}{10}=-2$ であり，この値は棄却域に入るから，仮説を棄却できる。すなわち，4 の目が出る確率が $\dfrac{1}{6}$ ではないと判断してよい。（ア ⓪）

←手順③：実際に得られた値が棄却域に入るかどうか調べ，仮説を棄却するかどうかを判断する。

▼ 練習の解説

練習 54

確率変数 X と定数 a, b に対して, $Y=aX+b$ とすると
期待値 $E(aX+b)=aE(X)+b$, 分散 $V(aX+b)=a^2V(X)$

解答 すべての場合の数は　${}_7C_2$ 通り

(1) X は, 0, 1, 2 のいずれかであり, X に対して, P, XP, X^2P は次の表のようになる。

X	0	1	2	計
P	$\frac{{}_{7-a}C_2}{{}_7C_2}$	$\frac{a(7-a)}{{}_7C_2}$	$\frac{{}_aC_2}{{}_7C_2}$	1
XP	0	$\frac{a(7-a)}{{}_7C_2}$	$\frac{2\cdot{}_aC_2}{{}_7C_2}$	$E(X)$
X^2P	0	$\frac{a(7-a)}{{}_7C_2}$	$\frac{4\cdot{}_aC_2}{{}_7C_2}$	$E(X^2)$

←**素早く解く!**
表を利用する。
➡ 基 101

よって　$E(X)=\dfrac{a(7-a)}{{}_7C_2}+\dfrac{2\cdot{}_aC_2}{{}_7C_2}$

$=\dfrac{a(7-a)+a(a-1)}{21}=\dfrac{{}^{ア}\mathbf{2}}{{}^{イ}\mathbf{7}}a$

また　$E(X^2)=\dfrac{a(7-a)}{{}_7C_2}+\dfrac{4\cdot{}_aC_2}{{}_7C_2}$

$=\dfrac{a(7-a)+2a(a-1)}{21}=\dfrac{a^2+5a}{21}$

ゆえに　$V(X)=E(X^2)-\{E(X)\}^2$

$=\dfrac{a^2+5a}{21}-\left(\dfrac{2}{7}a\right)^2$

$=\dfrac{-5a^2+35a}{147}$

$=\dfrac{{}^{ウ}\mathbf{5}a({}^{エ}\mathbf{7}-a)}{{}^{オカキ}\mathbf{147}}$

←$V(X)=E(X^2)-\{E(X)\}^2$
➡ 基 102

$V(X)=\dfrac{5}{147}(-a^2+7a)$

$=\dfrac{5}{147}\left\{-\left(a-\dfrac{7}{2}\right)^2+\dfrac{49}{4}\right\}$ で,

a は $2\leqq a\leqq 6$ を満たす整数であるから　$a={}^{ク}\mathbf{3}$ または $a={}^{ケ}\mathbf{4}$
のとき, $V(X)$ は最大値

$\dfrac{5\cdot3(7-3)}{147}=\dfrac{{}^{コサ}\mathbf{20}}{{}^{シス}\mathbf{49}}$

をとる。

V(X)
O
3
4
$\frac{7}{2}$
a

←**CHART**　まず平方完成
➡ 基 8

(2)　$a=3$ のとき　　$E(X)=\frac{2}{7}\cdot 3=\frac{6}{7}$，$V(X)=\frac{20}{49}$

$Y=7X+2$ とすると

$$E(Y)=E(7X+2)=7E(X)+2=7\cdot\frac{6}{7}+2={}^{セ}\mathbf{8}$$

$$V(Y)=V(7X+2)=7^2V(X)=7^2\cdot\frac{20}{49}={}^{ソタ}\mathbf{20}$$

⬅$E(aX+b)=aE(X)+b$
$V(aX+b)=a^2V(X)$

練習 55

確率変数 X，Y に対して　$E(X+Y)=E(X)+E(Y)$

X と Y が互いに独立 $\Longleftrightarrow P(X=a$ かつ $Y=b)=P(X=a)P(X=b)$

（互いに影響を及ぼさない）

X と Y が互いに独立のとき　$V(X+Y)=V(X)+V(Y)$

解答　$P(X_1=1)=P(X_1=2)=P(X_1=3)=\frac{1}{3}$

であるから，右の表より

$E(X_1)=2$,

$V(X_1)=\frac{14}{3}-2^2=\frac{2}{3}$

同様に

$E(X_2)=2$，$V(X_2)=\frac{2}{3}$

X_1	1	2	3	計
P	$\frac{1}{3}$	$\frac{1}{3}$	$\frac{1}{3}$	1
X_1P	$\frac{1}{3}$	$\frac{2}{3}$	$\frac{3}{3}$	2
X_1^2P	$\frac{1}{3}$	$\frac{4}{3}$	$\frac{9}{3}$	$\frac{14}{3}$

⬅**素早く解く!**

表を利用する。

➡基 101

⬅$V(X_1)$
$=E(X_1^2)-\{E(X_1)\}^2$

➡基 102

よって　　$E(Y)=E(X_1+X_2)=E(X_1)+E(X_2)$

$=2+2={}^{ア}\mathbf{4}$

⬅$E(X+Y)=E(X)+E(Y)$

X_1 と X_2 は互いに独立であるから

$V(Y)=V(X_1+X_2)=V(X_1)+V(X_2)$

$=\frac{2}{3}+\frac{2}{3}=\frac{{}^{イ}\mathbf{4}}{{}^{ウ}\mathbf{3}}$

⬅X と Y が互いに独立のとき
$V(X+Y)=V(X)+V(Y)$
1回目に出るカードと2回目に出るカードは互いに無関係である。

また，Z の値は（＊）の表のようになる。

X_2＼X_1	1	2	3
1	1	2	3
2	2	2	3
3	3	3	3

（＊）

よって　$P(Z=1)=\frac{1}{9}$,

$P(Z=2)=\frac{3}{9}=\frac{1}{3}$,

$P(Z=3)=\frac{5}{9}$

ゆえに，右の表から

$E(Z)=\frac{{}^{エオ}\mathbf{22}}{{}^{カ}\mathbf{9}}$

$V(Z)=\frac{58}{9}-\left(\frac{22}{9}\right)^2$

$=\frac{{}^{キク}\mathbf{38}}{{}^{ケコ}\mathbf{81}}$

Z	1	2	3	計
P	$\frac{1}{9}$	$\frac{3}{9}$	$\frac{5}{9}$	1
ZP	$\frac{1}{9}$	$\frac{6}{9}$	$\frac{15}{9}$	$\frac{22}{9}$
Z^2P	$\frac{1}{9}$	$\frac{12}{9}$	$\frac{45}{9}$	$\frac{58}{9}$

⬅$V(Z)$
$=E(Z^2)-\{E(Z)\}^2$

したがって

$$E(X_1+Z)=E(X_1)+E(Z)=2+\frac{22}{9}=\frac{^{サシ}\mathbf{40}}{^{ス}\mathbf{9}}$$

ここで，Z は X_1 の値に影響を受ける値であるから，X_1 と Z は独立ではない。

(＊) の表から，X_1+Z の値は右の表のようになる。

X_1 ＼ X_2	1	2	3
1	1+1	2+2	3+3
2	1+2	2+2	3+3
3	1+3	2+3	3+3

よって，X_1+Z に対して，P，$(X_1+Z)P$，$(X_1+Z)^2P$ は右の表のようになる。ゆえに

X_1+Z	2	3	4	5	6	計
P	$\frac{1}{9}$	$\frac{1}{9}$	$\frac{3}{9}$	$\frac{1}{9}$	$\frac{3}{9}$	1
$(X_1+Z)P$	$\frac{2}{9}$	$\frac{3}{9}$	$\frac{12}{9}$	$\frac{5}{9}$	$\frac{18}{9}$	$\frac{40}{9}$
$(X_1+Z)^2P$	$\frac{4}{9}$	$\frac{9}{9}$	$\frac{48}{9}$	$\frac{25}{9}$	$\frac{108}{9}$	$\frac{194}{9}$

$V(X_1+Z)$

$$=\frac{194}{9}-\left(\frac{40}{9}\right)^2$$

$$=\frac{^{セソタ}\mathbf{146}}{^{チツ}\mathbf{81}}$$

⬅$E(X+Y)=E(X)+E(Y)$

⬅X_1 と Z は独立でないから，表を用いて計算。

➡ 基 102

⬅***素早く解く!***

X_1 と X_2 の表 (＊) を再利用する。表 (＊) の中の数字は Z の値であるから，それに X_1 の値を加える。

⬅$V(X_1)+V(Z)$ を計算すると　$\frac{2}{3}+\frac{38}{81}=\frac{92}{81}$ となり，$V(X_1+Z)$ と一致しない。

参考　他にも，確率変数 X，Y について，次のことが成り立つ。

$\boldsymbol{E(aX+bY)=aE(X)+bE(Y)}$　**(*a*，*b* は定数)**

X と Y が互いに独立ならば　$\boldsymbol{E(XY)=E(X)E(Y)}$

練習 56

連続型確率変数 X の確率密度関数 $f(x)$ $(\alpha \leqq x \leqq \beta)$ について

$$P(a \leqq X \leqq b)=\int_a^b f(x)dx$$

(曲線 $y=f(x)$ と x 軸，および 2 直線 $x=a$，$x=b$ で囲まれた部分の面積)

X の平均　$E(X)=\int_\alpha^\beta xf(x)dx$　(本問では $\alpha=-a$，$\beta=2a$)

解答　$P\left(a \leqq X \leqq \frac{3}{2}a\right)=\int_a^{\frac{3}{2}a} f(x)dx$

$$=\int_a^{\frac{3}{2}a}\frac{1}{3a^2}(2a-x)dx=\frac{1}{3a^2}\left[2ax-\frac{1}{2}x^2\right]_a^{\frac{3}{2}a}$$

$$=\frac{1}{3a^2}\left[\left\{2a\cdot\frac{3}{2}a-\frac{1}{2}\left(\frac{3}{2}a\right)^2\right\}-\left(2a\cdot a-\frac{1}{2}a^2\right)\right]$$

$$=\frac{1}{3a^2}\cdot\frac{3}{8}a^2=\frac{^{ア}\mathbf{1}}{^{イ}\mathbf{8}}$$

⬅$P(a \leqq X \leqq b)=\int_a^b f(x)dx$

⬅$a \leqq x \leqq \frac{3}{2}a$ のとき

$f(x)=\frac{1}{3a^2}(2a-x)$

また，X の平均（期待値）は

$$E(X)=\int_{-a}^{2a}xf(x)dx$$
$$=\int_{-a}^{0}x\cdot\frac{2}{3a^2}(x+a)dx+\int_{0}^{2a}x\cdot\frac{1}{3a^2}(2a-x)dx$$
$$=\frac{2}{3a^2}\underline{\int_{-a}^{0}x(x+a)dx}-\frac{1}{3a^2}\int_{0}^{2a}x(x-2a)dx$$
$$=\frac{2}{3a^2}\underline{\left[-\frac{1}{6}\{0-(-a)\}^3\right]}-\frac{1}{3a^2}\left\{-\frac{1}{6}(2a-0)^3\right\}$$
$$=-\frac{1}{9}a+\frac{4}{9}a=\frac{^{ウ}\mathbf{1}}{^{エ}\mathbf{3}}a$$

⬅ $E(X)=\int_{\alpha}^{\beta}xf(x)dx$

⬅ ＿＿と〰〰は，それぞれ公式 $\int_{\alpha}^{\beta}(x-\alpha)(x-\beta)dx=-\frac{1}{6}(\beta-\alpha)^3$ を利用。

➡ 基 92

練習 57

二項分布 $B(n,\ p)$ に従う確率変数 X は，n が大きいとき，近似的に

正規分布 $N(np,\ np(1-p))$ に従う。

$\longrightarrow Z=\dfrac{X-np}{\sqrt{np(1-p)}}$ は $N(0,\ 1)$ に従う。（➡ 基 103，104）

標本の大きさ n が大きいとき，標本比率を R とすると，母比率 p に対する信頼度 95 % の信頼区間は

$$\left[R-1.96\sqrt{\frac{R(1-R)}{n}},\ R+1.96\sqrt{\frac{R(1-R)}{n}}\right]$$

解答 (1)　確率変数 X は二項分布 $B\left(100,\ \frac{1}{5}\right)$ に従うから，平均は　$100\cdot\frac{1}{5}=^{アイ}\mathbf{20}$,

⬅ $E(X)=np$　➡ 基 103

標準偏差は　$\sqrt{100\cdot\frac{1}{5}\cdot\left(1-\frac{1}{5}\right)}=^{ウ}\mathbf{4}$

⬅ $\sigma(X)=\sqrt{np(1-p)}$　➡ 基 103

100 は十分に大きいから，X は近似的に正規分布 $N(20,\ 4^2)$ に従う。

ここで，$Z=\frac{X-20}{4}$ とおくと，Z は標準正規分布 $N(0,\ 1)$ に従う。よって

⬅ $Z=\frac{X-np}{\sqrt{np(1-p)}}$

$$P(X\geqq 30)=P\left(\frac{X-20}{4}\geqq\frac{30-20}{4}\right)$$
$$=P(Z\geqq 2.5)=0.5-P(0\leqq Z\leqq 2.5)$$
$$=0.5-0.4938=0.^{エオカキ}\mathbf{0062}$$

(2)　$X=10$ のとき，1 のカードが出る標本比率 R は

$$R=\frac{10}{100}=0.1$$

⬅ $R=\frac{X}{n}$

したがって，p に対する信頼度 95 % の信頼区間は

$$\left[0.1-1.96\sqrt{\frac{0.1\cdot(1-0.1)}{100}},\ 0.1+1.96\sqrt{\frac{0.1\cdot(1-0.1)}{100}}\right]$$

⬅ POINT!

$\sqrt{\dfrac{0.1\cdot(1-0.1)}{100}}=\sqrt{\dfrac{0.09}{100}}=\dfrac{0.3}{10}=0.03$ であるから

$$0.1-1.96\times0.03=0.0412,$$
$$0.1+1.96\times0.03=0.1588$$

よって，p に対する信頼度 95 % の信頼区間は，それぞれ小数第 3 位を四捨五入して

$$[{}^{ク}\mathbf{0}.{}^{ケコ}\mathbf{04},\ {}^{サ}\mathbf{0}.{}^{シス}\mathbf{16}]$$

▽ 問題の解説

問題 24

標本の大きさ n が大きいとき，母平均 m に対する

信頼度 95 % の信頼区間は $\left[\overline{X}-1.96\cdot\dfrac{\sigma}{\sqrt{n}},\ \overline{X}+1.96\cdot\dfrac{\sigma}{\sqrt{n}}\right]$

（➡ 基 105）

（$\overline{X}$ は標本平均，σ は母標準偏差）

したがって，信頼度 95 % の信頼区間の幅 L は

$$L=\left(\overline{X}+1.96\cdot\frac{\sigma}{\sqrt{n}}\right)-\left(\overline{X}-1.96\cdot\frac{\sigma}{\sqrt{n}}\right)=2\cdot1.96\cdot\frac{\sigma}{\sqrt{n}}$$

正規分布表の読み間違えに注意。

解答　標本の大きさ $n=100$（個）は十分大きく，標本平均 $\overline{X}=62$ (g)，母標準偏差 $\sigma=5$ (g) であるから，母平均 m に対する信頼度 95 % の信頼区間は

$$\left[62-1.96\cdot\frac{5}{\sqrt{100}},\ 62+1.96\cdot\frac{5}{\sqrt{100}}\right]$$

$1.96\cdot\dfrac{5}{\sqrt{100}}=\dfrac{1.96}{2}=0.98$ であるから

$$62-0.98=61.02,\ 62+0.98=62.98$$

よって　${}^{アイ}\mathbf{61}.{}^{ウエ}\mathbf{02}\leqq m\leqq{}^{オカ}\mathbf{62}.{}^{キク}\mathbf{98}$

次に，標準正規分布 $N(0,\ 1)$ に従う確率変数 Z について，$P(0\leqq Z\leqq z_0)$ が $\dfrac{0.92}{2}=0.46$ に最も近い値をとる正の数 z_0 を正規分布表から求めると，$z_0=1.75$ である。

ゆえに，信頼度 92 % の信頼区間の幅を L' とすると

$$L'=2\cdot1.75\cdot\frac{5}{\sqrt{100}}$$

ここで，$L=2\cdot1.96\cdot\dfrac{5}{\sqrt{100}}$ であるから

$$\frac{L'}{L}=\frac{1.75}{1.96}=0.892\cdots\cdots\fallingdotseq0.89$$

よって　$L'\fallingdotseq{}^{ケ}\mathbf{0}.{}^{コサ}\mathbf{89}L$

⬅不等式で表すと
$62-1.96\cdot\dfrac{5}{\sqrt{100}}\leqq m\leqq62+1.96\cdot\dfrac{5}{\sqrt{100}}$

⬅0.46 に最も近いのは $z_0=1.75$ のときの 0.4599。
下の図は正規分布表の抜粋。

z_0	…0.05…
⋮	↑
1.7	←0.4599
⋮	

また，$n=900$ のとき，σ は変わらないから，このときの信頼区間の幅を L'' とすると

$$L''=2\cdot1.96\cdot\frac{5}{\sqrt{900}}=\frac{1}{3}\cdot2\cdot1.96\cdot\frac{5}{\sqrt{100}}=\frac{^{シ}\mathbf{1}}{_{ス}\mathbf{3}}L$$

⬅**素早く解く!**

信頼区間の式の分母の $\sqrt{n}$ だけに着目する。n が100から900へ9倍になると，$\sqrt{n}$ は3倍になるから，信頼区間の幅は $\frac{1}{3}$ になる。

問題 25

「成功率が下がったといえるか」とあるから，**片側検定** の問題である。
$p\leqq0.4$ を前提とすることに注意し，仮説を立てる。
正規分布表を利用して棄却域を求める際は，本問では棄却域を分布の左側（負の領域）にとる。

解答　Bさんの3ポイントシュートの成功率を p とすると，3ポイントシュートの成功率が昨シーズンよりも下がったならば，$p<0.4$ である。ここで，「3ポイントシュートの成功率は昨シーズンよりも下がらなかった」，すなわち $p=0.4$ という仮説を立てて，仮説検定を行う。

➡基 106

よって，帰無仮説は $p=0.4$（ア②），対立仮説は $p<0.4$（イ⓪）である。

⬅手順①：判断したい主張に反する仮説を立てる。

帰無仮説が正しいとするとき，3ポイントシュートをねらう機会300回のうち，決めた本数を X とすると，X は二項分布 $B(300,\ 0.4)$ に従い

$$m=300\cdot0.4=120,\quad \sigma=\sqrt{300\cdot0.4\cdot(1-0.4)}=6\sqrt{2}$$

ゆえに，$Z=\dfrac{X-120}{6\sqrt{2}}$ は近似的に標準正規分布 $N(0,\ 1)$ に従う。正規分布表より，

$P(0\leqq Z\leqq1.64)=P(-1.64\leqq Z\leqq0)\fallingdotseq0.45$（ウ②）であるから，有意水準5％の棄却域は

$$Z\leqq-1.64\ \cdots\cdots\ (*)$$

(＊)手順②：棄却域を求める。

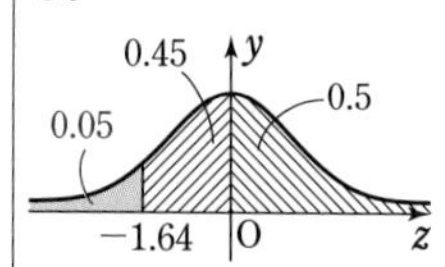

$X=108$ のとき $Z=\dfrac{108-120}{6\sqrt{2}}=^{エ}-\sqrt{^{オ}\mathbf{2}}$ であり，この値は棄却域に入らないから（カ①），帰無仮説を棄却できない。

⬅手順③：帰無仮説を棄却するかどうかを判断する。

すなわち，Bさんの3ポイントシュートの成功率は昨シーズンよりも下がったとはいえない。（キ①）

参考 本冊の演習例題 25 では，有意水準 5 % の場合は帰無仮説を棄却できたが，では有意水準を 1 % にした場合はどうなるかを考えてみよう。

正規分布表より，$P(0 \leqq Z \leqq 2.33) \fallingdotseq 0.49$ であるから，有意水準が 1 % のときの棄却域は $Z \geqq 2.33$ である。
$Z=1.92$ はこの棄却域に入らないから，帰無仮説を棄却できない。すなわち，今年は昨年に比べて傷んでいる桃の個数の割合が高まったとはいえない。
このように，有意水準のとり方によって仮説検定の結果が異なる場合がある。

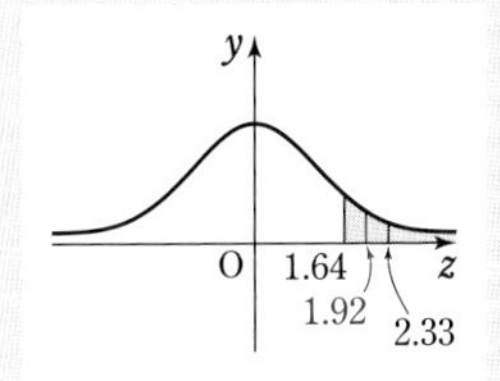

▼ 実践問題の解説

48 **解答** (1) 上級コースに登録した留学生の割合は

$$100-20-35={}^{アイ}\mathbf{45}(\%)$$

← (全体)−(初級コース)−(中級コース)　➡ 基 37

よって　$E(X)=10\cdot 0.2+8\cdot 0.35+6\cdot 0.45$

$$=2+2.8+2.7=7.5=\frac{{}^{ウエ}\mathbf{15}}{2}$$

← $E(X)=x_1p_1+x_2p_2+x_3p_3$ $(p_1+p_2+p_3=1)$　➡ 基 101

また　$E(X^2)=10^2\cdot 0.2+8^2\cdot 0.35+6^2\cdot 0.45$

$$=20+22.4+16.2=58.6$$

ゆえに　$V(X)=E(X^2)-\{E(X)\}^2=58.6-7.5^2$

$$=58.60-56.25=2.35=\frac{{}^{オカ}\mathbf{47}}{20}$$

← $V(X)=E(X^2)-\{E(X)\}^2$　➡ 基 102

確率変数 Y は二項分布 $B\left(a,\ \frac{1}{5}\right)$ に従うから

← $20\ \%=\frac{1}{5}$

$$E(Y)=a\cdot\frac{1}{5}=\frac{{}^{キ}\mathbf{1}}{{}^{ク}\mathbf{5}}a,\quad \sigma(Y)=\sqrt{a\cdot\frac{1}{5}\cdot\frac{4}{5}}=\frac{2\sqrt{a}}{5}$$

← $E(Y)=np$, $V(Y)=np(1-p)$, $\sigma(Y)=\sqrt{np(1-p)}$　➡ 基 103

同様に，確率変数 Z は二項分布 $B\left(a,\ \frac{9}{20}\right)$ に従うから

$$\sigma(Z)=\sqrt{a\cdot\frac{9}{20}\cdot\frac{11}{20}}=\frac{3\sqrt{11a}}{20}$$

よって　$\dfrac{\sigma(Z)}{\sigma(Y)}=\dfrac{3\sqrt{11a}}{20}\div\dfrac{2\sqrt{a}}{5}=\dfrac{{}^{ケ}\mathbf{3}\sqrt{{}^{コサ}\mathbf{11}}}{{}^{シ}\mathbf{8}}$

← $\frac{3\sqrt{11a}}{20}\times\frac{5}{2\sqrt{a}}$

$a=100$ のとき　$E(Y)=\dfrac{1}{5}\cdot 100=20,\ \sigma(Y)=\dfrac{2\sqrt{100}}{5}=4$

100 は十分大きいから，二項分布 $B\left(100,\ \frac{1}{5}\right)$ に従う確率変数 Y は，近似的に正規分布 $N(20,\ 4^2)$ に従う。

← $N(np,\ np(1-p))$

ここで，$Y'=\dfrac{Y-20}{4}$ とおくと，確率変数 Y' は近似的に標準正規分布 $N(0,\ 1)$ に従う。このとき

← $N(m,\ \sigma^2)$ → $Y'=\dfrac{Y-m}{\sigma}$ とおくと，Y' は $N(0,\ 1)$ に従う。

$$p=P(Y\geqq 28)=P\left(\frac{Y-20}{4}\geqq\frac{28-20}{4}\right)=P(Y'\geqq 2)$$

正規分布表より，$P(0\leqq Y'\leqq 2)=0.4772$ であるから

$$p=P(Y'\geqq 2)=0.5-P(0\leqq Y'\leqq 2)$$
$$=0.5-0.4772\fallingdotseq 0.023 \quad (^{ス}①)$$

(2)　母平均 m，母分散 640 の母集団から大きさ 40 の無作為標本を抽出するとき，標本平均の標準偏差は

⬅$\sigma^2=640$，$n=40$

$$\frac{\sqrt{640}}{\sqrt{40}}=\sqrt{16}={}^{セ}\mathbf{4}$$

⬅$\sigma(\overline{X})=\dfrac{\sigma}{\sqrt{n}}$　➡ 基 105

また，標本平均が 120，標本平均の標準偏差が 4，標本の大きさが 40 の，母平均 m に対する信頼度 95 % の信頼区間は　$[120-1.96\cdot 4,\ 120+1.96\cdot 4]$

⬅$\overline{X}=120$

すなわち　$[{}^{ソタチ}\mathbf{112}.{}^{ツテ}\mathbf{16},\ {}^{トナニ}\mathbf{127}.{}^{ヌネ}\mathbf{84}]$

⬅信頼度 95 % の信頼区間 $\left[\overline{X}-1.96\cdot\dfrac{\sigma}{\sqrt{n}},\ \overline{X}+1.96\cdot\dfrac{\sigma}{\sqrt{n}}\right]$　➡ 基 105

(3)　標本の大きさのみが 40 から 50 にかわると，標本平均の標準偏差は小さくなる。そのため，標本平均および信頼度がかわらない場合，信頼区間の幅は小さくなる。
したがって，$D_1>C_1$ かつ $D_2<C_2$ が成り立つ。（^{ノ}②）

⬅**素早く解く!**
実際に信頼区間を求める必要はない。

標本平均および信頼度をかえずに，信頼区間の幅が等しいとき，標本平均の標準偏差も等しい。そのため，標本の大きさを 50 の k 倍にしたとき

⬅$\sigma(\overline{X})=\dfrac{\sigma}{\sqrt{n}}$　➡ 基 105

$$\frac{\sqrt{640}}{\sqrt{50}}=\frac{\sqrt{960}}{\sqrt{50k}}\qquad よって\qquad \frac{\sqrt{3}}{\sqrt{k}}=\sqrt{2}$$

⬅$\sqrt{k}=\sqrt{\dfrac{3}{2}}$

したがって　$k={}^{ハ}\mathbf{1}.{}^{ヒ}\mathbf{5}$

49 **解答**　X のとる値 x の範囲が $100\leqq x\leqq 300$ であるから　$P(100\leqq X\leqq 300)={}^{ア}\mathbf{1}$

⬅(確率の総和)＝1　➡ 重 56

ここで

$$P(100\leqq X\leqq 300)=\int_{100}^{300}f(x)dx=\int_{100}^{300}(ax+b)dx$$
$$=\left[\frac{a}{2}x^2+bx\right]_{100}^{300}$$
$$=\frac{a}{2}(300^2-100^2)+b(300-100)$$
$$=40000a+200b$$

⬅$P(a\leqq X\leqq b)=\displaystyle\int_a^b f(x)dx$　➡ 重 56

$P(100\leqq X\leqq 300)=1$ であるから

$${}^{イ}\mathbf{4}\cdot 10^4a+{}^{ウ}\mathbf{2}\cdot 10^2b=1 \quad \cdots\cdots ①$$

素早く解く!
次の図で，台形の面積と考えて
$P(100\leqq X\leqq 300)$
$=\dfrac{1}{2}\times 200\times\{(100a+b)+(300a+b)\}$
$=40000a+200b$

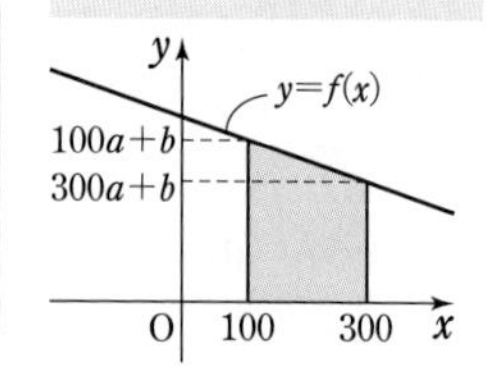

また　$m=\int_{100}^{300}xf(x)dx=\int_{100}^{300}x(ax+b)dx$

$=\int_{100}^{300}(ax^2+bx)dx=\left[\frac{a}{3}x^3+\frac{b}{2}x^2\right]_{100}^{300}$

$=\frac{a}{3}(300^3-100^3)+\frac{b}{2}(300^2-100^2)$

$=\frac{{}^{エオ}\mathbf{26}}{{}^{カ}\mathbf{3}}\cdot10^6a+{}^{キ}\mathbf{4}\cdot10^4b$

←300^3-100^3
$=(3\cdot10^2)^3-(10^2)^3$
$=27\cdot10^6-10^6$

よって　$\frac{26}{3}\cdot10^6a+4\cdot10^4b=180$ ……②

←a, b の連立1次方程式①, ②を解く。b の係数に注目して，〰〰のような変形を試みる。

①$\times2\cdot10^2-$②から　$8\cdot10^6a-\frac{26}{3}\cdot10^6a=2\cdot10^2-180$

整理すると　$-\frac{2}{3}\cdot10^6a=20$

ゆえに　$a=-3\cdot10^{-5}$

これを①に代入すると

$4\cdot10^4\cdot(-3\cdot10^{-5})+2\cdot10^2b=1$

よって　$2\cdot10^2b=2.2$　すなわち　$b=11\cdot10^{-3}$

←$b=\frac{22\cdot10^{-1}}{2\cdot10^2}$
$=11\cdot10^{-1-2}$

ゆえに，確率密度関数は

$f(x)=-{}^{ク}\mathbf{3}\cdot10^{-5}x+{}^{ケコ}\mathbf{11}\cdot10^{-3}$

よって，A地区で収穫され，出荷される予定のすべてのジャガイモのうち，重さが200g以上であるものの割合は

$P(200\leqq X\leqq300)=\int_{200}^{300}(-3\cdot10^{-5}x+11\cdot10^{-3})dx$

$=\left[-\frac{3}{2}\cdot10^{-5}x^2+11\cdot10^{-3}x\right]_{200}^{300}$

$=-\frac{3}{2}\cdot10^{-5}(300^2-200^2)$
$\quad+11\cdot10^{-3}(300-200)$

$=-\frac{15}{2}\cdot10^{-1}+11\cdot10^{-1}$

$=-\frac{15}{20}+\frac{11}{10}=\frac{7}{20}$

$=0.35$

←$\boldsymbol{P(a\leqq X\leqq b)}$
$=\int_a^b \boldsymbol{f(x)dx}$　➡重56

←$-\frac{3}{2}\cdot10^{-5}(300^2-200^2)$
$=-\frac{3}{2}\cdot10^{-5}\times5\cdot10^4$
$=-\frac{15}{2}\cdot10^{-1}$

したがって，35％あると見積もることができる。（^{サ}②）

50 **解答**　(1)　X の母平均は m，母標準偏差は σ であり，標本の大きさ49は十分大きいから，確率変数 $\overline{X}$ は平均 m，標準偏差 $\frac{\sigma}{\sqrt{49}}=\frac{\sigma}{7}$ の正規分布に近似的に従う。（^{ア}⓪，^{イ}⑦）

←$\overline{X}$ は標本平均。
$\overline{X}$ は，n が大きいとき，近似的に正規分布 $N\left(m,\ \frac{\sigma^2}{n}\right)$ に従う。

よって，**方針** に基づき，$M=125000\times m$ から，M を $W=125000\times\overline{X}$ で推定すると，確率変数 W は平均 $125000m$，標準偏差 $125000\times\dfrac{\sigma}{7}=\dfrac{125000}{7}\sigma$ の正規分布に近似的に従う。（ウ ④，エ ⑤）

← $Y=aX+b$ のとき
$E(Y)=aE(X)+b$
$V(Y)=a^2V(X)$
$\sigma(Y)=|a|\sigma(X)$

➡ 重 54

このとき，$\sigma=2$ と仮定すると，M に対する信頼度 95 % の信頼区間は

$$125000m-1.96\cdot\frac{125000}{7}\sigma \leqq M\leqq 125000m+1.96\cdot\frac{125000}{7}\sigma$$

← M を $125000\times\overline{X}$ と考えて，信頼区間を求める。

$$125000\left(16-1.96\cdot\frac{2}{7}\right)\leqq M\leqq 125000\left(16+1.96\cdot\frac{2}{7}\right)$$

← $m=16$，$\sigma=2$

$$125000(16-0.56)\leqq M\leqq 125000(16+0.56)$$

$$1930000\leqq M\leqq 2070000$$

よって　オカキ $\mathbf{193}\times10^4\leqq M\leqq$ クケコ $\mathbf{207}\times10^4$

(2)　正しいかどうか判断したい主張は

「今年の母平均 m が昨年とは異なる」

← 対立仮説

この主張に反する仮定として立てた主張は

「今年の母平均 m が昨年と同じである」

← 帰無仮説

よって，帰無仮説は「今年の母平均は 15 である」（サ ②）
対立仮説は「今年の母平均は 15 ではない」（シ ⑥）

次に，帰無仮説が正しい，すなわち今年の母平均が 15 であるとすると，$\overline{X}$ は平均 15，標準偏差 $\dfrac{\sigma}{\sqrt{49}}=\dfrac{2}{7}$ の正規分布に近似的に従う。（ス ⑦，セ ①）

← 標本平均 $\overline{X}$ は，n が大きいとき，近似的に正規分布 $N\left(m,\ \dfrac{\sigma^2}{n}\right)$ に従う。

ゆえに，$Z=\dfrac{\overline{X}-15}{\frac{2}{7}}$ は標準正規分布に近似的に従う。

← 標準化。

$\overline{X}=16$ のとき　$z=(16-15)\times\dfrac{7}{2}=3.5$

標準正規分布において，確率 $P(Z\leqq-1.96)$ と確率 $P(Z\geqq1.96)$ の和が 0.05 であることから，確率 $P(Z\leqq-3.5)$ と確率 $P(Z\geqq3.5)$ の和は 0.05 よりも小さい。（ソ ①）

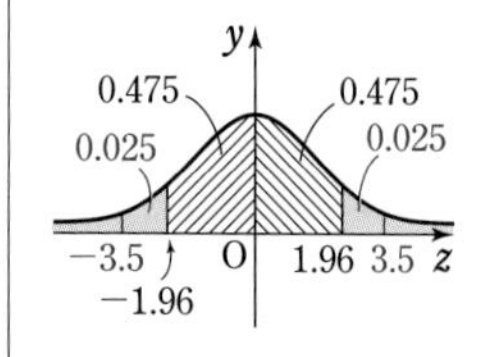

よって，$z=3.5$ は有意水準 5 % の棄却域に入るから，帰無仮説を棄却できる。すなわち，今年の母平均 m は昨年と異なるといえる。（タ ⓪）

第14章 ベクトル

CHECKの解説

107 AD：DC＝2：1 であるから　$\overrightarrow{AD}=^{ア}\mathbf{2}\vec{c}$

$\overrightarrow{AM}=\dfrac{1}{2}(\overrightarrow{AB}+\overrightarrow{AC})=\dfrac{^{イ}\mathbf{1}}{^{ウ}\mathbf{2}}\vec{b}+\dfrac{^{エ}\mathbf{1}}{^{オ}\mathbf{2}}\vec{c}$

$\overrightarrow{MD}=\overrightarrow{AD}-\overrightarrow{AM}=2\vec{c}-\left(\dfrac{1}{2}\vec{b}+\dfrac{1}{2}\vec{c}\right)$

$=\dfrac{^{カキ}\mathbf{-1}}{^{ク}\mathbf{2}}\vec{b}+\dfrac{^{ケ}\mathbf{3}}{^{コ}\mathbf{2}}\vec{c}$

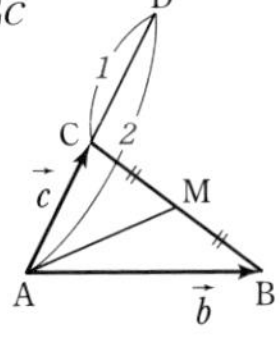

←中点 $\dfrac{\overrightarrow{AB}+\overrightarrow{AC}}{2}$

←CHART　始点を（A に）そろえて，2 つのベクトル（$\vec{b}$，$\vec{c}$）で表す

108 $\overrightarrow{OC}=\dfrac{1}{3}\overrightarrow{OB}$,

$\overrightarrow{OD}=\dfrac{3\overrightarrow{OA}+2\overrightarrow{OB}}{2+3}$

$=\dfrac{3}{5}\overrightarrow{OA}+\dfrac{2}{5}\overrightarrow{OB}$

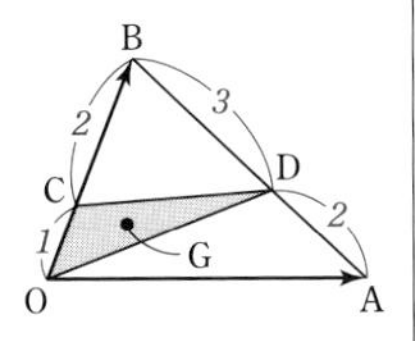

←$\dfrac{n\overrightarrow{OA}+m\overrightarrow{OB}}{m+n}$　➡基 107

よって　$\overrightarrow{OG}=\dfrac{1}{3}(\overrightarrow{OO}+\overrightarrow{OC}+\overrightarrow{OD})$

$=\dfrac{1}{3}\cdot\dfrac{1}{3}\overrightarrow{OB}+\dfrac{1}{3}\left(\dfrac{3}{5}\overrightarrow{OA}+\dfrac{2}{5}\overrightarrow{OB}\right)$

$=\dfrac{^{ア}\mathbf{1}}{^{イ}\mathbf{5}}\overrightarrow{OA}+\dfrac{^{ウエ}\mathbf{11}}{^{オカ}\mathbf{45}}\overrightarrow{OB}$

←$\dfrac{1}{3}(\overrightarrow{OA}+\overrightarrow{OB}+\overrightarrow{OC})$

←CHART　2 つのベクトル（$\overrightarrow{OA}$，$\overrightarrow{OB}$）で表す

109 $\vec{a}=\overrightarrow{CA}=(0-(-2),\ 4-3)=(^{ア}\mathbf{2},\ ^{イ}\mathbf{1})$

$\vec{b}=\overrightarrow{CB}=(-2-(-2),\ 5-3)=(^{ウ}\mathbf{0},\ ^{エ}\mathbf{2})$

←$(x_2-x_1,\ y_2-y_1)$

また　$|\vec{d}|=\sqrt{(-6)^2+1^2}=\sqrt{^{オカ}\mathbf{37}}$

$\vec{d}=s\vec{a}+t\vec{b}$ とすると　$(-6,\ 1)=s(2,\ 1)+t(0,\ 2)$

$=(2s,\ s+2t)$

よって　$-6=2s$，$1=s+2t$　ゆえに　$s=-3$，$t=2$

したがって　$\vec{d}=^{キク}\mathbf{-3}\vec{a}+^{ケ}\mathbf{2}\vec{b}$

←$\sqrt{a_1^2+a_2^2}$

←$k(a_1,\ a_2)=(ka_1,\ ka_2)$
$(a_1,\ a_2)+(b_1,\ b_2)=(a_1+b_1,\ a_2+b_2)$

←ベクトルが等しい ⟺ 対応する成分がすべて等しい

110 $\overrightarrow{AP}=\overrightarrow{AB}+\overrightarrow{BF}+\overrightarrow{FP}$

$=\overrightarrow{AB}+\overrightarrow{BF}+a\overrightarrow{FG}$

$=\overrightarrow{AB}+a\overrightarrow{AD}+\overrightarrow{AE}$（ア①）

A，R，P が一直線上にあるから，$\overrightarrow{AP}=k\overrightarrow{AR}$ となる実数 k が存在

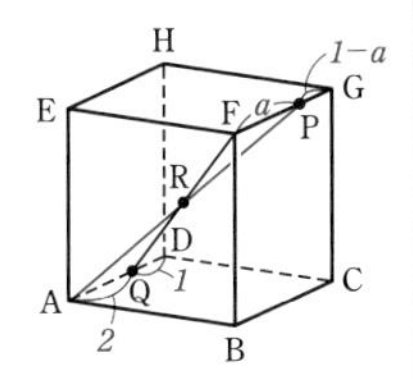

←**素早く解く!**

内分点の公式は用いず，立方体の辺上をたどっていく方が早い。

➡基 110

する。ここで，$\overrightarrow{AQ}=\dfrac{2}{3}\overrightarrow{AD}$ であるから

$\overrightarrow{AR}=\dfrac{1}{2}(\overrightarrow{AQ}+\overrightarrow{AF})=\dfrac{1}{2}\cdot\dfrac{2}{3}\overrightarrow{AD}+\dfrac{1}{2}(\overrightarrow{AB}+\overrightarrow{AE})$

$=\dfrac{1}{2}\overrightarrow{AB}+\dfrac{1}{3}\overrightarrow{AD}+\dfrac{1}{2}\overrightarrow{AE}$

←CHART　3 つのベクトル（$\overrightarrow{AB}$，$\overrightarrow{AD}$，$\overrightarrow{AE}$）で表す

←中点　➡基 107

$\overrightarrow{AP}=k\overrightarrow{AR}$ から

$$\overrightarrow{AB}+a\overrightarrow{AD}+\overrightarrow{AE}=k\left(\frac{1}{2}\overrightarrow{AB}+\frac{1}{3}\overrightarrow{AD}+\frac{1}{2}\overrightarrow{AE}\right)$$

$$=\frac{1}{2}k\overrightarrow{AB}+\frac{1}{3}k\overrightarrow{AD}+\frac{1}{2}k\overrightarrow{AE}$$

$\overrightarrow{AB}\neq\vec{0}$, $\overrightarrow{AD}\neq\vec{0}$, $\overrightarrow{AE}\neq\vec{0}$ で，4 点 A，B，D，E は同一平面上にないから

$$1=\frac{1}{2}k,\ \ a=\frac{1}{3}k,\ \ 1=\frac{1}{2}k$$

よって　　$k=2$, $a=\frac{{}^{イ}\mathbf{2}}{{}^{ウ}\mathbf{3}}$

素早く解く!

立方体の平面 AFGD による断面を考える。

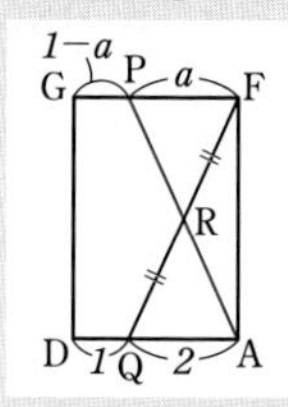

△ARQ≡△PRF から
　FP：PG=2：1

よって　$a=\frac{2}{3}$

参考　係数を比較するとき，空間ベクトルでは，零ベクトルでないことに加えて，4 点が同一平面上にないこと（平面ベクトルでは，平行でないこと➡**基 110**，**演 26**）をいう必要がある。

111　BP：PM$=s：(1-s)$,
AP：PN$=t：(1-t)$ とすると

$\overrightarrow{OP}=s\overrightarrow{OM}+(1-s)\overrightarrow{OB}$

$=\frac{1}{2}s\overrightarrow{OA}+(1-s)\overrightarrow{OB}$ ……①

⬅ $\dfrac{n\overrightarrow{OM}+m\overrightarrow{OB}}{m+n}$　➡**基 107**

また　　$\overrightarrow{OP}=(1-t)\overrightarrow{OA}+t\overrightarrow{ON}$

$=(1-t)\overrightarrow{OA}+\frac{1}{3}t\overrightarrow{OB}$ ……②

⬅ $\overrightarrow{OP}$ を 2 通りに表す。

CHART　2 つのベクトル（$\overrightarrow{OA}$, $\overrightarrow{OB}$）で表す

$\overrightarrow{OA}\neq\vec{0}$, $\overrightarrow{OB}\neq\vec{0}$, $\overrightarrow{OA}\not\parallel\overrightarrow{OB}$ であるから，①，② より

$$\frac{1}{2}s=1-t,\ \ 1-s=\frac{1}{3}t$$

⬅係数が等しい。

よって　　$s=\frac{4}{5}$, $t=\frac{3}{5}$

① に代入して　　$\overrightarrow{OP}=\frac{{}^{ア}\mathbf{2}}{{}^{イ}\mathbf{5}}\overrightarrow{OA}+\frac{{}^{ウ}\mathbf{1}}{{}^{エ}\mathbf{5}}\overrightarrow{OB}$

➡参考（「係数の和が 1」を用いる別解）

また，$\overrightarrow{OQ}=k\overrightarrow{OP}$（$k$ は実数）とすると

$$\overrightarrow{OQ}=k\left(\frac{2}{5}\overrightarrow{OA}+\frac{1}{5}\overrightarrow{OB}\right)=\frac{2}{5}k\overrightarrow{OA}+\frac{1}{5}k\overrightarrow{OB}$$

⬅ O，P，Q は一直線上
　⟶ $\overrightarrow{OQ}=k\overrightarrow{OP}$　➡**基 110**

Q は辺 AB 上にあるから　　$\frac{2}{5}k+\frac{1}{5}k=1$

⬅ **AB** 上にある
　⟶ **係数の和が 1**

ゆえに　　$k=\frac{5}{3}$

よって　　$\overrightarrow{OQ}=\frac{2}{5}\cdot\frac{5}{3}\overrightarrow{OA}+\frac{1}{5}\cdot\frac{5}{3}\overrightarrow{OB}=\frac{2\overrightarrow{OA}+1\cdot\overrightarrow{OB}}{3}$

したがって　　AQ：QB=1：${}^{オ}\mathbf{2}$

⬅ $\dfrac{n\overrightarrow{OA}+m\overrightarrow{OB}}{m+n}$
　⟶ AQ：QB$=m：n$

$\overrightarrow{OP}=l\overrightarrow{OQ}$,
$\overrightarrow{OQ}=m\overrightarrow{OA}+n\overrightarrow{OB}$ $(m+n=1)$
であるから，**オ**は $\overrightarrow{OP}=l(m\overrightarrow{OA}+n\overrightarrow{OB})$
の形をつくり出すと早く解ける。

← 3点O，P，Qは一直線上。点Qは線分AB上。

$$\overrightarrow{OP}=\frac{2}{5}\overrightarrow{OA}+\frac{1}{5}\overrightarrow{OB}=\frac{1}{5}(2\overrightarrow{OA}+\overrightarrow{OB})$$

$$=\frac{3}{5}\left(\frac{2}{3}\overrightarrow{OA}+\frac{1}{3}\overrightarrow{OB}\right)$$

← 係数の和が1になるように，3で割った。$\left(\frac{2}{3}+\frac{1}{3}=1\right)$

よって $\overrightarrow{OQ}=\dfrac{2\overrightarrow{OA}+1\cdot\overrightarrow{OB}}{3}$ $\left(\overrightarrow{OP}=\frac{3}{5}\overrightarrow{OQ}\right)$

ゆえに AQ：QB=1：**^{オ}2**

△OANと直線BMについて，メネラウスの定理により

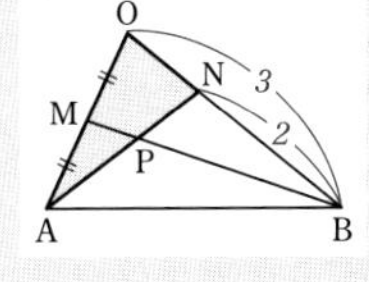

$$\frac{1}{1}\cdot\frac{3}{2}\cdot\frac{NP}{PA}=1$$

← メネラウスの定理 $\dfrac{AM}{MO}\cdot\dfrac{OB}{BN}\cdot\dfrac{NP}{PA}=1$

➡ 基 44

すなわち $\dfrac{NP}{PA}=\dfrac{2}{3}$

よって NP：PA=2：3

ゆえに $\overrightarrow{OP}=\dfrac{2\overrightarrow{OA}+3\overrightarrow{ON}}{5}=\dfrac{2}{5}\overrightarrow{OA}+\dfrac{3}{5}\cdot\dfrac{1}{3}\overrightarrow{OB}$

$$=\frac{^{ア}\mathbf{2}}{^{イ}\mathbf{5}}\overrightarrow{OA}+\frac{^{ウ}\mathbf{1}}{^{エ}\mathbf{5}}\overrightarrow{OB}$$

← $\dfrac{n\overrightarrow{OA}+m\overrightarrow{ON}}{m+n}$ ➡ 基 107

△OABと点Pについて，チェバの定理により $\dfrac{1}{1}\cdot\dfrac{AQ}{QB}\cdot\dfrac{2}{1}=1$

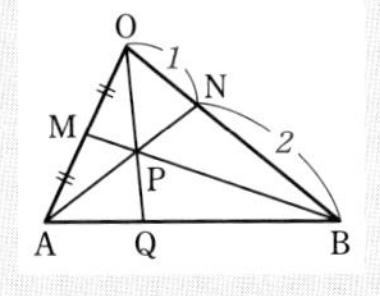

← チェバの定理 $\dfrac{OM}{MA}\cdot\dfrac{AQ}{QB}\cdot\dfrac{BN}{NO}=1$

➡ 基 44

すなわち $\dfrac{AQ}{QB}=\dfrac{1}{2}$

よって AQ：QB=1：**^{オ}2**

参考 解答では，①，②のように，s，t の2文字を用いて係数を表し比較したが，3点A，P，Nが同一直線上にあることから「係数の和が1」を用いて s を決定する方法がある。

①の $\overrightarrow{OB}$ の部分を $\overrightarrow{ON}$ で表すように変形すると

$$\overrightarrow{OP}=\frac{1}{2}s\overrightarrow{OA}+(1-s)\times3\times\frac{1}{3}\overrightarrow{OB}$$

$$=\frac{1}{2}s\overrightarrow{OA}+3(1-s)\overrightarrow{ON}$$

3点A，P，Nが同一直線上にあるから

$$\frac{1}{2}s+3(1-s)=1 \qquad \text{ゆえに} \qquad s=\frac{4}{5}$$ （以下，解答と同じ）

この方法によると，1文字 s だけで済むので，計算ミスを減らすことができる。

112 $\overrightarrow{OA}\cdot\overrightarrow{OB}=|\overrightarrow{OA}||\overrightarrow{OB}|\cos\angle AOB=3\cdot\sqrt{2}\cos\angle AOB$

$\overrightarrow{OA}\cdot\overrightarrow{OB}=2$ であるから

$$\cos\angle AOB=\frac{2}{3\sqrt{2}}=\frac{\sqrt{{}^{ア}\mathbf{2}}}{{}^{イ}\mathbf{3}}$$

また　$\sin^2\angle AOB=1-\cos^2\angle AOB$

$$=1-\left(\frac{\sqrt{2}}{3}\right)^2=\frac{7}{9}$$

O　3　$\sqrt{2}$　A　B

$0^\circ \leqq \angle AOB \leqq 180^\circ$ であるから

$\sin\angle AOB \geqq 0$

よって　$\sin\angle AOB=\dfrac{\sqrt{7}}{3}$

ゆえに　$\triangle OAB=\dfrac{1}{2}|\overrightarrow{OA}||\overrightarrow{OB}|\sin\angle AOB$

$$=\frac{1}{2}\cdot3\cdot\sqrt{2}\cdot\frac{\sqrt{7}}{3}=\frac{\sqrt{{}^{ウエ}\mathbf{14}}}{{}^{オ}\mathbf{2}}$$

また　$|\overrightarrow{AB}|^2=|\overrightarrow{OB}-\overrightarrow{OA}|^2=|\overrightarrow{OB}|^2-2\overrightarrow{OA}\cdot\overrightarrow{OB}+|\overrightarrow{OA}|^2$

$$=(\sqrt{2})^2-2\cdot2+3^2=7$$

$|\overrightarrow{AB}|>0$ であるから　$|\overrightarrow{AB}|=\sqrt{{}^{カ}\mathbf{7}}$

←$\vec{a}\cdot\vec{b}=|\vec{a}||\vec{b}|\cos\theta$

←$\sin^2\theta+\cos^2\theta=1$

➡基17

直角三角形を利用してもよい。

←$\dfrac{1}{2}bc\sin A$　➡基23

←CHART

始点を（Oに）そろえる

$|\overrightarrow{OB}-\overrightarrow{OA}|^2$ を，$(b-a)^2$ と同様に計算し，

$b^2 \longrightarrow |\overrightarrow{\mathbf{OB}}|^2$ などとする。

113 $\vec{a}\cdot\vec{b}=3\cdot4+(-1)\cdot3+4\cdot1={}^{アイ}\mathbf{13}$

また　$\vec{p}=(3,\ -1,\ 4)+t(4,\ 3,\ 1)$

$=(4t+3,\ 3t-1,\ t+4)$

$\vec{a}\perp\vec{p}$ のとき，$\vec{a}\cdot\vec{p}=0$ であるから

$$3(4t+3)+(-1)\cdot(3t-1)+4(t+4)=0$$

すなわち　$13t+26=0$　よって　$t={}^{ウエ}\mathbf{-2}$

また　$|\vec{p}|^2=(4t+3)^2+(3t-1)^2+(t+4)^2$

$$=16t^2+24t+9+9t^2-6t+1+t^2+8t+16$$

$$=26t^2+26t+26=26(t^2+t)+26$$

$$=26\left\{t^2+t+\left(\frac{1}{2}\right)^2-\left(\frac{1}{2}\right)^2\right\}+26$$

$$=26\left(t+\frac{1}{2}\right)^2+\frac{39}{2}$$

$|\vec{p}|^2$ が最小のとき $|\vec{p}|$ も最小になるから，$|\vec{p}|$ は

$t=\dfrac{{}^{オカ}\mathbf{-1}}{{}^{キ}\mathbf{2}}$ のとき最小値 $\sqrt{\dfrac{39}{2}}=\dfrac{\sqrt{{}^{クケ}\mathbf{78}}}{{}^{コ}\mathbf{2}}$ をとる。

←$\vec{a}\cdot\vec{b}=a_1b_1+a_2b_2+a_3b_3$

←垂直 ⟶（内積）$=0$

←$|\vec{a}|=\sqrt{a_1{}^2+a_2{}^2+a_3{}^2}$

➡基109

←CHART　まず平方完成

➡基10

参考　$|\vec{p}|$ が最小となるとき，$\vec{p}\perp\vec{b}$ すなわち $\vec{p}\cdot\vec{b}=0$ である。
$\vec{p}=(4t+3,\ 3t-1,\ t+4)$，$\vec{b}=(4,\ 3,\ 1)$ から

$$\vec{p}\cdot\vec{b}=4(4t+3)+3(3t-1)+1\cdot(t+4)=26t+13$$

よって，$26t+13=0$ から，$t=\dfrac{{}^{\text{オカ}}\mathbf{-1}}{{}^{\text{キ}}\mathbf{2}}$ のとき $|\vec{p}|$ は最小となる。

▼ 練習の解説

練習 58

成分で表されたベクトル
→ **x 軸方向，y 軸方向の**
2 つのベクトルに分解（成分ごとに考える）。
→ 長方形をかいて分解する。

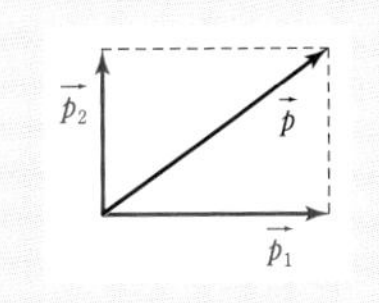

解答　△ABC は，右の図のような位置にある。

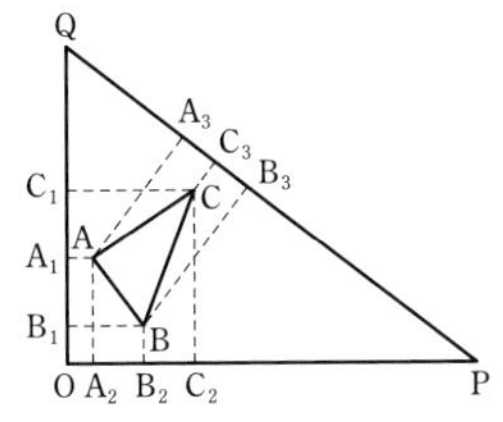

←まず，図をかく。

$\overrightarrow{AB}$，$\overrightarrow{AC}$ を x 軸方向，y 軸方向に分解すると右の図のようになる。

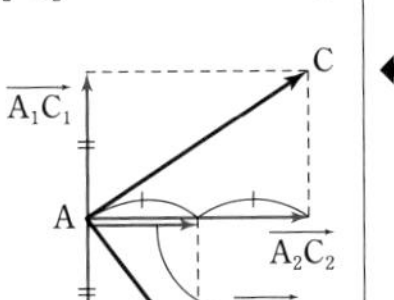

← POINT!

A_1 が線分 B_1C_1 の中点であるから

$$\overrightarrow{A_1C_1}=-\overrightarrow{A_1B_1}$$

よって　$(0,\ w)=-(0,\ y)$

ゆえに　$w={}^{\text{ア}}-y$

←$\overrightarrow{A_1C_1}$ は $\overrightarrow{AC}$ の y 成分のみを取り出したベクトル。

B_2 が線分 A_2C_2 の中点であるから　$\overrightarrow{A_2C_2}=2\overrightarrow{A_2B_2}$

よって　$(z,\ 0)=2(x,\ 0)$　　ゆえに　$z={}^{\text{イ}}\mathbf{2x}$

←$\overrightarrow{A_2C_2}$ は $\overrightarrow{AC}$ の x 成分のみを取り出したベクトル。

また，$AA_3/\!/BB_3$ であり，D は線分 AB の中点，C_3 は線分 A_3B_3 の中点であるから

$$DC_3/\!/AA_3$$

←比が等しい → 平行

$AA_3\perp PQ$ であるから $DC_3\perp PQ$

よって　$\overrightarrow{CD}\cdot\overrightarrow{PQ}={}^{\text{ウ}}\mathbf{0}$ …… ①

←点 C は線分 DC_3 上にある。

また　$\overrightarrow{PQ}=(0-4,\ 3-0)=(-4,\ 3)$

←$(x_2-x_1,\ y_2-y_1)$
➡ 基 109

$$\overrightarrow{CD}=\overrightarrow{AD}-\overrightarrow{AC}=\frac{1}{2}\overrightarrow{AB}-\overrightarrow{AC}$$

$$=\frac{1}{2}(x,\ y)-(z,\ w)=\frac{1}{2}(x,\ y)-(2x,\ -y)$$

← CHART
始点を（A に）そろえて，2 つのベクトル（$\overrightarrow{AB}$，$\overrightarrow{AC}$）で表す

$$=\left(-\frac{3}{2}x,\ \frac{3}{2}y\right)$$

よって，① から　　$-\frac{3}{2}x\cdot(-4)+\frac{3}{2}y\cdot 3=0$

ゆえに　　$y=\frac{^{エオ}-4}{^{カ}3}x$

⬅ $\vec{a}\cdot\vec{b}=a_1b_1+a_2b_2$　➡ 基 113

練習 59

まず，始点を A にそろえる。

解答　$5\overrightarrow{PA}+a\overrightarrow{PB}+\overrightarrow{PC}=\vec{0}$ から

$$5(-\overrightarrow{AP})+a(\overrightarrow{AB}-\overrightarrow{AP})+(\overrightarrow{AC}-\overrightarrow{AP})=\vec{0}$$

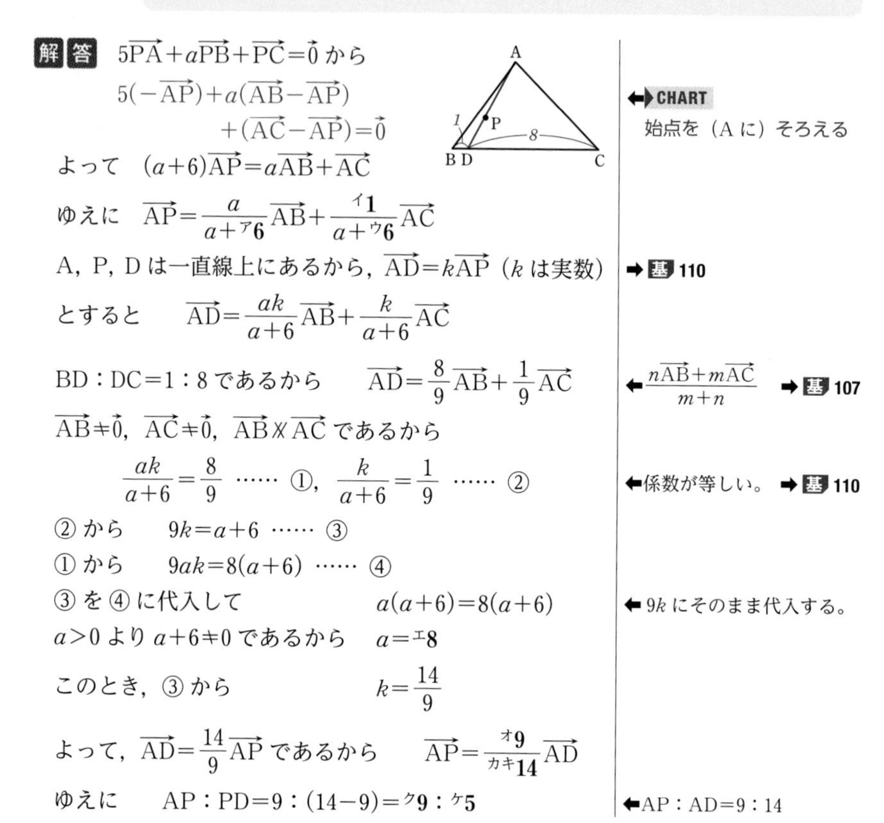

⬅ CHART　始点を（A に）そろえる

よって　$(a+6)\overrightarrow{AP}=a\overrightarrow{AB}+\overrightarrow{AC}$

ゆえに　$\overrightarrow{AP}=\frac{a}{a+^{ア}6}\overrightarrow{AB}+\frac{^{イ}1}{a+^{ウ}6}\overrightarrow{AC}$

A，P，D は一直線上にあるから，$\overrightarrow{AD}=k\overrightarrow{AP}$（$k$ は実数）

➡ 基 110

とすると　　$\overrightarrow{AD}=\frac{ak}{a+6}\overrightarrow{AB}+\frac{k}{a+6}\overrightarrow{AC}$

BD：DC＝1：8 であるから　　$\overrightarrow{AD}=\frac{8}{9}\overrightarrow{AB}+\frac{1}{9}\overrightarrow{AC}$

⬅ $\frac{n\overrightarrow{AB}+m\overrightarrow{AC}}{m+n}$　➡ 基 107

$\overrightarrow{AB}\neq\vec{0}$，$\overrightarrow{AC}\neq\vec{0}$，$\overrightarrow{AB}\not\parallel\overrightarrow{AC}$ であるから

$$\frac{ak}{a+6}=\frac{8}{9}\ \cdots\cdots ①,\quad \frac{k}{a+6}=\frac{1}{9}\ \cdots\cdots ②$$

⬅係数が等しい。　➡ 基 110

② から　　$9k=a+6$ …… ③

① から　　$9ak=8(a+6)$ …… ④

③ を ④ に代入して　　$a(a+6)=8(a+6)$

⬅ $9k$ にそのまま代入する。

$a>0$ より $a+6\neq 0$ であるから　　$a=^{エ}8$

このとき，③ から　　$k=\frac{14}{9}$

よって，$\overrightarrow{AD}=\frac{14}{9}\overrightarrow{AP}$ であるから　　$\overrightarrow{AP}=\frac{^{オ}9}{^{カキ}14}\overrightarrow{AD}$

ゆえに　　AP：PD＝9：(14−9)＝^{ク}**9**：^{ケ}**5**

⬅AP：AD＝9：14

$$\overrightarrow{AP}=\frac{a}{a+6}\overrightarrow{AB}+\frac{1}{a+6}\overrightarrow{AC}=\frac{a+1}{a+6}\cdot\frac{a\overrightarrow{AB}+\overrightarrow{AC}}{a+1}=\frac{a+1}{a+6}\overrightarrow{AD}$$

として，$\frac{a}{a+1}=\frac{8}{9}$，$\frac{1}{a+1}=\frac{1}{9}$ とすると，$a=^{エ}8$，

$\overrightarrow{AP}=\frac{^{オ}9}{^{カキ}14}\overrightarrow{AD}$ がすぐにわかる。また，$\overrightarrow{AP}$ と $\overrightarrow{AD}$ について，$\overrightarrow{AB}$ の係数と $\overrightarrow{AC}$ の係数の比は変わらないから，$\frac{a}{a+6}:\frac{1}{a+6}=8:1$ とするとさらに早く計算できる。

練習 60

平面ベクトル ⟶ ベクトルを2つのベクトルで表す。
$\vec{a}\neq\vec{0}$, $\vec{b}\neq\vec{0}$ のとき $\vec{a}\perp\vec{b} \iff \vec{a}\cdot\vec{b}=0$

解答 (1) $\overrightarrow{CP}=\overrightarrow{AP}-\overrightarrow{AC}$

$=\frac{1}{{}^{ア}\mathbf{6}}\overrightarrow{AB}-\overrightarrow{AC}$

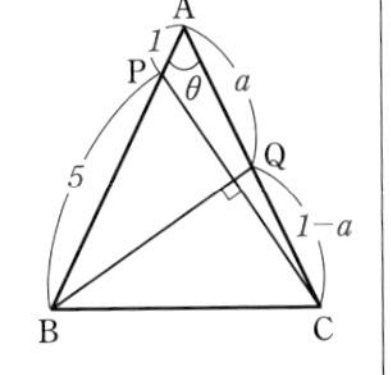

(2) $\overrightarrow{BQ}=\overrightarrow{AQ}-\overrightarrow{AB}$

$=-\overrightarrow{AB}+a\overrightarrow{AC}$

$\overrightarrow{BQ}\perp\overrightarrow{CP}$ であるから $\overrightarrow{BQ}\cdot\overrightarrow{CP}=0$

(1) から $(-\overrightarrow{AB}+a\overrightarrow{AC})\cdot\left(\frac{1}{6}\overrightarrow{AB}-\overrightarrow{AC}\right)=0$

すなわち $-\frac{1}{6}|\overrightarrow{AB}|^2+\left(\frac{a}{6}+1\right)\overrightarrow{AB}\cdot\overrightarrow{AC}-a|\overrightarrow{AC}|^2=0$

ゆえに $-|\overrightarrow{AB}|^2+(a+6)\overrightarrow{AB}\cdot\overrightarrow{AC}-6a|\overrightarrow{AC}|^2=0$ … ①

$|\overrightarrow{AB}|=|\overrightarrow{AC}|\neq0$ であるから

$\overrightarrow{AB}\cdot\overrightarrow{AC}=|\overrightarrow{AB}||\overrightarrow{AC}|\cos\theta=|\overrightarrow{AB}|^2\cos\theta$

① に代入して，両辺を $|\overrightarrow{AB}|^2$ で割ると

$-1+(a+6)\cos\theta-6a=0$

よって $(a+{}^{イ}\mathbf{6})\cos\theta-({}^{ウ}\mathbf{6}a+{}^{エ}\mathbf{1})=0$

ゆえに $\cos\theta=\frac{6a+1}{a+6}=\frac{6(a+6)-35}{a+6}=6-\frac{35}{a+6}$

ここで，$0<a<1$ から $6<a+6<1+6$

よって $\frac{1}{6}>\frac{1}{a+6}>\frac{1}{7}$ ゆえに $\frac{35}{6}>\frac{35}{a+6}>5$

よって $-\frac{35}{6}<-\frac{35}{a+6}<-5$

ゆえに $6-\frac{35}{6}<6-\frac{35}{a+6}<6-5$

したがって $\frac{{}^{オ}\mathbf{1}}{{}^{カ}\mathbf{6}}<\cos\theta<1$

⟸ **CHART** 始点を（A に）そろえて，2つのベクトル（$\overrightarrow{AB}$, $\overrightarrow{AC}$）で表す

⟸ $\overrightarrow{AQ}=\frac{a}{a+(1-a)}\overrightarrow{AC}$

⟸ 垂直 ⟶（内積）$=0$

⟸ 普通の式の展開と同様に計算する。
$\overrightarrow{AB}\cdot\overrightarrow{AB}=|\overrightarrow{AB}|^2$

➡ 基 112

⟸ $a+6>0$

⟸ $0<a<1$ を変形して $6-\frac{35}{a+6}$ の形をつくる。
逆数をとったり，負の数を掛けたりするときに不等号の向きが変わることに注意。

練習 61

点 D を中心とする半径 r の円周上の点 P ⟶ $|\overrightarrow{AP}-\overrightarrow{AD}|=r$

解答 ① から $(-\overrightarrow{AB})\cdot(-\overrightarrow{AC})=0$

すなわち $\overrightarrow{AB}\cdot\overrightarrow{AC}={}^{ア}\mathbf{0}$

また，② から

$\overrightarrow{AP}\cdot(\overrightarrow{AP}-\overrightarrow{AB})+(\overrightarrow{AP}-\overrightarrow{AB})\cdot(\overrightarrow{AP}-\overrightarrow{AC})$
$+(\overrightarrow{AP}-\overrightarrow{AC})\cdot\overrightarrow{AP}=0$

よって $|\overrightarrow{AP}|^2-\overrightarrow{AP}\cdot\overrightarrow{AB}+|\overrightarrow{AP}|^2-\overrightarrow{AP}\cdot\overrightarrow{AC}$
$-\overrightarrow{AP}\cdot\overrightarrow{AB}+\overrightarrow{AB}\cdot\overrightarrow{AC}+|\overrightarrow{AP}|^2-\overrightarrow{AP}\cdot\overrightarrow{AC}=0$

⟸ **CHART** 始点を（A に）そろえる

⟸ 普通の式の展開と同様に計算。

$\overrightarrow{AB}\cdot\overrightarrow{AC}=0$ から　$3|\overrightarrow{AP}|^2-2\overrightarrow{AP}\cdot\overrightarrow{AB}-2\overrightarrow{AP}\cdot\overrightarrow{AC}=0$

すなわち　$|\overrightarrow{AP}|^2-\frac{{}^{イ}\mathbf{2}}{{}^{ウ}\mathbf{3}}(\overrightarrow{AB}+\overrightarrow{AC})\cdot\overrightarrow{AP}=0$ …… ③

ここで，線分 BC の中点を M とすると

$$\overrightarrow{AM}=\frac{\overrightarrow{AB}+\overrightarrow{AC}}{2}$$

←中点 $\frac{\overrightarrow{AB}+\overrightarrow{AC}}{2}$

よって　$\overrightarrow{AB}+\overrightarrow{AC}={}^{エ}\mathbf{2}\overrightarrow{AM}$

➡ 基 107

③ に代入して　$|\overrightarrow{AP}|^2-\frac{{}^{オ}\mathbf{4}}{{}^{カ}\mathbf{3}}\overrightarrow{AM}\cdot\overrightarrow{AP}=0$

よって　$|\overrightarrow{AP}|^2-\frac{4}{3}\overrightarrow{AM}\cdot\overrightarrow{AP}+\frac{4}{9}|\overrightarrow{AM}|^2-\frac{4}{9}|\overrightarrow{AM}|^2=0$

←$|\overrightarrow{\mathbf{AP}}-(\text{中心})|^2=(\text{半径})^2$ の形に変形する。

ゆえに　$\left|\overrightarrow{AP}-\frac{2}{3}\overrightarrow{AM}\right|^2=\left(\frac{2}{3}|\overrightarrow{AM}|\right)^2$

すなわち　$\left|\overrightarrow{AP}-\frac{2}{3}\overrightarrow{AM}\right|=\frac{2}{3}|\overrightarrow{AM}|$

←$|\overrightarrow{\mathbf{AP}}-\overrightarrow{\mathbf{AD}}|=r$

よって，$\overrightarrow{AD}=\frac{2}{3}\overrightarrow{AM}$ とすると，点 P は，線分 AM を ${}^{キ}\mathbf{2}:1$ に内分する点 D を中心とする半径 $\frac{{}^{ク}\mathbf{2}}{{}^{ケ}\mathbf{3}}$AM の円を描く。

← A —2— D —1— M

練習 62

> $\overrightarrow{\mathbf{OP}}=s\overrightarrow{\mathbf{OA}}+t\overrightarrow{\mathbf{OB}}+u\overrightarrow{\mathbf{OC}}$（$s$，$t$，$u$ は実数）とする。
> 点 P が 平面 ABC 上にある $\Longleftrightarrow$ $s+t+u=1$
> 点 P が 平面 OAB 上にある $\Longleftrightarrow$ $u=0$

解答　$\overrightarrow{OP}=\frac{1}{2}\overrightarrow{OA}$，$\overrightarrow{OQ}=\frac{2}{3}\overrightarrow{OB}$，

$\overrightarrow{OR}=\frac{3}{4}\overrightarrow{OC}$ であるから

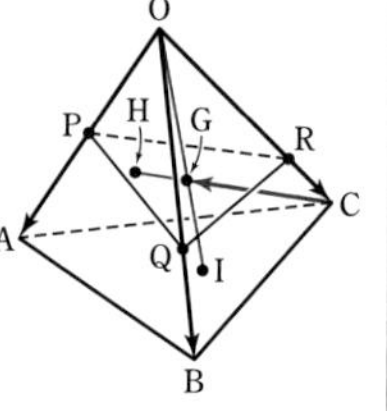

$$\overrightarrow{OG}=\frac{1}{3}(\overrightarrow{OP}+\overrightarrow{OQ}+\overrightarrow{OR})$$

←重心　➡ 基 108

$$=\frac{1}{3}\left(\frac{1}{2}\overrightarrow{OA}+\frac{2}{3}\overrightarrow{OB}+\frac{3}{4}\overrightarrow{OC}\right)$$

$$=\frac{{}^{ア}\mathbf{1}}{{}^{イ}\mathbf{6}}\overrightarrow{OA}+\frac{{}^{ウ}\mathbf{2}}{{}^{エ}\mathbf{9}}\overrightarrow{OB}+\frac{{}^{オ}\mathbf{1}}{{}^{カ}\mathbf{4}}\overrightarrow{OC}$$

よって　$\overrightarrow{CG}=\overrightarrow{OG}-\overrightarrow{OC}$

$$=\left(\frac{1}{6}\overrightarrow{OA}+\frac{2}{9}\overrightarrow{OB}+\frac{1}{4}\overrightarrow{OC}\right)-\overrightarrow{OC}$$

$$=\frac{1}{6}\overrightarrow{OA}+\frac{2}{9}\overrightarrow{OB}-\frac{3}{4}\overrightarrow{OC}$$

←**CHART**　始点を（O に）そろえて，3 つのベクトル（$\overrightarrow{OA}$，$\overrightarrow{OB}$，$\overrightarrow{OC}$）で表す

C，G，H は一直線上にあるから，$\overrightarrow{CH}=k\overrightarrow{CG}$（$k$ は実数）とすると　$\overrightarrow{CH}=k\overrightarrow{CG}=\frac{k}{6}\overrightarrow{OA}+\frac{2k}{9}\overrightarrow{OB}-\frac{3k}{4}\overrightarrow{OC}$

➡ 基 110

よって　$\overrightarrow{\mathrm{OH}}=\overrightarrow{\mathrm{OC}}+\overrightarrow{\mathrm{CH}}$

$$=\overrightarrow{\mathrm{OC}}+\left(\frac{k}{6}\overrightarrow{\mathrm{OA}}+\frac{2k}{9}\overrightarrow{\mathrm{OB}}-\frac{3k}{4}\overrightarrow{\mathrm{OC}}\right)$$

$$=\frac{1}{6}k\overrightarrow{\mathrm{OA}}+\frac{2}{9}k\overrightarrow{\mathrm{OB}}+\left(1-\frac{3}{4}k\right)\overrightarrow{\mathrm{OC}}$$

ここで，点 H は平面 OAB 上にあるから

$$1-\frac{3}{4}k=0 \qquad \text{よって} \qquad k=\frac{^{キ}\mathbf{4}}{^{ク}\mathbf{3}}$$

このとき　$\overrightarrow{\mathrm{OH}}=\frac{1}{6}\cdot\frac{4}{3}\overrightarrow{\mathrm{OA}}+\frac{2}{9}\cdot\frac{4}{3}\overrightarrow{\mathrm{OB}}$

$$=\frac{^{ケ}\mathbf{2}}{^{コ}\mathbf{9}}\overrightarrow{\mathrm{OA}}+\frac{^{サ}\mathbf{8}}{^{シス}\mathbf{27}}\overrightarrow{\mathrm{OB}}$$

また，O，G，I は一直線上にあるから $\overrightarrow{\mathrm{OI}}=l\overrightarrow{\mathrm{OG}}$（$l$ は実数）とすると　$\overrightarrow{\mathrm{OI}}=l\overrightarrow{\mathrm{OG}}=\frac{l}{6}\overrightarrow{\mathrm{OA}}+\frac{2}{9}l\overrightarrow{\mathrm{OB}}+\frac{l}{4}\overrightarrow{\mathrm{OC}}$

点 I が平面 ABC 上にあるから

$$\frac{l}{6}+\frac{2}{9}l+\frac{l}{4}=1 \qquad \text{よって} \qquad l=\frac{36}{23}$$

ゆえに　OG：GI＝23：(36−23)＝^{セソ}**23**：13

←素早く解く!
外分点の公式を使わない方が早い。

←$\overrightarrow{\mathrm{OA}}$，$\overrightarrow{\mathrm{OB}}$ のみで表されるから，$\overrightarrow{\mathrm{OC}}$ の係数が 0

➡ 基 110

←平面 ABC 上 ⟶ 係数の和が 1

練習 63

空間ベクトル ⟶ ベクトルを 3 つのベクトルで表す。
$\vec{a}\perp\vec{b} \longrightarrow \vec{a}\cdot\vec{b}=0$（➡ 基 113）

解答　$\overrightarrow{\mathrm{OG}}=\frac{1}{3}(\overrightarrow{\mathrm{OP}}+\overrightarrow{\mathrm{OQ}}+\overrightarrow{\mathrm{OR}})$

$$=\frac{1}{3}(\vec{p}+\vec{q}+\vec{r}),$$

$$\overrightarrow{\mathrm{PQ}}=\overrightarrow{\mathrm{OQ}}-\overrightarrow{\mathrm{OP}}=\vec{q}-\vec{p},$$

$$\overrightarrow{\mathrm{QR}}=\overrightarrow{\mathrm{OR}}-\overrightarrow{\mathrm{OQ}}=\vec{r}-\vec{q}$$

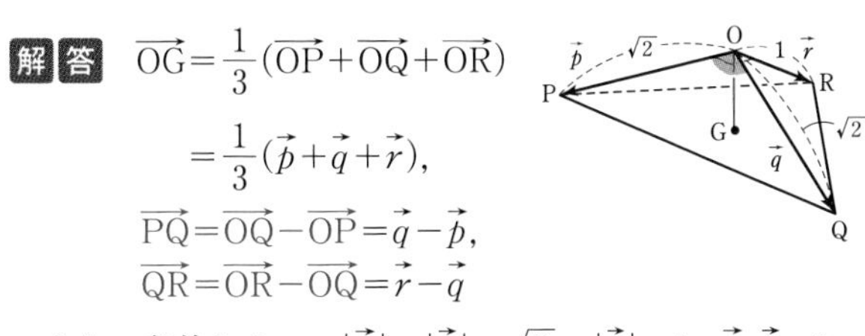

また，条件から　$|\vec{p}|=|\vec{q}|=\sqrt{2}$，$|\vec{r}|=1$，$\vec{p}\cdot\vec{r}=0$

よって　$\overrightarrow{\mathrm{OG}}\cdot\overrightarrow{\mathrm{PQ}}=\frac{1}{3}(\vec{p}+\vec{q}+\vec{r})\cdot(\vec{q}-\vec{p})$

$$=\frac{1}{3}\{(\vec{q}+\vec{p})\cdot(\vec{q}-\vec{p})+\vec{r}\cdot\vec{q}-\vec{r}\cdot\vec{p}\}$$

$$=\frac{1}{3}(|\vec{q}|^2-|\vec{p}|^2+\vec{q}\cdot\vec{r})$$

$$=\frac{1}{3}(2-2+\vec{q}\cdot\vec{r})=\frac{1}{3}\vec{q}\cdot\vec{r}$$

$\overrightarrow{\mathrm{OG}}\cdot\overrightarrow{\mathrm{PQ}}=0$ であるから　$\vec{q}\cdot\vec{r}=^{ア}0$

また　$\overrightarrow{\mathrm{OG}}\cdot\overrightarrow{\mathrm{QR}}=\frac{1}{3}(\vec{p}+\vec{q}+\vec{r})\cdot(\vec{r}-\vec{q})$

$$=\frac{1}{3}\{\vec{p}\cdot\vec{r}-\vec{p}\cdot\vec{q}+(\vec{r}+\vec{q})\cdot(\vec{r}-\vec{q})\}$$

←重心　➡ 基 108

←**CHART**　始点を（O に）そろえて，3 つのベクトル（$\vec{p}$，$\vec{q}$，$\vec{r}$）で表す

←垂直 ⟶ (内積)＝0
各ベクトルの大きさや内積は後の計算で使うから，先に求めておくとよい。

←素早く解く!
$(a+b)(a-b)=a^2-b^2$ を使って計算を省く。

←垂直 ⟶ (内積)＝0

←$\frac{1}{3}(p+q+r)(r-q)$ の展開と同様に考える。

$$=\frac{1}{3}(-\vec{p}\cdot\vec{q}+|\vec{r}|^2-|\vec{q}|^2)$$

$$=\frac{1}{3}(-\vec{p}\cdot\vec{q}+1-2)=\frac{1}{3}(-\vec{p}\cdot\vec{q}-1)$$

$\overrightarrow{OG}\cdot\overrightarrow{QR}=0$ であるから　$-\vec{p}\cdot\vec{q}-1=0$

よって　$\vec{p}\cdot\vec{q}=$ ^イウ^ $\mathbf{-1}$

ゆえに　$\cos\angle POQ=\dfrac{\vec{p}\cdot\vec{q}}{|\vec{p}||\vec{q}|}=\dfrac{-1}{\sqrt{2}\cdot\sqrt{2}}=-\dfrac{1}{2}$

$0°<\angle POQ<180°$ であるから　$\angle POQ=$ ^エオカ^ $\mathbf{120°}$

また　$OG^2=|\overrightarrow{OG}|^2=\dfrac{1}{9}|\vec{p}+\vec{q}+\vec{r}|^2$

$$=\frac{1}{9}(|\vec{p}|^2+|\vec{q}|^2+|\vec{r}|^2+2\vec{p}\cdot\vec{q}+2\vec{q}\cdot\vec{r}+2\vec{r}\cdot\vec{p})$$

$$=\frac{1}{9}\{2+2+1+2\cdot(-1)+0+0\}=\frac{1}{3}$$

$OG>0$ であるから　$OG=\sqrt{\dfrac{1}{3}}=\dfrac{\sqrt{^{キ}\mathbf{3}}}{^{ク}\mathbf{3}}$

←垂直 ⟶（内積）＝0

←$\vec{p}\cdot\vec{q}=|\vec{p}||\vec{q}|\cos\angle POQ$ から。 ➡ 基112

➡ 基18

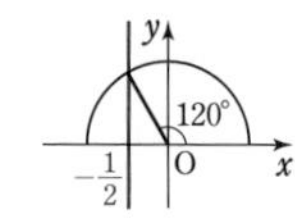

←$(p+q+r)^2=p^2+q^2+r^2+2pq+2qr+2rp$（➡ 基1）と同様に計算する。

▼ 問題の解説

問題 26

> $\vec{a}\neq\vec{0}$, $\vec{b}\neq\vec{0}$, $\vec{a}\not\parallel\vec{b}$ のとき，$\overrightarrow{OP}=s\vec{a}+t\vec{b}$ を満たす実数 s, t は「ただ1通り存在する」
> $\vec{a}\parallel\vec{b}$ のとき，$\overrightarrow{OP}\parallel\vec{a}$ ($\overrightarrow{OP}\parallel\vec{b}$) ならば，$s$, t は「無数に存在する」
> $\overrightarrow{OP}\not\parallel\vec{a}$ ($\overrightarrow{OP}\not\parallel\vec{b}$) ならば，$s$, t は「存在しない」

解答　$\overrightarrow{OP}=s\vec{a}+t\vec{b}$ …… ① とする。

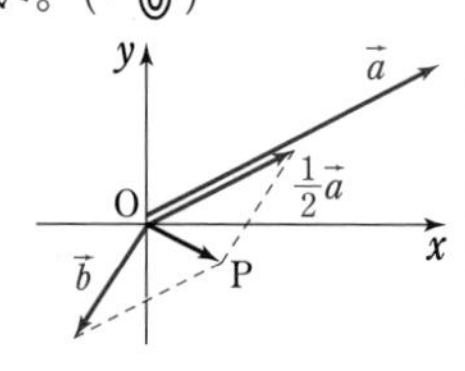

(1)　$\vec{b}=-2\vec{a}$ より，$\vec{a}$, $\vec{b}$ は平行であるから，$s\vec{a}+t\vec{b}$ は $\vec{a}$ または $\vec{b}$ に平行なベクトルと $\vec{0}$ のみを表すことができるが，$\overrightarrow{OP}$ は $\vec{a}$ にも $\vec{b}$ にも平行でないから，① を満たす実数 s, t は存在しない。（^ア^ ⓪）

(2)　$\vec{a}$, $\vec{b}$ はともに $\vec{0}$ でなく，平行でないから ① を満たす実数 s, t はただ1通り存在する。（^イ^ ①）

(3)　$\vec{b}=-\dfrac{3}{2}\vec{a}$ から

$$s\vec{a}+t\vec{b}=s\vec{a}+t\left(-\frac{3}{2}\vec{a}\right)$$

$$=\left(s-\frac{3}{2}t\right)\vec{a}$$

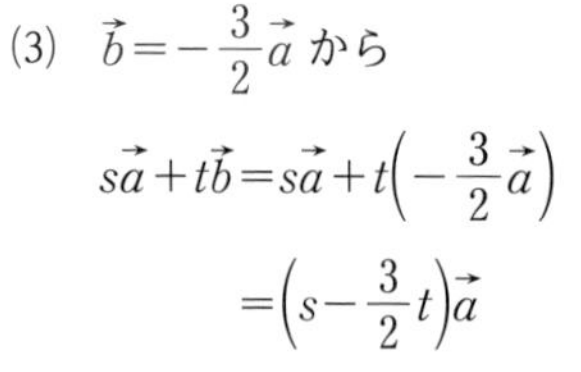

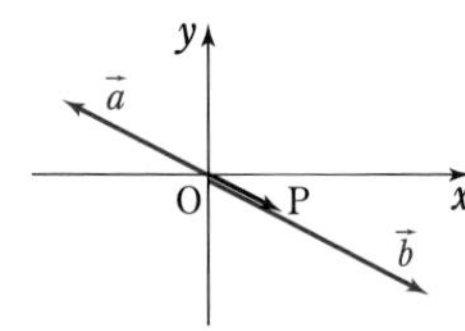

素早く解く!

$\overrightarrow{OP}=s\vec{a}+t\vec{b}$ を満たす実数 s, t を具体的に求める必要はない。

(2)　$(2,\ -1)=s(8,\ 4)+t(-2,\ -3)$

から $\begin{cases}2=8s-2t\\-1=4s-3t\end{cases}$

これを解いて

$s=\dfrac{1}{2}$, $t=1$

となり，ただ1通り存在する。

一方，$\overrightarrow{OP}=-\frac{1}{2}\vec{a}$ であるから，① より

$$-\frac{1}{2}=s-\frac{3}{2}t \cdots\cdots (*)$$

これを満たす実数 s，t は無数に存在する。

ゆえに，① を満たす実数 s，t は無数に存在する。（ウ ②）

(4) $\vec{a}$，$\vec{b}$ はともに $\vec{0}$ でなく，平行でないから ① を満たす実数 s，t はただ 1 通り存在する。（エ ①）

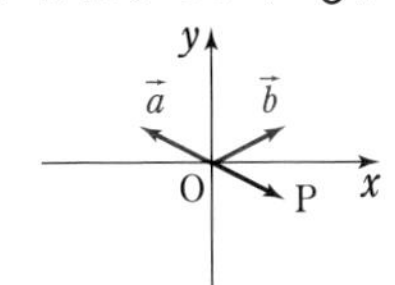

⬅$(s,\ t)=\left(-\frac{1}{2},\ 0\right)$，$\left(0,\ \frac{1}{3}\right)$，$(1,\ 1)$ などが $(*)$ を満たし，これにより $\overrightarrow{OP}$ を $\vec{a}$，$\vec{b}$ で表すと

$\overrightarrow{OP}=-\frac{1}{2}\vec{a}=\frac{1}{3}\vec{b}$
$=\vec{a}+\vec{b}$

⬅$\overrightarrow{OP}/\!/\vec{a}$ であるが，$\vec{a}$ と $\vec{b}$ はともに $\vec{0}$ でなく平行ではないから，ただ 1 通りに表せる。

$\overrightarrow{OP}=-\vec{a}+0\vec{b}$

参考 交点の位置ベクトルを求める問題（➡ 基 111）で，ベクトルを 2 通りに表して，係数を比較する解法をとることがある。例えば，$\overrightarrow{OP}$ が

$$\overrightarrow{OP}=s\vec{a}+t\vec{b},\ \overrightarrow{OP}=s'\vec{a}+t'\vec{b}$$

と 2 通りに表せたとする。このとき，$\vec{a}$，$\vec{b}$ が「$\vec{a}\neq\vec{0}$，$\vec{b}\neq\vec{0}$，$\vec{a}\not\parallel\vec{b}$」を満たしていない（1 次独立でない）ときは，実数 s，t は「存在しない」か「無数に存在する」から係数を比較するという解法をとることができない。$\vec{a}\neq\vec{0}$，$\vec{b}\neq\vec{0}$，$\vec{a}\not\parallel\vec{b}$ であれば，実数 s，t は「ただ 1 通り存在する」から，係数を比較する（$s=s'$ かつ $t=t'$）ことにより $\overrightarrow{OP}$ を定めることができる。記述式の問題で，「$\vec{a}\neq\vec{0}$，$\vec{b}\neq\vec{0}$，$\vec{a}\not\parallel\vec{b}$ であるから」と根拠を明記することの大切さがこのことからわかる。

問題 27

3 点 A，B，C で定まる平面上に点 P がある
$\Longleftrightarrow \overrightarrow{AP}=s\overrightarrow{AB}+t\overrightarrow{AC}$ となる実数 s，t がある。
これと，$\vec{a}\neq\vec{0}$，$\vec{b}\neq\vec{0}$ のとき $\vec{a}\perp\vec{b} \Longleftrightarrow \vec{a}\cdot\vec{b}=0$ を利用。

解答 点 H は平面 α 上にあるから，実数 s，t を用いて

$$\overrightarrow{OH}=s\overrightarrow{OA}+t\overrightarrow{OB}$$

と表される。

よって $\overrightarrow{GH}=\overrightarrow{OH}-\overrightarrow{OG}=s\overrightarrow{OA}+t\overrightarrow{OB}-\overrightarrow{OG}$

$\overrightarrow{GH}\perp\overrightarrow{OA}$，$\overrightarrow{GH}\perp\overrightarrow{OB}$ から $\overrightarrow{GH}\cdot\overrightarrow{OA}=0$，$\overrightarrow{GH}\cdot\overrightarrow{OB}=0$ ➡ 基 113

ここで $\overrightarrow{GH}\cdot\overrightarrow{OA}=s|\overrightarrow{OA}|^2+t\overrightarrow{OA}\cdot\overrightarrow{OB}-\overrightarrow{OG}\cdot\overrightarrow{OA}$ ⬅$(s\overrightarrow{OA}+t\overrightarrow{OB}-\overrightarrow{OG})\cdot\overrightarrow{OA}$

$\overrightarrow{GH}\cdot\overrightarrow{OB}=s\overrightarrow{OA}\cdot\overrightarrow{OB}+t|\overrightarrow{OB}|^2-\overrightarrow{OG}\cdot\overrightarrow{OB}$ ⬅$(s\overrightarrow{OA}+t\overrightarrow{OB}-\overrightarrow{OG})\cdot\overrightarrow{OB}$

また $|\overrightarrow{OA}|^2=(-1)^2+2^2+0^2=5$

$|\overrightarrow{OB}|^2=2^2+3^2+(\sqrt{7})^2=20$

$\overrightarrow{OA}\cdot\overrightarrow{OB}=-1\times2+2\times3+0\times\sqrt{7}=4$

⬅計算に必要となるベクトルの大きさ，内積を求める。➡ 基 109

$\overrightarrow{OG}\cdot\overrightarrow{OA}=4\times(-1)+4\times2+(-\sqrt{7})\times0=4$

$\overrightarrow{OG}\cdot\overrightarrow{OB}=4\times2+4\times3+(-\sqrt{7})\times\sqrt{7}=13$

ゆえに　$\overrightarrow{GH}\cdot\overrightarrow{OA}=5s+4t-4$，$\overrightarrow{GH}\cdot\overrightarrow{OB}=4s+20t-13$

よって　$5s+4t-4=0$，$4s+20t-13=0$

←$\overrightarrow{GH}\cdot\overrightarrow{OA}=0$，$\overrightarrow{GH}\cdot\overrightarrow{OB}=0$

これを解いて　$s=\dfrac{1}{3}$，$t=\dfrac{7}{12}$

ゆえに　$\overrightarrow{OH}=\dfrac{^{ア}\mathbf{1}}{^{イ}\mathbf{3}}\overrightarrow{OA}+\dfrac{^{ウ}\mathbf{7}}{^{エオ}\mathbf{12}}\overrightarrow{OB}$

変形すると　$\overrightarrow{OH}=\dfrac{4\overrightarrow{OA}+7\overrightarrow{OB}}{12}$

$=\dfrac{11}{12}\cdot\dfrac{4\overrightarrow{OA}+7\overrightarrow{OB}}{11}$

←$\dfrac{n\overrightarrow{OA}+m\overrightarrow{OB}}{m+n}$ の形をつくり出す。　➡ 重 59

ゆえに，線分 AB を 7：4 に内分する点を I とすると，$\overrightarrow{OI}=\dfrac{4\overrightarrow{OA}+7\overrightarrow{OB}}{7+4}$ で　$\overrightarrow{OH}=\dfrac{11}{12}\overrightarrow{OI}$

よって，点 H は線分 OI を 11：1 に内分する点である。
点 C が線分 AB の中点であることとあわせて考えると，点 I は △OBC の内部に存在する。（^{カ}①）

←図をかいて判断する。

▼ 実践問題の解説

51 解答　(1)　$|\overrightarrow{OA}|=|\overrightarrow{OB}|=1$ であるから

$$\cos\angle AOB=\frac{\overrightarrow{OA}\cdot\overrightarrow{OB}}{|\overrightarrow{OA}||\overrightarrow{OB}|}=\frac{^{アイ}\mathbf{-2}}{^{ウ}\mathbf{3}}$$

$\overrightarrow{OP}=(1-t)\overrightarrow{OA}+t\overrightarrow{OB}$ であり，実数 k を用いて，$\overrightarrow{OQ}=k\overrightarrow{OP}$ と表せるから

$\overrightarrow{OQ}=k\{(1-t)\overrightarrow{OA}+t\overrightarrow{OB}\}$

$=(k-kt)\overrightarrow{OA}+kt\overrightarrow{OB}$ …… ①　（^{エ}①，^{オ}⓪）

また　$\overrightarrow{CQ}=\overrightarrow{OQ}-\overrightarrow{OC}=\overrightarrow{OQ}+\overrightarrow{OA}$

$=(k-kt+1)\overrightarrow{OA}+kt\overrightarrow{OB}$　（^{カ}④，^{キ}⓪）

$\overrightarrow{OA}\perp\overrightarrow{OP}$ となるのは，$\overrightarrow{OA}\cdot\overrightarrow{OP}=0$ のときである。

ここで　$\overrightarrow{OA}\cdot\overrightarrow{OP}=(1-t)|\overrightarrow{OA}|^2+t\overrightarrow{OA}\cdot\overrightarrow{OB}$

$=(1-t)\cdot1^2+t\left(-\dfrac{2}{3}\right)=1-\dfrac{5}{3}t$

よって　$1-\dfrac{5}{3}t=0$　　ゆえに　$t=\dfrac{^{ク}\mathbf{3}}{^{ケ}\mathbf{5}}$

参考

(1) はほぼ計算だけで解くこともできるが，(2) 以降は図形的に考える必要もある。$\overrightarrow{OC}=-\overrightarrow{OA}$ から A(1, 0)，C(−1, 0) とし，$\cos\angle AOB<0$ から点 B は第 2 象限にあるとして，次のような図をかいて進めるとよい。

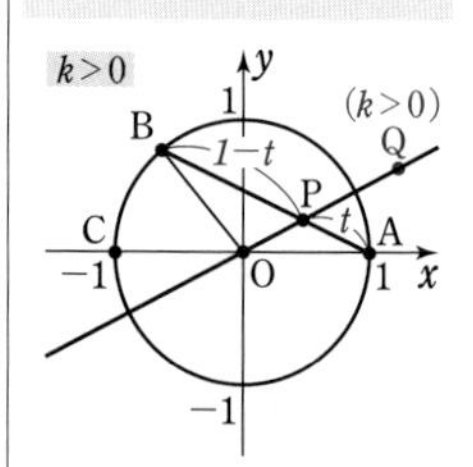

(2)　∠OCQ が直角であるから　$\overrightarrow{CO}\cdot\overrightarrow{CQ}=0$

←垂直 ⟶ (内積)=0

$\overrightarrow{CO}\cdot\overrightarrow{CQ}=\overrightarrow{OA}\cdot\overrightarrow{CQ}=\overrightarrow{OA}\cdot\{(k-kt+1)\overrightarrow{OA}+kt\overrightarrow{OB}\}$

←$\overrightarrow{CO}=-\overrightarrow{OC}=\overrightarrow{OA}$

$=(k-kt+1)|\overrightarrow{OA}|^2+kt\overrightarrow{OA}\cdot\overrightarrow{OB}$

$=(k-kt+1)\cdot1^2+kt\left(-\dfrac{2}{3}\right)=\left(1-\dfrac{5}{3}t\right)k+1$

よって　$\left(1-\dfrac{5}{3}t\right)k+1=0$　すなわち　$(5t-3)k=3$

$t \neq \dfrac{3}{5}$ であるから　$k=\dfrac{{}^{コ}\mathbf{3}}{{}^{サ}\mathbf{5}t-{}^{シ}\mathbf{3}}$ ……②

$0<t<\dfrac{3}{5}$ ならば，②から　$k<0$

$\overrightarrow{OQ}=k\overrightarrow{OP}$ より，点Qは点Oに関して点Pと反対側にあるから，D_2 に含まれ，かつ E_2 に含まれる。（ス ③）

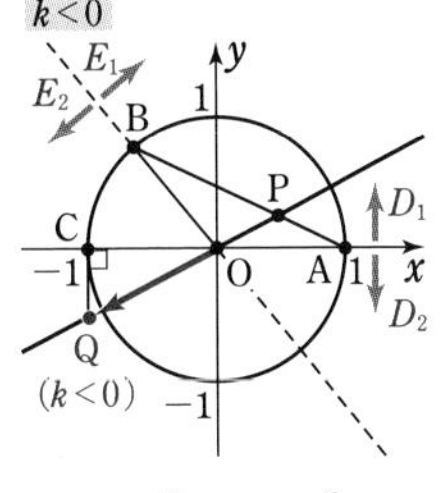

$\dfrac{3}{5}<t<1$ ならば，②から　$k>0$

$\overrightarrow{OQ}=k\overrightarrow{OP}$ より，点Qは点Oに関して点Pと同じ側にあるから，D_1 に含まれ，かつ E_1 に含まれる。（セ ⓪）

(3)　$t=\dfrac{1}{2}$ のとき，②から　$k=-6$

⬅ $k=\dfrac{3}{5\cdot\dfrac{1}{2}-3}=\dfrac{6}{5-6}=-6$

①に代入して　$\overrightarrow{OQ}=-3\overrightarrow{OA}-3\overrightarrow{OB}=-3(\overrightarrow{OA}+\overrightarrow{OB})$

よって　$|\overrightarrow{OQ}|^2=9(|\overrightarrow{OA}|^2+2\overrightarrow{OA}\cdot\overrightarrow{OB}+|\overrightarrow{OB}|^2)$

$$=9\left\{1^2+2\left(-\frac{2}{3}\right)+1^2\right\}=9\cdot\frac{2}{3}=6$$

ゆえに　$|\overrightarrow{OQ}|=\sqrt{{}^{ソ}\mathbf{6}}$

直線OAに関して，$t=\dfrac{1}{2}$ のときの点Qと対称な点をRとすると

$$\overrightarrow{CR}={}^{タ}-\overrightarrow{CQ}=-(\overrightarrow{OQ}-\overrightarrow{OC})=-\overrightarrow{OQ}-\overrightarrow{OA}$$
$$=-(-3\overrightarrow{OA}-3\overrightarrow{OB})-\overrightarrow{OA}={}^{チ}\mathbf{2}\overrightarrow{OA}+{}^{ツ}\mathbf{3}\overrightarrow{OB}$$

よって　$\overrightarrow{OR}=\overrightarrow{OC}+\overrightarrow{CR}=-\overrightarrow{OA}+(2\overrightarrow{OA}+3\overrightarrow{OB})$

$$=\overrightarrow{OA}+3\overrightarrow{OB}=4\cdot\frac{\overrightarrow{OA}+3\overrightarrow{OB}}{4}$$

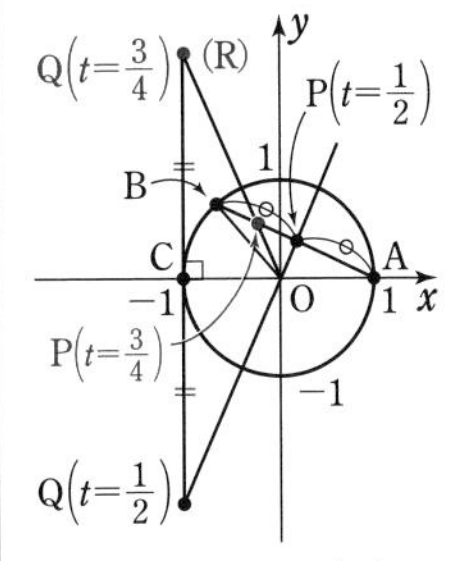

点Pは線分ABの中点，$\overrightarrow{OQ}=-3(\overrightarrow{OA}+\overrightarrow{OB})$，$\angle OCQ=90^\circ$ に注目して図をかく。

ゆえに，線分ABを3：1に内分する点をPとすると，$\overrightarrow{OR}=4\overrightarrow{OP}$ となる。

⬅ $\overrightarrow{OP}=\dfrac{1\cdot\overrightarrow{OA}+3\overrightarrow{OB}}{3+1}$

したがって　$t=\dfrac{{}^{テ}\mathbf{3}}{{}^{ト}\mathbf{4}}$

⬅ $3:1=\dfrac{3}{4}:\left(1-\dfrac{3}{4}\right)$

参考　$|\overrightarrow{OQ}|=\sqrt{6}$ を満たす t の値を，直接計算で求めようとすると，次のようになる。$k=\dfrac{3}{5t-3}$，$\overrightarrow{OQ}=k\{(1-t)\overrightarrow{OA}+t\overrightarrow{OB}\}$ から

$$|\overrightarrow{OQ}|^2=\frac{9}{(5t-3)^2}\{(1-t)^2|\overrightarrow{OA}|^2+2t(1-t)\overrightarrow{OA}\cdot\overrightarrow{OB}+t^2|\overrightarrow{OB}|^2\}$$
$$=\frac{9}{(5t-3)^2}\left\{(1-t)^2-\frac{4}{3}t(1-t)+t^2\right\}=\frac{9}{(5t-3)^2}\left(\frac{10}{3}t^2-\frac{10}{3}t+1\right)$$
$$=\frac{3}{(5t-3)^2}(10t^2-10t+3)$$

14 実践問題

$|\overrightarrow{OQ}|^2=6$ であるから　$\dfrac{3}{(5t-3)^2}(10t^2-10t+3)=6$

よって　$10t^2-10t+3=2(5t-3)^2$　整理すると　$8t^2-10t+3=0$

ゆえに　$(2t-1)(4t-3)=0$　$t \neq \dfrac{1}{2}$ であるから　$t=\dfrac{^{テ}\mathbf{3}}{^{ト}\mathbf{4}}$

52 解答　$|\vec{a}|=2$，$|\vec{b}|=3$，
$\angle AOB=60°$ から

$$\vec{a}\cdot\vec{b}=|\vec{a}||\vec{b}|\cos 60°$$
$$=2\cdot 3\cdot\frac{1}{2}={}^{ア}\mathbf{3}$$

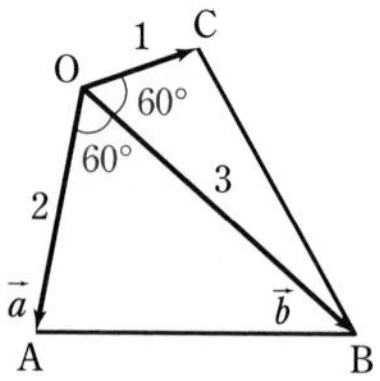

➡ 基 112

$\overrightarrow{PA}\cdot\overrightarrow{PB}=\dfrac{5}{4}$ …… ① から

$$(\vec{a}-\vec{p})\cdot(\vec{b}-\vec{p})=\frac{5}{4}$$

ゆえに　$|\vec{p}|^2-(\vec{a}+\vec{b})\cdot\vec{p}+\vec{a}\cdot\vec{b}=\dfrac{5}{4}$

⬅普通の展開と同様に計算する。
$\vec{p}\cdot\vec{p}=|\vec{p}|^2$　➡ 基 112

$\vec{a}\cdot\vec{b}=3$ を代入して　$|\vec{p}|^2-(\vec{a}+\vec{b})\cdot\vec{p}+3=\dfrac{5}{4}$

よって，① は　$|\vec{p}|^2-(\vec{a}+\vec{b})\cdot\vec{p}+\dfrac{^{イ}\mathbf{7}}{^{ウ}\mathbf{4}}=0$

さらに，変形して

$$\left|\vec{p}-\frac{\vec{a}+\vec{b}}{2}\right|^2-\frac{|\vec{a}+\vec{b}|^2}{4}+\frac{7}{4}=0 \quad \cdots\cdots ②$$

⬅平方完成の要領で変形する。　➡ 重 61

ここで

$$|\vec{a}+\vec{b}|^2=|\vec{a}|^2+2\vec{a}\cdot\vec{b}+|\vec{b}|^2=4+2\cdot 3+9=19 \quad \cdots\cdots ③$$

ゆえに，② から

$$\left|\vec{p}-\frac{\vec{a}+\vec{b}}{2}\right|^2-\frac{19}{4}+\frac{7}{4}=0$$

よって　$\left|\vec{p}-\dfrac{\vec{a}+\vec{b}}{2}\right|^2=3$

$\left|\vec{p}-\dfrac{\vec{a}+\vec{b}}{2}\right|>0$ であるから　$\left|\vec{p}-\dfrac{\vec{a}+\vec{b}}{^{エ}\mathbf{2}}\right|=\sqrt{^{オ}\mathbf{3}}$

したがって，点 M を $\overrightarrow{OM}=\dfrac{\vec{a}+\vec{b}}{2}$ となるように定めると，点 P は，M を中心とする半径 $\sqrt{3}$ の円周上を動く。

$\overrightarrow{OC}=\vec{c}$ とおくと，$|\vec{c}|=1$，
$\angle BOC=60°$ から

$$\vec{b}\cdot\vec{c}=|\vec{b}||\vec{c}|\cos 60°=3\cdot 1\cdot\frac{1}{2}$$

$$=\frac{3}{2}$$

$$\vec{a}\cdot\vec{c}=|\vec{a}||\vec{c}|\cos 120°$$

$$=2\cdot 1\cdot\left(-\frac{1}{2}\right)=-1$$

$\overrightarrow{OC}\perp\overrightarrow{MH}$ より，$\overrightarrow{OC}\cdot\overrightarrow{MH}=$ ${}^{カ}\mathbf{0}$ であるから

$$\overrightarrow{OC}\cdot(\overrightarrow{OH}-\overrightarrow{OM})=0$$

すなわち　$\vec{c}\cdot\left(t\vec{c}-\dfrac{\vec{a}+\vec{b}}{2}\right)=0$

よって　$t|\vec{c}|^2-\dfrac{1}{2}(\vec{a}\cdot\vec{c}+\vec{b}\cdot\vec{c})=0$

ゆえに　$t\cdot 1^2-\dfrac{1}{2}\left(-1+\dfrac{3}{2}\right)=0$

これを解いて　$t=\dfrac{{}^{キ}\mathbf{1}}{{}^{ク}\mathbf{4}}$

よって　$|\overrightarrow{OH}|=\dfrac{1}{4}|\vec{c}|=\dfrac{1}{4}$

また，③ から

$$|\overrightarrow{OM}|=\left|\frac{\vec{a}+\vec{b}}{2}\right|=\frac{|\vec{a}+\vec{b}|}{2}=\frac{\sqrt{19}}{2}$$

直角三角形 OMH において，三平方の定理により

$$|\overrightarrow{MH}|=\sqrt{\left(\frac{\sqrt{19}}{2}\right)^2-\left(\frac{1}{4}\right)^2}=\sqrt{\frac{75}{16}}=\frac{{}^{ケ}\mathbf{5}\sqrt{{}^{コ}\mathbf{3}}}{{}^{サ}\mathbf{4}}$$

点 M を中心とする半径 $\sqrt{3}$ の円と直線 MH の交点のうち，点 H に近い方を P′ とすると，点 P と直線 OC の距離が最小になるのは，点 P が点 P′ と一致するときである。

よって，点 P と直線 OC の距離の最小値は

$$P'H=MH-MP'=\frac{5\sqrt{3}}{4}-\sqrt{3}=\frac{\sqrt{{}^{シ}\mathbf{3}}}{{}^{ス}\mathbf{4}}$$

したがって，△OCP の面積の最小値は

$$\frac{1}{2}\cdot OC\cdot P'H=\frac{1}{2}\cdot 1\cdot\frac{\sqrt{3}}{4}=\frac{\sqrt{{}^{セ}\mathbf{3}}}{{}^{ソ}\mathbf{8}}$$

〔別解〕　$|\overrightarrow{\mathbf{MH}}|$ の求め方

$\overrightarrow{MH}=\dfrac{\vec{c}}{4}-\dfrac{\vec{a}+\vec{b}}{2}=-\dfrac{2\vec{a}+2\vec{b}-\vec{c}}{4}$ であるから

⬅垂直 ⟶ (内積)=0
➡ 基 113

⬅$|\vec{a}+\vec{b}|^2=19$

⬅MP+PH≧MH であるから，点 P と点 P′ が一致するとき，等号が成り立ち，点 P と直線 OC の距離が最小となる。 ➡ 重 32

$$|\overrightarrow{MH}|^2=\left|\frac{2\vec{a}+2\vec{b}-\vec{c}}{4}\right|^2$$
$$=\frac{1}{16}(4|\vec{a}|^2+4|\vec{b}|^2+|\vec{c}|^2+8\vec{a}\cdot\vec{b}-4\vec{b}\cdot\vec{c}-4\vec{a}\cdot\vec{c})$$
$$=\frac{1}{16}(16+36+1+24-6+4)=\frac{75}{16}$$

$|\overrightarrow{MH}|>0$ であるから　$|\overrightarrow{MH}|=\sqrt{\dfrac{75}{16}}=\dfrac{^{ケ}\mathbf{5}\sqrt{^{コ}\mathbf{3}}}{^{サ}\mathbf{4}}$

53 **解答**　(1)　$\overrightarrow{OE}=(1-a)\overrightarrow{OA}+a\overrightarrow{OB}$
$$=(1-a)(1,\ 0,\ 0)+a(0,\ 1,\ 1)$$
$$=(1-a,\ a,\ a)$$

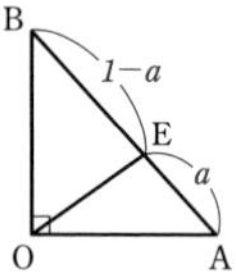

←図をかいて考える。
→基 109

$$\overrightarrow{OF}=(1-a)\overrightarrow{OC}+a\overrightarrow{OD}$$
$$=(1-a)(1,\ 0,\ 1)+a(-2,\ -1,\ -2)$$
$$=(1-3a,\ -a,\ 1-3a)$$

よって　$\overrightarrow{EF}=\overrightarrow{OF}-\overrightarrow{OE}=(^{アイ}\mathbf{-2}a,\ ^{ウエ}\mathbf{-2}a,\ ^{オ}\mathbf{1}-^{カ}\mathbf{4}a)$

$\overrightarrow{EF}\perp\overrightarrow{AB}$ のとき　$\overrightarrow{EF}\cdot\overrightarrow{AB}=0$

←垂直 ⟶ (内積)=0
→基 113

ここで，$\overrightarrow{AB}=(-1,\ 1,\ 1)$ であるから
$$-2a\cdot(-1)-2a\cdot1+(1-4a)\cdot1=0$$

←$\vec{a}\cdot\vec{b}=a_1b_1+a_2b_2+a_3b_3$
→基 113

これを解いて　$a=\dfrac{^{キ}\mathbf{1}}{^{ク}\mathbf{4}}$

(2)　EG：GF$=b:(1-b)$ であるから
$$\overrightarrow{OG}=(1-b)\overrightarrow{OE}+b\overrightarrow{OF}$$

$a=\dfrac{1}{4}$ のとき，(1) から
$$\overrightarrow{OE}=\left(\frac{3}{4},\ \frac{1}{4},\ \frac{1}{4}\right),\ \overrightarrow{OF}=\left(\frac{1}{4},\ -\frac{1}{4},\ \frac{1}{4}\right)$$

←a のままで計算すると面倒。先に代入して $\overrightarrow{OE}$，$\overrightarrow{OF}$ を求めておく。

よって　$\overrightarrow{OG}=(1-b)\left(\dfrac{3}{4},\ \dfrac{1}{4},\ \dfrac{1}{4}\right)+b\left(\dfrac{1}{4},\ -\dfrac{1}{4},\ \dfrac{1}{4}\right)$
$$=\left(\frac{^{ケ}\mathbf{3}-^{コ}\mathbf{2}b}{^{サ}\mathbf{4}},\ \frac{^{シ}\mathbf{1}-^{ス}\mathbf{2}b}{4},\ \frac{^{セ}\mathbf{1}}{4}\right)$$

(3)　$\overrightarrow{BH}=s\overrightarrow{BC}$ から　$\overrightarrow{OH}-\overrightarrow{OB}=s\overrightarrow{BC}$

←$\overrightarrow{OH}$ を2通りに表す。
→基 111

よって　$\overrightarrow{OH}=\overrightarrow{OB}+s\overrightarrow{BC}$

$\overrightarrow{BC}=(1,\ -1,\ 0)$ であるから
$$\overrightarrow{OH}=\overrightarrow{OB}+s\overrightarrow{BC}$$
$$=(0,\ 1,\ 1)+s(1,\ -1,\ 0)=(s,\ 1-s,\ 1)\ \cdots\cdots\ ①$$

また，$\overrightarrow{OH}=t\overrightarrow{OG}$ より
$$\overrightarrow{OH}=\left(\frac{3-2b}{4}t,\ \frac{1-2b}{4}t,\ \frac{1}{4}t\right)\ \cdots\cdots\ ②$$

①，② が一致するから

$s=\dfrac{3-2b}{4}t$ … ③, $1-s=\dfrac{1-2b}{4}t$ … ④, $1=\dfrac{1}{4}t$ … ⑤

⬅成分が等しい。

⑤ から　$t=$ テ**4**

これを ③, ④ に代入して　$s=3-2b$, $1-s=1-2b$

これを解いて　$b=\dfrac{^{ソ}\mathbf{3}}{^{タ}\mathbf{4}}$, $s=\dfrac{^{チ}\mathbf{3}}{^{ツ}\mathbf{2}}$

① に代入して　$\overrightarrow{\mathrm{OH}}=\left(\dfrac{3}{2},\ 1-\dfrac{3}{2},\ 1\right)=\left(\dfrac{3}{2},\ -\dfrac{1}{2},\ 1\right)$

よって，点 H の座標は　$\left(\dfrac{^{ト}\mathbf{3}}{^{ナ}\mathbf{2}},\ \dfrac{^{ニヌ}\mathbf{-1}}{2},\ ^{ネ}\mathbf{1}\right)$

$\overrightarrow{\mathrm{BH}}=s\overrightarrow{\mathrm{BC}}=\dfrac{3}{2}\overrightarrow{\mathrm{BC}}$ であるから

⬅図をかいて考える。

BC：BH＝2：3

したがって，点 H は線分 BC を ノ**3**：1 に外分する。

⬅外分　➡基 62, 107

54 **解答**　(1)　M は辺 BC の中点であるから

➡基 107, 112

$$\overrightarrow{\mathrm{AM}}=\frac{\overrightarrow{\mathrm{AB}}+\overrightarrow{\mathrm{AC}}}{2}=\frac{^{ア}\mathbf{1}}{^{イ}\mathbf{2}}\overrightarrow{\mathrm{AB}}+\frac{^{ウ}\mathbf{1}}{^{エ}\mathbf{2}}\overrightarrow{\mathrm{AC}}$$

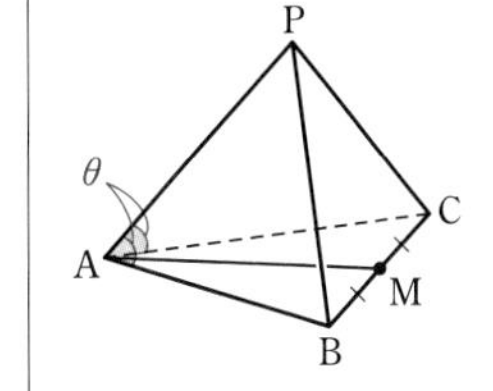

また，$\angle\mathrm{PAB}=\angle\mathrm{PAC}=\theta$ から

$$\overrightarrow{\mathrm{AP}}\cdot\overrightarrow{\mathrm{AB}}=|\overrightarrow{\mathrm{AP}}||\overrightarrow{\mathrm{AB}}|\cos\theta$$
$$\overrightarrow{\mathrm{AP}}\cdot\overrightarrow{\mathrm{AC}}=|\overrightarrow{\mathrm{AP}}||\overrightarrow{\mathrm{AC}}|\cos\theta$$

よって　$\dfrac{\overrightarrow{\mathrm{AP}}\cdot\overrightarrow{\mathrm{AB}}}{|\overrightarrow{\mathrm{AP}}||\overrightarrow{\mathrm{AB}}|}=\dfrac{\overrightarrow{\mathrm{AP}}\cdot\overrightarrow{\mathrm{AC}}}{|\overrightarrow{\mathrm{AP}}||\overrightarrow{\mathrm{AC}}|}=\cos\theta$ … ①（オ ①）

(2)　$|\overrightarrow{\mathrm{AP}}|=3\sqrt{2}$, $|\overrightarrow{\mathrm{AB}}|=|\overrightarrow{\mathrm{AC}}|=3$,

$\angle\mathrm{PAB}=\angle\mathrm{PAC}=45^\circ$ から

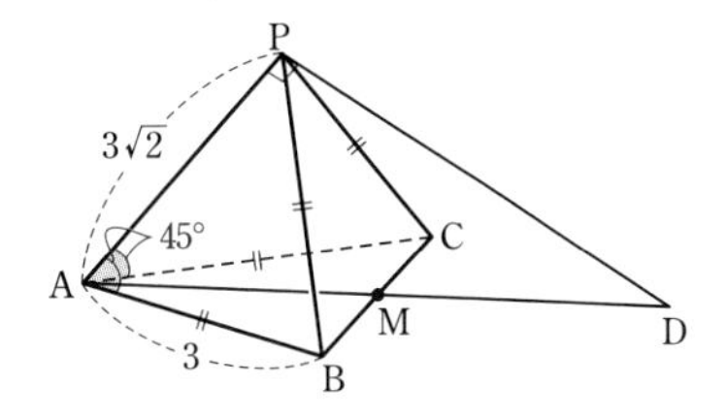

$$\overrightarrow{\mathrm{AP}}\cdot\overrightarrow{\mathrm{AB}}=\overrightarrow{\mathrm{AP}}\cdot\overrightarrow{\mathrm{AC}}$$
$$=3\sqrt{2}\times3\times\cos45^\circ=^{カ}\mathbf{9}$$

点 D は直線 AM 上にあるから，

$\overrightarrow{\mathrm{AD}}=t\overrightarrow{\mathrm{AM}}$ となる実数 t がある。

$\angle\mathrm{APD}=90^\circ$ であるから　$\overrightarrow{\mathrm{PA}}\cdot\overrightarrow{\mathrm{PD}}=0$

ここで　$\overrightarrow{\mathrm{PD}}=\overrightarrow{\mathrm{AD}}-\overrightarrow{\mathrm{AP}}=t\left(\dfrac{1}{2}\overrightarrow{\mathrm{AB}}+\dfrac{1}{2}\overrightarrow{\mathrm{AC}}\right)-\overrightarrow{\mathrm{AP}}$

$$=\frac{t}{2}\overrightarrow{\mathrm{AB}}+\frac{t}{2}\overrightarrow{\mathrm{AC}}-\overrightarrow{\mathrm{AP}}$$

⬅差の形に変形。
■▲＝○▲－○■
(後)－(前)

よって　$\overrightarrow{\mathrm{PA}}\cdot\overrightarrow{\mathrm{PD}}=(-\overrightarrow{\mathrm{AP}})\cdot\left(\dfrac{t}{2}\overrightarrow{\mathrm{AB}}+\dfrac{t}{2}\overrightarrow{\mathrm{AC}}-\overrightarrow{\mathrm{AP}}\right)$

$$=-\frac{t}{2}\overrightarrow{\mathrm{AP}}\cdot\overrightarrow{\mathrm{AB}}-\frac{t}{2}\overrightarrow{\mathrm{AP}}\cdot\overrightarrow{\mathrm{AC}}+|\overrightarrow{\mathrm{AP}}|^2$$
$$=-\frac{t}{2}\times9-\frac{t}{2}\times9+(3\sqrt{2})^2$$
$$=-9t+18$$

14 実践問題

ゆえに　$-9t+18=0$　よって　$t=2$

したがって　$\overrightarrow{\mathrm{AD}}={}^{キ}\mathbf{2}\overrightarrow{\mathrm{AM}}$

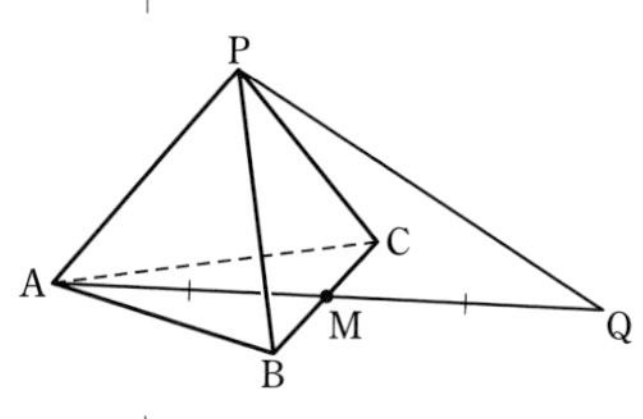

(3) (i) $\overrightarrow{\mathrm{AQ}}=2\overrightarrow{\mathrm{AM}}$ であり

$$\overrightarrow{\mathrm{PQ}}=\overrightarrow{\mathrm{AQ}}-\overrightarrow{\mathrm{AP}}=2\overrightarrow{\mathrm{AM}}-\overrightarrow{\mathrm{AP}}$$
$$=2\left(\frac{1}{2}\overrightarrow{\mathrm{AB}}+\frac{1}{2}\overrightarrow{\mathrm{AC}}\right)-\overrightarrow{\mathrm{AP}}$$
$$=\overrightarrow{\mathrm{AB}}+\overrightarrow{\mathrm{AC}}-\overrightarrow{\mathrm{AP}}$$

よって　$\overrightarrow{\mathrm{PA}}\cdot\overrightarrow{\mathrm{PQ}}=(-\overrightarrow{\mathrm{AP}})\cdot(\overrightarrow{\mathrm{AB}}+\overrightarrow{\mathrm{AC}}-\overrightarrow{\mathrm{AP}})$

$$=-\overrightarrow{\mathrm{AP}}\cdot\overrightarrow{\mathrm{AB}}-\overrightarrow{\mathrm{AP}}\cdot\overrightarrow{\mathrm{AC}}+|\overrightarrow{\mathrm{AP}}|^2$$

$\overrightarrow{\mathrm{PA}}\perp\overrightarrow{\mathrm{PQ}}$ であるとき　$\overrightarrow{\mathrm{PA}}\cdot\overrightarrow{\mathrm{PQ}}=0$ ……（＊）

ゆえに　$-\overrightarrow{\mathrm{AP}}\cdot\overrightarrow{\mathrm{AB}}-\overrightarrow{\mathrm{AP}}\cdot\overrightarrow{\mathrm{AC}}+|\overrightarrow{\mathrm{AP}}|^2=0$

すなわち　$\overrightarrow{\mathrm{AP}}\cdot\overrightarrow{\mathrm{AB}}+\overrightarrow{\mathrm{AP}}\cdot\overrightarrow{\mathrm{AC}}=\overrightarrow{\mathrm{AP}}\cdot\overrightarrow{\mathrm{AP}}$　（^{ク}⓪）

① に注意して変形すると

$$|\overrightarrow{\mathrm{AP}}||\overrightarrow{\mathrm{AB}}|\cos\theta+|\overrightarrow{\mathrm{AP}}||\overrightarrow{\mathrm{AC}}|\cos\theta=|\overrightarrow{\mathrm{AP}}|^2$$

$|\overrightarrow{\mathrm{AP}}|\neq0$ であるから，

$|\overrightarrow{\mathrm{AB}}|\cos\theta+|\overrightarrow{\mathrm{AC}}|\cos\theta=|\overrightarrow{\mathrm{AP}}|$ …… ② となる。

（^{ケ}③）

⬅(i)の(＊)から ② までの考察は，同値性が保たれている。

(ii) $k\overrightarrow{\mathrm{AP}}\cdot\overrightarrow{\mathrm{AB}}=\overrightarrow{\mathrm{AP}}\cdot\overrightarrow{\mathrm{AC}}$ が成り立つとき

$$k|\overrightarrow{\mathrm{AP}}||\overrightarrow{\mathrm{AB}}|\cos\theta=|\overrightarrow{\mathrm{AP}}||\overrightarrow{\mathrm{AC}}|\cos\theta$$

$0<\theta<90°$ より，$|\overrightarrow{\mathrm{AP}}|\cos\theta\neq0$ であるから

$k|\overrightarrow{\mathrm{AB}}|=|\overrightarrow{\mathrm{AC}}|$ …… ③　が成り立つ。（^{コ}⓪）

⬅**内積の定義**
$\vec{a}\cdot\vec{b}=|\vec{a}||\vec{b}|\cos\alpha$
（α は $\vec{a}$ と $\vec{b}$ のなす角）

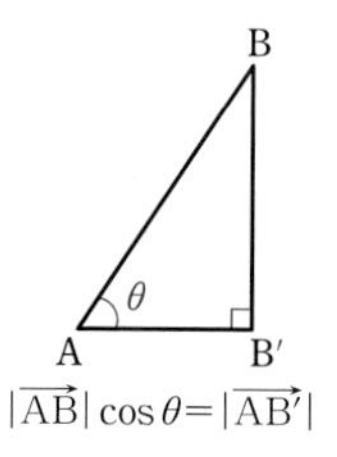

$|\overrightarrow{\mathrm{AB}}|\cos\theta=|\overrightarrow{\mathrm{AB'}}|$

$\overrightarrow{\mathrm{PA}}$ と $\overrightarrow{\mathrm{PQ}}$ が垂直であるとき，②，③ から

$$|\overrightarrow{\mathrm{AB}}|\cos\theta+k|\overrightarrow{\mathrm{AB}}|\cos\theta=|\overrightarrow{\mathrm{AP}}|$$

よって　$(1+k)|\overrightarrow{\mathrm{AB}}|\cos\theta=|\overrightarrow{\mathrm{AP}}|$

ここで，$|\overrightarrow{\mathrm{AB}}|\cos\theta=|\overrightarrow{\mathrm{AB'}}|$ であるから

$$(1+k)|\overrightarrow{\mathrm{AB'}}|=|\overrightarrow{\mathrm{AP}}|$$

ゆえに　$\mathrm{AB'}:\mathrm{AP}=1:(1+k)$

よって，B′ は線分 AP を $1:k$ に内分する点である。

また，$|\overrightarrow{\mathrm{AC}}|\cos\theta=|\overrightarrow{\mathrm{AC'}}|$ であるから，③ より

$$|\overrightarrow{\mathrm{AC'}}|=k|\overrightarrow{\mathrm{AB}}|\cos\theta=k|\overrightarrow{\mathrm{AB'}}|$$

よって　$\mathrm{AC'}:\mathrm{AP}=k|\overrightarrow{\mathrm{AB'}}|:(1+k)|\overrightarrow{\mathrm{AB'}}|$

すなわち　$\mathrm{AC'}:\mathrm{AP}=k:(1+k)$

したがって，C′ は線分 AP を $k:1$ に内分する点である。（^{サ}④）

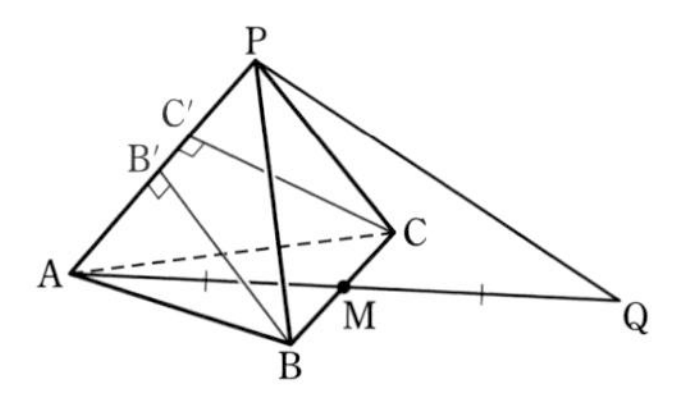

第15章　平面上の曲線と複素数平面

CHECKの解説

114　$\alpha \neq 0$ であるから，$\beta=k\alpha$ となる実数 k がある。

$10-2yi=k(-5-2i)$ から

$$10-2yi=-5k-2ki$$

$-2y$，$-5k$，$-2k$ は実数であるから

$$10=-5k \text{ かつ } -2y=-2k$$

$10=-5k$ から　　$k=-2$

$-2y=-2k$ に代入して　　$-2y=4$

よって　　$y=^{アイ}\mathbf{-2}$

⬅ a，b，c，d が実数のとき
$\boldsymbol{a+bi=c+di}$
$\Leftrightarrow \boldsymbol{a=c}$ かつ $\boldsymbol{b=d}$
➡ 基 57

115　$\left|2\bar{z}+\dfrac{3}{z}\right|^2=\left(2\bar{z}+\dfrac{3}{z}\right)\overline{\left(2\bar{z}+\dfrac{3}{z}\right)}$

$$=\left(2\bar{z}+\frac{3}{z}\right)\left(2z+\frac{3}{\bar{z}}\right)=4|z|^2+\frac{9}{|z|^2}+12$$

ここで，$|z|^2=|-1+2\sqrt{2}\,i|^2=(-1)^2+(2\sqrt{2})^2=9$ であるから　　$\left|2\bar{z}+\dfrac{3}{z}\right|^2=4\cdot 9+\dfrac{9}{9}+12=49$

よって　　$\left|2\bar{z}+\dfrac{3}{z}\right|=^{ア}\mathbf{7}$

〔別解〕　$|z|=\sqrt{(-1)^2+(2\sqrt{2})^2}=\sqrt{9}=3$ であるから

$$\left|2\bar{z}+\frac{3}{z}\right|=\left|\frac{2z\bar{z}+3}{z}\right|=\frac{|2|z|^2+3|}{|z|}=\frac{21}{3}=^{ア}\mathbf{7}$$

⬅ $\overline{\left(2\bar{z}+\dfrac{3}{z}\right)}=2(\bar{\bar{z}})+\overline{\left(\dfrac{3}{z}\right)}=2z+\dfrac{3}{\bar{z}}$

⬅ $\alpha=a+bi$ のとき $|\alpha|=\sqrt{a^2+b^2}$

⬅ $\left|2\bar{z}+\dfrac{3}{z}\right|\geqq 0$

⬅ $\left|\dfrac{\alpha}{\beta}\right|=\dfrac{|\alpha|}{|\beta|}$

参考　求める式に z の値を代入して，直接計算してもよいが，

$$\left|2\bar{z}+\frac{3}{z}\right|=\left|2(-1-2\sqrt{2}\,i)+\frac{3}{-1+2\sqrt{2}\,i}\right|=\cdots\cdots=\left|\frac{7}{3}(-1-2\sqrt{2}\,i)\right|$$

$$=\frac{7}{3}\sqrt{(-1)^2+(-2\sqrt{2})^2}=\frac{7}{3}\cdot 3=^{ア}\mathbf{7}$$　⬅ $|a+bi|=\sqrt{a^2+b^2}$

とやや煩雑になる。

116　α，β をそれぞれ極形式で表すと

$$\alpha=\sqrt{2}\left(-\frac{1}{\sqrt{2}}+\frac{1}{\sqrt{2}}i\right)$$
$$=\sqrt{2}\left(\cos\frac{3}{4}\pi+i\sin\frac{3}{4}\pi\right)$$
$$\beta=4\left(-\frac{1}{2}-\frac{\sqrt{3}}{2}i\right)$$
$$=4\left(\cos\frac{4}{3}\pi+i\sin\frac{4}{3}\pi\right)$$

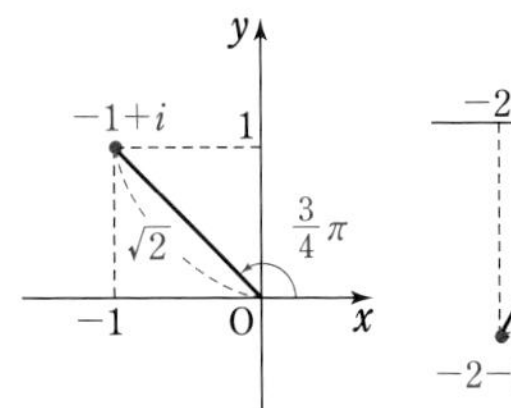

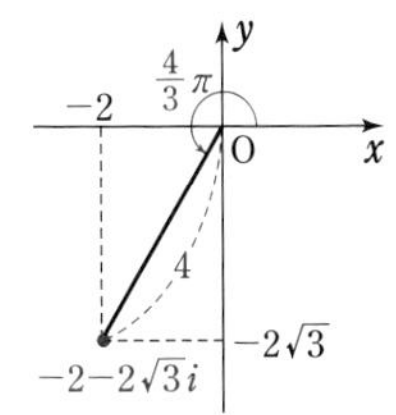

よって，$|\alpha|=\sqrt{2}$，$\arg\alpha=\dfrac{3}{4}\pi$，$|\beta|=4$，$\arg\beta=\dfrac{4}{3}\pi$

であるから

$$|\alpha\beta|=|\alpha|\cdot|\beta|={}^{ア}\mathbf{4}\sqrt{{}^{イ}\mathbf{2}},\ \arg\alpha\beta=\arg\alpha+\arg\beta=\frac{25}{12}\pi$$

←絶対値は掛ける，偏角は加える

$$\left|\frac{\alpha}{\beta}\right|=\frac{|\alpha|}{|\beta|}=\frac{\sqrt{{}^{カ}\mathbf{2}}}{{}^{キ}\mathbf{4}},\ \arg\frac{\alpha}{\beta}=\arg\alpha-\arg\beta=-\frac{7}{12}\pi$$

←絶対値は割る，偏角は引く

偏角 θ は $0\leqq\theta<2\pi$ であるから

$$\arg\alpha\beta=\frac{25}{12}\pi-2\pi=\frac{{}^{ウ}\mathbf{1}}{{}^{エオ}\mathbf{12}}\pi,$$

←$0\leqq\theta<2\pi$ の範囲に含まれるようにするため，2π を引く。

$$\arg\frac{\alpha}{\beta}=-\frac{7}{12}\pi+2\pi=\frac{{}^{クケ}\mathbf{17}}{{}^{コサ}\mathbf{12}}\pi$$

← 2π を足す。

参考　$|\alpha\beta|=4\sqrt{2}$，$\arg\alpha\beta=\dfrac{1}{12}\pi$ から，$\alpha\beta=4\sqrt{2}\left(\cos\dfrac{1}{12}\pi+i\sin\dfrac{1}{12}\pi\right)$ である。
α と β を極形式で表さずに，先に
$\alpha\beta=(-1+i)(-2-2\sqrt{3}\,i)=2+2\sqrt{3}+(-2+2\sqrt{3})i$ と積を計算してしまうと，
$\arg\alpha\beta$ を求めるのは難しくなる。$\dfrac{\alpha}{\beta}$ についても同様。

117　$z=\dfrac{2i(-1-\sqrt{3}\,i)}{(-1+\sqrt{3}\,i)(-1-\sqrt{3}\,i)}=\dfrac{\sqrt{3}-i}{2}$

$$=\cos\left(-\frac{\pi}{6}\right)+i\sin\left(-\frac{\pi}{6}\right)$$

← z を極形式で表す。

よって，ド・モアブルの定理から

$$z^6=\left\{\cos\left(-\frac{\pi}{6}\right)+i\sin\left(-\frac{\pi}{6}\right)\right\}^6$$
$$=\cos(-\pi)+i\sin(-\pi)={}^{アイ}\mathbf{-1}$$

← z の絶対値は1で $\left(-\dfrac{\pi}{6}\right)\times6=-\pi$

$$z^{2025}=(z^6)^{337}\cdot z^3$$
$$=(-1)^{337}\cdot\left\{\cos\left(-\frac{\pi}{6}\right)+i\sin\left(-\frac{\pi}{6}\right)\right\}^3$$
$$=-1\cdot\left\{\cos\left(-\frac{\pi}{2}\right)+i\sin\left(-\frac{\pi}{2}\right)\right\}$$
$$=-(-i)=i\ \ ({}^{ウ}②)$$

← $z^6=-1$ を利用。$2025=337\times6+3$
また　$(-1)^{(奇数)}=-1$

118　点Mは線分BCの中点であるから

$$i=\frac{(-1+5i)+(a+bi)}{2}$$

← 2点 $\mathrm{A}(\alpha)$，$\mathrm{B}(\beta)$ の中点は　$\dfrac{\alpha+\beta}{2}$
内分点の式で $m=n=1$ とした式である。
➡基118

よって　　$a+bi=1-3i$

a，b は実数であるから

$$a={}^{ア}\mathbf{1},\ b={}^{イウ}\mathbf{-3}$$

また，点Gは△ABCの重心であるから

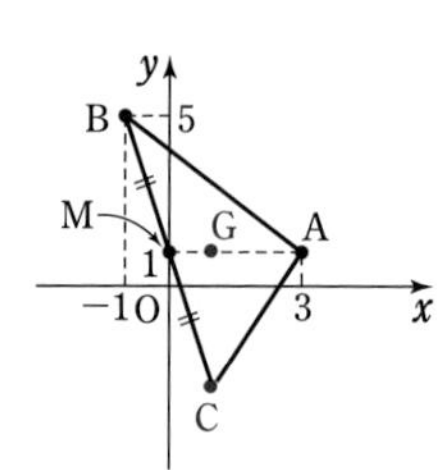

$$c+di=\frac{(3+i)+(-1+5i)+(1-3i)}{3}$$

よって　　$c+di=1+i$

c, d は実数であるから　　$c={}^{エ}\mathbf{1}$, $d={}^{オ}\mathbf{1}$

119　$2|z-4i|=3|z+i|$ の両辺を 2 乗すると

$$4|z-4i|^2=9|z+i|^2$$

よって　　$4(z-4i)\overline{(z-4i)}=9(z+i)\overline{(z+i)}$

ゆえに　　$4(z-4i)(\overline{z}+4i)=9(z+i)(\overline{z}-i)$

両辺を展開すると

$$4z\overline{z}+16iz-16i\overline{z}+64=9z\overline{z}-9iz+9i\overline{z}+9$$

整理して　$5z\overline{z}-25iz+25i\overline{z}-55=0$

よって　　$z\overline{z}-5iz+5i\overline{z}-11=0$

ゆえに　　$(z+5i)(\overline{z}-5i)-25-11=0$

よって　　$(z+5i)\overline{(z+5i)}=36$

ゆえに　　$|z+5i|^2=36$　すなわち　$|z+5i|=6$

したがって，点 z は，点 ${}^{アイ}\mathbf{-5}i$ を中心とする半径 ${}^{ウ}\mathbf{6}$ の円周上を動く。

⬅ $|\alpha|$ は $|\alpha|^2$ として扱う ➡ 基 115

⬅ $\overline{i}=-i$

⬅ $\overline{z}-5i=\overline{z}+5\overline{i}$
$=\overline{z+5i}$

⬅ $\alpha\overline{\alpha}=|\alpha|^2$
$|z-(中心)|=(半径)$ の形に変形する。

120　点 D は，点 A を中心として点 B を $\frac{\pi}{2}$ または $-\frac{\pi}{2}$ だけ回転した点であるから

$$c+di=\left\{\cos\left(\pm\frac{\pi}{2}\right)+i\sin\left(\pm\frac{\pi}{2}\right)\right\}\{4-(-1-2i)\}+(-1-2i)$$

$=\pm i(5+2i)-1-2i$（複号同順）

よって　　$c+di=-3+3i$ または $1-7i$

$c>0$ であるから　　$c+di=1-7i$

ゆえに　　$c={}^{エ}\mathbf{1}$, $d={}^{オカ}\mathbf{-7}$

また，点 C は，点 A を点 B に移す平行移動によって点 D が移る点であるから

$$a+bi=(1-7i)+\{4-(-1-2i)\}=6-5i$$

よって　　$a={}^{ア}\mathbf{6}$, $b={}^{イウ}\mathbf{-5}$

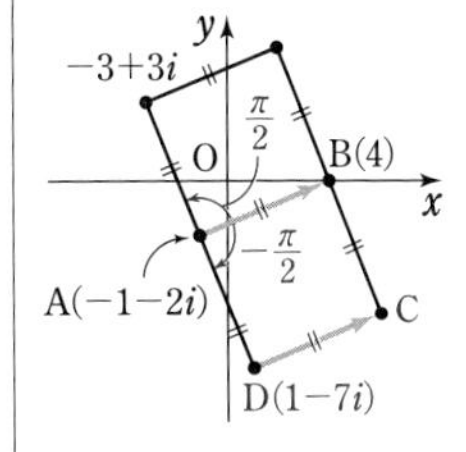

⬅ ベクトルで考えると $\overrightarrow{OC}=\overrightarrow{OD}+\overrightarrow{AB}$

121　$\alpha=-2+3i$, $\beta=4+i$, $\gamma=-i$ とすると

$$\frac{\gamma-\alpha}{\beta-\alpha}=\frac{-i-(-2+3i)}{4+i-(-2+3i)}=\frac{2-4i}{6-2i}=\frac{1-2i}{3-i}$$

$$=\frac{(1-2i)(3+i)}{(3-i)(3+i)}=\frac{5-5i}{10}=\frac{1}{2}(1-i)$$

$$=\frac{\sqrt{2}}{2}\left\{\cos\left(-\frac{\pi}{4}\right)+i\sin\left(-\frac{\pi}{4}\right)\right\}$$

よって，$\angle$BAC の大きさは　　$\frac{{}^{ア}\mathbf{1}}{{}^{イ}\mathbf{4}}\pi$

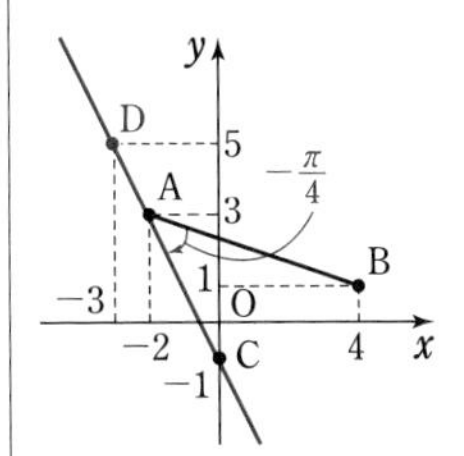

15 CHECK

また，$z=-3+yi$ とすると，3点 A，C，D が一直線上にあるための条件は，

$$\frac{z-\alpha}{\gamma-\alpha}=\frac{-1+(y-3)i}{2-4i}$$
$$=\frac{\{-1+(y-3)i\}(1+2i)}{2(1-2i)(1+2i)}$$
$$=\frac{-2y+5+(y-5)i}{10}$$

が実数であることである。

よって，$y-5=0$ から　　$y=$ ウ$\mathbf{5}$

⬅ $\alpha \neq \beta$ のとき
3点 A(α)，B(β)，C(γ) が一直線上にある
$\Longleftrightarrow \dfrac{\gamma-\alpha}{\beta-\alpha}$ が実数
（偏角が 0 または π）

⬅（虚部）$=0$

一般に，$\alpha \neq \beta$ のとき，次のことが成り立つ。
3点 A(α)，B(β)，C(γ) が一直線上にある
$\Longleftrightarrow \gamma-\alpha=k(\beta-\alpha)$ となる実数 k がある

これを用いると次のようになる。

$-1+(y-3)i=k(2-4i)$ から　　$-1=2k$ かつ $y-3=-4k$

よって　　$k=-\dfrac{1}{2}$，$y=$ ウ$\mathbf{5}$

この進め方の場合は，連立方程式を解くことになるが，分母の実数化は不要となる。

122　(1)　$x^2=4\cdot 2y$ から

焦点は　点 $(0,$ ア$\mathbf{2})$，　　準線は　直線 $y=$ イウ$\mathbf{-2}$

⬅ $x^2=4py$ の形に変形し，p の値を読み取る。

(2)　$y^2=4px$ に $p=-\dfrac{3}{2}$ を代入して

$$y^2=4\cdot\left(-\frac{3}{2}\right)x$$

すなわち　　$y^2=$ エオ$\mathbf{-6}x$

⬅焦点の座標と準線の方程式から，$y^2=4px$ として $p=-\dfrac{3}{2}$ を代入。

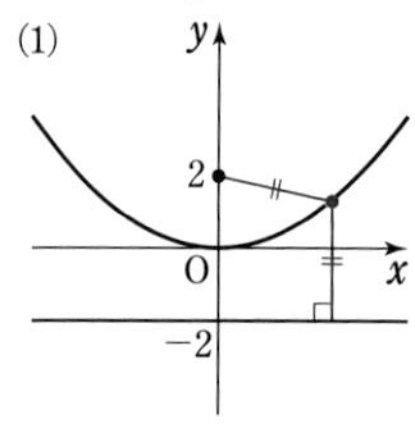

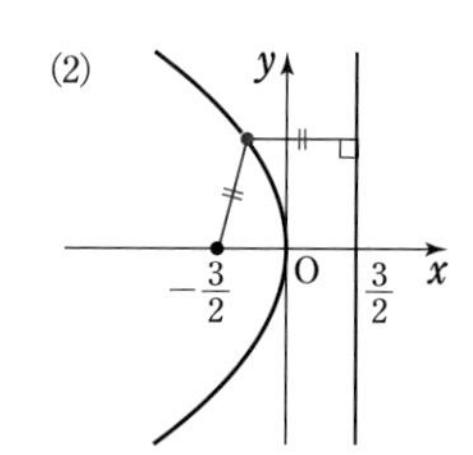

123　(1)　$\dfrac{x^2}{3^2}+\dfrac{y^2}{5^2}=1$ から

長軸の長さは　　$2\cdot 5=$ アイ$\mathbf{10}$，
短軸の長さは　　$2\cdot 3=$ ウ$\mathbf{6}$

$\sqrt{5^2-3^2}=4$ から，焦点は

　2点 $(0,$ エ$\mathbf{4})$，$(0,\ -4)$

⬅ $b>a>0$ であるから，縦長の楕円である。

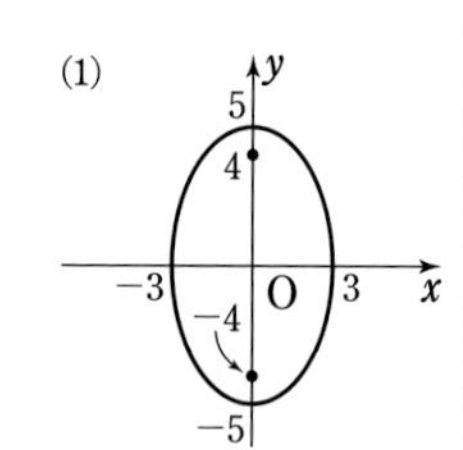

(2)　2 点 $(\sqrt{3},\ 0)$, $(-\sqrt{3},\ 0)$ を焦点とする楕円の方程式は

$$\frac{x^2}{a^2}+\frac{y^2}{b^2}=1\ (a>b>0)$$

と表される。焦点からの距離の和が 6 であるから　$2a=6$

よって　$a=3$

このとき, $b^2=a^2-(\sqrt{3})^2=6$ であるから, 求める方程式は　$\dfrac{x^2}{{}^{オ}\mathbf{9}}+\dfrac{y^2}{{}^{カ}\mathbf{6}}=1$

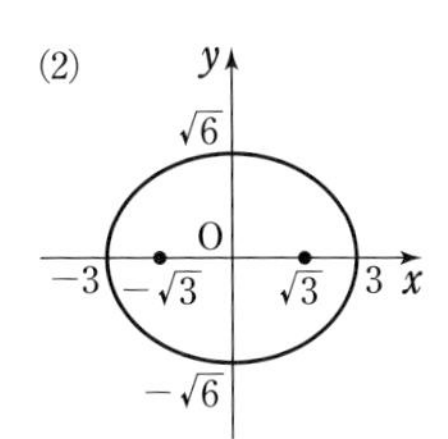

⬅焦点の座標から, $a>b>0$, すなわち横長の楕円である。

⬅$\sqrt{a^2-b^2}=\sqrt{3}$

(1) の焦点の座標, (2) の b の値 (短軸の長さの半分) は, 右の図のように直角三角形に着目して求めてもよい。

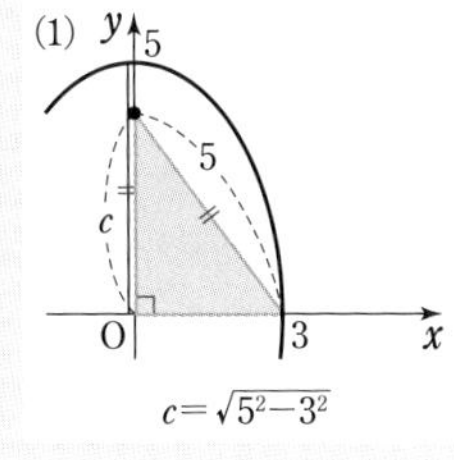

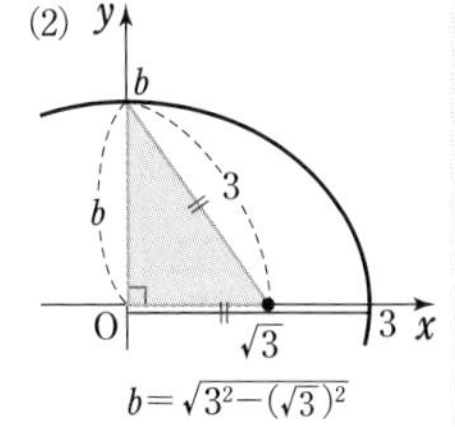

124　(1)　$\dfrac{x^2}{(\sqrt{2})^2}-\dfrac{y^2}{(\sqrt{3})^2}=-1$

から　$\sqrt{(\sqrt{2})^2+(\sqrt{3})^2}=\sqrt{5}$

よって, 焦点は

2 点 $(0,\ \sqrt{{}^{ア}\mathbf{5}})$, $(0,\ -\sqrt{5})$

漸近線は

2 直線 $\dfrac{x}{\sqrt{2}}-\dfrac{y}{\sqrt{3}}=0$,　$\dfrac{x}{\sqrt{2}}+\dfrac{y}{\sqrt{3}}=0$

すなわち　$x+\dfrac{\sqrt{{}^{イ}\mathbf{6}}}{{}^{ウ}\mathbf{3}}y=0$,　$x-\dfrac{\sqrt{6}}{3}y=0$

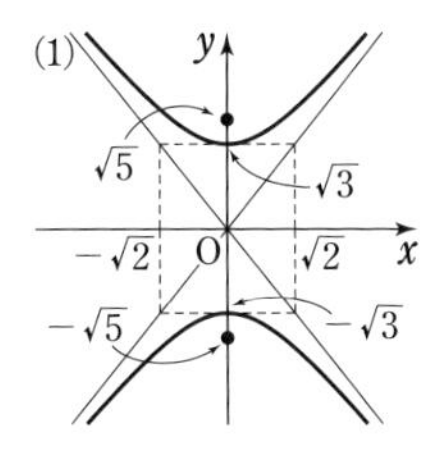

⬅右辺が $=-1$ の形であるから, 2 つの焦点は y 軸上にある。

⬅漸近線の方程式は, 双曲線の方程式の右辺を 0 におき換えた

$$\frac{x^2}{(\sqrt{2})^2}-\frac{y^2}{(\sqrt{3})^2}=0$$

から

$$\left(\frac{x}{\sqrt{2}}+\frac{y}{\sqrt{3}}\right)\left(\frac{x}{\sqrt{2}}-\frac{y}{\sqrt{3}}\right)=0$$

として求めてもよい。

(2)　2 点 $(5,\ 0)$, $(-5,\ 0)$ が焦点であるから, 求める双曲線の方程式は

$$\frac{x^2}{a^2}-\frac{y^2}{b^2}=1\ (a>0,\ b>0)$$

と表される。

2 つの焦点からの距離の差が 6 であるから　$2a=6$

よって　$a=3$　　ゆえに　$b^2=5^2-a^2=16$

したがって, 求める方程式は　$\dfrac{x^2}{{}^{エ}\mathbf{9}}-\dfrac{y^2}{{}^{オカ}\mathbf{16}}=1$

(2) figure: y, 4, -3, 3, -5, O, 5, x, -4

⬅2 つの焦点が x 軸上にあるから, 双曲線の方程式は, 右辺が $=1$ の形になる。

素早く解く！　(1) の焦点の座標，(2) の b の値は，右の図のように直角三角形に着目して求めてもよい。

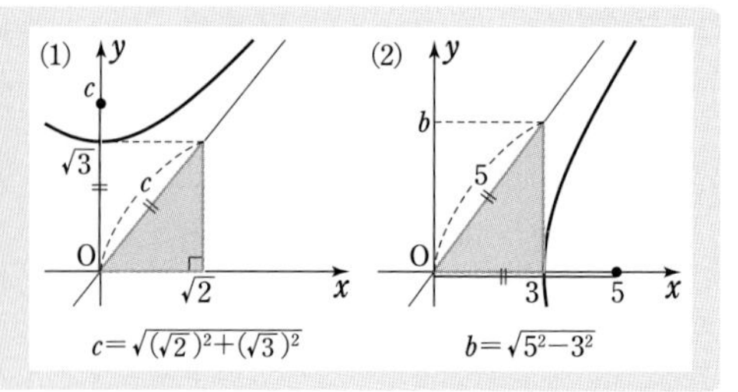

125　(1)　$x^2-2y^2-4x-4y=0$ …… ① を変形すると

$$(x^2-4x+4)-4-2(y^2+2y+1)+2=0$$

よって　$(x-2)^2-2(y+1)^2=2$

ゆえに　$\dfrac{(x-2)^2}{2}-(y+1)^2=1$

したがって，双曲線 ① は，双曲線 $\dfrac{x^2}{2}-y^2=1$ を x 軸方向に ${}^{ア}\mathbf{2}$，y 軸方向に ${}^{イウ}\mathbf{-1}$ だけ平行移動したものである。

← x，y それぞれについて平方完成する。 ➡ 基 8

← 曲線 $F(x,\ y)=0$ を x 軸方向に p，y 軸方向に q だけ平行移動した曲線の方程式は
$\boldsymbol{F(x-p,\ y-q)=0}$

(2)　$y^2+3x+6y+6=0$ …… ② を変形すると

$$(y^2+6y+9)-9+3x+6=0$$

よって　$(y+3)^2=-3(x-1)$

したがって，放物線 $y^2=-3x$ を x 軸方向に ${}^{エ}\mathbf{1}$，y 軸方向に ${}^{オカ}\mathbf{-3}$ だけ平行移動すると，放物線 ② となる。

← y について平方完成する。 ➡ 基 8

126　② から　$3x=-8y+k$ …… ③

① の両辺に 9 を掛けて　$9x^2+36y^2=225$

すなわち　$(3x)^2+36y^2=225$

③ を代入して x を消去すると

$$(-8y+k)^2+36y^2=225$$

よって　$64y^2-16ky+k^2+36y^2=225$

整理して　$100y^2-16ky+k^2-225=0$

この y の 2 次方程式の判別式を D とすると

$$\frac{D}{4}=(-8k)^2-100\cdot(k^2-225)$$
$$=-36k^2+100\cdot225$$
$$=-36(k^2-25^2)$$
$$=-36(k+25)(k-25)$$

よって，共有点の個数は

$D=0$ すなわち $k=\pm{}^{アイ}\mathbf{25}$ のとき　1 個

$D>0$ すなわち $-25<k<25$ のとき　${}^{エ}\mathbf{2}$ 個

$D<0$ すなわち $k<-25$，$25<k$ のとき　${}^{ウ}\mathbf{0}$ 個

← **素早く解く！**
② を $x=\dfrac{-8y+k}{3}$ と変形して ① に代入すると計算が大変。
そこで，① の両辺に 9 を掛けて $(3x)^2$ を作り，$3x=-8y+k$ を代入して x を消去した。

← $100\cdot225=2^2\cdot3^2\cdot5^4$
$=36\cdot25^2$

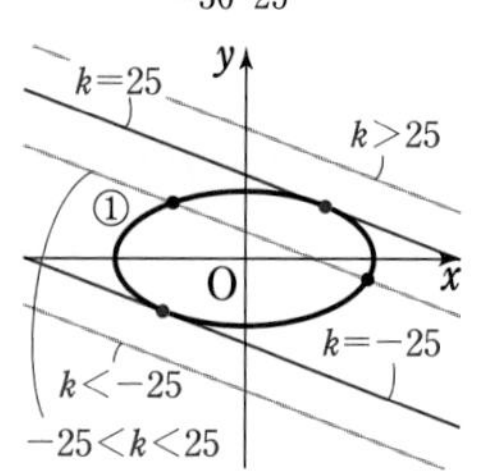

127 (1)　$y=\cos 2\theta=1-2\sin^2\theta$

$x=\sin\theta$ を代入して　　$y=1-2x^2$

また，$-1\leqq\sin\theta\leqq 1$ であるから　　$-1\leqq x\leqq 1$

よって，放物線 $y={}^{アイ}\mathbf{-2}x^2+{}^{ウ}\mathbf{1}$ の ${}^{エオ}\mathbf{-1}\leqq x\leqq{}^{カ}\mathbf{1}$ の部分である。

←2 倍角の公式。　➡ 基 70

(2)　$\cos\theta=\dfrac{x-3}{\sqrt{2}}$，$\sin\theta=\dfrac{y+1}{\sqrt{3}}$ を $\cos^2\theta+\sin^2\theta=1$ に代入して　　$\left(\dfrac{x-3}{\sqrt{2}}\right)^2+\left(\dfrac{y+1}{\sqrt{3}}\right)^2=1$

ゆえに　　$\dfrac{(x-{}^{キ}\mathbf{3})^2}{{}^{ク}\mathbf{2}}+\dfrac{(y+{}^{ケ}\mathbf{1})^2}{{}^{コ}\mathbf{3}}=1$

補足　(2)　$-1\leqq\cos\theta\leqq 1$，$-1\leqq\sin\theta\leqq 1$ であるから
$3-\sqrt{2}\leqq x\leqq 3+\sqrt{2}$，
$-1-\sqrt{3}\leqq y\leqq -1+\sqrt{3}$
よって，楕円
$\dfrac{(x-3)^2}{2}+\dfrac{(y+1)^2}{3}=1$
全体を表す。

(3)　$\dfrac{1}{\cos\theta}=\dfrac{x}{2}$，$\tan\theta=\dfrac{y}{3}$ を $1+\tan^2\theta=\dfrac{1}{\cos^2\theta}$ に代入して　　$1+\left(\dfrac{y}{3}\right)^2=\left(\dfrac{x}{2}\right)^2$　　よって　$\dfrac{x^2}{{}^{サ}\mathbf{4}}-\dfrac{y^2}{{}^{シ}\mathbf{9}}=1$

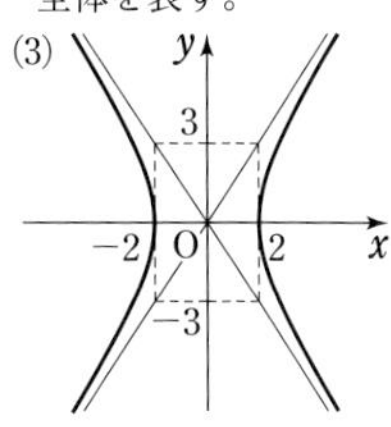

補足　(3)の図形について，$-1\leqq\cos\theta\leqq 1$ から

$$x\leqq -2,\ 2\leqq x$$

$\tan\theta$ はすべての実数値をとるから，y もすべての実数値をとる。よって，双曲線 $\dfrac{x^2}{4}-\dfrac{y^2}{9}=1$ 全体を表す。

128　点 P の直交座標を $(x,\ y)$ とすると

$x=2\sqrt{2}\cos\dfrac{7}{4}\pi=2\sqrt{2}\cdot\dfrac{1}{\sqrt{2}}={}^{ア}\mathbf{2}$,

←$\boldsymbol{x=r\cos\theta}$

$y=2\sqrt{2}\sin\dfrac{7}{4}\pi=2\sqrt{2}\cdot\left(-\dfrac{1}{\sqrt{2}}\right)={}^{イウ}\mathbf{-2}$

←$\boldsymbol{y=r\sin\theta}$

点 Q の極座標を $(r,\ \theta)$ とすると，

$r=\sqrt{(-3\sqrt{2})^2+(3\sqrt{2})^2}=6$ から

←$\boldsymbol{r=\sqrt{x^2+y^2}}$

$\cos\theta=\dfrac{-3\sqrt{2}}{6}=-\dfrac{\sqrt{2}}{2}$，$\sin\theta=\dfrac{3\sqrt{2}}{6}=\dfrac{\sqrt{2}}{2}$

$0\leqq\theta<2\pi$ であるから　$\theta=\dfrac{3}{4}\pi$　　よって　$\mathrm{Q}\left({}^{エ}\mathbf{6},\ \dfrac{{}^{オ}\mathbf{3}}{{}^{カ}\mathbf{4}}\pi\right)$

O を極とすると

$\angle\mathrm{ROQ}=\dfrac{13}{12}\pi-\dfrac{3}{4}\pi=\dfrac{\pi}{3}$

よって，△OQR において，
余弦定理により

←点 Q，点 R は極座標で表されているから，極 O からの距離はすぐにわかる。よって，∠ROQ の大きさがわかれば，△OQR において余弦定理が使える。
➡ 基 22

$\mathrm{QR}^2=6^2+4^2-2\cdot6\cdot4\cos\dfrac{\pi}{3}$

$\quad=36+16-24=28$

QR>0 であるから　　$\mathrm{QR}={}^{キ}\mathbf{2}\sqrt{{}^{ク}\mathbf{7}}$

練習の解説

練習 64

方程式 $z^n=\alpha$　z と α を極形式で表し，絶対値と偏角を比較
$z=r(\cos\theta+i\sin\theta)\,(r>0,\ 0\leqq\theta<2\pi)$ とおいて，ド・モアブルの定理 を利用。
偏角を比較するときは，$+2k\pi$（k は整数）を忘れないように。

解答　z の極形式を $z=r(\cos\theta+i\sin\theta)$
$(r>0,\ 0\leqq\theta<2\pi)$ とすると

$$z^4=r^4(\cos 4\theta+i\sin 4\theta)$$

←ド・モアブルの定理。

➡基 117

また，$-\dfrac{1}{8}-\dfrac{\sqrt{3}}{8}i$ を極形式で表すと

$$-\frac{1}{8}-\frac{\sqrt{3}}{8}i=\frac{1}{4}\left(\cos\frac{4}{3}\pi+i\sin\frac{4}{3}\pi\right)$$

←$-\dfrac{1}{8}-\dfrac{\sqrt{3}}{8}i=\dfrac{1}{4}\left(-\dfrac{1}{2}-\dfrac{\sqrt{3}}{2}i\right)$

よって，方程式は

$$r^4(\cos 4\theta+i\sin 4\theta)=\frac{1}{4}\left(\cos\frac{4}{3}\pi+i\sin\frac{4}{3}\pi\right)$$

両辺の絶対値と偏角を比較すると

$$r^4=\frac{1}{4},\quad 4\theta=\frac{4}{3}\pi+2k\pi\ \ (k\text{ は整数})$$

←$+2k\pi$（k は整数）を忘れずに！

$r>0$ であるから　$r=\dfrac{1}{\sqrt{2}}=\dfrac{\sqrt{2}}{2}$

←$r^n=a\ (a>0)$ の正の解は $r=\sqrt[n]{a}$

また　$\theta=\dfrac{\pi}{3}+\dfrac{k\pi}{2}$

ゆえに

$$z=\frac{\sqrt{2}}{2}\left\{\cos\left(\frac{\pi}{3}+\frac{k\pi}{2}\right)+i\sin\left(\frac{\pi}{3}+\frac{k\pi}{2}\right)\right\}\ \cdots\cdots ①$$

$0\leqq\theta<2\pi$ の範囲では　$k=0,\ 1,\ 2,\ 3$
① で $k=0,\ 1,\ 2,\ 3$ としたときの z をそれぞれ $z_0,\ z_1,\ z_2,\ z_3$ とすると

$$z_0=\frac{\sqrt{2}}{2}\left(\cos\frac{\pi}{3}+i\sin\frac{\pi}{3}\right)=\frac{\sqrt{2}+\sqrt{6}\,i}{4},$$

$$z_1=\frac{\sqrt{2}}{2}\left(\cos\frac{5}{6}\pi+i\sin\frac{5}{6}\pi\right)=\frac{-\sqrt{6}+\sqrt{2}\,i}{4},$$

$$z_2=\frac{\sqrt{2}}{2}\left(\cos\frac{4}{3}\pi+i\sin\frac{4}{3}\pi\right)=\frac{-\sqrt{2}-\sqrt{6}\,i}{4},$$

$$z_3=\frac{\sqrt{2}}{2}\left(\cos\frac{11}{6}\pi+i\sin\frac{11}{6}\pi\right)=\frac{\sqrt{6}-\sqrt{2}\,i}{4}$$

よって，4 つの解は　$\pm\dfrac{\sqrt{^{ア}\mathbf{2}}+\sqrt{^{イ}\mathbf{6}}\,i}{^{ウ}\mathbf{4}}$，$\pm\dfrac{\sqrt{^{エ}\mathbf{6}}-\sqrt{^{オ}\mathbf{2}}\,i}{^{カ}\mathbf{4}}$

参考

4 点 $z_0,\ z_1,\ z_2,\ z_3$ を複素数平面上に図示すると，下図のようになる。この 4 点は，原点 O を中心とする半径 $\dfrac{\sqrt{2}}{2}$ の円に内接する正方形の頂点である。

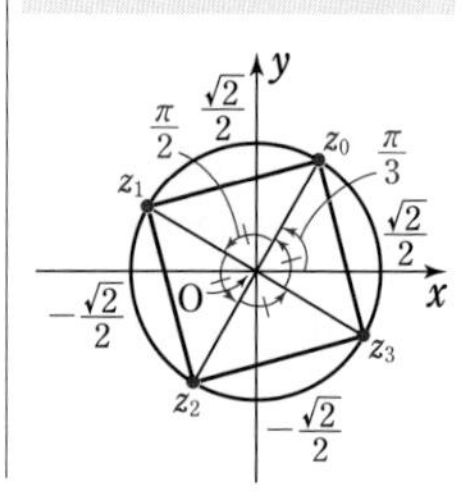

練習 65

$w=f(z)$ の表す図形

→ $z=$(w の式) に直して，z の条件式に代入

$|w-\alpha|=r\ (r>0)$ …… 点 α を中心とする半径 r の円 (➡ 基 119)

解答　$w=\dfrac{1+iz}{z}$ から　$(w-i)z=1$ …… ①

← $w=$(z の式) を，$z=$(w の式) に変形する。

$w=i$ とすると，① は成り立たないから　$w \neq i$

よって　$z=\dfrac{1}{w-i}$ …… ②

条件から，$|z-i|=2$ である。② を代入すると

$$\left|\frac{1}{w-i}-i\right|=2$$

ゆえに　$\left|\dfrac{-iw}{w-i}\right|=2$

← $|-iw|=|-i||w|=1\cdot|w|=|w|$

よって　$|w|=2|w-i|$

両辺を 2 乗して　$|w|^2=4|w-i|^2$

← $|\alpha|$ は $|\alpha|^2$ として扱う ➡ 基 115

ゆえに　$w\overline{w}=4(w-i)\overline{(w-i)}$

整理して　$3w\overline{w}+4iw-4i\overline{w}+4=0$

← $\overline{i}=-i$ に注意。

よって　$3\left(w\overline{w}+\dfrac{4}{3}iw-\dfrac{4}{3}i\overline{w}\right)+4=0$

ゆえに　$3\left(w-\dfrac{4}{3}i\right)\left(\overline{w}+\dfrac{4}{3}i\right)-3\cdot\dfrac{16}{9}+4=0$

よって　$3\left(w-\dfrac{4}{3}i\right)\overline{\left(w-\dfrac{4}{3}i\right)}=\dfrac{4}{3}$

← $\overline{w}+\dfrac{4}{3}i=\overline{w-\dfrac{4}{3}i}$

ゆえに，$\left|w-\dfrac{4}{3}i\right|^2=\dfrac{4}{9}$ から

$$\left|w-\frac{4}{3}i\right|=\frac{2}{3}$$

したがって，点 w は点 $\dfrac{{}^{ア}\mathbf{4}}{{}^{イ}\mathbf{3}}i$ を中心とする半径 $\dfrac{{}^{ウ}\mathbf{2}}{{}^{エ}\mathbf{3}}$ の円周上を動く。

参考　アポロニウスの円

一般に，2 定点 A，B からの距離の比が $m:n\ (m>0,\ n>0,\ m \neq n)$ である点の軌跡は，線分 AB を $m:n$ に内分する点と外分する点を直径の両端とする円 (アポロニウスの円) である。

このことから，**複素数平面上の異なる 2 点 $\mathrm{A}(\alpha)$，$\mathrm{B}(\beta)$ に対し，$m>0$，$n>0$，$m \neq n$ のとき，方程式 $n|z-\alpha|=m|z-\beta|$ を満たす点 $\mathrm{P}(z)$ の全体は，線分 AB を $m:n$ に内分する点と外分する点を直径の両端とする円** である。

補足　$m=n$ のとき，点 $\mathrm{P}(z)$ 全体は線分 AB の垂直二等分線である。

15 練習

この性質を用いると，練習 65 は次のように解くことができる。

〔別解〕　$|w|=2|w-i|$ を導くところまでは同じ。

A(0)，B(i) とすると，線分 AB を 2：1 に内分する点は　$\dfrac{1\cdot 0+2\cdot i}{2+1}=\dfrac{2}{3}i$

線分 AB を 2：1 に外分する点は

$$\frac{-1\cdot 0+2\cdot i}{2-1}=2i$$

よって，$|w|=2|w-i|$ を満たす点 w の全体は，

点 $\boldsymbol{\dfrac{2}{3}i}$ と点 $\boldsymbol{2i}$ を直径の両端とする円 である。

点 $\dfrac{2}{3}i$ と点 $2i$ の中点は $\dfrac{\frac{2}{3}i+2i}{2}=\dfrac{4}{3}i$，円の半径は $\left|2i-\dfrac{4}{3}i\right|=\dfrac{2}{3}$ である。

したがって，点 w は点 $\dfrac{{}^{ア}\mathbf{4}}{{}^{イ}\mathbf{3}}i$ を中心とする半径 $\dfrac{{}^{ウ}\mathbf{2}}{{}^{エ}\mathbf{3}}$ の円周上を動く。

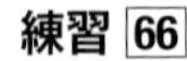

練習 66

絶対値 $|z|$ → 原点と点 z の距離，偏角 $\arg z$ → 原点と点 z を通る直線の傾き

を考え，それぞれの最大・最小を考える。

解答　条件から

$$|z-(2+2i)|=\sqrt{6}$$

よって，点 P(z) は，点 C($2+2i$) を中心とする半径 $\sqrt{6}$ の円周上にある。

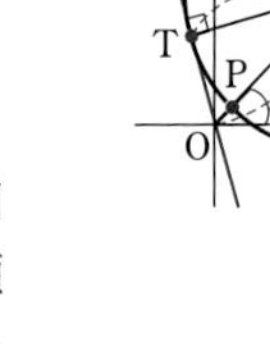

⬅$\mathrm{OC}=|2+2i|=2\sqrt{2}$，(円の半径)$=\sqrt{6}$
$2\sqrt{2}>\sqrt{6}$ であることに注意して図をかく。

(1)　$|z|$ が最小となるのは，図から，3 点 O，P，C がこの順で一直線上にあるときである。

よって，最小値は

$$\mathrm{OP}=\mathrm{OC}-\mathrm{CP}=|2+2i|-\sqrt{6}={}^{ア}\mathbf{2}\sqrt{{}^{イ}\mathbf{2}}-\sqrt{{}^{ウ}\mathbf{6}}$$

このとき，点 P は線分 OC を $(2\sqrt{2}-\sqrt{6}):\sqrt{6}$ に内分する点であるから

$$z=\frac{\sqrt{6}\cdot 0+(2\sqrt{2}-\sqrt{6})(2+2i)}{(2\sqrt{2}-\sqrt{6})+\sqrt{6}}$$

$$=\frac{(2\sqrt{2}-\sqrt{6})(2+2i)}{2\sqrt{2}}$$

$$=\frac{2\sqrt{2}-\sqrt{6}}{\sqrt{2}}\cdot\frac{2+2i}{2}=({}^{エ}\mathbf{2}-\sqrt{{}^{オ}\mathbf{3}})(1+i)$$

(エ)，(オ) について

OP：OC
$=(2\sqrt{2}-\sqrt{6}):2\sqrt{2}$
であるから

$$\mathrm{OP}=\frac{2\sqrt{2}-\sqrt{6}}{2\sqrt{2}}\mathrm{OC}$$

よって

$$z=\frac{2\sqrt{2}-\sqrt{6}}{2\sqrt{2}}(2+2i)=({}^{エ}\mathbf{2}-\sqrt{{}^{オ}\mathbf{3}})(1+i)$$

と求めてもよい。

⬅解答の形に合うように変形する。

(2)　$-\pi<\arg z\leqq\pi$ から，$\arg z$ が最大となるのは，図から，点 P が，原点から円に引いた接線のうち偏角が大きい方の接点となるときである。
その接点を T とすると，

$$\mathrm{OC}:\mathrm{CT}=2:\sqrt{3},\ \angle\mathrm{OTC}=\frac{\pi}{2}$$

であるから，△OTC は $\mathrm{OT}:\mathrm{CT}:\mathrm{OC}=1:\sqrt{3}:2$ の直角三角形である。

よって，$\angle\mathrm{COT}=\frac{\pi}{3}$ であるから，$\arg z$ の最大値は

$$\arg(2+2i)+\angle\mathrm{COT}=\frac{\pi}{4}+\frac{\pi}{3}=\frac{^{カ}7}{^{キク}12}\pi$$

⬅$\mathrm{OC}:\mathrm{CT}=2\sqrt{2}:\sqrt{6}$
$=2:\sqrt{3}$

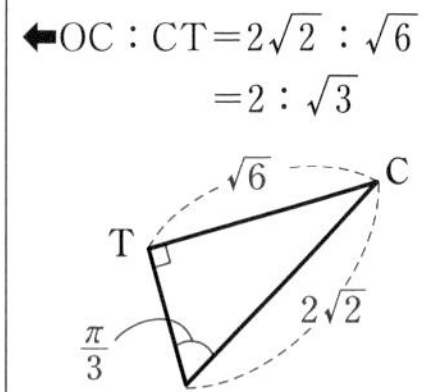

参考　練習 66 (2) で，$\arg z$ が最大となるときの z の値は，$\cos\frac{7}{12}\pi$，$\sin\frac{7}{12}\pi$ の値をそれぞれ三角関数の加法定理を用いて求め，$\mathrm{OT}=\sqrt{2}$ であることを用いて求めてもよいが，次のように複素数平面上の点の回転の考え方を利用して求めることもできる。

点 T は，点 C を原点 O を中心として $\frac{\pi}{3}$ だけ回転し，

原点 O からの距離を $\frac{1}{2}$ 倍した点であるから

$$z=\left(\cos\frac{\pi}{3}+i\sin\frac{\pi}{3}\right)(2+2i)\times\frac{1}{2}$$
$$=\left(\frac{1}{2}+\frac{\sqrt{3}}{2}i\right)(2+2i)\times\frac{1}{2}$$
$$=\frac{1}{2}(1+\sqrt{3}i)(1+i)=\frac{1-\sqrt{3}}{2}+\frac{1+\sqrt{3}}{2}i$$

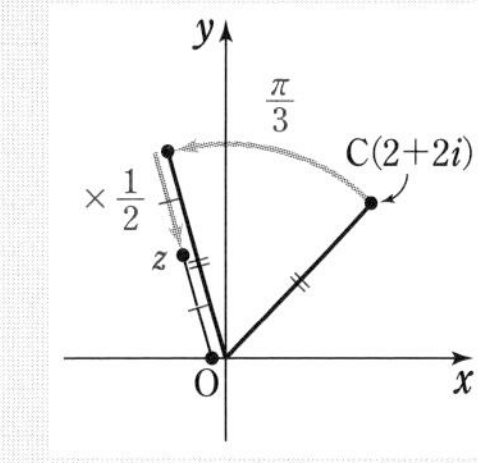

練習 67

三角形の形状問題
→ 2 辺の比とその間の角の大きさを求める
問題文に従い，$\gamma=z+\alpha$，$\beta=w+\alpha$ を代入し，β，γ を消去して考える。

解答　$\alpha^2+\beta^2+\gamma^2-\beta\gamma-\gamma\alpha-\alpha\beta=0$ …… ① とする。
$z=\gamma-\alpha$，$w=\beta-\alpha$ とおくと，$\gamma=z+\alpha$，$\beta=w+\alpha$
であるから，これらを ① に代入すると

$$\alpha^2+(w+\alpha)^2+(z+\alpha)^2$$
$$-(w+\alpha)(z+\alpha)-(z+\alpha)\alpha-\alpha(w+\alpha)=0$$

整理して　$z^2-zw+w^2=0$ …… ②
$\beta\neq\alpha$ であるから　　$w\neq0$

⬅$(w+\alpha)^2=w^2+2w\alpha+\alpha^2$ である。
$(w+\alpha)^2=|w+\alpha|^2$ は誤り！

よって，② の両辺を w^2 で割ると

$$\left(\frac{z}{w}\right)^2-\left(\frac{z}{w}\right)+1=0$$

ゆえに　$\dfrac{z}{w}=\dfrac{1\pm\sqrt{(-1)^2-4}}{2}=\dfrac{1\pm\sqrt{3}\,i}{2}$

← $\dfrac{z}{w}$ の2次方程式とみて，解の公式を利用。

$$=\cos\frac{\pi}{3}\pm i\sin\frac{\pi}{3}$$

$$=\cos\left(\pm\frac{\pi}{3}\right)+i\sin\left(\pm\frac{\pi}{3}\right)\ (複号同順)$$

よって，$\arg\dfrac{z}{w}=\pm\dfrac{\pi}{3}$ であるから　$\arg\dfrac{\gamma-\alpha}{\beta-\alpha}=\pm\dfrac{\pi}{3}$

ゆえに　$\angle\mathrm{BAC}=\dfrac{\pi}{3}$

また，$\left|\dfrac{z}{w}\right|=\left|\dfrac{1\pm\sqrt{3}\,i}{2}\right|=1$ から　$|z|=|w|$

すなわち　$|\gamma-\alpha|=|\beta-\alpha|$　よって　$\mathrm{AC}=\mathrm{AB}$

したがって，△ABC は正三角形である。（ア ⓪）

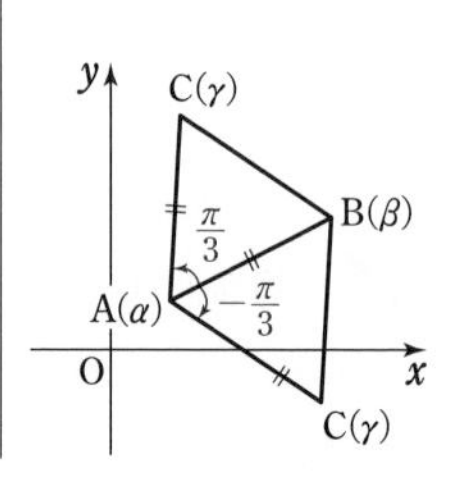

練習 68

連動形の軌跡

→ つなぎの文字を消去して，x，y の関係式を導く。

（➡ 基 67，演 13）

点 A は直線 $y=\dfrac{3}{2}x$ 上，点 B は直線 $y=-\dfrac{3}{2}x$ 上を動くから，$\mathrm{A}\left(s,\ \dfrac{3}{2}s\right)$，$\mathrm{B}\left(t,\ -\dfrac{3}{2}t\right)$ と表される。また，2点 A，B の x 座標は同符号であるから，s と t の符号は同じである。

$\mathrm{P}(x,\ y)$ として x，y を s，t で表し，△OAB$=6$ の条件を用いて s，t を消去する。

解答　(1)　$\mathrm{A}\left(s,\ \dfrac{3}{2}s\right)$，$\mathrm{B}\left(t,\ -\dfrac{3}{2}t\right)$，$\mathrm{P}(x,\ y)$ とする。

s と t は同符号であるから　$|st|=st$

よって，△OAB の面積は

$$\frac{1}{2}\left|s\cdot\left(-\frac{3}{2}t\right)-t\cdot\frac{3}{2}s\right|=\frac{1}{2}\left|-\frac{3}{2}st-\frac{3}{2}st\right|$$

➡**素早く解く！**

$$=\frac{1}{2}|-3st|=\frac{3}{2}|st|=\frac{3}{2}st$$

△OAB$=6$ から　$\dfrac{3}{2}st=6$　すなわち　$st=4$ …… ①

点 P は線分 AB の中点であるから

$$x=\frac{s+t}{2},\quad y=\frac{\frac{3}{2}s-\frac{3}{2}t}{2}=\frac{3}{4}(s-t)$$

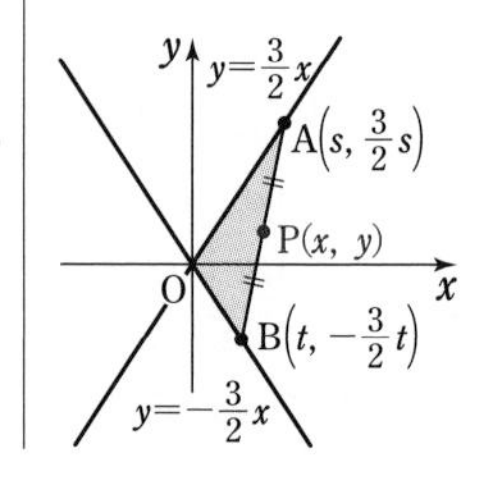

ゆえに　$s=x+\frac{2}{3}y$，$t=x-\frac{2}{3}y$

⬅ s，t について解く。

これらを ① に代入すると　$\left(x+\frac{2}{3}y\right)\left(x-\frac{2}{3}y\right)=4$

⬅つなぎの文字 s，t を消去。

すなわち　$\frac{x^2}{{}^{イ}\mathbf{4}}-\frac{y^2}{{}^{エ}\mathbf{9}}=1$　（ウ ①）

したがって，点 P の軌跡は双曲線である。（ア ③）

△OAB の面積は次の公式を用いて求めた（本冊 $p.152$ も参照）。

O(0, 0)，A(x_1, y_1)，B(x_2, y_2) のとき，△OAB の面積 S は

$$S=\frac{1}{2}|x_1y_2-x_2y_1|$$

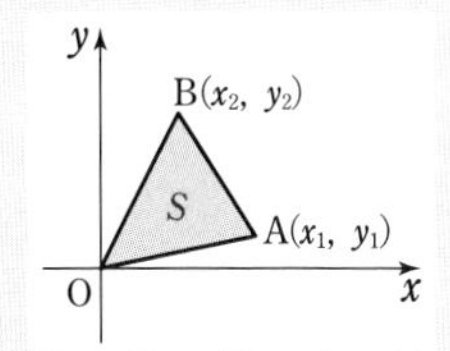

頂点の座標がわかっている場合に特に有効な方法であるから，覚えておこう。

練習 69

2次曲線の接線　[1] 公式利用　[2] 判別式の利用

（前半）[1] 放物線 $y^2=4px$ 上の点 (x_1, y_1) における接線の方程式は
$\boldsymbol{y_1y=2p(x+x_1)}$ （$2x \longrightarrow x+x_1$，$y^2 \longrightarrow y_1y$ とおき換えた形）

（後半）[2] $-x+y=k$ とおいて，直線 $-x+y=k$ と放物線が共有点をもつ範囲を考える。⟶ y を消去し，x の2次方程式の判別式を利用。（➡ 重 69）

15 練習

解答　接点の座標を (a, b) とすると，接線の方程式は

$by=2(-1)(x+a)$ …… ②

⬅ $y^2=4\cdot(-1)x$ から，$p=-1$ として公式を適用。

接線 ② が点 (0, 1) を通るから

$b=-2a$ …… ③

また，接点は放物線 ① 上の点であるから

$b^2=-4a$ …… ④

③ を ④ に代入して　$(-2a)^2=-4a$

よって　$a^2+a=0$

$a(a+1)=0$ から　$a=-1$，0

$a=-1$ のとき，③ から　$b=2$

接線の方程式は，② から　$2y=-2(x-1)$

すなわち　$y={}^{ア}\mathbf{-x}+{}^{イ}\mathbf{1}$

$a=0$ のとき，③ から　$b=0$

接線の方程式は，② から　$0=-2x$

⬅ $b=0$ のとき，② は x 軸に垂直な直線を表す。

すなわち　$x={}^{ウ}\mathbf{0}$

次に，$-x+y=k$ とおくと　$y=x+k$ …… ⑤
直線 ⑤ が放物線 ① と共有点をもつときの k の最小値を求める。

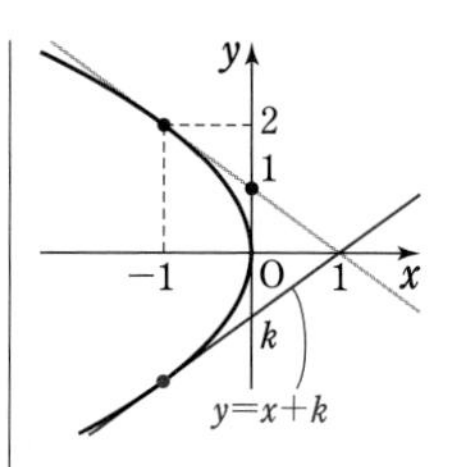

⑤ を ① に代入して　$(x+k)^2=-4x$
整理して　$x^2+2(k+2)x+k^2=0$
この x の2次方程式の判別式を D とすると

$$\frac{D}{4}=(k+2)^2-1\cdot k^2=4(k+1)$$

$D\geqq 0$ とすると，$k+1\geqq 0$ から　$k\geqq -1$
したがって，k すなわち $-x+y$ の最小値は　エオ$\mathbf{-1}$

⬅$k=-1$ のとき，直線 ⑤ は放物線 ① に接する。

練習 70

媒介変数で表された曲線
媒介変数を消去して x，y だけの式へ（➡基 127）

(1)　$y=t\cdot\dfrac{2}{1+t^2}=tx$ から，$t=(x,\ y$ の式$)$ として，$x=(t$ の式$)$ に代入する。

(2)　t，$\dfrac{1}{t}$ の連立方程式とみて，$t=(x,\ y$ の式$)$，$\dfrac{1}{t}=(x,\ y$ の式$)$ を作り，t と $\dfrac{1}{t}$ の積を考える。

解答　(1)　$y=t\cdot\dfrac{2}{1+t^2}=tx$

$x=\dfrac{2}{1+t^2}\neq 0$ であるから　$t=\dfrac{y}{x}$

$x=\dfrac{2}{1+t^2}$ に代入すると　$x=\dfrac{2}{1+\left(\dfrac{y}{x}\right)^2}=\dfrac{2x^2}{x^2+y^2}$

⬅t を消去。

よって　$x(x^2+y^2)=2x^2$
$x\neq 0$ から　$x^2+y^2=2x$

⬅両辺を x で割る。

ゆえに　$(x-{}^{ア}\mathbf{1})^2+y^2={}^{イ}\mathbf{1}$
$x\neq 0$ であるから，点 $({}^{ウ}\mathbf{0},\ {}^{エ}\mathbf{0})$ を除く。

⬅円の方程式に $x=0$ を代入すると　$y=0$

(2)　$x=t-\dfrac{1}{t}$ …… ①，$y=t+\dfrac{1}{t}$ …… ② とする。

(①+②)÷2 から　$\dfrac{x+y}{2}=t$ …… ③

(②−①)÷2 から　$\dfrac{y-x}{2}=\dfrac{1}{t}$ …… ④

⬅$t=(x,\ y$ の式$)$，$\dfrac{1}{t}=(x,\ y$ の式$)$ を作る。

③ と ④ の両辺をそれぞれ掛けると

$$\frac{x+y}{2}\cdot\frac{-x+y}{2}=1$$

⬅右辺は　$t\cdot\dfrac{1}{t}=1$

よって　$-x^2+y^2=4$　すなわち　$x^2-y^2={}^{オカ}\mathbf{-4}$

練習 71

軌跡と極方程式

→ 動点 $(r,\ \theta)$ について，r と θ の関係式を導く。

図をかいて，与えられた条件から関係式を立てる。

直交座標に直すには，$x=r\cos\theta$，$y=r\sin\theta$，$r=\sqrt{x^2+y^2}$ を利用。（➡ 基 128）

解答 点Pの極座標を $\mathrm{P}(r,\ \theta)$ とする。

条件から，右図において

$\mathrm{PO}=\mathrm{PH}$ …… ①

ここで，

$\mathrm{PO}=r$,

$\mathrm{PH}=\mathrm{OA}-\mathrm{OB}$

$=2-r\cos\theta$

であるから，① より　$r=2-r\cos\theta$ …… ②

よって　$r(1+\cos\theta)=2$

$1+\cos\theta\neq0$ であるから　$r=\dfrac{{}^{ア}\mathbf{2}}{{}^{イ}\mathbf{1+\cos\theta}}$

また，② に $r\cos\theta=x$ を代入して　$r=2-x$

両辺を2乗して　$r^2=(2-x)^2$

$r^2=x^2+y^2$ を代入して　$x^2+y^2=(2-x)^2$

整理すると　$y^2={}^{ウエ}\mathbf{-4}(x-{}^{オ}\mathbf{1})$

P(r, θ)　ℓ　H　r　θ　O　B　A　2　X　rcosθ

⬅図において，四角形BAHPは長方形である。

⬅ $1+\cos\theta=0$ とすると，$r\cdot0=2$ となり，不合理。

⬅ $r=\dfrac{2}{1+\cos\theta}$ の式よりも，② の式を変形する方が早い。

参考 点Pの軌跡は，その方程式から放物線であることがわかる。また，放物線の定義から，極Oが焦点で，直線 ℓ が準線である。

問題の解説

問題 28

$z=$(wの式) に直して進めることは容易ではない。
$w=x+yi$ (x, y は実数) として，x, y の関係式を求める方針で進める。
条件から，(1) z の実部は 1　(2) z の虚部は 1　と固定される。

解答 (1) 条件から，$z=1+bi$ (b は実数) と表すことができる。

←まず，$z=a+bi$ (a, b は実数) の形に表す。ここでは　$a=1$

よって　$w=z^2=(1+bi)^2=1-b^2+2bi$

$w=x+yi$ (x, y は実数) とすると　$x=1-b^2$, $y=2b$

$y=2b$ から　$b=\dfrac{y}{2}$

これを $x=1-b^2$ に代入して　$x=1-\left(\dfrac{y}{2}\right)^2$

←b を消去し，x, y の関係式を導く。　➡基 127

よって　$4x+y^2={}^{イ}4$ (ア ③)

変形すると　$y^2=-4(x-1)$

←放物線 $y^2=-4x$ を x 軸方向に 1 だけ平行移動した図形を表す。　➡基 125

したがって，点 w の軌跡は放物線 (ウ ⑤) である。

(2) 条件から，$z=a+i$ $(-4\leqq a\leqq 4)$ と表すことができる。

←まず，$z=a+bi$ (a, b は実数) の形に表す。ここでは　$-4\leqq a\leqq 4$, $b=1$

よって　$w=z^2=(a+i)^2=a^2-1+2ai$

$w=x+yi$ (x, y は実数) とすると　$x=a^2-1$, $y=2a$

(1) と同様にして a を消去すると

$y^2=4x+4$

←$a=\dfrac{y}{2}$ として，$x=a^2-1$ に代入。

$-4\leqq a\leqq 4$ から　$-8\leqq 2a\leqq 8$　すなわち　$-8\leqq y\leqq 8$

ゆえに，点 w の軌跡は曲線 $y^2={}^{エ}4x+{}^{オ}4$ の

${}^{カキ}-8\leqq y\leqq {}^{ク}8$ の部分である。

参考　点 z が実軸や虚軸に垂直な直線上を動くとき，$w=z^2$ によって定まる点 w の全体は放物線となることを，上の解答と同様の計算により調べることができる。
なお，点 z が図 1 に示したような各直線上を動くとき，$w=z^2$ によって定まる点 w の全体は，図 2 のような放物線 (群) となる。

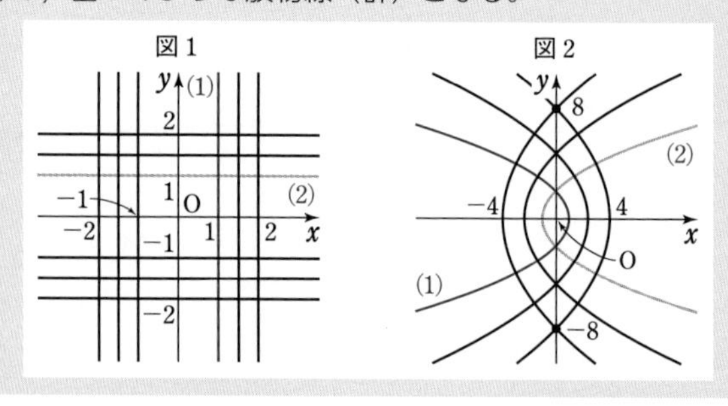

▼ 実践問題の解説

55 **解答** (1) $|\alpha|=1$ から $|\alpha^2|=1$

よって，1，α，α^2 を表す点 A，B，C は単位円周上にある。
点 C が $\angle AOB$ の二等分線 ℓ 上にあるから

$$\arg\alpha^2=\frac{1}{2}\arg\alpha\pm\pi$$

よって　$2\arg\alpha=\frac{1}{2}\arg\alpha\pm\pi$

ゆえに　$\arg\alpha=\pm\frac{{}^{ア}\mathbf{2}}{{}^{イ}\mathbf{3}}\pi$

←$|z-\beta|=r$
点 z は点 β を中心とする半径 r の円周上にある。
また　$|\alpha^2|=|\alpha|^2=1$

←偏角に注目。

←$\arg\alpha\beta=\arg\alpha+\arg\beta$
で $\beta=\alpha$ とすると
$\arg\alpha^2=2\arg\alpha$

(2) $\arg\alpha=\frac{2}{3}\pi$ のとき，直線 ℓ と実軸の正の向きとのなす角は $\frac{\pi}{3}$ である。

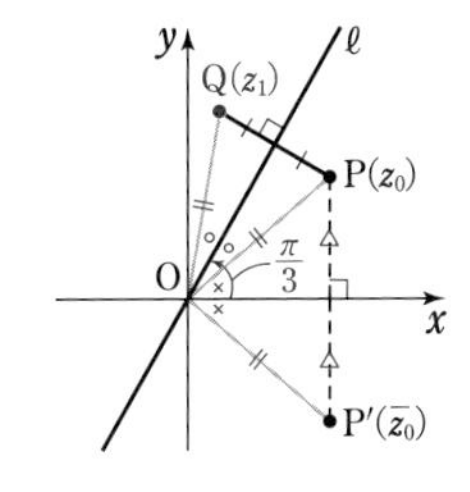

点 $P(z_0)$ を実軸に関して対称移動した点を $P'(\overline{z_0})$ とすると，右図から

$$\angle P'OQ=\frac{2}{3}\pi$$

←$(○+×)=\frac{\pi}{3}$

よって　$z_1=\overline{z_0}\left(\cos\frac{2}{3}\pi+i\sin\frac{2}{3}\pi\right)$

ゆえに　$z_0z_1=|z_0|^2\left(\cos\frac{2}{3}\pi+i\sin\frac{2}{3}\pi\right)$ …… ①

$$=|z_0|^2\frac{{}^{ウエ}\mathbf{-1}+\sqrt{{}^{オ}\mathbf{3}}\,i}{{}^{カ}\mathbf{2}}$$

←$|z|^2=z\overline{z}$　➡基 115

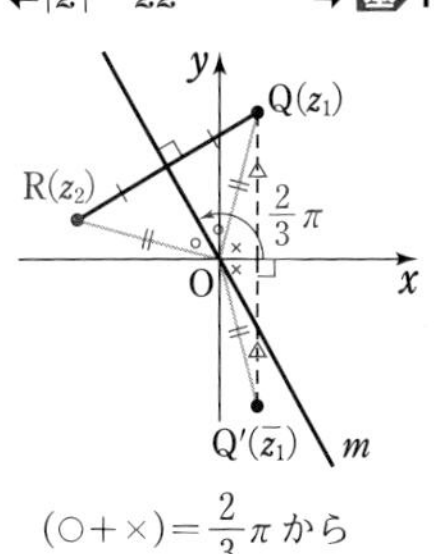

$(○+×)=\frac{2}{3}\pi$ から
$2(○+×)=\frac{4}{3}\pi$

同様に　$z_2=\overline{z_1}\left(\cos\frac{4}{3}\pi+i\sin\frac{4}{3}\pi\right)$，

$z_1z_2=|z_1|^2\left(\cos\frac{4}{3}\pi+i\sin\frac{4}{3}\pi\right)$ …… ②

$$=|z_1|^2\frac{-1-\sqrt{3}\,i}{2}$$

②÷① から

$$\frac{z_2}{z_0}=\frac{|z_1|^2}{|z_0|^2}\cdot\frac{\cos\frac{4}{3}\pi+i\sin\frac{4}{3}\pi}{\cos\frac{2}{3}\pi+i\sin\frac{2}{3}\pi}$$

$$=\cos\frac{2}{3}\pi+i\sin\frac{2}{3}\pi$$

←商は偏角の差　➡基 116
また　$|z_1|=|z_0|$

よって　　$z_2=z_0\left(\cos\frac{2}{3}\pi+i\sin\frac{2}{3}\pi\right)$

ゆえに，RはPを原点の周りに $\frac{{}^{キ}\mathbf{2}}{{}^{ク}\mathbf{3}}\pi$ だけ回転した点である。

➡基 120

(3)　(2)から

$$z_2=(1-i)\left(\cos\frac{2}{3}\pi+i\sin\frac{2}{3}\pi\right)=(1-i)\cdot\frac{-1+\sqrt{3}\,i}{2}$$

$$=\frac{{}^{ケコ}\mathbf{-1}+\sqrt{{}^{サ}\mathbf{3}}}{{}^{シ}\mathbf{2}}+\frac{{}^{ス}\mathbf{1}+\sqrt{{}^{セ}\mathbf{3}}}{{}^{ソ}\mathbf{2}}i$$

$$\mathrm{PR}=2\times\mathrm{OP}\sin\frac{\pi}{3}=2\cdot\sqrt{2}\cdot\frac{\sqrt{3}}{2}=\sqrt{{}^{タ}\mathbf{6}}$$

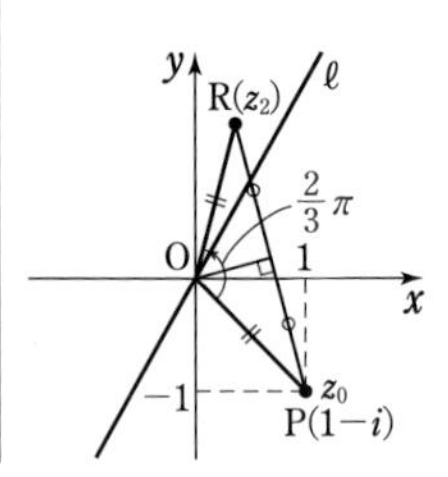

参考　一般に，$\beta\neq0$ のとき，点0と点 β を通る直線 ℓ に関して，点 z を対称移動した点を z' とすると，$z'=\frac{\beta}{\overline{\beta}}\overline{z}$ ……（＊）が成り立つ。

（＊）を用いると，次のようにして計算だけで①，②を導くこともできる。

$\gamma=\cos\frac{\pi}{3}+i\sin\frac{\pi}{3}$ とすると，$|\gamma|=1$ で

$$z_0z_1=z_0\cdot\frac{\gamma}{\overline{\gamma}}\overline{z_0}=z_0\overline{z_0}\cdot\frac{\gamma^2}{\overline{\gamma}\gamma}=|z_0|^2\cdot\frac{\gamma^2}{|\gamma|^2}=|z_0|^2\left(\cos\frac{\pi}{3}+i\sin\frac{\pi}{3}\right)^2$$

$$=|z_0|^2\left(\cos\frac{2}{3}\pi+i\sin\frac{2}{3}\pi\right)$$

$$z_1z_2=z_1\cdot\frac{\alpha}{\overline{\alpha}}\overline{z_1}=z_1\overline{z_1}\cdot\frac{\alpha^2}{\overline{\alpha}\alpha}=|z_1|^2\cdot\frac{\alpha^2}{|\alpha|^2}=|z_1|^2\left(\cos\frac{2}{3}\pi+i\sin\frac{2}{3}\pi\right)^2$$

$$=|z_1|^2\left(\cos\frac{4}{3}\pi+i\sin\frac{4}{3}\pi\right)$$

[（＊）の証明]　ℓ と実軸の正の向きとのなす角を θ とすると，

図から　　$(\theta+a)+(\theta-a)=2\theta$

よって　　$z'=(\cos2\theta+i\sin2\theta)\overline{z}$ …… Ⓐ

ここで，$\beta=|\beta|(\cos\theta+i\sin\theta)$ から

$$\beta^2=|\beta|^2(\cos\theta+i\sin\theta)^2$$
$$=|\beta|^2(\cos2\theta+i\sin2\theta)$$

ゆえに　　$\cos2\theta+i\sin2\theta=\frac{\beta^2}{|\beta|^2}=\frac{\beta^2}{\beta\overline{\beta}}=\frac{\beta}{\overline{\beta}}$

これをⒶに代入して　　$z'=\frac{\beta}{\overline{\beta}}\overline{z}$

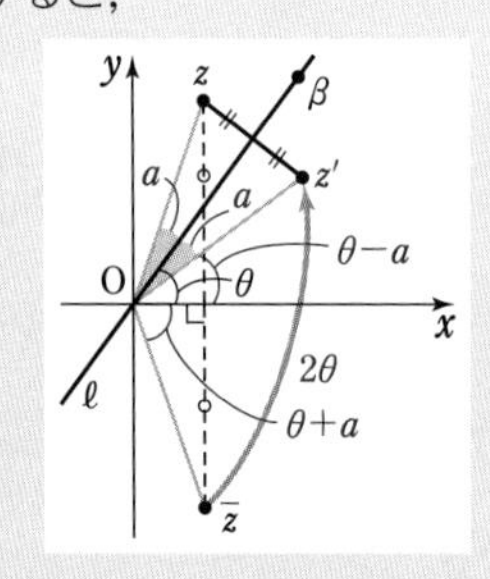

56 **解答** (1) 点 B が線分 A_0A_1 を $a:(1-a)$ に内分するとき

$$w=1-a+az\ (0<a<1)$$

また，点 B が線分 A_2A_3 を $b:(1-b)$ に内分するとき

$$w=(1-b)z^2+bz^3\ (0<b<1)$$

ゆえに　$(1-b)z^2+bz^3=1-a+az$

よって　$bz^2(z-1)-a(z-1)+z^2-1=0$

ゆえに　$(z-1)(bz^2+z+1-a)=0$

(ア ④，イ ①，ウ ⓪)

$y\neq 0$ より，z は実数ではないから　$z\neq 1$

よって　$bz^2+z+1-a=0$ …… ①

① の係数 b, 1, $1-a$ はすべて実数であるから，① の解の 1 つが虚数 z であるとき，もう 1 つの解は $\overline{z}$ である。

したがって，解と係数の関係により

$$z+\overline{z}=-\frac{1}{b},\ z\overline{z}=\frac{1-a}{b}$$

(エ ①，オ ⓪，カ ①)

また，$z+\overline{z}=2x$, $z\overline{z}=|z|^2=x^2+y^2$ であるから

$$2x=-\frac{1}{b}\ \cdots\cdots ②,\ x^2+y^2=\frac{1-a}{b}\ \cdots\cdots ③$$

② から，$x\neq 0$ であり　$b=-\dfrac{1}{{}^{サ}\mathbf{2x}}$ …… Ⓐ

③ から　$a=1-b(x^2+y^2)={}^{キ}\mathbf{1}+\dfrac{x^{{}^{ク}2}+y^{{}^{ケ}2}}{{}^{コ}\mathbf{2x}}$ …… Ⓑ

ゆえに，求める条件は，$0<b<1$ から

$$0<-\frac{1}{2x}<1$$

よって，$2x<0$ であるから，不等式の分母を払うと

$$0>-1>2x$$

ゆえに　$x<\dfrac{{}^{シス}\mathbf{-1}}{{}^{セ}\mathbf{2}}$

また，$0<a<1$ から　$0<1+\dfrac{x^2+y^2}{2x}<1$

すなわち　$-1<\dfrac{x^2+y^2}{2x}<0$

$2x<0$ であるから，分母を払うと　$-2x>x^2+y^2>0$

よって　$x^2+y^2+2x<0$

すなわち　$(x+{}^{ソ}\mathbf{1})^2+y^2<{}^{タ}\mathbf{1}$

⬅ $\dfrac{(1-a)\cdot 1+az}{a+(1-a)}$ ➡ 基 118
w を a, b, z で表すところまでは問題文で与えられている。

⬅ 2 通りで表した w を等しいとおく。

⬅ 次数の低い a, b で整理する方針で因数分解する。

⬅ ① の判別式 D は
$D=1-4b(1-a)$
Ⓐ, Ⓑ を満たすとき，
$D=-\dfrac{y^2}{x^2}<0$ となる。

⬅ 2 次方程式
$pz^2+qz+r=0$ の解が α, β のとき
$\alpha+\beta=-\dfrac{q}{p}$, $\alpha\beta=\dfrac{r}{p}$
➡ 基 59

⬅ $0<a<1$, $0<b<1$ に Ⓐ, Ⓑ を代入して，x, y の条件式を求める。

⬅ 不等式の両辺に負の数を掛けると不等号の向きが変わる。➡ 基 4

⬅ $y\neq 0$ であるから，
$x^2+y^2>0$ は常に成り立つ。

(2)　4点 A_0, A_1, A_2, A_3 を表す複素数 1, z, z^2, z^3 に複素数 z を掛けると，それぞれ z, z^2, z^3, z^4 となり，これらは4点 A_1, A_2, A_3, A_4 を表す。
一方，複素数平面上のある点を表す複素数に複素数 z を掛けたものが表す点は，もとの点を，原点からの距離を $|z|$ 倍に拡大（または縮小）し，原点を中心に $\arg z$ だけ回転移動したものである。
よって，z を掛けることにより4点 A_0, A_1, A_2, A_3 が A_1, A_2, A_3, A_4 に移動しても，線分 A_0A_1 と A_2A_3 が両端以外の点で交わるならば，線分 A_1A_2 と A_3A_4 は両端以外の点で交わる。
したがって　　チ⓪

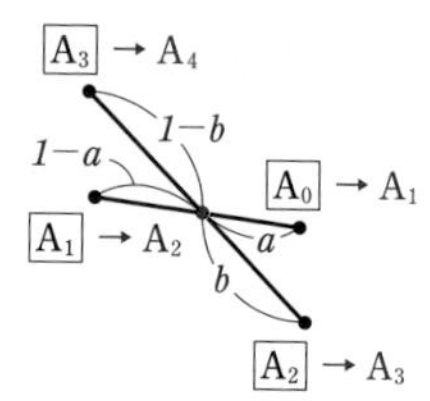

□の点は ×z により，→ の先の点に移る。図の線分の比は，×z によって変わらない。

57 **解答**　$w=w^n$ から　　$|w|=|w^n|$
すなわち　$|w|=|w|^n$
$w\neq 0$ であるから　　$|w|^{n-1}=1$
$|w|>0$ より　　$|w|=$ ア$\mathbf{1}$
複素数 w^k によって複素数平面上に表される点は A_k である。
よって，2点 $A_k(w^k)$, $A_{k+1}(w^{k+1})$ 間の距離は

$$A_kA_{k+1}=|w^{k+1}-w^k|=|w^k(w-1)|$$
$$=|w^k||w-1|=|w|^k|w-1|$$
$$=1^k\cdot|w-1|=|w-1| \quad (\text{イ①})$$

$A_kA_{k+1}=|w-1|$ において，$w\neq 1$ より　　$|w-1|\neq 0$
ゆえに，点 A_k と点 A_{k+1} は異なる点である。
同様に，点 A_{k-1} と点 A_k も異なる点である。
また，点 A_{k-1} と点 A_{k+1} が重なるとすると

$$w^{k-1}=w^{k+1}$$

$w\neq 0$ から，$w^2=1$ となるが，$0<\arg w<\pi$ より，$w\neq\pm 1$ であるから　　$w^2\neq 1$　　よって　　$w^{k-1}\neq w^{k+1}$
したがって，点 A_{k-1} と点 A_{k+1} は異なる点である。
以上より，3点 A_{k-1}, A_k, A_{k+1} は異なる点であるから

$$\angle A_{k+1}A_kA_{k-1}=\arg\frac{w^{k-1}-w^k}{w^{k+1}-w^k}$$
$$=\arg\frac{-w^{k-1}(w-1)}{w^k(w-1)}$$
$$=\arg\left(-\frac{1}{w}\right) \quad (\text{ウ③})$$

ここで，$|w|=1$ であるから，$w=\cos\theta+i\sin\theta$
$(0<\theta<\pi)$ とすると

参考
以下，$w\neq 0$ で考える。
$|w|\neq 1$ のとき，$|w|$, $|w^2|$, …… の値はすべて異なる。
よって，点 A_1, A_2, ……, A_{20} を図示すると点は20個ある。
$|w|=1$ のとき，点 w, w^2, …… は単位円上にあり，このときだけ点が重なることが起こりうる。

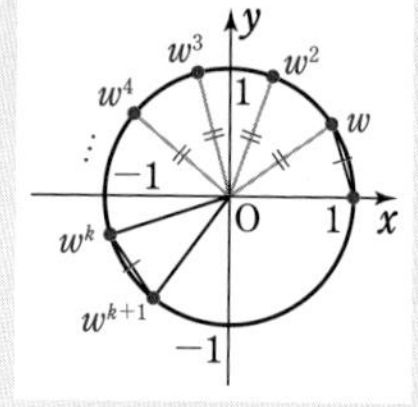

よって，点 w と w^n が重なるのは $|w|=$ ア$\mathbf{1}$ のときに限られる。また，2点 w^k, w^{k+1} 間の距離は，2点 1, w 間の距離に等しいから $A_kA_{k+1}=|w-1|$（イ①）

$$-\frac{1}{w}=-\frac{1}{\cos\theta+i\sin\theta}=-(\cos\theta-i\sin\theta)$$
$$=-\cos\theta+i\sin\theta=\cos(\pi-\theta)+i\sin(\pi-\theta)$$

$0<\theta<\pi$，$0<\angle A_{k+1}A_kA_{k-1}<\pi$ から

$$\angle A_{k+1}A_kA_{k-1}=\pi-\theta$$

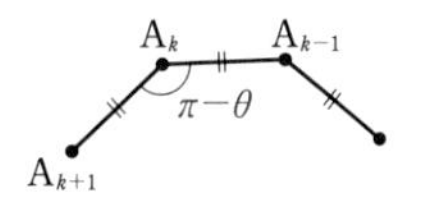

また，A_1 と A_{25} が重なるとき　　$w=w^{25}$

$w\neq0$ から　　$w^{24}=1$

$n=25$ のとき，A_1 から A_{25} までを順に線分で結んでできる図形が，N を3以上の自然数として正 N 角形になるとすると

$$w^{24}=(\cos\theta+i\sin\theta)^{24}=\cos24\theta+i\sin24\theta$$

よって，0以上の整数 m を用いて，

$$24\theta=2m\pi \text{ すなわち } \theta=\frac{m}{12}\pi \quad \cdots\cdots ①$$ と表される。

また，内角の和について，

$\pi(N-2)=N(\pi-\theta)$　　が成り立つ。

⬅正 N 角形の内角の和は $\pi(N-2)$

ゆえに　　$N\theta=2\pi$　　① を代入して　　$\frac{Nm}{12}\pi=2\pi$

よって　　$Nm=24$

N は3以上の自然数であるから，m は自然数である。

よって，$Nm=24$ を満たす自然数の組 $(N,\ m)$ は，次の6通りである。

$$(N,\ m)=(3,\ 8),\ (4,\ 6),\ (6,\ 4),\ (8,\ 3),\ (12,\ 2),\ (24,\ 1)$$

⬅ N は3以上である。

この6通りについて，m の値がすべて異なるから，対応する w の値もすべて異なる。したがって，A_1 から A_{25} までを順に線分で結んでできる図形が，正多角形となるときの w の値は全部で ^{エ}**6** 個である。

正多角形の辺 A_1A_2 と内接円の接点を $M(z')$ とする。

$M(z')$ は2点 $A_1(w)$，$A_2(w^2)$ の中点であるから

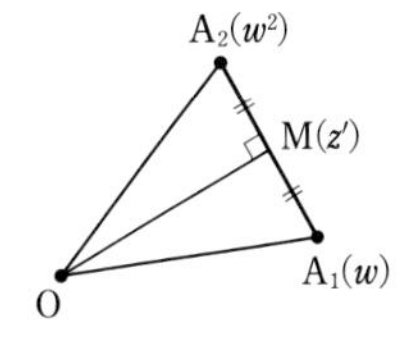

$$z'=\frac{w^2+w}{2} \qquad \text{よって} \qquad |z'|=\left|\frac{w^2+w}{2}\right|$$

ゆえに　　$$|z'|=\frac{|w||w+1|}{2}$$

$|w|=1$ から　　$$|z'|=\frac{|w+1|}{2}$$

2点 z，z' はともに正多角形に内接する円上の点であり，内接円の中心は原点であるから　　$|z|=|z'|$

したがって　　$$|z|=\frac{|w+1|}{2}$$　（^{オ}⑥）

58 **解答**　△APB と △QPR において，

∠APB＝∠QPR，∠PAB＝∠PQR＝90° であるから

△APB∽△QPR

よって　PA：PQ＝AB：QR＝ア**3**：h

ゆえに　hPA＝3PQ　よって　$h^2\mathrm{PA}^2=9\mathrm{PQ}^2$ ……①

また，P(X，Y) とする。

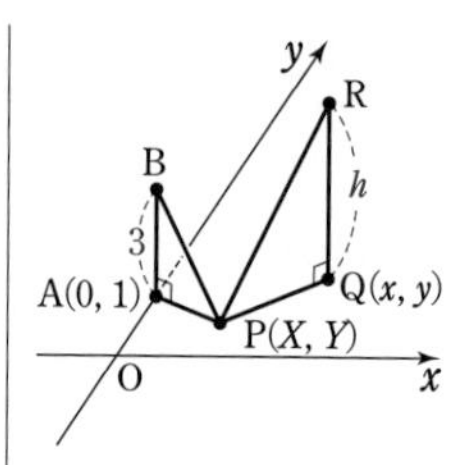

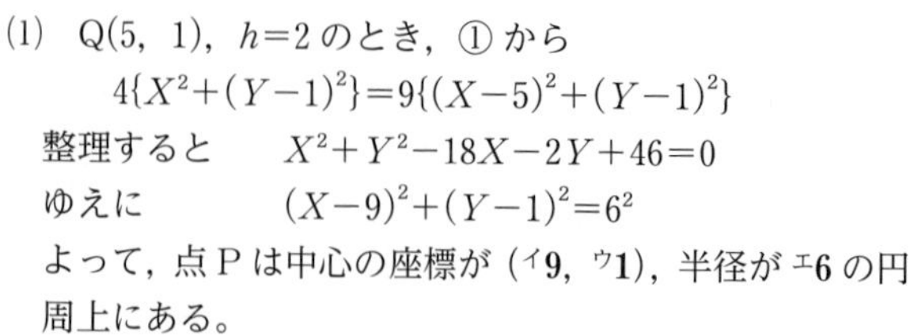

(1)　Q(5，1)，$h=2$ のとき，① から

$$4\{X^2+(Y-1)^2\}=9\{(X-5)^2+(Y-1)^2\}$$

整理すると　$X^2+Y^2-18X-2Y+46=0$

← $5X^2+5Y^2-90X-10Y+230=0$

ゆえに　$(X-9)^2+(Y-1)^2=6^2$

よって，点 P は中心の座標が（イ**9**，ウ**1**），半径がエ**6** の円周上にある。

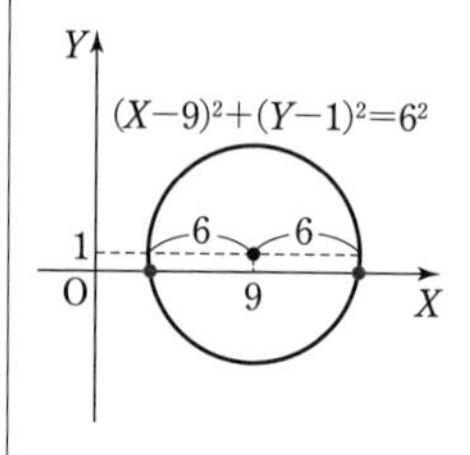

この円と x 軸の共有点は 2 個であるから，x 軸上にあって，2 つの塔の先端を見上げる角度が等しい点は全部でオ**2** 個ある。

(2)　① から　$h^2\{X^2+(Y-1)^2\}=9\{(X-x)^2+(Y-y)^2\}$

$Y=0$ とすると　$h^2(X^2+1)=9\{(X-x)^2+y^2\}$

← 点 P が x 軸上 ⟶ $Y=0$

よって

$$(h^2-9)X^2+18xX-(9x^2+9y^2-h^2)=0 \quad \cdots\cdots ②$$

ここで，$h\neq3$ から　$h^2-9\neq0$

x 軸上にあって，2 つの塔の先端を見上げる角度が等しい点が 1 個しかないのは，X の 2 次方程式 ② が重解をもつときである。

ゆえに，② の判別式を D とすると　$D=0$

ここで　$\dfrac{D}{4}=(9x)^2+(h^2-9)(9x^2+9y^2-h^2)$

$=9h^2x^2+9(h^2-9)y^2-h^2(h^2-9)$

$D=0$ から　$9h^2x^2+9(h^2-9)y^2=h^2(h^2-9)$

← $Ax^2+By^2=C$ の形。

ゆえに，点 Q は方程式 $\dfrac{{}^{カ}\mathbf{9}x^2}{h^2-9}+\dfrac{9y^2}{h^2}=1$ で表される 2 次曲線 C 上にある。（キ ②，ク ⓪）

C が楕円となるのは，$h^2-9>0$ かつ $h>0$ すなわち $h>$ケ**3** のときである。

このとき，C：$\dfrac{x^2}{\frac{h^2-9}{9}}+\dfrac{y^2}{\frac{h^2}{9}}=1$，$0<h^2-9<h^2$ であり，

← $\dfrac{x^2}{a^2}+\dfrac{y^2}{b^2}=1$ で $b>a>0$ ⟶ 焦点が y 軸上にある楕円を表し，その座標は $(0,\ \sqrt{b^2-a^2})$，$(0,\ -\sqrt{b^2-a^2})$

$\sqrt{\dfrac{h^2}{9}-\dfrac{h^2-9}{9}}=1$ であるから，焦点は

2 点 (0，1)，(0，−1)　（コ ③）

➡ 基 123

また，$0<h<3$ のとき，$C：\dfrac{x^2}{\frac{9-h^2}{9}}-\dfrac{y^2}{\frac{h^2}{9}}=-1$ であるからCは双曲線である。

$\sqrt{\dfrac{9-h^2}{9}+\dfrac{h^2}{9}}=1$ であるから，焦点は

2点 $(0,\ 1)$，$(0,\ -1)$　（サ③）

さらに，漸近線が直交するのは，$\dfrac{9-h^2}{9}=\dfrac{h^2}{9}$ すなわち

$h^2=\dfrac{9}{2}$，$0<h<3$ から $h=\dfrac{{}^{シ}\mathbf{3}\sqrt{{}^{ス}\mathbf{2}}}{{}^{セ}\mathbf{2}}$ のときである。

←$\dfrac{x^2}{a^2}-\dfrac{y^2}{b^2}=-1$ ⟶ 焦点が y 軸上にある双曲線を表し，その座標は
$(0,\ \sqrt{a^2+b^2})$，
$(0,\ -\sqrt{a^2+b^2})$
また，漸近線は2直線
$y=\pm\dfrac{b}{a}x$　➡基124
この2直線が直交 ⟶
$\dfrac{b}{a}\cdot\left(-\dfrac{b}{a}\right)=-1$，$a>0$，$b>0$ から　$a=b$

59 **解答**　$r=6\cos\theta$ に $\theta=\dfrac{\pi}{3}$，π をそれぞれ代入して

$$r=6\cos\frac{\pi}{3}=6\cdot\frac{1}{2}=3,\quad r=6\cos\pi=6\cdot(-1)=-6$$

よって，円Cは極座標で $\left({}^{ア}\mathbf{3},\ \dfrac{\pi}{3}\right)$，$(-{}^{イ}\mathbf{6},\ \pi)$ と表される点を通る。

次に，図2の曲線Fについて，点Aの偏角は0であるから　　$\mathrm{OA}=6\cos0+6={}^{ウエ}\mathbf{12}$

また　　$\mathrm{PQ}={}^{オ}\mathbf{6}$

(1)　曲線Fの偏角に注意すると，$\alpha=\dfrac{\pi}{4}$，$\beta=\dfrac{\pi}{2}$，$\gamma=\pi$ である。（カ⓪）

(2)　$\mathrm{OP}=6\cos\theta+6=6(1+\cos\theta)$，$\mathrm{OA}=12$ であるから，△OAPにおいて余弦定理により

$$\begin{aligned}\mathrm{AP}^2&=\mathrm{OP}^2+\mathrm{OA}^2-2\mathrm{OP}\cdot\mathrm{OA}\cos\theta\\&=\{6(1+\cos\theta)\}^2+12^2-2\cdot6(1+\cos\theta)\cdot12\cdot\cos\theta\\&={}^{キク}\mathbf{36}(1+\cos\theta)^2+{}^{ケコサ}\mathbf{144}-144(1+\cos\theta)\cos\theta\\&=36(-{}^{シ}\mathbf{3}\cos^2\theta-{}^{ス}\mathbf{2}\cos\theta+5)\\&=36\left\{-3\left(\cos\theta+\frac{1}{3}\right)^2+\frac{16}{3}\right\}\end{aligned}$$

$0<\theta<\pi$ であるから　　$-1<\cos\theta<1$

よって，AP^2 は $\cos\theta=-\dfrac{1}{3}$ で最大値 $36\cdot\dfrac{16}{3}=12\cdot16$ をとる。$\mathrm{AP}>0$ であるから，線分APの最大値は

$$\sqrt{12\cdot16}={}^{セ}\mathbf{8}\sqrt{{}^{ソ}\mathbf{3}}$$

←極座標が（●，■）の点が極方程式 $r=f(\theta)$ で表される曲線上 ⟶ ●$=f$(■)

←$r=6\cos\theta+6$ から。
└ $C：r=6\cos\theta$

←(カ)に関し，極座標上で点 $(-6,\ \pi)$ と $(6,\ 0)$ は同じ点であることから，点 $(r,\ \theta)$ は $0\leqq\theta\leqq\pi$ で円を一周することの予想がつく。

←$\cos\theta$ の2次式 ⟶ 平方完成　➡基72
$\cos\theta$ のとりうる値の範囲にも注意。

参考　$a>0$ を定数として，極方程式 $r=a(1+\cos\theta)$ で表される曲線を **カージオイド** という。

実 践 模 試

数学 I，数学 A の解説

第 1 問 〔1〕

解答

(1) 集合 A と集合 B の共通部分は $A\cap B$，6 のみを要素にもつ集合は $\{6\}$ であるから　　$A\cap B=\{6\}$

よって　　ア ④，イ ②

→ 基 5

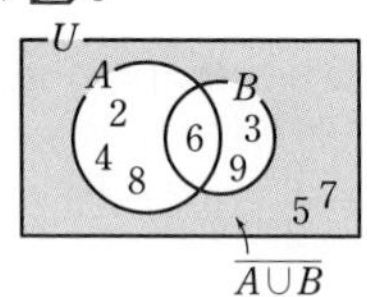

(2) $U=\{2, 3, 4, 5, 6, 7, 8, 9\}$，$A=\{2, 4, 6, 8\}$，$B=\{3, 6, 9\}$ であるから

$$\overline{A\cup B}=\overline{\{2,\ 3,\ 4,\ 6,\ 8,\ 9\}}=\{5,\ 7\}$$

また，$C=\{2,\ 3,\ 5,\ 7\}$ であるから

「$k\in C \Longrightarrow k\in\overline{A\cup B}$」は偽

「$k\in\overline{A\cup B} \Longrightarrow k\in C$」は真

ゆえに，$k\in C$ であることは $k\in\overline{A\cup B}$ であるための必要条件であるが，十分条件でない。(ウ ①)

$p \Longrightarrow q$ が真であるとき，p が十分条件，q が必要条件。

→ 重 4

第 1 問 〔2〕

解答

(1) 方程式 $f(x)=k$ （k は定数）が異なる 2 つの正の解をもつとき，$y=f(x)$ のグラフと直線 $y=k$ は $x>0$ の範囲で異なる 2 つの共有点をもつ。

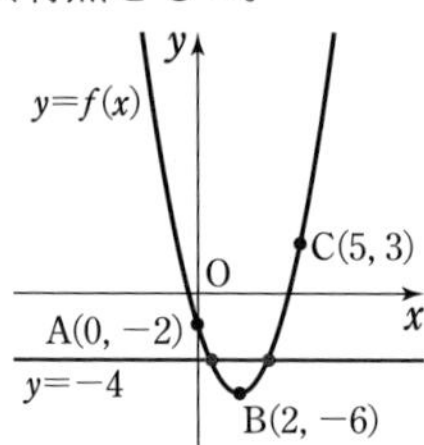

したがって，グラフより $x>0$ の範囲で異なる 2 つの共有点をもつのは $k=-4$ のときである。(エ ③)

← x の方程式 $f(x)=g(x)$ の実数解は，$y=f(x)$ のグラフと $y=g(x)$ のグラフの共有点の x 座標と一致する。

なお，③以外の場合は次のようになる。

⓪と①：負の解と正の解をもつ

②：$x=0$ と正の解をもつ

④：ただ 1 つの正の解 ($x=2$) をもつ

⑤：解はない

参考 $f(x)=ax^2+bx+c$ とする。$y=f(x)$ のグラフが 3 点 A(0, −2)，B(2, −6)，C(5, 3) を通るとき，$f(0)=-2$，$f(2)=-6$，$f(5)=3$ から

$$\begin{cases} c=-2 \\ 4a+2b+c=-6 \\ 25a+5b+c=3 \end{cases} \quad \text{これを解くと} \quad \begin{cases} a=1 \\ b=-4 \\ c=-2 \end{cases}$$

よって，$f(x)=x^2-4x-2=(x-2)^2-6$ から，

←2 次関数の決定

→ 基 11

$y=f(x)$ のグラフは，点 B$(2,\ -6)$ を頂点とする放物線である。

(2)　① 点 B と点 C の x 座標は等しいから，この 3 点を通る放物線は存在しない。

⑤ 3 点 A, B, C が一直線上に並んでいるから，この 3 点を通る放物線は存在しない。

他の組合せについてはすべて，3 点 A, B, C を通る放物線は存在する。

よって　^{オ}①，^{カ}⑤（または ^{オ}⑤，^{カ}①）

参考　⓪～⑤の 3 点の組合せをそれぞれ座標平面上にとると，下の図のようになる。

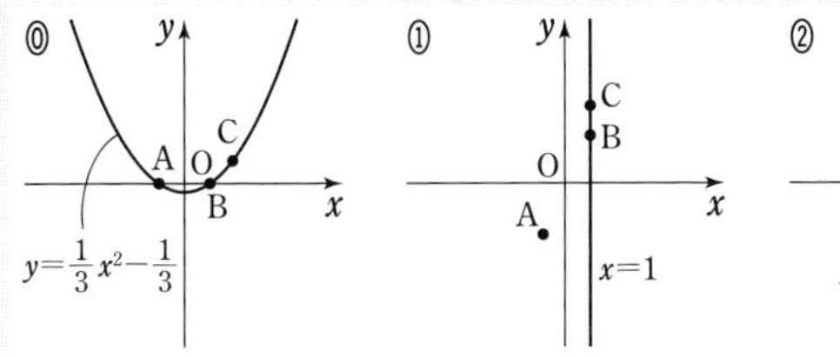

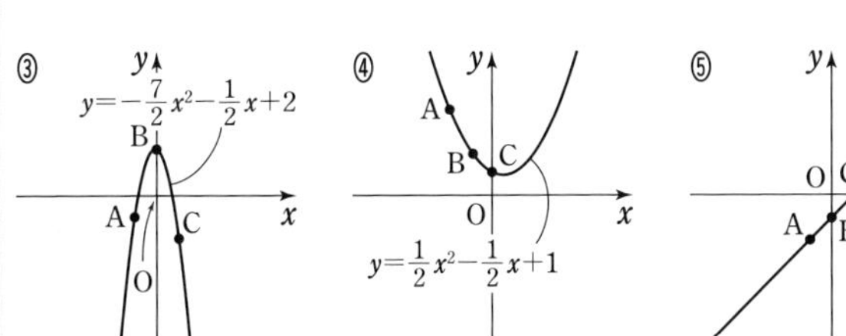

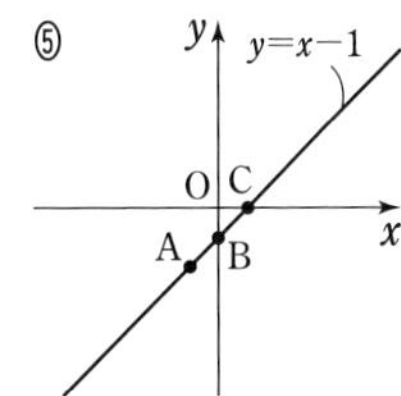

なお，$f(x)=ax^2+bx+c$ とすると

⓪　$f(-1)=0$，$f(1)=0$，$f(2)=1$ から，$a=\frac{1}{3}$，$b=0$，$c=-\frac{1}{3}$ となり

$$f(x)=\frac{1}{3}x^2-\frac{1}{3}$$

①　$f(-1)=-2$，$f(1)=2$，$f(1)=3$ から

$$\begin{cases} a-b+c=-2 \\ a+b+c=2 \\ a+b+c=3 \end{cases}$$

これを満たす a，b，c は存在しない。

②　$f(1)=2$，$f(2)=3$，$f(3)=5$ から $a=\frac{1}{2}$，$b=-\frac{1}{2}$，$c=2$ となり

$$f(x)=\frac{1}{2}x^2-\frac{1}{2}x+2$$

③　$f(-1)=-1$，$f(0)=2$，$f(1)=-2$ から $a=-\frac{7}{2}$，$b=-\frac{1}{2}$，$c=2$ となり

$$f(x)=-\frac{7}{2}x^2-\frac{1}{2}x+2$$

④ $f(-2)=4$, $f(-1)=2$, $f(0)=1$ から $a=\frac{1}{2}$, $b=-\frac{1}{2}$, $c=1$ となり

$$f(x)=\frac{1}{2}x^2-\frac{1}{2}x+1$$

⑤ $f(-1)=-2$, $f(0)=-1$, $f(1)=0$ から

$$\begin{cases} a-b+c=-2 \\ c=-1 \\ a+b+c=0 \end{cases} \quad \text{これを解くと} \quad \begin{cases} a=0 \\ b=1 \\ c=-1 \end{cases}$$

このとき，$f(x)=x-1$ となり，2次関数ではない。

第1問 〔3〕

解答

$0°<B<90°$ かつ $0°<C<90°$ のとき

右の図より

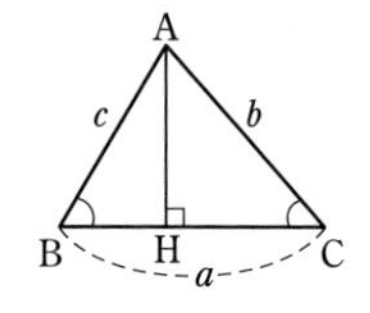

$BH=c\cos B$ （キ ⑦），

$CH=b\cos C$ （ク ⑤）

⬅三角比の定義。

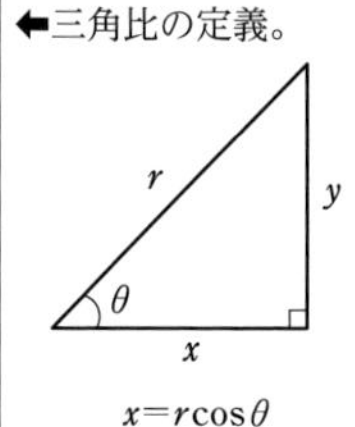

よって　$a=BC=CH+BH$

$=b\cos C+c\cos B$

ゆえに，(∗)は成り立つ。

$B=90°$ のとき

$\cos 90°=0$ （ケ ④） であるから，

右の図より

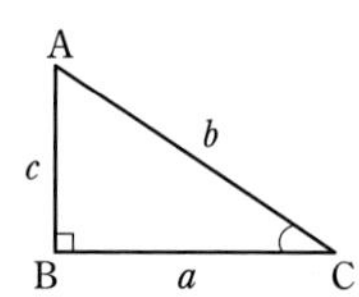

$a=BC=b\cos C$

$=b\cos C+c\cos 90°$

$=b\cos C+c\cos B$

よって，(∗)は成り立つ。

$B>90°$ のとき

右の図より

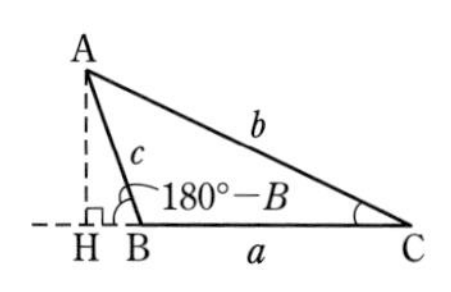

$BH=c\cos(180°-B)$

（コ ⑤）

$CH=b\cos C$ （サ ②）

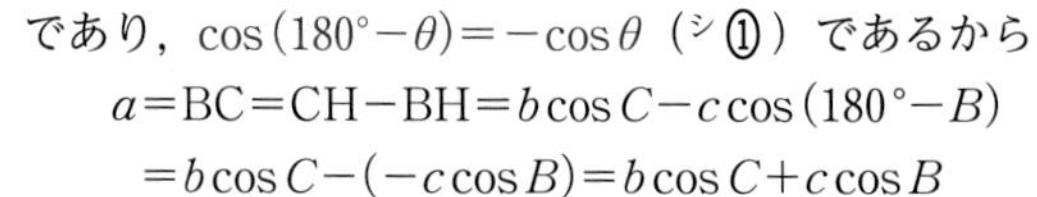

であり，$\cos(180°-\theta)=-\cos\theta$ （シ ①） であるから

⬅180°−θの三角比

➡基19

$a=BC=CH-BH=b\cos C-c\cos(180°-B)$

$=b\cos C-(-c\cos B)=b\cos C+c\cos B$

よって，(∗)は成り立つ。

参考　$a=b\cos C+c\cos B$ と同様に，

$b=c\cos A+a\cos C$，$c=a\cos B+b\cos A$

も成り立つ。これを「第一余弦定理」ということがある。
なお，$a^2=b^2+c^2-2bc\cos A$，$b^2=c^2+a^2-2ca\cos B$，$c^2=a^2+b^2-2ab\cos C$ を「第二余弦定理」ということがある。

第2問 〔1〕

解答

$f(x)=ax^2-2x+1\quad(-4<x\leqq 2)$

(1) $a=0$ のとき

$f(x)=-2x+1\quad(-4<x\leqq 2)$

よって，$x=2$ のとき最小値をとる。

（ア ②）

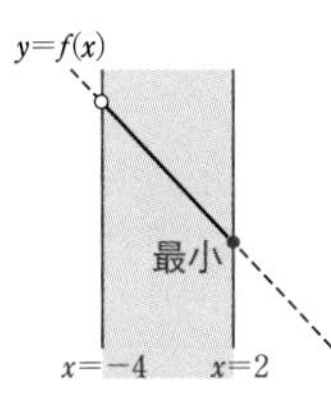

⬅参考
$y=-2x+1$ とすると，$-4<x\leqq 2$ のとき $-3\leqq y<9$ となるから，最大値はない。

(2) $a>0$ のとき

$f(x)=a\left(x-\dfrac{1}{a}\right)^2+1-\dfrac{1}{a}$ （イ ④，ウ ④）

と変形できるから，$y=f(x)$ のグラフは下に凸の放物線で，軸は直線 $x=\dfrac{1}{a}$ である。

⬅CHART まず平方完成 ➡ 基 8

$2<\dfrac{1}{a}$ すなわち $0<a<\dfrac{{}^{エ}\mathbf{1}}{{}^{オ}\mathbf{2}}$ のとき

$-4<x\leqq 2$ において，$f(x)$ は $x=2$ のとき最小値をとる。

（カ ②）

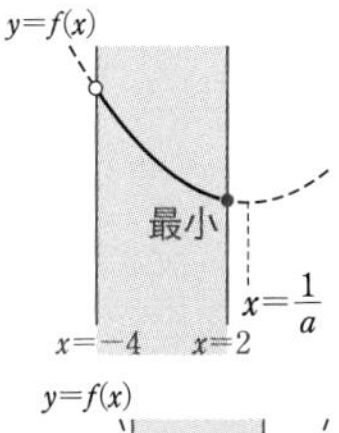

⬅$2<\dfrac{1}{a}$ のとき，軸が定義域の右外にあるから，定義域の右端で最小値をとる。 ➡ 重 5

$0<\dfrac{1}{a}\leqq 2$ すなわち $\dfrac{1}{2}\leqq a$ のとき

$-4<x\leqq 2$ において，$f(x)$ は $x=\dfrac{1}{a}$ のとき最小値をとる。

（キ ③）

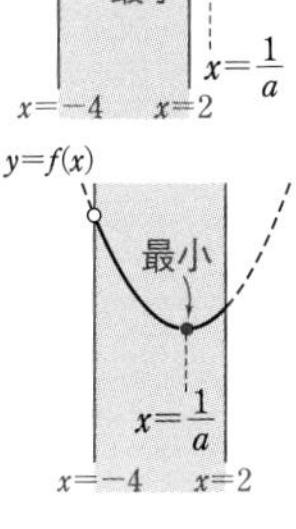

⬅$0<\dfrac{1}{a}\leqq 2$ のとき，軸が定義域内にあるから，頂点で最小値をとる。 ➡ 重 5

(3) $a<0$ のとき

(2) と同様に，$f(x)=a\left(x-\dfrac{1}{a}\right)^2+1-\dfrac{1}{a}$ と変形できるから，$y=f(x)$ のグラフは上に凸の放物線で，軸は直線 $x=\dfrac{1}{a}$ である。

定義域の中央は $x=-1$ であるから，$-1<\dfrac{1}{a}$ のとき，$f(x)$ は最小値をもたない。

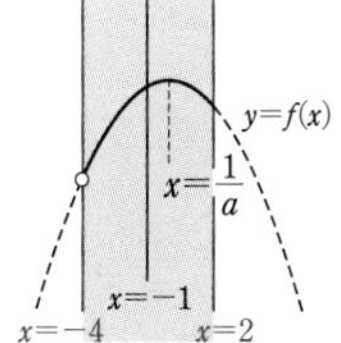
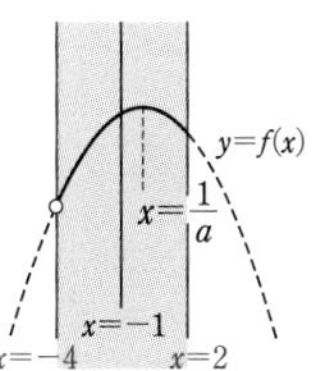

⬅$-1<\dfrac{1}{a}$ のとき，軸が定義域の中央より右にある。左端の $x=-4$ は定義域に含まれないから，最小値はない。 ➡ 重 6

ここで，$-1<\dfrac{1}{a}$ の両辺に a を掛けると，$a<0$ であるから　　$-a>1$

⬅不等号の向きが変わる。

よって，$a<$ ケコ-1 のとき，$f(x)$ は最小値をもたない。
（ク ①）

$\dfrac{1}{a} \leqq -1$ かつ $a<0$
すなわち $-1 \leqq a<0$ のとき，
$f(x)$ は $x=2$ のとき最小値をとる。

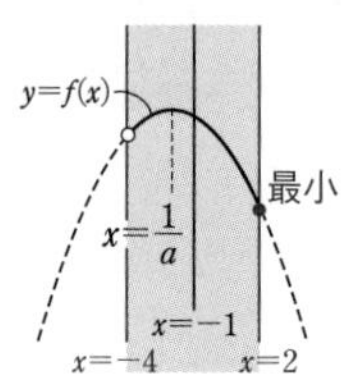

⬅ $\dfrac{1}{a}<-1$ のとき，軸が定義域の中央より左にある。
よって，定義域右端で最小値をとる。 ➡ 重 6
$\dfrac{1}{a}=-1$ のときは下の参考を参照。

参考　$\dfrac{1}{a}=-1$ すなわち $a=-1$ のとき
軸は直線 $x=-1$ であるから，$f(x)$ は $x=2$ のとき最小値をとる。よって，a [ク] [ケコ] は $a \leqq -1$ とすると誤りである。

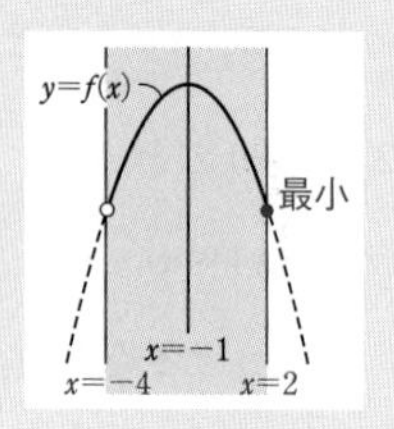

第2問 〔2〕

解答

(1)　第1四分位数は，男子は 13 cm 以上 14 cm 未満の階級に含まれ，女子は 14 cm 以上 15 cm 未満の階級に含まれるから，女子の方が大きいと読み取れる。
他の値については，男子，女子とも
　　最小値は 12 cm 以上 13 cm 未満，
　　中央値は 15 cm 以上 16 cm 未満，
　　第3四分位数は 16 cm 以上 17 cm 未満，
　　最大値は 17 cm 以上 18 cm 未満
の階級に含まれるから，どちらが大きいかは読み取ることができない。
よって　サ ①

⬅ 20 個のデータにおいて，
第1四分位数は小さい方から数えて5番目のデータと6番目のデータの平均値，
中央値は小さい方から数えて10番目のデータと11番目のデータの平均値，
(大きい方から数えても同じ。)
第3四分位数は大きい方から数えて5番目のデータと6番目のデータの平均値。
➡ 基 25，26，重 13

(2)　(i)　(標準偏差)$=\sqrt{(\text{分散})}$ という関係があるから，標準偏差が女子の方が大きいならば，分散も女子の方が大きいと判断できる。
他の値については，標準偏差から判断することはできない。
よって　シ ③

➡ 基 27

(ii) 与えられたデータより，
(男子の X と Y の共分散)>(女子の X と Y の共分散)，
(男子の X の標準偏差)<(女子の X の標準偏差)，
(男子のYの標準偏差)<(女子のYの標準偏差)
である。
よって，

$$(X と Y の相関係数)=\frac{(X と Y の共分散)}{(X の標準偏差)\times(Y の標準偏差)}$$

から，(男子の相関係数)>(女子の相関係数)
であることがわかる。
よって　ス ⓪

←x の標準偏差を s_x，y の標準偏差を s_y，x と y の共分散を s_{xy} とすると，x と y の相関係数 r は

$$r=\frac{s_{xy}}{s_x s_y}$$

➡重 14

(3) 欠席者を除く女子 19 人の
X のデータの値を $x_1,\ x_2,\ \cdots,\ x_{19}$，
Y のデータの値を $y_1,\ y_2,\ \cdots,\ y_{19}$　とする。
また，欠席者の X のデータの値を x_{20}，Y のデータの値を y_{20} とする。
欠席者を除く女子 19 人分のデータに対する
X，Y の平均値をそれぞれ m_x，m_y，
Y の標準偏差を s_y，
X と Y の共分散を s_{xy}，
欠席者を含めた女子 20 人分のデータに対する
X，Y の平均値をそれぞれ m'_x，m'_y，
Y の標準偏差を s'_y，
X と Y の共分散を s'_{xy}
とすると　$x_{20}=m_x$，$y_{20}=m_y$

←データの修正による変化

➡重 15

よって

$$m'_x=\frac{x_1+x_2+\cdots\cdots+x_{19}+x_{20}}{20}$$

$$=\frac{m_x\times19+m_x}{20}=m_x$$

←平均値

➡基 25

ゆえに　$m'_x=m_x$（セ ⓪）
同様にして　$m'_y=m_y$

$$s'_y=\sqrt{\frac{(y_1-m'_y)^2+\cdots\cdots+(y_{19}-m'_y)^2+(y_{20}-m'_y)^2}{20}}$$

$$=\sqrt{\frac{(y_1-m_y)^2+\cdots\cdots+(y_{19}-m_y)^2+0^2}{20}}$$

$$=\sqrt{\frac{19}{20}\cdot\frac{(y_1-m_y)^2+\cdots\cdots+(y_{19}-m_y)^2}{19}}$$

$$=\sqrt{\frac{19}{20}}\,s_y<s_y$$

←標準偏差

➡基 27

←$\sqrt{\frac{19}{20}}<1$，$s_y>0$

よって　$s'_y<s_y$（ソ ①）

$$s'_{xy}=\frac{(x_1-m'_x)(y_1-m'_y)+\cdots\cdots+(x_{19}-m'_x)(y_{19}-m'_y)+(x_{20}-m'_x)(y_{20}-m'_y)}{20}$$

$$=\frac{(x_1-m_x)(y_1-m_y)+\cdots\cdots+(x_{19}-m_x)(y_{19}-m_y)+0\cdot 0}{20}$$

$$=\frac{19}{20}\cdot\frac{(x_1-m_x)(y_1-m_y)+\cdots\cdots+(x_{19}-m_x)(y_{19}-m_y)}{19}$$

$$=\frac{19}{20}s_{xy}<s_{xy}$$

よって　　$s'_{xy}<s_{xy}$ (タ ①)

(4)　$X'=10(X-14.8)=10X-148$,

$Y'=10(Y-10.6)=10Y-106$ であるから，X' の平均値は X の平均値を 10 倍して 148 を引いた値であり，Y' の平均値は Y の平均値を 10 倍して 106 を引いた値である。

X'，Y' の標準偏差は X，Y の標準偏差をそれぞれ 10 倍した値である。

X' と Y' の共分散は X と Y の共分散を 10×10 倍した値である。

$$(X' と Y' の相関係数)$$

$$=\frac{(X' と Y' の共分散)}{(X' の標準偏差)\times(Y' の標準偏差)}$$

$$=\frac{10\times 10\times(X と Y の共分散)}{10\times(X の標準偏差)\times 10\times(Y の標準偏差)}$$

$$=\frac{(X と Y の共分散)}{(X の標準偏差)\times(Y の標準偏差)}$$

$$=(X と Y の相関係数)$$

であるから，X と Y の相関係数と X' と Y' の相関係数は等しい。(チ ③)

←変量の変換　➡ 重 16
$10X-148\neq X$,
$10Y-106\neq Y$
であるから，平均値は変化する。

(4) は，平均値，標準偏差，共分散，相関係数の定義にそれぞれ当てはめて比較してもよいが，解答で示したような変量の変換の性質（➡ 重 16）を用いると早い。

第3問

解答

(1)　△ABC と直線 ST について，メネラウスの定理により

$$\frac{AP}{PB}\cdot\frac{BS}{SC}\cdot\frac{CT}{TA}=1$$

BS=3，AT=2，BC=5，CA=6 であるから

SC=8，CT=4

よって　$\frac{AP}{PB}\cdot\frac{3}{8}\cdot\frac{4}{2}=1$　　ゆえに　$\frac{AP}{PB}=\frac{^{ア}\mathbf{4}}{^{イ}\mathbf{3}}$

AQ，BT，CP は 1 点 X で交わるから，△ABC について，チェバの定理により　$\frac{AP}{PB}\cdot\frac{BQ}{QC}\cdot\frac{CT}{TA}=1$

$\frac{AP}{PB}=\frac{4}{3}$ から　$\frac{4}{3}\cdot\frac{BQ}{QC}\cdot\frac{4}{2}=1$

ゆえに　$\frac{BQ}{QC}=\frac{^{ウ}\mathbf{3}}{^{エ}\mathbf{8}}$

(2)　△ABC と直線 ST について，メネラウスの定理により　$\frac{AP}{PB}\cdot\frac{BS}{SC}\cdot\frac{CT}{TA}=1$

よって，$\frac{AP}{PB}\cdot\frac{CT}{TA}=\frac{CS}{BS}$（オ ⑥，カ ⑤）…… ① が成り立つ。

また，AQ，BT，CP は 1 点 X で交わるから，△ABC について，チェバの定理により

$$\frac{AP}{PB}\cdot\frac{BQ}{QC}\cdot\frac{CT}{TA}=1$$

よって，$\frac{AP}{PB}\cdot\frac{CT}{TA}=\frac{QC}{BQ}$ …… ② が成り立つ。

ゆえに，①，② から $\frac{QC}{BQ}=\frac{CS}{BS}$ すなわち

BQ：QC=BS：CS（一定）が成り立つ。

(3)　(2) の証明から，

BQ：QC=BS：CS

すなわち　$\frac{QC}{BQ}=\frac{CS}{BS}$ が成り立つ。

ここで，CS=BS+BC であるから

$$\frac{QC}{BQ}=\frac{BS+BC}{BS}=1+\frac{5}{BS}$$

←メネラウスの定理 ➡ 基 44

←チェバの定理 ➡ 基 44

←点 S の位置を固定すると，BS と CS の長さが変わらないから，BS：CS は一定である。

よって，点Sを左に動かす，すなわちBSの値を大きくすると $\frac{QC}{BQ}$ の値は小さくなる。

ゆえに，点Sを左に動かすと，点Qは常に右に動く。

よって，②は正しく，⓪，①は正しくない。

次に，BS<CSであるから，BQ：QC=BS：CSより

BQ<QC

ゆえに，どの位置に点Sを移動させても

BQ：QC=2：1，BQ：QC=1：1となることはない。

また，BS=5となるように点Sを移動させるとき，

BS：CS=5：10=1：2となるから，BQ：QC=1：2となる。

よって，⑤は正しく，③，④は正しくない。

以上から　ᵏ②，ᵏ⑤（またはᵏ⑤，ᵏ②）

←点Qは辺BC上の点であり

$$\frac{QC}{BQ}=\frac{BC-BQ}{BQ}=\frac{5}{BQ}-1$$

よって，$\frac{QC}{BQ}$ の値が小さくなるとき，BQの値は大きくなる。すなわち，点Qは右に動く。

(4)

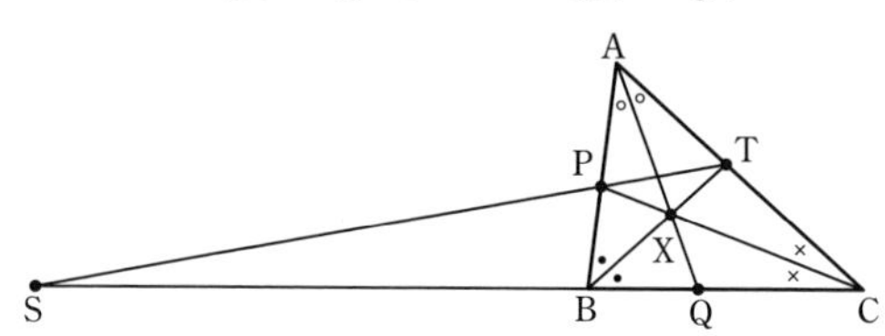

点Xが△ABCの内心であるとすると直線AXは∠Aの二等分線（ケ②），直線BXは∠Bの二等分線であるから，

$$\frac{QC}{BQ}=\frac{AC}{AB}=\frac{6}{4}=\frac{{}^{コ}\mathbf{3}}{{}^{サ}\mathbf{2}},\quad \frac{CT}{TA}=\frac{BC}{BA}=\frac{{}^{シ}\mathbf{5}}{{}^{ス}\mathbf{4}}$$

となる。

←三角形の内心と角の二等分線の性質　➡基 42

よって，点Xが△ABCの内心となるのは，

BQ：QC=BS：CSから　　BS：CS=2：3

これと，BC=5からBS=ᵗᶻ**10**,

$$AT：TC=4：5，AC=6 から AT=\frac{4}{4+5}\times 6=\frac{{}^{タ}\mathbf{8}}{{}^{チ}\mathbf{3}}$$

のときである。

←BS：(BS+5)=2：3

(5)　点Xが△ABCの重心になるとすると，点Xは中線の交点であるから，BQ：QC=1：1となる。

←三角形の重心　➡基 41

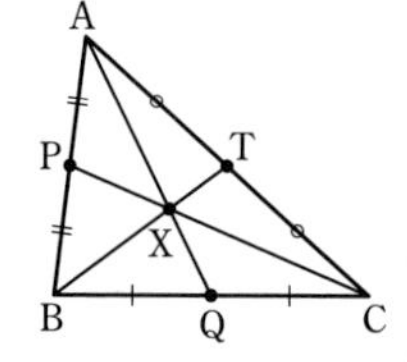

しかし，BQ：QC=BS：CS,

BS<CS

であるから，BQ：QC=1：1となることはない。

ゆえに，点Xは重心になり得ない。

点 X が外心になるとすると，
点 X は各辺の垂直二等分線の交点である。
よって，AB<AC より，右の図のように BQ>QC となるが，

　BQ：QC＝BS：CS，
　BS<CS

であるから，BQ>QC となることはない。
ゆえに，点 X は外心になり得ない。

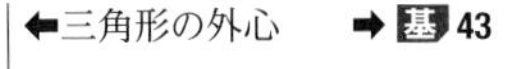
←三角形の外心　➡基 43

点 X が垂心になるとすると，
点 X は各頂点から向かいあう辺に下ろした垂線の交点である。
よって，AB<AC より，右の図のように BQ<QC となる。

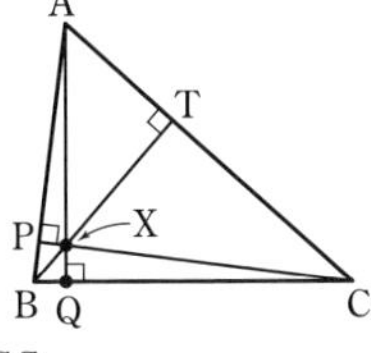

ゆえに，BQ：QC＝BS：CS，BS<CS を満たすような点 S をとることができる。
また，点 T は BT⊥CA となるようにとることができる。 ←下の参考も参照。
よって，点 X は垂心になり得る。
以上より，正しい組合せは　ツ⑥

参考　△ABC において，余弦定理により

$$\cos B=\frac{4^2+5^2-6^2}{2\cdot4\cdot5}=\frac{1}{8},\quad \cos A=\frac{6^2+4^2-5^2}{2\cdot6\cdot4}=\frac{9}{16}$$

ここで

$$AB\cos B=4\cdot\frac{1}{8}=\frac{1}{2},\quad AB\cos A=4\cdot\frac{9}{16}=\frac{9}{4}$$

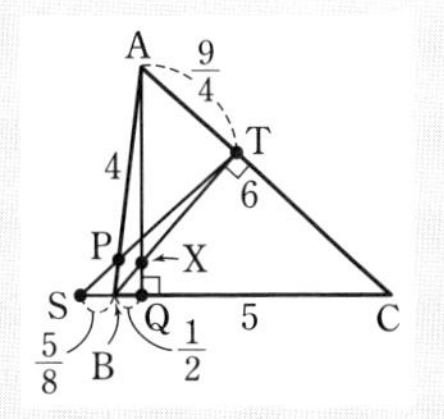

ゆえに，図のように，$BQ=\frac{1}{2}$，$AT=\frac{9}{4}$ となる点 Q，T に対し，AQ⊥BC，BT⊥CA が成り立つ。
逆に，$BQ=\frac{1}{2}$ のとき，$BQ:QC=\frac{1}{2}:\frac{9}{2}=1:9$ となることから，BS：CS＝1：9 となる点 S に対し，点 Q はこれらの条件を満たす。
点 S の位置を求めると，BC＝5 から　　BS：(BS＋5)＝1：9

よって　　$BS=\frac{5}{8}$

したがって，$BS=\frac{5}{8}$，$AT=\frac{9}{4}$ となるように点 S，T をとると，点 X は △ABC の垂心となる。
一方，点 X が重心であるとすると，P は辺 AB の中点，T は辺 AC の中点であるから，中点連結定理により PT∥BC である。しかし，点 S をどのように

とってもPT∥BCとはならないから，点Xは重心になり得ない。
また，点Xが外心であるとすると，解答からBQ>QCである。
BQ：QC=BS：CSとあわせて考えると，点Sを直線BC上で，点Cから見て点Bと反対側にとることになるから，本問の設定では点Xは外心になり得ない。

第4問

解答

(1) (i) Dがコインを6枚投げるとき，
表の枚数がちょうど5枚である確率は

$${}_6C_5\cdot\left(\frac{1}{2}\right)^5\cdot\left(\frac{1}{2}\right)^1=\frac{6}{64}$$

←反復試行の確率 ➡基 38

表の枚数がちょうど6枚である確率は

$$\left(\frac{1}{2}\right)^6=\frac{1}{64}$$

これらは互いに排反であるから，求める確率は

$$\frac{6}{64}+\frac{1}{64}=\frac{{}^{ア}\mathbf{7}}{{}^{イウ}\mathbf{64}}$$

Dが組合せを決める権利を得るのは，表の枚数が4枚以上のときである。

←AとDの表の枚数がともに4枚のとき，強さを示す値が小さいDが権利を得る。

表の枚数がちょうど4枚である確率は

$${}_6C_4\cdot\left(\frac{1}{2}\right)^4\cdot\left(\frac{1}{2}\right)^2=\frac{15}{64}$$

表の枚数がちょうど4枚，5枚，6枚になる事象は互いに排反であるから，求める確率は

$$\frac{15}{64}+\frac{6}{64}+\frac{1}{64}=\frac{{}^{エオ}\mathbf{11}}{{}^{カキ}\mathbf{32}}$$

➡基 36

(ii) ⓪の組合せの場合
決勝でAと対戦してDが優勝する確率は

$$\frac{4}{4+2}\times\frac{1}{1+2}\times\frac{1}{1+4}=\frac{2}{45}$$

←AとBの対戦でAが勝つ場合とBが勝つ場合に分けて考える。
XとYの対戦を(X，Y)で表すと，
Dが決勝でAに勝つ場合は
(A，B)はAが勝ち，
(C，D)はDが勝ち，
(A，D)はDが勝つ確率。
Dが決勝でBに勝つ場合は
(A，B)はBが勝ち，
(C，D)はDが勝ち，
(B，D)はDが勝つ確率。

決勝でBと対戦してDが優勝する確率は

$$\frac{2}{2+4}\times\frac{1}{1+2}\times\frac{1}{1+2}=\frac{1}{27}$$

これらは互いに排反であるから，Dが優勝する確率は

$$\frac{2}{45}+\frac{1}{27}=\frac{11}{135}$$

①の組合せの場合
BとCはどちらが勝っても，Dが決勝で勝つ確率は等しい。

よって，D が優勝する確率は

$$\frac{1}{4+1}\times\frac{1}{2+1}=\frac{1}{15}=\frac{9}{135}$$

$\frac{11}{135}>\frac{9}{135}$ であるから，D が優勝する確率が大きいのは ^{ク}⓪ の組合せである。

(iii)　⓪ の組合せで大会が行なわれるとする。

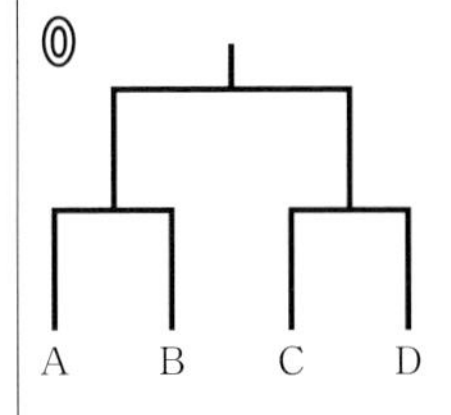

D が優勝する確率は，(ii) から　$\frac{11}{135}$

次に，D が準優勝する確率を求める。

決勝で A と対戦して D が準優勝する確率は

$$\frac{4}{4+2}\times\frac{1}{1+2}\times\frac{4}{4+1}=\frac{8}{45}$$

決勝で B と対戦して D が準優勝する確率は

$$\frac{2}{4+2}\times\frac{1}{1+2}\times\frac{2}{2+1}=\frac{2}{27}$$

これらは互いに排反であるから，D が準優勝する確率は　$\frac{8}{45}+\frac{2}{27}=\frac{34}{135}$

したがって，D が得られる賞金の期待値は

$$900\times\frac{11}{135}+600\times\frac{34}{135}=\frac{{}^{ケコサシ}\mathbf{2020}}{{}^{ス}\mathbf{9}}$$

←D が初戦で負けた場合に得られる賞金は 0 円であるから，D が初戦で負ける確率を求める必要はない。

➡基 40

D が準優勝する確率は次のように求めてもよい。

D が初戦で C に負ける確率は

$$\frac{2}{2+1}=\frac{2}{3}$$

よって，D が準優勝する確率は

$$1-\left(\frac{11}{135}+\frac{2}{3}\right)=\frac{34}{135}$$

←余事象の確率。
準優勝する確率は，優勝する確率と初戦で負ける確率を 1 から引く。

➡基 37

(2)　(i)　さいころの目の出方は　6^4 通り

A，B，C，D が出したさいころの目をそれぞれ a，b，c，d とすると，A，B，C，D の順に自分の場所を決めることになるのは $a>b>c>d$ のときである。

このような目の出方は ${}_6C_4$ 通りであるから，求める確率は　$\frac{{}_6C_4}{6^4}=\frac{{}^{セ}\mathbf{5}}{{}^{ソタチ}\mathbf{432}}$

←1 ～ 6 から異なる 4 つの数を選び，大きいものから順に a，b，c，d とすれば，条件を満たす。

➡基 33，重 17

(ii)　図 2 のトーナメント形式において，優勝する確率が最も大きくなる場所は試合数が最も少ない一番左であり，優勝する確率が最も小さくなる場所は試合数が最も多い左から3番目と4番目の場所である。

したがって，Dが優勝する確率が最も大きい組合せは，Dが一番左の場所にあり，最も強いAが左から3番目または4番目の場所にあるときであるから，その組合せは ツ⑥ である。

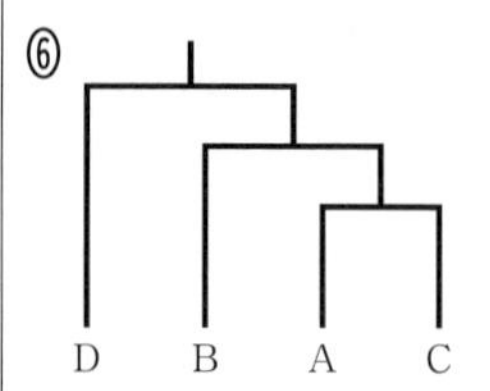

このとき，決勝で，Aと対戦する場合，Bと対戦する場合，Cと対戦する場合に分ける。さらに，Bと対戦する場合では，AとCの対戦でAが勝つ場合とCが勝つ場合に分ける。

決勝でAと対戦してDが優勝する確率は

$$\frac{4}{4+2}\times\frac{4}{4+2}\times\frac{1}{1+4}=\frac{4}{45}$$

決勝でBと対戦してDが優勝する確率は

$$\left(\frac{4}{4+2}\times\frac{2}{2+4}+\frac{2}{2+4}\times\frac{2}{2+2}\right)\times\frac{1}{1+2}=\frac{7}{54}$$

←「『(A，C)はAが勝ち，(A，B)はBが勝つ』または『(A，C)はCが勝ち，(C，B)はBが勝つ』」かつ「(B，D)はDが勝つ」確率　➡重20

決勝でCと対戦してDが優勝する確率は

$$\frac{2}{2+4}\times\frac{2}{2+2}\times\frac{1}{1+2}=\frac{1}{18}$$

よって，求める確率は

$$\frac{4}{45}+\frac{7}{54}+\frac{1}{18}=\frac{^{テト}\mathbf{37}}{^{ナニヌ}\mathbf{135}}$$

(iii)　D，C，B，Aの順に自分の場所を決めることになるのは

$$d\geqq c\geqq b\geqq a$$

のときである。そのような目の出方は4つの○と5つの｜の順列の総数に等しいから，その総数は

←重複組合せ　➡重19

$$\frac{9!}{4!5!}\text{ 通り}$$

よって，求める確率は　$\dfrac{\frac{9!}{4!5!}}{6^4}=\dfrac{^{ネ}\mathbf{7}}{^{ノハ}\mathbf{72}}$

D，C，B，Aの順で自分が最も優勝する確率が大きくなるように場所を選ぶと，次のような組合せになる。

←優勝する確率が最も大きい場所は試合数が最も少ない一番左にある場合であるから，トーナメントの場所を左から順にD，C，B，Aと選ぶことになる。(BとAは逆でも同じ。)

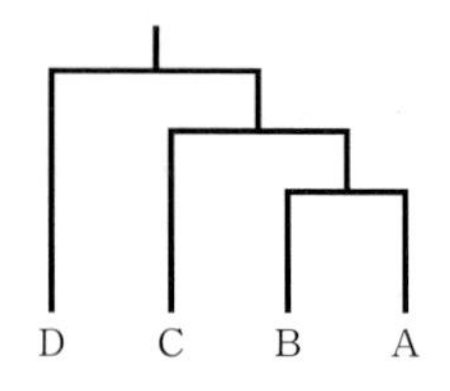

この組合せにおいて，D が優勝する確率は，B と C の強さが同じであることから，(ii) で選んだ ⑥ の組合せで優勝する確率と等しい。

よって，(ii) での計算より，この組合せで D が優勝する確率は $\dfrac{37}{135}$，D が優勝かつ A が準優勝である確率は $\dfrac{4}{45}$ であるから，D が優勝するという条件のもとで A が準優勝であるという条件付き確率は

$$\frac{4}{45} \div \frac{37}{135} = \frac{^{ヒフ}\mathbf{12}}{^{ヘホ}\mathbf{37}}$$

⬅(ii) の結果を利用。

⬅条件付き確率
$P_A(B) = \dfrac{P(A \cap B)}{P(A)}$

➡ 基 39

参考 (ツ) について，それぞれの確率を比較する場合には，次のように考えることができる。

⓪，②，③ の組合せでは，D が優勝するためには A，B，C との対戦ですべて勝つ必要があるから，D が優勝する確率は最も小さい。

次に，① の組合せの場合と ⑤ の組合せの場合に，D が優勝する確率を比べる。

B と C の強さは同じであるから，D が A と対戦して勝つ確率を p_A，D が B と対戦して勝つ確率を p_B とすると

① の組合せで D が優勝する確率は　$p_B \times p_A$

⑤ の組合せで D が優勝する確率は　$\dfrac{4}{4+2}p_A + \dfrac{2}{4+2}p_B$

$p_B > p_A$，$1 > p_B$ であるから

$$\frac{4}{4+2}p_A + \frac{2}{4+2}p_B > \frac{4}{4+2}p_A + \frac{2}{4+2}p_A = p_A > p_B \times p_A$$

よって，① の組合せより ⑤ の組合せの方が D が優勝する確率は大きい。

同様に考えて，④ の組合せより ⑥ の組合せの方が D が優勝する確率は大きい。

⑤ の組合せのとき，D が優勝する確率は

$$\frac{4}{4+2} \times \frac{1}{4+1} + \frac{2}{4+2} \times \frac{1}{2+1} = \frac{2}{15} + \frac{1}{9} = \frac{33}{135}$$

⑥ の組合せのとき，D が優勝する確率は $\dfrac{37}{135}$ であるから，D が優勝する確率が最も大きい組合せは ⑥ である。

数学Ⅱ，数学B，数学Cの解説

第1問 〔1〕

解答

(1) (i) AP：BP＝1：1のとき

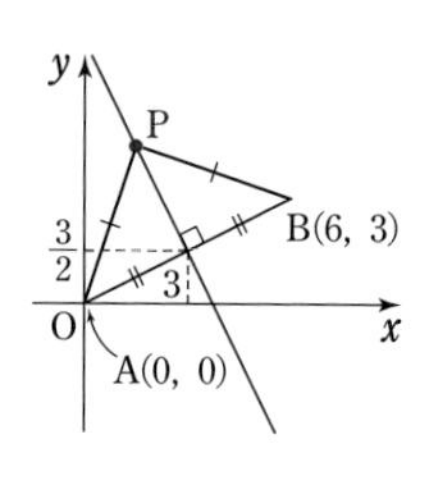

AP＝BPであるから，点Pの軌跡は線分ABの垂直二等分線である。

線分ABの中点の座標は

$$\left(\frac{0+6}{2},\ \frac{0+3}{2}\right)$$

すなわち　$\left(3,\ \dfrac{3}{2}\right)$

←中点 $\left(\dfrac{x_1+x_2}{2},\ \dfrac{y_1+y_2}{2}\right)$
➡ 基 62

また，直線ABの傾きは $\dfrac{3-0}{6-0}$ すなわち $\dfrac{1}{2}$ であるから，直線ABに垂直な直線の傾きは -2 である。

←垂直 ⟺ 傾きの積が -1
➡ 基 63

したがって，求める直線の方程式は

$$y-\frac{3}{2}=-2(x-3)$$

←点 $(x_1,\ y_1)$ を通り，傾き m の直線の方程式は
$\boldsymbol{y-y_1=m(x-x_1)}$
➡ 基 63

すなわち　$y=^{アイ}\boldsymbol{-2}x+\dfrac{^{ウエ}\boldsymbol{15}}{^{オ}\boldsymbol{2}}$

〔別解〕 AP：BP＝1：1のとき

AP＝BPから　　$AP^2=BP^2$

$P(x,\ y)$ とすると，

$$AP^2=x^2+y^2,\ BP^2=(x-6)^2+(y-3)^2$$

であるから

$$x^2+y^2=(x-6)^2+(y-3)^2$$

右辺を展開して整理すると

$$4x+2y-15=0$$

よって　　$y=^{アイ}\boldsymbol{-2}x+\dfrac{^{ウエ}\boldsymbol{15}}{^{オ}\boldsymbol{2}}$

(ii) AP：BP＝2：1のとき

AP＝2BPから　　$AP^2=4BP^2$　……①

$P(x,\ y)$ とすると，

$$AP^2=x^2+y^2,\ BP^2=(x-^{カ}\boldsymbol{6})^2+(y-^{キ}\boldsymbol{3})^2$$

←2点間の距離
$\sqrt{(x_2-x_1)^2+(y_2-y_1)^2}$
➡ 基 62

であるから，これらを①に代入すると

$$x^2+y^2=4\{(x-6)^2+(y-3)^2\}$$

右辺を展開して整理すると

$$3x^2-48x+3y^2-24y+180=0$$

すなわち　$x^2-16x+y^2-8y+60=0$

よって　　$(x-8)^2+(y-4)^2=20$

したがって，点 P の軌跡は

　中心が点 (ク**8**，ケ**4**)，半径が コ$\mathbf{2}\sqrt{^{サ}\mathbf{5}}$

の円であることがわかる。

また，この円と直線 AB との 2 つの交点のうち，線分 AB 上にあるものを Q，もう一方を R とすると，この円周上の任意の点 P について，

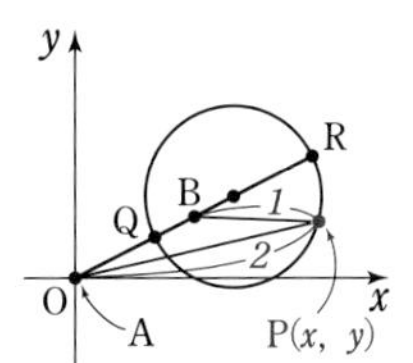

AP：BP＝2：1 が成り立つから，AQ：BQ＝2：1，AR：BR＝2：1 である。

よって，点 Q は線分 AB を 2：1 に内分する点，点 R は線分 AB を 2：1 に外分する点である。

ゆえに，2 点 Q，R の座標は

$$\mathrm{Q}\left(\frac{1\cdot0+2\cdot6}{2+1},\ \frac{1\cdot0+2\cdot3}{2+1}\right)$$

すなわち　Q(シ**4**，ス**2**)，

$$\mathrm{R}\left(\frac{-1\cdot0+2\cdot6}{2-1},\ \frac{-1\cdot0+2\cdot3}{2-1}\right)$$

すなわち　R(セソ**12**，タ**6**)

この円の中心 (8，4) は直線 AB，すなわち直線 $y=\dfrac{1}{2}x$ 上にあることから，この円は 2 点 Q，R を直径の両端とする円であるといえる。

⬅中心 $(a,\ b)$，半径 r の円の方程式
$(x-a)^2+(y-b)^2=r^2$
➡ 基 65

⬅円 $(x-8)^2+(y-4)^2=20$ と直線 $y=\dfrac{1}{2}x$ の交点を求めてもよい。

⬅$\mathrm{A}(x_1,\ y_1)$，$\mathrm{B}(x_2,\ y_2)$ について，線分 AB を $m：n$ に
内分する点
$\left(\dfrac{nx_1+mx_2}{m+n},\ \dfrac{ny_1+my_2}{m+n}\right)$
外分する点 $(m\neq n)$
$\left(\dfrac{-nx_1+mx_2}{m-n},\ \dfrac{-ny_1+my_2}{m-n}\right)$
➡ 基 62

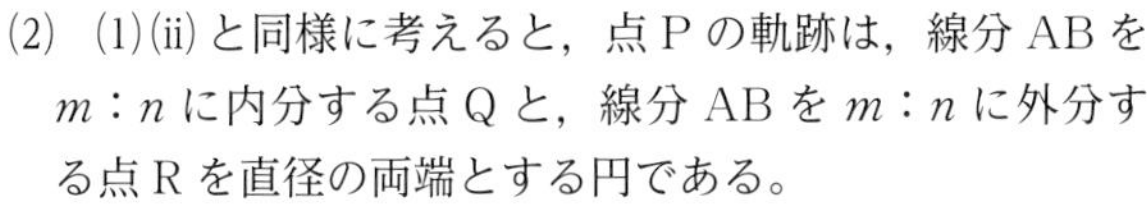

(2)　(1)(ii) と同様に考えると，点 P の軌跡は，線分 AB を $m：n$ に内分する点 Q と，線分 AB を $m：n$ に外分する点 R を直径の両端とする円である。

ここで，A(0，0)，B(b，0) ($b>0$) となるように，座標軸を定める。

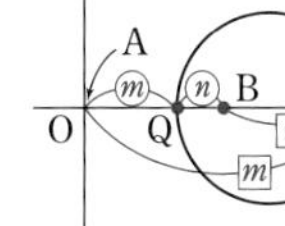

このとき，$\mathrm{Q}\left(\dfrac{mb}{m+n},\ 0\right)$，

$\mathrm{R}\left(\dfrac{mb}{m-n},\ 0\right)$ である。

よって，この円の中心の座標は，

線分 QR の中点であるから

$$\left(\frac{1}{2}\left(\frac{mb}{m+n}+\frac{mb}{m-n}\right),\ 0\right)$$

すなわち　$\left(\dfrac{m^2b}{m^2-n^2},\ 0\right)$

⬅この円を アポロニウスの円 という。

⬅A(0，0)，B(b，0) を $m：n$ に内分する点
$\left(\dfrac{n\cdot0+mb}{m+n},\ \dfrac{n\cdot0+m\cdot0}{m+n}\right)$
$m：n$ に外分する点
$\left(\dfrac{-n\cdot0+mb}{m-n},\ \dfrac{-n\cdot0+m\cdot0}{m-n}\right)$

➡ 基 62

よって，$\left(\dfrac{-n^2\cdot 0+m^2 b}{m^2-n^2},\ \dfrac{-n^2\cdot 0+m^2\cdot 0}{m^2-n^2}\right)$ であるから，円の中心は，線分 AB を $m^2 : n^2$（チ ⑥）に外分（ツ ①）する点である。

⬅ ツ には内分と外分のどちらかが当てはまることと，分母に m^2-n^2 があることから，外分点を表す形に変形できるのでは，と考えるとよい。

参考　(1)(ii) について

2点 A(0, 0)，B(6, 3) に対し，線分 AB を $2^2 : 1^2$，すなわち $4:1$ に外分する点の座標は

$$\left(\frac{-1\cdot 0+4\cdot 6}{4-1},\ \frac{-1\cdot 0+4\cdot 3}{4-1}\right)\quad \text{すなわち}\quad (8,\ 4)$$

これは，求めた円の中心の座標である。

第1問　〔2〕

解答

(1)　$(0.25)^{-1}=\left(\dfrac{1}{4}\right)^{-1}=(4^{-1})^{-1}=4=2^2$

⬅ $\dfrac{1}{a^x}=a^{-x}$，$(a^x)^y=a^{xy}$　➡ 基 75

$\left(\dfrac{1}{3}\right)^{\frac{2}{3}}=(3^{-1})^{\frac{2}{3}}=3^{-\frac{2}{3}}$ であり，$-\dfrac{2}{3}<0$ で，底 3 は 1 より大きいから　$0<3^{-\frac{2}{3}}<3^0=1$

➡ 基 75

⬅ $a>1$ のとき $p<q \Longleftrightarrow a^p<a^q$（不等号の向きはそのまま。）　➡ 基 80

$2\sqrt[3]{2}=2\cdot 2^{\frac{1}{3}}=2^{\frac{4}{3}}$ であり，$1<\dfrac{4}{3}<2$ で，底 2 は 1 より大きいから　$2^1<2^{\frac{4}{3}}<2^2$

$\log_{\frac{1}{2}}3$ について

$3>1$ で，底 $\dfrac{1}{2}$ は 1 より小さいから　$\log_{\frac{1}{2}}3<\log_{\frac{1}{2}}1=0$

⬅ $0<a<1$ のとき $p<q \Longleftrightarrow \log_a p>\log_a q$（不等号の向きが変わる。）　➡ 基 80

$\log_3 4$ について

$3<4<9$ で，底 3 は 1 より大きいから

$\log_3 3<\log_3 4<\log_3 9$　すなわち　$1<\log_3 4<2$

⬅ $a>1$ のとき $p<q \Longleftrightarrow \log_a p<\log_a q$（不等号の向きはそのまま。）　➡ 基 80

したがって

$$\log_{\frac{1}{2}}3<0<3^{-\frac{2}{3}}<1<\log_3 4<2<2^{\frac{4}{3}}<2^2$$

すなわち　$\log_{\frac{1}{2}}3<\left(\dfrac{1}{3}\right)^{\frac{2}{3}}<\log_3 4<2\sqrt[3]{2}<(0.25)^{-1}$

以上から，⓪～④の 5 つの数を小さい順に並べると

テ ③ < ト ① < ナ ④ < ニ ② < ヌ ⓪　である。

(2)　$\log_4 7$ の整数部分を a，小数部分を b とすると

$$b=\log_4 7-a$$

➡ 重 1

$\log_4 7$ を小数で表したときの小数第 1 位の数を n とすると

$$\frac{n}{10} \leqq b < \frac{n+1}{10}$$

が成り立つ。

よって，不等式 $\frac{n}{10} \leqq \log_4 7 - a < \frac{n+1}{10}$ が成り立つ。

(ネ ①)

a の値について，$\log_4 4 < \log_4 7 < \log_4 16$，すなわち，$1 < \log_4 7 < 2$ が成り立つから，$a =$ ノ**1** である。

ゆえに，$\frac{n}{10} \leqq \log_4 7 - 1 < \frac{n+1}{10}$ が成り立つから，この不等式を満たす n の値を求めればよい。

$\log_4 7 - 1 = \log_4 7 - \log_4 4 = \log_4 \frac{7}{4}$，$\frac{n}{10} = \log_4 4^{\frac{n}{10}}$，

$\frac{n+1}{10} = \log_4 4^{\frac{n+1}{10}}$ から

$$\log_4 4^{\frac{n}{10}} \leqq \log_4 \frac{7}{4} < \log_4 4^{\frac{n+1}{10}}$$

底 4 は 1 より大きいから　$4^{\frac{n}{10}} \leqq \frac{7}{4} < 4^{\frac{n+1}{10}}$

よって　$(2^2)^{\frac{n}{10}} \leqq \frac{7}{4} < (2^2)^{\frac{n+1}{10}}$

ゆえに　$2^{\frac{n}{5}} \leqq \frac{7}{4} < 2^{\frac{n+1}{5}}$

各辺を 5 乗すると　$2^n \leqq \left(\frac{7}{4}\right)^5 < 2^{n+1}$

$\left(\frac{7}{4}\right)^5 = \frac{16807}{1024} = 16.4\cdots\cdots$，$2^4 = 16$，$2^5 = 32$ であるから，

この不等式を満たす整数 n は　$n =$ ハ**4**

したがって，$\log_4 7$ を小数で表すと，整数部分は 1，小数第 1 位の数は 4 である。

←例えば，0.314 という数は
$0.3 \leqq 0.314 < 0.4$
すなわち
$\frac{3}{10} \leqq 0.314 < \frac{4}{10}$
を満たす。
このように，具体的な数で考えるとイメージしやすい。

←$\log_a M - \log_a N = \log_a \frac{M}{N}$，
$M = \log_a a^M$　➡基 75

➡基 80

第 2 問

解答

(1)　関数 $y = \cos 3x\ (0 \leqq x \leqq \pi)$ は

$x = 0$ のとき $y = \cos 0 = 1$，

$x = \pi$ のとき $y = \cos 3\pi = -1$ であり，

周期は $\frac{2\pi}{3}$ であるから，最も適当なものは ア ③ である。

←$y = \cos bx\ (b > 0)$ の周期は $\frac{2\pi}{b}$　➡基 69，演 16

(2)　方程式 $\cos 3x = \frac{2}{3}$ の $0 \leqq x \leqq \pi$ における解の個数は，

$y = \cos 3x\ (0 \leqq x \leqq \pi)$ のグラフと $y = \frac{2}{3}$ のグラフの共有点の個数に等しいから，次のグラフよりその個数は イ**3**

➡重 35，39，43

実践模試

個である。

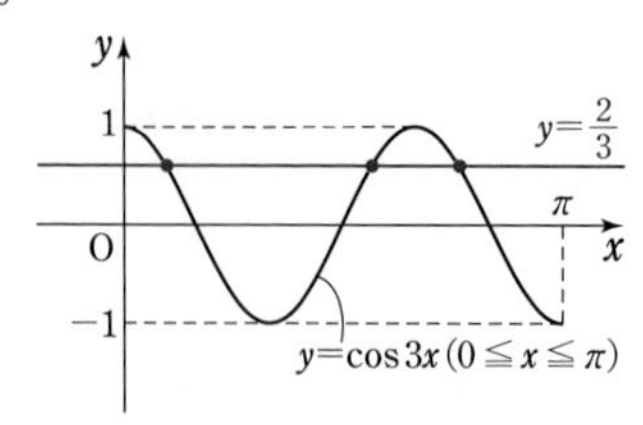

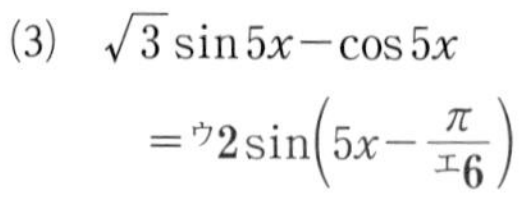

(3)　$\sqrt{3}\sin 5x-\cos 5x$

$=^{ウ}2\sin\left(5x-\dfrac{\pi}{^{エ}6}\right)$

が成り立つ。

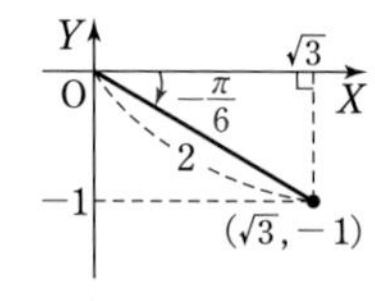

←合成　➡基74

(4)　(3) から

$$\sqrt{3}\sin 5x-\cos 5x=2\sin\left(5x-\frac{\pi}{6}\right)$$

また，$2\sin\left(5x-\dfrac{\pi}{6}\right)=2\sin 5\left(x-\dfrac{\pi}{30}\right)$ である。

ここで，関数 $y=2\sin 5x$ の周期は $\dfrac{2\pi}{5}$ であり，そのグラフは次のようになる。

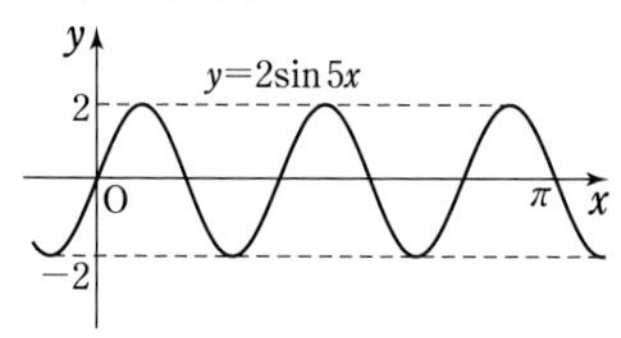

よって，$y=\sqrt{3}\sin 5x-\cos 5x$ のグラフ，すなわち $y=2\sin 5\left(x-\dfrac{\pi}{30}\right)$ のグラフは，$y=2\sin 5x$ のグラフを x 軸方向に $\dfrac{\pi}{30}$ だけ平行移動したものであるから，最も適当なものは ^{オ}④ である。

➡基69

(5)　方程式 $\sqrt{3}\sin 5x-\cos 5x=\dfrac{3}{2}$ の $0 \leqq x \leqq \pi$ における解の個数は，$y=\sqrt{3}\sin 5x-\cos 5x\ (0 \leqq x \leqq \pi)$ のグラフと $y=\dfrac{3}{2}$ のグラフの共有点の個数に等しいから，次のグラフよりその個数は $^{カ}6$ 個である。

←(2) と同様に考える。

←(4) のグラフを利用する。

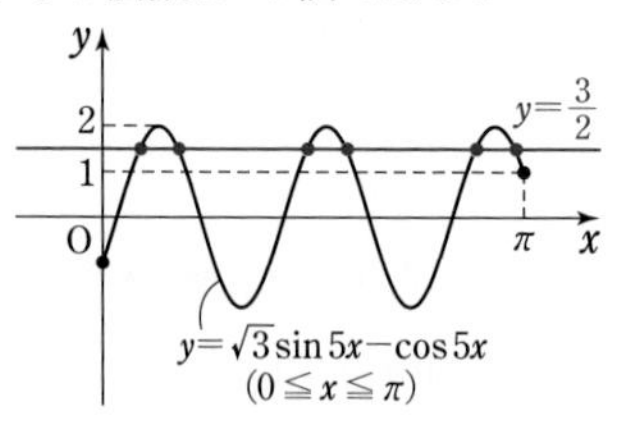

←$x=\pi$ のとき，
$y=\sqrt{3}\sin 5\pi-\cos 5\pi=1$
であることに注意。

実践模試

第3問

解答

(1)　$f(x)=x^2-3x+2$ から　　$f'(x)=2x-3$

$f(0)=2$，$f'(0)=-3$ であるから，点 A$(0,\ f(0))$ すなわち点 A$(0,\ 2)$ における接線 ℓ_1 の方程式は

$$y-2=-3(x-0)$$

よって　　$y={}^{アイ}\mathbf{-3}x+{}^{ウ}\mathbf{2}$

←曲線 $y=f(x)$ 上の点 $(a,\ f(a))$ における接線の方程式は
$\boldsymbol{y-f(a)=f'(a)(x-a)}$
➡ 基 85

(2)　$\ell_1\perp\ell_2$ であるから，(1) より ℓ_2 の傾きは $\dfrac{1}{3}$ である。

←垂直 ⟺ 傾きの積が -1
➡ 基 63，重 41

さらに，直線 $\ell_2: y=g(x)$ は点 A$(0,\ 2)$ を通るから

$$y-2=\frac{1}{3}(x-0)\quad すなわち\quad y=\frac{1}{3}x+2$$

ゆえに　　$g(x)=\dfrac{{}^{エ}\mathbf{1}}{{}^{オ}\mathbf{3}}x+{}^{カ}\mathbf{2}$

$f(x)=g(x)$ とすると　　$x^2-3x+2=\dfrac{1}{3}x+2$

よって　　$x^2-\dfrac{10}{3}x=0$　　　すなわち　$x\left(x-\dfrac{10}{3}\right)=0$

ゆえに　　$x=0,\ \dfrac{10}{3}$

したがって，B$(b,\ f(b))$ とすると　　$b=\dfrac{{}^{キク}\mathbf{10}}{{}^{ケ}\mathbf{3}}$

←B は A と異なる点であるから，$b\neq0$ である。

放物線 $y=f(x)$ と直線 $y=g(x)$ で囲まれる図形の面積 S は

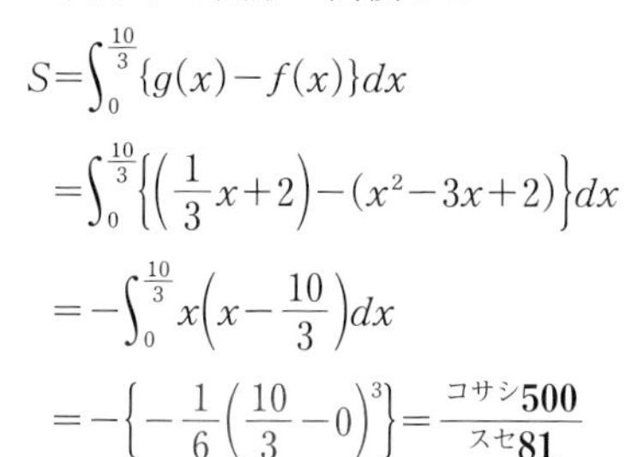

$$S=\int_0^{\frac{10}{3}}\{g(x)-f(x)\}dx$$

$$=\int_0^{\frac{10}{3}}\left\{\left(\frac{1}{3}x+2\right)-(x^2-3x+2)\right\}dx$$

$$=-\int_0^{\frac{10}{3}}x\left(x-\frac{10}{3}\right)dx$$

$$=-\left\{-\frac{1}{6}\left(\frac{10}{3}-0\right)^3\right\}=\frac{{}^{コサシ}\mathbf{500}}{{}^{スセ}\mathbf{81}}$$

←$\displaystyle\int_\alpha^\beta(x-\alpha)(x-\beta)dx=-\frac{1}{6}(\beta-\alpha)^3$　➡ 基 92

(3)　$0<t<b$ を満たす t に対して，

$F(t)=\displaystyle\int_0^t\{g(x)-f(x)\}dx-\int_t^b\{g(x)-f(x)\}dx$ とする。

放物線 $y=f(x)$ と直線 $y=g(x)$ で囲まれる図形を，直線 $x=t$ により 2 つの図形に分ける。左側の図形の面積を $T_1(t)$，右側の図形の面積を $T_2(t)$ とすると，$F(t)=T_1(t)-T_2(t)$ である。

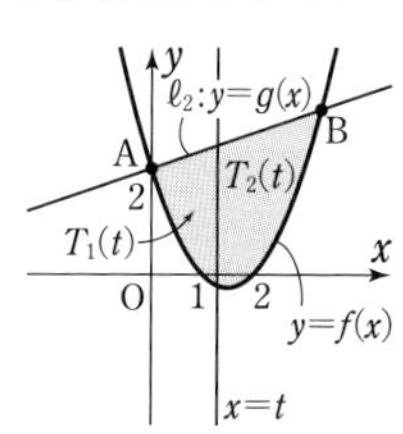

(i) $0<t<b$ の範囲で t が増加するとき，図より，$T_1(t)$ は $0<T_1(t)<S$ の範囲で増加し，$T_2(t)$ は $S>T_2(t)>0$ の範囲で減少するから，$F(t)=T_1(t)-T_2(t)$ は $-S<F(t)<S$ の範囲で増加する。
したがって，つねに $F(t)>0$，および，つねに $F(t)<0$ は成り立たず，$F(t)=0$ となる t が $0<t<b$ の範囲に存在するから　ソ ②

(ii) (i)と同様に考えると，$0<t<b$ の範囲で t が増加するとき，$F(t)$ は増加するから，$F'(t)\geqq 0$ である。
また，

$$F(t)=\int_0^t\{g(x)-f(x)\}dx+\int_b^t\{g(x)-f(x)\}dx$$

であるから

$$F'(t)=\{g(t)-f(t)\}+\{g(t)-f(t)\}$$
$$=2\{g(t)-f(t)\}$$

$F'(t)=0$ とすると $g(t)=f(t)$ であるが，これを満たす t は $0<t<b$ の範囲には存在しない。すなわち，$F'(t)\neq 0$ である。
したがって，$0<t<b$ のとき，つねに $F'(t)>0$ であるから，正しいものは　タ ⓪

(iii) (i)より，$F(t)=0$ となる t が $0<t<b$ の範囲に存在するから，$y=F(t)$ のグラフは，$0<t<b$ の範囲で t 軸と共有点をもつ。また，(ii)より，$y=F(t)$ は $0<t<b$ の範囲で単調に増加する。
これらの条件を満たすのは②または⑧である。
さらに

$$F(t)=\int_0^t\{g(x)-f(x)\}dx+\int_b^t\{g(x)-f(x)\}dx$$

ここで，$g(x)-f(x)$ は2次関数であるから，
$\int_0^t\{g(x)-f(x)\}dx$ と $\int_b^t\{g(x)-f(x)\}dx$ はともに t の3次関数で，これらの3次の係数は等しい。
よって，その和である $F(t)$ も t の3次関数である。
したがって，$y=F(t)$ のグラフの概形として正しいものは チ ⑧ である。

⬅ $-\int_a^b f(x)dx=\int_b^a f(x)dx$

⬅ $\dfrac{d}{dt}\int_a^t f(x)dx=f(t)$

➡ 基 91

⬅ $y=f(x)$ のグラフと $y=g(x)$ のグラフは，$0<x<b$ の範囲において共有点をもたない。

⬅ $g(x)-f(x)$
$=\dfrac{1}{3}x+2-(x^2-3x+2)$
$=-x^2+\dfrac{10}{3}x$

⬅ 2次関数を積分すると次数が1増えて3次関数となる。
$F(t)$ は，3次の係数が等しい3次関数の和であるから，3次の項が消えて2次以下の関数になることはない。

〔別解〕(3)　(2) より，$g(x)-f(x)=-x^2+\frac{10}{3}x$，$b=\frac{10}{3}$

であるから

$$F(t)=\int_0^t\{g(x)-f(x)\}dx-\int_t^b\{g(x)-f(x)\}dx$$

$$=\int_0^t\left(-x^2+\frac{10}{3}x\right)dx-\int_t^{\frac{10}{3}}\left(-x^2+\frac{10}{3}x\right)dx$$

➡ 基 90

$$=\left[-\frac{1}{3}x^3+\frac{5}{3}x^2\right]_0^t-\left[-\frac{1}{3}x^3+\frac{5}{3}x^2\right]_t^{\frac{10}{3}}$$

$$=2\left(-\frac{1}{3}t^3+\frac{5}{3}t^2\right)-\left\{-\frac{1}{3}\left(\frac{10}{3}\right)^3+\frac{5}{3}\left(\frac{10}{3}\right)^2\right\}$$

$$=-\frac{2}{3}t^3+\frac{10}{3}t^2-\frac{500}{81}$$

$$F'(t)=-2t^2+\frac{20}{3}t$$

$-2t^2+\frac{20}{3}t=0$ を解くと，$-2t\left(t-\frac{10}{3}\right)=0$ から

$$t=0,\ \frac{10}{3}$$

3 次の係数は負であるから，3 次関数 $y=-\frac{2}{3}t^3+\frac{10}{3}t^2-\frac{500}{81}$ のグラフは図のようになる。

⬅ $F(0)=-\frac{500}{81}$，

$F\left(\frac{10}{3}\right)=-\frac{2}{3}\left(\frac{10}{3}\right)^3+\frac{10}{3}\left(\frac{10}{3}\right)^2-\frac{500}{81}=\frac{500}{81}$

(i)　グラフから，$F(t)=0$ となる t が $0<t<\frac{10}{3}$ すなわち $0<t<b$ の範囲に存在する。

したがって　ソ ②

⬅グラフから，$0<t<b$ を満たす t に対して，$F(t)<0$ となる場合と $F(t)>0$ となる場合のどちらもあるから，⓪と①は正しくないことがわかる。

(ii)　$F'(t)=-2t\left(t-\frac{10}{3}\right)$ であるから，$0<t<\frac{10}{3}$ すなわち $0<t<b$ を満たす t に対して，つねに $F'(t)>0$ が成り立つ。

したがって　タ ⓪

(iii)　グラフから，$y=F(t)$ $(0<t<b)$ のグラフの概形として正しいものは チ ⑧ である。

$f(x)=x^2-3x+2$ であり，$g(x)=\frac{1}{3}x+2$ と求められるから，〔別解〕のように，$F(t)$ を具体的に計算して (3) を考えることもできる。しかし，解答のように $F(t)$ の図形的な意味を考えると，計算量が少なく素早く解答できる。

第4問

解答

(1)　午前 10 時に装置に入れた微生物 120 mg は，1 時間ごとに 1.2 倍となるから，午前 11 時の微生物の質量は $120\cdot1.2=$ ^{アイウ}**144** (mg) であり，24 時間後の翌日午前 10 時の微生物の質量は

$$120\cdot(1.2)^{24}=(1.2)^{エオ\,25}\cdot10^{カ\,2}\ (\text{mg})$$

である。このときの質量は，$(1.2)^{12}=9$ とすると

$$(1.2)^{25}\cdot10^2=\{(1.2)^{12}\}^2\cdot1.2\cdot10^2=9^2\cdot1.2\cdot10^2$$
$$=9720\ (\text{mg})$$

よって，最も近い数は　　^{キ}④

←$120=1.2\cdot10^2$

➡基 75

(2)　午前 10 時に入れた微生物 5 mg は 23 時間後の翌日午前 9 時には $5\cdot(1.2)^{23}$ mg，午前 11 時に追加した微生物 5 mg は 22 時間後の翌日午前 9 時には $5\cdot(1.2)^{22}$ mg，…… となる。

ゆえに，翌日午前 9 時に微生物を追加した直後の質量は

$$5+5\cdot1.2+5\cdot(1.2)^2+\cdots\cdots+5\cdot(1.2)^{クケ\,23}$$
$$=\frac{5\{(1.2)^{24}-1\}}{1.2-1}$$
$$={}^{コサ}\mathbf{25}\{(1.2)^{シス\,24}-1\}\ (\text{mg})$$

←初項 5，公比 1.2，項数 24 の等比数列の和。

➡基 94

このときの質量は，$(1.2)^{12}=9$ とすると

$$25\{(1.2)^{24}-1\}=25\{(1.2)^{12\cdot2}-1\}$$
$$=25(9^2-1)=2000$$

➡基 75

よって，最も近い数は　　^{セ}①

(3)　(i)　$A=120$，$p=20$ のとき，はじめに装置に入れた微生物 120 mg は 1 時間後に $120\cdot1.2$ mg になり，これから 20 mg 取り出した残りが a_1 mg であるから

$$a_1=120\cdot1.2-20={}^{ソタチ}\mathbf{124}$$

n 回目に取り出した直後の微生物の質量 a_n mg は 1 時間後に $1.2a_n$ mg になり，これから 20 mg 取り出した残りが a_{n+1} mg であるから

$$a_{n+1}=1.2a_n-20$$

すなわち　　$a_{n+1}=\dfrac{{}^{ツ}\mathbf{6}}{{}^{テ}\mathbf{5}}a_n-{}^{トナ}\mathbf{20}$ …… ①

① について，$x=\dfrac{6}{5}x-20$ とすると　　$x=100$

よって，① を変形すると　　$a_{n+1}-100=\dfrac{6}{5}(a_n-100)$

➡基 99

ここで　　$a_1-100=124-100=24$

したがって，数列 $\{a_n-100\}$ は，初項 24，公比 $\frac{6}{5}$ の等比数列であるから　$a_n-100=24\left(\frac{6}{5}\right)^{n-1}$

➡基 94

よって　$a_n=$ ニヌネ$\mathbf{100}+$ノハ$\mathbf{24}\left(\frac{6}{5}\right)^{n-1}$ …… ②

(ii) 装置の限界値を L mg とすると，L は 47 回目に取り出した直後の質量 a_{47} mg の微生物が $\frac{6}{5}$ 倍に増えたときの質量であるから，② より

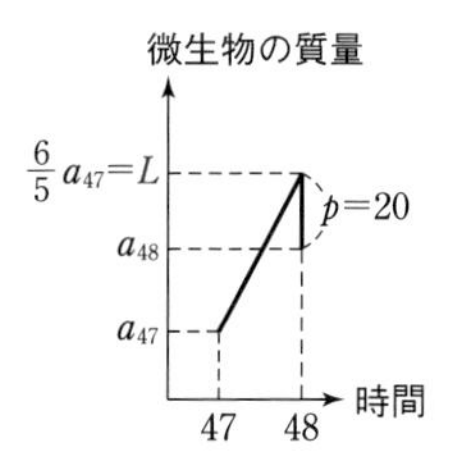

$$L=\frac{6}{5}a_{47}$$
$$=\frac{6}{5}\left\{100+24\left(\frac{6}{5}\right)^{46}\right\}$$
$$=120+24\left(\frac{6}{5}\right)^{47}\ (\text{mg})$$

⬅ $L=a_{48}+20$
$=100+24\left(\frac{6}{5}\right)^{47}+20$
$=120+24\left(\frac{6}{5}\right)^{47}$
としてもよい。

はじめに微生物を装置に A mg 入れ，毎回 1 時間ごとに p mg 取り出すとき，(i) と同様に考えると

$$a_1=\frac{6}{5}A-p,\ a_{n+1}=\frac{6}{5}a_n-p \text{ …… ③}$$

③ について，$x=\frac{6}{5}x-p$ とすると　$x=5p$

よって，③ を変形すると　$a_{n+1}-5p=\frac{6}{5}(a_n-5p)$

したがって，数列 $\{a_n-5p\}$ は 初項 $a_1-5p=\frac{6}{5}A-6p$，公比 $\frac{6}{5}$ の等比数列であるから

$$a_n-5p=\left(\frac{6}{5}A-6p\right)\left(\frac{6}{5}\right)^{n-1}$$

⬅ A，p のまま一般項を求めておいて，後で数値を代入すると手間が省ける。
➡基 99

ゆえに　$a_n=5p+\left(\frac{6}{5}A-6p\right)\left(\frac{6}{5}\right)^{n-1}$ …… ④

$A=150$，$p=20$ のとき

④ から　$a_n=100+60\left(\frac{6}{5}\right)^{n-1}$

ここで，$a_n>0$ であり，また，48 時間後，取り出す前の微生物の質量は

$$\frac{6}{5}a_{47}=\frac{6}{5}\left\{100+60\left(\frac{6}{5}\right)^{46}\right\}$$
$$=120+60\left(\frac{6}{5}\right)^{47}>120+24\left(\frac{6}{5}\right)^{47}=L$$

ゆえに，48 時間経過するより前に，微生物の質量は限界値に達する。よって　ヒ ⓪

素早く解く!

(i) に比べて最初に入れた微生物の量が多く，取り出す量は同じであるから，(i) の場合よりも早く限界値に達する，と考えて ⓪ を選んでもよい。

$A=100$，$p=20$ のとき

④ より，$a_n=100$ であるから，各回取り出す前の微生物の質量は

$$\frac{6}{5}\cdot 100=120$$

$0<100<120<L$ から，微生物の質量は限界値に達することはなく，また 0 mg にもならない。

よって　　フ ④

←最初に入れた 100 mg は 1 時間後に 120 mg に増え，増えた 20 mg だけを取り出すから，各回取り出した後の装置の中の微生物の質量は一定となる。

$A=120$，$p=30$ のとき

④ から　　$a_n=150-36\left(\frac{6}{5}\right)^{n-1}$

ここで，$36\left(\frac{6}{5}\right)^{n-1}>0$ から　　$a_n<150<L$

また，48 時間後，取り出す前の微生物の質量は

$$\frac{6}{5}a_{47}=\frac{6}{5}\left\{150-36\left(\frac{6}{5}\right)^{46}\right\}=180-36\left(\frac{6}{5}\right)^{47}<0$$

ゆえに，48 時間経過するより前に，装置に入っている微生物の質量は 0 mg になる。

よって　　ヘ ②

←$(1.2)^{12}=9$ を用いると

$\left(\frac{6}{5}\right)^{47}=(1.2)^{12\cdot 4}\div 1.2$

$=9^4\div 1.2=5467.5$

であるから，$36\left(\frac{6}{5}\right)^{47}$ は 180 よりはるかに大きい。

第5問

解答

(1)　平均 m が 100.2 で，標準偏差 σ が 0.4 のとき，確率変数 X は正規分布 $N(100.2,\ 0.4^2)$ に従う。

このとき，この工場で製造されるおにぎり 1 個あたりの重さが 100 g 未満となる確率は，$Z=\frac{X-m}{\sigma}$（ア ⓪），すなわち，$Z=\frac{X-100.2}{0.4}$ とおくと，Z は標準正規分布 $N(0,\ 1)$ に従うから

➡基 104

$$P(X<100)=P\left(Z<\frac{100-100.2}{0.4}\right)$$
$$=P(Z<-{}^{イ}\mathbf{0}.{}^{ウ}\mathbf{5})$$
$$=P(Z>0.5)$$
$$=0.5-P(0\leqq Z\leqq 0.5)$$
$$=0.5-0.1915$$
$$=0.3085$$
$$\fallingdotseq 0.{}^{エオ}\mathbf{31}$$

←対称性から

$P(Z<-a)=P(Z>a)$

➡基 104

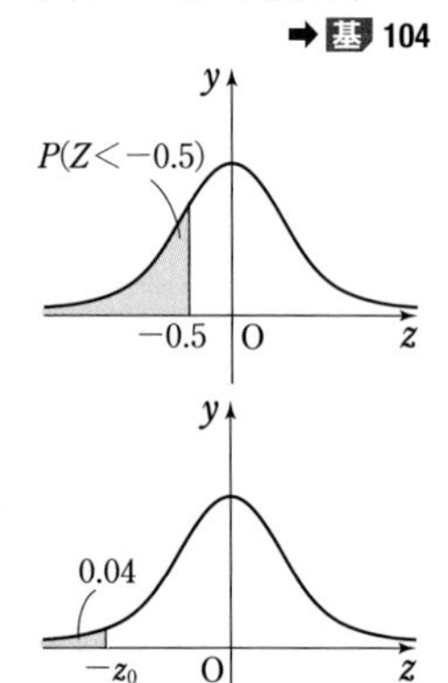

(2)　標準偏差 σ が 0.4 のとき，標準正規分布 $N(0,\ 1)$ に従う確率変数 Z について，$P(Z<-z_0)$ が最も 0.04 に近い値をとる正の数 z_0 を正規分布表から求める。

$$P(Z<-z_0)=P(Z>z_0)$$
$$={}^{カ}\mathbf{0}.{}^{キ}\mathbf{5}-P(0\leqq Z\leqq z_0)$$

より，$P(0\leqq Z\leqq z_0)=0.5-0.04=0.46$ に最も近い z_0 の値は正規分布表から

$$z_0={}^{ク}\mathbf{1}.{}^{ケコ}\mathbf{75}$$

であることがわかる。

←$P(0\leqq Z\leqq 1.75)=0.4599$

また，$Z=\dfrac{X-m}{\sigma}$ より，$\dfrac{100-m}{0.4}=-1.75$ とすれば，標準偏差 σ が 0.4 で，製造されるおにぎり 1 個あたりの重さ X が 100 g 未満となるとき

$$\frac{X-m}{\sigma}<\frac{100-m}{0.4}$$

すなわち　$Z<-1.75$

を満たす。

よって，$\dfrac{100-m}{0.4}=-1.75$ から　　$m=100.7$

←$m=100+1.75\cdot 0.4$
$=100.7$

したがって，$m={}^{サシス}\mathbf{100}.{}^{セ}\mathbf{7}$ とすれば，おにぎり 1 個あたりの重さが 100 g 未満となる確率は約 0.04 となる。

(3)　標本平均が 120.3 g，標本標準偏差が 0.6，標本の大きさが 100 のとき，母標準偏差は標本標準偏差と一致しているとすると，母平均 M に対する信頼度 95 % の信頼区間は

$$120.3-1.96\cdot\frac{0.6}{\sqrt{100}}\leqq M\leqq 120.3+1.96\cdot\frac{0.6}{\sqrt{100}}$$

ゆえに　　$120.1824\leqq M\leqq 120.4176$

よって　　$120.{}^{ソタ}\mathbf{18}\leqq M\leqq 120.{}^{チツ}\mathbf{42}$

←母平均 M に対する信頼度 95 % の信頼区間は
$$\left[\overline{X}-1.96\cdot\frac{\sigma}{\sqrt{n}},\ \overline{X}+1.96\cdot\frac{\sigma}{\sqrt{n}}\right]$$
(➡ 基 105)

また，信頼区間の幅を L とすると

$$L=\left(120.3+1.96\cdot\frac{0.6}{\sqrt{100}}\right)-\left(120.3-1.96\cdot\frac{0.6}{\sqrt{100}}\right)$$
$$=2\cdot 1.96\cdot\frac{0.6}{\sqrt{100}}$$

➡ 演 24

ゆえに，信頼度 95 % と標準偏差 0.6 は変わらないとき，信頼区間の幅を $\dfrac{1}{2}L$ とするためには

$$\frac{1}{2}L=2\cdot 1.96\cdot\frac{0.6}{2\sqrt{100}}=2\cdot 1.96\cdot\frac{0.6}{\sqrt{4\cdot 100}}$$

よって，標本の大きさを 4 倍にすればよい。

したがって　^{テ}⑤

←***素早く解く!***

変化する部分に着目する。
信頼区間の幅
$2\cdot 1.96\dfrac{\sigma}{\sqrt{n}}$ で，信頼度と σ は変化しないから，$\sqrt{n}$ の部分だけに着目する。幅を $\dfrac{1}{2}$ にするなら $\sqrt{n}$ を 2 倍，すなわち n を 4 倍にすればよい。

実践模試

(4)　不適合品が発生する確率を p とすると，製造方法の見直しによって不適合品が発生する確率が下がったならば，$p<0.04$ である。
また，不適合品が発生する確率が下がったとはいえないならば，$p=0.04$ である。
よって，帰無仮説は　$p=0.04$（ト ⓪）
対立仮説は　$p<0.04$（ナ ①）
次に，帰無仮説が正しいとすると，600 個のうち不適合品の個数 X' は，二項分布 $B(600,\ 0.04)$ に従う。
ゆえに，X' の
平均は　$600\cdot0.04=$ ニヌ**24**
標準偏差は　$\sqrt{600\cdot0.04\cdot(1-0.04)}=$ ネノ**4.8**
よって，$Z'=\dfrac{X'-24}{4.8}$ は近似的に標準正規分布 $N(0,\ 1)$ に従う。
正規分布表より，有意水準 5%の棄却域は
$Z'\leqq-1.64$（ハ ②）
$X'=18$ のとき，$Z'=\dfrac{18-24}{4.8}=-1.25$ であり，この値は棄却域に入らない。（ヒ ①）
したがって，帰無仮説は棄却されず，製造方法の見直しにより不適合品が発生する確率は下がったとは判断できない。（フ ①）

←正しいかどうか判断したい主張に反する仮定として立てた仮説を**帰無仮説**，もとの主張を**対立仮説**という。
ここでは，「不適合品が発生する確率が下がったと判断してよいか」を考えるから，$p\leqq0.04$ を前提とする。 ➡ 演 25

←確率変数 X が二項分布 $B(n,\ p)$ に従うとき，
平均　$E(X)=np$
標準偏差
$\sigma=\sqrt{np(1-p)}$
➡ 基 103

←$p\leqq0.04$ を前提としているから，**片側検定**で考える。
よって，棄却域は分布の片側だけにとる。

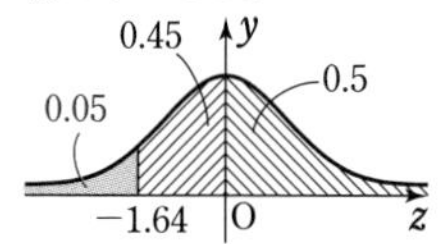

第 6 問

解答

(1)　直線 BI が辺 OA と交わる点を F とすると，点 I は △OAB の内心であるから，線分 BF は ∠OBA の二等分線である。

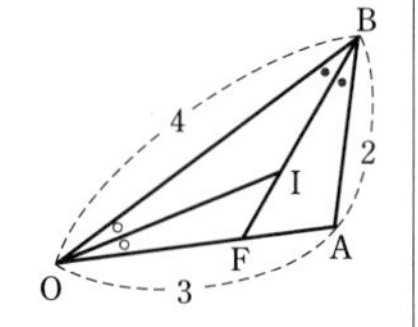

よって，△OAB において
OF：AF＝BO：BA
＝4：2＝2：1
ゆえに　$\dfrac{\text{AF}}{\text{OF}}=\dfrac{{}^{ア}\mathbf{1}}{{}^{イ}\mathbf{2}}$
したがって　$\text{OF}=\dfrac{2}{3}\text{OA}=\dfrac{2}{3}\times3=2$
さらに，線分 OI は ∠BOF の二等分線であるから，△OBF において
FI：BI＝OF：OB＝2：4＝1：2

←角の二等分線の性質
（➡ 基 42）

したがって，I は線分 FB を 1：2 に内分する点であるから

$$\overrightarrow{OI}=\frac{2\overrightarrow{OF}+\overrightarrow{OB}}{1+2}=\frac{2\cdot\frac{2}{3}\vec{a}+\vec{b}}{3}=\frac{^{ウ}\mathbf{4}}{^{エ}\mathbf{9}}\vec{a}+\frac{^{オ}\mathbf{1}}{^{カ}\mathbf{3}}\vec{b}$$

←内分する点の位置ベクトル（➡基 107）

また，点 G は △CDE の重心であるから

$$\overrightarrow{OG}=\frac{\overrightarrow{OC}+\overrightarrow{OD}+\overrightarrow{OE}}{3}$$

$$=\frac{\vec{c}+(\vec{a}+\vec{c})+(\vec{b}+\vec{c})}{3}$$

$$=\frac{\vec{a}+\vec{b}+{}^{キ}\mathbf{3}\vec{c}}{^{ク}\mathbf{3}}$$

←重心の位置ベクトル（➡基 108）

よって　$\overrightarrow{IG}=\overrightarrow{OG}-\overrightarrow{OI}=\left(\frac{\vec{a}+\vec{b}+3\vec{c}}{3}\right)-\left(\frac{4}{9}\vec{a}+\frac{1}{3}\vec{b}\right)$

$$=-\frac{1}{9}\vec{a}+\vec{c}$$

$|\vec{a}|=OA=3$，$|\vec{c}|=OC=1$，$\vec{a}\cdot\vec{c}=|\vec{a}||\vec{c}|\cos\angle AOC=1$ であるから

←$\cos\angle AOC=\frac{1}{3}$

$$|\overrightarrow{IG}|^2=\left|-\frac{1}{9}\vec{a}+\vec{c}\right|^2$$

$$=\frac{1}{81}|\vec{a}|^2-\frac{2}{9}\vec{a}\cdot\vec{c}+|\vec{c}|^2$$

$$=\frac{1}{81}\cdot3^2-\frac{2}{9}\cdot1+1^2=\frac{8}{9}$$

➡基 112

ゆえに，線分 IG の長さは $|\overrightarrow{IG}|=\frac{^{ケ}\mathbf{2}\sqrt{^{コ}\mathbf{2}}}{^{サ}\mathbf{3}}$

(2)　(i)　点 K は直線 IG 上の点であるから，実数 k を用いて

$$\overrightarrow{IK}=k\overrightarrow{IG}$$

すなわち，$\overrightarrow{OK}-\overrightarrow{OI}=k\overrightarrow{IG}$ から

$$\overrightarrow{OK}=\overrightarrow{OI}+k\overrightarrow{IG}$$

$$=\left(\frac{4}{9}\vec{a}+\frac{1}{3}\vec{b}\right)+k\left(-\frac{1}{9}\vec{a}+\vec{c}\right)$$

$$=\frac{4-k}{9}\vec{a}+\frac{1}{3}\vec{b}+k\vec{c}\quad\cdots\cdots\ ①$$

と表せる。（シ ⑦，ス ①，セ ④）

←（終点）−（始点）

▶CHART

始点を（O に）そろえる

➡基 107

(ii)　また，点 K は平面 ODE 上の点であるから，実数 s，t を用いて

$$\overrightarrow{OK}=s\overrightarrow{OD}+t\overrightarrow{OE}=s(\vec{a}+\vec{c})+t(\vec{b}+\vec{c})$$

$$=s\vec{a}+t\vec{b}+(s+t)\vec{c}\quad\cdots\cdots\ ②$$

とも表せる。（ソ ⓪，タ ③，チ ⑥）

(iii), (iv)　4点O，A，B，Cが同一平面上にない（ツ②）ことより，$\overrightarrow{OK}$ の $\vec{a}$，$\vec{b}$，$\vec{c}$ を用いた表し方はただ1通りであるから，①，②の係数を比較すると

$$\begin{cases}\dfrac{4-k}{9}=s\\[2mm]\dfrac{1}{3}=t\\[2mm]k=s+t\end{cases}$$

これを解くと　$k=\dfrac{7}{10}$，$s=\dfrac{11}{30}$，$t=\dfrac{1}{3}$

よって，$\overrightarrow{OK}$ を $\vec{a}$，$\vec{b}$，$\vec{c}$ を用いて表すと

$$\overrightarrow{OK}=\frac{{}^{テト}\mathbf{11}}{{}_{ナニ}\mathbf{30}}\vec{a}+\frac{{}^{ヌ}\mathbf{1}}{{}_{ネ}\mathbf{3}}\vec{b}+\frac{{}^{ノ}\mathbf{7}}{{}_{ハヒ}\mathbf{10}}\vec{c}$$

←4点O，A，B，Cは同じ平面上にないとし，$\overrightarrow{OA}=\vec{a}$，$\overrightarrow{OB}=\vec{b}$，$\overrightarrow{OC}=\vec{c}$ とする。このとき，任意のベクトル $\vec{p}$ は，次の形でただ1通りに表すことができる。

$\vec{p}=s\vec{a}+t\vec{b}+u\vec{c}$　……（＊）

ただし，s，t，u は実数。

(3)　3点C′, D′, E′ は立体OABCDEに対して下の図のような位置にあり，平面OAB∥平面CDE∥平面C′D′E′，△OAB≡△CDE≡△C′D′E′ である。

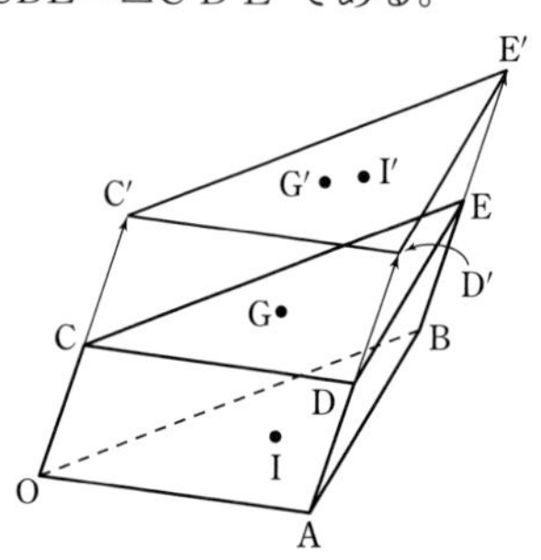

←もとの立体OABCDEを2つ積み重ねたような立体になる。

⓪　△OABを平行移動させて△C′D′E′ に重ねるとき，△OABの内心Iと△C′D′E′ の内心I′ は一致する。よって，$\overrightarrow{OI}=\overrightarrow{C'I'}$ は成り立つ。

①　△CDEを平行移動させて△C′D′E′ に重ねるとき，△CDEの重心Gと△C′D′E′ の重心G′ は一致する。よって，$\overrightarrow{CG}=\overrightarrow{C'G'}$ は成り立つ。

②　△C′D′E′ は△CDEを $\overrightarrow{OC}$ の分だけ平行移動したものであるから，$\overrightarrow{GG'}=\overrightarrow{OC}$ は成り立つ。

③　△C′D′E′ は△OABを $2\overrightarrow{OC}$ の分だけ平行移動したものであるから，$\overrightarrow{II'}=2\overrightarrow{OC}$ は成り立つ。

←$\overrightarrow{C'D'}=\overrightarrow{OD'}-\overrightarrow{OC'}$
$=\overrightarrow{OA}+\overrightarrow{AD'}-\overrightarrow{OC'}$
$=\overrightarrow{OA}+2\overrightarrow{AD}-2\overrightarrow{OC}$
$=\vec{a}+2\vec{c}-2\vec{c}=\vec{a}$

$\overrightarrow{C'E'}=\overrightarrow{OE'}-\overrightarrow{OC'}$
$=\overrightarrow{OB}+\overrightarrow{BE'}-\overrightarrow{OC'}$
$=\overrightarrow{OB}+2\overrightarrow{BE}-2\overrightarrow{OC}$
$=\vec{b}+2\vec{c}-2\vec{c}=\vec{b}$

これを用いて具体的に計算してもよい。例えば，(1)と同様に考えて

$\overrightarrow{C'I'}=\dfrac{4}{9}\overrightarrow{C'D'}+\dfrac{1}{3}\overrightarrow{C'E'}$

$=\dfrac{4}{9}\vec{a}+\dfrac{1}{3}\vec{b}$

から

$\overrightarrow{C'I'}=\overrightarrow{OI}$（⓪は正しい）

④ 直線GG′と△OABの交点は△OABの重心であり，△OABの重心はIと異なるから，I，G，G′は一直線上にはない。
よって，$\overrightarrow{IG'}=2\overrightarrow{IG}$ は成り立たない。

⬅△OABの重心をG″とすると　$\overrightarrow{OG''}=\dfrac{\vec{a}+\vec{b}}{3}$
(1)より $\overrightarrow{OI}=\dfrac{4}{9}\vec{a}+\dfrac{1}{3}\vec{b}$ であるから，△OABの重心は内心Iと異なることがわかる。

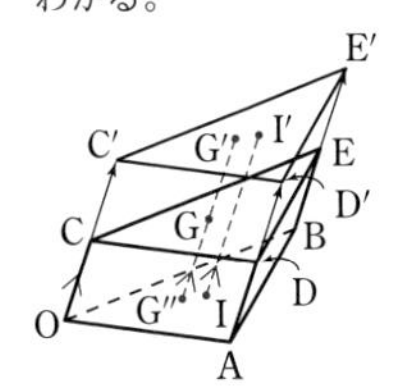

⑤ $\angle BOC=\dfrac{\pi}{2}$ から　$\vec{b}\cdot\vec{c}=0$
$\overrightarrow{GG'}=\overrightarrow{OC}=\vec{c}$ より，$\overrightarrow{GG'}\cdot\overrightarrow{OB}=\vec{c}\cdot\vec{b}=0$ であるから
$$(\overrightarrow{IG'}-\overrightarrow{IG})\cdot\overrightarrow{OB}=0$$
ゆえに　$\overrightarrow{IG'}\cdot\overrightarrow{OB}-\overrightarrow{IG}\cdot\overrightarrow{OB}=0$
したがって，$\overrightarrow{IG}\cdot\overrightarrow{OB}=\overrightarrow{IG'}\cdot\overrightarrow{OB}$ は成り立つ。
以上から，正しくないのは　ᶠ④

参考　(2)(iii)の②以外の選択肢についてみてみよう。
4点O，A，B，Cが同じ平面上にないとき，⓪，①は成り立つが，⓪や①が成り立っていても，O，A，B，Cが同じ平面上にある場合は，この平面上にある $\vec{p}$ を $\vec{p}=s\vec{a}+t\vec{b}+u\vec{c}$ ……（＊）の形で表せるような実数 s，t，u の組み合わせは無数に存在する。
③は，$\overrightarrow{OA}\neq\vec{0}$，$\overrightarrow{OB}\neq\vec{0}$，$\overrightarrow{OA}\not\parallel\overrightarrow{OB}$ ならば，点Cが平面OAB上にあることを表している。④は，平面ODE上の点の位置ベクトルを $\overrightarrow{OD}$，$\overrightarrow{OE}$ で1通りに表せる条件である。⑤は，$\overrightarrow{OD}\neq\vec{0}$，$\overrightarrow{OE}\neq\vec{0}$，$\overrightarrow{OD}\not\parallel\overrightarrow{OE}$ ならば，点Cが平面ODE上にあることを表している。
したがって，いずれも求める根拠とはならない。

第7問

解答

(1)　点 z を実軸に関して対称移動した点は，点 $\overline{z}$ である。
(ᵃ①)
また，$\alpha=r(\cos\theta+i\sin\theta)$ とすると，$r=|\alpha|$ $(\neq 0)$ から
$$\cos\theta+i\sin\theta=\frac{\alpha}{|\alpha|}$$
よって，点 z を，原点を中心として θ だけ回転した点は
$$(\cos\theta+i\sin\theta)z=\frac{\alpha}{|\alpha|}z\ (\text{ｲ}⑤)$$
また，点 z を，原点を中心として $-\theta$ だけ回転した点は
$$\{\cos(-\theta)+i\sin(-\theta)\}z=(\cos\theta-i\sin\theta)z=\overline{(\cos\theta+i\sin\theta)}z=\frac{\overline{\alpha}}{|\alpha|}z\ (\text{ｳ}⑦)$$

⬅$z=a+bi$ (a，b は実数）とすると，点 $a+bi$ を実軸に関して対称移動した点は点 $a-bi$ であり
$a-bi=\overline{a+bi}=\overline{z}$

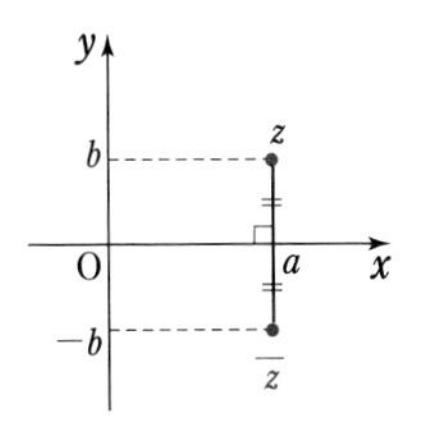

➡基 120

⬅$\overline{\left(\dfrac{\alpha}{|\alpha|}\right)}=\dfrac{\overline{\alpha}}{|\alpha|}$

方針 の1～3から，次の式が成り立つ。

$$\gamma=\frac{\overline{\alpha}}{|\alpha|}z,\ \gamma'=\overline{\gamma},$$

$$z'=\frac{\alpha}{|\alpha|}\gamma'$$

したがって

$$z'=\frac{\alpha}{|\alpha|}\overline{\gamma}=\frac{\alpha}{|\alpha|}\overline{\left(\frac{\overline{\alpha}}{|\alpha|}z\right)}$$

$$=\frac{\alpha^2}{|\alpha|^2}\overline{z}\ \ (^{エ}④)$$

⬅(ア)～(ウ)の結果を，(ウ)，(ア)，(イ)の順で利用する。

⬅$\overline{\left(\frac{\overline{\alpha}}{|\alpha|}\right)}=\frac{\overline{(\overline{\alpha})}}{|\alpha|}=\frac{\alpha}{|\alpha|}$

(2)　$\alpha=1+\sqrt{3}\,i$，$\beta=1-\sqrt{3}\,i$ とする。

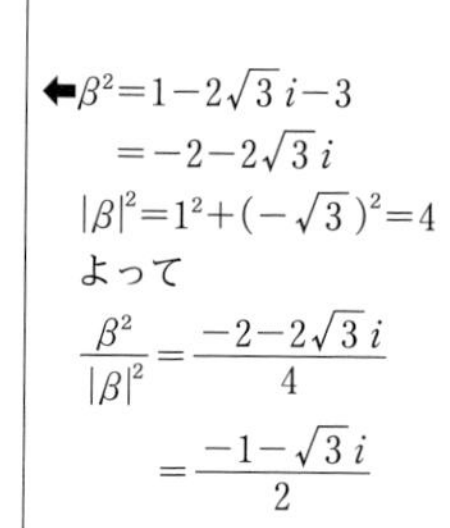

$\mathrm{Q}(q)$ とすると，(1)から

$$q=\frac{\alpha^2}{|\alpha|^2}\overline{z}=\frac{-2+2\sqrt{3}\,i}{4}\overline{z}=\frac{-1+\sqrt{3}\,i}{2}\overline{z}$$

⬅$\alpha^2=1+2\sqrt{3}\,i-3=-2+2\sqrt{3}\,i$
$|\alpha|^2=1^2+(\sqrt{3})^2=4$

よって

$$w=\frac{\beta^2}{|\beta|^2}\overline{q}=\frac{-1-\sqrt{3}\,i}{2}\cdot\frac{-1-\sqrt{3}\,i}{2}z$$

$$=\frac{1+2\sqrt{3}\,i-3}{4}z=\frac{-1+\sqrt{3}\,i}{2}z$$

$$=\left(\cos\frac{2}{3}\pi+i\sin\frac{2}{3}\pi\right)z\ \ (^{オ}②)$$

⬅$\beta^2=1-2\sqrt{3}\,i-3=-2-2\sqrt{3}\,i$
$|\beta|^2=1^2+(-\sqrt{3})^2=4$
よって
$\frac{\beta^2}{|\beta|^2}=\frac{-2-2\sqrt{3}\,i}{4}=\frac{-1-\sqrt{3}\,i}{2}$

また，$iz=\left(\cos\frac{\pi}{2}+i\sin\frac{\pi}{2}\right)z$ であり　$\frac{\pi}{2}-\frac{2}{3}\pi=-\frac{\pi}{6}$

よって，点 w を，原点を中心に $-\frac{\pi}{6}$ だけ回転すると，点 iz となる。(^{カ}④)

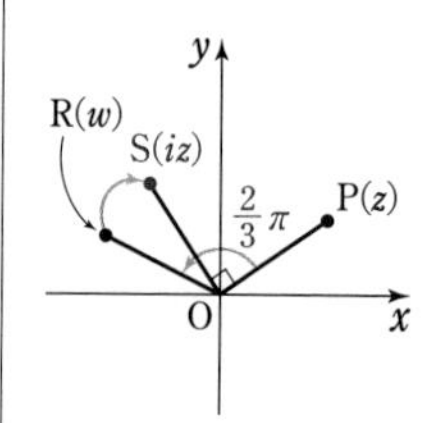

〔別解〕 (オ)については，α，β を極形式で表して計算してもよい。

$\alpha=1+\sqrt{3}\,i$，$\beta=1-\sqrt{3}\,i$ とすると

$$\alpha=2\left(\cos\frac{\pi}{3}+i\sin\frac{\pi}{3}\right),$$

$$\beta=2\left\{\cos\left(-\frac{\pi}{3}\right)+i\sin\left(-\frac{\pi}{3}\right)\right\}$$

$Q(q)$ とすると，(1) から

$$q=\frac{\alpha^2}{|\alpha|^2}\overline{z}=\frac{2^2\left(\cos\frac{\pi}{3}+i\sin\frac{\pi}{3}\right)^2}{2^2}\overline{z}$$
$$=\left(\cos\frac{2}{3}\pi+i\sin\frac{2}{3}\pi\right)\overline{z}$$

⬅ド・モアブルの定理
$(\cos\theta+i\sin\theta)^n=\cos n\theta+i\sin n\theta$
➡基 117

よって

$$w=\frac{\beta^2}{|\beta|^2}\overline{q}=\frac{2^2\left\{\cos\left(-\frac{\pi}{3}\right)+i\sin\left(-\frac{\pi}{3}\right)\right\}^2}{2^2}\overline{q}$$
$$=\left\{\cos\left(-\frac{2}{3}\pi\right)+i\sin\left(-\frac{2}{3}\pi\right)\right\}\times\overline{\left(\cos\frac{2}{3}\pi+i\sin\frac{2}{3}\pi\right)\overline{z}}$$
$$=\left\{\cos\left(-\frac{2}{3}\pi\right)+i\sin\left(-\frac{2}{3}\pi\right)\right\}\times\left\{\cos\left(-\frac{2}{3}\pi\right)+i\sin\left(-\frac{2}{3}\pi\right)\right\}z$$
$$=\left\{\cos\left(-\frac{4}{3}\pi\right)+i\sin\left(-\frac{4}{3}\pi\right)\right\}z$$
$$=\left(\cos\frac{2}{3}\pi+i\sin\frac{2}{3}\pi\right)z\quad(^{オ}②)$$

⬅$\overline{\cos\theta+i\sin\theta}=\cos\theta-i\sin\theta=\cos(-\theta)+i\sin(-\theta)$

⬅偏角に 2π を足して，解答群にある角になるように調整する。

(3)　複素数平面上の 2 点 $A(1+\sqrt{3}i)$，$B(1-\sqrt{3}i)$ は，座標平面上ではそれぞれ点 $A'(1,\ \sqrt{3})$，$B'(1,\ -\sqrt{3})$ となり，点 A'，B' はそれぞれ直線 $y=\sqrt{3}x$，$y=-\sqrt{3}x$ 上の点である。

⬅座標平面上の図形の回転を，複素数平面上で考える。

よって，座標平面上の点 P を，直線 OA' に関して対称移動し，さらに直線 OB' に関して対称移動した後，原点 O を中心に $-\frac{\pi}{6}$ だけ回転した点 P' は，(2) から，点 P を，原点 O を中心に $\frac{\pi}{2}$ だけ回転した点である。

したがって，双曲線 C' は，双曲線 C を原点 O を中心に $\frac{\pi}{2}$ だけ回転した曲線である。

また，複素数平面上の点 $s+ti$ (s，t は実数) を原点 O を中心に $\frac{\pi}{2}$ だけ回転した点は，$i(s+ti)=-t+si$ より，点 $-t+si$ である。ゆえに，座標平面上の点 $(s,\ t)$ を原点 O を中心に $\frac{\pi}{2}$ だけ回転した点は点 $(-t,\ s)$ である。

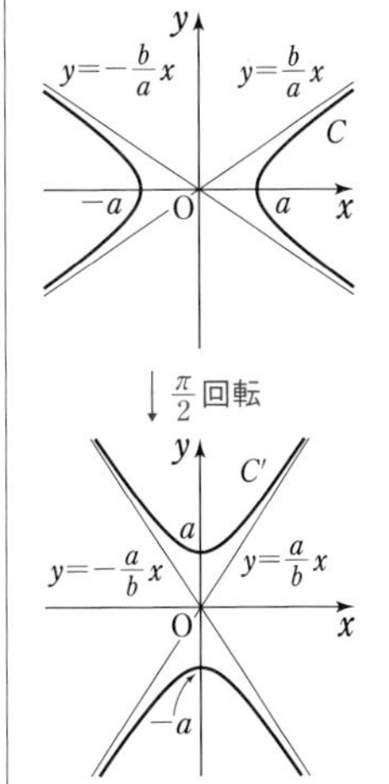

したがって，双曲線 C' の方程式は

$$\frac{(-y)^2}{a^2}-\frac{x^2}{b^2}=1$$

すなわち　$\dfrac{x^2}{b^2}-\dfrac{y^2}{a^2}=-1$（キ③）

次に，双曲線 C の漸近線は 2 直線 $y=\dfrac{b}{a}x$，$y=-\dfrac{b}{a}x$

であり，双曲線 C' の漸近線は 2 直線 $y=\dfrac{a}{b}x$，$y=-\dfrac{a}{b}x$

である。

これらが一致し，$a>0$，$b>0$ であるから

$$\frac{b}{a}=\frac{a}{b} \quad \cdots\cdots (*)$$

よって　　$b^2=a^2$　　　ゆえに　　$b=a$ …… ①

更に，双曲線 C の 2 つの焦点の座標が $(\sqrt{3},\ 0)$，

$(-\sqrt{3},\ 0)$ であるから　　$\sqrt{3}=\sqrt{a^2+b^2}$ …… ②

①，② から　　$2a^2=3$

$a>0$ であるから　　$a=\sqrt{\dfrac{3}{2}}=\dfrac{\sqrt{^{ク}\mathbf{6}}}{^{ケ}\mathbf{2}}$

⬅C の方程式で
$x \longrightarrow -y$，$y \longrightarrow x$
とおき換える。

（＊）$a>0$，$b>0$ より，直線 $y=\dfrac{b}{a}x$ と直線 $y=\dfrac{a}{b}x$ が一致するから　$\dfrac{b}{a}=\dfrac{a}{b}$
このとき，直線 $y=-\dfrac{b}{a}x$ と直線 $y=-\dfrac{a}{b}x$ も一致するから，条件を満たす。

➡ 基 124

参考　点 z を直線 ℓ に関して対称移動した点 z' については，(1) の方法以外にも，次のように求めることもできる。

点 z を実軸に関して対称移動し，その後原点を中心として 2θ だけ回転移動すると，点 z' となる …… (＊＊)

（(＊＊)については，$p.232$ の実践問題 55 の 参考 を参照。）

この方法で z' を求めると，次のようになる。

$$z'=(\cos 2\theta+i\sin 2\theta)\overline{z}=(\cos\theta+i\sin\theta)^2\overline{z}=\frac{\alpha^2}{|\alpha|^2}\overline{z}$$

なお，$|\alpha|^2=\alpha\overline{\alpha}$ であるから，$z'=\dfrac{\alpha^2}{\alpha\overline{\alpha}}\overline{z}=\dfrac{\alpha}{\overline{\alpha}}\overline{z}$ となり，実践問題 55 の 参考 で示したことと一致することがわかる。

正規分布表

次の表は，標準正規分布の分布曲線における右図の灰色部分の面積の値をまとめたものである。

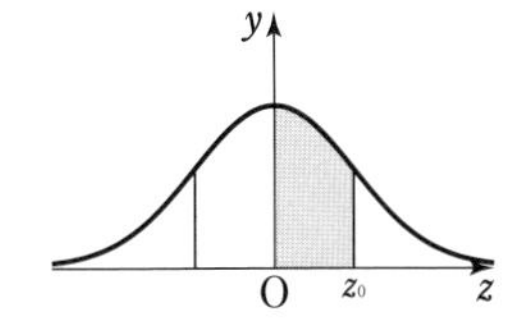

z_0	0.00	0.01	0.02	0.03	0.04	0.05	0.06	0.07	0.08	0.09
0.0	0.0000	0.0040	0.0080	0.0120	0.0160	0.0199	0.0239	0.0279	0.0319	0.0359
0.1	0.0398	0.0438	0.0478	0.0517	0.0557	0.0596	0.0636	0.0675	0.0714	0.0753
0.2	0.0793	0.0832	0.0871	0.0910	0.0948	0.0987	0.1026	0.1064	0.1103	0.1141
0.3	0.1179	0.1217	0.1255	0.1293	0.1331	0.1368	0.1406	0.1443	0.1480	0.1517
0.4	0.1554	0.1591	0.1628	0.1664	0.1700	0.1736	0.1772	0.1808	0.1844	0.1879
0.5	0.1915	0.1950	0.1985	0.2019	0.2054	0.2088	0.2123	0.2157	0.2190	0.2224
0.6	0.2257	0.2291	0.2324	0.2357	0.2389	0.2422	0.2454	0.2486	0.2517	0.2549
0.7	0.2580	0.2611	0.2642	0.2673	0.2704	0.2734	0.2764	0.2794	0.2823	0.2852
0.8	0.2881	0.2910	0.2939	0.2967	0.2995	0.3023	0.3051	0.3078	0.3106	0.3133
0.9	0.3159	0.3186	0.3212	0.3238	0.3264	0.3289	0.3315	0.3340	0.3365	0.3389
1.0	0.3413	0.3438	0.3461	0.3485	0.3508	0.3531	0.3554	0.3577	0.3599	0.3621
1.1	0.3643	0.3665	0.3686	0.3708	0.3729	0.3749	0.3770	0.3790	0.3810	0.3830
1.2	0.3849	0.3869	0.3888	0.3907	0.3925	0.3944	0.3962	0.3980	0.3997	0.4015
1.3	0.4032	0.4049	0.4066	0.4082	0.4099	0.4115	0.4131	0.4147	0.4162	0.4177
1.4	0.4192	0.4207	0.4222	0.4236	0.4251	0.4265	0.4279	0.4292	0.4306	0.4319
1.5	0.4332	0.4345	0.4357	0.4370	0.4382	0.4394	0.4406	0.4418	0.4429	0.4441
1.6	0.4452	0.4463	0.4474	0.4484	0.4495	0.4505	0.4515	0.4525	0.4535	0.4545
1.7	0.4554	0.4564	0.4573	0.4582	0.4591	0.4599	0.4608	0.4616	0.4625	0.4633
1.8	0.4641	0.4649	0.4656	0.4664	0.4671	0.4678	0.4686	0.4693	0.4699	0.4706
1.9	0.4713	0.4719	0.4726	0.4732	0.4738	0.4744	0.4750	0.4756	0.4761	0.4767
2.0	0.4772	0.4778	0.4783	0.4788	0.4793	0.4798	0.4803	0.4808	0.4812	0.4817
2.1	0.4821	0.4826	0.4830	0.4834	0.4838	0.4842	0.4846	0.4850	0.4854	0.4857
2.2	0.4861	0.4864	0.4868	0.4871	0.4875	0.4878	0.4881	0.4884	0.4887	0.4890
2.3	0.4893	0.4896	0.4898	0.4901	0.4904	0.4906	0.4909	0.4911	0.4913	0.4916
2.4	0.4918	0.4920	0.4922	0.4925	0.4927	0.4929	0.4931	0.4932	0.4934	0.4936
2.5	0.4938	0.4940	0.4941	0.4943	0.4945	0.4946	0.4948	0.4949	0.4951	0.4952
2.6	0.4953	0.4955	0.4956	0.4957	0.4959	0.4960	0.4961	0.4962	0.4963	0.4964
2.7	0.4965	0.4966	0.4967	0.4968	0.4969	0.4970	0.4971	0.4972	0.4973	0.4974
2.8	0.4974	0.4975	0.4976	0.4977	0.4977	0.4978	0.4979	0.4979	0.4980	0.4981
2.9	0.4981	0.4982	0.4982	0.4983	0.4984	0.4984	0.4985	0.4985	0.4986	0.4986
3.0	0.4987	0.4987	0.4987	0.4988	0.4988	0.4989	0.4989	0.4989	0.4990	0.4990

※解答・解説は数研出版株式会社が作成したものです。

チャート式®
大学入学共通テスト対策　数学ⅠA＋ⅡBC

発行所
数研出版株式会社
〒101-0052 東京都千代田区神田小川町2丁目3番地3
〔振替〕00140-4-118431
〒604-0861 京都市中京区烏丸通竹屋町上る大倉町205番地
〔電話〕代表(075)231-0161
ホームページ　https://www.chart.co.jp
印刷　株式会社　加藤文明社
乱丁本・落丁本はお取り替えします。　240802